FUNDAMENTALS OF MACHINE COMPONENT DESIGN

SEVENTH EDITION

Asia Edition

Robert C. Juvinall
Professor of Mechanical Engineering
University of Michigan

Kurt M. Marshek
Professor of Mechanical Engineering
University of Texas at Austin

WILEY

Fundamentals of Machine Component Design

Seventh Edition

기계요소설계 제7판

FUNDAMENTALS OF MACHINE COMPONENT DESIGN

Robert C. Juvinall · Kurt M. Marshek 지음

권순만 · 박상인 · 박종규 · 양철호 · 이동헌 · 이진교 · 주석재 · 최동휘 · 최재봉 옮김

WILEY

(주)한티에듀

옮긴이

권순만	창원대학교	기계공학부 교수
박상인	인천대학교	메카트로닉스공학과 교수
박종규	창원대학교	기계공학부 교수
양철호	안동대학교	기계자동차공학과 교수
이동헌	국민대학교	자동차융합대학 교수
이진교	한국산업기술대학교	기계공학과 교수
주석재	울산대학교	기계공학부 교수
최동휘	경희대학교	기계공학과 교수
최재봉	한성대학교	기계전자공학부 교수

기계요소설계 제7판

발 행 일 2022년 02월 10일 1쇄
저　　자 Robert C. Juvinall · Kurt M. Marshek
역　　자 권순만 · 박상인 · 박종규 · 양철호 · 이동헌 · 이진교 · 주석재 · 최동휘 · 최재봉
펴 낸 이 김준호
펴 낸 곳 (주)한티에듀 | 서울시 마포구 동교로 23길 67 Y빌딩 3층
등　　록 제2018-000145호 2018년 5월 15일
전　　화 02) 332-7993~4 | **팩　　스** 02) 332-7995
I S B N 979-11-90017-14-5 (93550)
가　　격 42,000원

마 케 팅 노호근 박재인 최상욱 김원국 김택성
편　　집 김은수 유채원
관　　리 김지영 문지희
디 자 인 **내지** 유채원 **표지** 유채원
인 쇄 소 갑우문화사

이 책에 대한 의견이나 잘못된 내용에 대한 수정정보는 아래의 홈페이지나 이메일로 알려주십시오.
독자님의 의견을 충분히 반영하도록 늘 노력하겠습니다.

홈페이지 www.hanteemedia.co.kr | **이메일** hantee@hanteemedia.co.kr

---

머리말

이 책은 기계공학 설계의 첫 과정을 위한 교재인 동시에 현장의 실무 엔지니어들을 위한 참고 도서로 활용될 수 있도록 만들어졌다. 이 책을 이용하는 사람은 정역학, 재료역학 및 재료 물성에 대한 기초 과정을 이미 습득하였다고 가정하였다. 그러나 이 책의 처음 9개 장(1부)은 이러한 기초 이론을 다시 복습하고 이를 더욱 심화시키도록 의도되었다. 나머지 장(2부)은 기초 이론의 기계 부품에 대한 설계 적용에 관해서 다룬다.

1부 기초

비록 1부의 많은 부분이 이미 배운 기초 과정의 복습이라고 할지라도, 다음의 몇몇 절에 주의를 기울여 주기 바란다.

- 1.2, 1.3, 1.4절은 공학의 중요한 세 가지 측면인 안전성, 생태학, 그리고 사회적 중요성을 다루고 있다. 이러한 요소들은 요즘 학생들에게 특별히 요구되는 항목들이다.
- 1.7절은 기계요소 문제를 해결하기 위한 방법론을 제공한다. 이 방법론에는 문제에 대한 재설명, 해법, 주석을 포함하는 예제 풀이 형식으로 되어 있는데 제시자료(known), 목표(find), 개요도(schematic), 판단(decisions), 가정(assumptions), 해석(analysis), 주석(comments)이라는 제목의 순서대로 기술된다. 판단이란 설계자가 결정하는 선택이다. 설계란 반복적인 의사결정 과정의 종합이며, "판단"이란 용어가 적용될 때에는 항상 설계 문제가 됨을 의미한다. 만약 판단 없이 문제의 해가 제시된다면, 해석 문제에 해당된다. "판단"이라는 용어가 포함되어 있는 예제는 학생들로 하여금 설계와 해석의 차이점을 명확하게 구별할 수 있게 해 준다. 일단 적절한 판단이 내려지면, 그 다음에 해석이 수행될 수 있다. 문제를 해결하는 데 사용되는 가정은 신뢰에 대한 표현이다. 예를 들어 재료 전체가 균일하다는 가정은 신뢰에 대한 표현에 해당된다. 설계공학자와 학생들은 문제를 해결하는 데 있어 어떠한 가정이 이루어져야 하는지 이해할 필요가 있다. 가정을 열거한 목록은 학생들이 기계 설계를 하기 전에 먼저 생각하도록 하는(think before doing) 더 많은 기회를 제공한다. 주석은 해의 중요한 관점을 설명하고, 다른 판단과 가정 등에 의해 어떻게 더 나은 설계 결과를 얻을 수 있는지를 논의한다.
- 1.8, 1.9, 1.10절에서는 기본적인 에너지 관계를 검토한다. 이 책을 지금 접하는 전공 지식 수준의 대부분의 학생들은 회전하는 캠축에 입력된 일과 병진 운동하는 캠 종동

부에서 출력된 일 사이의 관계, 엔진의 출력과 자동차의 속도 및 연료 소모량의 관계와 같은 기본적인 내용에 대한 통찰력이나 이해력을 증진시킬 필요가 있다.

- 기계공학 설계를 강의하는 대부분의 교수들은 자유물체도를 이용한 하중 해석 분야에 학생들의 지식이 부족한 것을 아쉬워하고 있다. 만약 기계요소에 작용하는 하중이 적절히 정의되지 않는다면, 다음 단계의 설계나 해석은 거의 의미가 없게 된다. 2.2절과 관련된 예제들은 일반적으로 부족한 이런 지식을 향상시키도록 의도되었다.
- 일반적으로 교재는 참고자료의 일부분만 발췌하기 때문에 특정 주제에 대해 더 깊은 지식을 필요로 하는 학생들에게 참고자료의 활용은 큰 도움이 된다. *MIL-HDBK-17*과 *MIL-HDBK-5J* 참고자료들이 3장에 소개되어 있다. 이 참고자료들은 공학 재료와 복합재료에 관한 실용적인 공학 지식을 제공하고 있다. 이 교재의 내용과 부록의 참고자료를 동시에 활용한다면 학생들의 공학적 기초지식을 매우 향상시킬 것이다.
- 잔류응력에 대한 기본적인 내용이 4장에 포함되어 있다. 잔류응력의 기본 개념에 대한 이해는 일반적인 응력 해석뿐만 아니라 특히 피로 현상이 관련될 때의 응력 해석에 있어 필수적인 사항이다.
- 탄성처짐과 잉여반력을 결정하기 위한 카스틸리아노 법이 5장에 포함되어 있다. 이 방법은 전통적인 기본 해법으로 해석할 수 없는 많은 문제들의 해를 쉽게 구할 수 있게 해 준다.
- 파손이론, 안전계수, 응력집중 계수, 신뢰성이 포함된 6장은 파괴역학과 통계학적 신뢰성 예측에 대한 기본 사항을 취급한다.
- 7장은 충격, 충격 하중을 다루고 있다.
- 8장은 피로 설계, 피로 균열 성장의 요점을 간략히 소개한다. 이 장의 내용은 특히 중요하지만 대부분 학생들은 처음 접하는 내용일 것이다.
- 9장은 기계요소가 받는 여러 종류의 표면 물성 저하를 취급한다. 대부분의 기계 부품들이 실질적인 파괴보다는 표면손상으로 파손(목표로 하는 기능을 더 이상 수행하지 못하는 것을 의미)되므로 이 현상은 매우 중요하다.

2부 응용

2부에서는 1부에서 배운 기초 이론을 기계 부품에 적용해 본다. 실질적인 공학 문제에서 기계요소의 설계, 해석 및 적용에 관련된 문제는 기초 이론만을 적용해서는 해결할 수가 없다. 관련된 기초 과학 지식도 아주 중요하지만, 이것만으로 문제를 해결하기에는 충분하지 않다. 경험적 지식이 항상 이용되어야 하고, 또한 적절한 '공학적 판단'이 필요하다. 실제 공학 설계 문제는 오직 한 개의 정답만을 가지고 있지 않다. 예를 들어 경쟁사의 공학자는 동일한 문제의 '해'로 다른 설계 결과를 도출할 수 있는 것이다. 이러한 해는 새로운 기술, 새로운 재료, 새로운 제작 방법과 새로운 시장 조건에 따라 바뀔 수 있다. 이 책의 교과과정은 학생들에게 이러한 형태의 전문적인 공학 문제에 대한 해결 과정을 처음 경험하도록 할 것이다.

대부분의 공학자들은 위에 언급된 공학의 다양한 측면이 그들의 직업에 대한 관심과 흥미를 증가시킨다는 것을 발견하고 있다. 이러한 관점에서 공학자와 의사 사이에 유사성이 있다. 즉, 두 분야 모두 유용한 과학적 지식을 최대한 이용하여, 실생활의 문제를 해결하여야 한다. 과학자들이 연소와 전기에 대해 더 완전한 이론과 지식을 추구하고 있음에도 불구하고, 공학자는 엔진을 설계하고 전기장치를 만들어 내야 한다. 마찬가지로 의사들은 더 좋은 치료 연구가 완성될 때까지 치료를 기다리라고 환자들에게 말할 수 없는 것이다.

1부에서 취급된 기초 내용들이 기계요소와 관련된 공학 문제를 모두 해결하기에는 충분하지 않지만, 이들 전부가 일관되게 적용되어야 한다는 사실은 중요하다. 특히 8, 9장에 제시된 방법으로 일관성이 있도록 피로와 표면 현상을 다루기 위해 2부에서 세심한 노력을 기울였다. 이는 가끔 전문 문헌에 주어진 방법 및 세부 전개 내용과는 다소 다르기도 하지만, 이러한 차이는 그다지 중요하지 않다. 중요한 것은 학생들이 기초 이론과 다른 과학 지식을 가능한 한 광범위하게 적용하여 공학 문제를 해결하는 방법을 배우도록 도움을 주는 것이며, 그리고 주어진 시간 내에 적절한 해를 얻는 데 요구되는 경험적 지식과 판단으로 문제 해결 능력을 향상시키는 것이다.

2부에 제시된 모든 기계요소들을 다룰 수 있을 만큼 충분한 시간이 주어진 공과대학은 거의 없을 것이다. 또한, 많은 기계요소들이 이 책에서 다루어지지 않았고, 심지어는 아직 실용화되지 않은 기계요소들도 많이 존재한다. 이런 이유 때문에, 각 기계요소는 그 자체가 완전한 설계일 뿐만 아니라, 실제 공학 문제를 해결하기 위하여 기초 이론과 경험적 지식을 적용한 전형적인 예로 취급되어야 한다.

2부 전체에 걸쳐, 각각의 기계요소와 관련된 공학 문제를 효과적으로 해결하기 위해 독창성, 통찰력, 그리고 상상력이 요구되는 많은 예들을 발견할 것이다. 기계공학 설계 분야에서 취급하는 다음 단계는 전체 기계 장치의 개념과 설계를 수반한다. 이러한 '다음 단계'의 소개를 위해, 이 책의 마지막 두 장(21, 22장)에 다음의 두 사례 연구를 수록하고 있다. (1) 상업적으로 처음 성공한 자동차용 자동 변속기 설계에 대한 사례 연구, (2) 원격 조종 차량의 기계 장치 설계에 대한 사례 연구. 전체 기계 장치에 대한 수많은 다른 설계들처럼, 공학자에 의해 표출되는 통찰력, 독창성, 상상력(지속적인 성실한 노력뿐만 아니라)에 의해 감명받고 고무되지 않을 수 없다. 또한 이 사례 연구에서는 어떤 한 요소의 설계가 관련된 부품의 설계에 의해 어떻게 영향을 받는지 그 과정이 설명되어 있다.

공학자들은 SI 단위계, 영국식 중력 단위계, 영국식 공학 단위계를 모두 취급할 필요가 있기 때문에 세 개의 단위계가 이 책의 본문과 예제에서 사용될 것이다. 화성 기후 탐사선(NASA/JPL Mars Climate Orbiter)의 참사를 기억해보자. 이 참사의 근본 원인은 지상 기지국의 운항 제어 소프트웨어에서 영국식 단위계로부터 SI 단위계로의 단위 변환 오류였다. 이러한 사실로부터 학생들은 단위계를 정확히 이해하고 적용하는 것이 얼마나 중요한지 명심하여야 할 것이다.

Robert C. Juvinall
Kurt M. Marshek

역자 머리말

이 책은 Robert C. Juvinall과 Kurt M. Marshek이 지은 *Fundamentals of Machine Component Design*의 제7판을 번역한 것이다. 이 책은 전반부의 기계 설계 기초와 후반부의 기계요소 설계로 나누어져 있다. 전반부는 정역학, 고체역학 등의 기초 이론을 복습하는 부분이다. 후반부는 주요 기계 부품들의 설계를 다루고 있다. 이 책을 교재로 사용하여 두 학기로 강의를 하는 경우 전반부의 기계 설계 기초와 후반부의 기계요소 설계를 나누어 교육할 수 있다. 한 학기로 통합하여 전반부 일부와 후반부 대다수를 다룰 것을 추천한다.

오늘날 수많은 새로운 학문들이 등장하고 있는 것이 현실이다. 그럼에도 불구하고 우리나라 국가 경제 성장을 이끌어 온 중요한 뿌리 중의 하나인 기계공학 산업, 특히 기계 설계 분야의 중요함은 나날이 증가하고 있다. 이 책이 기계 설계를 공부하는 학생과 현장의 공학자들에게 도움이 되기를 간절히 바라는 바이다.

2022년 1월
역자 일동

차례

20, 21, 22장은 한티미디어 홈페이지 자료실을 통해 다운로드할 수 있습니다.
http://www.hanteemedia.co.kr

PART

1

기초 Fundamentals

기계공학 설계의 주요 의미

1

1.1 개요

공학의 본질은 자원과 자연 법칙을 이용하여 인간을 이롭게 하는 것이다. 공학은 추구하는 목표를 이루기 위해 과학 원리를 이해하고 이를 적용하는 것과 관련 있는 응용과학이다. 기계공학 설계는 공학의 중요한 한 분야이며, 모든 종류의 기계와 기계 장치에 대한 개념, 설계, 개발, 개선 및 적용을 취급한다.

기계공학 설계는 많은 학생들이 과학과 수학 등의 기초 과목을 이수한 후 처음 접하는 **전문 공학 과정들** 중 하나이다. 전문 공학이란 실제 문제에 대해 해를 구하는 것과 관련 있다. 이러한 해들은 기초 과학의 이해를 통해서만 가능하나, 보통 이런 이해만으로는 충분치 않아 경험으로 얻은 지식과 공학적 판단 또한 요구된다. 예를 들어 과학자들이 전기를 완전히 이해하지는 못하더라도 전기공학도가 아주 유용한 전기 장치를 개발하지 못하는 것은 아니다. 마찬가지로 과학자들은 연소 과정이나 금속 피로현상을 완전히 이해하지는 못하지만 기계공학자들은 아주 유용한 연소 기관을 개발하기 위해 필요한 지식을 사용한다. 과학적 이해가 더 축적됨에 따라, 공학자들은 실제 문제에 더 좋은 해를 찾을 수 있다. 더욱이 문제를 해결하는 공학적 과정은 특정 분야의 과학적 연구가 더욱 깊어지도록 유도하기도 한다. 공학자와 의사 사이에는 큰 유사점이 있다. 즉 이들의 주된 관심사가 기초 지식을 밝혀내는 것은 아니지만, 긴급한 현안을 해결하는 데 있어 경험과 전문적인 판단에 의해 보완된 과학적 지식을 두 사람 모두 **활용**한다.

설계라는 주제의 전문적인 특성 때문에 대부분의 기계공학 설계 문제는 **유일한** 해를 갖지 않는다. 가정용 냉장고를 설계하는 것을 예로 들어 보자. 여기에는 가능한 설계가 무한하며, 어느 것도 틀린 답이라고 할 수 없다. 그러나 가능한 많은 설계들 중 어떤 것은 기초 기술에 대한 더욱 정확한 지식, 기초 설계에 있어 더욱 독창적인 개념, 현재 생산 기술의 더욱 효과적이고 경제적인 활용, 더욱 심미적인 외관 등을 반영하므로 다른 설계들보다 **더 좋은 답**이 된다. 물론 바로 이 점 때문에 공학자는 기존 공학 기술에 대한 도전과 흥미를 발견한다. 현재 공학자들은 과거에 존재했던 것과는 다른 제품의 설계와 개발에 관심을 두고 있으며, 또한 과거에 비해 훨씬 많은 지식을 가지고 있다. 그러므로 공학자들은 현재의 요구에 부응하여 기존에 비해 **우수한** 해답을 제공할 수 있다. 이는 공학자들이 독창성, 상상력, 필요한 지식과 해를 구하는 기술 등을 얼마나 잘 이용하는가에 달려 있다.

이 책은 기계 혹은 기계 장치의 특정 **요소**(component) 혹은 부품에 대한 설계에 우선 관심을 둔다. 이러한 분야의 이해는 후속 교과과정이나 전문적인 설계 작업 시 완전한 기계 혹은 기계 장치의 설계와 고찰을 위한 기초가 된다. 한 개의 볼트나 스프링의 설계에 있어서 조차도, 현 시대에 필요한 가장 우수한 제품을 생산하기 위해, 공학자는 경험적 지식, 우수한 판단력, 어느 정도의 독창성과 함께 가장 효과적인 과학적 지식을 사용하여야 한다.

기계요소 설계에 대한 기술적 고찰은 두 개의 주요 영역에 관심이 집중되고 있다. 즉 (1) 재료의 물성과 관련된 응력-변형률-강도 관계, (2) 마찰, 윤활, 마모 및 환경에 의한 물성 저하를 포함하는 표면 현상이다. 이 책의 1부는 필요한 기초 이론들을 다루고, 2부는 특정 기계요소에 대한 적용을 취급한다. 선택된 기계요소는 널리 사용되고 있는 것이므로, 학생들에게는 다소 익숙할 것이다. 학생들이 **모든** 기계요소에 대한 자세한 설계 고찰을 공부하는 것은 바람직하지 않다. 그러므로 학생들이 선택된 요소들을 취급하면서 적용되는 **방법**과 **과정**을 이해하여 이를 일반적인 기계요소에 대해 적용하는 능력을 키우고자 한다.

공학자들은 완전한 기계 장치를 설계할 때, 여러 가지 요소들에 대한 요구 조건 및 제한 조건들이 서로 밀접하게 연관되어 있음을 알고 있다. 예를 들면 자동차 엔진 밸브스프링의 설계는 스프링에 가능한 공간의 크기에 달려 있다. 이는 다시 밸브 위치, 냉각수 통로, 스파크 플러그 틈새 등등에 요구되는 공간과의 절충으로 결정된다. 관련된 요소들의 조합에 대해 최적인 설계를 하고자 할 경우, 이러한 상황은 공학자에 요구되는 상상력과 독창성에 또 다른 새로운 관점을 추가시킨다. 기계공학 설계의 이러한 관점은 이 책의 21장에 있는 '사례 연구'에서 설명되어 있다.

기계요소나 기계 장치의 설계 및 개발에 필수적으로 요구되는 전통적인 기술적, 경제적 고찰에 더하여, 현재의 공학자는 안전, 생태학, 그리고 전체적인 '삶의 질'에 대한 광범위한 고찰에 점점 더 관심을 가지고 있다. 이들 주제는 다음 절에서 간략히 설명한다.

1.2 안전 고찰

과거의 공학자들은 새로운 장치의 설계에 있어 당연히 기능적, 경제적 관점을 먼저 고려하였다. 따라서 장치들이 유용하게 기능하도록 만들어질 수 없으면, 이들은 더 이상 공학자의 관심을 끌지 못하게 된다. 더욱이 새로운 장치가 당시 사회가 허용하는 비용으로 생산될 수 없으면, 더 이상 진행하는 것은 공학적으로 시간의 낭비이다. 하지만 기존 공학자들은 유용하게 기능하며 또한 경제적으로 생산될 수 있는 많은 제품들을 개발하는 데 성공하였다. 이러한 성공적인 개발 덕분에 공학 제품이 인간과 환경에 미치는 영향을 포함하는 광범위한 고찰로 유도하려는 공학적 노력이 점점 증가하고 있다.

사용자의 안전은 공학자가 항상 명심하고 있는 사항이며, 현재 그 중요성이 더욱 부각되고 있다. 응력과 처짐같이 비교적 간단한 계산과 비교하여, 안전 고찰은 정량적이지 않고 불명확한 것이며 심리학적, 사회학적 인자에 의해 더욱 복잡해질 수가 있다. 그러나 안전 고찰은 공학자가 수행하는 작업의 일부로 추가되도록 하여야 한다. 공학자는 관련된 모든 사실들을 모으고, 그런 다음 이해력, 상상력, 독창성 및 판단을 반영하는 우수한 결정을 내려야 한다.

안전 고찰에서 공학적 능력을 개발하기 위해 중요한 첫 번째 단계는 안전 중요성의 **인식 능력**을 배양하는 것이다. 생산품 안전은 입법자, 변호사, 판사, 보험관계자 등에 큰 관심이 되어 왔다. 그러나 어느 누구도 생산품의 안전에 직접적인 기여를 할 수 없고, 생산품의 **공학적 개발**에 있어 단지 적절한 안정성을 부여하도록 강조하는 역할만 하고 있다. 안전한 생산품을 위한 개발을 수행해야만 하는 이는 바로 **공학자**이다.

안전은 원래 **상대적인** 개념이고, 안전, 비용, 무게 등의 항목들 사이에서 중요도 판단을 통해 절충이 되어야 한다. 몇 년 전에 첫 저자는 특히 안전을 중요시하는 회사에서 회사의 장비와 관련된 부득이한 위험을 줄이도록 안전공학 담당간부를 가끔 지도하는 위치에 있었다. 어느 날 이 공학자가 좀 심하게 질타받았을 때, 그는 "이것 보시오, 나는 이 모델을 아주 안전하게 만들었습니다. 그러나 나는 그것을 **완벽히** 안전하게는 만들 수 없습니다! 만약 어떤 사람이 이 기계를 자주 사용한다면, 그는 어쩌면 다칠 수 있습니다!"라고 했다. 다음날 그는 새로운 모델 원형을 부주의하게 자기 발 위에 떨어뜨려 발가락이 부러짐으로써 자기 주장을 우연히 증명하였다. 그러나 여기서 지적하고 싶은 것은 사회가 안전 요구에 관련된 결정을 내릴 때 공학자는 중요한 역할을 해야 한다는 것이다.

1.2.1 상상력과 독창성

안전에 대한 인식에 이어 안전공학의 두 번째 중요한 점은 독창성이다. 공학자는 생산품이 줄 수 있는 잠재적인 위험을 충분히 예상할 수 있도록 상상력이 풍부하고 독창적이어야 한다. 발생할 가능성이 있는 어떤 일은 머지않아 발생할 것이라는 오래된 격언이 이를 적절하게 설명한다. 다음은 많은 비용이 들어간 소송과 관련된 네 가지 적절한 사례를 보여 준다.

1. 높은 천장을 가진 넓게 트인 건물이, 세 개의 장치로 냉난방되며, 각 장치는 네 모서리에서 긴 강철봉에 의해 천장으로부터 매달려 있었다. 그 장치들은 내부에 있는 작업자와 덮개 위에 있는 작업자에 의해 열교환기, 송풍기, 필터로 조립되고 있었다. 긴 지지대의 신축성이 장치들을 앞뒤로 흔들리게 했고, 작업자들은 가끔 그 장치들을 상당한 높이로 흔들면서 즐겼다. 지지대의 피로 파손으로 한 작업자가 목숨을 잃었다. 큰 스팀 파이프(사고 순간에는 아직 설치되지 않았음)가 완성된 장치의 심각한 흔들림을 방지하므로, 지지대는 안전 계수 17(완성된 장치의 정하중에 기초하여)로 설계되었고, 안전을 위한 더 이상의 고려는 하지 않았다. 장치의 설계 및 설치에 책임 있는 어느 누구도 이런 위험을 예상할 수 있는 상상력과 독창성을 가지고 설치 순서를 검토하지 않았다.
2. 새 자전거에 있는 브레이크가 위급한 순간 작동을 하지 않아 한 소년이 차와 충돌하여 심각한 부상을 입었다. 그 이유는 3단 속도 변속장치와 캘리퍼스 브레이크 핸들 사이의 간섭 때문인 것으로 밝혀졌다. 변속 조절장치와 브레이크 핸들 둘 다 특이한 설계였다. 이들은 그 자체로는 안전하며 또한 기존의 설계로 된 다른 부품에 조립되어 사용될 때는 안전하다. 그러나 이러한 두 개의 특이한 부품들이 함께 사용될 때, 브레이크 핸들의 움직

임이 제한되는 위치의 핸들대에 그들이 장착될 수 있어서 브레이크가 끝까지 작동되지 못하게 한다. 다시 말하면, 자전거의 전체 설계에 책임 있는 어느 누구도 이러한 위험한 상황을 예상하지 못했다.

3. 램이 내려오기 전에 위험 지역으로부터 손이 빠지도록 캠으로 작동되는 안전 소매를 착용하고 있었음에도 불구하고 400톤의 펀치프레스로 작업하던 중 손이 절단되었다. 그 이유는 헐거워진 멈춤나사 때문인데, 이는 캠이 지지축에 대해 공회전하도록 허용하여 램이 내려온 후에까지 손이 빠지는 것을 지연시키게 하였다. 이 사례는 "체인은 그것의 가장 약한 연결부보다 강하지 않다."라는 오래된 격언을 설명한다. 멈춤나사의 허용할 수 없는 약한 연결 때문에 그렇지 않았더라면 매우 확실하고 강력할 안전장치가 무가치하게 되었다. 이런 설계에 책임이 있는 공학자가 그 부품에 대해 조금의 상상력이나 독창성을 가졌더라면 이 장치가 생산되기 전에 이런 위험성을 알아냈을 것이다.

4. 아직 걷지 못하는 유아가 누나가 타고 있던 '체력 단련용 실내 자전거'에 기어서 올라가려다 세 손가락 끝을 잃었다. 유아의 손이 아래쪽 체인에 올려졌을 때, 손이 바로 크랭크 스프로킷으로 빨려 들어갔다. 비용을 최소화하기 위하여, 체력 단련용 실내 자전거는 표준 자전거에 사용되는 저가의 대량 생산 부품들을 사용하도록 적절히 설계되었다. 그러나 불행하게도 자전거에서 보호용으로 적절하게 사용되는 체인 안전장치는 체력 단련용 실내 자전거에는 전혀 맞지 않는다. 설계에 책임 있는 공학자가 이런 위험을 예상하기에 충분한 상상력을 가진다는 것은 너무 큰 기대인가? 경제적이고 적절한 다른 안전장치 설계를 고안하기에는 공학자가 충분히 독창적이지 않아서인가? 비공학자들에 의해 고안되고 제정된 법률에 의해 이러한 종류의 상상력과 독창성이 공학자에게 강요될 필요가 있는가?

1.2.2 기술 및 지침

공학자가 안전 고찰을 충분히 **인식**하고 그의 **상상력**과 **독창성**에 대한 문제들을 받아들일 때 종종 도움이 되는 어떤 기술과 지침들이 있다. 이 중 여섯 가지가 다음에 제안된다.

1. 심각한 위험을 알아내도록 주의를 기울이면서 생산부터 마지막 폐기에 이르기까지 생산품의 **총 수명주기를 검토하라**. 제작, 이송, 저장, 설치, 사용, 수리 등의 여러 단계 동안 어떠한 종류의 상황이 발생될 수 있는지 스스로에게 질문하라.
2. 안전 규정은 **균형 잡힌 접근**을 의미함을 인식하라. 어떤 위험을 제거하기 위해 1달러의 벌금을 허용하지 말고, 같은 위험을 제거하는 데 가능한 20센트를 간과하지 말라. 위 펀치프레스의 예처럼, 캠 부착 부위가 얼마나 약한가를 간과하면서 안전 소매가 얼마나 확실한가에 만 주의를 기울이지 말라.
3. 기초 설계가 끝난 후 새로운 안전장치를 첨가하기보다는 가능한 한 기초 설계의 **전체 특징이 안전을 목표로 하게 하라**. 이러한 예는 수동 정전기 페인트 총의 개발이다. 기존의 고정식 정전기 페인트 총은 100,000볼트에서 작동하는 금속으로 된 분무 헤드를 가졌다. 정교한 보호 장치를 가진 이러한 권총형은 곧바로 비실용적인 것으로 인식되었다. 대신

에 비금속 헤드와 함께 근본적으로 새로운 전기회로가 설계되어 작업자가 고전압 헤드에 접촉하더라도 어떠한 전기적 충격도 받지 않았다. 즉 손이 헤드에 접근하면 전압은 자동적으로 떨어지고, 헤드 자체는 작업자에게 심각한 방전을 일으키지 않을 만큼 충분히 작은 커패시턴스를 가지고 있었다.

4. 가능하다면 **파손이 발생하더라도 안전한 설계**를 적용하라. 여기에 담긴 의미는 파손은 피하도록 주의를 기울이되, 만약 파손이 발생하더라도 생산품이 여전히 안전하게 되도록 설계를 하라는 것이다. 즉 파손이 전체 장치를 위험하게 만들지는 않을 것이다. 예를 들어 최초의 상용 제트 비행기는 British Comets였다. 피로 크랙(높은 고도와 지표면에서 동체 압력의 반복적인 가감에 의한)이 창 모서리에 있는 외부 알루미늄 판에서 시작하였을 때 이 중 몇 대의 비행기가 심각하게 파손되었다. 크랙이 시작된 후 얼마 되지 않아 동체 판(마치 장난감 고무풍선처럼) 전체가 찢어졌다. 비행기 추락의 원인이 밝혀진 후, 그 뒤에 생산된 제트 비행기는 동체의 길이 방향과 원주 방향의 뼈대에 외부 판을 부착시켜 파손이 발생하더라도 안전한 설계 특성을 도입하였다. 따라서 크랙이 발생하더라도, 크랙은 가장 가까이 있는 접합 부위로만 전파된다. 비교적 짧은 크랙은 비행기의 안전성을 거의 저하시키지 않는다.(이러한 형태의 파손이 발생하더라도 안전한 설계 특성은 오래된 셔츠를 찢는 상황으로 설명될 수 있다. 셔츠가 일단 찢어지기 시작하면 솔기 부위까지는 쉽게 진전되나, 솔기 부위를 가로질러 전파되기는 아주 어렵고 솔기 부위는 찢어지는 것을 정지시키게 된다.) 파손 발생 시 안전한 설계는 종종 여분의 장치를 포함하여, 하나의 하중지지 장치가 파손되면 제 이의 장치가 전체 하중을 받을 수 있도록 한다. 이는 '벨트와 멜빵' 설계 철학으로도 알려져 있다.(극단적인 경우에는 안전핀이 세 번째 장치로 적용될 수 있다.)

5. **정부와 산업체 표준**(OSHA와 ANSI 등)을 조사하고, 법적 요구조건이 포함되어 있으며 다른 사람의 안전 경험을 참고할 수 있는 적절한 기술적 문헌을 조사하라. OSHA 규약은 정부의 웹사이트인 http://www.osha.gov로부터 다운로드할 수 있다. ANSI 표준에 대한 특정 주제는 http://www.ansi.org에서 찾을 수 있다. 나라별, 지역별 및 국제적 표준과 규정집은 http://www.nssn.org를 참고하면 된다.

6. 가능한 한 안전하게 설계된 후에도 남아 있는 모든 심각한 위험에 대한 **경고**를 하라. 각 생산품을 개발한 공학자가 이러한 위험을 가장 잘 인식하고 있다. 경고는 위험에 처하게 되는 사람에게 가능한 한 가장 확실한 방법으로 주의를 환기시키도록 고안되어야 한다. 기계 자체에 부착되는 눈에 띄는 경고 표시가 보통 최상의 방법이다. 경고 표시에 관련된 OSHA와 ANSI 표준이 있다. 위험 경고에 관한 더 자세한 정보는 기계에 수반되는 설명서나 작동 매뉴얼에 적절히 수록되어야 한다.

다른 방법으로 상기한 기술이나 지침을 적용하기 위해서는 참고문헌 [9]에 있는 다음 사항을 고려하면 된다.

1. 제품의 사용 범위를 기술하라.

2. 제품이 사용되는 환경을 확인하라.
3. 사용자 수를 기술하라.
4. 결과로 나타나는 손상의 발생 가능성과 심각성에 대한 평가를 포함하여 가능한 모든 위험이 발생하는 것으로 가정하라.
5. 위험을 효과적으로 경감시키거나 제거시키도록 기대되는 경고나 지침을 포함하는 설계나 생산 기술에 대한 대안을 기술하라.
6. 다음 사항을 포함하여 제품의 기대되는 작동 규격에 관한 상기 대안을 평가하라.
   a. 대안 설계에 의해 나타나는 다른 위험성
   b. 대안 설계가 제품의 유용성에 미치는 영향
   c. 대안 설계가 제품의 가격에 미치는 영향
   d. 유사 제품들과의 비교
7. 최종 설계에 어떤 특징이 포함되어야 할지를 결정하라.

미국 국립안전협회(National Safety Council, www.nsc.org 참조)에서는 상해를 최소화하도록 장비를 설계하는 지침을 규정한 설계 계통도를 제공한다. 설계 우선순위는 다음과 같으며 참고문헌 [10][1]에 주어져 있다.

1. **위험을 제거하거나 최소화하도록 설계하라.** 설계 과정의 처음부터 위험성을 제거하는 것이 최우선이 되어야 한다.
2. **안전장치를 포함하라.** 설계 선택을 통하여 위험이 적절히 감소되거나 제거될 수 없다면 차선책은 위험을 허용되는 수준까지 감소시키는 것이다. 이는 보호장구나 안전장치를 이용하여 이룰 수 있다.
3. **경고장치를 제공하라.** 어떤 경우 초기 설계 결정이나 제공된 안전장치를 통해 확인된 위험성이 제거되거나 허용되는 수준까지 감소될 수 없다. 이 경우 경고가 가능한 해결법이 된다.
4. **안전한 작동 절차를 개발 및 이행하고 안전교육 프로그램을 도입하라.** 설계 결정이나 제공된 안전장치 혹은 경고장치를 통해 위험성이 제거되거나 허용되는 수준까지 감소될 수 없을 경우 안전한 작동 절차와 이에 대한 교육은 피해를 최소화하는 데 필수적이다.
5. **개인 보호장구를 사용하라.** 다른 모든 기법들이 위험을 제거하거나 조절할 수 없을 경우 상해나 질병을 방지하는 개인 보호장구가 피고용인에게 제공되어야 한다.

1.2.3 제품 설계에 대한 문서화

제품 설계에 대한 문서화는 비용이 들지만 발생할 수 있는 소송을 위해 필요하다. 참고문헌 [11]에 분류되어 있는 이러한 문서화는 다음 표와 같다.

[1] 꺾쇠괄호 안에 있는 숫자는 각 장의 끝에 번호가 매겨진 참고문헌에 해당한다.

설계 문서화 항목	
항목	**설명**
위험에 대한 자료	과거의 현장 혹은 실험실 시험 및 원인 분석
안전 설계 체계화	사고 결과 예상 계통도, 파손 형태, 위험 분석
경고와 지침의 체계화	개발과 선택에 대한 방법
표준	사내의 자발적인 또는 지시에 의한 설계 혹은 성능 요건의 이용
품질 인증 프로그램	절차 선택이나 생산 기록에 대한 방법
생산 효율	절차 보고 및 절차 준수 서류, 자료 획득 및 분석에 대한 추적 자료, 리콜, 장비 개조, 지침과 경고 수정
의사 결정	의사 결정을 '누가', '어떻게', '왜'

설계 과정을 문서화함으로써 일반적으로 더 안전한 제품이 생산된다. 또한 제품 설계를 문서화하는 과정에서 상상력과 창의성이 고취될 수도 있다.

1.2.4 비기술적 측면

안전공학은 근본적으로 **개개인**에 연관된 중요한 **비기술적 측면**들을 포함한다. 공학자의 안전에 관한 노력이 효과적이기 위해서는 공학자가 비기술적 측면들을 숙지하여야만 한다. 이런 부류에 속하는 세 가지 측면이 다음에 제안된다.

1. 생리적이고 심리적인 개개인의 **능력** 및 **특성**. 어떤 장치가 사용될 때, 강도, 접근성, 내구성이 관련된 개인의 생리적인 한계 내로 유지되어야만 한다. 기구 및 조절 장치의 배열, 작동요건에 대한 정신적 특성이 심리학적인 인자와 부합하여야 한다. 사고의 가능성이 제거될 수 없으면, 사고 시 개인에 가해지는 중압감이 피해 정도를 최소화하는 값으로 제한되도록 설계를 조정하여야 한다.
2. **의사소통**. 공학자는 설계에 포함된 안전 조항의 원리와 조작을 다른 사람들에게 알려야 하고, 많은 경우 이러한 안전 조항을 적절히 이행하도록 이해시켜야 한다. 예를 들어 만약에 사용되지 않는다면 효과적인 오토바이 헬멧을 개발하는 것이 얼마나 가치 있는 것인가? 혹은 작업자가 한 손으로 담배를 피우느라 한쪽 스위치를 닫을 수 없다면 펀치프레스에 양손을 위한 안전 스위치를 다는 것이 얼마나 현명한 것인가? 불행히도 의사소통이 아주 효과적으로 이루어지더라도, 이것이 작업자가 장치를 적절하게 사용하는 것을 항상 보장하지는 않는다. 아무리 설득해도 많은 사람들이 안전벨트를 자발적으로 사용하지 않기 때문에 에어백이 차에 설치되어야 할 필요가 있다는 예처럼, 부적절한 사용은 논쟁을 불러일으킬지도 모른다. 이러한 논쟁을 해결하기 위해서는 여러 방면으로부터 정보의 효과적인 제공이 필요하며, 이들 중 하나는 확실히 공학자로부터 제공되어야 한다.
3. **협동**. 안전을 지향하는 노력이 효과적이기 위해서는 공학자들이 정부, 경영, 판매, 수리, 법률 등 타 분야의 구성인들과 효과적으로 협동해야 할 필요성이 있음을 상기한 논쟁은 설명하고 있다.

1.3 생태학적 고찰

인간은 본질적으로 공기, 물, 음식을 취하기 위해서 주위 환경에 의존하고, 의복과 집을 위해서는 물질에 의존한다. 원시 사회에서는 인간이 만든 폐기물이 자연의 능력으로 재생되어 반복 사용되어 왔다. 하수구와 쓰레기 더미가 생겨난 후, 자연은 더 이상 정상적인 기간 안에 이러한 폐기물들을 재생시키지 못하고, 자연의 생태학적 사이클이 방해를 받게 되었다. 전통적인 경제 시스템에서는 제품이 대량 생산되어 자원 소비와 생태학적 손상이라는 측면에서의 실제 비용을 반영하지 못하는 가격에서 제품이 팔리게 되었다. 사회가 이러한 문제를 더 인지하게 됨으로써, 법률적인 요구와 현실적인 전체 비용에 대한 규정이 공학 설계에 점점 더 큰 영향을 미치고 있다. 공학이 미치는 가장 유용한 영향이란 상기한 문제들에 대한 사회적 판단을 이끌어 내는 것이라는 사실은 아주 중요하다.

생태학적 인자에 대한 기계공학 설계의 기본 목표는 간단하게 다음과 같이 언급될 수 있다. 즉 (1) 공기, 토양, 물의 오염을 야기하지 않고, 합리적인 기간 안에 경제적으로 재생되는 물질을 사용하는 것과 (2) 재생되지 않는 에너지원(화석 연료 등)을 보존하고 열 공해를 최소화시키기 위해 이러한 에너지원의 소비를 최소화하는 것이다. 어떤 경우에는 소음 공해의 최소화 또한 고려되는 인자가 된다.

안전성 고찰과 마찬가지로, 응력과 처짐 같은 문제보다 생태학적 인자는 공학자가 해결하기에 훨씬 어렵다. 고려되어야 할 문제점들이 다음에 제안되어 있다.

1. 적절하다고 판단되는 **기본 설계 목표**의 모든 양상을 고려하라. 예를 들어 어떤 중요한 댐 건설의 전반적인 장점에 대해 의문이 제기될 수 있다. 대안적 접근 방법을 따르는 것을 더 바람직하게 하는 생태학적 부작용이 있는가? 고속도로 시스템의 확장이나 특정 대중 이송 시스템의 설계를 맡기 전에, 공학자는 가지고 있는 가장 유용한 지식과 판단으로 제안된 계획이 최선의 대안인지 아닌지 결정하여야 한다.
2. 기본 설계 목표를 받아들인 후, 다음 단계는 제안된 설계에 구현될 **모든 개념들**에 대해 재검토하는 것이다. 예를 들어 부품화 개념은 적절한 방법이며, 이는 파손되어 더 이상 사용할 수 없는 요소와 부품들은 원품을 대체할 수 있는 최신 부품으로 교체될 수 있는 것이다. 가정용 세탁기의 모터와 변속기 조합은 이런 접근 방법의 적절한 좋은 예이다. 또 다른 예로는 주방 설비에 있어 새로운 실내 장식 계획에 따라 전체 설비를 바꾸지 않고도 외부 장식 판만 교환하도록 하는 방법이 있다.
3. 다른 중요한 고려 사항은 **재활용을 위한 설계**이다. 새로운 설계를 고안할 때, 공학자가 전체 장비 혹은 부품들의 폐기나 재사용을 포함하여 전체 생태학적 사이클을 고려해야 하는 것이 점점 더 중요해지고 있다. 자동차를 생각해 보자. 재사용할 수 있는 부품(수리를 하든지 혹은 하지 않든지)들은 폐차로부터 쉽게 제거될 수 있도록 만들어져야 한다. 부품의 분해 및 유형별 분류는 가능한 쉽고 경제적으로 이루어져야 한다. 예를 들어 30피트 높이에서 폐차를 떨어뜨렸을 때 모든 체결 요소들이 부서지도록 차를 만들어야 한다는 다소 재미있는 제안도 있었다. 그런 다음 재처리를 위해 자동 장치가 유형별로 부품들을

분류한다. 구리가 쉽게 수거되도록 한 조각으로 분리되는 배선 장치의 사용과 같은 현실적인 제안도 있다.

이러한 방향으로 재활용 처리 과정을 개발하는 데 있어, 오래된 부품을 버리고 새 부품을 사용하는 비용에 비해 재활용을 위해 회사가 부담하는 비용이 사회에 부과되는 전체 실비용을 반영한다는 것은 바람직하다. 만약에 경쟁사가 상기한 전체 비용을 반영하지 않은 저가의 새로운 부품을 사용한다면, 자원을 보호하고 공해를 줄이기 위해 고가의 재활용 처리를 하는 어떠한 회사도 사업을 지속할 수 없을 것이다.

4. 생태학적 인자를 고려하여 **물질**을 선택하라. 여기서 중요한 것은 필요한 자원, 공정에 필요한 에너지, 오염 처리(공기, 물, 땅, 열, 소음), 재활용성에 대해 알려진 본질적 유용성이다. 이상적으로는 이러한 모든 요소들이 가격 구조에 적절히 반영되어야 하며, 이는 과거보다 미래에 더 잘 이루어질 수 있을 것이다.

   고려되어야 할 또 다른 인자는 교환되는 부품에 사용되는 대체 재료의 상대적인 내구성이다. 예를 들어 재료를 스테인리스강으로 대치함으로써 발생하는 면도날 수(폐기된 면도날 수)의 감소를 생각해 보자.(면도날을 버리기보다는 날을 다시 예리하게 만드는 편리하고 효과적인 방법을 고안하는 것이 전반적으로 더 좋은 방법인가?)

   공학자는 재활용을 위한 재료의 **적합성** 또한 고려하여야 한다. 예를 들면 아연 주조물은 폐차가 녹을 때 얻어지는 폐기물의 질을 떨어뜨린다.

5. **공정**을 결정할 때 생태학적 인자들을 고려하라. 여기서 중요한 것은 모든 종류의 공해, 에너지 소비, 재료 사용의 효율성이다. 예를 들면 압연, 단조와 같은 제조 공정은 절삭 공정보다 더 적은 재료를 사용한다(폐기물을 적게 발생시킨다). 또한 여기에는 에너지 소비에 중요한 차이가 있을 것이다.

6. **포장**은 자원 보존과 오염 감소를 위해 중요한 분야이다. 재사용할 수 있는 판지와 포장용 재생물질의 사용은 점점 더 관심을 끌고 있는 두 분야이다. 아마도 생태학적으로 가장 바람직한 포장은 널리 사용되고 있는 아이스크림 용기인 콘일 것이다.

주위 환경을 보호한다는 것은 매우 중요한 일이다. 고 스티븐슨(Adlai Stevenson)이 말한 것처럼, "우리는 공기와 토양의 불안정한 공급에 의존한 채 작은 우주선의 승객으로 함께 여행한다. …… 오직 주의와 노력, 그리고 내 생각으로는 사랑에 의해 멸망으로부터 보존되어, 우리는 부서지기 쉬운 연약한 우주선에 승선하고 있다."

1.4 사회적 고찰

학생들이 잘 아는 것처럼 어떠한 공학 문제에 대한 해법도 문제의 정확한 정의로부터 시작한다. 그러므로 기계공학 설계를 할 때 주어진 문제를 가장 넓은 의미의 용어로 정의해 보자. 이 장의 서론에서 다음과 같은 정의를 제시하였다. 즉 어떤 공학 설계도 그 근본적인 목적은 인간을 이롭게 할 기계나 장치를 제공하는 것이다. 이 정의를 적용하기 위해, 좀 더 특정한 용

표 1.1 삶의 질 지수(LQI)를 구성하는 기본적인 인자들의 목록

1. *Physical health*
2. *Material well-being*
3. *Safety* (crime and accident rates)
4. *Environment* (air, water, land, and natural resource management)
5. *Cultural–educational* (literacy rate, public school quality, college attendance among those qualified, adult educational opportunities, library and museum facilities, etc.)
6. *Treatment of disadvantaged groups* (physically and mentally handicapped, aged, etc.)
7. *Equality of opportunity* (and stimulation of initiative to use opportunities)
8. *Personal freedom*
9. *Population control*

어로 고찰해 볼 필요가 있다. 한 인자가 인간을 어떻게 이롭게 하는가? 어떤 척도가 그러한 이익을 측정하기 위해 사용될 수 있는가? 문제의 목적을 정확하게 정의하여 수식화하는 것과 결과를 평가하는 수단을 고안하는 것은 공학도의 특수한 영역에 속한다.

저자는 인간이 추구하는 것뿐만 아니라 공학 설계의 근본적인 목표는 사회 내에서 삶의 질을 높이는 것이고, 이는 삶의 질 지수(LQI)라는 용어로 평가될 수 있다고 제안한 바 있다 [2]. 이 지수는 우리에게 친숙한 용어인 '국민 총생산'과 어떤 의미에서 유사하나, 훨씬 넓은 의미를 가진다. LQI의 적절한 구성에 대한 판단은 물론 사회의 각 분야와 시대에 따라 다소간 차이가 있다.

LQI의 개념을 설명하기 위해, 표 1.1은 대부분의 사람들이 포함되어야 한다고 인정하는 중요한 인자들의 목록을 보여 준다. 가장 중요하게 보이는 인자에 100을 할당하고 나머지를 중요도에 따라 가중치를 부여할 수도 있다. 그런 다음 각 인자들에 같은 비를 곱하여 전체 합이 100이 되게 한다.

표에 있는 목록은 주어진 시대, 주어진 사회 분야에서 LQI를 얻기 위해 반영하는 사고방식에 대한 아주 개략적이고 단순화된 지침이다. 그러나 인간을 이롭게 한다는 공학의 목표를 수행하는 데 있어, 적절한 판단을 내리기 위해 이러한 방법으로 사고해야 한다.

공학 설계와 개발이라는 광범위한 분야에 종사하는 공학자의 전문적인 기여는 한 집단의 LQI를 결정하는 데 중요한 역할을 한다. 그림 1.1은 공학에 의한 생산품이 관련된 사회적

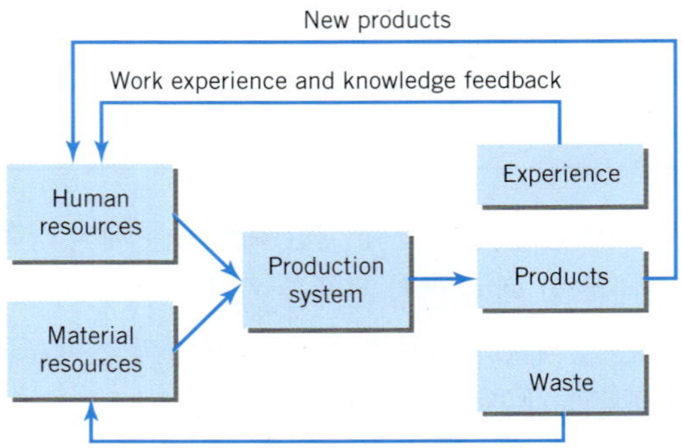

그림 1.1 공학에 의한 생산품이 관련된 사회적 관계.

표 1.2 욕구에 대한 매슬로의 계통도

1. Survival	4. Status
2. Security	5. Self-fulfillment
3. Social acceptance	

인 관계를 기술한다. 집단의 대부분 구성원들은 연구, 설계, 개발, 제작, 판매, 수리와 같은 일을 하나 혹은 그 이상 수행하는 조직 내에서 일을 한다. 이러한 사람들의 노력이 적절한 자원과 결합하여 유용한 제품, 폐기물, 경험을 낳게 하는 생산 시스템으로 투입된다. 경험은 두 가지 종류가 있다. 즉 (1) 건설적이고 만족스러운 것으로 각 개인의 직접적인 작업 경험과 (2) 추후 개선될 수 있는 전체 계의 효율성에 대해 얻어진 경험적 지식이다. 만들어진 제품은 장기·단기 재활용 물자가 되거나 공해가 되어 폐기될 때까지 사람들에게 편의를 제공한다.

유용한 LQI는 심리학적인 인자도 고려하여야 한다. 이 분야의 책은 상기한 광범위한 주제에 대해 간단한 소개만을 포함할 수도 있다. 그러나 이 간단한 소개로도 학생들이 이 기초 분야에 일생 동안 관심을 갖도록 만들수 있을 것이다.

사람들은 끊임없이 변하고, 종종 이해하기 힘든 특성을 보이는 것을 우리는 알고 있다. 그러나 모든 시대 모든 개인에 걸쳐 변하지 않고 남아 있는 인간의 고유한 특성과 욕구가 존재함을 우리는 또한 알고 있다. 이들은 브랜다이스 대학의 심리학자였던 고 매슬로(Abraham Maslow)가 제안한 **인간 욕구의 단계**로 표현된 바 있다[4, 5]. 쉽게 기억되도록 이들은 'S'로 시작하는 다섯 개의 주제어로 표 1.2에 나타나 있다[3].

첫 번째 단계는 의식주—음식, 집, 옷, 휴식—와 같은 당면한 **생존**에 대한 욕구이다.

두 번째 단계는 개인의 안전과 미래의 생존에 대한 **안전 보장**이다.

세 번째 단계는 **사회적 믿음**이다. 사람들은 가족, 파벌, 혹은 다른 집단에 소속되어 서로 영향을 줄 필요가 있다. 즉 사람들은 사랑과 믿음을 필요로 한다.

네 번째 단계는 사회 집단에 융화되려고 할 뿐만 아니라 집단으로부터 존중과 존경을 받고자 하는 욕구인 지위 혹은 인정이다.

가장 높은 단계는 개인에 잠재된 최대 능력에 도달하는 발전과 그 결과 내적 만족의 달성인 **자기성취**이다.

어느 시대에서도 집단과 국가는 상기한 단계의 하나 이상에서 기능을 한다. 그러나 이 단계들은 원시적 사회로부터 성숙하고 풍족한 삶의 질로 이끄는 일반적인 발전 경로를 의미한다.

역사적으로 공학적 노력은 우선 욕구 1과 2를 만족시키는 방향으로 행해져 왔다. 최근에 소비자의 더 높은 수준의 욕구를 만족시키기 위해, 기본적인 생존과 안전의 욕구를 넘어서는 제품을 사회에 공급하도록 설계되는 생산 시스템이 점점 증가되어 왔다. 작업자들에 대해서는, 최근의 '직업 확대' 혹은 '직업의 질 향상' 계획이 작업자들을 위한 높은 단계의 욕구 3, 4, 5를 향해 있다는 것은 흥미로운 사실이다.

인간 사회의 기본적인 요소는 **변화**이다. 공학자는 오늘날 사회의 요구뿐만 아니라 앞으로 다가올 사회 변화의 방향과 속도도 이해하여야 한다. 더욱이 기술—기계 제품이나 관련된 생산 시스템—이 이러한 변화에 미치는 영향도 이해하여야 한다. 공학 분야 직업의 가장 중요한 목표는 사회에 영향을 주어 삶의 질 지수를 높이는 방향으로 변화를 촉진시키는 것이다.

1.5 전반적인 설계 고려 사항

대부분의 공학 설계는 여러 가지 고려 사항들을 포함하며, 이러한 사항들을 적절한 비율로 고려하는 것은 공학자들에게 어려운 문제 중 하나이다. 이 책에 제시된 어떠한 방법도 적절하고 완전할 수는 없지만, 관련된 주요 부류를 체계적인 방법으로 목록화하는 것이 도움이 될 것이다(표 1.3 참조).

요소의 재료에 대한 전통적인 고려 사항은 (a) 강도, (b) 처짐, (c) 무게, (d) 크기와 형태를 포함한다. 요소의 표면에 대한 전통적인 고려 사항은 (a) 마모, (b) 윤활, (c) 부식, (d) 마찰력, (e) 마찰열이다.

공학자가 풍부한 상상력으로 독창적인 해를 얻기까지는 여러 가지 설계 고려 사항들이 종종 서로 모순이 되는 경우가 있다. 그림 1.2에 있는 다음의 적재용 트럭 설계가 간단한 한 예가 된다.

원하는 심미적인 외형을 갖도록 하는 설계 목적은 겉으로는 비용 제한과 서로 모순되어 보인다. 적합한 금속 형틀은 가격이 너무 비싸고, 값싼 공구로 작업하는 것은 부품들의 부정확한 결합을 낳게 한다. 이러한 경우 해결 방법은 설계에 있어 부정확한 결합을 계획적으로 활용하고, 정밀 조립의 필요성을 없애는 것이다. 이 부정확한 결합은 트럭이 단단한 외관을 갖도록 이용되었다. 예를 들면 엔진 덮개 아래의 틈은 트럭의 견고한 수평선을 부각시키며, 몇 개의 프레임과 상판 사이의 용접 결합을 조화롭게 보이게 위장한다. 이는 또한 덮개를 올리기 위한 손잡이도 제공한다. 또 다른 틈(그림에 나타나 있지 않음)은 기기 전체가 강 구조물 위에 떠 있는 것처럼 보이게 하여, 큰 공차가 있는 것을 숨기고 있다. 큰 엔진 덮개는 활짝

표 1.3 설계 고려 사항들의 주요 부류

Traditional Considerations	Miscellaneous Considerations
1. Materials	1. Reliability and maintainability
2. Geometry	2. Ergonomics and aesthetics
3. Operating conditions	3. Assembly and disassembly
4. Cost	4. Analysis
5. Availability	
6. Producibility	
7. Component life	
Modern Considerations	
1. Safety	
2. Ecology	
3. Quality of life	

그림 1.2 저비용과 함께 기능적, 심미적이며 독특한 외관을 갖도록 설계된 적재용 트럭.(Clark Material Handling Company 제공.)

열어 엔진에 접근할 수 있도록 만들어 유지 및 보수를 간단하게 한다. 또한 덮개가 의자를 지지하도록 하여 비용을 더욱 절감시키고, 깨끗하고 정돈된 외관을 추가로 제공한다.

1.6 단위계[2]

정치적 현안과 경제 세계화 때문에 공학자들은 몇 개의 다른 단위계를 사용하는 불편함을 겪고 있으므로, 세 가지 다른 단위계가 이 책에서 논의된다. 부록 A-1에 이러한 단위계와 관련된 단위, 단위계 사이의 환산 계수, 표준 약어법이 나타나 있다.

공학 계산에 사용되는 물리량에 대한 **단위(unit)**는 매우 중요하다. 단위는 특정 물리량의 크기를 정의하며, 동종의 다른 물리량이 비교를 통해 결정된다. 예를 들어 인치, 피트, 마일, 센티미터, 미터, 킬로미터들은 모두 **길이의 단위**이며, 초, 분, 시간은 **시간의 단위**들이다.

물리량들은 법칙과 정의에 의해 서로 관련되어 있기 때문에 작은 수의 물리량, 즉 **기본 차원(primary dimension)**만으로 다른 모든 물리량을 충분히 나타낼 수 있다. 반면에 **유도 차원(secondary dimension)**은 기본 차원에 의해 표현되는 물리량들이다. 예를 들어 질량, 길이, 시간이 기본 차원이라면 면적, 밀도, 속도는 기본 차원으로 표현되는 유도 차원이 된다.

물리학 또는 공학에 사용되는 물리량들을 관련시키는 수식들은 등차원 방정식이다. **등차원 방정식**은 각 항이 같은 차원을 가져야 한다. 뉴턴의 제2법칙($\mathbf{F} \propto m\mathbf{a}$)은 **힘, 질량, 길이,**

[2] 이 절은 참고문헌 [1]에서 발췌되었다.

시간의 차원들을 서로 관련시킨다. 만약 길이와 시간이 기본 차원이라면, 등차원 방정식인 뉴턴의 제2법칙은 차원(단위)을 가진 비례 상수를 도입하지 않고는 힘과 질량이 기본 차원이 될 수 없음을 요구한다.

모든 단위계에서 공통으로 사용되는 기본 차원은 길이와 시간이다. 힘의 경우 어떤 계에서는 기본 차원으로 선택되나, 다른 계에서는 질량이 기본 차원으로 사용된다. 세 개의 기본 단위계가 역학에 적용되고 있다.

1. 힘[*F*], 질량[*M*], 길이[*L*], 시간[*t*]
2. 힘[*F*], 길이[*L*], 시간[*t*]
3. 질량[*M*], 길이[*L*], 시간[*t*]

단위계 1에서는 길이[*L*], 시간[*t*], 그리고 힘[*F*]과 질량[*M*] 모두가 기본 차원으로 선택된다. 이 단위계에서는 뉴턴의 제2법칙($\mathbf{F}=m\mathbf{a}/g_c$)에 있는 비례 상수 g_c가 무차원량이 아니며, 등차원 방정식이 되기 위해서는 g_c의 차원이 $[ML/Ft^2]$이 되어야 한다. 단위계 2에서는 질량[*M*]이 유도 차원으로 사용되고, 뉴턴의 제2법칙에 있는 비례 상수는 무차원량이 된다. 단위계 3에서는 힘[*F*]이 유도 차원으로 사용되어, 뉴턴의 제2법칙에 있는 비례 상수는 무차원량이 된다. 각 기본 물리량을 정의하기 위해 선택된 단위들은 비례 상수의 수치를 결정하게 해 준다.

이 책에서는 SI 단위계, 영국식 중력 단위계 및 영국식 공학 단위계가 사용될 것이다. 이들 단위계에 사용되는 기본 단위들이 표 1.4에 정리되어 있으며, 아래에 이들 내용이 설명되어 있다. 뉴턴의 제2법칙은 SI 단위계와 영국식 중력 단위계에서는 $\mathbf{F}=m\mathbf{a}$로 정의되고, 영국식 공학 단위계에서는 $\mathbf{F}=m\mathbf{a}/g_c$로 정의된다. 각 단위계에서 뉴턴 제2법칙의 비례 상수가 세 개의 단위계를 비교하는 그림 1.3에 수록되어 있다. SI 단위계와 영국식 중력 단위계에서는 비례 상수가 무차원량이며, 크기가 1이다. 질량 m을 가진 물체에 작용하는 중력(무게)은 SI 단위계와 영국식 중력 단위계에서는 $W=mg$로 주어지고, 영국식 공학 단위계에서는 $W=mg/g_c$가 된다.

1. **영국식 공학 단위(*FMLt*).** 영국식 공학 단위계에서는 힘, 질량, 길이 및 시간을 기본 차원으로 한다. 이러한 기본 차원들에 사용되는 기본 단위들이 그림 1.3에 표기되어 있다. 기

표 1.4 길이, 시간, 질량, 힘에 대한 영국식 공학 단위, 영국식 중력 단위 및 SI 단위[8]

	English Engineering [*FMLt*]		British Gravitational [*FLt*]		SI [*MLt*]	
Quantity	**Unit**	**Symbol**	**Unit**	**Symbol**	**Unit**	**Symbol**
Mass	pound mass	lbm	slug	slug	kilogram	kg
Length	foot	ft	foot	ft	meter	m
Time	second	s	second	s	second	s
Force	pound force (=32.1740 lbm·ft/s^2)	lb (or lbf)	pound (=1 slug·ft/s^2)	lb	newton (=1 kg·m/s^2)	N

System of Units	Standard Objects	Mass (of standard object)	Weight (standard earth gravitational field)	Constant of Proportionality	Newton's Second Law
English Engineering [$FMLt$]		1 lbm	1 lb	$g_c = 32.1740 \frac{\text{ft} \cdot \text{lbm}}{\text{lb} \cdot \text{s}^2}$	$\mathbf{F} = m\mathbf{a}/g_c$
British Gravitational [FLt]		1 slug (=32.2 lbm)	32.2 lb	1	$\mathbf{F} = m\mathbf{a}$
SI [MLt]	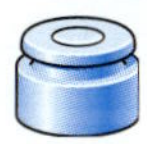	1 kg (=2.2046 lbm)	9.81 N (=2.2046 lb)	1	$\mathbf{F} = m\mathbf{a}$

그림 1.3 힘(무게)과 질량에 사용되는 단위들의 비교. 각 표준 질량에 대한 무게는 표준 지구 중력 가속도장(g=9.81 m/s^2 혹은 g=32.2 ft/s^2)에서만 유효함을 주의하라.

본 단위들은 파운드 하중(lb), 파운드 질량(lbm), 피트(ft), 그리고 초(s)이다.

1파운드의 하중은 1파운드 질량을 표준 지구 중력 가속도 32.2 ft/s^{2}와 같은 크기로 가속시킨다.

뉴턴의 제2법칙은

$$\mathbf{F} = m\mathbf{a}/g_c \tag{1.1a}$$

으로 정의된다. 이 법칙으로부터

$$1 \text{ lb} \equiv \frac{\text{lbm} \times 32.2 \text{ ft/s}^2}{g_c}$$

혹은

$$g_c \equiv 32.2 \text{ ft} \cdot \text{lbm/lb s}^2$$

이며, 비례 상수 g_c는 단위와 차원을 가진다.

2. 영국식 중력 단위(FLt). 영국식 중력 단위계에서는 힘, 길이, 시간을 기본 차원으로 취급한다. 기본 단위들로 힘에는 파운드(lb), 길이에는 피트(ft), 시간에는 초(s)가 사용된다. 이 단위계에서 질량은 유도 차원이다. 뉴턴의 제2법칙은

$$\mathbf{F} = m\mathbf{a} \tag{1.1b}$$

이며, 뉴턴의 제2법칙을 적용하면 질량의 단위인 슬러그(slug)는

$$1\text{슬러그} \equiv 1 \text{ lb} \cdot \text{s}^2/\text{ft}$$

로 정의된다.

1파운드의 힘은 1슬러그를 1 ft/s^{2}로 가속시키기 때문에 이는 1/32.2 슬러그를 32.2 ft/s^{2}로 가속시키는 것이 된다. 1파운드 질량 또한 1파운드의 힘에 의해 32.2 ft/s^{2}로 가속된다. 따라서

$$1 \text{ lbm} = 1/32.2 \text{ 슬러그}$$

이 된다.

3. SI 단위(MLt). SI 단위계는 질량, 길이, 시간을 기본 차원으로 한다. 기본 단위들로 질량에는 킬로그램(kg), 길이에는 미터(m), 시간에는 초(s)가 사용된다. 이 단위계에서는 힘이 유도 차원이다. 뉴턴의 제2법칙은

$$\mathbf{F} = m\mathbf{a} \tag{1.1c}$$

이며, 이 법칙을 이용하면 힘의 단위인 뉴턴(N)은

$$1 \text{ N} \equiv 1 \text{ kg} \cdot \text{m/s}^2$$

로 정의된다.

힘, 토크, 응력(압력), 일(에너지), 동력, 탄성 계수의 계산에 힘의 단위가 널리 사용되므로 기계공학 설계나 해석에 있어 힘의 단위는 특히 중요하다. SI 단위계에서 1뉴턴이 평균 크기의 사과 무게(혹은 평균 크기의 사과에 작용하는 지구 중력)에 근사하다는 것은 흥미로운 사실이다.

부록 A-2는 SI 단위에서 표준으로 사용되는 접두어를 보여 준다. 부록 A-3, A-4, A-5는 응력과 처짐 방정식을 푸는 데 편리하게 사용되는 SI 단위 접두어의 적절한 조합을 나열하고 있다.

1.7 기계요소 문제를 해결하는 방법론[3]

기계요소 문제를 해결하기 위한 근본적인 방법은 문제를 정확하게 수식화하고 그 해를 정확히 구하는 것이다. 문제를 수식화하기 위해서는 물리적 현상을 고찰한 후 이에 대해 적절하게 수학적으로 표현해야 한다. 물리적 현상을 수학적으로 표현한다는 것은 실제 물리적 현상을 정확하게 나타내는 것이 아니라 근사화하여 이상적으로 기술하거나 모델링하는 것이다.

기계요소 문제를 해결하는 첫 단계는 문제를 정의(혹은 이해)하는 것이다. 다음 단계는 구조를 정의(혹은 종합)하고, 주위 환경과의 상호 작용을 확인하여, 개인의 선택과 결정을 기록하고 관련된 도식도를 그리는 것이다. 그런 다음, 적절한 물리법칙이나 관계식, 요소 혹은 계의 형상과 성능을 매개변수로 관련시키는 법칙을 적용하고, 적절한 가정을 내려 문제를 해석하도록 하여야 한다. 마지막 단계는 결과의 타당성을 조사하고 필요하다면 해에 대해 검토를 하는 것이다. 대부분의 해석들은 직접적 혹은 간접적으로

- 정역학과 동역학
- 재료 역학
- 공식(표, 도식, 도표)
- 질량 보존의 법칙
- 에너지 보존의 법칙

들을 적용한다.

더욱이 공학자들은 기계요소에 사용되는 재료들의 물리적 특성들이 서로 어떻게 연관되는지를 알 필요가 있다. 여기에는 뉴턴의 제3법칙뿐만 아니라 제1법칙, 제2법칙 그리고 대류 열전달 방정식, 푸리에 열전도 모델 또한 그 역할을 할 수도 있다. 가정은 보통 문제를 단순화하기 위해서 필요하며, 방정식과 관계식이 적절하고 유효한지 확인하기 위해서도 필요하다. 마지막 단계는 결과의 타당성을 검토하는 내용을 포함한다.

[3] 이 절은 참고문헌 [6]에서 발췌되었다.

이 교재의 주된 목적은 학생들로 하여금 기계요소에 관련된 공학 문제를 해결하는 방법을 습득하도록 돕는 것이다. 이를 위해 각 장마다 풀이가 있는 많은 예제들과 문제들이 제공되어 있다. 오직 연습을 통해서만 기본 지식을 습득할 수 있으므로 예제를 공부하고 문제들을 풀어보는 것은 아주 중요하다.

문제를 풀고 결과의 활용도를 높이기 위해 체계적인 접근 방법을 이용하는 것이 필요하다. 이 책에서 예제를 푸는 데 적용된 것처럼 다음의 일곱 단계로 문제 해법을 구성하는 것을 추천한다. 문제 해결은 주어진 내용을 기록하는 것으로 시작되어, 결과로 얻어진 것에 대해 검토를 함으로써 완성되어야 한다.

풀이 SOLUTION

제시자료: 제시된 내용을 간략하게 기술하라. 이는 문제를 주의 깊게 읽고, 어떤 정보가 주어져 있는지 이해하는 것을 필요로 한다.

목표: 해결하여 결정될 것을 간략히 기술하라.

개요도 및 데이터: 고려되는 요소 혹은 계의 도식을 그려라. 해석을 위한 자유물체도가 적합한지 아닌지 결정하라. 문제 설명과 관련된 정보를 이용하여 요소 혹은 계의 도식에 명칭을 부여하라.

모든 물성과 주어진 매개변수 혹은 추후의 계산에 사용될지 모르는 예측치를 기록하라. 만약 적절하다면 임계점이 위치된 도식도를 그리고 가능한 파손 형태를 표시하라.

계와 자유물체도에 대한 효과적인 도식의 중요성은 아무리 강조해도 지나치지 않다. 이들은 종종 문제를 명확하게 판단하도록 하는 수단이 되기도 한다.

판단: 개인의 선택 및 판단 사항들을 기록하라. 설계 문제들은 주관적인 판단을 내리는 것을 필요로 한다. 설계 판단은 형상 변수나 재료의 종류와 같은 변수들에 대한 선택을 포함한다. 판단은 개개인의 선택이다.

가정: 문제를 어떻게 모델링하는지 기록하기 위하여, 문제를 해결할 수 있도록 만드는 모든 가정이나 이상화 조건들을 기록한다. 때로는 이러한 정보들이 도식에 기록될 수도 있다. 일반적으로 일단 설계가 완성되면, 가정은 여전히 신뢰될 수 있으며 설계 판단은 잘 내려진 것으로 본다. 가정은 실제 현상에 대한 이론이다.

해석: 개인의 판단, 가정, 이상화 조건을 이용하여, 미지수를 결정하기 위해 적절한 방정식과 관계식을 적용하라.

수치 데이터를 대입하기 전에 가능한 한 방정식들을 검토하는 것이 바람직하다. 어떤 추가 데이터가 필요한지 고찰하라. 필요한 값을 제공하는 표나 도표, 혹은 관계식을 확정하라.

이 경우 추가적인 도식이 문제를 명확하게 하는 데 도움이 될 수 있다.

모든 방정식과 데이터들이 확보되면, 수치들을 방정식에 대입하라. 등차원이 되도록 적절한 단위계들이 적용되고 있는지 주의 깊게 검사하라. 그런 다음 필요한 계산들을 수행하라.

마지막으로 수치의 크기가 타당한지 그리고 관련된 부호가 정확한지 고찰하라.

주석: 적절한 때 결과를 간략히 검토하라. 무엇을 알게 되었는지 설명하고, 해의 요점을 확인하고, 다른 설계 판단을 내렸을 경우, 어떤 가정을 하지 않았을 경우 등등에 대해 더 좋은 결과를 얻을 수 있는지 논의하라.

수학적 혹은 **공학적 모델**은 물리계나 문제들이 어떻게 표현되었는지에 대한 내용을 포함하고 있으며, 문제를 해결할 수 있는 형태로 변환시키는 가정이나 이상화가 모델 내에 표현되어 있다. 상기한 기계요소 문제를 해결하는 방법론에 의하면 그 방법은 일반적으로 개요도 및 데이터, 설계 판단, 그리고 가정으로 구성되어 있다. 일단 문제가 모델링되면 해석 과정이 뒤따르는데 설계 문제에서는 반복 계산이 일반적으로 나타나게 된다.

근사화는 물리계에 대한 수학적 모델을 얻기 위해 필요하다. 요구되는 정확도와 정보의 정확도가 근사화의 정도를 결정한다. 예를 들어 어떤 요소에 부가되는 하중이 요소 전체 무게의 몇 배가 된다면 요소의 무게는 보통 무시될 수 있다. 기계요소 문제를 수식화하고 해결하는 데 있어 적절한 가정을 내릴 수 있는 능력은 공학의 필수적인 기술이다.

특정 해석의 진행 과정 중에, 문제를 더 잘 이해하여 전 단계로 돌아가 수정이 가해질 수도 있다. 예를 들면 가정의 첨가 혹은 삭제, 설계 판단의 수정, 개요도의 수정 혹은 물성에 관한 추가적인 정보를 찾는 작업이 필요할지도 모른다.

이 책에 사용된 문제 해결 방식은 개인의 사고를 대체하는 것이 아니라 사고를 안내하기 위해 고안되었다. 따라서 이러한 일곱 단계의 기계적인 적용 자체로는 효과적인 결과를 얻는 데 도움이 되지 않으므로, 이를 피하기 위해 주의를 기울여야 한다. 각 장의 예제들이나 문제들 중 몇 개에서는 이러한 해결 방식이 불필요하고 비현실적인 것일지도 모른다. 그러나 문제가 더 복잡해질수록 이런 방법은 실수를 줄이고, 시간을 절약하며, 취급하고 있는 문제를 더 깊이 이해할 수 있게 해 줄 것이다.

1.8 일과 에너지

모든 기계 장치는 **하중**(load) 및 **운동**(motion)과 관계 있으며, 이들의 작용은 **일**(work) 혹은 **에너지**(energy)를 나타낸다. 따라서 이 기본 개념들을 여기서 검토할 필요가 있다.

요소 위의 한 점에 힘 **F**가 작용하여 이 점을 점 s_1에서 점 s_2로 움직이는 데 행한 일은

$$W = \int_{s_1}^{s_2} \mathbf{F} \cdot d\mathbf{s} \tag{a}$$

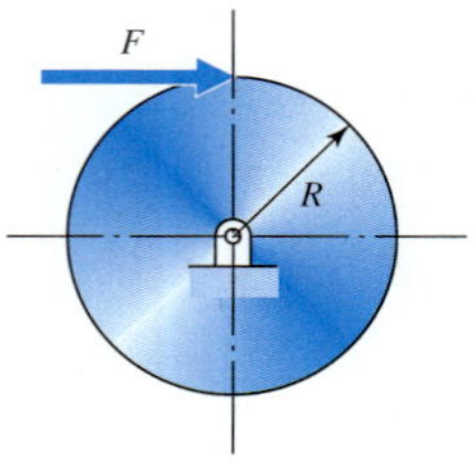

그림 1.4 접선력의 작용으로 회전하고 있는 바퀴.

이 되며, 여기서 일은 힘 벡터 **F**와 변위 벡터 $d\mathbf{s}$의 스칼라 곱으로 표현된다.

적분을 하기 위해 힘이 변위에 따라 어떻게 변하는지 알아야만 한다. W의 값은 하중 작용 중 요소와 주변 사이에 발생하는 상호 작용에 달려 있다. 적분 한계들은 '위치 1로 부터 위치 2로'를 의미하며, 위치 1과 2에서의 일의 값으로 해석되지는 않는다. 위치 1과 2에서의 일이라는 개념은 아무 의미가 없으며, 따라서 적분은 $W_2 - W_1$으로 표시되지 않아야 한다.

그림 1.4는 반경 R의 위치에 접선력 F가 작용하여 회전하고 있는 바퀴를 보여 준다. 바퀴가 q번 회전하였다고 하자. 이 경우 행한 일 W는

$$W = F(2\pi R)(q) = FS \tag{b}$$

으로 주어지고, 여기서 S는 힘 F가 작용할 동안 움직인 거리이다.

토크 T(F와 R의 곱과 같음)가 작용하여 바퀴가 각 θ만큼 회전하였다고 가정하자. 이때 행한 일 W는

$$W = F(R\theta) = T\theta \tag{c}$$

로 표현된다. 힘이나 토크로 행한 일은 요소로의 에너지 변환으로 간주될 수 있고, 여기서 일은 중력 위치에너지나 운동에너지, 내부에너지로 저장되거나, 이들 중 두 가지 형태 혹은 세 가지 형태 모두로 저장되든지 아니면 열에너지로 방출되기도 한다. 전체 에너지양은 모든 에너지 변환에서 보존된다.

일은 힘과 거리의 곱인 단위를 갖는다. 운동에너지, 위치에너지, 내부에너지의 단위는 일의 단위와 같다. SI 단위에서 일의 단위는 뉴턴·미터(N·m)이며, 줄(J)로 불린다. 일과 에너지의 영국식 공학 및 중력 단위로 피트·파운드 하중(ft·lb)과 영국식 열량 단위(Btu)가 보통 사용된다.

예제 1.1 SAMPLE PROBLEM 캠축에 필요한 토크

그림 1.5a는 **종동부**(follower)를 수직으로 움직이게 하는 회전하고 있는 **캠**(cam)을 보여 준다. 주어진 위치에서 종동부는 1 N의 힘으로 상방으로 움직이고 있다. 또한 이 위치에서 0.1 라디안(5.73°)의 캠축 회전이 종동부의 1 mm 운동에 대응한다고 결정되었다. 이 구간 동안 캠축을 회전시키는 데 필요한 평균 토크는 얼마인가?

풀이 SOLUTION

제시자료: 캠은 캠 종동부가 주어진 거리를 움직이는 동안 캠 종동부에 주어진 힘을 가한다.

목표: 필요한 평균 토크를 계산하라.

개요도 및 데이터:

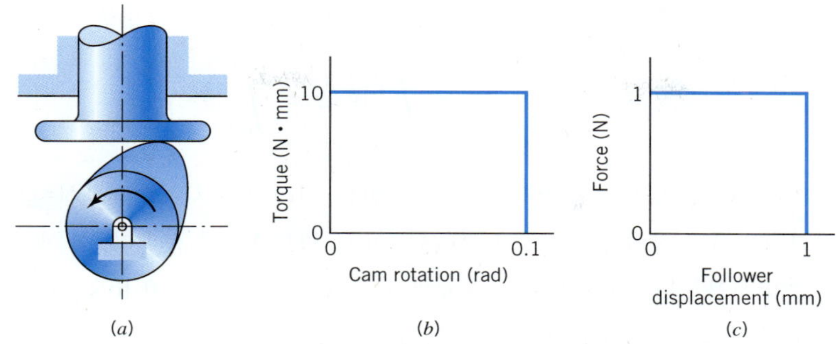

그림 1.5 예제 1.1에 사용된 캠과 종동부.

가정:

1. 토크는 회전하는 동안 일정한 것으로 간주될 수 있다.
2. 마찰 손실은 무시될 수 있다.

해석:

1. 마찰이 무시된다면, 캠축이 행한 일은 종동부가 행한 일과 같다.
2. 입력된 일$=T\theta=T(0.1$ 라디안)
3. 출력된 일$=FS=(1\text{ N})(0.001\text{ m})$
4. 입력된 일과 출력된 일을 같게 하고 T에 대해 풀면 다음과 같이 된다.

$$T = \frac{1\text{ N} \times 0.001\text{ m}}{0.1\text{ rad}} = 0.01\text{ N} \cdot \text{m} = 10\text{ N} \cdot \text{mm}$$

주석: 일정한 마찰이 있는 경우에 캠 접촉점이 종동부 면을 따라 거리 Δ만큼 움직인다면, 접촉점에서의 마찰력을 이기기 위해 행한 일은 $\mu F\Delta$가 되며, 여기서 μ는 캠과 종동부 사이의 마찰 계수이고, F는 상방으로 작용하는 힘이다.

1.9 동력

많은 기계 설계 해석들은 에너지가 전달되는 시간 변화율에 관련되어 있다. 일에 의한 에너지 전달률을 **동력**(power)이라 하며, $\dot{W}$로 표시한다. 식 (a)에서처럼 일이 힘을 포함할 경우, 에너지 전달률은 힘과 힘이 작용하는 점의 속도의 곱과 같다. 즉

$$\dot{W} = \mathbf{F} \cdot \mathbf{V} \tag{d}$$

이다.

W 위에 표시된 점은 시간 변화율을 의미하며, 하중과 속도는 벡터양이다. 시간 t_1에서 t_2까지 동안 행한 전체 일을 얻기 위해 식 (d)는 다음과 같이 적분될 수 있다.

$$W = \int_{t_1}^{t_2} \dot{W}\,dt = \int_{t_1}^{t_2} \mathbf{F} \cdot \mathbf{V}\,dt \tag{e}$$

동력은 일의 시간 변화율이므로 이는 에너지와 시간의 단위들로 표현될 수 있다. SI 단위계에서 동력의 단위는 초당 줄(J/s)이며, 와트(W)라 불린다. 이 책에서는 킬로와트(kW)가 같이 사용된다. 동력에 대한 영국식 공학 및 중력 단위로 ft·lb/s, 초당 영국식 열량 단위(Btu/s), 그리고 마력(hp)이 보통 사용된다.

축, 플라이휠, 치차, 혹은 풀리처럼 회전하는 기계요소에 의해 전달되는 동력은 기계 장치 연구의 중요한 관심사이다. 회전하는 축은 흔히 사용되는 기계요소이다. 외부로부터 토크 T를 받아 각속도 ω로 회전하고 있는 축을 생각해 보자. 토크가 접선력 F와 반경 R로, 즉 $T=FR$로 표현된다고 하자. 하중 작용점에서의 선 속도는 $V=R\omega$이며, 여기서 ω는 시간당 라디안의 단위를 가진다. 이 관계식과 식 (d)를 사용하면 주위로부터 축으로 전달되는 동력을 다음과 같이 얻는다.

$$\dot{W} = FV = (T/R)(R\omega) = T\omega$$

SI 단위에서 와트(W)는 1 J/s로 정의되며, 이는 1 N·m/s와 같다. 또한 1회전은 2π 라디안, 60초는 1분, 1000 W는 1 kW이다. 따라서 킬로와트 단위로 동력은

$$\dot{W} = \frac{FV}{1000} = \frac{T\omega}{1000} = \frac{T(2\pi n)}{1000(60)} = \frac{Tn}{9549}\,[\text{kW}] \tag{1.2}$$

가 되며, 여기서 $\dot{W}$는 동력(kW), T는 토크(N·m), n는 축의 속도(rpm), F는 힘(N), V는 속도(m/s), ω는 각속도(rad/s)이다.

영국식 공학 및 중력 단위에서 마력(hp)은 33,000 ft·lb/min의 일률로 정의된다. 또한 1회전은 2π 라디안이다. 따라서 마력으로서의 동력은

$$\dot{W} = \frac{FV}{33{,}000} = \frac{2\pi Tn}{33{,}000} = \frac{Tn}{5252}\,[\text{hp}] \tag{1.3}$$

으로 되며, 여기서 $\dot{W}$는 동력(hp), T는 토크(lb·ft), n은 축의 속도(rpm), F는 힘(lb), V는 속도(fpm)이다.

1.10 에너지 보존

계의 경계를 통하여 질량의 전달이 없는 계에 대해, 에너지 보존은

$$\Delta E = \Delta\text{KE} + \Delta\text{PE} + \Delta U = Q + W \tag{1.4}$$

을 만족시켜야 한다. 여기서

ΔE=계의 전체 에너지 변화
$\Delta KE=\frac{1}{2}m(V_2^2-V_1^2)$=계의 운동에너지 변화
$\Delta PE=mg(z_2-z_1)$=계의 중력 위치에너지 변화
ΔU=계의 내부에너지 변화
Q=계로 전달된 열에너지
W=계에 행해진 일

에너지 평형은 여러 가지 특수한 형태의 식으로 표현될 수 있다. 에너지 평형의 순간 시간 변화율은

$$\frac{dE}{dt} = \frac{d(KE)}{dt} + \frac{d(\text{PE})}{dt} + \frac{dU}{dt} = \dot{Q} + \dot{W} \tag{1.5}$$

이 된다. 식 (1.4)는 에너지 보존 법칙을 적용하기 위해 사용될 수도 있다. 이 법칙은 에너지가 비록 한 형태에서 다른 형태로 변할 수는 있으나, 손실되거나 사라질 수 없다는 것을 의미한다. 즉, 에너지는 제어할 수 없거나 사용할 수 없게 되더라도 여전히 존재하는 것이다.

일과 에너지, 동력과 관련된 많은 현상들이 있는데 이들은 다음의 예제들에서 설명된다. 이러한 예제들을 공부하는 데 있어 다음의 단위 환산을 기억하면 도움이 될 것이다. 즉

1.34 hp/kW = 1	0.746 kW/hp = 1	1.356 J/ft·lb = 1
1 N·m/J = 1	6.89 MPa/ksi = 1	145 psi/MPa = 1

예제 1.2 SAMPLE PROBLEM 캠축에 필요한 동력

바로 전의 예제에서 논의된 그림 1.6에 있는 캠축이 1000 rpm의 일정한 속도로 회전한다면, 주어진 시간 간격 동안 필요한 평균 동력은 얼마인가?

풀이 SOLUTION

제시자료: 예제 1.1에 사용된 캠축이 1000 rpm으로 회전하면서 캠 종동부에 힘을 가한다.

목표: 필요한 평균 동력을 구하라.

개요도 및 데이터:

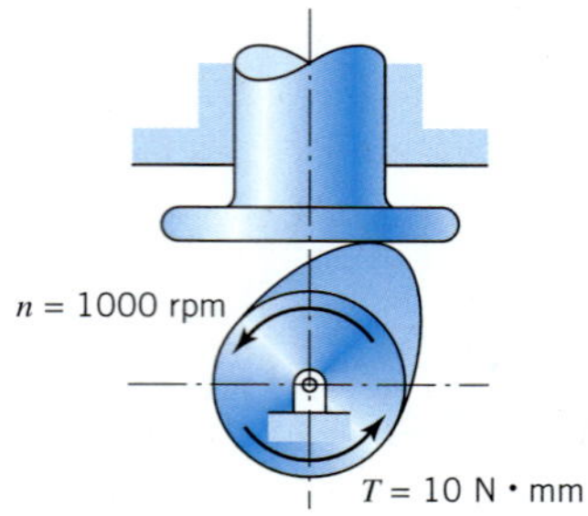

그림 1.6 예제 1.2에 사용된 캠과 종동부.

가정:

1. 회전하는 동안 토크의 크기는 일정한 것으로 간주될 수 있다.
2. 마찰 손실은 무시될 수 있다.

해석:

1. 1000 rpm의 회전 속도는 2000π rad/min 혹은 33.3π rad/s와 같다.
2. 따라서 0.1라디안 회전은 $(0.1/33.3\pi)$초를 필요로 한다.
3. 이 시간 간격 동안 축에 행해진 일은 0.001 N·m이다.
4. 따라서 일의 시간 변화율인 동력은 $(0.1/33.3\pi)$초당 0.001 N·m 혹은 1.05 N·m/s이며, 이는 1.05 W가 된다.
5. 이에 상응하는 마력(부록 A-1)은 다음과 같다.

$$1.05\ \text{W} \times 0.00134\ \text{hp/W 혹은 } 0.0014\ \text{hp}$$

예제 1.3 SAMPLE PROBLEM 자동차 성능 분석

그림 1.7은 4000 lb 자동차의 등속, 표준 도로 운전에 있어 엔진에 필요한 대표적인 동력 곡선을 보여 준다. 그림 1.8은 스로틀 밸브를 활짝 열었을 경우 350 in.^3 V-8 엔진의 마력 곡선을 나타낸다. 그림 1.9는 그림 1.10에 주어진 자동차 엔진의 연료소비율 곡선을 보여 준다. 각 곡선의 오른쪽 끝 부분은 스로틀 밸브를 활짝 열고 운전한 경우를 의미한다. 바퀴의 반경은 속도에 따라 조금 변하지만 13인치로 취급할 수 있다. 변속기는 고단 기어에서 직접 구동을 제공한다.

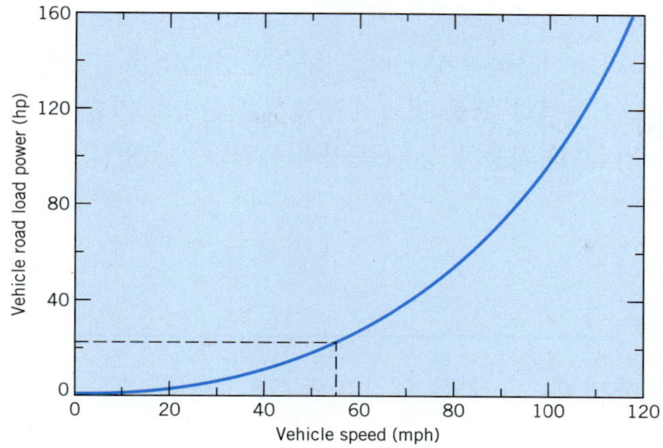

그림 1.7 자동차에 필요한 동력. 전형적인 4000 lb의 세단(표준 도로, 등속, 바람이 없는 경우).

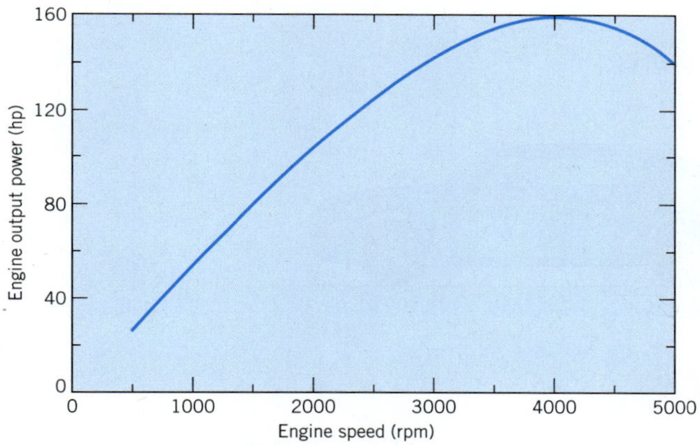

그림 1.8 엔진 속도에 대한 엔진 출력. 전형적인 350 in.^{3} V-8 엔진.

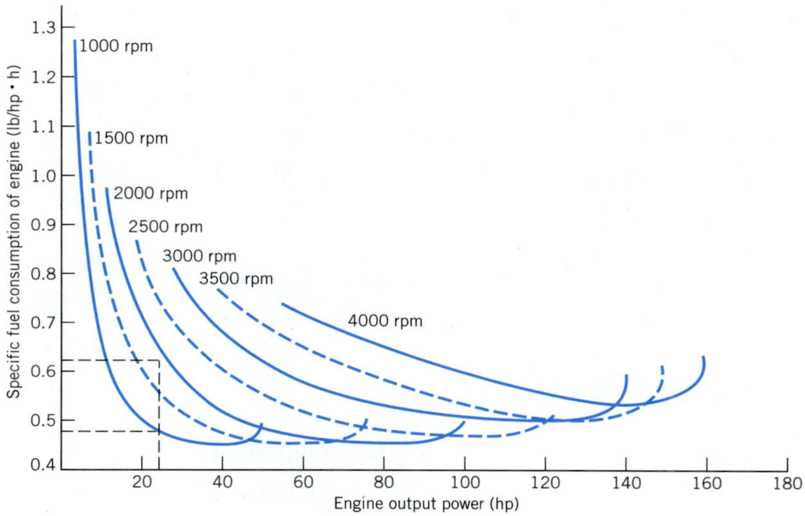

그림 1.9 엔진 출력에 대한 연료소비율. 전형적인 350 in.^{3} V-8 엔진.

1. 어떠한 차축비가 최고 속도를 내게 하고, 그 속도는 얼마인가?
2. 이러한 차축비를 사용하여 55 mph로 등속 운전할 경우 가솔린 연비를 산출하라.
3. 이론적으로 '이상적인' 자동 변속기의 특성을 간략히 기술하라. 이것이 55 mph 속도에서의 연료소비율과 자동차 성능(즉 가속 능력과 오르막 등반 능력)을 어떻게 변화시키는가?

풀이 SOLUTION

제시자료: 자동차 마력-속도 곡선, 엔진 마력-속도 곡선과 엔진의 연료소비율을 알고 있다.

목표: (1) 자동차 최고 속도를 위한 차축비를 결정하라, (2) 가솔린 연비를 평가하라, (3) 이상적인 자동 변속기를 기술하라.

개요도 및 데이터:

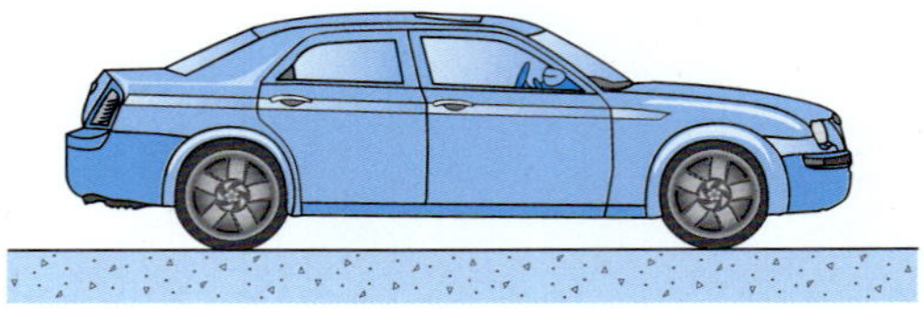

그림 1.10 예제 1.3에 사용된 자동차.

가정:

1. 자동차는 외부 바람의 영향 없이 표준 도로에서 등속으로 운전된다.
2. 속도에 따른 바퀴의 반경 변화는 무시한다.

해석:

1. 그림 1.8은 최대 엔진 동력이 4000 rpm에서 160 hp 임을 보여 준다. 160 hp의 동력은 자동차의 속도가 117 mph이 되게 함을 그림 1.7로 알 수 있다. 차축비는 자동차 속도가 117 mph일 때 엔진이 4000 rpm으로 회전하도록 되어야 한다. 117 mph의 자동차 속도에서 바퀴 속도는

$$\frac{5280 \text{ ft/mi} \times 117 \text{ mi/h}}{60 \text{ min/h} \times 2\pi(13/12) \text{ ft/rev}} = 1513 \text{ rpm}$$

이 된다. 필요한 차축비는

$$\frac{4000 \text{ rpm (engine)}}{1513 \text{ rpm (wheels)}} = 2.64$$

이다.

2. 55 mph의 자동차 속도에서 엔진 속도는

$$4000\ \text{rpm}\ (55\ \text{mph}/117\ \text{mph}) = 1880\ \text{rpm}$$

이 된다. 55 mph 속도에서 필요한 동력은 23 hp임을 그림 1.7로부터 알 수 있다. 엔진 출력과 도로에서 자동차 출력이 같다고 하면, 그림 1.9에서 연료소비율이 약 0.63 lb/hp·h이 됨을 알 수 있다. 따라서 시간당 연료소비율은 $0.63 \times 23 = 14.5$ lb/h가 된다.

가솔린의 비중을 5.8 lb/gal으로 하면, 연료의 연비는

$$\frac{55\ \text{mi/h} \times 5.8\ \text{lb/gal}}{14.5\ \text{lb/h}} = 22\ \text{mi/gal}$$

이 된다.

3. '이상적인' 자동 변속기는 최소 연료소비율(약 0.46 lb/hp·h)이나 최소의 만족스러운 엔진 속도에 도달할 때까지 엔진 속도를 늦추는 것을 허용할 것이다. 그림 1.9를 보면 0.46 lb/hp·h에서 23 hp를 출력하는 것은 엔진이 1000 rpm 이하에서 작동하는 것을 필요로 함을 알 수 있다. 1000 rpm이 가장 낮은 만족스러운 엔진 속도라고 가정해 보자. 1000 rpm에서 23 hp는 0.48 lb/hp·h의 연료소비율을 가질 수 있다. 이를 1880 rpm에서 23 hp를 갖는 것과 비교하면, 가솔린 연비는 $0.63/0.48 = 1.31$의 비만큼 증가한다. 따라서 '이상적인' 변속기로 55 mph 속도에서 연료의 연비는 22 mpg$\times 1.31 = 28.9$ mpg가 된다.

주석:

1. 자동차 성능을 살펴보면, '이상적인' 변속기는 가속 페달을 최대로 누른 상태에서 엔진의 속도가 4000 rpm까지 올라가도록 하고, 바퀴의 공전과 마찰 손실을 일으키지 않는 도로 조건하에 자동차의 모든 속도에서 최대 출력인 160 hp를 내게 한다. 상기한 도로 조건하에서는 마찰력을 이기기에 충분한 동력을 바퀴에 공급할 때까지 엔진 속도는 증가된다.
2. '이상적인' 변속기는 더 작은(더 가벼운) 엔진의 사용을 가능하게 하면서도 기존 엔진과 변속기가 가진 규정속도 영역에서의 성능이 나오도록 한다. 더 작은 엔진과 '이상적인' 변속기의 조합은 아마도 0.46 lb/hp·h에서 55 mph의 속도를 내게 하고, 30.1 mpg의 연비를 줄 것이다.

참고문헌 REFERENCES

1. Fox, Robert W., Philip J. Pritchard, and Alan T. McDonald, *Introduction to Fluid Mechanics*, 7th ed., Wiley, New York, 2009.
2. Juvinall, Robert C., *Production Research—Basic Objectives and Guidelines*, Second International Conference on Production Research, Copenhagen, August, 1973. (Reproduced in full in *Congressional Record—Senate*, May 29, 1974, pp. S9168–S9172.)
3. Juvinall, Robert C., "The Mission of Tomorrow's Engineer: Mission Impossible?," *Agricultural Engineering* (April 1973).
4. Maslow, Abraham H., "A Theory of Human Motivation," *Psychological Review*, **50** (1943).
5. Maslow, Abraham H., *Motivation and Personality*, 3rd ed., Harper-Collins, New York, 1987.
6. Moran, Michael J., and Howard N. Shapiro, *Fundamentals of Engineering Thermodynamics*, 6th ed., Wiley, New York, 2008.
7. Newton, K., W. Steeds, and T. K. Garrett, *The Motor Vehicle*, 13th ed., Butterworths, London, 2001.
8. U.S. Dept. of Commerce, National Bureau of Standards, "The International System of Units (SI)," Special Publication 330, 1980.
9. Weinstein, Alvin S., et al., *Products Liability and the Reasonably Safe Product: A Guide for Management, Design, and Marketing*, Wiley, New York, 1978.
10. Krieger, G. R., and J. F. Montgomery (eds.), *Accident Prevention Manual for Business and Industry: Engineering and Technology*, 11th ed., National Safety Council, Itasca, Illinois, 1997.
11. Ulrich, K. T., and S. D. Eppinger, *Product Design and Development,* 3rd ed., McGraw-Hill, New York, 2004.

연습문제 PROBLEMS

Sections 1.1–1.5

1.1D Write definitions of the words *science, engineering, art*, and *design* using a dictionary and compare with those given in Section 1.1.

1.2D The Segway two-wheeled-self-balancing electric vehicle invented by Dean Kamen and used for short distance personnel transportation reportedly travels at 20 kph. The vehicle is controlled and powered with computers and electric motors. Lean forward, you move forward. Lean back and you go backward. Lean the handlebars to the left or right and you turn in that direction—see www.youtube.com for a video. When you need to brake, the motor acts as a dynamometer. Review the design of the Segway and address the question as to whether the Segway® conceptually is a "reasonable safe design" using the following categories:

(a) The *usefulness and desirability* of the product

(b) The *availability* of other and safer products to meet the same or similar needs

(c) The *likelihood* of injury and its probable seriousness

(d) The *obviousness* of the danger

(e) Common *knowledge and normal public expectation* of the danger (particularly for established products)

(f) The *avoidability* of injury by care in use of the product (including the effect of instructions and warnings)

(g) The ability to *eliminate* the danger without seriously impairing the usefulness of the product or making it unduly expensive

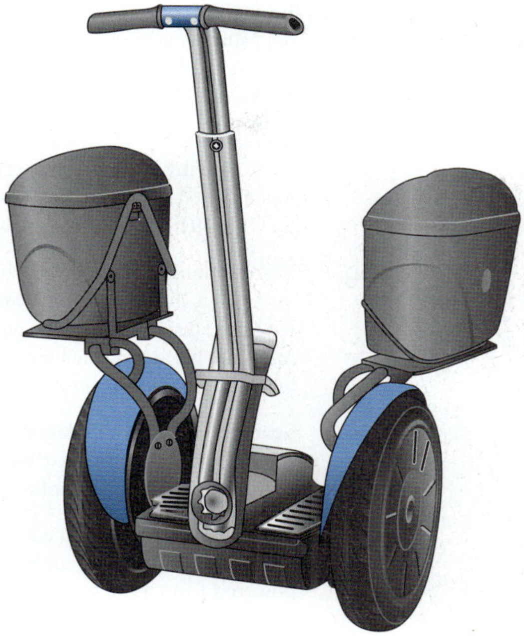

FIGURE P1.2D

1.3D An accident occurred at a gym where a young woman was injured while exiting a hack squat machine after completing a set of lifts. The woman was operating the incident hack (slide) squat machine when the carriage fell on her leg. She had entered the machine, completed one set of reps, and then placed the handle latches down on the machine. She released the carriage weight from her legs and felt the weight being supported. She then stepped her left foot from the footplate to the floor inside the machine and stood up. Then the machine's carriage assembly fell on the rear of her leg (left calf). Her left leg was pinned under the carriage. She was trapped and had to have the carriage raised off her leg before she could move.

Note: An inspection of a specific hack squat machine would probably be necessary to work on this problem.

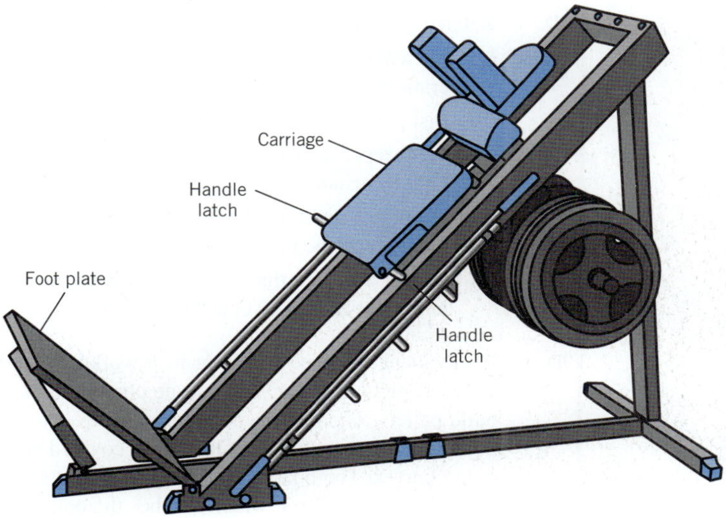

FIGURE P1.3D

From your viewpoint, address the issue of whether the latching system on the incident squat machine created an unreasonable danger. (Alternatively, address the question as to whether a specific hack squat machine is a "reasonably safe design" and whether a safer alternative design exists.)

1.4D Search online at http://www.osha.gov and from 29 CFR 1910.211 *Definitions*, define the following power press terms: *brake, clutch, two-hand control device, die, foot pedal, pinch point, point of operation*. Regulations for power presses are presented in 29 CFR 1910.217. Show a power press and identify the location of each item.

1.5D Search online at http://www.osha.gov and print a copy of 29 CFR 1910.212, *General requirements for all machines*. With these requirements in mind, identify a machine you have used that had a machine guard to protect the operator or other person in the machine area from hazards. Sketch the machine and label the guarding device, power source, point of operation, and danger zone.

1.6D Search the OSHA regulations at http://www.osha.gov and review the section related to machine guarding. List the general methods used to guard known machine hazards. Give specific examples of conditions where guards should be used.

1.7D An incident occurred on a cattle ranch that resulted in an injury to the operator of a tub grinder. The tub grinder was being used to grind hay bales. The grinder was powered from a tractor by means of (i) hydraulic fluid pressure (that powered a hydraulic motor that turned the tub) and (ii) a power take off (PTO) shaft that powers a spinning hammer mill that rotates to "grind" the hay bale. The discharge spout of the tub grinder became clogged during operation. The operator exited the cab of the tractor, "turning off" the tractor PTO while leaving the tractor engine running. He walked to the tub grinder spout area, removed pins and opened the tub grinder shields (guards). The operator reached into the unguarded opening and at some point his right hand contacted the still rotating hammer mill of the tub grinder. At issue are (a) whether the tub grinder contained proper warnings, (b) whether the tub grinder hammer mill was properly guarded, and (c) whether the hammer mill should be allowed to "coast down" to a stop, or the hammer mill should stop rotating immediately once the tractor PTO is "turned off." Search the OSHA regulations http://www.osha.gov and specifically review the regulations 29 CFR 1910.212, *General requirement for all machines*, 29 CFR 1910.147, *The control of hazardous energy (lockout/tagout)*, and 29 CFR 1910.145, *Specifications for accident prevention signs and tags*. Write several paragraphs explaining how each regulation would apply to a tub grinder.

1.8D Referring to Problem 1.7D,

(a) Sketch a tub hay grinder and label a guarding device, power source, point of operation, and danger zone.

(b) List general methods used to guard known tub grinder hazards.

(c) Write a paragraph explaining the procedure of lockout/tagout for the tractor and tub hay grinder.

(d) Develop a warning sign/label(s) that could be applied to the tub grinder shields (guards) on the tub grinder.

(e) Sketch a device that could be used to "immediately" stop a rotating hammer mill if the tractor PTO is "turned off."

1.9D An incident occurred resulting in a worker's hand being amputated in a machine called a "pallet notcher" that cuts notches in 50 × 100 mm lumber (boards), used to build pallets. The boards move on a conveyor to the notcher where they drop into a covered area about four feet long. The covered area houses two sets of staggered rotating knives. The boards go through the first set of knives, notching one end, then through the second set, which notches the opposite end. At the time of the accident, the worker was collecting the notched wood from the exit area of the machine. He was pulling the boards outward as they exited the machine. He felt something hit his fingertip, and when he pulled back, his hand had been removed near the wrist.

Additional facts in this accident include:

(a) Prior to the day of the accident, the employee had not been stationed at the incident pallet notcher.

(b) The incident pallet notcher machine was not the employee's usual station.

(c) The employee was working near the exit area of the notcher at the time of the accident.

(d) The area where the boards exit the machine is approximately 0.18 m high and 0.48 to 0.51 m from the point of operation. This distance is easily reachable by an employee working at the machine exit. (OSHA report)

(e) A piece of "hung" carpet located toward the exit of the machine hindered the visibility of the blades and allowed an employee to reach under it and access the blades.

(f) The pallet notcher was not guarded to protect the employees from the point of operation. (OSHA report)

(g) The employer knew that guarding was required and was aware that the pallet notcher was not guarded. (OSHA report)

(h) The employee reportedly was not informed of the location of the blades for the incident machine.

(i) At the time of the accident there was no warning label on the machine to alert the employee that a cutting blade was within his reach.

(j) The employee was not instructed to use a pull stick to retrieve boards that do not exit the machine.

(k) A "willful" citation (issued when the employer knowingly commits a violation) was proposed for a violation of 1910.212(a)(3)(ii). (OSHA report)

Search the OSHA regulations at http://www.osha.gov and specifically review the section 29 CFR 1910.212(a)(3)(ii). Write a paragraph relating this section to the above incident. Also, list ways in which this accident could have been prevented.

1.10D A single pole hunting stand is supported on a vertical pole and stabilized using at least three guy wires. The guy wires can be attached to stakes that are placed in the ground or attached to surrounding objects such as rocks, trees, or roots. The single pole configuration allows erection on varied terrain with or without attaching to trees. The single pole hunting stand provides an unobstructed 360° field of view and complete rotational freedom of movement via a swivel seat that is attached to the top of the pole. The swivel seat with backrest may be elevated to the desired height by changing the length of the pole. The pole is equipped with steps that allow for access to the swivel chair without having to adjust or move the stand. The single pole device does not require attachment directly to a single tree or require climbing a tree for access or egress. The single pole may be collapsed or disassembled to create a shorter length; the swivel chair detached; and the guy wires coiled to allow compact packaging and shipment, assembly, easy movement and storage. Based on a study of the single pole hunting stand as described, review the design of the single pole hunting stand and address the question as to whether the single-pole hunting stand is a "reasonable safe design" using the following categories:

(a) The *usefulness and desirability* of the product.

(b) The *availability* of other and safer products to meet the same or similar needs.

(c) The *likelihood* of injury and its probable seriousness.

(d) The *obviousness* of the danger.

(e) Common *knowledge and normal public expectation* of the danger (particularly for established products).

(f) The *avoidability* of injury by care in use of the product (including the effect of instructions and warnings).

(g) The ability to *eliminate* the danger without seriously impairing the usefulness of the product or making it unduly expensive.

For reference, see Sides et al., 4,674.598.

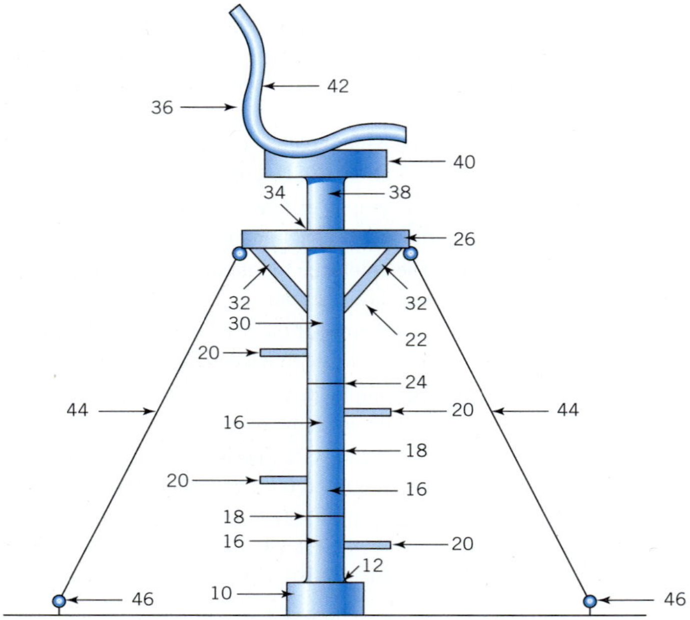

(*a*) Side view

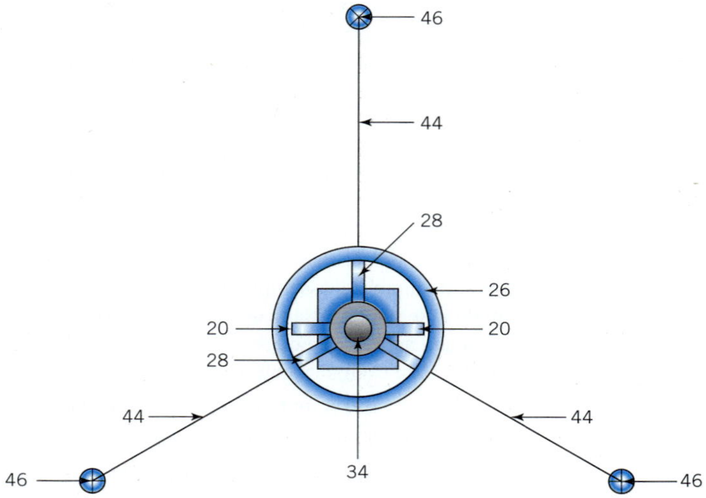

FIGURE P1.10D

(*b*) Top view

1.11D An incident occurred at the residence of an older man wherein he was injured when he reportedly applied sandpaper to a rotating drive belt while attempting to repair an exercise treadmill. The incident treadmill was powered by a 1.5 kW DC motor, and was being "operated" by the man while he was attempting to repair the machine by applying sandpaper to the motor drive V-belt at the time of the accident.

Indeed, he decided to remove the treadmill motor guard so he could better access the underside of the treadbelt. He noticed that the motor drive belt had a "sheen." He then took a roll of sandpaper, started the 1.5 kW electric motor, and attempted to apply—in the area of an in-running nip point—the sandpaper to the drive belt to remove the "sheen" while the treadmill motor and tread belt was powered and running. His middle finger on his right hand was reportedly drawn with the sandpaper into the motor belt and rotating drive pulley. He sustained injury to his finger as a result of the accident. From your viewpoint, address the issue of whether the incident treadmill was reasonably safe. Also, list possible causes of the accident.

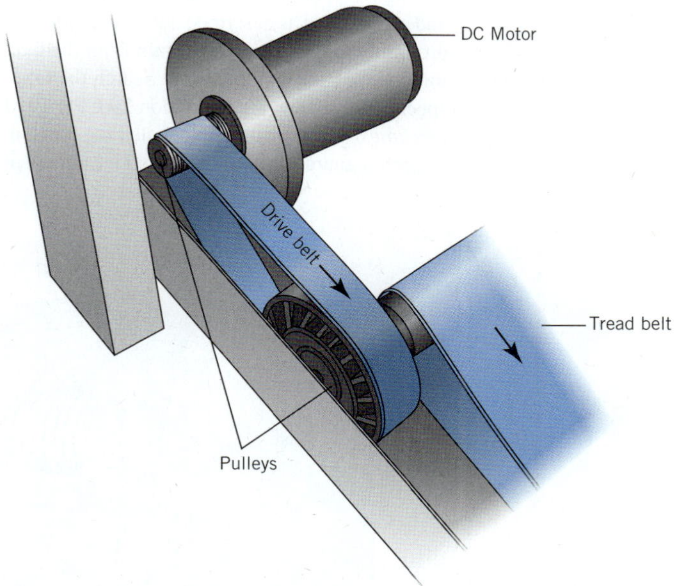

FIGURE P1.11D

1.12D The unexpected or unintentional energization or start up of machinery, or the release of stored energy, during servicing or maintenance of the machine can result in employee injury or death. Review the regulation 29 CFR 1910.147 entitled *The control of hazardous energy (lockout/tagout)* at http://www.osha.gov and write a paragraph explaining the procedure of lockout/tagout for machines or equipment.

1.13D Design a danger sign and a caution sign for a power press. For specifications search online at http://www.osha.gov for 29 CFR 1910.145 entitled *Specifications for accident prevention signs and tags*. Describe the difference between a danger sign and a caution sign. When is the signal word "Warning" used?

1.14D From your own experience and observation, describe briefly (perhaps one or two typed pages, double-spaced) a specific example of mechanical engineering design that you regard as *excellent* from a *safety*, *ecological*, and *sociological* standpoint. (Preferably, choose an example reflecting your own observation and consciousness rather than one featured in the news media.) Your write-up should reflect the professional appearance expected of an engineer. Use illustrations if and where appropriate.

1.15D According to an OSHA director of field programs, a driller was in the process of raising the traveling block and the attached kelly and swivel assembly when an oil drilling rig accident occurred. During an oil drilling operation, an air-chugger winch cable was attached to the kelly pipe as a tag line to prevent it from swinging. Two of the rig hands were monitoring the kelly pipe as it was pulled out of the rat hole. The chain hand picked up the spinning chain and positioned himself near the drawworks drum as he waited for the kelly to be positioned over the hole. When he tossed the end of the spinning chain over his shoulder it became entangled in the fast line cable as the cable was spooled onto the drum. The spinning chain wrapped around the worker's wrist and pulled him into the drum as the chain's slack was drawn up. The spinning chain also struck the worker in the groin area and fractured his leg and severed his femoral artery. The driller stopped the drawworks before the worker was completely pulled into the drum encasement, but the worker was seriously injured. His leg was amputated and injuries to his hand resulted in a permanent disability. The drawworks drum was equipped with metal casing that enclosed the drum on the lower front, top, and sides. However, there was an opening of approximately 4' × 3' to allow the fast line adequate clearances to spool back and forth onto the drum that has no barrier guard. (See Figure P1.15D.) Apparently, the drawworks drums used on oil well drilling sites were designed and constructed as described above without any barrier guard to protect workers in close proximity to the drawworks drum from the hazard of the ingoing nip point between the moving fast line and the drum. Search the OSHA regulations http://www.osha.gov and specifically review the regulation 29 CFR 1910.212(a)(1), *General requirement for all machines*. Write a paragraph explaining how this section would apply to the drum. Also, suggest a guard (design) that could have prevented this accident.

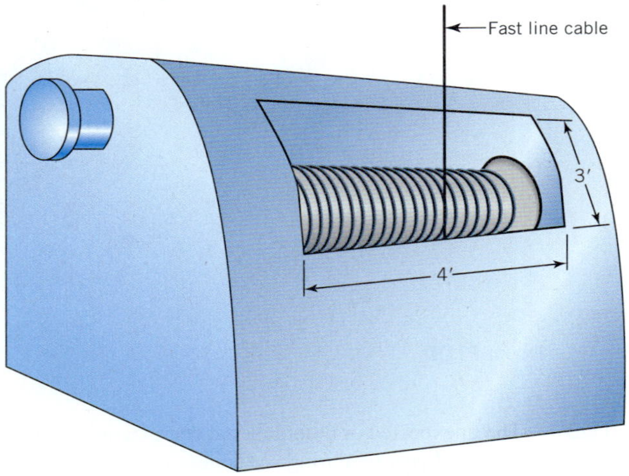

FIGURE P1.15D

1.16D Parking blocks prevent the forward movement of cars and other vehicle by acting like a "curb." Unfortunately, for elderly persons or others with poor vision, they are sometimes difficult to "see" as they project only ten to twenty centimeters off the ground. An ASTM standard recommends that parking blocks not be used in parking lots and parking garages. On the other hand, the Americans for Disabilities Act (ADA) shows the use of parking blocks in the design of parking spaces for persons with disabilities. What are the advantages and disadvantages of parking blocks? What is your opinion as to whether the utility outweighs the risk of harm of using parking blocks? Are there certain places where parking blocks should not be used? Are there parking garages that do not use parking blocks?

1.17D *Stairways—and mechanical engineers sometimes design stairways*—have certain geometric requirements for their design, e.g., stairway steps shall be uniform with respect to rise and run. Review local and/or uniform building codes for stairways and steps and record the requirements for rise and run. Also address and answer the question, why are building codes such as those for stairways required?

1.18D An incident occurred in which a cantilevered section of a walkway under demolition fell in a bagasse warehouse area at a sugar mill, resulting in the death of a worker positioned on top of the walkway. The incident walkway was constructed of two 80 mm × 240 mm steel C-channel main beams spaced three feet apart with metal floor grating welded to the top of the C-channel beams. The cantilevered walkway had welded-on hand rails and was approximately 1 m in width, 4 m in length and located at a height of 12 m from ground level. This section had a mass of over 350 kg. The worker was positioned on the cantilevered portion of the walkway cutting through the floor grating of the walkway when the cantilevered walkway section unexpectedly gave way and fell to the area below. The demolition of the walkway left one section of the walkway cantilevered and supported by the metal floor grating and by an undersized weld. Demolition proceeded without an engineering study of the structural integrity of the bagasse walkway as well as an adequate plan for demolition. A proper engineering study of the structural integrity of the bagasse warehouse walkway as well as an adequate demolition plan in reasonable engineering probability would have prevented the accident.

Search the OSHA regulation at http://www.osha.gov and review the sections 29 CFR 1926.501(a)(2) and 29 CFR 1926.850(a). Write a paragraph relating each section to the above incident and describe how following the regulations would have reduced the risk to employees.

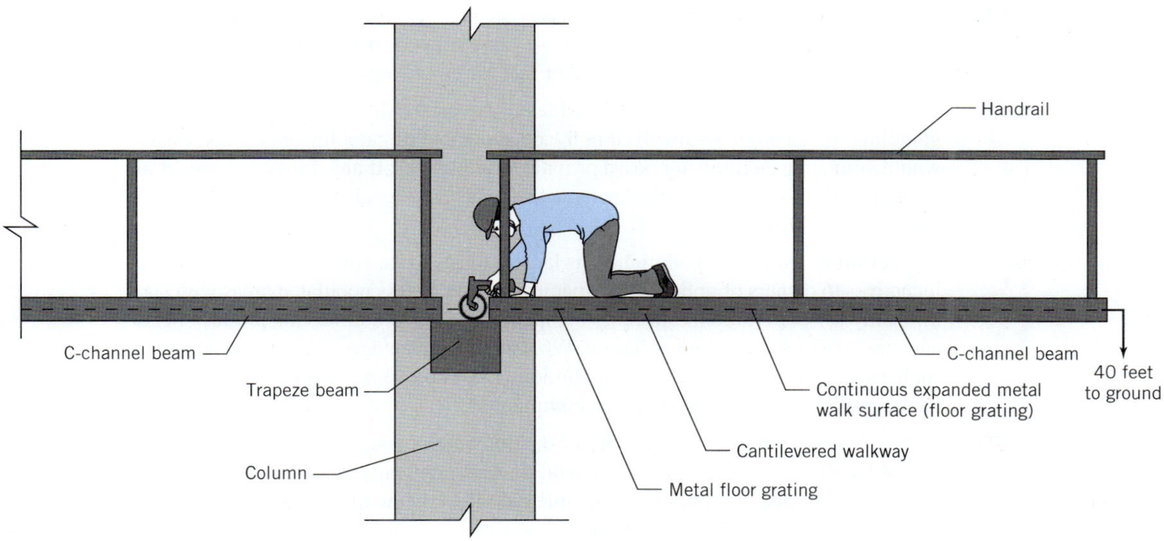

FIGURE P1.18D

1.19D Write a report reviewing the web site http://www.epo.org/. From a mechanical engineer's viewpoint, discuss the *contents, usefulness, cost, ease of use*, and *clarity of the site*. Identify the search tools available.

1.20D Repeat Problem 1.19D, except use the web site http://asianpatent.com/.

1.21D Repeat Problem 1.19D, except use the web sites http://osha.europa.eu/en and http://www.iso.ch.

1.22D The iPhone 3G and 3GS by Apple utilizes a number of engineering materials which reportedly include:

(a) glass, for the front display cover

(b) steel, for the outer perimeter edge trim piece

(c) plastic, for the molded rear back (glass in the iPhone 4® for the back).

Review Section 1.3 of your textbook on Ecological Considerations with respect to the selection of materials with ecological factors in mind, review the environmental statement by Apple for the iPhone, and search the Internet for additional information, especially a report by Greenpeace. Then write a report with three references on the efforts by Apple to design and manufacture environmentally friendly products.

1.23D How can engineers help avoid catastrophes such as the Fukushima Daiichi nuclear disaster, Chernobyl, the Tacoma Narrows Bridge, Union Carbide, Bhopal, India explosion, Challenger and Colombia, BP Gulf of Mexico oil spill? Are there any common root causes for these events? Can you plan for failure? Can you learn from failure?

1.24D In an effort to counter the release of carbon dioxide by power plants in the United States, one thing that is being considered is that power plant owner's be allowed to invest in forests and trees that convert carbon dioxide to oxygen. Discuss the issues of the proponents and opponents to what is sometime referred to as a "carbon tax." What are your opinions regarding the advantages and disadvantages of the government providing incentives (tax breaks) for certain actions? Can these incentives be gamed, i.e., interest and competitiveness created and made an activity that companies participate in.?

1.25D Given $10 million, how would you spend the money as an engineer in a business venture for the betterment and improvement of society?

1.26D What would be the advantages and disadvantages—assuming this is legal—for a city, along with owners of semiconductor chip–related manufacturing companies operating in the city, to fix a ceiling labor rate for employees?

1.27D Areas of the country have been allowed legally to establish casinos and facilities for gambling. As an engineer involved in the development of gambling equipment, what would your state engineering board provide as guidelines, if any, for your conduct as an engineer? From a sociological perspective, what are the advantages and disadvantages of allowing gambling?

1.28D In an effort to reduce the pollution in its larger cities, a state government has provided incentives to owners of polluting companies to move to less populated areas with significantly lower pollution, especially companies such as foundries that produce noise and smelly, smoky airborne pollution. What are the advantages and disadvantages of such a system of "distributing" the pollution? Does spreading the pollution solve the health problem and/or reduce citizen complaints?

1.29D Risk has been defined as the severity of the outcome of a hazard-related event times the probability that the event could occur. Several publications include the concepts of residual risk and acceptable or tolerable risk. Review the literature including technical report ANSI B11. TR3-2000 and write a report (that includes three references) on the concept of tolerable risk and risk reduction. In this report, provide definitions for hazard, probability, residual risk, risk, safety, severity, and tolerable risk.

1.30D Consider these excerpts from an extensive article on auto racing that appeared in the *Chicago Tribune* on Feb. 14, 2001, where Mario Andretti is quoted as saying: "At the beginning of a season, I would look around at a drivers' meeting and I would think, 'I wonder who's not going to be here at the end?' There were years when we lost as many as six guys." The extensive article provides a history of fatalities in auto racing, as well as notable measures taken over the years to make racing less risky. Nevertheless, the number of driver fatalities in relation to the number of drivers involved would be considered unacceptable in other employment settings.

Review the literature including technical report ANSI B11.TR3-2000 and write a report (that includes three references) on the concept of tolerable risk. In this report, contrast the discussion of tolerable risk for a race car driver versus that for an employee and user of an office machine, e.g., a copier.

Sections 1.6 and 1.7

1.31D Investigate the web site www.analyticcycling.com that provides technical methods for evaluating and estimating cycling performance. Verify that the conversion calculator provided on the web site will convert units correctly for speed (mph to km/hr), temperature (F to C), and force (lb to N). Write a short paragraph on how you verified that the conversion calculator was "correct." What would increase your confidence in the conversion calculator given on the web site?

1.32 Check the dimensional homogeneity of the following equations: (a) $F = ma$, (b) $W = Fs$, and (c) $\dot{W} = T\omega$, where m = mass, a = acceleration, F = force, W = work, s = distance, ω = angular velocity, T = torque, and $\dot{W}$ = power.

1.33 An object has a mass of 10 kg at a location where the acceleration of gravity is 9.81 m/s^2. Determine its weight in (a) English Engineering units, (b) British Gravitational units, and (c) SI units.

1.34 An object whose mass is 7.8 kg occupies a volume of 0.7 m^3. Determine its (a) weight, in newtons, and average density, in kg/m^3, at a location on the earth where g = 9.55 m/s^2, (b) weight, in newtons, and average density, in kg/m^3, on the moon where g = 1.7 m/s^2.

1.35 A spacecraft component occupies a volume of 0.3 m^3 and has a mass of 10 kg on Earth where the acceleration of gravity is 9.81 m/s^2. Determine its weight, in Newtons, on Earth and on the moon. What is its average density, in kg/m^3? Acceleration due to gravity on the moon is g = 1.69 m/s^2.

1.36 A spring stretches 5 mm per newton of applied force. An object is suspended from the spring, and a deflection of 30 mm is observed. If g = 9.81 m/s^2, what is the mass of the object (kg)?

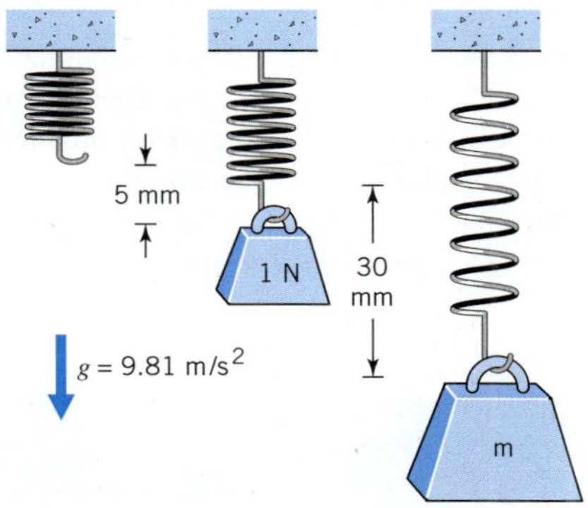

FIGURE P1.36

1.37 An object weighs 100 N at a location where the acceleration of gravity is g = 9.75 m/s^2. Determine the magnitude of the net force (N) required to accelerate the object at 10 m/s^2.

1.38 The British Gravitational System uses the mass unit slug. By definition, a mass of 1 slug is accelerated at a rate of 1 ft/s^2 by a force of 1 lb. Explain why this is a convenient mass unit.

1.39 Deceleration is sometimes measured in g's or multiples of the standard acceleration of gravity. Determine the force, in newtons, that an automobile passenger whose mass is 68 kg experiences if the deceleration in a head-on crash is $50g$.

1.40 An object has a mass of 8 kg. Determine (a) its weight at a location where the acceleration of gravity is $g = 9.7\ \text{m/s}^2$, (b) the magnitude of the net force, in N, required to accelerate the object at $7\ \text{m/s}^2$.

1.41 A truck has a mass of 1500 kg. What is the magnitude of the net force (N) required to accelerate it at a constant rate of $1.25\ \text{m/s}^2$? The acceleration of gravity is $g = 9.81\ \text{m/s}^2$.

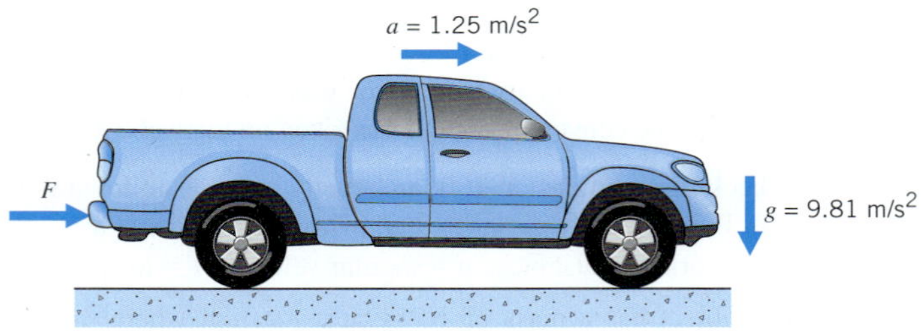

FIGURE P1.41

1.42D A solid metal object has a volume of $0.01\ \text{m}^3$. Select a metal from Appendix C-1. Use the density of the metal to determine: (a) the weight of the objects at a location where the acceleration of gravity is $g = 9.7\ \text{m/s}^2$, and (b) the magnitude of the net force, in N, required to accelerate the object at $7\ \text{m/s}^2$ in a horizontal direction.

Sections 1.8–1.10

1.43 A block weighing 3000 lb slides on a flat surface at an initial velocity of 88 feet per second where the coefficient of friction is 0.7. Determine the friction force causing the block to slow. How far does the block travel in slowing to a stop? How many seconds does it take for the block to come to rest? How much work was done to stop the block? What was the initial kinetic energy of the block?

1.44 A car, shown in Figure P1.44, weighing 3000 lb tows a single axle two-wheel trailer weighing 1500 lb at 60 mph. There are no brakes on the trailer, and the car, which by itself can decelerate at 0.7g, produces the entire braking force. Determine the force applied to slow the car and trailer. Determine the deceleration of the car and the attached trailer. How far do the car and trailer travel in slowing to a stop? How many seconds does it take to stop?

FIGURE P1.44

1.45 A car weighing 3000 lb, traveling at 60 mph, decelerates at 0.70g after the brakes are applied. Determine the force applied to slow the car. How far does the car travel in slowing to a stop? How many seconds does it take for the car to stop?

1.46 A jump rope is made from an elastic cord with two hollow plastic handles attached to each end. Two boys, instead of using the rope for jumping, decide to use it for a tug-of war. Each boy pulls on an end of the rope. One boy lets go of his handle; the other boy holds his end and is almost immediately struck in the eye by the sharp end of the released handle. Derive an equation for the energy stored in the rope. A force of 9 lb was applied to each handle stretching the rope 10 in. just prior to its release. The rope and handle weighed 2 oz. What was the approximate speed of the handle when it struck the boy's eye?

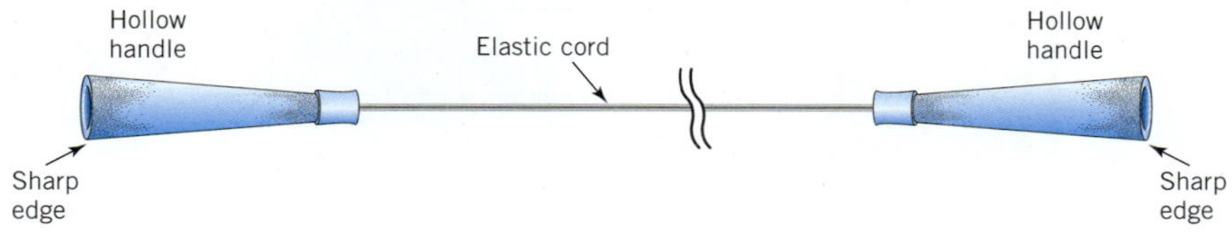

FIGURE P1.46

1.47D A vertically suspended wire has a cross-sectional area of 0.1 in.^{2}. A downward force, applied to the end of the wire, causes the wire to stretch. The force is increased linearly from initially zero to 2500 lb, and the length of the wire increases by 0.1%. Select a wire length and use it to determine (a) the normal stress, in lb/in.^{2}, and (b) the work done in stretching the wire, in ft·lb.

1.48 Figure P1.48 shows an object whose mass is 3 kg attached to a rope wound around a pulley. The radius of the pulley is 80 mm. If the mass is lowered at a constant velocity of 2 m/s, determine the power transmitted to the pulley, in Watts, and the rotational speed of the pulley, in revolutions per minute (rpm). The acceleration of gravity is $g = 9.81$ m/s^2.

[Ans.: 58.86 W, 239 rpm]

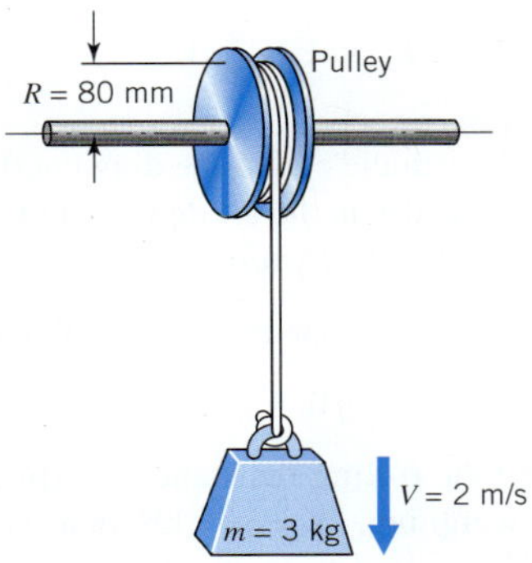

FIGURE P1.48

1.49 The input shaft to a gearbox rotates at 2000 rpm and transmits a power of 40 kW. The output shaft power is 36 kW at a rotational speed of 500 rpm. Determine the torque of each shaft, in N·m.

1.50 An electric motor draws a current of 10 amperes (A) with a voltage of 110 V. The output shaft develops a torque of 9.5 N·m and a rotational speed of 1000 rpm. All operating data are constant with time. Determine (a) the electric power required by the motor and the power developed by the output shaft, each in kilowatts; (b) the net power input to the motor, in kilowatts; (c) the amount of energy transferred to the motor by electrical work and the amount of energy transferred out of the motor by the shaft in kW·h and Btu, during 2 h of operation.

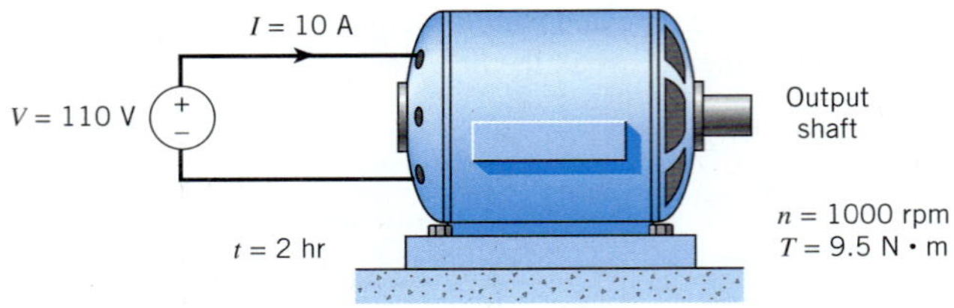

FIGURE P1.50

1.51 An electric heater draws a constant current of 6 A, with an applied voltage of 220 V, for 10 h. Determine the total amount of energy supplied to the heater by electrical work, in kW·h.

1.52D The drag force, F_d, imposed by the surrounding air on an automobile moving with velocity V is given by

$$F_d = C_d A \tfrac{1}{2} \rho V^2$$

where C_d is a constant called the drag coefficient, A is the projected frontal area of the vehicle, and ρ is the air density. For $C_d = 0.42$, $A = 2\ \text{m}^2$, and $\rho = 1.23\ \text{kg/m}^3$, (a) calculate the power required (kW) to overcome drag at a constant velocity of 100 km/h, (b) compute and plot the required power (kW) to overcome drag as a function of velocity, for V ranging from 0 to 120 km/h.

1.53 For a vehicle moving at velocity, V, determine the *power* in kW to overcome aerodynamic drag. In general, the drag force, F_d, imposed on a vehicle by the surrounding air is given by

$$F_d = C_d A \tfrac{1}{2} \rho V^2$$

where C_d is a constant for the vehicle called the drag coefficient, A is the projected frontal area of the vehicle, and ρ is the air density. For this vehicle, $C_d = 0.60$, $A = 10\ \text{m}^2$, $\rho = 1.1\ \text{kg/m}^2$, and $V = 100$ km/h.

1.54 The rolling resistance of the tires, F_r, opposing the motion of a vehicle is given by

$$F_r = fW$$

where f is a constant called the rolling resistance coefficient and W is the vehicle weight. For a vehicle weighing, $W = 300$ kN that is traveling at 100 km/h, calculate the *power* in kW required to overcome the vehicle rolling resistance for $f = 0.0070$.

1.55 Develop an equation for the power required, in hp, for a vehicle traveling on a level road to overcome (a) the aerodynamic drag force of the surrounding air on the vehicle and (b) the rolling resistance force on the tires. The drag force, F_d, imposed on a vehicle by the surrounding air is given by

$$F_d = C_d A \tfrac{1}{2} \rho V^2$$

where C_d is a constant for the vehicle called the drag coefficient, A is the projected frontal area of the vehicle, ρ is the air density and V is the velocity of the vehicle. The rolling resistance of the tires, F_r, opposing the motion of a vehicle is given by

$$F_r = fW$$

where f is a constant called the rolling resistance coefficient and W is the vehicle weight. What is the equation for the power required in kW?

1.56 A solid cylindrical bar of 5-mm diameter is slowly stretched from an initial length of 100 mm to a final length of 101 mm. The normal stress acting at the end of the bar varies according to $\sigma = E(x - x_1)/x_1$, where x is the position of the end of the bar, x_1 is the initial length, and E is a material constant (Young's modulus). For $E = 2 \times 10^7$ kPa, determine the work done on the bar (J).

1.57 A steel wire suspended vertically has a cross-sectional area of 70 mm^2 and an initial length of 3 m. A downward force applied to the end of the wire causes the wire to stretch. The force varies linearly with the length of the wire from zero initially to 10,000 N when the length has increased by 0.30 m. Determine (a) the normal stress, in Pascals, at the end of the wire as a function of the length of the wire and (b) the work done in stretching the wire, in Joules.

1.58 The crankshaft of a single-cylinder air compressor rotates 1800 rpm. The piston area is 2000 mm^2, and the piston stroke is 50 mm. Assume a simple "idealized" case where the average gas pressure acting on the piston during the compression stroke is 1 MPa, and pressure during the intake stroke is negligible. The compressor is 80% efficient. A flywheel provides adequate control of speed fluctuation.

(a) What motor power (kW) is required to drive the crankshaft?

(b) What torque is transmitted through the crankshaft?

[Ans.: 3.75 kW, 19.9 N·m]

1.59 What is the rate of work output of a press that delivers 120 strokes per minute, each stroke providing a force of 8000 N throughout a distance of 18 mm? If the press efficiency is 90%, what average torque must be provided by a 1750-rpm driving motor?

1.60D A press delivers a force of 8000 N throughout a distance of 18 mm each stroke. Select a number of strokes per minute and determine the rate of work output per second. If the press efficiency is 90%, what average torque must be provided by a 1750-rpm driving motor?

1.61 A punch press with flywheel adequate to minimize speed fluctuations produces 120 punching strokes per minute, each providing an average force of 2000 N over a stroke of 50 mm. The press is driven through a gear reducer by a shaft rotating 300 rpm. Overall efficiency is 80%.

(a) What power (W) is transmitted through the shaft?

(b) What average torque is applied to the shaft?

[Ans.: 250 W, 8.0 N·m]

1.62 Repeat Problem 1.61 except change the punch force to 10,000 N, stroke to 50 mm, and drive shaft speed to 900 rpm.

[Ans.: 1250 W, 13.26 N·m]

1.63 A belt sander, shown in Figure P1.63, has a mass of 4.5 kg and has a belt speed of 300 m/s ft/min. A downward force of 45 N (in addition to the weight) is applied on the sander. If the coefficient of friction between the belt and a flat table top being sanded is 0.30, determine (a) the power transmitted by the belt in Watts, and (b) the work done while sanding the table top for 15 minutes in Joules.

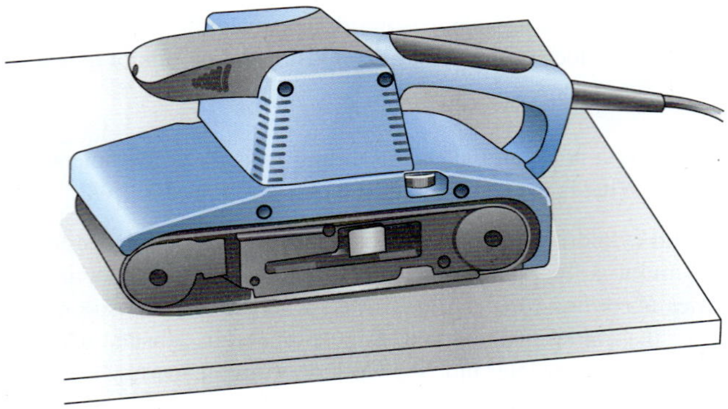

FIGURE P1.63

1.64 An 1800-rpm motor drives a camshaft 360 rpm by means of a belt drive. During each revolution of the cam, a follower rises and falls 20 mm. During each follower upstroke, the follower resists a constant force of 500 N. During the downstrokes, the force is negligible. The inertia of the rotating parts (including a small flywheel) provides adequate speed uniformity. Neglecting friction, what motor power is required? You should be able to get the answer in three ways: by evaluating power at the (a) motor shaft, (b) camshaft, and (c) follower.

[Ans.: 60 W]

1.65 Repeat Problem 1.64 except work with English units and use a follower displacement of 1 in. and a follower force (during the upstroke) of 100 lb.

1.66D Search online at http://www.bodine-electric.com and www.electricmotors.machinedesign.com, and copy speed torque curves and give typical applications for various types of fractional and subfractional motors (e.g., split phase, capacitor-start, induction, shaded pole, synchronous, universal, shunt, split-series field, compound, etc.).

1.67 The crankshaft of a small punch press rotates 100 rpm, with the shaft torque fluctuating between 0 and 1000 N·m in accordance with curve A of Figure P1.67. The press is driven (through a gear reducer) by a 1200-rpm motor. Neglecting friction losses, what motor power would theoretically be required:

(a) With a flywheel adequate to minimize speed fluctuations.

(b) With no flywheel.

[Ans.: (a) 2618 W, (b) 10,472 W]

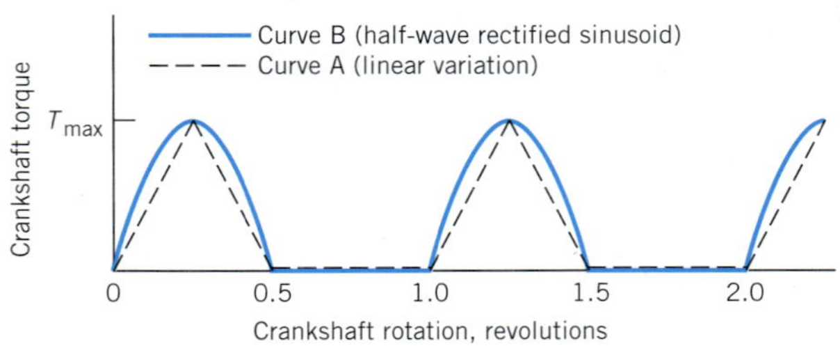

FIGURE P1.67

1.68 Repeat Problem 1.67 except use curve B of Figure P1.67.

[Ans.: (a) 3333 W, (b) 10,472 W]

1.69 How steep a grade can be climbed by the automobile in Sample Problem 1.3 (with a 2.64 axle ratio) while maintaining a constant 55 mph:

(a) With transmission in direct drive?

(b) With a transmission reduction ratio of 1.6?

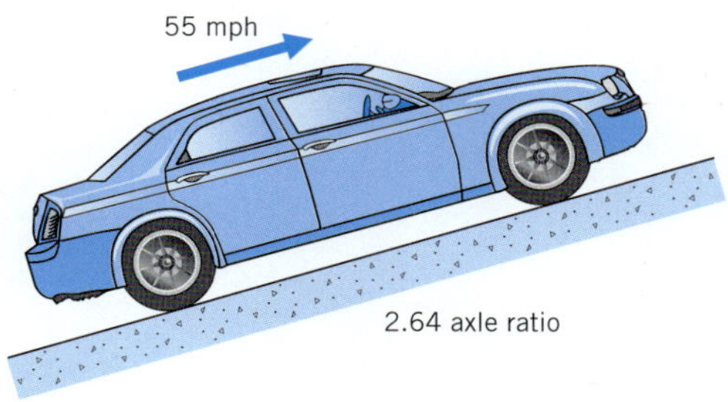

FIGURE P1.69

1.70 How great a speed can the car in Sample Problem 1.3 (with 2.64 axle ratio) maintain when going up a continuous 10 percent grade (1-ft rise in 10-ft horizontal travel)?

[Ans.: 73 mph]

1.71 How great a reduction in the Figure 1.7 “road load” horsepower requirement would be necessary to enable a car with an “ideal” transmission to get 30 miles per gallon (mpg) at 70 mph? (Assume that the engine would have a minimum brake-specific fuel consumption of 0.45 lb/hp·h, as shown in Figure 1.9.)

[Ans.: About 25 percent]

힘의 분석

2

2.1 개요

이 책은 기계 장치와 구조용 요소들의 설계 및 해석을 다루며, 이들 장치와 구조물은 **하중 지지용 요소들**이기 때문에 하중에 대한 분석은 매우 중요하다. 만약 부정확한 하중을 근거로 한다면 응력과 처짐에 대한 정밀한 분석은 이루어질 수가 없다. 또한 기계요소 설계가 실제로 작용하는 하중에 기반하지 않으면, 결과로 얻는 기계요소는 만족스럽게 작동될 수가 없다.

알려진 토크와 속도에서 작동하는 엔진, 압축기, 전기 발전기에서처럼 작동 하중이 쉽게 결정될 수 있는 경우도 있는 반면, 자동차 섀시(도로 표면과 운전 습관에 의존)나 비행기의 구조물(난기류와 조종사의 판단에 의존)에서처럼 하중이 결정되기가 어려운 것도 있다. 때로는 작동 하중을 통계적으로 정의하기 위해 실험을 통한 방법이 사용되기도 한다. 또한 공학자는 작동 하중의 합리적 추정을 위해 강도 분석과 함께 사용 중 파손 사례에 대한 기록을 이용하기도 한다. 적절한 하중의 결정은 기계 장치와 구조용 요소의 설계에 있어 해결해야 할 중요한 첫 단계이다.

2.2 평형 방정식과 자유물체도

작용하는 초기 하중이 결정되면 기본 평형 방정식은 다른 점에서 작용하는 하중이 결정될 수 있게 한다. 가속하지 않은 물체에 대하여, 평형 방정식은 다음 식과 같이 간단히 주어진다.

$$\Sigma F = 0 \quad \text{and} \quad \Sigma M = 0 \tag{2.1}$$

가속하고 있는 물체에 대해서 평형 방정식은

$$\Sigma F = ma \quad \text{and} \quad \Sigma M = I\alpha \tag{2.2}$$

가 된다. 많은 예제에서 힘과 모멘트가 한 개 혹은 두 개의 축에 대해 표현되지만, 이 방정식들은 세 개의 서로 수직인 축(보통 X, Y, Z로 표시)의 각각에 대해 적용된다.

하중 결정의 수단으로서 평형 해석은 아주 중요하므로 학생들은 부록 G에 있는 평형 분석에 대한 벡터 개론과 다음 예제들 각각을 주의 깊게 공부하기를 바란다.

예제 2.1 SAMPLE PROBLEM 평탄한 표준 도로에서 등속으로 직진하여 달리는 자동차

그림 2.1에 주어진 3000 lb(적재된 총 무게)의 차가 60 mhp로 달리고 있으며, 이 속도에서 공기에 의한 항력은 16 hp이다. 무게 중심(CG)과 공기 압력 중심(CP)의 위치는 그림에 표시되어 있다. 전륜과 후륜에서의 지면 반발력을 결정하라.

풀이 SOLUTION

제시자료: 특정 무게를 가진 차가 알려진 항력에 대해 주어진 속도로 달린다.

목표: 도로에서 타이어로 가해지는 힘을 결정하라.

개요도 및 데이터:

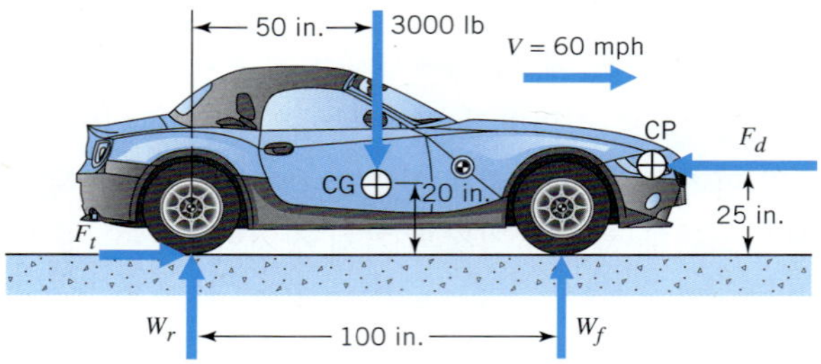

그림 2.1 등속으로 달리는 자동차의 자유물체도.

가정:

1. 속도는 일정하다.
2. 차는 후륜 구동이다.
3. 공기에 의한 수직력은 무시된다.
4. 타이어의 구름 저항은 무시된다.

해석:

1. 동력은 힘 곱하기 속도이다. 1 hp=33,000 ft·lb/min, 60 mph=5280 ft/min이므로

$$\text{hp} = \frac{\text{drag force (lb)} \cdot \text{velocity (ft/min)}}{33{,}000}$$

$$16 = \frac{(F_d)(5280)}{33{,}000}$$

$$F_d = 100 \text{ lb}$$

이다.

2. 운동 방향으로 힘의 합은 영이다(등속에서는 가속력이 존재하지 않는다). 그러므로 추력 F_t는 전방으로 작용하고 크기는 100 lb이며, 이는 도로 표면에서 타이어로 작용하는 힘이다.(타이어에서 도로로 작용하는 힘은 크기는 같지만 방향이 반대이다.) 후륜구동 자동차의 경우 이 힘은 뒷바퀴들에 균등하게 분배되며 전륜 구동 자동차의 경우는 다른 힘들의 변화 없이 이 힘이 앞바퀴들에 균등하게 분배된다.
3. 후륜과 도로의 접촉점을 지나는 축에 대한 모멘트에 모멘트 평형 방정식을 적용하면

$$\Sigma M = (3000 \text{ lb})(50 \text{ in.}) - (100 \text{ lb})(25 \text{ in.}) - (W_f)(100 \text{ in.}) = 0$$

   을 얻으며, 여기서 W_f=1475 lb이 된다.
4. 마지막으로 수직력의 합이 0이라는 조건으로부터

$$\begin{aligned} W_r &= 3000 \text{ lb} - 1475 \text{ lb} \\ &= 1525 \text{ lb} \end{aligned}$$

   를 얻는다.

주석: 이 문제에 대한 분석을 끝내기 전에, 두 개의 중요한 점을 언급하고자 한다.

1. 자동차가 정차해 있을 때는 무게가 전륜과 후륜에 균일하게 분포된다. 즉 $W_f = W_r =$ 1500 lb이다. 60 mph로 달리고 있을 때는 힘 F_d와 F_t가 횡축(그림 2.1의 지면에 수직인 임의의 축)에 대해서 100 lb×25 in. 크기의 자동차 앞을 들어 올리는 우력을 발생시킨다. 이는 후륜에 걸리는 25 lb 증가된 힘과 전륜에 걸리는 25 lb 감소된 힘에 의해 발생하는 역방향 우력에 의해 평형이 된다.(주의: 이러한 단순화된 해석은 높은 속도에서 중요하게 되는 공기에 의한 수직력을 무시한다. 따라서 경주용 자동차는 날개와 스포일러를 사용하고 있다.)
2. 일반적으로 추력은 운전 중인 바퀴에 걸리는 무게와 마찰 계수의 곱과 일치하지 않으나, 이 값을 초과할 수는 없다. 이 예제에서는 마찰 계수가 아주 작은 값인 100 lb/1525 lb 혹은 0.066 이상이 되는 한 바퀴는 견인력을 유지할 것이다.

예제 2.2 SAMPLE PROBLEM 가속하고 있는 자동차

그림 2.1의 60 mph로 달리고 있는 자동차가 갑자기 스로틀 밸브를 최대로 작동시켰고 이에 상응하는 엔진 동력이 96 hp이다. 후륜과 전륜에 작용하는 지면 반발력과 자동차의 가속도를 구하라.

풀이 SOLUTION

제시자료: 알려진 항력과 속도를 가진 특정 무게의 자동차가 스로틀 밸브를 최대로 작동시

켰다.

목표: 각 타이어에 작용하는 지면 반발력과 자동차의 가속도를 결정하라.

개요도 및 데이터:

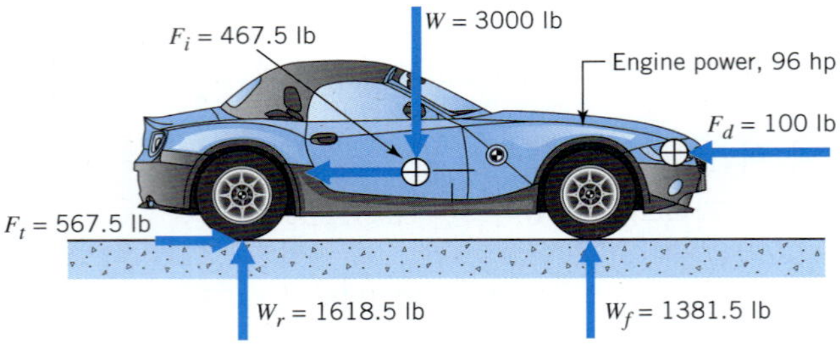

그림 2.2 전방으로 가속하고 있는 자동차의 자유물체도.

가정:

1. 회전에 의한 관성 효과는 자동차 무게를 7퍼센트 증가시키는 효과에 상응한다.
2. 후륜이 요구되는 견인력을 발생시킨다.

해석:

1. 자동차 바퀴, 엔진 플라이휠과 기타 회전하는 부품의 회전관성 영향이 고려되어야 한다. 자동차가 가속될 때, 동력은 이러한 부품들을 각가속시키는 데 소비된다. 자세한 계산 결과, 고단 기어에서 회전관성의 영향은 차의 무게를 약 7퍼센트 증가시키는 것으로 나타난다. 이는 가속에 사용되는 동력의 100/107만 자동차 질량을 선형으로 가속시키는 데 사용된다는 것을 의미한다.
2. 이 예제에서 16 hp는 전방으로 등속을 유지하기 위해 필요한 추력 100 lb를 준다. 전체 마력이 96 hp로 증가되면, 80 hp는 가속을 위해 사용되고, 그중 80(100/107) 혹은 74.8은 선형 가속을 일으킨다. 만약 16 hp가 100 lb의 추력을 준다면, 74.8 hp는 비례로 추력을 467.5 lb로 증가시킬 것이다.
3. 식 (2.2)로부터

$$a = \frac{F}{m} = \frac{Fg}{W} = \frac{(467.5\ \text{lb})(32.2\ \text{ft/s}^2)}{3000\ \text{lb}} = 5.0\ \text{ft/s}^2$$

4. 그림 2.2는 평형 상태에 있는 자동차를 보여 준다. 467.5 lb의 관성력은 후방으로 작용하며, 전륜으로부터 후륜으로 93.5 lb 힘의 추가 이동을 발생시킨다(자세한 계산은 학생들에게 남겨 둔다).

주석: 이 예제에서는 마찰 계수가 567.5/1617 혹은 0.351 이상이기만 하면 바퀴는 견인력을 유지할 것이다.

예제 2.3 SAMPLE PROBLEM 자동차 동력전달 장치

그림 2.3은 그림 2.1과 2.2에 있는 자동차의 엔진, 변속기, 프로펠러 축의 분해도를 보여 준다. 엔진은 변속기에 토크 T를 전달하고, 변속기의 속도비(ω_{in}/ω_{out})는 R이다. 중력을 무시하고, 이 세 부품에 작용하는 하중을 결정하라.

풀이 SOLUTION

제시자료: 알려진 일반적 형태의 엔진이 자동차 변속기와 구동축에 동력을 전달한다.

목표: 엔진, 변속기, 구동축에 작용하는 하중을 결정하라.

개요도 및 데이터:

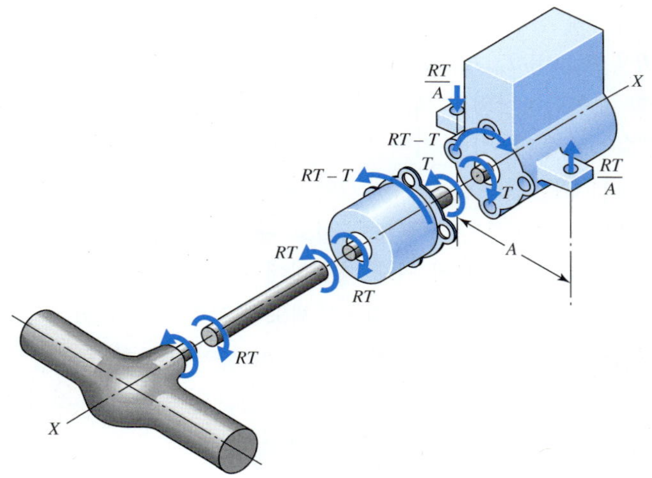

그림 2.3 전방 엔진 및 후륜 구동 자동차의 엔진, 변속기, 프로펠러 축의 X축에 대한 모멘트 평형(T=엔진 토크, R=변속기 토크비. 변속기에서 보면 엔진은 반시계 방향으로 회전한다).

가정:

1. 엔진은 그림에 나타난 바와 같이 두 점에서 지지된다.
2. 부품들의 무게는 무시된다.
3. 변속 마찰 손실은 무시된다.

해석:

1. 먼저 변속기를 고려하자. 이 장치는 엔진으로부터 토크 T를 받아 프로펠러 축[1]에 토크 RT를 전달한다(그림에 나타나지는 않았지만 유니버설조인트를 통해). 프로펠러 축은

---

[1] 변속 마찰 손실은 무시한다.

크기가 같고 방향이 반대인 반작용 토크 RT를 변속기에 가한다. 평형이 되기 위해서는 연결되어 있는 엔진 프레임으로부터 토크 $RT-T$가 변속기 하우징에 가해져야 한다.

2. 엔진은 토크 T와 $RT-T$를 변속기로부터 받는다(작용-반작용 법칙). 모멘트 RT는 그림에 나와 있는 것처럼 엔진 프레임에 의해 가해져야 한다(엔진 지지대를 통해) .
3. 프로펠러 축은 양 끝에서 가해지는 크기는 같지만 방향이 반대인 토크의 작용하에 평형 상태에 있다.

주석: 이런 단순화된 동력전달 해석은 각 요소에 걸리는 하중과 모멘트를 구하게 해 준다.

예제 2.4 SAMPLE PROBLEM 자동차 변속 장치

그림 2.4*a*는 그림 2.3에 주어진 변속기의 간단한 예를 보여 준다. 엔진은 토크 T=3000 lb·in.를 변속기에 전달하고 있고, 변속기는 저단 기어에서 속도비 R=2.778을 가진다.(이 예제에서 R을 토크비 T_{out}/T_{in}로 생각하자. 마찰 손실이 생기는 정도만큼, 속도비 ω_{in}/ω_{out}는 약간 증가할 것이다.) 나머지 세 개의 그림은 변속기의 주요 부품을 나타낸다. 기어 직경들은 그림에 주어져 있다. 입력 기어 A는 엔진 속도로 회전하면서 중간축 기어 B를 구동시킨다. 중간축 기어 C는 주축 출력 기어 D와 맞물려 있다.(입력과 출력 끝단 기어가 동일 축 상에서 회전하나, 주축의 중간을 경계로 서로 다른 속도에서 자유롭게 회전하는 구조로 되어 있다.) 주축은 베어링 I과 II에 의해 하우징에 지지된다. 마찬가지로 중간축은 베어링 III와 IV에 의해 지지된다. 평형 상태의 자유물체도인 그림 2.4b, c, d에 표시되어 있는 요소에 작용하는 모든 하중을 결정하라. 한 쌍의 기어 이 사이에는 하중이 접선 방향으로 작용한다고 가정하라.(이는 하중의 반경 방향 및 축 방향 성분을 무시하는 것이며 이런 하중 성분은 기어를 취급하는 15장과 16장에서 논의된다.)

풀이 SOLUTION

제시자료: 토크비 $R=T_{out}/T_{in}$를 가지는 일반적인 형태의 변속기가 엔진으로부터 특정 토크 T를 받는다. 또한 변속기 내부에 있는 기어, 축, 베어링의 배열과 위치가 모든 기어의 직경과 함께 알려져 있다.

목표: 요소들에 작용하는 모든 힘을 결정하라.

가정:

1. 한 쌍의 맞물린 기어 이 사이의 힘은 접선 방향으로 작용하며 편의상 반경 방향 하중은 무시한다.
2. 변속기 입력과 출력 토크는 일정하다(가속과 감속이 없다).

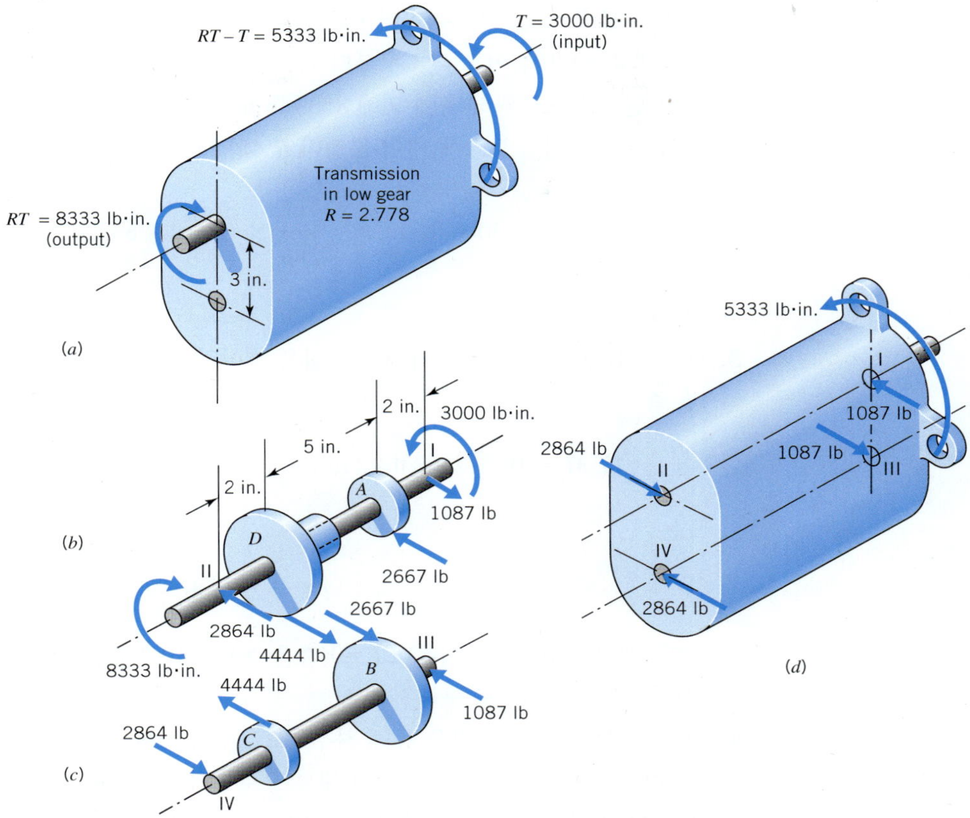

그림 2.4 변속기와 주요 요소들의 자유물체도: (*a*) 완전히 조립된 변속기, (*b*) 주축(앞뒤 반이 서로 자유롭게 회전한다), (*c*) 중간축, (*d*) 하우징. 주의: 기어 *A*와 *C*의 직경은 $2\frac{1}{4}$ in.이며, 기어 *B*와 *D*의 직경은 $3\frac{3}{4}$ in.이다.

해석:

1. 전체 변속기(그림 2.4*a*)의 평형은 하우징 내부에 있는 요소들과 무관하다는 것은 중요한 사실이다. 이러한 자유물체도는 유압 변속기 혹은 전기 변속기와 같이 내부에 기어가 없는 R=2.778의 변속기에도 똑같이 적용될 수 있다. 변속기가 작동하기 위해, 내부에 있는 어떤 요소이든 5333 lb·in.의 반작용 토크가 하우징에 발생되도록 해야 한다.(많은 사람들이 그들이 납품하기를 원하는 자동차 변속기에 대한 방대한 설계 자료를 주요 자동차 회사에 보내왔을 때 상기한 개념을 잘 보여 주는 예가 본 저자의 관심을 끌었다. 모든 도면, 해석, 특성 등등을 분석하려면 많은 시간이 필요하였다. 하지만 보내준 대부분의 설계들은 토크 반작용이 하우징으로 전달되는 개념을 포함하지 않아 변속기가 작동하지 않을 것이라고 곧 판단할 수 있었다.)
2. 주축(그림 2.4*b*)의 입력부는 3000 lb·in.의 입력 토크와 평형을 이루기 위해, 즉 회전축에 대해 $\Sigma M=0$을 만족시키기 위해 2667 lb의 접선 방향 하중을 필요로 한다. 이 힘은 기어 *B*에 의해 기어 *A*에 작용한다. 그림 2.4*c*에 나와 있는 것처럼 기어 *A*는 같은 크기의 반대 방향 힘을 기어 *B*에 가한다. 이 두 개의 기어를 제외하고는 중간축에 가

해지는 토크가 없으므로, 기어 C는 기어 D로부터 4444 lb의 힘을 받아야 하며, 반대 방향의 4444 lb 힘이 기어 C로부터 기어 D에 가해진다. 주축의 반인 출력축에 대한 모멘트 평형은 프로펠러 축에 의해 8333 lb·in.의 토크가 출력축에 작용하도록 요구한다. 출력 토크는 입력 토크에 기어 직경비 B/A와 D/C를 곱하여 구할 수도 있다. 따라서

$$3000\ \text{lb}\cdot\text{in.} \times \frac{3\frac{3}{4}\,\text{in.}}{2\frac{1}{4}\,\text{in.}} \times \frac{3\frac{3}{4}\,\text{in.}}{2\frac{1}{4}\,\text{in.}} = 8333\ \text{lb}\cdot\text{in.}$$

이 된다.

3. 베어링 II에 의해 주축에 가해지는 힘은 베어링 I에 대한 모멘트를 취함으로써 얻어진다. 즉

$$\Sigma M = 0: \quad (2667\ \text{lb})(2\ \text{in.}) - (4444\ \text{lb})(7\ \text{in.}) + (F_{\text{II}})(9\ \text{in.}) = 0$$

또는

$$F_{\text{II}} = 2864\ \text{lb}$$

이다. 베어링 I에서의 힘은 $\Sigma F=0$(혹은 $\Sigma M_{\text{II}}=0$)으로부터 구해진다. 중간축 베어링 반력도 같은 방법으로 구해진다.

4. 그림 2.4b와 c는 베어링을 통해 하우징으로부터 축에 가해지는 베어링에서의 힘을 보여 준다. 그림 2.4d는 베어링을 통해 축으로부터 하우징에 가해지는 대응하는 힘을 보여 준다. 변속기 하우징과 접촉하고 있는 요소들은 네 개의 베어링과, 그리고 변속기 하우징을 엔진 프레임에 연결하는 볼트들이다. 그림 2.4d는 하우징 자체가 힘과 모멘트의 평형 상태에 있는 자유물체라는 것을 보여 준다.

주석:

1. 여러 단계에서의 하중, 즉 전체 장치(자동차와 같은)에 작용하는 하중, 전체 장치 내의 한 부품(자동차 변속기와 같은)에 작용하는 하중, 복잡한 부품의 한 요소(변속기 중간축과 같은)에 작용하는 하중을 결정하기 위해 자유물체도 방법이 아주 효과적으로 사용될 수 있음을 이 예는 설명한다.
2. 자유물체의 평형 개념은 다음의 예제 2.5에서 설명되는 것처럼, 내력을 결정하는 데 있어서도 아주 효과적인 방법이며, 그림 2.4c의 변속기 중간축과 같은 요소에서 발생하는 내력에도 동일하게 적용된다.

예제 2.5 SAMPLE PROBLEM 내력의 결정

하중을 지지하는 요소에 대한 두 가지 예가 그림 2.5a와 2.6a에 주어져 있다. 자유물체도를 이용하여 각 요소의 단면 AA에 작용하는 힘을 구하고 도시하라.

풀이 SOLUTION

제시자료: 두 요소의 형상과 작용 하중 방향이 주어져 있다.

목표: 각 요소의 단면 AA에 작용하는 힘을 구하고 도시하라.

개요도 및 데이터:

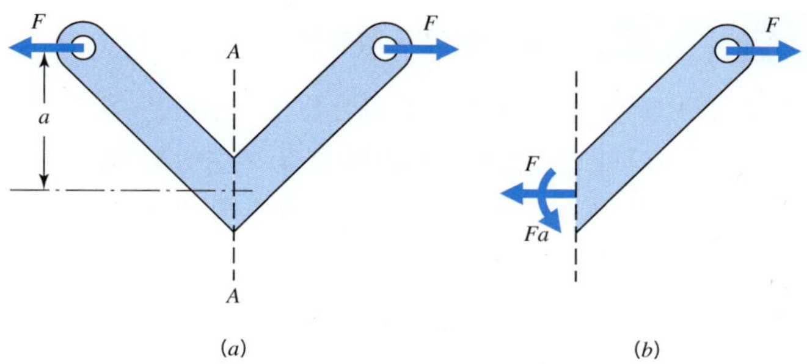

그림 2.5 자유물체도로부터 결정된 내부 단면에 작용하는 힘.

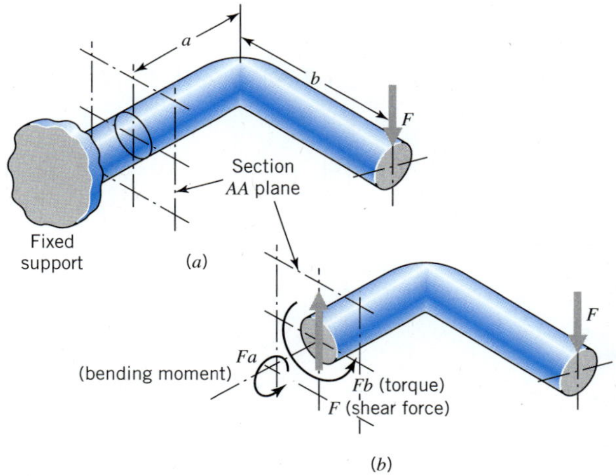

그림 2.6 자유물체도로부터 결정된 내부 단면에 작용하는 힘.

가정: 요소의 변형에 의한 형상 변화는 무시한다.

해석: 그림 2.5b와 2.6b는 단면 AA의 한쪽 부분을 평형 상태에 있는 자유물체도로 보여 준다. 단면에 작용하는 힘과 모멘트는 평형 방정식으로부터 결정된다.

주석:

1. 그림 2.5a에 주어진 요소의 변형은 모멘트 aF를 감소시키지만 대부분의 하중에 대해

이러한 변화는 무시할 만큼 작다.

2. 그림 2.6에 주어진 하중 지지 요소에 대한 벡터 해석은 부록 G를 참조하라.

다음의 두 예는 세 힘이 작용하는 요소에서 세 힘 중 하나는 방향과 크기를 모두 알고 다른 하나는 방향만 알 경우 작용하는 하중들을 결정하는 과정을 설명한다.

예제 2.6 SAMPLE PROBLEM 세 힘이 작용하는 요소

그림 2.7은 고정 프레임(링크 1)에 대해 자유롭게 회전하는 벨 크랭크(링크 2)를 보여 준다. 수평봉(링크 3, 표시되지 않았음)이 40 lb의 힘을 가하면서 링크 2의 윗부분에 연결되어 있다.(아래 첨자 표기법: F_{32}는 링크 3로부터 링크 2에 가해지는 힘이다.) 수평으로부터 30° 각도에 있는 봉(링크 4, 표시되지 않았음)이 미지 크기의 힘 F_{42}를 가하면서 링크 2의 아랫부분에 연결되어 있다. 힘 F_{42}의 크기와 힘 F_{12}(링크 2의 중앙 부근에 있는 피벗 핀 연결을 통해 고정 프레임 1으로부터 링크 2에 가해지는 힘)의 크기와 방향을 결정하라.

풀이 SOLUTION

제시자료: 특정 형태의 벨 크랭크가 그림 2.7에 주어진 것처럼 힘을 받고 있다.

목표: 힘 F_{42}의 크기와 힘 F_{12}를 결정하라.

개요도 및 데이터:

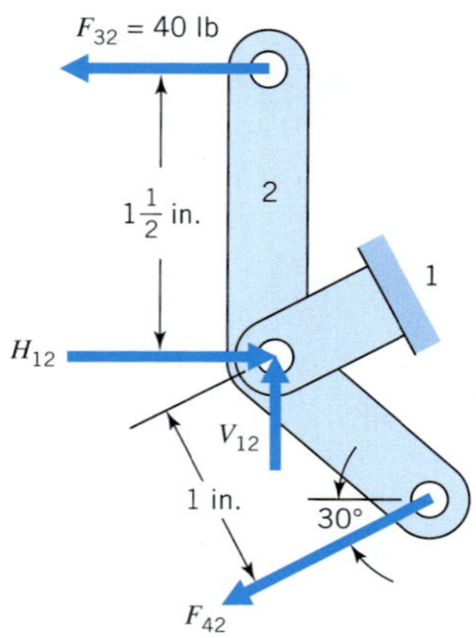

그림 2.7 벨 크랭크에 작용하는 힘—해석적 해법.

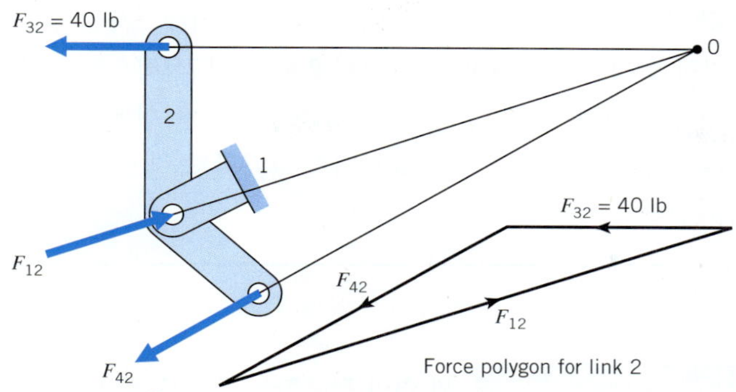

그림 2.8 벨 크랭크에 작용하는 힘—도해법.

가정:

1. 핀 연결은 마찰이 없다.
2. 벨 크랭크는 가속하지 않는다.

해석 A(해석적 해법):

1. 피벗 핀에 대한 모멘트의 합으로부터 F_{42}=60 lb이 된다(40 lb×1.5 in.=60 lb×1 in.).
2. F_{12}를 수평 및 수직 성분으로 나누고, 링크 2에 작용하는 수평 및 수직 하중의 합을 각각 0으로 두면 V_{12}=(60 lb)(sin 30°)=30 lb, H_{12}=40 lb+(60 lb) cos 30°=92 lb를 얻는다. F_{12}의 크기는 $\sqrt{30^2+92^2}$=97 lb이며, 방향은 수평으로부터 $\tan^{-1}$ 30/92=18° 오른쪽 위로 향한다.

해석 B(도해법):

1. 평형이 되기 위해서는 방향이 알려진 두 하중 작용선들의 교점인 점 0를 포함한 어떤 점에 대해 모멘트를 취하더라도 링크 2에 작용하는 모든 힘에 의한 모멘트 합은 0이 되어야 한다. 세 힘 중 둘은 점 0에 대해 모멘트를 가지지 않으므로, 평형을 위해서는 세 번째 힘 또한 점 0에 대해 모멘트를 가지지 않아야 한다. 이는 F_{12}의 작용선이 점 0를 지나갈 경우에만 충족될 수 있다.
2. 따라서 한 힘은 방향과 크기를 모두 알고 있고, 나머지 두 힘은 방향만 알고 있다. 힘의 합을 0으로 만들기 위한 도해법은 그림 2.8에 있는 힘의 다각형으로 이루어진다. 먼저 40 lb 크기와 방향을 알고 있는 힘 F_{32}를 힘의 크기에 상응하는 편리한 축척의 길이로 하여 동일한 방향으로 그린다. 그런 다음, 벡터 F_{32}의 한 끝을 지나는 힘 F_{12} 방향의 직선을 그리고, 힘 F_{42} 방향의 직선을 벡터 F_{32}의 다른 끝을 지나도록 그린다. 그 결과 두 미지 힘의 크기가 힘의 다각형으로부터 선분 길이의 비율에 의해 결정될 수 있다.(힘 F_{42} 방향의 직선을 벡터 F_{32}의 꼬리를 지나도록 그리고, 힘 F_{12} 방향의 직선을 벡터 F_{32}의 머리를 지나도록 그려도 동일한 결과를 얻는다.)

주석: 해석적 해법에서는 세 개의 미지수를 구하기 위해 2차원에서 세 개의 평형 방정식을 풀었으며, 연립 방정식과 동일한 해가 그림 2.8에서 도식적으로 구해졌다. 도해 과정을 이해하는 것은 링크의 평형에 필요한 힘의 방향과 크기의 특성에 대한 직관을 갖게 해 준다. 그림 2.7과 그림 2.8은 고정 링크 1이 표시되지 않더라도 링크 2에 대한 적절한 자유물체도를 보여 준다.

예제 2.7 SAMPLE PROBLEM 세 힘이 작용하는 요소로 본 사람의 손가락

기계 장치와 구조물의 요소에 전통적으로 적용되어 왔던 기계공학 설계의 원리들은 비교적 새로운 분야인 **생체공학**에 점점 더 적용되고 있다. 관절염에 의한 기형을 연구하는 데 있어 사람 손가락 내부의 하중 지지부로 자유물체 해석법을 적용한 것이 한 실례이다[2, 4]. 그림 2.9는 이런 연구의 간단한 예를 보여 주며 이 그림에서는 손가락 끝에서 10 lb의 집는 힘이 근육 수축으로 발생하고, 이는 건력 F_t를 야기한다. 힘줄(건)과 손가락뼈에 작용하는 힘을 결정하라.

풀이 SOLUTION

제시자료: 엄지와 검지가 둥근 물체를 잡기 위해 알려진 집는 힘을 발생시키며, 이때의 형상이 주어져 있다.

목표: 힘줄에서의 인장력(건력)과 손가락뼈에서의 압축력을 구하라.

개요도 및 데이터:

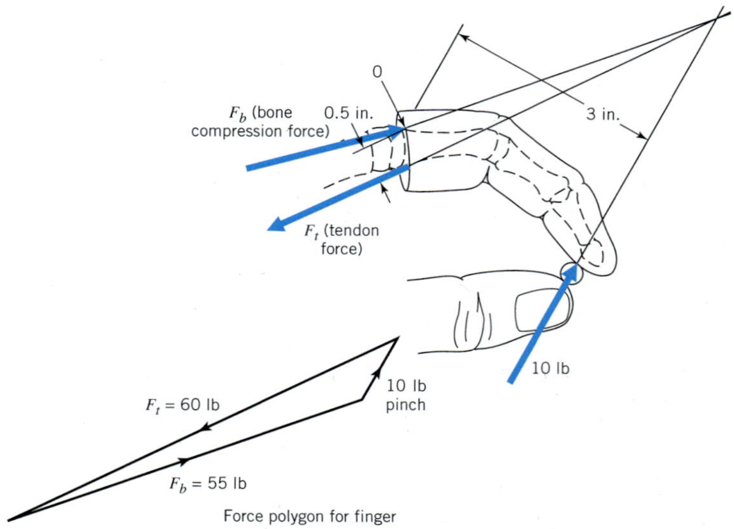

그림 2.9 사람 손가락에서의 힘 분석.

가정:

1. 손가락에서의 힘은 힘줄과 뼈에 의해서만 전달된다.
2. 손가락은 가속되지 않는다.
3. 손가락의 무게는 무시될 수 있다.

해석: 건력은 피벗 점 0에 대해 집는 힘이 가진 모멘트 암의 1/6에 해당하는 모멘트 암을 가지고 있으므로, 힘줄의 인장력은 60 lb이어야 한다. 손가락뼈(지골 근위부)와 이와 맞물리는 손의 상대뼈(손바닥뼈) 사이의 압축력은 관절염으로 물성이 저하된 뼈조직을 파손시킬 수 있는 값인 약 55 lb가 되는 것을 힘의 다각형으로부터 구할 수 있다.

자유물체도 해석에 관한 다른 예들은 참고문헌 [1], [3], [5]에 주어져 있다.

2.3 보 하중

'보 하중'이란 단면 치수에 비해 길이가 상대적으로 긴 요소에 대한 횡하중을 의미한다. 여기에는 비틀림 하중이나 축 하중이 혹은 둘 다가 동반되거나 동반되지 않을 수도 있다. 복습을 위해 두 가지 예가 그림 2.10에 주어져 있다. 각 예는 세 개의 기본적인 선도, 즉 외력, 내부 횡전단력(V), 내부 굽힘모멘트(M)를 포함하고 있으며 이에 대한 이해가 중요하다. 그림에 있는 모든 값들은 계산으로 구한 결과이며, 학생들은 복습 삼아 이를 증명해 보기 바란다.(분포 하중 w는 폭 b의 중앙에 집중 하중 wb가 작용하는 것으로 취급하고, $\Sigma F=0$와 $\Sigma M=0$를 이용하여 반력 R_1과 R_2를 먼저 계산한다.)

전단력 선도의 부호 규칙은 임의로 사용할 수 있으나, 여기에 사용된 규칙을 추천하고자 한다. 즉 작용하는 하중의 방향을 따라 왼쪽으로부터 오른쪽으로 진행한다. 그림 2.10a의 경우 반력 R_1의 왼쪽에는 작용 하중이 없으므로 전단력도 없으며, R_1에서 상방향 하중 Fb/L 크기의 전단력이 발생한다. 오른쪽으로 진행하면서, 하방향 하중 F에 도달할 때까지 하중이 없으므로 전단력에서도 변화가 없다. 이 점에서 전단력 선도는 F 크기만큼 떨어지고, 다시 같은 크기로 유지된다. 반력 R_2의 오른쪽에는 하중이 존재하지 않으므로 전단력 선도는 이 점에서 0이 되어야 한다.

보의 단면에서 내부 횡전단력 V와 내부 굽힘모멘트 M은 그림 2.10a에 표시되어 있는 것과 같이 작용하면 부호가 양이다. 단면 왼쪽에 있는 보의 부분이 단면의 오른쪽에 있는 부분에 대해 상방으로 움직이도록 작용하면 단면에서의 전단력은 양이다. 굽힘모멘트에 대해서는 보의 윗부분은 압축이 되고, 아랫부분은 인장이 되도록 보에 작용하면 굽힘모멘트는 그 단면에서 양이다. 일반적으로 양의 모멘트는 보를 스마일 모양으로 만들 것이다.

제안된 부호 규칙을 요약하면 다음과 같다: 보의 단면에서 내부 횡전단력 V와 내부 굽힘모멘트 M은 그림 2.10a에 나와 있는 방향으로 작용하면 양이다.

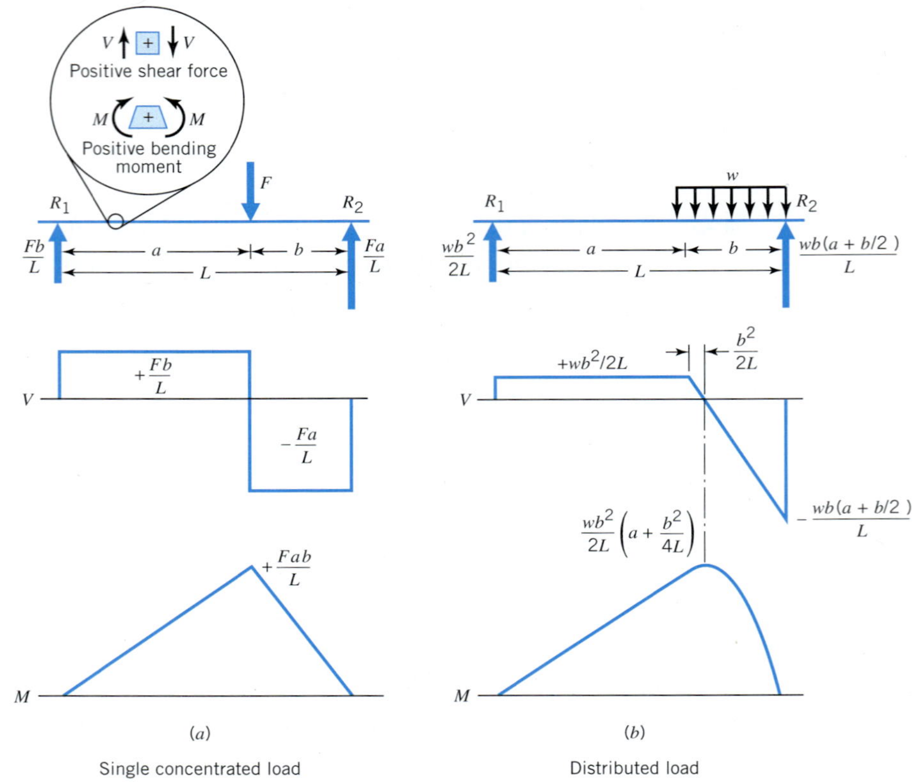

그림 2.10 보 하중 선도, 전단력 선도, 굽힘모멘트 선도에 대한 두 가지 예.

굽힘에 대해 여기서 추천된 부호 규칙은 다음의 관계로부터 비롯된다.

1. 보 위의 임의의 점에서의 전단력(V) 크기는 그 점에서 굽힘모멘트(M) 선도의 경사와 같다.

따라서 보의 왼쪽 부분에 작용하는 부호가 양인 일정한 크기의 전단력은 같은 부분에서 굽힘모멘트 선도에 일정한 양의 경사를 준다.

또한 하중 선도, 전단력 선도, 굽힘모멘트 선도에 관한 세 개의 다른 중요한 법칙 혹은 관계를 기억하기 바란다.

2. 보위의 임의의 점에서 국부 하중 강도의 크기는 그 점에서의 전단력(V) 선도의 경사와 같다.(예를 들어 '점'으로 작용하는 양단 지지는 이론적으로 무한대의 상방향 하중 강도를 준다. 따라서 이 점들에서 전단력 선도의 경사는 무한대이다.)

3. 보를 따른 임의의 두 점에서 전단력 크기의 차이는 이 점들 사이에서 하중 선도가 이루는 면적과 같다.

4. 보를 따른 임의의 두 점에서 굽힘모멘트 크기의 차이는 이 점들 사이에서 전단력 선도가 이루는 면적과 같다.

예제 2.8 SAMPLE PROBLEM 변속기 중간축에서의 내부 하중

그림 2.11(그림 2.4*c*)에 있는 축에서 최대 하중을 받고 있는 단면의 위치를 결정하고, 이 위치에서의 하중을 구하라.

풀이 SOLUTION

제시자료: 일정한 직경과 주어진 길이를 가진 축이 알려진 위치 *B*와 *C*에서 기어를 지지하고 있다.

목표: 최대 하중을 받는 축의 단면과 이 위치에서의 하중을 결정하라.

개요도 및 데이터:

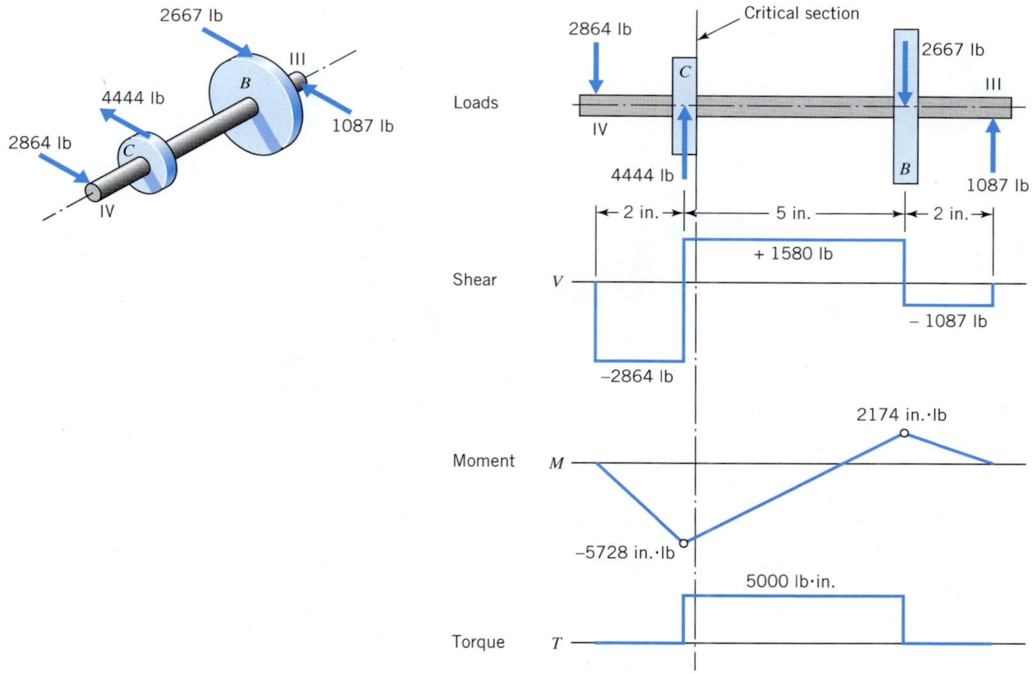

그림 2.11 중간축 하중과 임계 단면의 결정.

가정:

1. 축과 기어는 등속으로 회전한다.
2. 횡전단 응력은 굽힘 응력 및 비틀림 전단 응력에 비해 무시할 만하다.

해석:

1. 그림 2.11은 이 축에 대한 하중, 전단력, 굽힘모멘트 및 토크 선도를 보여 주며 특히

다음 사항을 유의하여야 한다.

a. 하중 선도는 평형 상태에 있다—지면의 평면에서 작용하는 힘과 모멘트는 평형이다.

b. 추천된 부호 규칙과 선도들 사이에 주어진 네 개의 기본 관계들이 그림으로 설명된다.

c. 토크 선도에서 사용된 부호 규칙은 임의로 되어 있다. 베어링 마찰은 보통 무시되므로, 두 기어의 바깥쪽으로는 토크가 0이 된다. (4444 lb)(2.25 in./2)와 (2667 lb)(3.75 in./2)의 토크가 *C*와 *B*에서 축에 가해진다.

2. 축의 임계 단면은 기어 *C*의 바로 오른쪽에 위치한다. 이 위치에서 최대 굽힘과 함께 최대 토크를 가진다.(횡전단력은 최댓값보다 작으나 아주 짧은 축을 포함하는 예외적인 경우를 제외하고는 전단 하중은 굽힘 하중에 비해 중요하지 않다.)

주석: 그림 2.12는 임계 단면의 왼쪽에 있는 중간축 부분을 자유물체로 보여 준다. 이러한 계의 일부분에 대해서도 모든 외력의 작용하에 평형 상태의 자유물체를 구성할 수 있음을 알아야 한다. 이는 외력과 함께 중간축 오른쪽 부분에 의해 자유물체로 가해지는 내력을 포함한다.

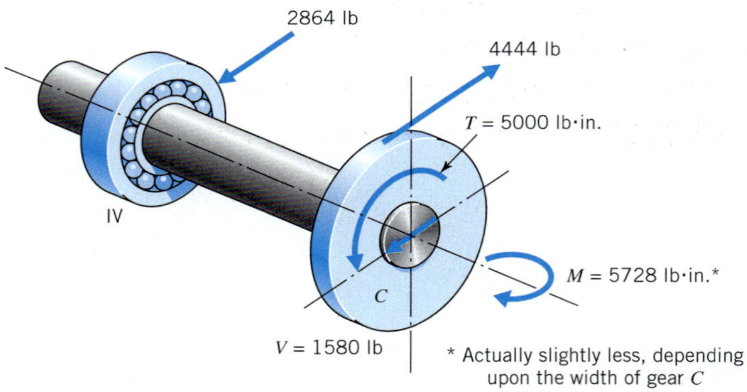

그림 2.12 중간축 임계 단면에서의 하중.

2.4 임계 단면의 위치 결정–힘 흐름 개념

앞의 예들(그림 2.5, 2.6, 2.12)에서 하중 결정을 위해 선택된 단면들은 언뜻 보더라도 가장 큰 임계 하중을 받고 있다. 하지만 더욱 복잡한 예에서는 많은 단면이 임계가 될 수 있고, 그 위치도 명확하지가 않다. 이러한 경우, 여러 요소들을 통해 흐르는 '힘 흐름선'(간단한 분석으로 결정될 수 있는 힘이 전달되는 근사적인 통로)과 이 선을 따라 임계라고 추정되는 단면을 결정하는 체계적인 방법을 적용하는 것이 도움이 될 것이다. 이 방법은 다음 예제에서 설명된다.

예제 2.9 SAMPLE PROBLEM 요크 이음

힘 흐름 개념을 이용하여 그림 2.13에 주어진 요소들에서 임계 단면과 임계 표면의 위치를 결정하라.

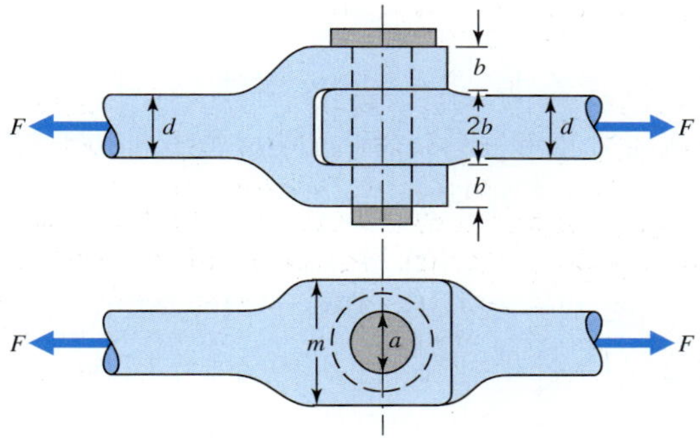

그림 2.13 요크 이음.

풀이 SOLUTION

제시자료: 요크 이음이 인장 하중을 받고 있다.

목표: 요크 포크, 핀, 블레이드에서 임계 단면과 임계 표면의 위치를 결정하라.

개요도 및 데이터:

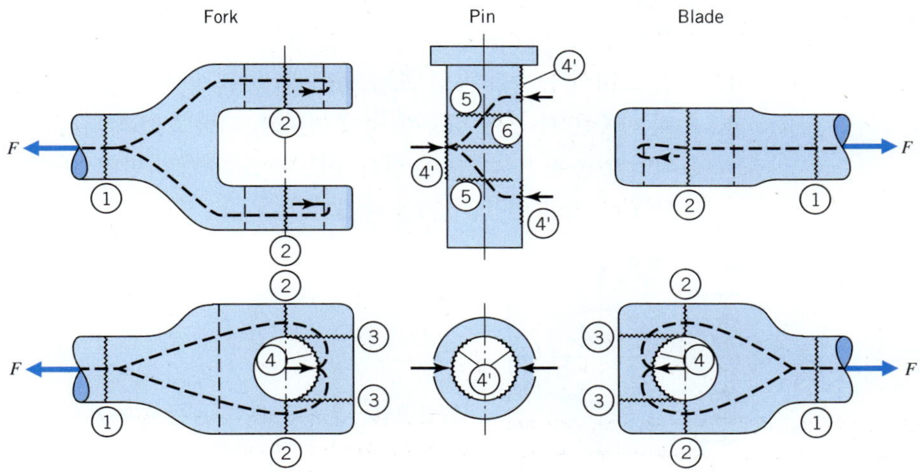

그림 2.14 요크 이음에서의 힘 흐름선과 임계 단면.

가정:

1. 요크 이음의 무게는 무시될 수 있다.

2. 하중은 포크의 두 갈래에 동등하게 분배된다(힘과 요크 이음은 완전한 대칭이다).
3. 각 갈래에서의 하중은 구멍의 양쪽 부분에 동등하게 분배된다.
4. 분포 하중은 집중 하중으로 표현된다.
5. 핀, 블레이드, 포크 변형이 하중 분포에 미치는 영향은 무시된다.
6. 핀은 포크와 블레이드에 완전한 정합도로 연결된다.

해석: 각 요소를 흐르는 힘 흐름선은 그림 2.14에 점선으로 나타나 있다. 왼쪽에서 오른쪽으로 이 선을 따라 주요한 임계 영역은 톱니선과 원번호로 표시되어 있다.

a. 인장 하중이 포크의 단면 ①에 발생한다. 만약 이 부분이 큰 반경과 함께 인장 하중을 전달하기에 충분한 물질을 가진다면 다음 임계 위치는 ②이며, 여기서는 힘 흐름이 구멍에 의해 단면이 감소되는 병목부를 만나게 된다. 이러한 대칭 구조에서 힘 F는 네 개의 동일한 선으로 나누어지며, 각각은 위치 ②에서 $1/2(m-a)b$의 면적을 가진다.
b. 힘 흐름은 의심스러운 다음 단면인 ③으로 진행한다. 여기서 힘 흐름의 방향 전환은 톱니선 ③으로 둘러싸인 포크의 끝 부분을 밀어내려고 하는 전단 응력을 야기한다.
c. 다음 임계 영역은 경계면 ④와 ④'이며, 여기서 지지 하중은 각각 포크 구멍과 핀 표면 사이에 존재한다. 같은 방법으로 동일 지지 하중이 핀과 블레이드 구멍 표면 사이에서 발생한다.
d. ④'에서의 힘은 핀을 보 하중 상태로 두며, 단면 ⑤에서 직접 전단 하중을 야기 시킨다(핀의 두 면 ⑤는 평행으로 각각 $F/2$의 전단 하중을 받고 있어, 핀은 이중 전단 상태에 있음을 유의하라). 더욱이 지지 하중은 핀의 중앙에 있는 면 ⑥에서 최대 굽힘모멘트를 발생시킨다.
e. 핀으로부터의 힘이 블레이드로 전달된 후, 힘은 포크에서 같은 숫자로 표시된 단면에 대응하는 임계 단면 ④, ③, ②, ①을 따라 흐른다.
f. 그림 2.14의 단순화된 힘 흐름 형태에는 나타나지 않았지만, 구멍의 표면에 가해지는 지지 하중은 한 점에 집중된 것이 아니라, 그림 2.15에 나타난 바와 같이 표면 위로 **분포**되어 있음에 유의하여야 한다. 이는 ⑦로 표기된 단면의 인장 파손을 일으키는 **후프 인장**(원주 방향 인장 하중)을 야기한다.

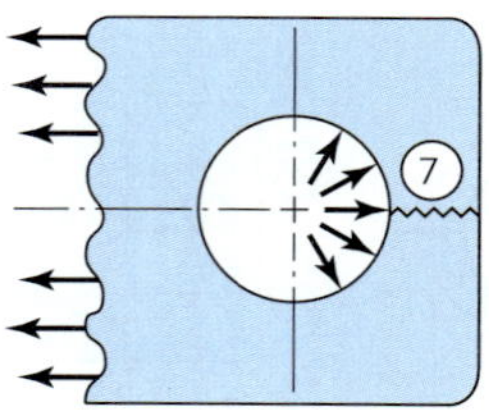

그림 2.15 분포 지지 하중은 단면 7에서 구멍의 원주 방향으로 인장 파손을 야기할 수 있다.

주석: 여러 가지 임계 단면에서의 응력 결정은 이 장의 범위를 넘어가지만, 이러한 응력들을 계산할 때 고려해야 할 단순화 가정을 여기서 언급하는 것이 좋을 듯하다.

a. ②의 단면은 균일 인장 상태로 가정될 수 있다. 그러나 실제로는 굽힘 현상이 나타나 내부, 즉 구멍 표면에는 인장을 **증가**시키고, 바깥면에서는 인장을 감소시킨다. 이는 금

속으로 된 연결핀에 의해 하중을 받는 고무로 된 포크와 블레이드의 뒤틀림 변형을 상상함으로써 알 수 있다. 이러한 효과를 양적으로 평가하기 위해서는 자세한 형상을 알아야 하며, 이는 간단한 작업이 아니다.

b. 표면 ④와 ④'에서 압축 하중의 분포는 실제로는 불균일하지만 여기서는 균일한 것으로 가정한다. 하중 분포에 영향을 미치는 주된 요소는 구멍과 핀의 정합도와 각 요소들의 강성도이다. 예를 들면 핀의 굽힘은 포크와 블레이드의 접촉부 근처에서 최대 하중을 발생시키려고 하며, 핀 굽힘의 정도는 핀의 강성도뿐만 아니라 정합도에 달려 있다. 핀의 높은 정합도에 의해 굽힘의 영향이 줄어드는 것은 핀 굽힘 응력에 주된 영향을 미치는 요소이다.

많은 공학 문제에서처럼, 이 예제는 다음 세 가지 필요성을 설명한다. 즉 (1) 합리적으로 단순화하는 가정을 내리고 유용한 해를 빨리 얻는 것, (2) 내려진 가정을 이해하여 결과를 적절히 해석하는 것, (3) 특정 경우에 단순한 해법이 적합한지 혹은 자세한 해석적 방법과 실험적 연구를 요구하는 더욱 정교한 해석이 적절한지에 대한 공학적 판단을 내리는 것이다.

2.5 잉여 지지점 사이의 하중 분할

잉여 지지점이란 제거되어도 지지물을 평형 상태로 둘 수 있는 것이다. 예를 들어 그림 2.16에서 중앙 지지점(잉여 지지점)은 제거되어도 보는 양단 지지에 의해 평형이 유지될 수 있다. 잉여 지지점(반작용)이 있을 경우, 평형 방정식으로는 지지점들에 걸리는 하중의 크기를 결정할 수가 없다. 이는 평형 방정식의 수보다 미지수의 수가 더 많기 때문이다.

잉여 지지점은 구조물의 강성도를 증가시켜 주고, 지지점들의 강성도에 비례하여 분배되는 하중을 지지한다. 예를 들면 그림 2.17*a*에 있는 100 lb의 무게가 코일 스프링에 의해 아래쪽에서는 압축으로 위쪽에서는 인장으로 지지되고 있다.(100 lb 하중을 제외하고는 스프링에 응력이 작용하지 않는 것으로 가정한다.) 위쪽 스프링은 10 lb/in.의 강성 계수를 가지고, 아래쪽 스프링은 40 lb/in.의 강성 계수를 가진다. 중력의 작용으로 무게는 아래쪽으로 작용하여 위쪽 스프링을 δ만큼 인장시키고 아래쪽 스프링을 같은 크기로 압축시킨다. 따라서 무게는 100 lb의 중력과 10δ, 40δ의 스프링 하중(그림 2.17*b*) 작용하에 평형 상태에 있으므로, $\Sigma F=0$으로부터, $\delta=2$ in.를 얻는다. 그 결과, 위쪽 및 아래쪽 스프링 하중은 각각 20 lb, 80 lb가 되며, 이는 하중이 잉여 지지점의 강성도에 비례하여 분배되는 것을 의미한다.

무게의 처짐을 줄이기 위해 세 번째 지지가 직경 0.020 in., 길이 10 in.의 강선 형태로

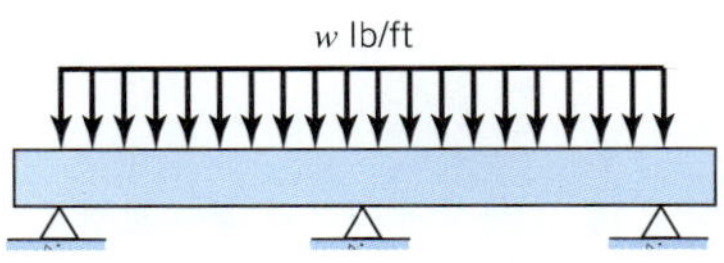

그림 2.16 잉여 지지점.

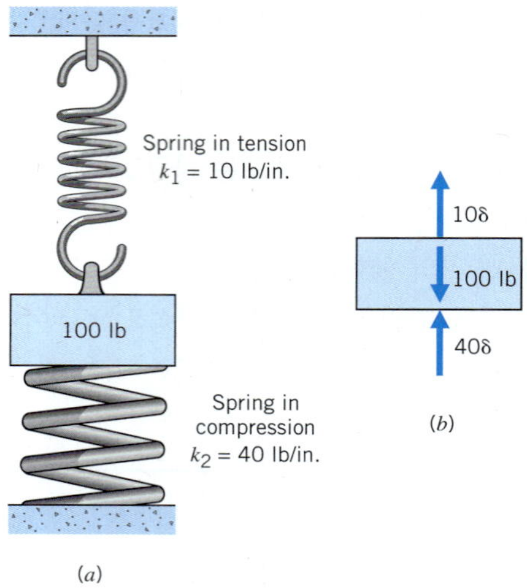

그림 2.17 위와 아래 스프링에 의해 잉여 지지되고 있는 무게.

위쪽 스프링 내부에 첨가되어, 강선의 위는 위쪽 지지부에 아래는 무게에 부착되어 있는 예를 생각해 보자. 와이어의 스프링 상수(AE/L)는 약 942 lb/in.이며 무게를 지지하는 전체 강성도는 992 lb/in.가 된다. 따라서 와이어는 100 lb 하중의 942/992, 즉 95 lb를 지지한다. 와이어에 발생하는 응력은

$$\frac{P}{A} = \frac{95 \text{ lb}}{0.000314 \text{ in.}^2}, \qquad \text{or} \quad 303{,}000 \text{ psi}$$

이 되며, 이는 일반적으로 와이어의 인장 강도보다 큰 값이어서 와이어는 파손(파괴 혹은 항복)될 것이다. 따라서 **잉여 하중 지지부들의 강도는 이들의 강성도에 비례하여 충분히 높은 값을 가져야 한다.**

이 현상을 좀 더 자세히 설명하기 위해, 그림 2.18에 나와 있는 L형강을 고려해 보자. L형강이 기계나 구조물에 사용되었을 때, 비록 파괴되지는 않았지만 90° 각이 예상한 것보다 더 많이 변형됨으로써 L형강이 충분한 강성도를 가지지 않았다고 상상해 보자. 각 변형은 그림에 주어진 위치에 작은 삼각형 웨브를 용접함으로써 감소되며, 이는 각 변형을 제한하는 잉여 지지점이 된다. 하지만 웨브의 강도에 비례하여 전체 강성도가 증가하지 않을 수도 있다. 크랙이 용접부 안이나 근처에서 발생하여 증가된 강성도를 감소시킬 수 있으며, 또한

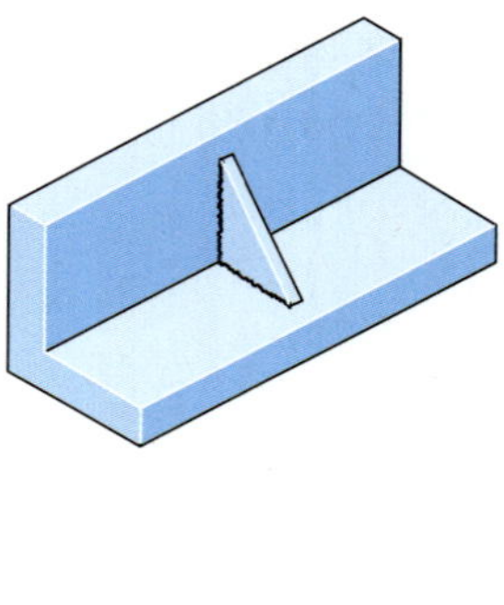

그림 2.18 L형강에 첨가된 웨브 보강.

발생된 크랙이 L형강을 통하여 전파될 수도 있다. 만약 그렇다면, 보강을 위한 웨브의 첨가는 실제로 L형강을 약하게 만들 수도 있다. 가끔 복잡한 구조물(주조처럼)에서의 파손은 재료 자체는 단단하지만 구조적으로 약한 부분(얇은 웨브처럼)을 제거함으로써 개선될 수 있다. 이는 제거되고 남아 있는 부분이 변형의 증가를 가져오는 증가된 하중을 지지하기에 충분히 강한 경우, 또한 그 증가된 변형이 허용될 수 있는 경우라면 가능하다.

완전 탄성계에 있어서 잉여 하중 반작용을 계산할 수 있는 유용한 방법[카스틸리아노(Castigliano) 방법]이 5.9절에 주어져 있다. 다른 한편으로 잉여 지지점의 연성 파손과 관련된 하중 형태가 다음 절에서 논의된다.

2.6 잉여 연성 구조물에 적용된 힘 흐름 개념

2.5절에서 설명한 것처럼, 하중이 전달되는 잉여 통로에서 하중은 통로 강성도에 비례하여 분배된다. 만약 통로가 취성이고 하중이 파괴점까지 증가된다면, 한 통로가 먼저 파괴되고, 이 통로가 지지하던 모든 하중이 다른 통로에 가해지며 결국에는 모든 통로가 파괴될 때까지 계속된다. 연성물질의 경우에는 한 통로가 먼저 항복하고, 이는 통로의 강성도(접선 계수에 비례하는 강성도)[2]를 감소시켜 통로가 지지하던 하중 일부를 다른 통로로 돌리게 한다. 연성의 경우, 전체 구조물의 항복은 모든 통로들이 항복점에 도달할 만큼 하중이 충분히 증가한 후에만 발생한다.

2.4절에 소개된 힘 흐름 개념은 잉여 연성 구조물을 취급하는 데 도움이 된다. 이 내용은 다음 예제에서 설명된다.

예제 2.10 SAMPLE PROBLEM 리벳 이음[1]

그림 2.19*a*는 3중 리벳 맞대기 이음을 보여 주며, 이는 두 개의 판이 서로 맞대어 있고, 하중은 위아래에 있는 보조판에 의해 리벳 이음을 통하여 전달된다. 각 보조판은 맞댄 판의 2/3 두께를 가지며, 맞댄 판과 동일한 재료로 만들어졌다. 세 열의 리벳 이음은 그림에 주어진 것처럼 맞댄 각 판을 보조판에 부착시킨다. 그림에서 한 피치의 너비로 표시된 리벳 이음은 전체 이음 너비를 통해 반복된다. 힘 흐름 개념을 이용하여 임계 단면을 결정하고, 이음의 강도를 검토하라.

풀이 SOLUTION

제시자료: 특정 형상의 3중 리벳 맞대기 이음이 인장 하중을 받는다.

---

2 접선 계수는 특정 응력에서의 응력-변형률 곡선의 기울기로 정의된다.

목표: 임계 단면을 결정하라.

개요도 및 데이터:

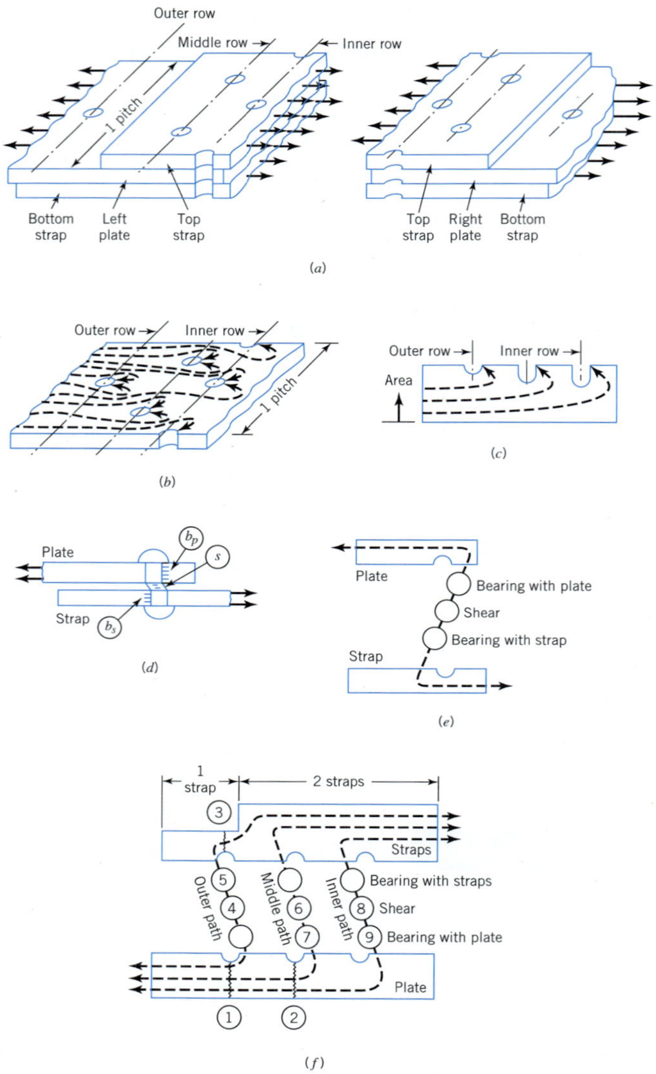

그림 2.19 3중 리벳 맞대기 이음에 적용된 힘 흐름 개념. (*a*) 보조판에 의해 전달되는 하중을 보여 주는 중간이 절단된 리벳 이음. (*b*) 맞댄 판에서 리벳으로 흐르는 힘 흐름. (*c*) 맞댄 판 단면적에 대한 힘 흐름의 도식. (*d*) 리벳을 통한 힘 흐름. (*e*) 리벳을 통한 힘 흐름의 도식. (*f*) 힘 흐름의 전체 도식.

가정:

1. 리벳 이음의 무게는 무시될 수 있다.
2. 힘은 이음의 너비를 통해 균일하게 분포된다(리벳 이음의 부정렬은 없다).
3. 리벳은 맞댄 판과 보조판에 완전한 정합도로 연결된다.

해석:

1. 그림 2.19*b*는 맞댄 판에서의 힘 흐름 형상에 대한 도식적 개요를 보여 준다. 힘의 일정 부분들이 세 열의 리벳 각각으로 전달된다.(정적 평형은 임의의 한 열만으로도 충족되므로, 이는 잉여 구조물이다.) 바깥쪽 리벳 열에서는 전체 힘이 한 개의 리벳 구멍을 포함하는 단면을 통해 흐른다. 중간 리벳 열에서는 두 개의 리벳 구멍을 포함하는 단면이 리벳의 바깥쪽 열에 가해지는 하중을 제외한 모든 하중을 받고 있다. 안쪽 열에서의 맞댄 판의 단면은 리벳의 안쪽 열로 가는 하중만 전달한다. 맞댄 판의 각 단면에서의 힘과 면적의 관계는 그림 2.19*c*에 도식적으로 표현되어 있다. 중간 열과 안쪽 열에서의 리벳 구멍에 의한 단면적의 감소는 바깥쪽 열의 두 배가 됨을 유의하라.
2. 그림 2.19*d*는 각 리벳이 세 개의 중요한 하중, 즉 맞댄 판을 지지하는 하중, 전단 하중, 보조판을 지지하는 하중과 어떤 연관이 있는지 보여 준다. 그림 2.19*e*에 이에 대한 힘 흐름이 도식적으로 표현되어 있으며, 다섯 개의 임계 단면이 연속하여 나타나는 힘 통로를 보여 준다. 즉 맞댄 판에서 구멍에 의해 면적이 감소된 인장 영역, 세 가지 하중에 대응하는 리벳 단면들, 보조판에서 구멍에 의해 면적이 감소된 인장 영역이다.
3. 그림 2.19*f*는 전체 이음을 유사하게 표현한 도식이다. 임계 단면이 표시되어 ①부터 ⑨까지 번호가 매겨져 있다. 기본적으로 세 개의 힘 통로가 표시되어 있으며, 각각은 리벳의 각 열을 통과하여 지나간다. 세 개의 모든 통로는 왼쪽 하부에서 시작하여 바깥쪽 열에 있는 리벳 구멍에 의해 면적이 감소된 맞댄 판 단면을 통해 지나간다. 이곳이 임계 영역 ①이다. 이 지점에서의 파손은 모든 힘 흐름 통로에 적용되므로 결국 이음 전체를 파괴시키게 된다. ②에서는 오직 두 힘 통로만이 맞댄 판을 가로질러 흐른다. 하지만 여기서의 면적은 ①에서보다 작기 때문에 파손이 발생할 수도 있다. 내부 열에서는 ②에서와 동일한 면적을 가진 단면을 오직 한 개의 힘 통로만이 통과하므로 이 단면에서 맞댄 판의 파손 가능성은 거의 없다.
4. 보조판의 인장 파손 가능성을 살펴보면 맞댄 판과 보조판의 상대 두께로 인해 보조판 인장 파손은 임계 단면 ③인 바깥쪽 열에서만 가능함을 유의하라.
5. 리벳 자체의 파손 가능성에 대해서는 각 리벳은 전단과 특정 지지면(지지 면적이 더 작은 곳)에서 취약하다. 바깥쪽 열에서는 보조판이 맞댄 판보다 얇기 때문에, 취약한 곳은 보조판 지지면에 해당한다. 다른 열에서는 보조판 지지 하중이 두 개의 보조판에 의해 분담되며, 보조판 두 개의 두께가 맞댄 판의 두께보다 크기 때문에 취약한 곳은 맞댄 판 지지면에 존재한다. 중간과 안쪽 열의 리벳은 두 개이므로 두 면에서 전단 하중을 분담하는(즉 이들은 두 부분이 전단 하중을 받고 있다) 반면, 바깥쪽 열의 리벳은 한 개의 전단면을 가짐을 유의하라. 리벳의 파손 가능성은 ④부터 ⑨까지 번호가 매겨져 있다.
6. 세 개의 잉여 통로 사이에서 하중은 상대적 강성도에 따라 분포한다. 하지만 리벳 이음은 보통 연성 재료로 만들어지기 때문에 약간의 국부적인 항복은 하중을 재분포시킨다. 따라서 이음의 최종적인 파손은 외부 하중이 세 통로의 연합된 하중 지지 능력

을 초과할 때 발생한다. 이는 세 개 통로의 동시 파손을 의미하며, 다음의 세 가지 가능한 방법으로 발생한다.

a. ①에서의 인장 파손

b. 세 개 통로 각각의 가장 약한 연결부에서의 동시 파손

c. ②와 바깥쪽 통로(③, ④, 혹은 ⑤)의 가장 약한 연결부에서의 동시 파손

참고문헌 REFERENCES

1. Juvinall, Robert C., *Engineering Consideration of Stress, Strain and Strength,* McGraw-Hill, New York, 1967.
2. Juvinall, Robert C., "An Engineering View of Musculoskeletal Deformities," Proceedings of the IVth International Congress of Physical Medicine, Paris, 1964.
3. Riley, William F., L. D. Sturges, and D. H. Morris, *Statics and Mechanics of Materials: An Integrated Approach,* 2nd ed., Wiley, New York, 2001.
4. Smith, Edwin M., R. C. Juvinall, L. F. Bender, and J. R. Pearson, "Flexor Forces and Rheumatoid Metacarpophalangeal Deformity," *J. Amer. Med. Assoc.,* **198** (Oct. 10, 1966).
5. Craig, R. R., Jr., *Mechanics of Materials,* 3rd ed., Wiley, New York, 2011.

연습문제 PROBLEMS

Section 2.2

2.1D Write definitions for the terms *free-body diagram, equilibrium analysis, internal loads, external loads,* and *three-force members.*

2.2 The Iron Arms™ rotating forearm grips exercise the forearms by resisting rotation of the handle grips—see Figure P2.2. The rotation of the handle about its center (the center of the ring) is opposed by the force on the free end of the helical compression spring. The handle is shaped like a "D." The curved portion of the D slides smoothly inside the hollow ring of the housing. The straight portion of the D is for hand gripping and has foam padding.

The handle grip length is approximately 4.0 in. long and 1.25 in. in diameter. The rings have an outer diameter of 7.75 in. and an inner diameter of 5.375 in. The entire Iron Arm assembly has an overall length of 15.40 in., a width of 7.75 in. (outer ring diameter), and a thickness of 1.25 in.

When the right handle is rotated counterclockwise the spring is compressed and it resists handle rotation. Simultaneously, the left handle can be rotated clockwise, and the spring on the left will be compressed.

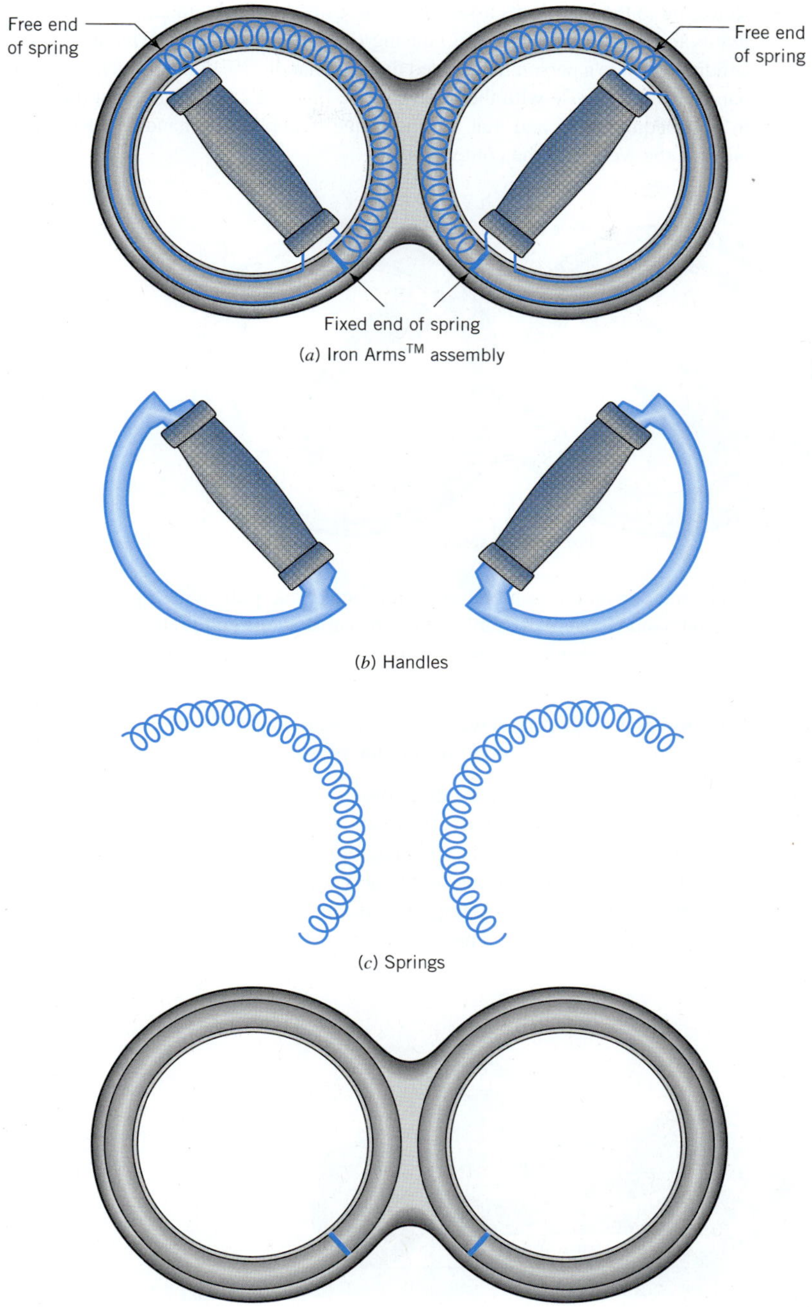

(a) Iron Arms™ assembly

(b) Handles

(c) Springs

(d) Housing (rings)

FIGURE P2.2

In the position shown in Figure P2.2 (a), the springs are both compressed (preloaded) and in static equilibrium. For this position, draw a free-body diagram of each spring, each handle, the housing (rings) and the Iron Arms assembly. Assume that there are no gravitational forces, frictional forces, or handle torque acting on the components.

2.3 Referring to the Iron Arms assembly as described in Problem 2.2, draw free-body diagrams for the springs, handles, housing (rings), and the Iron Arms assembly for the condition where a person has rotated the right handle 90° counterclockwise and the left handle 90° clockwise with their hands—see Figure P2.3. Assume that the assembly is in static equilibrium and that a pure torque is applied by hand to each handle grip. Neglect the weight of the components.

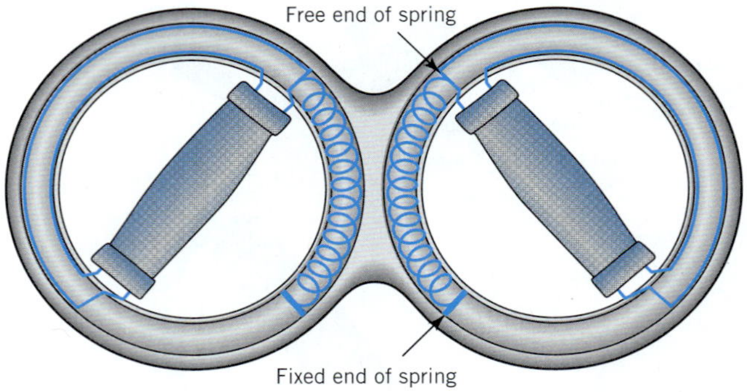

FIGURE P2.3

2.4 (a) If one person on each end of a thin, steel cable pulls with a force of 300 N, what tension would exist in the cable? (b) If the cable at one end is attached directly and permanently to a tree and a person pulls on the other end with a force of 300 N, what force would exist in the steel cable?

2.5D What forces act on a person walking on a level roadway? If that person walks on a level belt of a treadmill, what forces act on that person? Which activity takes more effort?

2.6D Draw a free-body diagram for the motorcycle of weight W shown in Figure P2.6D for (a) rear wheel braking only, (b) front wheel braking only, and (c) front and rear wheel braking. Also, determine the magnitudes of the forces exerted by the roadway on the two tires during braking for the above cases. The motorcycle has a wheel base of length L. The center of gravity is a distance c forward of the rear axle and a distance of h above the road. The coefficient of friction between the pavement and the tires is μ.

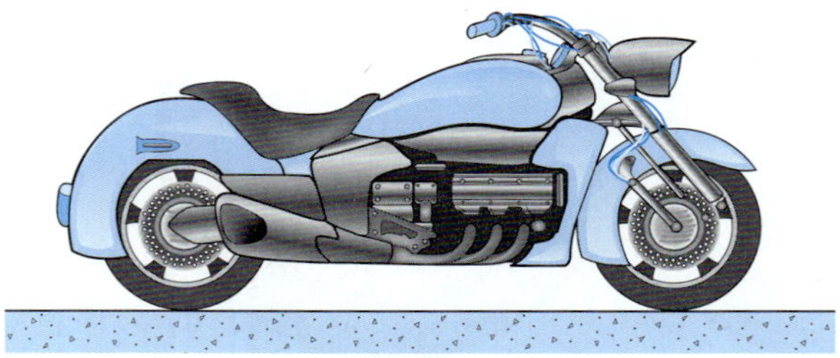

FIGURE P2.6D

2.7 Referring to Problem 2.6D, for $m = 400$ kg, $L = 0.18$ m, $h = 0.60$ m, $c = 1.0$ m, and $\mu = 0.7$, determine the forces on the rear wheel for (a) and (b).

2.8 Draw a free-body diagram of an automobile of weight W that has a wheel base of length L during four-wheel braking. The center of gravity is a distance c forward of the rear axle and a distance of h above the ground. The coefficient of friction between the pavement and the tires is μ. Also show that the load carried by the two front tires during braking with the motor disconnected is equal to $W(c + \mu h)/L$.

2.9 Referring to Problem 2.8, for $W = 4000$ lb, $L = 117$ in., $c = 65$ in., and $h = 17.5$ in., and $\mu = 0.7$, determine the force on each of the two rear tires.

2.10 Repeat Problem 2.8, except assume that the automobile is towing a one-axle trailer of weight W_t. Determine the minimum stopping distance for the automobile and trailer assuming (a) no braking on the trailer and (b) full braking on the trailer. What is the minimum stopping distance for the automobile if it is not towing a trailer?

2.11 Repeat Problem 2.8, except assume that the automobile is traveling downhill at a grade of 10 : 1.

2.12D Select a metal with known density for solid rods A and B. Rod A and rod B are positioned inside a vertical wall channel C. Sketch free-body diagrams for rod A, rod B, and channel C, shown in Figure P2.12D. Also determine the magnitude of the forces acting on rod A, rod B, and channel C.

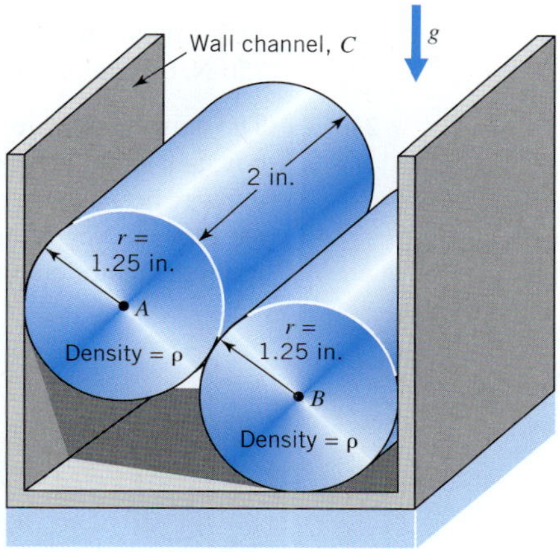

FIGURE P2.12D

2.13D Sketch free-body diagrams for sphere A, sphere B, and the container, shown in Figure P2.13D. Also determine the magnitude of the forces acting on sphere A, sphere B, and the container.

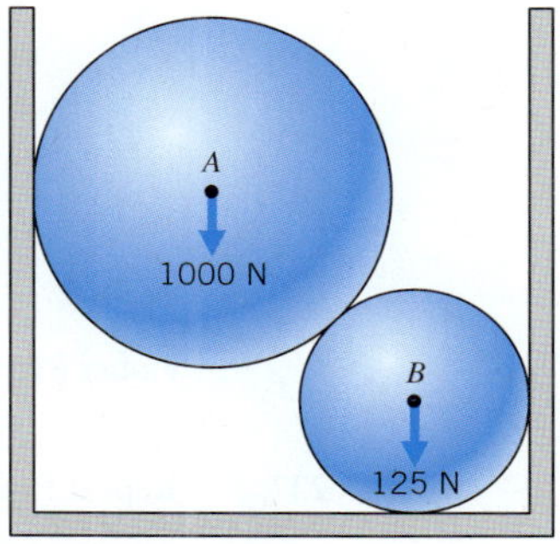

FIGURE P2.13D

2.14 Draw the free-body diagram for the pinned assembly shown in Figure P2.14. Find the magnitude of the forces acting on each member of the assembly.

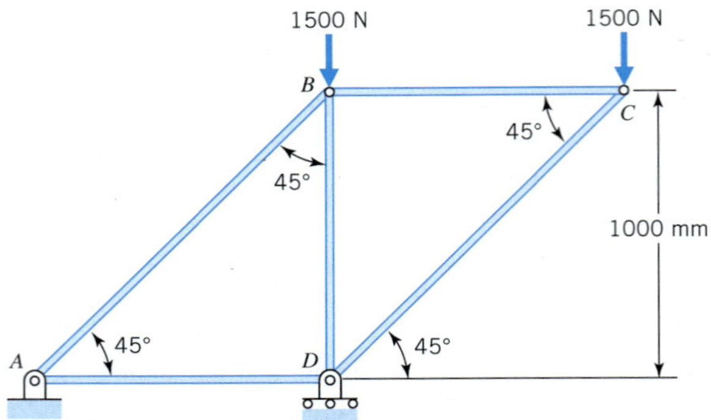

FIGURE P2.14

2.15 Referring to Problem 2.14, where the two 1500 N external forces are each reduced to 750 N, determine the forces on the structure at *A* and *D*.

2.16 The drawing (Figure P2.16) shows an exploded view of an 1800-rpm motor, a gear box, and a 6000-rpm blower. The gear box has a mass of 9 kg with center of gravity midway between the two mountings. All shafts rotate counterclockwise, viewed from the blower. Neglecting friction losses, determine all loads acting on the gear box when the motor output is 750 W. Sketch the gear box as a free body in equilibrium.

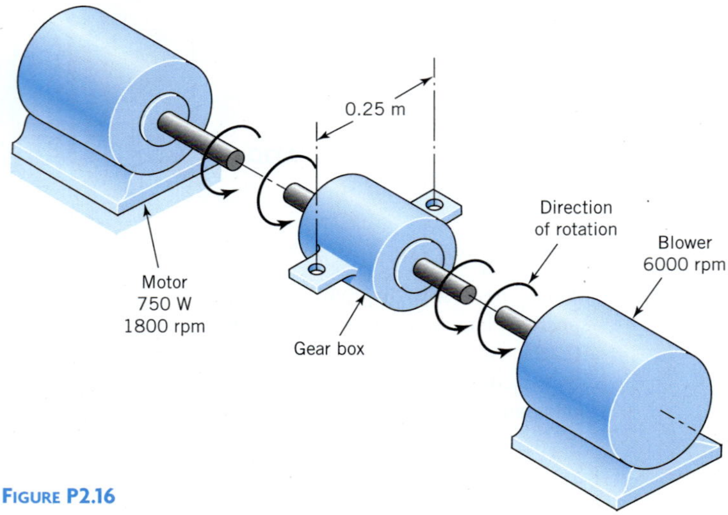

FIGURE P2.16

2.17 Repeat Problem 2.16 where the weight of the gearbox is 20 kg.

2.18 The motor shown operates at constant speed and develops a torque of 100 lb-in. during normal operation. Attached to the motor shaft is a gear reducer of ratio 5 : 1, i.e., the reducer output shaft rotates in the same direction as the motor but at one-fifth motor speed. Rotation of the reducer housing is prevented by the "torque arm," pin-connected at each end as shown in Figure P2.18. The reducer output shaft drives the load through a flexible coupling. Neglecting gravity and friction, what loads are applied to (a) the torque arm, (b) the motor output shaft, and (c) the reducer output shaft?

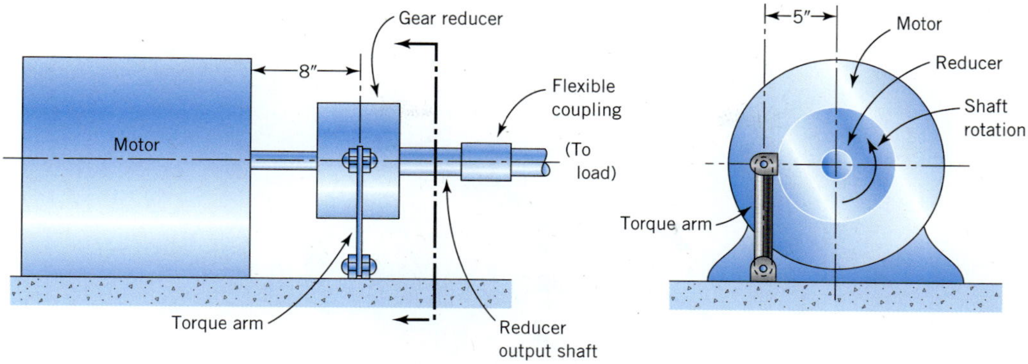

FIGURE P2.18

2.19 Repeat Problem 2.18 where the motor develops a torque of 200 lb-in. during operation.

2.20 The drawing (Figure P2.20) shows the engine, transmission, and propeller shaft of a prototype automobile. The transmission and engine are not bolted together but are attached separately to the frame. The transmission weighs 100 lb, receives an engine torque of 100 lb-ft at *A* through a flexible coupling, and attaches to the propeller shaft at *B* through a universal joint. The transmission is bolted to the frame at *C* and *D*. If the transmission ratio is −3, i.e., reverse gear with propeller shaft speed = $-\frac{1}{3}$ engine speed, show the transmission as a free body in equilibrium.

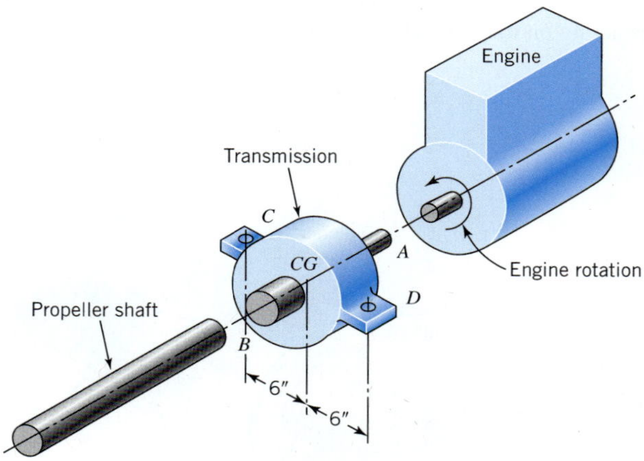

FIGURE P2.20

2.21 Repeat Problem 2.20 if the transmission weighs 50 lb.

2.22 The drawing (Figure P2.22) shows an electric fan supported by mountings at *A* and *B*. The motor delivers a torque of 2 N · m to the fan blades. They, in turn, push the air forward with a force of 20 N. Neglecting gravity forces, determine all loads acting on the fan (complete assembly). Sketch it as a free body in equilibrium.

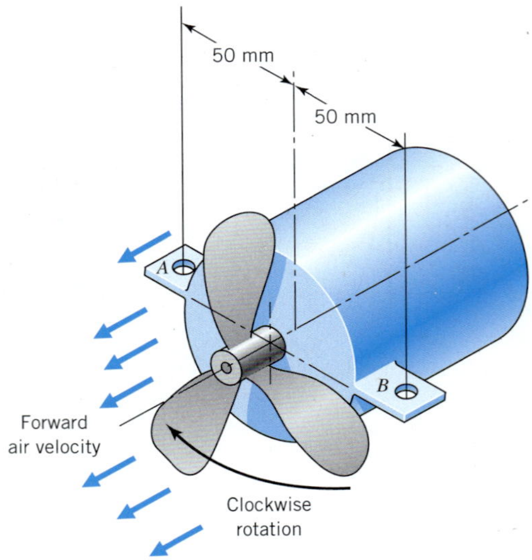

FIGURE P2.22

2.23 Repeat Problem 2.22 if the motor delivers a torque of 4 N · m to the fan blades and the blades push the air forward with a force of 40N.

2.24 Figure P2.24 shows an exploded drawing of a pump driven by a 1.5-kW, 1800-rpm motor integrally attached to a 4:1 ratio gear reducer. Reducer shaft *C* is connected directly to pump shaft *C′* through a flexible coupling (not shown). Face *A* of the reducer housing is bolted to flange *A′* of the connecting tube (a one-piece solid unit). Pump face *B* is similarly attached to flange *B′*. Sketch the connecting tube and show all loads acting on it. (Neglect gravity.)

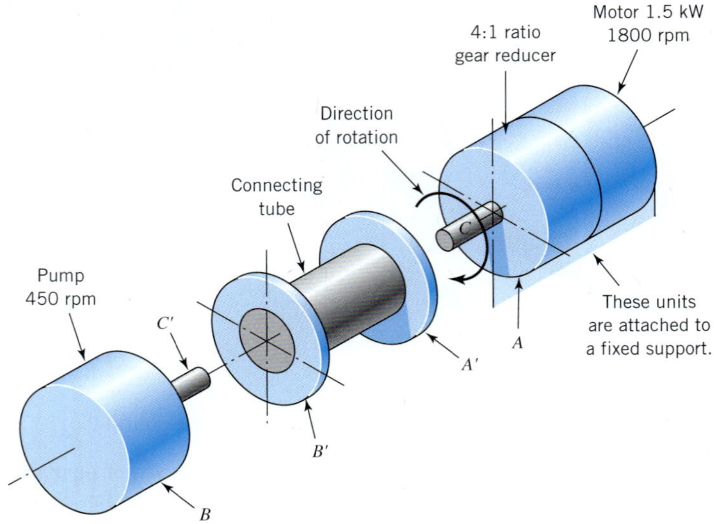

FIGURE P2.24

2.25 Referring to Problem 2.24. calculate the output torque if the 4:1 ratio gear reducer has an efficiency of 95%.

2.26 Figure P2.26 shows an exploded view of an airplane engine, reduction gear, and propeller. The engine and propeller rotate clockwise, viewed from the propeller end. The reduction gear housing is bolted to the engine housing through the bolt holes shown. Neglect friction losses in the reduction gear. The engine develops 110 kW at 3600 rpm,

(a) What is the direction and magnitude of the torque applied *to* the engine housing *by* the reduction gear housing?

(b) What is the magnitude and direction of the torque reaction tending to rotate (roll) the aircraft?

(c) What is an advantage of using opposite-rotating engines with twin-engine propeller-driven aircraft?

[Ans.: (a) 291.8 N-m ccw, (b) 875.4 N-m ccw]

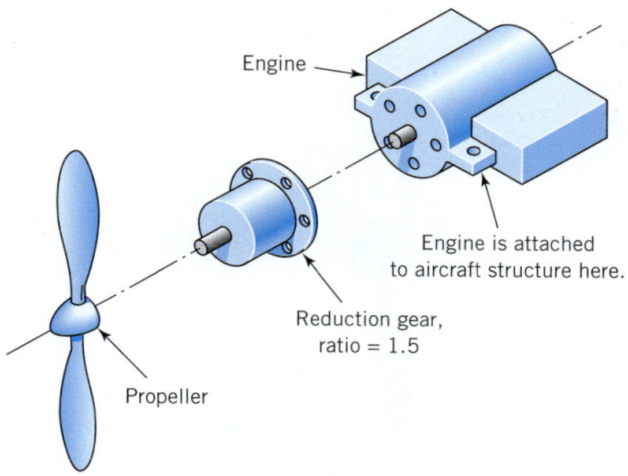

FIGURE P2.26

2.27 A marine engine delivers a torque of 300 N-m to a gearbox shown in Figure P2.27 which provides a reverse ratio of −4 : 1. What torque is required to hold the gearbox in place?

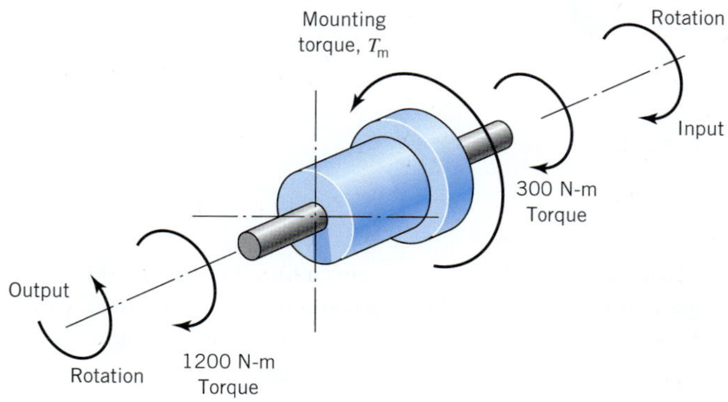

FIGURE P2.27

2.28 Repeat Problem 2.27 where the marine engine delivers a torque of 400 lb-ft.

2.29 A motor delivers 70 N-m torque at 2000 rpm to an attached gear reducer. The reducer and motor housings are connected together by six bolts located on a 0.3 m-dia. circle, centered about the shaft. The reducer has a 4 : 1 ratio. Neglecting friction and weight, what average shearing force is carried by each bolt?

2.30D Select a single-cylinder reciprocating compressor. Sketch the crankshaft, connecting rod, piston, and frame as free bodies when the piston is 60° before head-end dead center on the compression stroke. Sketch the entire compressor as a single free body for this condition.

2.31 Figure P2.31 shows the gear reduction unit and propeller of an outboard motor boat. It is attached to the boat structure at the mounting flange at the top. The motor is mounted above this unit, and turns the vertical shaft with a torque of 20 N • m. By means of bevel gearing, this shaft turns the propeller at half the vertical shaft speed. The propeller provides a thrust of 400 N to drive the boat forward. Neglecting gravity and friction, show all external loads acting on the assembly shown. (Make a sketch, and show moments applied to the mounting flange using the notation suggested in the drawing.)

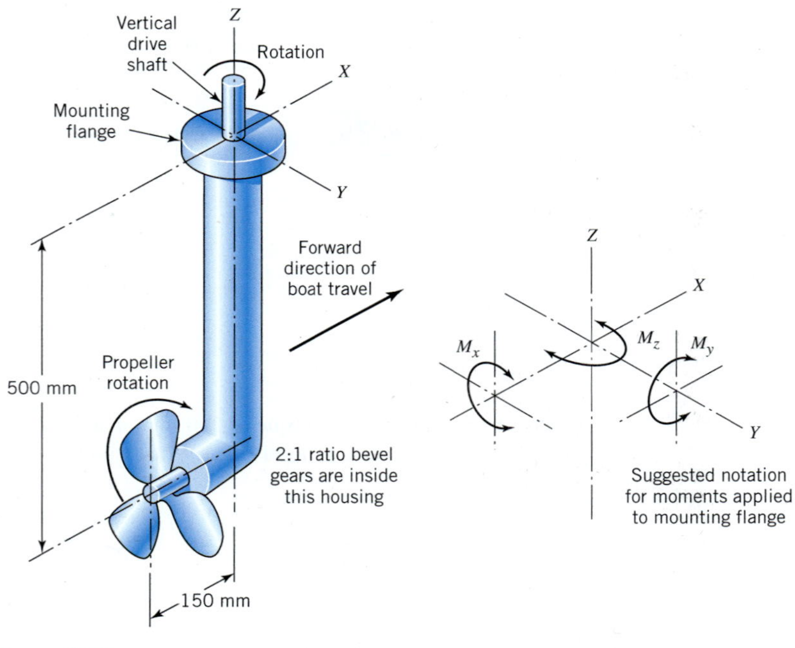

FIGURE P2.31

2.32 The drawing (Figure P2.32) represents a bicycle with an 800-N rider applying full weight to one pedal. Treat this as a two-dimensional problem, with all components in the plane of the paper. Draw as free bodies in equilibrium

(a) The pedal, crank, and pedal sprocket assembly.

(b) The rear wheel and sprocket assembly.

(c) The front wheel.

(d) The entire bicycle and rider assembly.

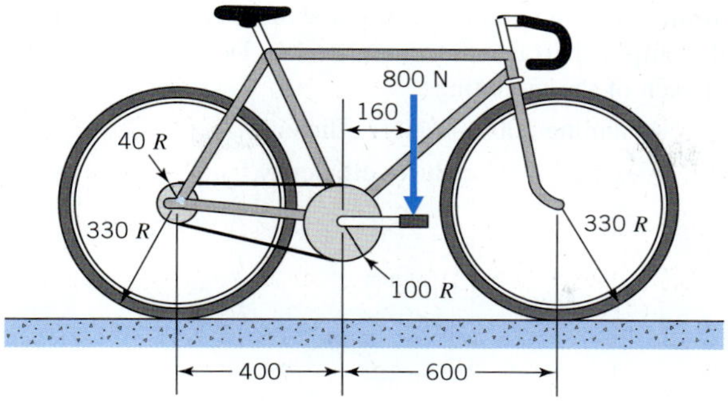

FIGURE P2.32

2.33 Referring to the bicycle in Problem 2.32, with a small rider applying her full weight of 400 N to one pedal, determine the forces on the rear and front tires.

2.34 The solid, continuous round bar shown in Figure P2.34 can be viewed as composed of a straight segment and a curved segment. Draw free-body diagrams for the segments 1 and 2. Also, determine the forces and moments acting on the ends of both segments. Neglect the weight of the member.

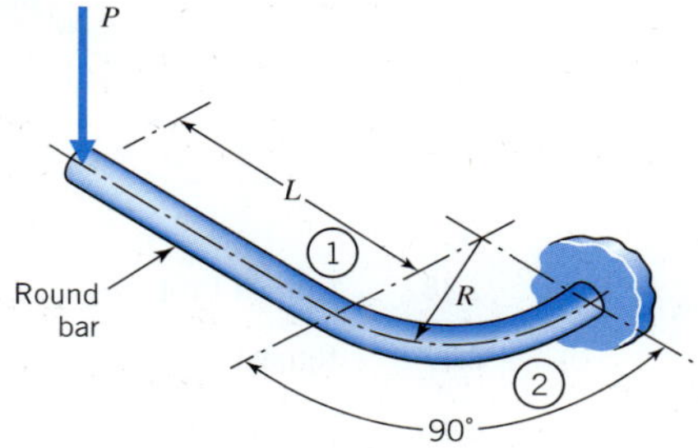

FIGURE P2.34

2.35 For the spring clip (Figure P2.35) having a force P acting on the free end, draw free-body diagrams for segments 1 and 2. Also, determine the force and moments acting on the ends of both segments. Neglect the weight of the member.

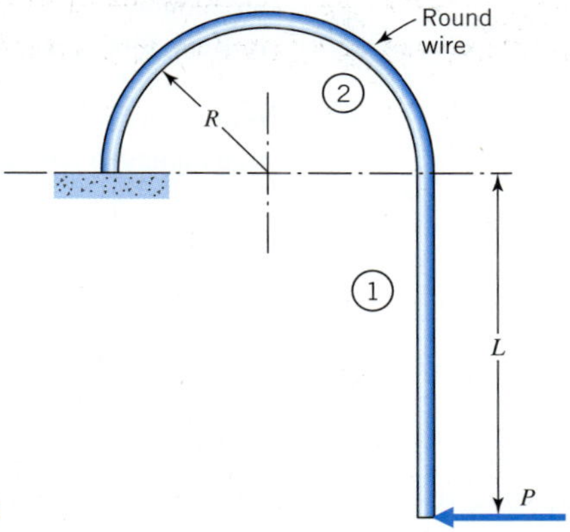

FIGURE P2.35

2.36 A semicircular bar of rectangular cross section has one pinned end (Figure P2.36). The free end is loaded as shown. Draw a free-body diagram for the entire semicircular bar and for a left portion of the bar. Discuss what influence the weight of the semicircular bar has on this problem.

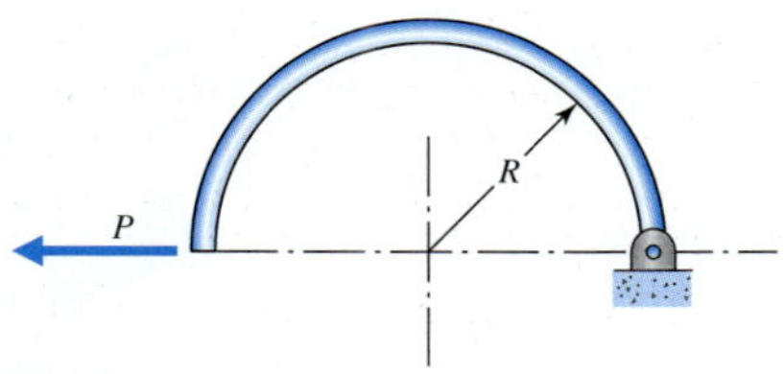

FIGURE P2.36

2.37 The drawing (Figure P2.37) shows a bevel gear reducer driven by an 1800-rpm motor delivering a torque of 12 N · m. The output drives a 600-rpm load. The reducer is held in place by vertical forces applied at mountings A, B, C, and D.

Torque reaction about the motor shaft is reacted at A and B; torque reaction about the output shaft is reacted at C and D. Determine the forces applied to the reducer at each of the mountings,

(a) Assuming 100% reducer efficiency.

(b) Assuming 95% reducer efficiency.

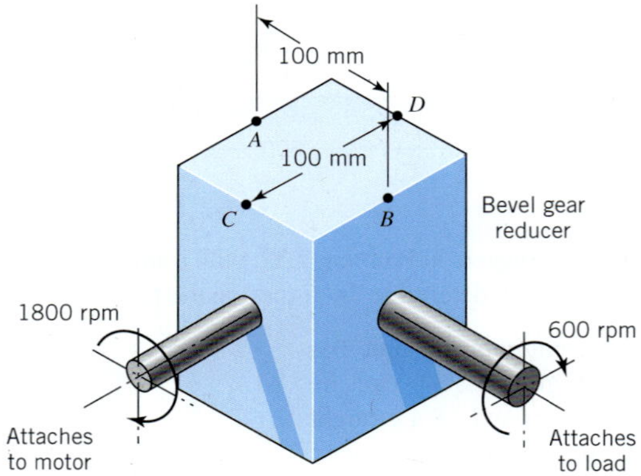

FIGURE P2.37

2.38 Repeat Problem 2.37 for a motor delivering a torque of 24 N·m at 1800 rpm.

2.39 Repeat Problem 2.37 with the distances AB = 50 mm and CD = 50 mm.

2.40 The drawings (Figure P2.40) pertain to a spur gear reducer. A motor applies a torque of 200 lb · ft to the pinion shaft, as shown. The gear shaft drives the output load. Both shafts are connected with flexible couplings (which transmit only torque). The gears are mounted on their shafts midway between the bearings. The reducer is supported by four identical mountings on the side of the housing, symmetrically spaced on 6-in. and 8-in. centers, as shown. For simplicity, neglect gravity and assume that forces between the gears (i.e., between gear and pinion) act tangentially. Sketch, as free bodies in equilibrium,

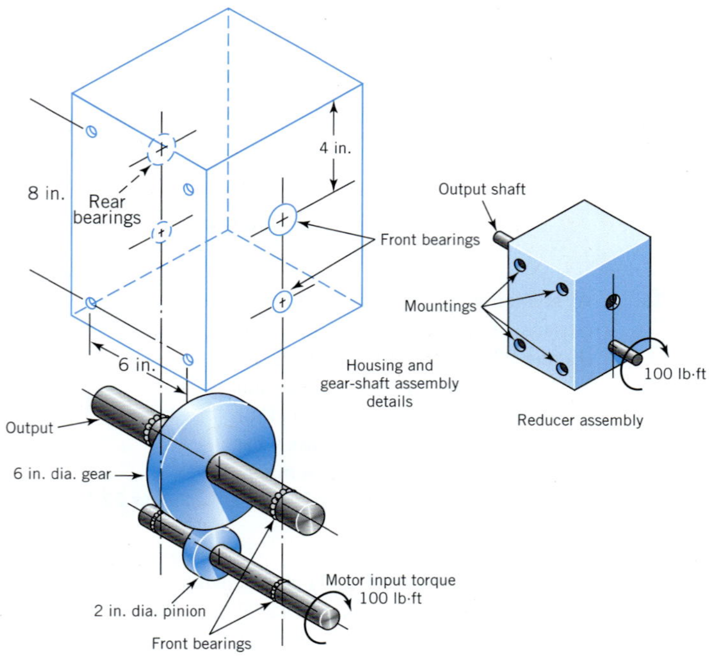

FIGURE P2.40

(a) The pinion and shaft assembly.
(b) The gear and shaft assembly.
(c) The housing.
(d) The entire reducer assembly.

2.41 A rim and hub are connected by spokes (springs) as shown in Figure P2.41. The spokes are each tightened to a tension of 90 N. Draw a free-body diagram of (a) the hub, (b) the rim, (c) one spring, and (d) one-half (180°) of the rim. Ignore the weight of each component.

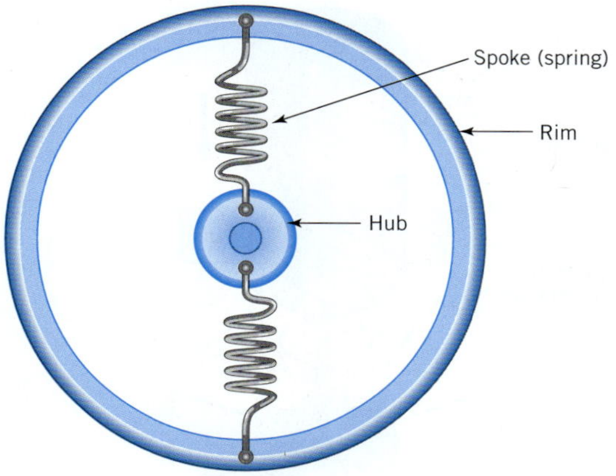

FIGURE P2.41

2.42 The drawing (Figure P2.42) is a highly simplified diagrammatic representation of the engine, transmission, drive shafts, and front axle of a four-wheel-drive car. All members shown may be treated as a single free body supported by mountings at *A*, *B*, *C*, and *D*. The engine rotates 2400 rpm and delivers a torque of 100 lb · ft. The transmission ratio is 2.0 (drive shafts rotate 1200 rpm); the front and rear axle ratios are both 3.0 (wheels

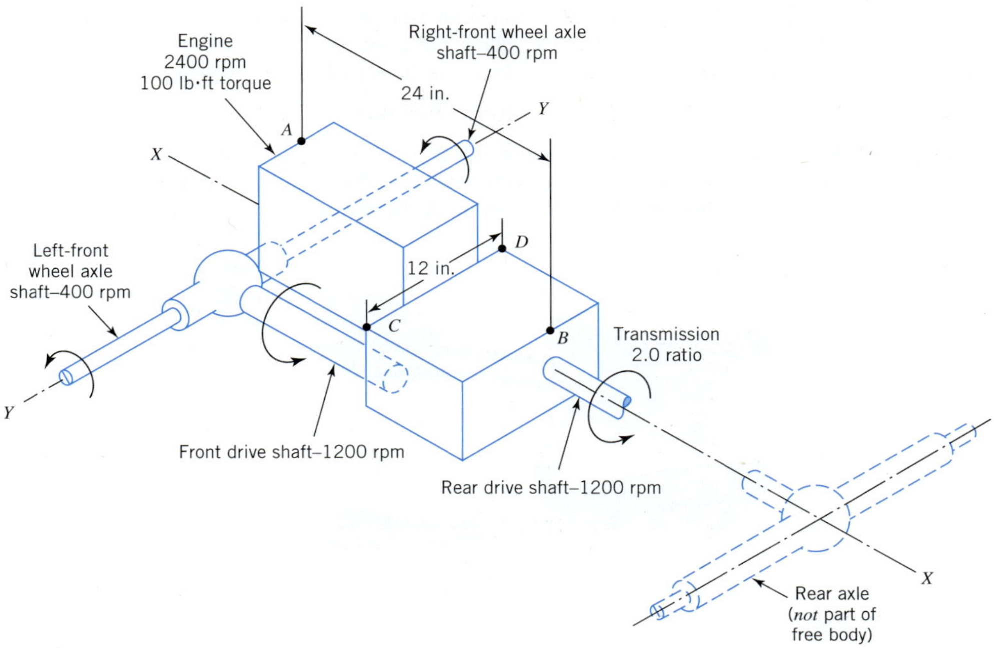

FIGURE P2.42

rotate 400 rpm). Neglect friction and gravity, and assume that the mountings exert only vertical forces. Determine the forces applied to the free body at A, B, C, and D.

[Ans.: 150 lb down, 150 lb up, 100 lb down, and 100 lb up, respectively]

2.43D The drawing in Figure P2.43D shows a mixer supported by symmetric mountings at A and B. Select a motor torque between 20 N · m and 50 N · m for driving the mixing paddles and then determine all loads acting on the mixer. Sketch the free body in equilibrium.

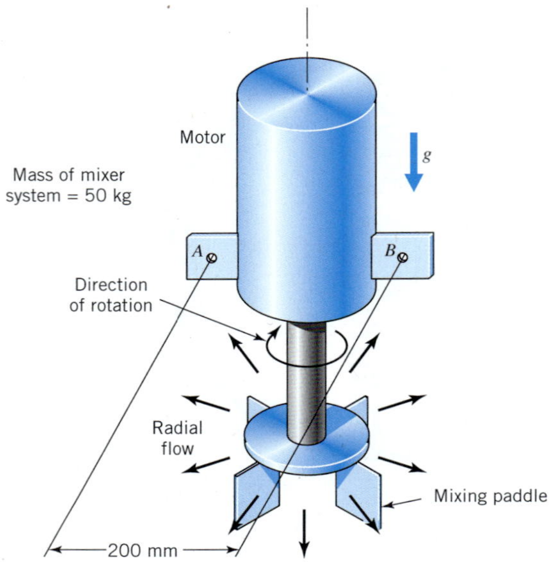

FIGURE P2.43D

2.44 Draw a free-body diagram of a rear-wheel-driven vehicle traveling at a steady speed on a straight and level roadway where the opposing forces are the (i) drag force, F_d, imposed on a vehicle by the surrounding air, the (ii) rolling resistance force on the tires, F_r, opposing the motion of the vehicle, and (iii) the forces of the road acting on the tires. Assume that the vehicle has a weight W. Also, describe how the free-body diagram changes if the accelerator pedal is pushed and the vehicle starts accelerating.

2.45 Repeat Problem 2.44 for a front-wheel-driven vehicle.

2.46 Draw a free-body-diagram for a large size binder clip for the position where the clip is held open and being readied to fasten together 40 sheets of paper—see Figure P2.46. Also, draw free-body diagrams for the handles and a diagram for the spring steel clip.

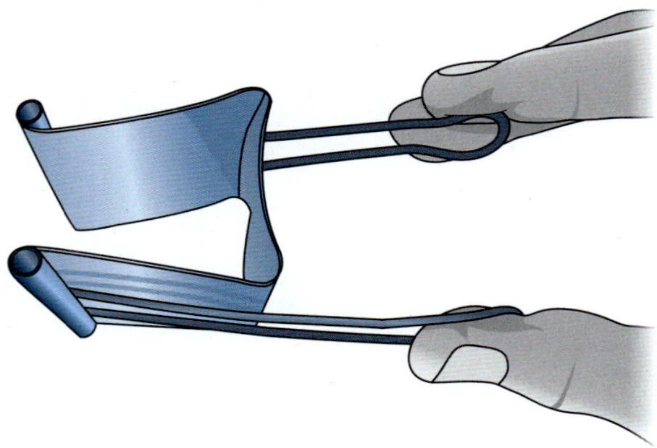

FIGURE P2.46

The handles are approximately 60 mm long and the handle wire is 2 mm in diameter. The spring clip (end view), when closed is shaped like a triangle. The triangle has two legs each 30 mm long and a third connecting side that is 25 mm long. The spring clip (side view) is approximately 50 mm wide.

2.47D The drawing in Figure P2.47D shows a electric squirrel cage blower supported by symmetric mountings at A and B. The motor delivers a torque of 1 N • m to the fan. Select a mounting width between 75 mm and 150 mm and then determine all loads acting on the blower. Sketch the free body in equilibrium.

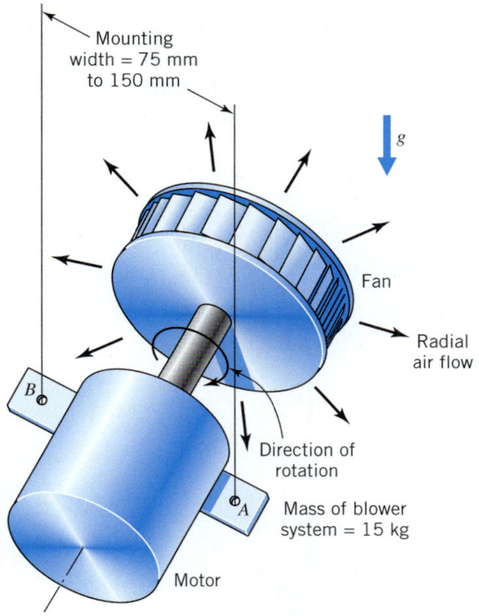

FIGURE P2.47D

2.48 Draw a free-body diagram for the gear and shaft assembly shown in Figure P2.48. Also sketch free-body diagrams for gear 1, gear 2, and the shaft.

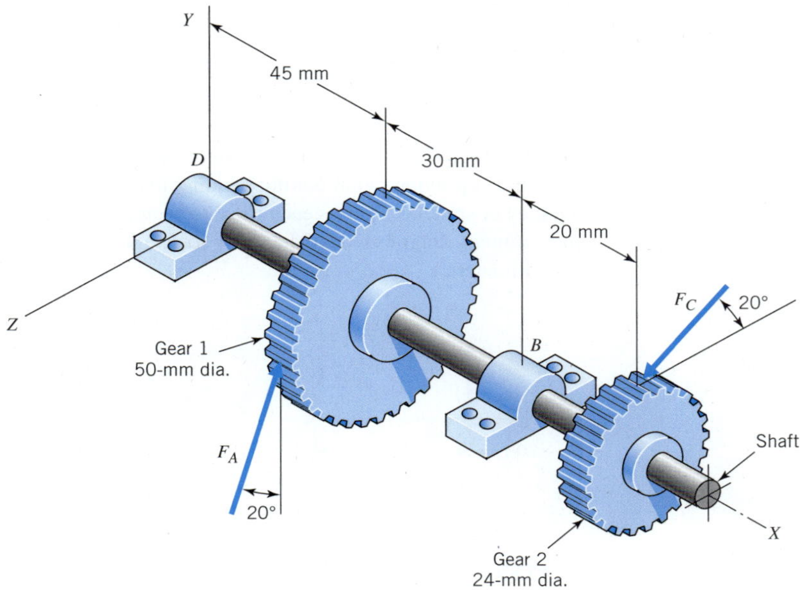

FIGURE P2.48

2.49 For the gear and shaft assembly shown in Figure P2.48, where $F_A = 550$ N, determine the magnitude of the force F_C. List assumptions.

2.50 For the gear and shaft assembly shown in Figure P2.48, where $F_A = 1000$ N, determine the forces at bearing D.

2.51 For the gear and shaft assembly shown in Figure P2.48, where $F_C = 750$ N, determine the forces at bearing B.

Section 2.3

2.52 The solid continuous member shown in Figure P2.52 can be viewed as composed of several straight segments. Draw free-body diagrams for the straight segments 1, 2, and 3 of Figure P2.52. Also, determine the magnitudes (symbolically) of the force and moments acting on the straight segments. Neglect the weight of the member.

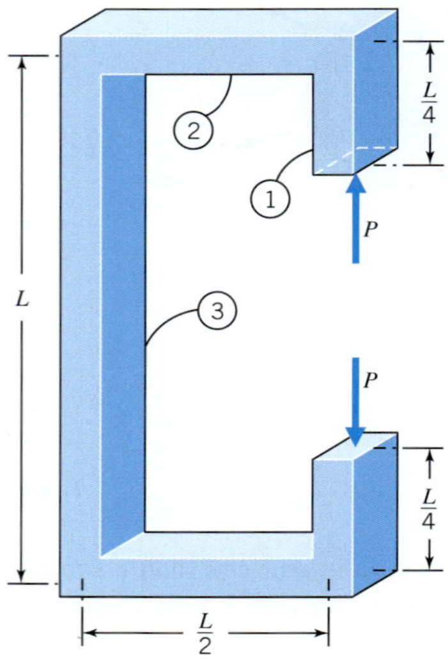

FIGURE P2.52

2.53 The drawings (Figure P2.53) show steel shafts supported by self-aligning bearings (which can provide radial but not bending loads to the shaft) at A and B. A gear (or a pulley or sprocket) causes each force to be applied as shown. Draw shear and bending moment diagrams neatly and to scale for each case. (Given dimensions are in millimeters.)

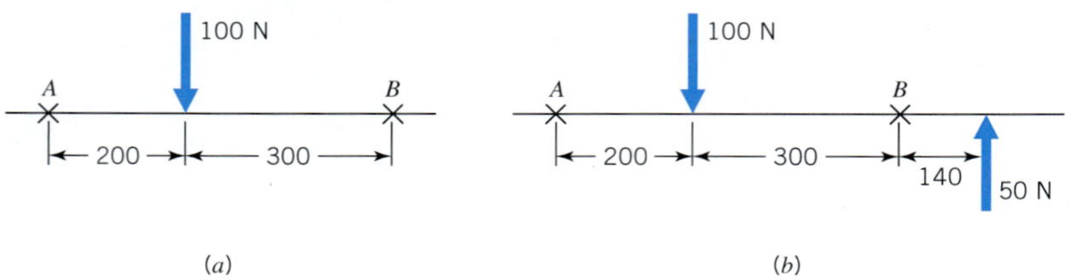

FIGURE P2.53

2.54 For each of the six cases shown in Figure P2.54, determine bearing reactions and draw appropriate shear and bending-moment diagrams for the 50 mm-dia. steel shaft supported by self-aligning ball bearings at A and B. A special 0.15 m-pitch-diameter gear mounted on the shaft causes forces to be applied as shown.

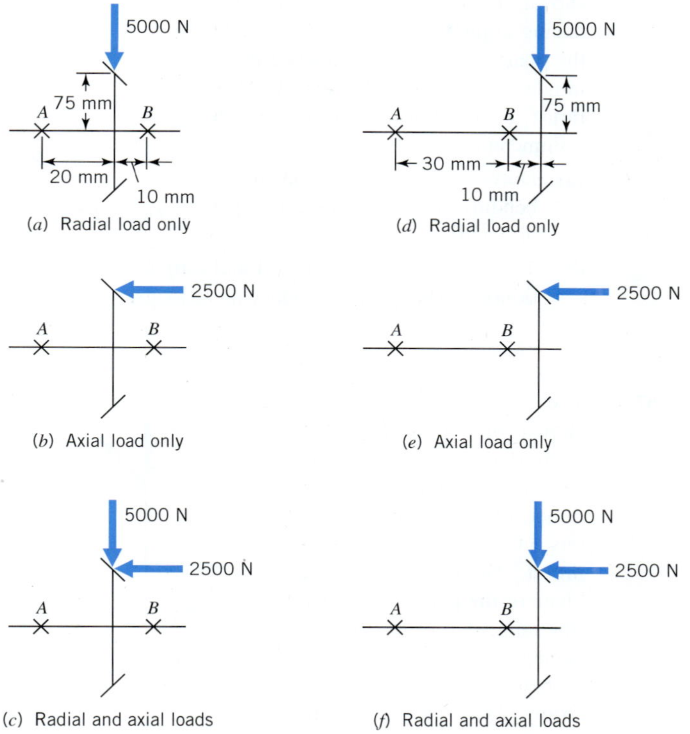

FIGURE P2.54

2.55 With reference to Figure P2.55

(a) Draw a free-body diagram of the structure supporting the pulley.

(b) Draw shear and bending moment diagrams for both the vertical and horizontal portions of the structure.

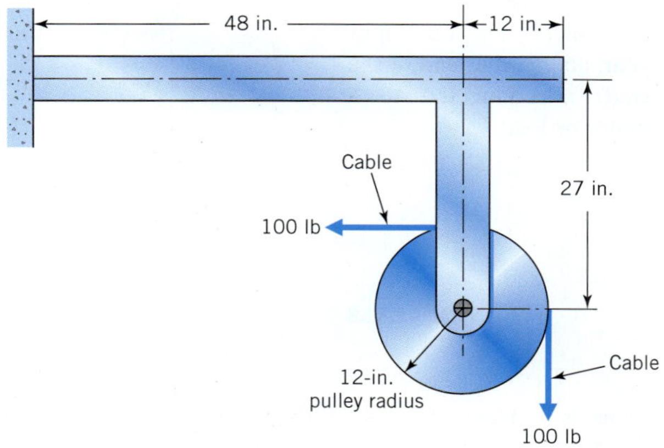

FIGURE P2.55

2.56 The drawing (Figure P2.56) shows a bevel gear attached to a shaft supported by self-aligning bearings at *A* and *B* and driven by a motor. Axial and radial components of the gear force are shown. The tangential or torque-producing component is perpendicular to the plane of the paper and has a magnitude of 2000 N. Bearing *A* takes thrust; *B* does not. Dimensions are in millimeters.

(a) Draw (to scale) axial load, shear, bending moment, and shaft torque diagrams.

(b) To what values of axial load and torque is the shaft subjected, and what portion(s) of the shaft experience these loads?

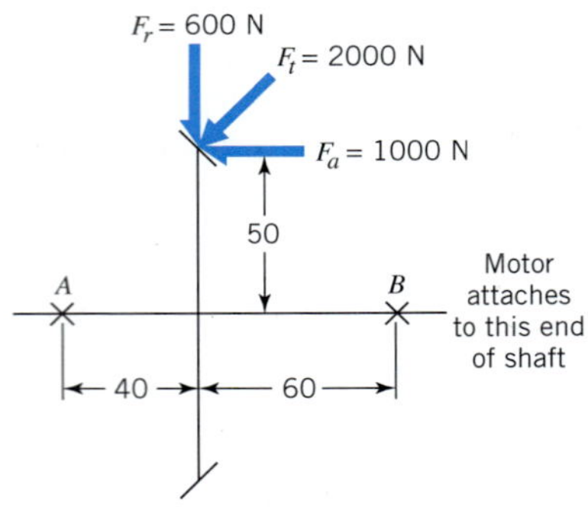

FIGURE P2.56

2.57 The shaft with bevel gear shown in Figure P2.57 is supported by self-aligning bearings *A* and *B*. (Given dimensions are in millimeters.) Only bearing *A* takes thrust. Gear loads in the plane of the paper are shown (the tangential or torque-producing force component is perpendicular to the paper). Draw axial load, shear, bending moment, and torque diagrams for the shaft.

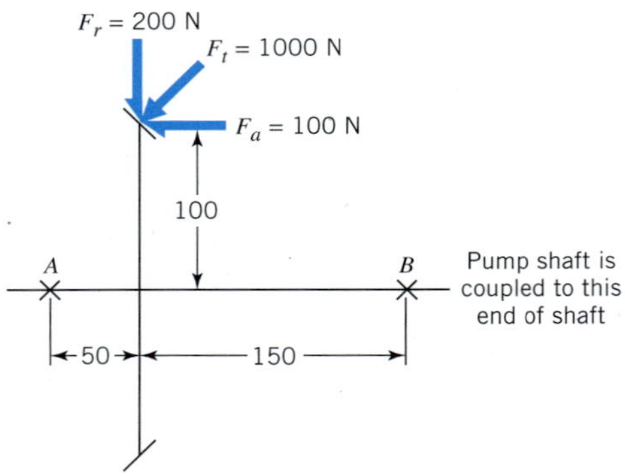

FIGURE P2.57

2.58 Same as Problem 2.57, except that the shaft in this drawing (Figure P2.58) has one bevel and one spur gear, and neither end of the shaft is connected to a motor or load.

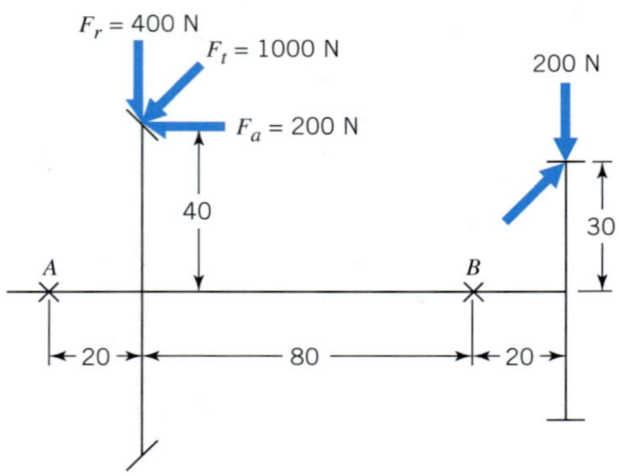

FIGURE P2.58

2.59 Same as Problem 2.57, except that the shaft in this drawing (Figure P2.59) has two bevel gears, and neither end of the shaft is connected to a motor or load.

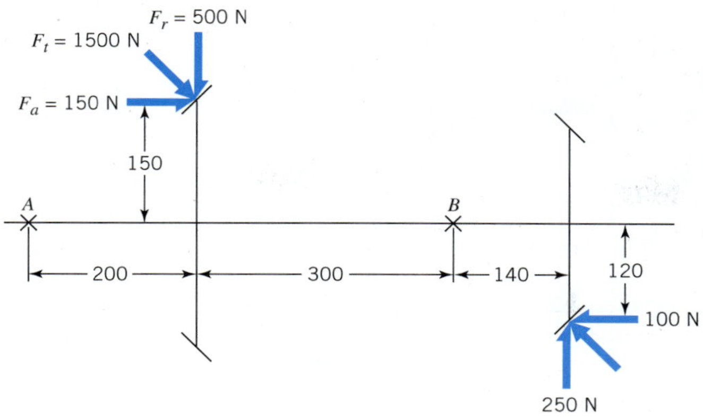

FIGURE P2.59

Section 2.4

2.60 Figure P2.60 shows a static force, F, applied to the tooth of a gear that is keyed to a shaft. Making appropriate simplifying assumptions, identify the stresses in the key, and write an equation for each.* State the assumptions made, and discuss briefly their effect.

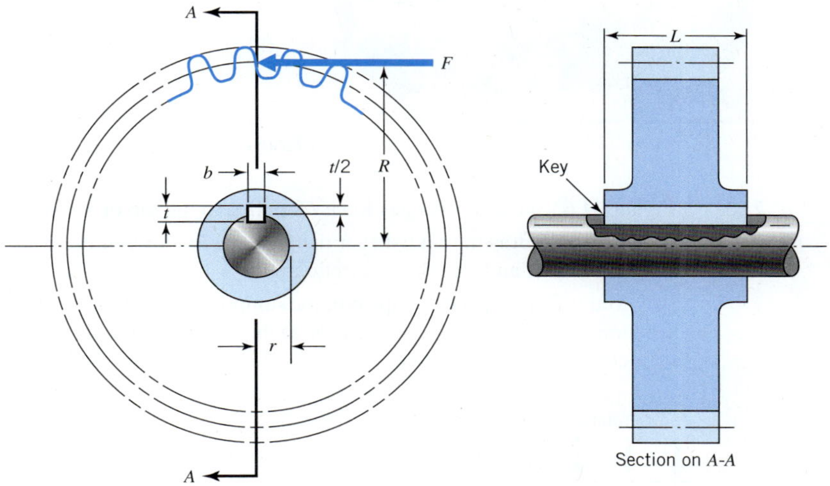

FIGURE P2.60

2.61 Figure P2.61 shows a screw with a square thread transmitting axial force F through a nut with n threads engaged (the drawing illustrates $n = 2$). Making appropriate simplifying assumptions, identify the stresses in the threaded portion of the screw and write an equation for each.* State the assumptions made, and discuss briefly their effect.

*The first five sections of Chapter 4 review simple stress equations.

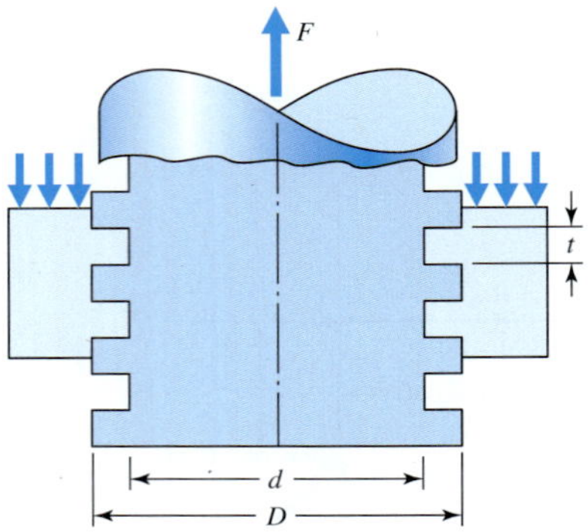

FIGURE P2.61

2.62 For the thin-walled, metal, cylindrical container, open on the right end and closed on the left end, where a force P is applied as shown in Figure P2.62, sketch the force flow lines. The container has a diameter of 75 mm and is 0.15 m long. Using the force flow concept, locate the critical sections and/or surfaces for the container.

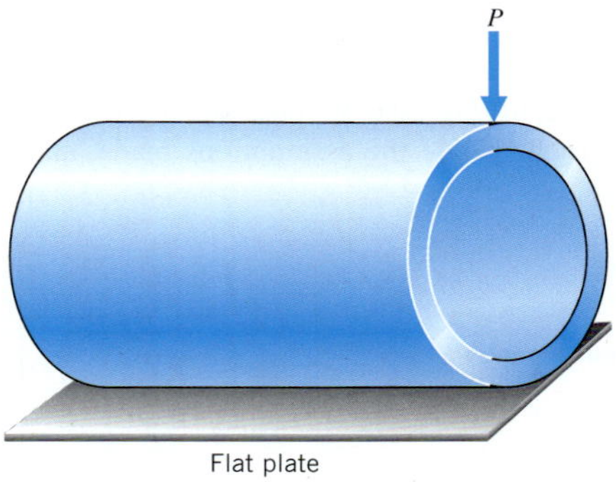

FIGURE P2.62

2.63 Figure P2.63 shows a total gas force F applied to the top of a piston.

(a) Copy the drawing and sketch the force paths through the piston, through the piston pin, and into the connecting rod.

(b) Making appropriate simplifying assumptions, identify the stresses in the piston pin and write an equation for each.* State the assumptions made, and discuss briefly their effect.

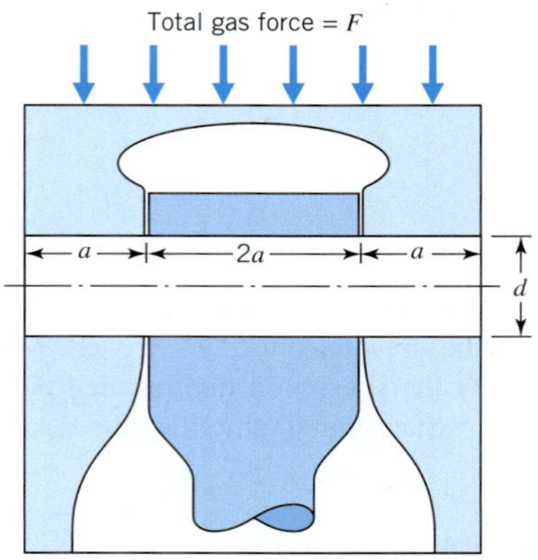

FIGURE P2.63

* The first five sections of Chapter 4 review simple stress equations.

2.64 Figure P2.64 shows force P applied to an engine crankshaft by a connecting rod. The shaft is supported by main bearings A and B. Torque is transmitted to an external load through flange F.

(a) Draw the shaft, and show all loads necessary to place it in equilibrium as a free body.

(b) Starting with P and following the force paths through the shaft to the flange, identify the locations of potentially critical stresses.

(c) Making appropriate simplifying assumptions, write an equation for each.* State the assumptions made.

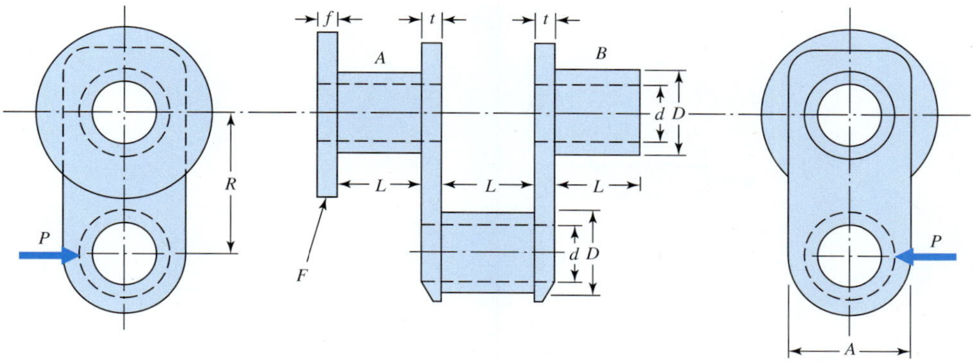

Figure P2.64

Section 2.5

2.65 In Figure P2.65, all the joints are pinned and all links have the same length L and the same cross-sectional area A. The central joint (pin) is loaded with a force P. Determine the forces in the bars.

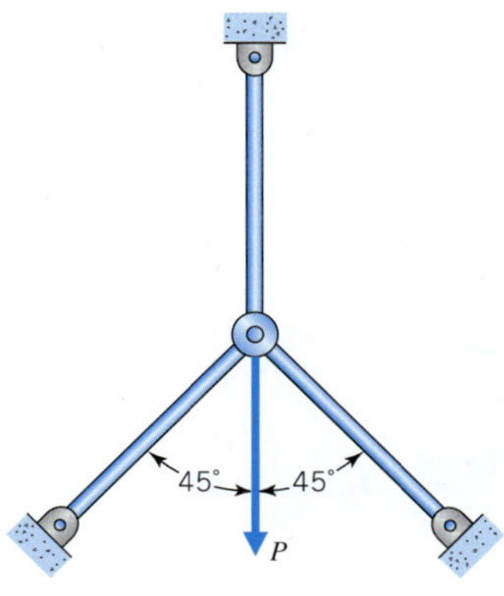

Figure P2.65

2.66 Repeat Problem 2.65, except where the top link has a cross-sectional area of A, and the two lower links have a cross-sectional area of A'. Determine (a) the force in the bars, and (b) the ratio A/A' that will make the force in all the links numerically equal.

---

* The first five sections of Chapter 4 review simple stress equations.

2.67 A "T" bracket, attached to a fixed surface by four bolts, is loaded at point *E* as shown in Figure P2.67.

(a) Copy the drawing and sketch paths of force flow going to each bolt.

(b) If the stiffness between point *E* and the plate through bolts *B* and *C* is twice the stiffness between point *E* and the plate through bolts *A* and *D*, how is the load divided between the four bolts?

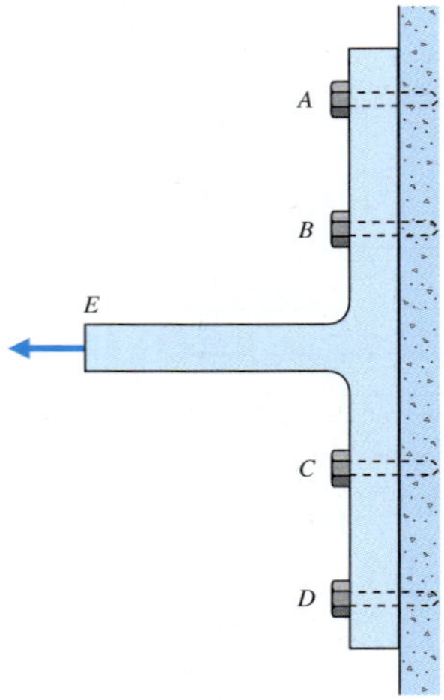

FIGURE P2.67

2.68 A very stiff horizontal bar, supported by four identical springs, as shown in Figure P2.68, is subjected to a center load of 100 N. What load is applied to each spring?

[Ans.: lower springs, 40 N; upper springs, 20 N]

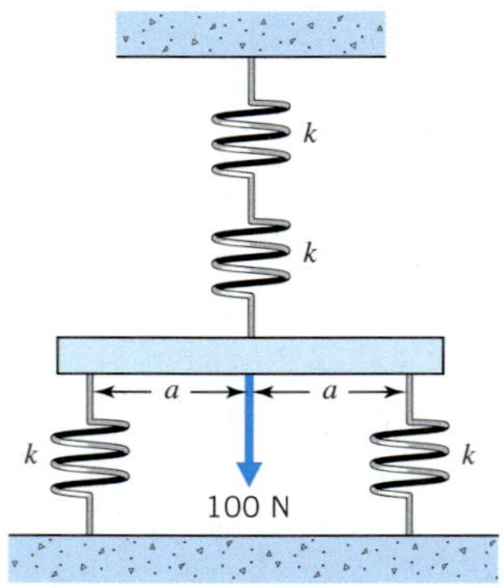

FIGURE P2.68

2.69 Repeat Problem 2.68, except assume that the horizontal bar as configured is not rigid and also has a spring constant of *k*.

Section 2.6

2.70 With reference to the bolts in Problem 2.67,

(a) If they are brittle and each one fractures at a load of 6000 N, what maximum force *F* can be applied to the bracket?

(b) What load can be applied if they are ductile, and each bolt has a yield strength of 6000 N?

2.71 Figure P2.71 shows two plates joined with straps and a single row of rivets (or bolts). Plates, straps, and rivets are all made of ductile steel having yield strengths in tension, compression, and shear of 284, 284, and 160 MPa, respectively. Neglect frictional forces between the plates and straps.

(a) What force F can be transmitted across the joint per pitch, P, of joint width, based on rivet shear strength?

(b) Determine minimum values of t, t', and P that will permit the total joint to transmit this same force (thus giving a "balanced" design).

(c) Using these values, what is the "efficiency" of the joint (ratio of joint strength to strength of a continuous plate)?

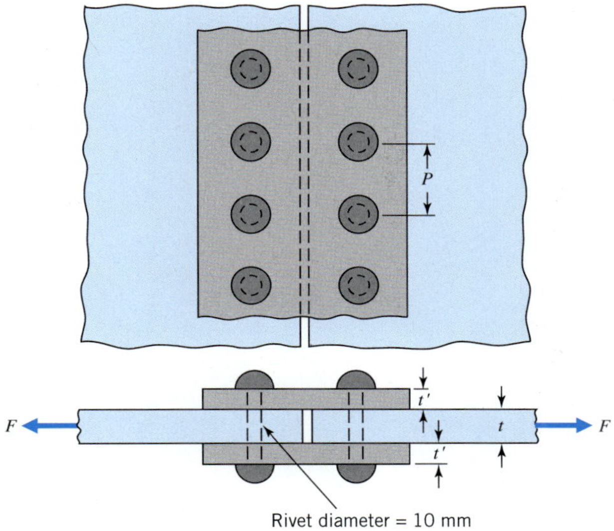

FIGURE P2.71

2.72 Plates 20 mm thick are butted together and spliced using straps 10 mm thick and rivets (or bolts) of 40-mm diameter. A double-riveted joint is used, and this is exactly as shown in Figure 2.19 except that the inner row of rivets is eliminated on both sides. All materials have tensile, compression, and shear yield strengths of 200, 200, and 120 MPa, respectively. Neglect friction between plates and straps. Determine the pitch, P, giving the greatest joint strength. How does this compare with the strength of a continuous plate?

재료

3

3.1 개요

기계요소의 설계에서 재료 및 제작 공정의 선정은 매우 중요하다. 재료 선정에서는 강도와 강성이 일반적인 주요 설계변수이다. 대체 재료를 사용하여 부품을 제작하였다면, 상대적인 신뢰성 및 내구성도 중요하다. 또한 부품이 극한 온도에서 사용될 때는 재료의 선정이 매우 신중하게 고려되어야 된다. 최근에는 재료의 선정에 재활용성, 에너지 요구량, 환경오염 등의 영향도 고려되고 있다. 비용 및 수급성 등도 당연히 중요하다. 일반적으로 비용을 고려할 때는 재료비뿐만 아니라 인건비 및 제 경비를 포함한 **총제조비용**(total cost of the fabricated part)을 포함시켜야 한다. 각종 재료의 비용 및 수급성은 시시각각 변하므로, 기술자들은 변하는 시장 상황에 따라 대체 재료에 대한 평가를 내려야 한다. 종합하면, 특정 목적에 대한 최적 재료는 **종합적인**(overall) 성능 대비 **총**(total)비용의 비율이 가장 좋은 값을 갖는 재료이다.

이 책을 읽는 독자들은 일반적인 공업 재료에 대한 기본 지식을 갖고 있다고 가정한다. 또한 현장 엔지니어들은 어떤 부품에 적용 가능한 새로운 재료가 개발됨에 따라, 평생 동안 이에 대처해야 되는 도전에 직면하게 된다. 이 장에서는, 이와 같은 공업 재료의 두 가지 측면을 잘 고려할 수 있도록, 관련된 재료의 기본 정보를 요약해 보고, 경험적인 물성 데이터를 사용하는 합리적 접근 방법이 중요해지고 있다는 것을 강조하고자 한다.

대부분의 기계 및 구조 부품의 사용 가능한 수명은 **피로 파손**(fatigue failure)이나 **표면 손상**(surface deterioration)에 의해 결정된다. 각종 재료에서의 이와 같은 파손 모드에 대한 추가 정보는 각각 8장과 9장에서 다루어진다.

재료 물성에 대한 기본 정보는 부록 C에 있다. 부록 C-1은 일반적인 금속 재료의 물리적 상수를 주고 있고, 각종 재료의 기계적 물성은 뒤쪽에 있는 표와 곡선들에 제시되어 있다.

부록 F는 비행 구조물 설계에 사용되는 강, 알루미늄, 티타늄 및 기타 금속들의 물성치를 광범위하게 포함하고 있는 군수 핸드북인 *MIL-HDBK-5J*를 소개하고 있다. 총 1700여 쪽에 달하는 이 자료는 온라인으로도 쉽게 구할 수 있으며, 이를 유용하게 사용하기 위한 관련 공식들을 동시에 제시하고 있다.

온라인상의 재료 물성치에 대한 데이터베이스는 http://www.matweb.com에서도 찾을 수 있다. 이는 강, 알루미늄, 티타늄, 아연 합금, 초내열합금, 세라믹, 열가소성 및 열경화성 플라스틱에 대한 정보를 제공하는데, 제조업자와 판매상들이 제공하는 데이터와 규격서로 구성되어 있다. 이 사이트에서 데이터베이스에 접근할 수 있는 방법은 (1) 특정 재료에 대한 물성치를 구하는 것과 (2) 물성 요구조건에 맞는 재료의 선정 등 몇 가지가 있다. 또한 http://www.machinedesign.com 사이트는 플라스틱, 복합재료, 고무, 비철재료, 철강재료 및 세라믹 재료들의 정보를 제공한다.

마지막으로 주제의 범위나 복잡성을 고려할 때, 가끔은 재료 전문가에게 자문을 구하는 것이 바람직하다는 것을 독자들에게 상기시키고자 한다.

3.2 정적인장시험–'공칭' 응력–변형률 관계

재료의 강도 및 강성에 대한 기본 공학실험은 표준 인장시험이며, 그림 3.1과 같은 응력-변형률 곡선이 얻어진다. 응력과 변형률은 **공칭**(nominal) 혹은 **공업**(engineering)값으로서 다음과 같이 주어진다.

$\sigma = P/A_0$, 여기서 P는 하중, A_0는 **하중이 가해지기 전**(unloaded)의 초기 단면적

$\epsilon = \Delta L/L_0$, 여기서 ΔL은 하중에 의한 길이의 변화량, L_0는 하중이 가해지기 전의 초기 길이

이 교재에서 사용되는 중요한 표기 규약으로서, 그리스 문자 σ는 수직응력(stress)을 나타내며 작용 하중의 함수이다. 또한 S는 적절한 아래 첨자를 함께 사용하여 **재료의 강도**(strength properties of the material)를 나타낸다. 예를 들어 그림 3.1에서 보듯이 $\sigma = 39$ ksi[1]일 때 재료가 항복하기 시작한다. 따라서 $S_y = 39$ ksi이다. 마찬가지로 시험편이 견딜 수 있는 최

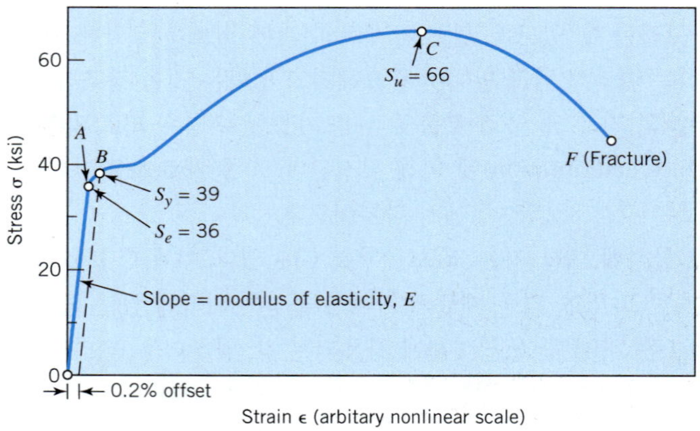

그림 3.1 공칭 응력-변형률 곡선—열간 압연된 1020 강.

---

[1] ksi는 10^3 lb/in.^{2}(psi)를 나타낸다.

대(극한) 하중은 66 ksi가 되는데, 이를 S_u=66 ksi라 한다.

강도를 표기하는 데 사용되는 S(적절한 아래 첨자와 함께)는 비틀림, 전단을 포함하는 모든 강도에 사용되는 반면에, 문자 σ는 인장, 압축, 혹은 굽힘응력 등에 의해 발생하는 수직응력에만 사용된다. 비틀림이나 가로 방향 전단 하중에 의해 생기는 전단응력은 그리스 문자 τ로 표기한다.

그림 3.1에서 보듯이, 응력-변형률 곡선은 몇 가지 다른 기계적 물성값을 보여 준다. 점 A는 **탄성한계**(elastic limit) S_e를 나타내는데, 재료에 가해진 하중을 제거했을 때 정확히 원래 길이로 돌아갈 수 있는 최대응력 값을 나타낸다. 만약 A 점을 넘는 하중을 가하게 되면 재료는 부분적으로 소성적인 반응을 보이게 된다. 대부분의 공업 재료에서 점 A는 **비례한도**(proportional limit)로서 정의되기도 하는데, 이는 응력-변형률 관계가 직선형에서 처음으로 벗어나기(조금이나마) 시작하는 응력 값이다. 비례한도 이내에서는 후크의 법칙(Hooke's law)이 적용된다. 응력과 변형률 사이의 비례상수(원점과 비례한도 사이에서의 곡선 기울기)는 **탄성계수**(modulus of elasticity) 혹은 **영률**(Young's modulus) E로 나타낸다. 어떤 재료에서는 원점과 A 점 사이가 선형적인 관계에서 약간 벗어나거나, A 점을 지나서 더욱 확실하게 벗어나기도 한다. 이런 재료는 비례한도를 규정하기가 어렵고, 탄성계수를 정확히 정의할 수도 없다. 계산된 값은 기울기 측정에 사용된 곡선 부분에 따라 달라진다.

그림 3.1의 점 B는 **항복강도**(yield strength) S_y를 나타낸다. 이는 확실한 소성 항복 현상이 처음으로 발생하는 응력 값이다. 연강과 같은 연성재료에서는 잘 정의된 응력 값에서 확실하게 항복이 발생한다. 다른 재료에서는 감지될 만한 항복의 시작이 점진적으로 발생하는데, 이때의 항복응력 값은 오프셋 방법(offset method)에 의해 정의한다. 이는 그림 3.1에 예시되어 있듯이 원래의 응력-변형률 곡선에 있는 직선 부분과 똑같은 기울기로 변형률 0.2%에서 오프셋시켜서 직선을 그리면 된다. 이때 점 B가 0.2% 오프셋 **항복점**(yield point)이 된다. 만약 B 점의 항복 이후에 하중이 제거된다면, 시편에는 0.2% 영구적인 변형률이 남는다. 탄성한계나 비례한도와 달리, 오프셋(매우 작은)에 의해 항복강도를 정하는 것이 표준 결정 방법이다.

3.3 '공칭' 응력–변형률 선도의 의미

그림 3.1과 3.2는 모두 응력-변형률 관계를 나타내고 있지만, 2가지 관점에서 다른 점이 있다. (a) 그림 3.1에서는 앞에 언급한 점들을 명확하게 예시하기 위해 변형률 스케일을 임의의 비선형으로 사용하였으나, 그림 3.2에서는 선형이다. (b) 그림 3.2는 아래 3에서 설명하고 있는 2개의 부가적인 변형률 값을 포함하고 있다. 몇 가지 중요한 개념이 2개의 그림과 연관되어 있다.

1. 이 특정 강의 탄성한계 36 ksi에서 변형률(ϵ)은 σ/E=0.0012 값을 갖는다. 그림 3.2에서 극한강도 및 파단 시에서의 변형률은 250배 및 1350배에 해당된다. 현재 그려진

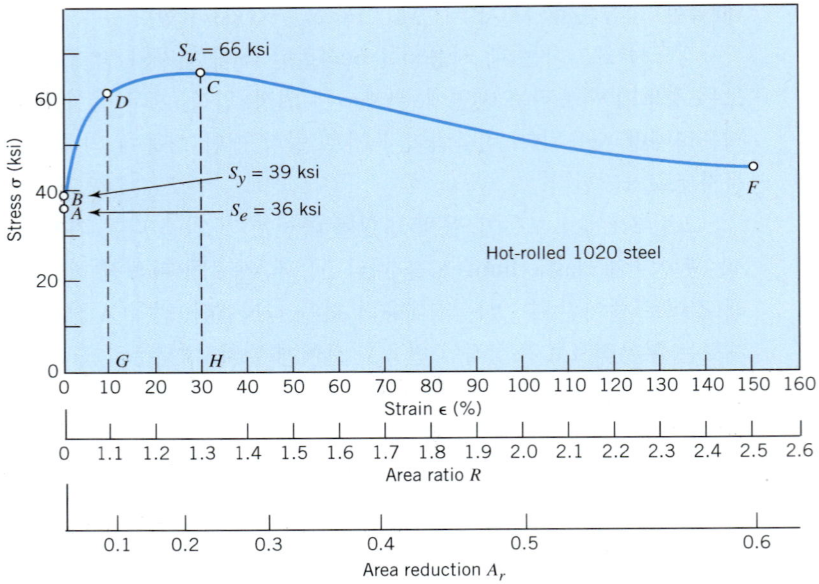

그림 3.2 그림 3.1의 변형률 스케일을 선형으로 바꿔 다시 그린 그림.

스케일로 따져 보면, 그림 3.2의 곡선에서 탄성영역은 거의 수직축과 일치하게 된다.

2. 만약 이 강으로 만들어진 인장 부재에 노치(구멍, 홈, 슬롯 등)가 있고, 이 노치 표면의 변형률이 공칭변형률(P/AE) 값의 3배가 된다고 가정해 보자. 인장 하중에 의해 공칭응력(P/A)이 30 ksi, 공칭변형률(P/AE)이 0.001이 될 때, 노치 표면에서는 3배인 0.003의 변형률이 된다. 이 부재의 노치에서 계산된 탄성 응력은 90 ksi가 되어 극한강도보다 훨씬 더 큰 값이 됨에도 불구하고, 그림 3.2에서와 같이 변형률은 거의 감지할 수 없는 값으로서 어떠한 방법으로도 부재의 변화는 탐지될 수 없다.

3. 인장시편의 '네킹(necking)' 후에 발생하는 큰 변형률을 정확히 측정하기는 어렵다. 이는 네킹 영역에서의 국부적인 신장량이 다른 영역보다 매우 크고, 신장률을 계산할 때는 표점 거리에 따라 정하기 때문이다. 파손이 발생하는 영역에서의 파단 신장량을 더 정확하게 결정하기 위해서, 파단 지점의 단면적을 측정하면 간접적으로 구할 수 있다. 신장량은 재료의 체적 변화가 무시된다는 가정에 의해 계산될 수 있다. 예를 들어 초기 단면적과 표점 거리를 1이라 하고, 파단 시의 면적은 0.4라 하자. 이때 초기 면적과 최종 면적의 비 R은 $1/0.4=2.5$가 되며, 면적 감소량 A_r은 초기 면적의 60%, 즉 0.6이 된다. 만약 체적이 일정하다면, 표점 거리는 2.5로 증가하고 신장량은 1.5가 되어 변형률(ϵ)이 구해질 것이다. 그림 3.2에 있는 3개의 x 좌표 눈금은 문헌에서 일반적으로 많이 사용되는 양들을 나타낸다. 이제 이들 사이의 관계식을 유도할 것이다. 체적은 일정하다고 가정하고, 첨자 0와 f는 각각 초깃값과 최종값을 의미한다고 할 때, 다음과 같이 쓸 수 있다.

$$A_0L_0 = A_f(L_0 + \Delta L) = A_fL_0(1 + \epsilon)$$

또는

$$A_f = \frac{A_0}{1 + \epsilon} \quad \textbf{(3.1)}$$

$$\text{Area ratio } R = \frac{A_0}{A_f} = 1 + \epsilon \quad \textbf{(3.2a)}$$

$$\Delta A = A_0 - A_f = A_0\left(1 - \frac{1}{1 + \epsilon}\right) \quad \textbf{(3.2b)}$$

$$\text{Area reduction } A_r = \frac{\Delta A}{A_0} = 1 - \frac{1}{1 + \epsilon} = 1 - \frac{1}{R} \quad \textbf{(3.3)}$$

독자들은 그림 3.2의 한 점 혹은 두 점에서 3개의 x 좌표값들이 서로 일치하는지를 확인해 보라.

4. 대부분의 공업 재료에서 σ-ϵ 곡선을 실험적으로 결정할 때, 후속 시험점들이 크게 바뀌지 않게 하면서, 어떤 점에서든지 하중을 제거할 수도 있고 다시 복원할 수도 있다. 따라서 그림 3.2의 D 점에서 하중이 제거된다면 응력은 기울기(E)가 30×10^6 psi인 직선 DG를 따라 0으로 줄어든다. 하중을 다시 가하게 되면 재료는 본래의 D 점으로 복귀하고, 추가로 더 하중을 부과하면 하중 제거를 하지 않았을 때와 같은 결과가 나오게 된다. G 점에 있는 시험편을 새로운 시험편이라 간주하고 이의 항복강도, 극한강도 및 파단 시의 단면수축률 등을 결정해 보자. '새로운' 시험편의 항복강도는 초기보다 커지게 되는데, 즉 D 점에서 보이는 62 ksi보다 커지는데, 이는 새 시험편의 면적이 원래보다 작아졌기 때문이다. G 점에서 시험편은 원래 길이의 11/10만큼 영구적으로 늘어나 있으므로, 면적은 원래의 10/11로 줄어든다. 새로운 면적을 기준으로 '새로운' 시험편의 항복강도(S_y)는 62 ksi를 10/11로 나눠 주게 되어 68 ksi가 된다. 마찬가지로 '새로운' 시험편의 극한강도(S_u)는 66 ksi를 10/11로 나눠 주게 되어 73 ksi가 된다. 새로운 시험편의 파단 시의 단면수축률은 10/11(G 점에서의 면적)에서 10/25(F 점에서의 면적)로 바뀌어 56%가 되는데, 이는 원래 면적을 기준으로 한 A_r=60%와 대비된다.

예제 3.1 SAMPLE PROBLEM 강의 강도 및 연성 계산

열간 압연된 AISI 1020 강으로 만든 시험편의 특정 부위가 제조 공정 중에 냉간 가공되어 그림 3.2의 점 C와 같은 상태로 되었다. 이 부위에 적합한 S_u, S_y 및 연성(파단 시의 ϵ, R, A_r을 사용) 값들은 얼마인가?

풀이 SOLUTION

제시자료: 강으로 만들어진 시편의 특정 부위가 제조 공정 중에 냉간 가공되었다.

목표: S_u, S_y 및 연성을 계산하라.

개요도 및 데이터: 그림 3.2를 참조하라.

가정: 냉간 가공 후에 특정 부위의 응력-변형률 곡선은 점 H에서 시작한다.

해석:

1. 그림 3.2의 점 H에서, 시험편은 원래 길이의 1.3배만큼 영구적으로 늘어나 있다. 따라서 단면적은 원 단면적 A_0의 1/1.3배이다.
2. 새로운 면적을 기준으로 시험편의 항복강도(S_y)는 66 ksi(1.3)=85.8 ksi이 되고, 극한강도(S_u)는 66 ksi(1.3)=85.8 ksi이 된다.
3. 점 H에서의 면적 A_H는 초기 면적 A_0의 1/1.3배가 된다. 또한 점 F에서의 면적 A_F는 초기 면적 A_0의 1/2.5배가 된다. 따라서 면적비 $R=A_H/A_F=2.5/1.3=1.92$가 된다.
4. 식 (3.3)을 사용하여, 점 H에서의 초기 면적과 점 F의 최종 면적으로부터 단면수축률을 계산하면

$$A_r = 1 - 1/R = 1 - 1/1.92 = 0.480 \text{ or } 48 \text{ percent.}$$

5. 식 (3.2)를 사용하여 변형률을 계산하면 $\epsilon=R-1=1.92-1=0.92$, 즉 92%가 된다.

주석:

1. C 점 혹은 그 이상까지의 하중 부과에 의한 과도한 냉간 가공은 재료의 연성을 소진시켜서 S_y와 S_u가 동일한 값을 갖게 된다.
2. 연성은 일반적으로 인장 하중에 의해 생기는 신장량의 백분율이나 단면 수축량의 백분율로 측정되는 재료의 성질(보통 상온에서)이다.
3. 파단 시에 5%의 신장률은 취성에서 연성으로 바뀌는 기준으로 사용될 수 있다.

앞에 기술한 내용의 요지는 금속에서의 강도나 연성 등의 특성은 냉간 가공을 포함한 제조 공정 중에 많이 변한다는 것이다.

3.4 정적인장시험–'진' 응력–변형률 관계

그림 3.2에서와 같이 재료가 최대 탄성 변형률의 수십 배(대략 20 또는 30배)로 늘어날 때,

'공칭' 응력은 실제와 너무 다른 면적을 기준으로 계산되기 때문에 조금은 비현실적이 된다. 이런 한계는 '진(true)' 응력(이 책에서는 σ_T로 표기)을 계산함으로써 피할 수 있는데, 이는 하중을 하중이 작용하고 있는 실제 단면적으로 나눈 값으로 구한다. 그러므로 $\sigma = P/A_0$가 되고 $\sigma_T = P/A_f$이 된다.

식 (3.1)의 A_f를 대입하면

$$\sigma_T = (P/A_0)(1 + \epsilon) = \sigma(1 + \epsilon) = \sigma R \tag{3.4}$$

진응력을 사용하여 그림 3.2를 다시 그려 보면, B, C 및 F 점에서의 값들은 각각 39(1)=39, 66(1.3)=86 및 45(2.5)=113 ksi가 될 것이다. 파단점에 이를 때까지 진응력은 계속 증가한다는 것에 주목하라.

마찬가지로 공칭변형률도 변형률이 커질 경우 비현실적이 된다. 이 경우에는 진변형률 ϵ_T를 쓰는 것이 적절하다. 예를 들어 단위길이의 연성 시편을 5배의 길이로 늘인 다음에, 5.1배만큼 조금 더 늘였다고 하자. 최종 0.1만큼 늘인 경우의 공칭변형률은 0.1/1 즉 0.1이 된다. 그러나 이때의 진응력은 0.1/5 즉 0.02(길이의 변화량을 최종 변형률 증가분을 가하기 바로 전의 길이로 나눈 값)밖에 되지 않는다. 수학적으로 진변형률은 다음과 같이 정의된다.

$$\epsilon_T = \sum_{L_0}^{L_f} \frac{\Delta L}{L} = \int_{L_0}^{L_f} \frac{dL}{L} = \ln R = \ln(1 + \epsilon) \tag{3.5}$$

여기서 L_0와 L_f는 각각 초기 및 최종 길이를 나타내며, ln은 자연대수를 의미한다. 금속 재료의 변형에서 최대 탄성 변형률의 몇 배 이하인 경우에 공칭변형률이나 진변형률은 거의 같다.

그림 3.3은 그림 3.2의 데이터를 진응력-진변형률로 나타낸 것이다. 이러한 그림은 많은 금속들의 강도에 미치는 냉간 가공의 영향을 예측하는 데 유용한 관계를 보여 주고 있다. 그림 3.3에 설정된 3개의 구역에서 몇 가지 중요한 관계 및 개념을 보여 주고 있다.

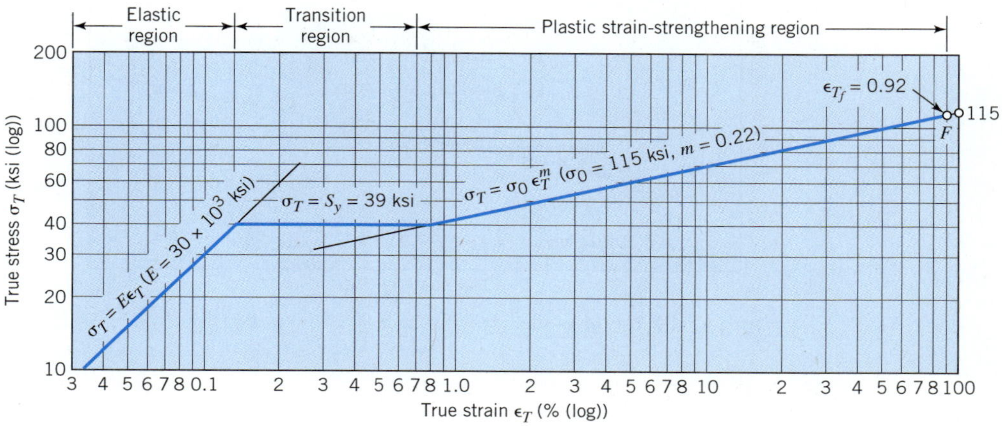

그림 3.3 진응력-진변형률 곡선—열간 압연된 1020 강(그림 3.1 및 3.2에 대응).

1. 탄성 영역. 영률은 공칭 응력과 변형률의 비로 정의되는 값이지만, 무시할 수 있는 오차 내에서 진응력과 진변형률의 비로도 정의될 수 있다. 그러므로

$$\sigma_T = E\epsilon_T \tag{3.6}$$

이 식은 그림 3.3의 로그-로그 좌표계에서 기울기가 1인 직선으로 나타나며, 그 직선(연장선)은 점(ϵ_T=1, σ_T=E)을 지나게 된다. 따라서 E는 탄성 변형률 1에 해당되는 응력 값이라고 생각할 수 있다는 점에 주목하라.

2. 소성 변형률 강화 구역. 이 영역은 다음과 같은 변형률 강화식에 해당된다.

$$\sigma_T = \sigma_0\epsilon_T^m \tag{3.7}$$

이 식은 변형률 강화 지수 m을 제외하면 식 (3.6)과 같은 형태를 갖는데, 여기서 m은 로그-로그 좌표로 그렸을 때 직선의 기울기가 된다. 변형강화 비례상수 σ_0는 탄성비례 상수인 E 값과 유사하게 되는데, 이는 σ_0가 진변형률 1에 해당되는 진응력 값으로 간주될 수 있기 때문이다.[2]

3. 천이 영역. '이상적' 재료에서 탄성 한도(대략 항복점과 유사함)의 값은 그림 3.4에서 보듯이, 탄성선과 소성선 사이의 교차점에 해당된다. 실제 재료에서는 조금 크거나 작은 S_e 값을 가질 수 있는데, 그림 3.4의 곡선 I과 II처럼 경험적인 천이 곡선이 만들어지기도 한다.

불행하게도 많은 공업 재료의 변형률 강화 특성치들은 아직 주어지지 않는다. 사용되고 있는 대부분의 정보들은 Datsko[2]에 의해 구해졌다. 몇몇 재료에 대한 값들을 부록 C-2에 수록하였다. 이들은 일반적인 값들로, 화학 조성이나 제조 과정 중의 미세한 차이에 의해 약간씩 변할 수도 있다. 이는 파단 시의 진변형률 값(ϵ_{Tf})에서 특히 두드러진다.

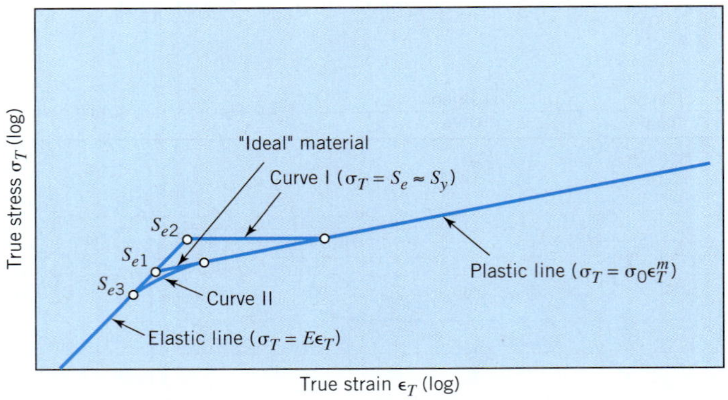

그림 3.4 천이 영역의 변화를 보여 주는 진응력-진변형률 곡선.

[2] σ_0는 재료의 성질이므로, 기호 S_0가 더 적절하다. 그러나 σ_0가 재료에 관한 공학서적에 더 많이 쓰인다.

3.5 에너지 흡수 용량

어떤 부재들은 하중 지지력보다는 에너지 흡수력을 기초로 설계해야 한다. 에너지는 하중과 연신량이 함께 연관되기 때문에, 응력-변형률 선도가 특히 중요하다. 그림 3.5가 이 예시를 위해 사용될 것이다. 이는 원점 부근에서의 변형률 눈금을 더 확대하여 명확하게 그린 것을 제외하면, 그림 3.1과 기본적으로 같다.

탄성범위 내에서 에너지를 흡수하는 재료의 용량은 **탄성에너지(resilience)**라 부른다. 이의 표준값은 **탄성에너지 계수(modulus of resilience)** R_m으로 표시되며, 재료가 탄성한계까지 인장되었을 때 단위 체적당 흡수한 에너지로 정의된다.[3] 이는 선도의 탄성영역 밑의 삼각형 면적과 일치한다(그림 3.5). 따라서

$$R_m = \tfrac{1}{2}(S_e)(S_e/E) = S_e^2/2E \quad \text{(see footnote 3)} \tag{3.8}$$

이 된다.

재료가 파단되지 않고 에너지를 흡수할 수 있는 총용량은 **인성(toughness)**이라 한다. **인성 계수(modulus of toughness)** T_m은 재료가 파단 시까지 인장되었을 때 흡수할 수 있는 총 에너지이며, 그림 3.5의 선도에서 전체 음영 부분의 면적과 같다.

$$T_m = \int_0^{\epsilon_f} \sigma \, d\epsilon \tag{3.9}$$

이 적분을 도표에서 수행하는 것이 편리할 때가 있다. 이때 사용되는 근사식은 다음과 같다.

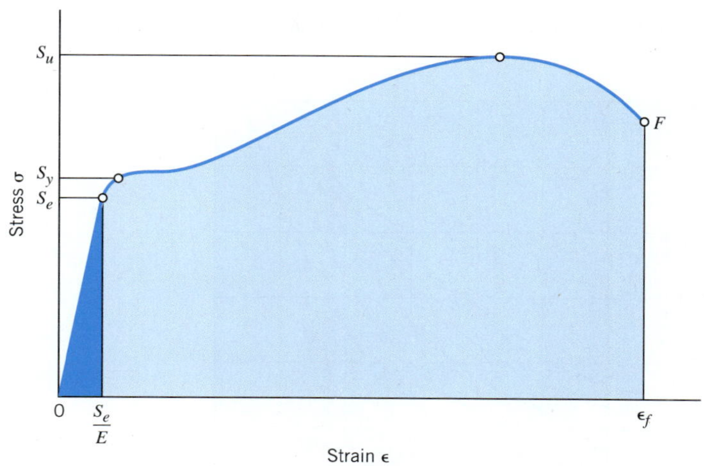

그림 3.5 응력-변형률 곡선에서 구한 탄성에너지와 인성.

---

3 실제로, S_y가 측정하기가 더 쉽고 S_e와 거의 비슷하기 때문에 S_e는 S_y로 대체된다.

$$T_m \approx \frac{S_y + S_u}{2} \epsilon_f \tag{3.10}$$

일반적으로 에너지 흡수를 위해 설계된 부재들은 충격 하중을 받는데, 다양한 재료들의 온도에 따른 충격에너지 흡수용량을 더 정확하게 측정하기 위해 특별한 시험들[전통적으로 샤르피(Charpy)와 아이조드(Izod) 충격 시험]이 사용된다[5].

3.6 압입 경도시험으로부터 강도 계산

압입 경도시험[보통 브리넬(Brinell) 혹은 로크웰(Rockwell)]은 금속의 강도 값을 평가하는 데에 편리하고 비파괴적인 방법을 제공한다. 기본적으로 압입 경도시험은 3축 압축응력과 급격한 응력 구배를 동시에 받고 있는 재료 내에 생기는 영구적 변형에 대한 저항성을 측정한다.

브리넬 경도시험의 결과는 극한 인장강도와 잘 연관되어 있다는 것이 밝혀졌으며, 그 관계식은 다음과 같다.

$$S_u = K_B H_B \tag{3.11}$$

여기서 H_B는 브리넬 경도치, K_B는 비례상수이고 S_u는 psi 단위의 인장강도를 나타낸다. 대부분의 강에서 K_B는 대략 500 정도이다. Datsko[1, 2]는 K_B가 변형률 강화 지수 m의 함수가 된다는 근거를 제시하였다. 그림 3.6은 이 관계를 나타내는 실험 곡선들이다.

그림 3.7은 브리넬, 로크웰 및 다른 경도치들과의 개략적인 관계를 보여 주고 있다.

광범위한 데이터를 분석한 후에, Datsko[2]는 응력 이완된(냉간 가공되지 않은) 강의 인

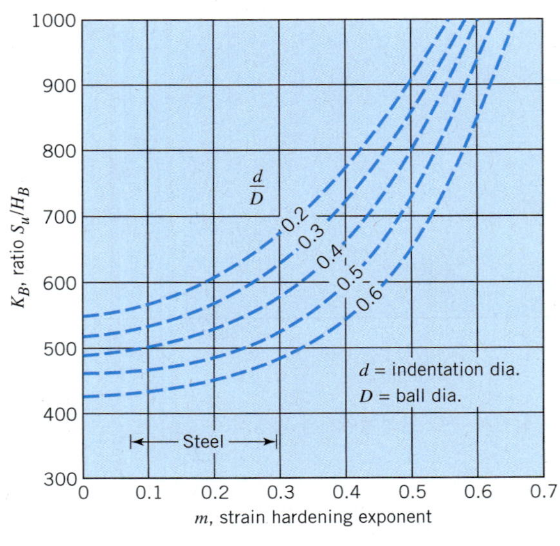

그림 3.6 K_B와 m 사이의 대략적인 관계[2].

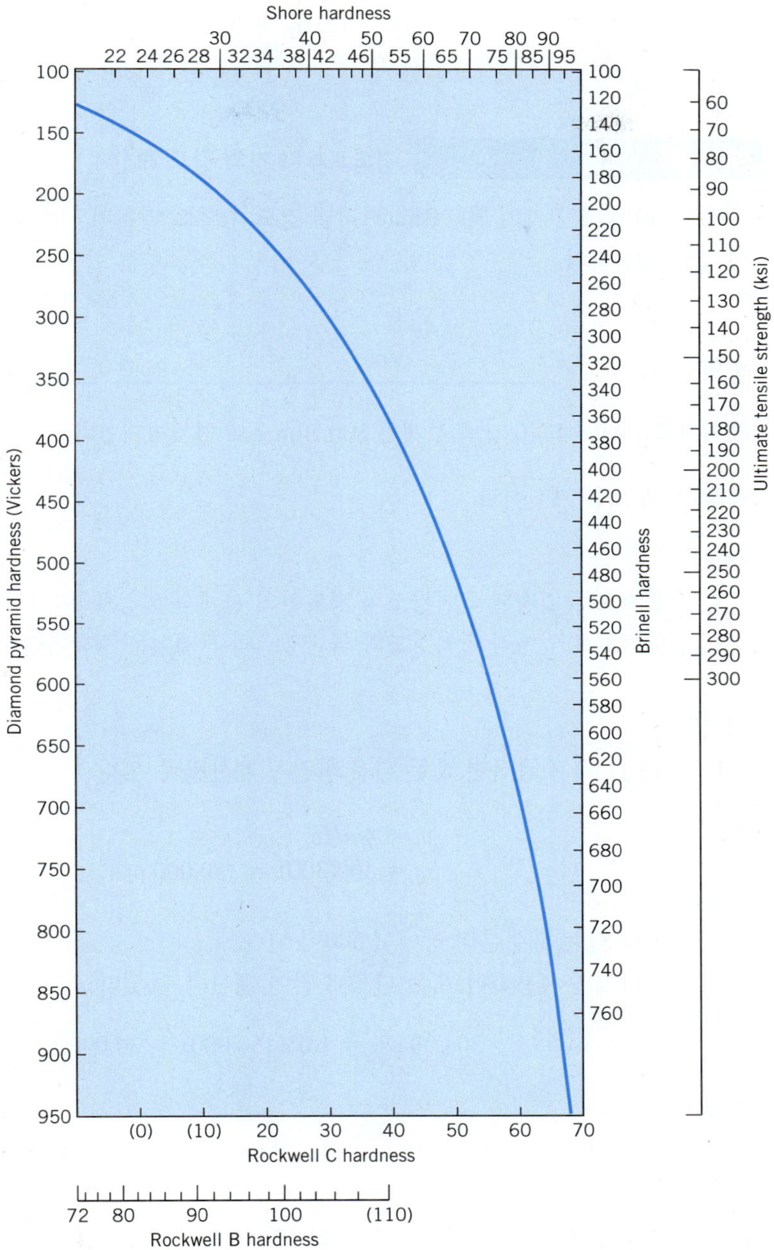

그림 3.7 강의 경도치와 극한강도 사이의 대략적인 관계.(International Nickel Co., Inc. 제공.)

장 항복강도는 다음과 같은 식으로 잘 추정할 수 있다고 결론지었다.

$$S_y = 1.05S_u - 30{,}000 \text{ psi} \tag{3.12}$$

또는 식 (3.11)의 K_B를 500으로 대체하면

$$S_y = 525H_B - 30{,}000 \text{ psi} \tag{3.13}$$

예제 3.2 SAMPLE PROBLEM **경도로부터 강의 강도 계산**

AISI 4340 강의 부재가 300 Bhn(브리넬 경도치)으로 열처리되었다. 이에 대응하는 S_u와 S_y의 값을 계산하라.

풀이 SOLUTION

제시자료: AISI 4340 강의 부재가 300 Bhn으로 열처리되었다.

목표: S_u와 S_y를 계산하라.

가정:

1. 실험적으로 결정된 극한강도와 경도와의 관계식은 정확하다.
2. 실험적으로 얻어진 항복강도와 극한강도의 관계식은 정확하다.

해석:

1. 식 (3.11)을 사용하면, S_u는 다음과 같이 계산될 수 있다.

$$S_u = K_B H_B$$
$$S_u = 500(300) = 150{,}000 \text{ psi}$$

   여기서 K_B는 대부분의 강에서 500이 된다.

2. 식 (3.12)를 사용하여, S_y는 다음과 같이 계산될 수 있다.

$$S_y = 1.05S_u - 30{,}000 \text{ psi} = 1.05(150{,}000) - 30{,}000 = 127{,}500 \text{ psi}$$

주석:

1. 식 (3.12)는 응력 이완된(냉간 가공되지 않은) 강의 인장 항복강도에 대한 좋은 추정식이다.
2. 실험 데이터는 이 재료에 대한 추정식을 보완하는 데 도움이 될 것이다.

3.7 재료의 강도 값을 얻기 위한 '핸드북' 데이터의 사용

이상적으로 엔지니어는 관련 부품에 사용된 것과 같은 재료의 실제 시험 데이터를 사용하여 계산된 강도 값에 기초해야 한다. 이를 위해 화학적 조성뿐만 아니라 기계적 혹은 열적 이력의 세세한 것까지 제작된 부품과 같은 재료로 만든 시험편을 사용해야 된다는 것이다. 그러한 시편에 대한 데이터는 거의 구할 수 없기 때문에, 이 책의 부록 C와 같은, 핸드북이나 다른 자료들에 보고된 표준 시험 데이터들이 자주 사용된다.

가끔 다른 참고문헌에서 서로 모순된 정보가 발견될 수 있어서, '핸드북' 데이터를 사용하는 것에 위험이 따를 수가 있다. 따라서 엔지니어들은 다음과 같은 질문들을 항상 고려하면서 위의 데이터를 사용해야 한다.

1. 게재된 값들이 단일 시험결과인가, 아니면 여러 번의 실험으로부터 얻은 평균값, 중간값, 대푯값, 또는 최솟값인가? 조성, 열적 및 기계적 이력 등과 연관된 변수들이 얼마나 정밀하게 제어되었는지에 따라, 재료의 강도에도 표준 분산이 있을 수 있다. 많은 경우에, 강도 값을 평균 및 표준편차로 고려하는 것이 좋다(6.14절 참조).
2. 실험에 사용된 시편의 조성, 크기, 열처리, 기계 가공 등이 실제 부품이 최종적으로 제작된 상태와 충분히 일치하는 조건인가?
3. 게재된 데이터들이 서로 일관적이며, 유사 재료에 대한 검증된 실험결과의 양상과 일치하는가? 다시 말해서 타당한 데이터인가?

재료의 성질에 대한 많은 표들은 인장 탄성계수와 포아송 비(ν)의 값을 제공한다. 탄성이론에 의해, 비틀림 혹은 전단계수는 다음과 같이 계산될 수 있다.

$$G = \frac{E}{2(1 + \nu)} \tag{3.14}$$

3.8 피절삭성

기계 가공품의 제작비는 재료비 및 기계 가공의 용이성에 따라 영향을 받는다. 다양한 재료에 대한 피절삭성(machinability) 등급(지정된 표준 절삭조건에서 주어진 공구 수명에 대한 상대적인 절삭 속도로 정의됨)은 실험에 의해 결정되어 자료에 실리게 된다. 보통은 유용하지만 이 데이터들은 가끔 신뢰하기 어렵고 서로 상충되기도 한다. 피절삭성과 재료 물성과의 관계를 이론적으로 정립하기 위해, Datsko[1]는 피절삭성이 다음 식과 같이 3개의 기본 재료 물성으로 표시할 수 있는 부가적인 재료 물성임을 보였다.

$$V_{60} = \frac{1150k}{H_B}(1 - A_r)^{1/2} \tag{3.15}$$

여기서

V_{60} = 표준 절삭조건에서 60분 공구 수명에 대한 절삭 속도(ft/min)

k = 열전도도[Btu/(h·ft·°F)]

H_B=브리넬 경도치

A_r=파단 시의 단면수축률

대부분의 금속에서 k 값은 거의 같게 되므로, 금속의 피절삭성은 결국 **경도**와 **연성**의 함수가 된다.

3.9 주철

주철은 철, 탄소(2~4% 내외), 규소와 망간을 함유한 4원소 합금이며, 다른 원소들이 가끔 추가되기도 한다. 철 주물의 물리적 성질은 고상화 과정 중의 냉각속도의 영향을 받는다. 따라서 주물의 크기와 형상, 주조 현장의 세부사항 등에 따라 좌우된다. 이와 같은 이유로(다른 공업 재료와는 달리), 주철은 보통 화학적 조성보다는 **기계적 성질**에 의해 분류한다.

주철의 독특한 성질은 주로 탄소 함유량에 따른다. (1) 탄소 함유량이 많으면 용탕의 유동성에 의해 복잡한 형상에 주입하기가 용이하다. (2) 고상화 중에 탄소의 석출은 정상적인 단면을 형성하게 하는 수축을 방해한다. (3) 금속 안에 있는 흑연은 피절삭성을 좋게 하며(내마모 경도 수준에서조차도), 진동 감쇠 및 마모 표면에서의 경계 윤활 등에 기여한다. 급속 냉각하면, 즉 고상화 중에 표면으로부터 열을 급속히 제거하면, 표면 근처의 모든 탄소는 철탄화물로 남게 되어 매우 단단한 내마모면이 된다.

여러 가지 주철의 기계적 성질은 부록 C-3에 주어진다.

회주철 회주철(gray iron)은 탄소가 흑연 박편의 형태로 석출되며, 연질 등급임에도 불구하고 좋은 내마모성을 갖는다. 특수 주조 기술, 열처리, 혹은 합금 원소의 추가 등에 의해 경도를 향상시킬 수 있다(더 좋은 내마모성 제공). 주철 내의 흑연 박편은 인장에는 매우 취약하지만 압축강도는 3~5배 정도 커지게 된다. 이와 같은 강도 차이에 의해, 굽힘 하중을 받는 부재의 압축응력 부위에 골격을 구성하는 재료로 사용되는 이점도 있다.

회주철의 대표적인 응용 분야는 가솔린 및 디젤 엔진 블록, 기계의 기초와 골조, 기어, 플라이휠, 브레이크 디스크와 드럼 등이다.

연철 연철[ductile(nodular) iron]은 마그네슘과 합금 처리된 것이며, 과잉 탄소가 작은 구(sphere)의 형태로 석출된 것이다. 이와 같은 구상화는 흑연 박편과 같이 구조를 교란시키는 기능이 약하기 때문에 인장강도, 강성도, 충격 저항성 등을 증가시키는 부가적인 연성을 제공한다. 연철은 60-40-18과 같은 3개의 숫자로 규정하는데, 이는 인장강도(60 ksi), 항복강도(40 ksi), 연신율(18%)을 나타낸다.

대표적인 응용 분야는 엔진의 크랭크축, 대형 기어, 자동차의 도어 힌지와 같은 하드웨어 제품 등이다.

백주철 백주철(white iron, 파단면이 하얘서 붙여진 이름)은 탄소가 석출될 수 있는 시간이 없도록 몰드의 특정 면을 급속 냉각(chilling)시켜 회주철과 연철 주물의 바깥 부분에 생기게 된다. 결과적으로 구조가 매우 단단하며, 내마모성이 있고, 취성이 있게 된다.

대표적인 응용 분야는 원통형 제분기(ball mill), 압출 다이, 시멘트 혼합기용 라이너, 철도 차량 브레이크 슈, 압연기 롤, 분쇄기, 미분기 등이다.

가단주철 가단주철(malleable iron)은 대표적으로 트럭, 철도 장비, 건축 기계, 농기계 등의 베어링 표면을 갖는 중장비 부품에 사용된다.

3.10 강

강은 기계요소로서 가장 널리 사용되는 재료이다. 조성, 열 및 기계적 처리방법을 적절히 변화시키면 다양한 기계적 성질을 갖게 할 수 있다. 강의 조성을 적절히 선택하는 데 필요한 3가지 기본 관계는 다음과 같다.

1. 모든 강은 기본적으로 똑같은 탄성계수 값을 갖는다. 따라서 어떤 부품에서 강성이 중요한 요구조건이 된다면, 모든 강이 동등하게 되므로 최소 비용(제조비를 포함하여)이 선택되어야 된다.
2. 탄소 함량 자체로 강에서 얻을 수 있는 최대 경도치를 결정한다. 최대 가능 경도는 약 0.7%까지는 탄소량에 따라 증가한다. 이는 표준형상의 소형 부품은, 더 비싼 합금강에서나 얻을 수 있는 경도나 강도를, 보통 탄소강의 열처리를 통해서도 얻을 수 있다는 것을 의미한다.
3. 합금 원소들(망간, 몰리브덴, 크롬, 니켈 등)은 강의 경화를 쉽게 향상시켜 줄 수 있다. 그러므로 이와 같은 합금원소가 사용될 때, 잠재 경도나 강도(탄소량에 따라 제어되는)는 과도한 열처리를 하지 않고도 달성될 수 있다. 이는 합금강을 사용하면 (a) 대형 부품은 단면의 중심부에서 더 큰 경도를 얻을 수 있고, (b) 과도한 열처리에서는 뒤틀림을 일으키는 비정형 형상의 부품들도, 보다 완만한 열처리를 통해서 원하는 경도를 얻을 수 있다는 것을 의미한다.

일반적으로 사용되는 몇 가지 강들의 기계적 성질은 부록 C-4에서 C-8까지에 주어져 있다.

보통탄소강 보통탄소강(plain carbon steels)은 합금원소로서 탄소만을 함유한다. 저탄소강은 0.3% C 미만, 중탄소강은 0.3~0.5% C, 고탄소강은 0.5% C 이상이다. 부록 C-4b에는 다양한 탄소량을 갖는 강들이 제시되어 있다.

합금강 이전에 언급한 대로, 강에 합금원소를 첨가하는 기본 목적은 경화능(hardenability)

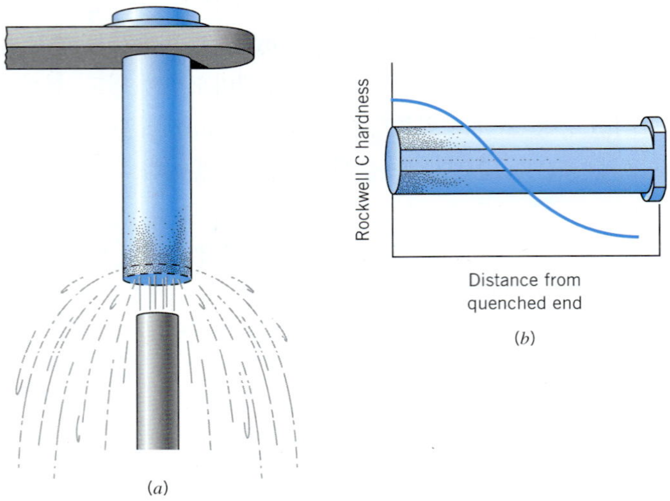

그림 3.8 끝단 급랭, 경도 시험방법 및 경화능 시험편: (*a*) 물로 급랭되고 있는 시험편, (*b*) 급랭 후 연마시킨 시험편과 로크웰 C 경도치 변화[3].

을 증가시키기 위함이다. 경화능은 보통 조미니(Jorniny) 끝단 급랭시험(ASTM A-255 및 SAE J406b)에 의해 측정되는데, 이는 크라이슬러사의 월터 조미니에 의해 시작되었다. 이 시험에서는 1인치 직경, 4인치 길이의 봉을 매달아 놓고, 임계온도 이상으로 가열한 후에, 위쪽 끝단은 공기 냉각하면서, 아래쪽 끝단은 물로 급랭시킨다(그림 3.8*a*). 그 후에, 급랭 끝단에서부터 1/16인치 간격으로 경도를 측정한다(그림 3.8*b*). 경화 작용이 있는 곳까지의 거리가 합금원소에 의해 부여된 경화능의 척도이다.

표 3.1은 강의 경화능을 부여하는 다양한 합금원소의 상대적 기여도에 대한 Datsko[2]의 연구 결과를 나타낸다. 원소들은 기여도의 내림차순으로 나열되어 있다. 수식은 주어진 원소의 농도를 사용하여 함수로 제시한 상대적인 경화능 계수 *f*를 제시한다. 예를 들어 망간은 두 번째로 영향력 있는 원소이며, 수식은 1.2% 농도까지 유효하다. 만약 1% 망간이 사용되었다면, 경화능 계수는 4.46이 된다. 마찬가지로 2% 농도의 크롬이 사용되었다면 계수가 5.36이 되어 경화효과가 조금 더 증가할 뿐이다. 표 3.1은 완벽하지는 않고(바나듐이 빠져 있음), 합금원소들에 대한 중요한 또 다른 영향이 있을 수도 있다. 그럼에도 불구하고 표 3.1의 수식은 요구되는 경화능을 얻기 위한 가장 경제적인 방법을 선택하는 데 있어서 유용한 지침을 제공한다.

대부분의 합금강은 '전체 경화'나 '침탄'으로 분류될 수 있는데, 후자는 중심부는 연성이 있고 얇은 표면층은 단단하게 만들 때 사용된다. 침질 혹은 다른 표면경화 공정도 사용된다.

HSLA강 고강도 저합금(HSLA: high-strength low-alloy)강은 1940년경에 처음으로 개발되었는데, 고가의 합금강의 이점을 대부분 가지면서도 비교적 저가로 만든 강이다. 많은 응용에서, 보통 탄소강에 비한 강도증가로 인해 총비용의 큰 증가 없이 부품의 중량 감소가 가

표 3.1 강 합금원소들의 상대적 기여도[2]

Element	Concentration (percent)	Relative Hardenability Effectiveness
Boron	$B < 0.002$	$f_B = 17.23B^{0.0268}$
Manganese	$Mn < 1.2$	$f_{Mn} = 3.46Mn + 1$
Manganese	$1.2 < Mn < 2.0$	$f_{Mn} = 5.125Mn - 1$
Molybdenum	$Mo < 1.0$	$f_{Mo} = 3.0\ Mo + 1$
Chromium	$Cr < 2.0$	$f_{Cr} = 2.18Cr + 1$
Silicon	$Si < 2.0$	$f_{Si} = 0.7Si + 1$
Nickel	$Ni < 2.0$	$f_{Ni} = 0.4Ni + 1$

능해졌다. 최근에 자동차에서 HSLA강의 사용은 필수가 되었다.

표면경화강 표면경화(case hardening)는 재료 표면(case라 불림)만 경화시키는 것이다. 이는 보통 침탄, 청화, 질화, 고주파경화, 화염경화 등에 의해 이루어진다. 침탄(carburizing)은 저탄소강의 표면에 탄소를 침투시키고 높은 표면 경도를 얻기 위해 열처리하는 것이다. 몇 가지 침탄강 및 경도치가 부록 C-7에 주어져 있다.

청화(cyaniding)는 저탄소강이나 중탄소강의 표면에 탄소뿐만 아니라 질소도 침투시키는 유사 공정이다.

질화(nitriding)는 이미 기계 가공되고 열처리된 부품에 질소를 침투시키는 것이다. 이 공정의 온도는 1000°F(538°C) 이하이고, 급랭하지 않는다. 이는 뒤틀림이 생기는 것을 방지하기 위함이다. 최대의 표면경화를 위해서는 질화합금강(알루미늄을 합금으로서 함유)이 특별히 사용된다. 중탄소 합금강(특히 4340)도 질화된다.

고주파경화(induction hardening) 및 화염경화(flame hardening)는 중탄소 및 합금강의 표면만을 가열한 후에 담금질과 뜨임을 한다.

스테인리스강 스테인리스강(stainless steels)은 정의에 의해 최소 10.5% 크롬을 포함한다. 가공용(wrought) 스테인리스강은 오스테나이트, 페라이트, 마텐자이트, 또는 석출 경화되며, 이들의 기계적 성질은 부록 C-8에 주어져 있다. 주물용(cast) 스테인리스강은 보통 내열(heat-resistant) 혹은 내부식(corrosion-resistant)으로 분류된다.

철계 초합금 철계 초합금(iron-based superalloys)은 주로 터빈과 같은 고온응용분야에 사용된다. 대표적인 철계 초합금의 물성은 부록 C-9에 주어져 있다. 몇몇 전문가들은 오스테나이트계 재료만이 진정한 초합금이라고 간주하는데, 이들은 일반적으로 1000°F(538°C) 이상의 온도에서 사용되며, 마텐자이트계 재료는 더 낮은 온도에서 사용된다. 초합금에서 중요한 물성은 고온에서 크리프, 산화, 부식 및 마모 등에 대한 강도와 저항을 갖는 것이다. 가스 터빈, 제트 엔진, 열교환기 및 가열로 등에 쓰이는 부품(볼트 포함)에 일반적으로 사용된다.

3.11 비철 합금

알루미늄 합금 사실 수백 종의 알루미늄 합금(aluminium alloys)을 가공 혹은 주물 형태로 이용할 수 있다. 그중에서 많이 사용되는 몇 개의 합금 물성을 부록 C-10과 C-11에 나타내었다. 알루미늄 합금의 화학 조성은 가공 형태는 4자리 숫자, 주물 형태는 3자리 숫자로 지정된다. 열처리, 기계적 처리, 또는 2가지 처리 모두를 합금 식별번호 뒤에 따르는 후처리(temper) 기호로 분류한다. 후처리 기호는 부록 C-12에 주어져 있다.

알루미늄 합금에서 경도와 강도를 증가시키기 위한 열처리는 강의 열처리와 많은 차이가 있다. 알루미늄 합금은 경화 구성 요소들(Cu, Mg, Mn, Si, Ni 등)이 용융 상태가 되도록 먼저 고온에서 충분한 시간 동안 유지시킨 후에 급랭시키며, 마지막에 시효 경화시킨다. 시효 경화는 경화 요소 중의 일부가 전체에 걸쳐 석출되게 한다. 어떤 합금은 상온에서도 석출되는데, 다른 합금은 고온이 필요하다(인공 시효).

알루미늄은 쉽게 주조될 수 있어서 많이 사용되고 있지만, 주조 시에 문제는 존재한다. 주조 과정 중의 수축량이 비교적 크며(체적의 3.5~8.5%), 주철에서의 수축을 방해하는 탄소 석출과 같은 유익한 기구(mechanism)가 없다. 주물 공정이 적절히 관리되지 않으면, 고온 수축과 가스 흡수 등이 문제가 될 수 있다.

구리 합금 구리 합금(copper alloys)은 구리와 아연의 합금인 **황동**(brass)과 구리와 주석의 합금인 **청동**(bronze)을 포함한다. 구리 합금은 전기전도도, 열전도도, 내부식성 등은 좋지만, 강도에 대한 무게 비는 비교적 작다. 열간 혹은 냉간 가공이 가능하지만 공정 중에 변형 경화되며, 풀림이나 용접, 납땜질(brazing) 등을 통한 열에 의해 연성을 되찾을 수 있다. 더 높은 강도, 내열 연화, 가공성 등과 같은 특별히 필요한 물성은 소량의 합금원소를 추가함으로써 현저하게 향상시킬 수가 있다.

여러 가지 구리 합금의 물성은 부록 C-13에 주어져 있다.

마그네슘 합금 마그네슘 합금(magnesium alloys)은 가장 가벼운 공업 재료이다. 화학적 조성과 후처리 공정에 대해 미국 시험 및 재료 협회(ASTM)에서 규정하고 있다. 그 기호는 첫 번째와 두 번째로 농도가 높은 합금원소를 대표하는 두 문자로 시작한다. 문자 기호는 다음과 같다.

A — Aluminum	K — Zirconium	Q — Silver
E — Rare earths	L — Lithium	S — Silicon
H — Thorium	M — Manganese	Z — Zinc

다음에는 이 두 요소의 백분율을 반올림한 정수로 표시한다. 그 다음으로는 조성에서의 약간의 편차, 소량의 합금원소나 이물질 등을 표시하는 문자가 뒤따른다. 마지막에 있는 후처리 기호는 알루미늄 합금에서 사용된 것과 동일하다(부록 C-12). 예를 들면 AZ31B-H24 합금은 3% 알루미늄, 1% 아연을 함유하고, 변형 경화 처리되었음을 의미한다.

많이 사용되는 마그네슘 합금의 기계적 성질은 부록 C-14에 주어져 있다.

니켈 합금 및 니켈계 초합금 니켈 합금(nickel alloys)은 대개 특별한 부식성이 요구되는 곳이나, 2000°F(1093°C) 이상의 고온 혹은 −400°F(−240°C) 이하의 저온 등에서 강도와 인성이 요구되는 구조물에 많이 사용된다.

대표적인 물리적 성질은 부록 C-15에 주어져 있다. 니켈 및 듀라니켈(Duranickel) 합금은 94% 이상의 니켈을 함유한다. 모넬(Monel)은 일련의 Ni-Cu 합금을 나타내며, 두 원소가 모든 비율로 상호 용해되어 있는 전율고용체가 된다. 이들은 영하의 온도에서도 강하고 인성이 있으며, 특히 응력 부식 균열에 내성이 있다(9.5절 참조). 하스텔로이(Hastelloy)는 Ni-Mo, Ni-Mo-Cr계 초합금을 나타낸다. 하스텔로이는 산화에 대한 저항이 있고, 2000°F(1093°C)에서도 필요한 강도와 크리프 성질을 유지할 수 있다. 부록 C-15에 열거한 인코넬(Inconel), 인콜로이(Incoloy), 리네(Rene), 우디메트(Udimet) 합금 등은 Ni-Cr, Ni-Cr-Fe 합금들이다.

티타늄 합금 티타늄 합금(titanium alloys)은 비자성체이고 매우 우수한 내식성을 가지며, 낮은 열전도도와 우수한 강도 대비 중량 비를 갖는다. 단점은 매우 비싸고 가공하기 어렵다는 것이다. 많이 사용되는 합금의 기계적 성질은 부록 C-16에 주어져 있다.

아연 합금 아연은 적당한 강도를 가지면서 비싸지 않은 금속이다. 낮은 용융점을 갖고 있어서 쉽고 경제적으로 금형 주조할 수 있다. 자동차 부품, 건축 자재, 사무용 기자재, 장난감 등은 대표적인 아연 다이캐스팅 제품들이다. 아연 합금(zinc alloys)은 다른 형태로도 한정되게 사용되고 있다. 일반적인 아연 다이캐스팅 합금의 기계적 성질은 부록 C-17에 열거되어 있다. 또한 다양한 방법으로 주조될 수 있는 비교적 새로운 합금(ZA-12)도 포함되어 있다.

3.12 플라스틱과 복합재료

이 절에 포함된 정보는 광범위하고 복잡한 분야를 간단히 요약한 것이다. 폴리머에 관한 부가적인 기술정보는 http://plastics.dupont.com/이나 http://www.sabic-ip.com/에서 얻을 수 있다. 복합재료에 관한 많은 정보는 *MIL-HDBK 17* 및 복합재료 핸드북 [15], [16], [17], [18] 및 [19]에 주어져 있다.

3.12.1 플라스틱

플라스틱은 매우 많고 다양한 종류의 합성 유기재료이다. 플라스틱 재료의 기본 화학단위는 **단량체**(monomer)이다. 열, 압력, 혹은 양쪽 모두에서 적당한 조건이 되면 단량체가 **중합체**(polymer)로 합해지는 **중합반응**(polymerization)이 일어난다. 대표적인 단위체와 상응하는

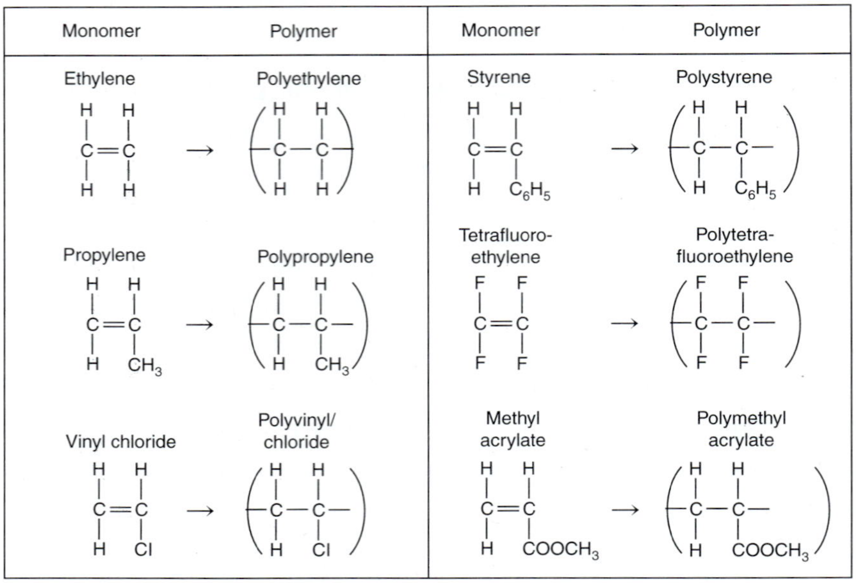

그림 3.9 대표적인 단량체 및 그들의 반복되는 중합체 단위.

반복 중합체는 그림 3.9에 나타내었다.

중합체 사슬을 형성하기 위해 수많은 단위체를 추가하면 분자 무게가 증가하며 물리적 성질도 많이 바뀌게 된다. 예를 들어 그림 3.10은 메탄가스인 CH_4를 보여 주고 있다. 하나의 CH_2를 추가하면, 더 무거운 에탄가스(C_2H_6)가 된다. 계속해서 CH_2를 추가하면 유체인 펜탄(C_5H_{12})와 파라핀 왁스($C_{18}H_{38}$)가 된다. 대략($C_{100}H_{202}$) 정도가 되면 재료는 유용한 플라스틱이 될 만큼 인성을 갖게 되며, 이는 **저분자량 폴리에틸렌**(low-molecular-weight

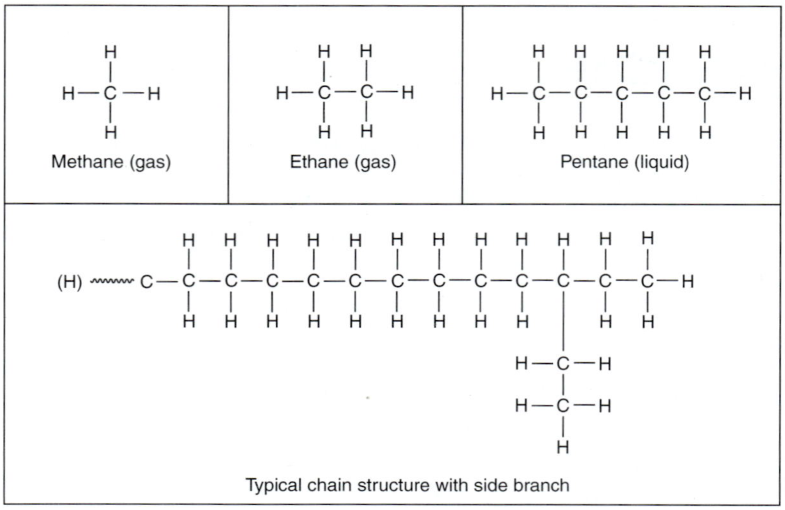

그림 3.10 분자 사슬.

polyethylene)이라 알려져 있다. 인성이 매우 강한 폴리에틸렌은 **고분자량 폴리에틸렌**이라 불리며, 단일 중합체 사슬에 거의 50만 개의 CH_2 단위를 포함한다.

중합체 사슬 구조는 그림 3.10에서 보는 것처럼 곁가지(side branch)를 가질 수 있다. 가지의 개수는 서로 맞대고 있는 사슬의 근접에 영향을 주게 되므로, 결국 물리적 성질에 영향을 준다. 곁가지가 없을수록 중합체 사슬이 더 치밀하게 적층되며(결국 강한 분자간 인력), 비교적 고밀도, 단단한 결정구조, 비교적 광범위한 몰드 수축 등을 야기한다. 곁가지가 많아지면 더 유연한 비결정질 재료가 되며, 몰드 수축이나 뒤틀림도 적어진다. 완제품 플라스틱의 물리적 성질은 두 단량체로 중합체 사슬을 만드는 **공중합반응**(copolymerization)과, 화학결합이 없이 순전히 기계적으로만 혼합시키는 **합성**(alloying)에 의해 변경시킬 수도 있다.

예전부터 플라스틱은 열에 의해 연화되는 **열가소성**(thermoplastic)과 연화되지 않는 **열경화성**(thermosetting)으로 구분하였다. 이제는 대개 **선형**(linear)과 **교차결합**(cross-linked)으로 구분한다. 선형 플라스틱에서의 중합체 사슬은 성형 후에도 계속 선형, 분리 상태로 남아 있다. 교차결합된 플라스틱에서의 사슬은 처음에는 선형이었다가, 성형과정 중에 **비가역적으로**(irreversibly) 결합하여 상호 연결된 분자 망상구조로 된다.

교차결합은 열, 화학 물질, 발광, 혹은 이들의 조합에 의해 시작될 수 있다.어떤 플라스틱은 선형일 수도 있고 교차결합일 수도 있다. 교차결합된 것이 열, 화학 작용, 크리프(더 좋은 치수 안정성) 등에 저항성이 더 좋다. 반면에 선형은 취성이 더 작고(충격저항은 더 크고), 더 가공하기 쉽고, 복잡한 형상에 적용하기도 좋다.

유리섬유 강화는 플라스틱의 강도를 2배 이상으로 향상시킨다. 상당히 큰 비용을 들여서, 탄소섬유 강화를 이용하면 더 큰 강도 향상을 얻을 수 있다. 이와 같은 비교적 새로운 재료들(10~40% 탄소 함유)은 인장강도가 40 ksi까지 된다. 유리섬유 강화된 합성수지에 비교하면, 이들은 낮은 몰드 수축과 낮은 팽창계수, 우수한 크리프 저항, 마모 저항과 인성을 갖는다. 이와 같은 새로운 섬유강화 플라스틱은 무게는 가볍고 중량당 강도 비가 좋은 재료가 요구되는 기계 및 구조 부품 등에 점차 많이 사용되고 있다.

주로 사용되고 있는 플라스틱의 성질은 부록 C-18a에 주어져 있다. 유리섬유 강화된 것과 강화되지 않은 열가소성 플라스틱의 물성 비교는 부록 C-18b에 주어져 있다. 열경화성 플라스틱도 유사하게 유리섬유 강화의 혜택을 보는데, 상업적으로 가장 중요한 것은 폴리에스터와 에폭시 수지이다. 플라스틱의 성질에 대한 표를 사용할 때, 재료 물성을 제공하고 있는 핸드북 데이터에 위험이 있다고 한 3.7절을 상기하여야 한다. 위험하다고 한 것은 플라스틱에 관한 데이터인 경우에 더욱 맞는 사실이다. 핸드북에 발표된 값들은 간단하고 경제적이며 쉽게 재생할 수 있는 **표준화된**(standardized) 성형조건에서 얻은 것들이다. **실제** 성형조건에 상응하는 강도 값들은 상당히 다를 수 있다. 더욱이 온도 및 하중 속도 등이 강도에 미치는 영향은 금속보다 플라스틱의 경우에 훨씬 더 크다. 따라서 적절한 플라스틱을 선택하기 위해서는 추가적인 노력이 필요하다.

부록 C-18c는 일반적인 플라스틱의 대표적인 응용 분야를 열거하고 있다. 각각에 관련된 설명은 다음에 있다. 일반적으로 **열가소성** 플라스틱은 충격에 대한 저항성이 좋고, **열경화성** 플라스틱은 열에 대한 저항성이 좋음을 주목하라.

일반적인 플라스틱[4]

열가소성 플라스틱의 특성

에이비에스(ABS: acrylonitrile-butadiene-styrene): 인성이 좋지만 단단하고 강함. 적당한 화학적 저항, 낮은 물 흡수율, 좋은 치수 안정성, 높은 마모 저항, 쉬운 전기 도금.

아세탈(acetal): 강도가 매우 높고, 강성도 높은 공업 플라스틱으로서 치수 안정성도 예외적으로 우수하고, 크리프 및 진동 피로에 대한 저항성 우수, 낮은 마찰계수, 마모 및 화학 작용에 대한 높은 저항, 온수에 잠겨 있어도 대부분의 물성을 유지, 응력 부식 균열에 대한 경향이 작음.

아크릴(acrylic): 높은 광학 투명도, 실외 기후에 대한 우수한 내후성, 단단하고 윤이 나는 표면, 우수한 전기적 성질, 적당한 화학 저항, 화려하고 투명한 색상으로도 가능.

셀룰로오식(cellulosics): 인성이 높고, 단단한 재료 그룹, 셀룰로오스 아세테이트(cellulose acetate)·프로피오네이트(propionate)·부틸레이트(butylate)·에틸 셀룰로스(ethyl cellulose) 등, 혼합에 의해 물성 범위는 넓음, 기후·습도·화학 저항 등에 따라 다양한 등급으로 가능, 치수 안정성은 보통에서 열악한 수준까지, 화려한 색상.

플루오로플라스틱(fluoroplastics): 우수한 전기 및 화학 저항, 저마찰, 고온에서의 우수한 안정성 등을 갖고 있는 대규모 재료 그룹(PTFE, FEP, PFA, CTFE, ECTFE, ETFE 및 PVDF), 강도는 낮음에서 보통까지, 가격은 높음.

나일론(nylon, folyamide): 우수한 인성 및 마모 저항을 갖는 공업용 수지 그룹, 낮은 마찰계수, 우수한 전기적 성질 및 화학 저항, 수지는 습기 흡수성 있음, 치수 안정성은 대부분의 공업 플라스틱보다 더 열악함.

페닐렌 옥사이드(phenylene oxide): 탁월한 치수 안정성(습기 흡수율이 매우 낮음), 넓은 온도 범위에서 우수한 기계적 및 전기적 물성, 대부분의 화학 물질에 저항성이 있는데 어떤 탄화수소에는 취약함.

폴리카보네이트(polycarbonate): 단단하고 투명한 플라스틱 중에 가장 높은 충격 저항, 탁월한 내후 안정성 및 하중 시 크리프 저항, 적당한 화학 저항, 어떤 방향 용제(aromatic solvent)는 응력 균열을 야기함.

폴리에스터(polyester): 탁월한 치수 안정성·전기적 성질·인성·강한 산 및 염기를 제외한 화학 저항, 균열에 민감, 실외 혹은 온수에서의 사용은 부적절, 열경화성 형태로도 제공 가능.

폴리에틸렌(polyethylene): 다양한 등급이 가능: 저밀도(LD), 중밀도(MD) 및 고밀도(HD) 형태. LD 형태는 유연하고 인성이 좋으며 MD와 HD는 강도와 경도 및 강성이 큼, 모든 형태가 가볍고 제조하기 쉬우며 저가 재료임, 치수 안정성 및 열 저항은 취약, 탁월한 화학 저항 및 전기적 성질, 극고밀도 분자량 등급으로도 제공 가능함.

폴리이미드(polyimide): 탁월한 열(500°F 연속 및 900°F 단속) 및 열 시효에 대한 저항, 높은 충격 강도 및 마모 저항, 낮은 열팽창계수, 탁월한 전기적 성질, 전통적 방법으로 제조하기 어려움, 높은 가격.

폴리페닐렌 설파이드(polyphenylene sulfide): 탁월한 화학 및 열 저항(450°F 연속), 탁월한 저온 강도, 넓은 온도 범위에서 대부분의 화학물질에 무반응, 기본적으로 화염 지연 작용, 높은 제조 온도가 필요.

폴리프로필렌(polypropylene): 탁월한 굽힘 및 응력 균열 저항, 탁월한 화학 저항 및 전기적 성질, 15°F 이상에서 좋은 충격 강도, 좋은 열적 안정성, 경량이고 저가이며 전기도금 가능.

폴리스티렌(polystylene): 저가, 제조가 용이, 강성이 있고, 맑고 투명함, 취성 재료, 습기 흡수율이 낮고, 낮은 열 저항, 취약한 실외 안정성, 가끔 열 및 충격 저항을 높이기 위해 보완됨.

폴리설폰(polysulfone): 용해 공정이 가능한 열가소성 플라스틱 중에서 열 처짐 온도가 가장 높음, 높은 제조 온도가 필요, 인성(균열에는 취약)과 강도가 높고 강성도 좋음, 탁월한 전기적 성질 및 치수 안정성, 고온에서도 전기 도금 가능, 고가.

폴리우레탄(polyurethane): 인성이 좋고 특히 마모 및 충격 저항이 좋음, 좋은 전기적 성질 및 화학적 저항, 필름·고체 금형·유연한 폼 등의 형태로 제작 가능, 자외선 노출에 의해 취성과 물성 열화와 황화(yellowing) 유발, 열경화성으로도 제조 가능.

폴리비닐 클로라이드(PVC: polyvinyl chloride): 다양한 제작이 가능, 강한 등급은 단단하고 인성이 좋음, 탁월한 전기적 성질, 실외 안정성과 습기 및 화학적 안정성을 가짐, 유연한 등급은 제조하기 쉽지만 더 낮은 물성을 갖게 됨, 대부분의 PVC의 열 저항은 낮음에서 중간까지 있음, 저가.

열경화성 플라스틱의 특성

알카이드(alkyd): 탁월한 전기적 성질 및 열 저항, 대부분의 열경화성 수지에 비해 쉽고 빠른 성형, 휘발성 부산물이 없음.

알릴[allyl(diallyl phthalate)]: 탁월한 치수 안정성과 전기적 물성, 용이한 성형, 고온에서 습도 및 화학 저항이 탁월함.

아미노[amino(urea, melamine)]: 마모 및 부스러짐(chip)에 대한 저항, 우수한 용제 저항, 우레아는 멜라민보다 빠르게 성형되고 비용도 적게 소요, 멜라민이 더 단단하고 열 및 화학 저항이 더 좋음.

에폭시(epoxy): 기계적 강도와 전기적 성질과 대부분의 재료에 대한 접착력 등이 뛰어남, 성형 수축량은 적음, 어떤 제조 방식은 열이나 압력을 가하지 않아도 경화가 가능함.

페놀릭(phenolic): 기계적·전기적 및 열적 측면에서 좋은 조화를 갖는 저가 재료, 검정색 및 갈색으로 제한됨.

폴리에스터(polyester): 매우 조화로운 물성, 무제한의 색상 및 투명 혹은 불투명, 경화 중에는 휘발성 물질의 방출이 없으나 성형 수축은 상당함, 열이나 압력을 가하지 않는 저가 몰드 사용 가능, 유리 섬유로 강화시킨 '섬유 유리'를 제조하는 데 많이 사용, 열가소성 형태로도 제조 가능.

폴리우레탄(polyurethane): 제조 방식에 따라 유연하게 또는 단단하게 만들 수 있음, 인성과 마모 및 충격 저항 등이 탁월함, 유연하든지 단단하든지 간에 대형의 발포 부재에 매우 적당함, 열가소성 형태로도 제조 가능.

실리콘(silicone): 뛰어난 열 저항(−100°F에서 +500°F까지)과 전기적 성질 및 인체 조직과의 적합성, 다양한 기구에 의한 경화, 고가, 다양한 형태로 가능, 적층 수지·성형 수지·도료·주조 또는 도자기 수지·밀봉재.

3.12.2 복합재료

복합재료는 서로 유사하지 않은, 서로 다른 성질을 가진 2개 혹은 그 이상의 성분 재료로 구성되어 있다. 거시적으로 보면, 복합재료 내의 각 구성 재료들은 따로 존재하며 분리되어 있다.

복합재료는 기지 전체적으로 균일하지도 않고, 거시적으로 균질하지도 않다. 그러므로 복합재료는 등방성이지도 않고, 금속과 같이 일정한 방향성 성질을 갖고 있지도 않다. 복합재료는 재료를 조합하여 만들기 때문에, 열적 및 기계적 성질을 향상시키도록 설계될 수 있다. 복합재료의 가장 큰 장점은 무게 대 중량 비가 크다는 것으로서, 고강도 금속의 4배까지도 가능하다. 또한 강성도 대 중량 비는 고강도 금속의 7배까지도 가능하다.

일반적인 예로서, 공업용 복합재료는 나일론, 에폭시, 폴리에스터 등의 재료 내에 유리섬유, 탄소섬유, 보론 섬유와 같은 강한 섬유들이 함께 접합되어 있는 조합이다.

복합재료는 (1) 기지(matrix), (2) 강화재(reinforcement) 재료들로 구성되어 있다. 다양한 플라스틱 수지, 가끔은 금속 재료가 기지 재료로 사용된다. 일반적인 강화재로는 (a) 유리, (b) 탄소, (c) SiC, (d) 케블러(아라미드) 등이 있으며, (i) 단섬유, (ii) 장섬유, (iii) 연속 섬유, (iv) 임의 방향 섬유, (v) 직조된 섬유, (vi) 입자형(filler) 등 다양한 형태가 될 수 있다. 입자형은 가격을 낮추거나 특정 재료 물성을 달성하기 위해 기지에 추가하지만 강화재로서의 역할을 할 수도 있다. 그런 예로서, 열가소성 기지에 가격을 낮추기 위해 추가하는 유리구슬이나, 페놀 기지에 전기적 성질 또는 재료 가공성을 향상시키기 위해 추가하는 운모 등이 있다.

이름이 암시하듯이, 강화재는 물리적 성질과 강도, 강성과 같은 기계적 성질 등을 향상시키며, 기지 재료는 강화재가 제 위치에 있도록 하면서 하중 전달이 될 수 있도록 지탱하면서 둘러싸고 있다.

강화재는 재료의 큰 덩어리에서 뽑아낸 섬유로부터 만들어지기 때문에, 복합재료는 크기 영향(size effect)에 의한 이점이 있다. 더 작은 직경의 섬유일수록 모재보다 더 큰 강도를 갖는다. 예를 들면 유리는 비교적 낮은 인장강도를 갖는데, 유리섬유는 유리가 판상일 때보다 훨씬 더 큰 강도를 갖는다.

복합재료의 방향과 배열은 물성과 거동을 결정한다. 복합재료 내에서 강화재의 방향은 (a) 평행, (b) 직조, (c) 임의, (d) 감김, (e) 각(도)짐 등과 같이, 방향에 따른 재료 물성이 가장 좋아질 수 있도록 다양하게 사용될 수 있다. 하나의 층(ply, single layer)이 강한 방향성을 가질 때에는, 각 층이 강도나 강성의 향상에 기여할 수 있도록 적절히 배열시킨 다층 플라이 또는 적층(laminate) 등이 적용된다.

일반적으로 복합재료의 방향성에 따른 영향 때문에, 최소한 2개의 영률, 1개씩의 전단계수 및 포아송 비 등이 강성해석을 위해 필요하다.

부록 C-18a는 유리섬유 강화 에폭시, 유리섬유 강화 폴리에스터, 목분으로 강화된 페놀의 물성을 제공하고 있다. 부록 C-18b는 유리섬유 강화된(대략 30% 유리섬유 함량) 열가소성 수지의 성질을 보여 준다. 그림 3.11, 3.12는 각각 복합재료에서의 강도 대 강성, 강도 대 밀도, 강도 대 온도 등에 관한 부가적인 정보를 제공하고 있다. 알려진 복합재료의 형태로는 탄소섬유강화플라스틱(CFRP: carbon-fiber-reinforced polymers), 유리섬유강화플라스틱(GFRP: glass-fiber-reinforced polymers), SiC섬유강화알루미늄(Al-SiC: SiC-fiber-reinforced aluminum) 및 케블러섬유강화플라스틱(KFRP: Kevlar-fiber-reinforced polymer) 등이 있다.

폴리머 기지 복합재료(PMC), 금속 기지 복합재료(MMC), 세라믹 기지 복합재료(CMC) 등의 적용에 관한 추가적인 기술 정보들은 참고문헌 [17], [18]과 [19]에 주어져 있다.

3.13 재료 선정 도표

이 절은 강성, 강도와 밀도 등의 물성에 기초한 재료 선정을 도와주기 위해 도표로써 정보를 제공하는 Ashby의 재료 선정 도표에 대해 소개한다. 도표에 포함된 정보들은 개략적인 추산용이고 최종 설계 해석용은 아니다. 선정된 재료들의 실제 물성들은 실험을 통한 확인과 시험을 거친 다음에 최종 설계에 사용되어야 할 것이다. 부록 C-19는 재료 선정 도표에 사용되는 부류 및 약어를 보여 준다.

3.13.1 강도-강성 도표

그림 3.11은 다양한 재료에서의 강도 대비 영률을 나타내고 있다. 강도에 대한 값들은 (a) 금속과 폴리머의 항복강도, (b) 세라믹과 유리의 압축강도, (c) 복합재료의 인장강도 및 (d) 고무류의 파열강도 등이다. 강도나 영률에 대한 설계 요구조건들이 선정해야 될 재료들을 제시한다. 탄성 설계 혹은 강도 대비 영률에 의한 설계 요구조건에서, 적정 재료들은 다음과 같은 값들을 사용하여 선정하거나 비교할 수 있다: (1) 스프링과 같은 단위 체적당 에너지

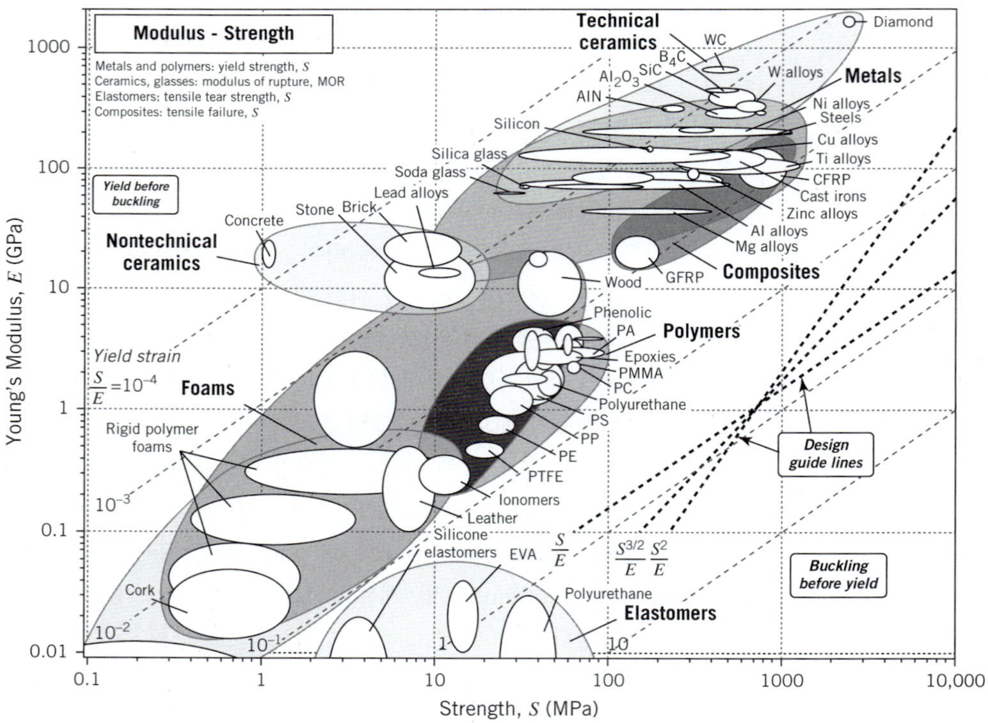

그림 3.11 영률(E)에 대한 강도(S). 강도는 금속 및 폴리머에서는 항복강도, 세라믹에서는 굽힘강도, 고무류에서는 인열강도, 복합재료에서는 인장강도를 나타냄. 출처: Mike Ashby, Granta Design, Cambridge, UK.

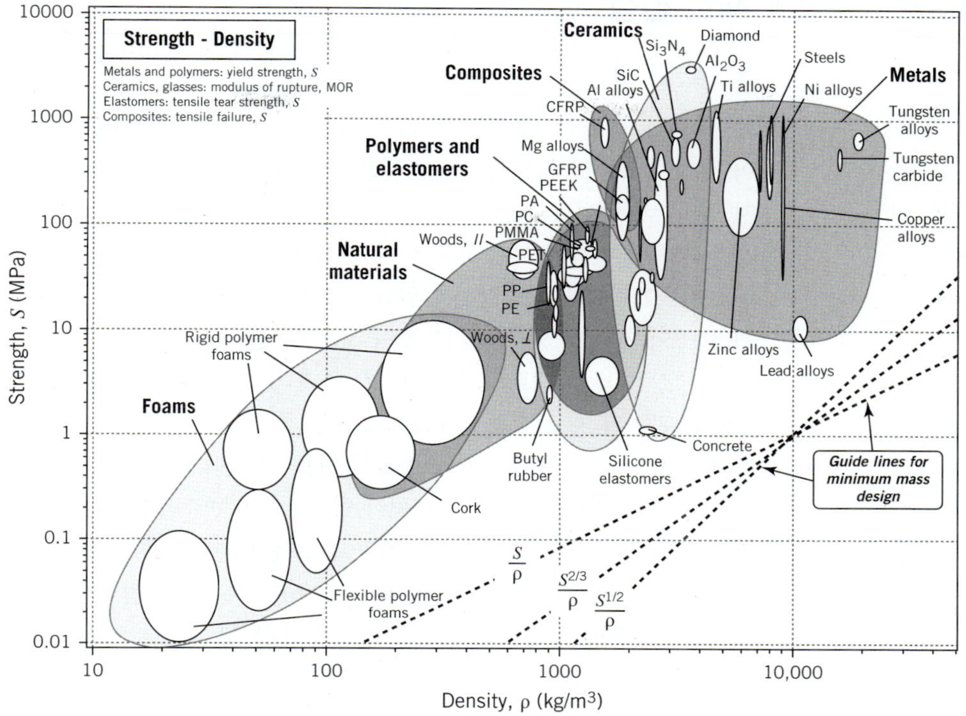

그림 3.12 밀도(ρ)에 대한 강도(S). 강도는 금속 및 폴리머에서는 항복강도, 세라믹에서는 굽힘강도, 고무류에서는 인열강도, 복합재료에서는 인장강도를 나타냄. 출처: Mike Ashby, Granta Design, Cambridge, UK.

저장량, 즉 $S^2/E=C$, (2) 탄성 힌지에서와 같은 굽힘 반경, 즉 $S/E=C$, (3) 격막 설계와 같은 하중에 의한 처짐, 즉 $S^{3/2}/E=C$. 예를 들면 파단 전에 단위 체적당 에너지 저장량을 극대화하기 위해서는 $S^2/E=C$ 값을 최대로 해야 한다. 다른 설계 제약 조건이 없다면, 도표를 보면 S^2/E 값은 공업용 세라믹이 최대가 되고, 합성고무, 공업용 합금(강), 공업용 복합재료, 공업용 폴리머, 목재, 발포 플라스틱 등의 순서로 감소하고 있다는 것을 알 수 있다.

3.13.2 강도-밀도 도표

다양한 종류의 재료에서, 밀도의 범위는 0.1 내지 20 Mg/m^3인 반면에, 강도의 범위는 0.1 MPa에서 10,000 MPa까지 된다. 그림 3.12는 여러 가지 재료에서의 강도 대비 밀도 관계를 보여 준다. 중량을 최소화하기 위한 설계를 위해 (i) 회전하는 디스크, (ii) 보(축) 및 (iii) 판의 경우에 각각 $S/\rho=C$, $S^{2/3}/\rho=C$ 및 $S^{1/2}/\rho=C$ 등과 같은 상수의 안내선들이 사용된다. 안내선이 위쪽과 왼쪽으로 위치될수록 상수들은 증가한다. 강도 대 중량 비가 가장 큰 재료일수록 상부 왼쪽 코너에 위치한다.

3.14 공업용 재료 선정 과정

3.14.1 개요

이 장의 개요에서 기술했듯이, 기계요소 설계에서 재료 및 제조 공정의 선정은 필수적이다. 이 절의 목표는 공학도들에게 기계요소를 위한 재료를 현명하게 선정하는 과정을 소개하고자 한다. 비록 재료 선정은 경험과 비결에 기초를 두고 있지만, 이 절에서는 재료 선정을 위한 논리적 방법을 보여 주고자 한다.

표 3.2는 기계요소 적용을 위한 일반적인 성능 특성을 열거하고 있다. 적용을 위한 특성과 요소의 기능이 정해지면, 재료의 선정은 다음과 같은 기준에 기초를 둔다: (1) 원하는 형태나 형상을 갖춘 재료의 수급성, (2) 초기 및 후속 비용을 포함한 총재료비, (3) 성능 요구조건과 관련된 재료의 성질, (4) 재료를 최종 부품으로 제작하는 공정. 3.14.2절에서는 재료를 식별하는 데 사용되는 재료 정보 출처를 제시한다.

재료를 선정하는 데 고려되어야 할 또 다른 변수들은 다음과 같다: (1) 재료 성질의 극한값, (2) 비용 절감의 압박, (3) 중량 감소를 통한 제품/기계의 에너지 등급의 향상, (4) 재료의 부족, (5) 회수 및 재활용의 용이성, (6) 폐기 및 (7) 법적 및 보건상의 이슈.

설계 과정 중에 기계의 성능 기준이 확정되면, 요소들이 파악되며, 기계의 전체적인 설계 관점에서 각 요소에 대한 성능 기준이 정립된다. 일반적으로 기계요소의 상세 도면이 준비되면, 재료 선정에 대한 기준도 정해진다. 그림 3.13은 기계요소를 위한 재료 선정 및 평가 과정을 보여 주고 있다.

재료 선정 과정은 보통 하나 이상의 서비스 성능 요구조건, 즉 하나 이상의 적용을 위한 특성을 만족시켜야 한다. 이는 성능을 좌우하는 주요 물성에 대하여 다양한 성능 요구조건들을 계량화함으로써 수행될 수 있다. 이때 규격은 재료의 성질로 변환될 수 있고, 요구되는 물성을 갖고 성능 규격을 맞출 수 있는 후보 재료가 파악된다. 성능, 비용, 수급성 등을 고려하면 그 부품에 맞는 단일 혹은 몇몇 재료들로 귀결시킬 수 있다. 몇몇 가능 재료들이 상세 설계 단계에 필요한 추가적인 평가나 시험을 수행할 후보 재료가 된다, 후보 재료 중에서 제거하거나 순위를 정하기 위해서 시험이 수행된다. 재료들의 적합성 및 변동성, 제조법의 영향, 조립되는 부품의 영향 등을 확립하기 위해서는 다양한 시험이 필요할 수 있다. 실제로 전체 기계, 부분 조립품, 제품, 혹은 요소들은 가상의 혹은 실제 작동조건에서 시험을 통해 평가될 것이다. 또한 작업 경험이 축적되면서 작동 상태에 있는 요소들을 관찰하고, 작동 중에 파손이 생기면 재료 선정 및 설계 수정 등을 통해 보완하거나, 예정된 보수나 교체 기간에 맞춰 교환될 부품을 미리 준비하는 것 등은 그리 특별한 것은 아니다.

재료 선정(설계와 마찬가지로)은 경험, 훈련 및 그 작업에 맞는 재료 선정기술과 결부된 공학적 비결을 요구하는 종합적인 의사결정을 반복하는 것이다. 재료 선정에서 과거의 경험이 있으면 재료 체계에 대해 이해할 수 있게 되고, 특정 재료에 대해 더 잘 알게 되며, 몇몇 금속, 플라스틱, 세라믹 및 공구강 등의 재료 각각에 대해 물성을 알 수 있게 된다. 예전 지식이 새로운 재료 선정 문제에 적용될 수 있을 때, 이러한 경험이 도움이 된다. 경험은 설계자가 재료기술자나 야금 학자에게 덜 의존할 수 있게 한다.

표 3.2 기계요소 적용을 위한 일반적인 특성

Capacity (power, load, thermal)
Motion (kinematics, vibration, dynamics, controllability)
Interfaces (appearance, space limits, load type(s), environmental compatibility)
Cost (initial, operating)
Life
Reliability
Safety and Health
Noise
Producibility
Maintainability
Geometry (size, shape)
Rigidity
Elastic stability (buckling)
Weight
Uncertainties (load, environment, cost)

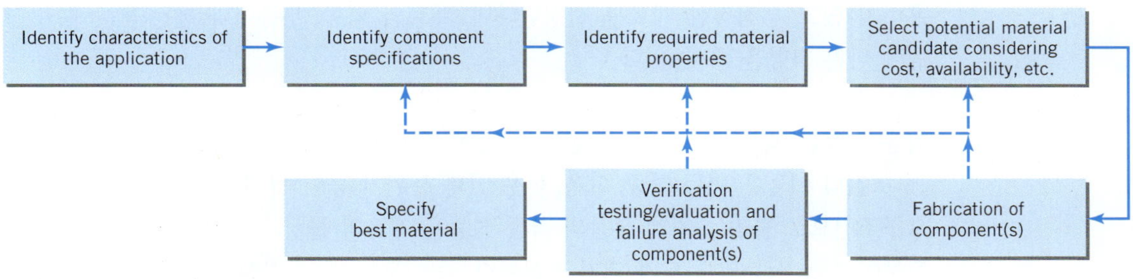

그림 3.13 기계요소를 위한 재료 선정.

3.14.2 재료 성질에 대한 정보 출처

재료의 성질에 대한 데이터는 기술 논문의 형태로 출간된 기술 문헌자료, 회사 보고서, 통상자료, 핸드북, 그리고 인터넷 문서 등에서 얻을 수 있다. 또한 재료의 성질에 대한 데이터 요약은 NASA와 같은 정부 기관이나 큰 회사 등에서도 발견된다.

재료의 성질은 부록 C에 제시되어 있다. 일반 재료들의 대표적인 용도는 부록 C-3a, C-3b, C-3c, C-4b, C-8, C-10, C-11, C-18c 및 C-23에 나와 있다. 이 장의 끝에 열거한 참고문헌은 재료의 성질에 관한 것들이고, 이들은 대부분의 도서관에서 찾을 수 있다. 부록 C-20은 기계요소 설계에 사용되는 공업 재료들의 일부를 나타낸다.

일반적으로 재료의 성질 데이터는 평균값 및 편차 등의 통계 형태로 표시된다. 핸드북이나 출판된 기술 자료에 있는 데이터는 대개 하나의 물성값을 알려 준다. 이 하나의 값은 대표적인 물성값이라고 간주한다. 만약에 편차가 있으면 그 값의 범위(최대 혹은 최소)를 정의하거나 분산된 범위를 도표에 표시할 수도 있다. 어떤 경우에는 재료의 성질이나 작동 성능에 상응하는 변수들에 관한 도수 분포를 결정하는 것이 요구될 수도 있다.

재료 선정 과정을 컴퓨터로 처리하는 것도 가능한데, 그 한 예로서 http://www.grantadesign.com을 참조하라. 상용으로 제공되는 컴퓨터 시스템은 (1) 재료의 비교, (2) 금속 및 비금속의 특성 및 규격, (3) 재료 선정 시스템, (4) 재료 선정의 예제, (5) 제조 방법 및 공정, (6) 재료 및 공정에 대한 최근 비용 데이터 등을 제공한다.

3.14.3 재료 선정 변수

재료 선정과 관련이 있고 설계 요구조건을 만족시켜야 할 주요 변수들은 다음과 같다.

1. 수급성

2. 비용

3. 재료의 성질—기계적, 물리적, 화학적, 치수

4. 제작 공정—절삭성, 성형성, 결합성, 마무리 및 코팅

표 3.3은 위의 주요 선정 변수와 관련된 하부 변수들이다. 적절한 재료 선정 변수를 사용하지 않고 부적절한 재료를 선정한다면, 재료의 역할, 부품이나 제품의 내구 수명, 비용 등에 나쁜 영향을 줄 수 있다.

작동 성능(규격) 적용을 위한 일반 특성들이 주어지면, 작동 요구조건이 주어질 수 있다. 작동 조건의 예들은 변동 하중, 고온, 높은 산화 분위기 등이 될 수 있다. 성능 규격 혹은 기능 요구조건으로 불리는 기계 부품의 작동 성능은 재료의 물성과 관련이 있다. 이는 재료의 성질들이 작동 성능의 척도가 되기 때문이다. 즉 마모는 경도, 강성은 탄성계수, 무게는 밀도와 각각 관련이 있다. 설계자는 성능 요구조건을 재료의 물성 선택으로 전환할 수 있어야 한다.

이의 다른 측면은 표 3.2에 응력, 운동, 작용 하중 등으로 기술되어 있는 일반적인 성능

표 3.3 재료의 특성

Properties, mechanical (strength, elasticity, hardness, Poisson's ratio, damping, tensile, compression, impact, toughness, fatigue, creep, wear, stiffness, shear)

Properties, physical (density, electrical, magnetic, optical, conduction, expansion, flammability, melting point, specific heat, emissivity, absorptivity)

Properties, chemical (corrosion resistance, degradation, composition, bonding, structure, oxidation, stability, embrittlement, environmental factors)

Properties, dimensional (size, shape, flatness, profile, surface finish, stability, tolerances)

Manufacturing Processes (castability, coatability, heat treatability, hardenability, formability, machinability, joinability, weldability)

Availability (in stock, order elsewhere, order requirements, suppliers, special manufacturing processing required)

Cost (raw material, quantity required, predicted service life, additional fabrication required)

Legal (code compliance, environmental, health, recyclability, disposability, product liability)

특성(작동 조건) 등을 재료 특성과 연관시킬 수 있어야 한다. 즉 재료는 작동 조건, 하중 및 응력에 적합한 물성, 가격 및 수급성을 가져야 한다.

수급성 요구되는 물성을 만족하는 재료일지라도, 적절히 수급될 수 있어야 한다. 후보 재료들이 수급성을 갖추고 있는지를 판단하기 위해서는 다음 질문에 답을 해 보는 것이 유익하다.

1. 재료를 구하는 데 걸리는 총시간은 얼마인가?
2. 재료를 공급할 수 있는 업자가 한 군데 이상 있는가?
3. 그 재료가 필요한 기하학적 형상으로 제공되는가?
4. 그 재료의 양적 한계는 무엇인가?
5. 그 재료의 장래 수급 여부는 무엇인가?
6. 특수 제작 공정이 필요한가?
7. 특수 제작 공정이 재료의 수급에 한계를 줄 것인가?

설계자는 재료의 입수를 위한 일정을 짜야 될 책임이 있다. 어떤 재료를 확보하는 데 필요한 시간은 일정에 명시된 시간과 일치해야 한다.

경제성(총비용) 비용은 재료를 고르는 하나의 초기 변수로 사용되어야 하지만 그 부품에 대한 재료들의 실제 가격은 공급자로부터의 견적을 통해서만 알 수 있다. 이는 많은 공업 재료들의 가격 구조가 복잡하기 때문이다. 몇몇 공업 재료들의 상대적인 가격을 그림 3.14에 나타내었는데, 다양한 재료들의 가격을 파운드당 달러와 $in.^3$당 달러로 보여 주고 있다.

고려되어야 할 가장 적절한 가격은 총 내구 수명 비용이다. 총비용은 (1) 초기 재료비, (2) 제작비, (3) 설치비, (4) 운용 및 관리비 등을 포함한다. 더불어 고려할 것은 (1) 예상 운용 수명, (2) 배송 및 취급 비용, (3) 재활용 성, (4) 폐기 등이다.

재료 성질 금속, 플라스틱 및 세라믹 등의 성질, 표시 방법 및 숫자 체계, 장점 및 단점 등에 대한 정보나 이해는 재료를 선정하는 데에 필수적이다. 고려해야 될 재료의 성질들은 (1) 물리적, (2) 기계적, (3) 화학적(환경적 저항, 부식 녹), (4) 치수(여유, 표면 처리 등) 성질이다. 표 3.3 참조. 표 3.3은 성능 조건을 만족시키는지를 평가하는 데 중요한 재료의 성질에 대한 대조표이다.

제작 공정 재료의 성질과 재료의 사용 사이의 관련성을 인식하는 것은 중요하다. 비록 재료의 성질에 관련되어 있지만, 제작 공정은 사용될 수 있는 재료의 형태에 영향을 미칠 수도 있고, 재료는 이용해야 할 제작 공정을 제한할 수도 있다. 또한 그 재료(물성 때문에)는 어떤 부품의 설계나 제작성에 한계를 부여할 수도 있다. 다시 말해서 제작방법, 성형, 결합 및 고정 등은 재료의 선택에 의해 좌우된다. 마찬가지로 어떤 제작 공정이 어떤 부품을 제조하는 데 사용된다면, 재료 선정에는 한계가 있을 수 있다(부록 C-21은 다양한 재료들에서 가장

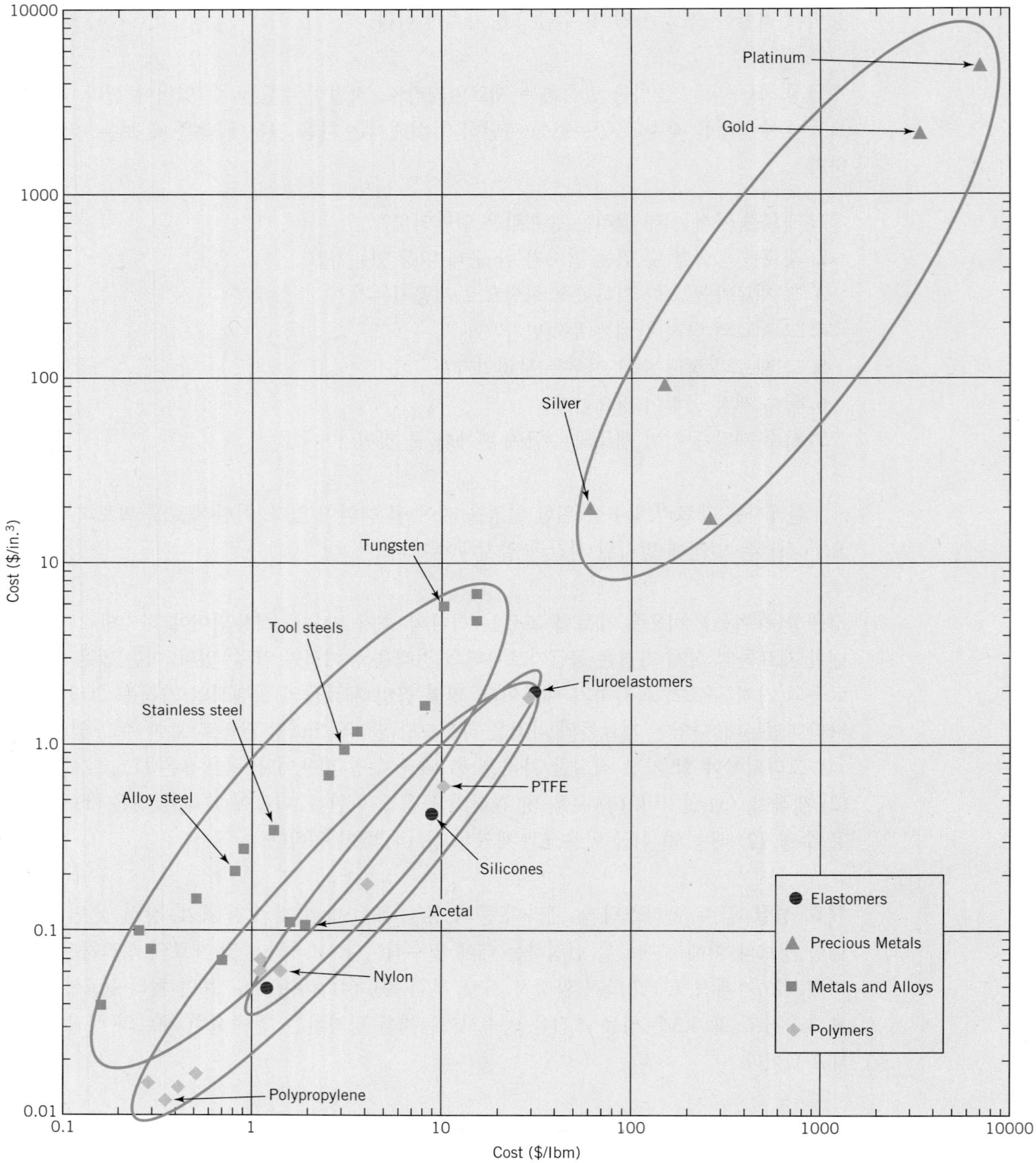

그림 3.14 대량 구입 시 재료의 가격. 자세한 사항은 [10]을 참조.

많이 사용되는 제조법을 보여 주고 있다).

성형성 및 결합성 성형성과 결합성은 재료의 성질과 연관되어 있지만, 성형, 결합 및 고정 등에 관한 재료의 능력은 재료 선정에서 중요한 고려 사항이다. 재료는 전단, 관통, 굽힘, 용접, 납땜, 접합 등 다양한 방법에 의해 원하는 형상으로 성형, 결합, 고정될 수 있어야 한다. 부록 C-22는 재료가 결합성에 어떻게 영향을 끼치는가를 보여 준다.

마무리 및 코팅 재료의 성질과 연관되어 있지만, 설계 재료의 마무리 및 코팅 가능성은 부품 재료의 선정에 영향(다른 변수)을 준다. 예를 들어 배수관 매설을 위해 도랑파기에 쓰이는 트렌처(trencher)의 저탄소강 날(teeth)은, 내마모성이 있는 단단한 표면을 가질 때(용접 등에 의해 덧입혀짐으로써) 부품 비용을 낮출 수 있다. 표 3.4는 다양한 열처리, 표면 처리 및 코팅 방법 등을 보여 준다.

3.14.4 선정 과정

개요 기계설계를 위한 재료 선정 문제는 보통 새로운 부품이나 재설계된 부품을 위한 재료 선정을 포함한다. 비록 목표는 성능, 신뢰도 및 비용 등에 관한 것이지만, 선정 과정은 여러 가지 제한 사항 혹은 대립되는 조건에 의해 불충분하고 부정확한 물성 데이터에 따라 결정해야 한다거나, 정확한(확고한) 목표가 없이 결정해야 하는 경우가 보통이다.

재료 선정 방법은 다음에 기초를 둔다: (1) 주어진 적용 제품에 대한 공학적 성능 비교, (2) 요구되는 재료 성질의 상대적 중요성, (3) 재료의 수급 여부 및 부품의 최종 가격. 이의 목표는 설계 요구조건에 가장 잘 들어맞는 적절한 재료를 선정하는 것이다. 주어진 제품에 대한 접근 방법은 기능적 요구조건과 재료 요구조건 사이의 관계를 파악해서 선택할 수 있는 가능 재료의 수를 줄이는 것이다. 가능 재료 중에서 선정해야 될 때, 가끔은 선택이 모호하거나 선택하기 어려운 이유들이 나타나는 경우가 있을 수 있다.

표 3.4 재료 후처리 및 코팅[10]

Heat Treatments	Surface Treatments	Coatings
Age hardening	Anodizing	Hard surfacing
Annealing	Boronize	Metallize
Flame hardening	Carbonitride	Organosols
Induction hardening	Carburize	Paints
Normalizing	Chromating	Plasma
Quench hardening	Cyanide	Plastisols
Solution treating	Nitride	Plating
Stress relieving	Oxides	
Tempering	Phosphating	

재료 선정은 반복적인 의사결정 과정을 포함하고 있지만, 부품 혹은 요소에 대한 설명 혹은 정의가 있을 때 그 요소에 맞는 재료를 선정하는 단계는 다음과 같은 기본적인 경로를 따른다는 것을 알고 있다.

(a) 요소의 '목적'을 결정하라. 그 부품의 성능 요구조건을 확립하라. 부품의 성능 혹은 작동 조건들은 재료 선정에 영향을 끼치므로 잘 파악할 필요가 있다. 예를 들어 고온에서 큰 하중을 받으며 고속으로 작동되는 기어는 상온에서 작은 토크로 저속으로 움직이는 기어와는 아마도 다른 재료가 요구될 것이다.

이와 같이 첫 단계에는 재료 요구조건의 분석이 필요하다. 즉 작동 조건 및 제품이 견뎌내야 될 환경을 결정하여, 성능 조건들이 상응하는 임계 재료 물성으로 대체될 수 있도록 한다. 표 3.3은 검토해야 할 중요한 재료 특성들을 열거하고 있다.

(b) '목적'에 부합되게 보이는 재료를 선정하라. 이 두 번째 단계는 하나의 후보 재료가 선정되기 전에, 가능 재료 중에서 걸러 내는 작업과 순위 결정 과정을 포함할 수 있다. 3.13절의 재료 선정 도표는 성능 요구조건을 갖추고 있는 재료들을 초기 선택하는 데 사용될 수 있다. 부록 C-23은 일반적인 기계요소에 대한 가능 재료들을 열거하고 있다.

플라스틱, 금속, 세라믹, 복합재료 등 재료 부류와 예전 사용 재료로 만들어진 요소의 형태에 대해 알고 있으면, 설계자는 특정 재료에 사용할 열처리나 다른 공정을 인지하고 그들을 비교할 수 있다. 또한 설계자는 경험을 사용하고, 재료들의 기본 사용 예를 보여주는 부록 C를 참조하며, 꼭 해야 될 만큼 중요하지 않으면 재설계하지 않는다. 예를 들어 부록 C-10은 테라크루저(terracruiser)의 연료통의 무게를 줄이기 위해 6063-T6 알루미늄을 사용하는 것을 제시할 수도 있다. 수급성, 비용, 제조법 등은, 상세한 가격을 알아내기 어렵더라도, 재료 선정의 시작 단계에서부터 고려되어야 한다.

경험 외에도, 합리적 재료 선정을 위한 다른 방법은 사용 중에 파손된 유사 부품의 파손 해석을 새 제품 설계에 이용하는 것이다. 어떤 부품의 파손 해석에서 얻은 지식에 의해 재료가 파손되지 않도록 선정한다. 부록 표 C-24는 일반적인 파손 양상과 관련된 재료 물성을 보여 준다. 성능요구조건들은 복합적이기 때문에 파손 양상을 파악하는 데 중요한 물성은 보통 하나 이상이 요구된다. 재료를 선정할 때, 대부분의 기계나 요소들의 사용 가능 수명은 피로파손이나 피팅(pitting), 스폴링(spalling), 과도한 마모 등에 의한 표면 손상에 의해 끝난다는 것을 명심해야 한다.

재료 차원에서 고려한 후에 중요한 물성, 비용, 수급성 등에 가장 부합되는 몇 개의 후보 재료들을 고른다. 성형성, 제조법, 고정 및 결합법, 수급성, 제작비를 포함한 재료비 등을 재차 고려한다. 후보 재료를 가려낼 때에는 다음 질문을 해 보라: '이 재료는 이 제품을 위해 계속 평가받을 수 있겠는가?' 의사결정 과정은 조심스럽지만 빠르게 해야 된다. 완벽한 지식이란 없는 법이다.

(c) 가능하면 제작 공정 및 후처리 방법 등을 고려하여 후보 재료들의 마무리 평가를 하고 최종 추천 재료를 선정하라. 제품을 위한 최적 재료를 선정하라. 특정 제품을 위한 최적 재료는 전체 성능 대비 총비용에 의해 정의되는 값이 가장 좋은 것이다. 이는 다음과 같은 재

료 선정 지표(SI: selection index)에 의해 정의된다.

$$\text{SI} = \text{Selection Index} = \frac{(\text{availability})(\text{performance})}{(\text{total cost})}$$

지표 SI 값이 더 클수록 선정이 더 잘된 것이다. 선정 지표는 재료의 순위를 정하는 데 사용될 수 있다. 불행하게도 재료나 제작 공정은 가능할지라도, 많은 경우에 주어진 설계에 맞는 최적의 공학적인 정답과 비용적인 정답이 잘 부합되지는 않을 수도 있다. 최종 선정된 재료는 여러 가지 요구조건들을 결합시킨 최적의 선택으로 절충한 것이 될 수 있다.

(d) 시험, 시험, 시험. 어떤 후보 재료가 필요한 물성, 수급성 및 가격 기준을 충족시킨다면, 선정된 후보 재료를 시험하는 것이 권장된다. 시험은 제품 작동 조건들에 따라 시행한다. 만약 선정된 재료가 모든 요구조건을 만족시킨다면 또 다른 대체 재료를 선정할 필요가 없다. 최종 단계로서 제품 자체를 시험해야 될 필요가 있으며, 재료 선정도 재평가할 수 있다. 여러 가지 시험들을 해야 할지는 총비용, 작동 조건, 경험(재료 및 제품에 관한) 등에 좌우된다.

재료 선정에 있어서, 성능 및 위험성에 대한 불확실성의 정도는 계량해 볼 필요가 있다. 즉 결과적으로 파손되었다면, 위험성에 대한 분석이 재료 선정 과정에서 고려되었어야 했다는 것을 의미한다.

3.14.5 요약

재료 선정은 설계 과정 중의 다른 측면과 같이 의사결정 방법을 따르기 때문에 도전적인 과정이라 할 수 있다. 재료 선정 과정에서의 단계들은 반복적이기는 하나 다음과 같다: (1) 요구조건의 분석, (2) 재료들의 파악, (3) 가능 재료들의 선정 및 평가, (4) 측정 및 검증 등. 이때 중요한 것은 설계에 필요한 물성/서비스 성능 요구조건을 확립해야 한다는 것이다. 필요한 물성이 파악된다면, 설계자는 1~2개의 가능 재료 및 후처리 방법을 선정한다. 특정 가능 재료들의 수급 여부 및 경제성도 비교해 보는 것이 적절하다. 최종적으로 사용 가능성 및 위험성도 고려되어야 한다. 최종 선정에서는 수급성, 물성, 제작 공정, 경제성들을 종합한다.

요약하면, 재료 선정 과정에서는 수급성, 총비용, 재료의 성질, 제조 공정 등을 고려해야 한다. 최적의 재료를 선정하기 위해서는 경험, 공학적 비결, 선택 기준, 가능한 파손 양상에 대한 지식 등을 사용한다.

예제 3.3 SAMPLE PROBLEM **재료 선정**

볼트 재료로서 최소 88 ksi에서 소성변형을 피할 수 있는 항복강도를 갖고 있는 절삭 가공용 스테인리스강을 선정하라.

풀이 SOLUTION

제시자료: 항복강도가 88 ksi보다 큰 가공용 스테인리스강에서 볼트가 절삭 가공된다.

목표: 적어도 88 ksi의 항복강도를 갖는 절삭 가공용 스테인리스강을 선정하라.

개요도 및 데이터:

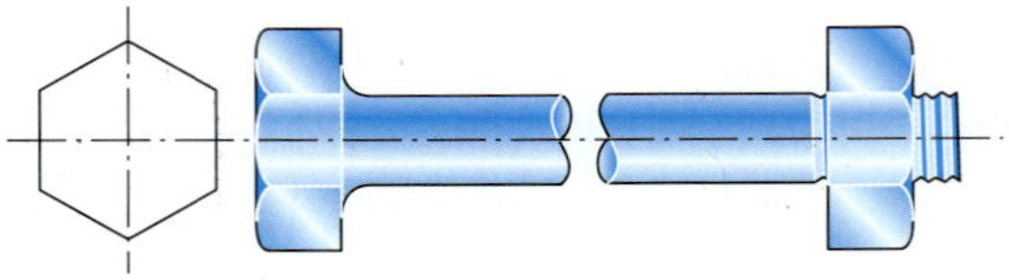

그림 3.15 예제 3.3—스테인리스강 볼트.

가정:

1. 부록 C-8에 있는 데이터는 정확하다.
2. 재료는 절삭성과 물성에 의해 선정될 수 있다.
3. 비용 및 수급성은 상대적으로 덜 중요하다.

해석:

1. 부록 C-8에 있는 'Typical Uses' 열에 따르면, 다음과 같은 스테인리스강들이 볼트용으로 쓰인다: 303, 414, 410 및 431급.
2. 303급과 410급 스테인리스강은 항복강도가 88 ksi보다 작기 때문에 제외되었다. 볼트 내의 응력이 항복강도보다 커지면, 재료는 소성 영역에 들어가게 되어 영구변형이 발생한다. 볼트는 88 ksi에서 소성 변형하지 않아야 된다.
3. 414급과 431급은 항복강도가 88 ksi보다 크다. 이 재료들은 88 ksi에서 소성 변형하지 않을 것이다.
4. 431급은 절삭성이 좋지 않기 때문에 제외되었다.
5. 414급은 상당한 절삭성을 가지며 항복강도가 88 ksi보다 크기 때문에 볼트 재료로 선정되었다.

주석:

1. 선정된 스테인리스강은 물성 요구조건을 반드시 만족시켜야 한다.
2. 비용과 수급성도 일반적인 재료 선정 과정에 꼭 포함시켜야 한다.

참고문헌 REFERENCES

1. Datsko, J., *Material Properties and Manufacturing Processes*, Wiley, New York, 1966.
2. Datsko, J., *Materials in Design and Manufacturing*, Malloy, Ann Arbor, Mich., 1977.
3. Lindberg, R. A., *Materials and Manufacturing Technology*, Allyn and Bacon, Boston, 1977.
4. *Machine Design 1981 Materials Reference Issue*, Penton/IPC, Cleveland, Ohio, Vol. 53, No. 6, March 19, 1981.
5. Avallone, E. A., T. Baumeister, and A. Sadegh, *Marks' Standard Handbook for Mechanical Engineers*, 11th ed., McGraw-Hill, New York, 2007.
6. *ASM Handbook, Vol 1: Properties and Selection: Irons, Steels, and High Performance Alloys*, 10th ed., ASM International, Metals Park, Ohio, 1990.
7. *ASM Handbook, Vol 2: Properties and Selection: Nonferrous Alloys and Special-Purpose Materials*, 10th ed., ASM International, Metals Park, Ohio, 1990.
8. Ashby, M. F., *Materials Selection in Mechanical Design*, Butterworth Heinemann Publications, Oxford, 1999.
9. Datsko, J., *Materials Selection for Design and Manufacturing*, Marcel Dekker, New York, 1997.
10. Budinski, K. G., and M. K. Budinski, *Engineering Materials: Properties and Selection*, 7th ed., Prentice Hall, Upper Saddle River, New Jersey, 2002.
11. Budinski, K. G., and M. K. Budinski, *Engineering Materials: Properties and Selection*, 9th ed., Prentice Hall, Upper Saddle River, New Jersey, 2010.
12. Dieter, G. E., *Engineering Design: A Materials and Processing Approach*, McGraw-Hill, New York, 2000.
13. Daniel, I. M., and O. Ishai, *Engineering Mechanics of Composite Materials*, 2nd ed., Oxford University Press, 2005.
14. *SAE Handbook, Vol 1: Metals, Materials, Fuels, Emissions, Threads, Fasteners, and Common Parts*, SAE International, Warrendale, Pa., 2004.
15. *MIL-HDBK-17-1F, Vol. 1: Polymer Matrix Composites Guidelines for Characterization of Structural Materials*, Department of Defense Handbook, Composite Materials Handbook, June 2002.
16. *MIL-HDBK-17-2F, Vol. 2: Polymer Matrix Composites Materials Properties*, Department of Defense Handbook, Composite Materials Handbook, June 2002.
17. *MIL-HDBK-17-3F, Vol. 3: Polymer Matrix Composites Materials Usage, Design, and Analysis*, Department of Defense Handbook. Composite Materials Handbook, June 2002.
18. *MIL-HDBK-17-4A, Vol. 4: Metal Matrix Composites*, Department of Defense Handbook, Composite Materials Handbook, June 2002.
19. *MIL-HDBK-17-5, Vol. 5: Ceramic Matrix Composites*, Department of Defense Handbook, Composite Materials Handbook, June 2002.

연습문제 PROBLEMS

Sections 3.1–3.3

3.1 Write definitions for the terms *stress, strength, yield strength, ultimate strength, ductility, elastic limits, proportional limit, modulus of elasticity*, and *yield point*.

3.2 Discuss the purpose in this textbook of using (1) the Greek letter σ to denote *normal stress* caused by tensile, compressive, or bending loads; (2) the Greek letter τ to denote *shear stress* caused by torsional or transverse shear loads; and (3) the letter S to designate *strength properties of the material.*

3.3 Using the data from the materials property database at http://www.matweb.com, graph the stress strain curve based on the given (1) modulus of elasticity, E, (2) ultimate tensile strength, S_u, (3) elongation at break in %, and (4) yield strength, S_y, for AISI 4340 steel, oil quenched 800°C (1470°F), 540°C (1000°F) temper, 25 mm round.

3.4 Search the materials property database at http://www.matweb.com, and list values for the (1) modulus of elasticity, E, (2) ultimate tensile strength, S_u, (3) elongation at break in %, and (4) density in g/cc, for the following:

(a) AISI carbon steels: 1010 cold drawn, 1020 cold rolled, 1040 as rolled, 1050 as rolled, 1080 as rolled, and 1116 cold drawn;

(b) Alloy steels: 4140 annealed, 4340 annealed, and 4620 annealed.

3.5 Repeat Problem 3.4 except for the following:

(a) Cast iron: ASTM class 20 and class 35

(b) Aluminum alloys: 3003-H12, 3003-H18, 5052-H32, 5052-H38, 5052-O, 6061-T4, 6061-T91, and 7075-O.

3.6 Using the materials selection charts, find a material that has both a better energy storage capacity and a better strength to weight ratio than steel. Would the material you chose be a suitable substitute for steel? Why or why not?

3.7D Select a steel of your choice from the materials property database at http://www.matweb.com and list values for the (1) modulus of elasticity, E, (2) ultimate tensile strength, S_u, (3) elongation at break in %, and (4) density in g/cc.

3.8 What materials listed in Appendix C-1 have a lower density and a higher thermal conductivity than aluminum?

3.9 The critical location of a part made from hot-rolled AISI 1020 steel is cold-worked during its fabrication to an extent corresponding to point D of Figure 3.2. What values of S_u, S_y, and ductility (in terms of ϵ, R, and A_r at fracture) are applicable to this location?

3.10 The critical location of a part made from AISI 1020 steel is cold-worked during its fabrication to an extent corresponding to point I [which lies between D and C of Figure 3.2 and corresponds to a strain (ϵ) of 20 percent]. What values of S_u, S_y, and ductility (in terms of ϵ, R, and A_r at fracture) are applicable to this location?

3.11 A tensile specimen made of hot-rolled AISI 1020 steel is loaded to point C of Figure 3.2. What are the values of σ, ϵ, σ_T, and ϵ_T involved? Next, the specimen is unloaded. Treating it then as a *new* specimen, it is reloaded to point C. What are the values of these same quantities for the new specimen?

3.12 A tensile specimen made of hot-rolled AISI 1020 steel is loaded to point D of Figure 3.2. What are the values of σ, ϵ, σ_T, and ϵ_T involved? Next, the specimen is unloaded. Treating it as a *new* specimen, it is reloaded to point D. What are the values of these same quantities for the new specimen?

3.13 A tensile specimen made of hot-rolled AISI 1020 steel is loaded to point I [which lies between D and C of Figure 3.2 and corresponds to a strain (ϵ) of 20 percent]. What are the values of σ, ϵ, σ_T, and ϵ_T involved? Next, the specimen is unloaded. Treating it as a *new* specimen, it is reloaded to point I. What are the values of these same quantities for the new specimen?

Sections 3.4–3.14

3.14 An AISI 1030 steel part is annealed to 126 Bhn. Estimate the values of S_u and S_y for this part.

3.15 An AISI 1040 steel part is annealed to 149 Bhn. Estimate the values of S_u and S_y for this part.

3.16 An AISI 4340 steel part is annealed to 217 Bhn. Estimate the values of S_u and S_y. Compare these values with those corresponding to another AISI 4340 steel part that is normalized to 363 Bhn and AISI 1050 steel part, cold drawn, low temperature, stress relieved to 212 Bhn. Based on these points, is the hardness of steel or the alloy more important in determining the ultimate tensile strength of a steel part? Can you find data points that violate your conclusion?

3.17D Select a steel from Appendix C-4a, and estimate S_u and S_y from the given value of Brinell hardness.

3.18D Select an annealed steel from Appendix C-4a, and estimate S_u and S_y from the given value of Brinell hardness. Compare the results to the given tensile and yield strengths.

3.19D Select a steel from Appendix C-4a that has properties listed for as-rolled, normalized, and annealed conditions. Estimate S_u and S_y for the three conditions from the given Brinell hardness value. Compare the results to the given tensile and yield strengths.

3.20 An AISI 3140 steel component is heat-treated to 210 Bhn. Estimate the values of S_u and S_y for this component.

3.21 An AISI 1020 steel part is normalized at 925 °C and air colled to 131 Bhn. Estimate the values of S_u and S_y for this part.

3.22 If the curve in Figure P3.22 represents the results of a Jominy end-quench test of AISI 4340 steel, draw corresponding curves (roughly) for low-alloy steel and for plain carbon steel, each having 0.40 percent carbon and heat-treated to the same surface hardness as the 4340 steel.

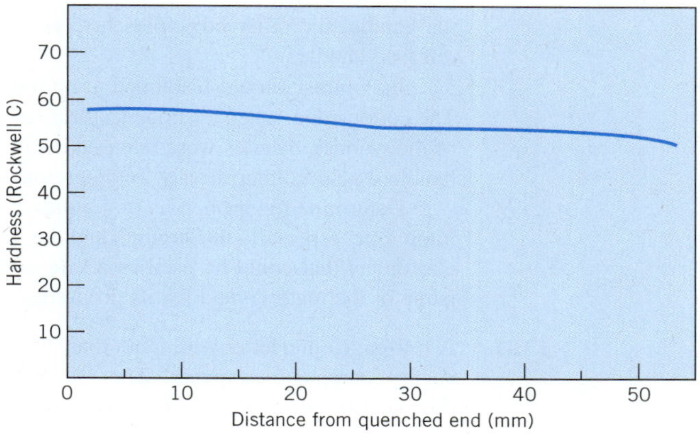

FIGURE P3.22

3.23D For each of the following applications calling for steel, choose between (1) 0.1 percent carbon and 0.4 percent carbon, and between (2) plain carbon and alloy steel.

(a) A machine frame requiring extreme rigidity (when massive enough to satisfy this requirement, stresses will be very low).

(b) A gear subjected to high surface contact stresses as well as bending stresses.

(c) A large, irregularly shaped part subjected to high stresses.

(d) A fly wheel (interior stresses low but surface must be carburized to resist wear).

3.24 Copy the material properties of aluminum 7075-0 from www.matweb.com. Highlight the UNS number for 7075-0 aluminum. Compare the values from your copy with those listed in Appendix C-10 for 7075-0 aluminum alloy.

3.25 Repeat Problem 3.24, except for 2011-T8 aluminum.

3.26 Repeat Problem 3.24, except for 6061-T6 aluminum.

3.27D Review reference [16] and provide in a paragraph the purpose of *MIL-HDBK-17-2F, Vol. 2*.

3.28D Review reference [17] and provide in a paragraph the purpose of *MIL-HDBK-17-3F, Vol. 3*.

3.29 Refer to reference [15] Table 2.3.4.1.4 and list examples of key material or structural performance parameters.

3.30 Material system codes [see Table 1.5.1 (a) and (b)] are used in *MIL-HDBK-17-2F*—see reference [16]—and consist of a fiber system code and a matrix material code separated by a virgule. Present several examples of material systems codes for polymer matrix composites.

3.31D An experienced design engineer who has worked in the telephone manufacturing industry provides a list of his favorite materials:

(a) 1020 steel, 1040 steel, 4340 steel

(b) 2024-T4 aluminum

(c) Nylon (6/6), acetal

Compare the specific material properties for each material.

3.32D A jump rope is made from two hollow hard plastic handles that are attached to each end of a highly elastic cord. Two boys, instead of using the rope for jumping, decide to use it for a "tug-of-war." Each boy pulls on an end of the rope. One boy lets go of his handle; the other boy holds his end and is almost immediately struck by the released handle.

In contrast, an old-fashioned jump rope has wooden handles and a cotton rope. The cotton-rope, when tensioned, stores only a small amount of energy so that if one of the wooden handles were released (as in the "tug-of-war" example), the released handle would fall harmlessly to the ground.

Determine the properties of a cotton rope of the type used in an old-fashioned jump rope, especially the strength and the "elasticity." Also, select a material (like an elastomer) that could be used as a safe replacement for a cotton rope. Provide the name of the material and list its properties.

3.33D A full-page open letter with more than 700 signatures was recently released in a university campus newspaper. The letter according to www.texasenvironment.org protested the sale of the single-use, disposable plastic water bottles "shaped" like a university "symbol." The bottles are marketed to students and in local grocery stores and according to the article this does not align with the school's own sustainability program. The article reveals that with a global movement to ban plastic water bottles from college campuses, the university's decision has left students at the back of the environmental movement. What are the advantages and disadvantages of plastic bottles? What steps or procedures could be taken to minimize environmental impact of "single" use bottles? How would an engineer deal differently than a businessperson with the sale of disposable plastic water bottles?

3.34 Search the materials property database at http://www.matweb.com and list the properties of nylon 6 with 30% glass fibers. Compare the 30% glass-filled nylon properties with those of unreinforced nylon 6.

3.35D Select a material for the shaft of a gear train. The shaft carries high loads and stops abruptly.

3.36D Select a nylon (polyamide) at www.plastics.dupont.com with 35% glass reinforcement that combines good surface appearance, excellent welding and fatigue retention, and exceptional resistance in hot air and hot engine oil. List the stress at break in MPa and the strain at break in %. Also list the deflection temperature in °C at 1.80 MPa.

3.37D It is reported that the iPhone (3G and 3GS) by Apple utilizes a number of engineering materials: (a) glass, for the front display cover, (b) steel, for the perimeter edge trim piece, and (c) plastic, for the molded rear back. Search material property databases and select candidate materials for the (a) glass, (b) steel, and (c) plastic. List the requirements for each application and list the desired characteristics of each material.

Appendix F

For the problems below, read Appendix F and then download and use *MIL-HDBK-5J* to complete. References to pages or sections of *MIL-HDBK-5J* begin with the text *MH*. All problems are for materials at room temperature unless otherwise noted.

3.A1 Consider a specimen that is 12 in. long × 1.50 in. wide that is cut from a sheet of 0.0625 in. thick 17-7PH stainless steel in the TH1050 aging condition. Properties for this material are described in Section *MH*2.6.10. The load is applied in the 12 in. direction, this corresponds to the *L* direction for the sheet.

(a) PH in the material designation means "precipitation hardened." Review the information on page *MH*2-213 and state the heat treatment steps for the material to be in the TH1050 condition.

(b) What is the tensile load (in lb) required for the specimen to reach the *B* basis yield stress?

(c) What is the length of the specimen under the load in part (b)?

3.A2 Consider a specimen that is 300 mm long × 50 mm wide that is cut from a sheet of 5 mm thick Ti-6Al-4V plate in the annealed condition. Properties for this material are described in Section *MH*5.4.1. The load is applied in the 300 mm direction, this corresponds to the *LT* direction for the sheet.

(a) Review the information on page *MH*5-51 regarding Ti-6Al-4V. How is this material placed in the annealed condition? Also, what elements, if brought into contact with the specimen, can lead to embrittlement of the material?

(b) What is the tensile load that will place the specimen at its ultimate tensile stress using the *B* basis value?

(c) What would the tensile load determined in part (b) become after 1/2 hour exposure at 315°C? See Figure *MH*5.4.1.1.1.

3.A3 A lug of width b and thickness h is used to carry a load P using a pin passing through a hole of diameter d as shown in Figure P3.A3. The lug is fabricated from 0.375 in. thick 2024-T351 plate [see Table *MH*3.2.3.0(b_1) on page *MH*3-71 for mechanical properties]. The load is applied in the *L* direction of the plate and *B* basis design values are assumed. For ultimate stress design, the tensile stress in the lug is assumed to be $\sigma = P/[(b-d)h]$ and the bearing stress in the lug along the pin-lug interface is $\sigma_b = P/(d\,h)$:

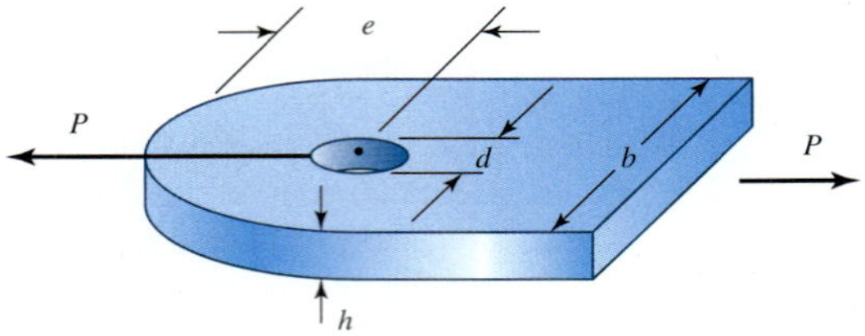

FIGURE P3.A3

(a) Determine the minimum width b of the lug to carry a load $P = 15.000$ lb using a pin diameter $d = 0.50$ in. Design for ultimate stress.

(b) Suppose the lug has a width b of 1.25 in. and a pin diameter $d = 0.50$ in. Determine the load P required to cause bearing failure (using the bearing ultimate stress) for an edge margin e/D = 2.0 (typical design). Repeat the calculation for an edge margin e/D = 1.5 (short edge margin). Note that $d = \mathrm{D}$.

(c) For certain choices of width b and diameter d, the design of the lug becomes "bearing critical," meaning that the bearing stress (σ_b) reaches its ultimate stress (F_{bru}) before the lug tensile stress (σ) reaches its ultimate stress (F_{tu}). Determine an equation for b at which this change occurs; it will be a function of F_{tu} F_{btu} and d.

3.A4 The stress-strain curve for certain materials can be drawn using the Ramberg-Osgood formula, which requires the 0.2% offset yield stress (F_{ty}), the modulus of elasticity (E), and the Ramberg-Osgood parameter n.

(a) Consider the stress-strain response of a 17-4PH bar (H900 heat treated), a 2024-T851 plate, and a Ti-6Al-4V extrusion in the annealed condition: the parameter n for each material is given in graphs on pages *MH*2-208, *MH*3-136, and *MH*5-65, respectively, and values for F_{ty} and E can be found in nearby tables. Compute and plot the room temperature stress-strain curves of all three materials on a single graph for strains ranging from 0 to 0.010.

(b) Suppose a stress is applied to each specimen in part (a) to reach a strain of 0.010 in./in. and then the stress is released. If the initial specimen length is 20 in. in all three cases, what is the final specimen length for each material?

정적 체적 응력

4

4.1 개요

어떤 부재에 작용하는 **외력**(load)이 결정되면(2장 참조), 다음 관심 사항은 그 결과로 얻어지는 **응력**(stress)이다. 이 장에서는 외력이 작용하는 국부 영역에서의 **표면**(surface) 응력이나 **접촉**(contact) 응력과 구분되는 의미로서, 부재 내에 전체적으로 존재하는 **체적**(body) 응력에 관해 다룬다. 또한 충격이나 피로하중에 의한 응력과 대비되는 **정적**(static) 하중에 의해 발생하는 응력에 관해 설명한다.(충격, 피로, 표면 응력 등은 각각 7장, 8장 및 9장에서 고려된다.)

3.2절에서 언급했듯이, 이 책에서 대문자 S는 **재료의 강도**(material strength)(즉 S_u는 극한강도, S_y는 항복강도 등)를 의미하며, 그리스 문자 σ와 τ는 각각 수직응력과 전단응력을 의미한다.

4.2 축 하중

그림 4.1은 단순 **인장**(tension) 하중인 경우를 예시한다. 만약 외력 P의 방향이 반대가 되면(즉 음수 값이 되면), 이 봉은 단순 **압축**(compression) 하중 상태가 된다. 어느 경우에나 하중은 **축**(axial) 방향이다. 임의의 작은 영역 E는 무한히 작은 재료 요소를 나타내는데, 이를 그림 4.1b와 c에서처럼 따로 떼어 내었다. 전체적으로 봉이 평형이 되려면 두 개의 외력 P가 같아야 하는 것처럼, 요소에서의 평형을 위해 양쪽 측면에 작용하는 반대 방향의 인장응력들은 같아야 된다. 이와 같은 요소들은 보통 그림 4.1c와 같이 나타내며, 이 응력들은 **종이면에 수직**(perpendicular to the paper)인 표면에 작용한다는 것이 중요하다. 이는 그림 4.1b와 같은 3차원 그림에서 보면 명백해진다.

그림 4.1d는 링크 왼쪽 부분의 평형상태를 예시하는데, 왼쪽에서는 외력 P의 하중을 받고 있고, 절단면에는 인장응력이 작용한다. 이 평형조건에 의해 공학적으로 가장 간단한 공식이 다음과 같이 주어진다.

$$\sigma = P/A \tag{4.1}$$

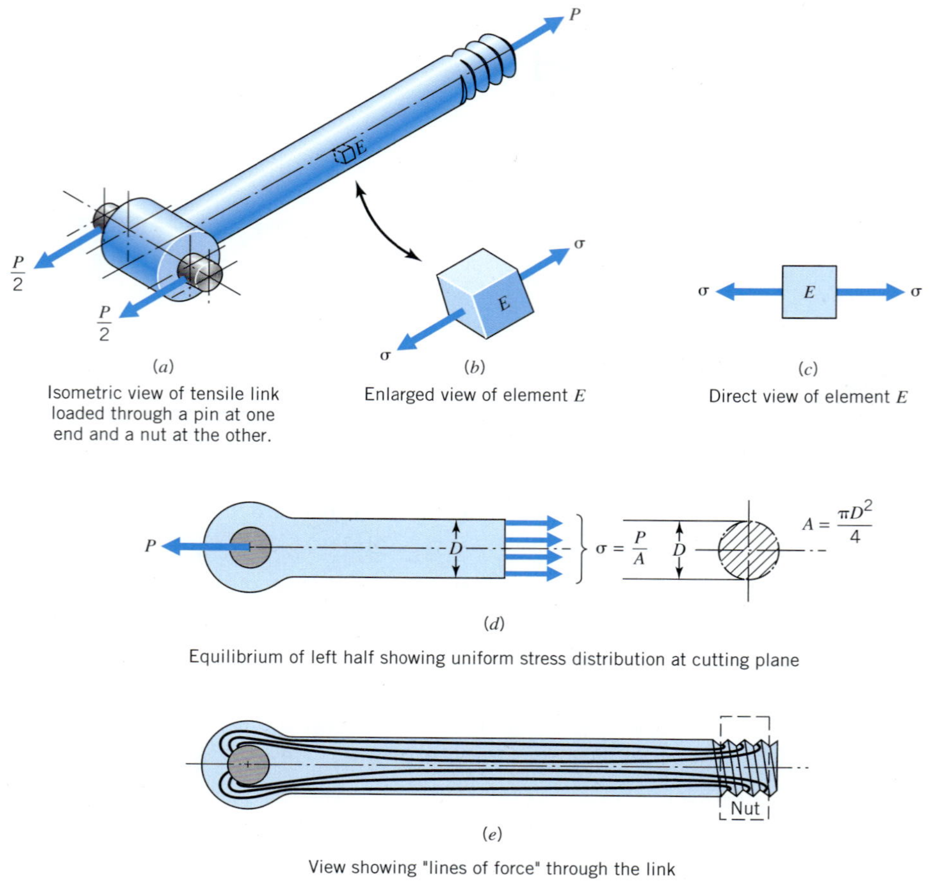

그림 4.1 축 하중.

이 공식은 임의 단면에서의 **평균적인** 응력이 된다는 것은 항상 맞지만, 그 단면에서 **최대** 응력이 된다고 가볍게 생각한다면 엄청난 실수가 될 수 있다. 몇몇 중요한 제한조건이 충족되지 않는다면, 최대 응력은 P/A보다 수백 % 더 커질 것이다. 최대 응력이 P/A와 같게 되는 것은 하중이 단면 전체에 걸쳐 **균일 분포할** 때뿐이다. 이는 다음과 같은 사항을 전제로 한다.

1. 고려되고 있는 단면은 하중을 받고 있는 끝단으로부터 충분히 떨어져 있다. 그림 4.1e는 끝단으로부터 떨어진 거리에 따른 각 단면에서 나타나는 응력분포 양상을 힘의 흐름선(lines of force flow)으로 보여 준다. 대부분의 경우, 끝단에서 봉 지름의 3배 정도 떨어진 점에서는 거의 균일한 분포가 된다.
2. 하중은 **정확히** 봉의 중심축을 따라 작용한다. 만약 하중이 봉의 상단부에 작용한다면, 응력은 상단부에서 최고가 되고 하단부에서 최저가 된다.(달리 살펴보면, 하중이 e만큼 편심을 보인다면 Pe만큼의 굽힘 모멘트가 축 하중에 부가된다.)

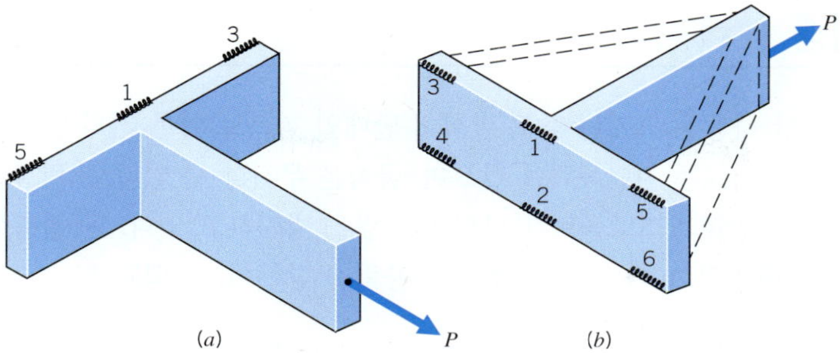

그림 4.2 여섯 군데 용접으로 부착된 인장 하중을 받는 T형 브래킷.

3. 봉은 완전한 직선 원통으로서 구멍, 노치, 나사산, 내부 결함, 혹은 표면 흠집 등이 전혀 없다. 이들은 **응력집중**(stress concentration)을 발생시키며, 4.12절에서 설명될 것이다.
4. 봉은 외력이 제거되면 응력이 완전히 없어진다. 이는 가끔 달라질 수도 있다. 부품 제작에 수반되는 기계적 및 열적 하중 이력에 의해 **잔류응력**(residual stress)을 발생시킬 수 있다. 이는 4.14, 4.15와 4.16절에 기술되어 있다.
5. 봉은 하중을 받을 때 안정된 평형상태가 된다. 만약 봉이 비교적 길고 압축 하중을 받는다면, 이 전제조건은 위배된다. 즉 이 봉은 탄성적으로 불안정하게 되며, **좌굴**(buckling)이 발생한다(5.10~5.15절 참조).
6. 봉은 균질하다. **비균질한**(nonhomogenious) 재료의 일반적 예로서, 플라스틱 기지에 유리섬유나 탄소섬유가 있는 복합재료가 있다. 여기서 기지와 섬유는 하중을 **잉여적으로**(redundantly)(2.5절 참조) 전달하며, 강성이 더 좋은(더 큰 탄성계수를 갖는) 재료가 더 큰 응력을 받는다.

그림 4.2*a*는 예기치 않은 파손이 쉽게 발생할 수 있음을 보여 주는데, 이는 축 하중 계산을 단순히 P/A로 가정했기 때문이다. 하중 P는 600 N이고, 고정된 평면에 브래킷을 부착하기 위해 여섯 군데에 동일한 용접을 했다고 가정하자. 각 용접당 **평균** 하중은 물론 100 N이 될 것이다. 그러나 여섯 군데의 용접은 서로 다른 강성을 갖는 잉여적인 힘 통로를 나타낸다. 용접부 1과 2로 가는 통로는 다른 것들보다 강성이 **더 크다**. 따라서 이 두 개의 용접부가 거의 모든 하중을 지탱하게 된다. 그림 4.2*b*에 점선으로 나타낸 것과 같이, 측면에 두 개의 판을 붙이게 되면 여섯 군데의 용접부에 훨씬 더 균일한 하중 분배가 될 수 있다. 이는 용접부 3에서 6까지의 힘 통로를 강화시키기 때문이다.

이 시점에서 재료의 강도 물성과 관련하여 최대 응력의 허용치로서 **이전에** P/A를 사용했던 것을 포기해 버릴 수도 있다. 다행스럽게도 그렇지는 않다. 학생들은 점점 연구와 경험을 쌓으면서 이와 같은 변수들에 대해 '공학적 판단'을 내리기 위한 통찰력을 키워야 한다.

4.3 직접 전단 하중

직접 전단 하중은 크기는 같고 방향이 반대인 힘으로 이를 거의 일직선 상에 작용시키면, 이들 사이의 재료는 전단응력을 받으며, 굽힘은 무시할 수 있다. 그림 4.3은 두 판이 반대 방향의 힘 P를 받고 있고, 볼트가 판의 미끄럼을 방지하고 있다. 판 접촉에 따른 마찰을 무시하면, 볼트 단면적 A(면 ①)는 직접 전단응력을 받는데, 그 **평균**값은

$$\tau = P/A \tag{4.2}$$

가 된다.

만약 그림 4.3의 너트가 초기 볼트 인장 P를 주기 위해 조여지면, 볼트의 이뿌리면(면 ②)과 너트의 이뿌리면(면 ③)에서의 직접 전단응력은 **평균**값으로서 식 (4.2)에 따르게 된다.[1] 이때 이뿌리면들은 너트 두께와 같은 높이를 갖는 원통들이 된다. 만약 전단응력이 과도하게 되면, 나사의 '잘림(shearing)'이나 나사산의 '박리(stripping)'가 볼트나 너트 중 약한 부위에서 발생한다.

유사한 직접 전단 예들은 리벳, 핀, 키, 스플라인 등에서도 발생한다. 또한 직접 전단 하중은 가정용 가위, 종이 절단기, 산업용 금속 전단기에서처럼 절단에도 많이 사용된다.

그림 4.4는 **복**(double) 전단 하중을 받고 있는 힌지 핀을 보여 주는데. 하중 P는 서로 평행한 두 면에서 전단력으로 작용한다. 따라서 식 (4.2)에 사용되는 면적 A는 핀의 단면적의 2배이다. 복 전단 하중을 받고 있는 핀의 예들은 많다. 나사산이 있는 너트가 회전하는 것을 막기 위해 사용되는 코터 핀(자동차 바퀴 베어링의 리테이너 너트에서처럼), 보트 프로펠러를 구동하는 데 사용되는 전단 핀(프로펠러가 대형 장애물에 부딪치면 핀이 양면 전단에 의해 파괴되며, 더 고가이거나 교체하기 어려운 부속품들을 보호함), 망원경의 관형 부품을 고정된 위치에 유지하기 위해 사용되는 횡방향 핀 등이 있다.

직접 전단 하중은 **순수**(pure) 전단을 발생시키지 않으며(비틀림 하중에서처럼), 실제 응력분포는 복잡하다. 맞물린 요소들끼리의 결합 상태 및 상대적인 강성도의 영향을 받는다. 최대 전단응력은 항상 식 (4.2)에 주어진 P/A보다는 더 클 것이다. 그러나 기계나 구조용 부

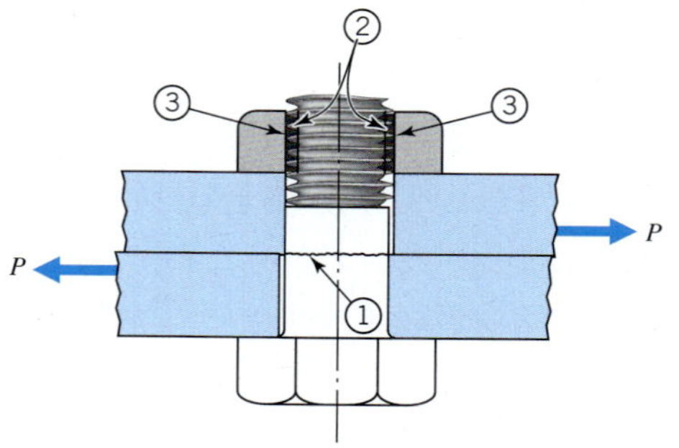

그림 4.3 직접 전단의 세 면을 보여 주는 볼트 이음.

[1] 엄밀하게는, 예리한 'V' 형상의 나사산에 대해서만 사실이다. 표준 나사산에 대한 전단면은 이보다 작다. 10.4.5절 참조.

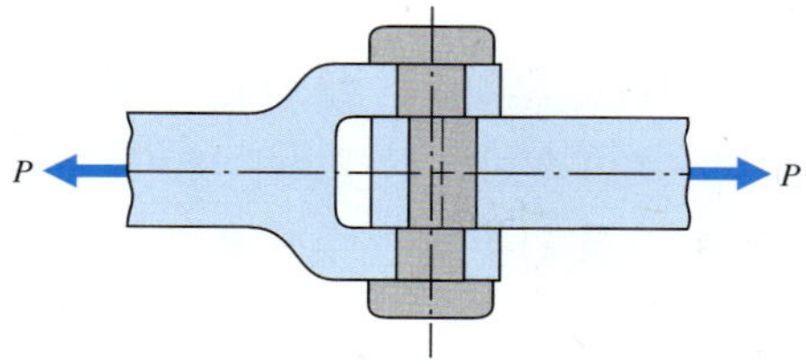

그림 4.4 직접 전단 하중(복 전단에 의한 파손을 보여 줌).

품의 설계에서, 전단응력의 적정 계산값으로서 식 (4.2)가 보통 사용된다. 더욱이 연성 부품의 완전 전단파괴를 발생시키기 위해서는, 전단면에 있는 모든 부위에서 전단강도를 넘어설 수 있도록 하중이 한꺼번에 가해져야 된다. 따라서 완전 파괴의 경우, 식 (4.2)는 τ를 극한전단강도 S_{us}로 대체하여 적용하면 된다.

4.4 비틀림 하중

그림 4.5는 원형봉의 비틀림 하중을 보여 준다. 작용 토크 T의 방향에 의해 요소 E의 왼쪽 면은 **아래쪽** 방향, 오른쪽 면은 **위쪽** 방향의 전단응력을 받게 된다. 또한 이 응력들은 요소에 **반시계방향의** 모멘트를 생성시키는데, 이는 윗면 및 아랫면에 생기는 전단응력에 의해 생성되는 **시계방향의** 모멘트에 의해 평형이 되어야 한다. 요소 E와 같은 응력 상태를 **순수전단**이라 한다.

축 하중에 대한 부호 규약은 2개의 다른 하중 형태(인장은 +, 압축은 −)를 구분한다. 압축은 좌굴을 일으킬 수 있으나 인장은 없고, 체인이나 케이블 등은 인장 하중은 지지할 수 있으나 압축 하중은 없으며, 콘크리트는 압축에는 강하나 인장에는 약하다 등등이다. **전단 하중에 대한 부호 규약은 축 하중에서와 같은 역할을 하지 못한다.** 양이나 음의 전단은 기본

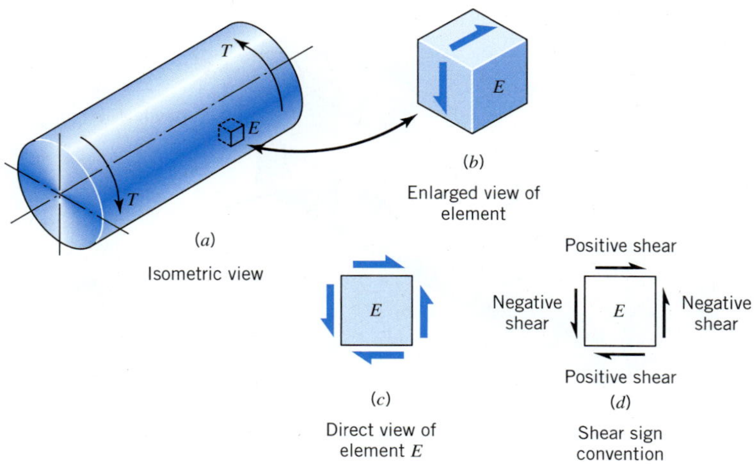

그림 4.5 원형봉의 비틀림 하중.

적으로 같으며, 부호 규약은 임의로 정해진다. 어떤 한 문제에 같은 규약이 일관되게 사용되었다면, 전단응력에 대한 어떤 부호 규약도 문제되지 않는다. 이 책에서는 **양-시계방향** 규약을 따른다. 즉 그림 4.5에 나타낸 요소 E의 윗면과 아랫면에 생기는 전단응력들이 요소를 **시계방향으로** 회전시킨다면, 이를 양(+)으로 간주한다. 수직 측면들은 **반시계방향의** 전단응력으로서 음(−)이 된다.

비틀림을 받고 있는 원형봉에서의 응력은 축 중심의 0에서부터 외측 표면의 최댓값까지 선형적으로 변한다. 재료역학 교재에는 아래 식에 대한 증명이 있는데, 임의 직경 r에서의 전단응력은 다음과 같다.

$$\tau = Tr/J \tag{4.3}$$

물론 표면에서의 응력이 가장 중요하며, 이때 r은 봉의 반경과 같고, J는 단면의 극관성 모멘트로서 직경 d의 중실봉인 경우에 $\pi d^4/32$가 된다(부록 B-1 참조). 식 (4.3)에 이들을 대입하면, 직경 d의 원형 중실봉의 표면에서 비틀림 응력은 다음과 같이 된다.

$$\tau_{\max} = 16T/\pi d^3 \tag{4.4}$$

중공 원형봉(원형 튜브나 파이프)에서의 비틀림 응력에 대한 식은 극관성 모멘트를 적절한 값으로 대입하면 된다(부록 B-1 참조).

식 (4.3)과 관련된 중요한 가정들은 다음과 같다.

1. 봉은 직선이고 원형이어야 하며(중실 혹은 중공이든지 간에), 토크는 길이 방향 축에 대해 가해져야 한다.
2. 재료는 균질하고, 관련 응력 범위에서 완전 탄성이어야 한다.
3. 고려할 단면은 하중 작용점이나 응력 집중부(구멍, 노치, 키 홈, 표면 흠)에서 충분히 떨어져 있어야 된다.

원형 단면이 아닌 봉에 대해서, 상기 해석은 **완전히** 잘못된 결과를 준다. 그림 4.6에서

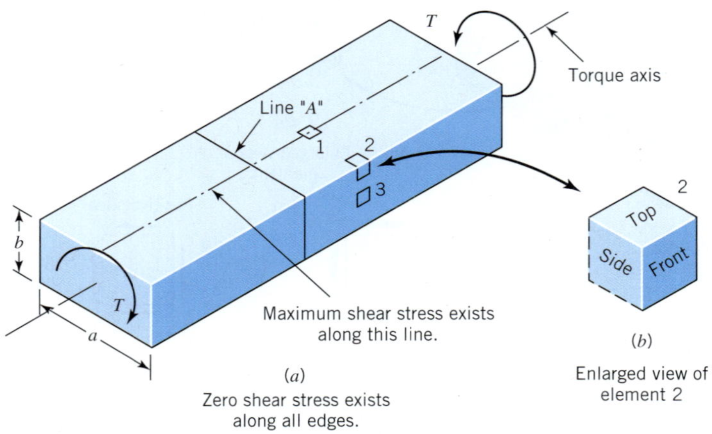

그림 4.6 직사각형 봉의 비틀림 변형(응력)을 예시하기 위한 고무지우개.

와 같이, 고무지우개에 작은 사각형 요소 1, 2 및 3을 표기한 직사각형 봉의 비틀림에 대해 살펴보자. 지우개가 길이 축에 대해 비틀림을 받게 되면, 식 (4.3)은 최대전단응력은 요소 2의 코너(중립축으로부터 가장 멀리 떨어져 있는)에서 나타나리라는 것을 암시한다. 마찬가지로 가장 작은 표면응력은 축에서 가장 가까운 요소 1에서 나타날 것이다. 비틀림을 받는 지우개에 대한 비틀림을 관찰해 보면 정반대가 되는데, 요소 2(충분히 작게 그려진다면)는 비틀림이 전혀 없으며, 반면에 요소 1은 표면의 어떤 요소보다도 큰 비틀림을 받게 된다.

공식 (4.3)의 유도과정을 검토해 보면, 비틀림을 받기 전의 가로(transverse) 평면은 비틀림 후에도 평면 상태로 남는다는 기본 가정을 사용한다. 만약 그와 같은 평면을 지우개에 있는 선 '*A*'로 나타낸다면, 비틀림에 따라 분명한 뒤틀림이 발생한다. 즉 이 가정은 직사각형 단면에는 유효하지 않다.

코너 요소 2에 대한 평형조건에서, 이 요소는 0의 전단응력을 가져야 된다는 것이 분명하다. (1) 위쪽과 앞쪽의 표면은 전단응력을 발생시킬 수 있는 어느 것과도 접촉하지 않는 '자유(free)' 평면이다. (2) 그러므로 평형조건에 의해 다른 4개의 표면도 전단응력을 가질 수 없다. 따라서 지우개의 모든 모서리에 걸쳐 전단응력은 0이 된다.

원형 단면이 아닐 때의 비틀림 응력 공식은 참고문헌 [8]에 요약되어 있다. 예를 들어 그림 4.6에서와 같은 직사각형 단면에 대한 최대 전단응력은 다음과 같다.

$$\tau_{\max} = T(3a + 1.8b)/a^2b^2 \tag{4.5}$$

4.5 직선 보에서의 순수 굽힘 하중

그림 4.7과 4.8은 굽힘만 받고 있는 보를 보여 주며, '순수 굽힘'이란 용어를 사용한다. 재료역학 교재에 따르면 굽힘 응력은 다음 식으로 주어진다.

$$\sigma = My/I \tag{4.6}$$

여기서 I는 중립축에 대한 단면 2차 모멘트이고, y는 중립축으로부터 떨어진 거리를 나타낸다. 굽힘 응력은 축 응력과 같이 수직(normal) 응력이다. 이 둘은 적절한 아래 첨자를 사용하여 구분하는데 σ_b는 굽힘 응력, σ_a는 축 응력을 표시한다. 그림 4.7과 4.8 같은 굽힘에서, 단면의 중립축 상부(혹은 보의 중립면의 상부)에서는 인장응력, 하부에서는 압축응력이 생긴다. 최대 응력은 위쪽과 아래쪽 표면에서 발생한다.

식 (4.6)은 다음과 같은 중요한 가정하에 어떠한 단면(그림의 몇 가지 예시)에 대해서도 적용된다.

1. 봉은 초기에 직선이며, 대칭면에 대해 하중을 받아야 된다.
2. 재료는 균질하며, 모든 응력은 탄성 영역 내에 있다.
3. 응력이 계산되는 단면은 응력집중부나 외력이 가해지는 부위에서 너무 가깝지 않아야 된다.

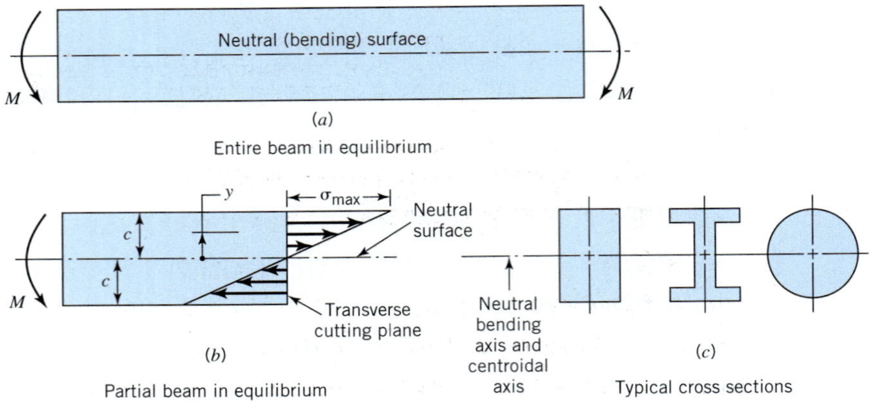

그림 4.7 두 개의 대칭축을 가진 단면의 순수 굽힘.

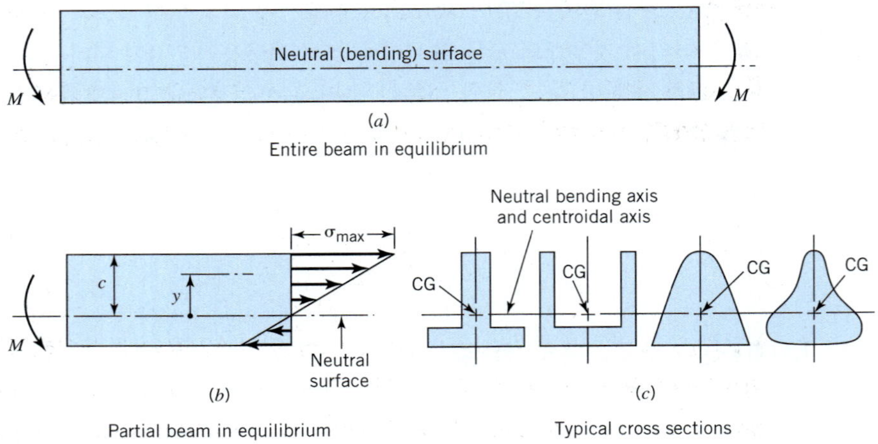

그림 4.8 한 개의 대칭축을 가진 단면의 순수 굽힘.

그림 4.7은 2개의 대칭축을 갖는 단면 보에 작용하는 굽힘 하중을 보여 준다. 절단면에서의 최대 응력 σ_{max}는 식 (4.6)의 y 대신에 c를 대입하여 구하며, c는 중립축에서 바깥 표면까지의 거리이다. 가끔 **단면계수**(section modulus) Z(I/c로 정의되는 비)가 사용되기도 하는데, 최대 굽힘 응력은 다음과 같다.

$$\sigma_{max} = M/Z = Mc/I \tag{4.7}$$

중실 원형봉에서 $I=\pi d^4/64$, $c=d/2$, $Z=\pi d^3/32$이 된다. 따라서

$$\sigma_{max} = 32M/\pi d^3 \tag{4.8}$$

이 되며, 다양한 단면에 대한 값들은 부록 B-1에 주어져 있다.

그림 4.8은 단일 대칭축을 갖는 단면의 굽힘을 보여 준다. 여기서 굽힘 모멘트는 각 단면의 대칭축을 포함하는 면 내에 존재한다. 이때, 평형조건을 만족시키기 위해서는(즉 $\Sigma F = \Sigma\sigma dA = 0$, $\Sigma M = M + \Sigma\sigma dAy = 0$), 그림 4.8*b*에서와 같이 편심(offset)된 응력분포 양상이 되어야 한다는 것을 증명해 보라.

4.6 곡선 보에서의 순수 굽힘 하중

초기의 곡선 보가 곡률 평면 내에서 하중을 받는다면, 굽힘 응력은 식 (4.6)~(4.8)과 유사하게 되지만, 이는 단지 근사치일 뿐이다. 곡선 보의 길이를 따라 가장 짧은(강성이 가장 큰) 경로는 안쪽 표면에 있기 때문에, 잉여 하중 경로들의 상대 강성을 고려할 때, 안쪽 표면에서의 응력은 직선 보에서 구한 값보다는 더 크게 된다. 그림 4.9는 이를 예시하고 있다. 또한 평형조건에 의해 중립축이 안쪽으로(곡률 중심 쪽으로) e만큼 옮겨지며, 응력분포는 쌍곡선 형태가 된다는 것을 보여 준다. 이와 같은 직선 보 거동과의 차이는 심한 곡선 보에서 더욱 중요해지며, 그 예들은 C 클램프, 펀치 및 드릴 프레스 프레임, 후크, 브래킷, 체인 링크 등에서 많이 볼 수 있다.

그림 4.9*c*에 나와 있는 거동을 더 확실하게 이해하기 위해서, 곡선 보에 대한 기본적인 응력 식을 유도해 보자. 그림 4.10에서 요소 *abcd*는 대칭면 *ab*(모멘트 M이 작용해도 방향이 바뀌지 않는 면)와 면 *cd*로 구성되어 있다. 모멘트 M에 의해 면 *cd*는 각 $d\phi$만큼 회전하여 새로운 위치 $c'd'$이 된다.(하중 작용 후에도 단면은 평면 상태를 유지한다는 가정이 내포되어 있음에 주목하라.) 물론 이 면의 회전은 중립축에 대한 것이며, 중립축은 도심축으로부터 미지의 거리 e만큼 떨어져 있다.

중립축으로부터 y만큼 떨어진 곳에서의 변형률은

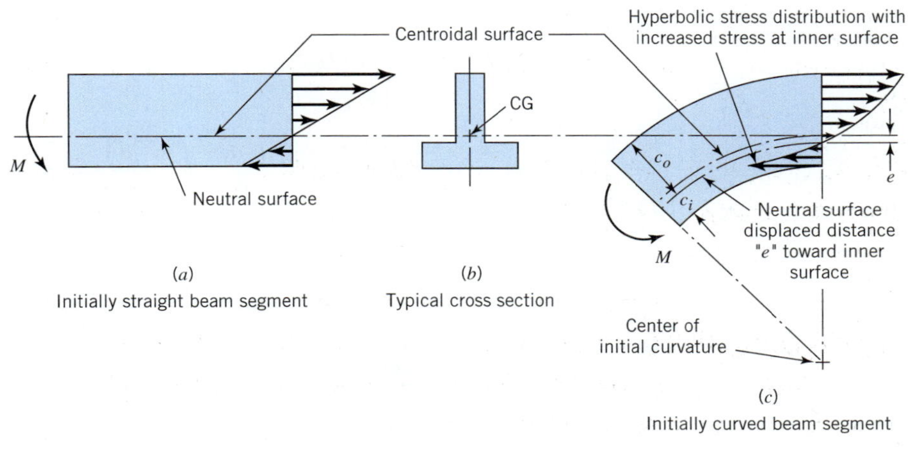

그림 4.9 초기 곡률의 영향, 한 개의 대칭축을 가진 단면의 순수 굽힘.

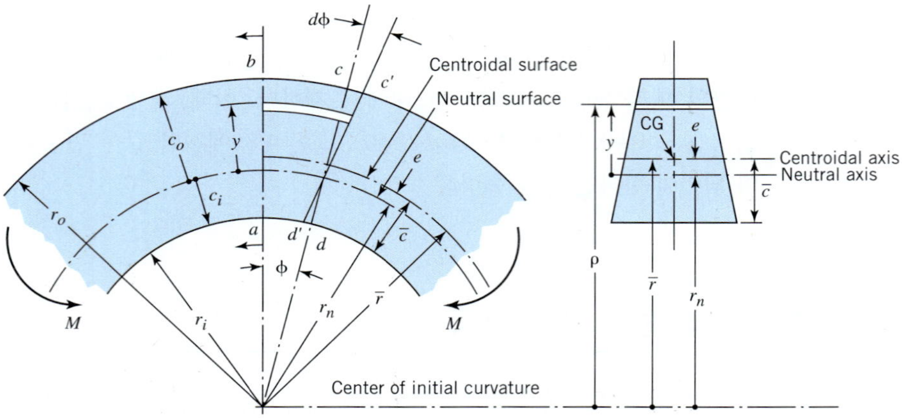

그림 4.10 굽힘 상태의 곡선 보.

$$\epsilon = \frac{y\,d\phi}{(r_n + y)\phi} \tag{a}$$

탄성 재료인 경우에, 위에 상응하는 응력은

$$\sigma = \frac{Ey\,d\phi}{(r_n + y)\phi} \tag{b}$$

위의 식은 그림 4.9*c*에 도시된 것처럼 쌍곡선 응력분포를 발생시킨다.

면 *cd*(그림 4.10)의 양쪽 보에 대한 평형조건을 고려하면

$$\Sigma F = 0: \quad \int \sigma\,dA = \frac{E\,d\phi}{\phi}\int \frac{y\,dA}{r_n + y} = 0$$

이 되며, $E \neq 0$이므로

$$\int \frac{y\,dA}{r_n + y} = 0 \tag{c}$$

$$\Sigma M = 0: \quad \int \sigma y\,dA = \frac{E\,d\phi}{\phi}\int \frac{y^2\,dA}{r_n + y} = M \tag{d}$$

가 된다.

위의 식 (d)에서 $y^2/(r_n+y)$는 $y-r_ny/(r_n+y)$로 대체할 수 있으므로

$$M = \frac{E\,d\phi}{\phi}\left(\int y\,dA - r_n\int \frac{y\,dA}{r_n + y}\right) \tag{e}$$

이 된다.

식 (e)의 두 번째 적분은 식 (c)에 의해 0이 되며, 첫 번째 적분은 eA가 된다.(이 적분은, y가 도심축에서부터의 값이라면 0이 되었을 텐데, 도심으로부터 e만큼 떨어진 축으로부터의 값이 되므로 eA가 된다.)

이 값들을 식 (e)에 대입하면

$$M = \frac{E\,d\phi}{\phi}eA \quad \text{or} \quad E = \frac{M\phi}{d\phi\,eA} \tag{f}$$

식 (f)를 식 (b)에 대입하면

$$\sigma = \frac{My}{eA(r_n + y)} \tag{g}$$

안쪽 및 바깥쪽 표면에서의 최대 응력을 구하기 위해서 $y=-c_i$ 및 $y=c_o$를 대입하면 각각 다음과 같이 된다.

$$\sigma_i = \frac{-Mc_i}{eA(r_n - c_i)} = \frac{-Mc_i}{eAr_i}$$

$$\sigma_o = \frac{Mc_o}{eA(r_n + c_o)} = \frac{Mc_o}{eAr_o}$$

위 식에서의 부호는 그림 4.10의 안쪽 및 바깥쪽 표면에 생기는 압축 및 인장 응력과 일치하며, 여기서 모멘트 M의 방향(−)은 명확한 해석을 위해 선택되었다. 만약 양(+)의 굽힘 모멘트가 작용하면 초기의 곡선 보를 직선화하는 방향이 된다. 이 경우의 응력은 각각 다음과 같이 주어진다.

$$\sigma_i = +\frac{Mc_i}{eAr_i} \quad \text{and} \quad \sigma_o = -\frac{Mc_o}{eAr_o} \tag{4.9}$$

식 (4.9)를 사용하기 전에, 거리 e에 대한 식을 유도하는 것이 필요하다. 힘의 평형조건인 식 (c)에서 r_n+y 대신에 ρ를 대입하면

$$\int \frac{y\,dA}{\rho} = 0$$

그런데 $y=\rho-r_n$이 되므로

$$\int \frac{(\rho - r_n)\,dA}{\rho} = 0$$

다시 정리하면

$$\int dA - \int \frac{r_n\, dA}{\rho} = 0$$

이 되는데 $\int dA = A$가 되므로

$$A = r_n \int dA/\rho \quad \text{or} \quad r_n = \frac{A}{\int dA/\rho} \tag{h}$$

거리 e는 $\bar{r} - r_n$과 같게 되므로, 다음과 같이 된다.

$$e = \bar{r} - \frac{A}{\int dA/\rho} \tag{4.10}$$

식 (4.9)의 응력 값은 직선 보인 경우의 'Mc/I' 값과는 곡률 계수 K만큼 차이가 난다. 따라서 안쪽 및 바깥쪽 표면에서 아래 첨자 i와 o를 각각 사용하면, 응력 값들은 다음과 같이 된다.

$$\sigma_i = K_i Mc/I = K_i M/Z \quad \text{and} \quad \sigma_0 = -K_o Mc/I = -K_o M/Z \tag{4.11}$$

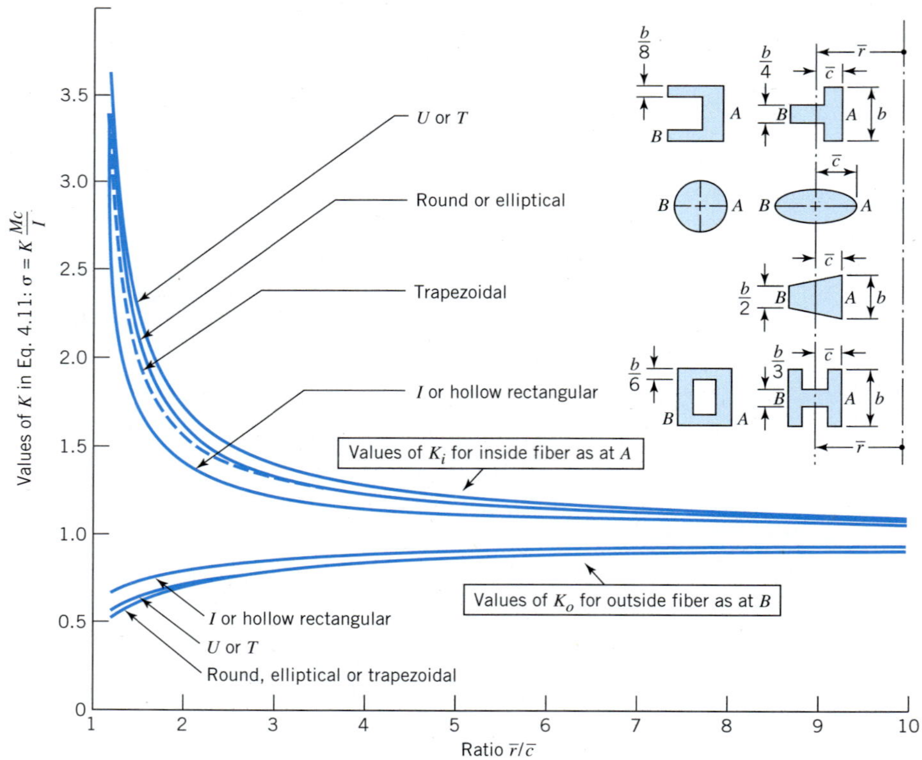

그림 4.11 대표적인 단면형상에 대해 곡률이 굽힘 응력에 미치는 영향[8].

여기서 c는 그림 4.8에 나타나 있다.

대표적인 단면형상 및 다양한 곡률을 가진 곡선 보에서의 K 값들이 그림 4.11에 도시되어 있다. 이는 다음의 경험적인 사실을 보여 준다. '만약 $\bar{r}$가 최소한 $\bar{c}$의 10배 이상이 된다면, 보통 안쪽 표면의 응력은 Mc/I 값보다 10% 이상 크지는 않다.' 여러 가지 단면형상에 대한 K_o, K_i 및 e 값들은 참고문헌 [8]에 표로 주어져 있다. 물론 모든 단면에 대해 식 (4.9)와 (4.10)을 사용하여 구할 수 있으며, 식 (4.10)의 적분은 수치적 혹은 도식적으로 구할 수 있다. 다음의 예제에서 위의 식들을 사용하는 것을 설명하고 있다.

예제 4.1 SAMPLE PROBLEM 직선 보 및 곡선 보에서의 굽힘 응력

그림 4.12에 보인 바와 같이, 사각형 보의 초기 곡률 $\bar{r}$가 단면의 높이 h와 같다. 이 곡선 보에서의 최대 굽힘 응력을 동일 단면의 직선 보에서의 최대 응력과 비교해 보라.

풀이 SOLUTION

제시자료: 직선 보 및 초기 곡률이 있는 곡선 보가 굽힘 하중을 받는다.

목표: 직선 보와 곡선 보에서의 굽힘 응력을 비교하라.

개요도 및 데이터:

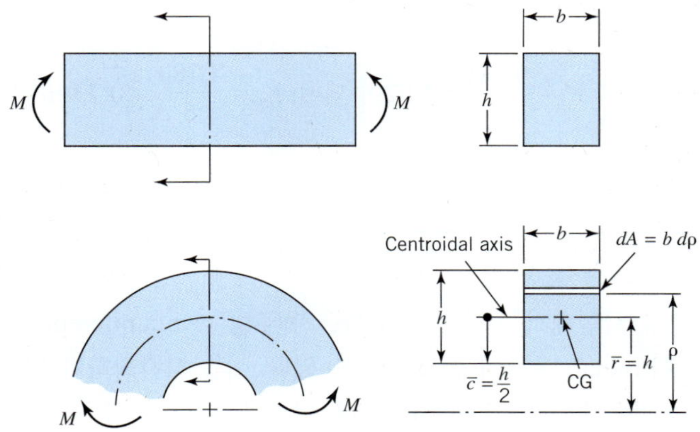

그림 4.12 곡률반경 $\bar{r}$와 단면의 높이 h가 같은 곡선 보($\bar{r}/\bar{c}=2$) 및 직선 보.

가정:

1. 직선 보는 초기에는 직선이어야 한다.
2. 보는 대칭 평면 내에서 하중을 받는다.
3. 재료는 균질하며, 모든 응력은 탄성영역 내에 있다.
4. 응력이 계산되는 단면은 응력집중부나 외력 작용 부위에서 너무 가깝지 않다.

5. 초기 평면 단면은 하중을 받은 후에도 평면 상태로 남아 있다.
6. 굽힘 모멘트는 양(+)이다. 즉 초기 곡선 보를 직선으로 펴는 방향이다.

해석:

1. 그림 4.12에 나타낸 하중 방향에 대해, 일반적인 직선 보에서의 식은

$$\sigma_i = +\frac{Mc}{I} = \frac{6M}{bh^2}, \qquad \sigma_o = -\frac{6M}{bh^2}$$

2. 식 (4.10)에서

$$e = \bar{r} - \frac{A}{\int dA/\rho} = h - \frac{bh}{b\displaystyle\int_{r_i}^{r_o} d\rho/\rho} = h - \frac{h}{\ln(r_o/r_i)} = h\left(1 - \frac{1}{\ln 3}\right)$$
$$= 0.089761h$$

3. 식 (4.9)에서

$$\sigma_i = +\frac{M(0.5h - 0.089761h)}{(0.089761h)(bh)(0.5h)} = \frac{9.141M}{bh^2}$$
$$\sigma_o = -\frac{M(0.5h + 0.089761h)}{(0.089761h)(bh)(1.5h)} = -\frac{4.380M}{bh^2}$$

4. 식 (4.11)에서 $Z = bh^2/6$을 대입하면

$$K_i = \frac{9.141}{6} = 1.52\text{이 되며, } K_o = \frac{4.380}{6} = 0.73\text{이 된다.}$$

주석: 이 값들은 그림 4.11에서 $\bar{r}/\bar{c} = 2$인 다른 단면에 대한 값들과도 부합된다.

곡선 보의 굽힘에서 고려된 응력들은 **원주방향**(circumferential) 응력이다. 어떤 경우에는 **반경방향**(radial) 응력이 중요할 수도 있다. 이를 시각화하기 위해서, 종이 패드를 그림 4.13*a*에서와 같이 활 형태로 구부려 보라. 엄지와 집게손가락을 사용하여 압축력을 가하며, 종이들이 미끄러지지 않도록 한다. 다음에 그림 4.13*b*에서처럼 약간의 굽힘 모멘트를 조심스럽게 추가해 보라(엄지와 집게를 사용하여). 이때 보의 중심부에서 종이들이 분리되는 것은 **반경방향의 인장**(radial tension)이 존재함을 의미한다(반대 방향의 굽힘은 반경방향의 압축). 보의 중앙부가 충분히 무거운 경우에는 이와 같은 반경방향의 응력이 작다. 그러나 얇은 웨브를 가진 I형 보에서는 반경방향 응력이 파손을 야기할 만큼 커지게 되며, 특히 취성재료로 만든 보이거나 피로하중을 받는 경우에는 더욱 그렇다. 곡선 보에서의 반경방향 응력에 대한 추가 정보는 참고문헌 [8]과 [9]에 있다.

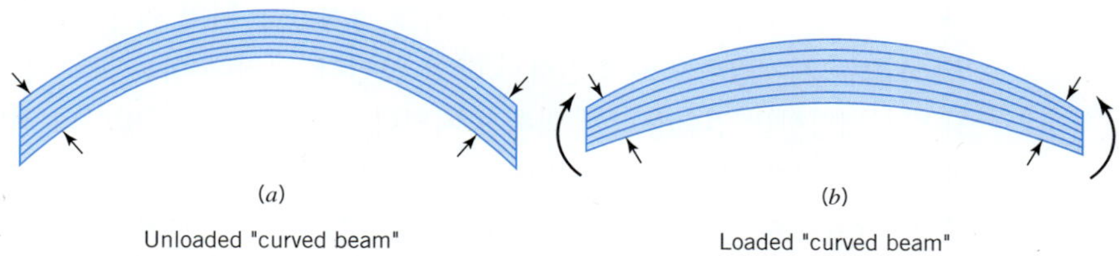

그림 4.13 굽힘 하중을 받는 곡선 보에서의 반경방향 인장을 보여 주는 종이 패드.

4.7 보의 횡방향 전단 하중

그림 2.11에 있는 축과 같은 보에 대한 횡 전단응력의 **평균값**은 V/A(즉 전단력 1580 lb를 그림 2.12에 나타낸 위험 단면의 단면적으로 나눈 값)와 같다고 할지라도, **최대** 전단응력은 실제로 더 크다. 지금부터 이러한 횡 전단응력에 대한 기본 개념의 이해에 중점을 두고, 이의 분포 해석에 대해 검토하고자 한다.

그림 4.14는 하중 작용면에 대칭인 임의 단면의 보를 보여 준다. 보는 양단 지지되고, 중앙에서 집중 하중을 받는다. 왼쪽 지지점에서 x만큼, 중립축에서 y만큼 떨어져 있는 면에서의 횡 전단응력의 분포를 조사하고자 한다. 이 위치에서의 작은 사각형 요소는 오른쪽 위에 있는 그림에서 보여 준다. 요소의 오른쪽 면과 왼쪽 면은 전단응력(크기는 추후 결정)을 받으며, 그 방향은 요소의 왼쪽에서 가해지는 외력은 위로 향하고, 요소의 오른쪽에서 가해

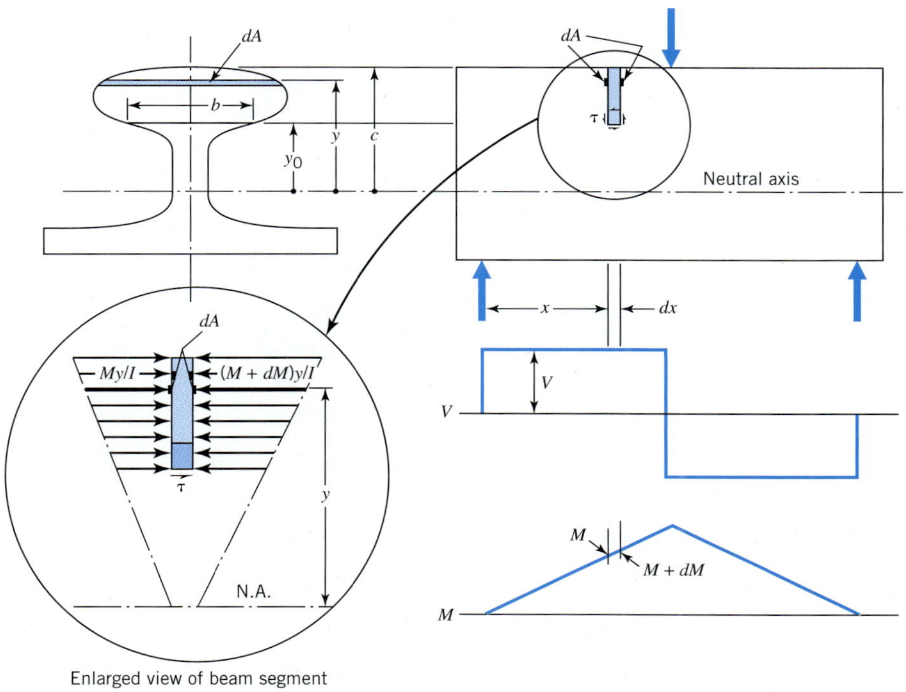

그림 4.14 횡 전단응력 분포를 위한 해석.

지는 외력은 아래로 향한다는 사실에 의해 결정된다. 만약 이 두 힘 벡터만 요소에 작용한다면, 요소는 시계방향으로 회전하려고 할 것이다. 그러나 이는 요소의 윗면과 아랫면에 주어진 반시계방향의 전단응력에 의해 방지된다. 이와 같은 수평방향의 전단응력의 실체는 쉽게 관찰될 수 있다. 즉 책이나 노트에 그림 4.14와 같은 힘을 가하면, 각 페이지들은 서로 미끄러질 것이다. 또한 오랫동안 사용하지 않은 플라스틱 카드가 서로 붙어 있을 때, 카드 중앙에 3점 굽힘 하중을 가하면, 카드들은 분리될 것이다. 그림의 작은 요소로 되돌아가서, 4개의 전단응력 중 어느 하나를 구함으로써, 모든 전단응력의 크기를 결정할 수 있다. 이제 요소의 아랫면에 있는 전단응력을 구해 보자.

보의 윗면에서 시작하여 아랫면까지 길이 dx만큼 사각 요소의 양 측면이 포함되도록, 2개의 수직 방향 톱 절단을 상상해 보자. 이와 같은 절단은 보의 일부를 분리시키며, 이의 아랫면은 전단응력 τ가 작용하는 요소의 아랫면이 된다. 이 부분의 폭은 보의 전체 폭과 같다. 미지의 전단응력이 작용하는 아랫면은 치수가 dx와 b인 사각형 면적을 갖는다. 물론 치수 b는 다양한 y_0 값(즉 다양한 '톱 절단' 깊이)에 따라 달라질 것이다.

그림 4.14의 확대된 그림은 보의 절단 부분에 작용하는 힘들을 보여 준다. 중요한 점은 오른쪽 면의 굽힘 모멘트가 왼쪽 면보다 dM만큼 더 크므로, 굽힘 응력은 왼쪽 면에서보다 오른쪽 면에서 약간 더 크다는 사실이다. 아랫면에서의 미지의 전단응력은 이러한 불균형을 보상하기 위해 충분히 커야 한다. 수평방향 힘의 합이 0이 되어야 하므로

$$\int_{y=y_0}^{y=c} \frac{dM\ y}{I}\, dA = \tau b\, dx$$

이 된다. 그런데 $dM = V\,dx$이 되므로

$$\int_{y=y_0}^{y=c} \frac{V\ dx\ y}{I}\, dA = \tau b\, dx$$

이 된다. 이 식을 τ에 대해 풀면 다음과 같다.

$$\tau = \frac{V}{Ib}\int_{y=y_0}^{y=c} y\, dA \tag{4.12}$$

이제 이 식에 대해 몇 가지 중요한 고찰을 해 보자. 먼저 상부 표면(하부 표면)에서 전단응력은 0이다. 이는 절단 깊이가 없기 때문이며, 따라서 아랫면에 있는 전단응력에 의해 보상되어야 할 굽힘 하중의 불균형이 양 측면에 존재하지 않는다.(다른 방법으로 살펴보면, 만약 그림 4.14의 오른쪽 위에 있는 작은 사각형 요소가 맨 위로 움직인다면, 요소의 윗면은 보의 자유 표면의 일부가 된다. 이 윗면은 접촉하고 있는 것이 없어서, 이 면에 전단응력을 부과할 수 없다. 요소의 윗면에 전단응력이 없다면, 평형조건에 의해 다른 세 면에도 전단응력이 존재하지 않게 된다.) 측면 절단의 깊이를 더해 감에 따라, 점점 더 큰 면적이 굽힘 응력의 불균형에 직면하며, 따라서 보상해야 할 전단응력도 이에 대응하여 증가하여야 한다.

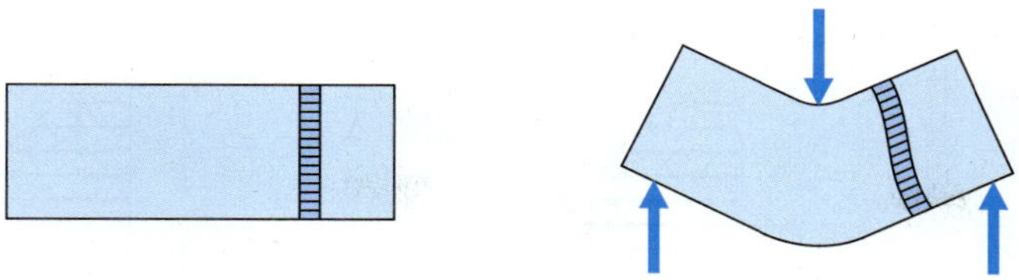

그림 4.15 횡 전단응력(따라서 변형률) 분포를 보여 주는 고무지우개.

그림 4.14에 나타낸 절단 깊이에서, 조금 더 깊게 절단하면(y_0가 약간 작아지면), 보상해야 할 전단응력이 작용하는 면적이 갑자기 줄어들게 되므로(즉 y_0가 작아지면, b는 급격히 줄어든다) 전단응력은 크게 증가된다. 또한 최대 전단응력은 중립축에서 발생함을 주목하라. 이것은 가장 좋은 상황이다! 즉 최대 전단응력은 굽힘 응력이 0인 중립축에 정확히 존재하므로, 부재는 가장 잘 견딜 수 있게 된다. 굽힘 응력이 최대가 되는 표면에서는 전단응력이 0이 된다.[식 (4.12)를 분석하면, 중립축 **근처**에서의 폭보다 중립축에서 훨씬 큰 폭 b를 가지는 특이 단면에서는, 최대 전단응력이 중립축에 존재하지 않는다는 것을 시사한다. 하지만 이는 그리 중요하지 않다.]

이를 물리적 모델로 구현해 보면 개념을 명확하게 이해하는 데 도움이 된다. 그림 4.15는 고무지우개에 한 열의 요소가 그려진 것을 보여 주며, 이 지우개 보가 하중을 받을 때(그림 4.15b에서 보듯이) 열에 있는 요소들은 상대 전단 변형률(따라서 응력)을 나타낸다. 만약 지우개에 하중을 조심스럽게 가하면, 맨 위와 맨 아래에 있는 요소들은 거의 뒤틀리지 않는다(즉 초기 직각은 직각으로 남는다). 반면에 직각에서 가장 큰 뒤틀림은 중앙 요소에서 생긴다.

중실 원형 및 직사각형 단면에 식 (4.12)를 적용하면, 그림 4.16과 같이 전단응력은 포물선 분포를 갖게 되며, 중립축에서의 최댓값은 **중실 원형** 단면에 대해서는

$$\tau_{max} = \tfrac{4}{3}V/A \tag{4.13}$$

이 되며, **중실 직사각형** 단면에 대해서는

$$\tau_{max} = \tfrac{3}{2}V/A \tag{4.14}$$

이 된다. 중공 원형 단면에서의 응력 분포는 바깥지름에 대한 안지름의 비에 따라 달라지며, **얇은 튜브**에서의 최대 전단응력의 근삿값은

$$\tau_{max} = 2V/A \tag{4.15}$$

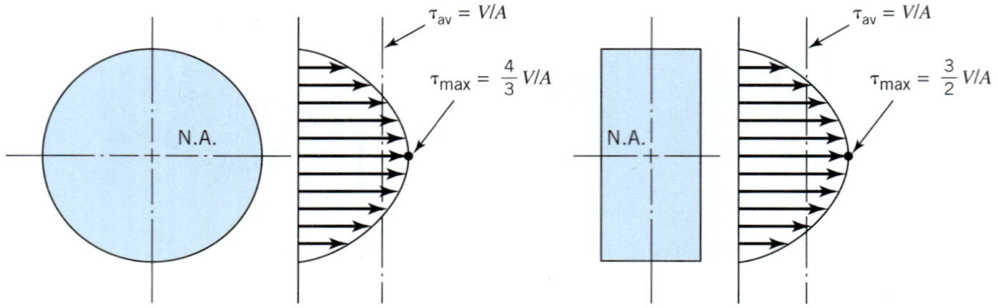

그림 4.16 중실 원형 및 직사각형 보에서의 횡 전단응력 분포.

이 된다. 보통의 I형 보 단면에서, 폭 b는 플랜지보다 웨브에서 훨씬 작으므로 전단응력은 웨브에서 더 크다. 사실 웨브에서의 전단응력은, 웨브가 보의 전체 높이에 걸쳐 있다고 가정하여, 가끔 전단력 V를 웨브만의 면적으로 나눈 값으로 근사화하기도 한다.

상기한 해석에서는 중립축으로부터 임의의 거리 y_0에서 전단응력은 보의 폭 b에 걸쳐 균일하게 분포한다는 암묵적인 가정이 포함되어 있다(그림 4.14 참조). 이는 아주 정확하지는 않지만, 이 가정으로 인해 공학적 오차가 커지지는 않는다. 보의 폭 전체에 걸친 전단응력의 분포는 참고문헌 [8]과 [11]에서 찾아볼 수 있다. 대칭축이 없는 단면을 가지는 보의 하중에 대해서는 재료역학의 고급 교재를 참고하기 바란다.

마지막으로 주목할 점은 횡 전단응력이 **굽힘 응력에 비교해서** 더 중요한 경우는 매우 **짧은** 보에서 뿐이라는 것이다. 이러한 일반화에 대한 원리는 그림 4.17에서 예시된다. 이 그림에서 동일한 하중이 길고 짧은 보에 각각 가해진다. 두 개의 보는 동일한 전단력을 갖고 있으며, 굽힘 모멘트 선도에서 동일한 **경사도**(slope)를 갖는다. 하지만 보의 길이가 0에 접근함에 따라, 굽힘 모멘트(굽힘 응력)는 0에 접근하는 반면, 전단력과 전단응력은 변하지 않고 남아 있다.

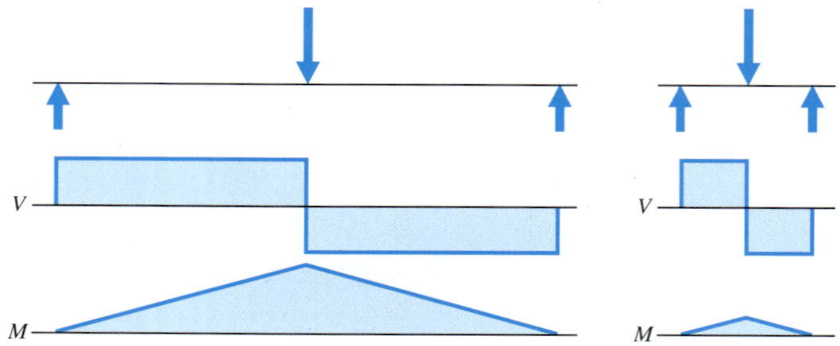

그림 4.17 굽힘 및 전단 하중에 미치는 보 길이의 영향.

예제 4.2 SAMPLE PROBLEM 전단응력 분포의 결정

그림 4.18과 같은 하중을 받는 보에 대하여 전단응력 분포를 결정하라. 이 전단응력을 최대 굽힘 응력과 비교하라.

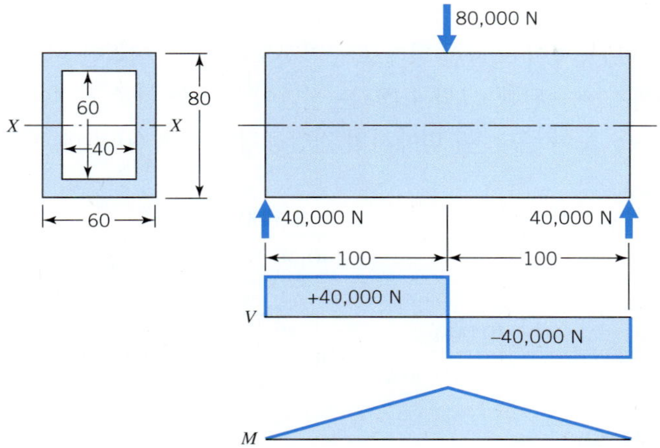

그림 4.18 예제 4.2 보의 전단응력 분포. 주의: 모든 치수의 단위는 mm, 단면의 특성 $A = 2400\text{mm}^2$, $I_x = 1840 \times 10^6\ \text{mm}^4$.

풀이 SOLUTION

제시자료: 주어진 단면형상을 가지는 직사각형 보가 중앙 집중 하중을 받는다.

목표: 전단응력 분포와 최대 굽힘 응력을 결정하라.

가정:

1. 보는 초기에 직선이다.
2. 보는 대칭 평면 내에서 하중을 받는다.
3. 보에서의 전단응력은 중립축으로부터의 각 지점에서 보의 전체 폭에 걸쳐 균일하다.

개요도 및 데이터:

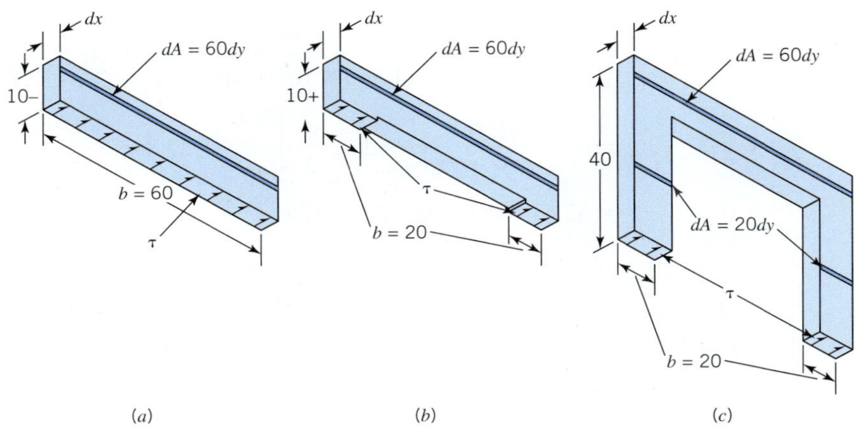

그림 4.19 예제 4.2의 부분 해, 3개의 절단 깊이에서의 전단응력.

해석:

1. 그림 4.14와 식 (4.12)를 참고하면, 처음에 윗면과 아랫면에서 $\tau=0$임을 알 수 있다. 이는 그림 4.20에 있는 전단응력 분포를 그려 가는 데 출발점이 된다. 가상의 평행한 톱 절단(그림 4.14와 관련되어 기술된) 깊이가 커지면서 윗면에서 아래로 진행됨에 따라, 불균형한 굽힘 응력에 노출된 면적이 증가하고, 이는 가상부분 아랫면에서 보상해야 할 전단응력이 포물선 형태로 증가하도록 한다. 이러한 현상은 10 mm의 절단 깊이(10_)까지 계속된다. 그림 4.19*a*는 절단이 단면의 안쪽 표면에 도달하기 바로 전의 가상 부분을 보여 준다. 이 면에서의 전단응력(아랫면 60·*dx*에 작용하는)은

$$\tau = \frac{V}{Ib}\int_{y=y_0}^{y=c} y\,dA = \frac{40{,}000}{(1.840 \times 10^6)(60)}\int_{y=30}^{y=40} y(60dy)$$

$$= \frac{40{,}000}{(1.840 \times 10^6)(60)}(60)\left[\frac{y^2}{2}\right]_{y=30}^{y=40} = 7.61 \text{ N/mm}^2\text{, or } 7.61 \text{ MPa}$$

으로 계산된다.

2. 절단을 약간 더 깊이(10+)하면, 안쪽 표면은 통과되고, 전단응력이 작용하는 면적은 그림 4.19*b*에 주어진 것처럼 갑자기 20*dx*로 줄어든다. 절단 부분의 양 측면에 작용하는 불균형한 굽힘 하중은 거의 변하지 않는다. 식 (4.12)에서 바뀌는 유일한 값은 *b*이며, 이는 1/3로 감소하고, 따라서 3배로 커진 전단응력 22.83 MPa가 된다.

3. 절단 깊이가 중립축(40)에 도달할 때까지 점점 커지는 동안에, 전단응력이 작용하는 면적(20*dx*)은 변하지 않는 반면, 점점 추가되는 측면 면적 *dA*에 의해 불균형 굽힘은 더 많이 발생한다. 하지만 추가되는 면적 *dA*는 단면 윗부분에서의 면적 증가에 비해 1/3의 크기를 갖는다. 따라서 중립축에서의 전단응력은 기대한 만큼 증가하지는 않는다. 중립축에서의 τ 값을 구하기 위해 식 (4.12)를 이용할 때, 두 개의 적분, 즉 *y*의 범위가 하나는 0부터 30 mm까지이고 다른 하나는 30부터 40 mm까지인 적분이 포함됨을 주의하라(두 번째 적분은 앞에서 계산됨).

$$\tau = \frac{V}{Ib}\int_{y=y_0}^{y=c} y\,dA = \frac{40{,}000}{(1.840\times 10^6)(20)}\left[\int_{y=0}^{y=30} y(20\,dy) + \int_{y=30}^{y=40} y(60\,dy)\right]$$

$$= \frac{40{,}000}{(1.840 \times 10^6)(20)}(20)\left[\frac{y^2}{2}\right]_{y=0}^{y=30} + 22.83$$

$$= 32.61 \text{ N/mm}^2\text{, or } 32.61 \text{ MPa}$$

이러한 계산은 그림 4.20에 있는 전단응력 분포를 그릴 수 있게 해 준다.

4. 비교해 보면, 최대 굽힘 응력은 보의 윗면과 아랫면에서 발생하며, 굽힘 모멘트는 보의 길이에 걸쳐 중간 지점에서 최대가 된다. 따라서 최대 굽힘 응력은 다음과 같이 계산된다.

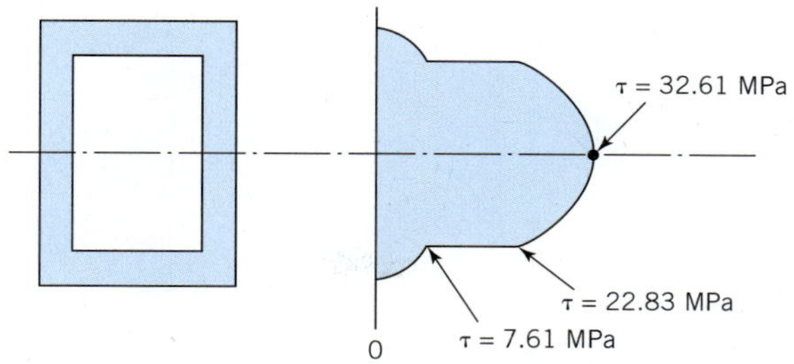

그림 4.20 전단응력 분포, 예제 4.2.

$$\sigma = \frac{Mc}{I} = \frac{(40{,}000 \times 100)(40)}{1.84 \times 10^6} = 86.96 \text{ N/mm}^2$$
$$= 86.96 \text{ MPa}$$

주석: 전단응력은 단면의 노출된 안쪽 표면에서 0이어야 한다는 것을 상기하면, 그림 4.19*a*에서 전단응력이 균일하게 분포된다는 가정은 맞지 않고, 이 절단 깊이(10_)에서 단면의 바깥쪽 지지부에서의 전단응력은 계산된 값 7.61 MPa보다 더 클 것이라는 점이 명백하다. 이 사실은 별로 중요하지 않다. 왜냐하면 전단응력에 관한 한, 계산된 τ 값이 세 배가 되는 바로 밑(10+)이나, 혹은 전단응력이 최대가 되는 중립축(40)에 관심이 집중될 것이기 때문이다.

4.8 유도 응력, 모어원 표시

단순 인장 혹은 압축 하중은 임의의 면에 전단응력을 유도한다. 마찬가지로 순수 전단은 인장과 압축을 유도한다. 어떤 경우에는 유도 응력이 직접 응력보다 물질에 더 큰 손상을 입힐 수 있다.

그림 4.21*a*는 두 개의 큰 사각 요소가 표시된 고무지우개를 보여 주며, 하나는 지우개의 측면과 같은 방향으로 그려져 있고, 다른 하나는 45°로 그려져 있다. 그림 4.21*b*는 인장을 받고 있는 것을 나타낸다(지우개를 늘임으로써). 이 그림을 살펴보면 45° 사각 요소에서 전단 뒤틀림이 발생하였음이 명백하다. 만약 지우개가 압축을 받았다면, 45° 사각 요소의 전단 뒤틀림은 반대가 될 것이다.

그림 4.21*c*는 수직면과 수평면을 각각 x와 y로 표시하고, x면에서 작용하는 인장응력 σ_x를 포함한 요소의 확대된 그림을 보여 준다. 요소의 x와 y면은 그림 4.21*c*에 있는 경사도(oblique view)에서 확인되듯이 지우개 표면에 수직이다.

요소의 작용 응력에 대한 모어원 도해는 그림 4.21*d*에 나타내었다. 원에서점 x와 y는 요소의 x면과 y면에 작용하는 수직응력과 전단응력을 나타내도록 정해진다. 그런 다음에, 선분 xy를 지름으로 하는 원을 그린다.

모어원 표시에 대한 증명은 기초적인 재료역학 교재에 있다. 여기서 강조하는 것은 모

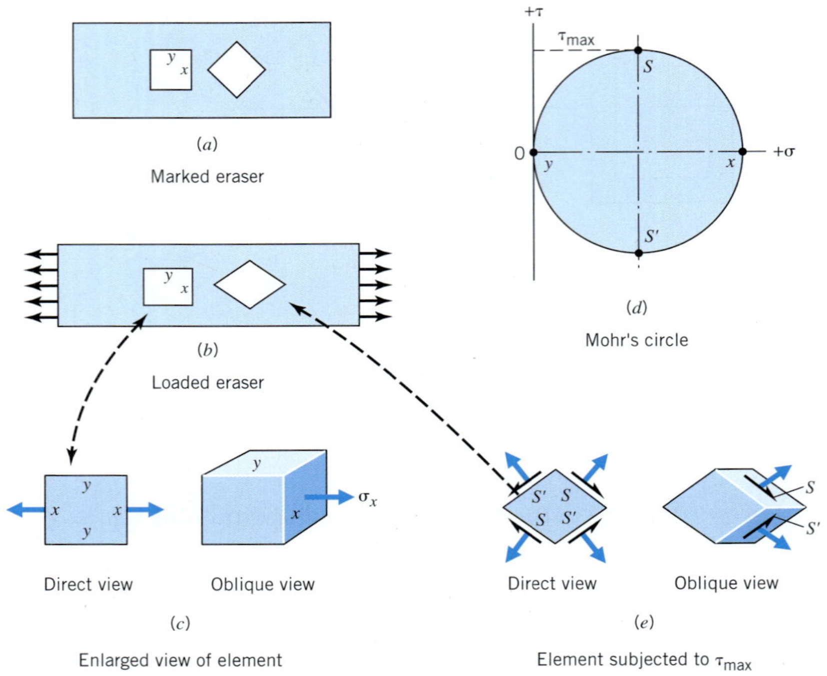

그림 4.21 순수 인장 하중으로부터 유도된 전단 응력.

어원 표시의 의미와 해석에 대해 명확하게 이해하는 것이다. 첫째, 요소에서 가상의 절단면이 회전할 때(항상 표면에 수직을 유지하면서), 절단면이 x면(수직면)에서 y면(수평면)으로 움직이고 다시 x면으로 오는데 각도 180°가 바뀐다. 이 사이의 모든 절단면에 작용하는 수직응력과 전단응력은 그림 4.21d에 있는 모어원의 전체 360°에 걸쳐 펼쳐져 있다. 따라서 모어원에서 측정된 각은 실제 요소의 대응하는 각의 2배이다. 예를 들면 x와 y는 요소에서는 90° 떨어져 있지만 모어원에서는 180° 떨어져 있다.

둘째, 4.4절에 주어진 전단응력 부호약속(즉 시계방향이 양)을 따른다면, 요소에서 어떤 방향이든지 절단면의 회전은 모어원에서도 **동일한 방향**으로 2배 회전한다는 것에 대응한다는 것이다.

모어원에 있는 점 S와 S'(그림 4.21d)은 양의 최대 전단응력과 음의 최대 전단응력을 가지는 면을 의미한다. 원에서 점 S는 x로부터 90° **반시계방향**에 있다. 따라서 요소에서는 면 S가 수직면 x에 대해 45° **반시계방향**에 있다. 그림 4.21e에 표시된 요소는 방향이 올바르게 설정된 면들 S를 보여 주는데, 이들은 무한히 가까이 있으므로, 이들은 실제로 한 개의 면을 의미한다. 모어원은 S면에 양의 수직응력과 양의 전단응력이 동일 크기 $\sigma_x/2$로 작용하는 것을 보여 주며, 이러한 응력들이 그림 4.21e에 표시되어 있다. S' 평면의 방향과 작용응력들도 이에 대응하여 결정된다.(그림 4.21a, 4.21b에 있는 45° 요소가 최대 전단응력을 받는 요소임을 주목하라.)

그림 4.22a는 비틀림을 받기 전에 요소가 그려진 고무지우개를 보여 준다. 비틀림 하중

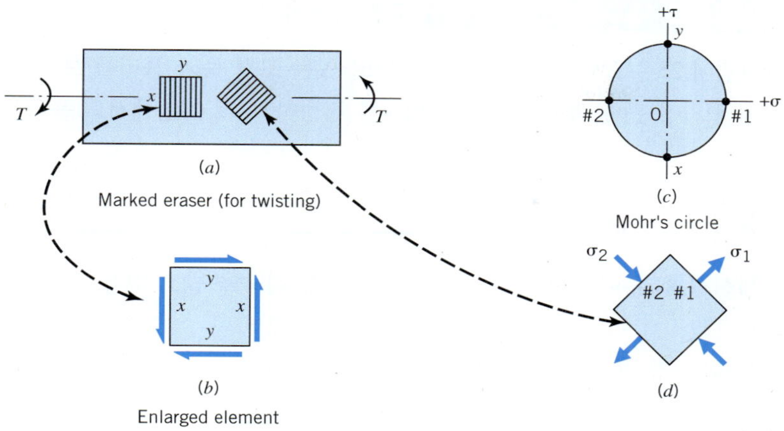

그림 4.22 순수 비틀림 하중에서 유도된 축 응력.

이 가해질 때, 지우개 변과 평행한 사각형들의 모든 초기 직각은 크게 변하며, 이는 전단변형을 의미한다. 이와는 대조적으로, 45° 사각형에 있는 직각은 **변하지 않는다**. 지우개를 한 방향으로 비틀면, 45° 사각형에 있는 평행선들은 사이 거리가 더 줄거나 더 멀어진다. 비틀림 방향을 역으로 하면, 이 선들은 더 길어지거나 서로 접근한다. 그러나 어느 경우도 전단을 의미하는 각 변화는 발생하지 않는다.

그림 4.22*b*는 지우개 변과 평행한 요소의 면들에 작용하는 직접 전단응력을 보여 준다. 비틀림 하중이 왼쪽 면을 아래로, 오른쪽 면을 위로 움직이도록 하므로, *x*면은 음의 전단(반시계방향)응력을 받는다는 것을 주목하라. 물론 평형을 유지하기 위해, *y*면에는 대응하는 양의 전단응력이 필요하다. 모어원을 그리기 위해, *x*면과 *y*면에 대한 직접 응력을 그림 4.22*c*에 나타내었다. 전단응력이 0인(최대 인장 혹은 압축을 갖는) 면을 **주평면**(principal plane)이라 하며, 모어원에 #1, #2로 표시되어 있다. 대응하는 **주요소**(principal element)가 그림 4.22*d*에 나와 있다.

모어원은 독일의 유명한 구조 공학자인 오토 모어(Otto Mohr)의 이름에서 유래되었으며, 그는 1880년에 이 방법을 제안하였고, 1882년에 참고문헌 [4]에 이를 발표하였다. 이 도해 방법은 문제를 해결하고, 관심이 있는 지점에서의 응력 상태를 구하는 데 매우 유용하게 사용된다.

4.9 조합 응력, 모어원 표시

이 주제는 다음과 같은 예제를 통해 가장 잘 설명될 수 있다.

예제 4.3 SAMPLE PROBLEM 고정 축에서의 응력

그림 4.23은 2000 lb의 정하중을 받고 있는 고정 축과 풀리를 보여 준다. 지름 1 in.의 단면에서 가장 큰 응력이 작용하는 위치를 결정하고, 그 지점에서의 응력을 계산하라.

풀이 SOLUTION

제시자료: 주어진 형상의 축이 알려진 조합 하중을 받고 있다.

목표: 가장 큰 응력의 크기와 위치를 결정하라.

개요도 및 데이터:

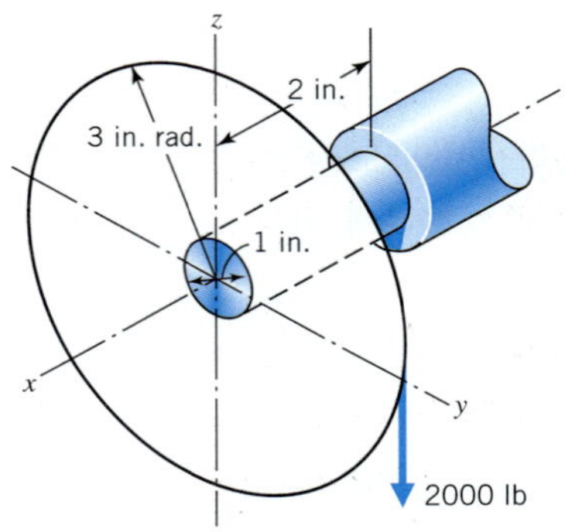

그림 4.23 조합 하중을 받고 있는 축. 1 in. 지름의 중실축: $A=\pi d^2/4=0.785$ in.^{2}, $I=\pi d^4/64=0.049$ in.^{4}, $J=\pi d^4/32=0.098$ in.^{4} (부록 B-1 참조).

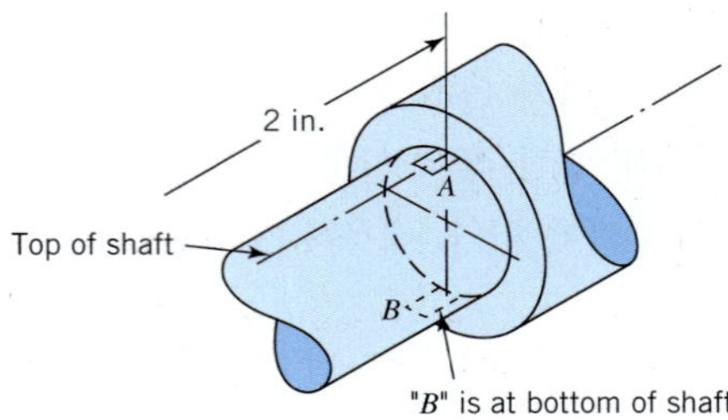

그림 4.24 최대 응력을 받는 위치.

가정:

1. 지름 1 in. 축의 축단에서의 응력집중은 무시될 수 있다.
2. 대기압에 의해 축 표면에 작용하는 압축응력은 무시할 수 있다.

해석:

1. 축은 비틀림, 굽힘 및 횡 전단을 받고 있다. 비틀림 응력은 축의 전 표면에서 최대이다. 굽힘 응력은 그림 4.24에 나타낸 점 A와 B에서 최대이다. 중립축으로부터의 거리와 굽힘 모멘트도 이 두 지점에서 최대임을 주목하라. 횡 전단응력은 굽힘 응력에 비해 비교적 작고, 점 A, B에서 0이다(4.7절 참조). 따라서 횡 전단응력은 무시된다. 분명

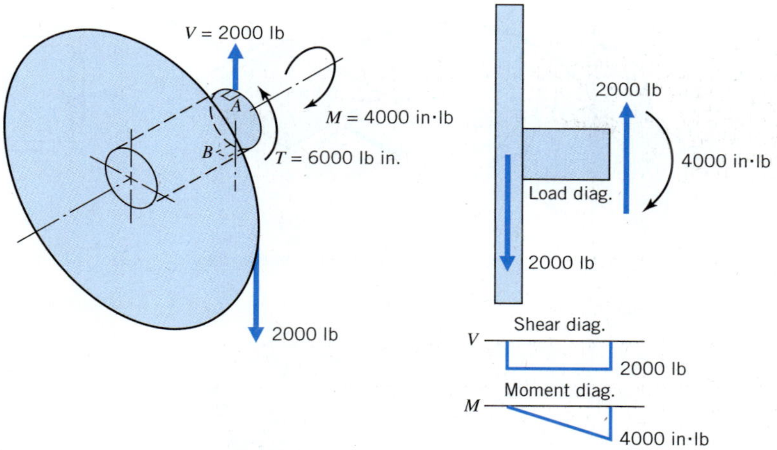

그림 4.25 자유물체도 및 하중 선도.

히 살펴보아야 할 곳은 점 A와 B를 포함하는 단면이다.

2. 그림 4.25에서 축이 점 A, B를 포함하는 단면에서 절단된다고 가정하고, 이 부분에 대해 **평형상태에 있는 자유물체도**(free body in equilibrium)를 생각하자. 이는 절단면에 작용하는 모든 하중을 명확히 규정하는 편리한 방법이다. 이 경우에 그림에서 보듯이 세 개의 하중 M, T, V가 있다. 이때 자유물체는 평형상태에 있으므로, 모든 힘과 모멘트의 합은 0이 된다. 또한 분리된 자유물체에 대한 하중 선도, 전단력 선도, 모멘트 선도를 그림 4.25에 나타내었다.

3. 하중과 관련된 직접 응력을 계산하라.

   굽힘 응력(A에서는 인장, B에서는 압축):

$$\sigma_x = \frac{Mc}{I} = \frac{(4000\ \text{in} \cdot \text{lb})\left(\frac{1}{2}\,\text{in.}\right)}{0.049\ \text{in.}^4} = 40{,}816\ \text{psi} \approx 40.8\ \text{ksi}$$

   비틀림 응력(전체 표면에서의):

$$\tau_{xy} = \frac{Tr}{J} = \frac{(6000\ \text{lb} \cdot \text{in.})\left(\frac{1}{2}\,\text{in.}\right)}{0.098\ \text{in.}^4} = 30{,}612\ \text{psi} \approx 30.6\ \text{ksi}$$

4. 그림 4.26은 A에 있는 요소에 작용하는 응력을 보여 준다.(B에서의 응력은 굽힘 응력이 압축인 것을 제외하고는 동일하다.) 전단응력 벡터 중 두 개의 반시계방향 벡터는 축에 가해지는 비틀림 방향을 따른다는 것을 주목하라. 그런 다음, 한 쌍의 다른 면에 작용하는 시계방향의 전단 벡터는 평형조건에 따라 구해진다.(주의: 그림 4.26의 전단응력에 사용된 아래 첨자는 이 책에서는 중요하게 취급하지 않지만, 일반적인 규약을 따른다. 즉 τ_{xy}는 x면에서 y 방향으로 작용하고, τ_{yx}는 y면에서 x 방향으로 작용한다. 두 전단응력 모두를 τ_{xy}라 간주한다고 해도 아무런 어려움이 없을 것이다. 부호 규약의

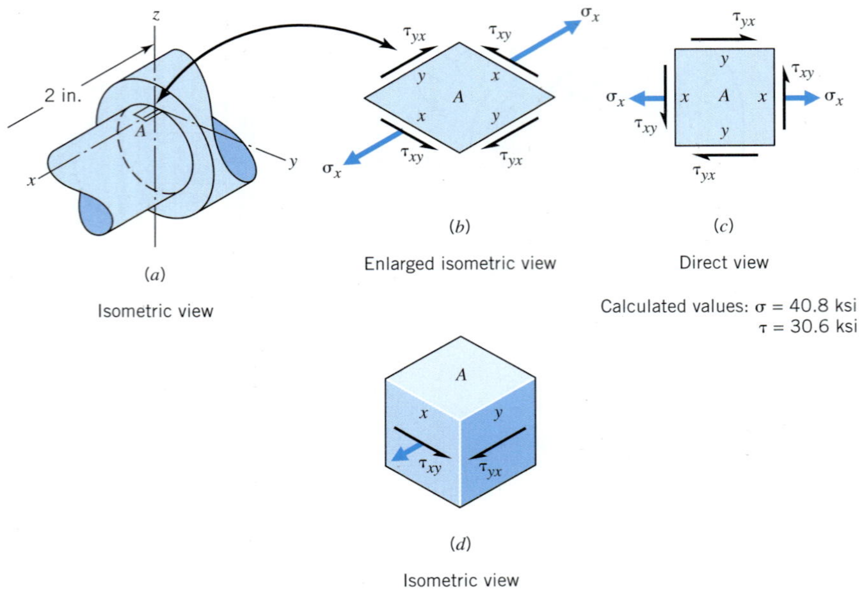

그림 4.26 요소 A의 여러 가지 도식.

일관성을 유지하기 위해 시계방향을 양으로 하는 법칙을 따른다.)

3차원 그림(isometric view)은 이전의 그림들과 직접 비교하기 위해 그려져 있다. 2차원 그림(direct view)은 응력을 받는 요소를 표현하는 편리한 방법이다. 3차원 표현은 **표면에 수직인 면**에서 응력들이 실제로 어떻게 작용하는지 보여 준다. 축 표면 자체는 무시될 수 있는 대기압을 제외하고는 하중을 받지 않는다.

5. 그림 4.26은 가장 큰 응력이 발생하는 위치에 있는 요소에 작용하는 모든 응력들을 보여 준다. 하지만 해석은 보다 더 진행될 수 있다. 먼저 육면체 요소는 무한히 작고, x면과 y면은 점 A를 지나고 축 표면에 수직인 무한히 많은 면 중 **단지** 2개를 의미한다는 것을 상기하라. 일반적으로 더 큰 수직응력과 전단응력을 받는 다른 면이 있을 것이다. 모어원은 점 A를 지나며 축 표면에 수직인 **모든** 단면에 작용하는 수직응력과 전단응력을 표시하고 결정하는 편리한 방법을 제공한다. 이 원은 그림 4.27에 만들어져 있는데, 먼저 x와 y면에 있는 응력을 나타내는 점을 표시하고, 이 두 점을 연결하는 직선을 그린 후, 선분 xy를 지름으로 하는 원을 그리면 된다. 모어원은 주응력 σ_1과 σ_2의 크기와 방향을 결정하는 편리한 도해법을 제공한다. 이러한 주응력은 그림 4.28에 그려진 점 A에 있는 **주요소**(principal element)에 표시되어 있다. 여기서 #1 주평면은 x면에서 시작하여 모어원에서 측정된 56°의 반만큼 반시계방향으로 회전한 위치에 있음을 주목하라.

6. 그림 4.28은 가장 큰 수직응력의 크기와 방향을 보여 준다. 또한 마찬가지 방식으로 가장 큰 전단응력을 표시하는 것도 관심 있을 수 있다. 이는 그림 4.29에 표시되어 있는데, 이때 다음의 법칙을 지켜야 한다.

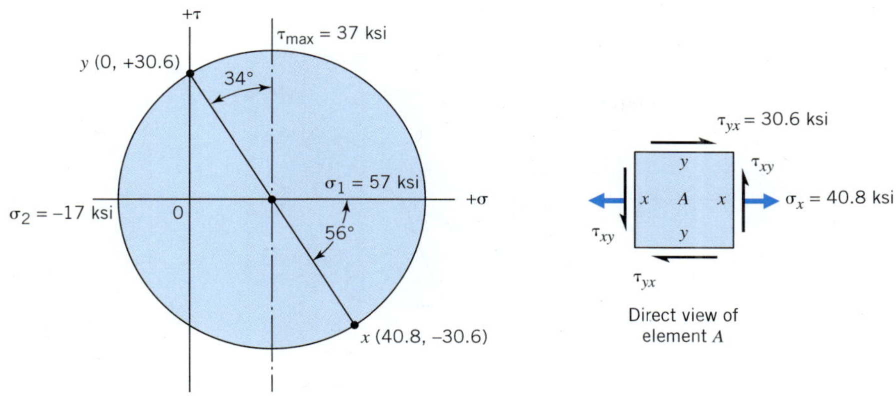

그림 4.27 그림 4.25의 점 A에서의 모어원 표시.

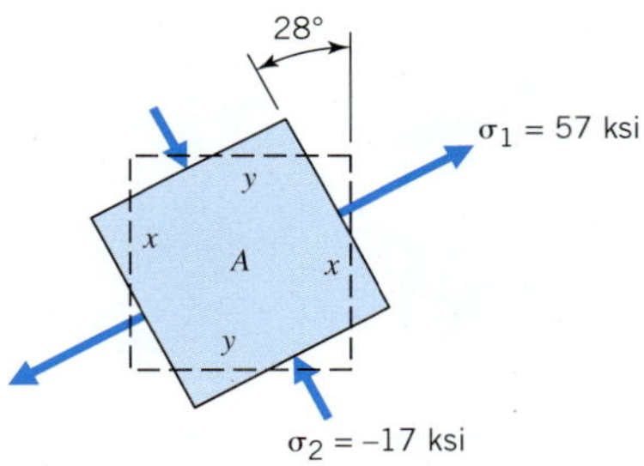

그림 4.28 x면 및 y면과 연관하여 보여 주는 A 점에서의 주요소(2차원 그림).

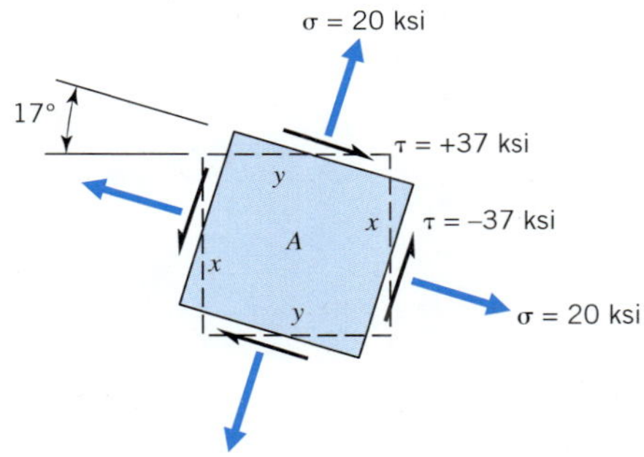

그림 4.29 x면 및 y면과 연관하여 보여 주는 A 점에서의 최대 전단요소(2차원 그림).

a. 요소와 모어원에서 동일한 방향으로 회전한다.

b. 모어원에서의 각은 요소에서의 각의 2배가 된다는 것을 사용한다.

주석: 단계 1에서 횡 전단응력을 무시한 가정을 증명하기 위해, 1 in. 지름 축의 중립축에서 횡 전단응력의 최댓값은 $4V/3A = (4)(2000 \text{ lb})/[(3)(\pi)(1 \text{ in.}^2)/4] = 3.4$ ksi가 되는 것을 주목하라.

4.10 모어원과 관련된 응력 공식

절단면의 각도에 따른 수직응력 및 전단응력을 구하는 해석적 유도 과정은 기본적인 재료역학 교재에 기술되어 있으며, 여기서 반복할 필요는 없다. 중요한 식들은 다음과 같다.

어떤 방향의 요소에 작용하는 응력들을 알고 있다면(그림 4.26처럼), 주응력과 주방향,

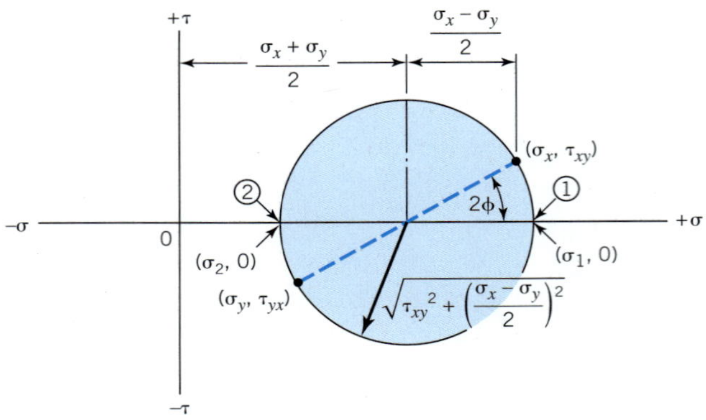

그림 4.30 식 (4.16), (4.17) 및 (4.18)을 도시하는 모어원.

최대 전단응력은 모어원이나 다음의 식들로부터 구할 수 있다.

$$\sigma_1, \sigma_2 = \frac{\sigma_x + \sigma_y}{2} \pm \sqrt{\tau_{xy}^2 + \left(\frac{\sigma_x - \sigma_y}{2}\right)^2} \quad \textbf{(4.16)}$$

$$2\phi = \tan^{-1}\frac{2\tau_{xy}}{\sigma_x - \sigma_y} \quad \textbf{(4.17)}$$

$$\tau_{max} = \pm\sqrt{\tau_{xy}^2 + \left(\frac{\sigma_x - \sigma_y}{2}\right)^2} \quad \textbf{(4.18)}$$

여기서 ϕ는 주축과 x, y축 사이의 각이다(혹은 주평면과 x, y면 사이의 각). 만약 ϕ가 양이면, 주축(혹은 주평면)은 x, y축(혹은 면)으로부터 시계방향에 있다.

주응력을 알고 있으면서, #1 주평면으로부터 임의의 각 ϕ만큼 반시계방향으로 회전한 면에 작용하는 응력을 결정하고 싶다면, 다음 식들을 이용하여 구한다.

$$\sigma_\phi = \frac{\sigma_1 + \sigma_2}{2} + \frac{\sigma_1 - \sigma_2}{2}\cos 2\phi \quad \textbf{(4.19)}$$

$$\tau_\phi = \frac{\sigma_1 - \sigma_2}{2}\sin 2\phi \quad \textbf{(4.20)}$$

식 (4.16)부터 (4.18)까지는 그림 4.30의 모어원에서, 식 (4.19)와 (4.20)은 그림 4.31의 모어원에서 각각 쉽게 유도될 수 있다. 이는 식을 기계적으로 암기하는 것을 대체해 줄 수 있으며, 물리적 의미를 이해하는 데도 도움을 준다.

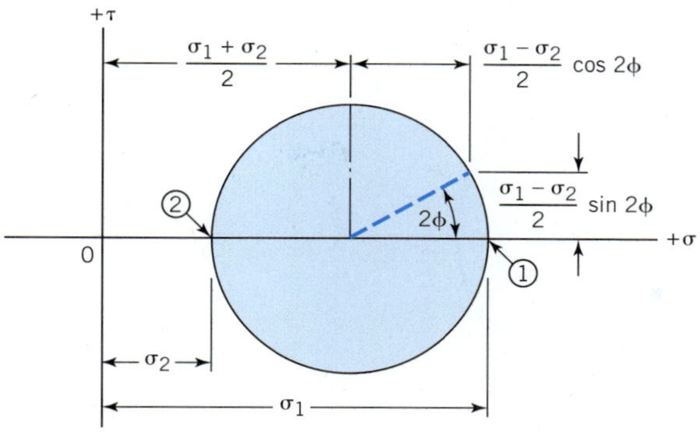

그림 4.31 식 (4.19) 및 (4.20)을 도시하는 모어원.

4.11 3차원 응력

응력은 3차원의 실제 물체에서만 존재하기 때문에, 응력을 3차원으로 고려하는 것이 가장 좋다. 단축 응력상태(단순 인장 혹은 압축)는 세 개의 주응력을 포함하나, 이 중 둘은 0이다. 2축 응력(순수 전단, 혹은 그림 4.23부터 4.29까지에 주어진 예제)은 한 개의 주응력을 0으로 한다. 크기가 0인 주응력을 무시하는 것은 심각한 오차를 유발할 수 있으며, 이에 대해서는 이 절의 뒷부분에서 설명될 것이다.

그림 4.24의 점 A에서의 응력상태 해석을 3차원 문제로 확대해 보자. 그림 4.32는 점 A에서의 응력요소(stress element)에 대한 5가지 그림을 보여 준다. 즉 (a)는 원래의 x, y면과 이 면들에 작용하는 응력을 보여 주는 경사도, (b)는 z축에 대해 28° 회전하여 얻은 주요소, (c, d, e)는 각각 주요소의 1-2면, 1-3면, 2-3면의 2차원 그림이다.

이러한 응력상태에 대한 완전한 모어원이 그림 4.33a에 표시되어 있다. 점 1과 3 사이의 큰 원은 2축 혹은 z축을 포함하고, 점 A를 지나는 모든 면에 대한 응력을 표시한다. 점 2와 3 사이에 있는 작은 원은 1축을 포함하는 모든 면에서의 응력을 주고, 점 1과 2 사이에 있는 중간 원은 3축을 포함하는 모든 면에서의 응력을 표시한다.

비록 3개의 원은 각각 점 A를 지나는 무한개의 면을 나타내고 있지만, 어느 주축도 포

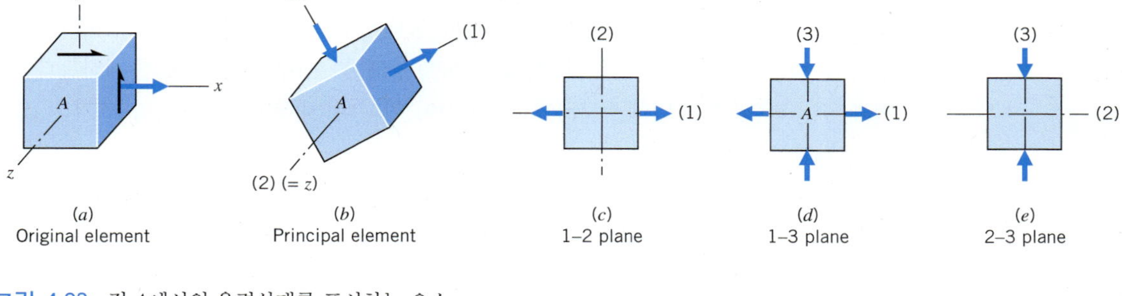

그림 4.32 점 A에서의 응력상태를 표시하는 요소.

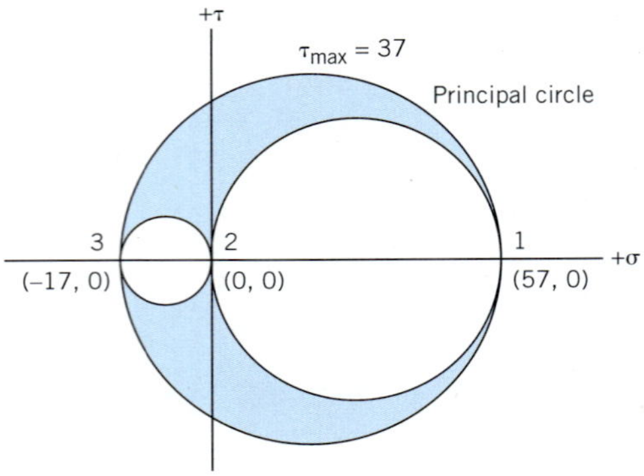

그림 4.33*a* 그림 4.25의 점 *A*에서의 응력상태를 표시하는 완전한 모어원.

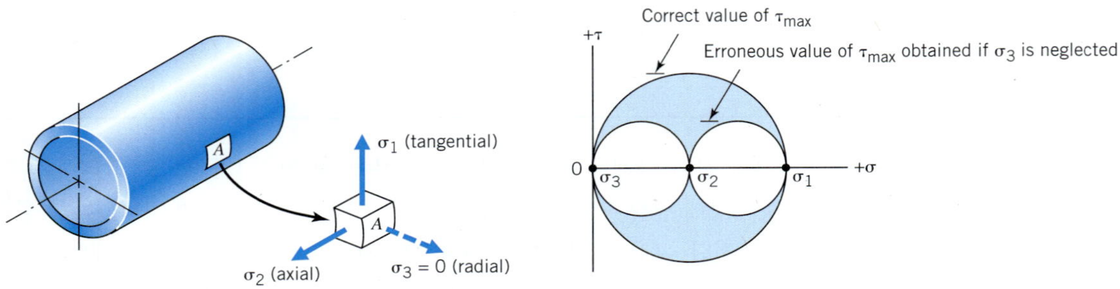

그림 4.33*b* 정확한 τ_{max}를 구하기 위해 σ_3를 고려해야 되는 2축 응력의 예제. 내부 압력이 작용하는 원통은 정확한 τ_{max}를 구하기 위해 σ_3를 고려해야 되는 2축 응력 상태를 나타낸다. 주의: (1) 내부 표면에 있는 요소에서 σ_3는 음이고 내부의 유체 압력과 수치상 같다. (2) 얇은 두께의 원통일 경우에 $\sigma_2 \approx \sigma_1/2$.

함되지 않는 더 많은 무한개의 면이 남아 있다. 이러한 **모든** 평면은 원 사이의 음영 처리된 부분에 있는 점들에 해당하는 응력을 받고 있다. 어떤 주어진 면에 대응하는 이 영역에 있는 특정 점의 위치는 별로 중요하지 않으나, 관심 있는 독자는 참고문헌 [1]이나 3.7절에서 관련된 내용을 참고하기 바란다.

세 개의 모어원 중 가장 큰 원이 항상 두 개의 극한 수직응력뿐만 아니라 최대 전단응력을 표시하기 때문에, 모어(Mohr)는 이 원을 **주원**(principal circle)이라 명명하였다.

모어원을 그릴 때 0의 주응력이 포함되지 않으면, 최대 전단응력을 정확히 구하지 못하게 되는 일반적인 예로서, 압력 원통의 외부 표면을 설명하고자 한다. 여기서 축 방향 및 접선 방향 응력은 인장응력이며, 하중을 받지 않는 표면이라는 사실로부터 세 번째 주응력은 0임을 알 수 있다. 그림 4.33*b*는 최대 전단응력의 정확한 값과 단순 2차원 해석에 의한 부정확한 값을 동시에 보여 준다. 동일한 상황이 원통 내부 표면에도 존재하는데, 이때는 세 번째 주응력(내부 표면에서 작용하는)이 0이 아니며, 내부 유체 압력과 크기는 같고 부호는 음이 된다는 것이 다르다.

응력 요소의 **모든** 면에 전단응력이 존재하는 경우에 대해서, 독자들은 참고문헌 [1, 11]과 같은 이론적 응력 해석에 대한 자세한 자료들을 참고하기 바란다. 또한 다음 예제를 통해서도 설명할 수 있다.

예제 4.4 SAMPLE PROBLEM 3차원 응력

그림 4.34*a*는 어떤 부재가 압축, 비틀림 및 굽힘 하중을 받으면서 외부에 압력이 작용하고 있을 때, 어떤 위치에서의 3차원 응력상태를 나타내고 있다. 이 위치에서 σ_x=60,000 psi, σ_y=40,000, σ_z=−20,000, τ_{xy}=10,000, τ_{yz}=20,000 및 τ_{zx}=−15,000 psi이다. 주응력, 최대전단응력을 구하고, 응력상태를 표시하는 모어원을 그려라.

풀이 SOLUTION

제시자료: 이 부재는 3차원 응력상태를 받는 위치가 있다.

목표: 주응력, 최대전단응력을 구하고, 3개의 모어원을 그려라.

개요도 및 데이터:

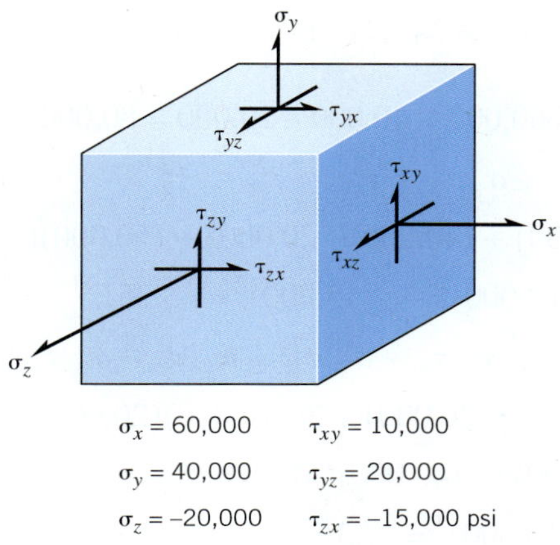

그림 4.34*a* 특정 점에서의 3차원 응력상태를 나타내는 요소.

가정:

1. 응력은 전적으로 주어진 수직 및 전단 응력들에 의해 정해진다.

2. 이 부재는 연속체 거동을 한다.

해석:

1. 다음과 같은 특성방정식(characteristic equation)의 근들을 찾으면, 3개의 주응력은 구해진다.

$$\sigma^3 - I_1\sigma^2 + I_2\sigma - I_3 = 0 \qquad \textbf{(a)}$$

여기서 1차, 2차 및 3차 응력의 불변함수 I_1, I_2, I_3는 다음과 같이 주어진다.

$$I_1 = \sigma_x + \sigma_y + \sigma_z \qquad \textbf{(b)}$$

$$I_2 = \sigma_x \sigma_y + \sigma_y \sigma_z + \sigma_z \sigma_x - \tau_{xy}^2 - \tau_{yz}^2 - \tau_{zx}^2 \quad \text{(c)}$$

$$I_3 = \sigma_x \sigma_y \sigma_z + 2\tau_{xy} \tau_{yz} \tau_{zx} - \sigma_x \tau_{yz}^2 - \sigma_y \tau_{zx}^2 - \sigma_z \tau_{xy}^2 \quad \text{(d)}$$

2. 특성방정식을 풀어 주응력을 구한다.

$$\sigma_1, \sigma_2 \text{ and } \sigma_3, \text{ where } \sigma_1 > \sigma_2 > \sigma_3.$$

3. 주 전단응력 τ_{13}, τ_{21} 및 τ_{32}는 다음과 같이 계산된다.

$$\tau_{13} = \frac{|\sigma_1 - \sigma_3|}{2}$$

$$\tau_{21} = \frac{|\sigma_2 - \sigma_1|}{2}$$

$$\tau_{32} = \frac{|\sigma_3 - \sigma_2|}{2}$$

4. 먼저 응력의 불변함수 I_1, I_2, I_3를 다음과 같이 계산한다.

$$I_1 = \sigma_x + \sigma_y + \sigma_z = 60{,}000 + 40{,}000 - 20{,}000 = 80{,}000$$

$$\begin{aligned} I_2 &= \sigma_x \sigma_y + \sigma_y \sigma_z + \sigma_z \sigma_x - \tau_{xy}^2 - \tau_{yz}^2 - \tau_{zx}^2 \\ &= (60{,}000)(40{,}000) + (40{,}000)(-20{,}000) + (60{,}000)(-20{,}000) \\ &= -(-10{,}000)^2 - (2{,}000)^2 - (-15{,}000)^2 = -3.25E^8 \end{aligned}$$

$$\begin{aligned} I_3 &= \sigma_x \sigma_y \ \sigma_z + 2\,\tau_{xy} \tau_{yz} \tau_{zx} - \sigma_z \ \tau_{xz}^2 - \sigma_y \ \tau_{zx}^2 - \sigma_z \ \tau_{xy}^2 \\ &= (60{,}000)(40{,}000)\ (-20{,}000) + 2(-10{,}000)(20{,}000)(-15{,}000) \\ &\quad - 60{,}000(20{,}000)^2 - (40{,}000)(-15{,}000)^2 \\ &\quad - (-20{,}000)(-10{,}000)^2 = -7.3E^{13} \end{aligned}$$

5. 다음에 응력 불변함수 값을 특성방정식에 대입하여 주응력에 대해 푼다.

$$\sigma^3 - I_1\sigma^2 + I_2\sigma + I_3 = 0$$

$$\sigma^3 - 80{,}000\sigma^2 - 3.25E^8\sigma + 7.3E^{13} = 0$$

$$\sigma_1 = 69{,}600;\ \sigma_2 = 38{,}001;\ \sigma_3 = -27{,}601 \text{ psi}$$

6. 주 전단응력 τ_{13}, τ_{21} 및 τ_{32}는 다음과 같이 계산된다.

$$\tau_{13} = \frac{|\sigma_1 - \sigma_3|}{2} = \frac{|69{,}600 - (-27{,}601)|}{2} = 48.600$$

$$\tau_{21} = \frac{|\sigma_2 - \sigma_1|}{2} = \frac{|38{,}001 - 69{,}600|}{2} = 15{,}799$$

$$\tau_{32} = \frac{|\sigma_3 - \sigma_2|}{2} = \frac{|-27{,}601 - (38{,}001)|}{2} = 3{,}280 \text{ psi}$$

주석: $\sigma_1 > \sigma_2 > \sigma_3$가 되므로, 최대 전단응력 $\tau_{max} = \tau_{13}$가 된다. 3개의 모어원은 아래 그림과 같다.

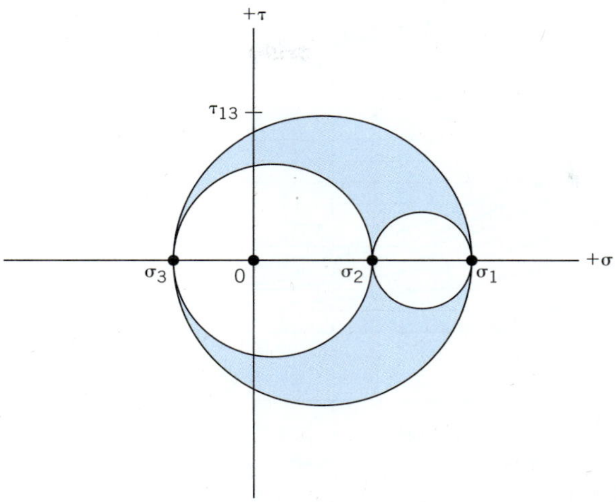

그림 4.34*b* 예제 4.4. 그림 4.34*a*의 특정 점에서의 응력상태를 나타내는 모어원.

4.12 응력집중계수, K_t

4.2절에서 그림 4.1*e*는 인장 하중을 받는 링크 내 힘의 흐름선을 보여 주었다. 힘 흐름선의 균일한 분포(따라서 응력의 균일한 분포)는 양 끝으로부터 충분히 떨어진 곳에서만 존재한다는 것을 지적한 바 있다. 양 끝 부근에서의 힘 흐름선은 외부 표면 근처에서의 응력집중을 보여 준다. 이와 같은 응력집중 효과는 굽힘 및 비틀림 하중에 대해서도 존재한다. 지금부터 어떤 부분에 존재하는 최대 응력을 결정하기 위해서 여러 가지 형상과 관련된 응력집중을 평가하고자 한다.

응력집중에 관한 첫 수학적 접근은 1900년이 조금 지난 후에 발표되었다[5]. 매우 단순한 경우를 제외하고, 높은 국부적 응력을 측정하기 위한 실험적 방법이 개발되어 사용되었다. 최근에는 컴퓨터를 이용한 유한요소 연구 또한 적용되어 왔다. 다양한 연구 결과로부터 그림 4.35부터 4.41까지와 같은 유용한 그래프들이 구해졌다. 이 그래프들은 **이론적인 응력집중계수**(theoretical stress concentration factor) K_t(이론적으로 탄성, 균질, 등방성 재료에 기초를 둠)의 값을 주고, 다음과 같은 식에서 이 값들이 사용된다.

$$\sigma_{max} = K_t \sigma_{nom} \quad \text{and} \quad \tau_{max} = K_t \tau_{nom} \tag{4.21}$$

예를 들면 축 하중(이상 재료에 대하여)에 대한 최대 응력은 P/A에 적절한 K_t 값을 곱하여 구할 수 있다.

응력집중 그래프는 **무차원 비**(dimensionless ratio)를 기준으로 그려져 있는데, 이는 부

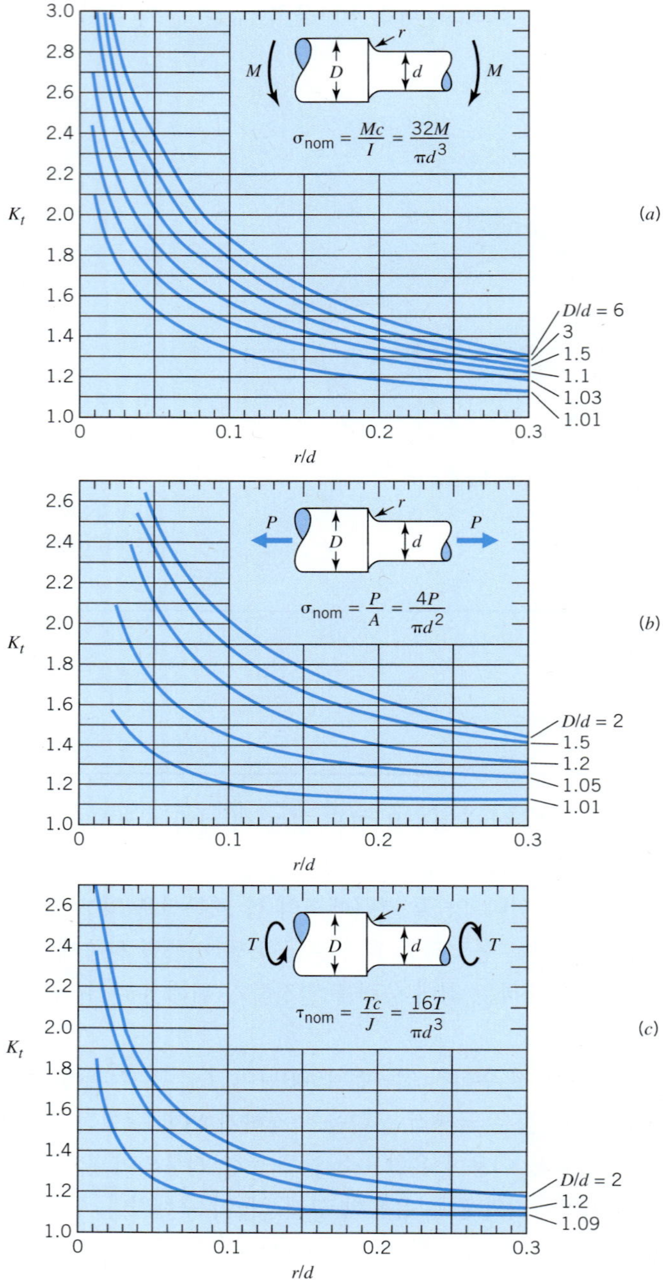

그림 4.35 단(fillet)이 있는 축. (a) 굽힘, (b) 축 하중, (c) 비틀림 [7].

품의 형상만(크기가 아님) 관련되어 있다는 것을 의미함에 주목하라. 또한 응력집중계수는 축 하중, 굽힘 하중, 비틀림 하중에 따라 각각 다른 값을 가짐을 주목하라. 응력집중계수에 대한 가장 광범위하고 권위 있는 자료 중에 R. E. Peterson이 쓴 참고문헌들 [6, 7]이 있다.

인장이나 굽힘을 받는 노치가 있는 부품인 경우에, 노치는 1차적인 응력을 증가시킬 뿐만 아니라 다른 두 개의 주응력 중 한 개 혹은 두 개가 0이 아닌 값을 갖게 한다. 이는 응력

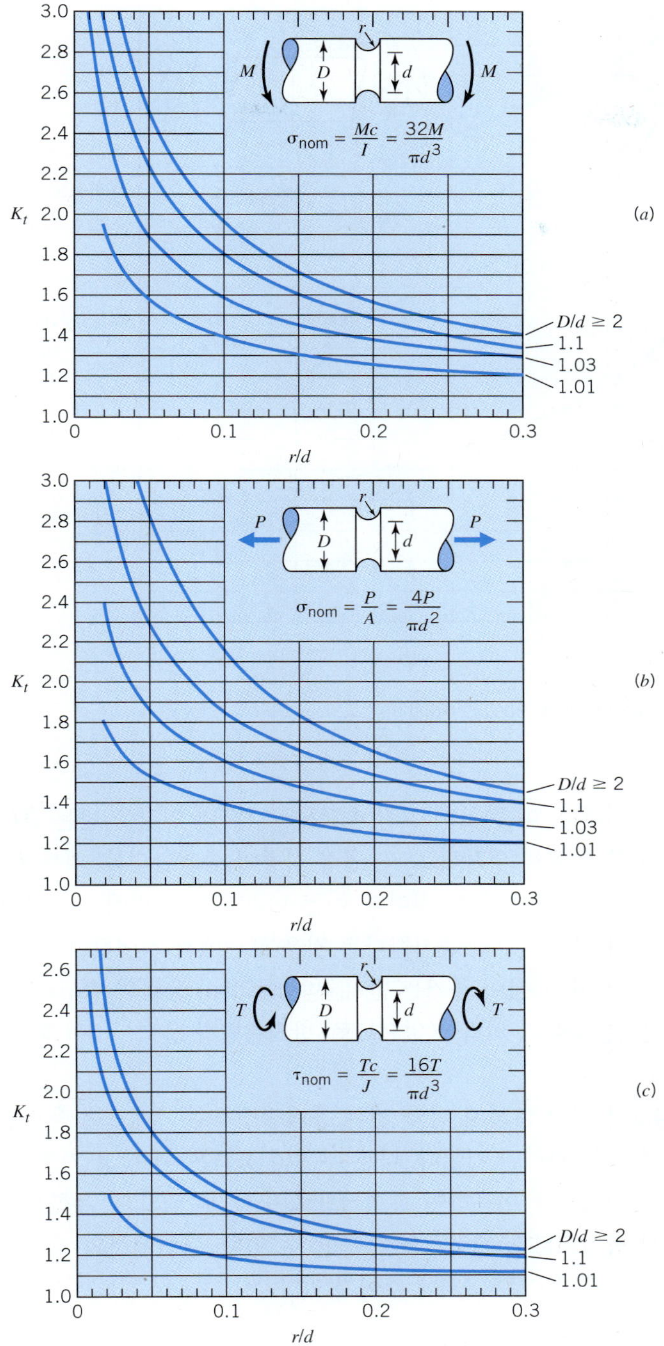

그림 4.36 홈(groove)이 있는 축. (a) 굽힘, (b) 축 하중, (c) 비틀림 [7].

집중부의 2축 혹은 3축 효과(biaxial or triaxial effect of stress raiser)로 알려져 있다('응력집중부'는 노치, 구멍, 나사 등에 적용되는 일반적인 용어이다). 이 교재에서는 더 이상 취급하지 않는 미미한 2차적인 효과이지만, 추가적인 응력 성분이 어떻게 발생하는지 구현해 보

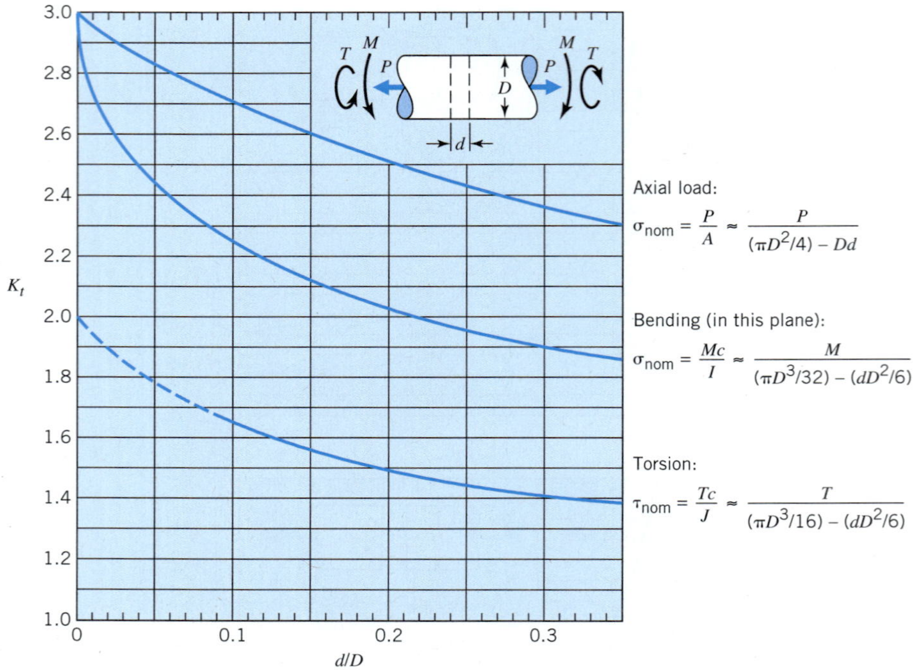

그림 4.37 틈(radius hole)이 있는 축[7].

는 것은 바람직하다. 예를 들어 그림 4.36*b*에 나타낸 인장을 받는 홈(groove)이 있는 축에 대한 연한 고무 모델을 생각해 보자. 인장 하중이 증가할수록, 외부 표면은 유연한 홈 쪽으로 밀려 들어가는 경향이 있을 것이다. 이는 노치가 있는 면에서 단면의 지름과 원주를 증가시키려고 할 것이다. 원주의 증가한다는 것은 표면에서 최댓값이 되는 **접선방향**(tangential) 응력을 발생시킨다. 지름이 증가는 **반지름방향**(radial) 응력의 발생과 연관되어 있다.(그래도 표면에는 반지름방향의 외력이 없으므로, 반지름방향 응력이 0이 되어야 한다는 것을 기억해야 한다.)

그림 4.35부터 4.41까지 나와 있는 응력집중계수 그래프는 응력집중부의 표면에 존재하는 최대 응력에 관련된 것이다. 다른 부위의 응력은 더 작고 거의 중요하지 않지만, 간단한 경우는 탄성이론을 이용하여 해석적으로 구할 수 있으며, 유한요소 해석이나 광탄성과 같은 실험적 방법으로도 개략적으로 구할 수 있다. 단면에서의 응력 변화(즉 응력 **구배**)는 몇몇 사례에 대해 참고문헌 [3]에 주어져 있다.

4.13 응력집중의 중요성

그래프에 주어진 응력집중계수는 재료가 이론적으로 균질, 등방성, 탄성이라 가정할 때 **이론적**(따라서 아래첨자 *t*를 사용) 또는 **기하학적** 계수임이 강조되어야 한다. 노치가 없는 부재일

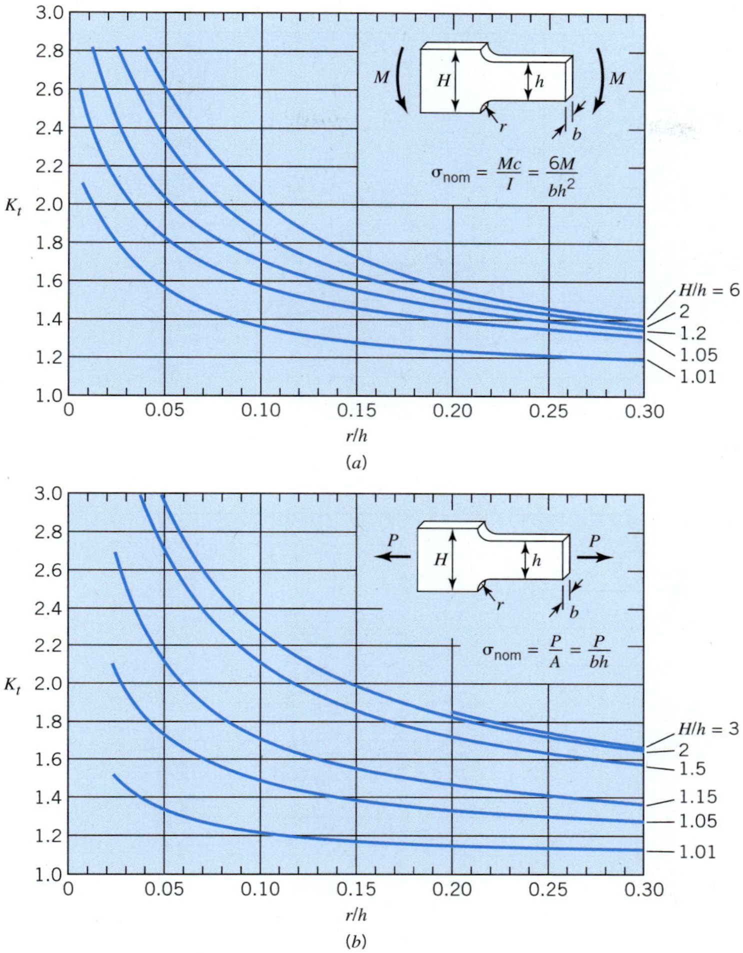

그림 4.38 단(shoulder fillet)이 있는 판재. (a) 굽힘, (b) 축하중[7].

지라도, 실제 재료들은 미세한 응력분포의 불균일을 유발하는 미시적인 결함(irregularity)들을 가지고 있다. 따라서 응력집중부가 있을 때 이론적 계수만큼의 추가적인 손상이 아닐 수도 있다. 더욱이 실제 부품들은 응력집중부가 없다 하더라도 극히 작은 노치로 간주될 수 있는 표면 결함들(제작이나 사용 중에 발생)을 가지고 있다.

엔지니어가 응력집중을 고려해야만 하는 정도는 (1) 실제 물질이 이론적인 것으로부터 벗어나 있는 정도와, (2) 하중이 정적인지, 혹은 충격이나 피로하중을 포함하는지에 달려 있다. 일반적으로 회주철처럼 내부 불연속이 퍼져 있는 물질들에서는 응력집중부가 하중의 종류에 관계없이 거의 영향을 미치지 않는다. 이는 표면 혹은 기하학적 결함이 내부 결함에서 야기된 응력집중보다 더 심한 응력집중을 일으키지 않기 때문이다. 다음 장들에서 보겠지만, 대부분의 공학 재료에서의 피로 및 충격 하중에 대해서는 응력집중을 반드시 고려해야 한다. 이 장에서 취급되는 정하중의 경우에는 취성이면서 비교적 균질한[2] 재료나, 보통은 연

---

[2] 일반적인 예: 투명한 플라스틱 필름으로 포장된 소포를 찢어 열려고 할 때, 모서리에 있는 예리한 노치가 아주 도움이 된다.

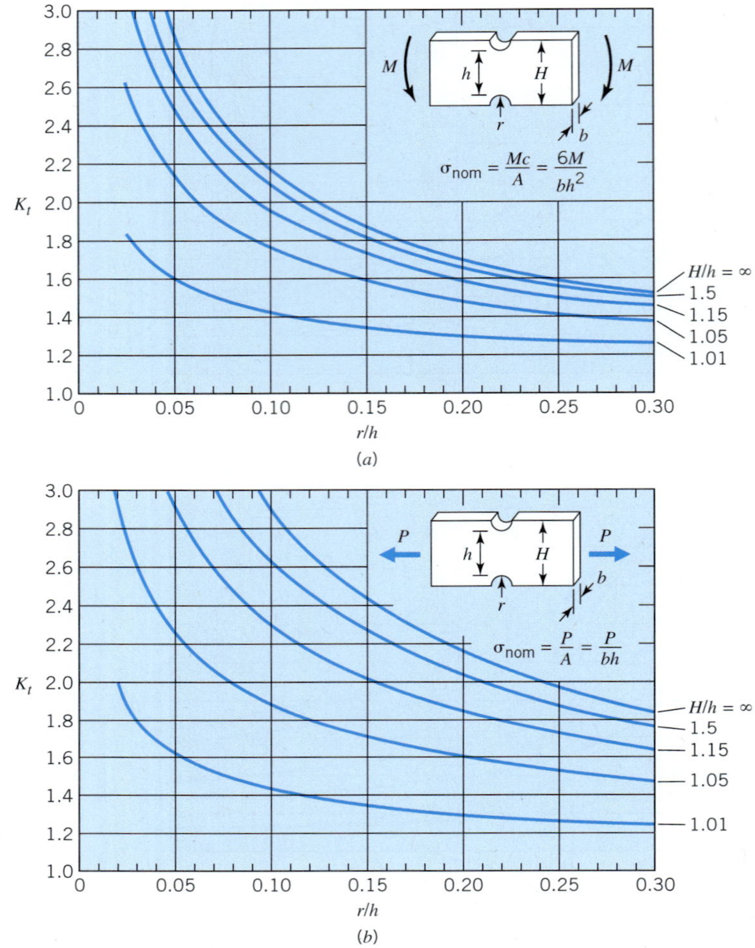

그림 4.39 노치(notch)가 있는 판재. (a) 굽힘, (b) 축 하중[7].

성이지만 특정 조건에서 취성 거동을 하는 특이한 재료에서는 응력집중이 매우 중요하다(더 자세한 설명은 6장을 참조). 연성을 가진 대부분의 공학 재료(연성처럼 거동하는 조건)에 대해서는 정하중에서의 응력집중은 무시하는 것이 일반적이다. 이에 대한 근거는 다음의 논의에서 설명된다.

그림 4.42*a*와 *b*는 각각 최소단면적이 *A*인 판형 인장 봉을 보여 주며, 각 봉은 그림 4.42*e*와 같은 '이상적' 응력-변형률 선도를 가진 연성 재료로 만들어졌다. 노치가 없는 봉(그림 4.42*a*)에 가해지는 하중은 파손(전체적인 항복)이 발생하기 전에 항복강도에 면적을 곱한 값까지 증가시킬 수 있다. 이는 그림 4.42*c*에 나타내었다. 그림 4.42*b*에 있는 노치가 있는 봉은 응력집중계수 2를 가지므로, 그림 4.42*d*에 나타낸 것처럼 항복은 상기 하중의 1/2 크기에서 시작한다. 이는 그림 4.42*f*의 곡선 'a'로 다시 표시하였다. 하중이 증가할수록 응력 분포(그림 4.42*f*에 나타낸)는 'b', 'c'로 가며, 마지막으로 'd'가 된다. 이러한 곡선은 노치의 골

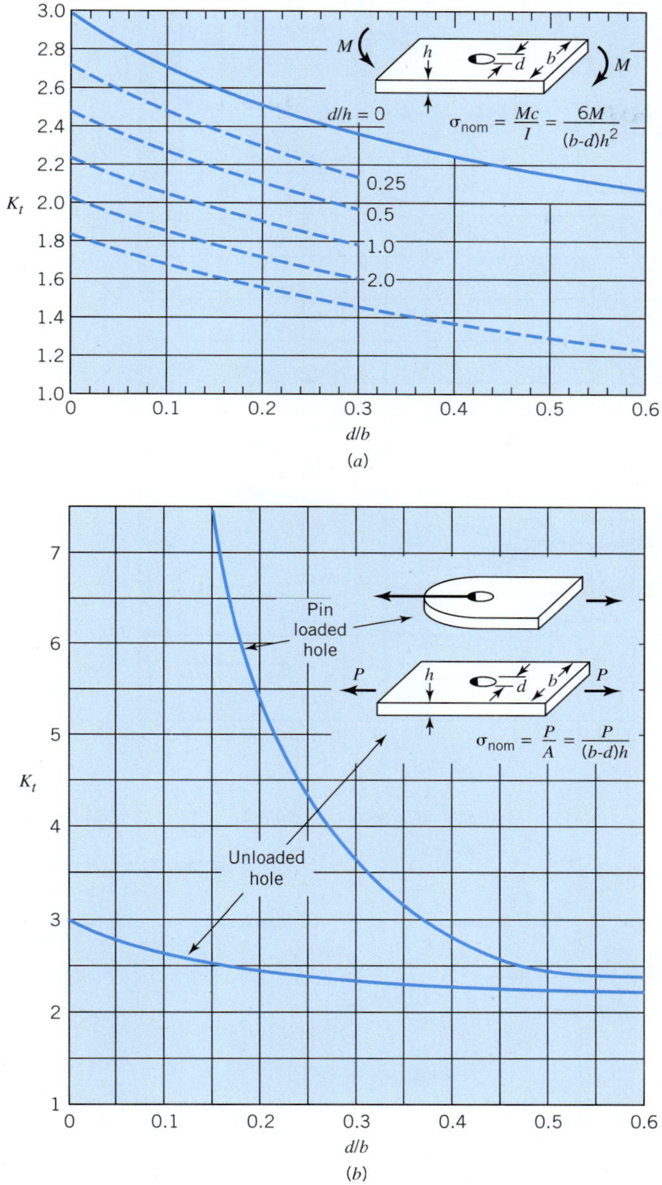

그림 4.40 구멍(central hole)이 있는 판재. (a) 굽힘[7], (b) 축 하중[10].

에서 시작된 국부 항복이 점점 더 진척됨을 의미한다. 하지만 전체 단면에서의(일반적인) 항복은 'd'에 도달할 때까지 시작하지 않는다. 곡선 'd'와 관련된 하중은 그림 4.42c에 나타낸 노치가 없을 때의 하중 크기와 동일함을 유의하라. 또한 곡선 'd'는 봉을 크게 인장시키지 않고도 도달될 수 있다는 것을 주목하라. 전체 봉이 어느 정도 인장되면, 봉의 가운데의 부분을 포함하는 전체 단면은 항복을 일으킨다. 따라서 대부분 실제 용도에 있어서, 홈이 있는 봉은 홈이 없는 봉과 동일한 정하중을 지지할 것이다.

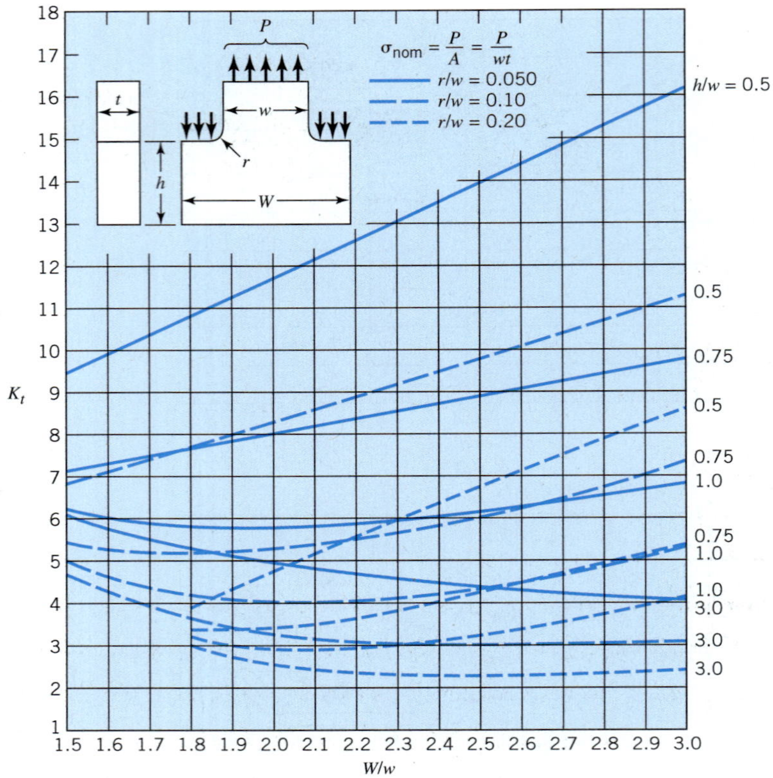

그림 4.41 축 하중을 받고 있는 T자형 판재[7].

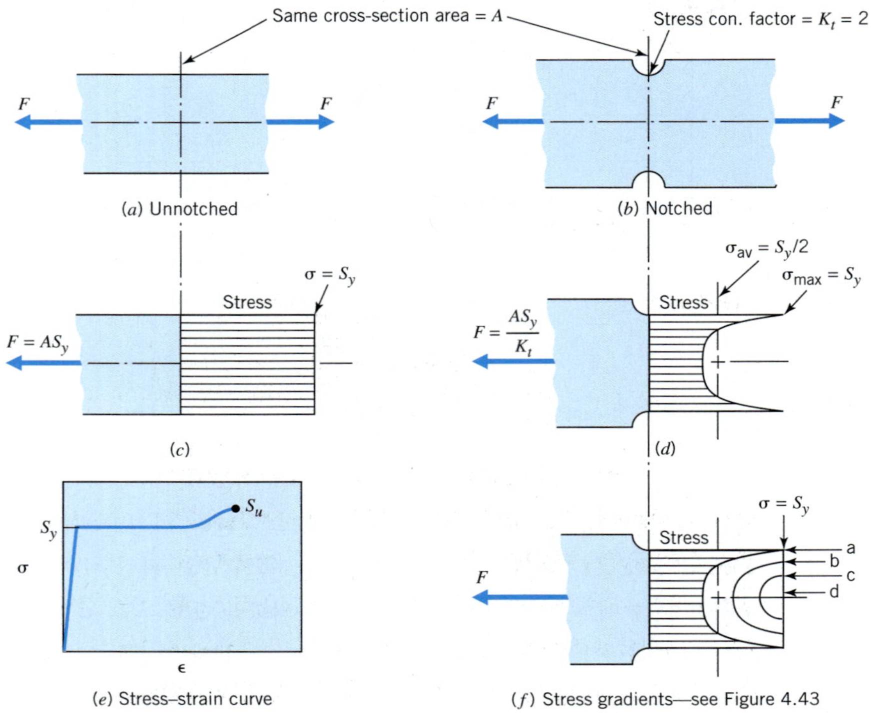

그림 4.42 노치가 있을 때와 노치가 없을 때 연성 부품의 인장응력 분포.

4.14 항복에 의한 잔류응력–축 하중

임의의 부품이 단면에 걸쳐 불균일하게 항복될 때, 외력이 제거되어도 이 단면에는 **잔류응력**(residual stress)이 남는다. 예를 들어 그림 4.42*f*에 나와 있는 노치가 있는 판형 인장 봉에 대해, 네 단계의 하중을 고려해 보자. 동일한 봉에 대한 네 단계의 하중이 그림 4.43의 왼쪽 열에 표시되어 있다. 제조 과정 중에 생기는 것과 같은 대규모 항복이 아니라, **미세한** 항복만이 존재할 때임을 주목하라. 그림의 중간 열은 하중이 제거되었을 때 응력의 **변화**를 보여 준다. 노치 골에서 항복을 일으킬 정도로 하중이 그리 크지 않은 그림 4.43*a*를 제외하고, 하중이 제거되었을 때의 응력 변화는 하중을 가했을 때 생긴 응력을 완전히 제거하지 못한다. 따라서 하중이 제거된 후에도 **잔류응력**이 남는다. 이는 그림 4.43의 오른쪽 열에 표시되어 있다.

그림 4.43에 나와 있는 각 단계에서, 하중을 제거함으로써 생긴 응력 **변화**는 **탄성**임을 주목하라.

노치가 있는 단면에서 위부터 아래까지 작은 스트레인게이지를 일렬로 부착한다면, 그림 4.43과 같은 잔류응력의 발생을 구현하는 데 도움이 된다. 만약 이들 게이지가 **봉에 하중이 가해진 상태에서** 부착된다면, 단면에서의 실제 응력은 왼쪽 열에 있는 것과 같지만, 게이

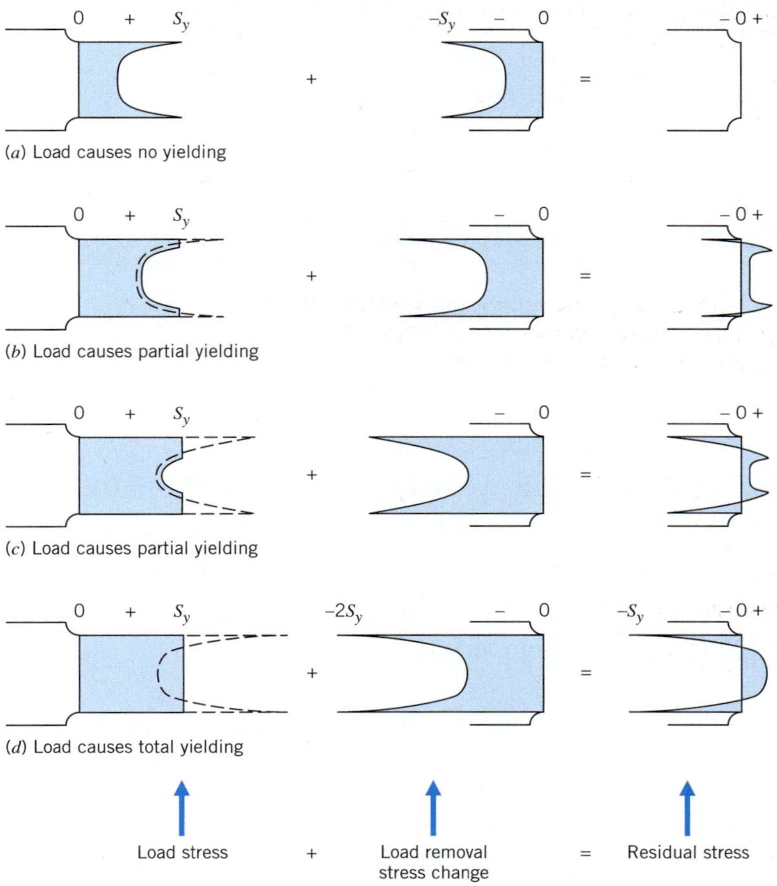

그림 4.43 그림 4.42*f*의 a부터 d까지의 응력 구배에 대해 K_t=2의 노치가 있는 인장 봉의 항복에 의한 잔류응력.

지는 처음에 0을 가리킬 것이다. 인장 하중이 제거되면서, 그림의 중간 열에 있는 것처럼 게이지들은 모두 **압축**을 보일 것이다. 물론 하중이 완전히 제거된 후, 게이지에서의 **평균** 압축응력은 P/A가 될 것이다. **하중 제거 중에** 항복이 발생하지 않는 한, 이러한 압축응력 분포는 완전 탄성일 것이다. 이 조건은 주어진 모든 경우에 대해 충족된다. 노치 골에서 응력의 탄성 변화가 $2S_y$인(응력의 평균 변화는 S_y이며, 노치에서는 K_tS_y이다) 그림 4.43*d*에서도, 어떠한 항복도 발생하지 않는다. 인장과 압축에서 동일한 항복강도를 갖는다고 가정하면, 노치 골 부분은 하중이 가해졌을 때 인장 S_y로부터 하중이 제거될 때 압축 S_y까지 가게 된다.

여러 가지 하중에 따른 탄성 응력 구배 곡선은 그림 4.43의 왼쪽 열에 점선으로 표시된 것처럼 도식적으로 구해질 수 있다.(각 경우에 점선은 실선의 **평균** 응력에 상당하는 상태이며, 점선에서 나타난 최대 응력은 $K_t=2$이므로 평균 응력의 두 배가 됨을 주목하라.) 점선이 그려진 후, 중간 열의 하중이 제거된 곡선은 단지 부호만 바꿈으로써 얻어진다. 이러한 과정이 이해가 되면, 중간 열에 있는 그림은 생략할 수 있으며, 잔류응력 곡선은 왼쪽 열에 있는 실선에서 점선을 뺌으로써 얻어진다.

응력 분포 곡선(즉 응력 구배)의 실제 형태가 결정되지 않으면, 그림 4.43과 같은 잔류응력 곡선은 명백히 근사치이다. 하지만 이들은 정확한 표면 잔류응력과 잔류응력 분포 곡선의 개략적인 형태를 반영하고 있으며, 이는 우선적인 관심 사항이다. 또한 이러한 잔류응력 곡선의 유도과정은 재료가 그림 4.42*e*와 같은 이상적 응력-변형률 선도를 따른다는 가정에 기초하였음을 기억하여야 한다. 따라서 위와 같은 이유로 인해, 그림 4.43에 있는 잔류응력 곡선은 단지 좋은 근사치가 될 뿐이다.

4.15 항복에 의한 잔류응력–굽힘 및 비틀림 하중

그림 4.44는 노치가 없는 사각형 보의 굽힘에 의한 잔류응력을 설명한다. 그림은 $S_y=300$ MPa을 가지며, 이상적 응력-변형률 선도를 따르는 강으로 된 25×50 mm 보를 보여 준다. 미지의 모멘트 M_1은 그림 4.44*a*와 같은 응력 분포를 나타내는데, 이는 깊이 10 mm까지 항복시킨다. 먼저 모멘트 M_1의 크기를 결정하자.

만약 분포응력 형태를 사각형 부분과 삼각형 부분의 도심에 작용하는 집중 하중 F_1과 F_2로 각각 대치한다면, 모멘트 M_1은 힘 F_1과 F_2에 의해 생기는 모멘트의 합과 같다. 힘 F_1의 크기는 평균 응력(300 MPa)과 이 응력이 작용하는 면적(10 mm×25 mm)의 곱과 같다. 마찬가지로 힘 F_2의 크기는 평균 응력150 MPa와 면적 15 mm×25 mm의 곱과 같다. 모멘트 암은 각각 40 mm와 20 mm이다. 따라서

$$
\begin{aligned}
M_1 &= (300\text{ MPa} \times 250\text{ mm}^2)(0.040\text{ m}) + (150\text{ MPa} \times 375\text{ mm}^2)(0.020\text{ m}) \\
&= 4125\text{ N}\cdot\text{m}
\end{aligned}
$$

이 된다.

이제 모멘트 M_1이 제거된 후 남아 있는 잔류응력을 결정해 보자. M_1이 제거되었을 때

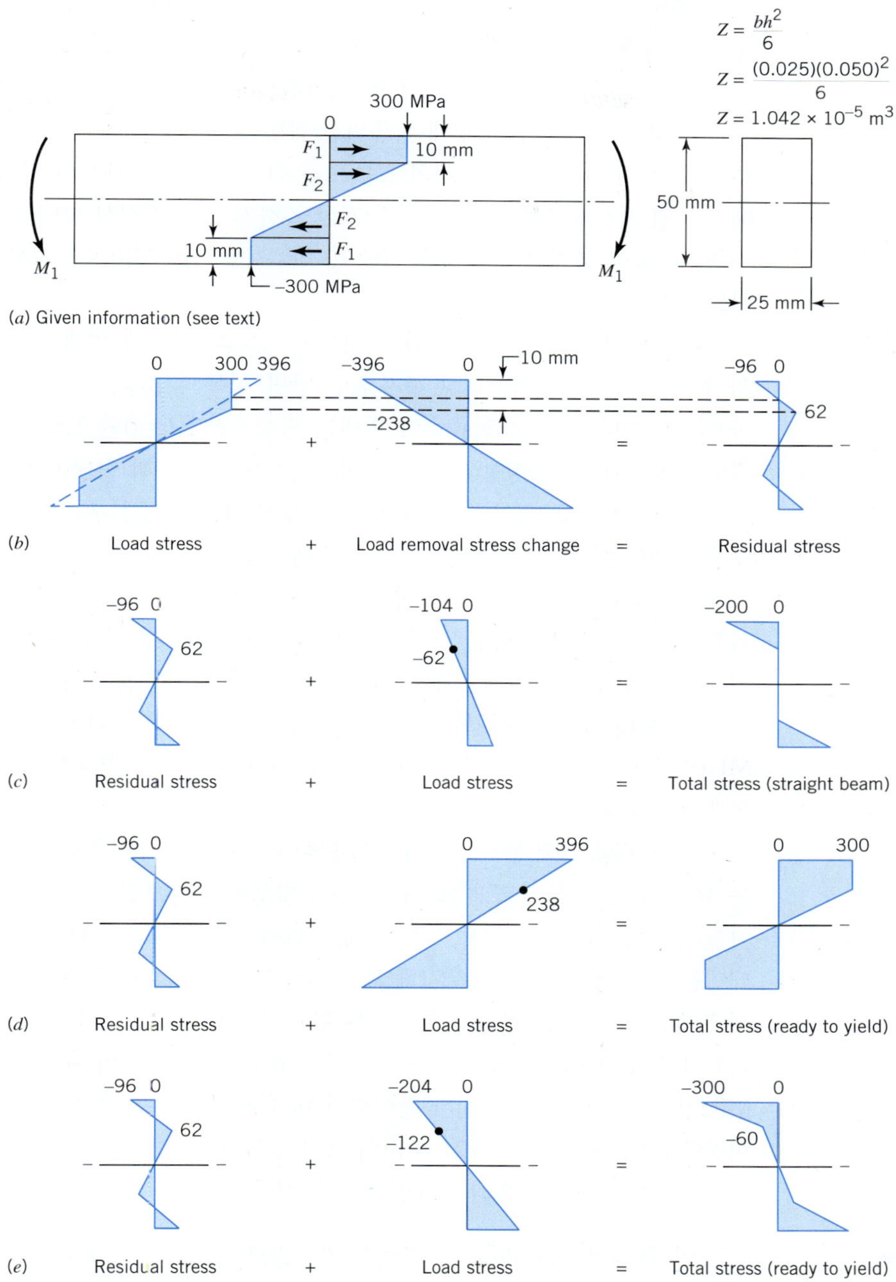

그림 4.44 노치가 없는 사각형 보에서의 잔류응력.

탄성응력 변화는

$$\sigma = M/Z = 4125\ \mathrm{N \cdot m}/(1.042 \times 10^{-5}\ \mathrm{m}^3)$$
$$= 3.96 \times 10^{8}\ \mathrm{Pa} = 396\ \mathrm{MPa}$$

이다. 하중이 제거되었을 때 탄성응력 분포는 그림 4.44*b*의 중간 그림에 나타나 있다. 이것을 하중 응력에 더하면, 그림의 오른쪽에 있는 잔류응력 형태를 보여 준다.

그림 4.44*b*의 하중 응력 선도에 그려진 점선은 하중 제거 응력의 음의 값을 나타낸다. 이 그림의 실선이나 점선 형태는 동일한 굽힘 모멘트를 갖기 때문에, 도식적인 관계식을 유추할 수 있다. 이는 실선 형태의 모멘트는 점선 형태의 모멘트와 같다는 것이다. 돌이켜 볼 때 이러한 사실을 이용하면, 어떠한 계산도 하지 않고서 점선 형태를 상당히 정확하게 그릴 수 있다. 하중 응력 선도에 있는 점들이 잔류응력 선도의 0과 62 MPa 점들을 어떻게 결정하고 있는지를 살펴보라.

이 시점에서 보는 약간 휜다는 것을 주목하라. 하중에 의해 항복되는 바깥부분은 원래의 초기 위치로 되돌아오려고 하지 않는 반면, 항복되지 않은 가운데 부분은 초기 위치로 돌아오려고 한다. 따라서 잔류응력 형태는 평형조건 $\Sigma F=0$와 $\Sigma M=0$을 만족시키면서, 위와 같이 서로 반대되는 경향의 균형이 이루어진다. 잔류응력 형태만 보아도 보가 약간 휘었다는 것을 알 수 있다. 초기에 직선이고 응력을 받지 않던 중심부분은 항복되지 않았다. 중심부분은 응력이 없어질 때에만 다시 직선이 될 수 있다.

그림 4.44*c*는 중심부에 응력이 없어지는 조건은 표면 아래 10 mm 위치에 62 MPa의 압축응력을 가하는 하중을 추가해야 함을 보여 준다. 이 하중을 가하면, 전체 응력은 그림의 오른쪽에 주어진 것처럼 된다. 중심부의 응력이 0이므로, 보는 실로 직선이다. 보를 직선으로 하는 데 필요한 모멘트의 크기를 결정해 보자. 위에서 4125 N·m의 모멘트에 의해 396 MPa의 표면 탄성응력을 구한 바 있다. 단순 비례에 의해, 104 MPa의 응력은 1083 N·m의 모멘트를 필요로 한다.

잔류응력에 대해 정리한 후에 보의 탄성 굽힘모멘트 수용능력을 결정해 보자. 그림 4.44*d*는 M_1과 같은 방향의 모멘트로는 항복이 발생하지 않으면서 표면 응력에 +396 MPa를 추가할 수 있음을 보여 준다. 이전의 계산으로부터 이 응력은 4125 N·m의 모멘트가 작용할 때임을 알고 있다. 잠깐만 생각해 봐도 다음과 같은 결론이 분명하다는 것을 알 수 있다: 원래 모멘트 $M_1=4125$ N·m의 제거로는 항복이 발생하지 않는다. 따라서 이는 항복 없이 다시 가해질 수 있다. 그림 4.44*e*는 원래 모멘트 M_1과 반대 방향의 모멘트에서는 표면응력이 204 MPa가 될 때의 모멘트까지가 탄성범위 내에서 견딜 수 있음을 알려 준다. 다시 한 번, 단순비례에 의해, 이 응력은 2125 N·m의 모멘트에 상응한다.

이러한 연구는 다음의 중요한 원칙을 설명한다.

> 항복을 유발하는 과하중은 잔류응력을 발생하게 하는데, 이는 같은 방향의 추가 하중에는 유리하고, 반대 방향의 추가 하중에는 불리하게 한다.

더욱이 이상적 응력-변형률 선도에 기초하여, 한 방향에서의 하중 수용능력 증가는 반대 방향에서의 하중 수용능력 감소와 정확히 같다. 또한 그림 4.43을 이용하면, 이러한 원칙은 인장 하중에 대해 설명될 수 있다.

그림 4.44의 예에 대한 해석은 한 단계 더 진행될 수 있다. 보를 영구적으로 직선화하는 데 필요한 외부 모멘트(그래서 중심 단면은 응력이 없으며, 직선화하는 모멘트가 제거된 후

에도 직선으로 남는다)와 그 결과로 생기는 새로운 잔류응력 형태를 고려하는 것이다. 이는 참고문헌 [2]에 주어져 있다.

비틀림에서 과하중을 받는 원형봉도 굽힘에서 과하중을 받는 사각봉에 대한 위의 예와 같은 방법으로 고려될 수 있다. 굽힘이나 비틀림에서 응력집중이 고려되더라도, 이 절과 앞 절에 설명한 것을 넘어서는 새로운 개념을 필요로 하지는 않는다.

4.16 열응력

지금까지는 외력의 작용에 의해 생기는 응력만이 고려되었다. 응력은 온도 변화나 물질의 상변화가 있을 때와 구속된 팽창이나 수축에 의해 생길 수도 있다. 실제 기계나 구조용 부재들에서 이러한 응력을 정확하게 정량화하는 것은 이 책의 범위를 넘는다. 하지만 학생들이 이와 관련된 기본 원리들에 익숙해지는 것은 중요하다. 이렇게 함으로써 가끔은 중요한 정성적인 정보를 얻을 수도 있다.

구속되지 않은 균질하고 등방성인 물체의 온도가 균일하게 변할 때, 이 물체는 다음 관계에 따라 모든 방향으로 균일하게 팽창(수축)한다.

$$\epsilon = \alpha \Delta T \tag{4.22}$$

여기서 ϵ은 변형률, α는 열팽창계수, ΔT는 온도 변화이다. 몇몇 보통 금속에 대한 α 값이 부록 C-1에 주어져 있다. 이러한 균일하고 구속되지 않은 부피 변화는 전단변형률과 축 응력 또는 전단응력 등을 발생시키지 않는다.

만약 온도 변화 동안 부재에 구속이 가해지면, 그 결과로 생기는 응력은 다음에 의해 결정될 수 있다. 즉 (1) 구속이 없는 상태에서 발생하는 치수 변화를 계산하거나, (2) 구속된 치수 변화를 유발하는 데 필요한 구속력을 결정하거나, (3) 이러한 구속력에 의한 응력을 계산한다. 이러한 과정이 다음 예제에서 설명된다.

예제 4.5 SAMPLE PROBLEM 튜브에서의 열응력

단면적 1 in.^{2}, 길이 10 in.의 강 튜브($E=30\times10^6$ psi와 $\alpha=7\times10^{-6}$/°F의 특성을 가짐)가 양 끝이 '고정되어' 있고, 80°F에서 응력이 없는 상태로 있다. 사용 중에 튜브는 480°F까지 균일하게 가열된다. 이 경우 고정된 양 끝이 0.008 in.만큼 멀어지는 것으로 정밀 측정되었다. 어떠한 하중이 튜브의 양 끝에 가해지는가, 또한 그 결과에 의한 응력은 어떻게 되는가?

풀이 SOLUTION

제시자료: 주어진 단면적, 길이를 가진 강제 튜브가 80°F에서 응력이 없는 상태로부터

480°F까지 균일하게 가열될 때 0.008 in.만큼 팽창한다(그림 4.45 참조).

목표: 강 튜브에서의 하중과 응력을 결정하라.

개요도 및 데이터:

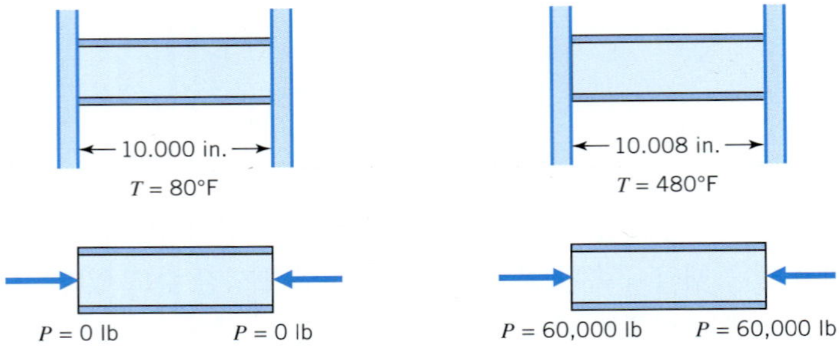

그림 4.45 예제 4.5 구속된 튜브에서의 열팽창.

가정:

1. 튜브 재료는 균질하고 등방성이다.
2. 재료의 응력은 탄성 영역 내에 있다.

해석:

1. 구속되지 않은 튜브에 대해

$$\epsilon = \alpha \Delta T = (7 \times 10^{-6})(400) = 2.8 \times 10^{-3}$$
$$\Delta L = L\epsilon = 10 \text{ in.} (2.8 \times 10^{-3}) = 0.028 \text{ in.}$$

2. 측정된 팽창이 단지 0.008 in.이므로, 구속은 0.020 in.의 위치 변화를 만드는 데 충분한 힘을 가해야 한다. 기초 탄성이론에 의한 다음과 같은 관계식(5장에서 복습)

$$\delta = \frac{PL}{AE}$$

에 대입하면

$$0.020 = \frac{P(10)}{(1)(30 \times 10^6)}, \qquad \text{or} \quad P = 60{,}000 \text{ lb}$$

3. 면적은 1이므로, σ=60 ksi이다.

주석: 이러한 해는 탄성에 기초하기 때문에, 재료가 480°F에서 최소한 60 ksi 이상의 항복 응력을 가질 때에만 유효하다.

만약 온도 변화에 의한 응력이 원하지 않게 너무 크다면, 가장 좋은 해법은 구속을 완화하는 것이다. 예를 들면 예제 4.5에서 양 끝단 고정을 제거하거나 현저히 완화하는 것은 계산된 60 ksi의 응력을 없애거나 크게 축소시킬 것이다. 이는 보통 적절하게 밀봉된 팽창 조인트(expansion joint), 루프(loop), 망원 조인트(telescopic joint) 등을 사용함으로써 이루어진다.

또한 열응력은 부재 내에 생긴 온도 구배(temperature gradient)로 인해서도 발생한다. 예를 들어 두꺼운 금속판이 한쪽 면의 중앙부위에서 토치로 가열된다면, 뜨거워진 표면은 더 차가운 주위 재료에 의해 팽창에 방해를 받는다. 결국 이는 압축상태에 있게 된다. 그러면 멀리 떨어진 차가운 금속은 팽창되려는 힘을 받고, 이는 인장응력을 유발한다. 두꺼운 판을 양쪽 면에서 가열하면, 외부 표면은 2축 압축상태에, 내부는 2축 인장상태에 있게 된다. 평형조건을 충족시키려면, 이러한 내부 응력들로부터 생기는 모든 힘과 모멘트가 자체적으로 평형이 되어야 한다. 만약 부재의 원래 형태에서 힘과 모멘트가 평형이 되지 않으면, 부재는 내부 평형을 이루게 하는 크기나 형태로 뒤틀리거나 휘게 된다. 이렇게 발생한 응력들이 주어진 온도에서 탄성 영역 내에 존재하는 한, 부재는 초기 온도조건으로 복원될 때 원래의 형태로 되돌아갈 것이다. 만약 부재의 어떤 부분이 항복한다면, 이 부분은 원래의 형태로 되돌아가지 않으며, 초기 온도조건으로 복원될 때 구부러짐이나 내부(잔류) 응력이 남아 있을 것이다. 어떤 부분의 구부러짐이나 뒤틀림은 평형조건을 충족시키게 한다. 예를 들어 이와 같은 것은 브레이크 드럼의 설계에 반드시 고려되어야 한다.

잔류응력은 일반적으로 열처리, 화염절단, 용접과 적게는 연삭, 특정 가공공정과 관련된 열 구배에 의해 발생한다. 예를 들면 균일하게 가열된 부품이 급랭될 때, 표면이 먼저 냉각되고, 표면은 낮은 온도에서 비교적 큰 항복강도를 가지게 된다. 뒤따르는 중심부의 열 수축은 외부 표면에 의해 구속을 받게 되므로, 표면은 압축 잔류응력 상태에 놓이게 된다. 중심부는 "마지막에 냉각되는 부분이 인장상태에 있게 된다."라는 법칙에 따라 3축 인장상태에 놓인다.(표면 응력은 하중을 받지 않는 노출된 표면이기 때문에 3축 상태가 될 수 없다는 것을 주목하라.)

동일한 원리가 화염절단이나 대부분의 용접 공정에서 표면이 왜 인장 잔류응력상태로 되는지를 설명한다. 즉 주로 표면 근처에서 가열이 가해진다면, 표면이 열팽창하려는 경향은 차가운 중심부에 의해 제약을 받게 된다. 고온에서 비교적 낮은 항복강도를 가진다면, 표면은 압축에 의해 항복한다. 냉각될 때에는 표면이 수축하려고 하며, 이는 다시 중심부에 의해 크게 제약을 받는다. 따라서 표면은 2축 인장상태에 놓이게 된다.

강에서 잔류응력 발생과 연관된 현상은 상변화이다. 충분한 탄소함유량을 갖고 있는 강이 마텐자이트 생성 임계온도 이상에서 급랭될 경우, 새로운 격자 구조는 약간 작은 밀도를 가지게 되며, 상변태된 물질은 약간 팽창된다. 완전 경화를 시키면, 보통 상변태는 내부에서 가장 늦게 발생한다. 이는 표면에 바람직하지 않은 인장 잔류응력을 발생시킨다. 특수한 공정으로 상변태가 표면에서 가장 늦게 발생하게 한다면, 이는 표면에 바람직한 압축 잔류응력을 준다.

전체 응력을 구하기 위하여 잔류응력은 차후에 받는 하중응력과 합해진다. 더욱이 잔류응력을 가진 부재가 차후에 가공된다면, 잔류응력이 있는 부분의 제거는 부재의 구부러짐이나 뒤틀림을 발생시킨다. 이러한 부분의 제거는 부재 내부의 평형을 없애므로 부재의 변형은 당연한 사실이다. 부재가 평형조건을 만족시키는 새로운 형상이 되도록, 구부러짐 변형은 발생되어야만 한다. 사실 부재의 특정 부분에서의 잔류응력을 결정하는 일반적인(파괴적인) 방법은, 그 부분으로부터 재료를 아주 조심스럽게 제거한 후 그 결과로 생기는 형상 변화를 정확하게 측정하는 것이다.

잔류응력은 보통 어닐링에 의해 제거된다. 구속되지 않은 부재가 균일하게 가열됨으로써(충분히 높은 온도 및 충분히 긴 시간 동안), 국부적인 항복에 의해 생기는 내부 응력은 거의 완벽하게 제거된다. 뒤따르는 서랭 과정은 어떠한 항복도 발생시키지 않는다. 따라서 부재는 거의 응력이 없는 상태로 상온에 도달한다.

잔류응력과 관련된 현상에 대한 더 자세한 내용은 참고문헌 [2]에 나와 있다.

4.17 잔류응력의 중요성

일반적으로 응력집중이 중요한 상황에서 잔류응력도 중요해진다. 이는 모든 하중형태에서의 취성 재료, 취성 및 연성 재료에서의 피로 및 충격 하중을 포함한다. 정하중을 받는 연성 재료에서는 응력집중이나 추가된 잔류응력(혹은 둘 다)으로부터 발생하는 큰 국부응력을 완화하기 위해, 해롭지 않은 국부 항복을 발생시킬 수도 있다.

보통 잔류응력을 인지할 방법이 별로 없으므로, 이를 쉽게 지나쳐 버릴 수 있다. 예를 들어 하중을 받지 않는 기계 부품을 들고 있을 때, 응력이 모두 0인지 아니면 상당한 잔류응력이 존재하는지 알아낼 방법이 별로 없다. 일반적으로 잔류응력 결정을 쉽게 할 수 있는 방법은 없다. 하지만 제작 과정이나 그 후에 부품에 가해진 열적 혹은 기계적 하중 이력 등을 고려함으로써, 근사적인 정성 평가를 할 수는 있다.

Almen과 Black[3]은 열이나 외부 하중이 항복에 의해 잔류응력을 제거하지 않는 한, 부재 내에 잔류응력이 남아 있다는 것을 보여 주는 흥미로운 예를 인용하고 있다. 1753년에 주조된 자유의 종(Liberty Bell)은, 주조품은 내부 표면에서부터 가장 빨리 냉각되기 때문에, 외부 표면에 잔류 인장응력을 가진다("마지막에 냉각되는 부분이 잔류 인장상태에 있다."라는 원칙). 75년 동안 만족스럽게 사용된 후, 아마도 종의 울림에 의한 진동 응력이 반복되어 추가되면서, 피로에 의한 종의 균열이 발생하였다. 균열이 더 성장하지 못하도록 균열의 양 끝에 구멍을 만들었지만, 균열은 후에도 계속 확장되었다. Almen과 Black은 잔류응력이 종 내부에 여전히 존재한다는 증거로서 이 예를 인용한다.

[3] John O. Almen and Paul H. Black, *Residual Stresses and Fatigue in Metals*, McGraw-Hill, New York, 1963.

참고문헌 REFERENCES

1. Durelli, A. J., E. A. Phillips, and C. H. Tsao, *Introduction to the Theoretical and Experimental Analysis of Stress and Strain*, McGraw-Hill, New York, 1958.
2. Juvinall, R. C., *Engineering Considerations of Stress, Strain, and Strength*, McGraw-Hill, New York, 1967.
3. Lipson, C., and R. C. Juvinall, *Handbook of Stress and Strength*, Macmillan, New York, 1963.
4. Mohr, O., *Zivilingenieur*, p. 113, 1882.
5. Neuber, Heinz, *Theory of Notch Stresses*, J. W. Edwards, Inc., Ann Arbor, Mich., 1946 (translation of the original German version published in 1937).
6. Peterson, R. E., *Stress Concentration Factors*, Wiley, New York, 1974.
7. Peterson, R. E., *Stress Concentration Design Factors*, Wiley, New York, 1953.
8. Young, W. C., and R. G. Budynas, *Roark's Formulas for Stress and Strain*, 7th ed., McGraw-Hill, New York, 2002.
9. Seely, F. B., and J. O. Smith, *Advanced Mechanics of Materials*, 2nd ed., Wiley, New York, 1952. (Also 5th ed. by Boresi, A. P., R. J. Schmidt, and O. M. Sidebottom, Wiley, New York, 1993.)
10. Smith, Clarence R., "Tips on Fatigue," Report NAVWEPS 00-25-559, Bureau of Naval Weapons, Washington, D.C., 1963.
11. Timoshenko, S., and J. N. Goodier, *Theory of Elasticity*, 2nd ed., McGraw-Hill, New York, 1951. (Also, Timoshenko, S., *Theory of Elasticity*, Engineering Societies Monograph, McGraw-Hill, New York, 1934.)
12. Beer, F. P., E. R. Johnston, Jr., J. T. DeWolf, and D. Mazurek, *Mechanics of Materials*, McGraw-Hill, New York, 2009.
13. Huston, R., and H. Josephs, *Practical Stress Analysis in Engineering Design*, 3rd ed., CRC Press, Boca Raton, Florida, 2009.
14. Philpot, Timothy A., *Mechanics of Materials: An Integrated Learning System,* 2nd ed., Wiley, Hoboken, NJ, 2011.
15. Pilkey, Walter D., *Formulas for Stress, Strain, and Structural Matrices*, 2nd ed., Wiley, New York, 2005.
16. Ugural, A. C., and S. K. Fenster, *Advanced Strength and Applied Elasticity,* 4th ed., Prentice Hall, Upper Saddle River, New Jersey, 2003.

연습문제 PROBLEMS

Section 4.2

4.1 The rectangular bar with oval opening in Figure P4.1 is loaded in compression through two hardened steel balls. Estimate the maximum compressive stress in each of the sections *A* to *E*. Assume that an element of the bar once deformed to the yield point will continue to deform with no increase in stress; i.e., the material follows an idealized stress–strain curve. The bar is 25 mm thick and machined from steel with $S_y = 350$ MPa, and the balls are hardened steel.

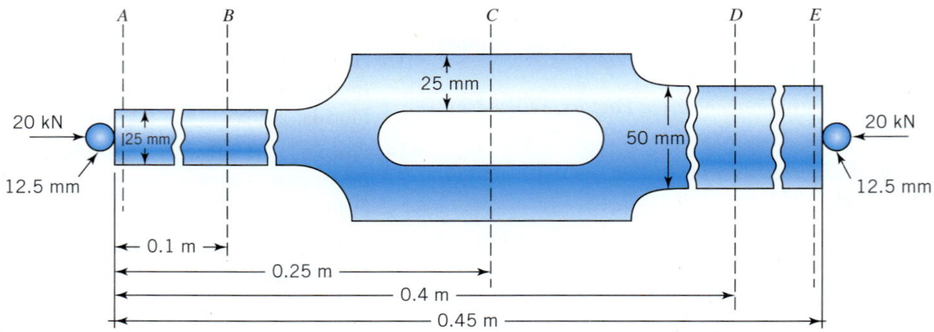

FIGURE P4.1

4.2 The rectangular bar in Figure P4.2 is loaded in compression through two hardened steel balls. Estimate the maximum compressive stress in each of the sections *A* to *D*. Assume that an element of the bar once deformed to the yield point will continue to deform with no increase in stress; i.e., the material follows an idealized stress–strain curve.

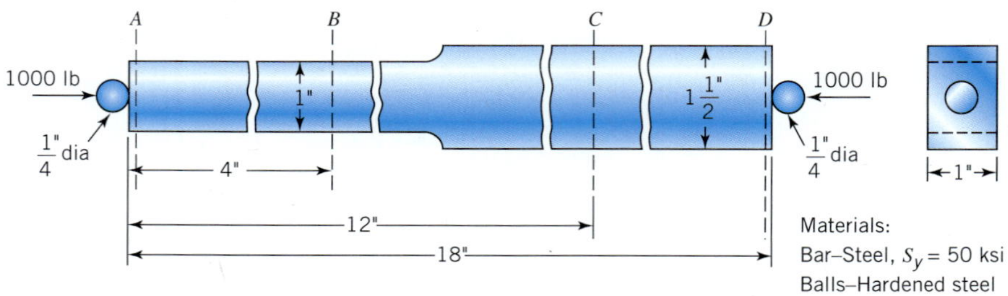

FIGURE P4.2

4.3 For the axially loaded shaft in Figure P4.3, at which of the lettered sections is the average compressive stress equal to *P*/*A*? At which is the maximum stress equal to *P*/*A*?

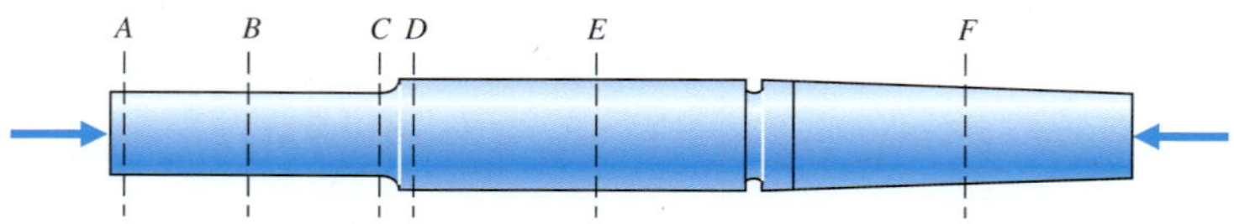

FIGURE P4.3

4.4 Figure 4.1 in Section 4.2 shows an axially loaded link in tension. At which cross sections is the average tensile stress equal to P/A? At which locations is the maximum stress equal to P/A?

4.5 A uniformly tapered vertical cone with a height, h, and a base diameter, d, is cast from a urethane material having a density, ρ. Determine the compressive stress at the cross section of the base, B, and at the cross section, A, half way up the cone, and compare the compressive stress at B with the compressive stress at A. The volume of the cone is $V_{cone} = (1/12)\,\pi d^2 h$.

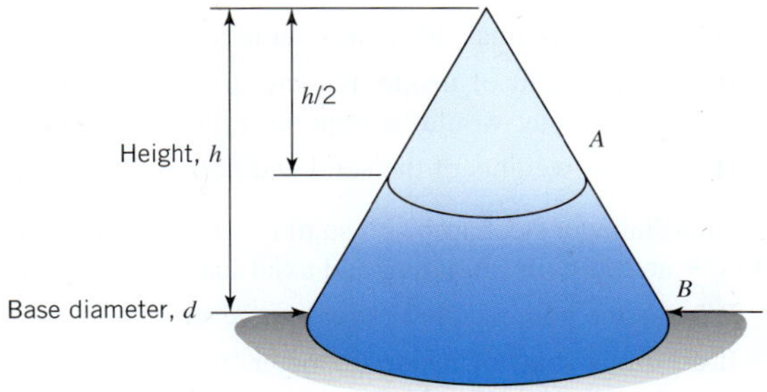

FIGURE P4.5

4.6 Limestone blocks approximately 20 cm wide by 35 cm long by 15 cm high are sometimes used in constructing dry stacked walls. If the stability of the wall is not an issue and the only question is the strength of the block in compression, how high could blocks be stacked if the limestone has a compressive strength of 60 MPa and a density of 2500 kg/m^3?

4.7 What force, P, is required to produce shear failure in a 60-mm-diameter bolt or pin made of a ductile metal having S_{us} = 200 MPa with the configuration shown in Figure 4.4?

4.8D Select a steel from Appendix C-4a and use $S_{us} = 0.62\ S_u$ to determine what force, P, is required to produce shear failure in a 20 mm-diameter bolt or pin with the configuration shown in Figure 4.4?

4.9 What force, P, is required to produce shear failure in a 60-mm-diameter bolt or pin made of a ductile metal having S_{us} = 200 MPa with the configuration shown in Figure 4.3?

4.10D Select a steel from Appendix C-4a and use $S_{us} = 0.62\ S_u$ to determine what force, P, is required to produce shear failure in a 0.750 in.-diameter bolt or pin with the configuration shown in Figure 4.3?

Section 4.3

4.11 For the configuration shown in Figure 4.4 with load P = 12,325 lb and a pin manufactured from AISI 1040 steel with S_u = 90.0 ksi (where $S_{us} = 0.62\ S_u$), calculate the minimum diameter pin to avoid pin shear failure.

4.12D Select a steel from Appendix C-4a and use $S_{us} = 0.62\ S_u$ to determine what force, P, is required to produce shear failure in a 0.375 in.-diameter bolt or pin.

(a) With the configuration shown in Figure 4.3?

(b) With the configuration shown in Figure 4.4?

4.13 What force, P, is required to produce shear failure in a 30-mm-diameter bolt or pin made of a ductile metal having $S_{us} = 200$ MPa:

(a) With the configuration shown in Figure 4.3?

(b) With the configuration shown in Figure 4.4?

Section 4.4

4.14D Select a diameter of an AISI 4340 Annealed steel driveshaft that transmits 200 kW at 5000 rpm. Bending and axial loads are negligible.

(a) What is the nominal shear stress at the surface?

(b) If a hollow shaft of inside diameter 0.9 times outside diameter is used, what outside diameter would be required to give the same outer surface stress?

(c) How do the weights of the solid and hollow shafts compare?

4.15 A 50 mm-diameter steel propeller shaft of an experimental high-speed boat transmits 2000 kW at 2000 rpm. Bending and axial loads are negligible.

(a) What is the nominal shear stress at the surface?

(b) If a hollow shaft of inside diameter 0.9 times outside diameter is used, what outside diameter would be required to give the same outer surface stress?

(c) How do the weights of the solid and hollow shafts compare?

4.16 A 30-mm-diameter shaft transmits 700 kW at 1500 rpm. Bending and axial loads are negligible.

(a) What is the nominal shear stress at the surface?

(b) If a hollow shaft of inside diameter 0.8 times outside diameter is used, what outside diameter would be required to give the same outer surface stress?

(c) How do weights of the solid and hollow shafts compare?

4.17D Select a steel from Appendix C-4a and a rpm between 1250 and 2000 rpm for a 40-mm-diameter shaft transmitting 500 kW. Bending and axial loads are negligible. Assume $\tau \leq 0.2\ S_u$ for safety.

(a) What is the nominal shear stress at the surface?

(b) If a hollow shaft of inside diameter 0.8 times outside diameter is used, what outside diameter would be required to give the same outer surface stress?

(c) How do weights of the solid and hollow shafts compare?

4.18 Power from a 2500 kW motor is transmitted by a 60 mm-diameter shaft rotating at 2000 rpm. Bending and axial loads are negligible.

(a) What is the nominal shear stress at the surface?

(b) If a hollow shaft of inside diameter 0.85 times outside diameter is used, what outside diameter would be required to give the same outer surface stress?

(c) How do the weights of the solid and hollow shafts compare?

4.19 Estimate the torque required to produce a maximum shear stress of 570 MPa in a hollow shaft having an inner diameter of 20 mm and an outer diameter of 25 mm—see Figure P4.19.

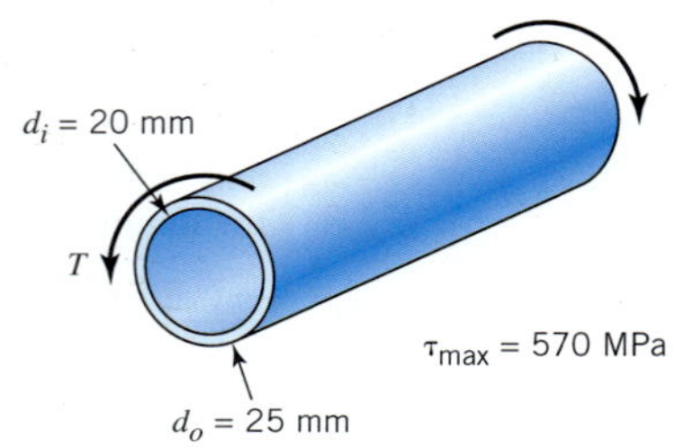

Figure P4.19

4.20 The same torque is applied on both a solid square shaft of cross section $b \times b$ and a solid round shaft of radius r. For both shafts to have equal outer-surface maximum shear stress values, what would be the ratio b/r? For this ratio, compare the weight of the two shafts and also the ratio of strength to weight—see Figure P4.20.

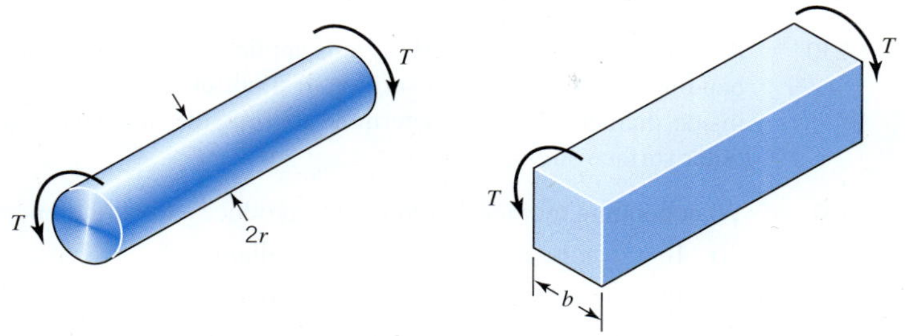

FIGURE P4.20

4.21 What torque is required to produce a maximum shear stress of 400 MPa:

(a) In a round shaft of 40-mm diameter?

(b) In a square shaft, 40 mm on a side?

4.22 Compare the torque-transmitting strength of a solid round shaft with that of a solid square shaft of the same size (circle diameter equal to side of square). Compare the weight of the two shafts and also the ratio of strength to weight.

Section 4.5

4.23 A straight bar of solid rectangular cross section and one of solid round cross section are subjected to tensile, bending, and torsional loads. Surface stresses are to be computed for each load and each bar. Discuss briefly any inherent limitations in applying the stress formulas $\sigma = P/A$, $\sigma = My/I$, $\tau = Tr/J$ to this problem.

4.24 A steel cantilever beam of length L, and constant width w, is loaded on the end with a force F, as shown in Figure P4.24. Determine the shape, $h = h(x)$, for the beam that will produce a constant maximum bending stress along the beam length. Neglect the weight of the beam.

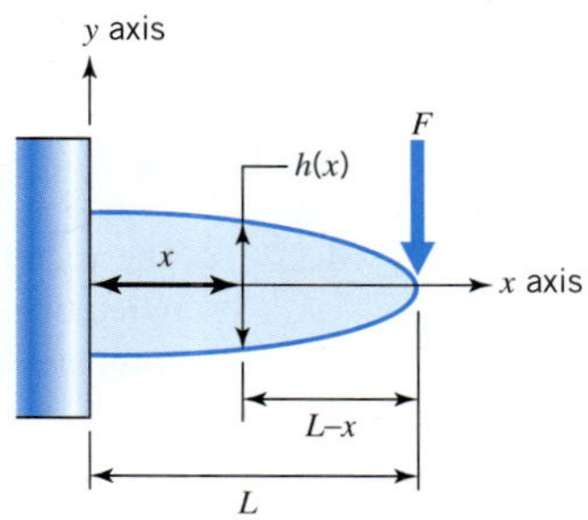

FIGURE P4.24

4.25 A 50 mm-diameter straight round shaft is subjected to a bending moment of 2700 N-m.

(a) What is the nominal bending stress at the surface?

(b) If a hollow shaft of inside diameter 0.5 times outside diameter is used, what outside diameter would be required to give the same outer surface stress? (Note: If the hollow shaft is too thin, buckling will occur. See Section 5.15.)

4.26 Determine the bending stress at the surface of a 80 mm-diameter shaft subjected to a bending moment of 4000 N-m.

4.27 Repeat Problem 4.26 for a 16 mm-diameter shaft.

4.28 Determine how the bending stress at the surface of a shaft of diameter d changes with values for the bending moment M.

4.29 Determine how the bending stress at the surface of a shaft subjected to a bending moment M changes with values for the shaft diameter d.

4.30 A bending moment of 2000 N · m is applied to a 40-mm-diameter shaft. Estimate the bending stress at the shaft surface. If a hollow shaft of outside diameter 1.15 times inside diameter is used, determine the outside diameter required to give the same outer surface stress.

4.31 What bending moment is required to produce a maximum normal stress of 400 MPa:

(a) In a straight round rod of 40-mm diameter?

(b) In a straight square rod, 40 mm on a side (with bending about the X axis as shown for a rectangular section in Appendix B-2)?

4.32 How would you expect the circumference of a tree trunk to vary with height above the ground? How would the circumference of a tree branch vary as its distance from the trunk increased? Would the equations of engineering mechanics and strength of materials show a relationship with (a) geometry, (b) shape, and (c) force—gravity and wind? What role would be played by the desire of the tree for sunlight and water?

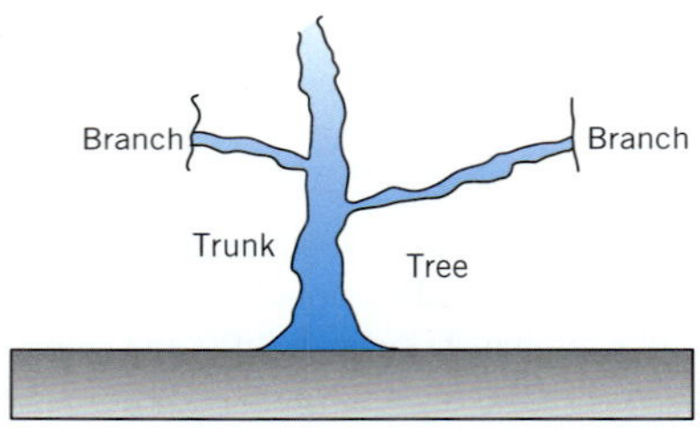

FIGURE P4.32

Section 4.6

4.33 The rectangular beam shown in Figure P4.33 has an initial curvature, $\bar{r}$, equal to twice the section depth, h. How do the extreme-fiber-bending stresses for the beam compare with those of an otherwise identical straight beam?

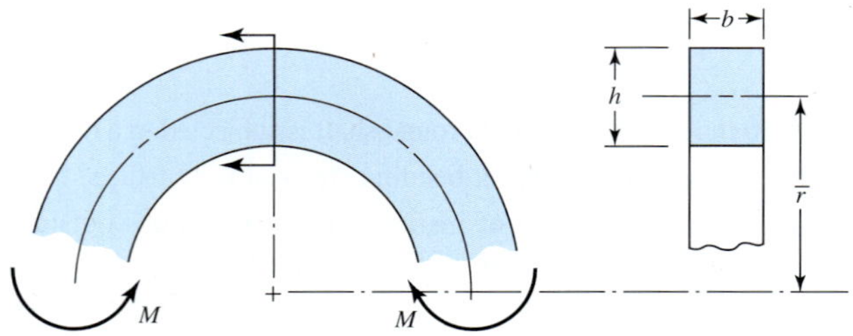

FIGURE P4.33

4.34 Determine the location and magnitude of the maximum tensile stress in the S hook shown in Figure P4.34. (Note: The lower portion experiences the larger bending moment, but the upper part has a smaller radius of curvature; hence, both locations must be investigated.)

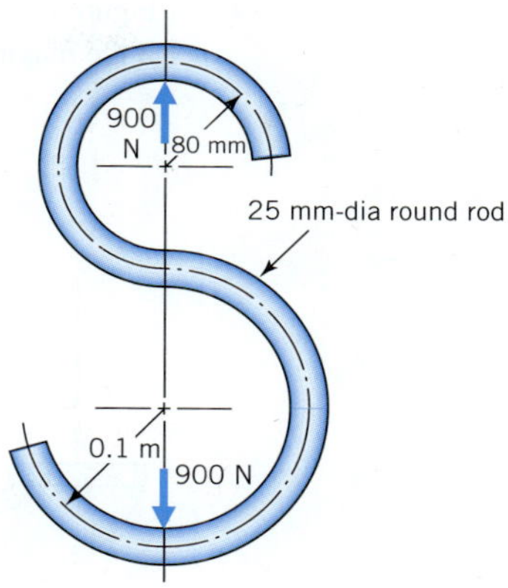

FIGURE P4.34

4.35 Repeat Problem P4.34 except that the smaller radius of curvature is 0.12 m and the larger radius of curvature is 0.18 m.

4.36 Critical section *AA* of a crane hook (Figure P4.36) is considered, for purposes of analysis, to be trapezoidal with dimensions as shown. Determine the resultant stress (bending plus direct tension) at points *P* and *Q*.

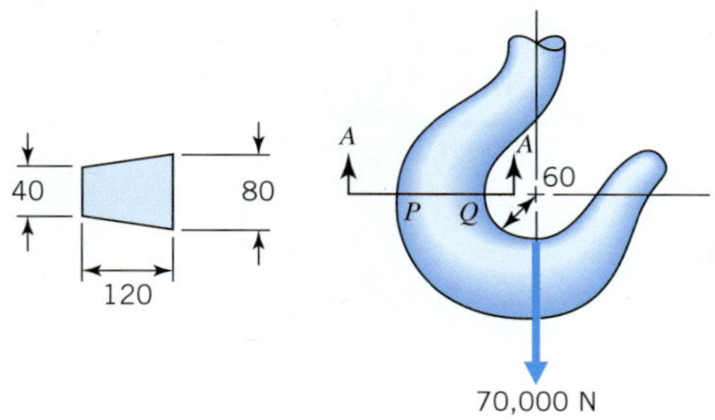

FIGURE P4.36

4.37 Repeat Problem 4.36 for a hook having a circular cross section (with the cross-sectional area equal to that in Problem 4.36).

4.38 Prove that the centroidal distance ($\bar{c}$) from the *X* axis for the trapezoid shown in Figure P4.38 is $(h)(2b + a)/(3)(b + a)$.

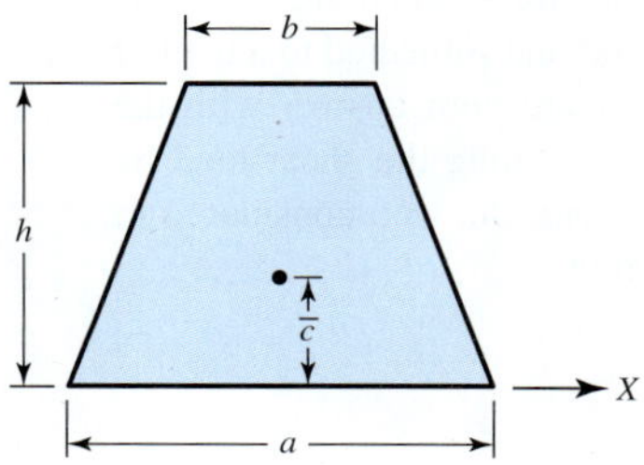

FIGURE P4.38

4.39 Figure P4.39 shows a portion of a C-clamp. What force F can be exerted by the screw if the maximum tensile stress in the clamp is to be limited to 30 ksi?

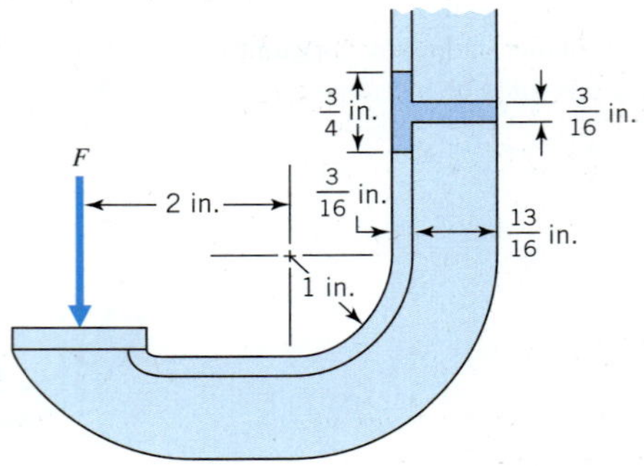

FIGURE P4.39

4.40 For the rocker arm shown in Figure P4.40, determine the maximum tensile stress in section AA.

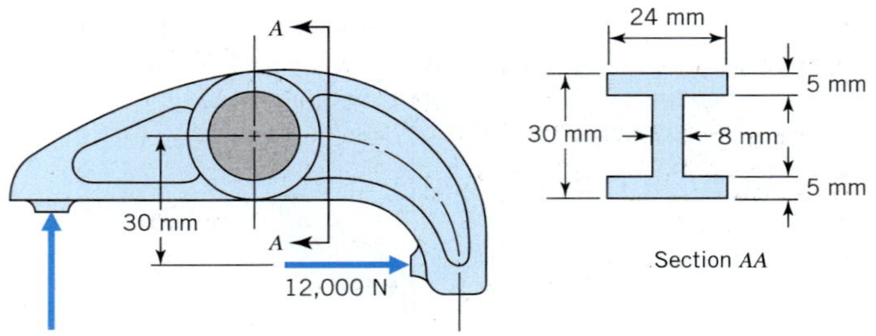

FIGURE P4.40

Section 4.7

4.41 A solid square-section beam, 60 mm on a side, is used in place of the beam in Sample Problem 4.2. What is the location and magnitude of the maximum shear stress? Use Eq. 4.12 and check the result with Eq. 4.14.

4.42 Using Eq. 4.12, derive Eq. 4.13.

4.43 Using Eq. 4.12, derive Eq. 4.14.

4.44 For the 8-in. I beam shown (Figure P4.44), compute the maximum transverse shear stress when the beam is simply supported at each end and subjected to a load of 1000 lb in the center. Compare your answer with the approximation obtained by dividing the shear load by the area of the web (only) with the web considered to extend for the full 8-in. depth.

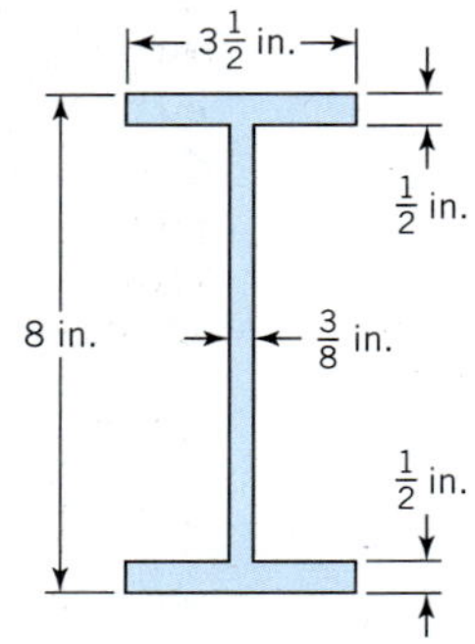

FIGURE P4.44

4.45 Figure P4.45 shows a plastic beam having a box section, where the top plate is cemented in place, as indicated. All dimensions are in millimeters. For the 12-kN load shown, what is the shear stress acting on the cemented joint?

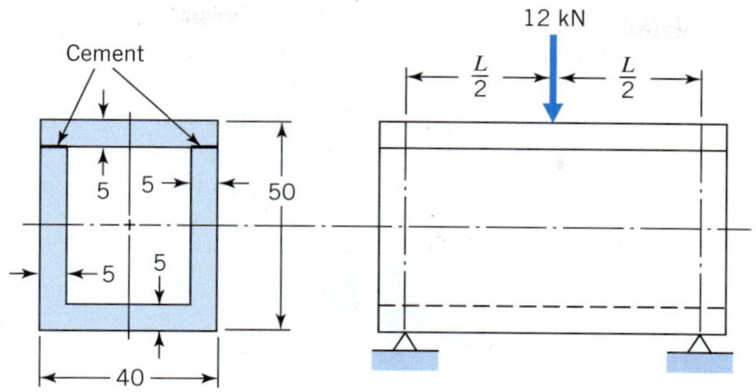

FIGURE P4.45

Sections 4.9 and 4.11

4.46 The shaft shown in Figure P4.46 is 200 mm long between self-aligning bearings A and B. Belt forces are applied to a sheave in the center, as shown. The left end of the shaft is connected to a clutch by means of a flexible coupling. Nothing is attached to the right end.

(a) Determine and make a sketch showing the stresses acting on the top and side elements, T and S, located adjacent to the sheave. (Neglect stress concentration.)

(b) Represent the states of stress at T and S with three-dimensional Mohr circles.

(c) At location S, show the orientation and stresses acting on a principal element, and on a maximum shear element.

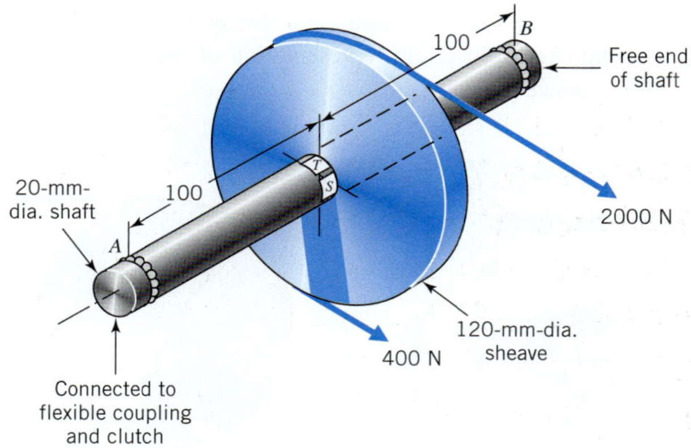

FIGURE P4.46

4.47 Repeat Problem 4.46, except that the sheave diameter is 140 mm.

4.48 We wish to analyze the stresses in a bicycle crankshaft. (This is the horizontal shaft, supported in the frame by two ball bearings, which connects the two pedal crank arms.) Obtain whatever dimensions you need by measuring an actual bicycle of standard adult size.

(a) Show, with the aid of a simple sketch, the most severe loading condition normally encountered by this shaft. Show all important dimensions, and state any assumptions made concerning the loading.

(b) Show on your sketch the location of greatest stress in this shaft, and make a Mohr circle representation of this state of stress. (Neglect stress concentration.)

4.49 Figure P4.49 shows a hand crank with static vertical load applied to the handle.

(a) Copy the drawing and mark on it the location of highest bending stress. Make a three-dimensional Mohr circle representation of the stresses at this point. (Neglect stress concentration.)

(b) Mark on the drawing the location of highest combined torsional and transverse shear stress. Make a three-dimensional Mohr circle representation of the stresses at this point, again neglecting stress concentration.

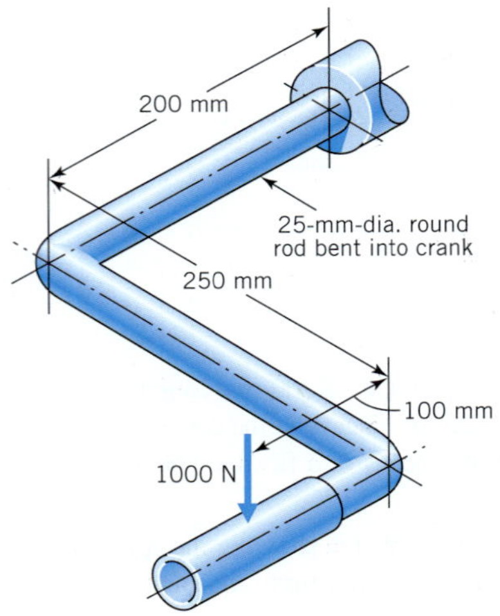

FIGURE P4.49

4.50 Repeat Problem 4.50, but change the 200-mm dimension to 50 mm.

4.51 Figure P4.51 shows an electric motor loaded by a belt drive. Copy the drawing and show on both views the location or locations on the shaft of the highest stress. Make a complete Mohr circle representation of the stress state at this location. (Neglect stress concentration.)

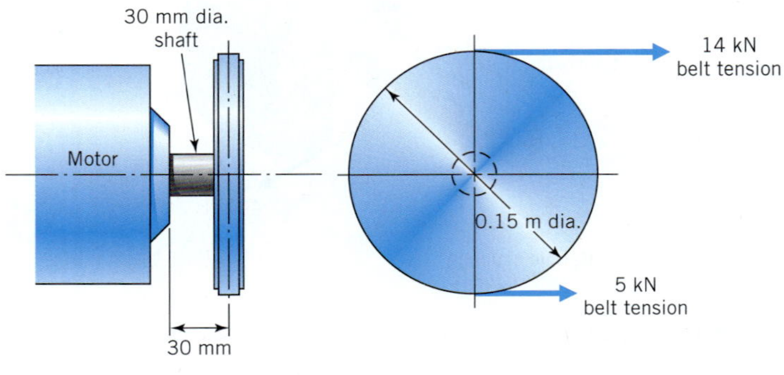

FIGURE P4.51

4.52 Repeat Problem 4.51, except that the pulley diameter is 0.12 m.

4.53 Figure P4.53 shows a 1-in. solid round shaft supported by self-aligning bearings at *A* and *B*. Attached to the shaft are two chain sprockets that are loaded as shown. Treat this as a static loading problem, ignoring fatigue and stress concentration. Identify the specific shaft location subjected to the most severe state of stress, and make a Mohr circle representation of this stress state.

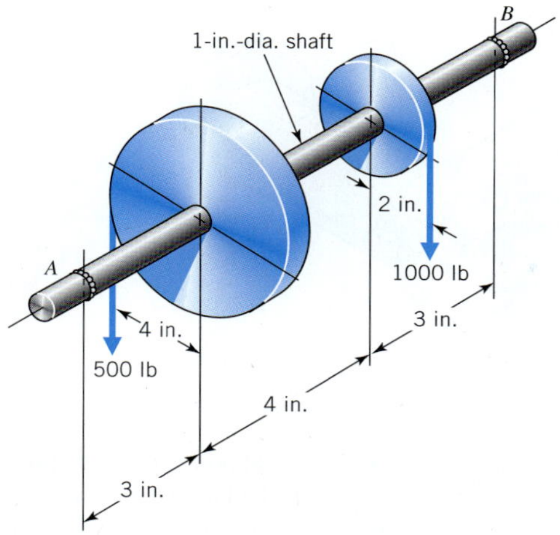

FIGURE P4.53

4.54 Repeat Problem 4.53 except that the pulleys are 3 in. apart.

4.55 Repeat Problem 4.53, except use Figure P4.55.

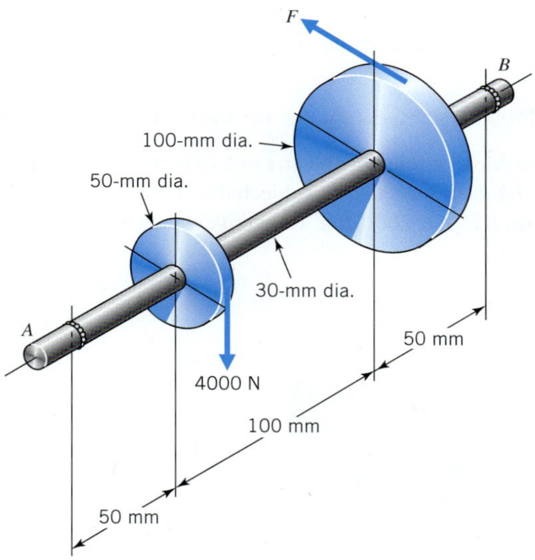

FIGURE P4.55

4.56 Figure P4.56 shows a small pressurized cylinder, attached at the one end and loaded with a pipe wrench at the other. The internal pressure causes a tangential stress of 400 MPa and an axial stress of 200 MPa that act on an element at point *A*. The pipe wrench superimposes a bending stress of 100 MPa and a torsional stress of 200 MPa.

(a) Make a Mohr circle representation of the state of stress at point *A*.

(b) What is the magnitude of the maximum shear stress at *A*?

(c) Make a sketch showing the orientation of a principal element (with respect to the original element drawn at *A*), and show all stresses acting on it.

[Ans.: (b) 278 MPa]

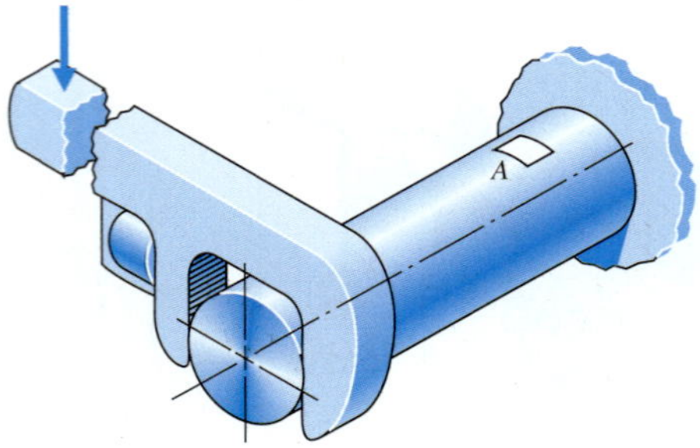

FIGURE P4.56

4.57 Determine the maximum shear stress at point A, for the pressurized cylinder, shown in Figure P4.56. The cylinder is attached at one end and loaded with a pipe wrench at the other, so that it is subjected to a bending stress of 75 MPa and a torsional stress of 100 MPa. The internal pressure causes a tangential stress of 100 MPa and an axial stress of 60 MPa that act on an element at point A.

4.58 An internally pressurized section of round steel tubing is subjected to tangential and axial stresses at the surface of 200 and 100 MPa, respectively. Superimposed on this is a torsional stress of 50 MPa. Make a Mohr circle representation of the surface stresses.

4.59 Represent the surface stresses on a Mohr circle of an internally pressurized section of round steel tubing that is subjected to tangential and axial stresses at the surface of 400 and 250 MPa, respectively. Superimposed on this is a torsional stress of 200 MPa.

4.60 Repeat Problem 4.59, except that the torsional stress is 150 MPa.

4.61 Draw the Mohr circle for the stresses experienced by the surface of an internally pressurized steel tube that is subjected to tangential and axial stresses in the outer surface of 300 and 200 MPa, respectively, and a torsional stress of 125 MPa—see Figure P4.61.

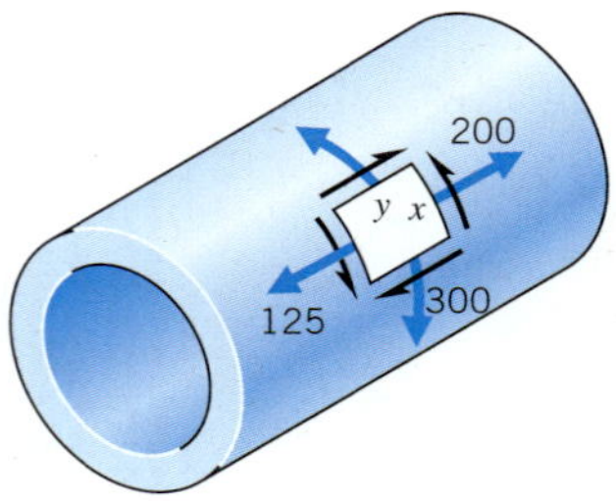

FIGURE P4.61

4.62 A cylinder is internally pressurized to a pressure of 100 MPa. This causes tangential and axial stresses in the outer surface of 400 and 200 MPa, respectively. Make a Mohr circle representation of the stresses in the outer surface. What maximum shear stress is experienced by the outer surface?

[Ans.: 200 MPa]

4.63 A cylindrical ring has an outer diameter D, an inner diameter d, and a width w. A solid cylindrical disk of diameter $(d + \Delta d)$ and width w is press fit completely into the ring. If the ring were thin (i.e., $(D\text{–}d)$ is very small), how could you calculate the pressure on the outer cylindrical surface of the inner cylinder disk?

4.64 Determine the maximum shear stress at the outer surface of an internally pressurized cylinder where the internal pressure causes tangential and axial stresses in the outer surface of 300 and 150 MPa, respectively.

4.65 Figure P4.65 shows a cylinder internally pressurized to a pressure of 7000 psi. The pressure causes tangential and axial stresses in the outer surface of 30,000 and 20,000 psi, respectively. Determine the maximum shear stress at the outer surface.

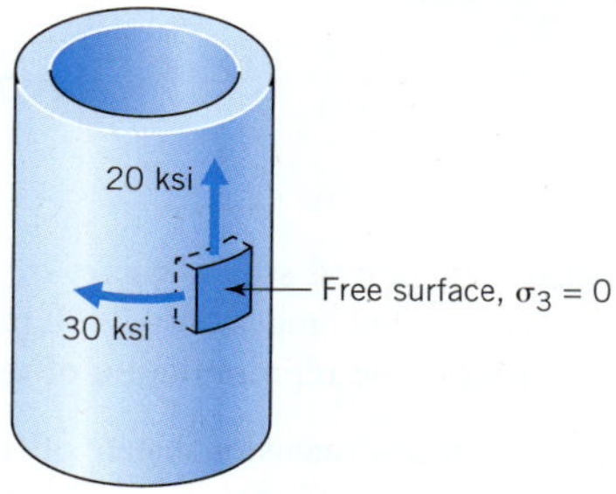

FIGURE P4.65

4.66 Repeat Problem 4.65, except that the cylinder is pressurized to 10,000 psi.

4.67 The inner surface of a hollow cylinder internally pressurized to 100 MPa experiences tangential and axial stresses of 600 and 200 MPa, respectively. Make a Mohr circle representation of the stresses in the inner surface. What maximum shear stress exists at the inner surface?

[Ans.: 350 MPa]

4.68 The inner surface of a hollow cylinder internally pressurized to 100 MPa is subjected to tangential and axial stresses of 350 MPa and 75 MPa, respectively as shown in Figure P4.68. Represent the inner surface stresses using a Mohr circle and determine the maximum shear stress.

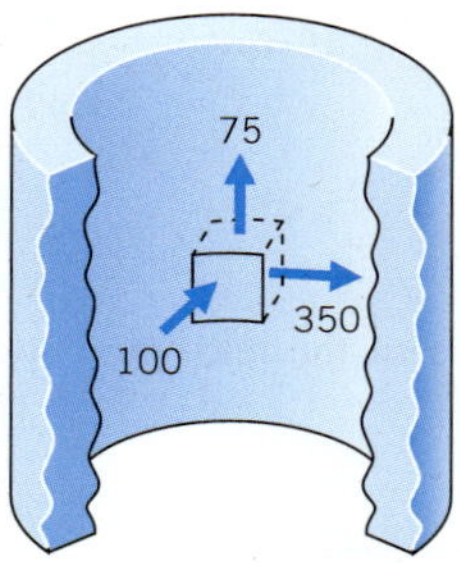

FIGURE P4.68

4.69 The inner surface of a hollow cylinder is subjected to tangential and axial stresses of 40,000 and 24,000 psi, respectively. Determine the maximum shear stress at the inner surface, if the cylinder is pressurized to 10,000 psi.

4.70 Figure P4.70 shows a triaxial stress element having a critical three-dimensional stress state where $\sigma_x = 60{,}000$, $\sigma_y = -30{,}000$, $\sigma_z = -15{,}000$, $\tau_{xy} = 9000$. $\tau_{yz} = -2000$, and $\tau_{zx} = 3500$ psi. Calculate the first, second, and third stress invariants. Then solve the characteristic equation for the principal normal stresses. Also, calculate the maximum shear stress and draw the resulting Mohr circle representation of the state of stress.

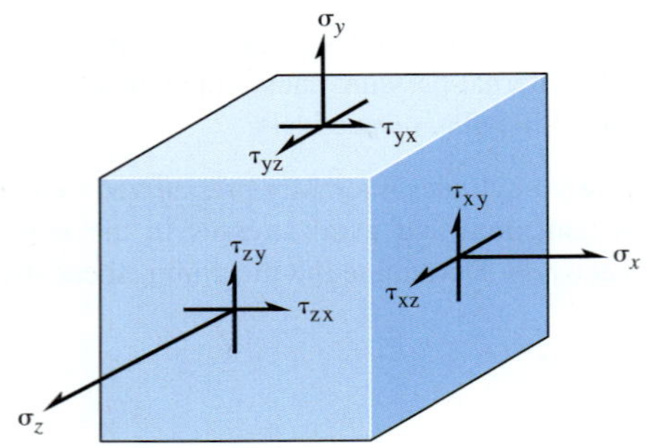

FIGURE P4.70

4.71 For a critical three-dimensional state of stress where, $\sigma_x = 45{,}000$, $\sigma_y = 25{,}000$, $\sigma_z = -50{,}000$, $\tau_{xy} = 4000$, $\tau_{yz} = 2000$, and $\tau_{zx} = -3500$ psi, determine the principal stresses and draw the Mohr circle representation of the state of stress.

4.72 A stainless steel member has a three-dimensional state of stress at a critical location where $\sigma_x = 50{,}000$, $\sigma_y = -10{,}000$, $\sigma_z = 15{,}000$. $\tau_{xy} = -3500$, $\tau_{yz} = -1000$, and $\tau_{zx} = 2000$ psi. Calculate the first, second, and third stress invariants and solve the characteristic equation for the principal normal stresses. Also, calculate the maximum shear stress and draw the Mohr circle representation of the state of stress at the critical point.

Sections 4.12–4.14

4.73 Find the maximum value of stress at the hole and semicircular notch shown in Figure P4.73.

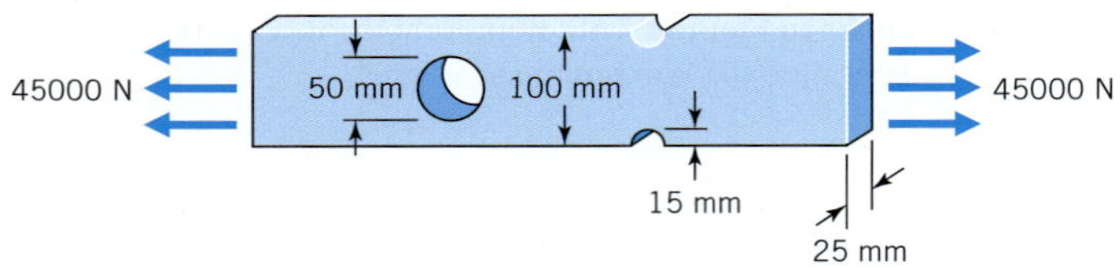

FIGURE P4.73

4.74 For Figure P4.74, what is the value of the maximum stress at both the hole and the notch?

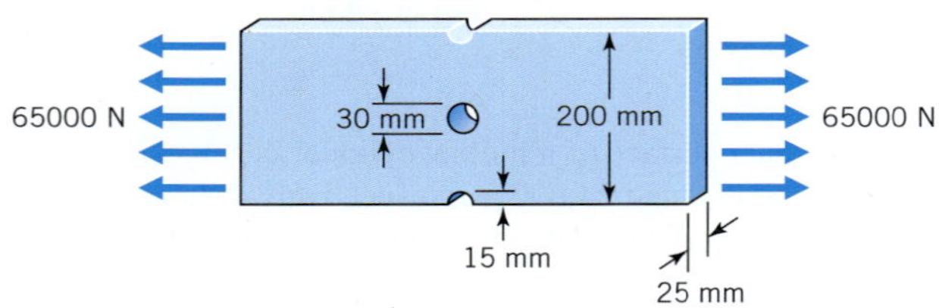

FIGURE P4.74

4.75 Is using force flow to study stress in a component an art or a science? Can the concept of force flow be used to study problems where numerical values for loads are indeterminate?

4.76 How can an engineer best explain why free-body diagrams are so important in determining forces and stresses?

4.77 A shaft is supported by bearings at locations A and B and is loaded with a downward 1000-N force as shown in Figure P4.77. Find the maximum stress at the shaft fillet. The critical shaft fillet is 70 mm from B.

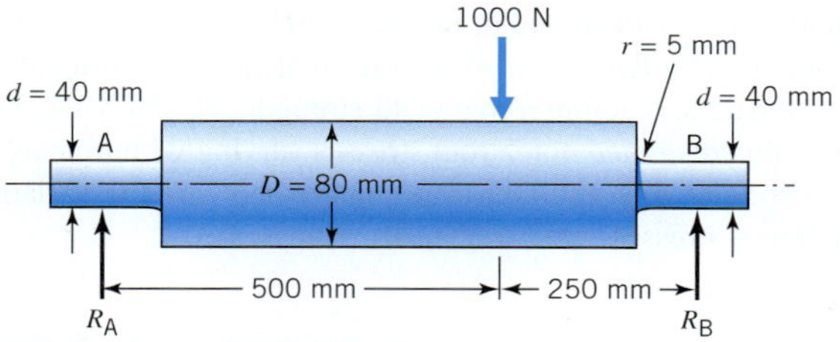

FIGURE P4.77

4.78 A notched flat bar (as shown in Figure 4.39, Section 4.13) has a stress concentration factor for tensile loads of 2. Its cross-sectional area in the plane of the notches is 300 mm^2. The material is steel, with tensile and compressive yield strengths of 200 MPa. Assume an idealized stress–strain curve. The bar is initially free of residual stress.

(a) Make a drawing showing the approximate shape of the stress distribution curve when the bar is loaded to 20 kN tension and also after the load is removed.

(b) Repeat for a 45 kN load.

(c) Repeat for a 70 kN load.

4.79 Repeat Problem 4.78, except that the loading causes compression.

4.80 Repeat Problem 4.78, except use a stress concentration factor of 3.

4.81 Repeat Problem 4.78, except that the stress concentration factor is 3 and the loading causes compression.

4.82 A 20 × 60-mm ($h \times b$) rectangular bar with a 10-mm-diameter central hole (as shown in Figure 4.40) is made of steel having tensile and compressive yield strengths of 600 MPa. Assume an idealized stress–strain curve. The bar is initially free of residual stress. Make a drawing showing the approximate stress distribution in the plane of the hole (Figure P4.82):

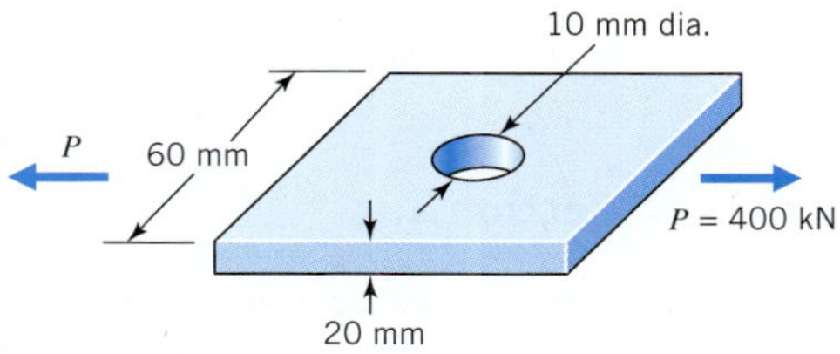

FIGURE P4.82

(a) When a tensile force of 400 kN is applied to each end of the bar.

(b) After the load is removed.

4.83 Repeat Problem 4.82, except that the bar is loaded in compression.

4.84 A 10 × 40-mm ($h \times b$) steel rectangular bar (having compressive and tensile yield strengths of 300 MPa) has a 6-mm-diameter central hole (as shown in Figure 4.40). Assume that the bar is initially free of residual stress and that the steel material has an idealized stress–strain curve. Make a sketch showing the approximate stress distribution in the plane of the hole:

(a) When a tensile force of 100 kN is applied to each end of the bar.

(b) After the load is removed.

4.85 Repeat Problem 4.84, except that the bar is loaded in compression.

4.86 A notched bar (illustrated in Figure 4.39) has a stress concentration factor for tensile loading of 2.5. It is made of ductile steel (assume an idealized stress–strain curve) with tensile and compressive yield strengths of 200 MPa. The bar is loaded in tension with *calculated* notch root stresses varying with time as shown in Figure P4.86. Copy the drawing and add to it a curve showing the variation with time of *actual* notch root stresses.

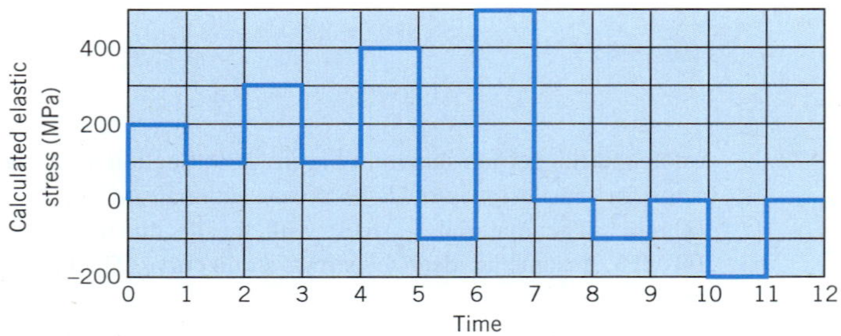

FIGURE P4.86

4.87 Repeat Problem 4.86, except use a stress concentration factor of 3.

4.88 Three notched tensile bars (see Figure 4.39) have stress-concentration factors of 1, 1.5, and 2.5, respectively. Each is made of ductile steel having S_y = 700 MPa, has a rectangular cross section with a minimum area of 600 mm^2, and is initially free of residual stress. Draw the shape of the stress-distribution curve for each case when (*a*) a tensile load of 225 kN is applied, (*b*) the load is increased to 450 kN, and (*c*) the load is removed.

Section 4.15

4.89 Two rectangular beams are made of steel having a tensile yield strength of 550 MPa and an assumed idealized stress–strain curve. Beam A has a uniform 25 × 12.5 mm section. Beam B has a 25 × 12.5 mm section that blends symmetrically into a 37.5× 12.5 mm section with fillets giving a stress concentration factor of 3. The beams are loaded in bending in such a way that $Z = I/c = bh^2/6 = 12.5(25)^2/6 = 1302\,\text{mm}^3$

(a) For each beam, what moment, M, causes (1) initial yielding and (2) complete yielding?

(b) Beam A is loaded to cause yielding to a depth of 6.23 mm Determine and plot the distribution of residual stresses that remain after the load is removed.

4.90 Two rectangular beams are made of steel having a tensile yield strength of 550 MPa and an assumed idealized stress–strain curve. Beam A has a uniform 25 mm × 12.5-mm section. Beam B has a 25 mm × 12.5-mm section that blends symmetrically into a 37.5 mm × 12.5-mm section with fillets giving a stress concentration factor of 2.5. The beams are loaded in bending in such a way that $Z = I/c = bh^2/6 = 12.5(25)^2/6 = 1302\ \text{mm}^3$.

(a) For each beam, what moment, M, causes (1) initial yielding and (2) complete yielding?

(b) Beam A is loaded to cause yielding to a depth of 6.35 mm. Determine and plot the distribution of residual stresses that remain after the load is removed.

Section 4.16

4.91 A 0.3 m length of aluminum tubing (with properties of $E = 71.7$ GPa and $\alpha = 21.5 \times 10^{-6}$ per degree Celsius) having a cross-sectional area of 1000 mm^2 is installed with "fixed" ends so that it is stress-free at 16°C. In operation, the tube is heated throughout to a uniform 68°C. Careful measurements indicate that the fixed ends separate by 2 mm. What loads are exerted on the ends of the tube, and what are the resultant stresses?

4.92 A 250-mm length of steel tubing (with properties of $E = 207 \times 10^9$ Pa and $\alpha = 12 \times 10^{-6}$ per degree Celsius) having a cross-sectional area of 625 mm^2 is installed with "fixed" ends so that it is stress-free at 26°C. In operation, the tube is heated throughout to a uniform 249°C. Careful measurements indicate that the fixed ends separate by 0.20 mm. What loads are exerted on the ends of the tube, and what are the resultant stresses?

탄성변형률, 처짐 및 안정성

5

5.1 개요

탄성변형률(elastic strain), 처짐(deflection), 강성(stiffness)과 안정성(stability)은 엔지니어에게 기본적으로 중요한 관심사들이다. 보통 응력(stress)보다는 처짐이나 강성이 요소 설계를 좌우하는 인자가 된다. 예를 들어 기계 공구 프레임은 가공 정밀도를 유지하기 위해 매우 단단하여야 한다. 이러한 프레임이 강성(rigidity) 기반 요구조건을 만족시키기에 충분히 단단하다면, 응력은 무시할 정도로 작을 것이다. 다른 요소들은 진동 문제를 없애기 위해 큰 강성을 필요로 할지도 모른다. 과도한 처짐은 요소들 사이의 간섭이나 기어의 이탈을 일으킬 수 있다.

탄성변형률의 또 다른 중요한 점은 응력을 측정하기 위한 실험적 방법에 관련되어 있다는 것이다. 일반적으로 직접 측정하는 양은 응력이 아니라 변형률이다. 재료의 탄성계수를 알고 있을 때, 실험적으로 변형률을 측정하면 5.5절에서 검토하게 될 탄성 응력-변형률 관계를 이용하여 그에 상응하는 응력을 알아낼 수 있다.

그림 5.1*a*~5.1*d*는 탄성적으로 안정한 계(system)를 나타낸다. 이러한 계에서 평형으로부터의 작은 교란(disturbance)은 탄성 복원력이나 복원모멘트 또는 둘 다에 의해 보정될 것이다. 하지만 그림 5.1*e*와 같은 매우 가는 기둥의 경우에는 그렇지 않다. 여기서 만약 기둥이 충분히 가늘고 탄성계수(elastic modulus)가 충분히 작으며 하중이 충분히 크다면, 압축을 받는 요소는 **탄성적으로 불안정**하게 되어 약간의 교란에도 **좌굴**(buckling)이나 붕괴가 일어날 수 있다. 응력 P/A가 재료의 탄성한계(elastic limit)보다 **상당히 낮은 수준이라** 하더라

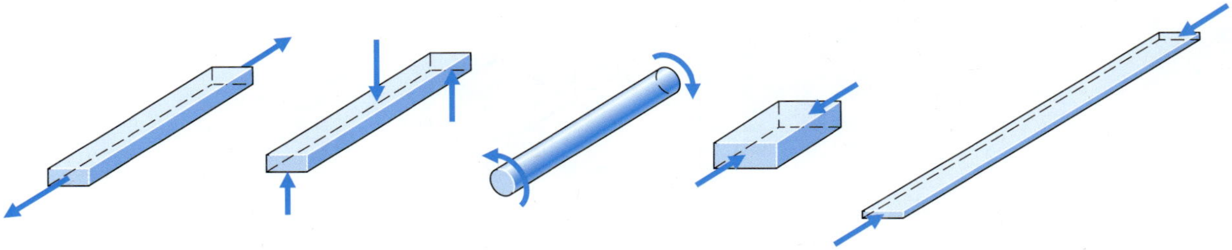

(*a*) (*b*) (*c*) (*d*) (*e*)

그림 5.1 (*a*~*d*) 탄성적으로 안정한 하중 요소, (*e*) 탄성적으로 불안정할 가능성이 있는 하중 요소.

도 이런 일은 실제로 발생할 수 있다. 이 장의 5.10~5.15절에서 이러한 현상이 다루어진다.

5.16절에서는 유한요소 해석에 관해 알아본다.

5.2 변형률 정의, 측정과 모어원

그림 5.2는 단축 인장을 받는 요소에서 발생하는 변형률을 나타낸다. 변형률의 세 개의 선형 성분을 정의하는 식이 그림에 주어진다. 이러한 하중을 받는 요소의 초기 각도에는 어떠한 변화도 없다. 따라서 전단변형률(shear strain) γ_{xy}, γ_{xz}, γ_{yz}는 0이고, 이때 주어진 요소는 주요소(principal element)이다. 이 때문에 ϵ_x, ϵ_y, ϵ_z 또한 ϵ_1, ϵ_2, ϵ_3로 표기되며, 여기서 하첨자 1, 2, 3은 주방향을 나타낸다. 그림에서 ϵ_y, ϵ_z가 음의 값을 가지는 것은 재료가 양의 포아송 비(Poisson's ratio)를 가지기 때문이다.

그림 5.3은 순수 전단을 받는 유사한 요소를 나타낸다. 그 결과로 발생하는 전단변형률이 그림에 정의되어 있다. 이중 하첨자 표기는 그림 4.26과 관련하여 4.9절에서 간략히 언급한 약속에 따른다. 전단응력(shear stress)의 경우와 마찬가지로 γ_{xy}, γ_{yx}를 구별할 필요는 없다.

그림 5.4는 ϵ_x, ϵ_y, γ_{xy}를 알고 있을 경우 변형률 모어원(Mohr strain circle)이 어떻게 그려지는가를 예시한 것이다. 작성 방법은 세로축에 전단변형률 γ의 절반만을 좌푯값으로 표시하는 것을 제외하고는 응력 모어원(Mohr stress circle)을 그리는 방법과 동일하다. 응력식들[식 (4.15)~식 (4.19)]에서 σ를 ϵ으로 대체하고 τ를 $\gamma/2$로 대체하면 변형률식이 된다.

기계요소와 구조용 요소 위의 임의의 점에서 실험으로 응력을 결정할 때, 먼저 변형률을 측정하고, 그 다음 재료의 탄성계수를 이용하여 변형률에 대응되는 응력을 계산한다. 만약 주축의 방향을 알고 있다면, 주변형률(principal strain) ϵ_1, ϵ_2는 한 줄 형(그림 5.5a)이나

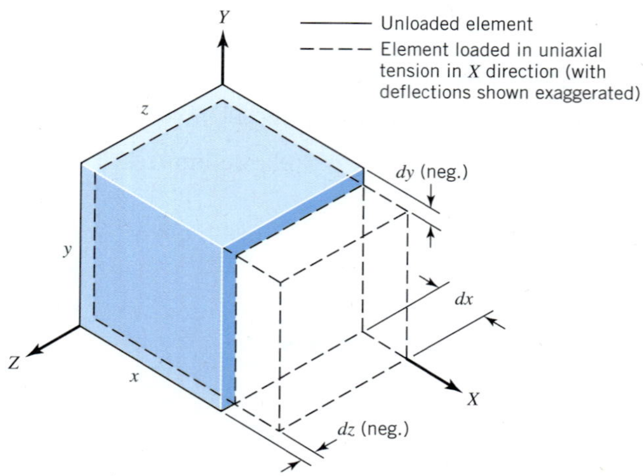

$$\epsilon_x = \lim_{x \to 0} \frac{dx}{x} \qquad \epsilon_y = \lim_{y \to 0} \frac{dy}{y} \qquad \epsilon_z = \lim_{z \to 0} \frac{dz}{z}$$

그림 5.2 단축 인장하중에 의한 선형 변형률.

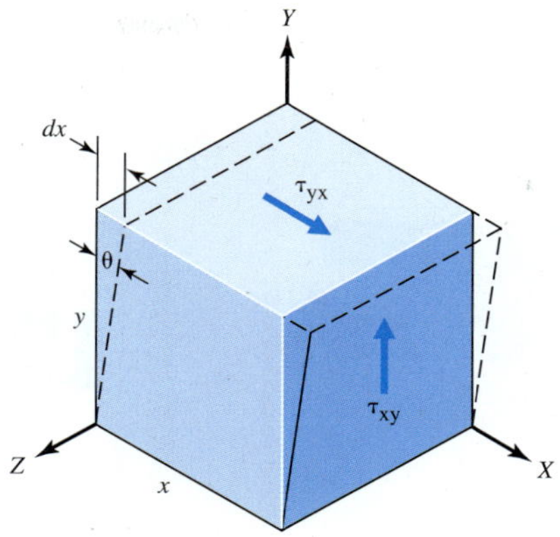

γ_{xy} (shown counterclockwise, hence negative)
γ_{yx} (shown clockwise, hence positive)
} absolute value = $\lim_{y \to 0} \frac{dx}{y} = \tan\theta \approx \theta$

그림 5.3 순수 전단하중에 의한 전단변형률.

두 줄 로제트(rosette) 전기저항 스트레인게이지(그림 5.5*b*)를 이용하여 직접 측정할 수 있다. 만약 주방향을 알고 있지 않다면, 임의의 방향에서의 변형률 ϵ_x, ϵ_y, γ_{xy}를 먼저 측정한 다음 그림 5.4와 같은 모어원을 작성하여 ϵ_1, ϵ_2를 이론적으로 계산할 수 있다. 하지만 전단변형률을 직접 실험으로 측정하는 것은 일반적이지 않다. 따라서 그림 5.5*c*와 *d*에 나타낸 세 줄 로제트 스트레인게이지가 사용된다. 이와 관련된 기본 원리는 다음과 같다.

먼저 그림 4.27에 나타낸 응력이나 그림 5.4에 나타낸 변형률에 대한 모어원의 작성은 세 개의 미지수가 있는 세 개의 방정식에 대한 편리한 도해법을 제공한다는 것에 주목하라. 미지수는 두 개의 주응력(또는 주변형률) 및 주면(principal plane)과 기준면(보통 *x*, *y*로 표기) 사이의 각도이다. 해를 구하기 위해서는 σ_x, σ_y, τ_{xy}(또는 ϵ_x, ϵ_y, γ_{xy})의 세 개의 값을 알고 있을 필요가 있다. 세 줄 로제트 게이지를 이용하여 세 개의 미지수에 대한 해를 구할 수 있지만, 이 값들은 모두 선형(linear) 변형률이다. 이 경우 모어원에 의한 도해법으로 간단히 해를 구할 수 있는 방법이 없어 해석적인 해법이 사용된다. 임의의 방향에서의 세 개의 선형 변형률이 주어질 때 이러한 해석적 해를 구할 수 있다[5]. 그러나 여기서는 일반적으로 사

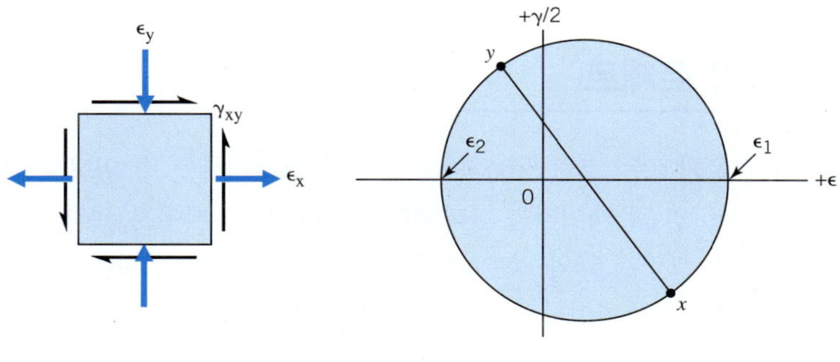

그림 5.4 임의의 ϵ_x, ϵ_y, γ_{xy}에 대해 작성된 변형률 모어원.

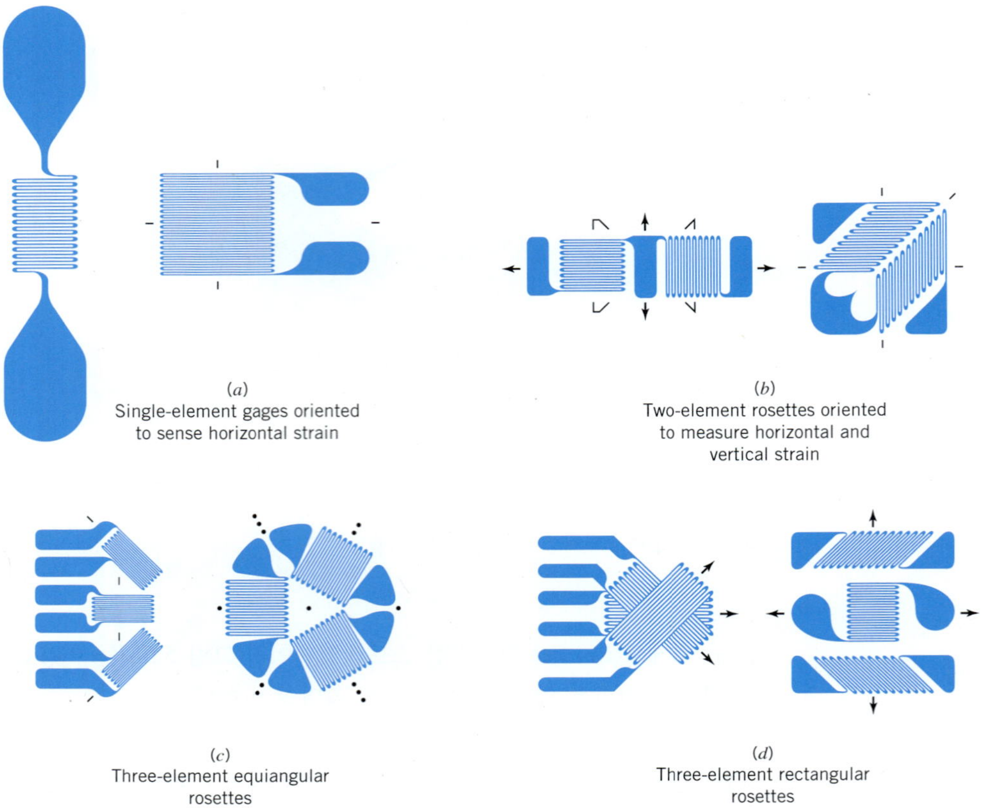

그림 5.5 대표적인 금속박막 전기저항 스트레인게이지의 격자 형태.

용되는 두 가지 경우, 즉 등각 로제트(그림 5.5*c*)와 직각 로제트(그림 5.5*d*)만이 고려된다.

스트레인게이지 기술에 관한 정보는 웹사이트를 통해 확인할 수 있다(http://www.vishaypg.com/micro-measurements). 이 웹사이트에는 스트레인게이지를 위한 계산기를 포함하여 여러 종류의 스트레인게이지, 측정 장치, 광탄성 장치에 대한 기술적인 참고자료가 제공된다. 예를 들면 등각(델타)과 직각 로제트 스트레인게이지로 주변형률을 결정하기 위한 계산기가 제공된다.

5.3 변형률 분석–등각 로제트

모든 등각 로제트는 그림 5.6*a*와 같이 그림으로 표시할 수 있고, 여기서는 반시계방향으로 0°, 120°, 240°인 각 게이지를 나타낸다. 각 α는 0°도 게이지로부터 미지의 주축까지의 각도로 측정된다. 그림 5.6*b*와 *c*는 *a*와 동등한 게이지 방향의 다른 조합들을 나타낸다. 이상의 표기법을 따르면 주변형률의 크기와 방향은 다음 식과 같이 된다[3].

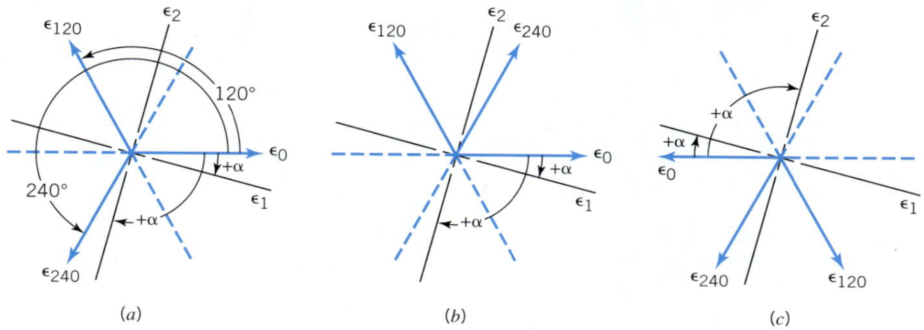

그림 5.6 등각 스트레인 로제트 표시.

$$\epsilon_{1,2} = \frac{\epsilon_0 + \epsilon_{120} + \epsilon_{240}}{3} \pm \sqrt{\frac{(2\epsilon_0 - \epsilon_{120} - \epsilon_{240})^2}{9} + \frac{(\epsilon_{120} - \epsilon_{240})^2}{3}} \quad \textbf{(5.1)}$$

$$\tan 2\alpha = \frac{\sqrt{3}(\epsilon_{120} - \epsilon_{240})}{2\epsilon_0 - \epsilon_{120} - \epsilon_{240}} \quad \textbf{(5.2)}$$

양의 α 값은 ϵ_0 게이지 방향으로부터 식 (5.2)에 주어진 두 개의 주축 방향까지 시계방향으로 측정한다는 것을 의미한다. 어느 방향이 어느 주축이 되는지를 결정하기 위해서는 더 큰 주변형률이 항상 ϵ_0, ϵ_{120}과 ϵ_{240} 중 크기가 제일 큰 것의 30° 내에 놓인다는 법칙을 따른다. 식 (5.1)과 (5.2)를 사용하는 방법과 그에 대한 설명이 다음 예제에 주어진다.

예제 5.1 SAMPLE PROBLEM 등각 스트레인게이지 로제트

등각 스트레인게이지 로제트로부터 다음의 변형률이 얻어진다.

$$\epsilon_0 = -0.00075 \text{ m/m}$$
$$\epsilon_{120} = +0.0004 \text{ m/m}$$
$$\epsilon_{240} = +0.00185 \text{ m/m}$$

주변형률의 크기와 방향을 결정하고, 모어원을 작성하여 결과를 검토하라.

풀이 SOLUTION

제시자료: 등각 스트레인게이지 로제트로부터 세 개의 변형률 값이 주어져 있다.

목표: 주변형률의 크기와 방향을 계산하고 변형률에 대한 모어원을 작성하라.

개요도 및 데이터:

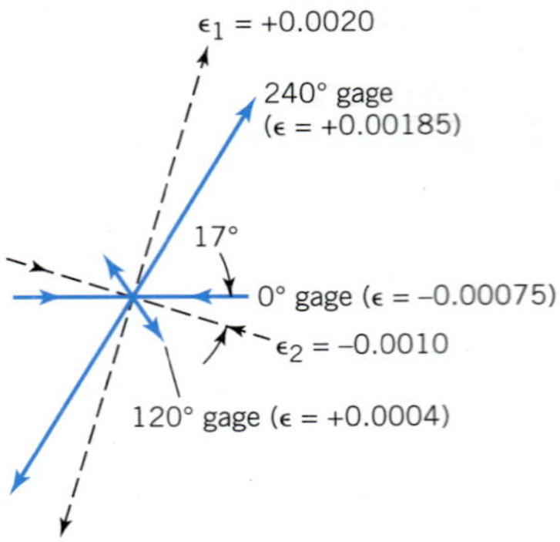

그림 5.7 예제 5.1 해의 벡터 표현.

가정: 주어진 세 개의 변형률은 모두 선형 변형률이다.

해석:

1. 변형률을 식 (5.1)에 대입하면

$$\epsilon_{1,2} = 0.0005 \pm 0.0015, \qquad \epsilon_1 = 0.0020 \text{ m/m}, \qquad \epsilon_2 = -0.0010 \text{ m/m}$$

이 된다.

2. 식 (5.2)로부터

$$\tan 2\alpha = +0.67, \qquad 2\alpha = 34°, 214°, \qquad \alpha = 17°, 107°$$

가 된다.

3. 주변형률 축은 0° 게이지 축으로부터 시계방향으로 17°와 107°에 있다. 주변형률이 30° 내에 있다는 법칙에 따라 ϵ_0로부터 17°에 있는 축은 ϵ_2축이다(또한 ϵ_0가 유일하게 음의 값으로 나오기 때문에 이것에 가장 가까운 주변형률은 음의 주변형률이 되리라는 것은 직관적으로도 명백하다).

4. 게이지 값과 주변형률의 크기와 방향에 대한 벡터 표현이 그림 5.7에 주어진다.

5. 해의 정확성은 ϵ_1, ϵ_2의 계산 값에 기초하여 작성된 그림 5.8의 모어원에서 확인된다. 계산된 ϵ_1, ϵ_2에 기초하여 모어원이 그려져 있는 그림 5.8에서 증명된다. 그림 5.7에 나타낸 바와 같이 ϵ_0, ϵ_{120}, ϵ_{240}의 각도에 대응되는 원 위에 점들이 표시된다(원 위에 표시할 때 실제 각의 두 배로 함을 기억하라). 이 세 점들의 가로 좌표는 주어진 게이지 값에 대응하고, 따라서 해는 정확하다.

주석: 그림 5.7과 5.8을 주의 깊게 공부하면 식 (5.1)과 (5.2)로 수행한 계산의 중요성과 게이지 표시 및 ϵ_1과 ϵ_2의 방향 구별과 관련된 방식의 중요성을 직관적으로 이해하는 데 도움이 된다.

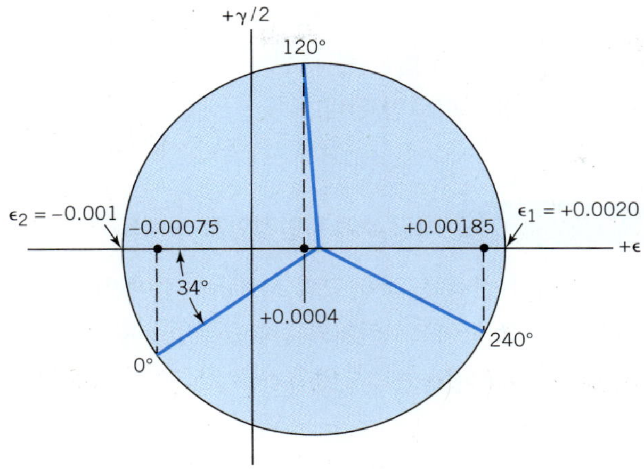

그림 5.8 예제 5.1 해의 모어원 검토.

5.4 변형률 분석–직각 로제트

그림 5.9*a*는 임의 방향의 0° 게이지로부터 반시계방향으로 45°씩 증가하는 세 개의 게이지 방향을 가지는 직각 로제트의 기본적인 형태를 나타낸다. 등각 로제트와 같이 기본적인 직각 방향의 몇 가지 가능한 형태가 있으며, 다른 두 개가 그림 5.9*b*와 *c*에 주어진다. 또한 α는 0°게이지 방향으로부터 각각의 주방향으로 측정된 각이다. 주변형률의 크기와 방향에 대한 식은 다음과 같다[5].

$$\epsilon_{1,2} = \frac{\epsilon_0 + \epsilon_{90}}{2} \pm \sqrt{\frac{(\epsilon_0 - \epsilon_{45})^2 + (\epsilon_{45} - \epsilon_{90})^2}{2}} \tag{5.3}$$

$$\tan 2\alpha = \frac{\epsilon_0 - 2\epsilon_{45} + \epsilon_{90}}{\epsilon_0 - \epsilon_{90}} \tag{5.4}$$

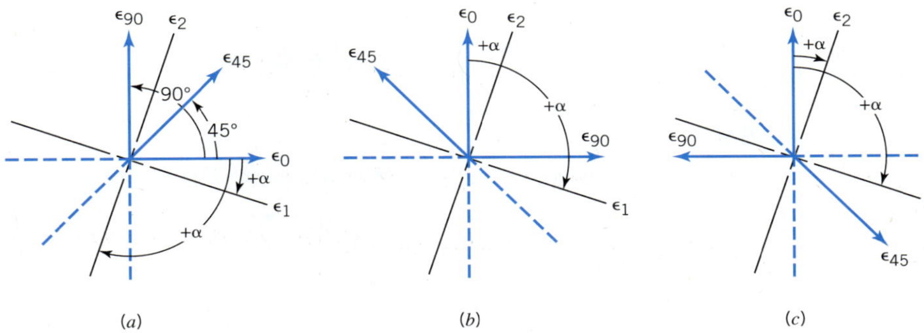

그림 5.9 직각 스트레인 로제트 표시.

등각 로제트와 같이, 양의 α 값은 ϵ_0 게이지로부터 주축까지 시계방향으로 측정된다는 것을 의미한다. 두 개의 주축 사이의 구별은 큰 주변형률이 ϵ_0와 ϵ_{90} 중 크기가 더 큰 것과 45°보다 작은 각을 이룬다는 규칙에 따르면 된다.

예제 5.2 SAMPLE PROBLEM 직각 스트레인게이지 로제트

직각 로제트로부터 얻어진 변형률 값이 그림 5.10*a*에 주어진다(값은 미터당 마이크로미터 단위이고, 이는 물론 인치당 마이크로인치와 같다). 주변형률의 크기와 방향을 결정하고, 모어원을 작성하여 결과를 검토하라.

풀이 SOLUTION

제시자료: 직각 로제트로부터 세 개의 변형률 값이 주어진다.

목표: 주변형률의 크기와 방향을 계산하고 모어원을 작성하여 결과를 검토하라.

개요도 및 데이터:

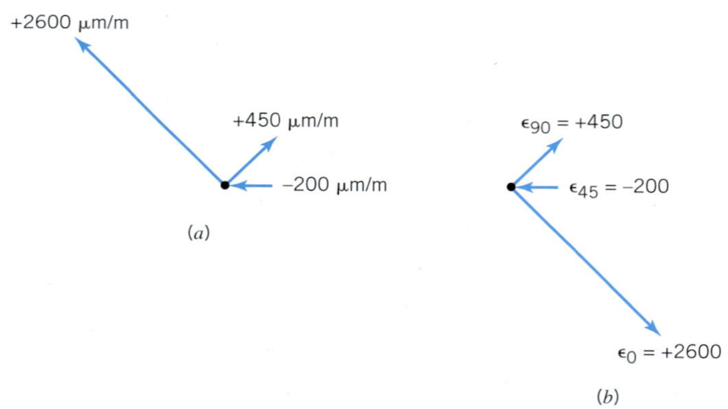

그림 5.10 예제 5.2에 대해 주어진 데이터: (*a*) 게이지 값, (*b*) 게이지 값에 대응하는 로제트.

가정: 세 개의 주어진 변형률은 모두 선형 변형률이다.

해석:

1. 먼저 반시계방향으로 45°씩 증가한다는 것과 부합되도록 게이지는 그림 5.10*b*에 나타낸 바와 같이 표시되어야 한다는 것에 주목하라.
2. 식 (5.3)과 (5.4)에 대입하면

$$\epsilon_{1,2} = 1525 \pm 2033, \qquad \epsilon_1 = 3558\ \mu\text{m/m}, \qquad \epsilon_2 = -508\ \mu\text{m/m}$$

$$\tan 2\alpha = 1.605, \qquad 2\alpha = 58°, 238°, \qquad \alpha = 29°, 119°$$

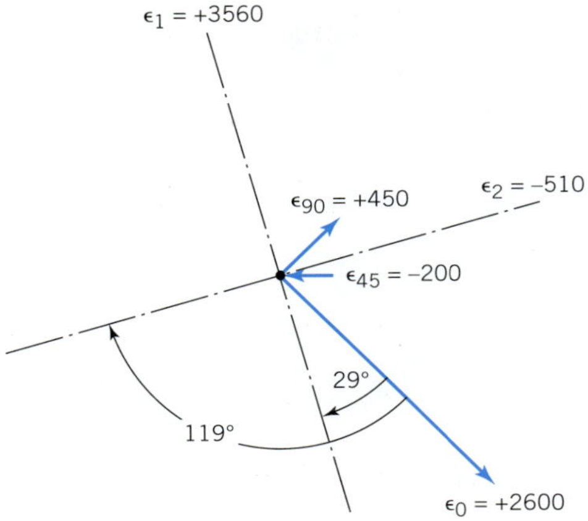

그림 5.11 예제 5.2 해의 벡터 표현.

가 얻어진다. 이 결과가 그림 5.11에 표시된다.

3. ϵ_1, ϵ_2의 계산 값에 기초하여 그림 5.12와 같이 모어원이 작성된다. 그림 5.11에 나타낸 ϵ_0, ϵ_{45}, ϵ_{90}의 방향에 대응하는 점들이 원 위에 표시된다. 이 세 점들의 가로좌표가 주어진 게이지 값에 대응함을 알 수 있다.

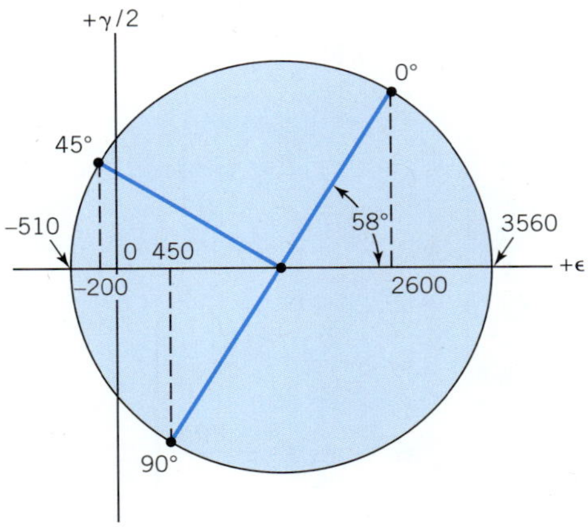

그림 5.12 예제 5.2 해의 모어원 검토.

주석: 물리적 현상을 명확하게 이해하기 위해 그림 5.11과 5.12를 주의 깊게 공부하기 바란다.

5.5 탄성 응력–변형률 관계와 3차원 모어원

일반적인 3축 응력 상태에 대한 탄성 응력-변형률 관계, 더 엄밀하게는 **선형 탄성 응력-변형률 관계**는 참고문헌 [3]과 같은 여러 문헌에 주어져 있다. 자주 접하는 **2축 응력**의 경우(여기서 ϵ_1과 ϵ_2는 실험에 의해 결정된다), 응력식은 다음과 같이 간단하게 된다.

$$\sigma_1 = \frac{E}{1-\nu^2}(\epsilon_1 + \nu\epsilon_2)$$
$$\sigma_2 = \frac{E}{1-\nu^2}(\epsilon_2 + \nu\epsilon_1)$$
$$\sigma_3 = 0 \tag{5.5}$$
$$\epsilon_3 = \frac{-\nu}{1-\nu}(\epsilon_1 + \epsilon_2)$$

또는 응력이 주어지면 변형률은 다음 식에 의해 계산될 수 있다.

$$\epsilon_1 = \frac{1}{E}(\sigma_1 - \nu\sigma_2)$$
$$\epsilon_2 = \frac{1}{E}(\sigma_2 - \nu\sigma_1) \tag{5.6}$$
$$\epsilon_3 = -\frac{\nu}{E}(\sigma_1 + \sigma_2)$$

단축 응력 상태의 경우는 응력과 변형률에 대한 식이 다음과 같이 간단하게 된다.

$$\left.\begin{aligned}\sigma_1 &= E\epsilon_1\\ \sigma_2 &= \sigma_3 = 0\end{aligned}\right\} \tag{5.7a}$$

$$\left.\begin{aligned}\epsilon_1 &= \frac{\sigma_1}{E}\\ \epsilon_2 &= \epsilon_3 = -\frac{\nu\sigma_1}{E}\end{aligned}\right\} \tag{5.7b}$$

일반적으로 범하기 쉬운 심각한 오류는 모든 응력 상태에 대해 $\sigma = E\epsilon$을 사용하는 것이다. 예를 들어 예제 5.1에서 등각 스트레인게이지 로제트가 탄성계수 $E = 71 \times 10^9$ Pa, $\nu = 0.35$인 알루미늄 요소 위에 부착되었다고 가정해 보자. $\epsilon_1 = 0.0020$과 $\epsilon_2 = -0.0010$으로부터 2축 응력상태에 대한 식 (5.5)에 의해 $\sigma_1 = 134$ MPa, $\sigma_2 = -24$ MPa이 된다. 주응력을 구하기 위해 단순히 E에 각 주변형률을 곱하게 되면 $\sigma_1 = 142$ MPa, $\sigma_2 = -71$ MPa과 같이 잘못 계산된다.

알루미늄 재료를 갖는 예제 5.1에 대한 응력 및 변형률 상태를 완벽하게 결정하기 위해서 식 (5.5)나 (5.6)을 사용하여 단지 $\epsilon_3 = -0.0005$를 계산할 필요가 있다. 응력 및 변형률 상태에 대한 완전한 모어원이 그림 5.13과 같이 작성된다.

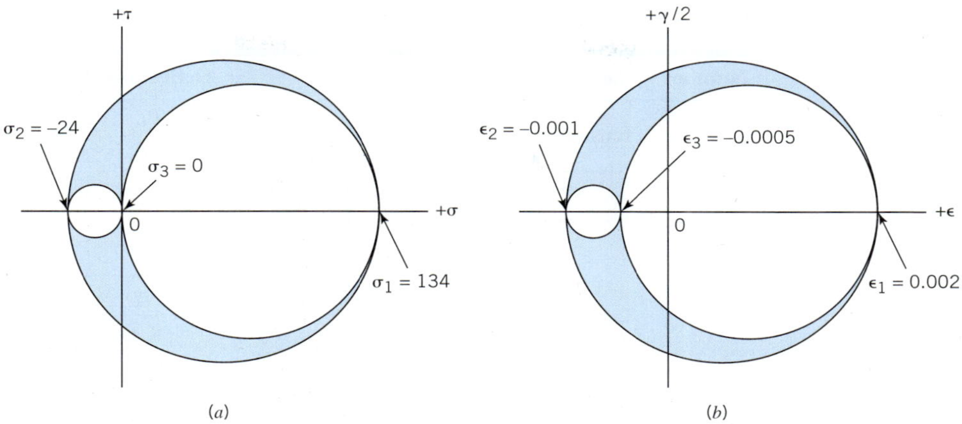

그림 5.13 알루미늄 재료의 예제 5.1에 대한 응력(*a*)과 변형률(*b*) 상태.

5.6 처짐과 스프링률–단순한 경우

처짐 및 스프링률에 대한 기본식은 표 5.1에 주어지고, 보충하여 비틀림의 경우가 표 5.2에 주어진다. 이전의 교과 과정에서 식의 유도 과정을 취급하였을 것이므로 여기서는 따로 설명하지 않는다. 이 식들을 암기하려고 노력할 필요는 없다. 대신 이들이 내포하는 이론적 근거와 식의 패턴을 확실히 이해하여야 한다. 그러면 대부분의 식들이 저절로 암기될 것이다.

처음 세 개의 경우는 하중 작용점에서 하중 작용방향으로의 처짐과 관련된다는 것을 주목하라. 이들 각각의 식에서 처짐은 하중과 길이에 선형적으로 비례하고(응력-변형률 선도의 선형 탄성 영역 내에서 유효함), 단면의 기하학적 강성과 재료의 고유한 탄성 강성에 반비례한다. '스프링률(spring rate)'은 **스프링상수**(spring constant)나 **스프링스케일**(spring scale)이라고도 불린다. 선형 처짐(linear deflection)에 대해 스프링률은 *k*로 표시된다(lb/in., N/m 등으로 표시). 각 처짐(angular deflection)에 대해서는 기호 *K*가 사용된다(lb·ft/rad, N·m/rad 등의 단위를 가짐).

경우 4에서는 길이의 제곱으로 표현되어야 한다는 것에 주목하라. 이것은 선형 처짐이 길이의 함수인 양단 기울기(end slope)와 길이와 함께 증가하기 때문이다. 경우 5에서는 굽힘모멘트라는 길이와 함께 증가하는 인자가 첨가되기 때문에 길이가 **세제곱**되어야 한다. 부언하면, 경우 5에서 처짐에 대한 식은 **오직** 굽힘모멘트에 기인하며, 횡전단이 처짐에 주는 영향은 무시된다. 5.8절에서 논의되는 카스틸리아노(Castigliano)법은 전단에 의한 영향을 평가할 수 있게 해 준다. 지금은 단지 처짐에 대한 전단 영향만이 경우 1, 2, 3의 패턴을 정확히 따른다는 사실에 주목하자. 즉 전단 변형은 전단 하중과 길이에 선형적으로 비례하고, 전단탄성계수와 단면의 기하학적 전단강성에 반비례한다. 기하학적 전단강성은 대부분의 경우 대체로 단면적과 일치한다(사각단면의 경우 단면적의 5/6와 같다).

다양한 종류의 하중 조건을 갖는 보의 처짐식에 대한 표가 참고문헌 [4]와 같은 여러 가지 핸드북과 문헌에서 제시된다.

표 5.1 균일 단면을 갖는 직선보(봉, 빔)에 대한 처짐과 강성식

Number	Case	Deflection	Spring Rate
1.	Tension or compression 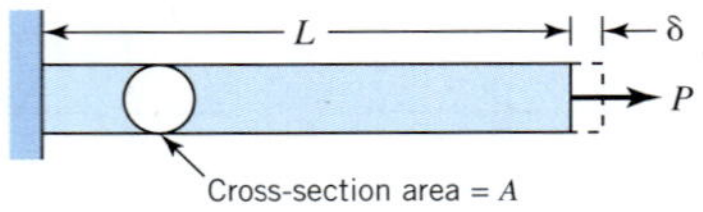	$\delta = \dfrac{PL}{AE}$	$k = \dfrac{P}{\delta} = \dfrac{AE}{L}$
2.	Torsion 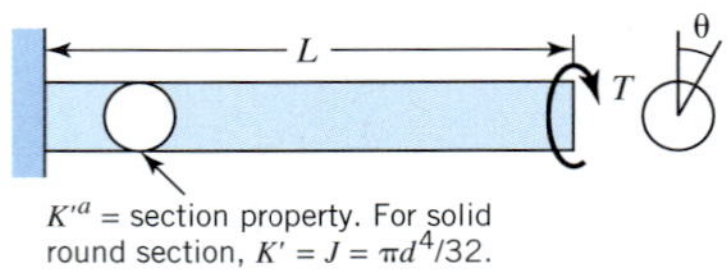	$\theta = \dfrac{TL}{K'G}$ For solid round bar and deflection in degrees, $\theta^\circ = \dfrac{584TL}{d^4G}$	$K = \dfrac{T}{\theta} = \dfrac{K'G}{L}$
3.	Bending (angular deflection) 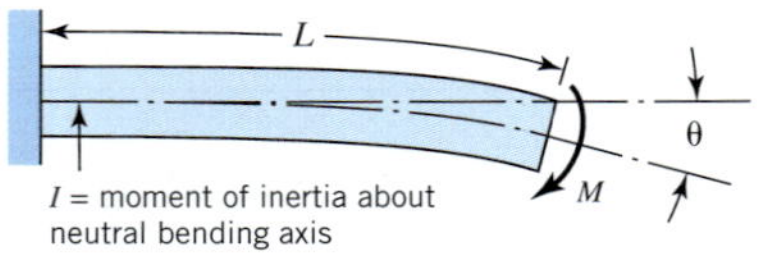	$\theta = \dfrac{ML}{EI}$	$K = \dfrac{M}{\theta} = \dfrac{EI}{L}$
4.	Bending (linear deflection) 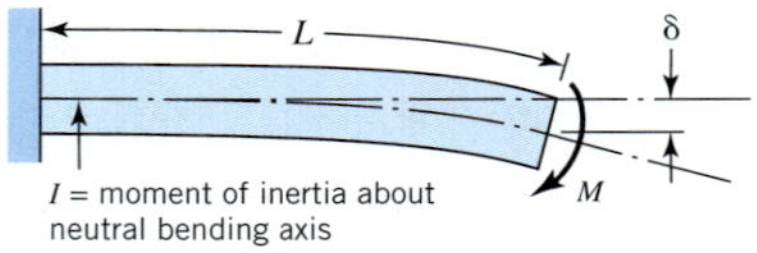	$\delta = \dfrac{ML^2}{2EI}$	$k = \dfrac{M}{\delta} = \dfrac{2EI}{L^2}$
5.	Cantilever beam loaded at end 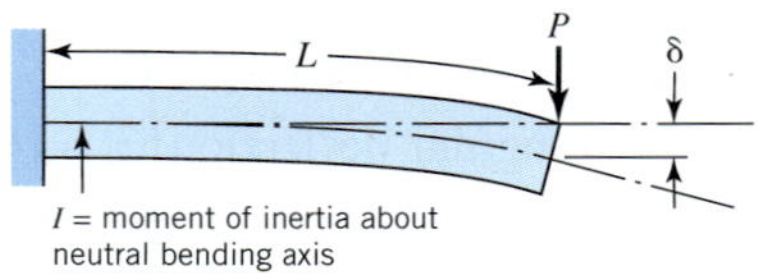	$\delta = \dfrac{PL^3}{3EI}$	$k = \dfrac{P}{\delta} = \dfrac{3EI}{L^3}$

Note: See Appendixes A-4 and A-5 for appropriate SI units and prefixes. See Appendix D-1 for slope at free end and deflection at any point for case 3, 4, and 5.
[a] See Table 5.2 for values of K' for other sections.

5.7 보의 처짐

보(beam)는 횡하중을 받는 구조용 요소이다. 그 예로는 기계 축(shaft), 빌딩 바닥장선(building floor joist), 판스프링, 자동차 프레임, 그리고 수많은 다른 기계 및 구조용 요소 등이 있다. 보는 종종 응력을 제한하기보다는 처짐을 제한하기 위해 큰 단면을 필요로 한다. 따라서 저가의 합금들이 고가의 강한 강과 동일한 탄성계수(탄성 처짐에 대한 동일한 저항)

표 5.2 비틀림 처짐에 대한 식—표 5.1의 경우 2

$$\theta = \frac{TL}{K'G} \quad \text{where values for } K' \text{ are the following.}$$

Cross Section	**Formula for K'**
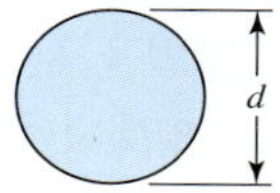	$K' = J = \dfrac{\pi d^4}{32}$
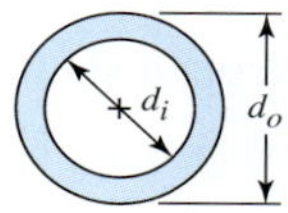	$K' = J = \dfrac{\pi}{32}(d_o^4 - d_i^4)$
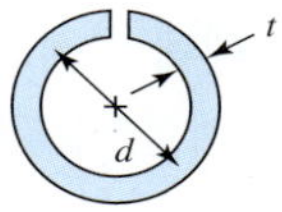	$K' = \dfrac{\pi d t^3}{32}$
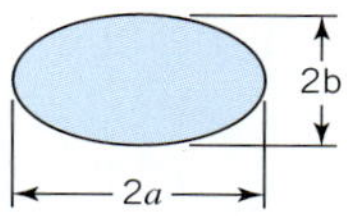	$K' = \dfrac{\pi a^3 b^3}{a^2 + b^2}$
	$K' = 0.0216a^4$
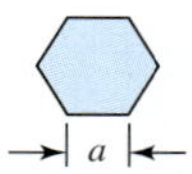	$K' = 2.69a^4$
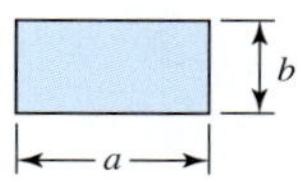	$K' = \dfrac{ab^3}{16}\left[\dfrac{16}{3} - 3.36\dfrac{b}{a}\left(1 - \dfrac{b^4}{12a^4}\right)\right]$
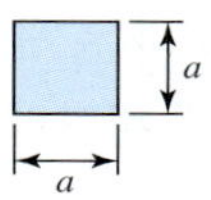	$K' = 0.1406a^4$

를 가지므로, 많은 강재 보가 이들 저가의 합금으로 만들어진다.

독자는 이전에 보의 처짐을 계산하는 많은 방법들[면적-모멘트, 특이함수(singularity function) 적분, 도해 적분, 수치 적분] 중 하나 또는 그 이상을 배웠을 것이다. 부록 D에 일반적인 하중 조건하에 균일한 단면을 가지는 보에 대한 처짐식(전단력과 모멘트뿐만 아니라)이 요약되어 있다. 더 완전한 표가 참고문헌 [4]와 같은 많은 핸드북에 주어진다. 한 개 이상의 하중이 보에 가해질 때(그것의 반응은 선형 탄성 영역 내에 존재할 때), 임의의 한 점에서 보의 처짐은 하중이 따로 작용한다고 가정하여 구한 그 점에서의 각 하중에 의한 처짐의 합과 같다. 이러한 **중첩법**(method of superposition)(부록 D에 주어진 자료와 함께 이용)은 몇 개의 하중을 받는 보의 처짐 문제를 쉽고 빠르게 해결할 수 있게 해 준다.

상당수의 보는 여러 가지 이유로 균일한 단면을 가지지 않는다. 예를 들어 기계의 회전축은 그림 5.14에 나타낸 바와 같이 축에 베어링이나 다른 부품을 효과적으로 조립하기 위해 보통 '단(step)'을 갖는다. 이러한 보에서의 처짐은 기존 방법을 사용하면 긴 처리 과정을 통해 계산하게 된다. 다행히도 이러한 문제들은 컴퓨터를 이용하여 M/EI 곡선의 수치 적분에 의해 해를 구할 수 있다.

이제는 컴퓨터를 이용할 수 있어, 엔지니어가 단축(stepped shaft) 처짐 문제의 해를 길게 수작업으로 구하는 것이 생소해 보일 것이다. 다음 예제를 통해 학생들이 기본적인 수학적 처리 과정을 이해하는 데 도움을 주고자 한다. 이러한 이해는 컴퓨터를 이용하여 지적으로 공학문제를 해결하는 데 매우 중요하다. 더욱이 간단한 예에 대해 컴퓨터 없이 문제를 해결할 필요가 있다면, 엔지니어는 항상 컴퓨터 없이 문제를 해결하는 방법을 알아 두는 것이 좋다.

예제 5.3에 대한 해는 다음의 기본식들을 기초로 하여 구해진다.

$$\begin{aligned}
\text{Load intensity at any point } x &= \frac{d^4\delta}{dx^4}EI = w \\
\text{Shear force at any point } x &= \frac{d^3\delta}{dx^3}EI = V \\
\text{Bending moment at any point } x &= \frac{d^2\delta}{dx^2}EI = M \qquad \textbf{(5.8)} \\
\text{Slope at any point } x &= \frac{d\delta}{dx} = \theta \\
\text{Deflection at any point } x &= \delta
\end{aligned}$$

적분과 미분을 사용하여 임의의 양으로부터 다른 양을 구하는 개념은 기초적인 것이며, 이와 관련하여 학생들은 다음의 예제를 주의 깊게 공부하기를 바란다. 이 문제의 해법에 대한 이해는 기본적으로 동일한 미분방정식을 사용하는 다른 분야에도 도움이 될 것이다. 동역학에서 변위에 대한 시간 미분을 통해 속도, 가속도 및 저크(jerk)를 얻는 것이 그 대표적인 예이다.

예제 5.3 SAMPLE PROBLEM 단축의 처짐

그림 5.14의 맨 위에 있는 단축(stepped shaft)이 강(E=207 GPa)으로 만들어지고, 1.5 kN과 2.5 kN의 하중(축에 설치된 기어나 풀리에서와 같이)을 받고 있다. 축은 양단에 있는 베어링에 의해 단순 지지되어 있다. 축의 모든 점에서의 처짐을 결정하라.

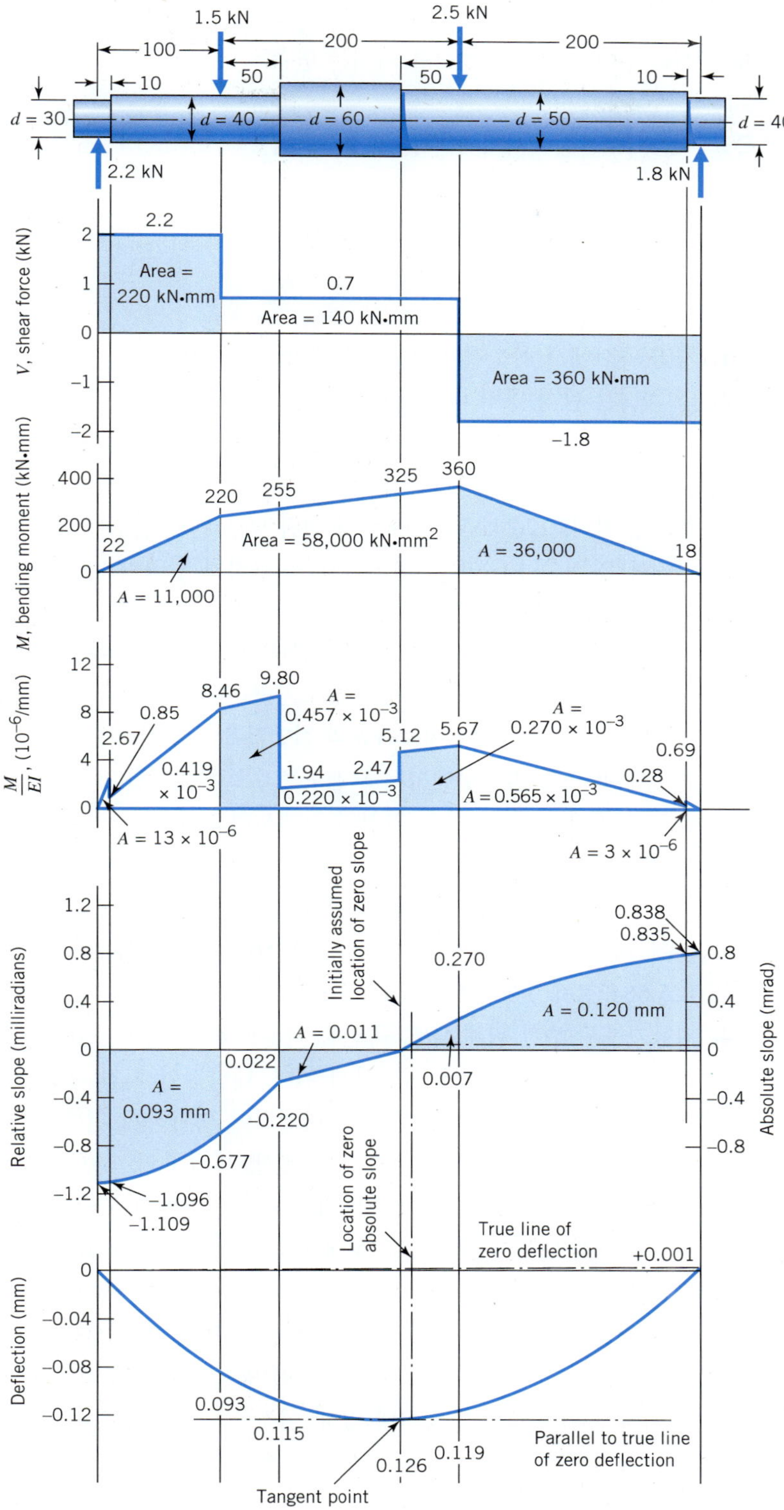

그림 5.14 두 개의 집중하중을 받는 양단지지 강재 단축에 대한 처짐 결정(예제 5.3).

풀이 SOLUTION

제시자료: 주어진 하중과 형상을 가지는 단축.

목표: 축의 모든 점에서의 처짐을 결정하라.

개요도 및 데이터: 그림 5.14를 참조하라.

가정:

1. 처짐 곡선에서 기울기가 0인 곳은 축의 중심부이다.
2. 축 처짐은 탄성 영역 내에서 발생한다.

해석:

1. 베어링 지지력(2.2 kN과 1.8 kN)과 전단 및 모멘트 선도는 그림 2.11에서처럼 결정된다.
2. 아래에 있는 곡선(모멘트 선도처럼)을 구하기 위하여 바로 위의 곡선(전단 선도처럼)을 도해 적분할 때 관련되는 중요한 인자에 주목하라.
   a. 아래에 있는 곡선(모멘트 선도처럼)을 따라 임의의 두 점에서의 세로좌표 값의 차이는 바로 위에 있는 곡선(전단 선도처럼)에서 이들 두 점 사이의 면적과 같다.
   b. 아래에 있는 곡선의 세로좌표의 절댓값은 주어진 양단조건으로부터 결정된다. 예를 들면 베어링 지지부에서의 모멘트는 0으로 주어진다.
   c. 아래에 있는 곡선 상의 임의의 점에서의 기울기는 바로 위에 있는 곡선의 세로좌표와 같다.
3. 축을 따라 서로 다른 지름의 차이를 고려하기 위해, 모멘트 선도의 각 부분을 그 부분에 대한 EI 값으로 나눈다.(30, 40, 50, 60 mm 부분에 대한 I 값은 각각 39,761, 125,664, 306,796, 636,173 mm^4이다.)
4. 기울기를 구하기 위해 M/EI 곡선을 적분할 때, 기울기가 0인 위치가 이 시점에서는 알려지지 않는다는 문제에 직면하게 된다. 대략적인 처짐 곡선을 그려 보면 0의 기울기가 축의 중심부 어디에서 발생한다는 것이 명확하게 된다. 이에 따라 처음에 가정된 기울기 0인 위치가 그림에서와 같이 선택된다.(주의: 최종 정확도는 이러한 가정에 의해 영향을 받지 않는다—심지어 베어링 지지부에서 기울기가 0이라고 가정될 수 있다.) 이 가정 때문에 세로축을 '상대 기울기(relative slope)'라고 부를 필요가 있다.
5. 처짐을 구하기 위해서 알려져 있는 좌측 베어링 지지부에서의 처짐이 0인 위치를 가지고 기울기 곡선에 대한 적분을 시작한다. 만약 기울기가 0이라고 판단된 위치가 정확하다면, 우측 지지부에서 계산된 처짐 또한 0이 될 것이다. 이 문제의 경우, 가정된 0의 기울기 위치는 약간 벗어나 있다. 이것을 교정하기 위해 '0 처짐의 실제선'으로 주어진 처짐이 0인 두 개의 점을 연결한다. 임의의 점에서의 실제 처짐 값은 이 선으로부터 수직방향으로 측정되어야 한다.

6. 마지막으로 '0 처짐의 실제선'에 평행하고 처짐 곡선에 접하는 선을 그림으로써 기울기가 0인 정확한 위치가 결정된다. 이로써 '절대 기울기(absolute slope)' 눈금을 추가할 수 있다.

주석: 이 예에서, 축 양단에서의 단을 제거함으로써 오류를 무시할 수 있다. 즉 40 mm와 50 mm 지름을 양단으로 연장함으로써 문제를 간단하게 할 수 있다.

축의 설계 및 해석에 대해서는 17장에서 좀 더 상세하게 논의된다.

5.8 카스틸리아노법에 의한 탄성 처짐 결정

표 5.1에 주어진 단순한 경우로 다루어지지 않고 이전 절에서 취급된 굽힘 하중보다 더 복잡한 탄성 처짐을 계산할 필요가 있는 경우가 종종 발생한다. 이러한 경우를 다루기 위해서, 넓은 범위의 처짐 문제를 다양하게 취급할 수 있고 또한 잉여반력(redundant reaction)을 결정하는 데(다음 절에서 논의됨) 유용하기 때문에 여기서는 카스틸리아노법을 선택한다. 이 방법의 기초가 되는 이론은 19세기 중엽 Turin(이탈리아) Polytechnical Institute의 학생이던 카스틸리아노(Alberto Castigliano)가 작성한 논문의 일부분으로 발표되었다.

그림 5.15는 일반적인 예에 대한 탄성 하중-처짐 곡선을 나타낸다. 하중은 대응하는 선형 변위나 각 변위를 가지는 임의의 힘이나 모멘트가 될 수 있다. 곡선 아래의 면적(U)은 저장된 탄성에너지와 같다. 곡선 위의 면적(U')은 보충 에너지(complementary energy)라고 불린다. 간단한 기하학적 관계로부터

$$U = U' = Q\Delta/2$$

가 된다. 즉 저장된 탄성에너지는 평균 힘에 처짐을 곱한 값과 같다. 하중 증분 dQ에 관련된 에너지 증분은

$$dU' = dU = \Delta\, dQ$$

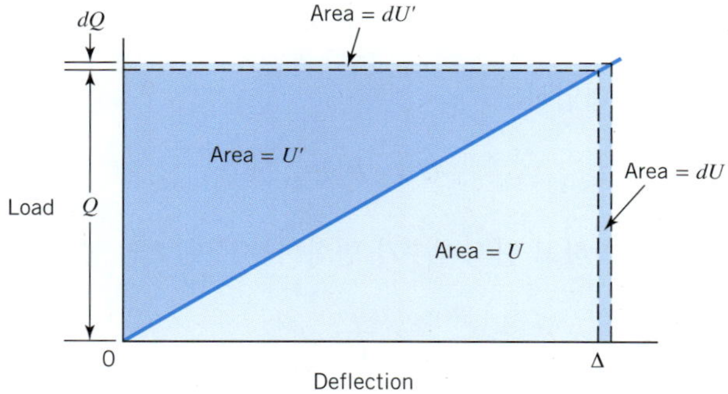

그림 5.15 탄성 범위에서의 일반적인 하중-처짐 곡선.

가 된다. 처짐 Δ에 대해서 풀면

$$\Delta = dU/dQ$$

가 얻어진다. 일반적인 경우, Q는 요소에 작용하는 많은 하중들 중 하나이다. Q가 작용하는 점에서 Q 방향으로의 처짐은 다른 모든 하중을 상수로 간주하여 미분을 취함으로써 구해진다. 따라서 카스틸리아노법을 구성하는 처짐에 대한 일반식은 다음과 같다.

$$\Delta = \partial U/\partial Q \tag{5.9}$$

이 간단한 식은 다음과 같이 말로 다시 표현함으로써 그 중요성을 강조한다.

물체가 임의의 하중 조합으로 탄성 처짐을 받을 때, 임의의 점에서 임의의 방향으로의 처짐은 그 점에서 그 방향으로 작용하는 하중에 대한 변형에너지(작용하는 모든 하중으로 계산된)의 편미분과 같다.

이 이론은 임의의 점에서 임의의 방향으로 작용하는 하중이 없다고 하더라도 그 점에서 그 방향으로의 처짐을 구하기 위해 사용될 수 있다. 원하는 위치에서 원하는 방향으로 일반적으로 Q로 표시되는 가상의 하중(힘 혹은 모멘트)을 가하여 Q의 함수로서 처짐을 구하기만 하면 된다. 이러한 식을 구한 후, 최종 해를 구하기 위해 Q를 0으로 한다.

아주 단순한 예를 제외한 모든 경우에 있어서 식 (5.9)에 있는 U에 대한 식은 한 개 이상의 항을 포함하며, 각 항은 하중의 한 성분과 관련된 에너지를 나타낸다. 여러 가지 형태의 하중과 관련된 탄성 변형에너지 식은 표 5.3의 세 번째 열과 네 번째 열에 요약되어 있다. 이러한 식들이 어떻게 유도되는지 검토하기 위해 축 하중의 예를 고려해 보자. 그림 5.15에서 언급된 바와 같이

$$U = Q\Delta/2$$

이다. P로 표시되는 축 하중과 δ로 표시되는 축 변형을 갖는 특정 예에 대해

$$U = P\delta/2 \tag{a}$$

가 된다. 그러나 표 5.1의 경우 1로부터

$$\delta = PL/AE \tag{b}$$

이다. 식 (b)를 식 (a)에 대입하면

$$U = P^2L/2EA \tag{c}$$

가 얻어진다. 단면이 변화하고 탄성계수가 변화하는 길이 L인 봉에 대해

$$U = \int_0^L \frac{P^2}{2EA}\,dx \tag{d}$$

표 5.3 카스틸리아노법을 사용하기 위한 에너지식과 처짐식 요약

Load Type (1)	Factors Involved (2)	Energy Equation for Special Case Where All Three Factors Are Constant with x (3)	General Energy Equation (4)	General Deflection Equation (5)
Axial	P, E, A	$U = \dfrac{P^2L}{2EA}$	$U = \int_0^L \dfrac{P^2}{2EA}dx$	$\Delta = \int_0^L \dfrac{P(\partial P/\partial Q)}{EA}dx$
Bending	M, E, I	$U = \dfrac{M^2L}{2EI}$	$U = \int_0^L \dfrac{M^2}{2EI}dx$	$\Delta = \int_0^L \dfrac{M(\partial M/\partial Q)}{EI}dx$
Torsion	T, G, K'	$U = \dfrac{T^2L}{2GK'}$	$U = \int_0^L \dfrac{T^2}{2GK'}dx$	$\Delta = \int_0^L \dfrac{T(\partial T/\partial Q)}{GK'}dx$
Transverse shear (rectangular section)	V, G, A	$U = \dfrac{3V^2L}{5GA}$	$U = \int_0^L \dfrac{3V^2}{5GA}dx$	$\Delta^a = \int_0^L \dfrac{6V(\partial V/\partial Q)}{5GA}dx$

[a] Change constant $\frac{6}{5}$ to 1 for quick *estimates* involving nonrectangular sections [3].

가 된다. 표 5.3에 있는 다른 식들도 유사한 방법으로 유도된다(참고문헌 [3] 참조).

카스틸리아노법을 가장 간단하게 적용하는 방법은 (1) 표 5.3에 있는 U에 대한 식을 사용하여 모든 에너지 성분에 대한 적절한 식을 구한 후, (2) 처짐을 구하기 위해 적절한 편미분을 취하는 것이다. 학생들은 기본적인 풀이 과정을 완전히 이해할 수 있도록 이 방법으로 하나 또는 두 개의 예제를 풀어 보기 바란다. 표 5.3의 마지막 열에 처짐식으로 표현된 것처럼 적분을 하기 전에 미분을 적용함으로써 더 빠르고 편리하게 해를 구할 수 있다.

예제 5.4와 5.5는 상기한 두 가지 풀이 과정을 비교 설명한다. 카스틸리아노법이 적용될 수 있는 다양한 문제들을 설명하기 위해 몇 개의 예제들이 포함되어 있다. 학생들은 이들 각각을 주의 깊게 공부하기 바란다. 해법의 핵심부분은 항상 하중에 대한 적절한 식을 세우는 것임을 명심하라. 그 다음의 수학적 처리는 통상적인 과정을 따른다.

예제 5.4 SAMPLE PROBLEM 중앙 집중 하중을 받는 단순 지지보

그림 5.16에 나타낸 중앙 집중 하중을 받는 보의 중앙에서의 처짐을 결정하라.

풀이 SOLUTION

제시자료: 그림과 같은 형상의 단순 지지 사각보가 주어진 힘으로 중앙에서 집중 하중을 받는다.

목표: 보의 중앙에서의 처짐을 결정하라.

개요도 및 데이터:

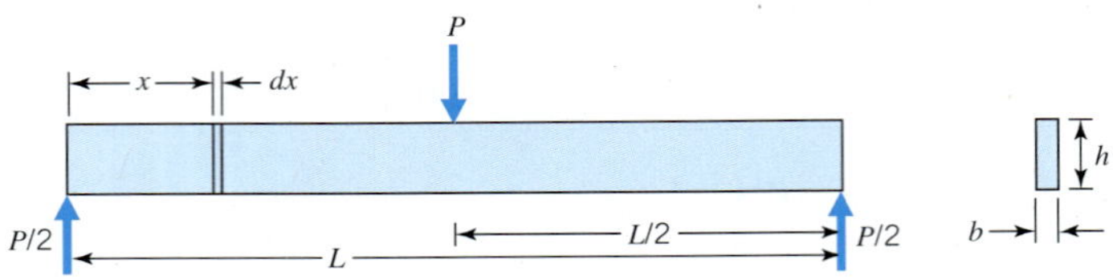

그림 5.16 예제 5.4—집중 하중을 받는 단순 지지보.

가정: 처짐은 탄성 영역 내에서 발생한다.

해석 1:

1. 먼저 에너지를 계산하고, 그 다음에 처짐을 구하기 위해 편미분을 취하라. 보는 임의의 점 x에서 다음의 크기를 갖는 두 종류의 하중, 즉 굽힘과 전단을 받고 있다.

$$M = \frac{P}{2}x \quad \text{and} \quad V = \frac{P}{2}$$

2. 따라서 에너지식은 다음과 같이 두 개의 항을 가진다. 즉

$$\begin{aligned} U &= 2\int_0^{L/2} \frac{M^2}{2EI}\,dx + \int_0^L \frac{3V^2}{5GA}\,dx \\ &= 2\int_0^{L/2} \frac{P^2x^2}{8EI}\,dx + \int_0^L \frac{3(P/2)^2}{5GA}\,dx \\ &= \frac{P^2}{4EI}\int_0^{L/2} x^2\,dx + \frac{3P^2}{20GA}\int_0^L dx \\ &= \frac{P^2L^3}{96EI} + \frac{3P^2L}{20GA} \end{aligned}$$

이 된다.

3. 처짐을 얻기 위해 편미분을 취하면

$$\delta = \frac{\partial U}{\partial P} = \frac{PL^3}{48EI} + \frac{3PL}{10GA}$$

가 얻어진다.

주석: 계속 진행하기 전에 이 해석에서 세 개의 주요 관점을 살펴보자.

1. 굽힘 하중에 대한 식 $M=Px/2$는 $x=0$과 $x=L/2$ 사이에서만 유효하다. 이러한 경우를 취급하는 가장 간단한 방법은 보가 중앙에 대해 대칭이고, 왼쪽 반과 오른쪽 반이 받는 에너지가 동일함을 인식하는 것이다. 따라서 굽힘에너지를 0과 $L/2$ 사이에서 적분한 뒤 2배를 취하여 얻는다.
2. V, G, A는 x에 대해 모두 일정하므로, 횡전단에너지 항은 표 5.3의 세 번째 열에 있는 식을 이용하여 더 손쉽게 얻을 수 있다.(이것은 아래의 해석 2에서 설명된다.)
3. 두 개의 항으로 구성된 최종 해답을 보면, 이 경우에 대한 기존의 처짐식이 오직 첫 번째 항으로만 표현되는 것으로 알고 있는 사람들에게는 이상하게 보일 것이다. 첫 번째 항만을 사용할 경우, 횡전단에 의한 처짐은 무시된다. 예제 5.5에서 설명되겠지만, 이는 대부분의 경우에서 정당화된다. 하지만, 엔지니어는 전단 항이 무시되고 있음을 인식하는 것이 매우 중요하다. 그리고 무시되는 전단 항이 의심스러울 때는 언제라도 카스틸리아노법을 이용하여 이들의 크기를 쉽게 결정할 수 있다.

해석 2:

1. 적분 안의 굽힘 항을 미분하고, 전단 항은 표 5.3의 3열을 사용하여 처짐을 계산하라.
2. 첫 번째 해에서와 같이 두 종류의 하중에 의한 식은 (보를 따라 임의의 위치 x에서)

$$M = \frac{P}{2}x \quad \text{and} \quad V = \frac{P}{2}$$

이다.

3. 다시 굽힘 항을 길이의 반에 걸쳐 적분을 한 뒤 2배를 취하면 다음과 같은 처짐이 얻어진다.

$$\begin{aligned}
\delta &= 2\int_0^{L/2} \frac{M(\partial M/\partial P)}{EI}\,dx + \frac{\partial}{\partial P}(U \text{ for transverse shear}) \\
&= \frac{2}{EI}\int_0^{L/2} \frac{Px}{2}\frac{x}{2}\,dx + \frac{\partial}{\partial P}\left(\frac{3(P/2)^2L}{5GA}\right) \\
&= \frac{2}{EI}\int_0^{L/2} \frac{Px^2}{4}\,dx + \frac{3PL}{10GA} \\
&= \frac{P}{2EI}\left[\frac{(L/2)^3}{3} - 0\right] + \frac{3PL}{10GA} \\
&= \frac{PL^3}{48EI} + \frac{3PL}{10GA}
\end{aligned}$$

예제 5.5 SAMPLE PROBLEM 예제 5.4의 굽힘 항과 전단 항의 비교

예제 5.4에서 유도된 식을 이용하여, $P=5000$ N, $L=400$ mm, $b=25$ mm, $h=50$ mm이고, 보는 강으로 되어 $E=207$ GPa, $G=80$ GPa을 가질 때(그림 5.17) 두 처짐 항의 크기를 평가하라.

풀이 SOLUTION

제시자료: 그림과 같은 중앙 집중 하중과 형상을 갖는 단순 지지보의 처짐식이 주어져 있다.

목표: 굽힘 처짐 항과 전단 처짐 항의 크기를 결정하라.

개요도 및 데이터:

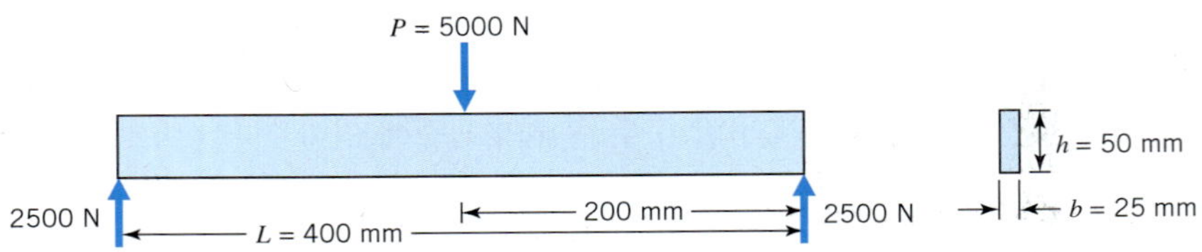

그림 5.17 예제 5.5—단순 하중을 받는 단순 지지보.

가정: 처짐은 탄성 영역 내에서 발생한다.

해석: 중앙 집중 하중을 받는 보의 중앙에서의 처짐은 다음과 같다.

$$\delta = \frac{PL^3}{48EI} + \frac{3PL}{10GA}$$

$$= \frac{5000(0.400)^3}{48(207 \times 10^9)\left[\dfrac{25(50)^3}{12} \times 10^{-12}\right]} + \frac{3(5000)(0.400)}{10(80 \times 10^9)(0.025)(0.050)}$$

$$= (1.237 \times 10^{-4}) + (6.000 \times 10^{-6}) = 1.297 \times 10^{-4}\ \text{m}$$

주석:

1. 이 예제는 다음과 같은 일반적인 법칙을 시사하고 있다.

   최소한 높이의 8배 이상의 길이를 가지는 사각보에 대해, 횡전단 처짐은 굽힘 처짐의 5% 이하이다.

2. 횡전단이 공학 처짐 문제에서 중요한 역할을 하는 경우는 흔치 않다.

예제 5.6 SAMPLE PROBLEM 가상 하중(dummy load)의 이용

그림 5.18에 나타낸 90° 휜 외팔보의 자유단에서 수직방향으로의 처짐을 결정하라.

풀이 SOLUTION

제시자료: 90° 휜 외팔보의 형상과 하중이 알려져 있다.

목표: 보의 자유단에서 수직방향으로의 처짐을 결정하라.

개요도 및 데이터:

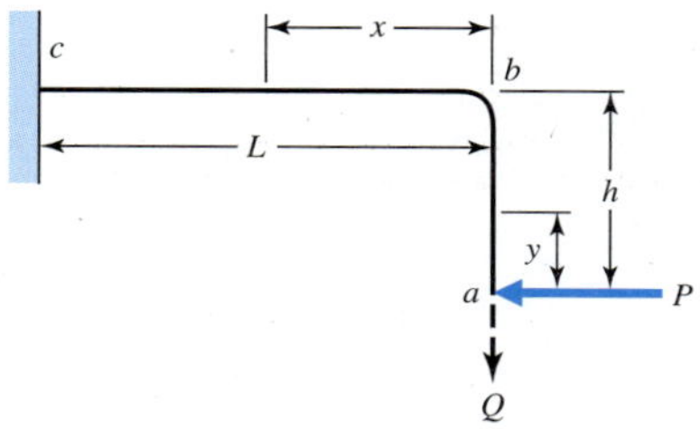

그림 5.18 예제 5.6—자유단에서 하중을 받는 90° 휜 외팔보.

가정:

1. 처짐은 탄성 영역 내에서 발생한다.
2. 횡전단 처짐 항은 무시된다.

해석:

1. 요구되는 처짐의 위치와 방향에 어떠한 하중도 주어지지 않기 때문에, 이러한 하중이 추가되어야 한다(그림 5.18에서의 Q).
2. 만약 횡전단이 무시된다면, 4개의 에너지 성분이 존재한다.
   - **i.** ab 부분에서의 굽힘, 여기서 $M_{ab}=Py$이다(y는 M_{ab}를 간단한 식으로 표현하기 위해 임의로 정의되었음을 주의하라).
   - **ii.** bc 부분에서의 굽힘, 여기서 $M_{bc}=Qx+Ph$이다(다시 x도 편의상 임의로 정의되었다).
   - **iii.** ab 부분에서의 크기 Q의 인장[1]
   - **iv.** bc 부분에서의 크기 P의 압축[1]
3. i부터 iv까지 4개의 항 각각에 대한 처짐은 다음과 같이 결정된다.

[1] 굽힘 항이나 비틀림 항 혹은 둘 다 나타나면 축 하중 항은 거의 언제나 무시된다는 것이 예제 5.8에서 지적된다. 여기서 축 하중 항은 일반적인 풀이과정을 설명하기 위해 포함되어 있다.

$$\delta = \int_0^h \frac{M_{ab}(\partial M_{ab}/\partial Q)}{EI}dy + \int_0^L \frac{M_{bc}(\partial M_{bc}/\partial Q)}{EI}dx$$

$$+ \int_0^h \frac{Q(\partial Q/\partial Q)}{EA}dx + \int_0^L \frac{P(\partial P/\partial Q)}{EA}dx$$

$$= \int_0^h \frac{(Py)(0)}{EI}dy + \int_0^L \frac{(Qx + Ph)x}{EI}dx + \frac{Qh}{EA} + \int_0^L \frac{P(0)}{EA}dx$$

4. 편미분을 취한 이후, 계산을 간단히 하기 위해

$$Q = 0$$

으로 놓는다. 즉

$$\delta = 0 + \int_0^L \frac{Phx}{EI}dx + 0 + 0, \qquad \delta = \frac{PhL^2}{2EI}$$

이 된다.

주석: (1) 에너지 U를 결정한 후, (2) 편미분을 취하는 이 예제의 해법은 비교적 길지만, 카스틸리아노법에 친숙하지 않은 학생들에게 좋은 연습이 될 것이다.

예제 5.7 SAMPLE PROBLEM 분할링의 접선방향 처짐

그림 5.19a는 설치를 용이하게 하기 위해 공구에 의해 팽창되고 있는 피스톤링을 보여 준다. 링은 직선보에 대한 굽힘식을 사용할 수 있을 만큼 충분히 가늘다고 가정한다. 모든 항을 포함하여, 팽창력 F와 간격 δ 사이의 관계식을 유도하라.

풀이 SOLUTION

제시자료: 피스톤링의 기본 형상과 팽창력이 알려져 있다.

목표: 팽창력과 처짐 사이의 관계식을 유도하라.

개요도 및 데이터: 그림 5.19를 참조하라.

가정:

1. 처짐은 탄성 영역 내에서 발생한다.

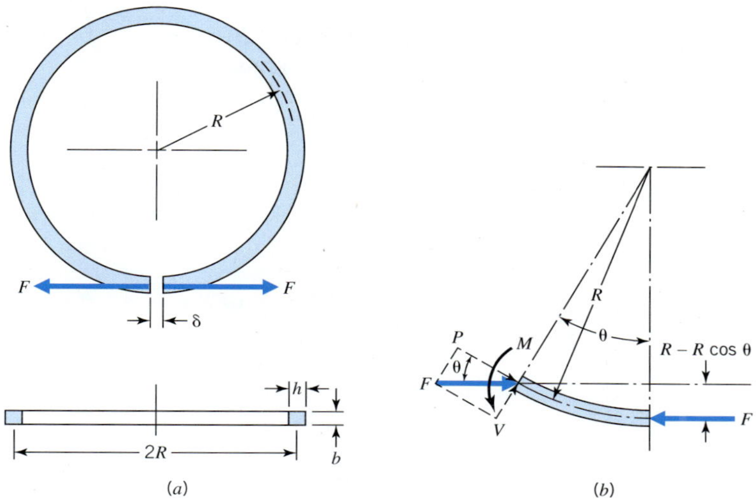

그림 5.19 예제 5.7—확장공구(expander)에 의해 힘을 받는 피스톤링.

2. 링은 하중이 작용하는 평면에 남아 있다(좌굴 없음).

해석:

1. 그림 5.19*b*는 각 θ(그림에 정의된)로 제한되는 링의 특정 부분을 자유물체도로 보여준다. 처짐은 세 성분을 가진다. 즉 굽힘, 축 하중(아래쪽 반은 압축, 위쪽은 인장) 및 횡전단에 의해 생기는 처짐이다. 결과식은

$$M = FR(1 - \cos\theta)$$
$$P = F\cos\theta$$
$$V = F\sin\theta$$

가 된다.

2. 위의 식은 θ의 모든 값에 대해 유효하다. 따라서 0부터 2π까지 적분하여 다음을 얻는다.

$$\delta = \frac{1}{EI}\int_0^{2\pi} M\frac{\partial M}{\partial F}R\,d\theta + \frac{1}{EA}\int_0^{2\pi} P\frac{\partial P}{\partial F}R\,d\theta + \frac{6}{5GA}\int_0^{2\pi} V\frac{\partial V}{\partial F}R\,d\theta$$

$$= \frac{1}{EI}\int_0^{2\pi} FR(1 - \cos\theta)R(1 - \cos\theta)R\,d\theta + \frac{1}{EA}\int_0^{2\pi} F(\cos^2\theta)R\,d\theta$$

$$+ \frac{6}{5GA}\int_0^{2\pi} F(\sin^2\theta)R\,d\theta$$

$$= \frac{FR^3}{EI}\int_0^{2\pi}(1 - 2\cos\theta + \cos^2\theta)\,d\theta + \frac{FR}{EA}\int_0^{2\pi}\cos^2\theta\,d\theta$$

$$+ \frac{6FR}{5GA}\int_0^{2\pi}\sin^2\theta\,d\theta$$

$$= \frac{FR^3}{EI}(2\pi - 0 + \pi) + \frac{RF\pi}{EA} + \frac{6FR\pi}{5GA}$$

$$= \frac{3\pi FR^3}{EI} + \frac{\pi FR}{EA} + \frac{6\pi FR}{5GA}$$

주석:

1. 위의 해에서는 식을 적분한 뒤 적분의 상·하한 대입하는 번거로움(오류의 가능성) 없이 유한적분 값이 바로 적혀 있다. 이와 같은 유한적분의 결정은 그림 5.20에 있는 기초 도해법을 이용하여 편리하게 수행할 있다. 이러한 그림은 미적분학의 간단한 개념으로부터 쉽게 재현될 수 있으며, 따라서 기억이나 적분표에 의존하는 것을 피할 수 있게 한다.
2. 링은 수평축이 아니라 수직축에 대해 대칭임을 주의하라. 따라서 0과 π 사이에서 적분한 뒤 각 적분을 2배로 하여 얻을 수 있으나, 0과 $\pi/2$ 사이에서 적분한 뒤 각 적분을 4배로 하여 얻을 수는 없다.

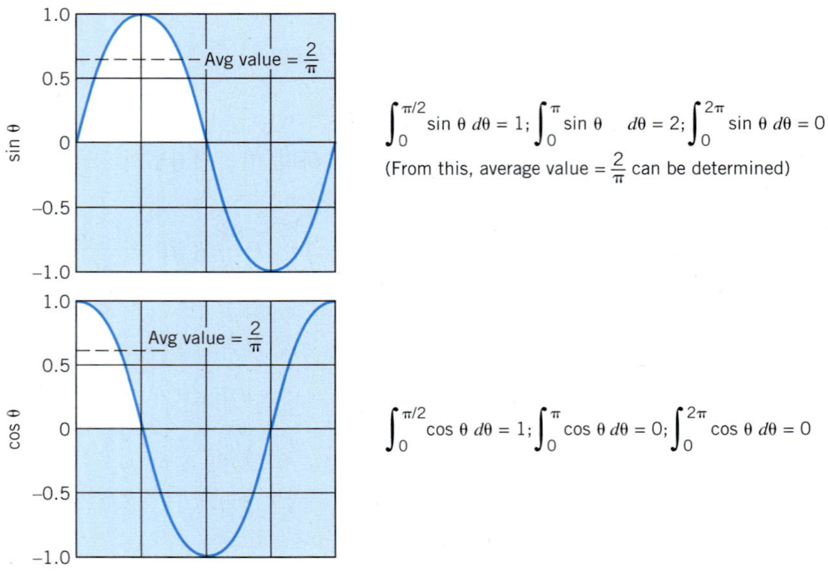

그림 5.20 예제 5.7에 나타낸 것과 같은 유한적분의 도식적 결정.

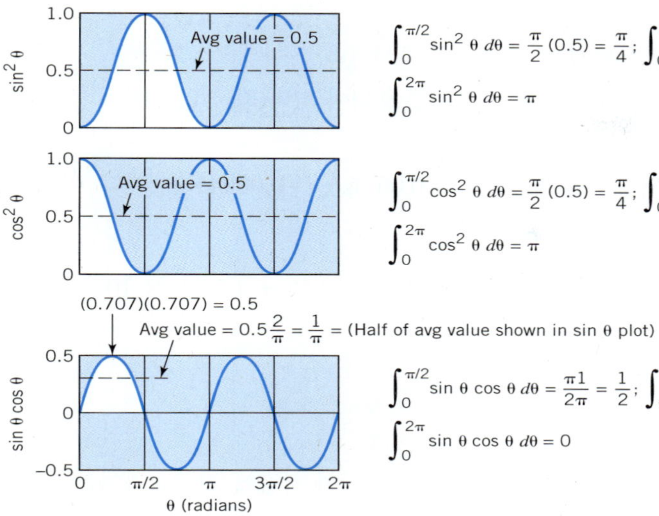

$$\int_0^{\pi/2} \sin^2\theta\, d\theta = \frac{\pi}{2}(0.5) = \frac{\pi}{4};\ \int_0^{\pi} \sin^2\theta\, d\theta = \pi(0.5) = \frac{\pi}{2}$$
$$\int_0^{2\pi} \sin^2\theta\, d\theta = \pi$$

$$\int_0^{\pi/2} \cos^2\theta\, d\theta = \frac{\pi}{2}(0.5) = \frac{\pi}{4};\ \int_0^{\pi} \cos^2\theta\, d\theta = \pi(0.5) = \frac{\pi}{2}$$
$$\int_0^{2\pi} \cos^2\theta\, d\theta = \pi$$

$$\int_0^{\pi/2} \sin\theta\cos\theta\, d\theta = \frac{\pi 1}{2\pi} = \frac{1}{2};\ \int_0^{\pi} \sin\theta\cos\theta\, d\theta = 0$$
$$\int_0^{2\pi} \sin\theta\cos\theta\, d\theta = 0$$

그림 5.20 (계속).

예제 5.8 SAMPLE PROBLEM 예제 5.7의 해에 있는 각 항의 비교

R=2 in., b=0.2 in., h=0.3 in.이고, 링은 주철로 만들어져 $E=18\times10^6$ psi, $G=7\times10^6$ psi를 가질 경우 예제 5.7의 처짐값을 결정하라.

풀이 SOLUTION

제시자료: 피스톤링의 치수와 물성이 주어져 있다.

목표: 처짐의 크기를 결정하라.

개요도 및 데이터:

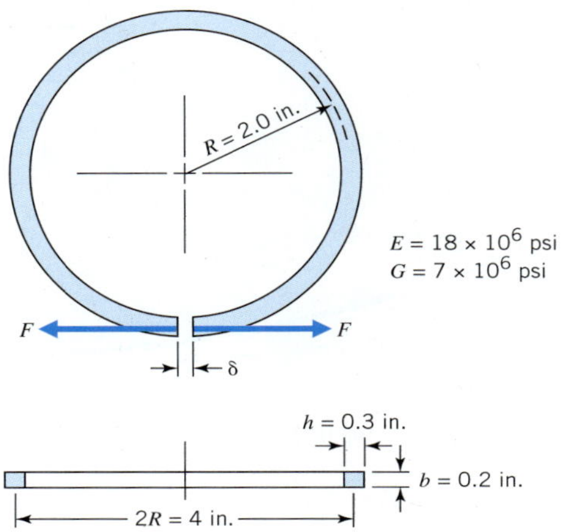

그림 5.21a 예제 5.8—힘 F의 하중을 받는 피스톤링.

가정:

1. 처짐은 탄성 영역 내에서 발생한다.
2. 링은 하중이 작용하는 평면에 남아 있다(좌굴 없음).

해석: 주어진 치수에 대해 $A=0.06$ in.^{2}, $I=0.00045$ in.^{4}이다. 이 값들을 예제 5.7의 처짐식에 대입하면

$$\delta = (930 + 0.58 + 1.79)F \times 10^{-5} \text{ in.}$$

가 된다.

주석:

1. 이 해석은 처짐식에 있는 첫째 항이 처짐에 99.7% 기여함을 보여 준다.
2. 이 예제는 다음의 일반적인 법칙을 시사한다.

> 굽힘 항이나 비틀림 항 혹은 둘 모두가 존재한다면, 축 하중 항이나 횡전단 항은 거의 항상 무시해도 된다.

이 법칙에는 "거의 항상"이란 표현이 있음을 주목하라. 카스틸리아노법이 좋은 점은 축 하중 항이나 횡전단 항이 중요시되는 흔치 않은 경우에서도 이들을 쉽게 결정할 수 있다는 것이다.

3. 처짐식에 있는 첫째 항을 보면 처짐의 근삿값은 $\delta=3\pi FR^3/EI$이 됨을 알 수 있다. 링의 반지름 R, 폭 h, 탄성계수 E의 영향은 $F=1$ lb로 하여 h를 0.2부터 0.5까지, R을 1.0부터 3.0까지 변화시키며, 구리, 주철, 강의 탄성계수에 대하여 처짐을 계산하고 그래프로 그려서 조사할 수 있다—그림 5.21*b*와 *c* 참조.
4. $I=bh^3/12$이므로, 해석적으로 처짐 δ는 $\delta\sim 1/h^3$이 된다. 그림 5.21*b*에 나타낸 h에 대한 δ의 그래프가 이러한 관계를 나타낸다.

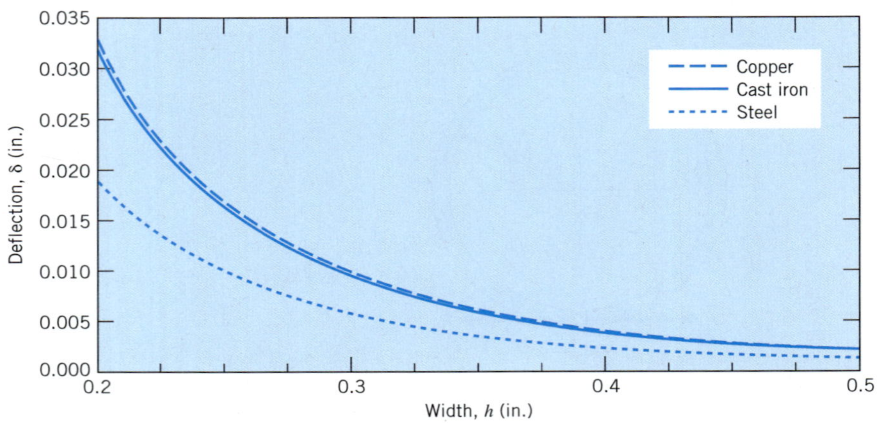

그림 5.21*b* 링 폭 h에 대한 피스톤링의 처짐($F=1$ lb).

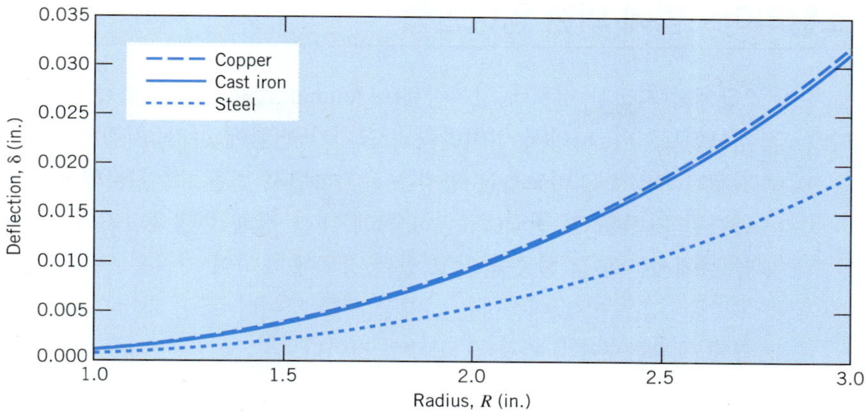

그림 5.21*c* 링 반지름 R에 대한 피스톤링의 처짐($F=1$ lb).

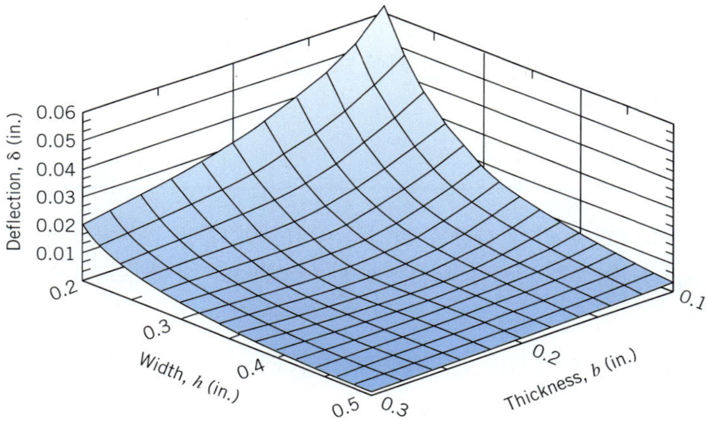

그림 5.21*d* 링 두께 b와 링 폭 h에 대한 피스톤링의 처짐($F=1$ lb).

5. 두께 b와 폭 h가 처짐에 미치는 영향은 $F=1$ lb로 하여 b를 0.1부터 0.3까지, h를 0.2부터 0.5까지 변화시키며, $R=2.0$과 주철의 탄성계수에 대하여 처짐을 계산하고 그래프로 그려서 조사할 수 있다—그림 5.21*d* 참조.
6. 항복이 발생하면 처짐식은 유효하지 않게 되므로, 또 다른 중요한 계산은 처짐 동안에 피스톤링 항복의 발생 여부를 결정하는 것이다. 보(링)의 곡률반지름이 보(링)의 두께에 비해 크므로, 직선보에 대한 해석이 적용될 수 있다. 최대 굽힘응력은 $\sigma=Mc/I+F/A$로 주어지며, 여기서 $M=2FR$이다. 예를 들어 $F=1$ lb, $b=0.2$ in., $h=0.3$ in., $R=2$ in., $\delta=932.37\times10^{-5}$ in.일 경우, $\sigma=1333.33+16.67=1350$ psi가 얻어진다.

5.9 카스틸리아노법에 의한 잉여반력

2장에서 지적한 것처럼 잉여반력(redundant reaction)은 평형에는 필요 없는 지지력이나 지지모멘트이다. 따라서 잉여반력의 크기가 변함에 따라, 처짐은 변하지만 평형은 그대로 유지된다. 카스틸리아노법은 평형을 유지하면서 변할 수 있는 임의의 반력(또는 작용 하중)과 관련된 처짐은 그 반력(또는 하중)에 대한 전체 변형에너지의 편미분과 같음을 의미한다. 앞 절에서는 모든 하중을 알고 있는 경우에 대하여 처짐을 구하였다. 이 절에서는 처짐을 알고 있는 경우 이에 대응하는 하중을 구할 것이다. 풀이 과정은 역시 주어지는 예제들을 주의 깊게 공부함으로써 가장 잘 이해될 것이다.

예제 5.9 SAMPLE PROBLEM **기둥의 처짐을 방지하기 위한 가이 와이어 인장**

그림 5.22는 편심 질량을 지지하는 기둥을 나타낸다. 기둥은 아래쪽이 고정되고, 점 a에서는 가이 와이어(guy wire)로 수평방향으로 지지된다. 와이어가 부착된 곳에서의 기둥의 처짐을 0으로 만들기 위해 필요한 가이 와이어의 인장 F는 어떻게 되는가?

풀이 SOLUTION

제시자료: 알려진 편심 질량을 지지하는 기둥의 형상이 주어지고, 가이 와이어가 부착되어 이 점에서 처짐을 0으로 만들도록 하중이 와이어에 의해 수평방향으로 가해진다.

목표: 가이 와이어에서의 인장력을 결정하라.

개요도 및 데이터:

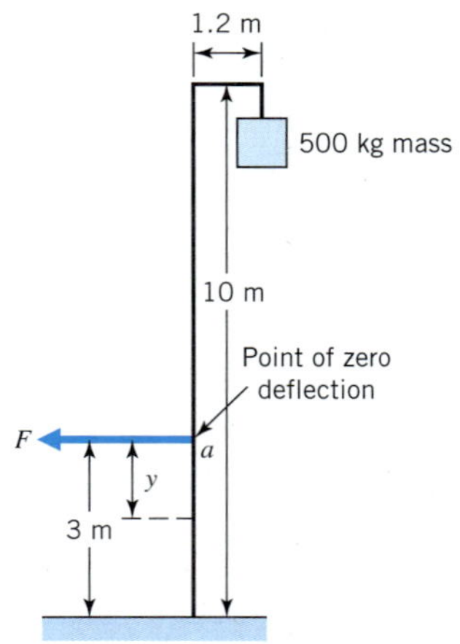

그림 5.22 예제 5.9—편심 하중을 받는 잉여지지 기둥.

가정:

1. 처짐은 탄성 영역 내에서 발생한다.
2. 좌굴이 발생하지 않는다.
3. 기둥은 중력가속도가 9.8 m/s^2인 지구 상에 있다.

해석:

1. 중력가속도가 9.8 m/s^2이므로, 질량에 가해지는 중력은 4900 N이다.
2. 인장 F는 잉여반력(즉 기둥은 가이 와이어가 없어도 평형상태에 있게 된다)이며, F가 작용하는 점에서 F 방향으로의 처짐은 0이다. 따라서 계가 받는 전체 변형에너지의 F에 대한 편미분이 0이 되어야 한다.
3. 에너지에 대한 완전한 식을 유도하기 전에, F에 대한 편미분이 0이 되어 없어질 항들을 제외하자. 점 a의 윗부분의 기둥에 대한 모든 에너지 항과 점 a의 아래쪽 기둥에 걸리는 압축에 대한 에너지 항이 여기에 해당될 것이다. 남아 있는 유일한 항은 a 아래에 작용하는 굽힘에너지가 된다.
4. 그림 5.22에 나타낸 바와 같이 편의상 y를 정의하면, 이 굽힘 항에 대해

$$M = (4900\text{ N})(1.2\text{ m}) - Fy \quad \text{or} \quad M = 5880 - Fy$$

   가 얻어진다.
5. 점 a 아래의 굽힘에너지는

$$U = \int_0^3 \frac{M^2}{2EI}\,dy = \frac{1}{2EI}\int_0^3 (5880^2 - 11{,}760Fy + F^2y^2)\,dy$$
$$= \frac{1}{2EI}(5880^2 \times 3 - 52{,}920F + 9F^2)$$

   이 된다.
6. 점 a에서의 수평방향 처짐은

$$\delta = 0 = \frac{\partial U}{\partial F} = \frac{1}{2EI}(-52{,}920 + 18F)$$

   이다. E와 I는 일정한 값을 가지므로, 괄호 안이 0이 되어야 하며, 따라서 F=2940 N이다.

주석: 겉으로 드러난 결과를 보면, 해는 E와 I에 완전히 무관하다는 것에 주목하라. 처짐으로 인해 중력의 모멘트 암이 1.2 m보다 크게 증가하지 않는 한 기둥의 강성은 해에 영향을 미치는 인자가 되지 않는다. 이는 모든 카스틸리아노 문제에 적용되는 조건이다. 하중식은 주어진 형상에 대해 작성된다. 이에 따른 처짐이 형상을 변화시키는 정도에 따라 하중식에 오류

가 발생하고 이는 처짐 계산식에 오류를 야기한다. 이러한 사실은 명심해야 한다 하더라도, 공학 문제에 있어 그다지 큰 문제를 야기하지는 않는다.

예제 5.10 SAMPLE PROBLEM 잉여지지 브래킷의 처짐

그림 5.23에 나타낸 세 측면 브래킷에 대해 하중 P에서의 처짐을 구하라. 브래킷 전체가 동일 재료와 동일 단면으로 되어 있다.

풀이 SOLUTION

제시자료: 중앙에서 하중을 받는 세 개의 측면을 갖는 브래킷의 형상이 주어져 있다.

목표: 작용 하중 위치에서의 처짐에 대한 식을 유도하라.

개요도 및 데이터:

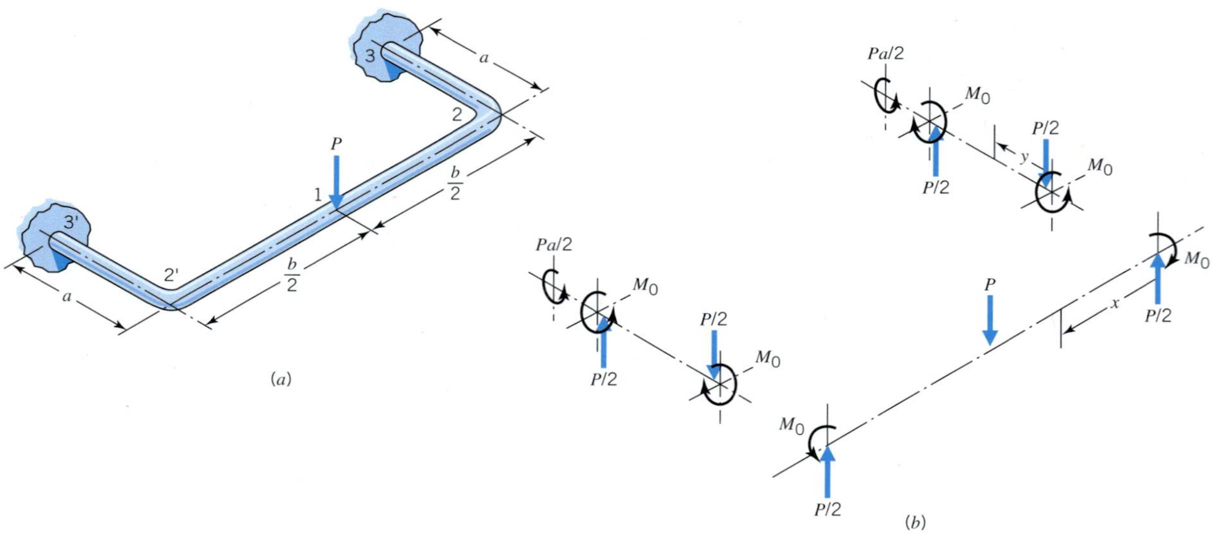

그림 5.23 예제 5.10—중앙에서 하중을 받는 사각 브래킷.

가정:

1. 처짐은 탄성 영역 내에서 발생한다.
2. 횡전단에 의한 처짐은 무시된다.

해석:

1. 그림 5.23b는 평형상태에 있는 자유물체도로서 브래킷 각 부분의 확대도를 나타낸다.

모든 하중은 잉여모멘트 M_0를 제외하고는 P와 치수 a, b의 관계로 표현될 수 있다. 처짐을 결정하기 위해 카스틸리아노법을 적용하기 전에 M_0에 대한 식을 구해야 한다.

2. 잉여모멘트 M_0를 더욱 명확히 구현하기 위해 다음과 같이 생각해 보는 것이 도움이 될 것이다. 고정된 수직 지지점에 용접되어 있는 대신에 브래킷이 이 지지점에 설치된 부싱이나 베어링 안으로 끼워져 있다고 상상해 보자. 그러면 하중 P가 가해졌을 때, 브래킷의 처짐은 부싱 안으로 끼워진 양 끝단을 약간 회전시킬 것이다. 이 경우 파이프 렌치가 브래킷 양단의 고정된 지지점 근처에 놓여져, 양단을 원래 위치로 회전시키려고 하는 토크를 가하고 있다고 상상해 보자. 이 경우 렌치는 잉여반작용 토크 M_0를 제공하고 있다. 하중이 가해지기 전에 브래킷이 수직 지지점에 용접되어 있다면, 이 잉여토크는 용접부를 통해 브래킷 지지부로 가해진다.

3. 이제 브래킷 부착지점에서의 각 처짐을 0으로 만들기 위해 필요한 토크 M_0를 결정하기 위해서 카스틸리아노법이 이용될 것이다.

4. 여러 가지 하중 항에 대한 식을 표기할 때 대칭성을 이용하자. 즉 브래킷의 오른쪽 및 왼쪽 반에서의 에너지는 동일하다. 하중식을 간단히 하기 위해 그림 5.23*b*에서 치수 x와 y가 정의된다. 횡전단을 무시하면 에너지에는 세 개의 성분이 존재한다. 오른쪽 반만을 고려하면, 이들은 다음과 같다.

1과 2 사이의 굽힘, 여기서 $M_{1,2}=-M_0+Px/2$
2와 3 사이의 굽힘, 여기서 $M_{2,3}=Py/2$
2와 3 사이의 비틀림, 여기서 $T_{2,3}=M_0$

5. M_0가 작용하는 점에서 각 처짐 0에 대한 식을 직접 쓰면

$$\theta = 0 = 2\int_0^{b/2} \frac{M_{1,2}(\partial M_{1,2}/\partial M_0)}{EI}\,dx + 2\int_0^{a} \frac{M_{2,3}(\partial M_{2,3}/\partial M_0)}{EI}\,dy + 2\frac{T_{2,3}a}{GK'}$$

가 얻어진다. 각 항을 2로 나누고 값들을 대입하면

$$0 = \frac{1}{EI}\int_0^{b/2}\left(-M_0 + \frac{Px}{2}\right)(-1)\,dx + \frac{1}{EI}\int_0^{a}\frac{Py}{2}(0)\,dy + \frac{M_0 a}{GK'}$$

가 된다. 이를 적분하고 적분한계를 대입하면

$$0 = \frac{1}{EI}\left(\frac{M_0 b}{2} - \frac{Pb^2}{16}\right) + 0 + \frac{M_0 a}{GK'}$$

가 된다. M_0에 대해 풀면

$$M_0\left(\frac{b}{2EI} + \frac{a}{GK'}\right) = \frac{Pb^2}{16EI}$$

이 되고, 이는

$$M_0 = \frac{Pb^2GK'}{8(bGK' + 2aEI)}$$

로 간단하게 된다.

6. 처짐을 결정하기에 앞서, $M_0 = PZ$로 놓으면 식을 좀 더 간단하게 처리할 수 있다. 여기서 Z는 다음과 같이 정의되는 상수이다.

$$Z = \frac{b^2GK'}{8(bGK' + 2aEI)} \quad \textbf{(e)}$$

7. 앞서 설명한 바와 같이 동일한 세 개의 에너지 항이 포함된다. P에 대해 편미분을 취하면 그것이 원하는 처짐이 된다. 즉

$$\delta = \frac{2}{EI}\int_0^{b/2} M_{1,2}\frac{\partial M_{1,2}}{\partial P}\,dx + \frac{2}{EI}\int_0^{a} M_{2,3}\frac{\partial M_{2,3}}{\partial P}\,dy$$

$$+ \frac{2}{GK}\int_0^{a} T_{2,3}\frac{\partial T_{2,3}}{\partial P}\,dy$$

$$= \frac{2}{EI}\int_0^{b/2}\left(-PZ + \frac{Px}{2}\right)\left(-Z + \frac{x}{2}\right)dx + \frac{2}{EI}\int_0^{a}\frac{Py}{2}\frac{y}{2}$$

$$+ \frac{2}{GK}\int_0^{a}(PZ)(Z)\,dy$$

가 된다. 세 개의 유한적분 값을 구하면

$$\delta = \frac{P}{EI}\left(Z^2b - \frac{Zb^2}{4} + \frac{b^2}{48}\right) + \frac{P}{EI}\frac{a^3}{6} + \frac{2PZ^2a}{GK'}$$

가 얻어진다.

8. 식 (e)를 위 식에 대입한 뒤 정리하면

$$\delta = \frac{P}{48EI}(b^2 + 8a^3) - \frac{Pb^4GK'}{64EI(bGK' + 2aEI)}$$

가 된다.

주석: 언뜻 보면, 이 예제는 5.8절에서 취급하는 것이 더 적절해 보일지 모른다. 이 예제는 원하는 처짐이 잉여반작용 토크를 먼저 구하지 않고서는 계산될 수 없다는 것을 보여 준다.

5.10 오일러 기둥좌굴–탄성 불안정성

우리는 보통 하중과 함께 선형적으로 변하는 탄성 영역 내의 처짐을 생각한다. 몇 개의 주목할 만한 예외가 있는데, 이들은 모두 비교적 가늘고 긴 재료가 압축을 받는 경우에 해당된다. 가장 일반적인 예는 가늘고 긴 기둥이 압축 하중을 받는 경우이다. 예를 들면 건물의 기둥, 구조용 압축링크(다리에서와 같이), 피스톤 커넥팅 로드, 압축을 받는 코일 스프링과 잭 스크루 등이 여기에 해당된다. 이들은 **오일러**(Leonhard Euler)가 최초로 탄성 안정성에 대한 논문을 1744년에 발표하였을 때 취급된 일반 예에 상응한다.

오일러 해석은 압축 하중을 받는 보통의 자와 같이 가늘고 긴 기둥을 나타내는 그림 5.24와 관계가 있다. 오일러는 기둥이 완전히 직선이고, 하중이 정확히 축 중심으로 작용하며, 재료가 균질하고, 응력이 선형 탄성 영역 내에 존재하는 이상적인 경우를 가정하였다. 이러한 기둥이 임의의 값 P_{cr} 이하의 하중을 받는다면, 기둥에 발생한 약간의 횡변위(그림 5.24에서 과장되어 보이는)는 하중이 제거되면 내부 탄성모멘트에 의해 회복되어 기둥은 원래 직선으로 돌아온다. 이 경우 기둥은 **탄성적으로 안정**하다. 하지만 하중이 P_{cr}을 초과할 때는 약간의 횡변위가 내부 탄성회복모멘트보다 더 큰 편심 굽힘모멘트 Pe를 발생시켜 결국 기둥은 붕괴된다. 따라서 P_{cr}을 초과하는 하중은 기둥을 **탄성적으로 불안정**하게 만든다.

P_{cr}에 대한 오일러 공식은 거의 모든 재료역학 교재에서 유도된다. 여기서는 유도 과정을 반복하지 않고 결과만 인용한다. 즉

$$P_{cr} = \frac{\pi^2 EI}{L_e^2} \tag{5.10}$$

여기서

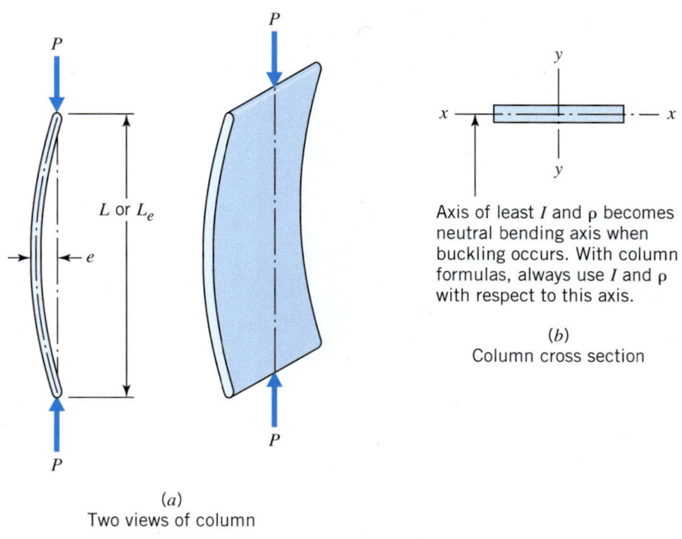

그림 5.24 오일러 좌굴을 받는 초기 직선 기둥.

E=탄성계수

I=좌굴 굽힘축에 대한 단면의 관성모멘트. 이는 그림 5.24에 예시된 바와 같이 임의의 축에 대해서 가장 작은 I 값이다.

L_e=기둥의 등가길이. 이는 그림 5.24에 나타낸 끝단 힌지연결에 대해서는 실제 길이 L과 같다. 다른 끝단조건(end condition)을 가지는 기둥에 대한 L_e 값은 다음 절에 주어진다.

식 (5.10)에 관계식 $I=A\rho^2$[즉 관성모멘트=면적×회전(gyration) 반지름[2]의 제곱]을 대입하면

$$S_{cr} = \frac{P_{cr}}{A} = \frac{\pi^2 E}{(L_e/\rho)^2} \quad \text{or} \quad \frac{S_{cr}}{E} = \frac{\pi^2}{(L_e/\rho)^2} \tag{5.11}$$

가 된다. 여기서 L_e/ρ는 기둥의 세장비(slenderness ratio)로 알려져 있다. 이 식은 기둥을 탄성적으로 불안정하게 하는 응력 P/A 값을 준다는 것에 주목하라. 이는 재료의 항복강도나 극한강도와는 아무 관계가 없다.

식 (5.11)을 로그-로그 좌표를 이용하여 그림 5.25에 그래프로 작성하였다. 이 한 개의 직선이 모든(탄성) 재료에 적용되는 일반적인 관계를 나타낸다는 것을 명심하라. 이것은 무차원량이기 때문에 식 (5.11)은 SI 혹은 영국 단위계에서 동일하게 사용할 수 있다. 그림은

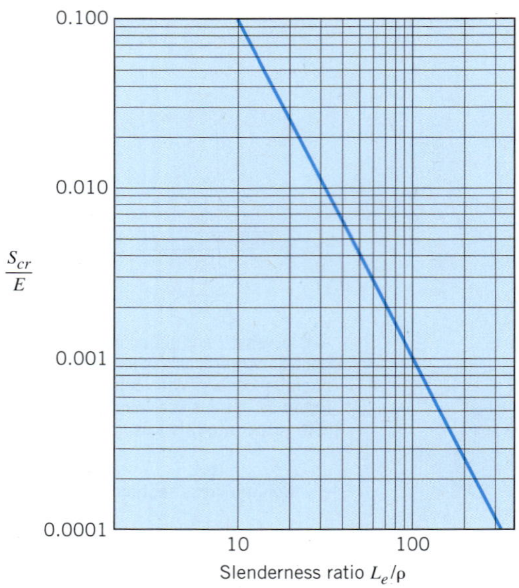

그림 5.25 오일러 식 (5.11)의 로그-로그 그래프(무차원량이고 따라서 탄성 영역 내에서 모든 재료에 적용).

[2] 회전 반지름에 대해 여러 가지 기호가 사용되며 가장 일반적인 것은 r이다. 여기서는 원형 단면 기둥의 실제 반지름과 혼동되지 않도록 기호 ρ가 사용되었다.

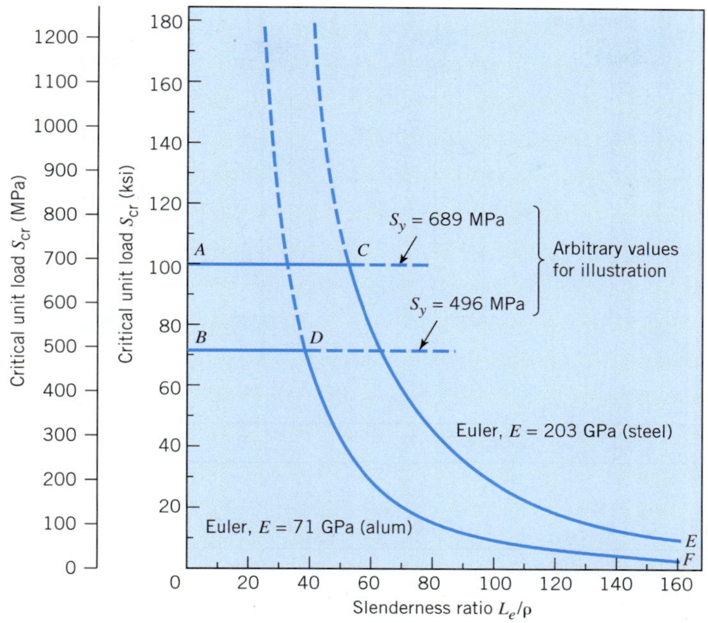

그림 5.26 E와 S_y의 두 값에 대해 표현된 오일러 기둥좌굴 곡선.

탄성계수의 백분율로서 임계 좌굴 하중 P/A는 오직 세장비에 의존한다는 것을 나타낸다.

강과 알루미늄의 탄성계수에 상응하는 오일러 곡선이 그림 5.26의 선형 좌표 상에 그려진다. 또한 S_y=496 MPa(72 ksi)와 S_y=689 MPa(100 ksi)에 대한 압축항복 곡선도 주어진다. 689 MPa의 항복강도를 갖고 압축을 받는 강재 요소는 오일러 이론에 의하면 하중과 형상의 조합이 곡선 *ACE* 위에 있을 경우 파괴된다. 마찬가지로 항복강도 496 MPa을 갖는 알루미늄 요소는 곡선 *BDF* 위에서 이론적으로 파괴될 것이다. 실제로는 천이점(transition point) *C*와 *D* 근처에서는 P/A보다 낮은 값에서 파괴가 발생한다는 것이 5.11절에서 언급된다.

5.11 여러 가지 끝단조건에 대한 기둥의 등가길이

오일러 해석은 그림 5.24에 있는 처짐 곡선의 이론적인 형상이 사인 곡선의 반임을 가리킨다. 모든 끝단조건에 대하여 식 (5.10)이나 (5.11)과 같은 오일러 식을 사용하기 위하여, 양단이 핀으로 된 등가기둥의 길이(사인 곡선의 반에 대응하는 길이 혹은 0의 굽힘모멘트를 갖는 점 사이의 길이)로 정의되는 기둥의 등가길이를 이용하는 것이 일반적이다.

그림 5.27은 가장 일반적인 형태의 기둥 끝단조건을 보여 준다. 등가길이의 이론적인 값은 고정된 끝단이 절대적으로 강하게 고정되어 있을 때에 해당한다(즉 굽힘 반작용에 의한 회전이 0). 이것은 근사적인 조건일 뿐이며, 따라서 한쪽 혹은 양단 고정조건을 갖는 기둥은 항상 이론적인 값보다 큰 등가길이를 갖는다. 그림 5.27에 표로 주어진 '최소 AISC 권장'은

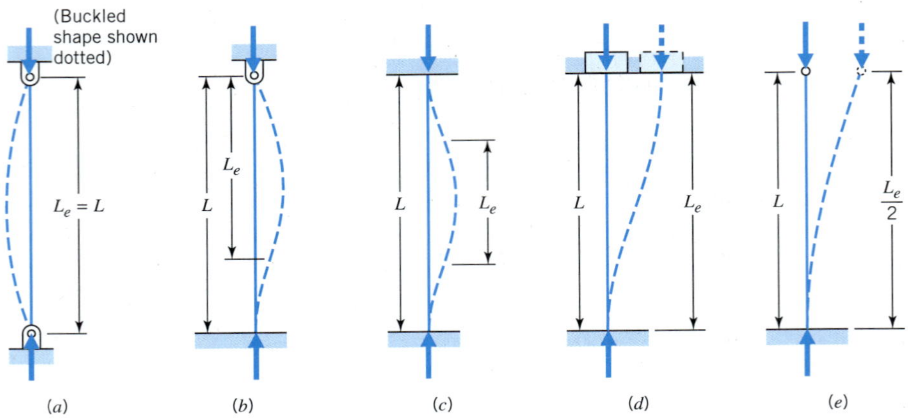

Theoretical	$L_e = L$	$L_e = 0.707L$	$L_e = 0.5L$	$L_e = L$	$L_e = 2L$
Minimum AISC Recommend	$L_e = L$	$L_e = 0.80L$	$L_e = 0.65L$	$L_e = 1.2L$	$L_e = 2.1L$

Source: From *Manual of Steel Construction*, 7th ed., American Institute of Steel Construction, Inc., New York, 1970, pp. 5–138.

그림 5.27 여러 가지 끝단조건에 대한 기둥의 등가길이.

'이상적인 조건이 근사화되는' 끝단부 구조에 적용된다. 고정된 끝단부 구조가 조금 덜 단단할 때는 적절한 판단이 내려져야 한다. 강성이 의심스럽다면, '고정된' 지지부의 굽힘강성을 무시하여 핀이 있는 조건과 동등하다고 가정하는 것은 때때로 선부른 경우가 있다.

5.12 기둥 설계 공식–존슨의 포물선

그림 5.26에서 곡선 ACE와 BDF로 표시되는 이상적인 상황으로부터 항상 불가피한 오차가 있기 때문에, 기둥은 이론적으로 예상되는 것보다 낮은 하중에서 파괴되며, 이는 특히 점 C와 D 근처에서 두드러진다. 이러한 상황을 다루기 위해 실험적으로 많은 수정안이 제안되었다. 이들 중 어떤 것은 기둥을 포함하고 있는 특정 장치의 설계에 적합하도록 코드화된다. 가장 널리 사용되는 수정안은 20세기에 접어들 무렵 존슨(J. B. Johnson)에 의해 제안된 포물선일 것이다. 이는 그림 5.28에서 두 가지 예에 대해 제시된다. 포물선 식은

$$S_{cr} = \frac{P_{cr}}{A} = S_y - \frac{S_y^2}{4\pi^2 E}\left(\frac{L_e}{\rho}\right)^2 \qquad \textbf{(5.12)}$$

이다. 비록 실험 데이터들이 넓게 분포되어 있지만, 존슨의 포물선은 실험결과들과 비교적 잘 일치하고 있음이 밝혀져 있다.

그림 5.28에 설명된 바와 같이, 포물선은 점 $(S_{cr}, L_e/\rho)$에서 오일러 곡선과 항상 접하며,

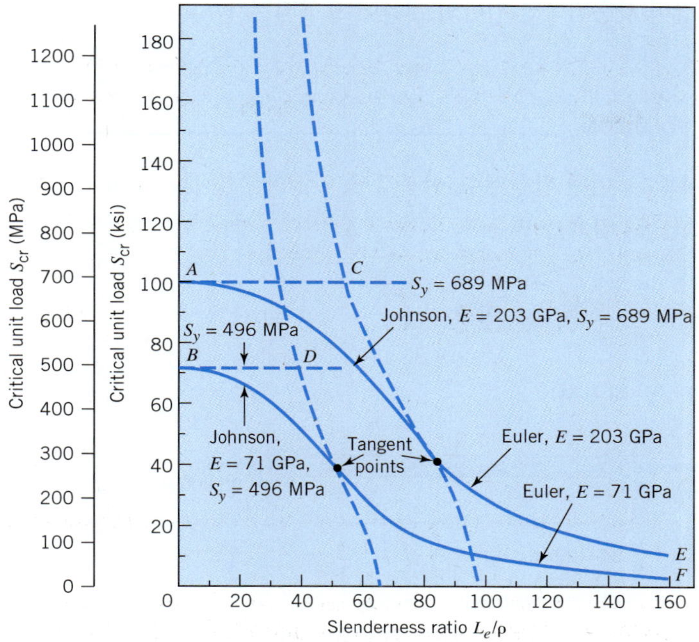

그림 5.28 E와 S_y의 두 값에 대해 제시된 오일러 곡선과 존슨 곡선(예제 5.11과 5.12에서 사용).

여기서

$$S_{cr} = \frac{S_y}{2} \quad \text{and} \quad \frac{L_e}{\rho} = \left(\frac{2\pi^2 E}{S_y}\right)^{1/2} \tag{5.13}$$

이다. 이 접점은 '중간 영역' 기둥(포물선 영역)과 '긴' 기둥(오일러 영역) 사이를 구별하기 위해 가끔 이용된다. '짧은' 기둥은 보통 L_e/ρ가 10보다 작은 것으로 간주되며, 이 경우 임계 하중은 S_y로 취해질 수 있다.

식 (5.12)는 포물선의 일반적인 식으로 표현된다. 즉

$$y = a - bx^2$$

특정 실험결과들과 더 부합하도록 하기 위해 식 (5.12)에 있는 것과는 다른 상수들이 종종 사용될 때도 있다.

예제 5.11 SAMPLE PROBLEM 강재 커넥팅 로드의 요구 지름 결정

산업용 기계에 최대 압축 하중 80,000 N을 받는 1 m 길이(핀 끝단조건 사이)의 둥근 단면의 커넥팅 로드가 필요하다. 안전계수를 2.5로 하고, S_y=689 MPa, E=203 GPa인 물성을

갖는 강이 사용된다면 얼마의 지름이 요구되는가?

풀이 SOLUTION

제시자료: 주어진 탄성계수, 항복강도, 안전계수를 갖는 1 m 길이의 강재 로드(그림 5.29)가 특정 힘으로 압축을 받는다.

목표: 로드의 지름을 구하라.

개요도 및 데이터:

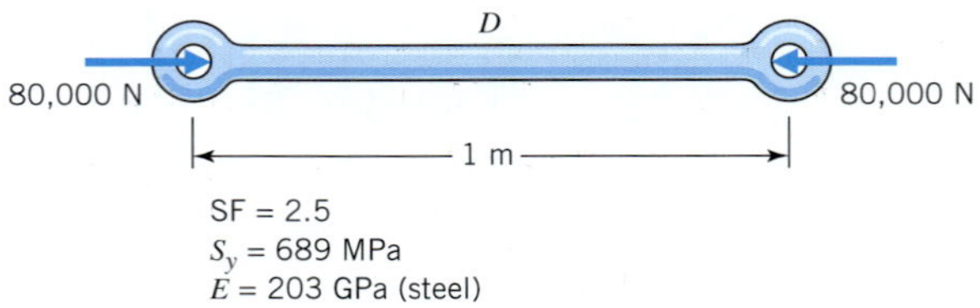

그림 5.29 압축을 받는 중실 원형 단면의 강재 커넥팅 로드(예제 5.11에서 사용).

가정:

1. 로드는 직선이다.
2. 핀 끝단은 로드의 유효길이가 1 m가 되도록 작용한다.
3. 로드는 압축응력에 의해 파괴되지 않는다.
4. 재료의 좌굴은 그림 5.28의 선 AE를 따른다.
5. 오일러 관계식이 적용된다.

해석: 가정된 바와 같이, 재료는 그림 5.28의 선 AE를 따르고, 로드 구조는 $L_e = L = 1$ m에 대응한다. 또한 오일러 관계식이 적용된다고 하면

$$\frac{P}{A} = \frac{\pi^2 E}{(L_e/\rho)^2}$$

가 되고, 여기서 **설계 과하중** P는 80,000 N×2.5 혹은 200,000 N이며, A는 단면적, ρ는 회전 반지름이다. 주어진 중실 원형 단면에 대하여

$$A = \pi D^2/4, \qquad \rho = D/4$$

이다. 따라서

$$\frac{4P}{\pi D^2} = \frac{\pi^2 E D^2}{16 L_e^2}, \qquad 64 P L_e^2 = \pi^3 E D^4$$

$$D = \left(\frac{64PL_e^2}{\pi^3 E}\right)^{1/4} = \left[\frac{64(200{,}000)(1)^2}{\pi^3(203 \times 10^9)}\right]^{1/4} = 0.0378 \text{ m}$$

이 된다.

주석:

1. 계산 지름에 대한 세장비는 다음과 같이 된다.

$$\frac{L_e}{\rho} = \frac{1}{0.0378/4} = 106$$

2. 계산된 세장비는 곡선 AE에 있는 접점보다 훨씬 앞에 있고, 오일러 관계식이 실제로 적용될 수 있는 영역에 있음을 그림 5.28로부터 알 수 있다. 따라서 최종 해답은 (반올림하여) 38 mm이다.

예제 5.12 SAMPLE PROBLEM 알루미늄 커넥팅 로드의 요구 지름

길이를 200 mm로 하고, S_y=496 MPa, E=71 GPa의 물성을 갖는 알루미늄을 사용하여 예제 5.11을 반복하라.

풀이 SOLUTION

제시자료: 주어진 탄성계수, 항복강도, 안전계수를 갖는 200 mm 길이의 알루미늄 로드(그림 5.30)가 특정 힘으로 압축을 받는다.

목표: 로드의 지름을 구하라.

개요도 및 데이터:

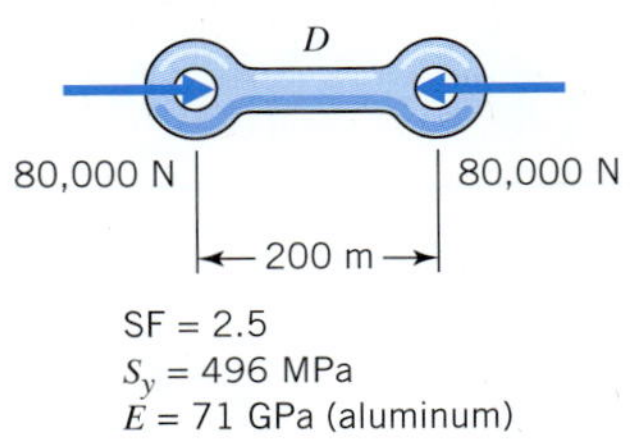

그림 5.30 알루미늄 커넥팅 로드(예제 5.12에서 사용).

가정:

1. 로드는 직선이다.
2. 핀 끝단은 로드의 유효길이가 200 mm가 되도록 작용한다.

3. 로드는 압축응력에 의해 파괴되지 않는다.
4. 재료의 좌굴은 그림 5.28의 선 BF를 따른다.
5. 오일러 관계식이 적용된다.

해석:

1. 다시 기둥이 오일러 영역에 있다고 가정하면

$$D = \left(\frac{64PL_e^2}{\pi^2 E}\right)^{1/4} = \left[\frac{64(200{,}000)(0.2)^2}{\pi^3(71 \times 10^9)}\right]^{1/4} = 0.0220 \text{ m}$$

$$\frac{L_e}{\rho} = \frac{0.20}{0.0220/4} = 36.4$$

가 얻어진다.

2. 계산된 세장비로 오일러 관계식을 적용하기에는 너무 '짧은' 기둥이 되어, 존슨 식을 적용해야 한다는 것을 그림 5.28로부터 알 수 있다.

$$\frac{P}{A} = S_y - \frac{S_y^2}{4\pi^2 E}\left(\frac{L}{\rho}\right)^2, \qquad A = \frac{\pi D^2}{4}, \qquad \rho = \frac{D}{4}$$

$$\frac{200{,}000(4)}{\pi D^2} = (496 \times 10^6) - \frac{(496 \times 10^6)^2}{4\pi^2(71 \times 10^9)}\frac{(0.2)^2(16)}{D^2}$$

$$\frac{254{,}648}{D^2} = (496 \times 10^6) - \frac{56{,}172}{D^2}$$

$$D = \left(\frac{254{,}648 + 56{,}172}{496 \times 10^6}\right)^{1/2} = 0.025 \text{ m}$$

$$\frac{L_e}{\rho} = \frac{0.2(4)}{0.025} = 32$$

주석:

1. 오일러 식은 요구 지름을 22 mm로 예측한 반면, 존슨 식은 22 mm보다 큰 25 mm의 지름이 필요하다는 것을 나타낸다.
2. 로드의 길이가 1 m이고 강으로 된 바로 전 예제의 답과 비교하면 결과는 예상한 바와 같다.

5.13 기둥의 편심 하중–시컨트 공식

기둥에 작용하는 합력 P의 작용선이 단면의 축중심(centroidal axis)을 지나가지 않으면, 기둥은 편심 하중(eccentric load)을 받는다. 하중축과 기둥축 사이의 거리가 편심 e이다. 편심

모멘트 *Pe*가 고려될 때, **시컨트 공식**(secant formula)으로 알려진 다음의 해석적인 식이 유도될 수 있다.[3] 즉

$$S_{cr} = \frac{P_{cr}}{A} = \frac{S_y}{1 + (ec/\rho^2)\sec[(L_e/\rho)\sqrt{P_{cr}/4AE}]} \tag{5.14}$$

이고, 여기서 c는 중립 굽힘면으로부터 외각 모서리까지의 거리이며, ec/ρ^2는 **편심률**(eccentricity ratio)이라고 한다.

식 (5.14)가 **굽힘모멘트 *Pe*가 작용하는 면**에서의 좌굴에 관한 식이라는 것에 주목하는 것이 중요하다. 따라서 회전 반지름 ρ는 대응하는 굽힘축에 대한 값이어야 한다. 만약 이것이 최소 회전 반지름이 아니라면, 앞 절에서 설명된 기둥의 중심을 통한 하중에 대한 처리방법을 이용하여 최소 ρ의 축에 대한 좌굴을 조사하여야 한다.

이 점을 설명하기 위하여, 그림 5.24에 나타낸 기둥에 x축을 따라 약간 벗어나 있는 힘이 작용하고 있다고 상상해 보자. 비록 이러한 편심이 y축에 대한 좌굴을 증가시키려고 하지만, x축에 대한 좌굴에는 아무런 영향을 끼치지 않는다. 만약 주어진 단면이 직사각형에 가깝다면, 어떤 임곗값보다 큰 편심(x축을 따라)에서의 y축에 대한 좌굴과 더 작은 편심에서의 x축에 대한 좌굴을 쉽게 상상할 수 있다.

시컨트 공식은 기둥의 여러 가지 치수가 식에 포함되므로 설계 목적으로 사용하기에는 불편하다. 그림 5.31에 있는 곡선들이 특정 E와 S_y 값을 갖는 재료로 된 편심 하중을 받는

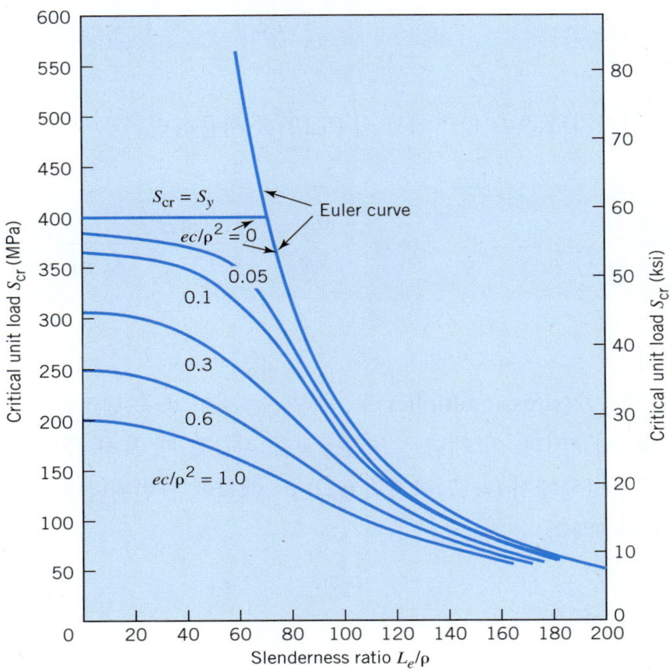

그림 5.31 E=207 GPa, S_y=400 MPa인 경우 시컨트 공식과 오일러 공식의 비교.

[3] 재료 강도에 관한 기본서를 참고하라.

기둥의 설계나 해석에 사용될 수 있다.

만약 중심에서 하중을 받는 기둥이 실제 경우에 약간의 편심이 불가피하게 나타난다고 가정하면, 시컨트 공식은 중심에서 하중을 받는 기둥에도 사용될 수 있다. 보통 $L_e/400$와 같은 크기의 편심을 가정하는 것이 제안된다[8]. '중심에서' 하중을 받는 구조용 기둥에 대해서는 미국토목학회에서 1933년 발표한 연구 결과로서 0.025의 편심률(ec/ρ^2)이 보통 사용된다.[4]

5.14 기둥의 등가응력

앞에서 지적한 바와 같이 기둥공식(오일러 및 존슨)은 S_{cr}에 대한 식으로 주어지고, 이 식으로 S_{cr} 값과 작용 하중 P/A를 비교할 수 있다. 다음의 식에 의해 S_{cr}이 S_y에 관계된다고 간주할 수 있다.

$$S_{cr} = \frac{S_y}{\alpha} \tag{a}$$

여기서 α는 좌굴 경향에 의해 압축강도가 감소되는 인자이다. 아주 짧은 기둥($L_e/\rho < 10$)에 대해서 α는 기본적으로 1이다. 기둥의 길이가 길어질수록, α는 더 큰 값을 갖게 된다.

오일러 영역에서는 식 (5.11)에 의해

$$\alpha = \frac{S_y}{S_{cr}} = \frac{S_y(L_e/\rho)^2}{\pi^2 E} \tag{5.15}$$

이 된다. 마찬가지로 존슨 영역에서 식 (5.12)를 사용하면

$$\alpha = \frac{S_y}{S_{cr}} = \frac{4\pi^2 E}{4\pi^2 E - S_y(L_e/\rho)^2} \tag{5.16}$$

가 얻어진다.

α를 응력승수(stress multiplier)로 사용하는 것이 종종 편리할 때가 있다. 이 경우 $\alpha P/A$가 직접 S_y와 비교된다. 이 개념은 조합응력을 취급할 때 특히 유용하다. 예를 들어 직접 압축응력이 식 (4.15)에서 (4.17)까지의 σ_x와 σ_y 계산에 관련된다면, 좌굴 경향을 고려하기 위해 $\alpha P/A$를 사용하라.

[4] Report of a Special Committee on Steel Column Research, *Trans. Amer. Soc. Civil Engrs.*, **98**(1933).

5.15 다른 형태의 좌굴

무게에 비해 아주 큰 강도를 필요로 하는 구조물용으로 설계되는 기둥에는 항복점이 명확하지 않은 비철금속 재료가 종종 사용된다. 특히 이러한 재료에 있어서, S_{cr}에 접근할수록 점진적인 항복의 시작은 응력-변형률 곡선의 기울기를 점차 감소시키고, 따라서 유효 탄성계수가 감소된다. 이러한 현상을 더욱 효과적으로 취급하기 위하여 '접선계수(tangent modulus)'에 기초한 방법들이 개발되었다.

원형 단면을 갖는 긴 기둥의 좌굴 안정성은 동일 재료로 튜브형 단면을 가지도록 하여 무게 증가 없이 크게 향상시킬 수 있다. 매우 얇은 튜브는 기둥축을 직선으로 유지하면서 아코디언 형태의 주름처럼 국부 좌굴(local buckling)을 일으키기도 한다. 이러한 사실은 그림 5.32*a*에 예시되어 있고, 일반 종이와 투명 테이프로 만들어서 쉽게 확인할 수 있다. 길이 비는 중요하지 않지만, $8\frac{1}{2}$ 11 in.의 종이를 말아서, 종이 한 장의 두께(약 $3\frac{1}{4}$ in. 지름) 또는 두 장의 두께(약 $1\frac{1}{3}$ in. 지름)로 하여 $8\frac{1}{2}$ in. 길이의 튜브를 만들어 보자. 만약 상당히 좋은 질의 종이라면, 그 결과 만들어진 기둥은 이 교재의 무게를 쉽게 지탱할 수 있을 것이다. 힘이 중심으로 향하도록 주의하면서 아래 방향으로 책에 힘을 가하면 주름이나 '아코디언 형태'의 파손이 발생할 것이다. 보통 책을 아래쪽으로 빠르게 누르면 최상의 파손 패턴이 얻어진다.

만약 얇은 튜브가 외압을 받는다면(예를 들어 보일러 튜브, 기름 저장 케이스, 진공 탱크, 흡입관 등), 원주 압축응력은 그림 5.32*b*에 나타낸 것처럼 홈 형태나 축방향으로 주름을 갖는 국부 좌굴을 발생시킬 수 있다. 얇은 튜브를 원호 형태로 구부리려고 할 때, 국부 좌굴이 압축을 받는 부분에서 발생하는 경향이 있다는 것을 경험한 적이 있을 것이다. 압축을 받는 면의 외부에 특정 굽힘 고정물을 설치하거나 혹은 내부에 모래나 다른 적절한 재료를 채우는 등의 측면 지지를 더해 줌으로써 종종 좌굴 없이 원하는 굽힘을 얻을 수 있다.

L형이나 홈형으로 굽은 얇은 판은 그림 5.32*c*에 나타낸 국부 좌굴이나 주름 형태로 파손될 수 있다. 굽힘에 의해 압축을 받는 I형 보의 얇은 플랜지에서 유사한 파손이 발생할 수 있

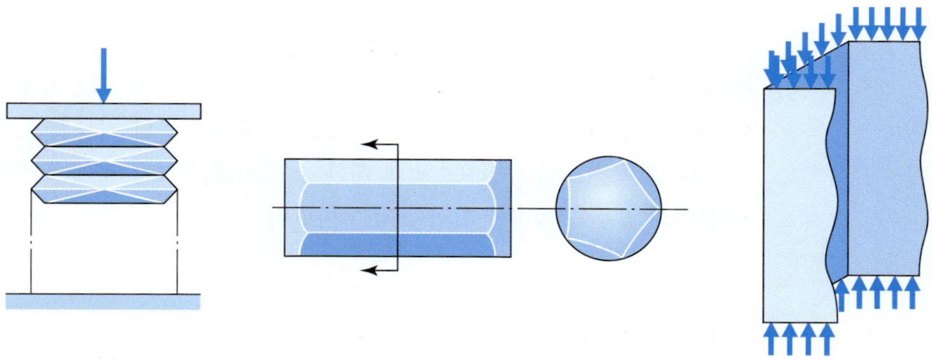

(*a*) Wrinkling, or "accordion buckling" of thin-wall tube

(*b*) Typical local buckling of an externally pressurized thin-wall tube

(*c*) Wrinkling of thin, unsupported flanges of a channel section

그림 5.32 국부 좌굴의 예.

다. I형 보의 얇은 웨브는 높은 전단응력으로 인한 압축을 받을 때 '주름(wrinkle)'이 질 수 있다. 전단으로 야기된 응력은 비행기 패널처럼 표면응력 공정으로 제조된 요소에 유사한 주름을 발생시킨다(이것은 영향을 크게 미치지 않는 선에서 어느 정도까지는 허용될 수 있다).

다양한 국부 좌굴 현상을 취급하는 적절한 공식들이 참고문헌 [4]와 [9]에 요약되어 있다. 해석적 처리방법은 참고문헌 [5]와 같은 고등 교재에서 볼 수 있다.

자연에서 찾아볼 수 있는 많은 기둥을 살펴보는 것도 흥미롭다.[5] 나무줄기는 일반적으로 튜브형이고, L_e/ρ 값은 150 혹은 그 이상으로 오일러 영역에 속한다. 튜브 두께는 일반적인 오일러 좌굴보다는 국부 좌굴을 일으키기에 더 적합하다. 척추동물의 장골은 기둥 설계에 있어 흥미로운 연구를 제공한다. 한 예로 편심 하중을 받는 사람의 넓적다리뼈가 있다.

5.16 유한요소 해석[6]

5.16.1 개요

일반적으로 엔지니어의 주요 관심사는 기계와 구조물에서 응력과 변형률을 결정하는 것이다. 비록 5.8~5.9절에서 설명된 카스틸리아노법이 표 5.1에 주어진 단순한 경우보다 더 어려운 문제에 대한 탄성 처짐과 하중을 계산하지만, 요소 형상이 복잡하거나 표준 재료역학 해석법으로 적절하게 모델링할 수 없을 때, 유한요소법(finite element method)이 사용된다. 이러한 복잡한 예에서의 응력, 변형률, 변형, 하중의 결정에는 유한요소법이 더 유용하며, 이는 예를 들어 셸, 조인트, 프레임과 같은 다양한 종류의 구조물이나 기어, 베어링, 축과 같은 다양한 종류의 요소들뿐만 아니라 다양한 해석(변형, 응력, 소성, 안정성, 진동, 충격, 파괴 등)에 범용적으로 사용되는 해법이다.

유한요소법의 기본적인 원리는 요소화와 근사화이다. 간단히 말하면, 유한요소법은 기계요소나 구조를 개개의(discrete) 영역(유한요소)으로 나누는 수치 근사 해법이며, 해는 그 영역에서의 변형과 응력을 나타내는 일련의 함수로 기술된다. 유한요소법은 수식화, 풀이 과정 및 재료, 형상, 경계조건, 하중에 대한 표현을 필요로 한다.

유한요소 해석이라는 주제를 적절히 취급하기 위해서는 이 책에서 기술된 것보다 더 자세한 설명이 필요할 것이다. 하지만 이 주제는 너무 중요하므로 기계 및 구조용 요소의 설계와 개발에 관심이 있는 엔지니어는 최소한 유한요소법의 기본적인 원리를 알고 있어야 한다. 이러한 목적으로 유한요소법에 대한 소개 자료가 다음 절에 주어진다. 관심 있는 학생은 이 분야의 공부를 계속할 기회를 찾기 바란다.

5.16.2 유한요소 해석의 단계

기계요소는 서로 다른 재료로 제작되는 복잡한 형상의 부품을 포함한다. 응력, 변형률, 안전

---

[5] *Mechanical Design in Organisms*(Wainwright, Biggs, Currey, and Gosline,Wiley, New York, 1975) 참조.

[6] 이 절의 출처: Y. C. Pao, *Elements of Computer-Aided Design and Manufacturing*,Wiley, New York, 1984.

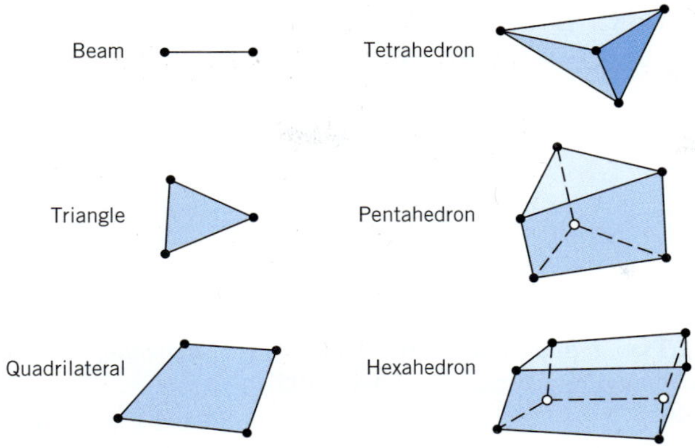

그림 5.33 유한요소 해석에 사용되는 기본적인 요소.

계수를 결정하기 위해, 기계요소는 각각 단순한 형상이고 단일 재료로 된 기본 요소들로 분리된다. 이렇게 하면, 각 요소에서의 상세한 해석이 가능하다. 각 요소들이 서로 어떻게 결합되는지에 대한 요소의 물리적 상호관계를 안다면, 기계요소의 근사적이지만 비교적 정확한 해가 결정될 수 있다. 유한요소 해석에 사용되는 몇 개의 기본적인 요소의 형상이 그림 5.33에 제시된다.

응력에 대한 유한요소 해석에는 보통 다음의 단계가 포함된다.

1. 해석 대상을 작은 개별 요소(element)로 나눈다.
2. 각 요소의 성질을 정의한다.
3. 요소의 강성 행렬(stiffness matrix)을 결합한다.
4. 절점(node)에 주어진 외력을 적용한다.
5. 해석 대상의 경계조건을 명시한다.
6. 일련의 연립 선형 대수방정식을 푼다.
7. 각 요소에서의 응력을 계산한다.

단계 1, 2, 4, 5, 7은 일반적으로 유한요소 해석 프로그램 사용자로부터의 입력을 필요로 한다.

언급된 바와 같이, 해석 대상(구조)은 개개 유한 요소로 나누어진다. 각 요소의 물성이 정의된다. 조인트(절점, 노드)들에서의 힘과 변위가 각 요소에 대해 확인된다. 각 요소가 자신의 노드의 힘을 갖고, 요소들이 연결될 때 임의의 조인트에서 서로 연결되는 모든 노드의 힘은 그 조인트에서 가해지는 실제 하중과 같다. 정지된 요소에 대해 각 노드에서의 힘은 정적 평형상태에 있다. 노드의 힘과 노드의 변위를 관련짓기 위해 식들이 전개되고, 힘, 처짐과 함께 이 식들은 일반적으로 요소의 탄성계수, 단면적, 길이와 관계된다. 노드의 힘과 노드의 변위를 관련짓기 위해서 **강성계수**(stiffness coefficient)가 사용된다. 전체 힘은 처짐과 강성계수의 관계로 표현될 수 있다. 각 요소의 강성 행렬 $[k^{(j)}]$는 해당 구조를 모델링하는 **구조 강성 행렬**(structural stiffness matrix) $[K]$로 결합된다. 구조 강성 행렬식은

$$[K]\{\delta\} = \{F\} \tag{a}$$

이 된다. 여기서 $\{\delta\}$는 변위 벡터이고 $\{F\}$는 힘 벡터이다. 식 (a)에 대한 해로부터 노드의 힘과 지지 반응을 얻을 수 있다. 그런 다음 힘, 형상 및 물성으로부터 각 요소에서의 응력을 계산할 수 있다.

참고문헌 REFERENCES

1. Durelli, A. J., E. A. Phillips, and C. H. Tsao, *Introduction to the Theoretical and Experimental Analysis of Stress and Strain*, McGraw-Hill, New York, 1958.
2. Meier, J. H., "Strain Rosettes," in *Handbook of Experimental Stress Analysis*, M. Hetenyi (ed.), Wiley, New York, 1950.
3. Juvinall, R. C., *Engineering Considerations of Stress, Strain, and Strength*, McGraw-Hill, New York, 1967.
4. Pilkey, Walter D., *Formulas for Stress, Strain, and Structural Matrices*, 2nd ed., Wiley, New York, 2005.
5. Seely, F. B., and J. O. Smith, *Advanced Mechanics of Materials*, 2nd ed., Wiley, New York, 1952. (Also 5th ed. by A. P. Boresi, R. J. Schmidt, and O. M. Sidebottom, Wiley, New York, 1993.)
6. Shanley, F. R., *Strength of Materials*, McGraw-Hill, New York, 1957.
7. Timoshenko, S., and J. N. Goodier, *Theory of Elasticity*, 2nd ed., McGraw-Hill, New York, 1951.
8. Timoshenko, S., and G. H. McCullough, *Elements of Strength of Materials*, Van Nostrand, New York, 1935.
9. Young, Warren C., and R. G. Budynas, *Roark's Formulas for Stress and Strain,* 7th ed., McGraw-Hill, New York, 2002.
10. Cook, R., et al., *Concepts and Applications of Finite Element Analysis*, 4th ed., Wiley, New York, 2001.

연습문제 PROBLEMS

Sections 5.2–5.4

5.1 An equiangular strain gage rosette is mounted on a free and unloaded surface of a component. The strains obtained from the rosette are $\epsilon_0 = -0.0005$ m/m, $\epsilon_{120} = +0.0003$ m/m, and $\epsilon_{240} = +0.001$ m/m. Gage orientation angles are measured counterclockwise. Find the magnitude and orientation (with respect to the 0° gage), of the principal strains and check the results by plotting a Mohr circle.

5.2D Obtain manufacturers' data on three different types of strain gages or photoelastic products that could be used to measure the strain (stress). Explain the basic operating principles of each product and compare the advantages and disadvantages of each. Consider sensitivity, accuracy, calibration, and cost.

5.3 The following readings are obtained from an equiangular strain gage rosette mounted on a free and unloaded surface of a part: $\epsilon_0 = +950$, $\epsilon_{120} = +625$, and $\epsilon_{240} = +300$. Gage orientation angles are measured counterclockwise, and strain values are in micrometers per meter (or microinches per inch)—see Figure P5.3. Determine the magnitude of the principal strains and their orientation with respect to the 0° gage. Check the results with a Mohr circle.

[Ans.: $\epsilon_1 = 0.0010$, $\epsilon_2 = 0.00025$, ϵ_1 is 15° clockwise from 0° gage]

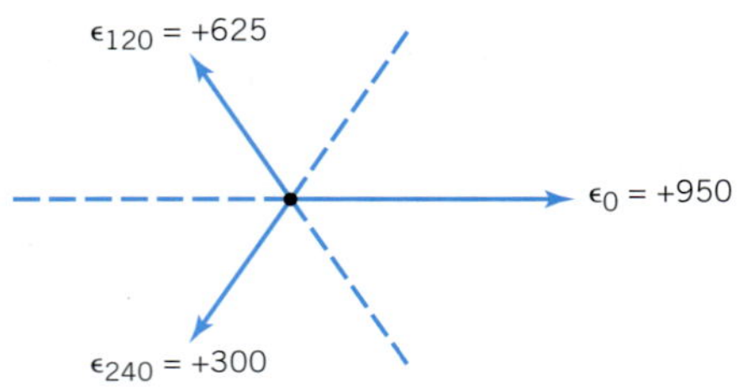

Figure P5.3

5.4 An equiangular strain gage rosette mounted on a free and unloaded surface of a part provides the following readings: $\epsilon_0 = +1900$, $\epsilon_{120} = +1250$, and $\epsilon_{240} = +600$. Gage orientation angles are measured counterclockwise, and strain values are in micrometers per meter (or microinches per inch). Determine the magnitude of the principal strains and their orientation with respect to the 0° gage. Check the results with a Mohr circle.

[Ans.: $\epsilon_1 = 0.0020$, $\epsilon_2 = 0.0005$, ϵ_1 is 15° clockwise from 0° gage]

5.5D For the strains obtained from an equiangular strain gage rosette on a homogeneous material given in Sample Problem 5.1, use the calculator given at http://www.vishaypg.com/micro-measurements/stress-analysis-strain-gauges/calculator-list to determine the magnitude and orientation of the principal strains. Compare the results with Sample Problem 5.1.

5.6 The following readings are obtained from a rectangular strain gage rosette mounted on a free and unloaded surface: $\epsilon_0 = +2000$, $\epsilon_{90} = -1200$, $\epsilon_{225} = -400$. Gage orientation angles are measured counterclockwise, and strain values are in micrometers per meter. Determine the magnitude of the principal strains and their orientation with respect to the 0° gage. Check the results with a Mohr circle.

5.7 Repeat Problem 5.6 except use gage orientations and readings of $\epsilon_0 = -300$, $\epsilon_{135} = -380$, and $\epsilon_{270} = -200$ (see Figure P5.7).

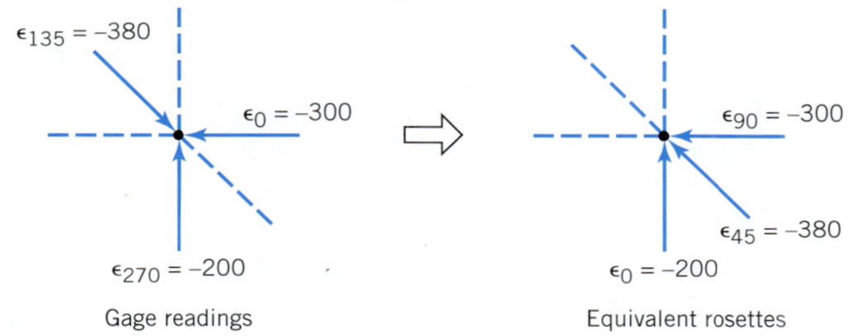

FIGURE P5.7

Section 5.5

5.8 Calculate the biaxial stresses σ_1 and σ_2 using Eq. 5.5 for the biaxial stress case, where $\epsilon_1 = .0020$ and $\epsilon_2 = -.0010$ are determined experimentally on an aluminum member of elastic constants, $E = 71$ GPa and $v = 0.35$. Also, determine the value for the maximum shear stress.

5.9 Repeat Problem 5.8 except use a copper member of elastic constants, $E = 121$ GPa and $v = 0.33$.

5.10 Repeat Problem 5.8 except use a titanium alloy member of elastic constants, $E = 114$ GPa and $v = 0.33$.

5.11 Repeat Problem 5.8 except use a magnesium alloy member of elastic constants, $E = 45$ GPa and $v = 0.35$.

5.12 Repeat Problem 5.8 except use a nickel alloy member of elastic constants, $E = 207$ GPa and $v = 0.30$.

5.13 Repeat Problem 5.8 except use a aluminum alloy member of elastic constants, $E = 72$ GPa and $v = 0.32$.

5.14 An equiangular strain gage rosette is mounted on a free and unloaded surface of a part made of steel. When loaded the gages read $\epsilon_0 = +1900$, $\epsilon_{120} = -700$, and $\epsilon_{240} = +300$ micrometers per meter. Determine all principal stresses and strains and draw Mohr circles for both stress and strain.

5.15 Repeat Problem 5.14 except use a rectangular rosette mounted on a magnesium part and gage readings of $\epsilon_0 = -625$, $\epsilon_{90} = 1575$, and $\epsilon_{135} = -390$ micrometers per meter. (Gage angles are measured counterclockwise.)

5.16 Determine values of principal stresses and maximum shear stress for the following:

(a) Sample Problem 5.1, if the material is steel.
(b) Sample Problem 5.2, if the material is aluminum.
(c) Problem 5.3, if the material is titanium.
(d) Problem 5.6, if the material is steel.
(e) Problem 5.7, if the material is aluminum.

Section 5.6

5.17 A car trunk torsional spring is fabricated from a solid round steel shaft, 0.80 m long and 12.5 mm in diameter. Calculate the torsional spring constant.

5.18 Repeat Problem 5.17 except calculate the torsional spring constant for a diameter of 6.25 mm. Also, show how the torsional spring constant varies with shaft diameter d.

5.19 What is the torsional spring constant (torque per degree of angular deflection) in N · m/deg. for a solid round steel shaft 400 mm long if its diameter is

(a) 30 mm?
(b) 20 mm?
(c) 30 mm for half its length and 20 mm for the other half?

5.20 Figure P5.20 shows one end of a spring attached to a pivoting rigid link. What is the spring constant (newtons force per millimeter deflection):

(a) With respect to a horizontal force applied at A?
(b) With respect to a horizontal force applied at B?
(c) With respect to a horizontal force applied at C?

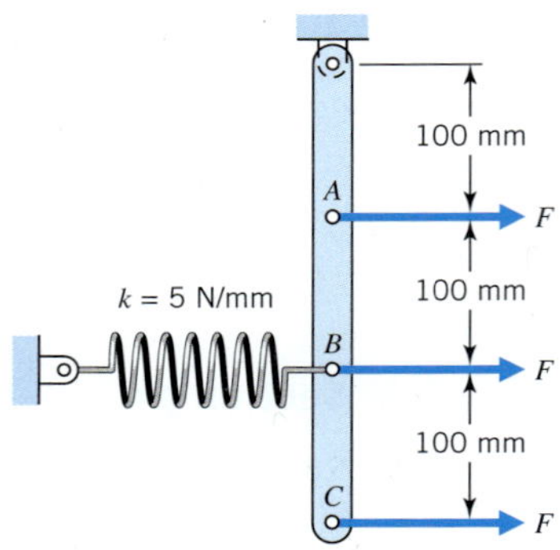

FIGURE P5.20

5.21 What is the angular displacement at the end of the 25-mm-diameter shaft and the linear displacement of point A of Figure P5.21?

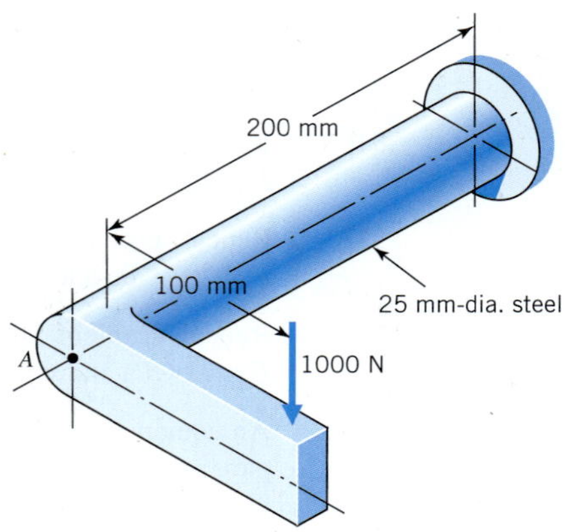

FIGURE P5.21

Section 5.7

5.22 Repeat Problem 5.21 except for a force of 500 N.

5.23 Repeat Problem 5.21 except for a round bar diameter of 12.5 mm.

5.24 For a simply supported beam with two positions (*A* and *B*) show that the deflection at point *A* from a load at point *B* and the deflection at point *B* from a load at point *A* are proportional to the ratio of the loads at *A* and *B*. Also show that if the loads at *A* and *B* are the same then the deflections at *B* and *A* (respectively) are the same. [Hint: Refer to Appendix D-2, Case 2.]

5.25 A simply supported aluminum beam is found to deflect 10 mm at location *A* when a force of 45 N is applied at *B*. What force at *A* would be required to cause a deflection of 2.5 mm at point *B*?

5.26 Figure P5.26 shows a simply supported steel shaft subjected to two loads. Determine the deflection at all points along the shaft.

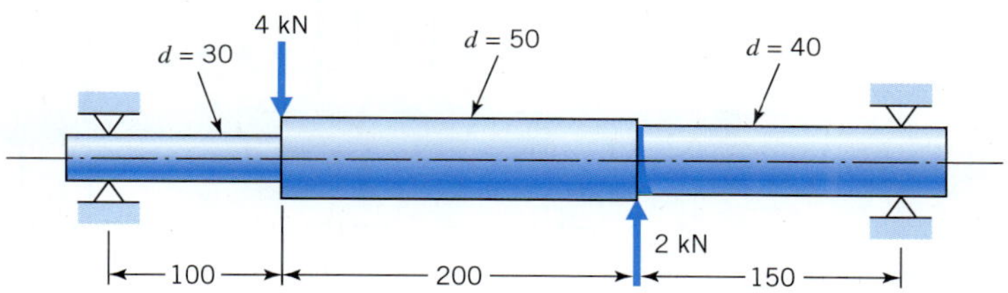

FIGURE P5.26

Section 5.8

5.27 The bracket in Figure P5.27 is loaded with a force in the *Y* direction, as shown. Derive an expression for the deflection of the free end in the *Y* direction.
[Ans.: $Fb^3/3EI + Fa^3/3EI + Fb^2a/GJ$ plus generally negligible transverse shear terms]

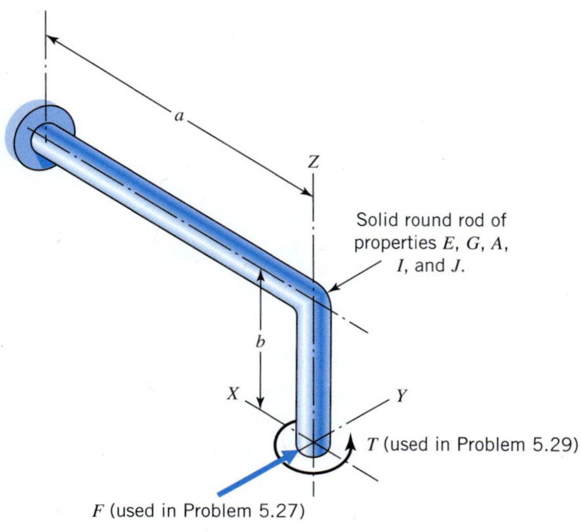

FIGURE P5.27

5.28 Repeat Problem 5.27 for a steel solid round rod, and then calculate the deflection at the free end in the Y direction if $a = 0.25$ m, $b = 0.125$ m, $d = 12.5$ mm diameter, and $F = 90$ N.

5.29 The bracket in Figure P5.27 is loaded with a torque about the Z axis, as shown. Derive an expression for the resulting deflection of the free end in the Y direction. [Ans.: $Ta^2/2EI$]

5.30 Repeat Problem 5.29 and calculate the resulting deflection of the free end in the Y direction for a steel solid round rod with $a = 0.25$ m, $d = 12.5$ mm diameter, and $T = 650$ N-m..

5.31 Figure P5.31 shows a steel shaft supported by self-aligning bearings and subjected to a uniformly distributed load. Using Castigliano's method, determine the required diameter d to limit the deflection to 0.2 mm. (You may assume that transverse shear is negligible.)

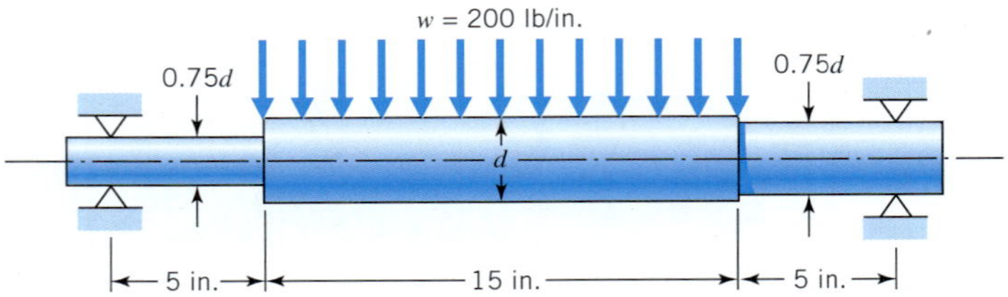

FIGURE P5.31

5.32 The structure shown (Figure P5.32) is fabricated by welding together three pieces of square rod or tubing, each having the same cross-sectional area A, moment of inertia I, and modulus of elasticity E. Derive an expression for the deflection between the points where force is applied. Omit terms that are likely to be negligible but enumerate any such terms. (You may want to use symmetry.)

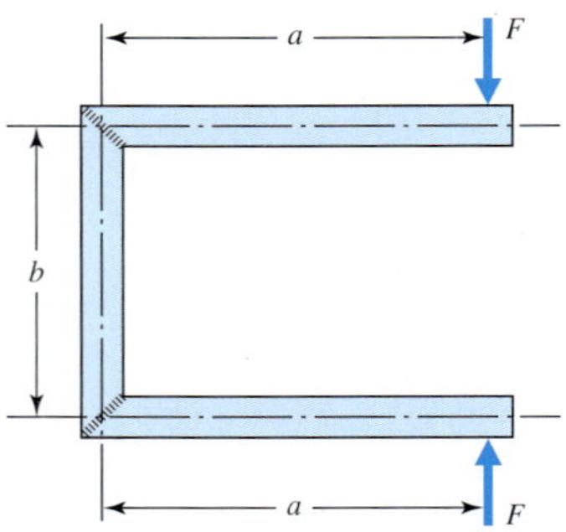

FIGURE P5.32

5.33 The helical lock washer in Figure P5.33 has material elastic properties of E and G, and cross-sectional properties of A, I, and K' (J if the section is circular). What is its spring rate with respect to the force P, which tends to flatten it? You may neglect terms expected to be unimportant, but enumerate terms neglected.
[Partial ans.: $\delta = \pi PR^3/EI + 3\pi PR^3/K'G + 12\pi PR/5GA$]

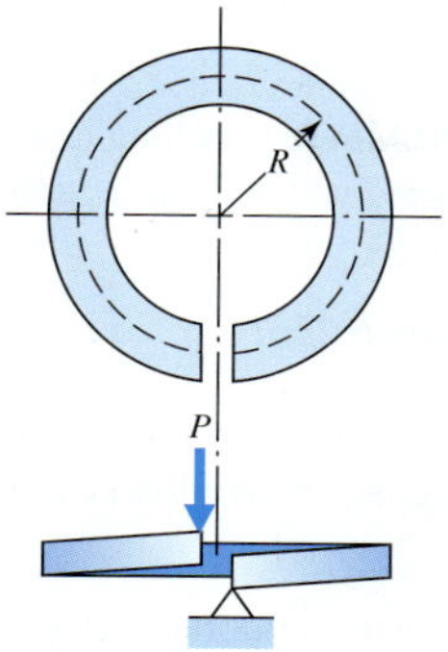

FIGURE P5.33

5.34 The triangular plate cantilever beam shown (Figure P5.34) represents an idealization of a leaf spring (more about these in Chapter 12). Using Castigliano's method, derive an expression for the deflection of the loaded end, assuming that transverse shear will contribute negligibly.

[Ans.: $\delta = 6FL^3/Ebh^3$]

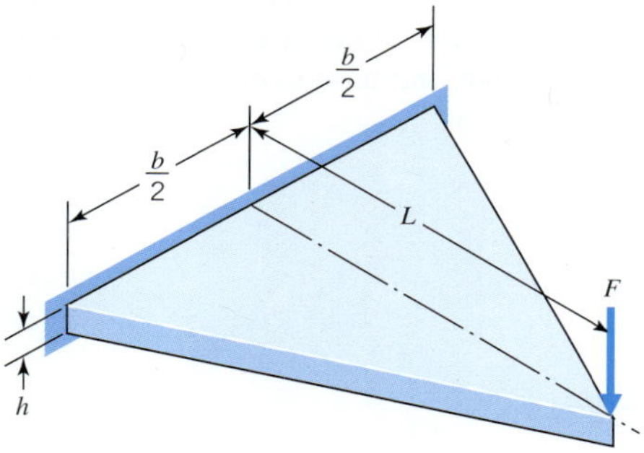

FIGURE P5.34

Section 5.9

5.35 In order to reduce the deflection of the I-beam cantilever shown (Figure P5.35), a support is to be added at *S*.

(a) What vertical force at *S* is needed to reduce the deflection at this point to zero?

(b) What force is needed to cause an upward deflection at *S* of 5 mm (thereby perhaps reducing the end deflection to a desired value)?

(c) What can you say about the effect of these forces at *S* on the bending stresses at the point of beam attachment?

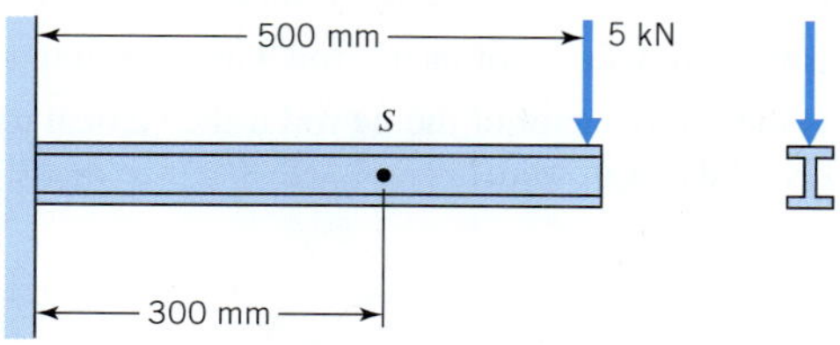

FIGURE P5.35

Sections 5.10–5.12

5.36 A solid round steel rod with $S_y = 350$ MPa is 1 m long and 70 mm in diameter. With a safety factor of 4, what axial compressive load can be applied if

(a) Both ends are hinged?

(b) Both ends are built in, as in Figure 5.27*c*?

5.37 A 25 × 50 mm bar is 0.50 m long and made of aluminum having $S_y = 175$ MPa. With a safety factor of 4, what axial compressive load can be applied if

(a) Both ends are hinged?

(b) One end is built in and the other is unsupported, as in Figure 5.27*e*?

5.38 A steel angle iron, loaded in compression, is added to a structure in order to increase its rigidity. Although the two ends are attached by rivets, the end fixity is sufficiently questionable that pinned ends (Figure 5.27*a*, Section 5.11) are to be assumed. The length is 1.2 m, and the yield strength 350 MPa. The radius of gyration about centroidal axis parallel to either side is 8 mm, but the minimum radius of gyration (about a centroidal axis at 45° to the sides) is only 5 mm. What compressive load can be carried with a safety factor of 3?

5.39 The IPN 160 I beam shown in Figure P5.39 has cross-sectional properties of $A = 10.83 \times 10^2$ mm^2, $I_{11} = 935 \times 10^4$ mm^4, and $I_{22} = 54.7 \times 10^4$ mm^4. It is made of steel having $S_y = 290$ MPa. Find the safe axial compressive load based on a safety factor of 3 for pinned ends and unsupported lengths of (a) 0.025 m, (b) 0.125 m, (c) 0.25 m, and (d) 0.5 m.

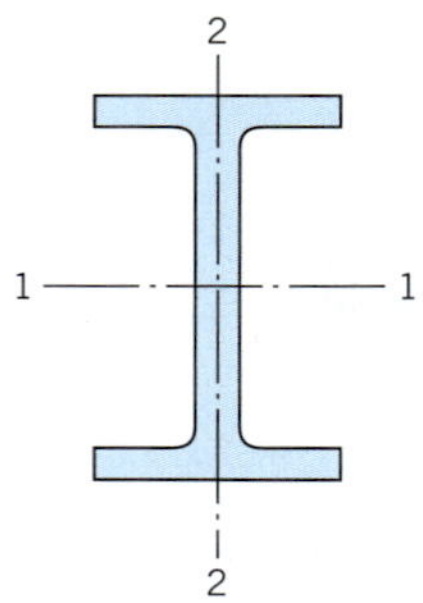

FIGURE P5.39

5.40 A 20-mm-diameter steel rod of $S_y = 350$ MPa is loaded as a column with pinned ends. If sufficiently short, it can carry a limiting load of $S_yA = 110$ kN. How long can the rod be and still carry the following percentages of this 110 kN load: (a) 90%, (b) 50%, (c) 10%, (d) 2%?

5.41 Figure P5.41 shows a boom and tie-rod arrangement supporting a load of 6 kN. The tie-rod is made of steel having a tensile yield strength of 400 MPa.

(a) What is the safety factor of the tie-rod with respect to static yielding?

(b) What is the safety factor of the tie-rod if the vertical rod is rotated 180° so that the 6-kN load acts upward?

(c) What conclusion do you draw with respect to the relative desirability of designing machines with column members loaded in tension versus loaded in compression?

[Ans.: (a) 5.3, (b) none, it will buckle]

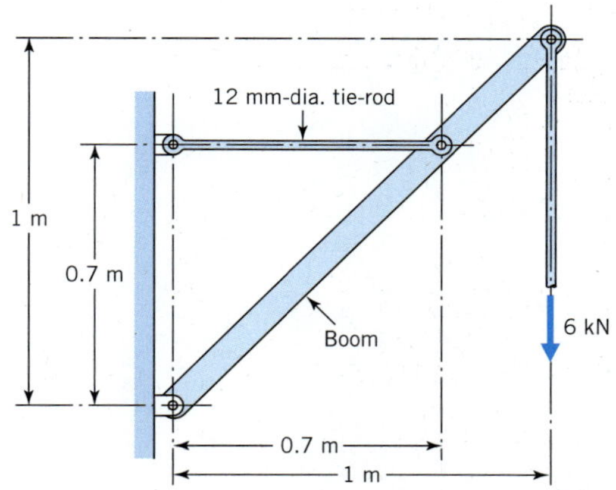

FIGURE P5.41

파손 이론, 안전계수 및 신뢰성 6

6.1 개요

앞 장에서는 하중의 계산(2장)과 이렇게 결정된 하중에 의한 응력과 변형(4장, 5장), **표준 시험 하중**에 대한 대표적인 재료들의 하중 지지 능력(3장) 등에 대하여 다루었다. 이번 장에서는 (1) 기계나 구조물에 가해지는 무수히 많은 조합의 **비표준적인** 하중에 대하여 그 기계나 구조물을 구성하는 재료의 지지 능력을 예측하는 것과, (2) 요구되는 정도의 안전성과 신뢰성을 보장하기 위한 적절한 **안전계수**(safety factor)를 선정하는 것에 대하여 공부하고자 한다. 앞에서와 마찬가지로 이 장에서도 정적 하중(static load)을 주로 고려하기로 한다.

신뢰성은 제품을 만들 때 극히 중요한 사안이며, 이에 대한 인식 또한 점점 더 강조되고 있다. 그렇다고 해서 **과도한 설계**(overdesign)로 불필요하게 비용의 상승, 무게와 부피의 증가, 자원의 낭비를 초래하는 것은 바람직하지 않으므로 이를 피하는 것도 중요한 일이다.

기계가 과도하게 설계되지 않으면서도 요구되는 수명과 신뢰성을 만족시키도록 각 요소를 설계해야 한다는 기본적인 생각은 홈스(Oliver Wendell Holmes)가 1858년에 쓴 "The One-Hoss Shay"에 잘 표현되어 있다. 이 한편의 문학적(이면서도 기술적인) 유산은 그가 공학자가 아니라 의사이며 하버드 의대의 해부학 교수였다는 점에서 더욱더 주목할 만하다. 그는 조합교회파 목사의 아들이며 유명한 대법관 Oliver Wendell Holmes 2세의 아버지이다.

여기에 수록된 그의 유명한 시에서 식민지 시절의 부제에 대하여 이야기하고 있다. 그는 기가 막힐 정도의 공학적 천재로 모든 부품이 정확히(분 단위까지도!) 100년의 유효 수명을 갖는 작은 마차를 설계하고 제작할 수 있었다. 그 기한이 끝나는 때 모든 부품들이 일시에 부서져서 마차가 한 무더기의 잔해로 무너져 버리게 된다.(자동차를 이렇게 만들 수 있다면 얼마나 좋겠는가! 한 200,000 km까지 아무런 고장 없이 달리다가 수명 기한이 끝날 때 쯤 해서 근처의 폐차장으로 몰고 가기만 하면 된다니!)

The One-Hoss Shay (The Deacon's Masterpiece)
Oliver Wendell Holmes

Have you heard of the wonderful one-hoss shay,
That was built in such a logical way,
It ran a hundred years to a day,
And then, of a sudden, it—ah, but stay,
I'll tell you what happened without delay,
Scaring the parson into fits,
Frightening people out of their wits,—
Have you ever heard of that, I say?

Seventeen hundred and fifty-five,
Georgius Secundus *was then alive,—*
Snuffy old drone from the German hive.
That was the year when Lisbon-town
Saw the earth open and gulp her down,
And Braddock's army was done so brown,
Left without a scalp to its crown.
It was on the terrible Earthquake-day
That the Deacon finished the one-hoss shay.

Now in building of chaises, I tell you what,
There is always ***somewhere*** *a weaker spot,—*
In hub, tire, felloe,[1] *in spring or thill,*[2]
In panel, or crossbar, or floor, or sill,
In screw, bolt, thoroughbrace,[3]*—lurking still,*
Find it somewhere you must and will,—
Above or below, or within or without,—
And that's the reason, beyond a doubt,
A chaise breaks down, but doesn't wear out.

But the Deacon swore (as Deacons do),
With an "I dew vum," or an "I tell yeou,"
He would build one shay to beat the taown
'N' the keounty 'n' all the kentry raoun',
It should be so built that it ***couldn'*** *break daown:*
—"Fur," said the Deacon, "'t's mighty plain
Thut the weakes' place mus' stan' the strain;
'N' the way t' fix it, uz I maintain,
Is only jest
T' make that place uz strong uz the rest."

So the Deacon inquired of the village folk
Where he could find the strongest oak,
That couldn't be split nor bent nor broke,—
That was for spokes and floor and sills;
He sent for lancewood to make the thills;
The crossbars were ash, from the straightest trees,
The panels of white-wood, that cuts like cheese,
But lasts like iron for things like these;
The hubs of logs from the "Settler's ellum,"—

Last of its timber,—they couldn't sell 'em,
Never an axe had seen their chips,
And the wedges flew from between their lips,
Their blunt ends frizzled like celery tips;

Step and prop-iron, bolt and screw,
Spring, tire, axle, and linchpin[4] *too,*
Steel of the finest, bright and blue;
Thoroughbrace bison-skin, thick and wide;
Boot, top, dasher, from tough old hide
Found in the pit when the tanner died.
That was the way he "put her through."—
"There!" said the Deacon, "naow she'll dew!"

Do! I tell you, I rather guess
She was a wonder, and nothing less!
Colts grew horses, beards turned gray,
Deacon and Deaconess dropped away,
Children and grandchildren—where were they?
But there stood the stout old one-hoss shay
As fresh as on Lisbon-earthquake-day!

EIGHTEEN HUNDRED;—it came and found
The Deacon's masterpiece strong and sound.
Eighteen hundred increased by ten;—
"Hahnsum kerridge" they called it then.
Eighteen hundred and twenty came;—
Running as usual; much the same.
Thirty and forty at last arrive,
and then come fifty, and FIFTY-FIVE.

Little of all we value here
Wakes on the morn of its hundredth year
Without both feeling and looking queer.
In fact, there's nothing that keeps its youth,
So far as I know, but a tree and truth.
(This is a moral that runs at large;
Take it.—You're welcome.—No extra charge.)

FIRST OF
NOVEMBER—the-Earthquake-day,—
There are traces of age in the one-hoss shay.
A general flavor of mild decay,
But nothing local, as one may say.
There couldn't be,—for the Deacon's art
Had made it so like in every part
That there wasn't a chance for one to start.
For the wheels were just as strong as the thills,
And the floor was just as strong as the sills,
And the panels just as strong as the floor,
And the whipple-tree neither less nor more.
And the back-cross bar as strong as the fore,
And spring and axle and hub ***encore****.*
And yet, as a whole, it is past a doubt
In another hour it will be ***worn out****!*

First of November, 'Fifty-five'!
This morning the parson takes a drive.
Now, small boys, get out of the way!

Here comes the wonderful one-hoss shay,
Drawn by a rat-tailed, ewe-necked bay.
"Huddup!" said the parson. Off went they.

The parson was working his Sunday text,
Had got to ***fifthly****, and stopped perplexed*
At what the—Moses—was coming next
All at once the horse stood still,
Close by the meet'n' house on the hill.
—First a shiver, and then a thrill.
Then something decidedly like a spill,—
And the parson was sitting up on a rock,
At half-past nine by the meet'n' house clock,—
Just the hour of the Earthquake shock!
—What do you think the parson found,
When he got up and stared around?
The poor old chaise in a heap or mound,
As if it had been to the mill and ground!
You see, of course, if you're not a dunce,
How it went to pieces all at once,—
All at once, and nothing first,—
Just as bubbles do when they burst.

End of the wonderful one-hoss shay,
Logic is logic. That's all I say.

[1] Rim.
[2] Shaft on each side of horse.
[3] Leather strap between front and rear spring, supporting body (one on each side).
[4] Pin through axle to keep the wheel on.

6.2 파손의 형태

하중을 받는 부재의 파손이란 그 부재가 요구되는 기능을 수행하지 못하게 만드는 모든 거동을 의미한다. 여기서는 **정적** 하중에 대한 파손만을 다루며 충격, 피로, 표면 마멸 등(우연하게도 그 부재는 그의 걸작을 만들 때 이 모든 것들을 아주 상세하게 고려했다)에 대해서는 뒤에서 언급하기로 한다. 정적 하중은 **소성 변형**(plastic distortion)과 **파괴**(fracture)뿐 아니라 과다한 변형 또는 탄성 불안정성(5장)을 초래할 수 있다. 여기서는 전자들에 대하여 다루기로 한다.

찌그러짐, 즉 소성 변형은 전단응력에 의한 것으로, 재료 고유의 슬립 면을 따라 발생하는 슬립(slip 또는 sliding)과 관련되어 있다. 파손은 소성 변형이 어떤 한도값(표준 인장시험의 0.2% 오프셋)에 도달하는 것으로 정의된다. 또한 (1) 국부적인 부분에서만 응력 집중이 발생하는 경우, 또는 (2) 부재의 표면에만 항복이 일어나는 굽힘/비틀림 하중을 받는 부재에서와 같이 상당한 정도의 항복이 일어나지만 구조물 전체적으로는 중대한 문제를 일으키지 않는 경우도 종종 나타난다. 따라서 소성 변형에 의한 파손의 정의는 임의적인 것으로 적용하기에 항상 쉽지만은 않다(즉 얼마만큼의 찌그러짐이 과다한 소성 변형인가). 반면에 파괴는 부재가 두 개 이상의 조각으로 분리 또는 파쇄되는 것을 의미하는 것으로 명확히 정의될 수 있으며, 주로 인장응력에 의하여 조각나는 것을 가리킨다.

일반적으로 찌그러짐에 의해 파손이 일어나는 재료를 **연성 재료**(ductile material)라 하며, 파손이 일어나기 전에 찌그러짐이 크게 일어나지 않는 재료를 **취성 재료**(brittle material)라 한다. 동일한 재료라 하더라도 주위 환경에 따라 연성적으로 파손되기도 하고 취성적으로 파손되기도 하는 명확하지 않은 부분이 있다. 평상시에는 연성 특성을 갖는 재료가 매우 낮은 온도에서는 취성적으로 파손되기도 한다. 취성 파괴를 일으키는 다른 요인으로는 날카로운 노치(notch)와 충격 하중이 있다. 여기에 관련된 중요한 개념이 **천이 온도**

그림 6.1 T-2 유조선 *S.S. Schenectady* 호. 1943년 1월 16일 오리건 주 포틀랜드의 선적 부두에서 두 부분으로 파괴됨.(미국 선박 구조물 위원회의 허가로 게재함.)

(transition temperature)로서 그보다 높은 온도에서는 연성 파손이 일어나며 낮은 온도에서는 취성 파손이 일어나게 되는 매우 좁은 온도 영역을 말한다. 또한 일반적으로 항복강도가 극한강도와 비슷한 값을 갖거나 신장(elongation)이 5% 이하의 값을 갖는 경우에는 재료가 소성 영역에서 에너지를 많이 흡수하지 못하기 때문에 취성 파손이 일어난다.

실험실에서 일반적인 강도 시험을 할 때는 완전히 연성 거동을 보이는 구조용 강에서 취성 파괴가 일어나는 현상은 오랫동안 공학자와 금속학자들의 주된 관심사였다. 그림 6.1은 표준 등급의 연성 특성을 갖는 강재로 제작된 제2차 세계대전 시기의 유조선에서 취성 파괴가 발생하여 선체가 두 동강이 나 버린 장면을 보여 준다. 이런 취성 파괴의 메커니즘을 연구하는 비교적 새로운 학문분야가 **파괴역학**(fracture mechanics)이다.

파괴역학의 내용을 충분하게 다루기 위해서는 매우 많은 설명이 필요하므로 이 책 안에 모두 담기는 어렵다. 하지만 기계나 구조물의 부품을 설계하고 개발하는 엔지니어들이라면 이에 대한 기본적인 원리들은 알고 있어야만 하는 중요한 내용이므로 다음 두 절에서 다루고자 한다. 관심 있는 학생들은 이 분야를 보다 심도 있게 연구해 보기 바란다(참고문헌 [1, 9, 10]).

6.3 파괴역학–기본 개념

파괴역학은 모든 재료에는 크기가 매우 작다 할지라도 어느 정도의 크기를 갖는 균열이 있다는 가정에서 출발한다. 취성파괴가 발생하는 것은 하중 또는 온도와 같은 환경조건(주로 온도)으로 인해 재료 안에 존재하고 있던 균열이 급격하게 전파되어 재료의 파손에 이르게

표 6.1 1 in. 두께 평판의 강도 특성—K_{Ic}와 임계 응력확대계수 값

Material	Temperature	S_u (ksi)	S_y (ksi)	K_{Ic} (ksi $\sqrt{\text{in.}}$)
7075-T651 Aluminum	Room	78	70	27
Ti-6Al-4V (annealed)	Room	130	120	65
D6AC Steel	Room	220	190	70
D6AC Steel	−40°F	227	197	45
4340 Steel	Room	260	217	52

Source: A. Gomza, Grumman Aerospace Corporation.

되는 것이다. 피로하중이 가해지는 경우에는 애초에 존재하던 균열들이 서서히 성장하여 그 중 하나가 **임계 크기**(하중, 형상, 재료 및 환경과 관계됨)에까지 이르게 되면, 전체적인 파괴가 일어나게 된다.

균열 끝단 부분의 반지름은 0에 가깝기 때문에(그림 4.35에서 r/d 값은 0에 가깝다) 이론적으로 균열 끝단 부분에서의 응력집중계수는 무한대에 가깝게 된다. 이때 재료가 조금이라도 연성을 갖는다면 균열 끝단의 작은 부분에서 항복이 일어나게 되고, 이에 따라 응력이 재분포된다. 따라서 실제의 응력집중계수는 무한대보다 상당히 작은 값이 되며, 가해지는 공칭응력의 크기에 따라 변화한다. 파괴역학적 접근에서는 응력집중계수 값 그 자체를 구하는 대신 주로 **응력확대계수**(stress intensity factor) K 값을 구하여 사용한다. 응력확대계수는 균열 끝단에서의 국부적인 유효응력을 나타내는 척도라 할 수 있다. 일단 K 값을 구하고 나면, 이 값을 그 재료에서 균열이 성장하게 되는 때의 **극한값**과 비교한다. 이 극한값은 재료의 고유 물성치로서, **파괴인성**(fracture toughness) 또는 **임계 응력확대계수** K라 하며, 표준화된 시험을 통하여 그 값을 구하게 된다. 응력확대계수 K가 임계 응력확대계수 K_c 값보다 커질 때 **파손**(failure)이 일어난다. 또한 파괴로 인해 발생하는 파손에 대한 **안전계수**(SF: safety factor)는 K_c/K로 정의한다.

현재 사용되는 대부분의 K와 K_c의 값은 **인장 하중**에 대한 값이며 **모드 I**이라 하고 K_{I}과 $K_{\mathrm{I}c}$라고 표기한다. 모드 II와 모드 III 값은 전단 하중에 대한 값이다. 이 책에서는 주로 모드 I에 대해서만 다루기로 한다.

일련의 파괴인성 값들($K_{\mathrm{I}c}$)이 표 6.1에 수록되어 있으며 더 많은 값들은 *MIL-HDBK-5J*(부록 F 참조)에서 찾아볼 수 있다. 대부분의 $K_{\mathrm{I}c}$ 값들은 비교적 두께가 **두꺼운** 부재에 대한 값이며 이 경우 균열 끝단 부분의 재료의 상태는 **평면 변형률** 상태와 비슷하다. 즉 균열 끝단에서 균열을 둘러싸고 있는, 응력이 그리 크지 않은 재료는 '포아송 비(Poisson's ratio)' 수축에 저항하며 이로 인하여 두께 방향으로 $\epsilon_3 \approx 0$이 되도록 한다. 두께가 충분히 **얇은** 부재의 균열 끝단 부분에 있는 재료는 두께 방향으로 자유로이 수축할 수 있어서 $\sigma_3 \approx 0$, 즉 **평면 응력** 조건이 된다. σ_3가 인장응력이 되도록 평면 **변형률** 조건으로 인장 하중이 가해지면 균열 끝단에서 전단항복으로 인한 응력 재분포가 일어나기 어렵다.(σ_3=0인 경우와 σ_3=양수인 경우에 대하여 3차원 모어 원을 고려해 보면 쉽게 알 수 있다.) 이 때문에 평면 **변형**

률 조건에서의 K_{Ic} 값은 평면 응력 조건에서의 K_{Ic} 값보다 상당히 작다. 따라서 실제 두께에 대한 K_{Ic} 값을 알 수 없는 경우, 보수적인 값을 얻도록 쉽게 구할 수 있는 평면 변형률 조건에서의 K_{Ic} 값을 흔히 사용한다.

6.4 파괴역학–응용

6.4.1 얇은 판

그림 6.2*a*에 중앙부에 길이가 2*c*인 균열이 전체 두께에 걸쳐 있는 '얇은' 판(항공기의 외벽 판과 같은)을 보여 주고 있다. 균열의 길이가 판의 너비에 비하여 작고, 알짜 면적 $t(2w-2c)$로 계산한 *P*/*A* 응력 값이 항복강도보다 작다면 균열 끝에서의 응력 확대계수는 근사적으로

$$K_{\mathrm{I}} \cong K_{\mathrm{o}} = \sigma\sqrt{\pi c} = (1.8\sqrt{c})\sigma_g \tag{6.1}$$

으로 된다. 여기서 $\sigma=\sigma_g$이며 σ_g는 총단면적 인장응력, $P/2wt$이다. K_o는 얇은 두께 *t*(시트)의 무한히 펼쳐진 평판에 균일한 인장응력 σ_g가 작용할 때 중앙부에 있는 길이 2*c*의 짧은 균열에 대한 응력확대계수이다.(중앙에 짧은 균열이 있는 경우를 제외하면 응력확대계수 K_{I}은 형상과 하중 상태에 따라 달라지므로 K_o 값과 같지 않다.) K_{I} 값이 재료의 파괴인성 값 K_{Ic}와 같아지면 파괴가 급속하게 일어난다. 이러한 얇은 판의 경우에는 평면 응력 조건의 K_{Ic} 값을 적용하는 것이 바람직하다. 그러므로 3개의 기본적인 변수들이 아래의 근사적인 관계식을 만족시킬 때 파손이 일어난다.

$$K_{Ic} = (1.8\sqrt{c})\sigma_g \tag{6.2}$$

판의 너비에 비하여 매우 짧은 길이의 중앙부 균열(무한히 펼쳐진 평판의 중앙에 균열

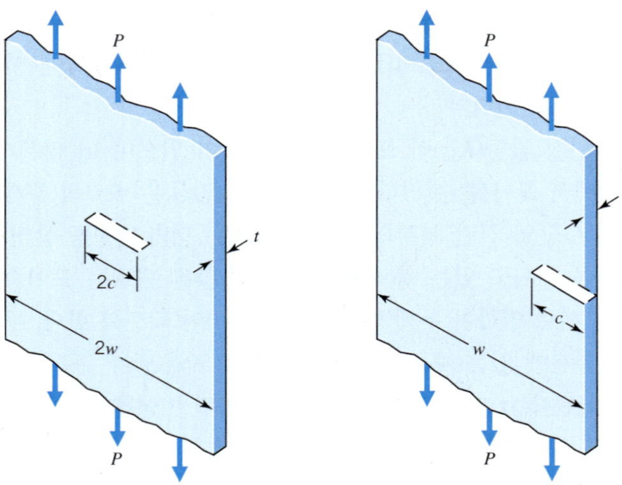

(*a*) Center crack (*b*) Edge crack

그림 6.2 얇은 판에서의 관통 균열.

이 있는 경우)이 있는 경우와는 다른 형상일 때에는 **형상계수**(configuration factor) Y를 적용하여 특정한 형상과 하중을 고려한다. 예를 들어 그림 6.2*b*와 같이 균열이 판의 가장자리에 있을 때에도 약간 큰 상수를 사용하면 위에서 나온 식들을 그대로 이용할 수 있다. 즉 그림 6.2*b*에 대한 파손 기준은 근사적으로

$$K_{Ic} = K_I = YK_o = \sigma Y\sqrt{\pi c} = (2.0\sqrt{c})\sigma_g \tag{6.3}$$

으로 된다.

예제 6.1 SAMPLE PROBLEM 중앙에 균열이 있는 얇은 판에 대한 임계하중 계산

너비 $2w$=6 in.이고 두께 t=0.06 in.인 평판이 7075-T651 알루미늄(S_u=78 ksi, S_y=70 ksi) 재질로 제작되었다. **평면 응력** 조건으로 K_{Ic}=60 ksi $\sqrt{\text{in.}}$이다. 이 판은 항공기 부품으로 사용되고 있어 주기적으로 균열 검사를 받는다. 중앙부의 균열이 성장하여 길이 $2c$ 값이 1 in.가 되었을 경우 갑작스러운 파괴가 일어나지 않도록 하면서 가할 수 있는 최대 하중 P(그림 6.2*a* 참조)를 구하라.

풀이 SOLUTION

제시자료: 얇은 판이 인장 하중을 받고 있으며 중앙부에 하중 방향과 수직인 방향으로 균열이 있다(그림 6.3 참조).

목표: 균열의 길이가 1 in.일 때 평판이 지지할 수 있는 최대 하중을 계산하라.

개요도 및 데이터:

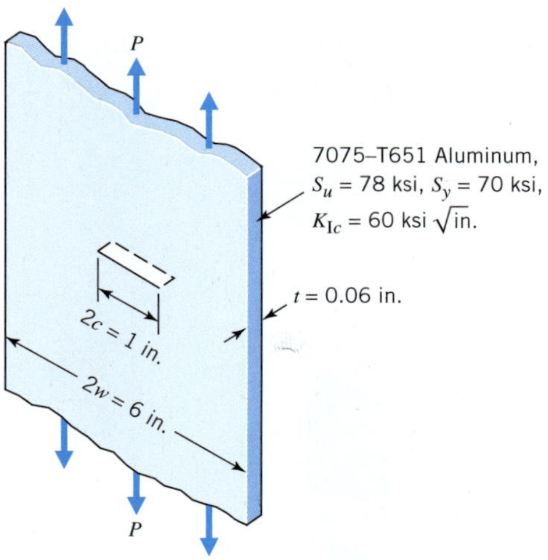

그림 6.3 예제 6.1의 중앙부에 균열이 있는 얇은 판.

가정:

1. 항복은 균열 끝단의 작은 영역에서 발생한다.
2. 응력확대계수 K_I의 극한값이 재료의 파괴인성 값 K_{Ic}와 같거나 크게 되면 균열이 성장해서 전체 평판에서 갑작스러운 파괴가 일어난다.
3. 균열의 길이는 판의 너비에 비하여 매우 작다.
4. 알짜 면적(균열부의 면적을 제외한)으로부터 계산된 인장응력이 항복강도보다 작다.

해석: 식 (6.2)로부터

$$\sigma_g = \frac{K_{Ic}}{1.8\sqrt{c}} = \frac{60}{1.8\sqrt{0.5}} = 47.14 \text{ ksi}$$

$$P = \sigma_g(2wt) = 47{,}140 \text{ psi } (6 \text{ in.} \times 0.06 \text{ in.}) = 16{,}970 \text{ lb}$$

주석: 알짜 면적 $t(2w-2c)$로부터 계산한 P/A 응력은 56,567 psi로서 항복강도(S_y=70 ksi)보다 작다.

6.4.2 두꺼운 평판(후판)

그림 6.4a와 같이 두꺼운 판에서의 균열은 일반적으로 표면에서 시작되며 타원 형태의 모양을 갖는다. $2wt > 6$, $a/2c \approx 0.25$, $w/c > 3$, $a/t < 0.5$이고 $\sigma_g/S_y < 0.8$이라면 균열의 가장자리에서의 응력확대계수는 근사적으로

$$K_I = K = \frac{\sigma_g\sqrt{a}}{\sqrt{0.39 - 0.053(\sigma_g/S_y)^2}} \tag{6.4}$$

이다. K 값이 K_{Ic}보다 크면 파괴가 일어날 것이라 예상할 수 있다.

표 6.1은 항공기에 널리 사용되는 다양한 구조용 재료로 만들어진 1 in. 두께 후판의 전

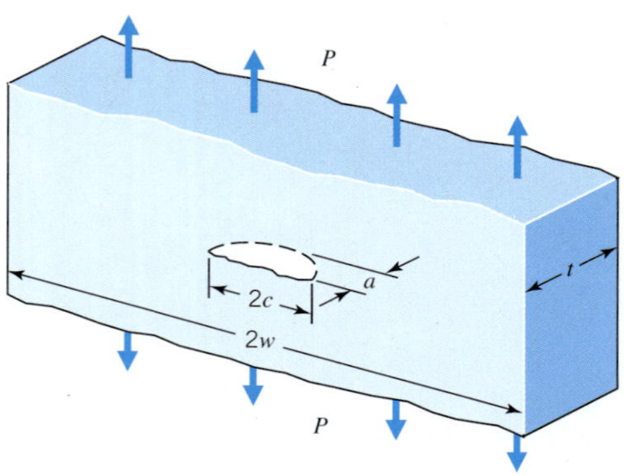

그림 6.4a 한쪽 표면에서 시작되는 중앙부 균열이 있는 두꺼운 평판.

형적인 기계적 성질을 보여 준다. 여기서 특히 다음과 같은 점을 주목한다: (1) 티타늄 합금의 경우 극한강도(ultimate strength)에 비하여 비교적 높은 파괴인성 값을 갖는다. (2) 거의 비슷한 극한강도 값을 갖는 두 종류의 강이 상온에서 상당히 다른 파괴인성 K_{Ic} 값을 갖는다. (3) 높은 인성 값을 갖는 D6AC 강의 K_{Ic} 값이 온도가 낮아짐에 따라 감소한다.

예제 6.2 SAMPLE PROBLEM 두꺼운 판에서의 균열 깊이 계산

그림 6.4*b*에서와 같이 Ti-6A1-4V(풀림처리된) 티타늄 판에 총단면 응력 σ_g가 $0.73S_y$의 크기로 작용하고 있다. 판의 두께 $t=1$ in., 너비 $2w=6$ in.이고 $a/2c=0.25$일 때 갑작스러운 파괴가 발생하게 되는 임계 균열 깊이 a_{cr}을 구하라.

풀이 SOLUTION

제시자료: 두꺼운 판이 인장 하중을 받아 주어진 크기의 총단면 인장응력이 작용하고 있으며 중앙부에 하중 방향과 수직인 방향으로 균열이 있다.

목표: 임계 균열 깊이를 구하라.

개요도 및 데이터:

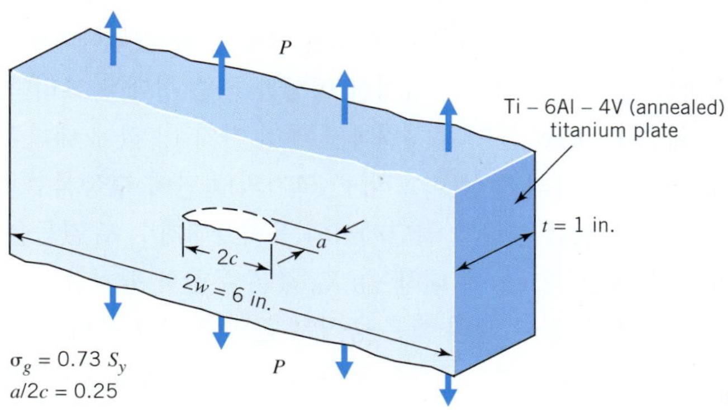

그림 6.4*b* 예제 6.2의 두꺼운 평판.

가정:

1. 온도는 70°F로 상온이다.
2. 응력확대계수 K 값이 K_{Ic}보다 커질 때 파괴가 일어난다.

해석:

1. 표 6.1에서와 같이 Ti-6A1-4V(풀림처리된)는 상온에서 $S_y=120$ ksi, $K_{Ic}=65$ ksi $\sqrt{\text{in.}}$의 값을 갖는다
2. 식 (6.4)에 $K=K_{Ic}$를 대입한다($a=a_{cr}$).

$$a_{cr} = \left(\frac{K_{Ic}\sqrt{0.39 - 0.053(\sigma_g/S_y)^2}}{\sigma_g} \right)^2$$

$$= \left(\frac{65\sqrt{0.39 - 0.053(0.73)^2}}{(0.73)(120)} \right)^2 = 0.20 \text{ in.}$$

주석:

1. 식 (6.4)는 $2w/t > 6$, $a/2c \approx 0.25$, $w/c > 3$, $a/t < 0.5$이고 $\sigma_g/S_y < 0.8$의 범위에서 적용이 가능하며, 이 문제에서는 $2w/t=6$, $a/2c=0.25$, $w/c \geq 7.5$, $a_{cr}/t=0.20$이고 $\sigma_g=0.73S_y$이다.
2. 내압을 받는 부재를 설계할 때 중요한 요구조건은 구조물이 불안정하게 되거나 전체적인 파괴를 일으키기 전에 균열이 전체 벽두께에 걸쳐서 성장하게 되도록 하는 것이다(이렇게 되면 누설이 발생하여 쉽게 탐지될 수 있다).

6.4.3 응력확대계수[1]

어떤 부품에서 나타나는 최대 응력확대계수를 결정할 수 있도록 여러 가지 모양과 하중 상태에 따른 응력확대계수 값을 구하려고 한다. 과거에는 아주 간단한 경우가 아니라면 응력확대계수를 구하는 실험적이고 해석적인 방법을 개발해서 사용하였다. 이러한 많은 연구 결과들은 그림 6.5*a*에서부터 그림 6.5*h*까지에 나와 있는 것처럼 도표의 형태로 손쉽게 찾아볼 수 있다. 판 너비의 아주 작은 부분에 있는 중앙부 균열(무한대로 펼쳐진 판에 있는 중앙부 균열)이 아닌 형상에 대해서는 특정한 형상과 하중 상태를 고려하도록 형상계수 Y를 도입한다. 형상계수 $Y=K_I/K_o$들이 무차원화된 여러 가지 비 값에 대하여 그려져 있으며 이 그림들로부터 하중과 부품의 형상(비교적 큰 크기의)들만이 형상계수 값에 영향을 준다는 것을 알 수 있다. 이 그림들은 균열 끝단에서의 응력확대계수 K_I 값들을 보여 주고 있다(선형, 탄성적인 균일 등방성 재료들에 대하여). K_o 값은 무한히 펼쳐진 판에 균일한 단축 방향 인장응력 σ가 작용할 때 길이 $2c$의 짧은 중앙부 균열에 대한 응력확대계수 값이다. 즉 $K_o=\sigma\sqrt{\pi c}= (1.8\sqrt{c})\sigma_g$이다. 응력확대계수 K_I은 특정한 형상과 하중 상태에 따른 영향을 반영한다. 따라서 중앙부에 작은 균열이 있는 경우를 빼면 K_o 값과 같지 않다. 앞부분에서 이야기한 것과 같이 파손 여부를 판정하기 위해서는 K_I 값을 K_{Ic} 값과 비교한다.

응력확대계수에 대한 광범위하고도 권위 있는 개요로 Rooke와 Cartwright[10]의 연구 결과가 있다. 여기에는 여러 연구자들로부터 수집된 계수들이 쉽게 알아볼 수 있도록 다음과 같은 여러 범주에 따라 분류되어 있다: (1) 평판, (2) 보강된 평판, (3) 원판, 튜브, 봉, (4) 3차원적인 모양의 균열, (5) 판과 셸. 이 개요서는 직관적인 그래프 형태로 여러 가지 균열

[1] 이 절의 내용은 D. P. Rooke and D. J. Cartwright, *Compendium of Stress intensity factors*, Her Majesty's Stationery Office, London, 1974의 일부를 옮겨 온 것이다.

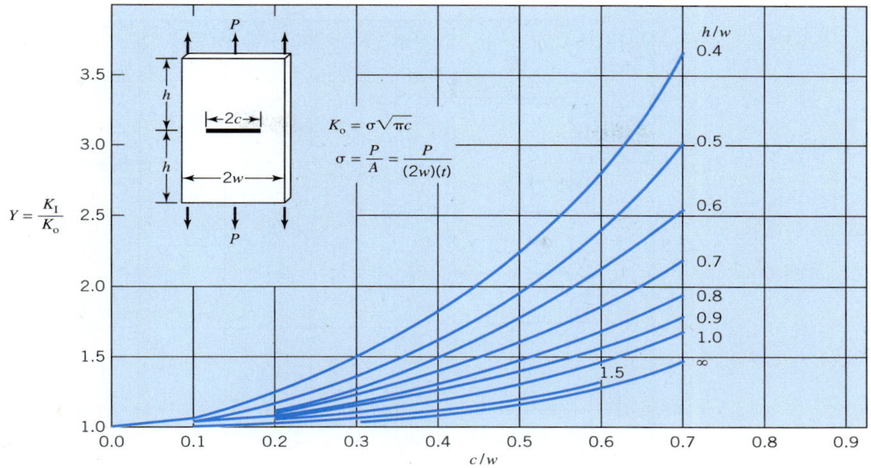

그림 6.5*a* 균일한 단축 인장 하중을 받는 중앙부에 관통 균열이 있는 사각형 판[10].

문제에 대한 해법을 제공한다. 열적 균열이나 서로 다른 재료의 경계에서 발생하는 균열에 대한 문제와 같은 몇몇 경우에 대한 결과는 빠져 있다.

판의 모서리와 같은 여러 가지 모양의 경계에 미치는 균열의 근접효과와 구멍에서의 응력 집중에 대한 이해를 돕기 위하여 참고문헌 [10]에서 선택된 8개의 그림이 여기에 수록되어 있다. 이들 그림에는 해당되는 모양의 삽입도와 같이 응력확대계수의 곡선이 그려져 있다.

그림 6.5*a*는 너비 $2w$, 높이 $2h$의 직사각형 판의 중앙에 길이 $2c$의 균열이 있을 때의 결과를 보여 준다. 균열의 방향에 수직인 균일한 크기의 인장응력이 평판의 양 끝 모서리에 작용한다. 형상계수 Y 값에 대한 곡선이 c/w의 값을 가로축으로 하여 여러 가지의 h/w 값에 대하여 그려져 있다. K_o는 무한히 펼쳐진 평판($h=w=\infty$)에 있는 중앙부 균열에 대한 응력

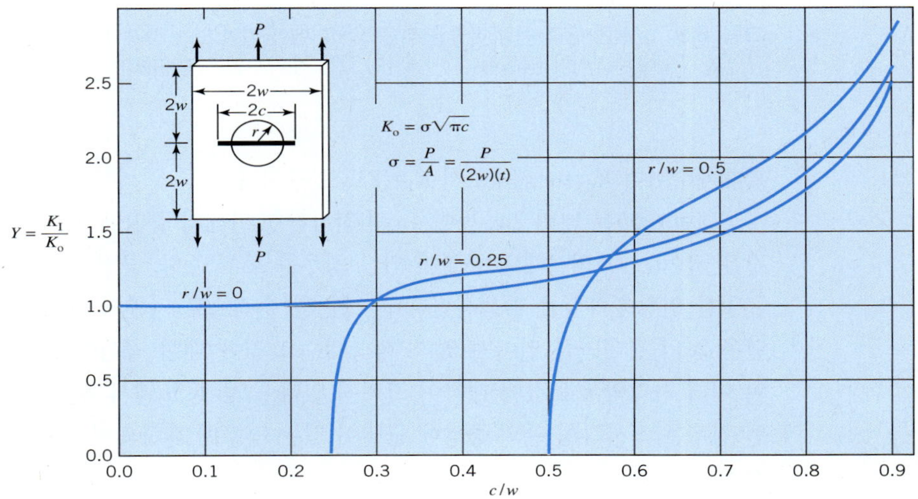

그림 6.5*b* 균일한 단축 인장 하중을 받는 중앙부에 원형 구멍과 2개의 균열이 있는 사각형 판[10].

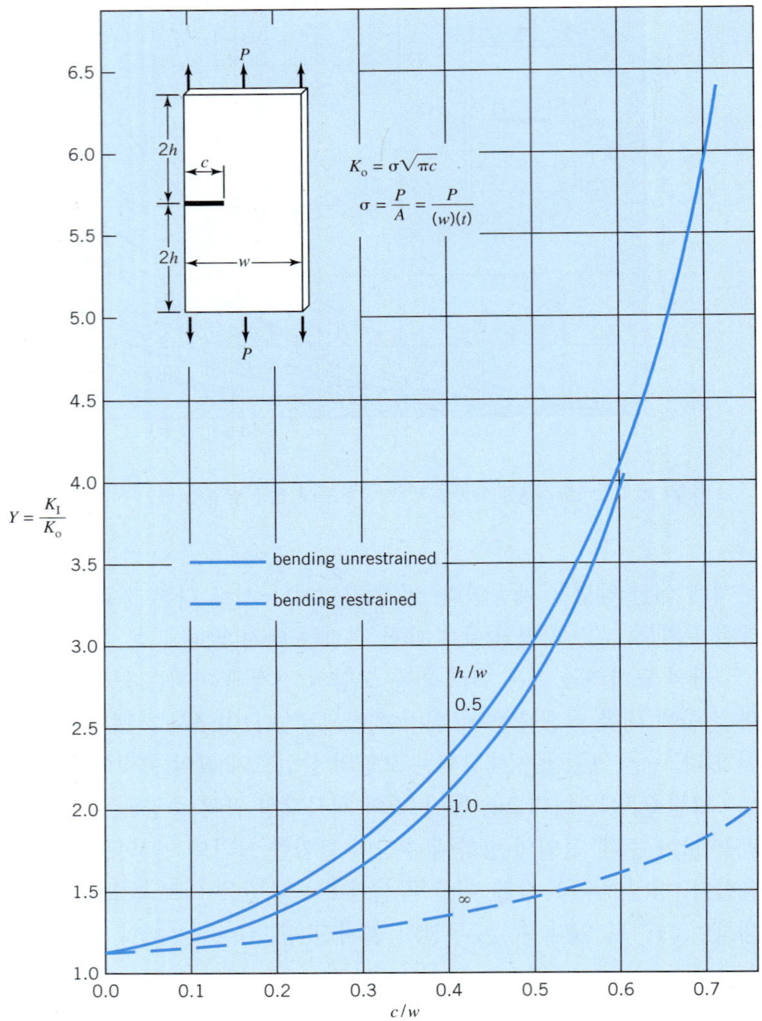

그림 6.5c 균일한 단축 인장 하중을 받는 모서리에 균열이 있는 사각형 판. 하중의 방향은 균열의 방향에 수직이다. 굽힘에 대한 제한이 있는 경우와 없는 경우[10].

확대계수이며 $K_o=\sigma\sqrt{\pi c}$로서 $K_I=YK_o$로 구한다.

그림 6.5*b*는 너비 2*w*, 높이 4*w*의 직사각형 판에서 중앙에 있는 반지름 *r*의 원형 구멍에 같은 길이$(c-r)$의 2개의 균열이 있는 경우를 보여 준다. 균열은 그 방향이 균일한 하중 *P*(균일한 인장응력 σ를 발생시킨다)의 방향과 수직으로 지름의 반대쪽 끝에 있다. 균열의 끝단은 2*c*의 길이만큼 떨어져 있다. 형상계수 *Y* 값에 대한 곡선이 *c*/*w*의 값을 가로축으로 하여 여러 가지의 *r*/*w* 값에 대하여 그려져 있다. 그림 6.5*b*에서 높이/너비 비는 2이며, $r/w=0$인 경우는 직사각형 판의 중앙에 균열이 있는 경우에 해당되며 그림 6.5*a*에 보여 준 결과와 잘 일치한다.

그림 6.5*c*는 너비 *w*, 높이 2*h*의 평판으로 길이 *c*의 모서리 균열의 방향에 수직으로 작용

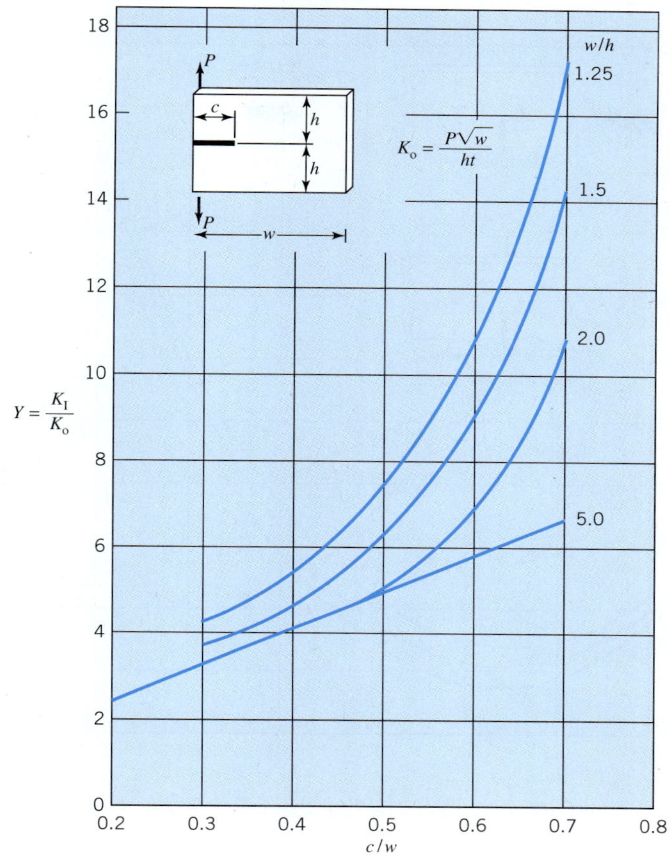

그림 6.5*d* 하중을 받는 모서리에 균열이 있는 사각형 판. 하중은 균열을 벌리는 방향으로 작용한다[10].

하는 크기 σ의 균일한 인장응력을 받는다. 형상계수 Y 값에 대한 곡선이 c/w의 값을 가로축으로 하여 여러 가지의 r/w 값에 대하여 그려져 있다. 다음 두 가지 경우에 대한 결과를 보여 준다: (i) 굽힘이 제한되지 않아 양쪽 끝단이 자유롭게 회전할 수 있는 경우, (ii) 굽힘이 제한되어 양쪽 끝단이 회전할 수 없게 구속된 경우. 앞에서 보인 것과 같이 $K_I = YK_o$, $K_o = \sigma\sqrt{\pi c}$로 구한다.

그림 6.5*d*는 너비 w, 높이 $2h$의 평판으로 가운데 부분에 한쪽 모서리에 수직으로 길이 c의 모서리 균열이 있다. 균열이 있는 모서리를 따라서 양쪽 대칭으로 이 균열을 벌리려고 하는 힘 P가 작용한다. 형상계수 Y 값에 대한 곡선이 c/w의 값을 가로축으로 하여 여러 가지의 h/w 값에 대하여 그려져 있다. 따라서 $K_o = P\sqrt{w}/(ht)$이다.

그림 6.5*e*는 두께 t, 너비 w의 평판으로 깊이 c의 모서리 균열이 있다. 두 가지의 하중 상태, (i) 순수 굽힘과 (ii) $c/w \le 0.6$인 3점 굽힘 상태에 대하여 형상계수 Y 값에 대한 곡선이 c/w의 값을 가로축으로 하여 그려져 있다. 여기서 $K_I = YK_o$이며 $K_o = 6M\sqrt{\pi c}(w^2 t)$이다.

선형 탄성 파괴역학이 적용되므로 다른 형태의 I번 모드 요소에 대한 응력확대계수는

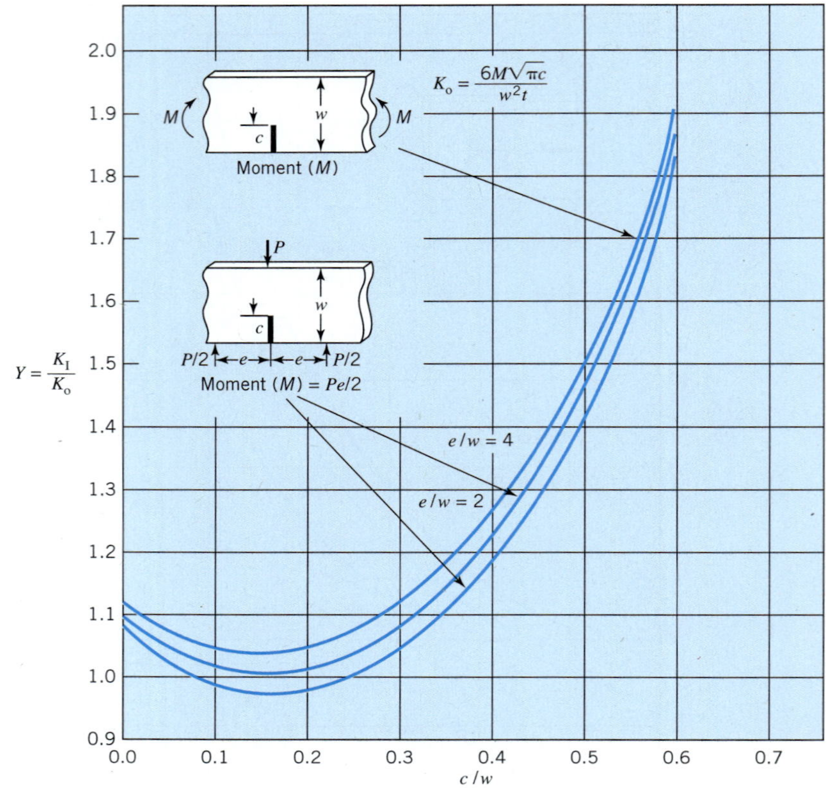

그림 6.5e 한쪽 모서리에 수직 방향으로 균열이 있는 유한한 두께의 판. 균열을 벌리는 굽힘 하중이 작용. 모서리의 균열에 대한 K_I 값[10].

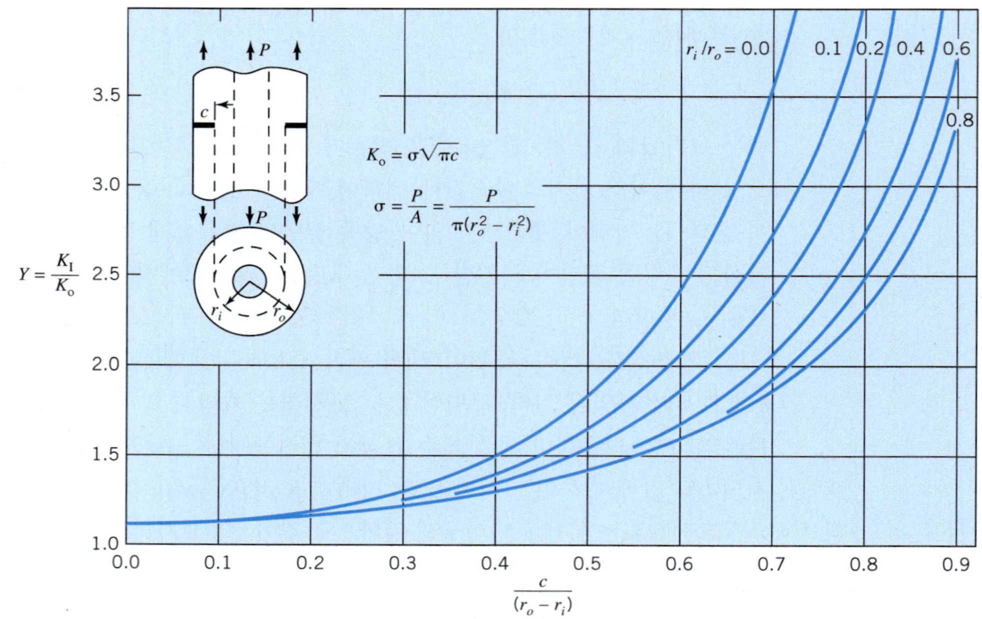

그림 6.5f 바깥 면에 원주 방향의 균열이 있는 길이가 긴 실린더 모양의 튜브. 균일한 단축 방향 인장 하중을 받는 경우[10].

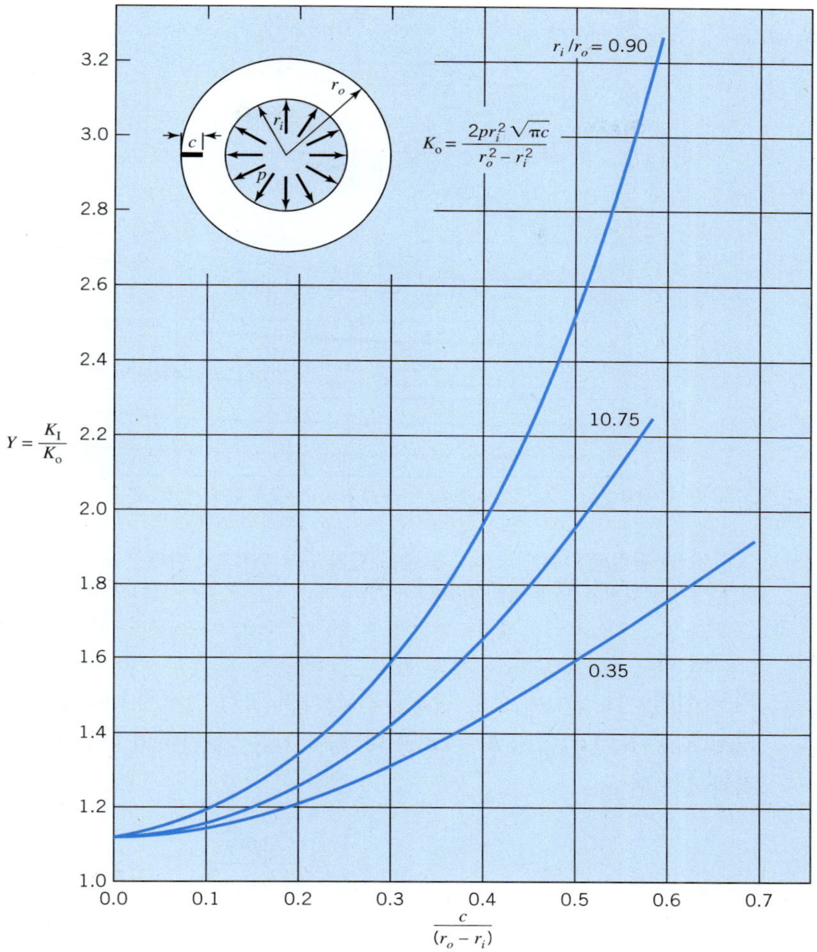

그림 6.5*g* 바깥 면에 반경 방향의 균열이 있는 길이가 긴 실린더 모양의 튜브. 균열은 외부 경계면에서 시작되며, 내부에는 균일한 압력이 작용한다. 모서리의 균열에 대한 K_I 값[10].

중첩(superposition)의 원리를 이용하여 얻을 수 있다. 예를 들어 모서리 균열이 있는 평판이 균일한 응력과 순수 굽힘 모멘트를 같이 받는 경우에는 그림 6.5*c*의 K_I 값과 그림 6.5*e*에서 나오는 K_I 값을 더하여 응력확대계수를 구할 수 있다.

그림 6.5*f*에서는 내경 r_i, 외경 r_o인 튜브에서 원둘레를 따라 깊이 c인 균열이 바깥 면에서 안쪽으로 반경 방향으로 있는 경우를 보여 준다. 균열로부터 상당히 떨어져서 균일한 인장응력 σ가 튜브의 축 방향에 평행하게 작용한다. 길이가 긴 튜브에 대한 형상계수 Y의 곡선이 $c/(r_o - r_i)$의 값을 가로축으로 하여 여러 가지의 r_i/r_o 값에 대하여 그려져 있다. 극단적인 경우로 긴 튜브에서 짧은 원둘레 방향 균열이 있는 경우에는 짧은 길이의 모서리 균열이 있는, 굽힘이 구속된 평판에 대한 결과(그림 6.5*c*)와 같아지게 된다는 것을 알 수 있다.

그림 6.5*g*에서는 내경 r_i, 외경 r_o인 튜브의 단면을 보여 준다. 바깥 면에서 안쪽으로 반경 방향으로 길이 c인 균열이 있으며 내압 p가 작용한다. 길이가 긴 튜브에 대한 형상계수 Y

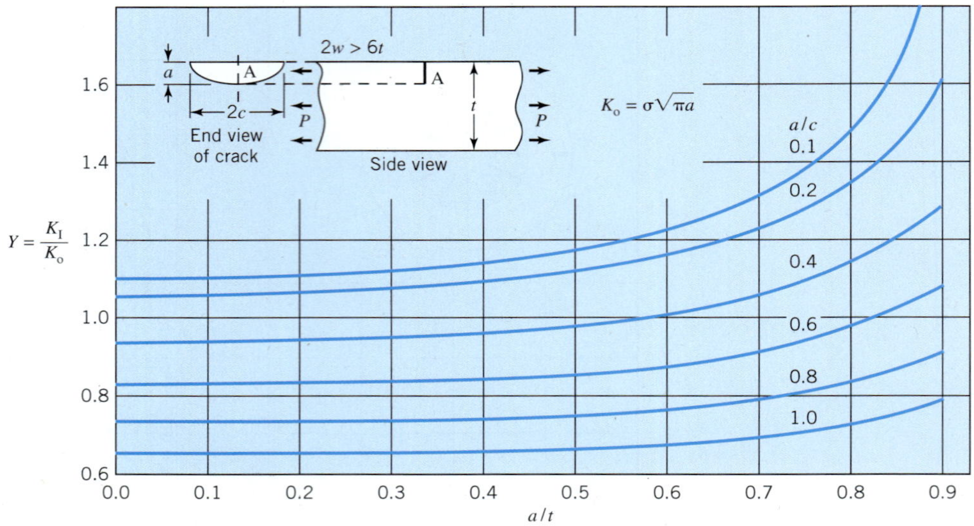

그림 6.5*h* 균일한 단축 인장 하중을 받는, 판의 면에 수직으로 반타원 모양의 균열이 있는 판(slab). 반타원 모양 모서리 균열의 *A* 점에 대한 K_I 값[10].

의 곡선이 $c/(r_o-r_i)$의 값을 가로축으로 하여 여러 가지의 r_i/r_o 값에 대하여 그려져 있다. 여기서 K_o는 $K_o=\sigma_o$이며 $K_I=YK_o$이다. 응력 σ_o는 실린더의 바깥 면에서의 수직 방향 인장응력과 같으며

$$\sigma_o = \frac{2pr_i^2}{(r_o^2 - r_i^2)} \tag{6.5}$$

이다.

그림 6.5*h*에서는 두께 t인 판(slab)에 판의 면에 수직으로 반타원 모양의 균열이 있는 경우를 보여 준다. 균일한 인장응력 σ가 균열의 면에 수직 방향으로 작용한다. 표면으로부터 균열 전선의 가장 깊은 점까지의 거리는 a로서 장축 길이의 절반이 된다. 균열의 가장 깊은 점(*A* 점)에서의 형상계수 Y 값에 대한 곡선이 a/t의 값을 가로축으로 하여 여러 가지의 a/c 값에 대하여 그려져 있다. 여기서 $K_o=\sigma\sqrt{\pi a}$이며 $K_I=YK_o$이다.

정리하면, 기계요소를 설계하고 그 이후 운전하는 데 있어서, 운전 수명 기간 동안 균열의 발생과 균열의 성장에 대하여 알 수 있어야 하므로 파괴역학의 중요성은 점점 더 커지고 있다. 선형 탄성 파괴역학을 이용하여 돌발적인 파손을 더 잘 이해할 수 있었으나 그 과정에서 다루는 부재의 형상과 작용하는 하중에 대한 응력확대계수를 알아야만 한다.

6.5 정적 파손 이론

여러 가지 구조물과 기계요소의 설계와 개발에 참여하게 된 엔지니어들은 종종 그림 6.6에

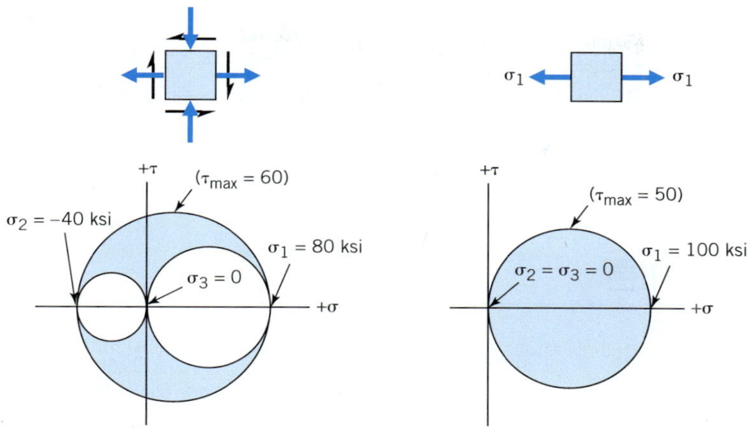

(*a*) Proposed application involving $\sigma_1 = 80$, $\sigma_2 = -40$, $\sigma_3 = 0$

(*b*) Standard tensile test of proposed material. Tensile strength, $S = 100$ ksi

그림 6.6 파손 이론을 필요로 하는 전형적인 경우.

나타낸 것과 같은 문제에 봉착하게 된다: 어떤 사용 조건에서 기계가 복합적인 정적 하중을 받아 위험 위치의 응력 상태가 σ_1=80 ksi, σ_2=−40 ksi, σ_3=0로 되었다. 사용된 재료는 표준 인장 시험에서 100 ksi의 응력에서 파손이 일어난다고 하면 위에 언급한 사용 조건에서 파손이 일어날 것인가?

모든 재료를 갖고 모든 σ_1, σ_2, σ_3 응력 성분의 조합에 대하여 시험을 한다는 것은 불가능하므로, 표준 인장 시험의 결과를 근거로 하여 여러 가지 다른 정적 하중 상태에서 어느 정도의 강도를 갖는지 예측하기 위하여 파손 이론이 필요하게 된다. 다양한 전통적인 파손 이론들의 근거가 되는 이론은 **'무엇이든 표준 인장 시험에서 파손을 일으키는 요인이 되는 것들이 다른 모든 정적 하중 상태에서도 파손을 일으키게 된다'**는 것이다. 예로서 그 이론에 의하여, 그림 6.6*b*에 나타낸 인장시험편에서 파손이 일어나는 것은 단순히 재료가 100 ksi 이상의 인장응력을 견딜 수 없었기 때문이라고 한다면, 어떤 하중 조건에서라도 σ_1이 100 ksi보다 커지기만 하면 파손이 일어난다고 예측할 수 있을 것이다. 그림 6.6*a*에 나타낸 응력 상태에서는 최대 인장응력이 80 ksi밖에 되지 않으므로 파손이 일어나지 않을 것이라고 예측할 수 있다.

반면에 인장 시험에서 파손이 일어나는 것은 **전단응력**에 대한 저항력이 부족하기 때문이라고 생각할 수도 있다. 인장 시험 결과로 보면, 이 재료의 전단 저항의 한도는 50 ksi라고 할 수 있으며, 이 이론에 따르면 그림 6.6*a*의 응력 상태에서는 파손이 일어날 것이라고 예측할 수 있다.

위의 두 가지 사례가 각각 **최대 수직응력** 이론과 **최대 전단응력** 이론이다. 그림 6.6*b*의 정보를 해석하여 수직 변형률, 전단 변형률, 총 흡수 에너지, 흡수 전단변형 에너지 등과 같은 중요한 물리량이라고 알려진 값들의 한도를 결정하는 다른 이론들도 개발되었다.

이러한 이론들을 수정하여 실험 결과와 더 잘 일치하는 실험식을 만들기도 한다. 이 장에서 제시된 파손 이론들은 사용 중에 나타나는 파손의 형태가 표준 인장 시험에서 나타나는 파손의 형태와 동일한 경우(예를 들어 연성 또는 취성)에만 적용할 수 있다는 점을 명심해야 한다.

6.6 최대 수직응력 이론

이 이론은 최대 수직 응력을 이용하는, 파손 이론 중에서 가장 간단한 이론으로 영국의 과학자이자 교육자인 랭킨(W. J. M. Rankine, 1802-1872)에 의해 정립된 것으로 알려져 있다. 이 이론은 최대 인장응력이 단축 인장강도보다 커지거나, 최대 압축 응력이 단축 압축강도보다 커지기만 하면 항상 파손이 일어난다고 하는 것이다. 그림 6.7*a*에 그려진 모어원에 따라서 주응력 모어원이 수직 점선으로 그려진 경계의 어느 한쪽을 벗어나기만 하면 그 응력 상태에서는 파손이 일어날 것이라고 예측한다. 그림 6.7*b*에 나타낸 2축 응력($\sigma_3=0$)에 대한 $\sigma_1-\sigma_2$ 선도에서는, 어둡게 표시된 영역 밖에 있는 모든 σ_1과 σ_2의 조합에 대하여 파손이 일어날 것이라고 예측된다.

이 이론은 취성 파괴에 대한 실험 데이터와 상당히 잘 일치하는 것으로 알려져 있다. 그러나 예상할 수 있듯이, 연성 파손을 예측하는 경우에는 잘 맞지 않는다. 이런 이유로, 그림 6.7의 시험 수행점은 각각 취성 재료의 인장 극한강도와 압축 극한강도인 *S*ut와 S_{uc}를 나타낸다.

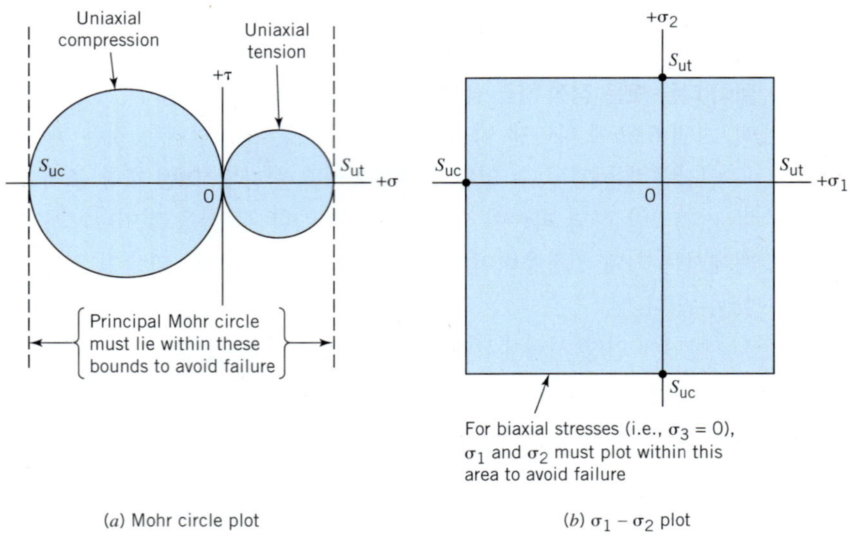

그림 6.7 그림으로 나타낸 최대 수직응력 이론.

6.7 최대 전단응력 이론

최대 전단응력 이론은 가장 오래된 파손 이론이라고 생각되는데, 원래 전기뿐 아니라 역학 분야에도 지대한 공헌을 했던 프랑스의 유명한 과학자 쿨롱(C. A. Coulomb, 1736-1806)에 의하여 제안되었다.(독자들은 전자기력에 대한 쿨롱 법칙과 전하의 표준 단위인 쿨롱에 익숙할 것이다.) 트레스카(Tresca)는 1864년에 최대 전단응력 이론에 관한 중요한 논문을 발표하였으며, 영국의 게스트(J. J. Guest)는 1900년경 실험을 수행하여 이 이론이 널리 사용되도록 하였다. 이런 이유로 인하여 최대 전단응력 이론은 트레스카 이론 또는 게스트의 법칙으로 불리기도 한다.

그 이름에 상관없이 개략적으로 이 이론의 의미는, 어떠한 형태의 조합 하중을 받든지 간에 재료는 최대 전단응력이 그 재료의 전단강도(항복강도 또는 극한강도)보다 크게 되면 파손(항복 또는 파괴)된다는 것이다. 전단강도는 보통 표준 **단축 인장** 시험에서 측정될 수 있는 값이라고 할 수 있다.

그림 6.8은 이 이론을 그림으로 보여 주고 있다. 그림 6.8*b*의 1사분면과 3사분면에서는 모어원 위에서 값이 가장 큰 주응력(+ 또는 −)과 크기가 0인 주응력으로부터 최대 전단응력이 계산되는 반면, 2사분면과 4사분면에서는 서로 부호가 다른 두 개의 주응력으로부터 최대 전단응력이 계산된다. 그림에 표시된 점 S_{yt}는 연성 재료의 인장 항복강도를 나타낸다. 압축 또는 비틀림 시험 결과를 이용할 수도 있지만, 인장 시험이 가장 일반적일 뿐 아니라 결과가 가장 정확하기 때문에 주로 사용된다. 물론 재료의 파손이 최대 전단응력 이론을 따른다면 모든 시험 결과들은 재료의 파손을 일으키는 전단응력의 크기와 잘 일치할 것이다.

이 이론은 연성 재료의 항복에 대하여 상당히 잘 일치한다. 그러나 다음에 설명할 최대 전단변형 에너지 이론이 연성 재료의 항복에 대한 실제 시험 결과와 더 잘 들어맞으므로 이 이론을 사용하는 것이 더 바람직하다.

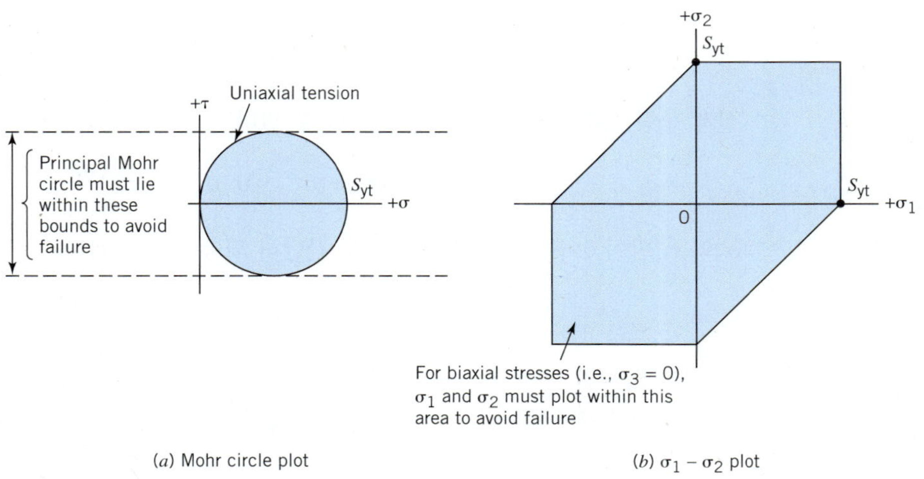

그림 6.8 그림으로 나타낸 최대 전단응력 이론.

6.8 최대 전단변형 에너지 이론(최대 8면체 전단응력 이론)

최대 전단변형 에너지 이론에 있어서 특이한 점은 최소 5가지의 서로 다른 가설로부터 같은 방정식이 유도될 수 있다는 것이다(참고문헌 [5], pp 117-122 참조). 가장 중요한 두 명에 대해서는 6.7절에서 이야기되었으며 그 외에 휘버(M. T. Hueber, 폴란드)가 1904년에, 미제스(R. von Mises, 독일, 미국)가 1913년에, 그리고 헨키(H. Hencky, 독일, 미국)는 1925년에 이 이론의 정립에 공헌하였다. 최근에 티모셴코(Timoshenko)[2]는 1856년 영국의 맥스웰(James Clerk Maxwell)이 이 이론을 제안했었다는 사실을 찾아냈는데, 그는 쿨롱과 마찬가지로 역학 분야보다는 전기공학에 커다란 기여를 한 것으로 더 잘 알려져 있다.

최대 전단변형 에너지 이론이 의미하는 바를 간단히 말한다면, 모든 재료가 탄성적으로 응력을 받게 되면 모양과 체적이 변화하며, 이러한 변화를 만들어 내기 위하여 필요한 에너지는 탄성에너지의 형태로 재료 내부에 저장된다는 것이다. 공업용으로 사용되는 재료는 상당히 커다란 정압(즉 $\sigma_1=\sigma_2=\sigma_3=$커다란 압축응력)에도 손상을 받지 않고 견딜 수 있는 것으로 되어 있으나, 재료가 **전단변형** 에너지(크기는 변화시키지 않고 형상을 변화시키는 에너지)를 흡수할 수 있는 능력은 제한되어 있으며, 재료에 과다한 **전단변형** 에너지가 가해지면 재료가 항복을 일으키는 것으로 가정할 수 있다.

이 이론을 사용할 때에는 **등가응력** σ_e를 이용하는 것이 편리하다. 등가응력은 실제 응력에 의한 것과 동일한 정도의 전단변형 에너지를 갖게 하는(따라서 파손을 일으킬 수 있는 정도가 같은) 단축 인장응력으로 정의된다. 등가응력을 주응력들로 표시하면 다음과 같다.

$$\sigma_e = \frac{\sqrt{2}}{2}\left[(\sigma_2-\sigma_1)^2+(\sigma_3-\sigma_1)^2+(\sigma_3-\sigma_2)^2\right]^{1/2} \quad \textbf{(6.6)}$$

주응력 성분 σ_1과 σ_2가 0이 아닌 2축 응력 상태에서 등가응력은 다음과 같이 간단히 쓸 수 있다.

$$\sigma_e = (\sigma_1^2+\sigma_2^2-\sigma_1\sigma_2)^{1/2} \quad \textbf{(6.7)}$$

실제 응력 성분 σ_x, σ_y, τ_{xy}를 쉽게 구할 수 있다면, 등가응력은 다음 식과 같이 된다.

$$\sigma_e = (\sigma_x^2+\sigma_y^2-\sigma_x\sigma_y+3\tau_{xy}^2)^{1/2} \quad \textbf{(6.8)}$$

σ_x와 τ_{xy}만이 0이 아니라면 식은 더욱 간단히 되어 다음과 같다.

$$\sigma_e = (\sigma_x^2+3\tau_{xy}^2)^{1/2} \quad \textbf{(6.9)}$$

등가응력을 계산하고 나면 이 값을 표준 인장 시험에서 얻은 항복강도와 비교해 본다. σ_e가 S_{yt}보다 크면 항복이 일어날 것으로 예측할 수 있다.

[2] Stephen P. Timoshenko, *History of Strength of Materials*, McGraw-Hill, New York, 1953.

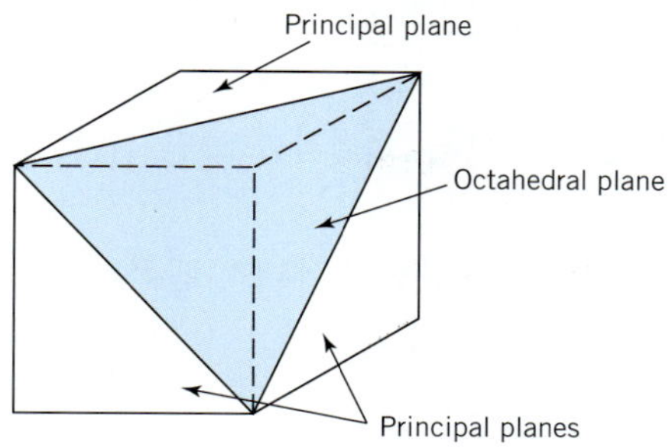

그림 6.9 주응력 면에 대하여 그려진 8면체 면.

이 식들은 8면체의 면에 작용하는 전단응력들로부터도 쉽게 유도될 수 있다. 그림 6.9는 8면체 면과 주응력 요소의 면들의 관계를 보여 준다. 여기에는 모두 8개의 8면체 면이 있으며, 각 면에서의 수직응력과 전단응력은 모두 같은 크기를 갖는다. 그러면 σ_e는 실제의 응력 상태에서 나타나는 것과 같은 크기의 전단응력을 8면체 면 위에 발생시키는(즉 이론에 따라서 파손을 일으킬 수 있는 정도가 같은) 단축 인장응력으로 정의할 수 있다.

그림 6.10은 최대 전단변형 에너지 이론에 대한 $\sigma_1-\sigma_2$ 선도가 타원이라는 것을 보여 준다. $S_{yt}=S_{yc}=100$ ksi인 연성 재료에 대하여 최대 전단응력 이론과 최대 수직응력 이론에 의한 선도와 비교하여 나타내었다. 전단변형 에너지 이론 전단응력 이론이 상당히 잘 일치하며, σ_1과 σ_2의 비에 따라 다르지만 전단변형 에너지 이론에 따르면 재료의 강도가 0~15% 더 크게 나오게 된다. 또한 그림에는 순수 전단($\sigma_1=-\sigma_2$, $\sigma_3=0$)일 때의 전단 대각

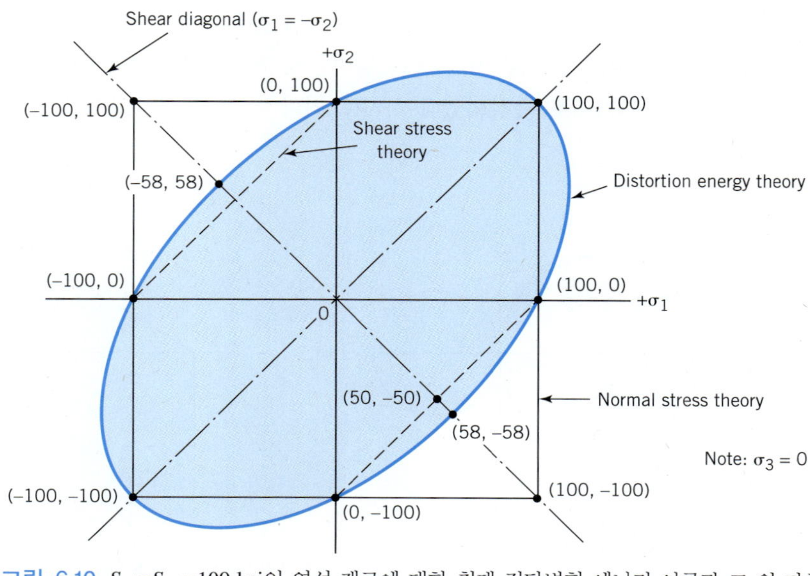

그림 6.10 $S_{yt}=S_{yc}=100$ ksi인 연성 재료에 대한 최대 전단변형 에너지 이론과 그 외 다른 이론의 $\sigma_1-\sigma_2$ 선도.(전단변형 에너지 이론에서는 타원 외부의 모든 점에서 파손이 일어날 것이라고 예상한다.) 점 (58, −58)은 사실상 ($\sqrt{3}/3$, $-\sqrt{3}/3$)의 100배에 해당된다는 것에 주목하라. 전단변형 에너지 이론에서는 전단 항복강도가 인장 항복강도의 $\sqrt{3}/3$, 즉 0.577배가 될 것으로 예상한다. 그러나 전단응력 이론에서는 0.5배, 수직응력 이론에서는 1.0배로 예상한다.

선(모든 점들의 궤적)이 그려져 있다. 특이하게도 각 이론에 따른 전단 강도의 예측값이 매우 다르게 나타난다. 앞에서 언급한 바와 같이 연성 재료를 실제로 시험한 결과는 일반적으로 전단변형 에너지 이론과 잘 들어맞는다. 그 결과를 보면 전단 항복강도 S_{sy}는 $0.58Sy$로 된다[식 (6.9)와 그림 6.10 참조].

등가응력에 대한 상세한 유도 과정(전단변형 에너지 관점과 8면체 전단응력 관점에 따른)은 여러 참고문헌([2] 등)에서 찾아볼 수 있다.

6.9 모어 이론과 수정된 모어 이론

시간이 지나면서 기초적 파손 이론에 대하여 경험을 통한 여러 가지 수정안이 제시되었으며, 그중 한 가지가 그림 6.11에 보인 **모어 이론**(또는 쿨롱-모어 이론)이다. 이 이론은 압축강도가 인장강도보다 훨씬 큰 취성 재료에 대하여 제안된 것이다.(이 이론은 대략적으로 인장강도와 압축강도의 실험치를 이용한 최대 전단응력 이론의 실험적 수정이라 생각할 수 있으나, 내부 마찰효과를 고려하는 해석적인 방법으로 유도할 수 있다. 참고문헌 [5] 참조.)

그림 6.12에 나타낸 **수정된 모어 이론**은 취성 재료의 파괴를 예측하기에 적합하다. 여전히 사용되고는 있지만, 모어 이론이나 최대 수직응력 이론에 비하여 이 이론이 대부분의 시험 결과와 더 잘 일치한다.

파손 이론은 실제로 어떤 재료에 조합응력이 작용할 때 이 특정한 경우에 대한 시험을 실시하지 않고 강도를 예측하기 위한 방법일 뿐이라는 것을 명심해야 한다. 정확한 시험 결과가 있다면 이러한 파손 이론들은 얼마든지 개선될 수 있다. 그림 6.10에서 재료의 비틀림 항복강도가 60 ksi로 측정되었다 하자(그러나 이 값을 사용하기에 앞서 S_{sy}를 정확하게 측정

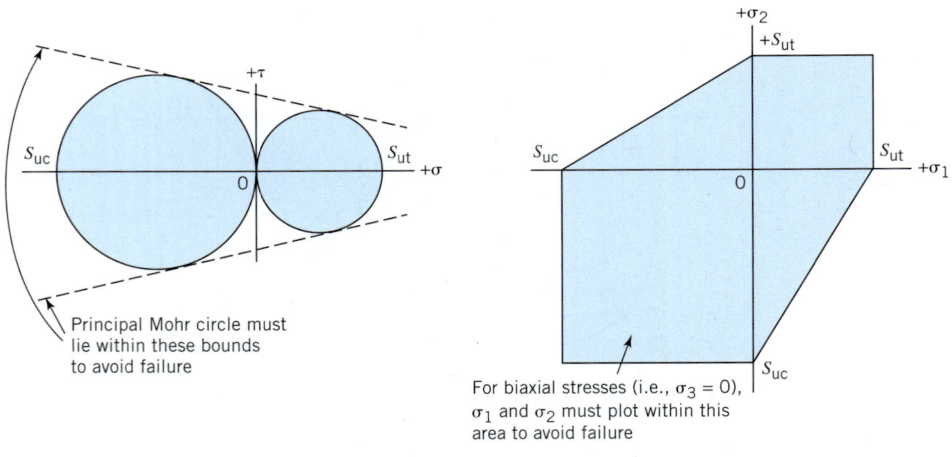

(*a*) Mohr circle plot　　(*b*) $\sigma_1 - \sigma_2$ plot

그림 6.11 그림으로 나타낸 모어(또는 쿨롱-모어) 이론.

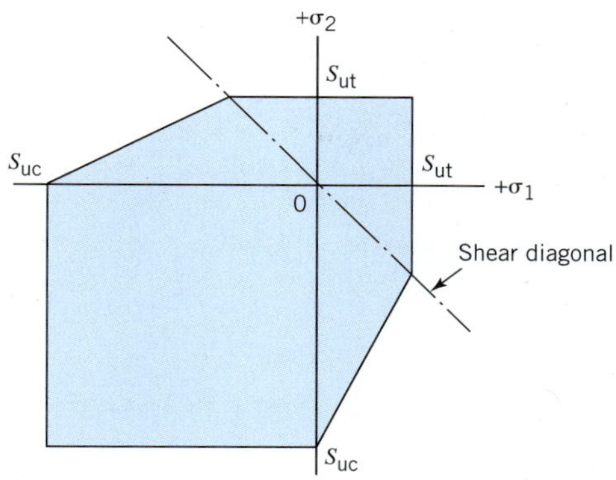

그림 6.12 그림으로 나타낸 2축 응력($\sigma_3=0$)에 대한 수정된 모어 이론.

하는 시험이 기본적으로 상당히 어렵다는 점을 알아야 한다). 그러면 우리는 그 재료가 전단변형 에너지 이론과 정확하게는 아니지만 상당히 잘 들어맞는 것으로 보인다고 결론지을 수도 있을 것이다. 여기서 시험에서 얻은 측정값에 해당하는 점을 빠듯하게 통과하도록 타원을 수정함으로써 2사분면과 4사분면에서 보다 정확한 파손 이론 곡선을 얻을 수 있을 것이다.

6.10 파손 이론의 선택과 사용

사용 중에 큰 하중이 작용하여 파손이 일어나는데, 그 파손의 형태가 표준 인장 시험에서 같은 재료로 만든 시편의 파손 형태와 같다면, (1) 연성 항복을 예측하기 위해서는 최대 전단변형 에너지 이론을, (2) 취성 파괴를 예측하기 위해서는 수정된 모어 이론을 사용하는 것이 좋다.

예제 6.3 SAMPLE PROBLEM 강재 부품의 안전계수 계산

스트레인 게이지를 이용한 시험에서 강재 부품 표면의 문제가 되는 위치에서 주응력이 $\sigma_1=35$ ksi, $\sigma_2=-25$ ksi(표면에서는 하중이 작용하지 않으므로 $\sigma_3=0$)가 되는 것을 알았다. 강의 항복강도는 100 ksi이다. 적절한 이론을 사용하여 초기 항복에 대한 안전계수를 계산하라. 또한 (재미 삼아) 다른 파손 이론으로 구한 결과와 비교해 보라.

풀이 SOLUTION

제시자료: 응력 성분은 $\sigma_1=35$ ksi, $\sigma_2=-25$ ksi, $\sigma_3 \cong 0$으로 일정하게 작용하고, 항복강도는 주어져 있다(그림 6.13 참조).

목표: (a) 전단변형 에너지 이론, (b) 전단응력 이론, (c) 수직응력 이론을 사용하여 안전계수를 계산하라.

개요도 및 데이터:

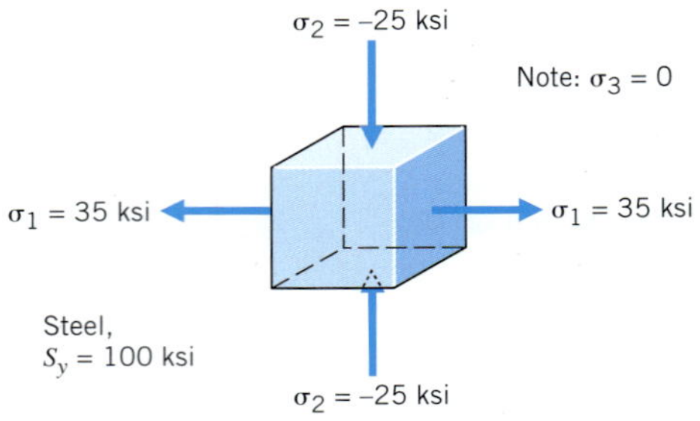

그림 6.13 예제 6.3의 부품 표면에 작용하는 응력.

해석: 그림 6.14에 그림을 이용한 풀이를 나타내었다. '공칭 하중점'으로부터 출발하여 응력을 비례적으로 증가시키면 σ_1이 58 ksi에서 전단응력 이론에 따른 곡선을, 66 ksi에서 전단변형 에너지 이론에 따른 곡선을, 100 ksi에서 수직응력 이론에 따른 곡선을 지나게 된다. 해당되는 안전계수는 $SF=58/35=1.7$, $66/35=1.9$, $100/35=2.9$이다.(유효숫자를 두 자리까지만 써서 최종 결과를 계산하였다. 이론의 근본적인 유효성이나 그림을 이용한 풀이 방법의 정확성을 고려하면 정확한 값을 얻겠다고 더 많은 유효숫자로 계산하는 것은 의미가 없다.) 결론적으로

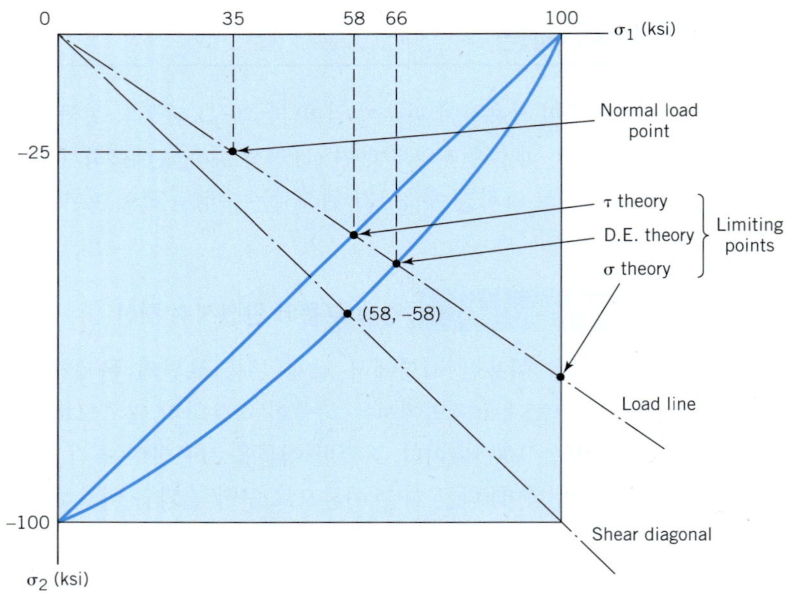

그림 6.14 예제 6.3을 그림을 이용하여 풀기.

a. 가장 적절하게 예측한 안전계수 값은 전단변형 에너지 이론에 따라서 구한 1.9이다.

b. 전단응력 이론에 의한 결과는 상당히 잘 일치한다(엔지니어들이 대략적인 값을 신속히 얻기 위해 흔히 사용한다).

c. 이 경우에는 수직응력 이론은 적당하지 않다.(잘못하여 이 방법을 사용하면 실제와는

다르게 안전도가 높다는 결과를 얻게 된다.)

그림을 이용한 풀이 방법을 이용하면 최소한 이론 자체만큼의 정확도로 신속하게 답을 구할 수 있고, 실제 일어나는 일에 대한 직관적인 감을 얻을 수 있다. 해석적인 풀이 방법 또한 유효하며 다음과 같이 구할 수 있다.

a. 전단변형 에너지 이론으로는, 식 (6.7)은

$$\sigma_e = (\sigma_1^2 + \sigma_2^2 - \sigma_1\sigma_2)^{1/2}$$
$$= [(35)^2 + (-25)^2 - (35)(-25)]^{1/2} = 52.2$$

이 된다. 따라서 주어진 응력은 52.2 ksi의 단순 인장응력과 동등하다. 단순 인장응력 시험에서 재료는 100 ksi의 인장응력을 지탱할 수 있다고 하므로 안전계수는 100/52.2, 즉 1.9이다.

b. 최대 전단응력 이론을 적용할 때, 주응력 성분으로부터 그린 주 모어원의 지름은 60이고 반지름은 30이 되므로, 부품의 최대 전단응력은 30 ksi이다. 표준 인장 시험으로부터 얻는 주 모어원의 반지름이 50이므로, 그 재료는 50 ksi의 전단응력을 견딜 수 있다. 따라서 안전계수는 50/30, 즉 1.7이다.

c. 최대 수직응력 이론을 적용할 때, 표준 인장 시험의 결과에서 재료는 100 ksi의 수직응력을 견딜 수 있다고 하는 반면 부품에 나타나는 최대 수직응력은 35 ksi이므로 안전계수는 100/35, 즉 2.9이다.(희망사항이지만!)

주석: 많은 경우에 부품의 표면은 대기압(p=14.7 psi)을 받고 있다. 다른 주응력 성분들(예를 들어 이 문제에서는 σ_1=35 ksi, σ_2=−25 ksi)과 비교하면 σ_3=p=14.7 psi는 거의 0으로 무시할 수 있다.

지금까지 설명한 파손 이론들은 등방성 재료에 적용된다. 여러 가지 조합 응력을 받는 이방성 재료에 대해서는 참고문헌 [6]을 참조하도록 한다.

6.11 안전계수—개념과 정의

안전계수는 원래 재료의 극한 인장강도를 이 값으로 나누어서 '사용 응력' 또는 '설계 응력'을 얻기 위하여 사용된 값이다. 설계 응력은 응력집중, 충격, 피로, 표준 시험편과 생산된 제품 사이 물성치의 차이 등을 고려하지 않은 매우 간단한 계산에 흔히 사용되었다. 그 결과, 여전히 일부 핸드북에서는 20~30이나 되는 큰 안전계수 값을 추천하고 있는 것을 볼 수 있다. 그러나 현대적 공학 설계에서는 가능한 한 많은 요인들을 합리적으로 고려할 수 있게 되

어 몇 가지의 불확실한 요인들만 안전계수로써 보상하게 되었으므로, 일반적으로 1.25~4 값이 사용되고 있다.

현대 공학에서는 단지 재료의 정적 인장강도만이 아닌 재료의 **유효 강도**(significant strength)에 기초한 안전계수를 사용한다. 예를 들어 파손이 정적 항복에 의해 일어난다면, 안전계수는 하중에 의해 발생한 정적 응력(**유효 응력**)과 재료의 정적 항복강도(**유효 강도**)의 비를 나타낸다(적절한 파손 이론을 적용하여 구한다). 이는 예제 6.3에서 설명된 바와 같다. 만일 파손이 피로에 의해 발생한다면 안전계수는 피로에 대한 유효 응력과 피로강도의 비가 되며, 취성 파괴가 예상되는 경우에는 취성 파괴에 대한 유효 응력과 인장강도의 비이다. 그러므로 안전계수 *SF*는 다음과 같이 정의할 수 있다.

$$SF = \frac{\text{significant strength of the material}}{\text{corresponding significant stress, from normally expected loads}} \tag{6.10}$$

다음과 같이 하중으로부터 안전계수를 구할 수도 있다.

$$SF = \frac{\text{design overload}}{\text{normally expected load}} \tag{6.11}$$

여기서 **설계 과하중**(design overload)은 파손이 일어나기 시작할 때의 하중으로 정의된다.

대부분의 경우 위에서 보인 안전계수에 대한 두 가지 정의는 같다. 예를 들어 재료의 유효 강도가 200 MPa이고 유효 응력이 100 MPa이라면 안전계수는 2가 된다. 이를 다른 관점으로 해석하면, 200 MPa의 극한 응력 값이 발생하도록 만드는 설계 과하중은 예상되는 정상 하중의 2배로서 안전계수는 역시 2가 된다.

식 (6.10)과 식 (6.11)이 의미에서 큰 차이가 없다 하더라도 설계 과하중의 개념과 식 (6.11)을 사용하는 것이 바람직하다. 식 (6.10)이 적절히 적용될 수 없는 경우가 있는 반면 식 (6.11)은 항상 유효하기 때문이다. 예를 들어 가느다란 기둥을 안전계수 2로 설계하는 경우를 생각해 보자. 그림 6.15는 좌굴 파손이 일어나기까지 하중과 응력이 어떻게 증가하는지와 어떻게 위의 두 가지 방법으로 안전계수 2가 계산되는지를 보여 주고 있는데, 동일한

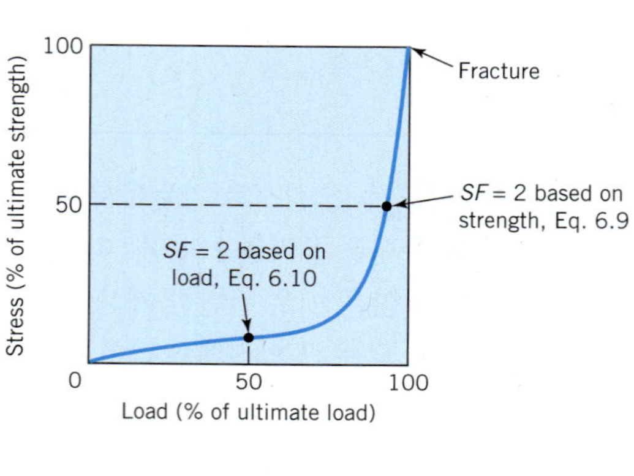

그림 6.15 기둥의 좌굴에 대한 안전계수의 두 가지 개념.

안전계수라 하더라도 두 가지 방법으로 계산된 결과가 서로 다르다는 것을 알 수 있다. 이 차이는 하중-응력 곡선의 비선형성에 의한 것으로, 어떤 방법으로 해석하는 것이 엔지니어가 마음의 평화를 가질 수 있게 만드는지는 명백하다.

설계 과하중의 개념을 설명하는 또 하나의 예로 8장에서 다루게 될 피로하중의 경우를 들 수 있다. 즉 평균 하중(또는 정하중)과 교번 하중이 함께 가해지는 경우로서 평균 하중과 교번 하중 중 한 가지만을 증가시키거나 두 성분을 동시에 증가시킴으로써 과하중이 쉽게 발생할 수 있다. 설계 과하중의 개념에서 어떤 종류의 과하중이 관심 대상이 되는지에 따라 안전계수를 과하중의 종류에 맞춰 계산할 수 있을 것이다.

주의할 점으로, 앞에서 말한 것과 같이 '안전계수'란 용어의 의미가 모호한 경우가 있으므로 그러한 일이 발생하지 않도록 항상 명확하게 정의되어야 한다.

6.12 안전계수–수치의 선택

실제로 제작된 부품의 유효 강도와 그 부품이 지지하게 될 하중을 가능한 한 상세하게 결정하고 난 후에도 여전히 어느 정도의 불확실성은 남아 있게 되며, 이는 안전계수를 사용하여 해결할 수밖에 없다. 즉 부품은 정상적으로 예상되는 하중보다 어느 정도 큰 값을 갖는 '설계 과하중'을 지지할 수 있도록 설계되어야만 한다.

최종 단계의 해석에서 안전계수를 선정하는 것은 경험에 근거하여 공학적인 판단을 내리는 작업이다. 때때로 이러한 선택 작업이 특정 상황에 대한 설계 코드로 정식화되기도 하는데, ASME 압력 용기 코드, 여러 가지 건축 코드, 특정 기계의 설계와 개발에 관한 법적 계약에서 명문화되는 안전계수의 값 등을 그 예로 들 수 있다. 특정 부품을 설계하는 데 사용되는 컴퓨터 프로그램이나 소프트웨어에 안전계수가 내재화되기도 하는데, 이러한 경우에는 공학적 판단을 내리는 책임이 코드나 컴퓨터 소프트웨어를 작성하는 엔지니어에게 지워지게 된다. 그러나 그 책임은 부분적인 것으로, 이들 코드나 소프트웨어를 사용하는 엔지니어가 그 상세 내용이 정말로 자신의 설계에 대하여 적합한지 확인하여야 한다.

6.12.1 안전계수 선정 요소

적절한 안전계수 값을 선정할 때 주로 다음의 5가지 요소를 고려하게 된다.

1. **하중의 불확실 정도.** 경우에 따라 하중은 거의 확실하게 결정될 수 있다. 교류 전동기의 회전자에 발생되는 원심력은 동기속도에서 계산된 값보다 커질 수 없다. 엔진 밸브 스프링에 작용하는 하중은 '밸브의 열림/닫힘' 위치로부터 정확히 계산될 수 있다(그러나 어느 정도의 불확실성을 유발하는 '스프링 서지(surge)'에 대해서는 다음 장에서 설명하기로 한다). 그러나 사용자가 얼마나 험하게 운전하느냐에 따라 하중이 크게 달라질 수 있는 자동차의 현가장치 부품의 설계 시에는 어떤 하중을 사용하여야 할까? 또

한 지침으로 삼을 만한 과거의 경험이 전혀 없는 완전히 새로운 종류의 기계를 개발하는 경우에는 어떤 하중을 사용하여야 할까? 불확실성이 클수록 엔지니어는 적절한 설계 과하중 또는 안전계수를 선정하는 데 보다 더 보수적인 설계를 하여야 한다.

2. **재료 강도의 불확실 정도.** 엔지니어가 실제와 같이(또는 아주 비슷하게) 제작된 부품의 재료 강도, 실제로 사용하게 되는 온도나 환경 조건에서의 재료 특성 등에 대한 많은 데이터를 갖고 있는 것이 이상적이지만 현실적으로는 그렇지 못한 경우가 대부분이다. 갖고 있는 재료 강도 데이터는 실제 부품의 크기보다 작은 크기의 시편에 대한 결과이거나, 부품 제작 시에 받게 되는 냉간 가공의 영향이 무시된 결과이거나, 혹은 실제 사용 조건과는 달리 상온, 대기 중에서 얻은 결과뿐인 경우가 더 흔하다. 게다가 시험 시편마다 강도의 편차가 있을 수밖에 없다. 때로는 시험편의 크기나 데이터의 분산 정도(알려진 하나의 값과 그 값의 전체 분포 범위 사이의 관계)를 모르는 재료 시험 데이터를 갖고 설계해야만 하는 경우도 있다. 더욱이 부품의 사용 수명 동안 재료의 물성이 상당히 변하기도 한다. 이렇게 모든 요인에 대한 불확실성이 클수록 큰 값의 안전계수를 사용하여야 한다.
3. **작용 하중과 응력 해석을 통하여 구해진 재료 강도 사이의 관계에 대한 불확실성.** 이 단계에서 독자들은 이미 다음과 같은 여러 가지 발생 가능성이 있는 불확실성에 대하여 익숙하리라 생각된다: (a) 공칭응력을 계산할 때 사용하는 표준식에 내재된 가정의 타당성, (b) 유효 응력집중 계수의 정확성, (c) 부품을 가공할 때 유발되는 잔류응력 예측의 정확성, (d) 실험실에서 시험하여 얻은 강도 시험 데이터로부터 '유효 강도'를 계산하는 방법과 파손 이론의 적절성.
4. **파손의 결과—인명의 안전과 경제성.** 파손의 결과로 막대한 피해가 발생하게 된다면 안전계수의 값을 크게 하여야 한다. 게다가 비교적 값싼 부품이 파손됨으로써 주요 조립 라인이 전면적으로 정지하게 된다면 이 부품의 가격이 몇 배로 증가한다 하더라도 절대로 파손이 일어나지 않도록 하는 것이 경제적일 것이다.

   파손의 **특성** 또한 중요한 요소이다. 만약 파손이 연성 항복에 의한 것이라면 취성 파괴에 비하여 파손 결과가 덜 심각할 수도 있다. 따라서 핸드북을 보면 취성 재료에 대해서는 상당히 높은 값의 안전계수를 권장하는 것을 알 수 있다.
5. **과도한 안전계수를 선택함에 따르는 비용.** 여기서 비용이라 함은 금전적인 비용과 자원의 낭비를 모두 포함한다. 경우에 따라 필요 이상으로 큰 안전계수는 심각한 결과를 가져올 수 있다. 과장된 예로서 안전계수를 지나치게 크게 하여 설계된 항공기는 그 무게가 너무 무거워 비행을 할 수 없을 것이다. 자동차를 설계할 때, 구조 부품의 안전계수를 크게 하여 '난폭 운전자'가 운전한다고 해도 파손되지 않을 정도로 튼튼하게 만들 수 있을 것이다. 그러나 '모범 운전자'에게는 필요 이상으로 튼튼한 부품에 대한 비용을 치르도록 하게 될 것이며, 당연히 그 '모범 운전자'들은 경쟁사의 차를 사려고 할 것이다. 아래와 같은 상황을 생각해 보자. 100만 대당 100건의 파손을 피하기 위하여 대당 10달러의 가격 상승을 가져오는 설계를 하여야 할 것인가? 더욱이 이러한 파손이 안전에 별 영향을 미치지 않으며, 수리 비용은 100달러 정도 들게 된다면 어떻게 할

것인가? 즉 10,000달러의 수리 비용을 절감하고 약간의 소비자 불편을 덜기 위하여 1000만 달러의 비용을 지불하여야 할 것인가?

안전계수를 선택할 때 가장 중요한 점은 **균형**을 갖는 것이다. 기계나 시스템의 모든 부품의 안전계수 값들은 **일관성 있게** 정해져야 한다. 파손으로 인하여 사람의 사상이나 큰 비용 손해를 가져올 수 있는 부품의 안전계수를 가장 크게 하여야 하며, 이런 측면에서 중요성이 비슷한 부품들은 그 중요도별로 모두 같은 값의 안전계수를 갖도록 해야 한다. 안전계수를 적절한 값으로 선택하고자 할 때 가장 중요한 점은 균형을 갖는 것이며, 이 균형은 모든 가용한 정보와 경험을 근거로 하여 공학적 판단을 잘 내리는 것으로부터 얻을 수 있다.("One-Hoss Shay"에서 부제가 마차를 설계할 때 보여 준 그 놀라운 균형감을 다시 한 번 생각해 보라!)

6.12.2 안전계수의 권장값

지금까지 안전계수 선택에 대한 원리를 공부하였다. 이 절에서는 그간에 유용하게 사용되어 온 안전계수의 값들을 보여 준다. 이 값들을 대략적인 지침으로 사용할 수 있을 것이다. 다음에 나오는 권장값들은 Joseph Vidosic[8]이 제안한 값들로서 항복강도를 토대로 하여 구한 값들이다.

1. $SF = 1.25 \sim 1.5$: 관리가 가능한 조건에서 매우 신뢰성 있는 재료를 사용하고, 작용하는 하중 및 응력의 크기를 정확히 알 수 있는 경우. 무게의 경량화를 특히 중요하게 고려해야 하는 응용 분야에서 사용.
2. $SF = 1.5 \sim 2$: 비교적 일정한 조건에서 잘 알려져 있는 재료를 사용하고, 하중과 응력의 크기가 쉽게 결정될 수 있는 경우.
3. $SF = 2 \sim 2.5$: 평범한 조건에서 보통의 재료를 사용하고, 하중과 응력의 크기를 알아낼 수 있는 경우.
4. $SF = 2.5 \sim 3$: 보통의 환경, 하중, 응력 조건에서 별로 사용되지 않은 재료 또는 취성인 재료를 사용하는 경우.
5. $SF = 3 \sim 4$: 보통의 환경, 하중, 응력 조건에서 사용해 본 적이 없는 재료를 사용하는 경우.
6. $SF = 3 \sim 4$: 잘 알려진 재료이지만 불확실한 환경과 응력 조건에서 사용할 때.
7. 반복 하중: 위의 1~6항에서 설명한 바에 따라 안전계수를 선택하면 되지만 재료의 항복강도 대신에 **내구한도**를 기준으로 하여 안전계수를 구해야 한다.
8. 충격 하중: 위의 3~6항에서 설명한 바에 따라 안전계수를 선택하면 되지만 **충격 계수**(impact factor)를 포함시켜야 한다.
9. 취성 재료: 이론적인 최댓값으로 극한강도를 사용하며, 위의 1~6항에서 제시된 값을 대략 2배로 하여 사용한다.

10. 더 큰 안전계수를 사용하는 것이 바람직하다고 생각되는 경우, 사용할 안전계수 값을 결정하기 전에 문제를 보다 철저하게 해석해 본다.

6.13 신뢰성

신뢰성(reliability)은 안전계수와 밀접한 관계를 갖고 있는 개념이다. 만약 100개의 '동일한' 부품을 사용하는데, 2개가 파손된다면 이들 부품은 98% 신뢰성(우수하다고 할 수도 있고 그렇지 않을 수도 있다)을 갖는 것이다. 신뢰성이란 개념은 마멸(wear)이나 피로하중을 받는 부품에 대하여 더 많이 적용되지만, 여기서는 보다 간단하게 정적 하중의 맥락에서 생각해 본다. 신뢰성 연구의 유용성은 (1) 그 값을 사용하여 유효 응력을 계산할 수 있게 해 주는, 사용 중인 부품이 받고 있는 **하중**, (2) 양산된 부품의 유효 **강도** 등의 통계적 분포에 대한 적절한 정보를 갖고 있는가에 달려 있다.

그림 6.16은 유효 응력과 함께 유효 강도의 가상적인 분포 곡선을 보여주고 있다. 여기서 강도의 평균값은 70이고 응력의 평균값은 40이다. 이는 양산품 중에서 나온 '평균적인' 부품이 '보통'의 하중 조건에서 사용될 경우, 30만큼의 **안전 여유**(margin of safety)[3]를 갖는다는 것을 의미한다. 그러나 그림에서 흰색으로 표시된 영역은 낮은 강도를 갖는 부품(예를 들어 50의 강도를 갖는)이 특별히 가혹한 조건(예를 들어 60의 응력을 받음)에서 사용되고 있으며, 이 경우 파손이 일어날 가능성이 있음을 나타낸다. 그러므로 평균적으로 30만큼의 안전 여유가 있다 하더라도 어떤 경우에는 안전 여유가 음수가 되고 파손이 일어날 것으로 예상할 수 있다. 그림 6.17은 이 경우에 대하여 안전 여유의 분포를 보여 준다. 대부분의 경우 왼쪽의 흰색 영역, 즉 파손이 일어나는 영역의 크기에 관심이 모아진다.

앞에서 공부한 것과 같이 예상되는 파손의 발생 가능성을 정량적으로 계산하기 위하여 우리는 유효 응력과 유효 강도의 분포 곡선의 특성을 연구해야 한다. 여기서는 **정규분포** 또

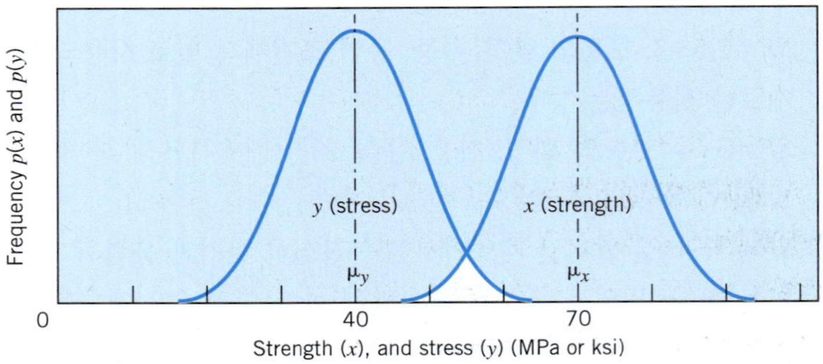

그림 6.16 유효 강도 x와 유효 응력 y의 분포 곡선.

[3] 항공 설계에서는 **안전 여유**라는 용어가 이 책이나 그 외 다른 분야에서 사용되고 있는 것과는 다른 의미를 갖는다.

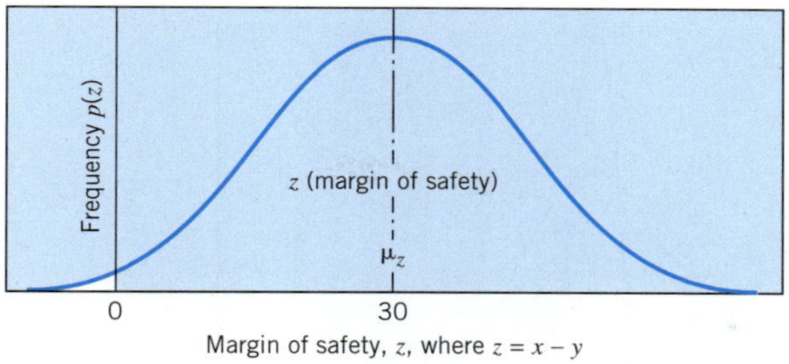

그림 6.17 안전 여유 z의 분포 곡선.

는 **가우스 분포**에 대한 것만을 고려하기로 한다. 이것은 실제의 경우와 잘 들어맞는 '수학적 모델' 중의 하나로, 가장 널리 사용되고 있는 분포이다.

6.14 정규분포

정규분포 함수는 일반적으로 가우스(Gauss)에 의하여 정립된 것으로 알려져 있으나 18세기 수학자인 라플라스(Laplace)와 드무아브르(DeMoivre)가 각자 별도로 이를 발견한 바 있다. 그림 6.18에 몇 가지 정규분포 곡선이 나와 있다. 함수는

$$p(x) = \frac{1}{\sqrt{2\pi}\,\sigma}\exp\left[-\frac{(x-\mu)^2}{2\sigma^2}\right], \qquad -\infty < x < \infty \tag{6.12}$$

과 같이 되며, 여기서 $p(x)$는 확률 밀도 함수, μ는 물리량의 평균값, σ는 표준편차[4](나중에 상세히 설명하기로 한다)를 의미한다.

이 수학적 모델을 여러 경우에 응용하는 데 있어서 한 가지 제약은 그 곡선이 음의 무한대로부터 양의 무한대까지의 전 범위에 점근적으로 펼쳐져 있다는 것이다. 어떤 특정한 값 x가 이 범위 안에 들어 있을 확률은 1이므로 그림 6.18의 각 곡선 밑의 넓이도 1이 된다. 마찬가지로 그림 6.18에 그려진 것처럼 x의 값이 특정한 값 x_1과 x_2 사이에 있을 확률은 그 범위에서 곡선 아래의 넓이와 같다.

σ를 일정하게 하고 μ를 변화시키면 곡선은 좌우로 움직인다. μ를 일정하게 하고 σ를 변화시키면 그림 6.18에 나타낸 것과 같이 곡선의 모양이 변화한다. 표준편차 σ는 어떤 물리량의 흩어진 정도, 즉 **분산** 정도에 대한 표준 지표라고 할 수 있다. 수학적으로 μ와 σ는 다음과 같이 정의된다.

$$\mu = \text{mean} = \frac{1}{n}\sum_{i=1}^{n} x_i \tag{6.13}$$

[4] 응력을 표시하는 문자 σ와 같은 문자를 다시 사용하게 되었는데, 이 분야의 선구자들은 로마 알파벳 24개와 그리스 알파벳 26개만을 사용하면서 후세의 엔지니어와 과학자들에게 알파벳 문자가 더 필요할 것이라는 생각을 아예 하지 않은 것 같다. 그러나 엔지니어가 수직 응력과 표준편차를 구분할 줄 모른다면 그것이 더 큰 문제일 것이다.

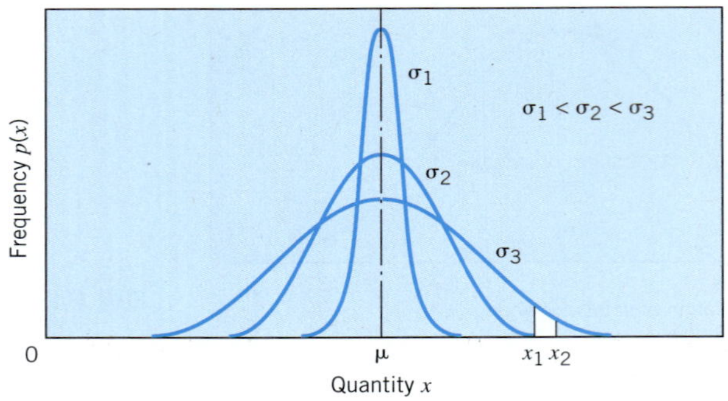

그림 6.18 같은 평균값 μ에 대하여 다양한 σ 값을 갖는 정규분포 곡선들.

$$\sigma = \text{standard deviation} = \sqrt{\frac{1}{n-1}\sum_{i=1}^{n}(x_i - \mu)^2} \tag{6.14}$$

그림 6.19는 모든 정규분포 곡선이 갖는 매우 유용한 성질을 보여 준다: 표시된 모집단의 68%가 $\mu \pm 1\sigma$의 대역에 들어오며, 95%가 $\mu \pm 2\sigma$의 대역에 들어온다(이후도 같은 방식으로 풀이된다). 분포 곡선에서 다른 범위에 위치하는 모집단의 백분율을 그림 6.20으로부터 구할 수 있다. 다른 방법으로는 부록 H에 수록된 정규분포표를 이용할 수 있다.(정규분포에 익숙하지 않은 독자는 그림 6.20이나 부록 H를 이용하여 그림 6.19에 표시된 값들을 확인해 보라.)

6.15 신뢰성 예측의 간섭 이론

신뢰성을 예측하는 데 있어서 간섭 이론은 이미 그림 6.16에 나와 있는 '간섭' 또는 겹쳐진 영역 그림으로, 그리고 그림 6.17에서 설명되었다. 안전 여유 z는 $z=x-y$로 계산되며, 다음

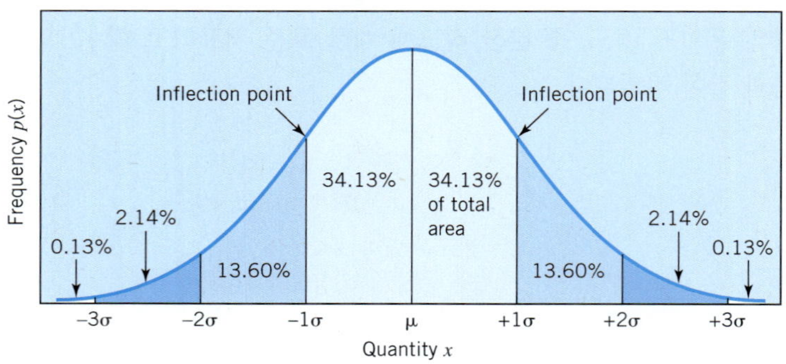

그림 6.19 정규분포 곡선의 특성.

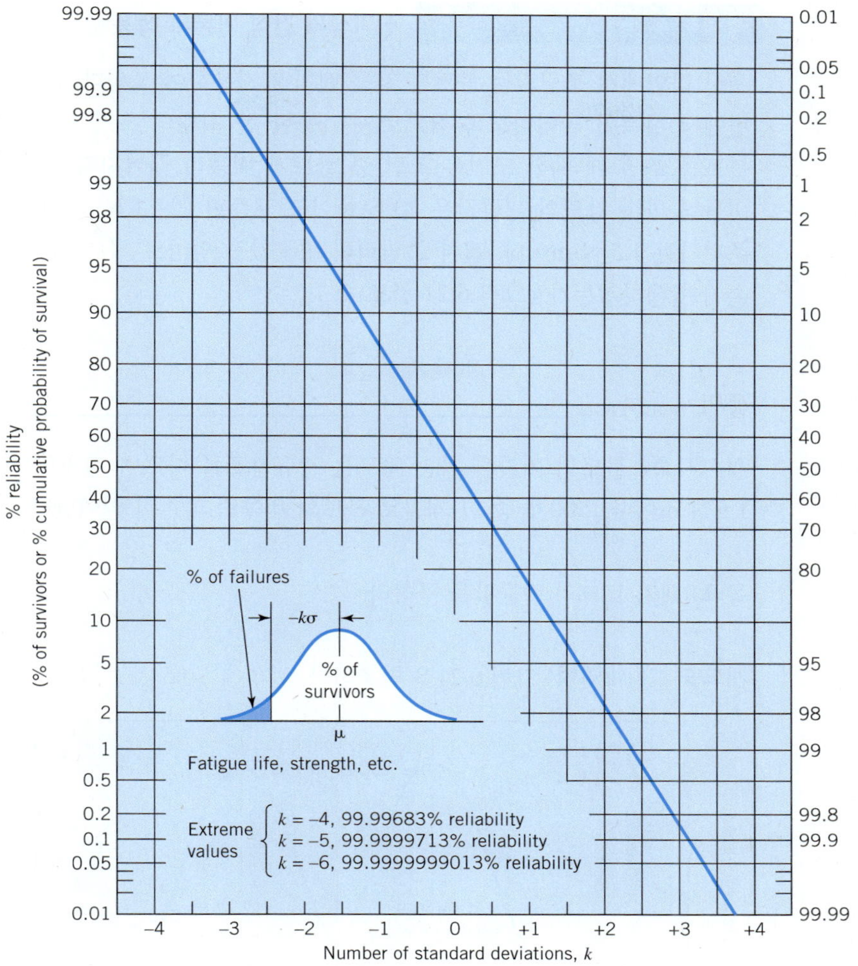

그림 6.20 특수 확률 좌표계에 그려진 일반화된 정규분포 곡선.

의 관계가 있다.

$$\mu_z = \mu_x - \mu_y \tag{6.15}$$

$$\sigma_z = \sqrt{\sigma_x^2 + \sigma_y^2} \tag{6.16}$$

정의에 의하여 파손이 일어날 확률은 $p(z < 0)$이다.

강도 x와 응력 y가 정규분포를 따른다면 안전 여유 z 역시 정규분포를 따른다.

다음은 간섭 이론의 전형적인 적용 예를 보여 준다.

예제 6.4 SAMPLE PROBLEM 신뢰성의 간섭 이론의 적용

생산 라인에서 조립되는 볼트를 자동 렌치를 사용하여 조인다. 볼트를 충분히 조여 전체 단면에서 항복이 일어나도록 함으로써 가능한 한 최대의 초기 인장력을 발생시키고자 한다. 볼트를 조일 때 제한 조건은 조립 중 볼트가 비틀려 끊어지지 않도록 하는 것이다. 볼트의 비틀림 파손 강도의 평균값은 20 N·m이고 표준편차는 1 N·m이다. 자동 렌치 조임력의 표준편차는 1.5 N·m이다. 렌치 조임력의 평균값을 얼마로 하면 볼트 500개 중 한 개꼴로 파손이 발생하겠는가?(그림 6.21 참조)

풀이 SOLUTION

제시자료: 볼트의 비틀림 파손 강도는 정규분포를 따르며 렌치의 조임 토크의 표준편차는 1.5 N·m이다. 500개 중 한 개꼴로 볼트의 비틀림 파손이 일어난다.

목표: 렌치 토크의 평균값을 구하라.

개요도 및 데이터: 그림 6.21을 참조하라.

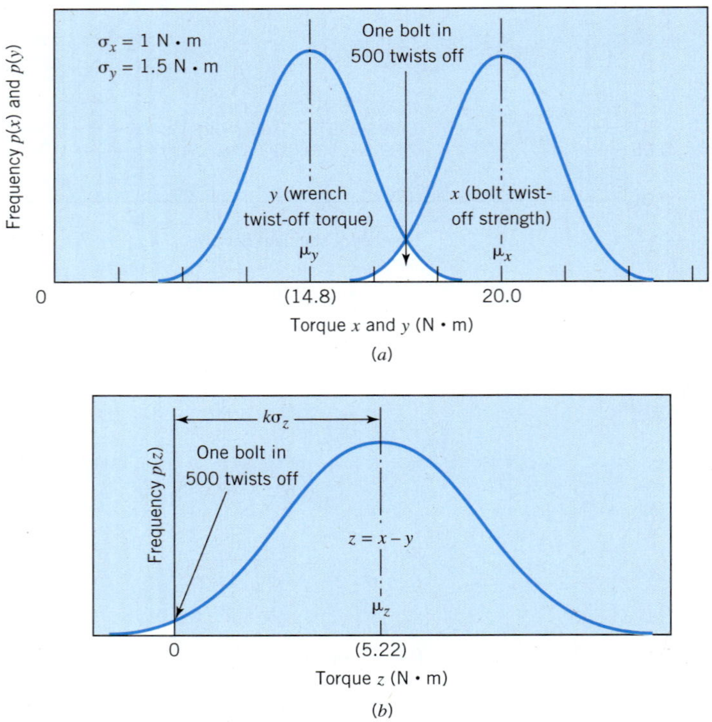

그림 6.21 (*a*) 예제 6.4의 x와 y에 대한 분포 곡선. (*b*) z에 대한 분포 곡선.

가정: 볼트의 비틀림 파손 강도와 렌치의 조임 토크 모두 정규분포를 따른다.

해석:

a. $\sigma_x=1$ N·m, $\sigma_y=1.5$ N·m이다. 그림 6.15로부터 $\sigma_z=1.80$ N·m가 된다.

b. 그림 6.20으로부터 파손이 일어날 확률 0.2%는 평균값 이하로 표준편차의 2.9배에 해당된다. 따라서 $\mu_z=k\sigma_z=(2.9)(1.80\text{ N·m})=5.22$ N·m. 그러므로 $\mu_z=5.22$ N·m.

c. $\mu_x=20$ N·m이므로 식 (6.15)로부터 $\mu_y=14.78$ N·m이다. 렌치의 조임 토크를 이 값으로 조정하면 된다.

주석: 신뢰성 예측의 간섭 이론에서는 볼트를 시험하는 순서를 고려하지 않는다. 즉 500개 볼트 한 무리를 어떤 순서로 시험한 후 두 번째 무리를 처음과 다른 순서로 시험한다고 해도 오직 한 개의 볼트만이 파손되는 것으로 본다.

참고문헌 REFERENCES

1. Hertzberg, Richard W., *Deformation and Fracture Mechanics of Engineering Materials*, 4th ed., Wiley, New York, 1996.
2. Juvinall, Robert C., *Engineering Considerations of Stress, Strain, and Strength*, McGraw-Hill, New York, 1967.
3. Lipson, Charles, and R. C. Juvinall, *Handbook of Stress and Strength*, Macmillan, New York, 1963.
4. Lipson, Charles, and J. Sheth, *Statistical Design and Analysis of Engineering Experiments*, McGraw-Hill, New York, 1973.
5. Marin, Joseph, *Mechanical Behavior of Engineering Materials*, Prentice-Hall, Englewood Cliffs, N.J., 1962.
6. Marin, Joseph, "Theories of Strength for Combined Stresses and Nonisotropic Materials," *J. Aeron. Sci.*, **24**(4):265–269 (April 1957).
7. Tipper, C. F., *The Brittle Fracture Story*, Cambridge University Press, New York, 1962.
8. Vidosic, Joseph P., *Machine Design Projects*, Ronald Press, New York, 1957.
9. Wilhem, D. P., "Fracture Mechanics Guidelines for Aircraft Structural Applications," U.S. Air Force Technical Report AFFDL-TR-69-111, Feb. 1970.
10. Rooke, D. P., and D. J. Cartwright, *Compendium of Stress Intensity Factors*, Her Majesty's Stationery Office, London, 1976.
11. Dowling, N. E., *Mechanical Behavior of Materials*, 3rd ed., Prentice Hall, Englewood Cliffs, New Jersey, 2007.
12. Tada, H., P. C. Paris, and G. R. Irwin, *The Stress Analysis of Cracks Handbook*, 3rd ed., ASME Press, New York, 2000.
13. Bannantine, J. A., J. J. Comer, and J. L. Handrock, *Fundamentals of Metal Fatigue Analysis*, Prentice Hall, Englewood Cliffs, New Jersey, 1990.
14. *MIL-HDBK-5J, Metallic Materials and Elements for Aerospace Vehicle Structures,* Department of Defense Handbook, January 2003.

연습문제 PROBLEMS

Sections 6.1–6.4

6.1 A large sheet with a 25 mm-long crack fractures when loaded to 525 MPa. Determine the fracture load for a similar sheet containing a 50 mm crack.

[Ans.: 53 ksi]

6.2 A large rectangular sheet with a 1-in.-long central crack fractures when loaded to 80 ksi. Determine the fracture load for a similar sheet containing a 1.75-in. crack (see Figure P6.2).

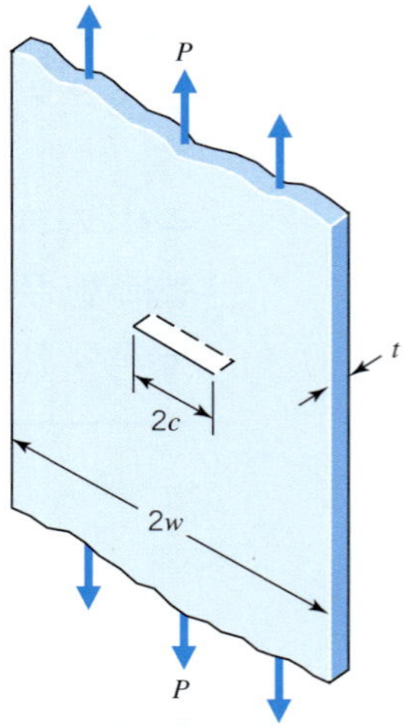

FIGURE P6.2

6.3 A large sheet with a 1.75-in.-long edge crack fractures when loaded to 85 ksi. Determine the fracture load for a similar sheet containing a 2.625-in. crack (see Figure P6.3).

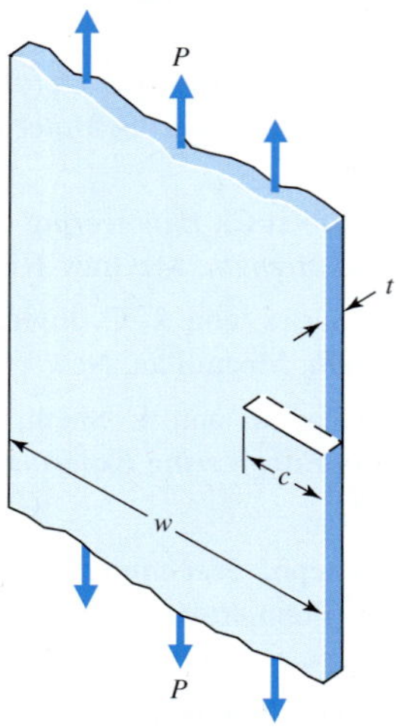

FIGURE P6.3

6.4 A thin plate of width $2w = 150$ mm and thickness $t = 1$ mm is made of 7075-T651 aluminum ($S_u = 572$ MPa, $S_y = 503$ MPa). The plate is loaded in tension and has a central crack perpendicular to the direction of the applied load. Estimate the highest load, P (see Figure 6.2*a*), that can be applied without causing sudden fracture when a central crack grows to a length, $2c$, of 1 in. The plate has a *plane stress* $K_{Ic} = 20$ MPa $\sqrt{m}$ and will be used in an aircraft fuselage, which will be inspected periodically for cracks.

6.5 A thin plate with width $2w = 150$ mm and thickness $t = 1.5$ mm is made of Ti-6A1-4V annealed titanium alloy, with properties of $S_u = 860$ MPa, and $S_y = 790$ MPa. It has a plane stress $K_{Ic} = 100$ MPa $\sqrt{m}$ It is used in a race car structural component that will be inspected periodically for cracks. Estimate the highest load, P (see Figure P6.5), that can be applied without causing sudden fracture when a central crack grows to a length, $2c$, of 25 mm.

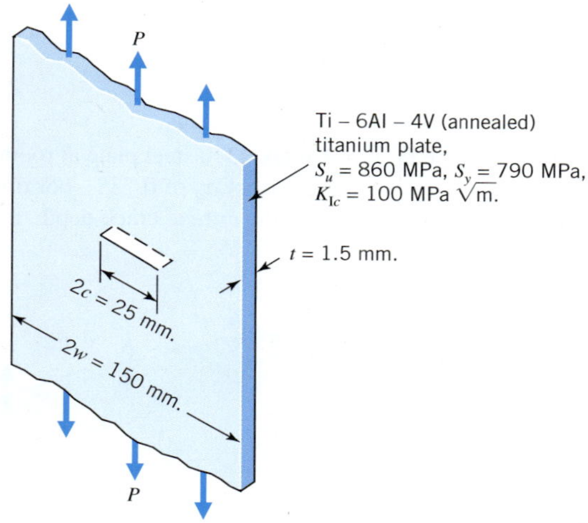

FIGURE P6.5

6.6 Repeat Problem 6.5 using a material of D6AC steel at −40°F with properties of $S_u = 227$ ksi, $S_y = 197$ ksi, and a plane stress $K_{Ic} = 100$ ksi $\sqrt{in.}$

6.7 Repeat Problem 6.5 using a material of D6AC steel at room temperature, with properties of $S_u = 220$ ksi, $S_y = 190$ ksi, and a plane stress $K_{Ic} = 115$ ksi $\sqrt{in.}$

6.8 Repeat Problem 6.5 using a material of 4340 steel at room temperature, with properties of $S_u = 260$ ksi, $S_y = 217$ ksi, and a plane stress $K_{Ic} = 115$ ksi $\sqrt{in.}$

6.9 A plate of width $2w = 200$ mm and thickness $t = 1.3$ mm is made of leaded beryllium copper ($S_u = 807$ MPa, $S_y = 676$ MPa), and a plate stress $K_{Ic} = 77$ MPa $\sqrt{m}$ It is used in a boiler, where periodic inspection for cracks will be made. Estimate the highest load, P (refer to Section 6.4, Figure 6.2*a*), that can be applied without causing sudden fracture when a central crack grows to a length, $2c$, of 40 mm.

6.10 Repeat Problem 6.9 using a material of leaded brass, with properties of $S_u = 55$ ksi, $S_y = 42$ ksi, and a plane stress $K_{Ic} = 35$ ksi $\sqrt{in.}$

6.11 A plate has a width $w = 130$ mm, thickness $t = 1.3$ mm and an edge crack of length $c = 20$ mm. The plate is made of Ti-6A-4V having $S_u = 860$ MPa, $S_y = 790$ MPa and a plane stress $K_{Ic} = 100$ MPa $m^{0.5}$. With a safety factor of 2.5 for failure by sudden fracture, estimate the highest load P that can be applied to the ends of the plate (see Figure P6.3 or Figure 6.2*b*).

6.12 A 1 in. deep edge crack is found during routine maintenance in a long rectangular bar made from a material whose fracture toughness is 55 ksi $\sqrt{in.}$ Referring to Figure P6.12, and assuming linear elastic fracture mechanics, is it safe to return the bar to service without repair? Use superposition and calculate the stress intensities for the tensile and bending components separately, then combine them by addition.

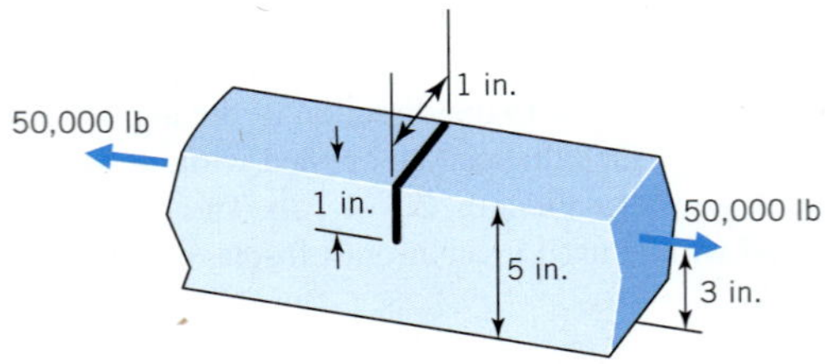

FIGURE P6.12

6.13 A thick 4340 steel plate at room temperature is loaded as in Figure P6.13 to a gross-area stress σ_g of $0.73S_y$. For dimensions t = 1 in., $2w$ = 6 in., and $a/2c$ = 0.25, estimate the critical crack depth, a_{cr}, at which rapid fracture will occur.

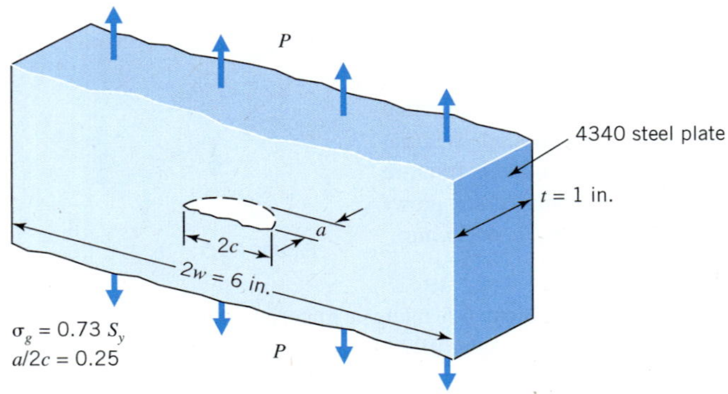

FIGURE P6.13

6.14 Repeat Problem 6.13 using a material of 7075-T651 aluminum.

6.15 Repeat Problem 6.13 using a material of D6AC steel at room temperature.

6.16 Repeat Problem 6.13 using a material of D6AC steel at −40°F.

6.17 A D6AC steel (at room temperature) plate is loaded to a gross-area stress $\sigma_g = 0.50\ S_y$. The dimensions for the thick plate are t = 1 in., $2w$ = 8 in., $a/2c$ = 0.25, and $2c$ = 1 in. Calculate the center crack depth, a, and determine if the plate will fail due to the center crack. What is the safety factor (see Figure P6.17)?

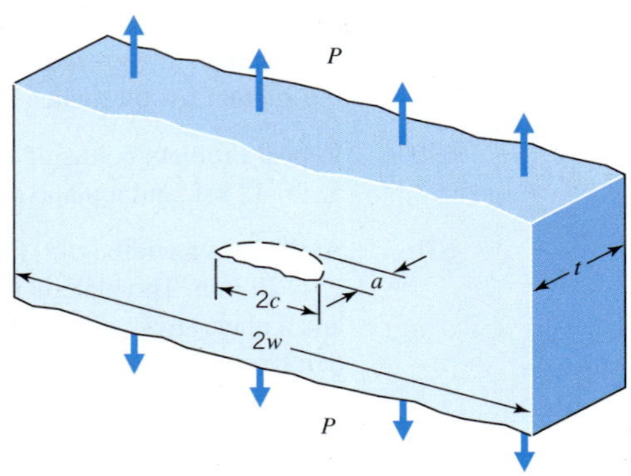

FIGURE P6.17

6.18 Equation 6.4 gives the stress intensity factor at the edges of a central elliptical crack for the geometric and load conditions of $2w/t > 6$, $a/2c$ = about 0.25, $w/c > 3$, $a/t < 0.5$, and $\sigma_g/S_y < 0.8$. For these geometric and load conditions, what conclusions can be drawn from an analysis of Figure 6.5h?

Sections 6.5–6.12

6.19 A machine frame is made of steel having $S_y = 400$ MPa and $S_{sy} = 250$ MPa. When loaded in a test fixture, the stresses were found to vary linearly with load. Two points on the surface were found to be most critical. With a 4-kN test load, stresses at these points were: point a, $\sigma_1 = 200$ MPa, $\sigma_2 = 100$ MPa; point b, $\sigma_1 = 150$ MPa, $\sigma_2 = -100$ MPa. Compute the test load at which the frame will experience initial yielding according to the (a) maximum-normal-stress theory, (b) maximum-shear-stress theory, and (c) maximum-distortion-energy theory. Discuss briefly the relative validity of each theory for this application. Considering all the information available, what is your best judgment of the value of test load at which yielding would actually be expected to begin (see Figure P6.19)?

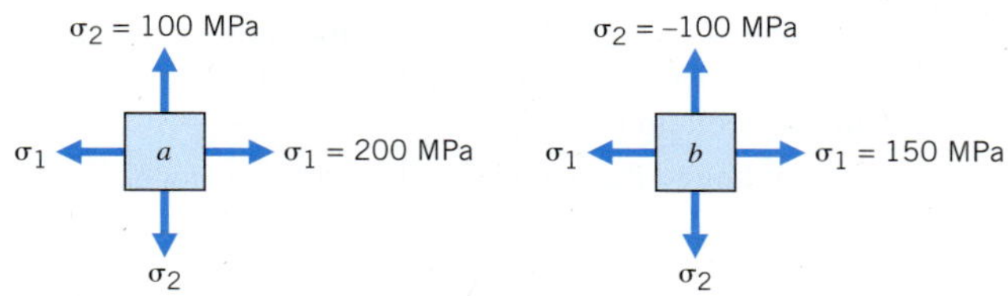

FIGURE P6.19

6.20 A machine component is loaded so that stresses at the critical location are $\sigma_1 = 140$ MPa, $\sigma_2 = -100$ MPa and $\sigma_3 = 0$. The material is ductile, with yield strengths in tension and compression of 410 MPa. What is the safety factor according to (a) the maximum-normal-stress theory, (b) the maximum-shear-stress theory, and (c) the maximum-distortion-energy theory? Which theory would be expected to agree most closely with an actual test?

[Partial ans.: (a) 2.93, (b) 1.71, (c) 1.96]

6.21 Repeat Problem 6.20 with $\sigma_1 = 175$ MPa, $\sigma_2 = -100$ MPa and $\sigma_3 = 0$.

[Partial ans.: (a) 2.34, (b) 1.49, (c) 1.70]

6.22 Consider the following states of biaxial stress: (1) $\sigma_1 = 30$, $\sigma_2 = 0$, (2) $\sigma_1 = 30$, $\sigma_2 = -15$, (3) $\sigma_1 = 30$, $\sigma_2 = -30$, (4) $\sigma_1 = 30$, $\sigma_2 = 15$, (5) pure shear, $\tau = 30$. With the aid of a σ_1–σ_2 plot, list these stress states in order of increasing likelihood of causing failure according to (a) the maximum-normal-stress theory, (b) the maximum-shear-stress theory, and (c) the maximum-distortion-energy theory. Assume an arbitrary value of $S_y = 80$ psi for the plot and calculate safety factors for each failure theory and stress state.

6.23 What tensile yield strength must a ductile material have in order to provide a safety factor of 2 with respect to initial yielding at the location(s) investigated in Problems (a) 4.46, (b) 4.49, (c) 4.51, (d) 4.53, (e) 4.55, (f) 4.56, (g) 4.58, (h) 4.62, and (i) 4.67? In each case, determine the answer using both the maximum-shear-stress theory and the maximum-distortion-energy theory.

6.24 What tensile yield strength must a ductile material have in order to provide a safety factor of 1.5 with respect to initial yielding at the location(s) investigated in Problems (a) 4.46, (b) 4.49, (c) 4.51, (d) 4.53, (e) 4.55, (f) 4.56, (g) 4.58, (h) 4.62, and (i) 4.67? In each case, determine the answer using both the maximum-shear-stress theory and the maximum-distortion-energy theory.

6.25 What ultimate tensile strength would be required of a brittle material in order to provide a safety factor of 4 to a member subjected to the same state(s) of stress as those determined in Problems (a) 4.46, (b) 4.49, (c) 4.51, (d) 4.53, (e) 4.55, (f) 4.56, (g) 4.58, (h) 4.62, and (i) 4.67? Use the modified Mohr theory, and assume a compressive ultimate strength of 3.5 times the tensile strength. If overloaded to failure, what would be the orientation of the brittle crack in each case?

6.26 Repeat Problem 6.25, except use a safety factor of 3.5.

6.27 The surface of a steel machine member is subjected to principal stresses of 200 MPa and 100 MPa. What tensile yield strength is required to provide a safety factor of 2 with respect to initial yielding:

(a) According to the maximum-shear-stress theory?

(b) According to the maximum-distortion-energy theory?

[Ans.: (a) 400 MPa, (b) 346 MPa]

6.28 A load causes principal stresses of 300 and 100 MPa on the surface of a steel machine member. What tensile yield strength is required to provide a safety factor of 2 with respect to initial yielding:

(a) According to the maximum-shear-stress theory?

(b) According to the maximum-distortion-energy theory?

[Ans.: (a) 600 MPa, (b) 530 MPa]

6.29 A round steel rod is subjected to axial tension of 50 MPa with superimposed torsion of 100 MPa. What is your best prediction of the safety factor with respect to initial yielding if the material has a tensile yield strength of 500 MPa (see Figure P6.29)?

[Ans.: 2.77]

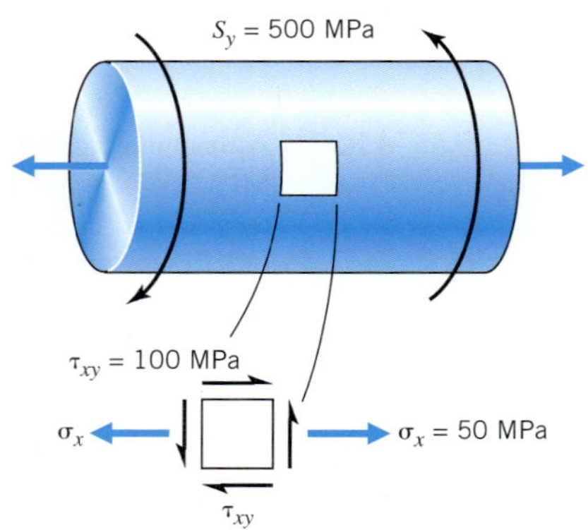

FIGURE P6.29

6.30 Repeat Problem 6.29 except use a tensile yield strength of 400 MPa.

[Ans.: 2.22]

6.31 A straight round shaft is subjected to a torque of 565 N-m. Determine the required diameter, using steel with a tensile yield strength of 410 MPa and a safety factor of 2 based on initial yielding:

(a) According to the maximum-normal-stress theory.

(b) According to the maximum-shear-stress theory.

(c) According to the maximum-distortion-energy theory.

Discuss briefly the relative validity of the three predictions.

6.32 Repeat Problem 6.31, except use a torque of 6000 lb · in.

6.33 A round steel bar having $S_y = 800$ MPa is subjected to loads producing calculated stresses of $P/A = 70$ MPa, $Tc/J = 200$ MPa, $Mc/I = 300$ MPa, and $4V/3A = 170$ MPa.

(a) Sketch Mohr circles showing the relative locations of maximum normal stress and maximum shear stress.

(b) Determine the safety factor with respect to initial yielding according to the maximum-shear-stress theory and according to the maximum-distortion-energy theory.

6.34 The surface of a steel machine member is subjected to stresses of $\sigma_1 = 100$ MPa, $\sigma_2 = 20$ MPa, and $\sigma_3 = -80$ MPa. What tensile yield strength is required to provide a safety factor of 2.5 with respect to initial yielding:

(a) According to the maximum-shear-stress theory?

(b) According to the maximum-distortion-energy theory?

6.35 A downhold oil tool experiences critical static biaxial stresses of $\sigma_1 = 45{,}000$ psi and $\sigma_2 = 25{,}000$ psi. The oil tool is made of normalized 4130 steel that has an ultimate tensile strength of 97,000 psi and a yield strength of 63,300 psi. Determine the factor of safety based on predicting failure by the maximum-normal-stress theory, the maximum-shear-stress theory, and the distortion energy theory.

6.36 A lawn mower component experiences critical static stresses of $\sigma_x = 300$ MPa $\sigma_y = 175$ MPa, and $\tau_{xy} = 100$ MPa. The component is made of 4130 normalized steel that has an ultimate strength of 668.8 MPa and a yield strength of 436.4 MPa. Determine the factor of safety based on predicting failure by the maximum-normal-stress theory, the maximum-shear-stress theory, and the distortion energy theory.

Sections 6.13–6.15

6.37 A shaft is subjected to a maximum load of 20 kN. It is designed to withstand a load of 25 kN. If the maximum load encountered is normally distributed with a standard deviation of 3.0 kN, and if shaft strength is normally distributed with a standard deviation of 2.0 kN, what failure percentage would be expected?

6.38 Assume that the failure rate calculated in Problem 6.37 is unacceptable.

(a) To what value would the standard deviation of shaft strength have to be reduced in order to give a failure rate of 5%, with no other changes?

(b) To what value would nominal shaft strength have to be increased in order to give a failure rate of only 5%, with no other changes?

6.39 A particular machine part is subjected in service to a maximum load of 10 kN. With the thought of providing a safety factor of 1.5, it is designed to withstand a load of 15 kN. If the maximum load encountered in various applications is normally distributed with a standard deviation of 2 kN, and if part strength is normally distributed with a standard deviation of 1.5 kN, what failure percentage would be expected in service?

[Ans.: 2.3%]

6.40 Assume that the failure rate calculated in Problem 6.39 is unacceptable.

(a) To what value would the standard deviation of part strength have to be reduced in order to give a failure rate of only 1%, with no other changes?

(b) To what value would the nominal part strength have to be increased in order to give a failure rate of only 1%, with no other changes?

6.41 A shaft is subjected to a maximum load of 10 kN. It is designed to withstand a load of 15 kN. If the maximum load encountered is normally distributed with a standard deviation of 2.5 kN, and if shaft strength is normally distributed with a standard deviation of 2.0 kN, what failure percentage would be expected?

[Ans.: 7.0%]

6.42 Assume that the failure rate calculated in Problem 6.41 is unacceptable.

(a) To what value would the standard deviation of shaft strength have to be reduced in order to give a failure rate of only 3%, with no other changes?

(b) To what value would the nominal shaft strength have to be increased in order to give a failure rate of only 3%, with no other changes?

충격

7

7.1 개요

지금까지는 주로 **정적** 하중만을 다루었으나 이번 장에서는 실제로 보다 자주 접하게 되는 **동적** 하중을 다루기로 한다. 동적 하중은 이번 장에서 공부할 **충격**(impact)과 8장에서 공부할 **피로**(fatigue) 모두를 포함한다.

충격 하중은 **쇼크 하중** 또는 **충동 하중**이라고도 불린다. 독자들은 지금까지 망치로 못이나 말뚝 박기, 공기압 해머로 콘크리트 부수기, 자동차 충돌 사고(부주의하게 주차하면서 범퍼끼리 받는 것과 같은 사소한 경우라도), 화물을 운송할 때 상자 떨어뜨리기, 충격 구를 사용하여 건물 허물기, 자동차 바퀴가 노면 구덩이에 빠지는 경우 등과 같은 여러 가지의 충격 하중을 경험하였거나 관찰하였을 것이다.

충격 하중은 그 정도에 따라 다음과 같이 세 가지 형태로 분류할 수 있다: (1) 차량이 다리를 건널 때처럼 크기는 전반적으로 일정하지만 빠른 속도로 움직이는 하중, (2) 폭발이나 엔진 실린더 안에서의 연소 과정처럼 급작스럽게 가해지는 하중, (3) 공사장에서 기둥을 박는 파일 드라이버, 낙하 단조기, 또는 차량 충돌의 경우처럼 직접적인 충격 하중. 이들은 그림 7.1에 도시되어 있다. 그림 7.1*a*에 나타낸 것은 질량 *m*을 스프링 *k*의 위쪽에 살짝 닿을 정도로만 고정하고 있다가 갑자기 놓는 경우이다. 대시포트(감쇠기, 댐퍼, 또는 충격 흡수기라고도 한다) *c*가 마찰력에 의한 지지력을 제공하여 전체 중량 *mg*가 순간적으로 스프링에 가해지지 않는다. 그림 7.1*b*에서는 대시포트가 없으므로 질량 *m*을 놓는 순간 전체 중량 *mg*가 스프링에 가해진다. 그림 7.1*c*에서는 힘이 순간적으로 가해질 뿐 아니라, 질량이 스프링에 부딪치기 이전에 운동에너지를 갖는다.

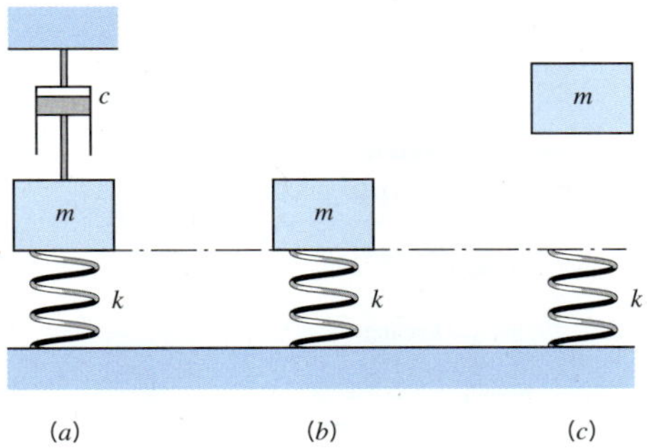

그림 7.1 질량 *m*을 순간적으로 놓을 때 발생하는 충격 하중의 3가지 수준.

그림 7.1a에서 대시포트의 중요한 역할은 하중 mg가 **점진적**으로 작용하도록 한다는 것이다. 하중이 충분히 느리게 가해진다면 그 하중은 정적 하중으로 간주할 수 있다. 이러한 경우에 **충격 하중과 정적 하중을 구분하는 일반적인 방법은 하중이 가해질 때 소요되는 시간을 감쇠가 없는 스프링–질량 계의 고유진동 주기와 비교하는 것이다.**

[진동의 기초 이론에 익숙하지 않은 독자는 그림 7.1b에서 스프링에 붙어 있는 질량을 밀어 내렸다가 갑자기 놓는 상황을 생각해 보라. 질량은 '가장 높은 위치'와 '가장 낮은 위치' 사이를 일정한 주기를 갖고 상하로 진동하게 될 것이다. 이러한 주기가 스프링-질량 계의 **고유진동 주기**이며, 그 주기 시간(τ, s)과 질량(m, kg 또는 lb·s²/in.), 스프링 상수(k, N/m 또는 lb/in.) 사이의 관계는

$$\tau = 2\pi\sqrt{\frac{m}{k}} \tag{a}$$

와 같다. 따라서 질량이 **클수록**, 스프링이 **유연할수록** 진동 주기는 **길어진다**(즉 고유진동수가 작아진다).]

만약 하중이 작용하는 시간(예를 들어 하중의 크기가 0에서부터 최댓값으로 증가하기까지 소요되는 시간)이 고유 주기의 3배 이상이면, 동적 효과를 무시할 수 있으며 정적 하중으로 가정할 수 있다. 그러나 하중 작용 시간이 고유 주기의 1/2보다 짧다면 이것은 명백하게 충격 하중으로 봐야 한다. 물론 그 사이에 구분이 불분명한 영역이 존재한다(표 7.1 참조).

충격 하중은 압축, 인장, 굽힘, 비틀림, 또는 이들이 조합된 형태로 될 수 있다. 클러치를 갑작스럽게 연결하는 경우나 전기 드릴의 날이 구멍을 뚫고자 하는 재료에 부딪치는 경우 등이 비틀림 충격의 예가 될 것이다.

정적 하중과 충격 하중의 중요한 차이점은 정적 하중을 받는 부품은 그 **하중을 지지**할 수 있도록 설계되어야 하는 반면, 충격 하중을 받는 부품은 **에너지를 흡수**할 수 있도록 설계되어야 한다는 것이다.

하중이 작용하는 속도에 따라 재료의 강도 특성이 변화하는데 이는 일반적으로 우리가 설계할 때 도움이 된다. 하중 작용 속도가 빨라짐에 따라 항복강도와 극한강도는 증가하는 경향이 있기 때문이다.(그러나 6.2절에서 언급한 바와 같이 빠른 하중은 취성 파괴를 촉진하는 경향이 있다는 사실을 기억해야 한다.) 그림 7.2는 변형률 속도가 연강(mild steel)의 인장 특성에 미치는 영향을 보여 준다.

표 7.1 하중의 형태

Load Type	Time Required to Apply Load (s)
Static loading	$t_{\text{applied loading}} > 3\tau$
"Gray area"	$\frac{1}{2}\tau < t_{\text{applied loading}} < 3\tau$
Dynamic loading	$t_{\text{applied loading}} < \frac{1}{2}\tau$

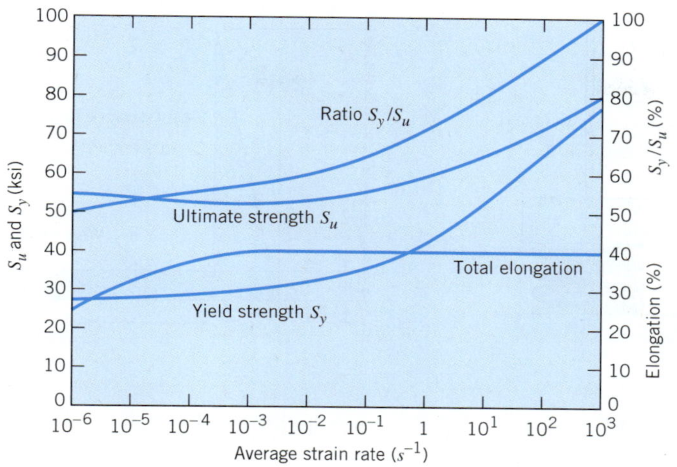

그림 7.2 변형률 속도가 연강의 상온에서의 인장 특성에 미치는 효과[2].

이론적인 충격 해석 결과를 실제의 공학 문제에 적용하는 데 있어서 한 가지 문제점은 하중 작용 속도와 변형률 발생 속도를 단지 근사적으로 알 수밖에 없다는 것이다. 이로 인하여 때로는 재료의 정적 강도와 함께, 실험적으로 구해진 응력 충격 계수(stress impact factor)를 사용할 수밖에 없게 된다. 설계 중인 부품에 잘 적용할 수 있는 정확한 실험 데이터가 있는 경우에는 이런 방법도 훌륭한 결과를 가져올 수 있다. 자동차의 현가 장치 부품들을 설계할 때 응력 충격 계수를 4로 하는 것이 한 가지 예이다. 이렇게 실험적 계수를 사용하는 것이 정당화된다 할지라도, 엔지니어는 충격 하중의 기본을 잘 이해하고 있어야 한다.

7.2 선형 및 굽힘 충격에 의한 응력과 처짐

그림 7.3은 어떤 물체(무게 W)가 자유낙하하여 구조물에 부딪치는 상황을 이상화하여 보여준다.(모든 구조물은 어느 정도의 탄성을 가지므로 이상화하여 스프링으로 표시하였다.) 그림 7.3으로부터 응력과 처짐에 대한 간단한 관계식을 유도하기 위하여, 단순한 스프링-질량계의 고유 주기식을 유도할 때와 같은 다음의 가정을 적용한다: (1) 구조물(스프링)의 질량은 무시할 만큼 작다, (2) 질량 자체의 변형은 무시할 만큼 작다, (3) 감쇠는 무시할 만큼 작다. 이 가정들은 몇 가지 중요한 의미를 포함하고 있다.

1. 첫 번째 가정이 의미하는 것은, 동적 처짐 곡선(즉 충격으로 인한 순간적 처짐 곡선)은 같은 크기의 정적 하중에 의한 처짐에 **충격 계수**(impact factor)를 곱한 크기와 같다는 것이다. 하지만 실제로 동적 처짐에서는 정적 처짐의 경우에 비하여 **국부적으로** 큰 변형률(따라서 큰 국부적인 응력)이 일어나는 점들이 있게 된다.
2. 충돌하는 질량(물체)에도 **어느 정도의 변형**이 발생할 수밖에 없다. 그 변형하는 정도

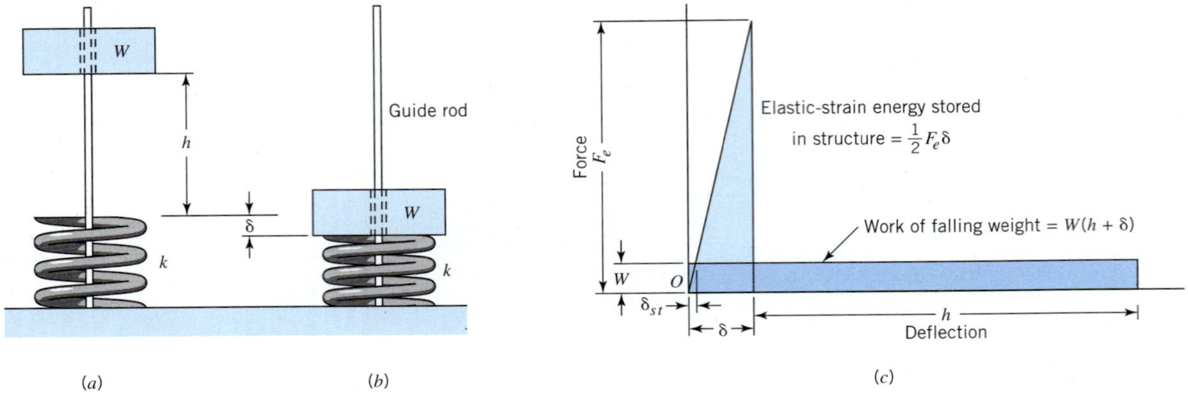

그림 7.3 물체의 낙하에 의해 탄성 구조물에 가해지는 충격 하중: (*a*) 초기 위치, (*b*) 최대 처짐에 도달한 순간의 위치, (*c*) 힘-변형 에너지 관계.

만큼 에너지의 일부가 그 물체에 흡수되고, 이로 인하여 구조물의 실제 응력과 변형은 이 영향을 무시하고 계산한 값에 비하여 약간 작게 된다.

3. 실제에 있어서 공기의 점성이나 낙하 질량과 안내 막대 사이의 또는 질량과 스프링 윗면 사이의 마찰, 그리고 변형하는 구조물 내의 내부 마찰 등에 의한 약간의 마찰 감쇠(그 크기는 매우 작을지라도)가 있게 된다. 이러한 감쇠 때문에 실제의 응력과 처짐은 이상화하여 계산한 결과에 비하여 상당히 작아진다.

위의 가정에 따른 제약을 염두에 두고 아래와 같이 이상화한 문제에 대한 해석을 수행함으로써, 기본적인 충격 현상을 이해하고, 선형 충격 문제를 다루는 데 지침이 되는 매우 유용한 식을 얻도록 한다.

그림 7.3에서, 떨어지는 질량은 중력장에서 W(단위는 뉴턴 또는 파운드)의 무게를 가지며, 구조물은 스프링 상수 k(N/m 또는 lb/in.)를 갖는 스프링처럼 충격에 대하여 탄성적으로 반응한다. 충격에 따른 최대 처짐은 δ(m 또는 in.)이다. F_e는 같은 크기의 처짐량 δ를 일으키는 등가 정적 하중으로서 $F_e = k\delta$를 만족시킨다. 에너지가 모두 감쇠되어 질량이 구조물 위에 정지한 후의 정적 처짐은 δ_{st}로 표시되며 $\delta_{st} = W/k$이다.

떨어지는 물체가 갖고 있던 위치에너지를 스프링(구조물)에 흡수된 탄성 에너지와 같다고 놓으면

$$W(h + \delta) = \tfrac{1}{2}F_e\,\delta \tag{b}$$

스프링이 하중을 점진적으로 받으므로 계수 $\frac{1}{2}$이 나타나는 것에 유의하여야 한다.

정의에 따라 $F_e = k\delta$이며 $k = W/\delta_{st}$이므로

$$F_e = (\delta/\delta_{st})\,W \quad \text{or} \quad \delta/\delta_{st} = F_e/W \tag{c}$$

식 (c)를 식 (b)에 대입하면

$$W(h + \delta) = \frac{1}{2}\frac{\delta^2}{\delta_{st}}W \tag{d}$$

식 (d)는 δ에 대한 2차 방정식이 되며, 그 해 δ는 다음과 같이 쉽게 풀어진다.

$$\delta = \delta_{st}\left(1 + \sqrt{1 + \frac{2h}{\delta_{st}}}\right) \tag{7.1}$$

식 (c)를 식 (7.1)에 대입하면

$$F_e = W\left(1 + \sqrt{1 + \frac{2h}{\delta_{st}}}\right) \tag{7.2}$$

구조물(스프링)이 충격에 대하여 탄성적으로 반응한다고 가정하였으므로, 발생하는 응력은 하중에 비례한다. 식 (7.1)과 (7.2)의 괄호 안의 항을 **충격 계수**라 하며, W의 무게가 동적으로 가해질 때 발생하는 하중, 응력 및 처짐이 같은 크기의 무게가 천천히 가해지는 경우나 정적으로 가해지는 경우에 비하여 커지는 비율을 나타낸다.

경우에 따라 식 (7.1)과 (7.2)를 낙하 거리 h 대신에 충돌 시의 속도 v(m/s 또는 in./s)로 나타내는 것이 편리할 때가 있다. 자유낙하의 경우, 그 관계식은 아래와 같이 된다.

$$v^2 = 2gh \quad \text{or} \quad h = \frac{v^2}{2g} \tag{e}$$

여기서 g는 m/s^2 또는 in./s^2 단위로 나타낸 중력 가속도이다.

식 (e)를 식 (7.1)과 (7.2)에 대입하면

$$\delta = \delta_{st}\left(1 + \sqrt{1 + \frac{v^2}{g\delta_{st}}}\right) \tag{7.1a}$$

$$F_e = W\left(1 + \sqrt{1 + \frac{v^2}{g\delta_{st}}}\right) \tag{7.2a}$$

로 된다.

낙하 거리 h를 0으로 하여 속도 v가 0이 되면, **갑자기 작용하는 하중**이라고 하는 특수한 경우가 되어, 이때의 충격 계수는 2가 된다. 이것이 바로 과거에 설계자들이 충격이 예상되는 부품을 설계할 때 안전 계수를 2배로 크게 한 근거가 되었다.

많은 충격 문제에서 처짐은 h에 비하여 거의 무시할 만큼 작다(그림 7.3 참조). 즉 $h \gg \delta_{st}$이므로 식 (7.1)과 (7.2)는 다음과 같이 간단하게 된다.

$$\delta = \delta_{st}\sqrt{\frac{2h}{\delta_{st}}} = \sqrt{2h\delta_{st}} \tag{7.3}$$

$$F_e = W\sqrt{\frac{2h}{\delta_{st}}} = \sqrt{2Whk} \tag{7.4}$$

마찬가지로 식 (7.1a)와 (7.2a)도

$$\delta = \delta_{st}\sqrt{\frac{v^2}{g\delta_{st}}} = \sqrt{\frac{\delta_{st}v^2}{g}} \tag{7.3a}$$

$$F_e = W\sqrt{\frac{v^2}{g\delta_{st}}} = \sqrt{\frac{v^2kW}{g}} \tag{7.4a}$$

로 단순화할 수 있다.

앞에 나온 4개의 식에서 중력은 단지 충돌하는 순간에 물체가 속도를 갖게 만드는 작용만 하는 것으로 생각하였으며, 충돌 이후에는 중력의 작용을 무시하였다. 따라서 식 (7.3*a*)와 (7.4*a*)는 수평 방향으로 움직이는 물체가 구조물에 충돌하는 문제에도 적용될 수 있으며, 이때의 충돌 속도 v는 중력이 아닌 다른 원인으로 발생하게 된다. 이 경우, δ_{st}는 무게가 수직 방향으로 구조물에 작용하도록 전체 계를 90° 회전시켰다면 발생하게 될 정적 처짐량이다. 따라서 실제의 방향과는 관계없이

$$\delta_{st} = W/k \tag{f}$$

라고 할 수 있다.

처짐과 등가 정적 하중을 충돌 시의 운동에너지 U의 함수로 표시하는 것이 유용하다. U는 기초 물리학을 이용하여

$$U = \tfrac{1}{2}mv^2 = Wv^2/2g \tag{g}$$

식 (f)와 (g)를 식 (7.3a)와 (7.4a)에 대입하면 다음과 같이 된다.

$$\delta = \sqrt{\frac{2U}{k}} \tag{7.3b}$$

$$F_e = \sqrt{2Uk} \tag{7.4b}$$

따라서 에너지 U가 클수록, 스프링의 강성이 클수록 등가 정적 하중이 크게 된다.

7.2.1 인장이나 압축 방향으로 선형 충격을 받는 직선 봉

선형 충격의 중요한 문제로 직선 봉이 압축이나 인장 충격 하중을 받는 경우가 있다. 그림

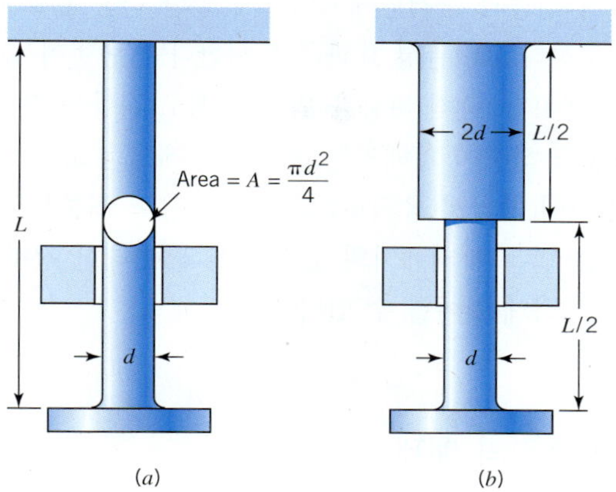

그림 7.4 인장 충격.

7.4a에 인장 충격이 발생하는 경우가 나와 있다. 인장봉은 흔히 볼트의 모양을 띤다. 만약 충격 하중이 동심(concentric)으로 작용하고, 응력 집중을 무시할 수 있다면(가정이 지나친 것 같지만), 식 (7.4b)에 다음의 기본적인 관계식을 대입할 수 있다.

$$\sigma = F_e/A \tag{h}$$

$$k = AE/L \tag{i}$$

여기서 A는 봉의 단면적, L은 봉의 길이이다. 대입한 결과식은

$$\sigma = \sqrt{\frac{2UE}{AL}} = \sqrt{\frac{2UE}{V}} \tag{7.5}$$

이며, 여기서 V는 봉의 체적이다.

식 (7.5)로부터 중요한 점을 발견할 수 있다—봉에 발생하는 응력은 봉의 **체적**의 함수로서, 단면적이 작고 길이가 긴 봉인지, 아니면 단면적이 크고 길이가 짧은 봉인지는 관계가 없다는 것이다.

식 (7.5)를 풀어 U를 구하면

$$U = \frac{\sigma^2 V}{2E} \tag{7.5a}$$

위 식에 나타낸 바와 같이 직선 봉의 **충격 에너지 흡수 용량**(impact energy capacity)은 봉의 체적, 재료의 탄성 계수와 허용 응력의 **제곱**의 함수로 간단히 표시된다.

이러한 기본적인 관계식이 중요하기는 하지만 식 (7.5)와 (7.5a)가 실제로는 상당히 낙관적인 결과를 준다는 것을 명심해야 한다. 즉 계산된 응력이 실제의 최대 응력에 비하여 **작은** 값이어서 계산된 에너지 흡수 용량은 실제의 값보다 **크게** 나온다는 것이다. 그 주된 이유

는 다음과 같다: (1) 응력 집중과 충격면에서의 불균일한 하중 분포로 인하여 응력이 부재 전체에 걸쳐 균일하지 못하다. (2) 관성 효과를 무시한다면 변형이 봉의 전 길이에 걸쳐 순간적으로 고르게 분포되겠지만, 충격 하중을 받는 부재도 질량을 갖고 있으며, 봉의 질량에 의한 관성으로 인하여 충격 하중이 가해지는 봉의 끝단에서는 고르게 분포되었다고 생각한 것보다 더 큰 **국부적** 변형이(따라서 응력도) 나타난다. 응력 집중부의 영향은 7.4절에서 다루기로 한다. 충격 하중을 받는 부재에서의 질량의 효과에 대한 정량적인 해석은 참고문헌 [1], [6], [8]에서 더욱 상세하게 찾아볼 수 있다.

7.2.2 선형 및 굽힘 충격의 예제

예제 7.1 SAMPLE PROBLEM **축 방향 충격−단면 균일성의 중요함**

그림 7.4와 같이 인장 충격을 받는 원형 단면 봉 두 개가 있다. 이 봉들의 탄성 에너지 흡수 용량을 비교하라.(응력 집중은 무시하고 S_y를 탄성 한도의 근삿값으로 사용하라.)

풀이 SOLUTION

제시자료: 주어진 형상을 갖는 두 개의 원형 단면 봉에 충격 인장 하중이 작용한다.

목표: 두 봉의 탄성 에너지 흡수 용량을 비교하라.

개요도 및 데이터: 그림 7.4를 참조하라.

가정:

1. 각 봉의 질량은 무시할 만큼 작다.
2. 충돌하는 물체들의 변형은 무시한다.
3. 마찰 감쇠를 무시한다.
4. 각 봉은 충격에 탄성적으로 반응한다.
5. 격 하중은 동심적으로 작용한다.
6. 응력 집중을 무시한다.

해석:

1. 그림 7.4a의 경우에 대한 탄성 용량은 식 (7.5a)로부터 직접 구할 수 있다. 여기서 $\sigma = S_y$이다.

$$U_a = \frac{S_y^2 V}{2E}$$

2. 그림 7.4b의 경우에는 윗부분과 아랫부분에 흡수되는 에너지를 각각 따로 구하여야 한다. 체적이 작은 아래쪽이 더 위험한 부분으로서 그 체적은 $V/2$(여기서 V는 그림 7.4a에 나와 있는 봉의 전체 체적)이며 그 부분의 응력이 S_y가 된다. 아랫부분의 흡수 용량은

$$U_{bl} = \frac{S_y^2 V/2}{2E} = \tfrac{1}{2}U_a$$

3. 같은 크기의 힘이 봉의 전체 길이에 전달되며(윗부분에도 같은 크기의 힘이 작용한다), 윗부분의 단면적은 아래쪽의 4배이다. 그러므로 아래쪽에 비해서 체적은 4배가 되고 응력은 $\frac{1}{4}$이 된다. 따라서 윗부분의 에너지 흡수 용량은

$$U_{bu} = \frac{(S_y/4)^2(2V)}{2E} = \tfrac{1}{8}U_a$$

4. 총 에너지 흡수 용량은 U_{bl}과 U_{bu}의 합으로, 이는 그림 7.4a에 나와 있는 **균일 단면 봉의 에너지 흡수 용량의 5/8**이 된다. 그림 7.4b에 있는 봉의 체적과 무게는 그림 7.4a에 있는 봉의 $2\frac{1}{2}$배이므로 **단위 무게당(질량당 또는 부피당) 에너지 흡수 용량은** 균일 단면 봉의 경우가 단이 있는 봉보다 **4배 더 크다.**

주석: 실제로 그림 7.4b에 나타낸 단이 있는 봉의 단면 변화 부분에서 발생되는 응력 집중은 에너지 흡수 용량을 더욱 감소시키며 취성 파괴를 촉진하는 경향이 있다. 이 점은 다음 절에서 더 자세히 언급하기로 한다.

예제 7.2 SAMPLE PROBLEM 여러 가지 재료의 에너지 흡수 용량 비교

그림 7.5는 완충재 위에 충돌하는 낙하 물체를 보여 준다. 아래 표에 나와 있는 각종 완충 재료의 상대적인 탄성 에너지 흡수 용량을 구하라.

Material	Density (kN/m^3)	Elastic Modulus (E)	Elastic Limit (S_e, MPa)
Soft steel	77	207 GPa	207
Hard steel	77	207 GPa	828
Rubber	9.2	1.034 MPa	2.07

풀이 SOLUTION

제시자료: 물체가 주어진 여러 가지 재료로 만들어진 에너지 흡수용 완충재 위로 떨어진다.

목표: 각 완충재별로 탄성 충격 에너지 흡수 용량을 비교하라.

개요도 및 데이터:

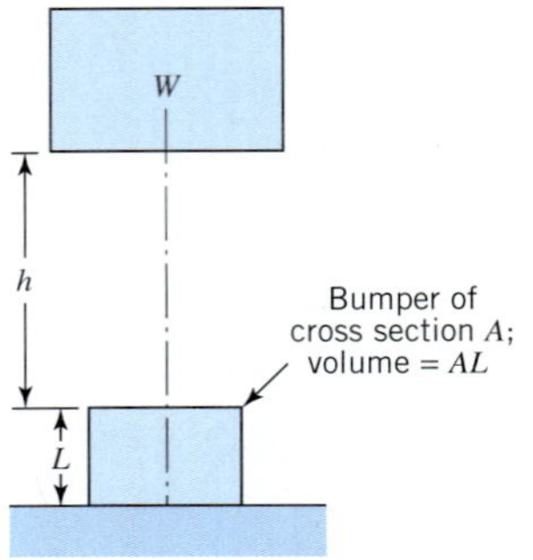

그림 7.5 압축 완충재(compression bumper)에 작용하는 충격 하중.

가정:

1. 완충재의 질량은 무시할 만큼 작다.
2. 충돌하는 물체의 변형은 무시한다.
3. 감쇠는 무시한다.
4. 완충재는 탄성적으로 반응한다.
5. 충격 하중은 균일하게 작용한다.

해석:

1. 그림 7.3으로부터, 흡수된 탄성 변형률 에너지는 $\frac{1}{2}F_e\delta$로 하중-변위 곡선의 면적에 해당된다. 탄성 한도에서 $F_e = S_eA$이고, $\delta = F_eL/AE$이다. 이들 값을 대입하면

$$U = \tfrac{1}{2}F_e\delta = \frac{S_e^2AL}{2E} = \frac{S_e^2V}{2E}$$

이 되며, 당연히 식 (7.5a)와 일치한다.

2. 주어진 재료 특성을 위 식에 대입해 보면 연강, 경강, 고무의 단위 체적당 탄성 에너지 흡수 용량의 비는 1 : 16 : 20임을 알 수 있다. 단위 질량(또는 단위 무게)에 대하여 비교하면 그 비율은 1 : 16 : 168이 된다.

주석: 어떤 재료의 단위 체적당 탄성 에너지의 흡수 용량은 응력-변형률 곡선 중 탄성 부분에 해당되는 곡선 아래의 면적과 같으며, 이를 재료의 **탄성 에너지 계수**(modulus of resilience, R_m)라 한다. 재료 파괴 시까지의 단위 체적당 **총** 인장 에너지 흡수 용량은 응력-변형률 곡선에서 파손까지의 곡선 아래 전체 면적이 되며, 이를 **인성 계수**(modulus of toughness, T_m)라 한다. 위의 두 예에서 두 종류의 강은 탄성 에너지 계수 값은 상당히 다르지만 인성 계수는 서로 비슷한 값을 갖는다.

예제 7.3 SAMPLE PROBLEM 굽힘 충격–복합 스프링의 효과

그림 7.6에 양 끝단에서 스프링으로 지지되며, 굽힘 충격 하중을 받는 목재 보가 있다. 보와 스프링의 질량은 무시할 만큼 작다고 가정하고 보에서 발생하는 최대 응력과 처짐량을 구하라.

풀이 SOLUTION

제시자료: 100 lb의 무게를 갖는 물체가 주어진 높이에서 목재 보로 떨어진다. 보의 재질과 여러 치수들은 그림과 같이 주어져 있으며 양 끝단에서 스프링으로 지지되어 있다.

목표: 보에서 나타나는 최대 응력과 처짐량을 구하라.

개요도 및 데이터:

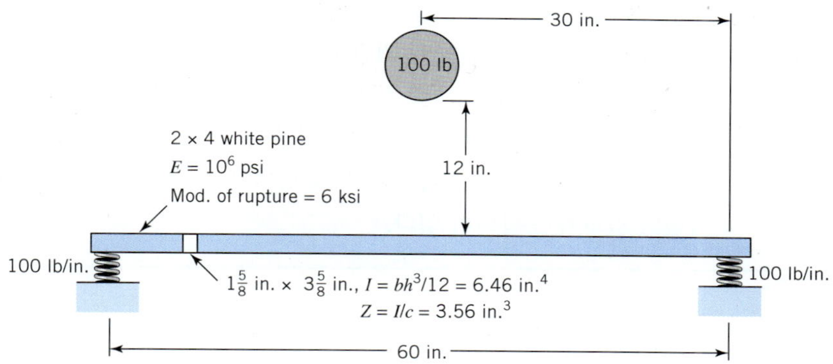

그림 7.6 복합 스프링 구조물에 작용하는 굽힘 충격.

가정:

1. 문제에서 설명한 바와 같이 보와 스프링의 질량은 무시한다.
2. 보와 스프링은 탄성적으로 반응한다.
3. 충격 하중은 보의 한가운데에 균일하게 작용한다.

해석:

1. 보와 스프링 각각의 정적 처짐량과 전체 계의 정적 처짐량을 계산하면

$$\delta_{st}(\text{beam}) = \frac{PL^3}{48EI} = \frac{100(60)^3}{48(10^6)(6.46)} = 0.070 \text{ in.}$$

$$\delta_{st}(\text{springs}) = \frac{P}{2k} = \frac{100}{2(100)} = 0.50 \text{ in.}$$

$$\delta_{st}(\text{total}) = 0.070 + 0.50 = 0.57 \text{ in.}$$

2. 식 (7.1)이나 (7.2)로부터 **충격 계수**를 계산하면

$$1 + \sqrt{1 + \frac{2h}{\delta_{st}}} = 1 + \sqrt{1 + \frac{24}{0.57}} = 7.6$$

3. 그러므로 충격 하중에 의한 전체 처짐량은 0.57 ×7.6=4.3 in.이지만, 보만의 처짐량은 0.07×7.6=0.53 in.에 지나지 않는다.
4. 보의 최대 응력은 F_e=100×7.6=760 lb로부터 계산할 수 있다.

$$\sigma = \frac{M}{Z} = \frac{F_e L}{4Z} = \frac{760(60)}{4(3.56)} = 3200 \text{ psi}$$

주석:

1. 계산된 응력은 주어진 재료의 **파괴 계수**(modulus of rupture) 6000 psi보다 훨씬 작다.(파괴 계수는 표준 정적 시험에서 파손이 일어날 때 *M*/*Z*를 계산한 값이다.)
2. 만약 지지 스프링들을 제거한다면, 총 정적 처짐은 0.07 in.로 감소하며, 충격 계수는 19.6으로 증가한다. 이 값들로 계산한 보의 최대 응력은 8250 psi로서 재료의 파괴 계수를 넘어선다. 보의 질량에 의한 관성 효과가 실제 응력을 8250 psi보다 대단히 커지게만 만들지 않는다면 그림 7.2에 나와 있는 '동적 강화 효과(dynamic-strengthening effect)' 가 이를 보상하여 파손을 방지할 수도 있다. 일반적으로 목재에서는 이 효과가 뚜렷하게 나타나기 때문에 나무의 물성치가 수록된 참고문헌에는 대개 표준 보 충격 시험의 결과가 포함되어 있다.

7.3 비틀림 충격에 의한 응력과 변형

앞 절에서의 해석을 비틀림 계에 대해서도 반복하여, 상응하는 식들을 유도할 수 있다. 그러나 상세한 유도 과정을 수행하는 대신, 직선 운동계와 비틀림 운동계와의 직접적인 유사성 해석(analogy)을 통하여 결과식들을 바로 얻을 수 있다. 관련된 유사 물리량들은 아래 표와 같다.

Linear	Torsional
δ, deflection (m or in.)	θ, deflection (rad)
F_e, equivalent static force (N or lb)	T_e, equivalent static torque (N · m or lb · in.)
m, mass (kg or lb · s^2/in.)	I, moment of inertia (N · s^2 · m or lb · s^2 · in.)
k, spring rate (N/m or lb/in.)	K, spring rate (N · m/rad or lb · in./rad)
v, impact velocity (m/s or in./s)	ω, impact velocity (rad/s)
U, kinetic energy (N · m or in. · lb)	U, kinetic energy (N · m or in. · lb)

다음의 두 식에는 비틀림 계라는 것을 명시하기 위하여 식 번호에 글자 t가 덧붙여졌다.

$$\theta = \sqrt{\frac{2U}{K}} \qquad \textbf{(7.3bt)}$$

$$T_e = \sqrt{2UK} \qquad \textbf{(7.4bt)}$$

대표적으로 중요한 경우로, 지름이 d인 속이 꽉 찬 원형봉이 비틀림 충격을 받는 경우:

1. 표 5.1로부터

$$K = \frac{T}{\theta} = \frac{K'G}{L} = \frac{\pi d^4 G}{32L} \qquad \textbf{(i)}$$

2. 식 (4.4)에서 T를 T_e로 대체하면

$$\tau = \frac{16T_e}{\pi d^3} \qquad \textbf{(j)}$$

3. 체적 $V=\pi d^2L/4$이며, **(k)**
식 (i), (j), (k)를 식 (7.4bt)에 대입하면

$$\tau = 2\sqrt{\frac{UG}{V}} \qquad \textbf{(7.6)}$$

예제 7.4 SAMPLE PROBLEM 비틀림 충격

그림 7.7a는 회전 연마기의 조립된 축을 보여 준다. 양 끝에는 연마 숫돌 바퀴, 가운데에는 구동 벨트가 걸리는 도르래가 장착되어 있다.(도르래 대신 전기 모터의 회전자에 연결된 회전축일 수도 있다.) 2400 rpm으로 회전하던 중 작은 연마 숫돌 바퀴에 뭔가가 걸려 '순간적으로' 멈추게 되었다. 이로 인하여 축에 발생하는 최대 비틀림 응력과 비틀림 변형량을 계산하라. 숫돌 바퀴는 밀도가 $\rho=2000\ \text{kg/m}^3$인 속이 꽉 찬 원판으로 취급한다. 축의 재료는 강으로서($G=79$ GPa), 그 무게는 무시할 수 있다.

풀이 SOLUTION

제시자료: 연마기의 작은 숫돌 바퀴가 2400 rpm으로 회전하다가 순간적으로 멈추었다.

목표: 축에 생기는 최대 응력과 비틀림 변형량을 구하라.

개요도 및 데이터:

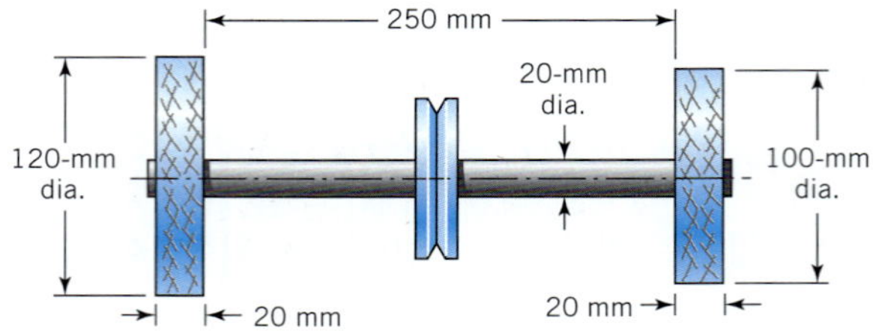

그림 7.7a 연마기 축의 비틀림 충격.

가정:

1. 축과 풀리의 무게는 무시할 수 있다.
2. 축은 비틀림 스프링으로 작용하며 충격에 탄성적으로 반응한다.
3. 숫돌 바퀴 내부의 변형은 무시할 수 있다.

해석:

1. 축이 흡수하여야 할 에너지는 120 mm 숫돌 바퀴의 운동에너지이다. 비틀림의 경우 식 (g)의 비틀림 운동에 해당되는 식은

$$U = \tfrac{1}{2} I\omega^2$$

여기서

$$I = \tfrac{1}{2} m r_{\text{wheel}}^2$$

$$m = \pi r_{\text{wheel}}^2 t\rho$$

2. 위의 식들을 조합하면

$$U = \tfrac{1}{4}\pi r_{\text{wheel}}^4 t\rho\omega^2$$

3. 단위(m, kg, s로 한다)를 맞추어 수치를 대입하면

$$U = \tfrac{1}{4}\pi(0.060)^4(0.020)(2000)\left(\frac{2400 \times 2\pi}{60}\right)^2$$

$$U = 25.72\frac{\text{kg}\cdot\text{m}^2}{s^2} = 25.72\ \text{N}\cdot\text{m}$$

4. 식 (7.6)으로부터

$$\tau = 2\sqrt{\frac{UG}{V}}$$

$$= 2\sqrt{\frac{(25.72)(79 \times 10^9)}{\pi(0.010)^2(0.250)}} = 321.7 \times 10^6\ \text{Pa}$$

$$\tau = 322 \text{ MPa}$$

5. 비틀림 변형량은

$$\theta = \frac{TL}{JG}$$

여기서 $T=\tau J/r$(즉 $\tau=Tr/J$)이므로

$$\theta = \frac{\tau L}{rG} = \frac{(321.7 \times 10^6)(0.250)}{(0.010)(79 \times 10^9)} = 0.10 \text{ rad} = 5.7°$$

주석:

1. 위의 계산에서는 모든 응력들이 탄성 영역 안에 있다고 가정한다. 또한 응력 집중이나 순간적인 정지로 인해 발생할 수도 있는 굽힘 하중이 중첩되는 것은 고려하지 않고 있다. 벨트에 의하여 도르래에 작용하는 토크도 무시하였는데, 이는 벨트에서 미끄럼이 있을 때 그렇게 할 수 있다. 구동 전동기의 관성을 무시할 수 있었던 것도 벨트가 미끄러지는 것으로 가정하였기 때문이다.

2. 축의 반경 r이 축의 전단응력 τ와 비틀림 변형량 θ에 미치는 영향은, 축의 반경을 5 mm에서 15 mm까지 변화시키면서, 축의 전단 탄성계수 G를 강(79 GPa), 주철(41 GPa), 알루미늄(27 GPa)으로 바꿔 가며 τ와 θ를 계산한 뒤 그래프를 그려 보면 알 수 있다. 그 결과를 그림 7.7*b*에서 볼 수 있다.

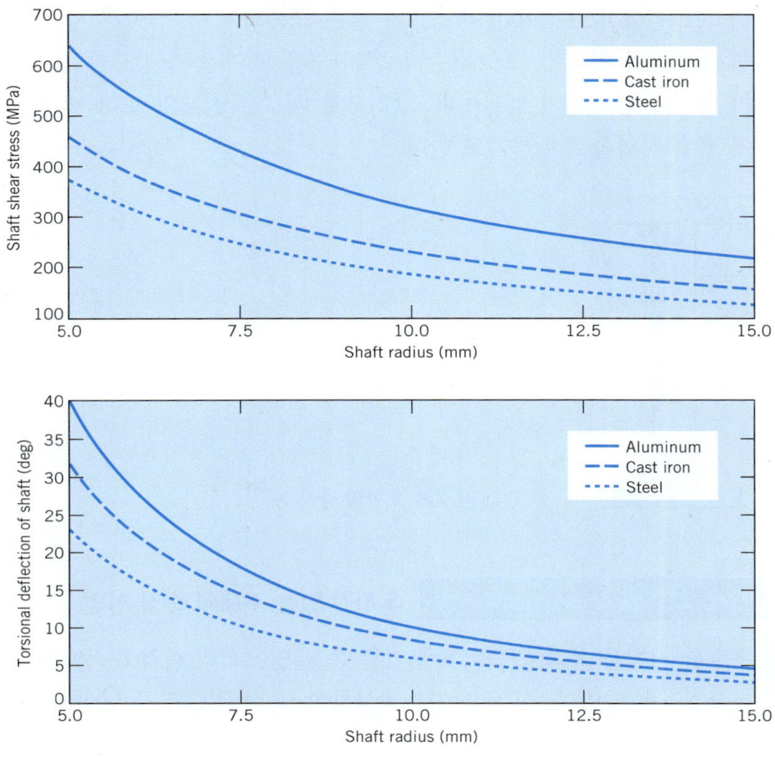

그림 7.7*b* 축의 반경에 대한 전단응력과 비틀림 변형량.

3. 반경이 10 mm인 2024-T4 알루미늄 합금 축의 경우, S_y=296 *MPa*(부록 C-2)이므로, S_{sy}=0.58 S_y=172 MPa이며, 전단응력은 τ=188 MPa, 축의 비틀림 변형량은 θ=0.174 rad=10°이다. 축 반경에 대한 전단응력 그래프를 보면, 2024-T4 알루미늄 합금 축에서 항복이 일어나는 것을 방지하려면 축의 반경은 11 mm 이상이어야 한다는 것을 알 수 있다.

7.4 응력 집중부가 충격 강도에 미치는 효과

그림 7.8에 그림 7.4*a*처럼 인장 충격을 받는 봉을 나타내었다. 그림 7.4*a*와 다른 점은 봉의 양쪽 끝에서 응력 집중을 고려한다는 것이다. 정적 하중에서는 국부적으로 항복이 일어나 응력이 재분포되어 응력 집중의 효과가 사실상 나타나지 않게 될 수도 있을 것이다. 그러나 충격 하중의 경우에는 소성 변형이 일어나기에는 시간이 너무 짧아서, 심지어 인장 시험에서 연성을 보이는 재료라 할지라도 취성 파괴를 일으킬 수 있다(유효 응력집중 계수가 그림 4.53*b*와 비슷한 도표를 사용하여 얻어지는 이론적인 값 K_t만큼 높아질 수 있다). 6.2절의 설명에 따르면, 응력 집중부가 있을 때 충격 하중이 작용하면 천이 온도(transition temperature)가 높아지는 경향이 있으므로, 보통의 경우라면 취성 파괴가 일어날 만큼 온도가 낮아지지 않더라도 취성 파괴가 발생할 수 있다는 것이다.

이론적인 연구로 충격 시의 노치 효과를 예측하는 것이 어렵기 때문에 샤르피(Charpy) 테스트나 아이조드(Izod) 테스트와 같은 표준화된 노치 충격 시험을 수행한다. 이 방법들도 역시 한계가 있는데, 그 이유는 노치가 있을 때의 충격 강도가 크기, 모양, 충격의 형태에 따라 상당히 달라지기 때문이다. 그러므로 때로는 실제와 보다 비슷한 상태가 되도록 모사하여 특수 시험을 수행하기도 한다.

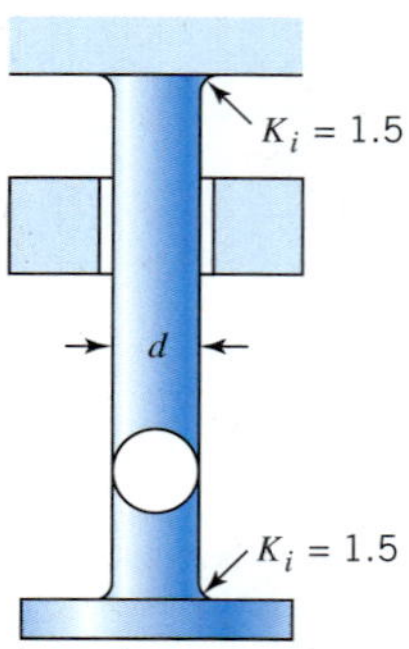

그림 7.8 보통의 충격 봉.

예제 7.5 SAMPLE PROBLEM 노치가 있는 부재의 충격 시험

특수한 시험을 통해 그림 7.8에 있는 봉 끝단에서의 충격 하중에 대한 유효 응력집중 계수 K_i가 1.5임을 알았다. 식 (7.5a)로 계산하여, 응력 집중부가 있어서 봉의 에너지 흡수 용량이 얼마나 줄어드는가를 구하라.

풀이 SOLUTION

제시자료: 충격 하중을 받는 원형 단면 봉의 양 끝에 문제에 주어진 것과 같은 응력 집중부가 있다.

목표: 응력 집중부가 봉의 에너지 흡수 용량에 미치는 효과를 구하라.

개요도 및 데이터: 그림 7.8을 참조하라.

가정: 충격 하중을 받을 때 봉의 재료는 취성 거동을 보인다.

해석: 우선 다음 두 가지를 관찰할 수 있다. (a) 봉의 길이가 충분히 길다면, 봉의 끝 필렛 부분의 재료는 봉 전체 부피에서 극히 작은 부분을 차지한다. (b) 문제가 될 필렛 부위에 있는 재료는 재료의 강도 S 이상의 응력을 받을 수 없다. 이것이 의미하는 것은 거의 모든 부분의 재료가 S/K_t(이 문제에서는 $S/1.5$가 된다)를 넘지 않는 수준으로 균일하게 응력을 받는 것으로 간주할 수 있다는 것이다. 따라서 응력 집중부를 고려한 후, 같은 체적의 재료가 응력 집중 계수인 1.5배로 작아진 응력을 받는 것으로 간주하는 것이 좋은 근사 해법이 될 수 있다. 식 (7.5a)를 보면 응력이 제곱이 되어 들어가므로 노치를 고려할 때 에너지 흡수 용량은 1.5^2, 즉 2.25배의 비율로 작아진다.

예제 7.6 SAMPLE PROBLEM 노치가 있는 부재의 충격 시험

그림 7.9는 충격 하중을 받는 봉으로, 그림 7.8에 나와 있는 것과 비슷하다. 차이점은 중간에 K_t=3인 날카롭게 파여진 홈이 있다는 것이다. 그림 7.8과 그림 7.9에 있는 봉들의 충격 에너지 흡수 용량을 비교하라.

풀이 SOLUTION

제시자료: 홈이 파여진 봉과 단면적이 균일한 봉이 충격 하중을 받는다.

목표: 두 봉의 충격 에너지 흡수 용량을 비교하라.

개요도 및 데이터:

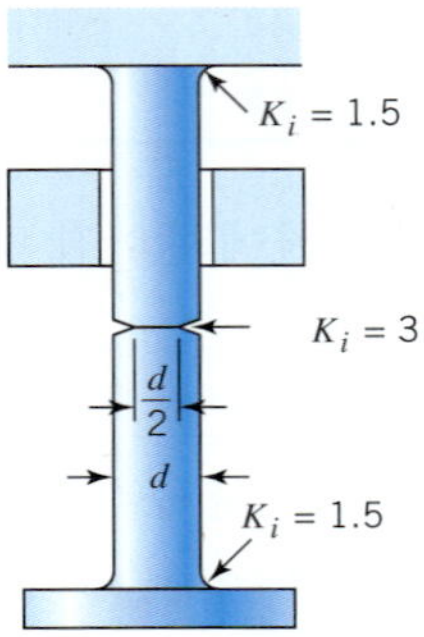

그림 7.9 홈이 있는 충격 봉.

가정: 봉의 재료는 취성 거동을 보인다.

해석: 그림 7.9에서 충격 용량은 홈 부위의 응력이 재료의 강도 S와 같아질 때의 충격 용량 값을 넘지 않도록 제한된다. 유효 응력집중 계수가 3이므로 홈 부위의 공칭응력 수준은 $S/3$이다. 단면적의 비율이 4 : 1이므로 재료의 대부분에서(홈 부위가 아닌 곳에서)의 공칭응력은 $S/12$이다. 긴 봉에서 홈 주변의 재료가 차지하는 체적의 비율은 매우 작으므로, 식 (7.5a)를 참고로 하면 홈이 있음으로 해서 생기는 중요한 차이점은 σ 값이 $S/1.5$로부터 $S/12$로 작아진다는 것이다. 식 (7.5a)에서 σ는 제곱이 되어 들어가므로 홈은 에너지 흡수 용량을 1/64로 감소시킨다. 즉 홈이 있는 봉은 홈이 없는 봉에 비하여 2% 미만의 에너지 흡수 용량을 갖는다.

이러한 논의로부터 효율적인 에너지 흡수 부재를 잘 설계하려면 다음 두 가지 중요한 단계를 포함해야 한다는 것을 알 수 있다.

1. 가능한 한 응력집중을 최소화한다.(최대 응력이 나타나는 위치에서 그 응력 값을 작게 만든다.)
2. 위의 작업을 마쳤다면 다른 모든 부위에서의 응력이 가장 위험한 부분에서 나타나는 큰 응력 값과 가능한 한 비슷한 값이 되도록 '잉여 재료'를 제거한다. 잉여 재료를 제거하더라도 부재가 지지할 수 있는 하중의 크기가 작아지지는 않지만, 변형은 증가한다. 흡수 에너지는 힘과 변형을 곱하여 적분한 값이므로, 이렇게 하면 에너지 흡수 용량을 증가시킬 수 있다.(이 원리가 인상적으로 적용된 예제 7.1을 기억하라.)

예제 7.7 SAMPLE PROBLEM 충격 강도를 증가시키기 위한 볼트 설계의 변경

그림 7.10*a*는 인장 충격 하중을 받고 있는 볼트를 나타내고 있다. 에너지 흡수 용량을 증가시키기 위한 설계 변경안을 제시해 보라. 변경된 설계안을 적용하면 용량이 얼마나 증가하겠는가?

풀이 SOLUTION

제시자료: 인장 충격 하중을 받을 수 있도록 그림에 주어진 모양의 표준 볼트를 수정하고자 한다.

목표: 볼트의 모양을 수정하고 그에 따른 에너지 흡수 용량의 증가량을 계산하라.

개요도 및 데이터:

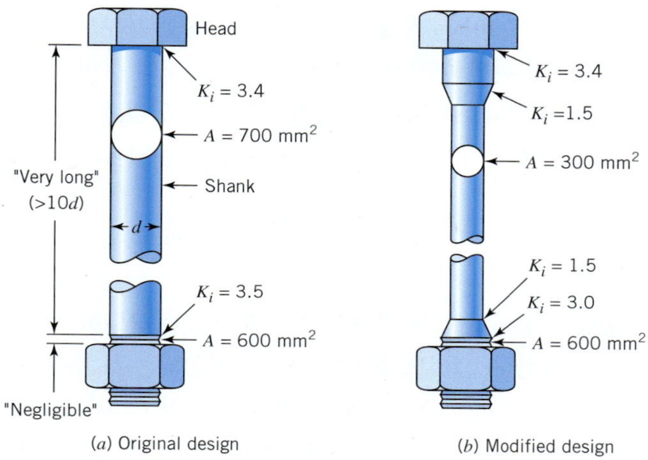

그림 7.10 인장 충격을 받는 볼트.

판단: 설계 해석 과정에서 다음 내용을 결정하도록 한다.

1. 나사의 뿌리 부분에 완만한 필렛을 충분히 주어 응력집중을 최소화한다.
2. 볼트와 볼트 구멍의 중심을 맞출 수 있도록 하기 위하여 볼트 머리 아랫부분에 짧은 길이로 몸통(shank)의 직경을 그대로 유지한 부분을 둔다.
3. 볼트 몸통에서 응력을 적게 받는 부위는 직경을 줄임으로써 전체 길이에 걸쳐 균일한 응력을 받도록 설계한다.

가정: 두 볼트 모두 강도가 S인 재료를 사용한다. 설계 해석 과정에서 필요한 사항은 가정하도록 한다.

설계 해석:

1. 가장 위험한 곳에서의 응력집중을 줄인다. 가장 높은 응력은 나사 부분에서 발생한다(600 mm^{2}의 단면적에 K_i=3.5로 작용한다). 그림 7.10b와 같이 나사의 이뿌리에 완만한 필렛을 충분히 주어 나사 부위를 약간 수정함으로써 K_i를 3.0으로 줄일 수 있다고 가정하자. 응력집중이 일어나는 또 다른 부분은 볼트 머리 아래의 필렛 부위이다. 접촉이 잘될 수 있도록 평평한 면이 적당하게 있어야 하므로 이곳의 필렛을 크게 할 수는 없다. 실제로 여기서 응력집중을 작게 하는 것이 별 도움이 되지는 않는다. 이 부분의

응력은 나사 부분의 설계를 수정한다 하더라도, 나사 이뿌리에서의 응력에 비하여 작기 때문이다.[1]

$$\sigma = \frac{P}{A}K_i; \left(\frac{P}{700} \times 3.4\right)_{\text{fillet}} < \left(\frac{P}{600} \times 3.0\right)_{\text{thread root}}$$

2. 볼트가 볼트 구멍에 중심을 맞추어 고정될 수 있도록 하기 위하여 볼트 머리 아랫부분에 짧은 길이로 몸통의 직경을 그대로 유지한 부분을 둔다. 볼트 몸통의 나머지 부분에서는 몸통 부분의 응력이 나사 이뿌리의 응력과 거의 같아지는 한도까지 직경을 줄일 수 있다. 그림 7.10*b*는 직경이 감소된 볼트 몸통 부분으로부터 원래의 큰 직경을 유지하는 부분까지 완만히 직경이 증가된 모양을 보여 주며, 이렇게 함으로써 응력집중을 최소화할 수 있다. 보수적으로 예상한 응력집중 값 1.5를 사용하면 볼트 몸통의 단면적이 나사부 유효 면적의 절반이 되도록 줄일 수 있다.

$$A = 600 \times \frac{1.5}{3.0} = 300 \text{ mm}^2$$

3. 볼트가 충분히 길어서 볼트 몸통의 가운데에 있는 균일한 응력을 받는 부분만 고려하면 된다고 가정한다. 그리고 위험할 것으로 예상되는 두 부분의 체적은 각각의 단면적 700 mm^{2}과 300 mm^{2}에 비례한다고 가정하자. 식 (7.5a)로부터 $U=\sigma^2 V/2E$이고, E는 상수이므로 그림 7.10*b*와 7.10*a*의 경우에 대한 에너지 흡수 용량의 비는

$$\frac{U_b}{U_a} = \frac{\sigma_b^2 V_b}{\sigma_a^2 V_a} \tag{m}$$

그림 7.10*a*에서 볼트 몸통 부분은 나사부에 비하여 단면적이 크고 응력집중도 일어나지 않으므로, 볼트 몸통 부분을 이루는 재료의 대부분에서 발생하는 응력은 재료강도 S에 비하여 작다. 그러므로 나사의 이뿌리에서 $\sigma=S$라면, 몸통 부분의 응력은

$$\sigma_a = \frac{S}{3.5}\left(\frac{600}{700}\right) = 0.245S$$

그림 7.10*a*에서 볼트 몸통 부분의 부피를 V라 하자. 그림 7.10*b*에서도 역시 나사부의 응력은 S보다 커질 수는 없다. 이때 몸통 부분의 응력은

$$\sigma_b = \frac{S}{3.0}\left(\frac{600}{300}\right) = 0.667S$$

그림 7.10*b*의 볼트 몸통 부분의 체적은 $V(300/700)$, 즉 $0.429V$이다. 이 값들을 식 (m)에 대입하면

[1] 보통 이렇게 되기는 하지만 항상 그런 것은 아님에 주의.

$$\frac{U_b}{U_a} = \frac{(0.667S)^2(0.429V)}{(0.245S)^2(V)} = 3.18$$

주석:

1. 재설계된 볼트는 원래의 볼트보다 가벼울 뿐만 아니라 3배 이상의 용량을 갖는다.
2. 전체 길이에 걸쳐 응력이 균일하게 발생하도록 볼트를 설계하면, 주어진 부피의 재료를 가지고 에너지 흡수 용량을 크게 만들 수 있다.

그림 7.11은 에너지 흡수 용량을 증가시킬 수 있는 다른 두 가지 설계 사례를 보여 준다. 그림 7.11*a*에서는 중심이 맞도록 구멍 안내를 하는 직경이 큰 부분을 볼트 몸통의 가운데로 옮겨서 체결하고자 하는 두 부재를 정렬시키는 역할을 하도록 하였다. 그림 7.11*b*는 볼트 몸통의 잉여 부분을 제거하는 방법으로 비용이 많이 들기는 하지만 원래 볼트의 비틀림 강도와 굽힘 강도를 거의 그대로 유지할 수 있다. 비틀림 강도는 비틀림 파손을 일으키지 않고 얼마나 세게 너트를 조일 수 있는가를 결정하므로 많은 경우 볼트에서 중요한 의미를 갖는다.

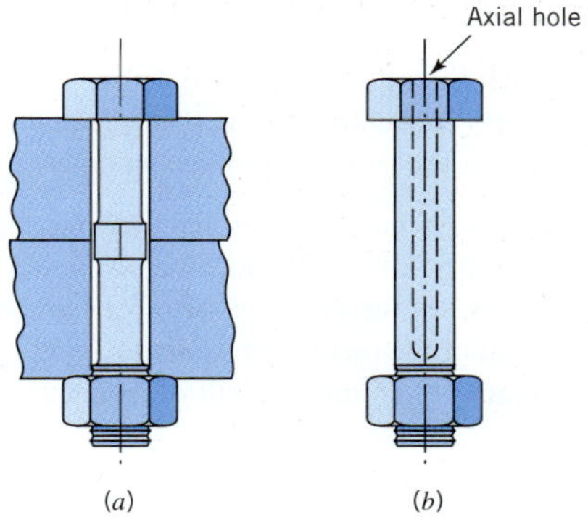

그림 7.11 에너지를 흡수할 수 있도록 설계된 볼트들.

참고문헌 REFERENCES

1. Juvinall, R. C., *Engineering Considerations of Stress, Strain, and Strength*, McGraw-Hill, New York, 1967.
2. Manjoine, M. J., "Influence of Rate of Strain and Temperature on Yield Stresses of Mild Steel," *J. Appl. Mech.*, **66:** A-221–A-218 (1944) ASME.
3. Marin, Joseph, *Mechanical Behavior of Engineering Materials*, Prentice-Hall, Englewood Cliffs, N.J., 1962.
4. Pilkey, W. D., *Formulas for Stress, Strain, and Structural Matrices*, 2nd ed., Wiley, New York, 2005.
5. Rinehart, John S., and John Pearson, *Behavior of Metals under Impulsive Loads*, The American Society for Metals, Cleveland, 1954.
6. Timoshenko, S., and J. N. Goodier, *Theory of Elasticity*, 3rd ed., McGraw-Hill, New York, 1971.
7. Vigness, Irwin, and W. P. Welch, "Shock and Impact Considerations in Design," in *ASME Handbook: Metals Engineering—Design*, 2nd ed., Oscar J. Horger (ed.), McGraw-Hill, New York, 1965.
8. Young, W. C., and R. G. Budynas, *Roark's Formulas for Stress and Strain*, 7th ed., McGraw-Hill, New York, 2002.

연습문제 PROBLEMS

Section 7.2

7.1 According to marketing materials from a major athletic shoe manufacturer,

the human foot is punished by the forces of impact it encounters during athletic activities. This makes cushioning essential to the development of a good athletic shoe. A cushioning system has been designed to help protect the foot from these harmful forces by helping to absorb impact. This cushioning system has the ability to absorb shock by dissipating vertical impact and dispersing it into a horizontal plane. The cushioning system is available for absorbing shock when it is placed in the forefoot and/or rear foot of the shoes mid-sole.

Using the force flow concept, explain, if possible, how a gel cushioning system could absorb shock by dissipating vertical impact and dispersing it into a horizontal plane.

7.2 The previous chapters have dealt essentially with considerations of stress, strain, and strength arising from *static* loading. The present chapter deals with impact, and the subsequent chapter treats fatigue—both are cases of dynamic loading. Impact loading is also referred to as *shock*, *sudden*, or *impulsive* loading. Impact loads may be torsional and/or linear in nature. How does *impact* loading differ from *static* loading?

7.3 A tensile impact bar, similar to the one in Figure 7.4*a*, fractured in service. Because the failure happened to occur near the center, a naive technician makes a new bar exactly like the old one except that the middle third is enlarged to twice the diameter of the ends. Assuming that stress concentration can be neglected (not very realistic), how do the impact capacities of the new and old bars compare?

7.4 A vertical member is subjected to an axial impact by a 45 kg mass dropped from a height of 0.61 m (similar to Figure 7.4*a*). The member is made of steel, with S_y = 300 MPa, E = 207 GPa. Neglect the effect of member mass and stress concentration. What must be the length of the member in order to avoid yielding if it has a diameter of (a) 25 mm, (b) 40 mm, (c) 25 mm for half of its length and 40 mm, for the other half?

7.5 A car skidded off an icy road and became stuck in deep snow at the road shoulder. Another car, of 1400-kg mass, attempted to jerk the stuck vehicle back onto the road using a 5-m steel tow cable of stiffness k = 5000 N/mm. The traction available to the rescue car prevented it from exerting any significant force on the cable. With the aid of a push from bystanders, the rescue car was able to back against the stuck car and then go forward and reach a speed of 4 km/h at the instant the cable became taut. If the cable is attached rigidly to the center of mass of each car, estimate the maximum impact force that can be developed in the cable, and the resulting cable elongation (see Figure P7.5).

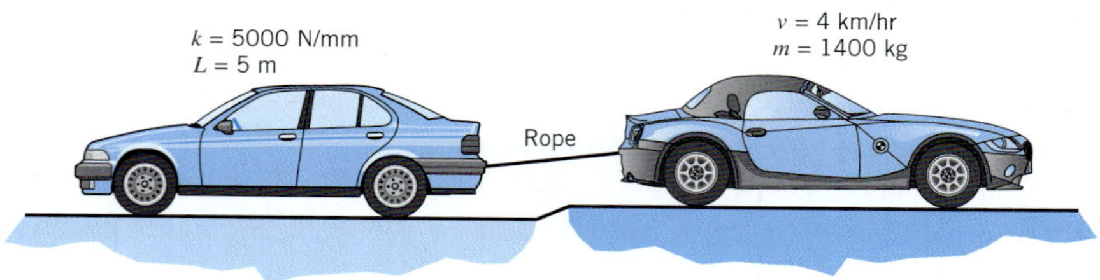

Figure P7.5

7.6 Repeat Problem 7.5 where the rescue car has a 2800-kg mass.

7.7 Repeat Problem 7.5 where the steel tow cable has a stiffness of 2500 N/mm.

7.8 Repeat Problem 7.5 where the rescue car reached a speed of 8 km/hr at the instant the cable became taut.

7.9 The rescue attempt in Problem 7.5 resulted in only slight movement of the stuck car because the cable force decayed so quickly to zero. Besides, concern was felt about possible damage to the car attachment points because of the high "instantaneous" force developed. One witness to the proceedings brought a 12-m elastic cable of overall stiffness only 2.4 N/mm and suggested that it be tried. Because of the longer length of the elastic cable, its use enabled the rescue car to reach 12 km/h at the point of becoming taut. Estimate the impact force developed and the resulting cable elongation. If the stuck vehicle does not move significantly until the rescue car has just come to a stop, how much energy is stored in the cable? (Think of this in terms of the height from which a 100-kg mass would have to be dropped to represent an equivalent amount of energy, and consider the potential hazard if the cable should break or come loose from either car.) What warnings would you suggest be provided with elastic cables sold for this purpose?

7.10 A tow truck with a mass of 2700 kg attempts to jerk a wrecked vehicle back onto the roadway using a 4.5 m length of steel cable 25 mm in diameter (E = 82.7 GPa for the cable). The truck acquires a speed of 1.3 m/s at the instant the cable slack is taken up, but the wrecked car does not move. (a) Estimate the impact force applied to the wrecked vehicle and the stress produced in the cable. (b) The cable breaks in the middle, and the two 2.25 m halves are connected in parallel for a second try. Estimate the impact force and cable stress produced if the wrecked vehicle still remains fixed.

[Ans. (a) 60.6 ksi, 47,600 lb]

7.11 Repeat Sample Problem 7.3, except use a 1.0 × 1.0-in. ($b \times h$) aluminum beam.

7.12 A 4500 kg elevator is supported by a standard steel cable of 1600 mm^2 cross section and an effective modulus of elasticity of 82.7 GPa. As the elevator is descending at a constant 2 m/s, an accident causes the top of the cable, 20 m above the elevator, to stop suddenly. Estimate the maximum elongation and maximum tensile stress developed in the cable (see Figure P7.12).

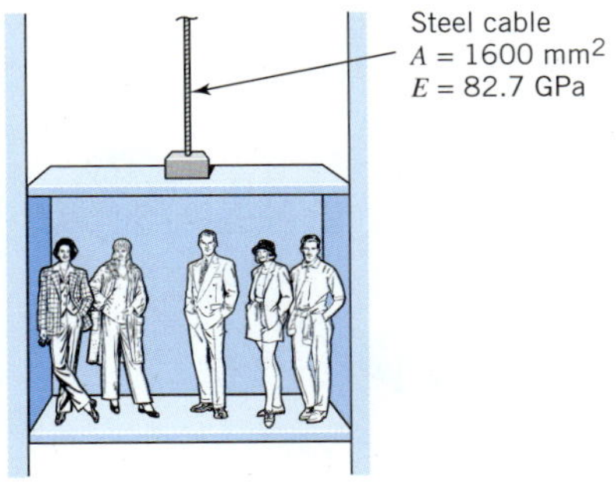

FIGURE P7.12

7.13 For the 5-ton elevator described in Problem 7.12, explore the effect of cable length on the maximum elongation and maximum tensile stress developed in the cable by computing and plotting the cable elongation and tensile stress for a cable length above the elevator of 1 to 500 feet.

7.14 A 60-foot-long, 950-lb gin pole used to raise sections of a communication tower is suspended by a standard steel cable of 0.110-in.^{2} cross section with an effective modulus of elasticity of 12×10^6 psi. As the gin pole descends at a constant speed of 30 ft/min, an accident causes the top of the cable, 70 ft above the gin pole, to stop suddenly. Estimate the maximum elongation and maximum tensile stress developed in the cable.

Section 7.3

7.15 The vertical drive shaft in Figure P2.31 is 20 mm in diameter, 650 mm long, and made of steel. The motor to which it is attached at the top is equivalent to a steel flywheel 300 mm in diameter and 25 mm thick. When the vertical shaft is rotating at 3000 rpm, the propeller strikes a heavy obstruction, bringing it to a virtually instantaneous stop. Assume that the short horizontal propeller shaft and the bevel gears have negligible flexibility. Calculate the elastic torsional shear stress in the vertical shaft. (Since this stress far exceeds any possible torsional elastic strength, a shear pin or slipping clutch would be used to protect the shaft and associated costly parts.)

7.16 Repeat Problem 7.15 where the vertical shaft is rotating at 6000 rpm.

7.17 Repeat Problem 7.15 where the vertical shaft is 10 mm in diameter.

7.18 Repeat Problem 7.15 where the vertical drive shaft is 325 mm long.

7.19 Figure P7.19 shows a cantilevered steel rod with a 90° bend lying in a horizontal plane. Weight W is dropped onto the end of the rod from height h. If the steel has a yield strength of 345 MPa, what combinations of W and h are required to produce yielding of the rod? Neglect the weight of the rod and neglect transverse shear stresses. Assume the maximum-distortion-energy theory of failure applies.

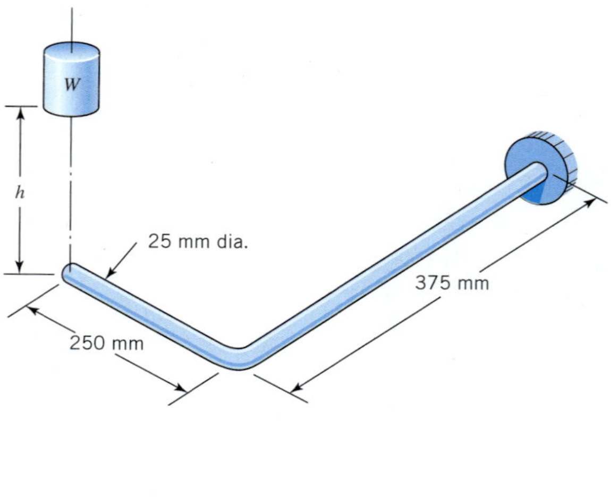

FIGURE P7.19

Section 7.4

7.20 For the tensile impact bar shown in Figure P7.20, estimate the ratio of impact energy that can be absorbed with and without the notch (which reduces the diameter to 24 mm) Assume that $K = K_i = K_t$.

[Ans.: 0.06 : 1]

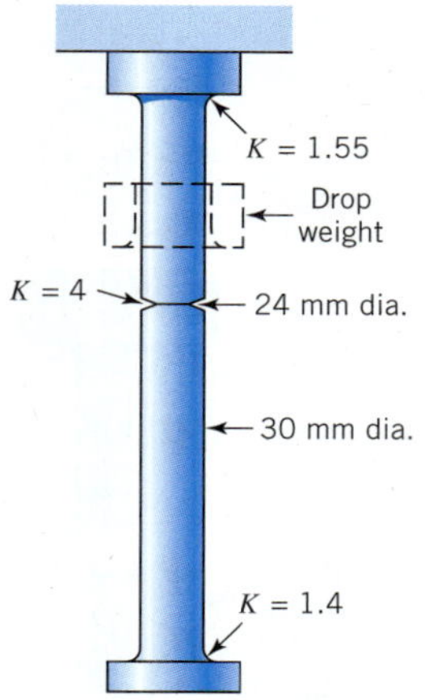

FIGURE P7.20

7.21 A platform is suspended by long steel rods as shown in Figure P7.21*a*. Because heavy items are sometimes dropped on the platform, it is decided to modify the rods as shown in Figure P7.21*b* to obtain greater energy-absorbing capacity. The new design features enlarged ends, blended into the main portion with generous fillets, and special threads giving less stress concentration. (Assume that $K = K_i = K_t$).

(a) What is the smallest effective threaded section area A (Figure P7.21*b*) that would provide maximum energy-absorbing capability?

(b) Using this value of A (or that of the next larger standard thread size), what increase in energy-absorbing capacity would be provided by the new design?

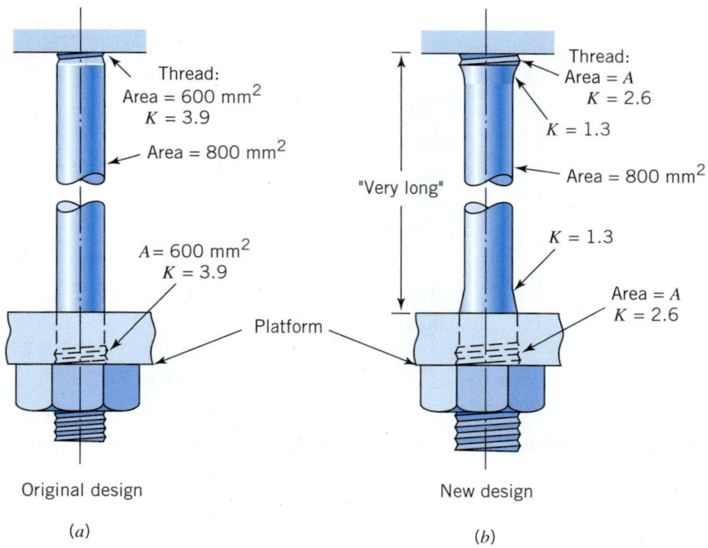

FIGURE P7.21

7.22 The initial design of a bolt loaded in tensile impact is shown in Figure P7.22*a*. The bolt fractures next to the nut, as shown. A proposed redesign, Figure P7.22*b* involves drilling an axial hole in the unthreaded portion and incorporating a larger fillet radius under the bolt head.

(a) What is the theoretically optimum diameter of the drilled hole?

(b) Using this hole size, by what approximate factor do the modifications increase the energy-absorbing capacity of the bolt?

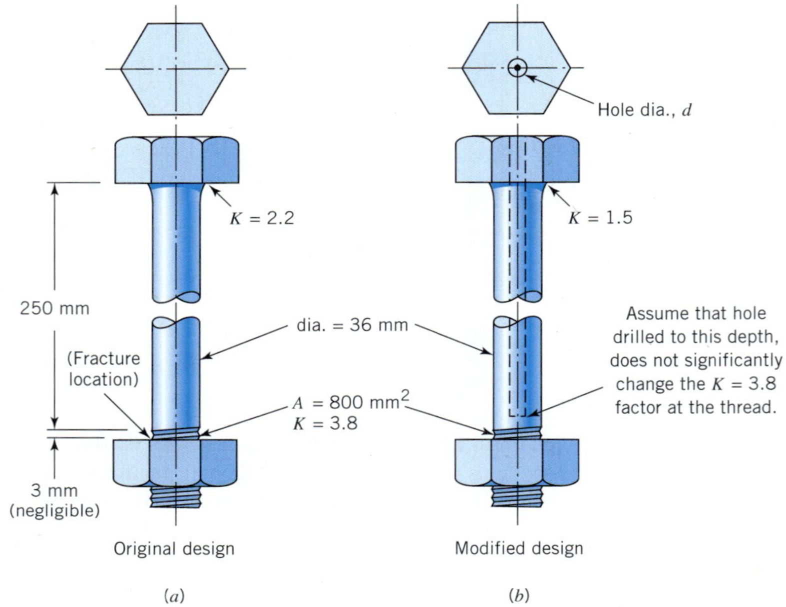

FIGURE P7.22

7.23 Figure P7.23 shows a tensile impact bar with a small transverse hole. By what factor does the hole reduce the impact-energy-absorbing capacity of the bar?

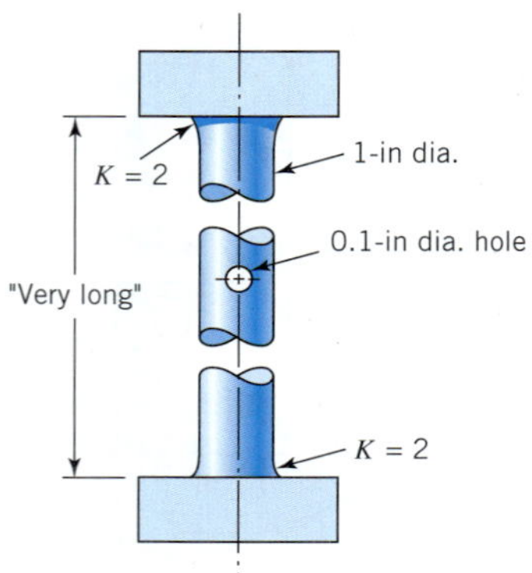

FIGURE P7.23

7.24D Redesign the bolt loaded in tensile impact and shown in Figure P7.22*a* to *increase* the energy absorbing capacity by a factor of 3 or more.

7.25D Redesign the plain impact bar shown in Figure 7.8 of the text to *reduce* the impact-energy-absorbing capacity of the impact bar by a factor of 2 or more. Assume that the bar has a diameter, d = 1.0 in.

피로

8

8.1 개요

19세기 중반까지도 변동이나 반복하중을, 더 큰 안전계수를 사용하는 것 외에는 정하중과 같이 취급하였다. 이 상황에서 **피로(fatigue)**라는 용어는 1839년에 출간된 책에서 프랑스의 퐁슬레(Poncelet)가 도입한 것 같다. 현대 권위자는 **점진적인 파괴**라는 용어가 더 적합하다고 제안한다.

'피로' 파괴는 응력이 높은 위험한 부위에서 미소한 균열로 시작한다. 이것은 거의 항상 응력집중 부위에서 발생한다. 게다가 작은 재료결함이나 기존 균열이 흔히 포함된다(6.3절 파괴역학 방법이 **모든** 재료에서 기존 균열이 있다고 가정함을 상기하라). 최종파단 후 표면을 검사하면(그림 8.1과 같이) 단면이 충분히 약하게 되어 최종 하중이 작용하면 최종파단이 발생하기 전 어디에서 균열이 어느 물결무늬에서 다음으로 점점 확대되었는지 드러난다. 그러나 보통 최종파단은 대체로 '취성'이고 6.3절과 6.4절에서 다루었던 파괴역학 개념에 따라서 발생한다.(취성파괴는 응력집중이나 급속히 작용하는 하중으로 촉진된다. 최종파단이 발생할 때 보통 2가지 모두 존재함을 상기하라.)

그림 8.1에서 물결무늬 곡률은 어디에서 피로가 시작되었는지 가리켜 준다. 물결무늬 영역이 **피로영역(fatigue zone)**이라고 알려져 있다. 균열면을 눌렀다 떼었다 반복하며 매끄럽게 된다. 연성재료의 피로파괴의 독특한 특성은 전체 과정 중 거시적인 찌그러짐이 거의 발생하지 않는다는 것이다. 반면에 정적 과대하중은 전체적인 찌그러짐을 발생시킨다.

8.2 기본개념

지난 세기에 걸쳐 광범위한 연구를 수행하여 피로파괴와 관련된 기본 기구를 부분적으로 이해하게 되었다. 참고문헌 [3]은 공학실무에 적용되는 많은 현재 지식을 요약한 것이다. 다음은 관찰된 피로거동 패턴을 이해하는 데 도움이 되는 근본적이고 기본적인 개념이다.

1. 피로는 철사를 앞뒤로 반복적으로 구부려 부러뜨리는 것과 같이 반복소성변형으로 비롯된다. 반복소성항복이 없다면 피로는 발생하지 않는다.

그림 8.1 항공기 크랭크축의 필릿에서 시작된 피로파괴(SAE 4340 강, 320 Bhn).

2. 전체적인 소성변형 몇 주기 후 철사가 부러지는 반면에 피로는 보통 미시적인 수준에서만 존재하는 수천회나 수백만 회의 미소항복 후 발생한다. 피로는 전통적으로 결정된 항복점이나 탄성한도보다 훨씬 낮은 응력수준에서 발생한다.
3. 고도로 국부적인 소성항복이 피로의 시작이므로, 구멍, 날카로운 구석, 나사, 키홈, 표면긁힘과 부식 같은 잠재적으로 취약한 부위에 설계자의 주의가 집중된다. 그림 8.2에 그린 노치 뿌리와 같은 곳이다. 이 취약한 부위를 강화하는 것은 전체 부품을 더 강한 재료로 만드는 것만큼 효과적이다.
4. 국부적인 항복이 충분히 작다면, 재료는 변형경화하여 항복이 멈추게 하기도 한다. 이 부품은 실제로 이 약간의 과대하중이 유익하다. 그러나 국부적 항복이 이 이상이면, 반복하중은 해당 취약점에 부과된 주기적 변형을 파괴되지 않고 견디지 못하게 될 때까지 국부적 연성을 잃게 한다(3.3절에서 논의된 개념에 따라서).
5. 초기피로균열은 국부적 응력집중을 증가시킨다. 균열이 진전함에 따라 균열뿌리 재료

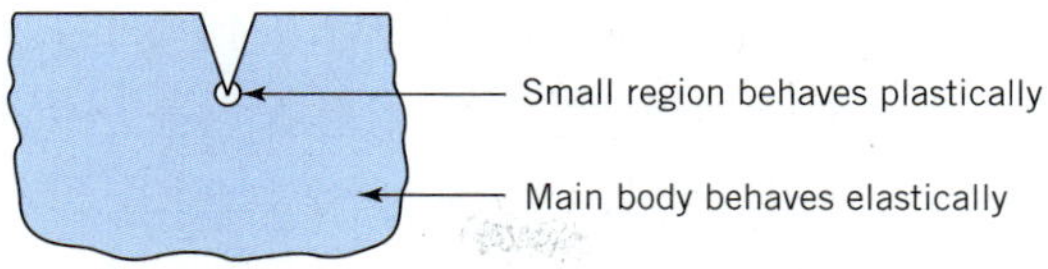

그림 8.2 확대하여 본 노치영역.

는 파괴적인 국부적 역전항복을 받는다. 균열이 깊어지며, 단면이 감소하고 응력을 증가시켜, 균열진전속도는 파괴역학 원리에 따라 남은 단면이 1개의 하중을 받지 못하고 최종파괴가 발생할 때까지 증가한다.(피로균열이 응력이 낮은 영역이나 재료강도가 높은 영역으로 진전하여 균열이 진전을 멈추는 상황도 발생하나 아주 드물다.)

현재 공학실무는 여러 가지 재료, 여러 가지 형태, 여러 가지 하중에 대한 피로시험으로 축적된 풍부한 경험 데이터에 의존한다. 이 장의 남은 부분에서도 이 데이터에 근거한다. 다음 절에서는 표준화되고 고도로 제한적인 조건하에서 피로강도 특성을 결정하는 데 사용된 표준 무어(Moore) 피로시험을 기술한다. 이 시험에서 얻은 결과 패턴을 검토한 후, 다음 절은 여러 가지 방법으로 표준시험에서 벗어나 체계적으로 완전히 일반적인 피로 사례를 향하는 것의 효과를 다룬다.

이 장 남은 부분에서 개발된 피로거동의 일반화나 패턴은 설계자가 시험 데이터가 존재하지 않는 재료, 형상, 하중의 조합에 대한 피로거동을 산정하게 한다. 피로거동을 산정하는 것은 현대 공학설계에서 아주 중요한 단계이다. 중요한 부품을 예비설계하는 것은 이 과정을 포함한다. 예비설계 시제품을 만들고 피로시험한다. 그 결과는 생산에 적합한 최종설계에 이르도록 예비설계를 다듬는 기초를 제공한다.

8.3 회전굽힘에 대한 표준피로강도

그림 8.3은 표준 무어 회전보 피로시험기를 나타낸다. 독자는 대칭적으로 위치한 4개의 베어링이 부과하는 하중이 시편 중앙부분을 **순수 굽힘**(전단력이 0인)이 되게 하고 어느 점에서의 응력이 시편이 회전할 때마다 인장-압축-인장 주기를 거치는 것을 확인하여야 한다.

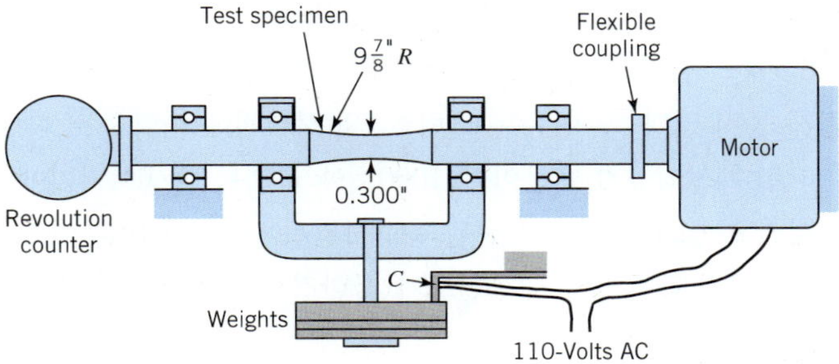

그림 8.3 무어 회전 굽힘피로시험기.

여러 가지 추를 선택하여 원하는 응력수준이 되게 한다. 모터속도는 보통 1750 rpm이다. 시편이 부러지면, 추는 떨어지고 C 점에서 접촉이 떨어져 모터를 멈추게 한다. 파괴가 나타날 때가지의 주기 횟수는 회전계가 가리킨다.

여러 가지 추와 가능한 한 거의 같게 만든 시편을 사용한 시험결과를 *S-N* 곡선으로 그린다. 그림 8.4에 그린 것과 같이, *S-N* 곡선은 반로그나 전로그 좌표계에 그린다. 주어진 주기 횟수 후에 파괴되는 역전응력강도를 그 하중횟수에 해당하는 **피로강도**(fatigue strength)라고 부른다. 여러 가지 시험으로 **철 재료**는 파괴 없이 무한히 견디는 교번응력의 최대 수준으로 정의된 **내구한도**를 가짐이 확실해졌다. 내구한도에 대한 기호는 S_n이다. 이것은 그림 8.4에서 S_n'으로 나타냈다. ′은 그림 8.3에 그린 표준시험의 특별한 경우를 가리킨다. 직선관계가 보이므로 *S-N* 곡선을 그리는 데는 전로그좌표가 편리하다.

그림 8.4*c*는 내구한도가 뚜렷이 정의되는 재료에 대한 *S-N* 곡선의 '무릎'을 설명한다. 이 무릎은 보통 10^6~10^7회 사이에서 발생한다. 수명 10^6 이상이 요구되면 철 재료는 내구한도 이상으로 응력을 받지 말아야 한다고 보수적으로 가정하는 것이 전통적이다. 이 가정은 그림 8.5에 그린 강에 대한 일반적인 *S-N* 곡선으로 설명된다.

피로는 상대적으로 취약한 **국부적인** 점에서 시작하므로, 정적 시험보다 흩어짐이 심하다. 이 때문에 강도를 정의할 때 통계학적인 방법이 중요하다(6.13절에서 6.15절까지 참조). 내구한도의 표준편차는 공칭값의 4~9% 범위이다. 이상적으로 표준편차는 특정 용도에 해당하는 시험을 통해 실험적으로 결정되어야 한다. 표준편차를 보수적으로 산정할 때, 더 구체적인 정보가 없으면 공칭 내구한도의 8%를 사용한다.

그림 8.4에 그린 데이터 흩어짐은 주의 깊게 제어된 시험에 대하여 전형적인 것이다. 그림 8.4*c*에 표시된 흩어짐 띠는 흥미 있는 점을 설명한다: 주어진 수명에 해당하는 **피로강도**의 흩어짐은 작고, 주어진 응력수준에 해당하는 **피로수명**(fatigue life)의 흩어짐은 크다. 주의 깊게 제어된 시험에서도 이 수명값은 5~10배 범위에 걸쳐 변한다.

많은 표준피로시험(그림 8.3)이 지난 몇십 년간 수행되었고 결과는 일반적인 패턴을 따르려고 한다. 이것 중 가장 흔하게 사용되는 것은 그림 8.5에 그린 것이다. 극한인장강도만 알면, 강에 대한 완전한 *S-N* 곡선을 빨리 만들 수 있다. 더구나 인장강도는 비파괴 경도시험으로도 추정할 수 있다. 강에 대하여, psi 단위의 인장강도는 브리넬 경도의 약 500배이다(3장 참조). 따라서 내구한도를 보수적으로 추정하면 250 H_B이다. **후자 관계는 브리넬 경도 약 400까지 믿을 만하다.** 내구한도는 경도가 높아질수록, 강의 성분에 따라서 계속 증가하거나 증가하지 않거나 한다. 이것은 그림 8.6에 설명되어 있다.

그림 8.5에 그린 10^3회 피로강도는 극한강도의 약 90%인 것으로 계산되지만, 실제 응력은 그렇게 높지 않다. 그 이유는 그림 8.4의 시험점에 해당하는 피로강도 값은 $\sigma = Mc/I$ 탄성공식에 따라 계산되었기 때문이다. 1000회에 파괴를 발생시키기에 충분한 하중은 심한 항복을 발생시키고, 실제 응력은 계산된 응력보다는 낮다. 이 점은 그림 8.7에 설명되어 있다.

주철의 피로강도 특성은 내구한도가 극한강도의 0.4(0.5보다는)인 것을 제외하면 강과 비슷하다.

여러 가지 알루미늄 합금에 대한 대표적인 *S-N* 곡선을 그림 8.8에 그렸다. 날카롭게 정

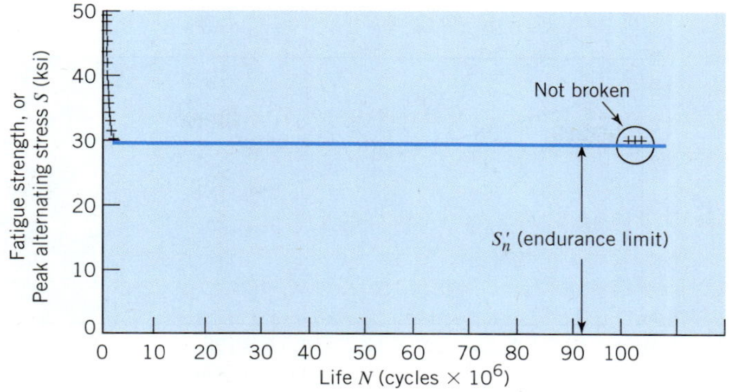

(*a*) Linear coordinates (not used for obvious reasons)

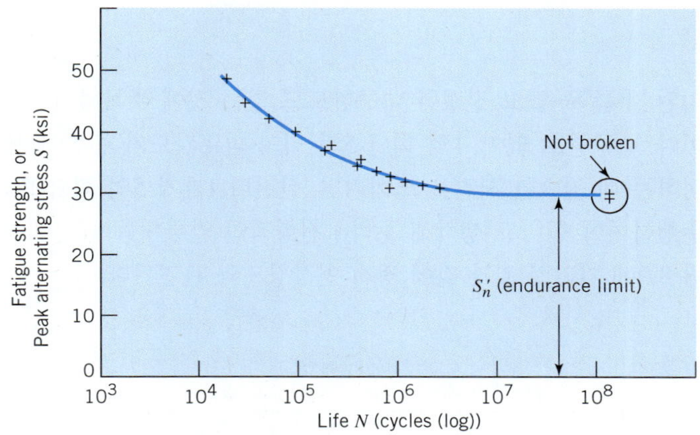

(*b*) Semilog coordinates

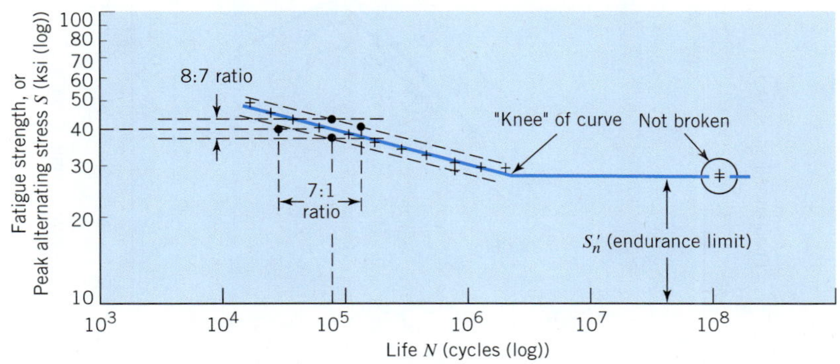

(*c*) Log-log coordinates

그림 8.4 120 Bhn 강의 피로 데이터를 그린 세 가지 *S-N* 곡선.

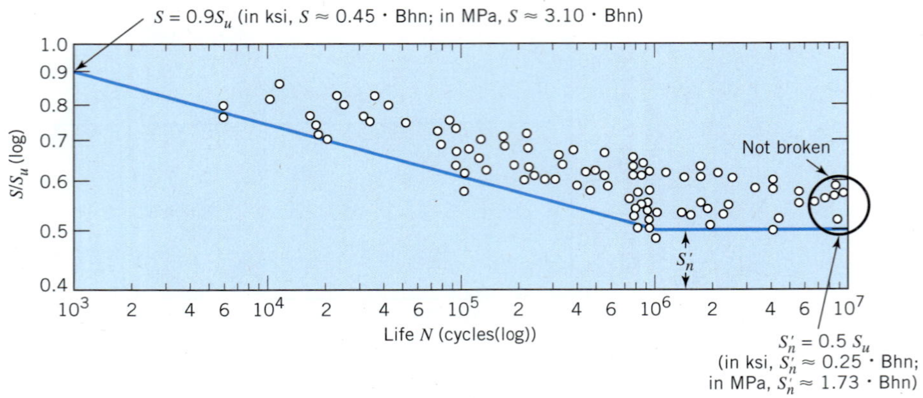

그림 8.5 데이터 점을 중첩한 연강에 대한 일반적 *S-N* 선도[7]. Bhn$=H_B=$브리넬 경도수임에 유의하라.

의된 '무릎'도 없고 진정한 내구한도도 없는 것에 주목하라. 이것은 비철금속에 전형적인 것이다. 내구한도 없이, 1억 회나 5억 회의 피로강도가 종종 사용된다.(이렇게 많은 횟수를 축적하는 데 필요한 시간을 느끼려면, 실린더 1개가 5억 회 점화하려면 자동차가 40만 마일을 주행하여야 한다고 생각해 보라.) 전형적인 알루미늄 합금에 대하여, 5억 회 피로강도는 그림 8.9에 가리킨 것과 같이 정적 인장강도와 관련된다.

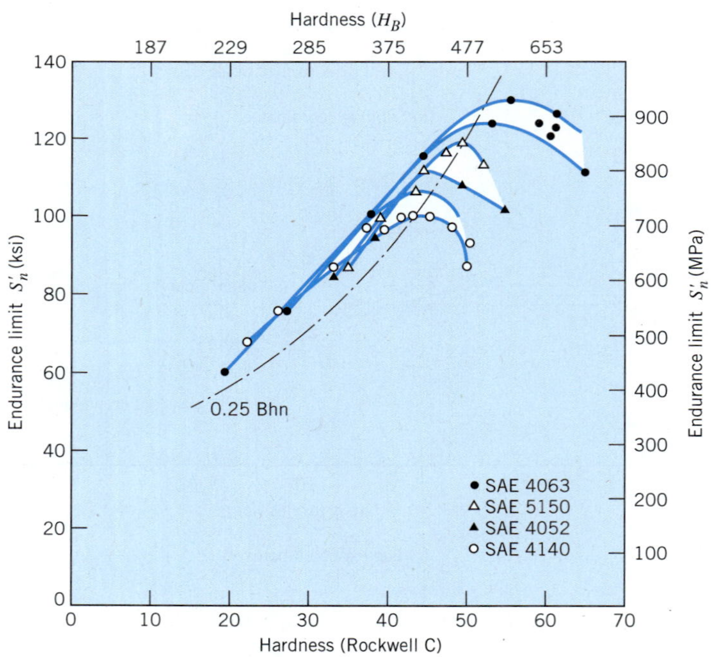

그림 8.6 네 가지 합금강에 대한 내구한도와 경도의 관계.(출처: M. F. Garwood, H. H. Zurburg, and M. A. Erickson, *Interpretation of Tests and Correlation with Service*, American Society for Metals, 1951, p. 13.)

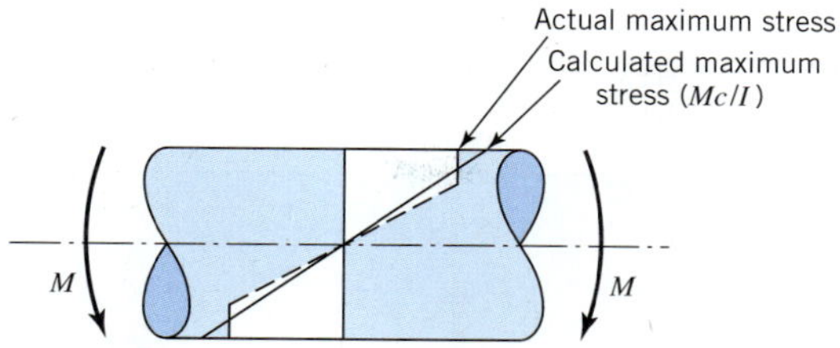

그림 8.7 단수명(1000회)에 해당하는 최대굽힘응력.(*S-N* 곡선에는 최대응력의 계산값이 사용되었다.)

마그네슘 합금에 대한 전형적인 *S-N* 곡선은 그림 8.10에 그렸다. 1억 회 피로강도는 대부분의 주조합금에 대하여 인장강도의 약 0.35배이다.

대부분 동합금에 대하여(황동, 청동 등을 포함하여) 1억 회 피로강도와 정적인장강도의 비는 0.25~0.5 범위이다.

티타늄과 그의 합금은 100만 번 내지 1000만 번 범위에서 진정한 내구한도를 나타내려는 점이 강과 비슷하다. 내구한도는 인장강도의 0.45~0.65배이다.

8.4 역전굽힘과 역전 축 방향 하중에 대한 피로강도

무어 시험기에 사용된 것과 비슷한 시편이 회전하지는 않고 수평으로 설치되어 일단은 고정되고 다른 단은 상하 교대로 밀리면 **역전굽힘응력**이 발생한다. 이것이 **회전굽힘응력**과 다른 점은, 회전굽힘은 원주둘레에 최대응력을 발생시키나 역전굽힘은 최대응력이 상단과 하단

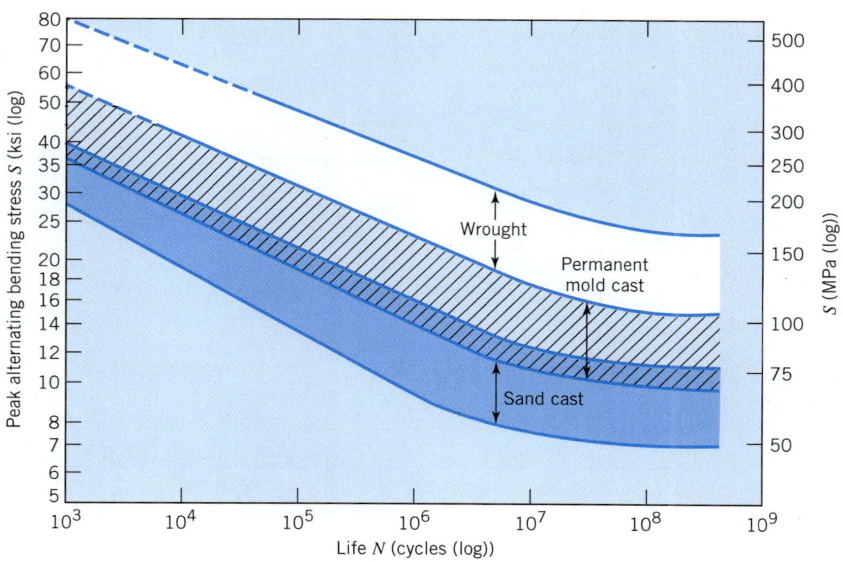

그림 8.8 S_u가 38 ksi 이상인 알루미늄 합금에 대한 *S-N* 대역.

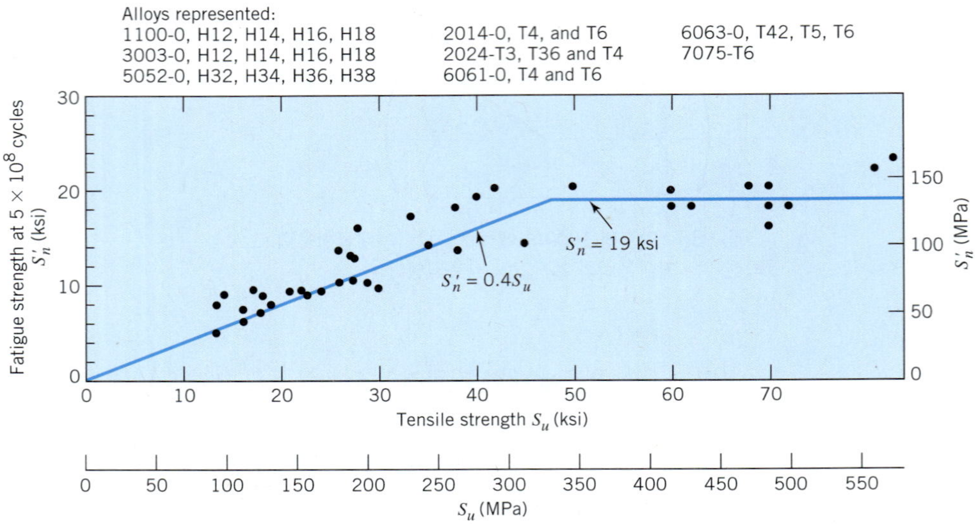

그림 8.9 일반 단조 알루미늄 합금의 5×10^8회 피로강도와 인장강도의 관계.

에 국한되는 것이다. 회전굽힘에서, 피로는 표면의 가장 취약점에서 시작한다. 역전굽힘에서는 가장 취약점이 꼭 상단이나 하단에 있지는 않다는 통계적 확률이 있다. 이것은 역전굽힘 피로강도는 보통 회전굽힘보다는 약간 크다는 것을 뜻한다. 이 차이는 작고 보통 무시된다. 따라서 역전굽힘이 포함된 문제에 대하여 보수적인 쪽에 작은 오차가 발생한다.

비슷하게 따져 보면 전체단면을 최대응력에 속하게 하는 역전축하중은 회전굽힘보다 피로강도가 낮다. 실제로 그렇고 이 차이를 고려하여야 한다. 축 방향 또는 밀고당기기 시험

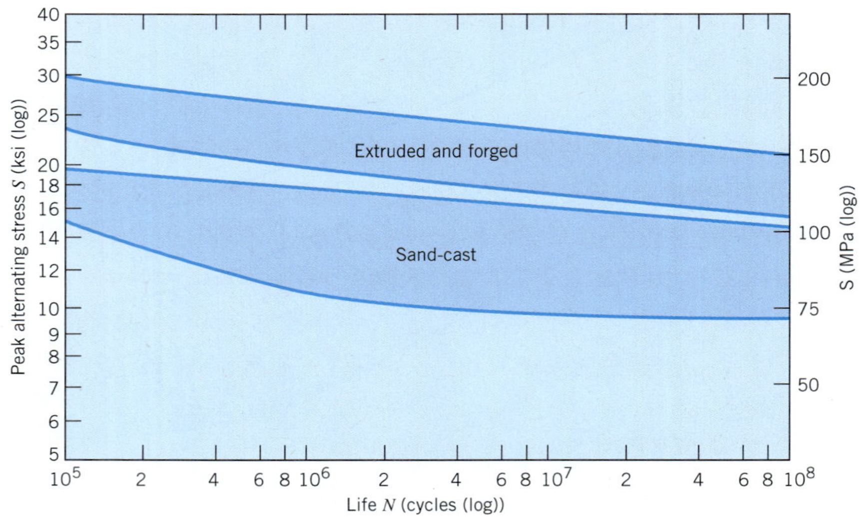

그림 8.10 마그네슘 합금의 S-N 곡선.

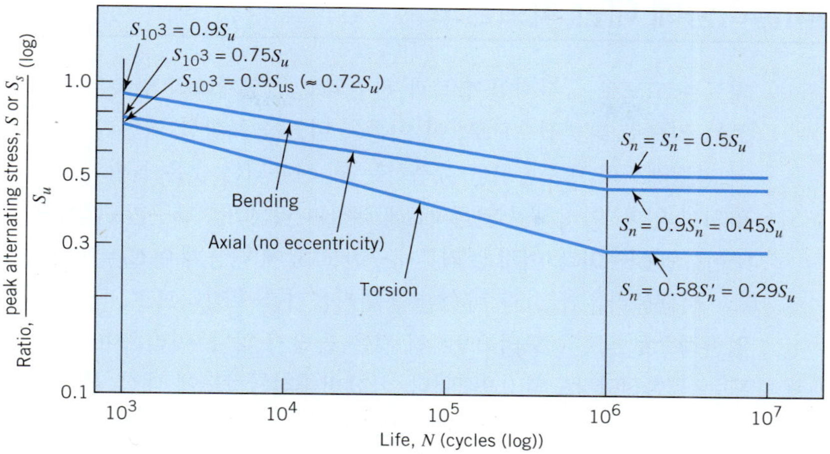

그림 8.11 연마된 0.3인치 직경 강 시험편에 대한 *S-N* 곡선(발생 가능한 항복을 무시하고 계산된 탄성응력에 근거함).

은 내구한도를 회전굽힘보다 약 10% 낮춘다. 더구나 축하중이 중심을 약간 벗어났다면(주조나 단조 표면과 같이 정밀하지는 못한 부품) 약간의 굽힘이 발생하여 한쪽은 *P*/*A*보다 약간 크게 한다. 이상적으로는, 하중편심량을 계산하고 최대교번응력을 $P/A + Mc/I$와 같이 계산하지만 원하지 않는 편심량의 크기는 종종 알려지지 않는다. 그런 경우 *P*/*A*만 고려하고 회전굽힘내구한도를 10% 이상(20~30%) 감소시키는 것이 관례이다.

회전굽힘에 대한 내구한도를 10%나 그 이상 축소하는 것은 응력기울기 차이와 관련되어 있으므로, 기본내구한도 S_n'에 기울기계수나 기울기상수 C_G를 곱하여 고려한다. 정밀부품의 순수축하중에 대하여 C_G=0.9, 정밀하지 않은 부품의 축하중에 대하여 CG는 0.7~0.9이다.

1000회 피로강도가 굽힘 하중에 대한 것보다 축하중에 대해 낮은 것에 응력기울기도 책임이 있다. 그림 8.7에서 회전굽힘에 대하여 $0.9S_u$ 강도는 대부분의 경우 표면이 항복된 것의 효과를 무시하고 인위적으로 계산한 값이다. 항복은 축하중의 경우 표면응력을 낮추지 못한다. 따라서 시험결과 이 하중에 대한 1000회 강도는 겨우 $0.75S_u$이다.

이 점은 그림 8.11에 설명되어 있다. 그림 8.11에서 위쪽 2개 곡선은 굽힘과 축하중에 대한 *S-N* 곡선이다. 그림 8.11에서 아래쪽 곡선은 비틂에 대한 *S-N* 곡선이다.

축 방향 하중 피로에 대하여 다른 가능한 방법은 *MIL-HDBK-5J*(부록 F 참조) 데이터에 의존하는 것이다. *MIL-HDBK-5J* 데이터 중 강, 알루미늄과 티타늄을 포함한 여러 가지 다른 재료에 대한 *S-N* 데이터 점과 이와 관련된 곡선 맞춤이 있다. 하중은 완전역전 축하중 피로와 평균응력이 존재하는 축 방향 피로로 구성된다. 어떤 경우는 응력집중도 포함된다. *MIL-HDBK-5J*는 굽힘이나 비틂과 같은 다른 형태 피로시험은 항공우주분야에는 거의 사용되지 않으므로 축 방향 피로 데이터만 제공한다.

8.5 역전비틂하중에 대한 피로강도

피로는 고도로 국부적인 항복과 관련되고 연성재료의 항복은 최대변형에너지이론에 잘 따르는 것으로 밝혀졌으므로, 이 이론이 비틂을 포함한 역전 양축하중의 여러 가지 조합하에서 연성재료의 내구한도를 예측하는 데 사용되는 것은 놀랍지 않다. 이것은 그림 8.12에 설명되어 있다. 이리하여 **연성재료에 대하여 역전비틂 내구한도(장수명 내구강도)는 역전굽힘 내구한도의 58%이다.** 이것은 기본내구한도 S_n'에 하중계수 C_L=0.58을 곱하여 고려된다.

비틂응력은 굽힘과 비슷한 응력기울기를 포함하므로, 굽힘과 같이 1000회 피로강도가 일반적으로 극한강도의 0.9배인 것은 놀랍지 않다. 이리하여 역전비틂에 대하여 1000회 강도는 극한전단강도의 0.9배이다. 극한비틂전단강도에 대한 실험값이 있으면 이것을 사용하여야 한다. 그렇지 않으면 **근사적으로**

$$\begin{aligned} S_{us} &= 0.8S_u \quad \text{(for steel)} \\ &= 0.7S_u \quad \text{(for other ductile metals)} \end{aligned}$$

그림 8.11의 아래쪽 곡선은 위 관계식에 근거하여 추정된 비틂 *S-N* 곡선이다.

취성재료에 대하여 비틂 *S-N* 곡선을 추정하는 일반적인 절차를 지지하는 데이터는 적고, 당면 문제인 특정 재료와 하중조건에 대한 실제 실험적인 피로 데이터를 얻는 것이 더 바람직하게 한다. 이런 데이터 없이 취성재료에 대한 *S-N* 곡선은 (1) 100만 회 내구한도를 표준 역전굽힘 내구한도(연성재료에 대하여 변형에너지이론을 사용한 것과 같이 굽힘과 비틂을 관련시키는 모어 이론을 사용하는 것에 약간 관련됨)의 0.8배라고 가정하고, (2) 연성재료에 대한 것과 같이 1000회 강도는 $0.9S_{us}$라고 가정하는 것에 근거하여 **추정**한다.

8.6 역전 양축하중에 대한 피로강도

그림 8.12는 모든 조합의 역전 양축하중을 받는 연성재료의 내구한도와 변형에너지이론이 잘 일치하는 것을 설명한다. 연성재료의 단수명 피로강도에 대하여, 그리고 취성재료에 대하여 직접 적용 가능한 실험 데이터 도움 없이 피로강도를 예측하기는 쉽지 않다. 이에 다음 절차가 임시적으로 권장된다.

1. 연성재료에 대하여, **변형에너지**이론을 사용하여 실제 하중 응력을 역전**굽힘**응력으로 여겨지는 등가응력으로 변환한다. 그리고 이 응력을 역전굽힘에서 재료의 피로특성(*S-N* 곡선)과 관련시킨다.
2. 취성재료에 대하여, **모어** 이론을 사용하여 역전**굽힘**응력이라고 여겨지는 등가역전응력을 얻고 이것을 재료의 굽힘피로특성과 관련시킨다.(등가굽힘응력을 결정하는 편리한 도식적인 과정은 재료에 대하여 그림 6.11*b*와 같이 $\sigma_1-\sigma_2$를 그리고 실제 역전응력에

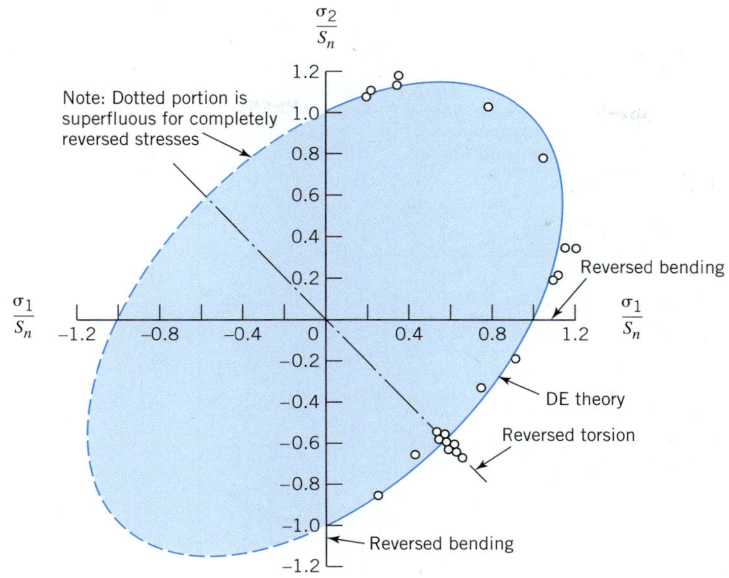

그림 8.12 연성재료의 완전역전하중에 대한 $\sigma_1-\sigma_2$ 선도.[출처: Walter Sawert, Germany, 1943, for annealed mild steel; and H. J. Gough, "Engineering Steels under Combined Cyclic and Static Stresses," *J. Appl. Mech.*, **72**: 113-125 (March 1950).]

해당하는 점을 그린다. 그 다음 이 점을 지나 피로선에 평행선을 긋는다. 이 선과 σ_1축의 교점이 원하는 등가굽힘응력이다.)

8.7 피로강도에 대한 표면과 크기의 영향

8.7.1 표면계수

여기까지 모든 피로강도에 대한 논의는 표면이 특별한 경면 마무리라고 가정하였다. 이것은 비용이 드는 실험실 절차가 필요하지만 (1) 응력집중점으로 활동하는 표면긁힘이나 다른 형상 불균일, (2) 표면층과 내부의 금속학적 특성 차이, (3) 표면 마무리 절차로 발생한 잔류응력을 최소화한다. 보통 상업적 표면마무리로는 피로에 더 취약한 국부적인 점이 존재한다. 따라서 상업적으로 마무리된 부품의 피로강도가 낮다. 상업적 과정이 발생한 '표면손상'량은 그 과정뿐만 아니라 재료의 손상에 대한 민감성에도 의존한다. 그림 8.13은 여러 가지 경도인 강에 적용한 여러 가지 마무리에 대한 표면계수 C_S를 추정한 것이다. 모든 경우 실험실 연마 표면에 대한 내구한도에 C_S를 곱하여 상업적 마무리에 해당하는 내구한도를 구한다. 1000회 강도에는 어떤 표면수정도 하지 않는 것이 표준작업이다. 그 이유는 이것은 정적 강도에 가까워 연성 부품의 정적 강도는 표면 마무리에 심하게 영향받지 않기 때문이다.

보통 회주철에 대한 표면계수는 대략 1이다. 그 이유는 주철 속 흑연 조각 때문에 경면

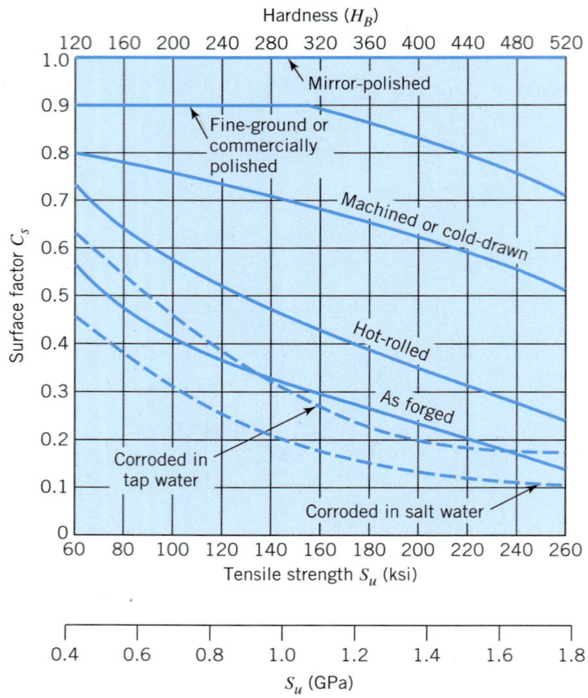

그림 8.13 강 부품의 표면마무리에 따른 내구한도 감소.

샘플도 표면 불연속이 있고, 심한 표면 긁힘을 추가하여도 상황을 더 악화시키지 못하기 때문이다. 불행히도 다른 재료에 대한 표면계수에 관하여 출판된 정보는 거의 없다. 중요 부품에 대하여, 재료와 당면 표면의 실제 피로시험을 수행하여야 한다.

8.7.2 크기계수(기울기계수)

8.4절에서 응력기울기 때문에 축하중에 대한 내구한도가 역전굽힘에 대한 것보다 10%쯤 낮다고 지적되었다. 지름이 0.3 in.인 굽힘시편에 대하여, 표면 속에서 응력수준이 급락하는 것은 이롭다. 지름 0.3 in.의 축 방향 시편은 이 이점이 없다. 그림 8.14*a*와 8.14*b*에서 응력기울기를 비교하니 굽힘이나 비틂에서 대형 시편은 표준 0.3 in. 시편만큼 이로운 기울기가 없다. 지름이 0.4 in. 이상 증가하면 이로운 기울기 효과는 거의 없어진다. 이리하여 지름이 0.4 in.(10 mm) 이상이고 역전굽힘이 비틂을 받는 부품은 기울기계수 C_G=0.9를 동반하고, 축하중을 받는 부품은 변함이 없다. 그림 8.14*c*는 극소형 시편은 표준 모어 시편보다 더 이로운 기울기가 있는 것을 보여 준다. 이리하여 그런 부품은 지름 0.3 in. 부품보다 내구강도가 높을 것이라 기대한다. 가끔 실제로 이와 같은 경우가 있으나 이 증가를 뒷받침할 특정 데이터가 없으면 기울기계수 1을 사용하는 것이 최선이다.

6 mm×12 mm와 같은 직사각형 단면에는 어느 기울기계수를 사용할 것인지 고려하자. 인장과 압축표면이 6 mm 떨어지게 하는 중립축에 관하여 굽히면, C_G=1을 사용하라. 12

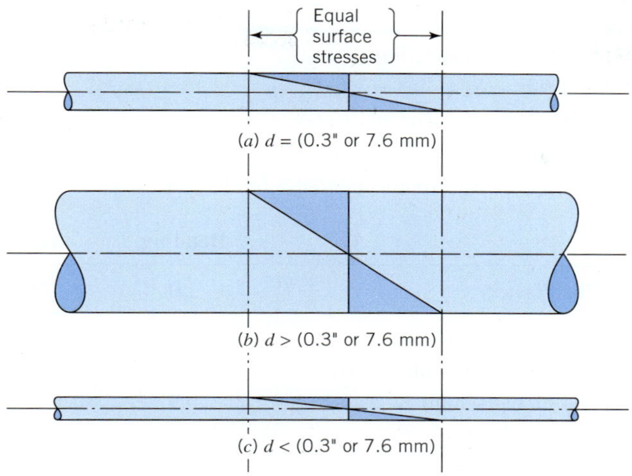

그림 8.14 직경에 따른 굽힘과 비틂의 응력기울기.

mm 떨어지면 C_G=0.9를 사용하라. 이리하여 기울기계수는 실제 부품과 응력기울기가 같은 등가 원형단면에 근거하여 결정된다.

응력기울기가 해로우므로 크기에 상관없이 모든 축 방향 하중 부품에 대하여 응력기울기 계수 0.9(8.4절)가 지정되었음을 상기하라.

지름 50 mm 이상인 단면 부품은 앞에서 추천된 기울기계수를 사용하여 계산된 것보다 보통 내구한도가 낮다. 대형 단면부품의 내부는 표면금속과 금속학적으로 다르기 때문에, 이것은 부분적으로 경화성과 같은 금속학적 요인에 기인한다. 문제된 부품이 중요하면, 관련 시험결과를 대체할 것은 없다. 표 8.1에 가끔 사용되는 값에 대한 대략적인 안내가 나와 있다.

앞에서 추천된, 시편크기를 고려하는 방법은 응력기울기에 대한 크기의 효과에 집중되었다. 이 주제를 더 넓게 다루는 것은 다른 면을 고려하여야 함에 주목하라. 그 예로, 시편이 클수록 심각한 결함(피로가 시작될)이 표면 가까이 존재하거나(굽힘이나 비틂하중에 대하여) 재료 전체 어딘가에 존재할(축하중에 대하여) 통계학적 가능성이 높다. 게다가 금속학적 계수에 대한 효과는 종종 등가 지름이 50 mm 이하인 크기 범위에서도 소형일수록 더 이롭다.

8.8 완전역전하중에 대하여 평가된 피로강도의 요약

앞 절에서 적용 부품에 가능한 한 가깝게 관련된 실제 피로 데이터를 얻는 것이 바람직하다고 강조되었다. 그와 같은 데이터가 없을 때 사용할 일반적인 경험적인 계수가 주어져 있다. 이 데이터는 대부분 강 시편을 시험한 것에 근거하므로 이 계수는 강 부품에 신뢰도 높게 사용된다.

표 8.1 연성재료의 일반적 피로강도계수

a. 10^6-cycle strength (endurance limit)[a]

Bending loads: $S_n = S'_n C_L C_G C_S C_T C_R$

Axial loads: $S_n = S'_n C_L C_G C_S C_T C_R$

Torsional loads: $S_n = S'_n C_L C_G C_S C_T C_R$

where S'_n is the R.R. Moore, endurance limit,[b] and

		Bending	Axial	Torsion
C_L	(load factor)	1.0	1.0	0.58
C_G	(gradient factor): diameter < (0.4 in. or 10 mm)	1.0	0.7 to 0.9	1.0
	(0.4 in. or 10 mm) < diameter < (2 in. or 50 mm)[c]	0.9	0.7 to 0.9	0.9
C_S	(surface factor)	see Figure 8.13		
C_T	(temperature factor)	Values are only for steel		
	T ≤ 840 °F	1.0	1.0	1.0
	840 °F < T ≤ 1020 °F	1 - (0.0032T − 2.688)		
C_R	(reliability factor):[d]			
	50% reliability	1.000	"	"
	90% "	0.897	"	"
	95% "	0.868	"	"
	99% "	0.814	"	"
	99.9% "	0.753	"	"

b. 10^3-cycle strength[e, f, g]

Bending loads: $S_f = 0.9 S_u C_T$

Axial loads: $S_f = 0.75 S_u C_T$

Torsional loads: $S_f = 0.9 S_{us} C_T$

where S_u is the ultimate tensile strength and S_{us} is the ultimate shear strength.

[a] For materials not having the endurance limit, apply the factors to the 10^8 or 5×10^8-cycle strength.
[b] $S'_n = 0.5 S_u$ for steel, lacking better data.
[c] For (2 in. or 50 mm) < diameter < (4 in. or 100 mm) reduce these factors by about 0.1. For (4 in. or 100 mm) < diameter < (6 in. or 150 mm), reduce these factors by about 0.2.
[d] The factor, C_R, corresponds to an 8 percent standard deviation of the endurance limit. For example, for 99% reliability we shift −2.326 standard deviations, and $C_R = 1\text{-}2.326(0.08) = 0.814$.
[e] No corrections for gradient or surface are normally made, but the experimental value of S_u or S_{us} should pertain to sizes reasonably close to those involved.
[f] No correction is usually made for reliability at 10^3 cycle strength.
[g] $S_{us} \approx 0.8 S_u$ for steel; $S_{us} \approx 0.7 S_u$ for other ductile metals.

5개의 계수가 내구한도를 산정하는 데 관련된다.

$$S_n = S'_n C_L C_G C_S C_T C_R \tag{8.1}$$

온도계수 C_T는 온도가 증가하면 재료의 강도가 떨어지는 것을 고려하고, 신뢰도계수 C_R은 내구한도의 신뢰도를 더(50% 이상) 높이려면 낮은 내구한도를 사용하여야 한다는 것을 인정한다.

표 8.1은 연성재료(완전역전하중을 받는)의 피로강도를 산정하는 데 사용되는 모든 계수를 요약한 것이다.

8.9 피로강도에 대한 평균응력의 영향

기계나 구조부품은 완전역전응력은 거의 받지 않는다. 그것보다는 정적 응력에 완전역전응력을 더한 변동응력을 받는다. 변동응력은 보통 **평균**과 **진동하는** 성분이 있다. 그러나 **최대응력**과 **최소응력**이라는 용어도 사용된다. 이 4가지 양은 그림 8.15에 정의되어 있다. 이 중 2가지만 알면 나머지는 즉시 계산됨에 주목하라. 이 교재는 그림 8.16과 같이 평균과 진동하는 응력성분을 주로 사용한다. 그림 8.15에 그린 응력성분 중 어느 2가지만 조합하면 같은 정보를 그림으로 나타낼 수 있다. 그 예로, $\sigma_m-\sigma_{\max}$ 좌표계가 가끔 문헌에서 발견된다. 편의상 그림 8.17에서 8.19까지와 같이 4가지 모두를 그린다.

정적 인장응력이 존재하면 중첩될 역전응력의 진폭을 감소시킨다. 그림 8.20은 이 개념을 설명한다. 응력변동 *a*는 평균응력은 0이고 응력진폭은 S_n인 내구한도에 해당하는 완전역전응력이다. 응력변동 *b*는 인장평균응력을 포함한다. 피로수명이 같으려면(여기서는 무한수명), 응력진폭은 S_n보다 작아야 한다. *b*에서 *c*, *d*, *e*, *f*로 가며 평균응력은 계속 증가한다. 이리하여 응력진폭이 감소하여야 한다. 각각의 경우, 응력변동은 0에서 시작하고 응력은 **계산된** *P*/*A* 값임에 주목하라. 이전에 주목한 것과 같이 *a*에서도 미시적 항복은 발생한다. 하중변동 *e*와 *f*가 무한수명을 제공하지만 이 부품은 최초 하중작용 때 항복된다.

그림 8.16은 항복이나 여러 가지 피로수명 모두에 대한 판정기준과 관련하여 응력평균과 진폭의 여러 가지 조합을 편리하게 그림으로 나타낸 것이다. 그것은 일정 10^6회 수명

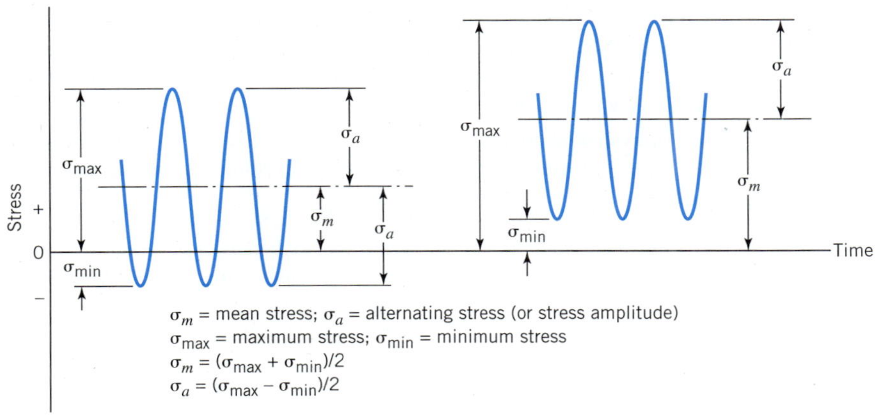

그림 8.15 두 가지 예로 설명한 변동응력 기호.

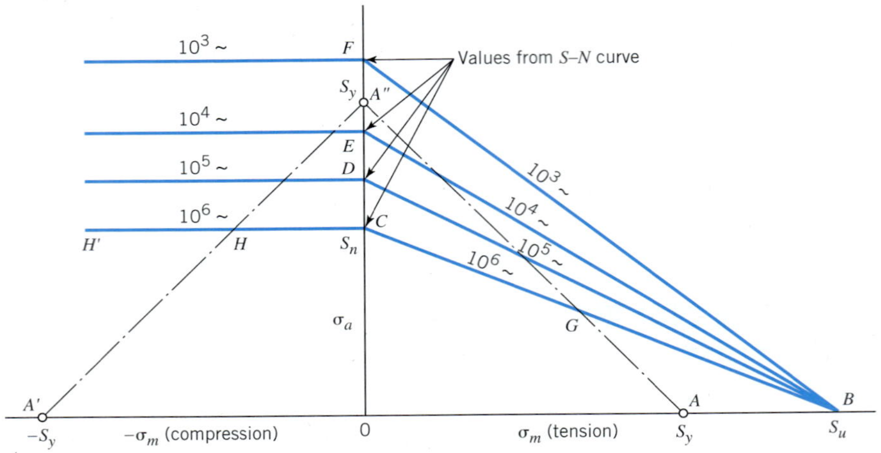

그림 8.16 연성재료의 일정수명 피로선도.

(무한수명), 일정 10^5회 수명 등에 해당하는 선이 있으므로 **일정수명 피로선도**(constant-life fatigue diagram)라고 부른다.

이 선도를 만들기 시작하려면, 이미 아는 정보를 먼저 거기에 표시한다. 수평축(σ_a=0)은 정적 하중에 해당한다. 항복강도나 극한강도를 A 점과 B 점에 표시한다. 연성재료에 대하여 압축항복강도는 $-S_y$, 이것은 A'에 표시한다. 평균응력이 0이고 응력진폭이 S_y이면(A''

표 8.2 σ_a 대 σ_m의 일정수명 피로선도 작성법

Load Type	Directions
Bending	Construct diagram as shown; take points C, D, and so on from S–N curve for reversed bending.
Axial	Construct diagram as shown; take points C, and so on from S–N curve for reversed axial loads.
Torsional	Omit left half of diagram (*any* torsional mean stress is considered positive); take points C and so on from S–N curve for reversed torsion; use S_{sy} and S_{us} instead of S_y and S_u. (For steel, $S_{us} \approx 0.8S_u$, $S_{sy} \approx 0.58S_y$.)
General biaxial	Construct the diagram as for *bending* loads, and use it with *equivalent* load stresses, computed as follows. (Note that these equations apply to the generally encountered situation where σ_a and σ_m exist in one direction only. Corresponding equations for the more elaborate general case are also tentatively applicable.) 1. Equivalent alternating bending stress, σ_{ea}, is calculated from the *distortion energy theory* as being *equivalent* to the combination of existing *alternating* stresses: $$\sigma_{ea} = \sqrt{\sigma_a^2 + 3\tau_a^2} \quad \textbf{(a)}$$ 2. Equivalent *mean* bending stress σ_{em}, is taken as the *maximum principal stress* resulting from the superposition of all existing static (mean) stresses. Use Mohr circle, or $$\sigma_{em} = \frac{\sigma_m}{2} + \sqrt{\tau_m^2 + \left(\frac{\sigma_m}{2}\right)^2} \quad \textbf{(b)}$$ [For more complex loading, various other suggested equations for σ_{ea} and σ_{em} are found in the literature.]

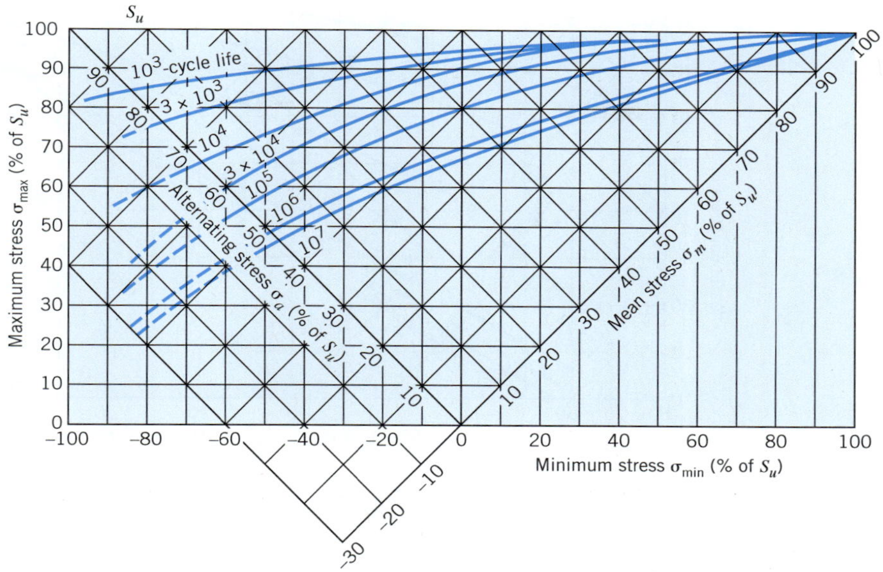

그림 8.17 축하중을 받는 S_u=125~180 ksi의 합금강에 대한 피로강도 선도. AISI 4340 강의 연마 시험편의 데이터 평균값(AISI 2330, 4130, 8630과 같은 합금강에 적용할 수 있음).(Grumman Aerospace Corporation 제공.)

점) 응력은 $+S_y$와 $-S_y$ 사이를 변동한다. AA''에 놓인 모든 점은 $-S_y$와 같은 최대압축응력에 해당한다. (거시적으로) 항복을 발생시키지 않는 σ_m과 σ_a의 모든 조합은 삼각형 $AA'A''$ 안에 속한다.

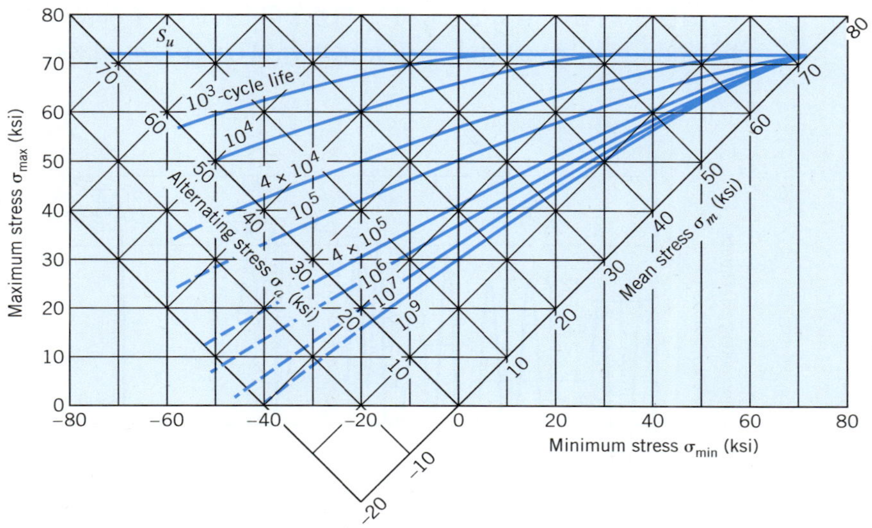

그림 8.18 축하중을 받는 2024-T3, 2024-T4, 2024-T6, 알루미늄 합금의 피로강도 선도. 압연이나 인발, 판재나 봉재의 연마 시험편(클래딩되지 않은)의 데이터 평균값. 2024의 정적 특성은 S_u=72 ksi, S_y=52 ksi. 2014의 정적 특성은 S_u=72 ksi, S_y=63 ksi. (Grumman Aerospace Corporation 제공.)

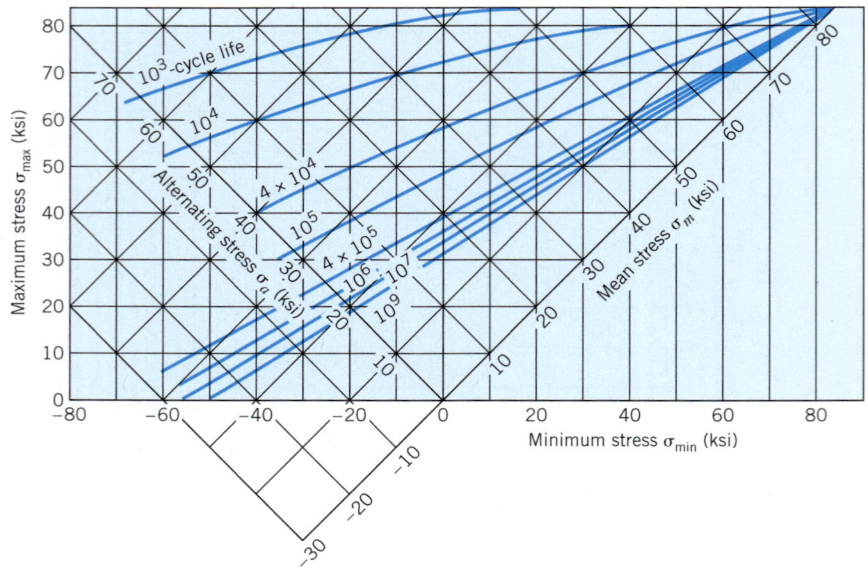

그림 8.19 축하중을 받는 7075-T6 알루미늄 합금의 피로강도 선도. 압연이나 인발, 판재나 봉재의 연마 시험편(클래딩되지 않은)의 데이터 평균값. 정적 특성은 S_u=82 ksi, S_y=75 ksi.(Grumman Aerospace Corporation 제공.)

이 장에서 고려하는 모든 *S-N* 곡선은 $\sigma_m=0$에 해당한다. 이리하여 어느 관심 있는 피로수명에 대하여 이 곡선에서 *C*, *D*, *E*와 *F* 점을 읽는다. 이 점과 *B* 점을 연결하면 산정된 일정수명 선을 얻는다. 일정수명 선을 얻는 것에 대한 이 경험적인 방법은 굿맨(Goodman)이 개발한 것이므로 이 선을 **굿맨 선도**라고 부른다.

실험실 시험은 압축평균응력이 허용응력진폭을 낮추지 않는다고 일관성 있게 지적한다. 오히려 약간 **증가**시킨다. 그림 8.16은 *C* 점, *D* 점 등의 왼쪽에 수평인 일정수명 선을 보

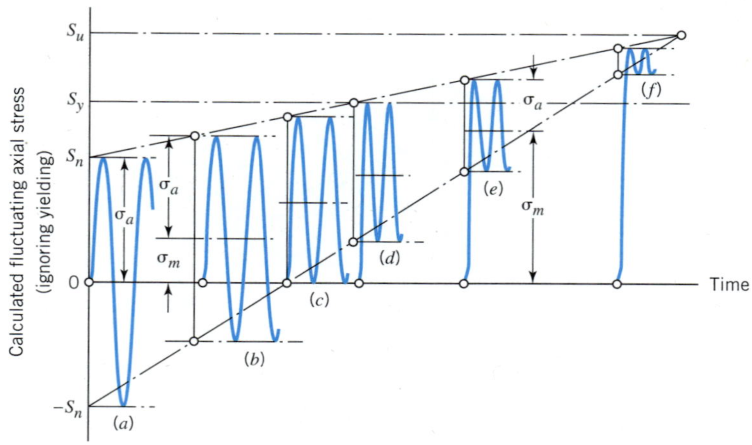

그림 8.20 동일한 피로수명에 해당하는 여러 가지 변동 단축(fluctuating uniaxial) 응력.

수적으로 보여 준다.(이 선은 피로와 관련되는 한 무한히 연장되는 것과 같이 보인다. 한계는 정적 압축으로 망가지는 것이다.)

여러 가지 하중형태에 대한 선도를 세부적으로 수정한 것은 그림 8.16에 나타내었다. 선도에 놓인 여러 가지 영역의 중요성에 주목하자.

1. 최소한 10^6회가 요구되고 항복이 허용되지 않으면(굽힘과 비틂 외곽 섬유에서 미소한 항복도 감지하기 어려운) $A'HCGA$ 영역에 머물러야 한다.
2. 항복이 발생하지 않지만 수명 10^6회 이하이어야 하면, $HCGA''H$ 영역 일부나 전체에서 작업한다.
3. 수명이 10^6회이어야 하고 항복이 허용되면, $A'HCGA$ 영역에 AGB($A'H$의 왼쪽 영역)를 추가하여 사용한다.
4. $A''GB$ 위($A''HH'$ 위) 영역은 최초하중작용 때 항복되고 수명 10^6회 이전에 피로파괴되는 것에 해당한다.

그림 8.16에 그린 일반적인 2축하중에 대한 절차는 아주 복잡한 상황을 근본적으로 단순화한 것으로 인식하여야 한다. 이것은 모든 하중 위상이 같고, 응력평균과 진폭의 주축이 같고, 이 축이 시간에 따라 변하지 않는 긴 수명을 포함하는 상황에 가장 잘 적용된다. 이 조건이 모두 충족됨을 설명하기 위하여, 축은 멈추어 있고 2000 lb 정적 하중이 1500과 2500 lb 사이를 변동하는 그림 4.25의 예를 고려하자. 요소 A에 작용하는 정적 응력은 변하지 않고, 교번응력이 추가된다. 교번굽힘과 교번비틂은 분명히 위상이 같고, 응력평균과 진폭에 대한 주축은 같고 이 평면은 하중이 변동하여도 변하지 않는다.

그림 8.17에서 8.19까지는 특정 강과 알루미늄 재료에 대한 일정수명 피로강도를 제공한다. 그림 8.16과 다음 관점에서 다르다.

1. 그림 8.17에서 8.19까지는 관련된 재료에 대한 실제 실험 데이터를 나타낸다. 반면에 그림 8.16은 일반적으로 적용 가능한 보수적인 경험식이다.
2. 그림 8.17에서 8.19까지 σ_m과 σ_a와 함께 $\sigma_{\max}$과 $\sigma_{\min}$을 보일 눈금을 추가하고 45° 회전하였다.
3. 이 그림에 항복 데이터는 표시하지 않았다.
4. 실험적 일정수명 선은 약간 곡률이 있어, 그림 8.16의 직선 굿맨 선도나 압축평균응력에 대한 수평선 모두 보수적인 쪽에 약간 오차가 있음을 가리킨다. 이 보수적 특성은 연성재료에 대하여 존재하며 취성재료에 대해서는 없다. 취성재료에 대한 실험점은 보통 굿맨 선이나 약간 아래에 놓인다.

그림 8.17에서 8.19까지에 주어진 것과 같은 실험 데이터가 있을 때, 이것은 그림 8.16에 그린 산정된 일정수명 피로곡선보다 선호된다.

그림 8.16과 표 8.1이 다양한 피로문제에 관련된 유익한 핵심정보를 제공한다.

예제 8.1 SAMPLE PROBLEM 인장시험 데이터에서 S–N과 일정수명 곡선 산정

이 절에 주어진 경험식을 사용하여, S_u=150 ksi, S_y=120 ksi인 정밀 강 부품의 축하중에 관련한 *S-N* 곡선과 일정수명 피로곡선을 산정하라.

풀이 SOLUTION

제시자료: 크기가 알려지고 항복강도와 극한강도가 지정된 재료로 만들어지고 상업적으로 연마된 강 부품이 축 방향 하중을 받는다(그림 8.21 참조).

목표: *S-N* 곡선을 산정하고 일정수명 피로곡선을 만들라.

개요도 및 데이터:

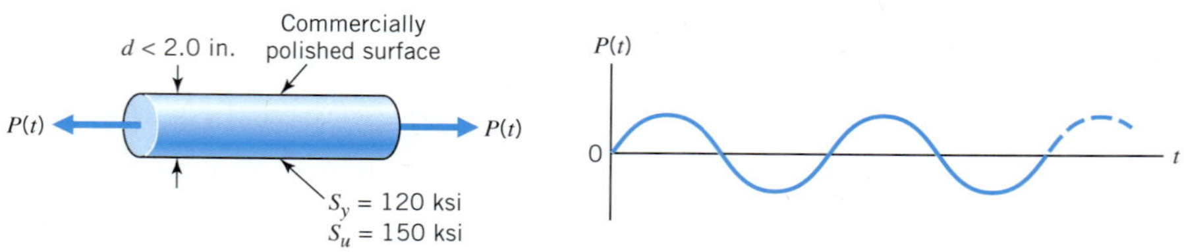

그림 8.21 정밀가공 강 부품의 축하중 상태.

가정:

1. 이 재료에 대하여 실제 피로 데이터는 없다.
2. 표 8.1을 사용하여 만든 산정된 *S-N* 곡선과 그림 8.16에 따라 만든 일정수명 피로곡선은 적합하다.
3. 기울기계수 C_G=0.9, 온도계수 C_T=1.0, 신뢰도계수 C_R=1.0.

해석:

1. 표 8.1에서 축하중을 받는 연성재료에 대한 10^3회 최고 교번강도는 $S^3_{10}=0.75S_u=$ 0.75(150)=112 ksi이다.
2. 또 표 8.1에서 축하중을 받는 연성재료에 대한 10^6회 최고 교번강도는 $S_n=S_n'C_LC_GC_SC_TC_R$ 여기서 S_n'=(0.5)(150)=75 ksi, C_L=1.0,C_G=0.9, C_T=1.0, C_R=1.0이고 그림 8.13에서 C_S=0.9 그러면 S_n=61 ksi이다.
3. 산정된 *S-N* 곡선은 그림 8.22에 있다.
4. 산정된 *S-N* 곡선에서 10^4회와 10^5회 최고 교번강도를 구하면 각각 92와 75 ksi이다.
5. 수명 10^3, 10^4, 10^5회와 10^6회에 대해 산정된 $\sigma_m-\sigma_a$ 곡선은 그림 8.22에 주어져 있다.

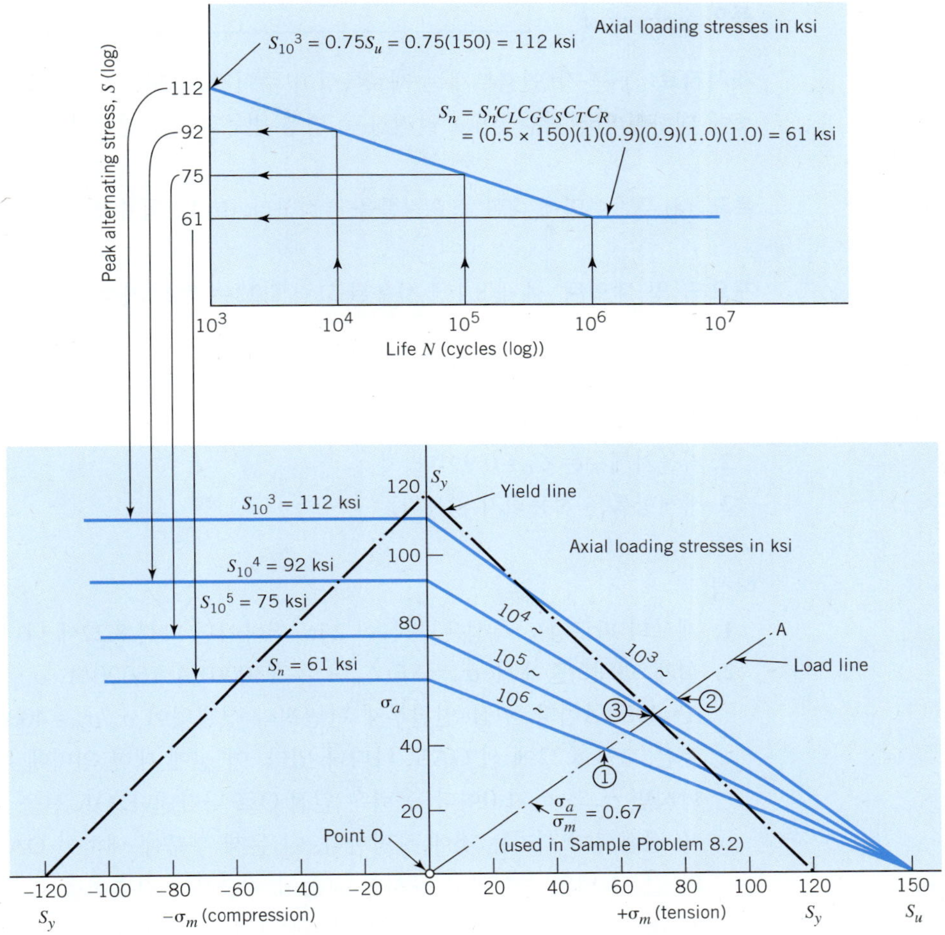

그림 8.22 예제 8.1—S_u=150 ksi이고 상용 연마된 강 부품이 축하중을 받을 때 S-N 곡선과 $\sigma_m - \sigma_a$ 곡선의 추정.

주석:

1. 강 부품 설계가 중요하면, 앞의 근삿값보다는 관련 시험 데이터를 사용하여야 한다.
2. 이 문제는 부록 I에 설명한 S-N 곡선의 도움을 받아도 풀린다.

예제 8.2 SAMPLE PROBLEM 변동하중을 받는 인장 연결부재의 소요치수 결정

응력집중이 거의 없는 둥근 인장 연결부재가 1000과 5000 lb 사이를 변동하는 하중을 받는다. 이것은 표면이 상업적으로 연마된 정밀부품이다(따라서 C_G=0.9를 사용하는 것이 정당함). 재료는 S_u=150 ksi, S_y=120 ksi인 강이다. 모든 하중에 대하여 안전계수 2를 사용한다.

a. 수명이 무한하려면 지름은 얼마이어야 하는가?

b. 수명이 10^3회이려면 지름은 얼마이어야 하는가?

풀이 SOLUTION

제시자료: 둥근 강 연결부재는 재료특성이 주어지고, 표면이 상업적으로 연마되고 모든 하중에 대하여 안전계수 2이고 알려진 축 방향 변동하중을 받는다.

목표: (a) 무한수명에 대한 소요지름을 결정하라. (b) 10^3회 수명에 대한 소요지름을 결정하라.

개요도 및 데이터: 예제 8.1에 사용된 그림 8.22는 적용 가능하다.

가정:

1. 지름은 2 in. 이하이다.
2. 기울기계수는 $C_G=0.9$이다.
3. 전체항복은 허용되지 않는다.

해석:

1. 재료의 피로강도 특성은, 지름이 2 in. 이하이면 그림 8.22에 나타낸 것을 따른다.
2. 설계 과대하중에서 $\sigma_m=SF(F_m/A)=2(3000)/A=6000/A$, $\sigma_a=SF(F_a/A)=2(2000)/A=4000/A$이다. 인장 연결부재 단면적과 상관없이 $\sigma_a/\sigma_m=4000/6000=0.67$이다. 이것은 그림 8.22에 선 OA로 나타나 있다. 이 선에 대한 의미에 주목하라. 넓이 A가 무한하면 σ_m과 σ_a가 0이다. 응력은 원점 O로 나타낸다. OA 선을 따라 움직이면 A의 값을 점점 감소시키는 것에 해당한다. 이 문제 부품에 대하여 OA 선과 무한수명(10^6회와 같은) 선의 ①이라고 표시한 교점에 해당하는 단면적을 결정하여야 한다. 이 점에서 $\sigma_a=38$ ksi, $\sigma_a=4000/A$이므로 A는 0.106 in^{2}이다. $A=\pi d^2/4$에서 $d=0.367$ in.이다. 이것은 선도를 만들 때 가정한 $C_G=0.9$에 대한 크기범위에 속한다. 많은 경우 최종 답은 $d=\frac{3}{8}$ in.로 반올림한다.
3. 부품 b에 대하여 10^3회 수명만 요구되므로, OA 선을 따라 10^3회 수명선과 교차하는 ②점까지 움직인다. 그러나 ③점을 넘으면 최고설계하중은 항복강도를 넘는 응력을 부과한다. 노치 없는 인장부재에서 응력은 균일하여 전체 연결부재 항복이 발생할 것이다. 이것은 허용되지 않는다고 가정하여, ②점이 아니라 ③점에 근거한 지름을 선택한다. 여기서 $\sigma_a=48$ ksi이므로 $A=0.083$ in.^{2}이고 $d=0.326$ in.($d=11/32$ in.로 반올림)이다. 이 지름은 요구되는 수명보다 긴 수명에 해당하지만 0.326 in.보다 작으면 최초 과대하중을 받아 전체적인 항복이 발생할 것이다.

아마 피로강도식을 가장 흔히 사용하는 경우는 수명이 무한한(5억 회 이상) 부품설계 관련해서나 수명이 무한하게 의도된 부품을 해석할 때일 것이다. 이때는 산정된 내구한도를 계산하고 무한수명 굿맨 선을 그린다.

8.10 완전역전피로하중을 받을 때 응력집중의 효과

그림 8.23은 (1) 노치 없는 시편과 (2) 응력 높이는 것 외에는 다른 것은 같은 시편을 그린 것이다. 우리가 사용할 다른 *S-N* 곡선과는 달리, 그린 응력은 **공칭응력**이다. 즉 응력집중은 고려되지 않았다. 피로파괴가 발생하는 시편 단면치수는 그림 8.23*a*와 *b* 모두 같다. 따라서 어느 주어진 **하중**은 두 경우에 같은 **계산된 응력**을 발생시킨다. 그림과 같이 노치가 없는 것과 있는 것의 내구한도비는 K_f라고 표시하는 **피로응력집중계수**(fatigue stress concentration factor)이다. 이론적으로는 K_f가 4.12절에서 논의한 이론적인 형상계수 K_t와 같으리라고 기대한다. 다행히 시험하면 K_f가 K_t보다는 종종 작다. 이것은 겉으로는 재료 구조의 내부 불균일성 때문이다. '이상적인' 재료는 내부응력이 탄성이론에 엄밀히 따를 것이다. 실제 재료는 국부적으로 응력을 높이는 내부 불균일성이 있다. 따라서 노치 없는 시편도 이런 내부 '노치' 피해를 받는다. 이 재료에 대한 외부 형상 노치(홈, 나사, 구멍 등)를 추가하면, 재료 자체가 '완전하였던' 때 **추가된** 피해만큼은 받지 않는다. 극단적인 예가 보통('고강도' 아닌) 회주철이다. 기지 속 흑연 조각이 일으키는 내부 형상응력 상승이 형상응력 높이는 것을 추가하는 효과가 없게 한다. 그래서 그림 8.23의 재료가 낮은 등급 회주철이면 2개 *S-N* 곡선이 거의 일치할 것이다. 균일 미세입자 기지인 재료는 노치에 **아주 민감하다**($K_f \approx K_t$). 주철은 노치에 전혀 민감하지 않다($K_f \approx 1$).

앞 상황은 다음 식으로 정의된 **노치민감도계수**(notch sensitivity factor) q를 사용하여 다룬다.

$$K_f = 1 + (K_t - 1)q \tag{8.2}$$

여기서 q는 0(K_f=1)과 1(K_f=K_t) 사이 범위이다. 이리하여 해당 이론적(형상) 계수에서 피로응력집중계수를 결정하려면 재료의 노치민감도를 알아야 한다.

상황은 보기보다 복잡하다. 노치민감도는 재료 외에 형상노치의 상대적 반경이나 특성 내부 결함의 치수에 의존하기 때문이다. 이것은 정말 다행이다. 그렇지 않으면 매끄럽고 연

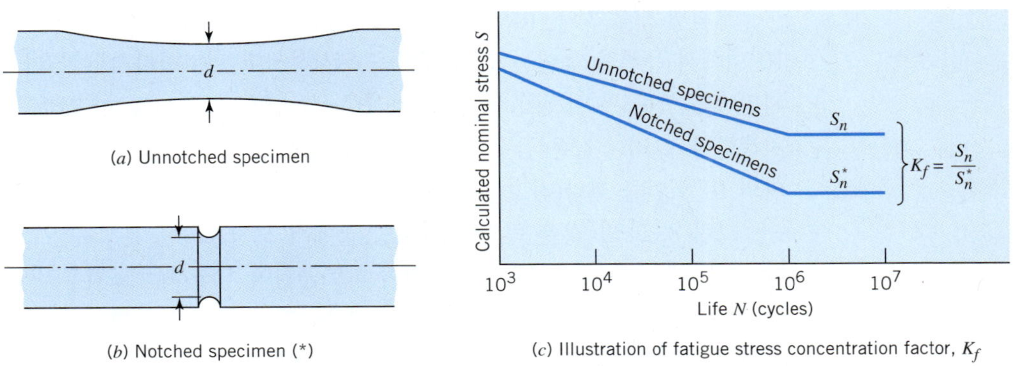

그림 8.23 역전하중 피로시험—노치가 있는 시험편(*)과 없는 시험편.

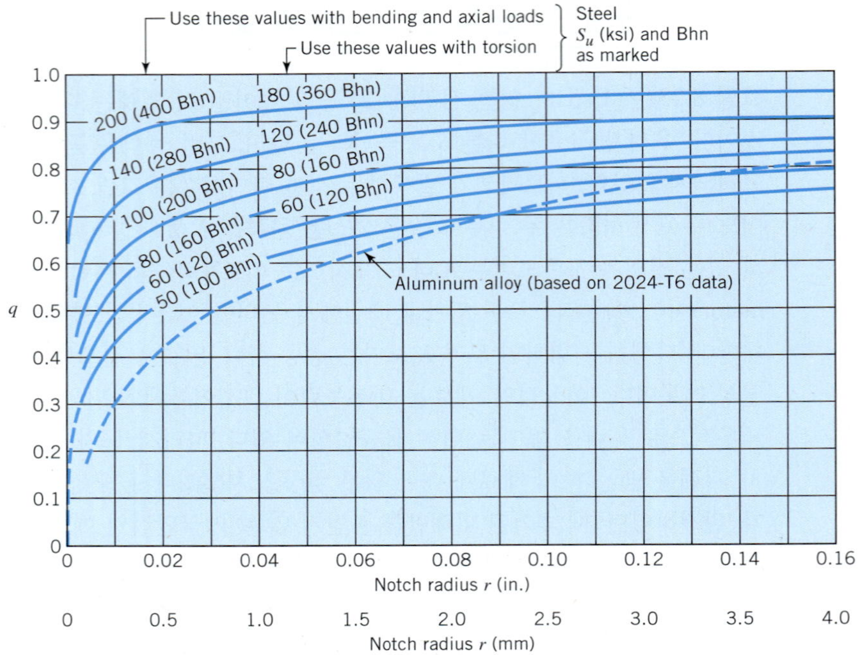

그림 8.24 노치민감도 곡선(참고문헌 [9]). (1) 여기서 r은 피로균열이 발생되는 부위의 반경이다. (2) $r > 0.16$ in.인 경우에는 외삽법을 사용하거나 $q \approx 1$을 사용한다.

마된 표면에 미세한 긁힘(극도로 높은 K_t 발생)이 재앙처럼 피로강도를 약화시킬 것이다. 그림 8.24는 몇 가지 흔한 재료에 대하여 노치민감도를 노치반경에 대하여 그린 것이다. 모든 경우 노치반경이 0에 접근하며 노치민감도는 0에 접근한다. 강에 대한 데이터는 경도나 강도가 높을수록 노치도 더 민감해지는 경향을 설명한다. 연한 것에서 경하고 강한 것으로 바뀌면 보통 피로강도를 증가시키지만 노치민감도가 증가하기 때문에 증가분이 기대한 것만큼 크지 않다. 마지막으로 그림 8.24는 주어진 강이 굽힘이나 축하중보다는 비틂하중에 더 민감한 것을 보여 준다. 그 예로, 160 Bhn 강 부품 속 0.04 in. 반경 노치의 노치민감도는 하중이 굽힘이나 축하중이면 0.71이고 하중이 비틂이면 0.76이다.

그림 8.23을 보면 10^3회에서 노치영향은 10^6회에서보다 상당히 작다. 몇몇 참고문헌은 10^3회에서 응력을 높이는 것의 영향을 무시하라고 권고한다. 데이터가 이 권고를 뒷받침하지만 집중 연구는 이것이 상대적으로 연한 금속(강, 알루미늄, 마그네슘 등)에만 타당하다고 지적한다. 그러나 같은 금속의 상대적으로 경하고 강한 합금에 대하여 10^3회 노치의 효과는 거의 10^6회만큼 크다(참고문헌 [6]과 그림 13.26 참조).

그림 8.23c와 같은 곡선의 단수명 끝에서 노치효과를 분석하는 것은 근본적으로 어렵다. 그럴 때 사용한 **계산된 공칭응력**이 피로균열이 시작하는 노치뿌리에서 국부적으로 부과된 **실제 하중조건**과 잘 일치하지 않기 때문이다. 그림 8.2는 그림 8.23b와 같이 노치시편의 노치영역을 확대하여 본 것이다. 말하자면 10^3회 후 피로파괴를 발생시키는 데 필요한 역전하중을 받을 때 노치 바닥 몇몇 작은 영역에 소성항복이 발생할 것이다. 이 영역은 전체 부

품의 강성에 거의 기여하지 않는다. 이리하여 이 영역 안 변형률은 이 영역 밖 커다란 재료 덩어리의 안정적인 탄성 저항이 전적으로 결정한다. 이것은 일정 최대하중 피로시험 중 취약한 영역에서 최대 **변형률**은 일정하게 유지된다는 것을 뜻한다. 이 영역의 **실제 응력**은 재료의 변형연화나 변형경화 특성에 따라 시간에 따라 변한다. 이리하여 단수명피로에 대한 의미 있는 연구는 계산된 국부적 공칭응력보다는 실제 국부적 변형률을 다루어야 한다. 이 '주기적 변형률' 방법은 이 책의 범위를 넘는다([3]과 같은 참고문헌을 참조). 우리의 목적으로는 모든 경우에 전체 피로응력집중계수를 사용하는 것이 권장된다. 상대적으로 단수명인 경우, 이것은 지나치게 보수적일 것이다(즉 응력집중의 효과는 K_f보다 상당히 작음).

다른 의문을 여기서 고려하여야 한다. K_f를 응력집중계수로서 다루는 것이 좋은가 응력감소계수로 취급하는 것이 더 좋은가? 이 점에 관하여 권위자끼리는 의견이 다르나 이 책에서는 K_f를 **응력집중계수**로 여기겠다. 그림 8.23을 보면 K_f를 응력감소계수로 보기 쉽고 노치 내구한도를 $S_n'C_LC_GC_SC_TC_R/K_f$와 같이 계산한다. 이것이 맞을지 모르나 이것은 **재료 자체**가 노치로 약해진다는 것을 뜻하는 약점이 있다. 물론 그렇지는 않다. 노치가 응력만 높이지는 않는다. 게다가 K_f를 응력승수로 사용할 때(강도제수 대신) S-N 곡선과 일정수명 피로강도는 노치형상에 무관하고 같은 곡선이 여러 가지 응력을 높이는 부재에 대하여 반복 사용된다. 마지막으로 최고하중이 발생한 잔류응력(그림 4.43과 같이)을 고려할 때 K_f는 응력집중계수로 여기는 것이 필요하다.

8.11 평균+교번하중을 받을 때 응력집중의 효과

4.14절과 4.15절에서 다룬 것처럼, 항복강도를 넘는 계산된 탄성응력을 발생하게 하는 최고하중이 항복과 잔류응력을 발생시킨다. 게다가 잔류응력은 같은 최고하중이 다시 작용할 때 항상 **실제** 응력을 낮추게 한다. 교번응력과 함께 평균응력이 포함되었을 때 피로수명에 대한 잔류응력의 영향을 설명하기 위하여 그림 4.43에 나왔던 예제를 고려하자.

이 노치 막대가 S_u=450 MPa, S_y=300 MPa인 강으로 만들어졌고 이것의 크기와 표면은 산정된 일정수명 피로곡선이 그림 8.25의 하부에 그린 것과 같다고 전제하자. 그림 8.25 상부는 항복을 고려하지 않고 계산한 노치응력의 변동을 그린 것이다. 최초 3회는 그림 4.43a에 그린 하중을 올렸다 내리는 것에 해당한다. 다음 2회(점선)는 그림 4.43b에 그린 하중을 점점 증가시키는 것에 해당한다. 이 점선 2회는 노치뿌리에서 탄성적으로 계산된 응력이 7/6 S_y임을 보여 준다. 따라서 그림 8.25의 *b*에서 실선으로 그린 3회는 계산된 응력이 0(하중을 내렸을 때)과 400 MPa(=4/3 S_y) 사이를 변동한다. 이 절차는 그림 4.43*d*에 그린 조건이 달성될 때까지 그림 8.25 상부를 따라 계속된다. 여기서 계산된 응력은 하중이 없을 때 0이고 있을 때 $2S_y$이다.

그림 8.25의 이것 바로 밑에 노치 뿌리에서의 **실제** 응력을 그렸다. 이것은 사용된 연성재료가 그림 4.42*e*에 그린 것과 같이 '평평한 상단' 이상적인 응력-변형률 곡선으로 근사화된다는 가정에 근거한다. *a*에서 최초 3회 중 항복이 발생하지 않으나 최초 점선 1회 중 계

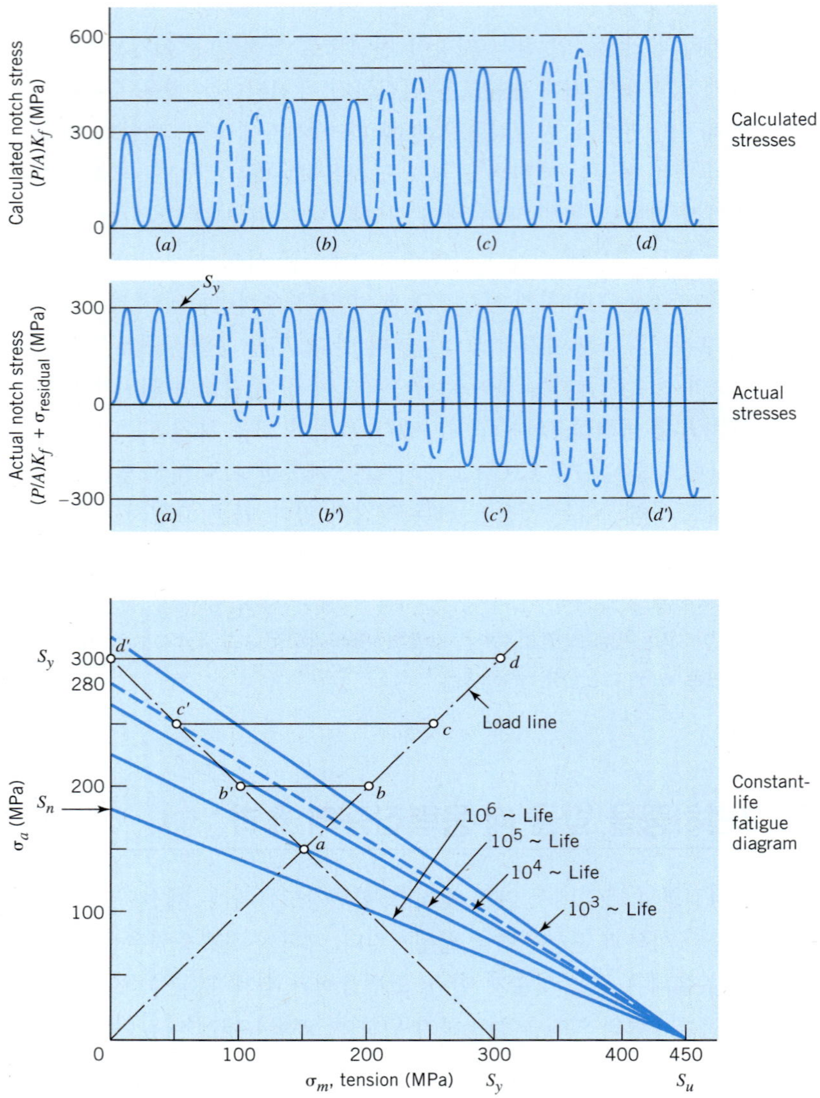

그림 8.25 S_u=450 MPa이고, S_y=300 MPa인 강에 그림 4.43의 응력이 반복적으로 작용하는 경우 피로수명의 추정.

산된 응력이 300 MPa을 넘어 항복이 발생한다. 이전보다 하중이 높아지며 매회 항복이 더 많이 발생한다. 하중을 내렸을 때 응력이 0이 아니나 그림 4.43 우측에 그린 잔류응력 패턴에 해당한다. 노치에서 이 응력은 하중을 올렸을 때 S_y이고 하중을 내렸을 때 잔류응력 $-S_y$이다.

그림 8.25의 하부에 그림 4.43에서 하중을 올렸다 내렸다 하여 발생한 응력을 재료의 피로강도 특성과 비교하여 나타냈다. *a*, *b*, *c*와 *d* 점은 **계산된** 노치 뿌리응력(항복과 잔류응력 때문에 거의 중요하지 않음)에 해당한다. *a*′, *b*′, *c*′과 *d*′ 점은 **실제** 응력(이상적인 응력-변형률 곡선에 근거)에 해당하고 아주 실제적이다. 모든 경우 항복은 **평균**응력은 감소시키

나 교번응력은 유지한다.

그림 8.25에 그린 것에 근거하여, 인장하중 여러 수준의 반복 작용에 해당하는 산정된 피로수명은 a 점에서 10^5회이고 하중 b에 대하여 15,000~20,000회, c에 대하여 6000회, d에 대하여 2500회이다. 이렇게 산정된 것은 인근 일정수명 선 사이의 대략적인 시각적 해석을 나타낸다. c' 점을 통과하는 점선은 더 나은 절차를 설명한다. 이 선은 어느 알려지지 않은 수명에 대한 굿맨 선이다. 이 선에 놓인 모든 점은 같은 수명에 해당한다. 특히 c' 점은 완전역전응력 280 MPa에 해당한다. 이제 S-N 곡선(그리지는 않은)으로 가 응력 280 MPa에 해당하는 수명을 뽑는다. 수명을 예측하는 일을 적합하게 유지하려면 그런 예측은 내재적으로 아주 대략적임을 기억하라(그림 8.4c S-N 곡선의 흩어짐 대역으로 설명한 것과 같은 통계적 근거 외에는). 또 단수명영역에서 예측하는 절차의 한계를 기억하라.

이 예에서 응력집중계수는 2로 원래 그림 4.43에 사용되었고 그림 8.25에 피로응력집중계수로 취했다. 재료의 노치민감도 q는 1보다 작다고 가정하면, 이론적 응력집중계수 K_t는 2보다 클 것이다.

그런 수명예측은 그림 8.17에서 8.19까지에 그린 피로강도 선도로 편리하게 할 수 있다. 이 선도에서 a, b, c와 d 점은 수직축($\sigma_{\min}=0$)에 놓이고, b', c'과 d' 점은 수평선($\sigma_{\min}=S_y$)에 놓일 것이다.

먼저 $\sigma_m-\sigma_a$ 그림에 놓인 b, c, d와 같은 점이 나타나 약간 놀라기 쉽다. d 점을 제쳐 두더라도 c 점조차 최고응력이 극한강도를 넘는다. 이것은 가상적으로 계산된 응력이고 이것이 나타내는 항복 영역은 보통 아주 작다는 것을 기억하여야 한다. 이 예에서 인장막대로는 전체 단면을 항복시키지 않고 많은 항복이 발생할 길이 없다. 이것이 d 점에서 막 발생하려 하고 있다.

요약하면 평균과 교번응력을 조합하여 받는 노치부품의 피로수명을 예측하기 위하여 권장되는 절차는 다음과 같다.

> 모든 응력(평균과 교번 모두)에 피로응력집중계수 K_f를 곱하고 계산된 최고응력이 재료 항복강도를 넘으면 항복과 잔류응력을 수정한다.

이 절차는 잔류응력이 나타나는 것을 인정하므로 가끔 **잔류응력방법**이라고 부른다.

가끔 사용되는 다른 절차는 응력집중계수를 교번응력에만 적용하고 잔류응력은 고려하지 않는 것이다. 몇몇 경우에는 K_f를 곱하지 않아서 평균응력을 낮추는 것은 항복과 잔류응력을 고려하는 잔류응력방법으로 평균응력을 낮춘 것과 거의 비슷하다. 평균응력에 응력집중계수를 곱하지 않으므로 이 절차는 때로 **공칭평균응력방법**이라고 부른다. 여기서는 피로수명예측을 위하여 잔류응력방법만 권장된다.

예제 8.3 SAMPLE PROBLEM 평균과 교번 비틂을 받는 축의 소요지름 결정

축이 교번토크 250 N·m를 발생시키는 비틂진동을 중첩하여 토크 1000 N·m에 전달하여야 한다. 안전계수 2를 양쪽 하중에 적용한다. $S_u=1.2$ GPa, $S_y=1.0$ GPa(불행히도 S_{us}나 S_{ys}에 대한 시험결과는 없다)인 열처리 합금강을 사용한다. 축은 $D/d=1.2$이고 $r/d=0.05$인 턱을 두어야 한다(그림 4.35와 같이). 양질의 상업적 연삭마무리를 지정한다. 피로수명이 무한하려면 필요한 지름은 얼마인가?

풀이 SOLUTION

제시자료: 항복과 극한강도가 알려진 강으로 만들어졌고 D/d와 r/d 비가 알려진 턱이 있는 상업적 연삭축은 안전계수 2를 모두 적용하는 주어진 정상상태와 중첩된 교번토크를 전달한다(그림 8.26 참조).

목표: 무한수명을 위하여 필요한 축지름 d를 산정하라.

개요도 및 데이터:

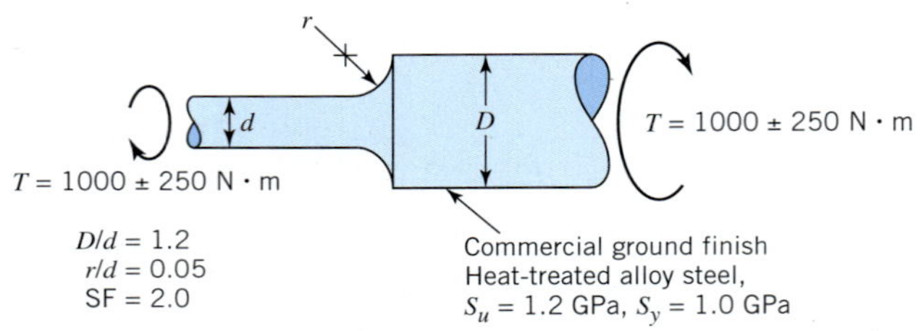

그림 8.26 평균비틂과 교번비틂을 받는 축.

가정과 판단:

1. 축은 필릿과 축 표면마무리에 관련하여 지정된 대로 제작되었다.
2. 축지름은 10과 50 mm 사이이다.

해석:

1. 그림 8.27에 그린 피로강도 선도를 만들라.(무한수명이 요구되므로, S-N 곡선은 필요 없다.) S_n에 대하여 산정된 값을 계산하려면, 지름이 10과 50 mm 사이라고 가정한다. 그렇지 않으면, 풀이는 더 적합한 C_G 값으로 반복되어야 한다.
2. 계산된 노치뿌리응력(가능한 항복을 아직 고려하지 않음)은

$$\tau_m = (16T_m/\pi d^3)K_f$$
$$\tau_a = (16T_a/\pi d^3)K_f$$

식 (8.2)에서 K_f를 구하려면 먼저 K_t와 q를 결정한다. 그림 4.35c에서 $K_t=1.57$을 구하나, 다시 그림 8.24에서 q를 결정하려면 최종지름을 가정하는 것이 필요하다. 이와 같은 강도(S_u=1.2 GPa=174 ksi, 그림 상부 곡선에 아주 가까움)인 강의 비틂하중에 대한 곡선이 $r \geq 1.5$ mm에 대하여 $q \approx 0.95$를 제공한다. 이 경우 $d \geq 30$ mm에 해당하

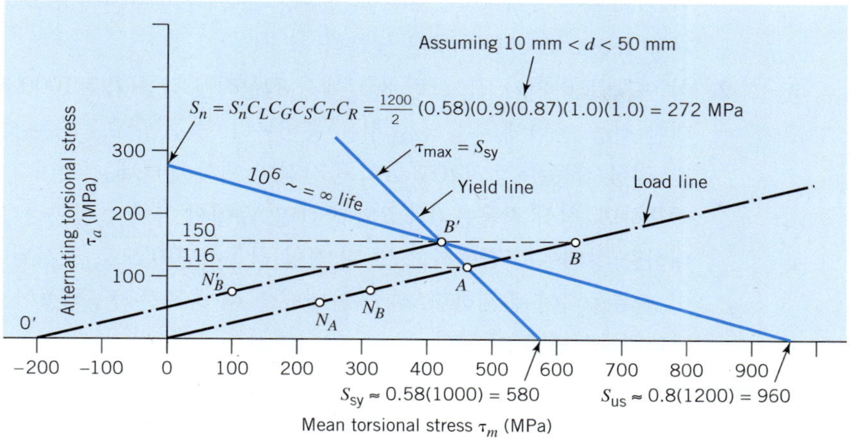

그림 8.27 예제 8.3에 대한 피로강도 선도.

여 약간 곤란하다. 주어진 하중에 대하여 직관적으로(또는 추가 계산으로) 축은 최소한 이만큼 커야 한다. 이 값을 설계 과대하중에 대하여 주어진 값과 함께 대입하면

$$K_f = 1 + (K_t - 1)q = 1 + (1.57 - 1)0.95 = 1.54$$
$$\tau_m = [(16 \times 2 \times 1000\ \mathrm{N \cdot m})/\pi d^3]1.54 = 15{,}685/d^3$$
$$\tau_a = [(16 \times 2 \times 250\ \mathrm{N \cdot m})/\pi d^3]1.54 = 3922/d^3$$

3. 그림 8.27의 원점에서 시작하여(지름을 무한하게 하는 것에 해당) 기울기 0.25를 따라 오른쪽으로 움직이다 A 점에서 임시로 멈춘다. 항복이 허용되지 않으면 응력은 이것보다 높을 수 없다. A에서 τ_a=116 MPa이나 0.116 GPa, 따라서 d=32.2 mm이다.
4. 대부분 상황에서 '설계 과대하중' 조건하에 필릿의 국부적 영역에서 약간의 항복은 허용된다. 그렇다면 계산된 응력이 그림 8.27 B 점에 도달할 때까지 지름을 더 줄일 수 있다. 항복이나 잔류응력이 실제응력을 무한수면선의 오른쪽인 B' 점으로 되돌리기 때문이다. 항복은 교번응력의 크기에 영향을 주지 않으므로 교번응력에 대한 식은 150 MPa과 같고 d=29.7 mm이다.
5. d=32.3 mm나 d=29.7 mm를 채택하기 전에 C_G와 q가 최종적으로 선택한 지름과 양립하는지 되돌아가 보는 것이 중요하다.

주석:

1. 이와 같은 문제를 풀기 전에 설계자는 필릿에 관련하여 설계를 주의 깊게 검토하여야 한다. 반경이 그렇게 작은 것이 정말 필요한가? 그렇다면 생산과 검사부서의 품질관리를 통해 부품이 단지 '날카로운 구석'으로만 만들어지지 않게 하는가? 축 피로강도가 관련되는 한, 필릿에서 고품질 마무리는 아주 중요하다. 나머지 축 표면 99.9%는 다른 이유(좋은 베어링 표면이나 작은공차 맞춤과 같은)로 고품질 마무리가 필요하지 않으

면 거의 중요하지 않다. 고품질 마무리가 축 다른 부분에 필요하지 않으면, 보통 기계 가공 표면으로 바꿔 비용을 낮춘다.

2. 이 예제를 마치기 전, 그림 8.27에서 정상적인 작동(T_m=1000 N·m, T_a=250 N·m)에 대한 작동 응력에 주목하는 것은 흥미롭다. 점 A를 요구되는 과대하중점으로 선택하면, 정상 작동은 점 N'_A(0과 A의 중간점인)에서 나타내는 것이다. B'을 과대하중점으로 선택하면, 정상 작동은 0과 B의 중간인 N_B에서 일어날 것이다. 그러나 기계가 설계 과대하중 상태에서 작동하고 그 뒤 정상 작동하면 $0'$으로 표시된 잔류응력이 관련된다. 이 잔류응력이 존재하면, 하중을 내렸을 때 응력은 $0'$, 하중이 정상적일 때 N'_B, 설계 과대하중이면 B'이 된다.

예제 8.4 SAMPLE PROBLEM 원판 연마기 축의 안전계수 산정

그림 8.28은 S_u=900 MPa, S_y=750 MPa인 강으로 만든 원판 연마기 축을 그린 것이다. 가장 심한 하중은 공작물을 원판(반지름 100 mm) 가장자리에 대고 충분한 힘으로 마찰토크 12 N·m(모터를 거의 정지시킬 토크)를 발생시킬 때이다. 공작물과 원판 사이 마찰계수는 0.6으로 가정하라. 최종 축의 피로파괴 관련 안전계수는 얼마인가?

풀이 SOLUTION

제시자료: 형상과 하중이 주어진 축을 항복과 극한강도가 알려진 축으로 만든다.

목표: 최종 피로파괴에 대한 안전계수를 결정하라.

개요도 및 데이터:

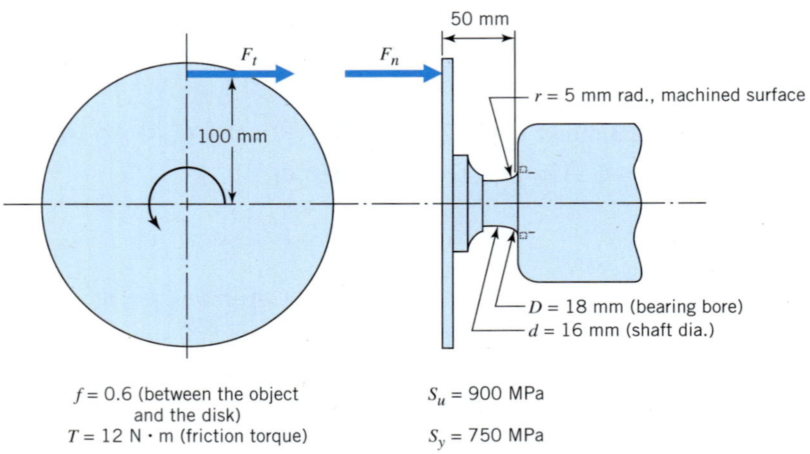

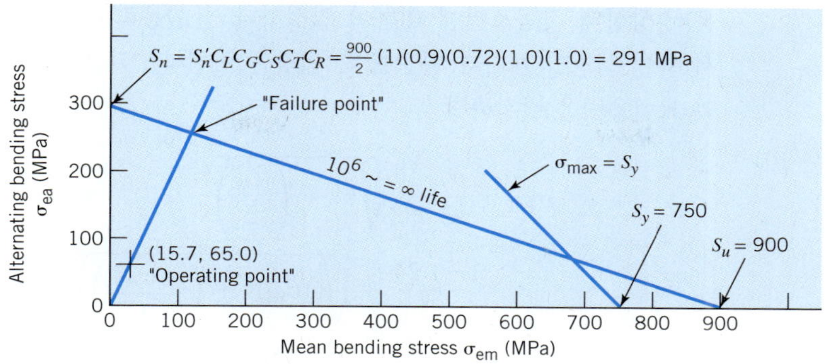

그림 8.28 예제 8.4—원판 연마기.

가정: 50 mm 원판 축 돌출부가 필요하다.

해석:

1. 12 N·m 토크를 지정하면 접선방향 힘 F_t=120 N이다. 마찰계수 0.6이면 수직방향 힘 F_n=200 N이 필요하다.
2. 이 힘 성분은 축 필릿에 다음 하중을 발생시킨다.

토크: T=12 N·m=12,000 N·mm

축하중: P=200 N

굽힘: 수평면에서 M_h=120 N×50 mm

수직면에서 M_v=200 N×100 mm

합력은 $M=\sqrt{M_h^2 + M_v^2}$=20,900 N·mm

3. 그림 4.35에서 비틂, 축 방향과 굽힘에 대한 형상 응력집중계수는

$$K_{t(t)} = 1.10, \qquad K_{t(a)} = 1.28, \qquad K_{t(b)} = 1.28$$

그림 8.24에서 산정된 노치민감도는 비틂에 대하여 q=0.93, 굽힘과 축하중에 대하여 q=0.91이다. 식 (8.2)에서 K_f=1.09(비틂), 1.25(축하중), 1.25(굽힘)로 산정된다.

4. 필릿에서 3가지 응력성분은

$$\tau = \frac{16T}{\pi d^3} K_{f(t)} = \frac{16(12{,}000)}{\pi(16)^3}(1.09) = 16.3 \text{ MPa}$$

$$\sigma_{(a)} = \frac{P}{A} K_{f(a)} = \frac{-200(4)}{\pi(16)^2}(1.25) = -1.24 \text{ MPa}$$

$$\sigma_{(b)} = \frac{32M}{\pi d^3} K_{f(b)} = \frac{32(20{,}900)}{\pi(16)^3}(1.25) = 65.0 \text{ MPa}$$

5. 표 8.2의 '일반적 양축하중'에 대하여 지정된 절차를 적용하여, 그림 8.28에 굽힘 하중에 대한 산정된 무한수명 굿맨 선을 만든다. 그 다음 등가 평균과 등가 교번굽힘응력에 해당하는 '작동점'을 선도에 표시한다. 결정된 3가지 응력성분 중 비틂과 축 방향 응력

은 정상상태 작동조건에 대하여 일정하다. 굽힘응력은 완전역전이다(필릿 어느 점에서 축이 회전할 때마다 인장-압축-인장을 거친다). 권장된 방법을 사용하여 등가 평균과 교번응력을 결정하면

$$\sigma_{em} = \frac{\sigma_m}{2} + \sqrt{\tau^2 + \left(\frac{\sigma_m}{2}\right)^2}$$
$$= \frac{-1.24}{2} + \sqrt{(16.3)^2 + \left(\frac{-1.24}{2}\right)^2} = 15.7 \text{ MPa}$$
$$\sigma_{ea} = \sqrt{\sigma_a^2 + 3\tau_a^2} = \sqrt{(65.0)^2 + 0} = 65.0 \text{ MPa}$$

6. 원점과 작동점을 선으로 연결하고 나면, 최종 피로파단이 막 발생하는 산정된 점에 도달하려면 모든 응력을 약 4배로 증가시켜야 함을 알 수 있다. 이리하여 산정된 안전계수는 4이다.

주석: 축 피로와 관련된 설계 세부사항을 보면, 상대적으로 큰 5 mm 반지름은 축에 필요한 단에서 응력집중을 최소화하는 데 아주 좋다. 50 mm 원판돌출부를 줄이는 것이 바람직하지만 이 특별한 적용에 대하여 이 돌출부는 필요하다.

8.12 불규칙하게 변하는 하중을 받을 때의 피로수명 예측

내구한도 이상 응력이 높아진 부품의 수명을 예측하는 것은 기껏 해야 대략적인 방법이다. 이것은 그림 8.4*c*에 그린 7:1 수명비의 전형적인 흩어짐 대역으로 설명된다. 불규칙하게 변하는 응력주기강도를 받는 기계나 구조적 부품(자동차 현가장치와 항공기 구조부품)의 대부분에 대하여, 피로수명을 예측하는 것은 더 복잡하다. 이 상황을 다루기 위하여 여기에 주어진 절차는 1924년 스웨덴의 팜그렌(Palmgren)이 제안하였다. 그리고, 독자적으로 1945년 미국의 마이너(Miner)가 제안하였다. 이 절차는 종종 마이너와 팜그렌 이름을 모두 붙여 선형 축적손상법칙(linear cumulative-damage rule)이라고 부른다.

팜그렌과 마이너는 아주 논리적으로, 10^5회 피로파괴를 발생시키는 응력수준으로 주기적 하중을 받는 부품이 매회 부품의 $1/10^5$ 수명을 소비한다는 단순한 개념을 제안하였다. 10^4회 수명에 해당하는 다른 응력 주기를 중간에 받는다면 매회 $1/10^4$ 수명을 소비한다. 이것에 근거하여 100% 수명을 소비하면 피로파괴가 예상된다.

팜그렌과 마이너 법칙은 다음 식으로 표현된다. 여기서 $n_1, n_2, \ldots, n_k$는 지정된 응력수준에서의 횟수를 나타내고, *S-N* 곡선에서 취한 것과 같이 $N_1, N_2, \ldots, N_k$는 이 응력수준에서의 수명을 나타낸다. 피로파괴는

$$\frac{n_1}{N_1} + \frac{n_2}{N_2} + \cdots + \frac{n_k}{N_k} = 1 \quad \text{or} \quad \sum_{j=1}^{j=k} \frac{n_j}{N_j} = 1 \qquad \textbf{(8.3)}$$

일 때 예상된다.

선형 축적손상법칙을 사용하는 방법은 다음 예제로 설명한다.

예제 8.5 SAMPLE PROBLEM 불규칙하게 변하는 완전역전응력을 받을 때의 피로수명 예측

부품의 중요한 노치에서 응력(응력집중계수 K_f를 포함한)이 그림 8.29*a*에 그린 것같이 불규칙하게 변동한다. 응력은 굽힘, 비틂, 축 방향이나 일반적인 양축하중에서 비롯된 등가굽힘 응력이 될 수 있다. 그림은 전형적인 20초 동안의 작동으로 가정하고 그려진 것이다. 이 곡선은 하중, 기울기와 표면에 대하여 수정된다. 부품의 피로수명을 산정하라.

풀이 SOLUTION

제시자료: 응력집중, 하중, 기울기와 표면에 대하여 수정된 응력 대 시간 이력이 강 부품의 20초 시험에 대하여 주어졌다.

목표: 부품의 피로수명을 결정하라.

개요도 및 데이터:

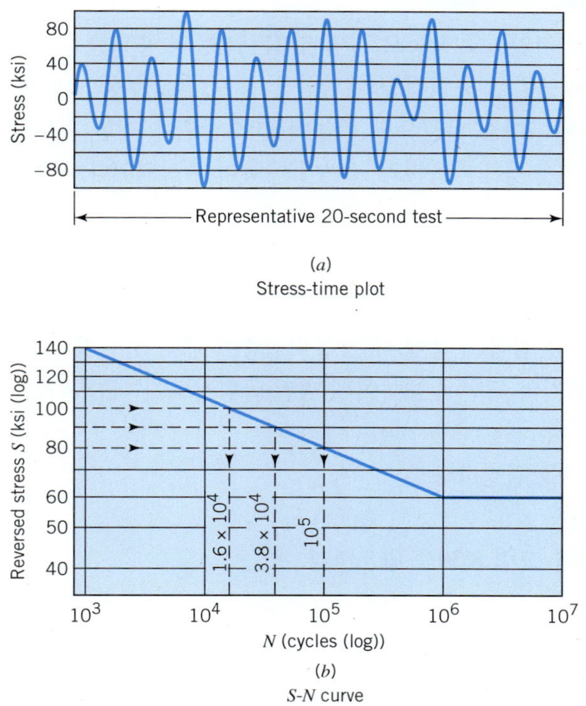

그림 8.29 예제 8.5—역전응력에 대한 피로수명 예측.

가정:

1. 응력에 대한 대표적인 20초 동안의 시험결과는 최종 피로파괴가 될 때까지 반복한다.
2. 선형 축적손상법칙이 적용된다.

해석: 그림 8.29a에서 내구한도 60 ksi 이상의 응력 주기가 8회 나타난다. 5회는 80 ksi, 2회는 90 ksi, 1회는 100 ksi. S-N 곡선은, 80 ksi는 매회 1/10^5 수명, 90 ksi는 매회 1/38,000 수명, 80 ksi는 매회 1/16,000 수명을 사용하는 것을 보여 준다. 이 부분 수명을 더하면

$$\frac{n_1}{N_1}+\frac{n_2}{N_2}+\frac{n_3}{N_3}=\frac{5}{10^5}+\frac{2}{3.8\times10^4}+\frac{1}{1.6\times10^4}=0.0001651$$

소비한 부분수명이 1이려면, 20초 시험시간에 1/0.0001651=6059를 곱하여야 한다. 이것은 2019분에 해당하고 약 30~35시간에 해당한다.

주석: 선형 축적손상법칙은 평균과 교번응력을 포함하는 문제에 쉽게 확장 적용된다. 다음 예제는 변동굽힘응력인 경우에 대하여 이것을 설명한다.

예제 8.6 SAMPLE PROBLEM 피로수명 예측—불규칙하게 변동하는 굽힘응력

그림 8.30a는 전형적인 6초 작동으로 믿어지는 부품의 중요한 노치에서 일어나는 응력변동을 나타낸다. 굽힘응력은 응력집중의 영향을 포함한다. 부품(그림 8.30d)은 S_u=480 MPa, S_y=410 MPa인 알루미늄 합금으로 만들어졌다. 굽힘에 대한 S-N 곡선은 그림 8.30c에 주어져 있다. 이 곡선은 응력기울기와 표면에 대하여 수정되었다. 부품의 수명을 산정하라.

풀이 SOLUTION

제시자료: 알루미늄 합금 부품에 대한 응력집중에 대하여 수정된 대표적인 6초 응력 대 시간 이력. 응력기울기와 표면에 대하여 수정된 굽힘강도에 대한 S-N 곡선.

목표: 부품의 수명을 결정하라.

개요도 및 데이터: 그림 8.30을 참조하라.

가정:

1. 마이너 법칙을 적용한다.
2. 6초 작동이 전형적인 작동이어서 부품이 파괴될 때까지 응력-시간 이력을 반복한다.

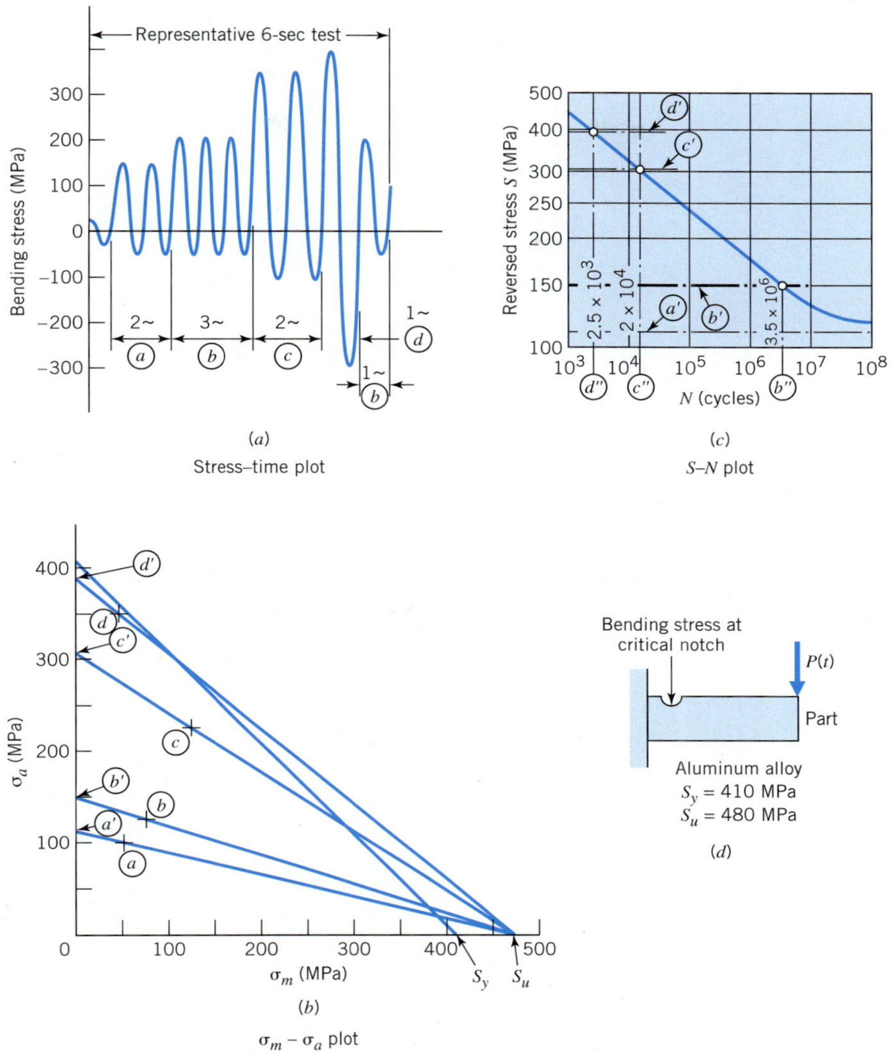

그림 8.30 임의로 변동하는 응력에 대한 피로수명 예측(예제 8.6).

해석:

1. 6초 시험기간은 순서대로 변동 a로 2회, 변동 b로 3회, 변동 c로 2회, 변동 d로 1회, 변동 b로 1회이다. 이 변동 각각은 그림 8.30b에 점으로 그린 평균과 교번응력의 조합에 해당한다. 그 예로, $\sigma_m = 50$ MPa, $\sigma_a = 100$ MPa로 구성된다.
2. 그림 8.30b 점 a에서 점 d까지는 수평축에 놓인 $\sigma_m = S_u$인 점까지 직선을 긋는다. 이것은 어떤 상수(아직 알려지지는 않은) 수명에 해당하는 4개 굿맨 선의 그룹이다.
3. 4개 굿맨 선은 수직축과 점 a'에서 점 d'까지 교차한다. 굿맨 개념을 따르면 점 a에서 점 d까지는 점 a'에서 점 d'까지와 정확히 같은 피로수명에 해당한다. 이 수명은 그림 8.30c S-N 곡선에서 결정된다. 조건 a와 a'에 해당하는 수명은 무한하다고 여김에 주

목하라.

4. 과대하중 구간 b, c와 d가 소비한 부분 수명을 더하면

$$\frac{n_b}{N_b} + \frac{n_c}{N_c} + \frac{n_d}{N_d} = \frac{4}{3.5 \times 10^6} + \frac{2}{2 \times 10^4} + \frac{1}{2.5 \times 10^3} = 0.0005011$$

이것은 산정된 수명이 1/0.0005011이나 6초간 1996회에 해당함을 의미한다. 이것은 199.6분이나 3.33시간과 동등하다.

주석: 이 절차는 그림 8.16 '일반적인 양축하중'에 대한 지침을 따라 계산된 변동등가굽힘응력과 같을 것이고 예제 8.4에서 설명하였다.

8.13 부품의 피로강도에 대한 표면처리의 영향

피로파괴는 보통 표면에 존재하는 상대적으로 취약한 국부적인 부위에서 시작하므로, 표면의 국부적인 조건은 특별히 중요하다. 우리는 이미 여러 가지 범주의 마무리 공정에 대한 표면 상수 C_S를 다루었다. 이 절과 다음 두 절은 (1) 표면 속 재료의 강도와 비교한 표면강도, (2) 표면잔류응력에 영향을 끼치는 여러 가지 표면처리와 관련된다. 표면에 관한 3가지 고려사항—형상(매끄러움), 강도와 잔류응력—은 어느 정도 서로 관련되어 있다. 그 예로, 그림 8.13에 그린 열간압연과 단조 표면에 대한 C_S의 낮은 값은 부분적으로는 표면형상에 또 부분적으로는 표면층의 탈탄(약화됨)에 기인한다.

표면강화의 영향과 이로운(압축) 잔류표면응력의 생성은, 하중축에 관하여 대칭인 노치 막대 그림 8.31에 설명되어 있다. 노치 막대는 0과 P_{max} 사이를 변동하는 외부 인장력을 받는다. 곡선 a는 인장하중에 기인한 노치 부근 응력기울기를 보여 준다. 곡선 b는 홈 표면에서 압축인 바람직한 응력기울기를 보여 주며, 곡선 c는 곡선 a와 b의 합인 전체 응력을 보여 준다. 곡선 d는 표면을 강화하는 열처리로 비롯된 바람직한 강도 기울기를 보여 준다. (1) 표면 강화나 압축잔류응력이 전달가능하중을 상당히 증가시키고, (2) 잠재적인 피로원점을 표면에서 곡선 c와 곡선 d가 접하는 T 점까지 옮김에 주목하라. 이것은 부품의 하중전달용량을 감소시키지 않고 홈의 표면이 사용 중 열화(부식, 표면긁힘 등)될 수 있는 것을 의미한다. 그림 8.31에서 분명하지 않은 피로강도의 이로운 점은 압축잔류응력이 평균응력-교번응력 선도(그림 8.30b의 a 점에서 d 점까지와 같은) '작동점'을 왼쪽으로 옮겨 피로수명을 증가시키는 것이다.

강도기울기를 전체응력기울기와 비교하는 개념은 하중응력기울기가 가파르고 표면은 불량인(C_S가 낮은) 부품은 표면처리로 가장 이롭게 됨을 설명한다. 실제 모든 부품은 응력집중된 중요 부위가 존재하므로, 표면강화처리는 보통 아주 효과적이다. 그 예로, 그림 8.31은 표면경화와 잔류응력의 조합이 유발한 허용하중응력 60% 증가를 설명한다. 굽힘과 비틂

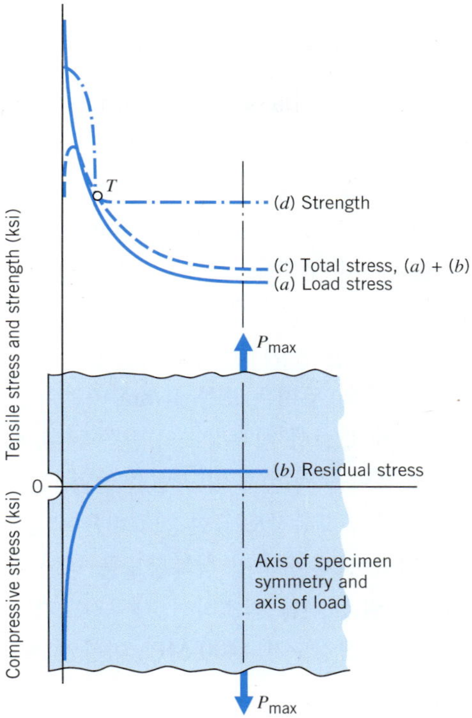

그림 8.31 축하중을 받는 표면경화된 노치부품의 응력과 강도 기울기.

이 포함된 적용사례에 대하여, 피로하중용량이 2배 이상으로 되는 것은 흔하지 않다.

다음 두 절은 강화 표면에 대한 절차를 논의한다. 표면을 약화시키는 절차를 아는 것도 중요하다. 그 예로 연삭은 주의 깊게 수행되지 않고 이송이 느리면 해로운 표면인장잔류응력이나 미세한 표면균열을 유발한다. 크롬이나 니켈도금은 표면에 부식방지를 제공하는 것은 좋지만, 수소기체를 흡수하여 강 부품의 내구한도를 상당히 감소시킬 수 있다. 이것을 **수소취화**(hydrogen embrittlement)라고 부른다. 이 손상은 낮은 도금전류밀도를 사용하거나 도금 후 부품을 구워(보통 600°~900°F) 최소화할 수 있다. 연한 금속(구리, 카드뮴, 아연, 납, 주석)으로 전해도금한 강 부품은 잘 수행하면 피로약화가 거의 없다. 전해도금이나 비철금속 양극화의 효과에 대한 정보는 상대적으로 거의 없다. 특수한 경우의 이롭거나 해로운 효과가 모두 보고되었다. 용접이나 화염절단공정은 그 공정후 열 응력완화와 같은 특별한 주의를 취하지 않으면 해로운 표면잔류응력을 발생시키려 한다.

다음은 피로강화 표면처리 주제에 관한 유용한 기본원리이다.

동적하중을 받는 기계나 구조적 부품을 설계하는 사람은 다음에 유의해야 한다.

1. 피로파괴가 시작할 만한 국부적인 응력집중부위를 찾아 확인하라.
2. 응력집중을 줄이기 위하여 설계를 수정할 가능성을 검토하라.
3. 이 영역에서 표면마무리(C_S)에 특별히 주의를 기울여라.
4. 표면층을 강화하거나 응력을 높여 잠재적으로 위험한 부위에 압축잔류응력을 제공하기 위하여 부품을 제작할 때 무엇을 하여야 하는지 고려하라.

8.14 기계적 표면처리–쇼트피닝 등

기계적 표면처리는 재료의 표면을 냉간가공하여 압축잔류응력을 발생시키고, 재료의 성질에 따라 다르지만, 변형에 대하여 표면을 강화한다. 표면이 초기에 이미 연마되거나 정밀연삭되지 않았다면, 표면의 형상, 즉 평활도도 개선된다.

가장 흔하고 다용도인 냉간가공이 **쇼트피닝**(shot peening)이다. 이 방법은 스프링, 기어, 축, 커넥팅로드를 비롯한 많은 기계나 구조용 부품에 널리 사용된다. 쇼트피닝에서는 회전바퀴나 공압노즐에서 고속으로 철이나 강을 발사하여 표면을 때린다. 가볍게 **두드린** 결과, 두께는 줄어들고 노출된 넓이는 증가한다. 이 넓이는 표면 속 재료의 저항을 받아 표피는 잔류압축 상태에 놓인다. 압축되는 층의 두께는 보통 1 mm 미만이다. 가장 높은 압축응력은 표면보다 약간 낮은 곳에서 발생하고, 보통 항복강도의 반쯤 된다. 때로는 쇼트피닝할 때 부품을 인장하여 더 높은 압축잔류응력을 얻는다. 이 방법을 **늘임 피닝**이라 한다.

쇼트피닝은 경도가 더 높은 강이 항복강도/극한강도 비율이 높기 때문에 이 강에 더 효과적이다. 이것은 잔류응력을 더한 전체 응력이 항복강도를 넘어 잔류응력이 쉽게 '소멸되지' 않기 때문이다. 그림 8.6에 그린 관계를 참조하면, 내구강도가 쇼트피닝하여 더 높아진 경도까지 경도와 같이 증가한다. 인장강도가 1400 MPa 이상인 초고강도 강으로 만들어진 부품에 특히 이롭다.

8.15 열적 · 화학적 표면경화 처리(유도경화, 침탄 등)

열적·화학적 표면경화 처리의 목적은 표면의 마멸 저항을 높이는 것이다. 그러나 이것이 피로강도도 높이므로 여기서 고려한다.

충분한 탄소를 함유한 강 부품의 화염경화(flame hardening)나 유도경화(induction hardening) 열적 공정은 표면에 압축잔류응력을 발생시킨다(표면층의 **부피**를 약간 증대시키는 상변태 때문). 기대한 것과 같이, 가파른 응력기울기를 가진 노치부품에서 가장 효과적이다. 이러한 경우 피로강도가 종종 2배 이상으로 증대된다.

침탄(carburizing)이나 질화(nitriding)는 적당한 열처리와 더불어, 표면층에 탄소나 질소를 추가하는 화학적-열적 공정의 예이다. 결과적으로 경화된 표면은 표면 압축잔류응력과 더불어, 피로강도를 높이는 데 아주 효과적이다. 사실 질화는 일반 응력집중부에 의하여 약화되던 것을 거의 면하게 한다. 이 점은 플로(Floe)가 제공한 다음 표(참고문헌 [5]의 2부, 8.6절)로 뚜렷해진다.

	Endurance Limit (ksi)	
Geometry	**Nitride**	**Not Nitrided**
Without notch	90	45
Half-circle notch	87	25
V notch	80	24

참고문헌 REFERENCES

1. American Society for Testing and Materials, *Achievement of High Fatigue Resistance in Metals and Alloys* (Symposium), American Society for Testing Materials, Philadelphia, 1970.
2. Boyer, H. E. (ed.), *Metals Handbook No. 10: Failure Analysis and Prevention*, 8th ed., American Society for Metals, Metals Park, Ohio, 1975.
3. Fuchs, H. O., and R. I. Stephens, *Metal Fatigue in Engineering*, 2nd ed., Wiley, New York, 2000.
4. Rice, R. C. (ed.), *Fatigue Design Handbook*, 3rd ed., Society of Automotive Engineers, Inc., New York, 1997.
5. Horger, O. J. (ed.), *ASME Handbook: Metals Engineering—Design*, 2nd ed., McGraw-Hill, New York, 1965.
6. Juvinall, R. C., *Engineering Considerations of Stress, Strain, and Strength*, McGraw-Hill, New York, 1967.
7. Lipson, C., and R. C. Juvinall, *Handbook of Stress and Strength*, Macmillan, New York, 1963.
8. Madayag, A. F. *Metal Fatigue: Theory and Design*, Wiley, New York, 1969.
9. Sines, G., and J. L. Waisman (eds.), *Metal Fatigue*, McGraw-Hill, New York, 1959.
10. Anderson, T. L., *Fracture Mechanics: Fundamentals and Applications*, 3rd ed., CRC Press, Boca Raton, 2005.
11. Miannay, D. P., *Fracture Mechanics*, Springer-Verlag, New York, 1998.
12. Frost, N. E., K. J. Marsh, and L. P. Pook, *Metal Fatigue*, Dover, New York, 2000.
13. *MIL-HDBK-5J, Metallic Materials and Elements for Aerospace Vehicle Structures,* Department of Defense Handbook, January 2003.

연습문제 PROBLEMS

Section 8.3

8.1D Select a steel from Appendix C-4a having a rotating bending endurance limit for the standard R. R. Moore test specimens above 72 ksi.

8.2D Select a steel having a 10^3-cycle fatigue strength for rotating bending for R. R. Moore test specimens above 900 MPa.

8.3D From Appendix C-3a, select a gray cast iron having a rotating bending endurance limit for the standard R. R. Moore test specimens between 95 and 110 MPa.

8.4D Select a wrought-titanium alloy from Appendix C-16 having a rotating bending endurance limit for the standard R. R. Moore test specimens above 28 ksi and yield strength above 50 ksi.

8.5 Estimate the rotating bending endurance limit and also the 10^3-cycle fatigue strength for standard R. R. Moore test specimens made of steels having Brinell hardnesses of 100, 300, and 500.

8.6 Estimate the long-life fatigue strength for rotating bending (state whether it is for 10^8 or 5×10^8 cycles) of standard R. R. Moore specimens made of (a) wrought aluminum, $S_u = 250$ MPa, (b) wrought aluminum, $S_u = 450$ MPa, (c) average-grade cast aluminum, and (d) average-grade forged magnesium.

8.7 Three R. R. Moore test specimens are made of steels having ultimate tensile strengths of 95, 185, and 240 ksi. Estimate the 10^3-cycle fatigue strength for rotating bending and also the bending endurance limit for each steel.

8.8 Standard R. R. Moore specimens are made of (a) wrought aluminum, $S_u = 29$ ksi, (b) wrought aluminum, $S_u = 73$ ksi, (c) high-grade cast aluminum, and (d) high-grade forged magnesium. Estimate the long-life fatigue strength for rotating bending (state whether it is for 10^8 or 5×10^8 cycles) of each material.

8.9 Estimate the rotating bending endurance limit and also the 10^3-cycle fatigue strength for standard R. R. Moore steel test specimens having hardnesses of 200, 350, and 500.

8.10 Estimate the 10^3-cycle fatigue strength for rotating bending and also the bending endurance limit for R. R. Moore test specimens made of 1040, 4140, and 9255 steels having ultimate tensile strengths of 690, 1100, 1930 MPa, respectively.

Section 8.4

8.11 How would the answers to Problems 8.5 and 8.6 change if the loading is reversed bending rather than rotating bending?

8.12 How would the answers to Problems 8.5 and 8.6 change if the loading is reversed axial loading rather than rotating bending?

8.13 How would the answers to Problems 8.7 and 8.8 change if the loading is reversed bending rather than rotating bending?

8.14 How would the answers to Problems 8.7 and 8.8 change if the loading is reversed axial loading rather than rotating bending?

Section 8.5

8.15 Repeat Problem 8.5 for reversed torsional loading.

8.16 Repeat Problem 8.6 for reversed torsional loading.

8.17 Repeat Problem 8.7 for reversed torsional loading.

8.18 Repeat Problem 8.8 for reversed torsional loading.

Sections 8.7 and 8.8

8.19 A 10-mm-diameter steel bar having $S_u = 1200$ MPa and $S_y = 950$ MPa has a fine-ground surface. Estimate the bending fatigue strength for (1) 10^6 or more cycles and (2) 2×10^5 cycles.

8.20 Estimate the 2×10^5 fatigue strength for a 25-mm-diameter reversed axially loaded steel bar having $S_u = 950$ MPa, $S_y = 600$ MPa, and a hot-rolled surface.

8.21 Consider a 90 mm-diameter steel bar having $S_u = 670$ MPa and $S_y = 470$ MPa and machined surfaces. Estimate the fatigue strength for (1) 10^6 or more cycles and (2) 5×10^4 cycles for (a) bending, (b) axial, and (c) torsional loading.

8.22 Estimate the bending fatigue strength for 2×10^5 cycles for a 0.5-in.-diameter steel shaft having a Brinell hardness of 375 and machined surfaces.

8.23 Plot on log-log coordinates estimated *S–N* curves for (a) bending, (b) axial, and (c) torsional loading of a 25 mm-diameter steel bar having $S_u = 760$ MPa, $S_y = 530$ MPa, and machined surfaces. For each of the three types of loading, what is the fatigue strength corresponding to (1) 10^6 or more cycles, and (2) 6×10^4 cycles?
[Partial ans.: For bending 36.6 ksi, 55 ksi]

8.24 Repeat Problem 8.23 for a 20-mm-diameter steel bar having $S_u = 1100$ MPa, and $S_y = 715$ MPa, for (a) fine ground and (b) machined surfaces.

Section 8.9

8.25 Repeat the determination of the six fatigue strengths in Problem 8.23 for the case of zero-to-maximum (rather than completely reversed) load fluctuation.
[Partial ans.: For bending, 0 to 56 ksi, 0 to 74 ksi]

8.26 Repeat the determination of the six fatigue strengths in Problem 8.24 for the case of zero-to-maximum (rather than completely reversed) load fluctuation.

Section 8.10

8.27 When in use, the shaft shown in Figure P8.27 experiences completely reversed torsion. It is machined from steel having a hardness of 150 Bhn. With a safety factor of 2, estimate the value of reversed torque that can be applied without causing eventual fatigue failure.

[Ans.: 55.8 N·m]

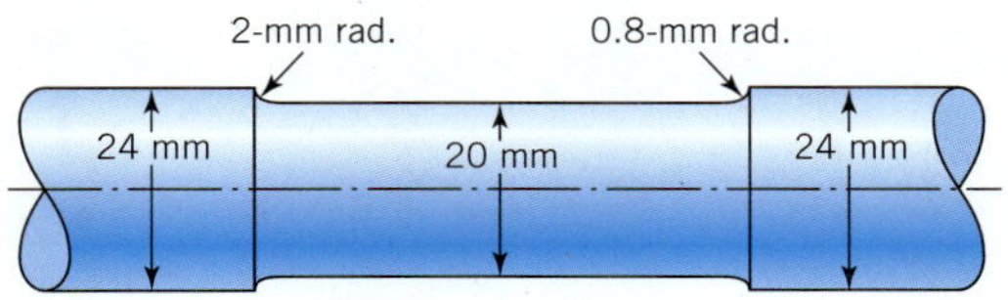

FIGURE P8.27

8.28 Figure P8.28 shows (1) an unnotched bar and (2) a notched bar of the same minimum cross section. Both bars were machined from AISI 1050 normalized steel. For each bar, estimate (a) the value of static tensile load P causing fracture and (b) the value of alternating axial load $\pm P$ that would be just on the verge of producing eventual fatigue fracture (after perhaps 1 to 5 million cycles).

[Ans.: (a) 670 kN for both, (b) 199 kN, 87 kN]

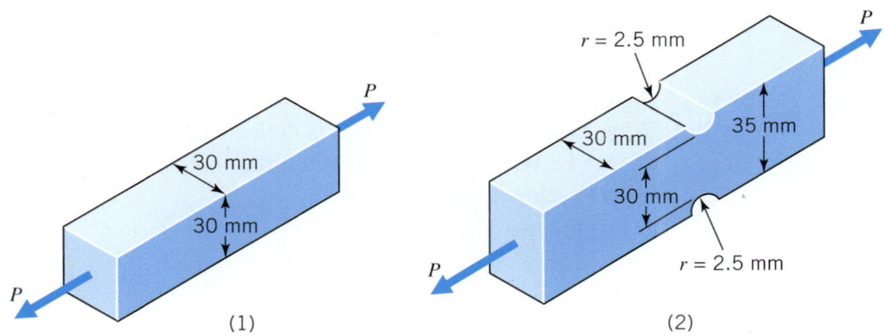

FIGURE P8.28

8.29 A stepped shaft, as illustrated in Figure 4.35, has dimensions of $D = 50$ mm, $d = 25$ mm, and $r = 1.25$ mm. It was machined from steel having tensile properties of $S_u = 620$ MPa and $S_y = 517$ MPa.

(a) Estimate the torque T required to produce static yielding. (Note: For static loading of a ductile material, assume that the very first yielding at the notch root is not significant; hence, ignore stress concentration.)

(b) Estimate the value of reversed torque, $\pm T$, required to produce eventual fatigue failure.

8.30 The shaft illustrated in Figure P8.30 rotates at high speed while the imposed loads remain static. The shaft is machined from AISI 1040 steel, oil-quenched and tempered at 1000°F. If the loading is sufficiently great to produce a fatigue failure (after perhaps 10^6 cycles), where would the failure most likely occur? (Show all necessary computations and reasoning, but do not do unnecessary computations.)

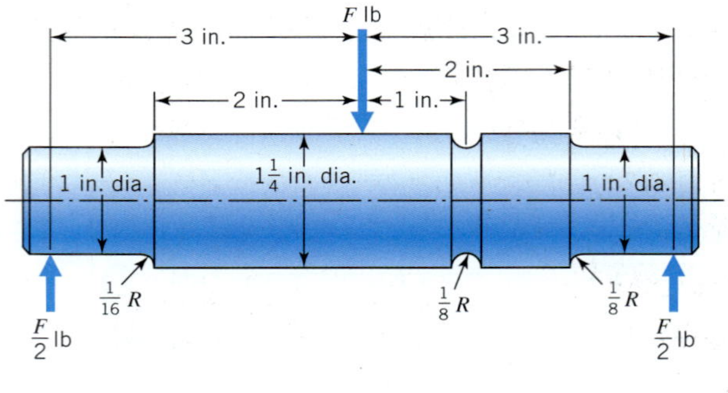

FIGURE P8.30

Section 8.11

8.31 A grooved shaft like the one shown in Figure 4.36 is machined from steel of 180 Bhn and S_y = 448 MPa. Dimensions are D = 28 mm, d = 25 mm, and r = 1.25 mm. A commercial polish is given only to the surface of the groove. With a safety factor of 2, estimate the maximum value of torque T that can be applied for infinite life when the fluctuating torsional load consists of (a) completely reversed torsion, with the torque varying between $+T$ and $-T$, (b) a steady torque of T with superimposed alternating torque of $2T$.

8.32D Design a steel shaft that will transmit a reversed torque of 18.62 N·m for infinite fatigue life.

8.33 Figure P8.33 shows a cantilever beam serving as a spring for a latching mechanism. When assembled, the free end is deflected 1.9 mm, which corresponds to a force F of 38.5 N. When the latch operates, the end deflects an additional 4 mm. Would you expect eventual fatigue failure?

[Ans.: It is marginal.]

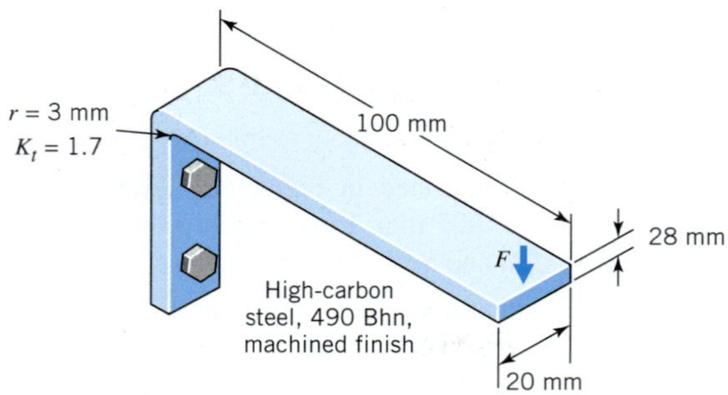

FIGURE P8.33

8.34 Estimate the maximum completely reversed bending moment that can be applied to the ends of the plate shown in Figure 4.40 if the plate is machined from AISI 4320 steel having $S_u = 965$ MPa and $S_y = 620$ MPa. The rectangular plate is 13 mm. thick, 75 mm. wide, and has a central hole 13 mm in diameter. An infinite life with 90% reliability and a safety factor of 2 are required.

8.35 A cold-drawn steel shaft of 155 Bhn is 12 in. long, 1.25 in. in diameter, and has a 0.25-in.-diameter transverse hole (as in Figure 4.37). Surfaces have a machined finish. Estimate the safety factor with respect to infinite fatigue life for (a) a torque fluctuation between 0 and 60 lb · ft, (b) a completely reversed torque of 30 lb · ft, and (c) a mean torque of 35 lb · ft plus a superimposed alternating torque of 25 lb · ft.

8.36 A cold-drawn rectangular steel bar of 140 Bhn is 10 mm thick, 60 mm wide, and has a central hole 12 mm in diameter (as in Figure 4.40). Estimate the maximum tensile force that can be applied to the ends and have infinite life with 90% reliability and a safety factor of 1.3: (a) if the force is completely reversed and (b) if the force varies between zero and a maximum value.

[Ans.: 22 kN, 34 kN]

8.37 A 20-mm-diameter shaft with a 6-mm-diameter transverse hole is made of cold-drawn steel having $S_u = 550$ MPa and $S_y = 462$ MPa. Surfaces in the vicinity of the hole have a machined finish. Estimate the safety factor with respect to infinite fatigue life for (a) torque fluctuations between 0 and 100 N · m, (b) a completely reversed torque of 50 N · m, and (c) a mean torque of 60 N · m plus a superimposed alternating torque of 40 N · m.

[Ans.: 1.5, 1.9, 1.7]

8.38 For the shaft and loading involved in Problem 8.37, estimate the safety factors with respect to *static* yielding. (Note: For these calculations stress concentration is usually neglected. Why?)

[Ans.: 3.1, 6.3, 3.1]

8.39 Figure P8.39 shows a $\frac{1}{2}$-in. pitch roller chain plate, as used on a bicycle chain. It is made of carbon steel, heat-treated to give $S_u = 140$ ksi and $S_y = 110$ ksi. All surfaces are comparable to the "machined" category. Since a roller chain cannot transmit compression, the link is loaded in repeated axial tension (load fluctuates between 0 and a maximum force as the link goes from the slack side to the tight side of the chain) by pins that go through the two holes. Estimate the maximum tensile force that would give infinite fatigue life with a safety factor of 1.2.

[Ans.: 229 lb]

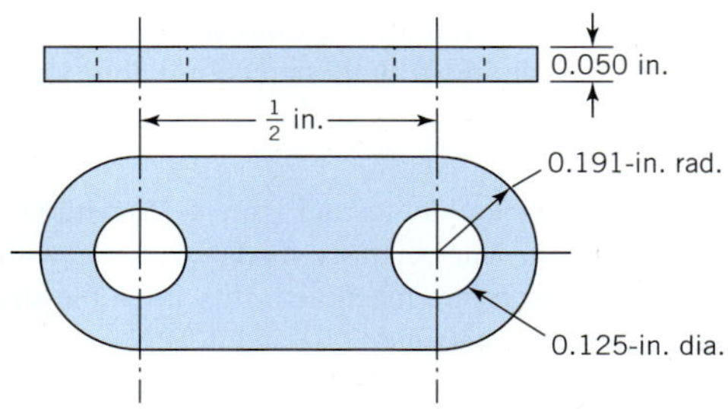

FIGURE P8.39

8.40 Figure P8.40 shows a shaft and the fluctuating nominal stress (in the center of the 50-mm section) to which it is subjected. The shaft is made of steel having S_u = 600 MPa and S_y = 400 MPa. Estimate the safety factor with respect to eventual fatigue failure if (a) the stresses are bending, (b) the stresses are torsional.

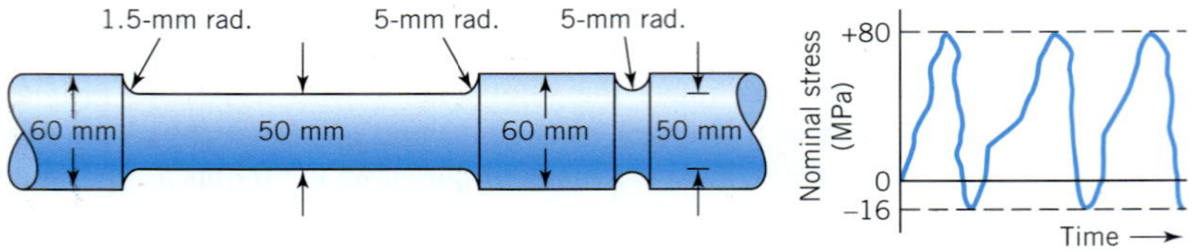

Figure P8.40

8.41 Figure P8.41 shows a round shaft and a torque fluctuation to which it is subjected. The material is steel, with S_u = 162 ksi and S_y = 138 ksi. All critical surfaces are ground. Estimate the safety factor for infinite fatigue life with respect to (a) an overload that increases both mean and alternating torque by the same factor, and (b) an overload that increases only the alternating torque.

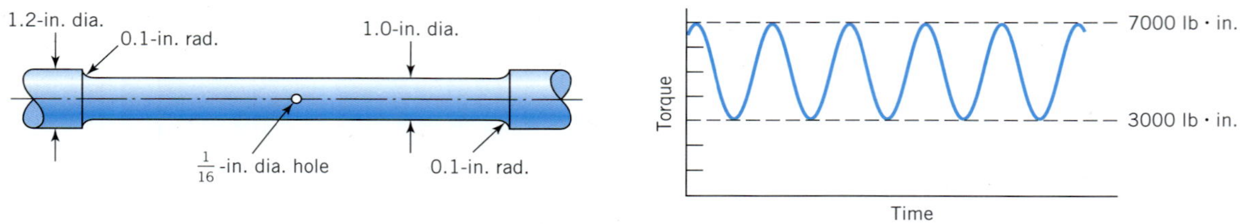

Figure P8.41

8.42 A stepped shaft, as shown in Figure 4.35, has dimensions of D = 10 mm, d = 8 mm, and r = 0.8 mm. It is made of steel having S_u = 1200 MPa and is finished with a grinding operation. In service, it is loaded with a fluctuating zero-to-maximum torque. Estimate the magnitude of maximum torque that would provide a safety factor of 1.3 with respect to a 75,000-cycle fatigue life.

8.43 The critical portion of a machine part is shaped like the bar in Figure 4.38 with H = 35 mm, h = 25 mm, b = 20 mm, and r = 2 mm. The material is steel, of 160 Bhn hardness. All surfaces are machined. The part is loaded in zero-to-maximum cyclic bending. Estimate the value of the maximum bending moment that would give infinite fatigue life with 99 percent reliability (and a safety factor of 1). [Ans.: 300 N · m]

8.44 A solid round shaft has a shoulder (as in Figure 4.35) with D = 25 mm, d = 13 mm, and r to be determined. The shaft is made of steel, with S_u = 1035 MPa and S_y = 830 MPa. All surfaces are machined. In service the shaft is subjected to a torsional load that fluctuates between 110 and 170 N-m. Estimate the smallest fillet radius that would permit infinite life (with safety factor = 1).

8.45 A steel shaft used in a spur gear reducer is subjected to a constant torque together with lateral forces that tend always to bend it downward in the center. These result in calculated stresses of 80 MPa torsion and 60 MPa bending. However, these are nominal values and do not take into account stress concentration caused by a shoulder (as in Figure 4.35), where dimensions are $D = 36$ mm, $d = 30$ mm, and $r = 3$ mm. All surfaces are machined, and the steel has strength values of $S_u = 700$ MPa and $S_y = 550$ MPa. Hardness is 200 Bhn. Estimate the safety factor with respect to infinite fatigue life.

[Ans.: 1.9]

8.46 At a critical location in a shaft, the equivalent alternating stress is $\sigma_{ea} = 91.8$ MPa, and the equivalent mean bending stress is $\sigma_{em} = 102.4$ MPa. The modified endurance limit $S_n = 239$ MPa, the ultimate strength, $S_u = 700$ MPa, and the yield strength, $S_y = 550$ MPa. Assuming that Figure 8.16 shows a constant life fatigue diagram for the steel shaft, write the equation for the load line and the equation for the strength line for 10^6 cycles of life. Determine the safety factor with respect to infinite life.

8.47 Figure P8.47 shows a portion of a pump that is gear-driven at uniform load and speed. The shaft is supported by bearings mounted in the pump housing. The shaft is made of steel having $S_u = 1000$ MPa, $S_y = 800$ MPa. The tangential, axial, and radial components of force applied to the gear are shown. The surface of the shaft fillet has been shot-peened, which is estimated to be equivalent to a laboratory mirror-polished surface. Fatigue stress concentration factors for the fillet have been determined and are shown on the drawing. Estimate the safety factor with respect to eventual fatigue failure at the fillet.

[Ans.: 1.9]

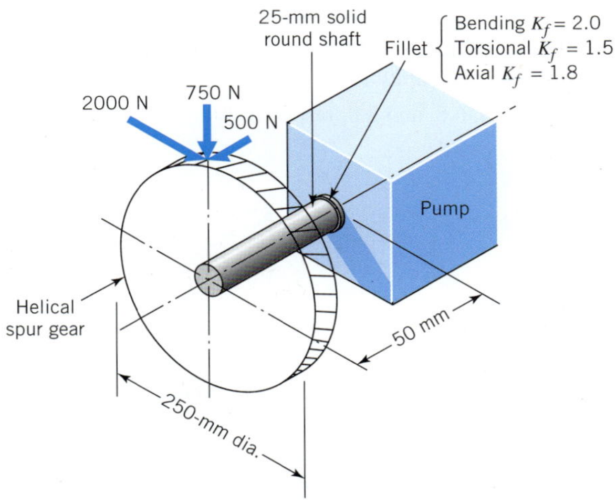

FIGURE P8.47

8.48 Figure P8.47 shows a helical gear having a 250 mm diameter that is mounted on the overhung end of a shaft, 50 mm from the nearest bearing. The load on the helical gear is $F_t = 2000$ N, $F_r = 750$ N and $F_a = 500$ N.

(a) Calculate the shaft torque due to each force.

(b) Calculate the bending moment on the overhung shaft at the nearer bearing due to each force.

(c) Calculate the total or resultant bending moment on the shaft at the nearer bearing.

8.49 At a critical location in the shaft, the equivalent alternating stress $\sigma_{ea} = 183.8$ MPa and the equivalent mean bending stress is $\sigma_{em} = 123.1$ MPa. The modified endurance limit $S_n = 450$ MPa, the ultimate strength, $S_u = 1000$ MPa, and the yield strength, $S_y = 800$ MPa. Assuming that Figure 8.16 shows a constant life fatigue diagram for the steel shaft, write the equation for the load line and the equation for the strength line for 10^6 cycles of life. Determine the safety factor with respect to infinite life.

8.50 Write the equation for the load line and the equation for the $10^6 \approx \infty$ life line both shown in Figure 8.28 of Sample Problem 8.4 and then solve for the coordinates of the failure point.

8.51 Drawing 1 of Figure P8.51 shows a countershaft with helical gear (B), bevel gear (D), and two supporting bearings (A and C). Loads acting on the bevel gear are shown. Forces on the helical gear can be determined from equilibrium of moments about the shaft axis plus the given proportions of the helical gear force components. Shaft dimensions are given in drawing 2. All shoulder fillets (at points where diameter changes) have a radius of 5 mm. Note that the shaft is designed so that only bearing A takes thrust. The shaft is made of hardened steel, $S_u = 1069$ MPa, $S_y = 896$ MPa. All important surfaces are finished by grinding.

(a) Draw load, shear force, and bending moment diagrams for the shaft in the xy and xz planes. Also draw diagrams showing the intensity of the axial force and torque along the length of the shaft.

(b) At points B, C, and E of the shaft, calculate the equivalent stresses in preparation for determining the fatigue safety factor. (Note: Refer to Table 8.2.)

(c) For a reliability of 99% (and assuming a standard deviation of $\sigma = 0.08S_n$), estimate the safety factor of the shaft at points B, C, and E.

[Ans.: (c) 5.0, 6.8, and 5.8, respectively]

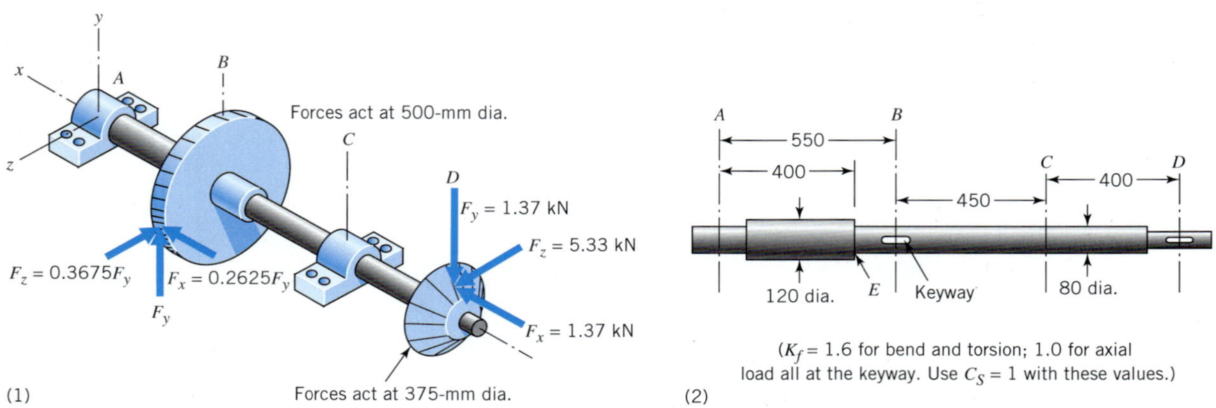

FIGURE P8.51

Section 8.12

8.52 A stepped shaft, as shown in Figure 4.35, has dimensions of $D = 50$ mm, $d = 25$ mm, and $r = 2.5$ mm. It was machined from AISI steel of 200 Bhn hardness. The loading is one of completely reversed torsion. During a typical 30 seconds of operation under overload conditions the nominal (Tc/J) stress in the 25 mm-diameter section was measured to be as shown in Figure P8.52. Estimate the life of the shaft when operating continuously under these conditions.

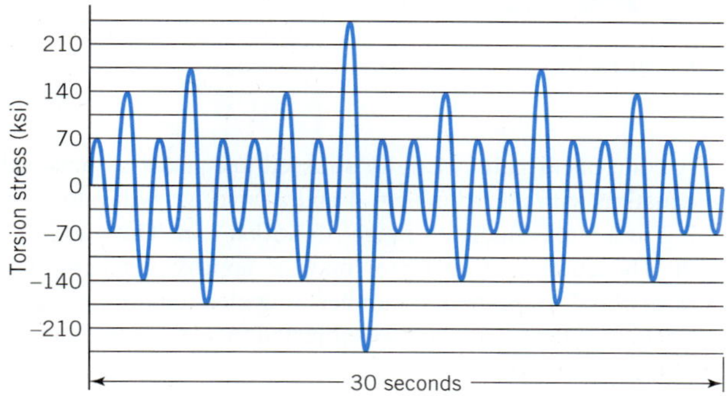

FIGURE P8.52

Section 8.16

8.53 A 25 mm-diameter aluminum bar is subjected to reversed axial loading of 5000 N at 50 cycles per second. A circumferential crack, 0.1 mm deep, extends radially inward from the outside surface. The axial load is applied remote from the crack. Estimate the crack depth after 100 hours of operation, assuming a Paris exponent of 2.7 and a stress intensity range of 1.65 MPa $\sqrt{\text{m}}$, corresponding to a growth rate of 1 mm/10^6 cycles. The configuration factor, Y, may be approximated by $Y = [1.12 + \alpha(1.30\alpha - 0.88)]/(1 - 0.92\alpha)$, where $\alpha = c/w$ and w is the radius of the round bar. The stress intensity factor, $K_I = \sigma Y \sqrt{\pi c}$, where σ is the uniaxial tensile stress for the gross cross section (see Figure P8.53).

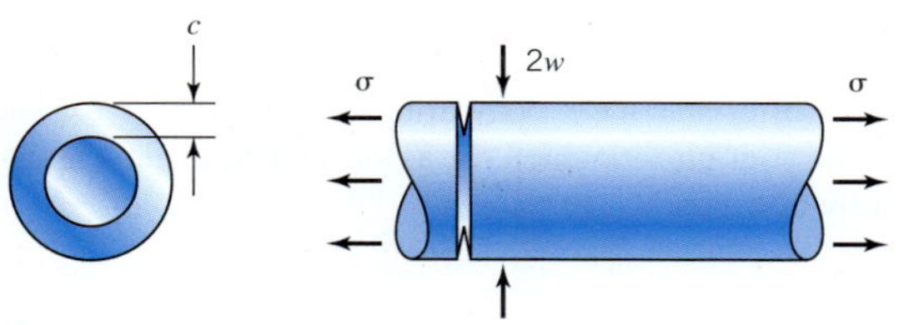

FIGURE P8.53

8.54 A 2.0-in.-diameter aluminum shaft rotates at 3000 rpm and is subjected to a reversed bending moment of 1775 in. lb. A crack, 0.004 in. deep, extends radially inward from the external surface. The reversed bending moment is applied remote from the crack.

Estimate the crack depth after 100 hours of operation, assuming a Paris exponent of 2.7 and a stress intensity range of 1.5 ksi $\sqrt{\text{in.}}$, corresponding to a growth rate of 0.040 in./10^6 cycles. The configuration factor Y may be approximated by $Y = [1.12 + \alpha(2.62\alpha - 1.59)]/(1 - 0.70\alpha)$, where $\alpha = c/w$ and w is the radius of the round bar. The stress intensity factor, K_I, is equal to $\sigma Y\sqrt{\pi c}$, where σ is the maximum bending stress for the gross cross section (see Figure P8.54).

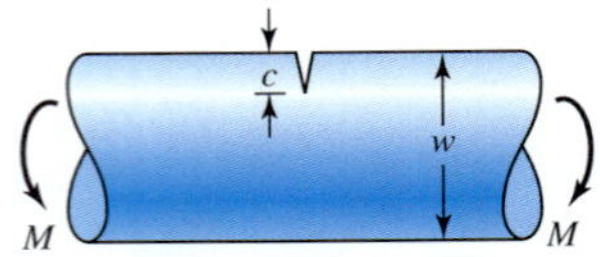

FIGURE P8.54

8.55 A component part is axially stressed and made of material that follows the Paris equation with an index $n = 4$ and a crack growth rate of 0.04 in./10^6 corresponding to a stress intensity range of 5.5 ksi$\sqrt{\text{in.}}$ The width of the component is 0.75 in. The configuration factor may be approximated by $Y = 0.85/(1 - \alpha)$, where $\alpha = c/w$. Determine the number of cycles required for a 0.20-in. crack to grow to 0.60 in., if the component is subjected to a cyclically varying uniaxial tensile stress of 0 psi to 6000 psi.

8.56 Repeat Problem 8.55, except the 0.20-in. crack grows to the critical crack length corresponding to $K_{Ic} = 55$ ksi$\sqrt{\text{in.}}$

8.57 Repeat Problem 8.55, except the component is subjected to a cyclically varying uniaxial tensile stress of 15,000 psi to 18,000 psi.

8.58 Derive Eq. 8.6 from Eq. 8.5.

Appendix F

For the problems below, read Appendix F and then download and use *MIL-HDBK-5J* to complete. References to pages in *MIL-HDBK-5J* begin with the text *MH*. All problems are for materials at room temperature.

8.A1 Consider a polished, unnotched specimen under fully reversed axial fatigue ($R = -1.0$) for each of the steel materials below. Compute and plot the *S–N* curve for $10^3 - 10^6$ cycles using the textbook method (Table 8.1); assume that $C_G = 0.90$ and $C_L = C_S = C_T = C_R = 1.0$. Add to this plot the *S–N* prediction from *MIL-HDBK-5J* using the equivalent stress method; note that the alternating stress $S = 1/2\ S_{max}$. Provide a brief statement comparing the two curves for each case. Also, note any regions of your plot in which the associated equivalent stress model is not well supported by test data.

(a) 4130 alloy steel sheet, page *MH*2-31 (assume $S_u = 117$ ksi)

(b) 4340 alloy steel forging, page *MH*2-55 (assume $S_u = 200$ ksi)

(c) 300M alloy steel forging, page *MH*2-60 (assume $S_u = 280$ ksi)

8.A2 Repeat Problem 8.A1 for the aluminum materials below except plot for $10^3 - 10^8$ cycles. Assume that Table 8.1 is unchanged except that S'_n is as shown in Figure 8.9 and occurs at $N = 5 \times 10^8$ cycles.

(a) 6061-T6 alloy, wrought forms, page *MH*3-289 (assume $S_u = 45$ ksi)
(b) 2024-T3 alloy sheet, page *MH*3-116 (assume $S_u = 72$ ksi)
(c) 7075-T6 alloy sheet, page *MH*3-409 (assume $S_u = 82$ ksi)

8.A3 Consider a polished, unnotched specimen made 300M alloy forging loaded in the longitudinal direction (see page *MH*2-60). It is subjected to a fatigue stress cycle that ranges between minimum and maximum stress levels of 50 ksi and 150 ksi, respectively. Determine the number of cycles to failure according to the equivalent stress model. Repeat this calculation if the maximum stress remains unchanged while the minimum stress is reduced to 25 ksi.

8.A4 Repeat Problem 8.A3, except with the specimen made from unnotched PH15-7Mo (TH1050) steel sheet loaded in the longitudinal direction (see page *MH*2-189).

8.A5 Consider a polished, unnotched specimen made 2024-T4 drawn rod loaded in the longitudinal direction (see page *MH*3-112). The specimen is subjected to a fatigue cycle with a minimum stress of 10 ksi and is desired to have a life of 10^5 cycles to failure. Determine the corresponding fatigue cycle maximum stress according to the equivalent stress model. Repeat this calculation if the minimum stress is increased to 20 ksi.

8.A6 Repeat Problem 8.A3, except with the specimen made from Ti-6A1-4V sheet in the solution treated and aged condition for a fatigue cycle minimum stress of 30 ksi and repeat again for a fatigue cycle minimum stress of 60 ksi.

표면손상

9

9.1 개요

앞 절들에서는 부품에 발생하는 각종 손상(항복, 파괴, 과다 변형, 좌굴 등)에 대하여 다루었다. 이와 함께 부품의 **표면**에도 다양한 손상이 발생될 수 있으며, 이는 부품을 사용하기에 부적합하게 만든다. 대표적인 표면손상(surface damage)으로는 부식(corrosion)을 들 수 있다. 부식은 대기 중 또는 소금물과 같이 보다 부식이 쉽게 일어나는 환경에서 발생된다. 표면 부식은 정적 응력 또는 피로응력과 조합됨으로써 조합되지 않은 각 경우에 비하여 부품을 더욱 심하게 손상시킨다. 고체 부품과 유체 입자 사이의 높은 상대속도로 인하여 유체 내에 **공동현상**(cavitation)이 생길 수 있으며, 이것은 부품의 표면을 치명적으로 손상시킬 수 있다. 두 개의 고체 면이 압착될 때 **접촉응력**(contact stress)이 발생하며, 접촉부재 간의 미끄럼 마찰이 있을 때 **마멸**(wear)이 일어난다. 마찰면 사이에 오일, 그리스, 고체 필름 등의 **윤활제**(lubricant)를 적용하여 마멸을 줄일 수 있다.

경험에 비추어 보면, 파손보다도 표면의 열화(deterioration)에 의하여 더욱 많은 기계 부품이 못 쓰게 되는 경우가 많다. 자동차에서 일어나는 표면손상을 생각해 보자. 배기 시스템의 부식, 차체 패널의 녹, 내장재나 바닥 깔개는 물론이고 피스톤링이나 현가장치의 조인트 및 기타 마찰 부품의 마멸 등을 그 예로 들 수 있다.

표면손상으로 인한 경제적 비용을 보면 그 중요성을 알 수 있다. 미국의 국립표준원(National Bureau of Standards)이 의회에 보고한 자료에 따르면 미국 내에서 부식과 마멸로 인한 연간 총비용은 1978년 기준으로 각각 700억 달러와 200억 달러에 달한다[1].

9.2 부식: 기초

부식은 환경과의 화학적 또는 전기화학적 반응에 의한 재료(주로 금속)의 열화이다. 대부분의 부식은 전기화학적, 즉 **전식 반응**(galvanic action)에 기인한다. 이 복잡한 현상을 연구하는 분야가 **부식공학**(corrosion engineering)이다.

그림 9.1은 균질한 **전해질**(깨끗한 물, 소금물, 습한 대기, 진흙 등과 같은 이온 전달자)에 담겨 있는 순수한 철의 **전극봉**을 나타낸다. 양의 전하를 띠는 Fe^{2+} 이온이 용액으로 들

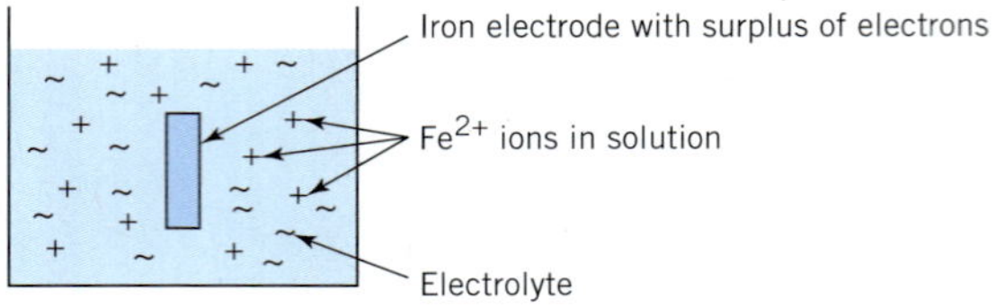

그림 9.1 평형상태에서 전류가 흐르지 않는 철과 전해질.

어가면서 잉여 전자(즉 음의 전하)를 철 전극봉에 남겨 놓는다. **전극봉의 전위차**(electrode potential)가 평형상태에 도달하면 더 이상의 전기화학적 작용은 일어나지 않는다.

그림 9.2에서는 철 전극봉의 도금이 불완전하여 철의 표면 중 일부가 노출되어 있다. 만약 도금 재료가 주석이라면, 도금층이 양이온을 방출하며 이에 따라 음의 전하가 주석에 남게 된다. 동시에 노출된 철의 표면은 양의 철이온을 방출하며 음의 전하를 철 전극봉에 남겨둔다. 표 9.1은 갈바닉 계열에서 철(표의 17번)이 주석(표의 14번)보다 더 활성적이라는 것을 나타낸다. 이것은 철의 이온화 경향이 상대적으로 커서 금속에 더 커다란 음의 전하(전극봉 전위)를 생성하게 한다는 것을 의미한다. 따라서 금속 내에서 전류가 흐르고, 이때 전자들은 **양극**(anode)이 되는 철로부터 **음극**(cathode)에 해당하는 주석 코팅으로 움직인다. 전해질을 통해 전자가 흘러 전기적 회로를 완성하게 된다. 이러한 과정에서 철 이온이 계속적으로 방출되면 철은 **부식**된다. 이때 주석의 이온 방출은 전류에 의하여 **억제**되며, 따라서 음극인 주석은 **부식되지 않는다**. 이러한 현상은 주석 도금이 깨어져 철이 노출되어 부식되는 '주석' 캔에서 흔히 볼 수 있다. 전해질로 방출되는 철 이온들은 수산기(OH−) 또는 산소 이온과 결합하여 철수산화물이나 철산화물, 즉 녹으로 침전된다.

갈바닉 계열에서의 금속의 상대적 순서는 대부분의 전해질에서 유사하지만 그렇지 않은 경우도 있다. 이런 점에서 흥미로운 경우가 앞에서 언급한 '주석' 캔이다. 캔에 담긴 음식물 중의 산, 염기, 유기 물질 등을 일종의 전해질로 볼 수 있는데, 이때 캔 내부의 강 표면은 주석에 대하여 **음극**이 되어 부식으로부터 보호된다. 게다가 주석의 부식으로부터 생성되는 극히 미량의 주석 염(tin salt)은 독성을 갖지 않는다. 따라서 주석 도금이 음료나 음식을 취급하는 데 있어 이상적이라고 간주된다.

그림 9.2에서 도금물질이 주석 대신 **아연**(표의 19번)이라 가정해 보자. 표 9.1을 보면 보통의 환경에서는 아연이 용해되고 전극을 통한 전류의 방향은 양의 철 이온 방출을 억제한다. 따라서 철은 **음극**이 되어 부식되지 않는다. 아연 코팅은 철 금속의 부식을 막기 위하여 실시하는 **도금**의 일반적인 예이다.

대부분의 부식 현상은 그림 9.2와 같이 접촉하고 있는 두 가지 금속(철과 아연, 철과 주석)의 전극봉에서 일어난다. 이와 밀접하게 관련된 전기화학적 현상이 그림 9.3에 나타나

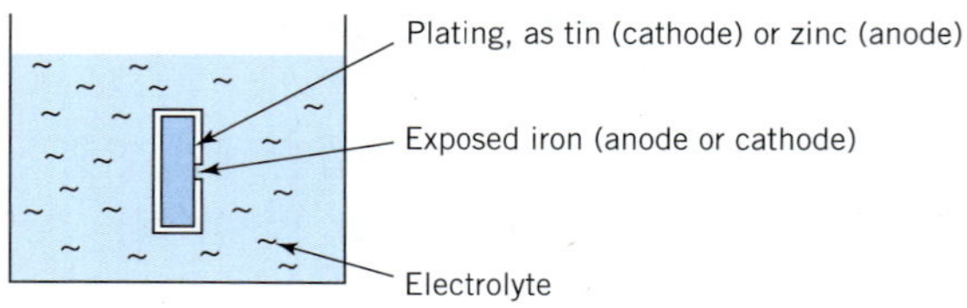

그림 9.2 전해질 속의 불완전 도금 철(전류가 계속 흐르고 그 방향은 도금 재료에 따라 결정됨).

표 9.1 갈바닉 계열: 부식적합성 표

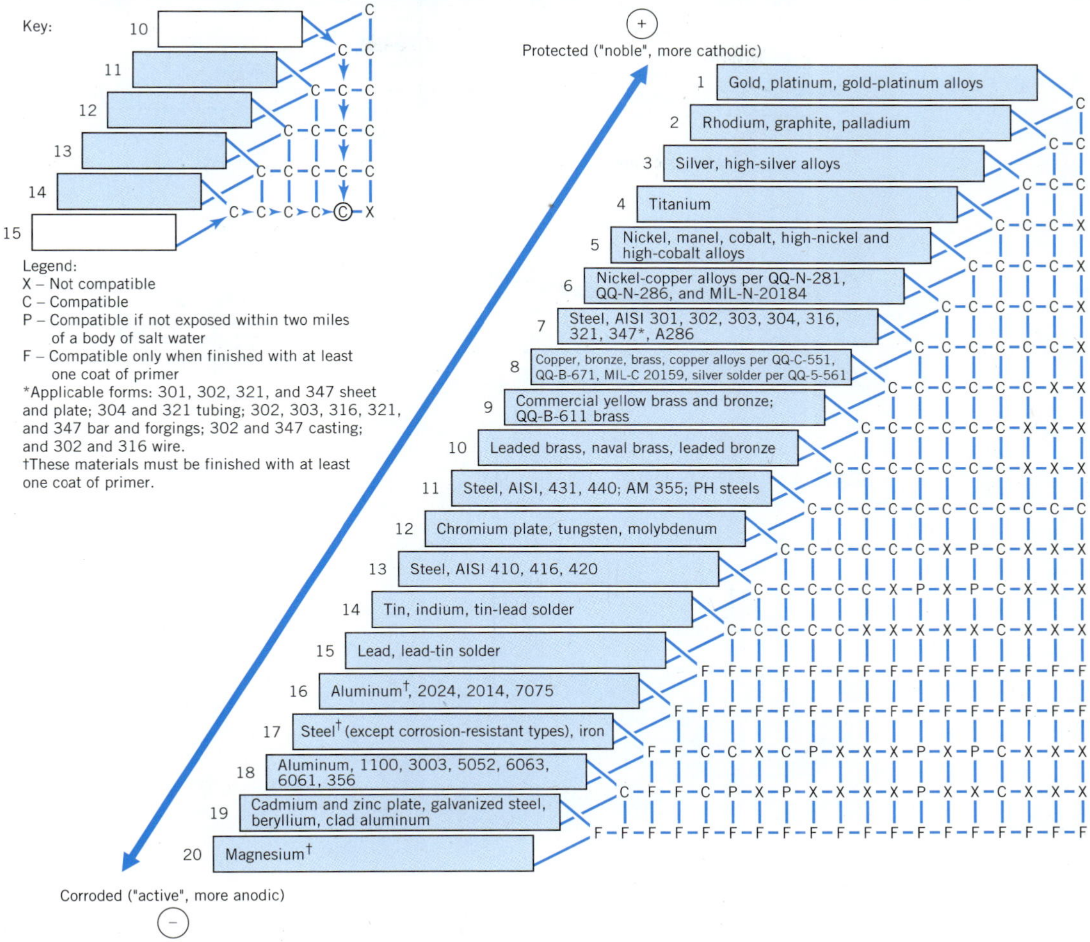

Source: From C. F. Littlefield and E. C. Groshart, "Galvanic Corrosion," *Machine Design*, 35: 243 (May 9, 1963).

있다. 여기서는 두 개의 전극봉(A와 B)이 직접 접촉하고 있지는 않다. 이들 전극봉이 아연과 탄소(표의 2번)라고 가정하자. 표 9.1을 참고하면 아연의 전자밀도가 더 높을 것이다.(아연이 양의 전하를 방출하려는 경향이 크다.) 두 개의 단자 A와 B를 전선으로 연결하면 이를 통해 전자가 흐를 것이다. 이것이 보통의 탄소-아연 건전지에서 일어나는 현상이다.

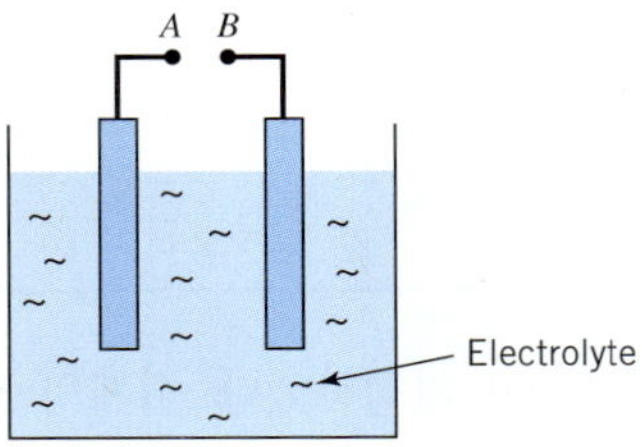

그림 9.3 도체나 배터리에 연결되는 외부단자를 가지는 두 개의 전극봉.

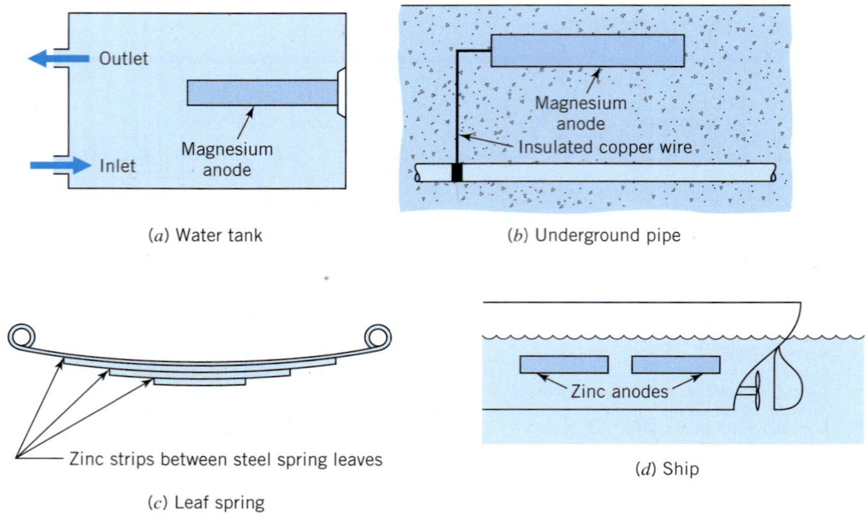

그림 9.4 희생양극을 사용한 강의 음극 보호.

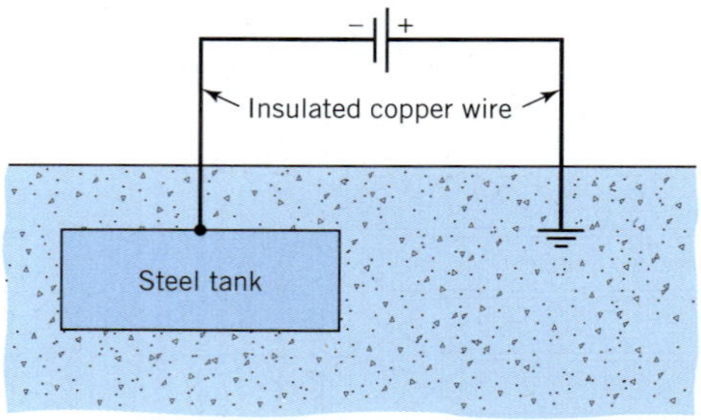

그림 9.5 미량의 직류전압을 사용한 지하 탱크의 음극 보호.

그림 9.3에서 전극봉 *A*가 철이고 *B*가 구리(표의 8번)라 하고 두 단자에 전지를 연결함으로써 전해질 내의 양이온이 철로부터 구리 쪽으로 흐르도록 하였다고 가정하자. 이렇게 하면 구리가 부식되어 구리 양이온이 전해질로 용해된 뒤, 철 전극으로 이동하여 용착된다. 이러한 공정을 **전기도금(electroplating)**이라 한다.

그림 9.4와 9.5는 부식을 억제하기 위해 실제적으로 사용되는 방법을 도시한다. 그림 9.4에서는 부식으로부터 보호하고자 하는 대상이 **음극**이 되고 아연 및 마그네슘 판이 **희생양극**이 되도록 전류가 흐른다.(희생양극이 모두 소모되고 나면 쉽게 대체할 수 있다.) 그림 9.5에서는 외부의 전원을 이용하여 보호하고자 하는 대상으로 전자를 흘려줌으로써 이를 음극으로 만드는 방법을 보여 준다.

9.3 부식: 전극봉과 전해질 불균질성

앞 절에서는 전극봉과 전해질이 균질하다고 가정하였다. 실제의 많은 부식 상황은 이러한

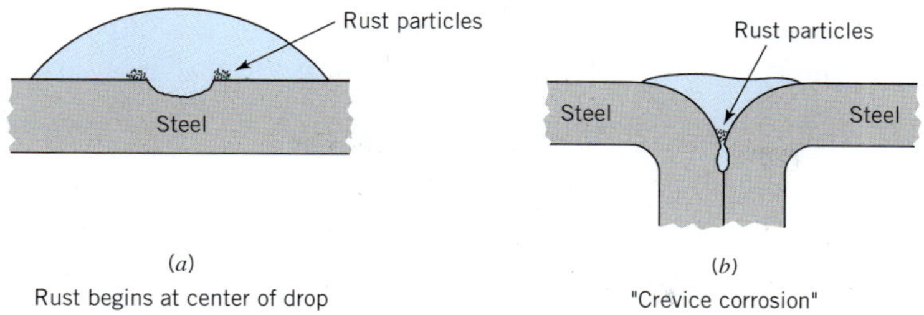

그림 9.6 전해질 방울이나 전해질이 고여 있는 중심부에서 전해질의 산소 결핍으로 인한 부식.

'이상적인' 조건으로부터 상당히 벗어나며, 이로 인해 부식의 특성과 정도에 큰 영향을 미친다. 예를 들면 대기에 노출된 알루미늄과 티타늄의 표면에는 보호 산화막(Al_2O_3, TiO_2)이 형성되어 물체를 전기적으로 절연시키게 된다. 따라서 부식 전류밀도는 거의 0이 된다. 갈바닉 계열에서의 알루미늄(표의 18번)의 위치에도 불구하고 이 재료를 선박용으로 사용할 수 있는 이유가 여기에 있다. 철, 크롬, 니켈, 티타늄과 이들의 합금에서는 이러한 **부동화**(passivation) 현상이 일어나며, **특정 환경에서**는 이 절연 산화막이 유지될 수 있다. 산화막이 없는 금속에서의 부식 전류밀도는 산화막이 있는 경우의 10^4 내지 10^6배가 된다.

전극봉 불균질성의 또 다른 중요한 형태는 금속의 미세구조이다. 예를 들어 펄라이트(pearlite)를 약산으로 에칭하면 페라이트(ferrite)와 카바이드(carbide)가 수많은 미소한 갈바닉 전지의 양극과 음극이 되기 때문에 미세구조를 관찰할 수 있다. 양극은 부식이 되어 시각적으로 구분이 가능해진다.(페라이트와 카바이드는 매우 유사한 전극봉 전위를 가지며, 갈바닉 계열에서의 그들의 상대적 위치는 사용되는 전해질에 따라 다르다.)

국부적 갈바닉 반응의 또 하나의 중요한 원인은 전해질의 불균질성이다. 흔한 예가 눈이 많은 지역의 자동차 차체 하부에서 퇴적된 염분-진흙-수분의 농도 차이로 인한 심한 갈바닉 반응이다. 또 다른 예로 염분의 농도가 다른 토양 지층을 통과하도록 매설된 관을 들 수 있다.

그림 9.6은 물과 같은 전해질 방울이 대기의 산소를 방울의 중심부로부터 차단하여 가장자리에 비하여 산소 농도를 낮춰서 전해질 불균질성을 생성하는 예를 나타낸다. 부식은 산소가 적은 내부에서 일어난다. 그림 9.6*b*는 흔히 **틈새부식**(crevice corrosion)이라고 불리는 현상을 나타낸다. 이것이 매끄러운 표면에 비하여 상대적으로 거친 표면에서 부식이 심하게 발생되는 원인이다.

9.4 부식제어를 위한 설계

먼저 **재료의 선택**을 생각해 보자. 갈바닉 계열에서 불활성 쪽의 재료일수록 용액에 이온을 방출하려는 전위가 낮아지며 서서히 부식된다. 그렇지만 활성을 가지는 금속이라도 산화막에 의하여 부식속도가 급격히 감소하는 경우도 있다. 알루미늄의 경우, 갈바닉 계열에서의 위치에도 불구하고 바닷물에서의 부식이 극히 느리게 일어난다. 스테인리스강의 경우에도 대부분의 환경에서 산화막이 '활성적(active)' 성질을 '불활성(passive)'으로 바꾼다.

열처리와 용접에 의한 미세구조의 차이가 수많은 표면 갈바닉 전지반응에 영향을 미칠 수 있다. 보호 산화막을 형성하여 대기 중의 부식을 효과적으로 막는 '내후성' 강(weathering steel)이라 불리는 저합금강들이 개발되어 왔다. 이러한 강들은 주로 건축 구조물에 사용된다. 초기의 부식에 의해 균일한 적갈색 녹이 생성되고 나면 이후의 갈바닉 반응이 거의 멈춘다. 내후성 강에는 페인트가 필요 없으므로 사용 기간에 걸쳐 커다란 비용절감을 가져올 수 있다.

금속표면의 화학적 처리를 통하여 기저층 금속(base metal)과 환경을 어느 정도 절연시키는 표면 필름을 형성하기도 한다. '파커라이징(Parkerizing)'이나 '본더라이징(Bonderizing)'이라 불리는 강의 인산염 피복(phosphate coating)이나, 갈색, 흑색, 또는 녹색의 산화물 피복(oxide coating)이 그 예이다. 기름이나 왁스 등으로 문질러 주지 않으면 이들 필름의 효과는 보통 그리 크지 않다. 강의 인산염 피복은 페인트가 잘 접착되도록 하며, 부식으로 인하여 흠집이나 기타 불연속점에서 페인트 필름이 떨어지지 않도록 한다. 알루미늄 합금의 아노다이징(anodizing)은 안정한 산화필름을 형성하여 부식 저항성을 높이고 여러 가지 색깔의 도색이 가능하도록 한다.(양극산화 처리를 하지 않은 알루미늄의 보호 산화막은 떨어져 나가 검은 얼룩을 남기는 경우가 흔히 있다.)

욕실 설비에 적용되는 법랑(porcelain)이나 강판에 황화 처리된 고무 피복과 같이 무공코팅(nonporous coating)을 하여 금속면이 전해질과 접촉하지 않도록 밀봉하기도 한다.

보통의 페인트는 물과 산소가 금속표면으로 침투하지 않도록 막아 주지만 어느 정도의 투과성은 가지고 있다. 이런 이유 때문에 페인트 필름에 흠집이나 손상이 생길 수 있으므로, 적절한 하도장재(primer)를 사용하는 것이 중요하다. 금속에 적용되는 프라임코트의 안료(pigment)는 효과적인 부식 억제제이어야 한다. 그렇게 하면 금속표면에 침투한 수분이 약간의 하도장재 안료를 용해시키면서 수분으로 인한 부식은 감소한다.

외관이나 무게가 그리 중요하지 않은 경우에는 효과적으로 부식을 방지하기보다는 향후 사용기간 중 예상되는 부식을 감안하여 부품의 크기를 크게 만드는 것이 더 경제적일 수 있다. 또한 부식에 취약한 부품의 교체가 수월하도록 장치를 설계하여 부식손상의 영향을 줄일 수 있다.

지금까지는 한 가지 금속에 대해서만 논의하였다. 전극봉으로 연결된 두 개 이상의 금속의 부식을 최소화하려면 갈바닉 계열에서 가능한 한 가까운 금속들로 선정해야 한다. 예를 들면 카드뮴은 알루미늄과 매우 유사하므로 카드뮴 도금된 나사를 알루미늄 부품에 직접 접촉시켜 사용할 수 있다. 그러나 여기에 구리 와셔가 사용된다면, 알루미늄은 쉽게 부식된다. 사실 구리로 제작된 빗물막이나 수로를 통과한 빗물에 의하여 알루미늄이 급속히 부식된다는 사실이 알려져 있다. 또한 눈이 많은 지역의 도로에 뿌려진 염분 또는 해안의 공기 중 염분에 노출되는 차량에서 강재 차체 구조물과 접촉하는 알루미늄 문턱의 부식, 알루미늄 연관류에 연결된 강 파이프, 황동재 선박 구조에 사용된 강 볼트, 구리선에 사용된 납-주석 땜납 등과 같은 갈바닉 부식의 예들을 들 수 있다.

표 9.1은 통상적으로 사용되는 금속과 합금을 대기 환경에서 함께 사용할 때 갈바닉 부

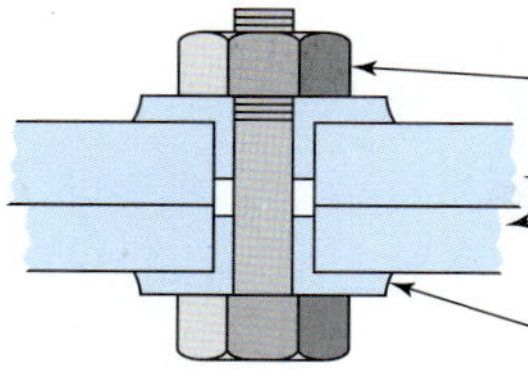

그림 9.7*a* 강 볼트와 알루미늄 판 사이의 갈바닉 회로를 차단하는 절연체.

식에 대한 적합성을 보여 준다. 양극산화 처리된 알루미늄은 다른 모든 금속과 함께 사용하는 데 적합하다. 이 표에서는 두 금속의 노출면적이 유사하다고 가정하고 있다. 만약 한쪽의 면적이 다른 쪽에 비하여 극히 작다면 갈바닉 손상을 입을 수 있다. 게다가 커다란 온도 차이가 있을 때에는 열전기적 반응이 큰 영향을 미칠 수 있다.

다른 종류의 금속을 함께 사용하여야 할 때에는 그림 9.7*a*에 나타낸 것과 같이 **전기적 절연체**를 사용하여 갈바닉 회로를 차단할 수 있다.

때로 음극의 금속을 보호하기 위한 **희생양극**을 제공하도록 부품이나 시스템에 갈바닉 전지를 세심하게 설계하여 넣기도 한다. 그림 9.2에 나타낸 강 표면의 아연 코팅이나 그림 9.4가 그 예이다. 미국에서만 연간 수천 톤의 마그네슘이 희생 전극용으로 사용된다.

그림 9.5는 지하의 탱크나 파이프를 보호하기 위한 방법을 나타낸다. 이 방법의 적용에 있어서 제한 요인은 **전기에너지**의 소비에 따른 비용이다

금속 부품이 부식저항성을 가지도록 하는 데 중요한 요소 중 하나는 **면적효과**이다. 음극의 부식을 최소화하려면 노출면적을 양극에 비하여 크게 하여야 한다. 이렇게 함으로써 음극의 **전류밀도가 낮아지며** 따라서 부식속도를 늦출 수 있다. 면적효과는 그림 9.2에서 명확히 나타난다. 아연 도금인 경우 아연의 면적을 넓게 하여 전류밀도를 낮추고 부식속도를 늦출 수 있다. 주석 도금인 경우에는 녹슨 '주석' 캔에서 볼 수 있듯이 철의 좁은 노출면에서 빠른 부식이 일어난다.

부식제어를 위한 설계에서는 **전해질**에 관련된 요인에도 주의를 기울여야 한다. 전해질은 금속 전극봉이 완전히 잠기게 되는 액체, 금속면에서 건습이 반복되는 환경(비, 안개, 스프레이 등), 토양의 수분, 대기 중의 습기와의 접촉 등으로 제공된다. 부식이 일어날 수 있는 곳에서는 그림 9.6*b*에 나타낸 바와 같은 틈새를 제거 또는 최소화하는 것이 중요하다. 부품의 설계는 습기가 완전히 제거되도록 하여 부식을 촉진하는 잔류 액체를 남기지 않도록 하여야 한다. 평활한 맞대기 용접이음(smooth butt-welded joint)의 부식이 볼트나 리베팅된 겹치기 이음(lap joint)에 비하여 적은 이유가 바로 여기에 있다. 평활한 면이 거친 면에 비하여 부식이 적은 이유도 액체 전해질을 덜 포함하기 때문이다. 제거할 수 없는 틈새는 황화고무 같은 것으로 밀봉하여야 한다.

자동차 차체의 하부와 같이 진흙과 염분 퇴적물에 노출되는 표면은 **청소**가 용이하게 설계하여야 한다. 금속과 접촉하는 토양과 염분의 불균질한 혼합물이 금속의 갈바닉 반응을 일으켜 심한 손상을 유발하기 때문이다.

움직임이 적거나 없는 전해질은 갈바닉 반응을 가장 적게 일으키는 경향이 있다. 교반

이나 온도구배는 전극봉 표면 근처의 이온 농도를 감소시키며, 따라서 갈바닉 전류는 증가하게 된다. 따라서 온도구배와 유체의 속도를 최소화하여야 한다.

대기 중 부식은 높은 온도와 습도에서 가장 커지는 경향이 있다. 예를 들면 열대 기후에서 구조용 강의 부식속도는 온대성 기후에 비하여 최소 두 배 이상인 것으로 알려져 있다.

순환식 냉각 시스템의 액체 냉매에 미량 첨가되는 화학물질인 **억제제**는 액체의 전해질로서의 효과를 줄이는 역할을 한다. 이들 억제제는 금속의 **불활성화**를 촉진하며(9.3절 참조) 전극봉 영역의 이온의 이동을 줄인다. 억제제는 해당 액체와 금속에 적절한 것이어야 한다.

보다 상세한 내용은 특히 참고문헌 [13]과 [4]를 참조하기 바라며, 참고문헌 [2], [3], [8], [14]에도 부식에 관한 유용한 자료가 담겨 있다.

예제 9.1 SAMPLE PROBLEM 리베팅된 금속판의 부식 비교

노출면적이 1 m^2인 금속판을 전체 노출면적이 100 cm^2인 리벳을 사용하여 접합한다. 주변 환경에는 수분과 약간의 염분이 포함된다. (1) 강판에 구리 리벳을 사용한 경우와 (2) 구리판에 강 리벳을 사용한 경우를 고려하자. (a) 각 경우에 어떤 금속이 부식될 것인가? (b) 두 경우의 부식속도를 비교하라. (c) 만약 리벳의 개수를 2배로 한다면 이것이 전체 부식속도에 어떤 영향을 미치겠는가?

풀이 SOLUTION

제시자료: 주어진 노출 면적의 금속판을 리벳으로 접합한다. 주위는 수분과 약간의 염분이 포함된 환경이다. 고려할 두 가지 경우는 (1) 강판에 구리 리벳을 사용한 경우와 (2) 구리판에 강 리벳을 사용한 경우이다.

목표:

a. 각 경우에 어떤 금속이 부식될지 결정하라.

b. 부식속도를 비교하라.

c. 리벳의 개수를 2배로 할 때 총부식속도에 미치는 영향을 조사하라.

개요도 및 데이터:

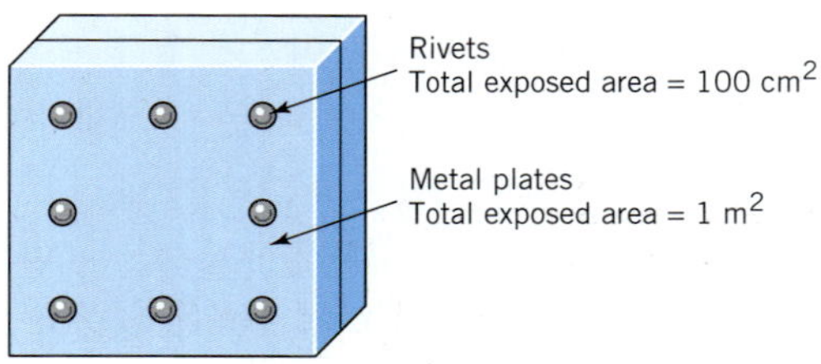

그림 9.7*b* 리벳으로 체결된 금속판.

가정: 강은 내부식성 강이 아닌 보통의 재료이다.

해석:

a. 보통 강이라 가정하면, 강이 더 활성적이어서 두 경우 모두 강의 부식이 예상된다.

b. 면적효과로 인하여 리벳표면의 전류밀도가 판에 비하여 100배만큼 크므로, 부식속도는 리벳이 강인 경우에 가장 높다.

c. 강 리벳의 개수를 2배로 한다 하더라도 각 리벳의 부식속도에는 거의 영향을 미치지 않는다. 그 이유는 각 리벳에서의 전류는 거의 변하지 않기 때문이다. 구리 리벳의 개수를 2배로 한다면 강판의 부식속도가 약 2배로 증가할 것이다. 왜냐하면 각 리벳의 전류밀도는 변하지 않으므로 강판의 전류밀도가 2배가 되기 때문이다.

주석: 면적효과, 즉 음극과 양극의 면적비는 갈바닉 부식의 중요한 인자이다. 음극의 면적이 양극에 비하여 큰 경우가 바람직하지 않다. 주어진 전류에 대하여 작은 전극봉이 더 높은 전류밀도를 가지게 되며, 양극에서 전류밀도가 커지면 부식속도가 증가한다. 이때의 양극의 부식은 양극과 음극의 면적이 같을 때에 비하여 100배 혹은 1000배까지 높아지게 된다.

Mars G. Fontana, *Corrosion Engineering*, 3rd ed., McGraw-Hill, New York, 1986을 참조하라.

9.5 부식과 정적 응력

부식환경에 놓인 금속표면에 정적 인장응력이 가해지면, 이들의 영향을 각각 별도로 고려할 경우에 예측하지 못했던 취성 균열 생성과 파괴가 발생될 수 있다. 그러한 균열을 **응력부식균열**(stress-corrosion crack)이라 부르며, 최소 1895년 이래로 엔지니어에게 알려져 왔다. 당시 습한 대기에 노출된 마차 바퀴는 억지끼워맞춤에 의한 잔류 인장응력을 지속적으로 받고 있었으며, 그 결과 바퀴의 표면에 균열이 발생하였다.

금속재료의 응력부식균열에 대한 취약성은 재료에 따라 크게 다르지만, 거의 모든 재료와 환경에서 어느 정도는 일어난다. 응력부식균열은 아직까지 확실히 이해되지 못하고 있는 복잡한 현상이다. 심한 갈바닉 부식을 일으키는 환경이 반드시 심한 응력부식균열을 일으키는 환경과 일치하지는 않는다. 재료의 상대적인 갈바닉 부식저항성도 응력부식균열의 경우와 꼭 일치하지는 않는다. 응력이 없을 때에는 전혀 부식이 일어나지 않던 스테인리스강에서 응력부식균열이 발생하는 것이 그 예이다.

응력부식균열에 관련된 응력 성분은 **항상** 인장이고, 균열이 발생하여 진전하는 **국소** 부분에서의 잔류응력과 운전응력의 합이다.(잔류응력은 부품의 제조 및 조립공정에서 발생되며 운전응력은 작용 하중에 의하여 발생된다. 4.14절과 4.15절 참조.) 응력부식균열이 일어나는 총응력은 흔히 인장항복강도의 50 내지 75% 수준인데, 잔류응력만으로도 이 정도의 응력수준에 도달할 수 있다.

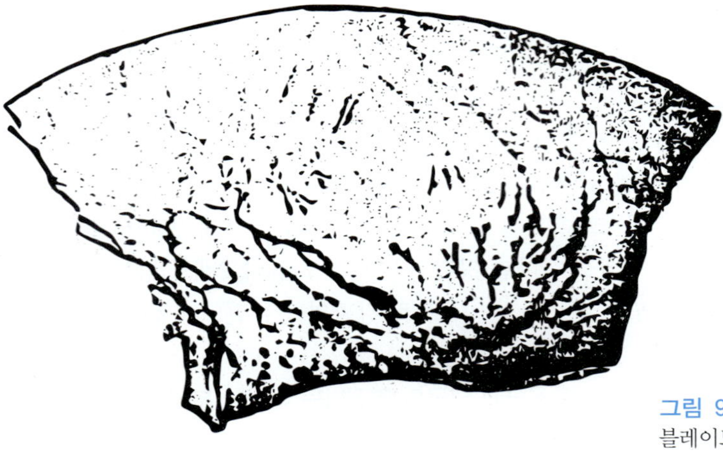

그림 9.8 스테인리스강재 컨베이어 블레이드의 응력부식균열.

응력부식균열이 일어나기까지 걸리는 시간은 부식환경과 표면 인장응력에 따라 몇 분에서 몇 년으로 다양하다. 피로의 '내구한도'와 같이 응력부식균열이 일어나지 않는 응력수준을 구하려는 시도가 있었으나 아직까지 성공적인 결과를 거두지 못하였다. 그러나 엔지니어들은 파괴역학의 개념을 이용하여 응력부식균열 파손에 대한 이해를 넓혀 가고 있다(6.3절과 6.4절 참조).

응력부식균열이 일어날 때, 표면에는 수많은 균열이 생성되며, 이 중 하나의 균열이 인장응력에 수직 방향으로 성장하여 파괴에 이른다. 전형적인 파손의 외관이 그림 9.8에 나타난다.

일찍이 리베팅된 증기보일러에서의 응력부식균열이 보고된 바 있다. 리벳 주위의 틈새 안에 있던 염기성 보일러 용수가 내부 압력에 따른 인장력을 받는 보일러 판과 접촉하고 있는 상태에서 몇 개의 보일러가 폭발하였다. 수산화나트륨을 함유하는 용수로 작동하는 보일러의 연강 배관이 응력부식균열로 인해 파손된 경우도 있다. 이런 형태의 파손 예로 해안의 염분 환경(어떤 경우에는 높은 운전 온도)에 노출된 스테인리스강 항공기 부품의 파손, 심하게 억지끼워맞춤된 허브나 림의 파손, 대기 중의 화학물질로 인한 교량 케이블의 파손, 무거운 정적 하중을 지지하는 강 브래킷의 파손, 황동 탄피 케이스(cartridge case)의 '시효균열(season cracking)' 등을 들 수 있다. 탄피 케이스는 딥드로잉(deep drawing)한 원통형 케이스로 예리한 아래쪽 구석에 잔류 인장응력이 발생되어 있다. 장입 후 하중이 가해지기 이전에 균열이 발생한다.

다음은 응력부식균열을 줄이기 위한 방법이다.

1. 주어진 환경에서 응력부식균열 저항성이 좋은 재료를 사용한다.
2. 취약 표면에 보호 코팅을 하거나 억제제를 첨가하여 부식환경을 경감시키는 등의 음극 보호를 통해 부식을 줄인다.
3. 단면적을 크게 한다든지, 풀림(경우에 따라서는 풀림이 재료를 응력부식균열에 더욱 취약하게 만들기도 한다)을 하거나, 또는 억지끼워맞춤의 정도를 줄여 인장응력을 감

소시킨다. 또한 취약한 표면에 쇼트피닝 또는 해머피닝을 하여 인장응력을 줄인다.

피닝은 표면에 잔류 압축응력을 발생시키므로 표면 잔류 인장응력을 극복하는 데에 실용적으로 특히 중요한 방법이다(8.14절 참조).

몇 가지 금속과 합금의 응력부식 성능이 참고문헌 [5a]에 요약되어 있다.

9.6 부식과 주기 응력

부식과 피로 하중이 조합될 경우, 대개 각각의 효과를 별도로 고려하여 예측한 것보다 조기에 파손을 일으킨다. 이러한 현상을 **부식피로**(corrosion fatigue)라 한다. 대부분의 금속에서 일어나지만 부식저항성이 낮은 금속에서 가장 현저하다. 부식피로는 복잡한 현상으로서, 아직 충분히 이해되지 않고 있다. 간단한 설명은 응력집중점인 초기 부식 피트(pit)로부터 시작할 수 있다. 부식의 결과로 형성된 보호 필름은 대개 약하고 취성을 가진다. 따라서 여기에 주기적 변형률이 주어지면 이들 보호막은 깨지게 된다. 그 결과로 보호되지 않은 금속이 노출되며 여기서 빠른 부식이 진행되어 새로운 필름을 형성한다. 이 필름에 주기적 변형이 가해질 때 다시 깨지는 과정이 계속 진행된다. 그래서 초기의 부식 피트는 빠르게 진전하는 피로균열이 된다. 보통의 매끄러운 피로균열면(그림 8.1)과는 달리 부식피로로 인한 균열면은 탈색되어 있다.

부식 부품의 피로강도는 주기 응력(cyclic stress)과 부식환경뿐 아니라 **경과시간**에도 의존한다. 응력 사이클이 빨리 가해지는 경우에는 부식이 일어날 시간이 적으므로 피로강도가 상대적으로 크다. 실험결과로부터 일반적으로 볼 수 있는 현상은 다음과 같다.

1. 부식피로강도는 인장강도와 상관관계가 없다. 그 이유 중의 하나는 강한 금속일수록 부식 피트(노치)에 더욱 민감하기 때문이다.
2. 중간 합금강은 탄소강에 비하여 약간 높은 부식피로강도를 가질 뿐이며, 두 가지 재료 모두 열처리를 통해 부식피로강도를 높일 수 없다.
3. 크롬 함유강과 같은 부식저항성 강은 다른 강에 비하여 높은 부식피로강도를 가진다. **좋은 부식저항성은 높은 인장강도보다 더욱 중요하다.**
4. 잔류 인장응력은 해로운 반면, 쇼트피닝 등의 방법으로 생긴 잔류 압축응력은 부식피로강도를 높이는 데 도움이 된다.

부식피로를 방지하기 위한 방안은 응력부식균열을 줄이는 방법과 유사하여 (1) 부식저항성이 좋은 재료 사용, (2) 보호코팅, 억제제, 즉 음극 보호를 통한 부식 억제, (3) 인장응력을 줄이고 잔류압축응력을 유발시키는 방법 등을 들 수 있다.

다양한 금속의 부식피로강도에 대한 실험 데이터 가운데 많은 부분이 부식피로라는 용어를 처음 사용한 매캐덤(D. J. McAdam, Jr.)[9]에 의한 것이며, 그 결과 중의 일부가 참고문헌 [6]과 [14]에 요약되어 있다.

그림 8.13에는 표면이 미리 부식된 시험 시편에 대한 표면계수가 표시되어 있다. 이 계수는 단지 어림값일 뿐이며 주기 응력이 가해지는 동시에 부식이 일어나는 부품에는 적용할 수 없다.

9.7 공동현상 손상

공동현상(cavitation)이란 고체표면 근처에서 상대적 운동을 하는 유체 내에 가스방울, 즉 '공동(cavity)'이 형성되는 현상을 의미한다. 기포는 유체의 압력이 증기압(vapor pressure) 이하로 떨어질 때 생성된다. 이들 기포가 고체표면이나 그 부근에서 터질 때, 압력파가 표면에 부딪치며 이로 인하여 발생되는 응력은 많은 금속의 소성 변형을 유발할 수 있다. 흔히 보통의 금속피로에 의하여 유발되는 손상의 경우처럼 반복적인 압력파가 가해질 때에만 금속의 손상이 분명해진다.

공동현상은 선박의 프로펠러, 원심압축기, 터빈 날개 등에서 보통 발생되는데, 국부적으로 유체의 속도가 높고 정적 압력구배가 큰 부분의 표면에서 일어난다. 이로 인한 표면의 손상은 기본적으로 기계적 손상이다. 그러나 부식환경의 공동현상은 보호 산화막을 손상시키거나 제거하여 갈바닉 반응을 증가시킨다.

공동현상에 의하여 손상된 표면은 거칠어 보이며 조밀한 피트를 관찰할 수 있다. 심한 경우에는 표면이 마치 스펀지 조직과 같아질 정도로 많은 재료가 손실된다.

유체의 조성, 속도, 유동, 정적 압력 등을 변화시킴으로써 공동현상을 없애거나 줄이기 어렵다면, 손상을 줄이기 위한 가장 효과적인 방법은 표면경도를 높이는 것이다. 흔히 스테인리스강이 적절한 가격으로 사용할 수 있는 가장 효과적인 재료이다. 공동현상에 대한 저항성이 큰 재료부터 나열해 보면, 스텔라이트(stellite)[1], 18-8 주조 스테인리스강, 주조 마그네슘 황동, 주강, 황동, 주철, 알루미늄의 순이다. 이것은 참고문헌 [4]와 [8]로부터 발췌한 것이며, 여기에는 다른 재료들도 나열되어 있다.

9.8 마멸의 형태

앞 절들에서는 유체와의 접촉에서 기인한 표면손상에 관하여 논의하였다. 나머지 절에서는 고체 사이의 접촉을 다루고자 한다. 많은 경우 이러한 표면손상을 '마멸(wear)'로 분류한다.

마멸의 가장 일반적인 형태는 응착마멸(adhesive wear)과 연삭마멸(abrasive wear)이다. 이것들에 대하여 다음 세 절에 걸쳐 설명할 것이다. 세 번째 형태는 부식 필름 마멸인데, 여기서는 부식된 표면 필름이 마찰에 의하여 제거되고 다시 형성되는 과정이 반복된다. 전형적인 예가 고유황(high-sulfur) 연료를 태우는 디젤 엔진의 실린더 벽과 피스톤링에서 일

[1] 유니온 카바이드 사의 상품명.

어나는 마멸이다. 때로 '마멸'로 잘못 분류되는 표면의 열화(deterioration) 형태인 **표면피로**(surface fatigue)에 대하여 9.14절에서 설명한다.

모든 마멸은 **윤활제**에 의하여 영향을 받는다. 13.1절의 윤활제의 형태와 13.14절의 경계윤활에 대한 내용이 이와 관련된다. 윤활되지 않은 베어링의 마멸속도는 경계 윤활 베어링에 비하여 10^5배 정도까지 높아질 수 있다.

잘 설계된 기계 부품에서는 '길들이기 운전' 동안의 초기 마멸속도가 상대적으로 높을 수 있다. 표면의 현저한 봉우리들이 마멸됨에 따라 실제 접촉면적이 넓어지며 마멸속도는 작은 값으로 줄어들어 결국 일정해진다. 일정 기간이 경과한 후 윤활제가 오염되거나 표면 온도가 상승하는 등의 이유로 마멸속도가 다시 증가할 수 있다.

참고문헌 [10]에는 마멸의 다양한 측면을 다룬 33개의 논문이 실려 있으며, 더 상세한 연구에 큰 도움이 될 것이다.

9.9 응착마멸

금속의 미끄럼 표면을 크게 확대하여 보면 결코 평활하지 못하다. 표면 조도가 몇 마이크로인치 또는 마이크로미터의 몇백분의 일에 지나지 않더라도 그림 9.9와 같이 필연적으로 산(또는 '돌기')과 골이 존재하기 마련이다. 접촉 압력과 마찰열이 화살표로 표시된 좁은 영역에 집중되므로, 이곳의 국부적 온도와 압력은 극히 높아지며, 여기서는 용착(welding)이 일어나기 쉽다.(국부적 순간 온도가 금속의 용융점에 이를 수도 있지만, 온도의 구배가 매우 크므로 부품은 손으로 만질 수 있을 정도의 온도로 유지된다.) 그림 9.9의 화살표로 표시된 돌기부에서 용융과 용착이 발생한다면, 표면 사이의 상대적인 운동을 계속하기 위하여 용착부 또는 용착부 근처에서는 전단 파손이 일어난다. 새로이 생겨난 용착부와 이의 파괴가 계속 일어나서 소위 **응착마멸**이 발생된다. 응착마멸은 기본적으로 **용착 현상**이므로 서로 쉽게 용착되는 금속에서 가장 잘 일어난다. 응착마멸로 떨어져 나온 금속 입자와 금속 산화물은 연삭(abrasion)을 유발함으로써 표면의 마멸을 심화시킨다.

표면 돌기의 용착과 갈라짐(tearing)으로 인하여 한쪽 표면의 금속이 다른 쪽으로 이동하는 형태의 마멸과 표면손상을 **스코어링**(scoring)이라 한다. 돌기의 국부적 용착이 아주 심하여 표면의 미끄러짐이 중단되는 파손을 **녹아 붙음**(seizure)이라 한다. 그림 9.10은 차동 피니언 기어가 축 위에 심하게 스코어링되고 녹아 붙은 경우를 나타낸다.(이 유닛은 자동차의

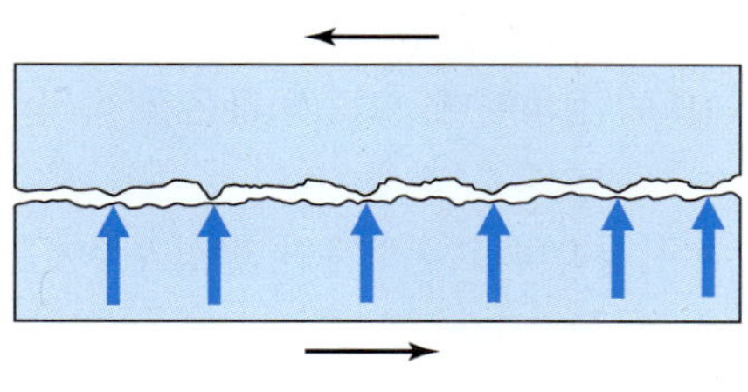

그림 9.9 두 개의 평활한 마찰면(smooth rubbing surface)의 확대도.

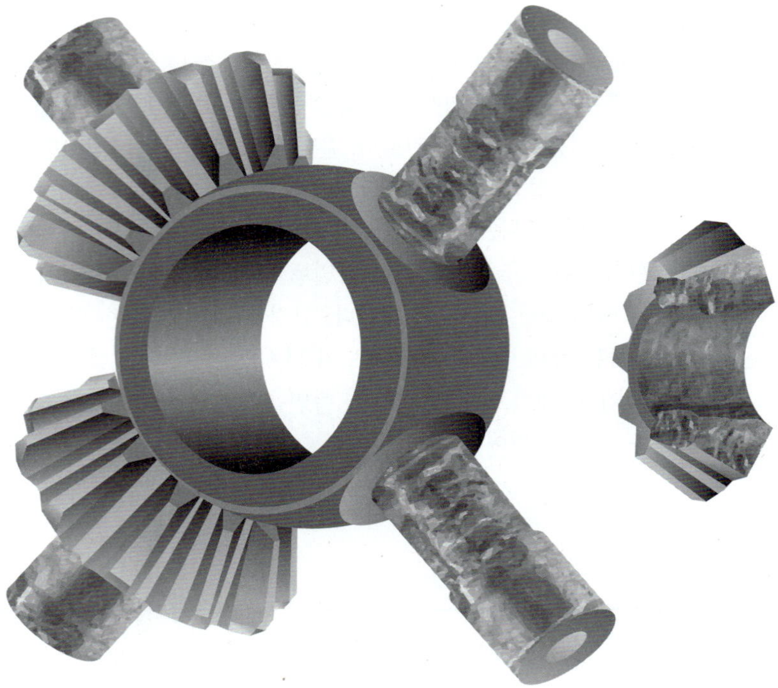

그림 9.10 차동 기어의 스코어링과 녹아 붙음. 피니언 기어의 파손은 축과의 녹아 붙음에 의하여 발생.(출처: C. Lipson, *Basic Course in Failure Analysis*, Penton Publishing, Cleveland, 1970.)

두 개의 구동 바퀴로 하여금 각각 다른 속도로 회전하게 하여 방향을 전환할 수 있도록 하는 차동 기어에서 사용된다.) 녹아 붙음의 가장 잘 알려진 예는 액체 냉매 또는 오일이 없는 상태에서 운전을 계속할 경우 엔진에서 일어난다. 피스톤이 실린더 벽에 녹아 붙거나 크랭크축이 베어링에 녹아 붙거나 혹은 마찰면 양쪽에서 동시에 녹아 붙음이 일어날 수 있다.

심한 응착마멸은 또한 '박마(galling)'라고 불리기도 하며, 피스톤링과 실린더 벽 사이의 가벼운 응착마멸은 종종 '스커핑(scuffing)'이라 불리기도 한다.

동종의 금속이 적절한 압력과 속도로 문질러질 때 두 표면의 용융 온도가 동일하므로 돌기 용착이 일어나기 쉽다. 게다가 이렇게 형성된 결합층은 다른 재료 간의 돌기 용착층에 비하여 더 강하다. 따라서 마멸문제가 발생될 것으로 보이는 조건에서는 동일하거나 금속학적으로 유사한 금속들을 사용하지 않는 것이 좋다. 금속학적으로 유사한 금속들을 '친화성' 금속(compatible metal)이라 부른다. 친화성 금속은 완전한 액체 혼합성과 상온에서 1% 이상의 고체 용해성을 가지는 금속으로 정의된다. 그림 9.11은 금속의 다양한 조합에 대하여 친화성의 정도를 보여 준다.

일반적으로 표면이 단단할수록(정확히 표현하자면 탄성계수에 대한 표면경도의 비가 높을수록) 응착마멸에 대한 저항성은 좋아진다.

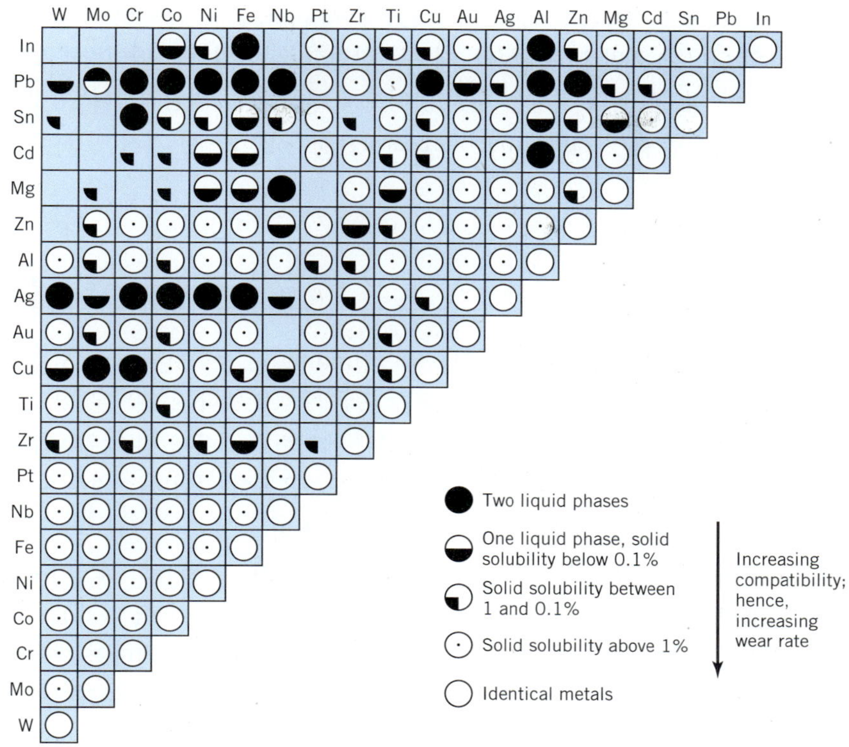

그림 9.11 다양한 재료 조합의 친화성.(출처: E. Rabinowicz, "Wear Coefficients—Metals," Section IV of [10].)

9.10 연삭마멸

'마멸'이라는 용어는 많은 경우 **연삭마멸**(abrasive wear)을 의미하는데, 이것은 연마 입자를 표면에 문지름으로써 일어난다. 이들 입자는 금속표면을 문지르는 모래 알갱이나 금속 또는 금속 산화물의 입자 등으로서 작고 단단하며 날카로운 모서리를 가진다. 일반적인 예로 나무나 금속을 연마종이 또는 연삭숫돌로 문지르거나, 구두의 가죽이 시멘트 보도에 닿아 마모되거나, 농기구의 날이 사용 중 마모되거나, 혹은 회전축의 저널 면이 윤활제의 이물질 입자에 의하여 닳는 현상 등을 들 수 있다.

항상 표면이 단단할수록 연삭마멸 저항성이 높아진다. 열처리, 화염 또는 유도 경화, 침탄, 질화, 전기도금, 화염도금 등의 방법으로 단단한 금속표면을 만들 수 있다. 이 모든 방법을 열악한 환경에서 사용되는 부품의 제작에 사용할 수는 없다. 그 이유는 적절한 사용 수명을 위하여 때때로 경화표면의 깊이가 최소 3 mm 이상이어야 할 경우가 있기 때문이다.

기계의 설계에 있어서 적절한 오일 필터, 공기 정화기, 먼지 덮개, 축 밀봉장치 등을 사용하여 이물질이 금속 마찰면에 침투하지 못하도록 하는 것이 매우 중요하다.

때때로 마찰면의 한쪽을 상대적으로 연하게 만들고 이것을 저렴하고 용이하게 교체할 수 있게 설계하기도 한다. 예를 들면 연하고 교체가 쉬운 베어링과 부싱을 사용하여 회전축의 단단한 표면을 보호한다. 때로는 단단한 연마 입자가 베어링의 연한 표면에 완전히 묻혀 연마 입자로서의 역할을 하지 못하도록 하는 것이 바람직하다. 이것이 자동차 엔진 크랭크축에 연한 배빗 베어링(babbitt bearing)을 사용하는 한 가지 이유이다.

9.11 프레팅

'프레팅 부식'이라고도 알려진 프레팅(fretting)은 응착마멸의 한 종류로 분류되지만 보통 응착마멸과 부식 필름 마멸의 요소를 모두 가지고 있다. 프레팅은 서로 눌린 표면이 약간의 상대운동을 할 때 발생된다. 축에 압입된 베어링과 같은 압입 끼워맞춤이나 볼트 또는 리벳 연결부에서 하중의 변화에 따른 약간의 상대운동이 일어나는 경우가 그 예이다. 또한 판스프링의 경계면이나 철도 또는 트럭으로 먼 거리를 통해 운반된 판재 더미에서 프레팅을 찾아볼 수 있다. 상대운동의 크기는 전형적으로 0.01~0.25 mm 정도이다. 이로 인한 손상으로는 접촉면의 탈색(운반된 금속 판재의 경우), 표면 피트의 형성(가장 일반적), 혹은 재료의 밀리미터 범위로의 마멸(심한 경우) 등이 있다. 프레팅에 의하여 형성된 거친 표면이나 피트는 재료를 피로 파손에 취약하게 만든다. **피로강도의 저하는 프레팅의 가장 중요한 결과이다.**

널리 받아들여지는 이론에 따르면, 진동운동(oscillatory motion)에 의하여 표면의 보호막이 깨져 금속면의 '봉우리'가 노출되고, 여기서 용착 및 상대운동에 의한 갈라짐(tearing)이 발생된다는 것이다. 대부분의 공업 재료에서 이렇게 생겨난 표면 부스러기가 산화되어 연마 입자를 형성하며 이것이 누적됨으로써 마멸이 계속된다. 철 표면에서는 갈색 때문에 '코코아(cocoa)'라고도 불리는 산화물 분말이 생성된다. 마그네슘과 알루미늄의 산화물 입자는 검은색을 띤다.

프레팅 저항성은 재료별로 상당히 다르다. 코발트계의 표면 경화 합금이 가장 저항성이 좋다. 일반적으로 강과 강 사이나 주철과 주철 사이에서도 저항성이 좋지만 스테인리스강과 티타늄 사이에서는 좋지 않다. 황동과 강 사이는 강과 강 사이보다 좋다. 주철을 알루미늄, 마그네슘, 크롬판, 주석판, 또는 플라스틱과 사용하면 좋지 않다. 열처리나 냉간가공을 통해 **표면에 압축 잔류응력**을 생성하면 프레팅으로 시작된 피로균열의 전파를 지연시키는 데 효과적이다. 아마도 이들 처리법에 의한 표면경도의 증가도 그 효과를 증대시킬 것이다. 낮은 점도와 높은 인성(tenacity)의 윤활제도 프레팅을 줄이는데, 이는 접촉면의 산소를 제거시키는 효과가 있기 때문이다.

때로는 접촉면의 압력을 증가시켜 상대적 운동을 정지시킴으로써 프레팅을 억제할 수 있다. 그러나 그럼에도 불구하고 만약 상대운동이 계속된다면, 프레팅 손상은 높은 압력에 의하여 증가할 것이다.

프레팅 부식에 대한 상세한 내용은 참고문헌 [4]~[6], [8], [10], [13]을 참조하기 바란다.

9.12 마멸의 해석적 접근

마멸저항성 측면의 기계 부품 설계는 주로 실험적인 방법에 의존하지만, 이에 대한 해석적 접근도 가능하다. 1940년대에 발표되어 일반적으로 알려진 '마멸식'은 다음과 같다.

$$\text{Wear rate} = \frac{\delta}{t} = \left(\frac{K}{H}\right)pv \tag{9.1}$$

여기서

δ=마멸깊이, mm(혹은 in.)
t=시간, s
K=마멸계수(무차원)
H=표면경도, MPa(ksi)(각주 2 참조)
p=표면압력, MPa(ksi)
v=미끄러짐 속도, mm/s(in./s)

마찰면 a와 b에 대하여 이 식은 표면 a의 마멸속도는 마멸계수(재료 b와 접촉할 때의)에 비례하고, a의 표면경도에 반비례하며, 일정한 마찰계수를 가정할 때 마찰일률에 비례한다는 것을 의미한다.

표면 사이의 총압축력이 주어지면 마멸되는 재료의 양은 접촉면적에 무관하다. 그러므로 일반적으로 사용되는 또 하나의 마멸식은

$$W = \frac{K}{H}FS \tag{9.1a}$$

이다. 여기서

W=마멸되어 제거된 재료의 부피, mm^3($in.^3$)
F=표면 사이의 압축력, N(kilo-pounds)
S=총마찰거리, mm(in.)

특정한 설계에 대한 마멸계수(wear coefficient) K의 값을 구하는 가장 좋은 방법은 동일한 재료의 조합으로 동일한 조건에서 수행된 실험 데이터를 사용하는 것이다. 예를 들어 유사한 '과거의 모델'에서 얻어진 데이터로부터 '새로운 모델'의 설계를 위한 마멸계수를 얻

[2] 브리넬, 비커스, 누프 경도 값의 단위는 kg/mm^2이다. MPa 또는 ksi로 바꾸려면 각각 9.81 또는 1.424를 곱하면 된다. 재료의 누프 및 비커스 경도를 구하는 표준시험 방법은 ASTM E384-10e2를 참조하라.

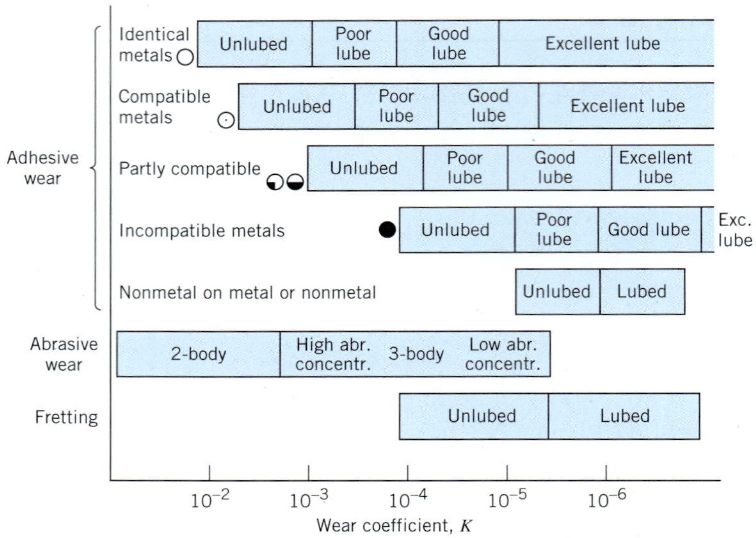

그림 9.12 다양한 마찰 상황에 대한 마멸계수.(출처: E. Rabinowicz, "Wear Coefficients—Metals," Section IV of [10].)

는 것이다. 또한 문헌으로부터 많은 재료의 조합에 대한 실험값을 찾을 수 있다. 이들 값을 사용하려면 대략의 접촉면 온도와 재료 및 윤활방법들이 실험조건과 일치하는지를 확인하여야 한다.

다양한 마찰 시스템에서 마멸계수는 10^{-1}으로부터 10^{-8}까지의 값을 가진다. 그림 9.12는 다양한 조합의 재료 친화성(그림 9.11 참조), 윤활 특성, 마멸의 형태별로 전형적인 계수의 범위를 나타낸다. 여기서 K의 값은 두 개의 마찰면 중 연한 쪽에 해당된다.

마멸계수의 실험결과를 보면 상당한 분산을 보여, 전형적으로 1/4 내지 4배의 범위에 걸쳐 나타난다. 예를 들어 100의 마멸계수라면 실제의 K 값은 25 내지 400의 범위에서 변한다. 응착마멸이 마찰계수(friction coefficient)의 4승 혹은 5승에 비례하는데, 마찰계수 자체가 상당한 분산을 가진다는 것을 고려하면 이것은 당연한 결과라 할 것이다.

다음의 예제는 실험 데이터를 이용한 마멸계수 K의 계산을 예시한다.

예제 9.2 SAMPLE PROBLEM 마멸계수의 결정

그림 9.13의 핀/원판 마찰 시험장치에서는 80 비커스 경도의 구리 핀에 20 N의 힘을 가하여 210 브리넬 경도의 강 회전 원판에 대고 누른다. 접촉부는 윤활되지 않았으며 핀의 끝은 라운딩되어 있다. 마찰 접촉은 반경 16 mm에서 이루어지며, 원판은 80 rpm으로 회전한다. 2시간 후 핀과 원판의 무게를 측정하였으며, 응착마멸에 의한 무게 감소는 구리와 강에 대하여 2.7 및 0.65 mm^3의 마멸부피에 각각 해당한다. 마멸계수를 계산하라.

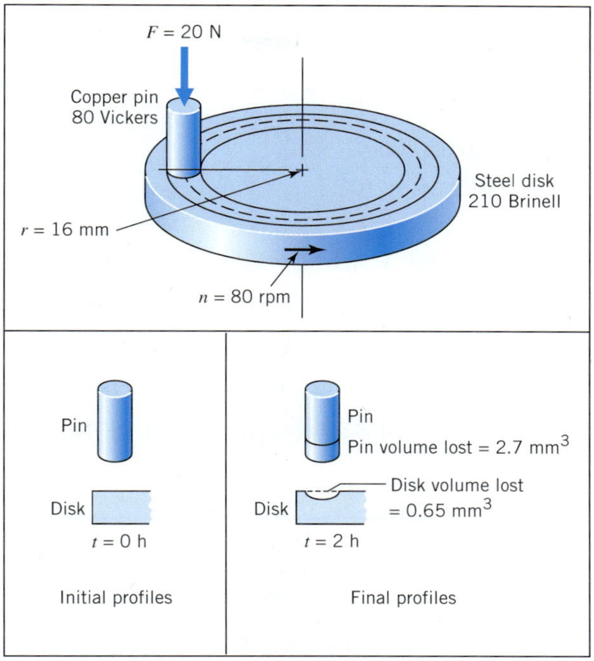

그림 9.13 예제 9.2의 핀/원판 마멸 시험장치.

풀이 SOLUTION

제시자료: 원통형 핀의 끝이 원판면에 눌린다.

목표: 마멸계수를 구하라.

개요도 및 데이터: 그림 9.13을 참조하라.

가정: 식 (9.1a)를 사용할 수 있다.

해석:

1. 2시간 동안의 총 마찰거리는 다음과 같다.

$$S = 2\pi(16)\frac{\text{mm}}{\text{rev}} \times 80\frac{\text{rev}}{\text{min}} \times 60\frac{\text{min}}{\text{h}} \times 2\text{ h} = 9.65 \times 10^5\text{ mm}$$

2. 핀의 경도는 $H=9.81(80)=785$ MPa(구리)이다.
원판의 경도는 $H=9.81(210)=2060$ MPa(강)이다.

3. 식 (9.1a)로부터 마멸계수는 다음과 같다.

$$\begin{aligned} K &= WH/FS, \\ &= \frac{2.7(785)}{20(9.65 \times 10^5)} = 1.10 \times 10^{-4} \quad \text{(for copper)} \\ &= \frac{0.65(2060)}{20(9.65 \times 10^5)} = 6.94 \times 10^{-5} \quad \text{(for steel)} \end{aligned}$$

주석: 핀의 마멸부피는 $V_p = \pi d^2 \Delta_p / 4$로 계산된다. 여기서 Δ_p는 핀의 축방향 마멸이고 d는 핀의 직경이다. 만약 d=4 mm라면, V_p=2.7 mm^3이므로 Δ_p=0.21 mm이다. 핀의 표면이 마멸된 후에도 여전히 평편하다면 원판의 마멸부피는 대략 $V_d = \pi D d \Delta_d$이다. 여기서 Δ_d는 원판의 마멸깊이이고 D는 마멸경로의 직경이다. d=4 mm, D=32 mm, V_d=0.65 mm^3으로부터 Δ_d=0.0016 mm이다. 원판의 마멸깊이는 핀의 축방향 마멸의 1/100보다 작다는 것을 알 수 있다.

기계와 다른 요소들에서 표면의 기하학적 형상에 대한 마멸의 효과를 모델링할 필요가 있기 때문에, 이러한 표면 기하학(surface geometry)에서의 변화와 시간에 따른 압력 분포를 예측하기 위해 이산 압력 마멸 이론(discretization pressure wear theory)이 제안되었다[16]. 이 이론은 마멸 저항이 향상된 기계요소를 설계할 때 미끄럼 접촉하는 요소 본체에 대한 접촉 압력과 마멸 분포를 연구하기 위해 사용된다. 마멸 프로파일(wear profile)은 접촉응력이나 압력, 미끄럼 거리와 실험적으로 결정되는 마멸 계수들의 시간에 따른 관련성을 이용하는 소프트웨어 프로그램을 활용하여 반복(iteratively) 계산을 통해 결정된다. 이 이론은 기계 설계와 생체공학을 포함한 수많은 분야에서 널리 사용되어 왔다[17].

기계에서의 마멸을 모델링하기 위해 이 이론을 실행할 때에 중요한 것은 관련 재료에 대한 마멸 계수가 특정 기계에 적용하기에 적절해야 한다는 것이다. 일반적으로 마멸 계수를 설정하기 위해 사용되는 시편들은 실제 마멸 부품과 유사한 마멸 표면을 갖고 있어야 한다. 게다가 마멸 계수를 결정하기 위해 통과된 마멸 테스트 수가 실제 부품에 대한 합격률과 연관이 있어야 한다[18], [19].

9.13 곡면 접촉응력

곡면 간의 접촉은 이론적으로 한 점이나 선을 통해 이루어진다(구와 평면, 원통과 평면, 기어의 이 등). 그런데 곡면 탄성체를 서로 압착하게 되면 변형으로 인하여 유한한 접촉면적이 생기게 된다. 그러나 이러한 접촉면적은 아주 작아서 압축응력이 매우 높아진다. 볼 베어링, 롤러 베어링, 기어, 캠과 종동절(follower) 등의 경우, 표면 상의 어느 한 점에서 접촉응력이 주기적으로 가해지며(베어링 또는 기어가 회전함에 따라), 따라서 피로 파손이 유발된다. 이와 같은 파손은 미세 균열이 생성되어 전파됨으로써 재료 조각들이 표면에서 분리되어 일어난다. 때로는 '마멸'이라고도 불리는 이러한 표면의 손상을 주로 **표면피로**라 부른다. 이 손상에 대해서는 다음 절에서 좀 더 상세히 다루기로 하고, 이번 절에서는 곡면 탄성체 사이의 압력과 미끄러짐에 의해 유발되는 **응력**에 대하여 상세히 설명하고자 한다.

그림 9.14는 힘 F로 서로 눌리는 두 개의 구와 두 개의 원통에 대하여 각각의 접촉면적과 응력 분포를 나타낸 것이다. 각 접촉면의 압력을 더하여 힘 F와 같다고 놓으면 최대 접촉압력에 대한 식을 얻을 수 있다. 최대 접촉압력 p_0는 하중축에서 발생한다. 접촉면적은 구의 경우 a, 원통의 경우 b와 L로 정의된다. p_0, a, b는 각 접촉 물체의 영률(E)과 포아송비(ν)의 함수인 Δ를 사용하여 간단히 표시할 수 있다.

$$\Delta = \frac{1 - \nu_1^2}{E_1} + \frac{1 - \nu_2^2}{E_2} \tag{9.2}$$

두 개의 구에 대하여 다음과 같이 쓸 수 있다.

$$p_0 = 0.578 \sqrt[3]{\frac{F(1/R_1 + 1/R_2)^2}{\Delta^2}} \tag{9.3}$$

$$a = 0.908 \sqrt[3]{\frac{F\Delta}{1/R_1 + 1/R_2}} \tag{9.4}$$

구와 평판이 접촉하는 경우에는 R_2가 무한대이며, 구와 구형 소켓이 접촉하는 경우에는 R_2가 음수가 된다.

두 개의 평행한 원통에 대해서는 다음과 같다.

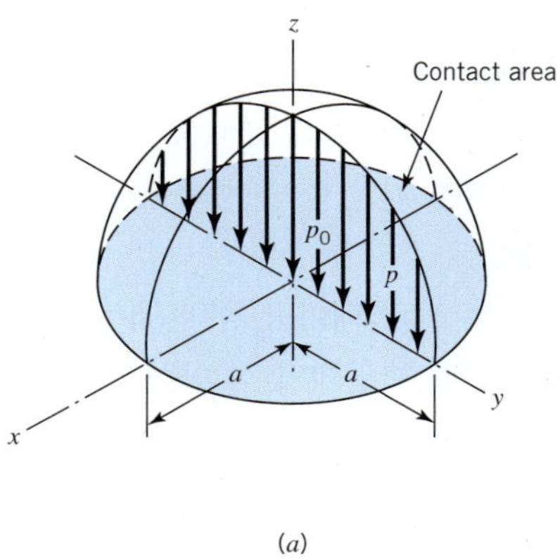

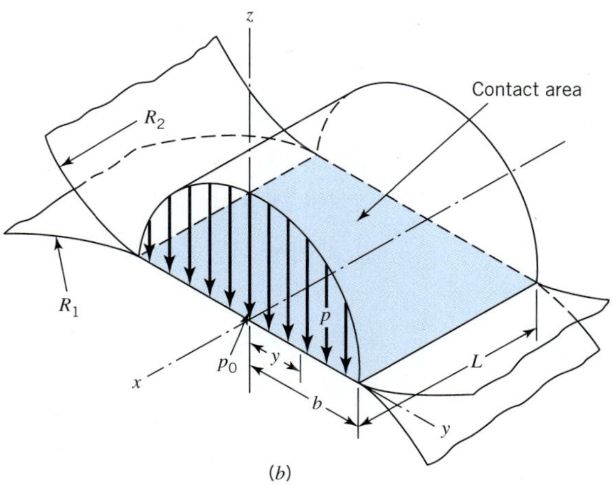

그림 9.14 접촉압력의 분포.

$$p_0 = 0.564\sqrt{\frac{F(1/R_1 + 1/R_2)}{L\Delta}} \tag{9.5}$$

$$b = 1.13\sqrt{\frac{F\Delta}{L(1/R_1 + 1/R_2)}} \tag{9.6}$$

원통과 평판이 접촉하는 경우에는 R_2가 무한대이며, 원통과 원통형 홈이 접촉하는 경우에는 R_2가 음수가 된다.

이 외의 다른 곡면의 접촉에 대해서는 참고문헌 [6], [7], [11], [12]를 참조하기 바란다.

접촉압력 p_0는 하중축에서의 **표면 압축응력** σ_z이다. 탄성 접촉응력의 해석은 1881년 독일의 헤르츠(Heinrich Hertz)에 의하여 발표되었다. 그의 이름을 따서 압축된 곡면체의 표면응력을 **헤르츠 접촉응력**이라 부른다.

식 (9.2)로부터 (9.6)까지의 유도에서는 (1) 접촉면에 마찰이 없으며, (2) 접촉 물체는 탄성체이고, 등방성이며, 균질하고 평활하며, (3) 곡률반경 R_1과 R_2는 접촉면의 치수에 비하여 매우 크다는 가정을 사용한다.

그림 9.15는 압축응력 σ_z의 표면 내부에서의 변화를 나타낸다. 이와 함께 σ_x와 σ_y의 변화도 나타내고 있다. 이들 두 개의 응력 성분은 포아송비의 효과에 기인한 것이다. 즉 하중축을 따라 z 방향으로 압축되는 재료는 x와 y 방향으로는 팽창하려 하는 반면, 주변의 재료가 팽창을 구속하기 때문에 발생된다. 하중의 대칭성 때문에 그림 9.15에 나타낸 x, y, z 응력 성분은 모두 **주**응력이다. 그림 9.16은 두 개의 평행한 원통의 접촉면에서 하중축을 따라 깊이 b인 위치의 응력에 대한 모어원을 나타낸다. 그림 9.16의 최대 전단응력 τ_{max}가 그림 9.15b의 값과 일치함을 알 수 있다. 그림 9.15a와 b에 그려진 다른 τ_{max} 값도 같은 방법으로 확인할 수 있다.

이 절에서 지금까지 살펴본 모든 응력은 하중축 상의 위치에 대한 것이었다. 그림 9.17은 하중축으로부터 **벗어난** 점에서의 표면 내부에 존재하는 전단응력을 나타낸다. 만약 원통이 그림에 표시된 것과 같이 회전한다면 표면 내부의 점들은 A와 B에 보인 응력을 경험할 것이다. 이것은 **완전 역전** 전단응력이며, 표면 내부의 피로균열 생성과 밀접한 관계가 있는 것으로 생각된다. 이 응력이 가장 큰 점은 표면으로부터 약 $0.5b$ 떨어진 곳이다. 이 깊이에 위치한 점들이 원통의 회전에 따라 접촉영역을 지날 때, 하중축에서 좌우로 약 b만큼 떨어진 곳에서 전단응력의 최댓값이 발생된다.

기어의 맞물린 이, 캠과 종동절, 볼 또는 롤러 베어링 등의 대부분의 구름 부재에서는 비록 적은 양이지만 **미끄러짐**이 발생한다. 이때 마찰력이 접선방향의 수직 및 전단 응력을 발생시키며 이것이 수직 하중에 의한 응력에 중첩된다. 이들 접선응력은 그림 9.18에 나타낸 것과 같다. 표면의 점들이 접촉영역을 통과함에 따라 접선 전단응력은 0 → 최대 → 0으로 변화하며, 수직응력은 0 → 인장 → 압축 → 0으로 변화한다. 표면 인장응력의 발생은 틀림없이 표면 피로균열의 전파에 중대한 영향을 미칠 것이다.

곡면 접촉응력을 요약하면, 첫째로 최대 압력과 '접촉 평면'은 헤르츠의 식으로 주어

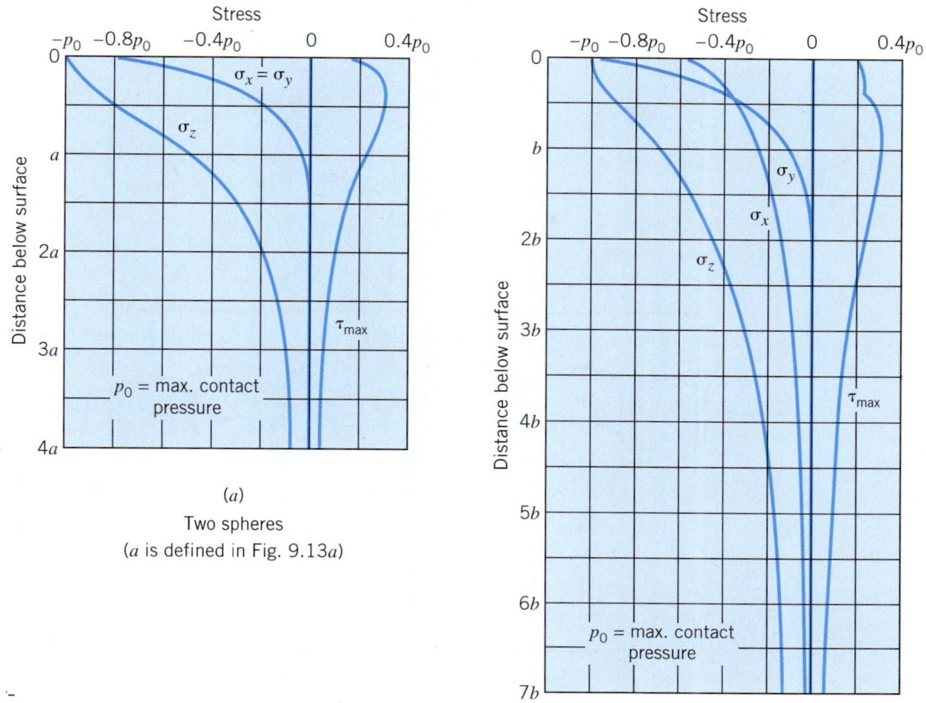

(*a*)
Two spheres
(*a* is defined in Fig. 9.13*a*)

(*b*)
Two parallel cylinders
(*b* is defined in Fig. 9.13*b*)

그림 9.15 하중축을 따라 나타나는 표면 아래의 탄성응력(z축: x=0, y=0; 포아송비 ν=0.3).

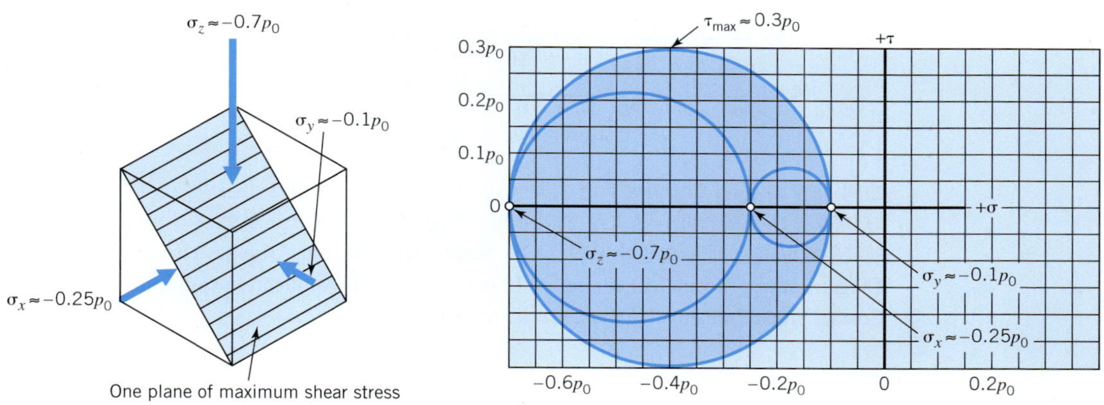

그림 9.16 하중축 상의 두 개의 원통이 접촉할 때 표면으로부터 b만큼 아래쪽에서의 주응력 요소와 모어원.

진다. 재료의 '포아송' 팽창으로 인한 전단응력이 하중축 상의 표면 내부에서 발생한다(그림 9.15와 9.16의 τ_{max}). 표면 내부의 하중축 양쪽으로 전단응력 τ_{xy}가 발생되며(그림 9.17), 이 응력 성분은 구름 요소의 회전이 진행됨에 따라 방향이 역전되므로 중요하다. 구름과 함

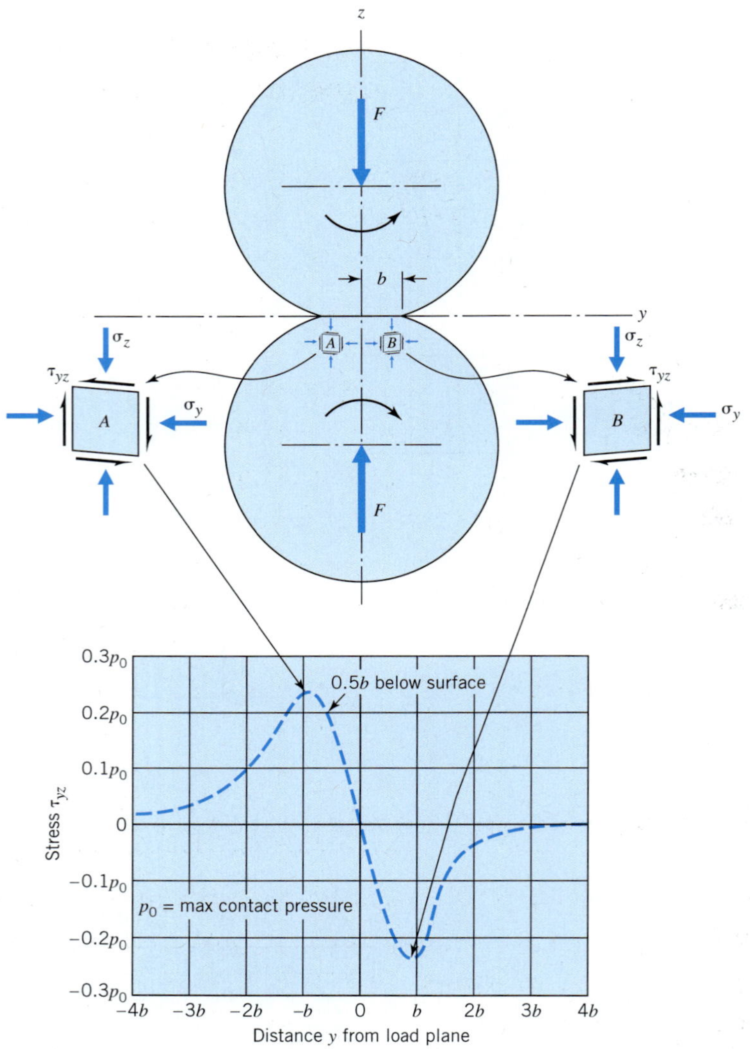

그림 9.17 구름 접촉이 일어날 때 접촉면 내부에서 역전되는 전단응력. 표면으로부터 0.5b 깊이, 포아송비 ν=0.3. 두 개의 평행한 원통은 수직 하중으로 눌림.(τ_{yz}의 최댓값은 0.5b 깊이에서 발생함.)[출처: J. O. Smith and C. K. Liu, "Stresses Due to Tangential and Normal Loads on an Elastic Solid with Application to Some Contact Stress Problems," *J. Appl. Mech.* (March 1953).]

께 미끄러짐이 일어나면 접선방향의 표면 전단응력과 역전 표면 접선응력을 발생시킨다. 접촉영역의 응력에 영향을 주는 두 가지 다른 중요 인자는 (1) 미끄럼 마찰에 의한 국부적 가열과 열팽창, (2) 접촉영역에 존재하는 유막 내의 압력 분포다. 이렇게 많은 인자들로 인하여 최대 헤르츠 접촉 압력(그림 9.14의 p_0)만을 접촉 하중의 정도를 나타내는 지표로 사용할 수는 없다.

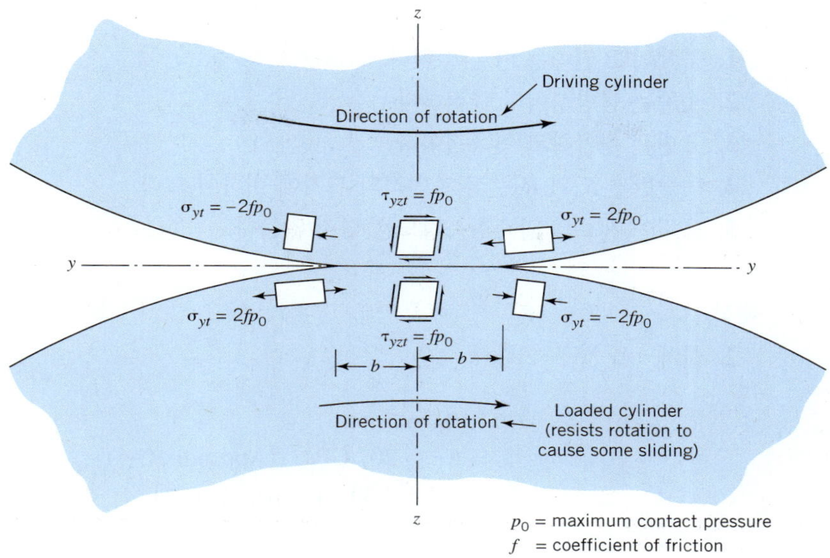

그림 9.18 두 개의 평행 원통 사이의 미끄럼 마찰에 의한 접선 수직 및 전단 응력. 최댓값은 표시된 표면에서 발생. 아래첨자 t는 모든 응력이 접선방향 마찰력에 의한 것임을 나타냄.

예제 9.3 SAMPLE PROBLEM 볼과 소켓 조인트의 접촉응력

로커암 끝단의 볼과 소켓 조인트(그림 9.19*a*)는 직경이 10.1 mm인 황동 베어링 합금제 구형 홈과 여기에 맞는 10 mm 직경의 경화 강구로 이루어진다. 하중이 2000 N일 때 최대 접촉응력을 구하라.

풀이 SOLUTION

제시자료: 경화 강구가 황동 베어링 합금제 구형 홈에 주어진 크기의 하중을 가한다.

목표: 최대 접촉응력을 구하라.

개요도 및 데이터:

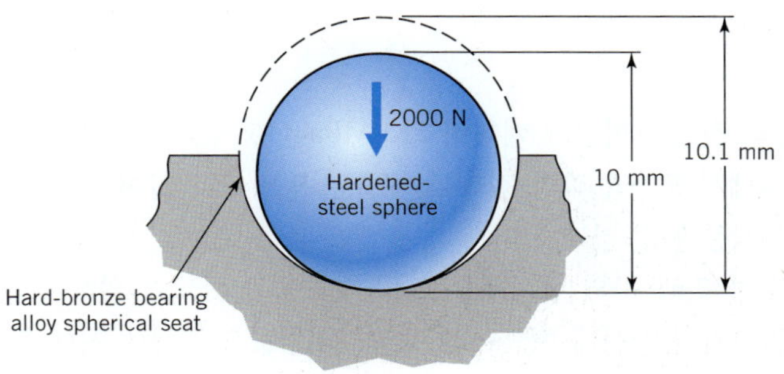

그림 9.19*a* 예제 9.3의 볼과 소켓 조인트.

가정:

1. 물체의 표면에는 마찰이 없다.
2. 물체는 등방성이며 균질하다.
3. 표면은 평활하고 연속적이다.
4. 곡률반경 R_1과 R_2는 접촉면적의 크기에 비하여 크다.
5. 응력이 재료의 압축항복강도를 넘지 않는다.

해석:

1. 물체 1을 강구라 하자.

$$R_1 = 5 \text{ mm}$$
$$E_1 = 207 \text{ GPa} \quad \text{(Appendix C-1)}$$
$$v_1 = 0.30 \quad \text{(Appendix C-1)}$$

2. 물체 2를 황동 소켓이라 하자.

$$R_2 = -5.05 \text{ mm}$$
$$E_2 = 110 \text{ Gpa} \quad \text{(Appendix C-1)}$$
$$v_2 = 0.33 \quad \text{(Appendix C-1)}$$

3. 식 (9.2)로부터 Δ는 다음과 같다.

$$\Delta = \frac{1 - v_1^2}{E_1} + \frac{1 - v_2^2}{E_2} = \frac{1 - (0.3)^2}{207 \times 10^9} + \frac{1 - (0.33)^2}{110 \times 10^9}$$
$$= 1.250 \times 10^{-11} \text{ m}^2/\text{N}$$

4. 식 (9.3)으로부터 최대 접촉압력은 다음과 같다.

$$p_0 = 0.578 \sqrt[3]{\frac{F(1/R_1 + 1/R_2)^2}{\Delta^2}}$$
$$= 0.578 \sqrt[3]{\frac{2000(1/0.005 + 1/-0.00505)^2}{(1.25 \times 10^{-11})^2}} = 213 \text{ MPa}$$

주석:

1. 대부분의 경황동 합금에 대하여 213 MPa은 항복강도를 넘지 않는다.
2. 이 문제에서 $R_1=R_2$라면 접촉이 제한된 영역에서 일어나는 것이 아니므로 헤르츠의 이론을 적용할 수 없게 된다.
3. 구의 반경 R_1과 구의 탄성계수 E_1의 영향을 알아보기 위하여 반경을 5.00~5.04 mm로 변화시키며 탄성계수를 구리, 주철, 강의 값으로 하여 최대 접촉응력을 계산하여 그래프로 그려 보면, 반경이 작은 강구의 경우에 최대 접촉응력이 가장 크다는 것을 알

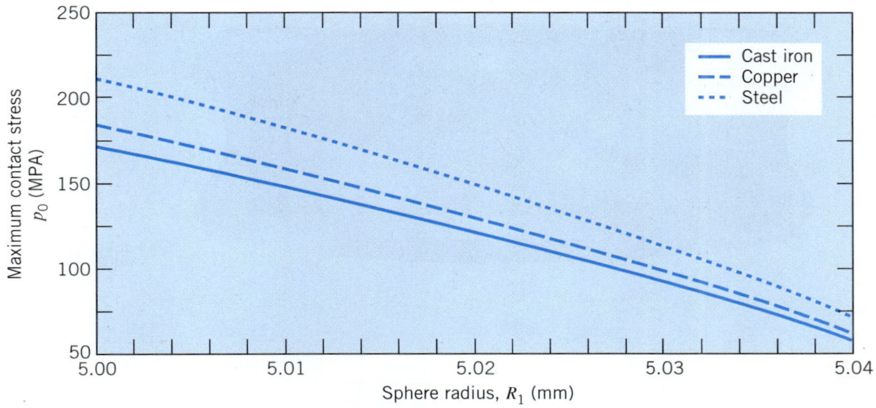

그림 9.19*b* 구의 세 가지 재료에 대한 접촉응력과 구의 반경 관계.

수 있다.

4. 구의 크기가 홈의 크기에 근접함에 따라 접촉 물체의 형상이 같은 꼴이 된다. 구와 홈 사이의 최대 접촉각이 약 15°보다 커지면 헤르츠의 해석에 따른 최대 접촉압력이 낮아진다. 헤르츠 식을 유도할 때 중요한 가정 중의 하나는 접촉면의 크기가 접촉면 곡률 반경에 비하여 작다는 것이다.
5. 황동 구에 접촉하는 강구(R_1=5 mm, R_2=5.05 mm)에 대하여 p_0=7315 MPa이다. 따라서 황동 구의 접촉점에서 국부적 항복이 발생할 것이다.

9.14 표면피로 파손

앞 절에서 언급한 대로, 반복적인 하중에 의한 접촉면과 그 내부의 응력은 표면피로 파손을 일으킨다. 이들 응력에 의해 생긴 균열이 진전하여 표면의 재료가 조각으로 분리되어, '피팅(pitting)' 또는 '박리(spalling)'가 일어난다. 피팅은 표면균열로 시작되며, 피트의 표면적은 상대적으로 작다. 박리는 표면 내부의 균열에서 시작되며, 표면 재료의 얇은 '조각'이 떨어져 나온다. 이런 형태의 파손은 주로 기어의 이, 볼 및 롤러 베어링, 캠과 종동절, 레일 위를 구르는 금속 바퀴 등에서 일어난다. 전형적인 예를 그림 9.20에 나타낸다.

그림 9.21은 계산된 탄성 헤르츠 응력(그림 9.14의 p_0)을 기준으로 한 전형적인 *S-N* 곡선을 나타낸다. 미끄러짐의 정도는 평행 롤러(토크를 전달하지 않는, 그림의 가장 위쪽 선)로부터 스퍼 기어의 이(그림의 가장 아래 선)로 갈수록 증가함을 알 수 있다.

표면피로 파손은 하중과 미끄러짐을 줄임으로써 감소시킬 수 있다. 또한 윤활을 개선함으로써 적어도 다음의 세 가지 이유로 표면피로 파손을 줄일 수 있다. (1) 마찰의 감소로 표면 접선 전단응력과 그림 9.18에 나타낸 인장응력을 줄이고, (2) 마찰의 감소와 열전달의 개선으로 열응력을 줄이며, (3) 윤활막으로 인하여 접촉면 상의 압력 분포가 좋아진다.

그림 9.20 표면피로 파손.

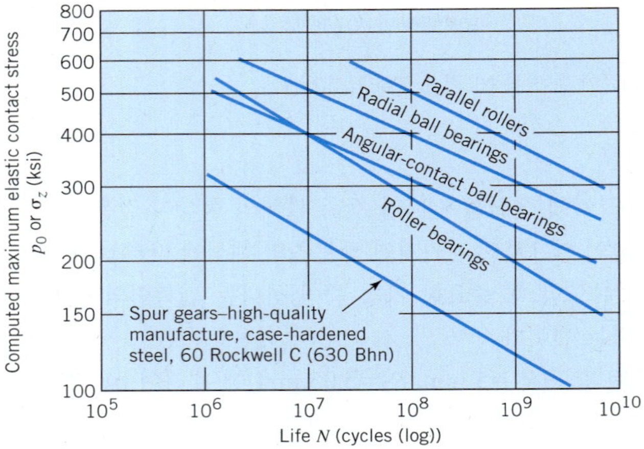

그림 9.21 접촉응력에 대한 평균 *S-N* 곡선—롤러, 베어링, 스퍼 기어, 10% 파손확률[7].

일반적으로 표면경도의 증가는 표면피로 저항성을 개선한다. 그러나 이에 따른 강도의 증가는 미세한 표면 결함에서의 마멸이나 표면 소성변형을 통한 국부적 접촉 압력 감소 능력을 줄인다. 이것이 맞물리는 기어의 한쪽은 매우 단단하게 하는 한편, 다른 쪽은 약간 연하게 하는 이유이다.

표면 형상의 정확도와 표면의 평활도는 크게 도움이 된다. 그러나 상당한 정도의 미끄럼이 일어날 때에는 예외일 수 있다. 이런 경우에는 표면의 기공이나 접촉표면의 약간 작은 홈들에 윤활제가 담겨 있게 되어 오히려 도움이 될 수 있다.

접촉면의 **압축 잔류응력**은 피로 파손과 이에 따른 표면손상을 막아 표면피로 파손 저항성을 높인다.

9.15 맺음말

앞에서 언급하였듯이 부식과 마멸에 따른 비용은 미국 내에서만 1978년 한 해에 900억 달러에 달했다. 게다가 많은 기계 부품이 파괴되기보다는 마멸된다. 이처럼 막대한 경제적 부담을 줄이는 것이 현대 공학의 커다란 과제이다. 이에 대한 해결책은 (1) 가능한 한 표면 손상을 줄이도록 설계하고, (2) 표면 열화가 예상되는 기계 부품의 교체를 용이하도록 설계하는 것이다. 많은 사람들이 한두 개의 마멸된 부품의 교체 비용이 너무 커서 전체 기계(세탁기나 냉장고와 같은)를 폐기시킨 경험이 있을 것이다.

기계 부품 표면의 중요한 세 가지 측면을 간략히 살펴보자.

1. **평활도**(smoothness)는 피로강도(그림 8.13의 표면계수 C_S), 마멸저항성(wear resistance), 부식저항성(corrosion resistance)에 커다란 영향을 준다.
2. **경도**(hardness)는 피로강도를 개선하며($S_n' \approx 250 \times H_B$인 강의 경우처럼) 마멸저항성과 공동현상 저항성을 증가시킨다.
3. **표면 잔류응력**(surface residual stress)은 피로강도를 증가시키며, 응력부식균열 저항성, 부식피로 저항성, 접촉응력에 의한 표면피로 저항성을 증가시킨다. 또한 프레팅 부식에 따른 손상을 줄인다.

현대의 많은 기계 부품 설계의 중요한 개념은 **내부와 표면에 대하여 상이한 재료를 선택한다는 것**이다. 만약 부품의 몸체에 적합한 재료가 표면의 요구조건을 만족시키지 못한다면 이를 만족시키는 다른 재료를 표면에 적용한다. 예를 들면 강 부품의 표면을 아연, 카드뮴, 크롬, 니켈 등의 부식저항성이 좋은 재료로 코팅한다(전기도금, 기계적 판붙임, 용융도금, 클래딩, 화염 분무 등의 방법으로). 연한 금속 부품이나 플라스틱 부품은 단단하고 밝은 금속면으로 코팅하여 연삭저항성과 외관을 개선할 수 있다. 매우 높은 경도를 얻기 위해서는 텅스텐 카바이드 등을 화염 분무 등의 방법으로 적용한다. 낮은 마찰과 마멸을 요하는 응용 분야에서는 테플론과 같은 불화플라스틱을 코팅한다. 브레이크, 클러치, 벨트와 같이 높은 마찰계수를 요하는 경우 다른 종류의 플라스틱을 코팅하기도 한다. 높은 열에 노출되는 부품의 표면에는 특수한 고온용 합금이나 세라믹 재료를 코팅할 수 있다. 때로는 페인트와 같은 재료를 사용하여 원하는 코팅을 행하는데, 분말 아연을 포함하는 부식저항성 페인트나 에폭시 수지에 작은 알루미나와 세라믹 구슬을 담은 코팅 등이 그 예가 된다. 이렇게 함으로써 한 가지 재료로 만들어진 부품의 심각한 문제점을 해결할 수 있다.

코팅 재료와 공정을 선택할 때에는 생태적 또는 인체 유해성에 대한 고려가 수반되어야 한다. 예를 들어 카드뮴이 인체에 들어가면 매우 위험하다. 강 부품의 카드뮴 도금은 부식저항성을 향상시키기 위하여 많이 사용되어 왔다.(1978년 미국에서 이 목적으로 사용된 카드뮴은 1500톤에 이른다.) 그러나 높은 카드뮴 농도의 폐수가 부산물로 생성되며, 이것이 물과 토양을 오염시키지 않도록 하는 것이 매우 중요하다. 따라서 안전한 카드뮴 도금 공정을 개발하는 것이 하나의 중요한 과학적, 공학적 과제가 되고 있다.

참고문헌 REFERENCES

1. Bennett, L. H. *Economics Effects of Metallic Corrosion in the U.S.*, a Report to Congress, National Bureau of Standards, March, 1978.
2. Cocks, F. H. (ed.), *Manual of Industrial Corrosion Standards and Control*, American Society for Testing and Materials, Philadelphia, 1973.
3. Colangelo, V. J., and F. A. Heiser, *Analysis of Metallurgical Failures*, 2nd ed., Wiley, New York, 1987.
4. Fontana, M. G., and N. D. Greene, *Corrosion Engineering*, 3rd ed., McGraw-Hill, New York, 1986.
5. Horger, O. J. (ed.), *ASME Handbook: Metals Engineering—Design*, 2nd ed., McGraw-Hill, New York, 1965. (a) Part 3, Sec. 1.1, "Mechanical Factors Influencing Corrosion," by H. R. Copson. (b) Part 3, Sec. 1.2, "Fretting Corrosion and Fatigue," by G. Sachs and O. J. Horger.
6. Juvinall, R. C., *Engineering Considerations of Stress, Strain, and Strength*, McGraw-Hill, New York, 1967.
7. Lipson, C., and R. C. Juvinall, *Handbook of Stress and Strength*, Macmillan, New York, 1963.
8. Lipson, C., *Wear Considerations in Design*, Prentice-Hall, Englewood Cliffs, N.J., 1967.
9. McAdam, D. J., Jr., "Corrosion Fatigue of Metals as Affected by Chemical Composition, Heat Treatment, and Cold Working," *Trans. ASTM*, **11** (1927).
10. Peterson, M. B., and W. O. Winer (ed.), *Wear Control Handbook*, The American Society of Mechanical Engineers, New York, 1980.
11. Roark, R. J., and W. C. Young, *Formulas for Stress and Strain*, 5th ed., McGraw-Hill, New York, 1975.
12. Timoshenko, S., and J. N. Goodier, *Theory of Elasticity*, 3rd ed., McGraw-Hill, New York, 1970.
13. Uhlig, H. H., and R. W. Revie, *Corrosion and Corrosion Control: An Introduction to Corrosion Science and Engineering,* 4th ed., Wiley, New Jersey, 2008.
14. Van Vlack, L. H., *Elements of Materials Science and Engineering*, 6th ed., Addison-Wesley, Reading, Mass., 1989.
15. Rabinowicz, E., *Friction and Wear of Materials*, 2nd ed., Wiley, New York, 1996.
16. Marshek, K. M. and H. H. Chen, "Discretization Pressure-Wear Theory for Bodies in Sliding Contact," *Journal of Tribology*, Vol. 111, pp. 95–100, 1989.
17. Maxian, T. A., T. D. Brown, D. R. Pedersen, and J. J. Callaghan, "A Sliding-Distance-Coupled Finite Element Formulation for Polyethylene Wear in Total Hip Arthroplasty," *Journal of Biomechanics*, Vol. 29, pp. 687–692, May 1996.
18. Burr, B. H., and K. M. Marshek, "O-Ring Wear Test Machine," *Wear*, Vol. 68, pp. 21–32, April 1981.
19. Burr, B. H., and K. M. Marshek, "An Equation for the Abrasive Wear of Elastomeric O-Ring Materials," *Wear*, Vol. 81, pp. 347–356, October 1982.
20. Marshek, K. M., "Failures in Plastic Ball Bearings," *Wear*, Vol. **52**, pp. 141–146, 1978.

연습문제 PROBLEMS

Sections 9.2–9.4

9.1 In 1824, Sir Humphry Davy proposed protecting the copper sheathing on the ocean-going HMS Samarang using iron anodes. Explain why this would be effective.

9.2 Aluminum plates are fastened together with brass rivets. The aluminum plates have a total exposed area of 0.15 m^2 and the rivets have a total exposed area of 1.6×10^{-3} m^2. The environment involves moisture and some salt.
(a) Which metal will corrode?
(b) If twice as many rivets are used, what effect would this have on the total rate of corrosion?

9.3 Square metal plates having a total exposed area of 1 m^2 are fastened together with rivets having a total exposed area of 10×10^{-3} m^2. The environment involves moisture and some salt. Consider two cases: (1) iron plates with nickel–copper alloy rivets, and (2) nickel–copper alloy plates with iron rivets.
(a) For each case, which metal will corrode?
(b) How do the rates of corrosion compare for the two cases?
(c) If half as many rivets were used, what influence would this have on the total rate of corrosion?

9.4 Lead sheet is pop-riveted with special bronze fasteners. The total exposed area of the sheet is 100 times that of the fasteners. The environment for the assembly is seawater.
(a) Which metal will corrode?
(b) If half as many fasteners are used, what influence would this have on the total rate of corrosion?
(c) How could corrosion be reduced?

9.5 Galvanized steel sheet metal is fastened together with copper rivets. The galvanized steel sheet has an area of 0.1 m^2 and the rivets have a total exposed area of $1.3 \times 10^{-3} m^2$. The environment contains moisture and some salt.
(a) Which metal will corrode?
(b) If half as many rivets are used, what effect would this have on the total rate of corrosion?
(c) How could corrosion be reduced?

9.6D Search www.corrosion-doctors.org, and under the "Information Modules" section select "Corrosion by Environments." Choose one of the listed topics and write a summary of the information covered. Include if costs are addressed, types of materials affected, what type of corrosion can be expected, and how to deter the effects of corrosion.

9.7D Review the web site http://www.corrosionsource.com. (a) What types of corrosion phenomena can be identified by visual observation? (b) What methods of controlling corrosion are suggested?

9.8 An assembly comprised of circular AISI 301 stainless steel plates having a total exposed area of 1.5 m^2 are bolted together with chromium-plated steel cap screws having a total exposed area of 110 cm^2. The environment contains moisture, and possibly some salt (see Figure P9.8).
(a) Which metal will corrode?
(b) If half as many bolts are used, what influence would this have on the total rate of corrosion?
(c) How could corrosion be reduced?

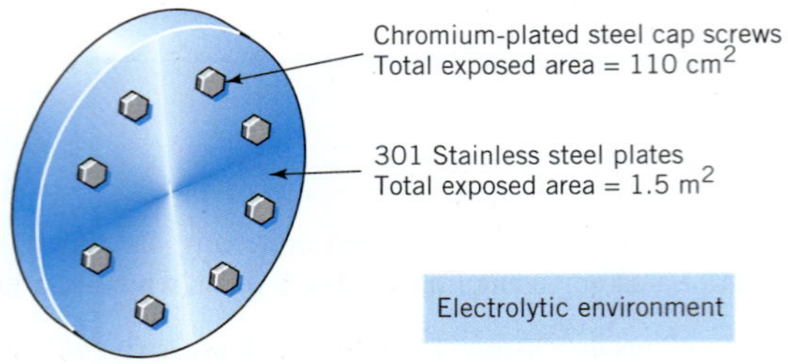

FIGURE P9.8

9.9 Repeat Problem 9.8, except use titanium cap screws.

9.10 Metal plates having a total exposed area of 1 m^2 are fastened together with rivets having a total exposed area of 100 cm^2. The environment contains moisture, and possibly some salt. Consider two cases: (1) steel plates with copper rivets, and (2) copper plates with steel rivets.

(a) For each case, which metal will corrode?

(b) How do the rates of corrosion compare for the two cases?

(c) If twice as many rivets are used, what influence would this have on the total rate of corrosion?

9.11D Some plumbing codes require that an electrical insulator be used when copper tubing is connected to steel pipe. With the aid of a simple sketch, explain the rationale behind this requirement.

9.12D A pickup truck tailgate cable having a breaking strength of 20 kN is fabricated from 7 × 19 braided carbon steel wire. To prevent corrosion, the 5-mm-diameter cable is galvanized and covered with a weather resistant heat shrink tube made of cross-linked polyolefin. The ends of the tailgate cable are sealed with epoxy during manufacturing. Because of its geometry and specific end fixtures, the cable bends and twists when the pickup truck tailgate is raised and lowered. The twisting and bending opens and closes the seven cable wire bundles located within the polyolefin tube. List and then comment on the possible reasons why the galvanized cable might corrode and break within a few years of initial use and describe what could be done to improve the design (see Figure P9.12D).

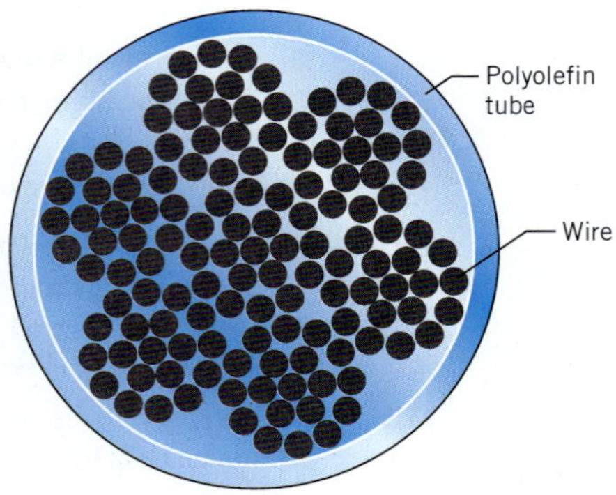

FIGURE P9.12D
Cross section of tailgate cable—seven bundles of 19 wires.

9.13D Corrosion of the internal steel surfaces of the crankcase of a particular engine is a problem. Someone suggests replacing the steel oil drain plug with one made of magnesium. You recommend that the steel plug be retained, but that one end of a small magnesium rod be embedded in the inside surface of the plug (see Figure P9.13D). Explain, briefly.

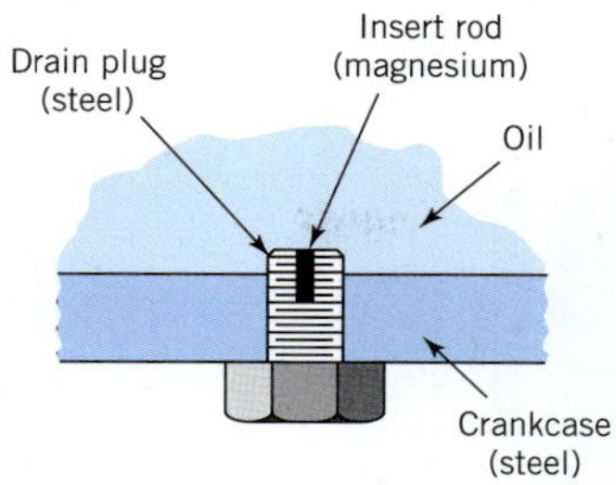

Figure P9.13D

9.14D Illustrate design details to reduce corrosion from:

(a) atmospheric corrosion in structural members, corners, welded joints, storage tanks;

(b) concentration cell corrosion in liquid containers, baffles, pipes, and connections liquid containers (e.g., water heater); and

(c) galvanic corrosion in joints and connections (rivets, bolts, and nuts) of dissimilar materials.

9.15D Write a report titled *Mechanism of Corrosion* addressing six basic causes of corrosion: (1) direct, (2) complex, (3) galvanic, (4) concentrated, (5) dezincification, and (6) fatigue and stress corrosion. Explain what can be done to overcome or minimize each.

Section 9.12

9.16 Figure P9.16 shows a small pin pressed against a rotating disc. Describe how the friction coefficient between the pin and the disc could be measured. Give one use for such an apparatus.

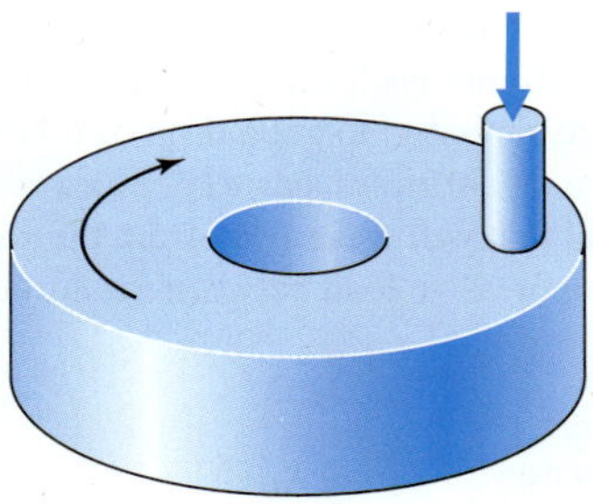

Figure P9.16

9.17 Figure P9.17 shows two thin-walled cylinders where the top, constrained cylinder is pressed in an axial direction against the bottom, rotating cylinder. Describe how the frictional torque and the specimen temperature could be measured. Give one use for such an apparatus.

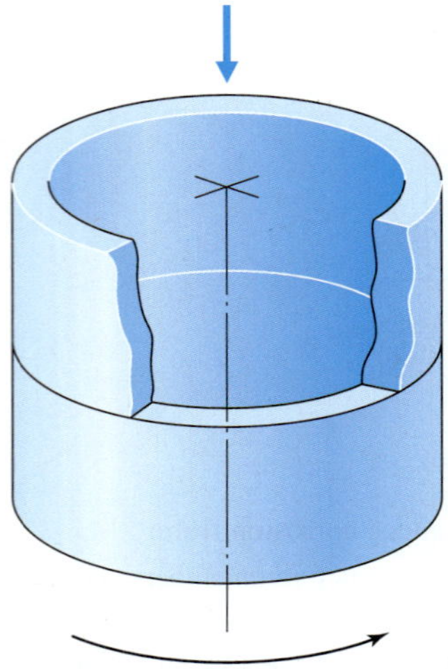

FIGURE P9.17

9.18 Figure P9.18 shows a rotating cylinder pressed against a second rotating cylinder. The cylinders rotate in opposite directions as shown. Describe how such an apparatus might be used.

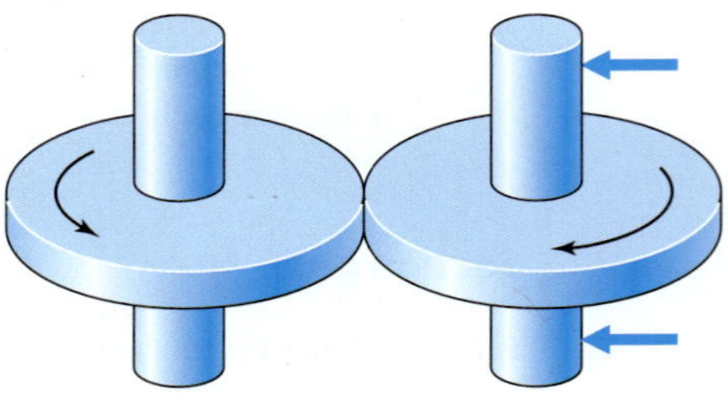

FIGURE P9.18

9.19 A latching mechanism has steel mating surfaces of 100 and 300 Bhn rubbing back and forth over a distance of 30 mm each time the latch is operated. Lubrication is questionable (the surfaces are supposed to get a drop of oil every few months). The latch is operated an average of 30 times per day, every day (see Figure P9.19). Estimate the volume of metal that will wear away from the softer steel member during one year of use if the compressive load between the surfaces is 100 N.

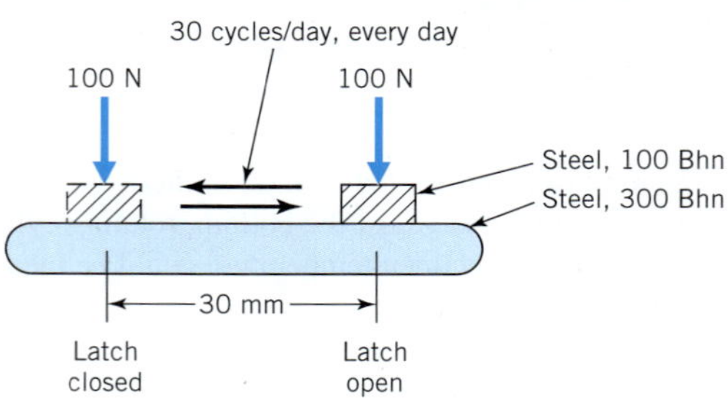

FIGURE P9.19

9.20 Reconsider Problem 9.19 but use a rubbing distance of 20 mm. Estimate the volume of metal that will wear away for each of the steel mating surfaces. All other conditions are the same as in Problem 9.19.

9.21 Reconsider Problem 9.19, but estimate the volume of metal that will wear away for each of the steel mating surfaces, both of 300 Bhn. All other conditions are the same as in Problem 9.19.

9.22 Repeat Sample Problem 9.2, except use a rotating disk made of wrought-aluminum alloy 2014-T6 having a 135 Brinell hardness.

9.23 Repeat Sample Problem 9.2, except use a pin made of wrought-aluminum alloy 2011-T3 having a 95 Brinell hardness.

9.24 A steel part of 550 Bhn rubs back and forth over a distance of 75 mm in the slot of a 150 Bhn steel link. The link and part are components in a scissor mechanism used to raise and lower an automobile window. The sliding surfaces are unlubricated. The window is to operate an average of 2000 times per year. Estimate the volume of metal that will wear away from the softer steel link during one year if the compressive load between the surfaces is 90 N.

Sections 9.13 and 9.14

9.25 Figure P4.1 in Chapter 4 (*Problems*) shows a 12.5 mm-diameter ball loaded in compression by a 20 kN force against the left end of a bar where the cross section is 25 mm × 25 mm. The balls are hardened steel and the steel bar has a yield strength of 350 MPa. What maximum contact stress will result from the load of 20 kN?

9.26 Figure P4.2 in Chapter 4 (*Problems*) shows a 0.25-in.-diameter ball loaded in compression by a 1000 lb force against the left end of a bar where the cross section is 1 in. × 1 in. The balls are hardened steel and the steel bar has a yield strength of 50 ksi. What maximum contact stress will result from the load of 1000 lb?

9.27 The ball and socket joint at the end of a rocker arm has a hardened-steel spherical surface of 10-mm diameter fitting in a hard-bronze bearing alloy spherical seat of 10.2-mm diameter. What maximum contact stress will result from a load of 2000 N?

9.28D Reconsider Problem 9.27, but compute and plot the maximum contact stress for loads from 1800 N to 2000 N.

9.29 Figure P9.29 shows a Geneva indexing mechanism used, for example, on the indexing heads of machine tools. Each time the driving arm makes one revolution, the Geneva wheel (for the four-slot design illustrated) turns 90°. The arm supports a rolling cylindrical hardened-steel pin that fits into the Geneva wheel slots. The pin is to have the same length and diameter. The wheel is made of heat-treated alloy cast iron (E = 140 GPa, ν = 0.25). For a design contact stress of 700 MPa, determine the smallest acceptable pin diameter if the design overload torque (normal torque times safety factor) applied to the arm is 60 N·m.

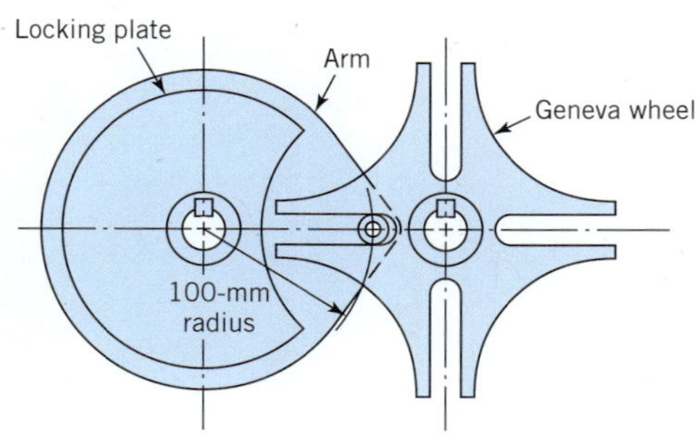

FIGURE P9.29

9.30 Two mating steel spur gears are 20 mm wide, and the tooth profiles have radii of curvature at the line of contact of 10 and 15 mm. A force of 250 N is transmitted between them.

(a) Compute the maximum contact pressure and the width of contact.

(b) How deep below the surface is the maximum shear stress, and what is its value?

[Ans.: (a) 275 MPa, 0.058 mm; (b) 0.023 mm, 83 MPa]

9.31 Repeat Problem 9.30 using a steel pinion and a cast-iron gear.

9.32 In a traction drive, a 25 mm-diameter cylindrical roller is preloaded against a 75-mm-diameter cylindrical roller. The steel rollers are 25 mm wide and the preload force is 225 N. The axes of the cylinders are parallel. Calculate the maximum contact pressure and the width of contact. Also determine the maximum value of the subsurface shear stress.

9.33 Power is transmitted between two steel rollers pressed together, as in Figure 9.17. Loading is such that the maximum contact pressure is 2 GPa and the width of contact 1 mm. There is slight slippage, and the coefficient of friction is estimated to be 0.3.

(a) What is the maximum completely reversed shear stress, τ_{yx}, and how far on either side of the load line does it occur?

(b) What is the maximum value of reversed tensile stress developed at the surface?

(c) What is the maximum value of shear stress developed at the surface?

(d) Explain briefly the kinds of surface deterioration that might occur?

[Ans.: (a) 0.46 GPa, 0.45 mm; (b) 1.2 GPa; (c) 0.6 GPa]

9.34 A 15-mm-diameter, 20-mm-long steel roller is subjected to a load of 150 N per axial millimeter, as it runs on the inside of a steel ring of inside diameter 75 mm. Determine the value of the maximum contact pressure and the width of the contact zone.

9.35 A 25-mm-diameter cylindrical roller is preloaded against a 75-mm-diameter cylindrical roller in a traction drive. The steel rollers are 25 mm wide and the preload force is 200 N. The axes of the cylinders are parallel. Calculate the maximum contact pressure, the width, and the area of contact. Also determine the maximum value of the subsurface shear stress (see Figure P9.35).

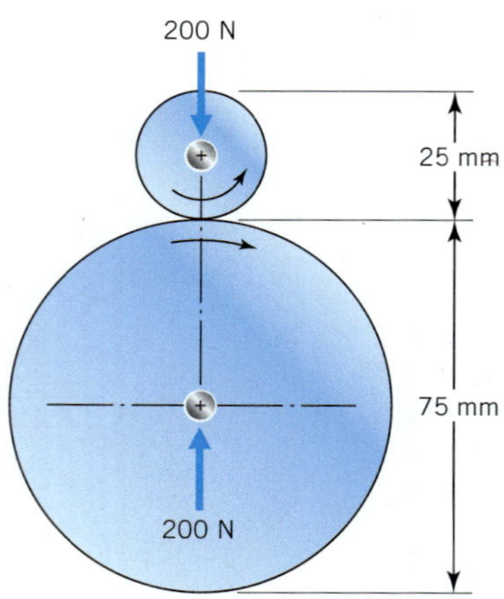

FIGURE P9.35

PART 2

응용 Applications

체결용 나사와 운동용 나사 10

10.1 개요

보통 체결용 나사(나사, 너트, 볼트)를 모든 기계요소 중 가장 평범한 것으로 간주하나, 겉보기에 단순한 이 요소들은 매우 독창적인 설계로 다양하게 존재할 수 있다. 나사가 있는 것이나, 리벳과 같이 나사가 없는 체결 요소 설계의 경제적인 의미는 매우 크다. 예를 들면 대형 제트기의 기체는 대략 2.4×10^6개의 체결 요소(1978년 기준으로 약 $750,000의 비용에 이르는)를 가진다. 대부분의 기계—특히 사람을 나르는 운반체—에서 사용되는 체결 요소의 안전은 매우 중요하다. 체결 요소나 체결되는 부재의 재료가 다르면 부식을 고려하여야 하며, 이는 체결되는 부재가 잠재적으로 갈바니 전지(galvanic cell)화되기 때문이다. 많은 체결 요소는 조립이 쉽고, 비용이 저렴하도록 설계된다. 수리와 교환이 필요한 곳에서는 분해의 용이성 또한 중요하다. 반면에 분해를 어렵게 하는 것은 때때로 고의적 파괴를 막기 위해서 중요하다. 이 외에도 재활용하기 위해 분해가 용이해야 한다.(자동차용 체결 요소는 작동시나 안전과 관련된 충돌 하중 시에 안전해야 한다. 그러나 자동차를 수 피트의 높이에서 떨어뜨렸을 때는 모든 체결 요소들이 파손되도록, 그리하여 많은 부품들이 재활용을 위하여 쉽게 분류되도록 설계되어야 한다.)

요약하면, 무게가 가볍고, 제작 및 사용 비용이 저렴하며, 부식저항성이 크고, 진동하에서 풀어지지 않는 볼트(또는 다른 체결 요소들)의 고안은 이 분야에 종사하는 공학자들의 끊임없는 노력을 필요로 한다. 그리고 거의 모든 공학자들은 체결 요소의 선택과 사용에 관계가 있기 때문에, 활용 가능한 선택사항 그리고 선택과 사용의 주요 인자에 대해 다소의 지식이 필요하다.

다양한 종류의 운동용 나사 또한 자주 접하는 기계요소이다. 이 나사의 공학적 원리와 설계는 체결용 나사의 경우와 상당 부분 일치한다.

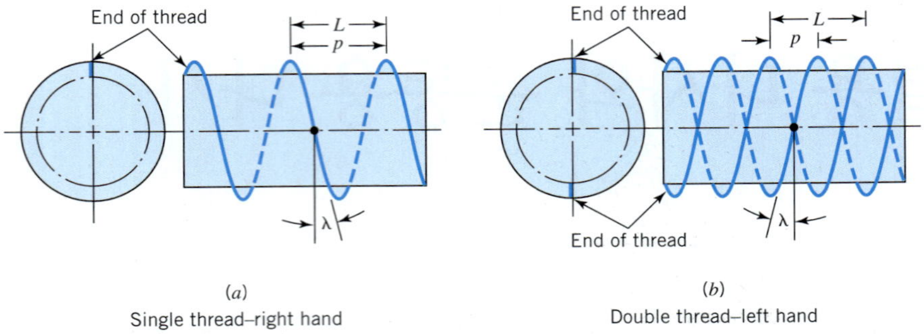

그림 10.1 헬리컬 나사의 피치 p, 리드 L, 리드각 λ.

10.2 나사 형태, 용어, 표준

그림 10.1은 체결용 나사, 운동나사, 웜(웜과 웜기어 세트에 사용되는 종류—16장 참조)에 사용되는 실린더 둘레에 감겨진 헬리컬 나사의 배열을 보여 준다. 피치, 리드, 리드각, 나사의 방향이 도시되어 있다. 사실상 모든 볼트와 나사는 한 줄 나사이지만, 웜과 운동나사는 때때로 두 줄, 세 줄, 심지어는 네 줄 나사일 때도 있다. 특별한 언급이 없으면, 모든 나사는 오른 나사로 가정한다.

그림 10.2는 체결 요소에 사용되는 나사의 기하학적 표준 형상을 보여 준다. 이는 **유니파이**(인치 계열) 나사와 **ISO**(국제표준화기구, 미터 나사) 나사에 대해 기본적으로 동일하다. (응력집중을 줄이기 위한 나사뿌리 부분의 자세한 형상 설계에 대해서는 10.12절에서 다루기로 한다.) 두 시스템의 표준 크기가 표 10.1과 10.2에 주어져 있다. 표 10.1은 **가는나사**(UNF: Unified National Fine) 및 **보통나사**(UNC: Unified National Coarse) 계열 둘 다를 보여 준다. **피치 직경** d_p는 나사의 폭과 그루브(groove)가 같은 완전한 나사의 실린더 직경이다. 표에 열거된 **응력면적**은 피치 직경과 나사골 직경의 평균으로 구한다. 이것은 응력, 'P/A', 계산을 위해 사용되는 면적이다. 이는 헬리컬 나사를 고려하여 잡은 가장 작은 파괴 면적의 근삿값이다. 표 10.1에 수록된 미국국가표준은 미국기계학회에 의해 출판되고 미

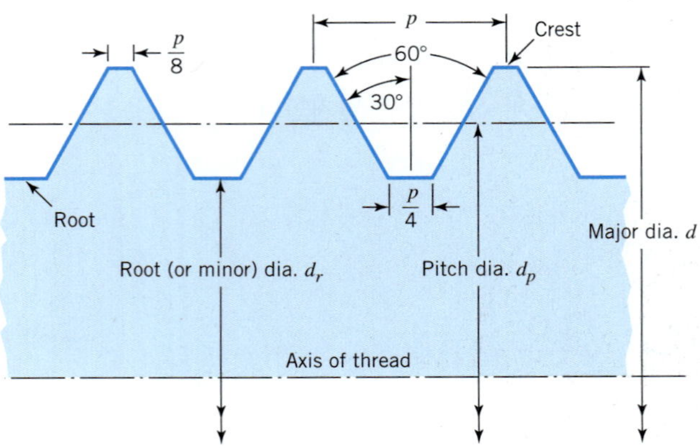

그림 10.2 유니파이와 ISO 나사산의 기하학적 형상. 수나사의 기본적인 측면윤곽이 도시되어 있다.

표 10.1 유니파이 나사의 기본 치수

Size	Major Diameter d (in.)	Coarse Threads—UNC			Fine Threads—UNF		
		Threads per Inch	Minor Diameter of External Thread d_r (in.)	Tensile Stress Area A_t (in.^{2})	Threads per Inch	Minor Diameter of External Thread d_r (in.)	Tensile Stress Area A_t (in.^{2})
0(.060)	0.0600	—	—	—	80	0.0447	0.00180
1(.073)	0.0730	64	0.0538	0.00263	72	0.0560	0.00278
2(.086)	0.0860	56	0.0641	0.00370	64	0.0668	0.00394
3(.099)	0.0990	48	0.0734	0.00487	56	0.0771	0.00523
4(.112)	0.1120	40	0.0813	0.00604	48	0.0864	0.00661
5(.125)	0.1250	40	0.0943	0.00796	44	0.0971	0.00830
6(.138)	0.1380	32	0.0997	0.00909	40	0.1073	0.01015
8(.164)	0.1640	32	0.1257	0.0140	36	0.1299	0.01474
10(.190)	0.1900	24	0.1389	0.0175	32	0.1517	0.0200
12(.216)	0.2160	24	0.1649	0.0242	28	0.1722	0.0258
$\frac{1}{4}$	0.2500	20	0.1887	0.0318	28	0.2062	0.0364
$\frac{5}{16}$	0.3125	18	0.2443	0.0524	24	0.2614	0.0580
$\frac{3}{8}$	0.3750	16	0.2983	0.0775	24	0.3239	0.0878
$\frac{7}{16}$	0.4375	14	0.3499	0.1063	20	0.3762	0.1187
$\frac{1}{2}$	0.5000	13	0.4056	0.1419	20	0.4387	0.1599
$\frac{9}{16}$	0.5625	12	0.4603	0.182	18	0.4943	0.203
$\frac{5}{8}$	0.6250	11	0.5135	0.226	18	0.5568	0.256
$\frac{3}{4}$	0.7500	10	0.6273	0.334	16	0.6733	0.373
$\frac{7}{8}$	0.8750	9	0.7387	0.462	14	0.7874	0.509
1	1.0000	8	0.8466	0.606	12	0.8978	0.663
$1\frac{1}{8}$	1.1250	7	0.9497	0.763	12	1.0228	0.856
$1\frac{1}{4}$	1.2500	7	1.0747	0.969	12	1.1478	1.073
$1\frac{3}{8}$	1.3750	6	1.1705	1.155	12	1.2728	1.315
$1\frac{1}{2}$	1.5000	6	1.2955	1.405	12	1.3978	1.581
$1\frac{3}{4}$	1.7500	5	1.5046	1.90			
2	2.0000	$4\frac{1}{2}$	1.7274	2.50			
$2\frac{1}{4}$	2.2500	$4\frac{1}{2}$	1.9774	3.25			
$2\frac{1}{2}$	2.5000	4	2.1933	4.00			
$2\frac{3}{4}$	2.7500	4	2.4433	4.93			
3	3.0000	4	2.6933	5.97			
$3\frac{1}{4}$	3.2500	4	2.9433	7.10			
$3\frac{1}{2}$	3.5000	4	3.1933	8.33			
$3\frac{3}{4}$	3.7500	4	3.4433	9.66			
4	4.0000	4	3.6933	11.08			

Note: See ANSI standard B1.1-1974 for full details. Unified threads are specified as "$\frac{1}{2}$ in.–13UNC," "1 in.–12UNF."

표 10.2 ISO 미터 나사의 기본 치수

Nominal Diameter d (mm)	Coarse Threads			Fine Threads		
	Pitch p (mm)	Minor Diameter d_r (mm)	Stress Area A_t (mm^2)	Pitch p (mm)	Minor Diameter d_r (mm)	Stress Area A_t (mm^2)
3	0.5	2.39	5.03			
3.5	0.6	2.76	6.78			
4	0.7	3.14	8.78			
5	0.8	4.02	14.2			
6	1	4.77	20.1			
7	1	5.77	28.9			
8	1.25	6.47	36.6	1	6.77	39.2
10	1.5	8.16	58.0	1.25	8.47	61.2
12	1.75	9.85	84.3	1.25	10.5	92.1
14	2	11.6	115	1.5	12.2	125
16	2	13.6	157	1.5	14.2	167
18	2.5	14.9	192	1.5	16.2	216
20	2.5	16.9	245	1.5	18.2	272
22	2.5	18.9	303	1.5	20.2	333
24	3	20.3	353	2	21.6	384
27	3	23.3	459	2	24.6	496
30	3.5	25.7	561	2	27.6	621
33	3.5	28.7	694	2	30.6	761
36	4	31.1	817	3	32.3	865
39	4	34.1	976	3	35.3	1030

Note: Metric threads are identified by diameter and pitch as "M8 × 1.25."

국기계학회(ASME)와 자동차공업협회(SAE)가 공동으로 후원한 ANSI(미국국가표준원) B1.1(1974)에 나와 있다. 표에 수록된 부분 외에도 이 표준은 아주 가는 나사 계열과 8개의 상수 피치 나사(constant-pitch thread) 계열(인치당 4, 6, 8, 12, 16, 20, 28, 32개의 나사산을 갖는 나사 크기들을 포함한다)을 정의한다. 하지만 인치 계열 나사와 볼트의 대부분은 표 10.1에 열거된 표준 보통나사 및 가는나사 계열을 따른다.

초기에 사용된 나사 형태는 그림 10.2에 나타낸 것처럼 60° 기울어진 측면이 나사봉우리와 나사골의 뾰족한 정점까지 연장된 것을 제외하면 요즘 나사의 모양과 거의 같은 측면을 가진 V형 나사이다. 뾰족한 봉우리는 손상되기 쉽고, 뾰족한 나사골은 응력집중의 원인이 된다. 이전의 미국표준과 영국표준은 뾰족한 나사봉우리와 나사골을 약간 다르게 수정하였다. 두 나라는 그림 10.2에 나타낸 통일된 표준(유니파이 표준)에 동의하였다. 최근에는 모든 주요 국가들이 ISO(미터) 나사에 합의하였다.

다양한 응용에서 서로 다른 정확도와 간격을 가진 나사산이 요구되고, 나사산은 서로 다른 등급의 끼워맞춤에 따라 제조된다. 유니파이 나사는 가장 헐거운 끼워맞춤(가장 큰 공

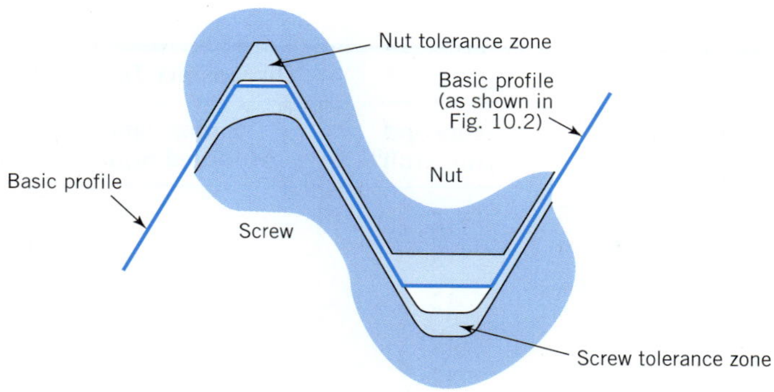

그림 10.3 다양한 등급의 유니파이 나사의 공차 지역. 등급 1, 2, 3은 그림에 표시된 지역을 각각 사용한다.

차) 등급 1과 가장 정밀한 끼워맞춤(가장 작은 공차)의 등급 3을 포함한 세 등급의 표준을 갖는다. 당연히 등급 3의 나사는 가장 비싸다. 너트와 나사에 대한 공차영역이 그림 10.3에 나타나 있다. 다양한 인치 계열 나사의 치수, 끼워맞춤, 공차에 관한 자세한 정보는 ANSI B1.1에 수록되어 있다.

그림 10.4는 운동나사에 사용되는 대부분의 표준나사 형태를 나타낸다. 애크미 나사(Acme thread)는 가장 오래되었고 아직도 일반적으로 사용한다. 애크미 스터브(Acme stub)는 열처리가 쉽기 때문에 때때로 사용된다. 사각나사는 약간 더 좋은 효율을 가지나 0°

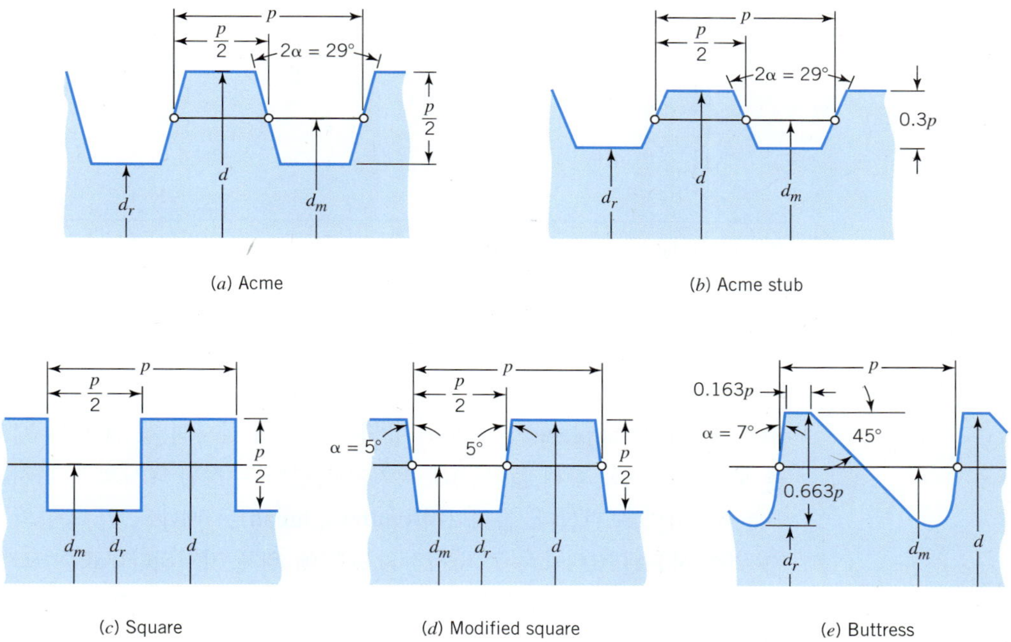

그림 10.4 운동나사의 나사산 형태.[그려진 모든 나사산은 수나사에 해당한다(즉 너트가 아닌 스크루이다). d_m은 나사접촉면의 평균직경이며 $(d+d_r)/2$과 거의 같다.]

표 10.3 운동나사의 표준 크기

Major Diameter d (in.)	Threads per Inch		
	Acme and Acme Stub[a]	Square and Modified Square	Buttress[b]
$\frac{1}{4}$	16	10	
$\frac{5}{16}$	14		
$\frac{3}{8}$	12		
$\frac{3}{8}$	10	8	
$\frac{7}{16}$	12		
$\frac{7}{16}$	10		
$\frac{1}{2}$	10	$6\frac{1}{2}$	16
$\frac{5}{8}$	8	$5\frac{1}{2}$	16
$\frac{3}{4}$	6	5	16
$\frac{7}{8}$	6	$4\frac{1}{2}$	12
1	5	4	12
$1\frac{1}{8}$	5		
$1\frac{1}{4}$	5	$3\frac{1}{2}$	10
$1\frac{3}{8}$	4		10
$1\frac{1}{2}$	4	3	10
$1\frac{3}{4}$	4	$2\frac{1}{2}$	8
2	4	$2\frac{1}{4}$	8
$2\frac{1}{4}$	3	$2\frac{1}{4}$	8
$2\frac{1}{2}$	3	2	8
$2\frac{3}{4}$	3	2	6
3	2	$1\frac{3}{4}$	6
$3\frac{1}{2}$	2	$1\frac{5}{8}$	6
4	2	$1\frac{1}{2}$	6
$4\frac{1}{2}$	2		5
5	2		5

[a] See ANSI standard B1.5-1977 for full details.
[b] See ANSI standard B1.9-1973 for full details.

나사각을 만드는 것이 어렵기 때문에 거의 사용되지 않는다. 게다가 사각나사는 분할 너트(split on an axial plane)와 함께 사용되는 애크미 나사의 성능(즉 두 개의 반쪽이 나사마멸을 보상하기 위해 함께 움직임)에 미치지 못한다. 수정된 나사의 5° 나사각은 이러한 결점을 부분적이나마 보완한다. 톱니나사(buttress thread)는 때때로 한 방향의 큰 축 하중을 견디기 위해 사용된다(하중은 7° 나사각의 표면에 의해 지지된다). 표준 크기는 표 10.3에 주어져 있다. 여러 개의 나사산을 가진 운동나사는 인치당 나사산의 수가 리드의 역이 아닌 피치의 역으로 정의된다.

이 절에서 다루어지는 나사는 그림 10.1에 나와 있는 것처럼 원통 주위에 감겨져 있다.

파이프 및 나무 나사에 사용되는 나사산은 원뿔 주위에 감겨진다.

10.3 운동용 나사

선형 액추에이터 또는 **병진나사**라 종종 불리는 운동용 나사(power screw)는 너트와 나사의 회전 운동을 나사축 방향의 상대적으로 느린 선형 운동으로 변환시키는 데 사용된다. 운동 나사는 무게를 쉽게 들어 올리기 위한 나사형 잭, 큰 힘을 가하기 위한 프레스나 인장 시험기, 가정용 쓰레기 압축기, C 클램프 등에서 사용된다. 마이크로미터 나사와 선반의 리드나사와 같은 나사에서는 정밀한 축 운동을 얻기 위해 사용된다.

그림 10.5는 무게를 지탱하고 있는 3개의 나사잭을 간략하게 보여 준다. 손잡이가 연결된 짙은 색 부재만이 회전하고, 볼 스러스트 베어링은 회전 부재에서 비회전 부재로 축 하중을 전달한다. 세 잭은 기본적으로 같으며, 그림 10.5*c*에 주어진 무게를 들어 올리기 위해 너트에 가해지는 토크 Fa가 표시되어 있다.

그림 10.5*c*에서 너트의 회전은 너트나사 부분에 힘을 가하여 경사면을 오르게 한다. 그림 10.6의 왼쪽 아랫부분에 나타낸 것처럼, 나사산이 한 번 회전한 부분, 즉 펼쳐진 전개면으로 나타내 보자. 만약 한 번 완전히 회전한 것이 전개되었다면, 삼각형이 형성되며, 관계식은 다음과 같다.

$$\tan\lambda = \frac{L}{\pi d_m} \tag{10.1}$$

여기서

λ = 리드각(lead angle)
L = 리드(lead)
d_m = 나사접촉의 평균직경(mean diameter of thread contact)

그림 10.6에 하중 w(총 축 하중 W의 일부), 수직력 n(오른쪽 하단에 보인다), 마찰력 fn, 접선력 q를 받는 너트의 산 부분은 작은 블록으로 표현되었다. q에 $d_m/2$를 곱한 값은 너트에

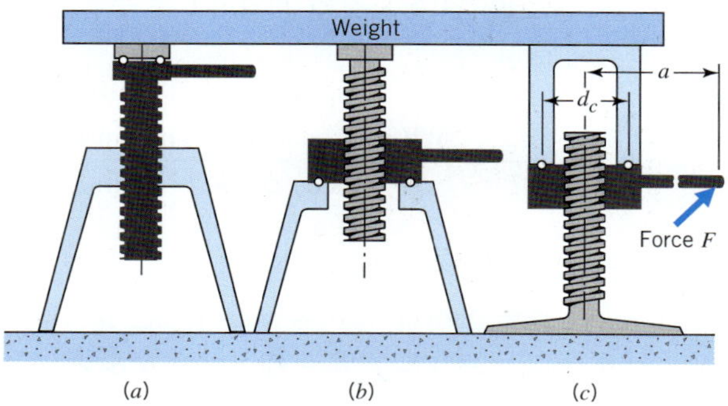

그림 10.5 3개의 나사잭에 의해 지지되는 무게. 각 나사잭에서 짙은 색 부재만 회전한다.

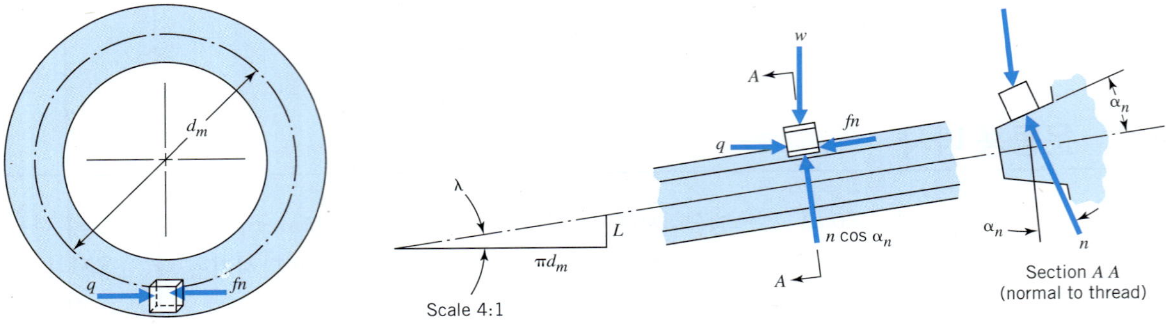

그림 10.6 나사산 부분의 힘.

작용하는 토크가 된다.

블록에 작용하는 접선방향 힘(왼쪽 하단에 보이는 수평력)을 요약하면

$$\Sigma F_t = 0: \quad q - n(f \cos \lambda + \cos \alpha_n \sin \lambda) = 0 \tag{a}$$

이며, 축방향 힘(왼쪽 하단에 보이는 수직력)을 요약하면

$$\Sigma F_a = 0: \quad w + n(f \sin \lambda - \cos \alpha_n \cos \lambda) = 0$$

또는

$$n = \frac{w}{\cos \alpha_n \cos \lambda - f \sin \lambda} \tag{b}$$

이다. 식 (a)와 (b)를 조합하면

$$q = w\frac{f \cos \lambda + \cos \alpha_n \sin \lambda}{\cos \alpha_n \cos \lambda - f \sin \lambda} \tag{c}$$

이 된다.

힘 q에 의한 토크는 $q(d_m/2)$이다. 작은 블록은 너트나사의 일부분을 나타내므로, 전체 나사의 접촉면에 대한 적분은 q, w와 n 대신 나사에 작용하는 전체 접선방향 힘 Q, 축방향 하중 W와 수직방향 힘 N으로 대치된다는 것을 제외하고는 동일한 식이 된다. 하중 W를 들어 올릴 때 요구되는 토크에 대한 식은

$$T = Q\frac{d_m}{2} = \frac{Wd_m}{2}\frac{f \cos \lambda + \cos \alpha_n \sin \lambda}{\cos \alpha_n \cos \lambda - f \sin \lambda} \tag{10.2}$$

이며, 토크 T는 또한 그림 10.5c에서처럼 Fa와 같다.

리드각 λ보다 리드 L이 보통 알려져 있는 표준값이므로, 토크식의 더 유용한 형태는 분자와 분모를 $\cos \lambda$로 나누고 $\tan \lambda$를 $L/\pi d_m$으로 대치하여 얻어진다.

$$T = \frac{Wd_m}{2} \frac{f\pi d_m + L \cos \alpha_n}{\pi d_m \cos \alpha_n - fL} \tag{10.3}$$

운동나사의 대부분 응용에서는 정지된 부재와 회전 부재 사이에 베어링 면, 즉 **스러스트 칼라**(thrust collar)가 필요하다. 그림 10.5에서 이 기능은 d_c인 스러스트 볼 베어링이 담당한다. 많은 경우에는 단순 스러스트 와셔가 사용된다. 만약 칼라 와셔(collar washer)나 베어링의 마찰계수가 f_c이면, 칼라 마찰을 극복하기 위해 필요한 토크는 $Wf_cd_c/2$가 된다.[1] 하중 W를 들어올릴 때 필요한 전체 토크는 다음과 같다.

$$T = \frac{Wd_m}{2} \frac{f\pi d_m + L \cos \alpha_n}{\pi d_m \cos \alpha_n - fL} + \frac{Wf_cd_c}{2} \tag{10.4}$$

사각나사와 같이 특별한 경우, $\cos \alpha_n = 1$이며, 식 (10.4)는 다음과 같이 간단히 된다.

$$T = \frac{Wd_m}{2} \frac{f\pi d_m + L}{\pi d_m - fL} + \frac{Wf_cd_c}{2} \tag{10.4a}$$

애크미 나사에서는 $\cos \alpha_n$이 거의 1에 가깝다. 특히 마찰계수의 변화를 고려할 때 식 (10.4a)는 큰 오차 없이 사용될 수 있다. 이 절에 있는 몇몇 식은 일반적인 경우와 사각나사의 특별한 경우에 대해 전개될 것이다. 애크미 나사 문제는 단순한 사각나사식을 사용하여 충분히 정확하게 다루어질 수 있다.

앞의 해석은 무게를 들어 올릴 때나 '하중을 지지하며' 회전하는 부재를 돌리는 데 적합하다. 내리는 하중(즉 '하중을 받으며' 회전 부재를 돌리는)에 대한 해석은 q와 fn(그림 10.6)의 방향이 역이 된다는 것을 제외하면 위와 동일하다. 내리는 하중 W에 요구되는 총토크는 일반적인 경우에 대해

$$T = \frac{Wd_m}{2} \frac{f\pi d_m - L \cos \alpha_n}{\pi d_m \cos \alpha_n + fL} + \frac{Wf_cd_c}{2} \tag{10.5}$$

이며, 사각나사와 같이 특별한 경우에 대해

$$T = \frac{Wd_m}{2} \frac{f\pi d_m - L}{\pi d_m + fL} + \frac{Wf_cd_c}{2} \tag{10.5a}$$

가 된다.

[1] 칼라 마찰에 대한 상세한 해석이 필요한 경우에는 18장에서 논의되는 디스크 클러치에 사용된 방법이 추천된다.

10.3.1 마찰계수의 값

볼이나 롤러 스러스트 베어링이 사용될 때, f_c는 칼라 마찰을 무시할 만큼 충분히 작은 값이므로, 앞의 식으로부터 두 번째 항을 삭제할 수 있다.

평면 스러스트 칼라가 사용될 때 f와 f_c는 일반적으로 약 0.08과 0.20 사이의 값이다. 이 범위는 정지 마찰과 운동 마찰 둘 다 포함하며, 정지 마찰은 운동 마찰보다 약 1/3 정도 더 크다. 특별한 표면처리와 코팅은 이 값들을 최소한 절반으로 줄일 수 있다(9.15절 참조).

10.3.2 수직면에서의 나사각

그림 10.7은 수직면(normal plane)에서 측정된 **나사각**(α_n, 앞 식에 사용된)과 축면(axial plane)에서 측정된 나사각(α, 그림 10.4에 나타난 것처럼 보통 주어지는 값)을 보여 준다. 그림 10.7로부터

$$\tan \alpha_n = \tan \alpha \cos \lambda \tag{10.6}$$

이다. 작은 나선각에 대해, $\cos \lambda$는 종종 1로 한다.

10.3.3 분해정비용과 자립잠김

자립잠김(self-locking) 나사는 하중을 내릴 때 양의 값의 토크를 필요로 한다. **분해정비용**(overhauling) 나사는 하중에 의해 저절로 내려오도록 충분히 낮은 마찰을 갖는다. 이 경우 하중이 저절로 내려가지 않도록 음의 값의 토크가 유지되어야 한다. 만약 칼라 마찰이 무시될 수 있으면, 식 (10.5)로부터 다음과 같은 조건하에서 나사는 자립잠김이 된다.

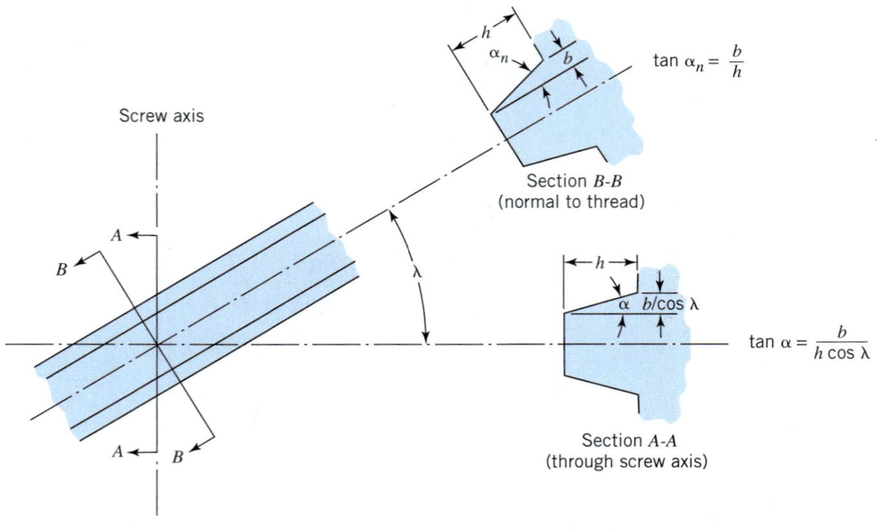

그림 10.7 축면과 수직면에서 측정되는 나사각의 비교(α와 α_n).

$$f \geqq \frac{L \cos \alpha_n}{\pi d_m} \tag{10.7}$$

사각나사에 대해 이것은 다음과 같이 간단히 된다.

$$f \geqq \frac{L}{\pi d_m}, \qquad \text{or} \quad f \geqq \tan \lambda \tag{10.7a}$$

여기서 다음의 주의가 필요하다: 비록 나사가 정적 상태에서 자립잠김이더라도 진동하에서 풀릴 수 있다. 진동에 의한 풀림은 나사 체결 요소에 매우 중요하다.(10.8절은 진동상태에서 나사가 분해되거나 풀리는 것으로 부터 방지하기 위해 사용되는 특별한 잠김장치를 다룬다.)

10.3.4 효율

회전 부재의 1회전에 대한 운동나사(그림 10.5에 나타낸 잭처럼)의 일 출력은 힘×거리인 WL이다. 대응하는 일 입력은 $2\pi T$이다. 비 $WL/2\pi T$는 효율과 같다. 칼라 마찰을 무시하고, T에 관한 식 (10.4)를 대입하면

$$\text{Efficiency, } e = \frac{L}{\pi d_m} \frac{\pi d_m \cos \alpha_n - fL}{\pi f d_m + L \cos \alpha_n} \tag{10.8}$$

이며, 사각나사인 경우

$$e = \frac{L}{\pi d_m} \frac{\pi d_m - fL}{\pi f d_m + L} \tag{10.8a}$$

이 된다.

서로 다른 관점에서부터 문제를 분석하여 같은 답에 도달하게 되면 해석에 대한 확신을 얻게 된다. 이에 따라 식 (10.8)은 다음과 같이 유도될 수도 있다. 즉 $f=0$인 경우에 하중을 들어 올릴 때 필요한 토크를 실제 필요 토크로 나눈 값으로 효율을 정의하는 것이다. 이러한 간단한 유도 과정은 독자들에게 남겨 둔다.

식 (10.1)을 식 (10.8)에 대입하고 정리하면

$$e = \frac{\cos \alpha_n - f \tan \lambda}{\cos \alpha_n + f \cot \lambda} \tag{10.9}$$

이며, 사각나사에 대해서는

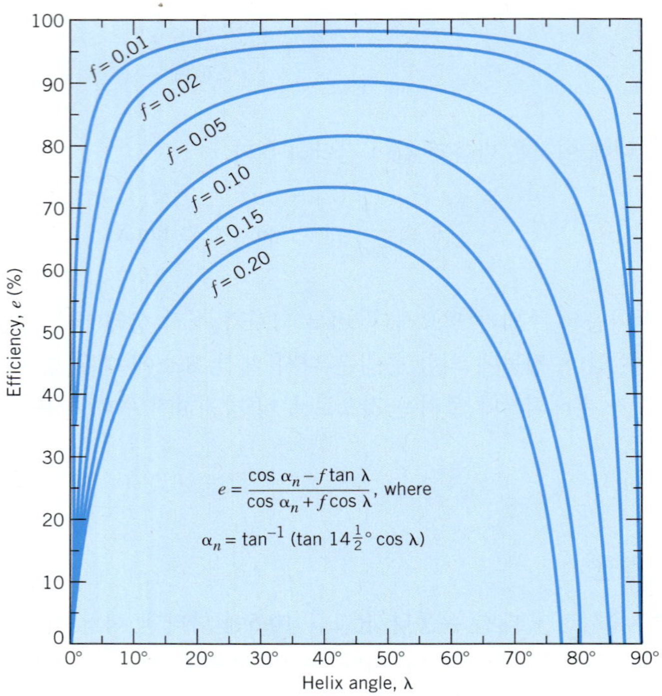

그림 10.8 칼라 마찰이 무시될 때 애크미 나사의 효율.(주의: 사각나사의 경우, 효율은 위의 값에 비해 1% 이상 크지 않다.)

$$e = \frac{1 - f \tan \lambda}{1 + f \cot \lambda} \tag{10.9a}$$

으로 간단히 된다.

그림 10.8은 마찰계수와 리드각의 함수로 표현된 효율 그래프를 보여 준다. 곡선에 대해 살펴보면 다음과 같다.

1. 마찰계수가 높으면 효율은 낮다.
2. 리드각이 0에 접근하면 효율도 0에 접근한다. 왜냐하면 하중을 들어 올리지 않으면서 그림 10.6의 '블록'을 나사 주위로 움직일 때 많은 마찰일이 필요하기 때문이다.
3. 리드락 λ가 90°에 접근하면 효율은 다시 0에 접근한다. 그리고 나사각 α_n이 0(사각나사)으로부터 $14\frac{1}{2}$°(애크미 나사)로 증가되면 효율은 또한 서서히 감소한다. 게다가 만약 나사각이 90°에 접근하면 효율 또한 0에 접근한다. 이것은 나사축에 수직인 면에 대한 나사 표면의 각이 커지면 커질수록, 주어진 하중(주어진 무게)을 지지하기 위한 수직력은 더 커져야 하기 때문이다. 이들 사이의 관계식이 마찰계수로만 이루어졌기 때문에 수직력의 증가는 마찰력을 증가시킨다. 이것을 설명하기 위해, 평면에 평와셔(flat washer)를 밀어붙이고, 회전시키는 것을 상상하라. 평와셔를 원뿔 와셔(conical washer)로 대치하고, 대응하는 원뿔 표면에 대해 같은 힘으로 밀어붙여 보라. '쐐기 작

용(wedging action)'이 수직력과 마찰력을 증가시키기 때문에 회전시키기가 더 어려워질 것이다. 원추각의 경사가 더 심해지면, 쐐기 작용은 매우 커져서 와셔를 회전시키는 것은 거의 불가능하게 될 것이다.

10.3.5 구름접촉

그림 10.9는 **볼 베어링 나사**를 보여 준다. 여기서 나사와 너트 사이의 미끄러짐 마찰은 나사와 너트에 있는 그루브와 볼 사이의 구름접촉으로 대치된다. 이것은 마찰을 크게 감소시켜서 보통 90% 이상의 나사효율을 갖게 한다. 낮은 마찰 때문에 볼 베어링 나사는 보통 분해정비용으로 사용된다. 이것은 하중의 위치를 제어하기 위해 브레이크가 사용됨을 의미한다. 한편 이 나사는 선형 운동이 상대적으로 빠른 회전 운동으로 변환될 수 있다는 점에서 **가역적**이다. 또한 일반적인 나사에서 보통 관찰되는 '미끄러짐-응착' 작용 없이 매끄럽게 작동한다(정지 마찰과 미끄럼 마찰 사이의 차이 때문에).

볼 베어링 나사의 하중지지 용량은 같은 직경의 표준 운동나사보다 보통 더 크다. 크기가 작고 무게가 가벼운 것은 종종 장점이 된다. 반면에 좌굴 문제(압축을 받는 긴 나사)와 임계속도 문제(고속 회전 나사)는 더 심각해질 수 있다. 청결과 윤활제의 얇은 유막은 볼 베어링 나사에 있어 중요하다. 비윤활 작동(dry operation)이 불가피한 경우 하중용량을 90% 만큼 줄여야 한다.

볼 베어링 나사는 항공기 착륙기어 이송장치, 대형 제트 항공기 엔진의 역추력 액추에이터, 자동문 개폐기, 안테나 이송장치, 병원 침대 조절장치, 기계 공구 제어장치, 그리고 수많은 다른 응용에 사용된다. 설계 정보는 http://www.thomsonbsa.com/literature.html을 참조하라.

운동나사는 또한 볼 베어링 나사와 같은 점 접촉보다는 **롤러**를 너트에 삽입하여 나사 표면과 선 접촉하는 형태로 활용될 수 있다. 이러한 롤러가 장착된 너트는 매우 높은 하중운반 용량과 낮은 마찰을 제공한다. 따라서 이들은 해양 유전 굴착장치의 승강기, 건설 중장비의 잭과 채광기계 등에 사용된다.

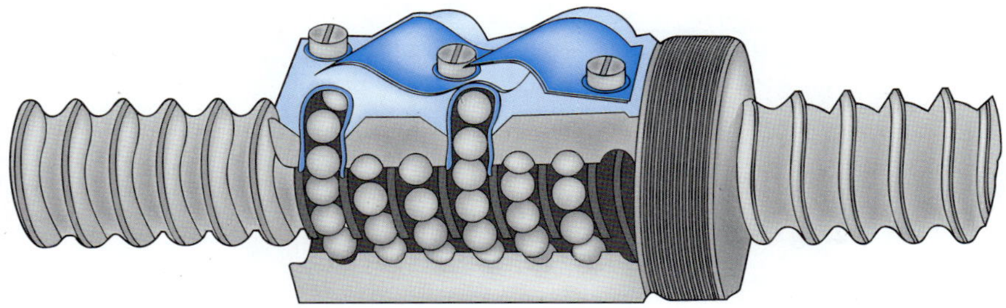

그림 10.9 너트부를 절단하여 내부 구조가 드러난 볼 베어링 나사.(Saginaw Steering Gear Divison, General Motors Corporation 제공.)

예제 10.1 SAMPLE PROBLEM 애크미 운동나사

1 in. 두 줄 애크미 나사를 가진 나사잭(그림 10.10)이 1000 lb의 하중을 올리기 위해 사용된다. $1\frac{1}{2}$ in. 평균직경을 가지는 일반적인 스러스트 칼라가 사용된다. 운동 마찰계수 f와 f_c는 각각 0.12와 0.09이다.

a. 나사피치, 리드, 나사깊이, 평균 피치 직경, 나선각을 구하라.
b. 하중을 올리고 내리기 위한 시작 토크를 구하라.
c. 하중을 올릴 때 잭의 효율을 계산하라.

풀이 SOLUTION

제시자료: 직경과 운동 마찰계수를 알고 있는 두 줄 애크미 나사와 스러스트 칼라가 특정 하중을 올리기 위해 사용된다.

목표:

a. 나사피치, 리드, 나사깊이, 평균 피치 직경, 나선각을 구하라.
b. 하중을 올리고 내리기 위한 시작 토크를 구하라.
c. 하중을 올릴 때 잭의 효율을 계산하라.

개요도 및 데이터:

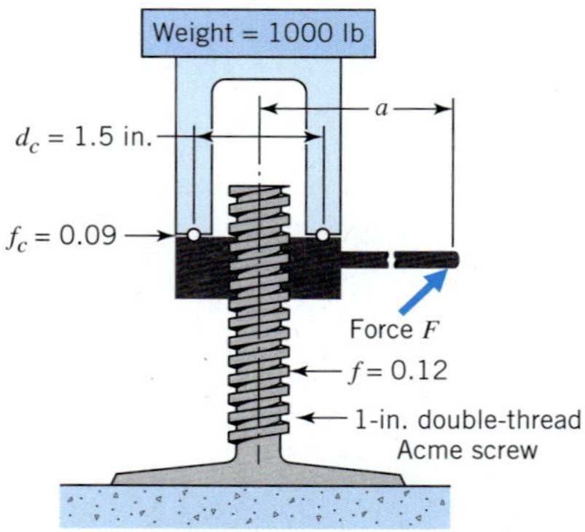

그림 10.10 회전하지 않는 하중을 들어 올리는 나사잭.

가정:

1. 정지 마찰과 운동 마찰은 일정하다.
2. 정지 마찰은 운동 마찰보다 약 1/3 더 크다.

해석:

a. 표 10.3으로부터, 인치당 5개의 나사산이 있다. 그러므로 p=0.2 in.이다.
두 줄 나사이므로 L=2p, 즉 L=0.4 in.이다.

그림 10.4a로부터 나사깊이$=p/2=0.1$ in.이다.

그림 10.4a로부터 $d_m=d-p/2=1$ in.-0.1 in.$=0.9$ in.이다.

식 (10.1)로부터 $\lambda=\tan^{-1} L/\pi d_m=\tan^{-1} 0.4/\pi(0.9)=8.05°$이다.

b. 운동을 시작할 때 정지 마찰계수를 약 1/3만큼 증가시켜 $f=0.16$과 $f_c=0.12$를 적용한다. 사각나사에 대한 식 (10.4a)가 충분히 정확하게 사용될 수 있지만, 여기서는 일반적인 경우에 대한 식 (10.4)를 사용하여 완전한 해를 구한다.

먼저 식 (10.6)으로부터 α_n을 구한다.

$$\begin{aligned}\alpha_n &= \tan^{-1}(\tan\alpha\cos\lambda)\\ &= \tan^{-1}(\tan 14.5°\cos 8.05°) = 14.36°\end{aligned}$$

이를 식 (10.4)에 대입하면

$$\begin{aligned}T &= \frac{Wd_m}{2}\frac{f\pi d_m + L\cos\alpha_n}{\pi d_m\cos\alpha_n - fL} + \frac{Wf_c d_c}{2}\\ &= \frac{1000(0.9)}{2}\frac{0.16\pi(0.9) + 0.4\cos 14.36°}{\pi(0.9)\cos 14.36° - 0.16(0.4)} + \frac{1000(0.12)(1.5)}{2}\\ &= 141.3 + 90; \qquad T = 231.3\ \text{lb}\cdot\text{in.}\end{aligned}$$

이 된다.[주석: 그림 10.10을 참조하면, 이는 12 in. 손잡이 끝에 19.3 lb의 힘이 작용하는 경우와 일치한다. 만약 식 (10.4a)를 사용하면 약간 작은 답이 나온다. 즉 228.8 lb·in.이다.] 내리는 하중을 위해 식 (10.5)를 사용한다.

$$\begin{aligned}T &= \frac{Wd_m}{2}\frac{f\pi d_m - L\cos\alpha_n}{\pi d_m\cos\alpha_n + fL} + \frac{Wf_c d_c}{2}\\ &= \frac{1000(0.9)}{2}\frac{0.16\pi(0.9) - 0.4\cos 14.36°}{\pi(0.9)\cos 14.36° + 0.16(0.4)} + 90\\ &= 10.4 + 90; \qquad T = 100.4\ \text{lb}\cdot\text{in.}\end{aligned}$$

[주석: 식 (10.5a)를 사용하면 98.2 lb·in.의 토크가 된다.]

c. 마찰계수를 운동 마찰계수 값 0.12 및 0.09로 바꾸어 식 (10.4)에 다시 대입하면, 운동이 시작된 후 토크는 121.5+67.5=189 lb·in.이 된다. 식 (10.4)에 두 마찰계수를 모두 0으로 하여 한 번 더 대입하면, 하중을 들어 올리기 위한 토크는 63.7+0=63.7 lb·in.이다. 효율은 실제 토크에 대한 마찰이 없는 토크의 비이다.

$$e = \frac{63.7}{189} = 33.7\ \text{percent}$$

주석: 만약 칼라 마찰이 무시되는 스러스트 볼 베어링이 사용된다면, 효율은 63.7/121.5=52%로 증가한다. 이것은 나사 자체의 효율에 해당하고 그림 10.8의 그래프 값과 일치한다.

10.4 정적 나사 응력

이 절은 앞 절에서 다룬 운동용 나사와 다음 절에서 다룰 체결용 나사에 함께 적용된다. 이 부재들이 받는 여러 가지 종류의 응력 각각을 고려해 보자.

10.4.1 비틀림

운동나사는 작동하는 동안, 체결용 나사는 죄는 동안 다음의 비틀림 응력을 받는다.

$$\tau = \frac{Tc}{J} = \frac{16T}{\pi d^3} \qquad \textbf{(4.3, 4.4)}$$

여기서 d는 그림 10.4(운동용 나사에 대한) 또는 표 10.1과 10.2(체결용 나사에 대한)로부터 구해지는 나사골 직경 d_r이다. 만약 나사나 볼트가 중공이면, 응력식에 $J=\pi d_r^4/32$ 대신 $J=\pi(d_r^4-d_i^4)/32$을 대입하여야 하며, 여기서 d_i는 구멍 내경을 의미한다.

칼라 마찰이 무시될 수 있는 곳에서, 운동나사를 통해 전달되는 토크는 전부 작용토크가 된다. 체결용 나사에는 상당한 크기의 칼라 마찰력이 보통 존재한다. 이러한 경우 나사를 통해 전달되는 토크는 렌치토크의 약 절반으로 가정하는 것이 상례이다.

10.4.2 축 하중

운동나사는 직접적으로 인장응력과 압축응력 P/A를 받는 반면, 체결용 나사는 인장만을 받는다. 나사 체결 요소의 유효면적은 인장응력 면적 A_t(표 10.1과 10.2 참조)이다. 운동나사의 경우 비슷한 '인장응력 면적'이 계산되지만, 축응력이 임계에 거의 이르지 않기 때문에 보통은 사용하지 않는다. 운동용 나사의 응력에 대한 간단하고 보수적인 근사치는 골직경 d_r에 기초하여 계산될 수 있다.

하중을 받는 나사의 끝단에서는 축응력이 균일하게 분포하지 않는다. 그러나 이는 그리 염려할 바는 아니다. 왜냐하면 운동나사에서는 축응력이 충분히 작고, 체결용 나사는 손상 없이 나사골에서의 국부 항복을 허용할 만큼 충분한 연성을 가지기 때문이다. 볼트의 피로하중을 고려할 때는(10.11절), 이러한 응력집중이 매우 중요하다.

10.4.3 비틀림과 축 하중의 조합

위에 설명된 응력들의 조합은 항복에 대한 기준으로 사용된 변형에너지 이론과 함께 4.9절과 4.10절에 표현된 표준방법으로 다루어질 수 있다. 체결용 나사에서는 초기에 나사를 체결하는 동안 나사 뿌리에 어느 정도의 항복이 발생하는 것이 보통이다.

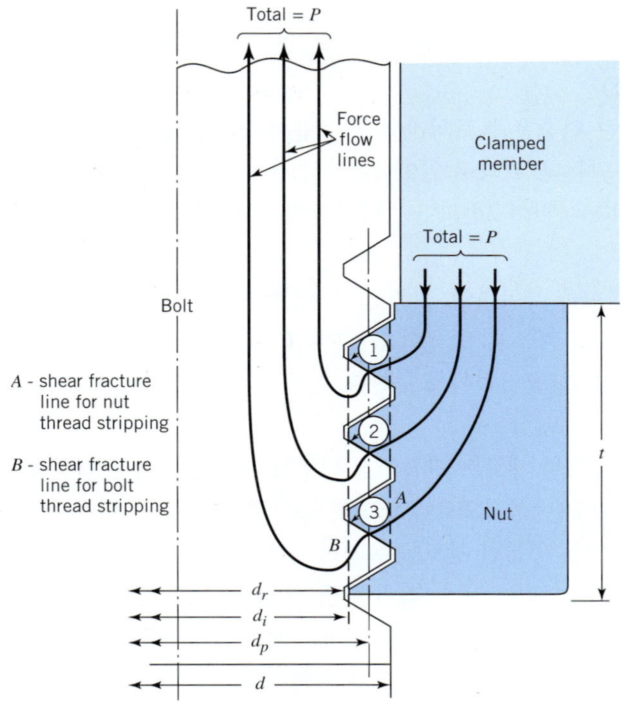

그림 10.11 인장을 받는 볼트에서의 힘 흐름.

10.4.4 나사산 지지(압축) 응력과 나사산 접촉부에서의 응력분포

그림 10.11은 두 부재를 체결하는 데 사용되는 볼트와 너트를 통과하는 '힘 흐름'을 보여 준다. 나사와 너트 사이의 압축은 1, 2, 3으로 표기된 나사산에 존재한다. 이러한 형태의 직접 압축을 종종 **지지** 하중이라 하고, P/A 응력 계산을 위해 사용되는 면적은 **투영**면적이며, 각 나사산에 대해 $\pi(d^2-d_i^2)/4$이다. 접촉된 나사산의 수는 그림으로부터 t/p임을 알 수 있다. 따라서

$$\sigma = \frac{4P}{\pi(d^2 - d_i^2)}\frac{p}{t} \tag{10.10}$$

이다. 직경 d_i는 암나사의 내경(안지름)이다. 체결용 나사에서는 표 10.1에 나와 있듯이 이 값이 d_r로 근사화될 수 있다. 정확한 값은 ANSI B1.1-1974와 다양한 안내서에 주어지지만, 나사산 지지응력은 임계치를 넘는 경우가 거의 없으므로 보통 필요하지 않다.

식 (10.10)은 지지응력의 **평균값**을 준다. 응력은 균일하게 **분포되지 않는데,** 그 이유는 외팔보와 같이 나사산에 굽힘이 작용하며, 또한 가공오차로 인해 실제 제품이 이론적 형상과는 차이를 보이기 때문이다. 게다가 그림 10.11을 살펴보면 **1번 나사산**에 더 많은 하중이 걸리는 두 가지 중요한 요인을 알 수 있다.

1. 잉여 하중 담당 부재처럼 세 나사산 사이에 하중이 나누어진다. 가장 짧은(그리고 강성도가 가장 큰) 경로는 1번 나사산의 경우이다. 그러므로 가장 큰 하중을 담당한다(2.6절 참조).
2. 가해지는 하중은 볼트의 나사산 부분에 인장을 준다. 반면에 짝을 이루는 너트부분은 압축을 받는다. 결과로 일어나는 처짐은 볼트 피치를 약간 증가시키고 너트 피치는 감소시킨다. 이것이 2번과 3번 나사산에 작용하는 압력을 감소시킨다.

이러한 경향을 극복하여, 접촉된 나사산에 더 균일한 하중 분포를 얻게 하는 것은 볼트의 피로 하중을 고려할 때 중요한 문제이다(10.11절). 이는 체결 요소 설계와 개발에 관련된 공학자의 독창성을 끊임없이 요구한다. 다음 세 가지 아이디어가 사용되어 왔다.

1. 볼트보다 약한 재료로 만들어진 너트를 사용하면 높은 하중을 받는 첫 번째 나사산은 처질 것이고(탄성적으로나 소성적으로), 따라서 다른 나사산에 더 많은 하중을 전달할 것이다. 이는 충분한 강도를 유지하기 위해서 접촉하는 나사산 수를 증가시킬 것이다.
2. 볼트의 피치보다 너트의 피치를 좀 더 크게 제작하여, 하중이 가해진 후 두 피치가 이론적으로 같아지도록 하는 것이다. 나사산의 공차와 제작의 정확도는 물론 볼트와 너트가 쉽게 조립될 수 있도록 조절되어야 한다.
3. 그림 10.12에 보이는 것처럼 너트 설계를 수정하는 것이다. 여기서 너트에 하중이 가해지면 너트 윗부분의 나사산은 인장을 받게 되고, 이는 피치의 탄성 변화를 일으켜 너트 피치 변화와 볼트 피치 변화를 일치시키게 된다. 이러한 특수한 너트는 비싸지만 피로 하중을 포함한 중요한 응용에서 사용되어 왔다.

10.4.5 나사전단(스트리핑) 응력과 너트두께 요구량

그림 10.11을 살펴보면, 너트 재료가 볼트 재료보다 전단에 약할 경우(이는 보통의 예이다), 충분한 과하중이 걸리면 원통 표면 A를 따라서 너트의 나사산이 '벗겨질(strip)' 것이다. 만약 볼트 재료가 전단에 더 약하면 파괴면은 B일 것이다. 그림 10.2에 나타낸 나사의 기하학

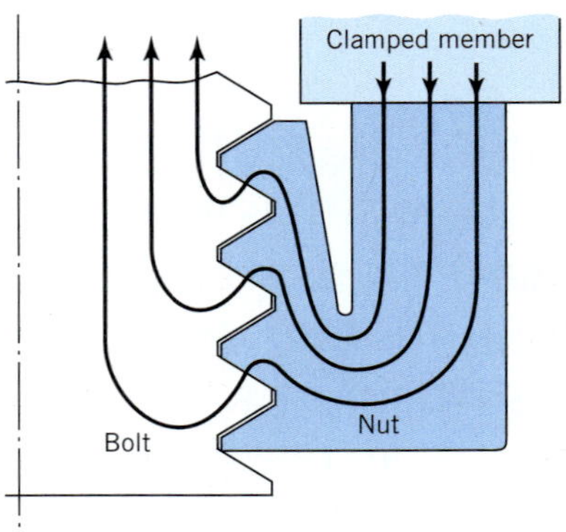

그림 10.12 특수한 너트는 접촉된 나사산에 거의 균일한 하중 분포를 제공한다.

적 형상으로부터 전단면적은 $\pi d(0.75t)$이며, 여기서 d는 전단파괴면의 직경이다.

이제 두 부재(볼트와 너트 또는 탭 구멍)가 같은 재료로 된 경우, 볼트 인장강도와 나사산 전단강도 사이의 **평형**을 유지하기 위해 필요한 너트두께(또는 탭 구멍에서의 나사 물림 깊이)를 구해 보자. 나사산 단면 전체를 항복시키기 위한 볼트 인장력은

$$F_{\text{bolt}} = A_t S_y \approx \frac{\pi}{4}(0.9\,d)^2 S_y$$

이며, 여기서 d는 나사의 외경이다. 그림 10.11을 참고로, 포물선 모양의 응력분포를 가정하면, 너트의 전단면 전체를 항복시키는 데 필요한 볼트 인장하중은

$$F_{\text{nut}} = \pi d(0.75t)S_{\text{sy}} \approx \pi d(0.75t)(0.58S_y)$$

이며, 여기서 t는 너트두께이다. F에 대한 위 두 식을 같게 두면, 너트의 두께가 대략 다음과 같을 때, 볼트 인장강도와 나사산 전단강도가 평형을 이룸을 알 수 있다.

$$t = 0.47d \qquad \textbf{(d)}$$

일반적으로 너트의 맨 위 나사산에 **약간의** 항복을 허용하여 접촉된 나사산에 하중을 더 균일하게 분배하도록(앞 절의 1항 참조) 너트가 볼트보다 더 연하므로, 표준 너트두께는 약 $\frac{7}{8}d$이다.

10.4.6 횡전단 하중과 횡정렬 제공

그림 4.3과 4.4, 그리고 4.3절에서 다룬 것처럼 볼트는 때때로 횡전단 하중을 받는다. 종종 전단 하중은 마찰에 의해 전달되며, 여기서 마찰 하중 지지용량은 체결된 면에서의 마찰계수에 볼트 인장력을 곱한 것과 같다. 그림 4.4와 같은 2면 전단에서는 마찰 하중용량이 두 배가 된다.

때때로 볼트는 짝을 이루는 부재가 정확히 배열되도록 할 필요가 있으며, 그림 10.13에 나타낸 것처럼 안내표면(pilot surface)을 사용한다.

10.4.7 운동나사의 기둥하중과 상세 설계

압축을 받는 긴 운동나사는 **좌굴**을 고려하여 설계되어야 하며, 5.10절부터 5.14절까지의 내용이 적용된다. 이 점을 논의하려면 먼저 나사가 압축상태에 있을 **필요가 있음**을 확인해

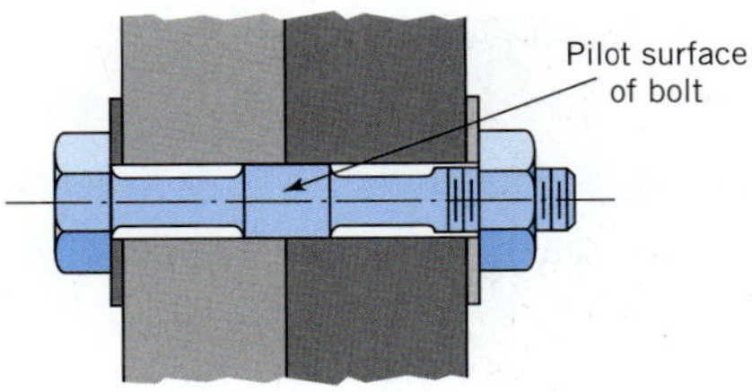

그림 10.13 안내표면을 가진 볼트.

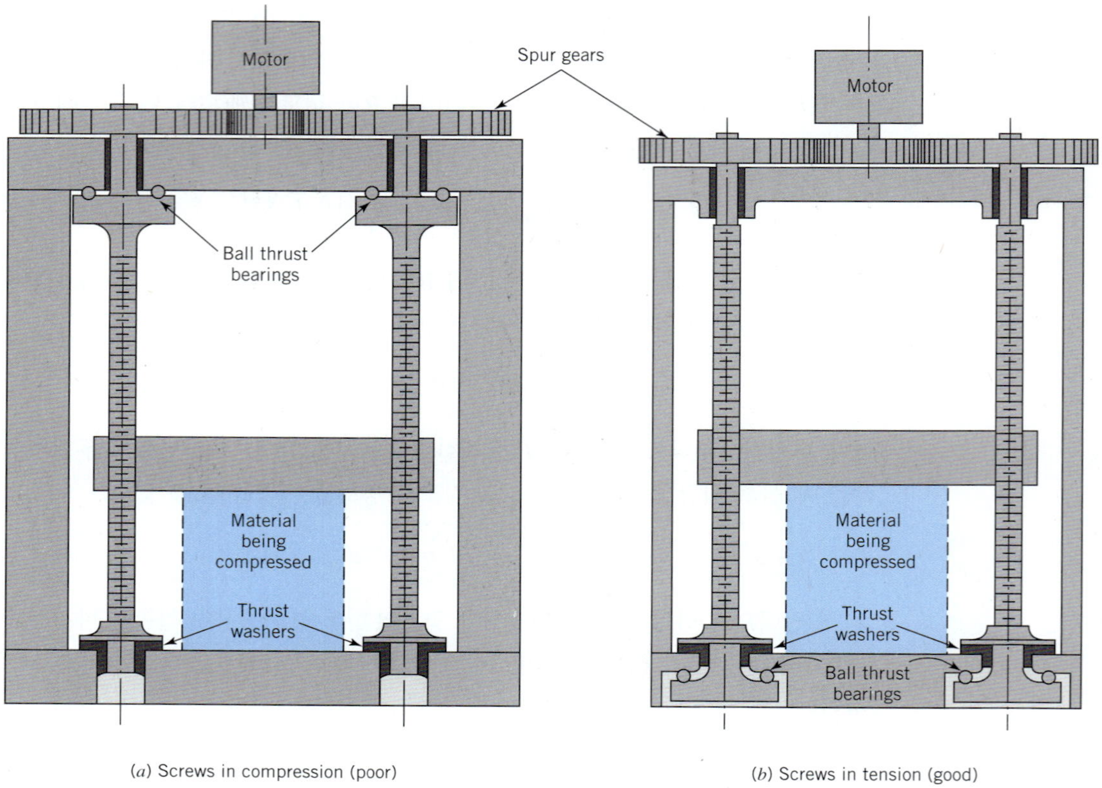

그림 10.14 나사 프레스 배열의 다른 예.

야 한다. 흔히 간단한 설계 변경을 통해 나사가 인장을 받도록 할 수 있다. 예를 들면 그림 10.14*a*는 압축을 받는 나사를 포함한 프레스(이것은 가정용 쓰레기 압축기를 나타낸다)를 보여 준다. 그림 10.14*b*는 나사가 인장을 받게 하는 변경된 설계를 보여 준다. 명백히 두 번째 설계가 더 선호된다.

그림 10.14의 두 프레스는 2.4절에서 설명된 힘 흐름 개념을 사용한 예이다. 그림 10.14*a*에 나타낸 프레스에서, 힘 흐름은 움직이는 프레스 헤드로부터 나사를 통과한 후 볼 스러스트 베어링, 프레임의 위, 옆, 아래를 지나 마지막으로 압축되는 재료의 아래 표면으로 간다. 프레임의 모든 부분이 하중을 지지하기 때문에, 프레임이 육중하게 그려졌다. 반면에 그림 10.14*b*에 있는 프레스는 프레스 헤드로부터 나사를 통과한 후 볼 스러스트 베어링 그리고 프레스 밑면을 지나 압축되는 재료로 가는 짧은 하중 통로를 가진다. 프레임은 많은 하중을 지지하지 않기 때문에, 프레임의 옆과 윗부분은 상당히 가늘어도 된다. **가능하면 하중 경로는 짧고 단순하게 유지하는 것이 바람직하다.**

그림 10.14*b*의 프레스는 4개의 스러스트 베어링 모두가 프레임 아래 부재면을 포함하기 때문에 나사의 축방향으로 자유 운동이 쉽게 제어되는 장점이 있다. 반면에 그림 10.14*a*의 나사 축방향 자유 운동은 스러스트 베어링들 사이의 나사 길이 및 프레임 높이의 공차와 처짐을 포함한다.

프레스의 세부 구조는 주목할 만한 가치가 있다. 그림 10.14*b* 프레스의 조립을 위해, 프레임 아래 부재의 위 표면에서 평스러스트 와셔에 접하는 스러스트 칼라 베어링은 나사로부터 제거될 수 있어야 한다. 어떠한 재료도 압축되지 않을 때 스러스트 칼라에 의해 지지되는 유일한 하중은 프레스 헤드의 중력이다.

10.5 체결 요소의 종류

그림 10.15는 체결 요소의 4가지 기본 형태이다. 나사와 볼트가 가장 일반적인 형태이고 둘은 단지 용도만 다를 뿐이다. 볼트는 너트와 같이 사용되는 반면, 나사는 나사홈이 파진 구멍 안으로 체결되도록 사용된다. 때때로 나사는 헤드 아래에 잠김 와셔(lock washer)와 함께 일체로 제작된다. 이러한 경우, 나사는 **셈스**(sems)라 불린다. 셈스는 조립시간을 절약하고, 특정한 와셔 없이 나사가 설치될 가능성을 방지한다.

스터드는 양 끝에 모두 나사산이 있고 보통 영구적으로 탭 구멍 속에 죄어진다. 양단의 나사산은 같을 수도 있고 같지 않을 수도 있다. 나사가 있는 봉(threaded rod)은 가장 드문 형태이며, 이는 매우 긴 나사 부재가 요구될 때 보통 사용된다. 이것은 수 피트 길이로 구입하여 필요한 만큼 잘라서 사용한다.

캡 나사와 볼트, 너트 멈춤나사, 스터드, 와셔 등에 대한 기술정보는 온라인상 http://www.americanfastener.com에서 얻을 수 있다. 강으로 된 체결 요소의 등급표기와 기계적 성질, 나사 용어 또한 주어져 있다. 웹사이트 http://www.machinedesign.com은 체결 요소뿐만 아니라 다른 종류의 조임과 이음에 대한 일반적인 정보도 제공한다.

그림 10.16은 일반 나사 헤드 모양의 대부분을 보여 준다. 나사홈이 파진 구멍(너트보다는)을 사용함으로써 일반적으로 볼트를 나사처럼 취급할 수 있다. 이 규칙에 예외인 것은 이송볼트(carriage bolt)이다. 이것은 약한 재료(주로 나무)와 함께 사용되며 헤드 아래의 네모난 코너가 재료에 힘을 가하여 볼트의 회전을 방지한다. 일반적으로 기계 부품을 체결하는 데는 6각 헤드나사와 볼트를 사용한다. 간혹 헤드에 소킷이나 렌치를 끼우기에는 공간이 불충분하기 때문에 사용될 수 없는 경우가 있다. 이러한 경우에는 6각 소킷 헤드가 종종 사용된다.

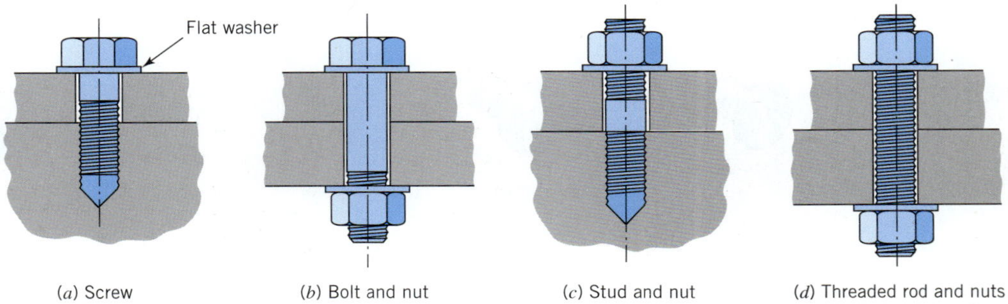

그림 10.15 체결 요소의 기본 형태.

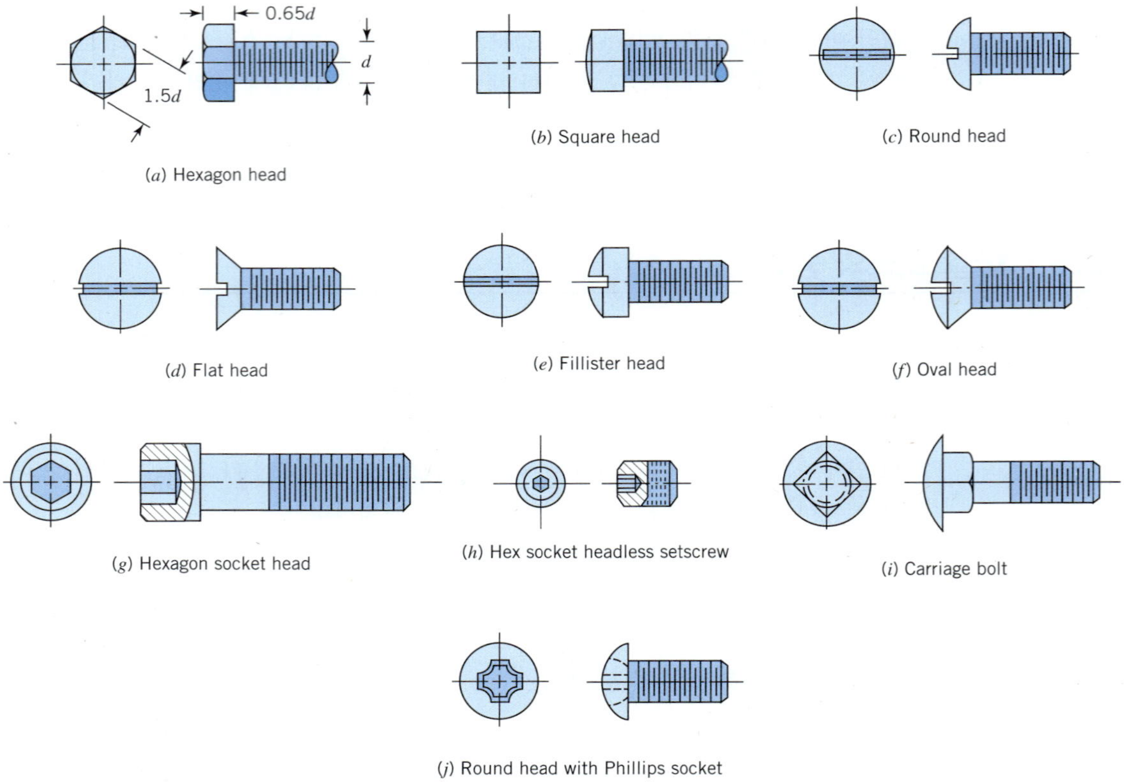

그림 10.16 일반적인 나사(그리고 볼트)의 헤드 형태.

최근에는 허가받지 않은 사람들에 의해서는 개봉이 방지되는 나사의 필요성이 증가하고 있다. 그림 10.17에는 시판되는 몇 가지 예를 들었다.

무한히 많은 특수한 체결 요소의 설계가 끊임없이 나타나고 있다. 어떠한 것은 특정한 응용을 위해 특별히 제작되었고, 또 다른 것들은 일부 체결 요소 시장을 목표로 독창적인 특성을 구현하고 있다. 우수한 체결 요소를 설계하는 것도 필요하지만 그들을 제품의 설계에 최대한 활용하여 사용하는 것도 중요하다. Chow[2]는 체결 요소의 현명한 선택과 적용으로 제작비용을 줄이는 여러 예를 보여 준다.

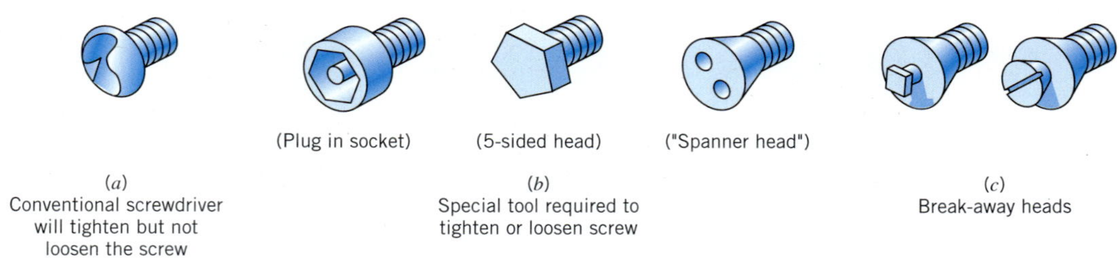

그림 10.17 '개봉 방지용' 나사 헤드.

10.6 체결 요소 재료와 제작방법

나사, 너트, 볼트의 재료는 대개 강도(작동 온도에서), 무게, 부식저항, 자기적 성질, 기대수명, 비용에 기초하여 선택된다. 대부분의 체결 요소는 자동차공학회(SAE)에 의해 표준화된 규격에 따른 강으로 만들어지며, 이는 표 10.4와 10.5에 요약되어 있다(이것은 항공우주장비나 매우 위험한 경우에 사용되는 체결 요소에는 적용되지 않는다). 나사몸통 제작은 직경 약 (3/4) in.까지는 냉간 작업으로, 더 큰 직경에서는 열간 작업으로 한다. 나사산은 보통 압연에 의해 성형되는데, 재료를 나사홈을 가진 다이 그루브로 밀어 넣어 냉간성형시킨다. 이렇게 성형된 나사산은 냉간 작업효과 및 나사골에서의 유익한(압축) 잔류응력, 그리고 유리한 그레인 구조 때문에 절삭된 나사산이나 연마된 나사산보다 피로와 충격에 강하다. 이러한 장점 때문에, 고강도 나사와 볼트에는 압연된 나사산을 쓴다. 게다가 나사산이 열처리 후에 압연되어 그에 따른 경화와 유익한 잔류응력이 없어지지 않으면 가장 큰 피로강도가 얻어진다(물론 경화 전에 나사산을 압연하는 것이 비용이 적게 든다.)

체결 요소는 또한 알루미늄(가장 일반적으로 사용되는 합금은 2024-T4, 2111-T3, 그리고 6061-T6), 황동, 구리, 니켈, 모넬, 인코넬, 스테인리스강, 티타늄, 베릴륨, 그리고 다양한 플라스틱으로 만들어진다. 어떠한 적용에서든 체결 요소 재료는 주위 환경과 다른 금속과 함께 사용함으로써 생기는 부식의 가능성을 고려하여야 한다(9.2절). 또한 부식 방지와 나사산 마찰과 마모를 줄이기 위하여 적당한 코팅이 고려되어야 한다(9.15절).

10.7 볼트 조임과 초기 인장력

대부분의 적용에서, 나사와 너트-볼트 조립품은 초기 인장력 F_i가 영구변형을 일으키지 않는 최대 인장력으로 정의되는 '보증 하중(proof load)'과 거의 같도록 조여져야 한다.(이는 S_y를 구하기 위한 표준실험에서 0.2% 오프셋 신장을 일으키는 인장력보다 약간 작다.) 이에 근거한 초기 인장력은 일반적으로 다음 식으로 표현된다.

$$F_i = K_i A_t S_p \tag{10.11}$$

여기서 A_t는 나사의 인장응력 면적(표 10.1과 10.2), S_p는 재료의 '보증 강도(proof strength, 표 10.4와 10.5)', K_i는 보통 0.75~1.0 범위에서 정의되는 상수이다. 정하중을 포함하는 보통의 적용에 대해 $K_i \approx 0.9$로 놓는다. 따라서

$$F_i = 0.9 A_t S_p \tag{10.11a}$$

이다. 초기 인장력이 높아야 하는 근거는 다음과 같다.

표 10.4 인치 계열 나사와 볼트에 사용되는 강 재료의 규격서

SAE Grade	Diameter d (in.)	Proof Load (Strength)[a] S_p (ksi)	Yield Strength[b] S_y (ksi)	Tensile Strength S_u (ksi)	Elongation, Minimum (%)	Reduction of Area, Minimum (%)	Core Hardness, Rockwell Min	Core Hardness, Rockwell Max	Grade Identification Marking on Bolt Head
1	$\frac{1}{4}$ thru $1\frac{1}{2}$	33	36	60	18	35	B70	B100	None
2	$\frac{1}{4}$ thru $\frac{3}{4}$	55	57	74	18	35	B80	B100	None
2	Over $\frac{3}{4}$ to $1\frac{1}{2}$	33	36	60	18	35	B70	B100	None
5	$\frac{1}{4}$ thru 1	85	92	120	14	35	C25	C34	
5	Over 1 to $1\frac{1}{2}$	74	81	105	14	35	C19	C30	
5.2	$\frac{1}{4}$ thru 1	85	92	120	14	35	C26	C36	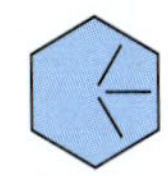
7	$\frac{1}{4}$ thru $1\frac{1}{2}$	105	115	133	12	35	C28	C34	
8	$\frac{1}{4}$ thru $1\frac{1}{2}$	120	130	150	12	35	C33	C39	

[a] Proof load (strength) corresponds to the axially applied load that the screw or bolt must withstand without permanent set.
[b] Yield strength corresponds to 0.2 percent offset measured on machine test specimens.
Source: Society of Automotive Engineers standard J429k (1979).

표 10.5 밀리미터 계열 나사와 볼트에 사용되는 강 재료의 규격서

SAE Class	Diameter d (mm)	Proof Load (Strength)[a] S_p (MPa)	Yield Strength[b] S_y (MPa)	Tensile Strength S_u (MPa)	Elongation, Minimum (%)	Reduction of Area, Minimum (%)	Core Hardness, Rockwell	
							Min	Max
4.6	5 thru 36	225	240	400	22	35	B67	B87
4.8	1.6 thru 16	310	—	420	—	—	B71	B87
5.8	5 thru 24	380	—	520	—	—	B82	B95
8.8	17 thru 36	600	660	830	12	35	C23	C34
9.8	1.6 thru 16	650	—	900	—	—	C27	C36
10.9	6 thru 36	830	940	1040	9	35	C33	C39
12.9	1.6 thru 36	970	1100	1220	8	35	C38	C44

[a] Proof load (strength) corresponds to the axially applied load that the screw or bolt must withstand without permanent set.
[b] Yield strength corresponds to 0.2 percent offset measured on machine test specimens.
Source: Society of Automotive Engineers standard J1199 (1979).

1. 부재를 분리시키려는 하중에 대해(그림 10.30처럼), 부재가 실제로 분리되지 않는 한 볼트 하중은 크게 증가할 수 없다. 그리고 초기 볼트 인장력이 높아지면, 부재가 분리하려는 경향이 줄어든다.
2. 볼트에 전단을 가하는 하중에 대해(그림 10.31처럼), 초기 인장이 더 커질수록 전단을 일으키는 상대 움직임에 저항하는 마찰력은 더 커진다.

피로 하중과 관련된 초기 볼트 인장에 대해서는 10.11절에서 다룰 것이다.

또 다른 고려사항은 나사와 너트의 조임이 초기 인장응력과 함께 나사나 볼트에 비틀림 응력을 가져다주는 것이다. 초기 사용 중, 나사나 볼트가 아주 작게 풀리면서 대부분의 비틀림이 제거된다.

이 점을 설명하기 위해, 그림 10.18은 조이는 동안 볼트와 너트 조립체에 가해지는 하중을 보여 준다. 마찰력과 그와 관련된 토크는 재료, 마감 가공, 청결, 윤활제 등에 의하여 상당히 변한다. 이 그림은 볼트 축이 고정된 모든 면에 정확하게 수직이어서 볼트에 굽힘이 가해지지 않는 이상적인 경우를 가정하였다.

정지 마찰계수와 운동 마찰계수 사이의 차이는 중요한 효과를 가진다. 렌치 토크 T_1이 너트를 회전시키면서 지정된 한곗값까지 점진적으로 증가한다고 하자. 너트의 회전이 예를 들어 한계토크의 80% 값에서 순간적으로 정지하는 것이 허용된다면, 이 경우 체결력 F_i가 더 클 것이다. 정지 마찰 값이 더 크므로 토크의 증가에도 불구하고 너트는 더 이상 회전하지 않으며, 결과적으로 F_i는 예상보다 작게 된다.

그림 10.18은 처음(조임 토크가 아직 가해지고 있는)과 마지막(모든 비틀림을 없애는 '풀림'이 있는)의 볼트응력을 나타낸다. 명확하게 하기 위하여 응력 요소를 볼트 몸통에 표시하였다. 항복 제한응력은 나사산이 있는 단면의 단면적과 관련시키는 것이 더 적절하다. 그

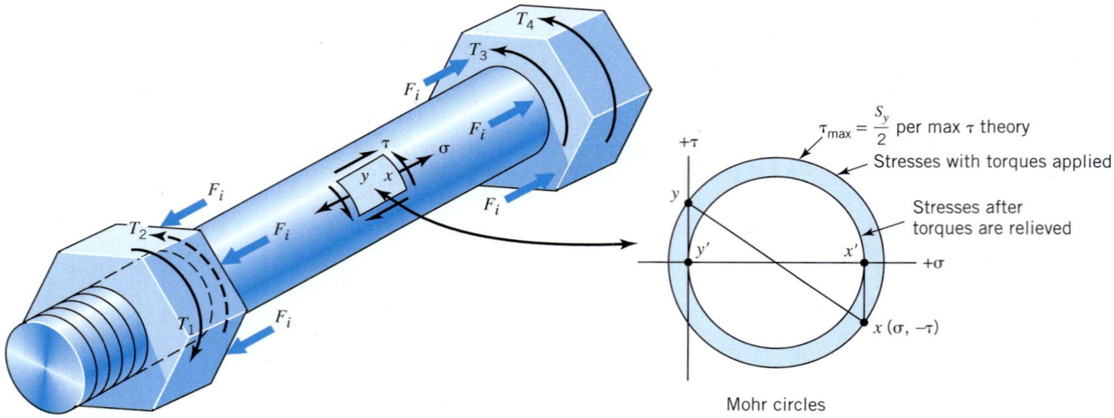

그림 10.18 너트의 초기 조임에 의한 볼트 하중과 응력. 볼트와 너트 조립체에 대하여 $\Sigma M=0$, 즉 $T_1=T_2+T_3+T_4$(여기서 T_1은 너트 렌치의 토크), T_2=너트면의 마찰토크$=fF_i\, r_n$(여기서 r_n은 너트면 마찰력의 유효반경), T_3=볼트헤드의 마찰토크 ≦ fF_ir_h(여기서 r_h는 볼트헤드 마찰력의 유효반경), T_4=볼트헤드의 회전을 방지하기 위해 필요한 렌치 토크 값. 주목할 것은 $fF_ir_h > T_1-T_2$이면, $T_4=0$.

림 10.18에 나타나 있지 않은 중요한 점은 비틀림 응력 또한 볼트와 너트 사이의 나사 마찰에 관계된다는 것이다. 예를 들어 만약 나사 마찰이 매우 크다면, 상당한 크기의 토크 T_4가 볼트 회전을 방지하기 위해 필요하고, 볼트의 비틀림 응력은 매우 커서 상대적으로 작은 F_i 값에서 항복에 도달하게 된다.

그림 10.19는 위의 설명을 그림으로 나타내고 있는데, (1) 주어진 볼트에서 얻을 수 있는 초기 인장력, (2) 과도한 조임이 볼트를 파괴하는 동안 얻을 수 있는 신장량에 대한 그래

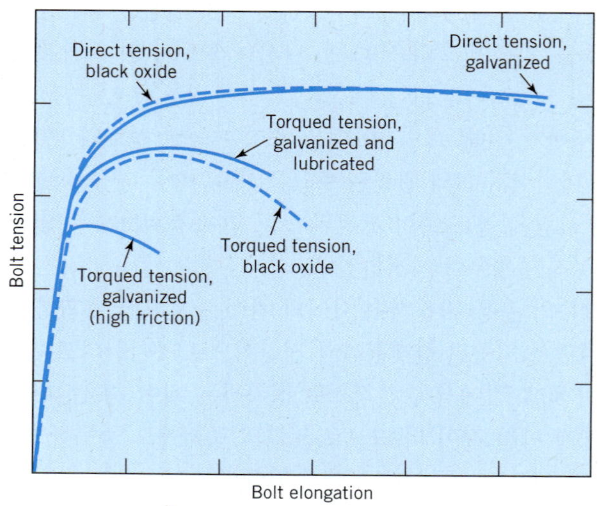

그림 10.19 볼트 신장에 대한 인장력 곡선: 토크 조임에 의해 발생하는 인장력과 직접 인장력의 비교 및 흑산소화(black oxide) 표면과 갈바니화(galvanized) 표면의 비교[5].(직접 인장은 유압으로 가해졌으므로 비틀림 응력은 발생하지 않는다.)

프이다.

조이는 동안 발생되는 볼트 인장 하중을 정확히 결정하는 것은 쉽지 않다. 정확한 방법의 하나는 전기저항 스트레인게이지가 장착된 축방향 구멍을 가진 특수한 볼트를 사용하는 것이다. 다른 방법은 조이기 전과 후의 볼트길이를 측정하기 위해 초음파 장치를 사용하는 것이다.(볼트의 신장과 인장응력은 초음파가 볼트의 한쪽 끝에서 다른 끝으로 갔다가 다시 되돌아오는 데 걸리는 시간을 증가시킨다.) 낮은 생산량의 중요 부품 조립라인에서 오래전부터 사용되어 온 방법은 조립 전에 볼트의 길이를 마이크로미터로 측정하고, 볼트가 원하는 만큼 신장할 때까지 너트를 조이는 것이다. 이 방법은 볼트의 양 끝이 접근 가능한 때만 이용 가능하다. 현대의 자동화된 조립장치에서는 렌치토크와 너트회전에 대하여 계속적인 감시를 한다. 이 양들로부터 항복의 징후가 나타나는지를 컴퓨터가 결정하면, 렌치 연결이 풀리게 된다. 더욱 실제적이고 효과적인 방법은 나사 또는 너트를 꽉 조이고 다시 풀어서 표면을 **확보한** 다음에, 나사 또는 너트를 '손가락으로 꽉(finger tight)' 조이고, 미리 결정된 각도만큼 렌치로 더 회전시키는 방법이다.

볼트를 조이는 양을 측정하는 가장 일반적인 방법은 토크 렌치를 사용하는 것이다. 이 방법의 정확도는 마찰의 변화에 의해 심각하게 제한받을 수 있다. 보통의 토크 렌치를 사용하면 ±30% 내에서 초기 인장력이 제어되며, 특별한 주의를 기울이면 ±15% 정도까지 제어할 수 있다.

조임 토크와 초기 인장력과의 관계식은 식 (10.4)로부터 구해질 수 있는데, 여기서 나사잭의 하중 W는 볼트의 F_i에 해당되고, 잭의 칼라 마찰은 너트면 또는 나사헤드 아랫면의 마찰에 해당된다. 평균 마찰계수(f와 f_c 모두)로 0.15를 사용하면, 표준 나사산에 대하여 식 (10.4)는 다음과 같이 된다.

$$T = 0.2F_i d \tag{10.12}$$

여기서 d는 나사의 공칭 외경이다. 이것은 나사 마찰의 **평균조건**에서의 **근사식**임을 기억하라.

나사나 너트를 조이기 위한 전통적인 방법은 기존의 렌치로 '느낌'이 올 때까지 조이는 것이다. 비록 이 방법이 중요한 체결 요소에 대해서는 전혀 정의되지 않았지만, 공학자는 다양한 크기의 볼트를 '보통의 기계공'이 보통의 렌치를 사용하여 어느 정도 조이는지에 대해 알아야 한다. 20세기 접어들 무렵의 연구결과가 다음과 같음을 보였다.

$$F_i\,(\text{lb}) \approx 16{,}000d\,(\text{in.}) \tag{e}$$

식 (e)는 한계에도 불구하고 다음과 같은 중요한 사실을 드러낸다. 즉 조이는 초기 인장력은 직경에 비례하여 증가하는 반면, 볼트의 인장용량은 직경의 **제곱**(비틀림 용량은 직경의 세제곱)으로 증가한다. 이는 작은 볼트와 나사는 비틀어져 떨어지고, 매우 큰 볼트와 너트는 제대로 조여지지 않는 경향이 있음을 의미한다.

기계의 작동 중 볼트의 초기 인장 손실에 관해 주의할 필요가 있다. '강한' 부품이 서로 볼트로 체결되었을 때, 부품의 탄성 변형은 1/100 밀리미터 이하이다. 하중이 크리프를 일으키거나 표면의 미세한 돌출을 편평하게 만든다면, 초기 볼트 인장력의 상당량이 손실될 것이다. 초기 인장은 짝을 이루는 표면의 마모나 부식에 의해서 또는 표면의 막이 압착되어 없어져도 손실된다. 실험에 의하면, 어떤 조인트는 몇 분 안에 초기 인장력의 약 5%가 손실되고 다양한 이완(relaxation) 효과로 말미암아 몇 주 안에 또 약 5%의 손실을 입는다는 것이 밝혀졌다. 장기적인 응력 이완은 제트 엔진과 핵 원자로와 같은 고온 조인트에서 문제를 발생시킨다. 이러한 적용에는 고온 합금으로 만들어진 볼트가 요구된다. 초기 인장력의 손실 때문에(그리고 다음 절에서 다루어질 나사의 풀림 가능성 때문에), 주기적으로 볼트를 죄어 주는 것이 필요하다.

10.8 나사의 풀림과 잠김

체결 요소(리벳 체결, 용접, 시멘팅과 비교하여)의 고유한 장점은 쉽게 그리고 파괴되지 않는 방법으로 분해될 수 있다는 점이다. 초창기부터 공학자들을 어렵게 만들어 왔던 단점은 스스로 풀리거나 분해되는 점이다. 나사가 풀리는 간단한 이유에 대해 다음에 설명한다.

그림 10.6에서 너트의 조임(이것은 운동나사에서 하중을 올리는 것과 같다)은 경사면의 작은 블록에 의해 표현된다. 만약 블록이 미끄러져 내려가지 않을 만큼 마찰이 충분하면, 나사는 자립잠김(self-locking)이 된다. 모든 나사 체결 요소는 정적 조건에서 자립잠김이 되기 위해 충분히 작은 리드각(λ)과 충분히 높은 마찰계수(f)를 가진다. 그러나 만약 볼트와 너트 나사산(경사면과 블록) 사이에 상대적 움직임이 발생하면, 너트는 풀리는 경향이 있다(블록은 경사면을 따라 미끄러져 내려간다). 이 상대적 움직임은 대부분 진동에 의해 발생하지만 서로 다른 열팽창과 축 하중의 변화에 따른 너트의 팽창 및 수축 같은 다른 원인에 의해서도 생긴다. 이 팽창과 수축은 너트산 직경의 매우 작은 변화를 가져오며, 하중을 받는 테이퍼 나사산의 '쐐기 작용(wedge action)' 때문에 발생한다. 예를 들어 이것은 사각나사에서는 발생하지 않는다(그림 10.4*c* 참조).

왜 상대적 움직임이 나사 풀림의 원인이 되는지를 이해하기 위해, 약간 기울어진 면(책)에 작은 물체(연필이나 펜)를 놓고 임의의 방향으로 면의 모서리를 가볍게 두드려 보자. 약간의 상대적 움직임을 야기하는 두드림으로도 작은 물체는 경사면을 미끄러져 내려간다. 이는 북쪽지방의 얼음으로 덮인 도로에서 자동차를 운전하는 운전자와 비슷하다. 만약 제동 시나 혹은 휠에 너무 많은 토크를 가하여 견인력(traction)을 상실한다면, 자동차는 길의 옆 방향으로 미끄러짐을 막게 되지만 상대적인 움직임이 있으면 그렇지 않다.

다음은 나사 풀림에 영향을 주는 요소이다.

1. 나사각(즉 경사면의 기울기)이 커지면, 풀림 경향이 커진다. 따라서 보통나사는 가는 나사보다 쉽게 풀리는 경향이 있다.
2. 초기 조임이 커지면, 풀림을 시작하기 위해 극복해야 할 마찰력이 커진다.
3. 부드럽거나 거친 표면은 미세한 소성 흐름을 촉진시키는 경향이 있으며, 이것은 초기

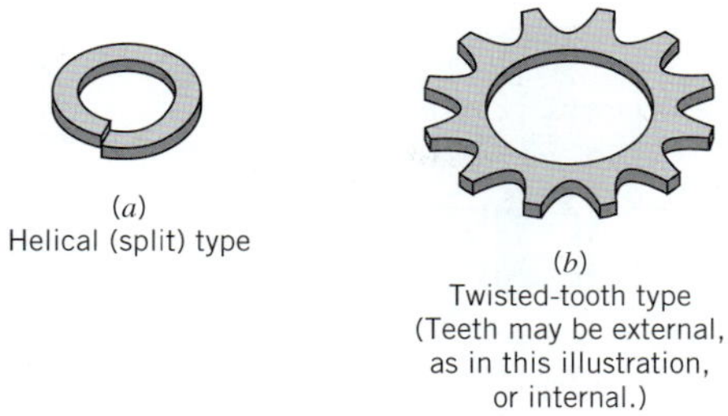

그림 10.20 로크 와셔의 일반적인 형태.

조임 인장력을 줄여 풀림 경향을 증가시킨다.

4. 마찰계수를 증가시키는 표면처리와 표면상태는 풀림을 감소시킨다.

나사 풀림의 문제를 해결하기 위해 공학자들은 수많은 독창적 설계를 고안하였고, 또한 효율적이고 값싼 해결책이 끊임없이 요구되고 있다. 지금까지 사용된 일반적인 해결방안을 요약하면 다음과 같다.

그림 10.20은 헬리컬 와셔와 이붙이 로크 와셔를 보여 준다. 이들은 상대 금속 표면에 맞물리도록 뾰족한 돌출부를 평평하게 만드는 원리에 의해 작동되며, '쐐기' 작용으로 풀림에 저항한다.

홈붙이 너트나 캐슬 너트(그림 10.21)는 볼트의 구멍을 통과하고 직경방향의 슬롯에 끼워맞춰지는 코터 핀이나 와이어와 함께 사용된다. 이것은 확실한 잠김을 제공하지만 볼트 구멍과 슬롯을 정렬시키기 위해 과도하게 조이거나 덜 조여야 할 필요성이 있다.

로크너트에는 일반적으로 두 가지 형태—**자유회전식과 토크식**—가 있다. 그림 10.22는 자유회전식 로크너트의 세 종류를 보여 준다. 이들은 안착될 때까지 자유회전하고 상대 볼트를 고정시키도록 조여질 때 처짐이 발생한다. 그림 10.20에 나타낸 로크 와셔 또한 '자유회전'하는 나사 잠김장치이다. 웹사이트 http://www.machinedesign.com과 http://www.americanfastener.com은 로크너트와 잠김장치에 관한 추가적인 정보를 제공한다.

그림 10.23은 대표적인 토크 로크너트를 나타낸다. 이들은 나사가 완전히 맞물리게 되면 마찰 토크를 발생시킨다. 따라서 최종 위치까지 렌치로 조여야 하고, 완전히 조여지지 않

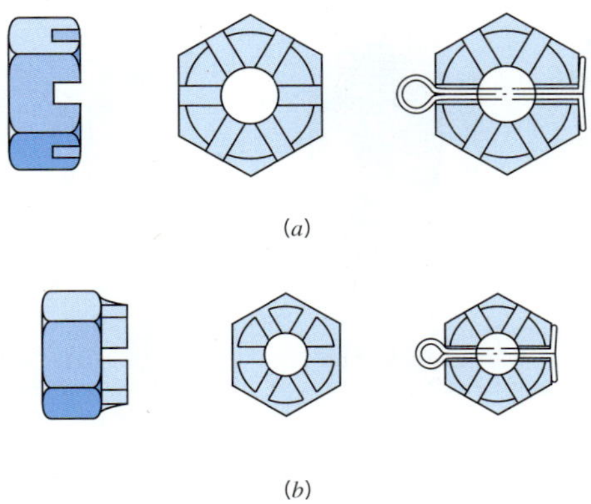

그림 10.21 (a) 홈붙이, (b) 캐슬 너트. 각각에 구멍이 있는 볼트와 코터 핀을 함께 나타내었다.

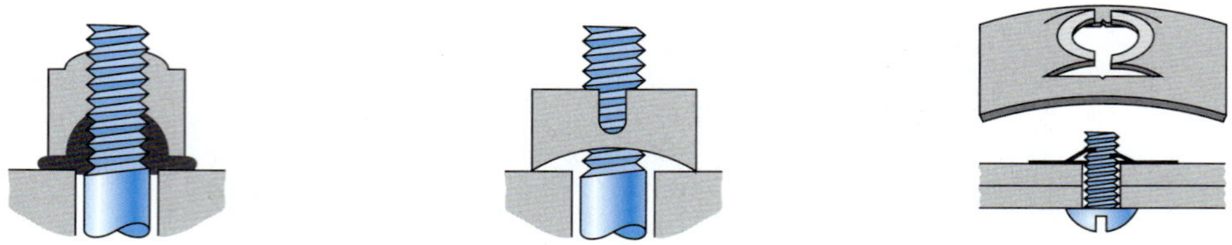

(a) Insert nut (Nylon insert is compressed when nut seats to provide both locking and sealing.)

(b) Spring nut (Top of nut pinches bolt thread when nut is tightened.)

(c) Single thread nut (Prongs pinch bolt thread when nut is tightened. This type of nut is quickly applied and used for light loads.)

그림 10.22 자유회전 로크너트의 예.

았을 때에도 이들은 제 위치에 머물러 있으려는 경향을 갖는다. 토크 로크너트나 체결 요소는 위험한 적용, 특히 진동이 클 때 가장 좋은 효과를 제공한다.

때때로 두 개의 표준 너트(또는 한 개의 표준 너트와 얇은 '잼 너트')가 잠김 작용을 얻기 위해 사용된다. 먼저 부가적인 표준 너트 또는 '잼 너트'가 설치되고 서서히 조여진다. 그 다음에 표준 너트가 설치되어 부가적인 너트에 대하여 완전히 조여진다.

나사 잠김을 제공하는 또 다른 방법은 짝을 이루는 나사를 특별한 접착제나 래커로 코팅하는 것인데, 이는 또한 밀봉으로 인해 유체 누수를 방지하는 작용도 한다. 이러한 접착제는 분해가 용이한지에 따라 다양한 등급이 활용 가능하다. 때때로 접착제 코팅은 제작 시 나사에 부착된 작은 캡슐에 담겨져 있다. 조립하는 동안 캡슐이 깨지게 되고, 나사 표면을 따라 접착제가 흐른다.

상기한 모든 잠김 방법은 볼트와 너트의 조합은 물론 나사에도 적용될 수 있다.

10.9 이음부를 분리시키는 외력을 가진 볼트의 인장

볼트는 부품들을 서로 잡아당기거나, 미끄러지게 하여 분리시키려는 힘에 반하여 부품들을 고정시키는 데 사용된다. 일반적인 예로 연결 봉 볼트, 실린더 헤드 볼트 등등이 있다. 그

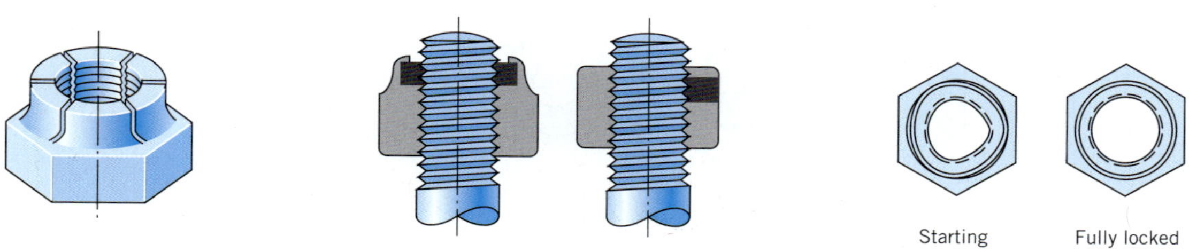

(a) Spring- top nut (Upper part of nut is tapered. Segments press against bolt threads.)

(b) Nylon-insert nuts (Collar or plug of nylon exerts friction grip on bolt threads.)

(c) Distorted nut (Portion of nut is distorted to provide friction grip on bolt threads.)

그림 10.23 토크 로크너트의 예.(SPS Technologies, Inc. 제공.)

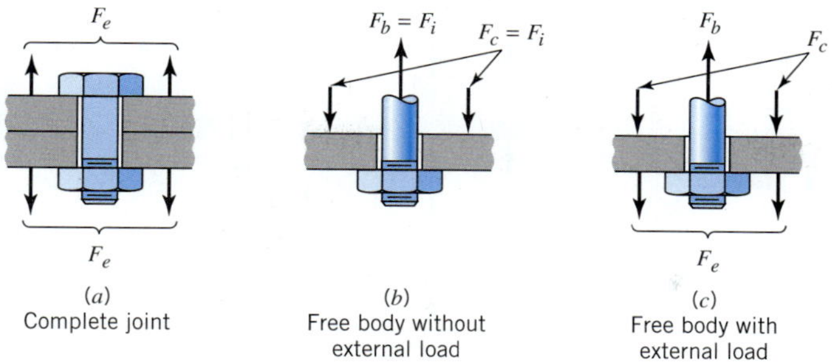

그림 10.24 볼트 인장 하중에 관한 자유물체도.

림 10.24a는 볼트로 결합된 두 부품이 분리하려는 외력 F_e를 받는 경우를 보여 준다. 그림 10.24b에는 이 조립체의 일부분을 자유물체도로 나타내었다. 이 그림에서 너트는 조여졌으나 외력은 아직 가해지지 않았다. 볼트 축 하중 F_b와 두 판을 결합하는 힘 F_c는 초기 체결력 F_i와 각각 같다. 그림 10.24c는 외력 F_e가 가해진 후의 자유물체도를 보여 준다. 평형을 고려하면 다음 조건 중 하나 또는 둘을 요구한다. 즉 (1) F_b의 증가, (2) F_c의 감소이다. F_b와 F_c 변화의 상대 크기는 관련된 요소들의 상대적 탄성에 좌우된다.

볼트 이음부의 **상대적** 탄성의 중요성이 그림 10.25와 10.26에 나타나 있다. 그림 10.25a는 압력용기 끝에서 볼트로 조여진 덮개판을 보여 준다(즉 피스톤 타입 압축기의 실린더 블록에 볼트로 조여진 실린더 헤드). 두꺼운 고무 개스킷이 매우 유연하므로 다른 부품은 무한 강성체로 고려될 수 있다. 초기 힘 F_i로 너트가 조여질 때 고무 개스킷은 상당한 정도로 압축되는 반면, 볼트의 신장은 무시할 만하다. 그림 10.25b와 10.25c는 볼트와 체결된 표면의 세부 사항을 보여 준다. **그림** g로 정의된 거리를 주목하라. 초기 조임에서 $F_b=F_c=F_i$이다.

그림 10.25d는 분리하려는 하중 F_e가 가해짐에 따라 F_b와 F_c에 나타나는 변화를 보여 준다. F_e에 의한 볼트의 탄성신장은 적으므로 두꺼운 고무 개스킷은 많이 팽창할 수 없다. 따라서 체결력 F_c는 감소되지 않고, **전체 하중** F_e는 볼트 인장력을 증가시킨다(그림 10.24

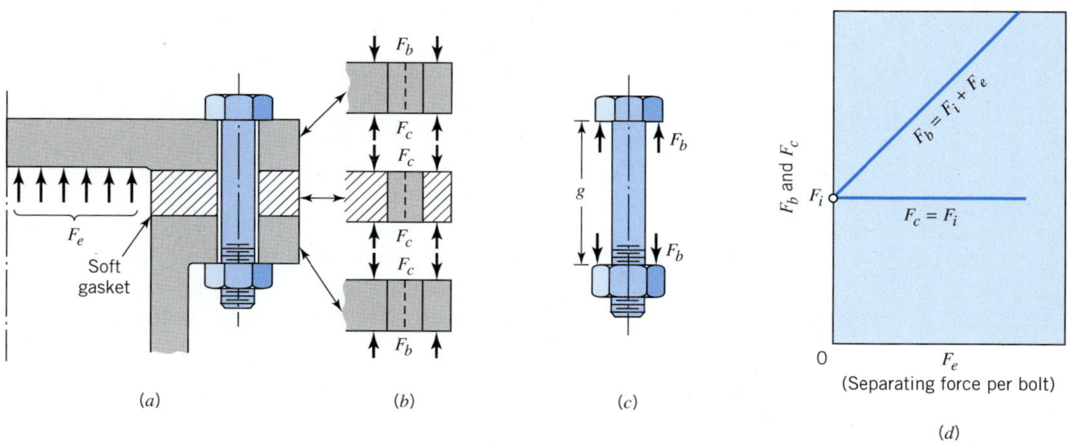

그림 10.25 연성 체결 부재—강성 볼트에 대한 F_e에 따른 F_b와 F_c.

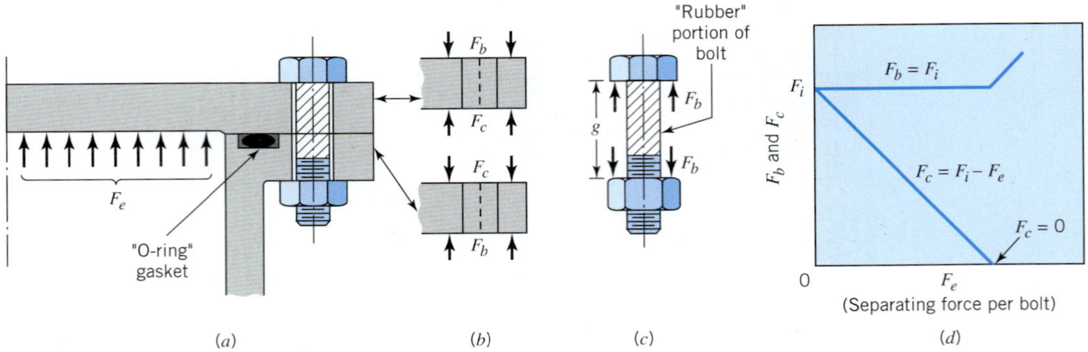

그림 10.26 강성 체결 부재—연성 볼트에 대한 F_e에 따른 F_b와 F_c.

참조).

그림 10.26은 위와는 반대인 상대 강성을 갖는 이음부를 나타내고 있다. 체결된 부재는 정밀 연마 접촉면으로 된 '강한' 금속 부품이고, 그들 사이에는 개스킷이 없다. 볼트의 중심부는 고무로 되어 있다. 이 경우 초기 조임은 볼트를 신장시켜 체결되는 부재를 별로 압축하지 않는다.(유체의 밀봉은 고무 오링 형태의 '구속된 개스킷'에 의해 이루어진다. 덮개판에 의해 압축되기 전에는 오링의 단면적이 원형이다.)

그림 10.26*d*는 볼트 인장의 증가 없이 분리하려는 힘이 감소된 체결력과 평형을 이루는 것을 보여 준다. 고무 볼트의 인장을 증가시킬 수 있는 유일한 방법은 길이를 증가시키는 것이고, 이것은 한 쌍의 체결면을 분리시킬 만큼의 충분히 큰 외력 없이는 발생하지 않는다.(체결면이 계속 접촉하고 있는 한 오링의 밀봉효과는 줄지 않음을 주목하라.)

그림 10.25와 10.26에 나타낸 극단적인 예는 근사화된 경우에 불과하다. 볼트와 체결되는 부재의 강성이 어느 정도 되는 실제적인 경우를 살펴보자. 이음부를 조이는 것은 볼트를 신장시키고 체결된 부재를 압축한다.(개스킷이 없는 이음부에서 이러한 변형은 천분의 1인치 이하이다. 그림 10.25의 고무 개스킷과 그림 10.26의 고무 볼트를 사용한 큰 변형을 연상하는 것이 도움이 될 것이다.) 외력 F_e가 가해질 때, 볼트와 체결된 부재는 같은 양의 δ만큼 신장한다(즉 δ만큼 g의 치수가 증가한다).

그림 10.24로부터 분리력은 볼트 힘의 증가와 체결력의 감소를 합한 것과 같아야 한다.

$$F_e = \Delta F_b + \Delta F_c \tag{f}$$

정의에 의해서

$$\Delta F_b = k_b\delta \quad \text{and} \quad \Delta F_c = k_c\delta \tag{g}$$

이며, 여기서 k_b와 k_c는 각각 볼트와 체결된 부재의 스프링상수이다.

식 (g)를 식 (f)에 대입하면 다음과 같다.

$$F_e = (k_b + k_c)\delta \quad \text{or} \quad \delta = \frac{F_e}{k_b + k_c} \tag{h}$$

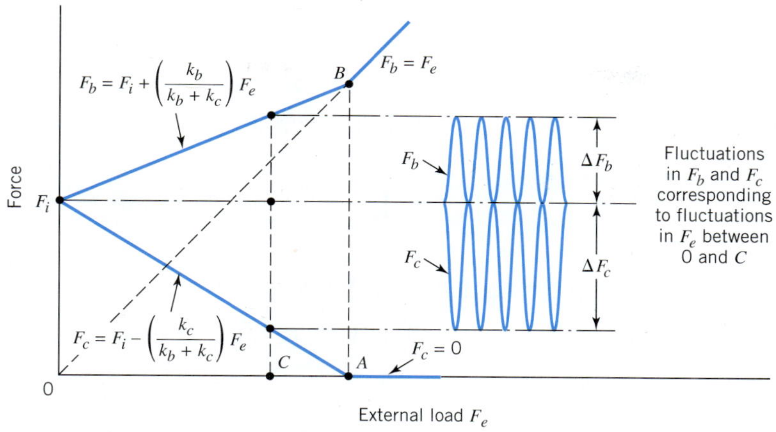

그림 10.27 볼트로 연결된 부재에서의 힘의 관계.

식 (g)와 (h)를 조합하면

$$\Delta F_b = \frac{k_b}{k_b + k_c} F_e \quad \text{and} \quad \Delta F_c = \frac{k_c}{k_b + k_c} F_e \tag{i}$$

이 된다. 따라서 F_b와 F_c에 대한 식은

$$F_b = F_i + \frac{k_b}{k_b + k_c} F_e \quad \text{and} \quad F_c = F_i - \frac{k_c}{k_b + k_c} F_e \tag{10.13}$$

이다. 식 (10.13)을 그림 10.27에 도식적으로 나타내었다. 이 그림에서 주목할 만한 두 가지 사항이 있다.

1. 외부 하중이 충분하여 체결력을 0으로 만들 때(점 A) 볼트 힘과 외력은 같아야 한다(그림 10.24를 기억하라). 따라서 그림은 A 점을 넘는 F_e의 값에 대해서 $F_c=0$, $F_b=F_e$임을 보여 준다.(부재의 체결면이 분리되는 것은 대부분의 적용에서 용납되지 않으므로, 이는 F_e의 정상적 사용범위가 아니다.)
2. 외부 하중이 번갈아 가며 가해지고 제거될 때, F_b와 F_c의 변동은 이 그림으로부터 간편하게 구해진다.(이에 대해서는 볼트 피로를 다루는 10.11절에서 추가적으로 설명한다.)

식 (10.13)을 사용하려면 k_b와 k_c의 값을 구하거나, 이들의 상대적 값이라도 어느 정도 계산할 필요가 있다. 축변형($\delta = PL/AE$)과 스프링상수($k = P/\delta$)의 기본식으로부터

$$k_b = \frac{A_b E_b}{g} \quad \text{and} \quad k_c = \frac{A_c E_c}{g} \tag{10.14}$$

이며, 여기서 그립(grip) g는 유효길이의 근사치이다. k_c의 계산에 있어 두 가지 어려움은 다

음과 같다.

1. 체결된 부재는 다른 재료들이 쌓여 있는 층 구조이며 직렬 연결 '스프링'으로 나타낼 수 있다. 이 경우, 직렬 스프링의 스프링상수에 대한 다음 식이 사용된다.

$$1/k = 1/k_1 + 1/k_2 + 1/k_3 + \cdots \tag{10.15}$$

2. 부재가 불규칙한 형태를 가지거나 볼트 축으로부터 상당히 늘어나면 체결된 부재의 유효 단면적은 구하기 어렵다. A_c를 추산하기 위해 간혹 사용되는 경험적인 방법이 그림 10.28에 나와 있다.

주어진 이음에 대하여 k_b와 k_c의 비를 결정하기 위한 실험적 방법은 전기저항 스트레인 게이지를 갖추고 있는 볼트를 사용하거나 초음파로 볼트길이를 측정하는 것이다. 이것은 F_e가 가해지기 전후에 모두 F_b의 직접 측정을 가능하게 한다. 어떤 책들은 개스킷이 있는 것과 없는 여러 가지 종류의 이음에 대해 k_c/k_b의 대략적인 평가치를 소개한다. '전형적인' 개스킷이 없는 이음에서 k_c는 k_b의 3배 정도로 취하지만 주의를 요하는 이음부 설계에서는 $k_c = 6k_b$이 사용된다.

$$A_c = \frac{\pi}{4}\left[\left(\frac{d_3 + d_2}{2}\right)^2 - d_1^2\right]$$

여기서

$d_1 \approx d$ (작은 공차에 대해)
$d_2 = 1.5d$ (표준 육각 헤드 볼트에 대해—그림 10.16 참조)
$d_3 = d_2 + g \tan 30° = 1.5d + g \tan 30°$

이 값들을 대입하면 다음과 같다.

$$A_c = \frac{\pi}{16}(5d^2 + 6dg \tan 30° + g^2 \tan^2 30°) \approx d^2 + 0.68dg + 0.065g^2$$

주의: 만약 체결된 부재가 연하면, 경화된 강판 와셔의 사용은 A_c의 유횻값을 증가시킨다.

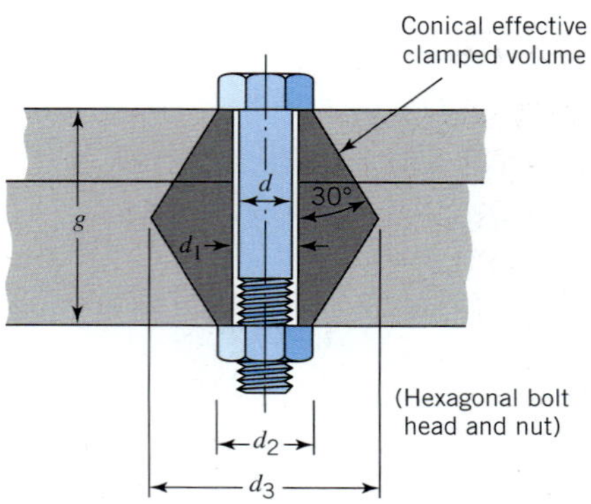

그림 10.28 결합된 부재의 유효면적을 구하는 한 가지 방법(k_c를 구하기 위한). 유효면적 A_c는 짙은 회색으로 된 단면의 평균면적과 같다.

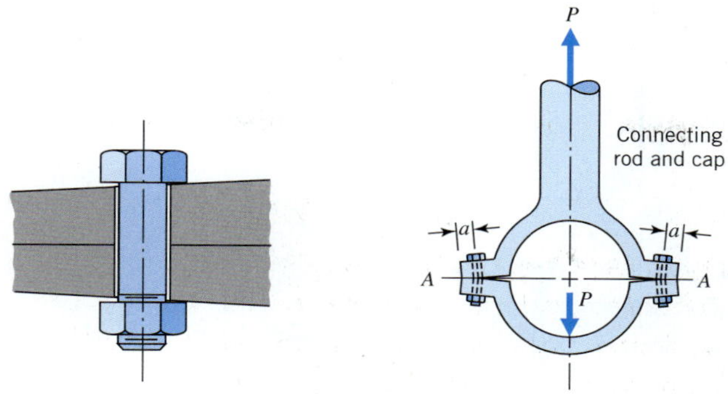

(*a*)
Bolt bending caused by nonparallelism of mating surfaces. (Bolt will bend when nut is tightened.)

(*b*)
Bolt bending caused by deflection of loaded members. (Note tendency to pivot about *A*; hence, bending is reduced if dimension *a* is increased.)

그림 10.29 원치 않는 볼트 굽힘의 예들.

10.10 정하중에서 볼트(또는 나사)의 선택

볼트에 작용하는 주요 하중은 인장, 전단, 그리고 이 두 하중의 조합이다. 게다가 체결면이 서로 평행하지 않고, 볼트 축에 정확하게 수직이지 않기 때문에(그림 10.29*a*), 또한 하중을 받는 부재의 변형 때문에(그림 10.29*b*) 약간의 굽힘이 일반적으로 존재한다.

복잡한 예제를 다루기 전에, 나사와 볼트는 오히려 임의로 선택된다는 사실을 인식하는 것이 중요하다. 이러한 경우는 예를 들면 자동차의 번호판 부착처럼 하중이 작은 중요하지 않은 경우이다. 아주 작은 크기를 포함한 거의 모든 크기가 가능하다. 선택은 외관, 취급과 조립의 용이함, 비용과 같은 부분에 기초한 판단에 따른다. 상당한 크기의 하중이 작용하는 경우에도 작은 크기는 '마땅치 않아 보이고', 큰 볼트를 사용해도 비용이 별로 더 들지 않으므로 필요한 것보다 더 큰 볼트가 종종 사용된다.

예제 10.2D SAMPLE PROBLEM 인장 하중을 받는 필로 블록 부착을 위한 나사의 선택

그림 10.30은 회전축의 한쪽 끝을 지지하고 '필로 블록(pillow block)'에 둘러싸인 볼 베어링을 보여 준다. 축은 필로 블록에 9 kN의 정하중을 가한다. 필로 블록 부착에 적절한 미터(ISO) 나사를 선택하고 적절한 조임 토크를 결정하라.

풀이 SOLUTION

제시자료: 알고 있는 정적 인장 하중이 두 미터(ISO) 나사에 가해진다.

목표: 적당한 나사를 선택하고 조임 토크를 명시하라.

개요도 및 데이터:

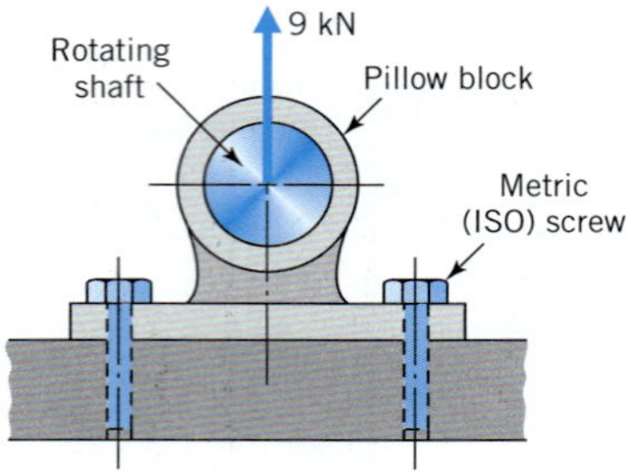

그림 10.30 두 멈춤나사(machine screw)에 의한 필로 블록 부착.

판단/가정:

1. 상대적으로 저렴한 5.8 등급의 강이 나사 재료로 선택된다.
2. 9 kN의 하중은 각 나사에 동등하게 나누어진다.
3. 멈춤나사(볼트)에는 굽힘이 작용하지 않는다. 즉 볼트 하중은 축 인장력이다.

설계 해석:

1. 어느 등급의 강이라도 사용될 수 있으나 비싼 고강도 강을 사용할 필요가 없기 때문에 380 MPa(표 10.5)의 보증강도를 가진 등급 5.8이 선택된다.
2. 두 볼트에 걸리는 공칭 하중은 각각 4.5 kN이다. 6.12절을 참조하면, 만약 나사의 파손이 인간생명을 위태롭게 하지 않고, 다른 손상을 일으키지 않으며, 값비싼 조업정지를 일으키지 않으면, 안전계수 2.5는 적당하다. 이 예제의 경우 더 큰 안전계수를 사용하는 데 드는 비용은 사소하다. 왜냐하면 파손이 더 큰 비용을 초래하기 때문이다. 그러므로 '공학적 판단'을 내려 안전계수를 4로 증가시키자. 그러면 각 볼트의 '설계 과하중(design overload)'은 4.5 kN×4, 즉 18 kN이다.
3. 연성재료에 정하중이 가해질 때, 응력집중은 무시될 수 있고 단순한 식 '$\sigma=P/A$'가 사용될 수 있다. 여기에 P가 설계 과하중과 같을 때 σ는 보증강도와 같다.

$$380 \text{ MPa} = \frac{18{,}000\ N}{A_t} \quad \text{or} \quad A_t = 47.4 \text{ mm}^2$$

4. 표 10.2를 참조하면, 등급 5.8 나사의 적절한 표준 크기는 M10×1.5(A_t=58.0 mm^2)이다.
5. 초기 체결 인장은 다음과 같다[식 (10.11a)].

$$F_i = 0.9A_tS_p = 0.9(58.0 \text{ mm}^2)(380 \text{ MPa}) = 19{,}836 \text{ N}$$

6. 이에 상응하는 체결 토크는 다음과 같다[식 (10.12)].

$$T = 0.2F_id = 0.2(19.8 \text{ kN})(10 \text{ mm}) = 39.6 \text{ N}\cdot\text{m}$$

주석:

1. 단계 3에서, 요구되는 면적은 강성비 k_c/k_b와 무관하고, 또한 초기 인장 F_i와도 무관하다. 필로 블록이 체결면으로부터 떨어지도록(즉 $F_c=0$), 과하중이 전체 볼트 단면적에 항복을 일으킬 만큼 충분히 클 때 볼트의 정적 파손이 발생한다. 최적 초기 인장 값은 볼트를 수차례 제거하고 다시 설치한 후에도 볼트에 손상을 주지 않을 수 있는 최댓값이다. 이는 체결면의 분리($F_c=0$)와 나사 풀림(최대 나사 마찰을 제공함으로써)을 최대로 방지한다.(다음 절에서, 피로 하중이 있을 때는 강성비와 초기 인장력이 볼트 크기를 구하는 데 중요한 인자임을 알 수 있을 것이다.)
2. $A_t=47.4\ \text{mm}^2$는 설계 과하중에 도달했을 때 전체 볼트 단면이 약간 항복한다는 가정 하에 구해졌다. M10×1.5 나사($A_t=58.0\ \text{mm}^2$)는 22 kN의 설계 과하중에서 항복이 약간 일어난다. 이보다 큰 과하중은 볼트를 변형시켜 다시 사용할 수 없도록 만든다. 그러나 재료가 극한강도에 도달하여 볼트를 파괴(이 경우 $S_u/S_p=520/380=1.37$)시키기 위해서는 더 높은 과하중이 필요하다. 어떤 상황에서는 볼트 재료의 항복강도나 보증강도보다 극한강도에 맞추어 설계 과하중이 결정된다.

다양한 등급의 강 볼트의 전단강도에 대해 Fisher와 Struik[5]이 연구하였으며 다음과 같은 근사식을 만들었다.

$$S_{us} \approx 0.62 S_u \quad \text{(각주 2 참조)} \tag{10.16}$$

예제 10.3 SAMPLE PROBLEM **볼트 이음부의 전단 하중용량**

그림 10.31은 2면 전단을 받는 $\frac{1}{2}$ in.−13UNC 등급 5의 강볼트를 보여 준다(즉 그림처럼 볼트는 두 전단면을 가진다). 체결된 판은 강으로 만들어졌고, 깨끗하고 건조한 표면을 가지고 있다. 볼트는 보증 하중 $F_i=S_pA_t$까지 토크렌치로 조여진다. 이음부가 견딜 수 있는 힘 F는 얼마인가?(주의: 2면 전단 볼트 하중은 그림 2.14의 핀에서의 하중과 같다. 볼트와 판이 그림 2.14와 2.15에 논의된 다른 형태의 파손을 방지할 충분한 강도를 가진다고 가정한다.)

풀이 SOLUTION

제시자료: 주어진 강 볼트는 세 강판을 조이고, 2면 전단을 받는다.

목표: 이음부의 힘 용량을 구하라.

[2] 직접 전단 하중(비틀림이 아님).

개요도 및 데이터:

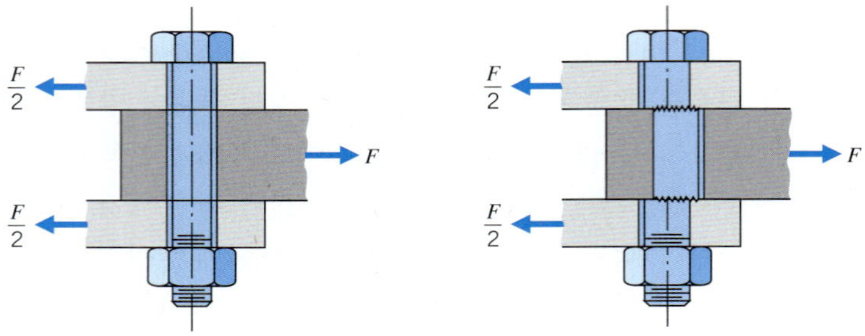

(a)
Normal load, carried by friction forces

(b)
Overload, causing shear failure

그림 10.31 2면 전단을 받는 볼트.

가정:

1. 볼트는 보증 하중 $F_i = S_pA_t$로 조여진다.
2. 볼트는 2면 전단에서 파손한다.
3. 볼트와 판은 다른 형태의 파손을 견딜 충분한 강도를 가진다.
4. 렌치토크의 변화는 대략 ±30%이다.
5. 처음 몇 주간 볼트 인장력에 10%의 초기 손실이 있다(10.7절 참조).

해석:

1. $\frac{1}{2}$ in.−13UNC 등급 5의 강 볼트에 대해, 표 10.1은 $A_t = 0.1419$ in.^{2}를 제공하고, 표 10.4는 $S_p = 85$ ksi를 준다. 주어진 초기 인장은 $F_i = S_pA_t = 85{,}000$ psi $\times 0.1419$ in.$^2 = 12{,}060$ lb이다. 그러나 대략 30%의 토크렌치 변화와 처음 몇 주간의 10% 초기 인장 손실을 고려하면 F_i의 보수적인 추정값은 약 7600 lb이다.
2. 참고문헌 [5]에는 이음판에 따른 마찰계수가 요약되어 있다. 반쯤 연마된 강의 마찰계수는 약 0.3이고, 모래 또는 그리트블라스티드(grit-blasted) 강의 경우는 약 0.5이다. 다양한 도료, 도금, 그리고 다른 표면처리는 마찰계수를 보통은 낮은 값으로 크게 변경 시킬 수 있다. 여기서는 마찰계수를 0.4로 가정한다. 두 경계면을 미끄러뜨리기 위해 필요한 힘은 7600 lb×0.4=3040 lb이다. 따라서 마찰을 극복하기 위해 필요한 F 값은 6000 lb의 범위 안에 있는 것으로 추정된다.
3. 마찰에 의해 전달되는 값으로 하중 F를 제한하는 것이 바람직하지만 볼트를 통하여 더 큰 힘이 전달될 수 있음을 알아야 한다. 두 개의 전단면이 있는 경우에 이 힘은 $2S_{sy}A$와 같다. 여기서 A는 전단면에서의 볼트면적이며, 이 경우에 $\pi(0.5)^2/4 = 0.196$ in.^{2}이다. 변형에너지이론은 연성재료에서 전단 항복강도 $S_{sy} = 0.58\ S_y = 0.58(92$ ksi$) = 53$ ksi를 준다. 따라서 두 전단면의 항복에 대해 $F = 2(0.196$ in.$^2)(53{,}000$ psi$) = 21{,}000$ lb이다.

4. 계산된 21,000 lb의 하중은 전체 전단면에서 전단응력이 항복강도에까지 이르게 하며, 약간의 항복도 대부분의 체결력과 마찰력을 잃어버리게 할 것이다. 하중을 더욱 증가 시키면 그림 10.31*b*에서 보여 주는 것처럼 전체 전단 파손을 일으킬 것이다. 이 전체 파손 하중은 단계 3에서 S_{sy} 대신 S_{us}로 대치하여 계산된다. 식 (10.16)으로부터 $S_{us} \approx 74$ ksi이며, 이에 상응하는 계산된 하중은 $F = 29{,}000$ lb이다.

주석: 그림 10.31에서 볼트의 나사부가 전단면까지 미치지 않음을 주목하라. 이것은 전단을 받는 볼트에서 매우 중요하다. 전단면까지 나사를 연장하면, 보수적인 계산방법으로 전단면적을 나사골 직경에 기초한 면적으로 줄여서 사용한다. 이 경우 $A = \pi(0.4056)^2/4 = 0.129$ in.^{2}이고, 이것은 34%의 감소이다.

예제 10.4 SAMPLE PROBLEM 마찰전단 시 브래킷 착용용 볼트의 선택

그림 10.32는 세 개의 동일한 볼트에 의해 고정 부재에 부착된 수직 하중을 받는 브래킷을 보여 준다. 비록 중앙에 24 kN의 하중이 가해지는 것이 정상적이지만, 볼트는 하중이 중심에서 벗어남을 고려하여 선택된다. 안전성을 고려하여 SAE 등급 9.8의 강 볼트와 최소 6의 안전계수(보증강도에 기초)를 사용한다. 적당한 볼트의 크기를 구하라.

풀이 SOLUTION

제시자료: 안전계수가 지정된 SAE 등급 9.8의 강 볼트가 주어진 형상과 하중을 지지하는 브래킷을 부착하기 위해 사용된다.

목표: 적당한 볼트 크기를 구하라.

개요도 및 데이터:

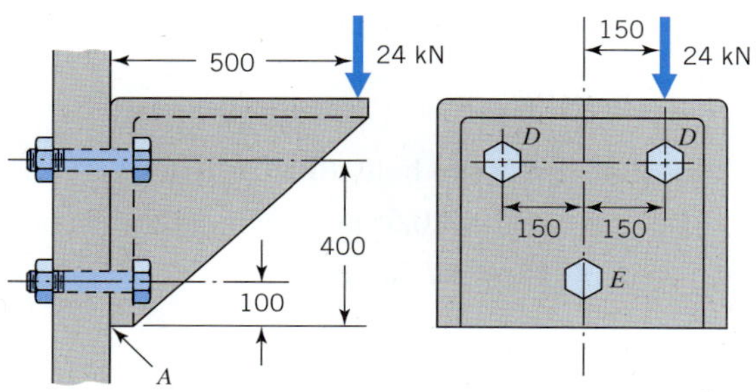

그림 10.32 세 볼트에 의해 지지된 수직 하중을 받는 브래킷.

가정:

1. 체결된 부재는 강체이고 하중에 의해 처지지 않는다.
2. 하중은 점 A를 통과하는 축에 대해 브래킷을 회전시키려는 경향이 있다.
3. 전단 하중은 마찰에 의해 전달된다.

해석:

1. 강체 체결 부재와 전단 하중이 마찰에 의해 전달된다는 가정으로, 가해지는 하중의 편심은 볼트 하중에 어떠한 영향도 주지 않는다. 점 A를 지나는 축에 대해 회전하려는 경향을 가진 브래킷과 함께, 두 볼트 D에 가해지는 변형률(그러므로 하중)은 볼트 E에 가해지는 값의 4배이다. F_D와 F_E를 볼트 D와 E에 의해 전달되는 인장 하중이라 하자. 설계 과하중이 24 kN(6)=144 kN일 경우 점 A에 관한 모멘트의 합은 다음과 같다.

$$\begin{aligned}500(144) &= 100F_E + 400F_D + 400F_D \\ &= 25F_D + 400F_D + 400F_D = 825F_D\end{aligned}$$

즉

$$F_D = 87.27 \text{ kN}$$

2. 등급 9.8의 강은 650 MPa의 보증강도를 가지고 있다. 따라서 필요한 인장응력 면적은

$$A_t = \frac{87{,}270 \text{ N}}{650 \text{ MPa}} = 134 \text{ mm}^2$$

이며, 표 10.2를 참고하면, 요구되는 나사의 크기는 M16×2이다.

주석:

1. 형태와 안전을 위해 더 큰 볼트가 선택될 수 있다.
2. 예제 10.2와 같이, 전단력이 마찰에 의해 전달된다는 가정을 정당화할 만큼 F_i가 충분히 커야만 한다는 사실을 제외하면, 필요한 볼트 크기는 k_b, k_c, F_i에 무관하다. 0.4로 가정된 마찰계수와 최소한 $0.55S_pA_t$의 초기 인장력(조임의 변화량과 초기 이완을 고려하여)으로, 가해지는 전단 과하중과 이용 가능한 전단 마찰력(16 mm 볼트를 사용하여)을 비교하면

$$\begin{aligned}\text{이용 가능한 마찰력} &= (3 \text{ bolts})(0.55\, S_pA_t)F \\ &= 3(0.55)(650 \text{ MPa})(157.27 \text{ mm}^2)(0.4) \\ &= 67{,}500 \text{ N}\end{aligned}$$

을 얻는다. 이것은 가해지는 과하중 24 kN과 과하중 편심에 의한 회전의 영향을 더한 것에 대한 안전여유를 나타낸다. 두 번째 영향은 예제 10.5에서 다룬다.

예제 10.5 SAMPLE PROBLEM 마찰은 무시하고 볼트에 의해 전달되는 전단 하중을 가정한 브래킷 착용 볼트의 선택

마찰력은 무시하고 예제 10.4를 반복하라.

풀이 SOLUTION

제시자료: 지정된 안전계수를 가진 세 개의 SAE 등급 9.8의 강 볼트가 주어진 형상과 하중을 지지하는 브래킷을 부착하기 위해 사용된다.

목표: 적당한 볼트 크기를 구하라.

개요도 및 데이터: 예제 10.4와 그림 10.32를 참조하라.

가정:

1. 편심 수직 하중에 의한 전단력은 모두 볼트에 의해 전달된다.
2. 수직 전단 하중은 세 볼트에 동등하게 분포된다.
3. 각 볼트에 의해 전달되는 접선방향 전단력은 볼트그룹의 무게중심으로부터 각 볼트까지의 거리에 비례한다.

해석:

1. 마찰을 무시하는 것은 나사부(이것은 예제 10.4에서의 관심이었다)에서의 볼트응력에 어떠한 영향도 주지 않는다. 이 예제에서의 관심은 볼트 전단면(브래킷과 고정된 판 사이의 경계면)으로 집중된다. 이 면은 아래의 단계 2에서 계산되는 전단력 외에 예제 10.4에서 계산된 87.27 kN의 인장력을 갖는다.
2. 24 kN(6)=144 kN 의 편심 전단 하중은 브래킷을 아래쪽으로 이동시키고 볼트그룹의 무게중심에 대해 시계방향으로 회전시키려는 경향이 있다. 세 개 볼트의 크기가 같으면, 무게중심은 그림 10.33에 나타낸 것처럼 삼각형의 도심에 있다.

   이 그림은 원래의 하중(점선 벡터)이 도심에 가해지는 등가의 하중(실선 벡터)과 토크(힘과 움직인 거리의 곱과 같다)로 대치됨을 보인다. 가정한 것처럼, 각 볼트는 수직 전단의 1/3과 무게중심으로부터의 거리에 비례하는 접선방향 힘(무게중심에 대한 회전에 관한)을 전달한다. 그림에 의거하여 계산하면, 위의 볼트 각각에 대한 접선방향 힘이 37.1 kN이 된다. 두 전단력의 벡터합은 오른쪽 위의 볼트에서 가장 크고 V=81.5 kN이다.
3. 가장 중요한 오른쪽 위의 볼트는 인장응력 $\sigma=87{,}270/A$와 전단응력 $\tau=81{,}500/A$을 받는다. 변형에너지 이론식에 대입하면 등가 인장응력은 다음과 같다.

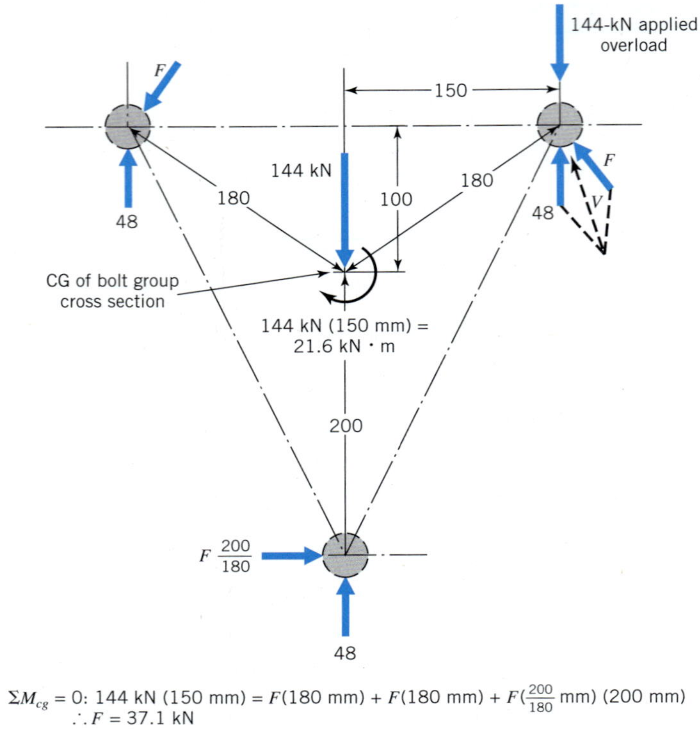

그림 10.33 브래킷(그림 10.32)에 대한 전단면 힘과 모멘트 평형.

$$\sigma_e = \sqrt{\sigma^2 + 3\tau^2} = \frac{1}{A}\sqrt{(87{,}270)^2 + 3(81{,}500)^2} = \frac{166{,}000}{A}$$

4. 이를 보증응력과 같게 하면

$$\frac{166{,}000}{A} = S_p = 650 \text{ MPa}$$

이 된다. 따라서

$$A = 255 \text{ mm}^2$$

이다.

5. 마지막으로

$$A = \frac{\pi d^2}{4}, \qquad \text{or} \quad d = \sqrt{\frac{4A}{\pi}} = \sqrt{\frac{4(255)}{\pi}} = 18.03 \text{ mm}$$

이 된다. 따라서 18 mm의 몸통(shank) 직경이 요구된다.

주석: 이 해와 예제 10.4의 해를 비교하면, 나사에 인장만 존재하는 것보다 볼트 전단면에 인장과 전단이 함께 존재하는 것이 더 위험함이 명백하다.

10.11 피로 하중에서 볼트(또는 나사)의 선택: 기본

볼트 피로는 약간의 교번(alternating) 굽힘을 수반하는 **인장력**이 변동하는 경우에 생긴다(그림 10.29*b*처럼).[교번 전단 하중은 다월(dowel) 핀과 같은 분리된 부재나 체결 마찰력에 의해 보통 작용한다.] 이 절에서는 8장의 원리와 개념을 볼트에 적용한다. 초기 조임 인장 때문에, 볼트는 본질적으로 높은 평균 응력을 가진다. 게다가 응력집중은 나사골에 항상 존재한다. 이 두 내용은 8.9절과 8.11절에서 취급된다.

표 10.6은 표준 나사와 볼트의 피로응력집중계수 K_f의 대략적인 값을 준다. (1) 압연 나사는 가공경화 및 잔류응력 때문에 낮은 K_f의 값을 가지고, (2) 경화된 나사는 높은 노치민감도 때문에 높은 K_f의 값을 가짐을 주목하라. 나사를 고품질로 마감처리한 경우, 이러한 값들이 표면계수 $C_s=1$의 값과 함께 사용된다.

10.4절과 그림 10.11, 10.12는 대부분의 볼트 하중이 너트의 하중면에 가장 가까운 나사산으로 전달되는 경향을 설명한다. 응력이 집중되는 정도는 너트의 설계에 의해 좌우된다. 이것이 실제 K_f 값이 표 10.6에 주어진 값과 다른 하나의 이유이다.

10.11.1 높은 초기 조임 인장과 낮은 초기 조임 인장에서의 볼트 피로강도의 해석

그림 10.34는 표 10.5에 나열된 SAE 등급 8.8과 동등한 성질을 가진 강으로 제작된 M10×1.5 볼트의 피로강도 해석을 나타낸다. 볼트는 $k_c=2k_b$로 이음부에 설치된다. 그리고 이 이음부는 0과 9 kN 사이에서 변동하는 외력을 받는다. 그림 10.34*a*의 케이스 1 곡선은 10 kN의 초기 체결력에 대응된다.(이 곡선은 그림 10.27의 곡선과 비슷함을 주목하라.) 외력이 가해질 때마다, 볼트 힘은 증가하고 체결력은 감소하며, 이 두 힘의 합은 9 kN의 외력과 같다. 외

표 10.6 강 나사 부재의 피로응력집중계수 K_f(유니파이와 ISO 나사의 대략적인 값)

Hardness	SAE Grade (Unified Threads)	SAE Class (ISO Threads)	K_f[a] Rolled Threads	K_f[a] Cut Threads
Below 200 Bhn (annealed)	2 and below	5.8 and below	2.2	2.8
Above 200 Bhn (hardened)	4 and above	8.8 and above	3.0	3.8

[a] With good commercial surfaces, use $C_s = 1$ (rather than a value from Fig. 8.13) when using these values of K_f.

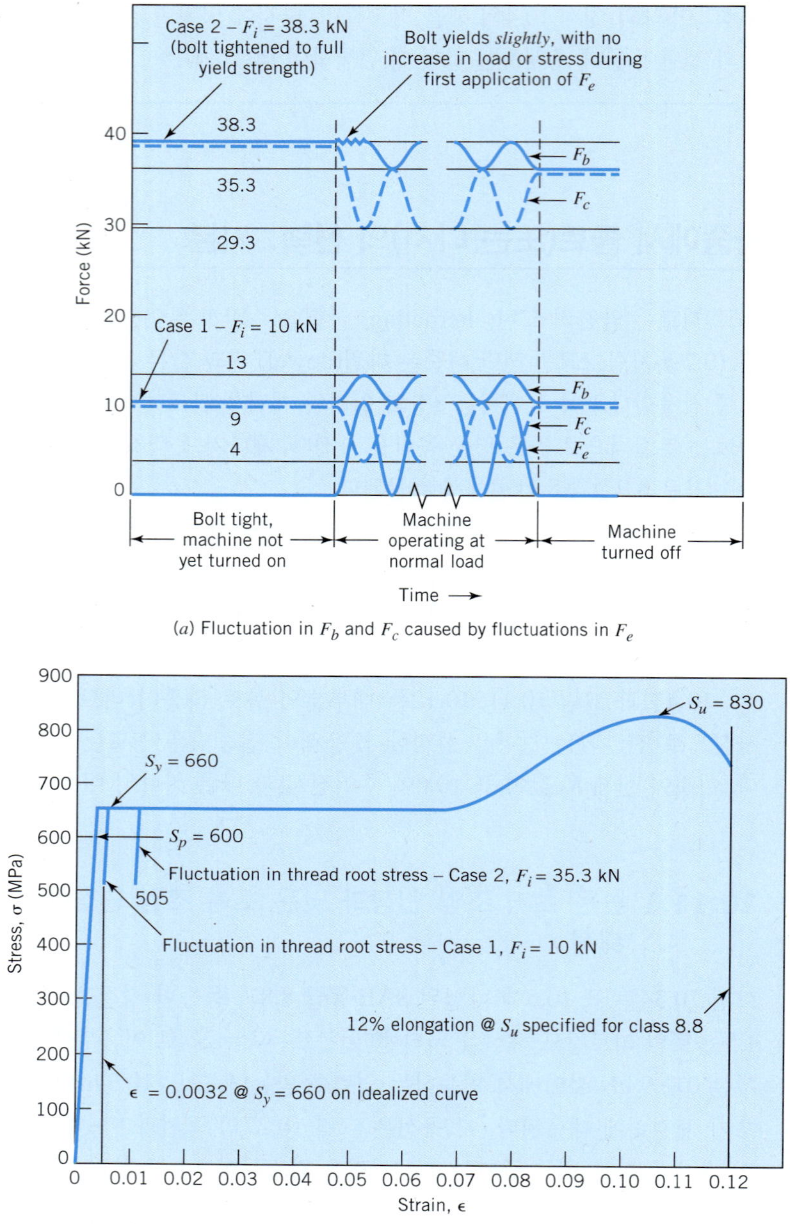

(*a*) Fluctuation in F_b and F_c caused by fluctuations in F_e

(*b*) Idealized (*not* actual) stress–strain curve for class 8.8 bolt steel

그림 10.34 볼트 피로 하중의 예. M10×1.5 강 볼트가 두 개의 다른 F_i의 값으로 체결되었다. 탄성강성계수는 $k_c=2k_b$이다(압연 나사, $K_f=3$).

력 F_e가 제거되면 볼트 축 하중 F_b와 체결력 F_c는 10 kN의 초깃값으로 되돌아간다.

케이스 2 곡선은 항복강도 값($F_i=S_yA_t=660\times58.0=38{,}280$ N ≈ 38.3 kN)과 같은 볼트 초기 인장력에 대응된다. 이 값은 가해지면 안 되는 극한값임을 주목하라(가장 높은 초기 인장은 보증강도이다—이 경우에는 약 9% 낮음.) 8장에 주어진 방법에 따라(8.11절과 그

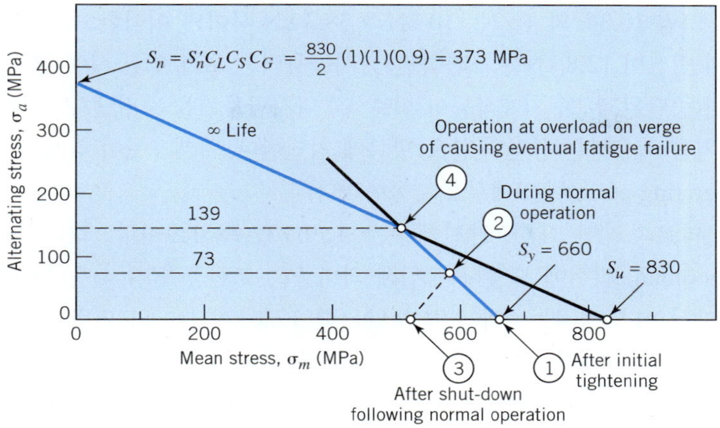

(c) Mean stress-alternating stress diagram for plotting thread root stresses

그림 10.34 (계속)

림 8.27, 그리고 4.14절과 그림 4.42와 4.43의 항복과 잔류응력을 다루는 부분을 참조하라) 그림 10.34*b*에 가정된 이상적인 응력-변형률 곡선이 사용된다. 항복강도로 조여진 볼트 단면의 모든 재료들은 S_y의 응력을 받는다. 이 경우 볼트가 약간 더 늘어나도 하중이 증가하지 않는다. 즉 증가한 하중에 대한 유효 탄성계수는 207 GPa이 아니라 0이고, 관련된 볼트 강성 또한 0이다. 따라서 처음 이음을 분리하려는 힘 F_e가 가해지면, 이것은 체결력의 감소로 작용하며, 어떠한 것도 볼트 힘을 증가시키지 않는다. 이것은 그림 10.34*a*의 맨 위 곡선에서 볼 수 있다. F_e가 제거되면, 볼트는 약간 이완하며 (짧아진다), 이 이완은 탄성적이다. 따라서 F_b와 F_c의 상응하는 변화는 탄성 값 k_b와 k_c에 의해 좌우된다. 탄성 볼트 이완은 가역적이고, 이것은 항복 없이 하중이 다시 작용될 수 있음을 의미한다. 외력이 주기적으로 변하면, 케이스 2 곡선이 나타내는 것처럼 볼트 힘과 체결력이 변동한다.

케이스 1과 케이스 2의 임계 나사골 위치에서의 응력 변동을 구해 보자. 케이스 1에서 초기 조임은 다음과 같은 나사골응력을 준다.

$$\sigma = \frac{F_i}{A_t} K_f = \frac{10{,}000 \text{ N}}{58.0 \text{ mm}^2}(3) = 517 \text{ MPa}$$

처음 외력을 적용하면, 계산된 672 MPa의 탄성 나사응력과 관련하여 F_b는 13 kN까지 증가한다. 약간의 항복은 이 응력을 660 MPa까지 감소시킨다. F_b가 10 kN으로 감소할 때 탄성 응력의 감소는 155 MPa이다. 따라서 나사골에서의 변동응력은 그림 10.34*b*의 케이스 1 선에 해당한다. 이것은 케이스 2의 변동과 정확히 일치한다. 두 케이스에서 최대 응력은 S_y와 일치하고, 최소 응력은 하중을 제거하는 동안 탄성 이완으로 얻어진다. 따라서 두 케이스는 평균응력(mean stress)-교번응력(alternating stress) 선도 상의 동일한 점(그림 10.34*c*의 점 2)으로 표현된다. 이들 사이의 유일한 차이는 조임과 초기 하중을 적용하는 동안 케이스 2에서 발생하는 항복이 더 크다는 것이다.

그림 10.34*c*의 점 2는 10 kN과 38.3 kN 사이의 어떠한 초기 인장에도 적용된다. 만약 초기 인장이 12.8 kN을 초과하면, 나사골응력은 초기 조임 시에 점 1에 도달한다. 점 3은 외력이 중단된 후(즉 기계작동이 멈춘 후) 나사골응력을 나타낸다. 점 1과 3의 차이는 외력 F_e를 처음 적용하는 동안의 볼트 항복에 기인한다. 기계작동이 다시 시작되면, 나사골 '작동점(operating point)'은 3에서 2로 돌아간다.

피로파괴에 대한 안전계수는 139/73, 즉 1.9이다. 왜냐하면 무한 수명의 굿맨(Goodman) 직선에 도달하기 위해 과하중은 교번응력(점 4)을 139 MPa로 증가시켜야 하기 때문이다. 점 4는 0과 1.9×9 kN, 즉 17.1 kN 사이의 외력 변동에 해당한다. 케이스 1의 초기 조임에서 이 과하중은 불가능하다. 왜냐하면 체결력이 0으로 떨어지고 이음 부재가 분리되기 때문이다[$F_c=10-(\frac{2}{3})(17.1) < 0$]. 케이스 2의 초기 조임에서는 이 과하중($F_c=38.3-17.1=21.2$ kN)으로 이음부가 큰 체결력을 유지한다.

실제 볼트의 피로 특성은 상기한 해석과는 다소 다를 것이라고 기억하는 것이 중요하다. 왜냐하면 실제 응력-변형률 곡선은 이상화된 곡선에서 벗어나기 때문이다.

10.11.2 높은 초기 볼트 인장의 장점

비록 항복강도 값까지 볼트가 조여지도록 명시하지는 않더라도(특히 볼트를 조일 때 이 점을 지나갈 가능성 때문에), 체결 작동을 충분히 제어할 수 있는 경우에는 **보증강도**(즉 $F_i=S_pA_t$)에 가까운 값으로 조이는 것이 바람직하다. 이렇게 강하게 조이는 경우의 장점은 다음과 같다.

1. 체결 부재의 **유효**면적이 더 크기 때문에 볼트의 동하중은 줄어든다.(초기 조임이 커질수록, 그림 10.29*b*에서처럼 특히 편심 하중이 고려될 때, 변동 하중 동안 체결면은 더욱 밀접하게 접촉된다.)
2. 이음부 분리의 원인이 되는 과하중에 대한 최대 방지책이다.
3. 나사 풀림에 대한 최대 방지 역할을 한다(10.8절 참조).

볼트가 보증 하중 크기로 조여질 때 발생하는 작은 양의 나사골 항복은 연성이 허용되는 볼트 재료에서는 그리 해롭지 않다. 예를 들면 표 10.4와 10.5에 나열된 모든 강들은 35%의 면적 감소를 수반함을 주목하라.

예제 10.6 SAMPLE PROBLEM **볼트 피로 하중용량에서 초기 인장의 중요성**

그림 10.35*a*는 0과 F_{max} 사이의 변동하는 분리력을 받는 $\frac{1}{2}$ in.−13 UNC 등급 5의 볼트(절삭 나사산을 갖는)로 체결되는 두 개의 강 기계 부품 모델을 보여 준다. (a) 만약 볼트가 초기 인장이 없다면, (b) 만약 볼트가 보증 하중으로 처음부터 조여져 있다면, 볼트의 무한 피로 수명을 주는 F_{max}의 가장 큰 값은 얼마인가?

풀이 SOLUTION

제시자료: 두께가 지정된 두 판이 주어진 볼트에 의해 서로 체결되어 있다. 그리고 조립품은 0에서 F_{max}까지 변동하는 분리력을 받는다. (a) 볼트의 초기 인장이 없는 경우, (b) 볼트가 보증 하중 크기의 초기 하중을 받는 경우에 조립품은 무한수명을 가져야 한다.

목표: 케이스 a와 b의 F_{max} 값을 구하라.

개요도 및 데이터:

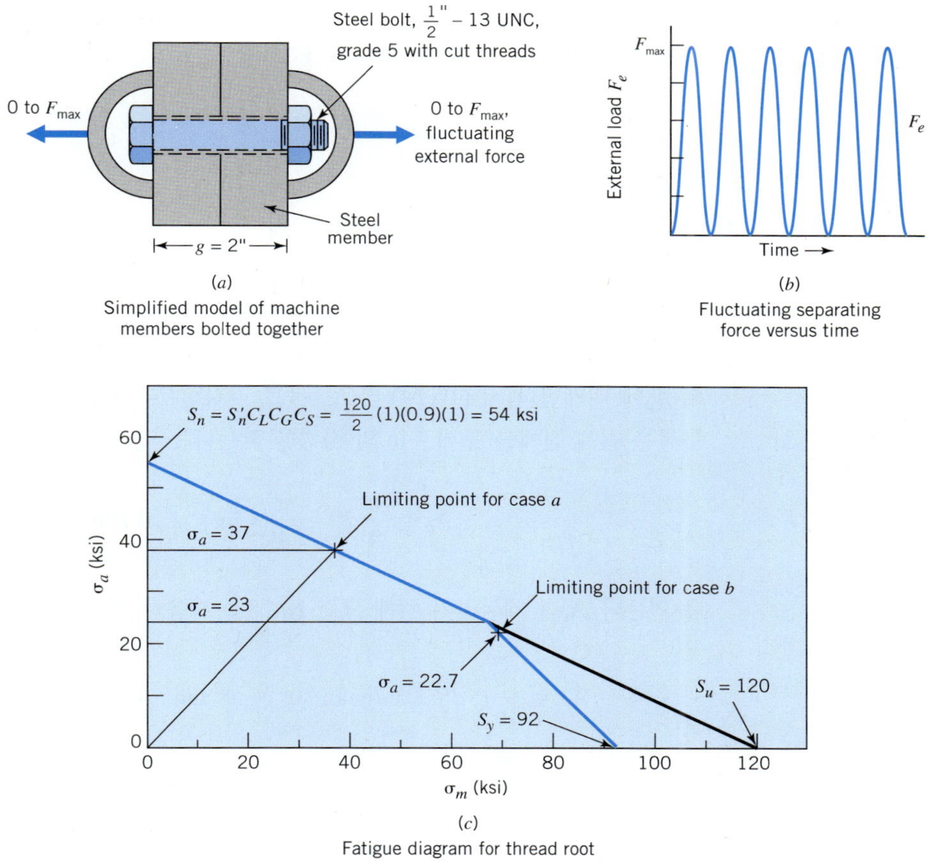

그림 10.35 변동 분리력을 받는 볼트 이음판.

가정:

1. 볼트 나사산부는 너트를 지나 조금 더 연장되어 있고, 볼트 몸통은 전체 길이를 통해 $\frac{1}{2}$ in.의 직경을 갖는다.
2. 두 강판은 매끄러운 평면을 가지고, 둘 사이의 개스킷은 없다.
3. 체결 부재의 유효면적은 그림 10.28처럼 근사화될 수 있다.

해석:

1. $\sigma_m - \sigma_a$ 선도는 그림 10.35c로 그려진다. 케이스 a에서 응력은 오직 변동하중에 의한 것이다.

$$\sigma_m = \sigma_a = \frac{F_{\max}}{2A_t}K_f = \frac{F_{\max}}{2(0.1419)}(3.8) = 13.39F_{\max}$$

(단위는 파운드와 인치이다.)

2. 무한 피로수명의 경계선에서, 그림 10.35c는 다음을 보여 준다.

$$\sigma_m = \sigma_a = 37{,}000 \text{ psi}$$

따라서 $13.39F_{\max}=37{,}000$, 또는 반올림 후

$$F_{\max} = 2760 \text{ lb}$$

이 된다.

3. 케이스 b에서 초기 인장력은 다음과 같다.

$$F_i = S_pA_t = (85{,}000)(0.1419) = 12{,}060 \text{ lb}$$

4. 만약 강판이 매끄러운 평면이고 개스킷은 존재하지 않는다고 가정하면, k_b와 k_c는 A_b와 A_c에 비례한다[식 (10.14) 참조]. 볼트 나사산부는 너트를 조금 더 지나 있고, 볼트 몸통은 길이 전체를 통해 $\frac{1}{2}$ in.의 직경을 갖는다는 가정에서

$$A_b = \frac{\pi}{4}d^2 = \frac{\pi}{4}\left(\tfrac{1}{2}\text{ in.}\right)^2 = 0.196 \text{ in.}^2$$

을 얻는다. A_c를 계산하기 위해 그림 10.28을 사용하면

$$\begin{aligned} A_c &= \frac{\pi}{16}(5d^2 + 6dg\tan 30^\circ + g^2\tan^2 30^\circ) \\ &= \frac{\pi}{16}\left[5\left(\tfrac{1}{2}\right)^2 + 6\left(\tfrac{1}{2}\right)(2)(0.577) + (2)^2(0.333)\right] = 1.19 \text{ in.}^2 \end{aligned}$$

이다. 따라서

$$\frac{k_b}{k_b + k_c} = \frac{A_b}{A_b + A_c} = \frac{0.196}{0.196 + 1.19} = 0.14$$

이며, 이것은 외부 변동 하중의 단지 14%만이 볼트에 의해 유지됨을 의미한다(86%는 체결 압력을 줄이는 데 사용된다).

5. 볼트의 교번 하중은 봉우리 대 봉우리(peak-to-peak) 변동 하중의 절반, 즉 $0.07F_{\max}$이다. 따라서 볼트의 교번응력은 다음과 같다.

$$\sigma_a = \frac{F_a}{A_t} K_f = \frac{0.07F_{max}}{0.1419}(3.8) = 1.88F_{max}$$

6. $F_i = S_p A_t = 12{,}060$ lb에서, 12,060 lb보다 약간 높은 외부 하중은 이음부를 분리시키지 않는다. 따라서 만약 볼트의 교번응력이 피로파괴를 일으키지 않으면 $F_{max} = 12{,}060$ lb는 만족스럽다. $F_{max} = 12{,}060$ lb에 대해

$$\sigma_a = 1.88F_{max} = 1.88(12{,}060) = 22{,}670 \text{ psi}$$

이다. 그림 10.35*c*는 이 점이 무한수명 굿맨 선도(σ_a는 23 ksi까지 갈 수 있다) 바로 아래에 있음을 보여 준다. 따라서 케이스 b의 답(반올림된)은 $F_{max} = 12{,}000$ lb, 즉 케이스 a 값의 $4\frac{1}{2}$배이다.

10.12 피로 하중에서 볼트의 선택: 특별한 실험 데이터의 사용

앞 절의 방법은 어떤 적당한(나사골에 최소한의 항복을 유발하는, 그러나 보증강도를 넘지 않는) 볼트 조임에 대해서도 볼트의 교번 하중용량은 초기 조임과 무관하다는 것을 나타낸다. 더 높은 초기 볼트 인장 값이 체결된 부재에 상당히 더 큰 강성을 가져다 주지 않는다면 이는 일반적인 사실임을 실험이 증명하고 있다[3, 4, 11].

다양한 볼트강에 대해, 피로한계(fatigue-limited) 교번응력(그림 10.34*c*)에 해당되는 교점은 허용 교번응력이 극한강도와 함께 증가하지 않는다는 사실을 말해 준다. 오히려 이는 일정하게 유지된다. 이것 역시 실험에 의해 일반적으로 확인되었다. 예를 들면 뒤에 논의될 표 10.7은 극한강도 120과 260 ksi를 가진 강에 대해 차이를 주지 않는다.

앞에서 논의된 사실에 대한 일반적인 증명에도 불구하고, 앞 절에서 사용된 방법에 따라 볼트의 허용 교번 하중을 구하는 것은 매우 개략적이다. 피로한계 교점(그림 10.34*c*의 점 4)은 S_y 값의 작은 변화에 의해 크게 영향을 받는다.(만약 S_p가 대신 사용되면, 상당히 높은 피로강도가 얻어진다.) 모서리가 뾰족한 이상화된 응력-변형률 곡선의 타당성도 의심된다. 게다가 피로실험점(0 평균응력)으로부터 멀리 떨어진 응력 변동의 경우에 굿맨 선도가 타당하다고 가정된다. 마찬가지로 K_f(표 10.6)의 평균값 사용은 나사산의 모양, 나사 표면처리, 짝을 이루는 체결 요소의 설계 영향을 정확하게 반영할 수는 없다.

피로 하중을 받는 위험한 이음부의 설계와 고강도 볼트 선택의 정확한 근거를 제공하기 위해, 볼트 이음의 피로실험을 광범하게 수행해왔다. 몇몇의 결과가 표 10.7에 요약되었고, 이는 너트에 알맞게 체결된 몇 개의 볼트들에 대한 피로한계 공칭 교번응력을 제공한다.

보증 하중의 반으로 조여지는 120 ksi 극한강도 볼트의 허용 교번 하중용량은 완전 보증하중으로 조여지는 260 ksi 볼트의 것과 같다는 점에서 피로 적용에 대해 두 경우가 동등하다고 생각하기 쉽다. 그러나 절대로 그렇지 않다. 실제로 임계 피로 적용에 대해 성공적인

표 10.7 체결된 볼트의 피로강도, S_a

Material	Thread Rolling	Finish	Thread ISO	Alternating Nominal Stress[a] S_a	
				ksi	MPa
Steel, S_u = 120–260 ksi	Before H.T.	Phosphate and oil	Standard	10	69
Steel, S_u = 120–260 ksi	After H.T.	Phosphate and oil	Standard	21	145
Steel, S_u = 120–260 ksi	After H.T.	Cadmium plate	Standard	19	131
Steel, S_u = 120–260 ksi	After H.T.	Phosphate and oil	Special[b]	26	179
Steel, S_u = 120–260 ksi	After H.T.	Cadmium plate	Special[b]	23	158
Titanium, S_u = 160 ksi			Standard	10	69
Titanium, S_u = 160 ksi			Special[b]	14	96

[a] Alternating nominal stress is defined as alternating bolt force/A_t, 50 percent probability of failure, bolt sizes to 1 in. or 25 mm [3,4,11].
[b] SPS Technologies, Inc. "Asymmetric" thread (incorporates large root radius). (The fillet under the bolt head must be rolled to make this region as strong in fatigue as the thread.)

체결 요소 설계를 위한 주된 방안은 **초기 인장을 최대화**(즉 매우 고강도의 볼트를 사용하여 거의 완전 보증강도까지 조이는 것) 하는 것이다. 앞에서 언급한 것처럼, 증가된 초기 인장은 (1) 보통 체결된 부재의 강성도를 증가시키고(이것은 볼트 교번응력을 감소시킨다), (2) 이음부 분리방지를 더 보장하며, (3) 나사 풀림을 억제한다. 또한 크기는 상대적으로 작지만 높은 응력을 받는 볼트에서 초기 인장의 증가는 볼트의 강성도를 감소시킨다(볼트의 교번응력을 더욱 줄인다). 더 작은 볼트는 전체 부품의 크기와 무게를 감소시킨다.

예제 10.7 SAMPLE PROBLEM 압력용기용 플랜지 볼트의 선택

그림 10.36의 플랜지 이음은 250 mm의 실린더 내경과 350 mm의 볼트 원 직경을 가지며, 0과 2.5 MPa 사이에서 빠르게 변동하는 내압(게이지 압력)을 받는다. 열처리 전에 압연된 나사산을 가진 등급 8.8의 기존 강 볼트가 12개 사용된다. 실린더는 주철(E=100 GPa)로 만들어졌고, 덮개판은 알루미늄(E=70 GPa)으로 되어 있다. 유효 체결면적 A_c는 $5A_b$와 같다고 가정한다. 주철과 알루미늄 부재의 체결된 두께는 같다. 안전계수가 2인 무한 피로수명에 대해, 적당한 볼트의 크기를 구하라. 한 주기의 작동 후, 초기 인장은 $0.55S_pA_t$로 낮아진다고 가정한다.

풀이 SOLUTION

제시자료: 볼트 원 직경이 지정된 알루미늄 덮개판이 주철 실린더에 볼트로 체결되며, 내부 압력이 알고 있는 압력 사이에서 변동한다. 압연된 나사산을 가진 12개의 등급 8.8의 강 볼트가 볼트 단면적의 5배 면적을 체결한다. 안전계수가 2인 무한 피로수명이 요구된다.

목표: 적당한 볼트 크기를 선택하라.

개요도 및 데이터:

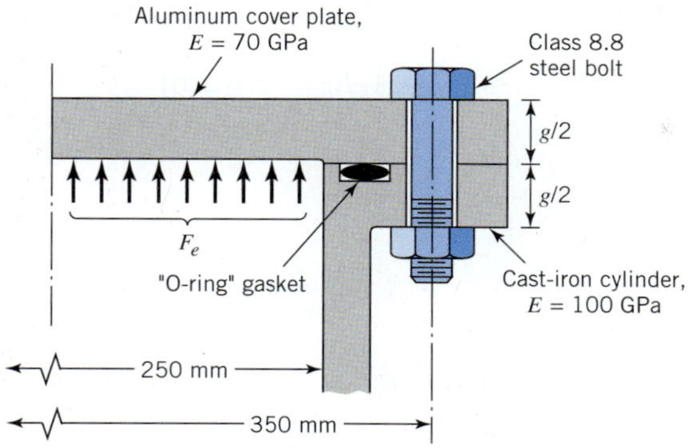

그림 10.36 볼트 이음 압력용기 플랜지.

가정:

1. 하중은 12개의 볼트에 동등하게 나누어진다.
2. 표 10.7에 볼트 재료의 피로강도가 나열되어 있다.
3. 볼트 인장응력은 피치 직경과 골직경의 평균값으로 계산된 응력면적을 사용한다.
4. 초기 볼트 인장은 한 작동주기가 지난 후 $0.55S_pA_t$로 낮아진다.

해석:

1. 설계 과하중(정상하중에 안전계수를 곱한 값)에서 F_c의 전체 값은

$$\frac{\pi}{4}d^2 p_{\max} = \frac{\pi}{4}(250 \text{ mm})^2(5.0 \text{ MPa}) = 245.4 \text{ kN}$$

이며, 12개의 볼트로 나누면, 볼트당 20.5 kN이다.

2. 강성도 k_c는 직렬 연결된 두 '스프링'(주철은 '스프링' 1이고, 알루미늄이 '스프링' 2라 놓는다)의 합이다. 식 (10.15)를 적용하면

$$\frac{1}{k_c} = \frac{1}{k_1} + \frac{1}{k_2}$$

이다. 여기서

$$k_1 = \frac{A_1E_1}{L_1} = \frac{5A_b(100)}{g/2}$$

$$k_2 = \frac{A_2E_2}{L_2} = \frac{5A_b(70)}{g/2}$$

이며, 이를 대입하면

$$k_c = \frac{k_1 k_2}{k_1 + k_2} = \frac{412A_b}{g}$$

을 얻는다. 식 (10.14)로부터

$$k_b = \frac{A_b E_b}{g} = \frac{A_b(200)}{g}$$

이다. 따라서

$$k_c/k_b = 2.06$$

이다. 식 (i)로부터, 볼트 힘의 증가량은

$$\Delta F_b = \frac{k_b}{k_b + k_c} F_e = \left(\frac{1}{1 + 2.06}\right)(20{,}500) = 6766 \text{ N}$$

이다. 교번력은 $F_a = \Delta F_b/2 = 3383$ N이다.

3. 표 10.7의 피로강도 데이터를 사용하자. 이 볼트 재료에 대해, 공칭 교번응력의 피로 한곗값이 69 MPa이다. 공칭 교번응력의 실제 값은

$$\sigma_a = \frac{F_a}{A_t} = \frac{3383}{A_t}$$

이다. 따라서 요구되는 A_t의 값은 3383/69=49 mm^{2}이다.

4. 표 10.2로부터, 다음으로 큰 표준 크기를 선택한다. 즉 A_t=58.0 mm^{2}인 M10×1.5이다.
5. 최소 초기 체결력은 $0.55S_pA_t$=(0.55)(0.600 GPa)(58.0 mm^2)=19.2 kN으로 주어진다. 적용되는 하중 20.5 kN의 33%가 볼트 인장으로 가해지므로, 나머지 67%(즉 13.7 kN)는 체결력을 감소시킬 것이다. 따라서 5.5 kN의 최소 체결력만 남긴다.

주석: 이 문제에서 볼트 직경에 대한 볼트 간격비는 $350\pi/(12\times10)$, 즉 9.16이다. 때때로 사용되는 경험적 지침에 따르면, 이 비가 (a) 볼트 사이에서 좋은 플랜지 압력을 유지하기 위해 10 이하이어야 하고, (b) 표준 렌치를 사용하기 위한 간격을 위해 5보다 커야 한다.

상기한 문제는 구속된 오링 개스킷(그림 10.36)의 사용에 기초하였다. 보통 개스킷(그림 10.25와 같이 그렇게 두껍지 않은 경우는 제외하고)에서는

1. 플랜지의 강성과 볼트들 사이의 공간은 더욱 중요하다. 왜냐하면 밀봉효과는 볼트들 사이 중간 지점의 가장 낮은 체결압력에 의해 좌우되기 때문이다.
2. 체결된 부재의 강성도 k_c는 훨씬 더 작다. 따라서 볼트에 더욱 큰 교번응력을 부과한다.

3. 조임력 F_c는 F_{max}가 가해질 때 실링을 위해 충분히 큰 값으로 유지되어야 한다. 반면에 구속된 오링 개스킷은 $F_c > 0$만을 요구한다.(한편으로는, 구속된 오링 개스 킷은 정확한 그루브 가공을 필요로 하기 때문에 더 비싸다. 그리고 유연한 오링의 재료는 열, 노화 작용, 화학 작용에 대한 저항이 작다.)

10.13 볼트 이음부의 피로강도의 증가

볼트(그리고 나사)의 피로강도를 증가시킬 수 있는 다양한 방법을 소개하는 것이 도움이 될 것이다.

1. 볼트 인장을 증가시키는 역할을 하는 외부 하중의 일부분을 감소시키도록 강성도를 변화시킨다.

a. 더 높은 탄성계수를 갖는 재료와 평평하고 매끄러운 상대면(사이에 개스킷이 없는)을 사용하고, 압축을 받는 판의 면적과 두께를 증가시킴으로써 k_c를 증가시킨다.(그림 10.28은 증가하는 그립이 어떻게 A_c를 증가시키는지 보여 준다.)

b. 큰 강도를 갖는 작은 볼트로 원하는 체결력을 확보하고 초기 인장을 정확하게 제어하여 재료강도를 완전하게 이용함으로써 k_b를 감소시킨다. k_b를 줄이는 다른 방법은 그림 7.10*b*, 7.11, 10.13에서 보여 준 것처럼 몸통 면적을 줄이는 것이다. 이상적으로 필렛에서의 응력이 임계 나사골에서의 응력과 같을 정도로 매우 높게 하기 위하여, 몸통은 아주 큰 반경의 필렛으로 줄여야 한다. 재료 피로강도의 손실이 없다면, 볼트의 탄성계수를 줄이는 것 또한 도움이 된다.

2. 접촉되는 몇몇의 나사산(그림 10.12)에 의해 전달되는 하중이 같도록 너트(또는 다른 암 체결 요소)를 수정한다. 그리고 접촉하는 나사의 수가 적당하도록 한다.

3. 더 큰 나사골 반경을 사용하여 나사골 응력집중을 줄인다.

a. 군용 항공기용 미 정부 표준 MIL-B-7838은 그림 10.2에 주어진 바깥나사의 기본적인 형상을 0.144*p* 나사골 필렛 반경으로 수정할 것을 요구한다. 이 형상은 특별한 산업용 체결 요소와 인장강도가 180 ksi까지 되는 대부분의 항공우주용 인장 볼트에 사용된다.

b. 표준 MIL-S-8879는 인장강도가 180 ksi 이상인 항공우주용 인장 볼트에 대하여 0.18*p*의 필렛 반경을 명시하고 있다.(이 특별한 볼트 재료는 표 10.4의 SAE 등급 목록을 넘어선다. 초고강도 강 볼트는 220과 260 ksi의 인장강도를 가진다.)

c. 컬럼븀(columbium), 탄탈럼(tantalum), 베릴륨(beryllium), 그리고 다른 높은 노치 민감도 재료로 된 항공 우주용 볼트는 때때로 0.224*p*, 심지어 0.268*p*의 필렛 반경을 사용한다.

매우 큰 반경의 필렛 사용을 제한하는 것은 관련된 나사깊이의 감소이다. 그러나 어려운 볼트 피로문제가 생길 때, 최소 0.144*p*의 필렛 반경을 고려하는 것이 좋다.

4. 최대 초기 인장을 얻기 위해 실질적으로 가장 높은 보증강도의 재료를 사용한다.
5. 가급적 A_tS_p에 가까운 F_i의 값을 얻기 위한 체결 과정을 이용한다.
6. 나사산은 절삭보다는 압연되었고 열처리 **후**에 압연되었음을 확인해야 한다.[3] 강도가 더 커질수록 경화 **후**에 압연하는 것이 더 중요하다. 이것은 300 ksi 정도의 높은 인장강도에서 실험적으로 증명되었다.
7. 응력집중을 줄이고 나사를 가능한 한 강하게 한 후, 볼트 헤드 아래의 필렛 반경이 이 점에서 파손을 피하기에 충분함을 확인해야 한다. 필요하면 이 필렛을 **냉간 압연**한다(8.14절 참조).
8. 볼트 굽힘을 최소화한다(그림 10.29).
9. 나사풀림이나 재료의 영구변형 때문에 사용 중에 생기는 초기 인장의 부분손실을 방지해야 한다. 필요한 만큼 나사를 다시 조인다. 수리를 위해 제거된 후 다시 설치될 때 적절한 체결을 위한 단계를 따라야 하며, 반복되는 재체결 때문에 원치 않는 항복을 일으키기 전에 볼트를 교체한다.

[3] 보통 열처리된 볼트는 비용절감을 위해 열처리 **전**에 압연된다.

참고문헌 REFERENCES

1. ANSI (American National Standards Institute) standards B1.1-2003, B1.5-1997(R2004), B1.9-1973(R2001), American Society of Mechanical Engineers, New York.
2. Chow, W. W., *Cost Reduction in Product Design*, Van Nostrand Reinhold, New York, 1978.
3. Finkelston, R. J., and F. R. Kull, "Preloading for Optimum Bolt Efficiency," *Assembly Engineering* (Aug. 1974).
4. Finkelston, R. J., and P. W. Wallace, "Advances in High-Performance Mechanical Fastening," Paper 800451. Society of Automotive Engineers, New York, Feb. 25, 1980.
5. Kulak, G. L., J. W. Fisher, and J. H. A. Struik, *Guide to Design Criteria for Bolted and Riveted Joints*, 2nd ed., Wiley, New York, 1987.
6. Juvinall, R. C., *Engineering Considerations of Stress, Strain, and Strength*, McGraw-Hill, New York, 1967.
7. *Machine Design*, 1980 Fastening and Joining Reference Issue, Penton/IPC, Inc., Cleveland, Nov. 13, 1980.
8. Osgood, C. C., *Fatigue Design*, 2nd ed., Pergamon Press, New York, 1983.
9. Parmley, R. O. (ed.), *Standard Handbook of Fastening and Joining*, 3rd ed., McGraw-Hill, New York, 1997.
10. SAE (Society of Automotive Engineers) standards J 429 and J 1199, Society of Automotive Engineers, Warrendale, PA, 1999, 2001.
11. Walker, R. A., and R. J. Finkelston, "Effect of Basic Thread Parameters on Fatigue Life," Paper 700851, Society of Automotive Engineers, New York, October 5, 1970.

연습문제 PROBLEMS

Section 10.3

10.1 A special C-clamp uses a 0.75-in.-diameter Acme thread and a collar of 1 in. effective mean diameter. The collar is attached rigidly to the top end of the externally threaded member. Determine the force required at the end of the 8-in. handle to develop a 300-lb clamping force. (See Figure P10.1.)

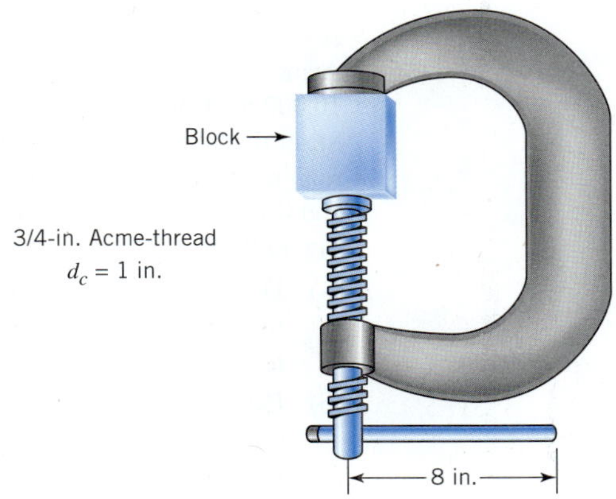

FIGURE P10.1

10.2 A screw jack with a 1-in. double-thread Acme screw is used to raise a load of 4000 N. A plain thrust collar of 50-mm mean diameter is used. Coefficients of running friction are estimated as 0.12 and 0.09 for f and f_c, respectively.

(a) Determine the screw pitch, lead, thread depth, mean pitch diameter, and helix angle.

(b) Estimate the starting torque for raising and for lowering the load.

(c) Estimate the efficiency of the jack when raising the load.

10.3 A square-threaded power screw with single thread is used to raise a load of 25,000 lb. The screw has a mean diameter of 1 in. and four threads per inch. The collar mean diameter is 1.5 in. The coefficient of friction is estimated as 0.1 for both the thread and the collar.

(a) What is the major diameter of the screw?

(b) Estimate the screw torque required to raise the load.

(c) If collar friction is eliminated, what minimum value of thread coefficient of friction is needed to prevent the screw from overhauling?

[Ans.: (a) 1.125 in., (b) 4138 lb • in., (c) 0.08]

10.4 A double-threaded Acme stub screw of 2-in. major diameter is used in a jack having a plain thrust collar of 2.75-in. mean diameter. Coefficients of running friction are estimated as 0.10 for the collar and 0.11 for the screw.

(a) Determine the pitch, lead, thread depth, mean pitch diameter, and helix angle of the screw.

(b) Estimate the starting torque for raising and for lowering a 3500-lb load.

(c) If the screw is lifting a 3500-lb load at the rate of 4 ft/min, what is the screw rpm? What is the efficiency of the jack under this steady-state condition?

(d) Would the screw overhaul if a ball thrust bearing (of negligible friction) were used in place of the plain thrust collar?

10.5 A square-threaded power screw with single thread is used to raise a load of 12,500 lb. The screw has a mean diameter of 1 in. and four threads per inch. The collar mean diameter is 1.5 in. The coefficient of friction is estimated as 0.1 for both the thread and the collar.

(a) What is the major diameter of the screw?

(b) Estimate the screw torque required to raise the load.

(c) If collar friction is eliminated, what minimum value of thread coefficient of friction is needed to prevent the screw from overhauling?

[Ans.: (a) 1.125 in., (b) 2069 lb • in., (c) 0.08]

10.6 A screw jack with a 1-in. double-thread Acme screw is used to raise a load of 10,000 lb. A plain thrust collar of 2.0 in. mean diameter is used. Coefficients of running friction are estimated as 0.13 and 0.10 for f and f_c, respectively. (See Figure P10.6.)

(a) Determine the screw pitch, lead, thread depth, mean pitch diameter, and helix angle.

(b) Estimate the starting torque for raising and for lowering the load.

(c) Estimate the efficiency of the jack when raising the load.

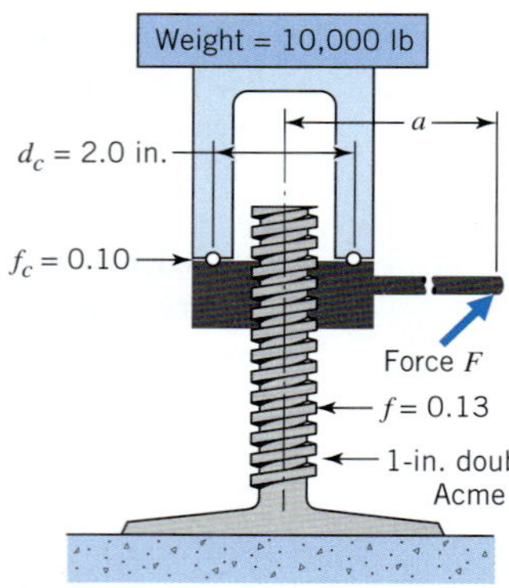

FIGURE P10.6

10.7 A square-threaded power screw with two thread starts is used to raise a load of 13,750 lb. The screw has a mean diameter of 1 in. and four threads per inch. The collar mean diameter is 1.75 in. The coefficient of friction is estimated as 0.15 for both the thread and the collar.

(a) What is the major diameter of the screw?

(b) Estimate the screw torque required to raise the load.

(c) If collar friction is eliminated, what minimum value of thread coefficient of friction is needed to prevent the screw from overhauling?

10.8 A double-threaded Acme stub screw of 2-in. major diameter is used in a jack having a plain thrust collar of 2.5-in. mean diameter. Coefficients of running friction are estimated as 0.10 for the collar and 0.11 for the screw.

(a) Determine the pitch, lead, thread depth, mean pitch diameter, and helix angle of the screw.

(b) Estimate the starting torque for raising and for lowering a 5000-lb load.

(c) If the screw is lifting a 5000-lb load at the rate of 4 ft/min, what is the screw rpm? What is the efficiency of the jack under this steady-state condition?

(d) Would the screw overhaul if a ball thrust bearing (of negligible friction) were used in place of the plain thrust collar?

10.9 A jack similar to the ones shown in Figure 10.5 uses a single square-thread screw to raise a load of 50 kN. The screw has a major diameter of 36 mm and a pitch of 6 mm. The thrust collar mean diameter is 80 mm. Running friction coefficients are estimated to be 0.15 for the screw and 0.12 for the collar:

(a) Determine the thread depth and helix angle.

(b) Estimate the starting torque for raising and lowering the load.

(c) Estimate the efficiency of the jack for raising the load.

(d) Estimate the power required to drive the screw at a constant one revolution per second.

10.10 An ordinary C-clamp uses a $\frac{1}{2}$-in. Acme thread and a collar of $\frac{5}{8}$-in. mean diameter. Estimate the force required at the end of a 5-in. handle to develop a 200-lb clamping force. (See Figure P10.10.)

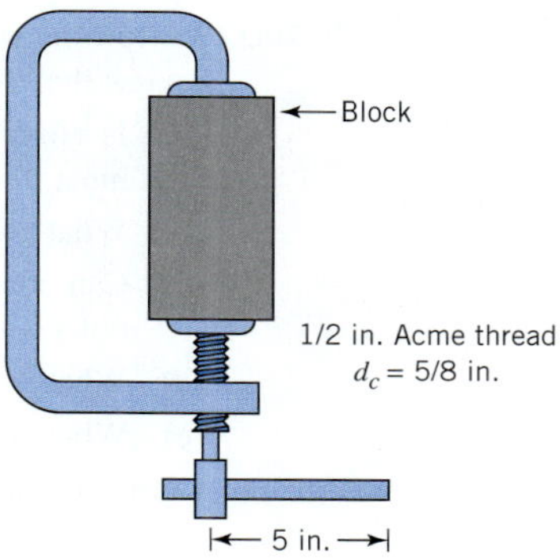

FIGURE P10.10

10.11 Two identical 3 in. major-diameter power screws (single-threaded) with modified square threads are used to raise and lower a 50-ton sluice gate of a dam. Quality of construction and maintenance (including lubrication) are good, resulting in an estimated friction coefficient of only 0.1 for the screw. Collar friction can be neglected, as ball thrust bearings are used. Assuming that, because of gate friction, each screw must provide a lifting force of 26 tons, what power is required to drive each screw when the gate is being raised at the rate of 3 ft/min? What is the corresponding rotating speed of the screws?

10.12 List other applications of ball-bearing screws in addition to those listed in Section 10.3.5.

10.13 Referring to Sample Problem 10.1, determine the minimum coefficient of friction where the screw will be self-locking. Ignore collar friction.

Sections 10.4–10.8

10.14 An expensive machine used in the fabrication of silicon computer chips requires that water be supplied for manufacturing purposes. The machine is designed and manufactured in Japan and installed in Texas. The on-site installation requires that a plumber connect the machine to a plant water source with copper pipe, metal fixtures, and a plastic coupling nut. A few days after installation, the nut fractures along a thread near a transition (stress concentration) and sprays water on the machine. The machine sustains extensive water damage during the incident. The installation instructions for the machine did not include specific directions, specifications, or warnings on installing the water supply system. Comment on the use of copper tubing, metal connectors, and a plastic coupling nut much like what you might find to connect a toilet to a home water supply.

10.15D Study the various types of commercially available locknuts. Give examples for each of the following classes: (1) pins, keys, tabs, safety wire, (2) deformed threads, (3) secondary spring elements, (4) frictional interference, and (5) free spinning until seated.

10.16 Calculate the nominal values of torsional, axial, thread bearing, and thread shear stresses under starting conditions for the power screws in Problems (a) 10.3, (b) 10.8, (c) 10.9, (d) 10.10, and (e) 10.11. Assume in each case that the length of thread engagement is 1.5 times the outside diameter of the screw.

10.17D Examine and sketch several fasteners used in vending machines, computers, television sets, and other items that prevent or resist unauthorized removal.

10.18D Study the various types of commercially available locknuts. Develop a list of ten factors that should probably be considered in selecting the class of locknut that should be used.

10.19D Review the web site http://www.nutty.com, and list the different kinds of (a) nuts, (b) bolts, and (c) washers. Comment on how to evaluate the products promoted on a web site.

10.20D Review the web site http://www.boltscience.com. Check the information section and review the information related to bolted joint technology.

(a) Is vibration the most frequent cause of bolt/nut loosening? If not, what is the most frequent cause of loosening?

(b) What are three common causes of relative motion in threads?

(c) Can conventional spring lock washers be used to prevent self-loosening when bolts without lock washers would loosen because of relative motion?

(d) What is prevailing torque?

(e) What are direct tension indicators?

Comment on how to evaluate the integrity of information provided by a web site.

Section 10.9

10.21 Let two parts be connected with a bolt as in Figure 10.24. The clamped-member stiffness is six times the bolt stiffness. The bolt is preloaded to an initial tension of 5 kN. The external force acting to separate the joint fluctuates between 0 and 25 kN. Make a plot of force versus time showing three or more external load fluctuations and corresponding curves showing the fluctuations in total bolt load and total joint clamping force.

10.22 Repeat Problem 10.21, except that $k_c = 3k_b$.

10.23 Let the bolt in Figure P10.23 be made from cold-drawn steel. The bolt and the clamped plates are of the same length. Assume that the threads stop immediately above the nut. The clamped steel plates have a stiffness k_c five times the bolt stiffness k_b. The load fluctuates continuously between 0 and 35 kN.

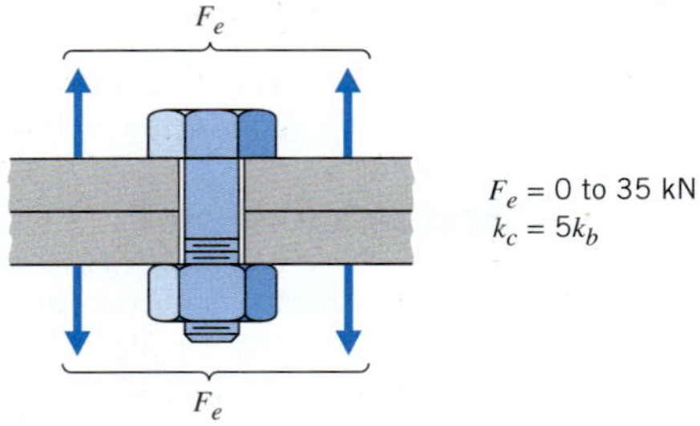

FIGURE P10.23

(a) Find the minimum required value of initial preload to prevent loss of compression of the plates.

(b) Find the minimum force in the plates for the fluctuating load when the preload is 8500 lb.

10.24 Repeat Problem 10.23, except that $k_c = 4k_b$.

10.25 The cylinder head of a piston-type air compressor is held in place by ten bolts. The total joint stiffness is four times total bolt stiffness. Each bolt is tightened to an initial tension of 5000 N. The total external force acting to separate the joint fluctuates between 0 and 20,000 N. Assume that the bolt size and material are such that the bolt load remains within the elastic range. Draw a graph (plotting force versus time) showing three or four external load fluctuations, and corresponding curves showing the fluctuations in total bolt load and total joint clamping force.

10.26 Repeat Problem 10.25, except that the external joint separating force varies between 10,000 and 20,000 N.

10.27 Two parts of a machine are held together by bolts that are initially tightened to provide a total initial clamping force of 10,000 N. The elasticities are such that $k_c = 2k_b$.

(a) What external separating force would cause the clamping force to be reduced to 1000 N (Assume that the bolt remains within its elastic range)?

(b) If this separating force is repeatedly applied and removed, what are the values of the mean and alternating forces acting on the bolts?

10.28 Let two parts be connected with a bolt as in Figure 10.24. The bolt is tightened initially to provide an initial clamping force of 9 kN. The stiffnesses are such that k_c is four times k_b.

(a) What external separating force would cause the clamping force to be reduced to 2 kN? (Assume that the bolt remains within its elastic range.)

(b) If this separating force is repeatedly applied and removed, what are the values of the mean force and the alternating force acting on the bolts?

10.29 Repeat Problem 10.28, except that $k_c = 6k_b$.

10.30 Drawings 1 and 2 of Figure P10.30 are identical except for placement of the spring washer. The bolt and the clamped members are "infinitely" rigid in comparison with the spring washer. In each case the bolt is initially tightened to a force of 10,000 N before the two 1000-N loads are applied.

(a) For both arrangements draw block A as a free body in equilibrium.

(b) For both arrangements draw a bolt-force-versus-time plot for the case involving repeated application and removal of the 1000-N external loads.

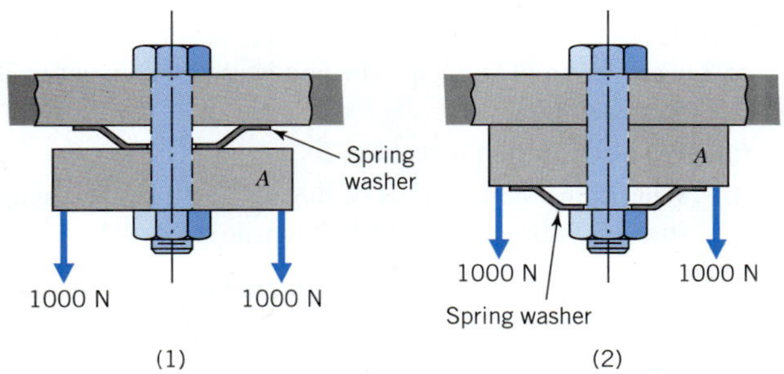

FIGURE P10.30

10.31 For Problem 10.30 and drawings 1 and 2 of Figure P10.30, plot F_b and F_c versus F_e.

10.32D Figure P10.32D shows an idea for reducing the fluctuating load in a connecting rod bolt. Will it work? Explain, briefly.

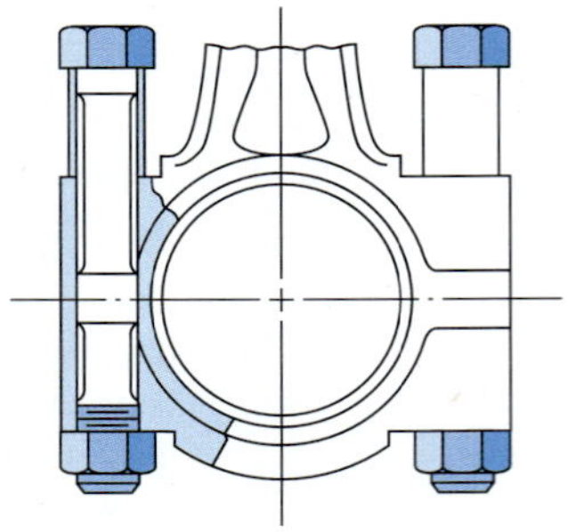

Figure P10.32D

Section 10.10

10.33 Two parts of a machine are held together by bolts, each of which carries a static tensile load of 3100 N.

(a) What size of class 5.8 coarse-thread metric bolt is required using a safety factor of 4 (based on proof strength)?

(b) What is the least number of threads that must be engaged for the thread shear strength to be equal to the bolt tensile strength if the nuts are made of steel whose yield and proof strengths are 70 percent those of the bolt steel?

10.34D Repeat Sample Problem 10.2, except that the static load is 33 kN.

10.35 Repeat Sample Problem 10.3, except use an M14 × 2 class 8.8 steel bolt.

10.36 Repeat Sample Problem 10.4, except that the safety factor is 10.

10.37 Repeat Sample Problem 10.5, except that the safety factor is 10.

10.38 The bolts that attach a bracket to an industrial machine must each carry a static tensile load of 4 kN.

(a) Using a safety factor of 5 (based on proof strength), what size of class 5.8 coarse-thread metric bolts is required?

(b) If the nuts are made of a steel with two-thirds the yield strength and proof strength of the bolt steel, what is the least number of threads that must be engaged for the thread shear strength to be equal to the bolt tensile strength?

[Ans.: (a) M10 × 1.5, (b) 4.3]

10.39 What size of ISO bolt made from SAE class 9.8 steel is needed to carry a static tensile load of 25 kN with a safety factor of 4 based on proof strength? If this bolt is used with a nut made of steel corresponding to SAE class 4.6 specifications, what is the least number of threads that must be engaged for the thread shear yield strength to be equal to the bolt tensile yield strength?

10.40 A SAE class 8.8, ISO bolt carries a static tensile load of 10 kN with a safety factor of 3 based on proof strength. The bolt is used with a nut made of steel of SAE class 4.8 specifications.

(a) What size of bolt is required?

(b) What is the least number of threads that must be engaged for the thread shear strength to be equal to the bolt tensile strength?

10.41 A gear reducer weighing 2000 lb is lifted through a steel eye bolt.

(a) For a safety factor of 10, what size of SAE grade 5 steel bolt should be selected?

(b) What minimum number of threads should be engaged in the gear reducer housing if the housing has only 50 percent the yield strength of the bolt steel?

10.42 Figure P10.42 shows a pressure vessel with a gasketed end plate. The internal pressure is sufficiently uniform that the bolt loading can be considered static. The gasket supplier advises a gasket clamping pressure of at least 13 MPa (this includes an appropriate safety factor) to ensure a leak-proof joint. To simplify the problem, you may neglect the bolt holes when calculating gasket area.

(a) If 12-, 16-, and 20-mm bolts that have coarse threads and are made of SAE class 8.8 or 9.8 steel (whichever is appropriate) are to be used, determine the number of bolts needed.

(b) If the ratio of bolt spacing to bolt diameter should not exceed 10 in order to maintain adequate flange pressure between bolts, and if this ratio should not be less than 5 in order to provide convenient clearance for standard wrenches, which of the bolt sizes considered gives a satisfactory bolt spacing?

[Ans: (a) 13, 7, and 5; (b) 16 and 20 mm]

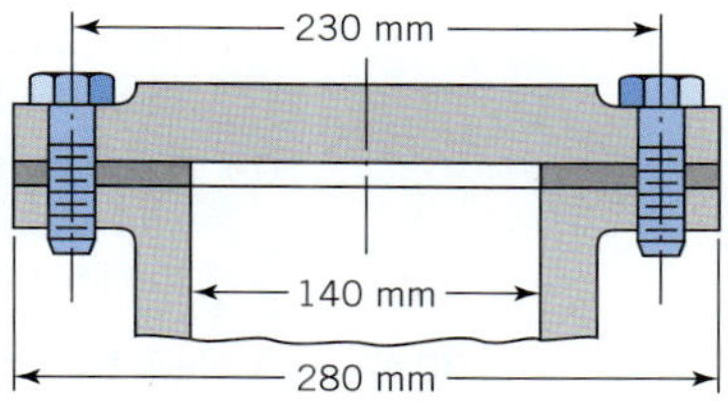

FIGURE P10.42

10.43 Repeat Problem 10.42 except that the gasket clamping pressure is 10 MPa.

10.44D An industrial motor weighing 22 kN is to be provided with a steel eye bolt for use when it is lifted.

(a) What size of class 8.8 steel bolt would you recommend? Explain briefly your choice of safety factor.

(b) If the housing into which the bolt is threaded has only half the yield strength of the bolt steel, what minimum number of threads should be engaged?

Section 10.11

10.45 A bolt made of steel with assumed idealized stress-strain curve is initially tightened to its full yield strength (i.e., $F_i = A_t S_y$) of 80 kN. Elasticities are such that $k_c = 3k_b$. Figure P10.45 shows a plot of load versus time which covers initial tightening, light-load operation, heavy-load operation, light-load operation, and finally, load off.

(a) Copy the figure and complete the curves for bolt force and clamping force.

(b) After the preceding loading experience, the bolt is removed from the machine. Make a simple drawing showing the shape of the residual-stress curve in a threaded section of the bolt.

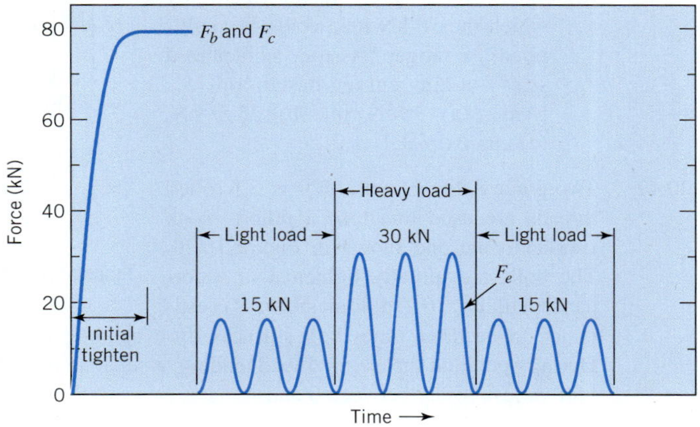

FIGURE P10.45

10.46 A class 8.8, M27 × 3 ISO bolt has rolled threads and is used to clamp two rigid members together so that $k_c = 6k_b$. In keeping with the fatigue treatment of ductile members given in Chapter 8, assume that the material has an idealized stress–strain curve, with a "square corner" at the yield strength (not the proof strength). There is a force tending to separate the members that fluctuates rapidly between 0 and 100 kN. The construction and precision of manufacture are such that there is a possibility of slight bolt bending. Two values of initial tension are to be investigated: (1) the normal value that a mechanic might tend to apply (Eq. e in Section 10.7) and (2) the theoretical limiting value of A_tS_y.

(a) Make a force-versus-time plot (like that in Figure 10.34a) showing the fluctuating external load, bolt force, and fluctuating clamping force for each of the two values of initial tension. Begin the plot with initial tightening, show about three load cycles, and conclude with load off.

(b) Estimate the safety factor corresponding to each of the values of initial tension, where failure is considered to be *either* eventual fatigue fracture *or* opening of the joint (the clamping force drops to zero).

10.47 A class 5.8, M18 × 2.5 ISO bolt with rolled threads is used in a joint having a soft gasket for which the clamped member stiffness is only half the bolt stiffness. The bolt initial tension corresponds to $F_i = 2800d$, d in mm. During operation, there is an external separating force that fluctuates between 0 and P. For this application there is negligible bending of the bolts.

(a) Estimate the maximum value of P that would not cause eventual bolt fatigue failure.

(b) Estimate the maximum value of P that would not cause joint separation.

10.48 The cap of an automotive connecting rod is secured by two class 10.9, M8 × 1.25 bolts with rolled threads. The grip and unthreaded length can both be taken as 16 mm. The connecting rod cap (the clamped member) has an effective cross-sectional area of 250 mm^2 per bolt. Each bolt is tightened to an initial tension of 22 kN. The maximum external load, divided equally between the bolts, is 18 kN.

(a) Estimate the bolt-tightening torque required.

(b) What is the maximum total load per bolt during operation?

(c) Figure P10.48 shows free-body diagrams for zero load. Make a similar pair of free-body diagrams when the maximum load of 18 kN is pushing downward on the center of the cap.

(d) What is the safety factor (factor by which the 18-kN load could be multiplied) for fatigue? Assume an idealized stress–strain curve based on S_y. [Ans.: (a) 35 N·m, (b) 23.5 kN, (d) approximately 1.0]

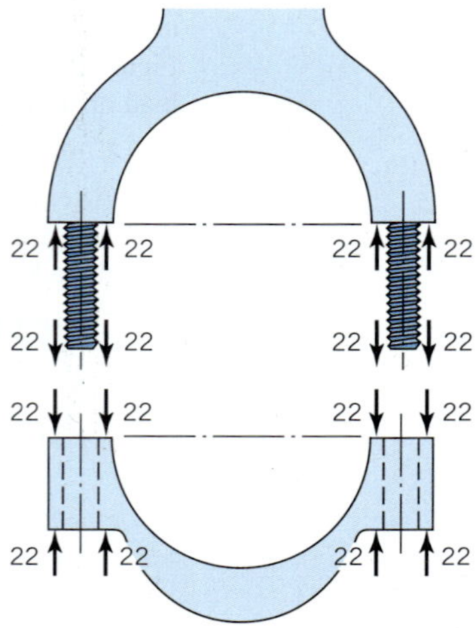

FIGURE P10.48

10.49 Two grade 8.8 bolts with M20 × 2.5 rolled threads are used to attach a pillow block similar to the one shown in Figure 10.30. The bolts are initially tightened in accordance with Eq. 10.11a. Joint stiffness is estimated to be three times bolt stiffness. Bolt bending may be assumed negligible. During operation the external load tending to separate the pillow block from its support varies rapidly between 0 and P.

(a) Estimate the maximum value of P that would not cause eventual fatigue failure of the bolts. (Assume an idealized stress–strain curve based on S_y.)

(b) Show on a mean stress-alternating stress diagram points representing thread root stresses: (1) just after initial tightening, (2) during operation with the load fluctuating between 0 and $P/2$ (i.e., using your value of P and a safety factor of 2), and (3) with the machine shut down after operating with the 0 to $P/2$ load.

[Ans.: (a) Approximately 183 kN]

10.50 Two aluminum plates, which are part of an aircraft structure, are held together by a class 9.8, M12 × 1.75 ISO bolt. The effective area of the aluminum plates in compression is estimated to be 12 times the cross-sectional area of the steel bolt. The bolt is initially tightened to 90% of its proof strength. Gust loads, varying from zero to P, tend to pull the plates apart (this results in negligible bolt bending). With a safety factor of 1.3, what is the maximum value of P that will not cause eventual bolt fatigue failure? What clamping force will remain when this value of P acts?

Section 10.12

10.51 Review your solutions to the problems listed below and, in the light of information in Section 10.12 and Table 10.7, comment on the likely accuracy of the fatigue results. If previous designs had been made based on these earlier results, would it now appear important to specify that the bolt threads be rolled after heat treatment?

(a) Problem 10.46

(b) Problem 10.47

(c) Problem 10.48

(d) Problem 10.49

(e) Problem 10.50

10.52 A critical application requires the smallest possible bolt for resisting a dynamic separating force varying from 0 to 100 kN. It is estimated that by using an extra high strength bolt steel with $S_p = 1200$ MPa, and using special equipment to control initial tightening to the full $A_t S_p$, a stiffness ratio of $k_c/k_b = 6$ can be realized. Any of the bolt threads and finishes listed in Table 10.7 may be selected. With a safety factor of 1.3 with respect to eventual fatigue failure, what is the smallest size metric bolt that can be used? State the thread and finish selected. With this bolt tightened as specified, what clamping force will remain (at least initially) when the 100-kN load is applied?

11 리벳, 용접 및 접착

11.1 개요

10장의 나사, 볼트와 같이, 리벳은 종류가 매우 다양하며 종종 아주 독창적인 것도 있다. 11장에서는 짧은 내용을 통하여 독자들이 이런 것들을 잘 선택하도록 돕고, 하중과 응력의 기본 원리를 여기에 잘 적용하기 위한 물리적인 감을 얻도록 도울 것이다.

독자들은 이 책에서 용접(welding)과 접착(bonding)을 다루는 것이 적절한지에 대해 의문을 가질 수 있다. 왜냐하면 이들은 실제로 기계요소들이 아니기 때문이다. 그러나 공학자들은 나사산이 있는 것과 없는 체결 요소(이것들은 기계요소임)와 용접 또는 접착 중에 선택해야 하는 경우에 종종 직면하기 때문에 여기서 이러한 것을 적어도 간단하게 다루는 것은 적절하다고 하겠다.

조립을 위한 다른 대안인 **스냅끼워맞춤**(snap fit) 체결에 대해서는 지면이 허용치 않으므로 생략하기로 한다. 스냅끼워맞춤 조립은 영구적으로 또는 쉽게 분해될 수 있도록 설계된다. 이와 같이 매우 경제적이고, 만족스러운 스냅끼워맞춤에 대해서는 참고문헌 [3]에 잘 제시되어 있다. 다른 이음방법들은 참고문헌 [3]과 [5]에서도 다루고 있다. 기계장비의 설계에 종사하는 엔지니어는 이러한 모든 것에 익숙하여야 한다.

11.2 리벳

그림 11.1에 나타낸 전통적인 구조용 리벳은 항공기, 운송기구, 상당한 이음강도가 요구되는 다른 제품 등에 널리 사용된다. 또한 건물, 보일러, 교량, 배에도 사용되나, 최근에는 용접의 사용이 증가하고 있다. 생명안전을 고려하여, 리벳 연결부의 설계는 **미국강구조물협회**(AISC)와 **미국기계학회**(ASME) 같은 기술협회에 의해 제정된 건설규정에 의해 통제되고 있다. 그림 2.19는 전형적인 리벳 이음을 나타낸다. 잉여 힘(redundant force) 경로에 의한 하중의 해석은 2.6절에서 설명하였다. 리벳의 인장응력과 전단응력의 해석은 10.4절의 볼트에 대한 것과 비교해 볼 수 있다. 예제 10.3, 10.4, 10.5(10.10절)의 대부분을 리벳에 응용할 수 있다. 열에 의해 달구어진 상태로 리벳을 설치하면 상당한 크기의 초기인장이 리벳에 걸린다. 인장력은 냉각에 따른 열수축으로 발생된다.

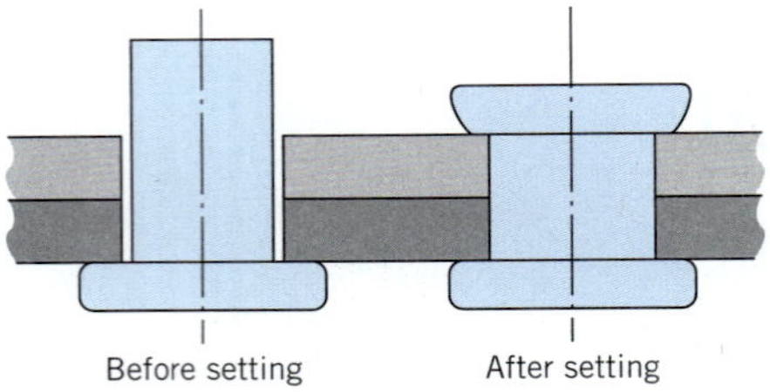

그림 11.1 세팅 전과 후의 전통적인 중실 리벳(solid rivet).

현대 용접장비의 발달은 거대한 구조물에 대한 응용에서 리벳의 중요성을 줄인 반면, 리베팅 기계의 발달은 자동차, 설비, 전자, 가구, 사무용 기기 등과 같은 다수의 산업용 기계에서 작은 부품을 체결할 때에 리벳의 사용을 크게 확장시켰다. 리벳은 설치비용이 적게 들기 때문에 이러한 응용에서 나사 체결 요소를 종종 대체하고 있다. 리벳은 볼트보다 싸고, 현대의 고속 리베팅 기계—시간당 1000개 이상 체결하는 것도 있음—는 적은 비용으로 조립을 가능하게 한다. 리벳은 또한 피벗 축(pivot shaft, 접이식 가구에서처럼), 전기 접촉, 충전물, 삽입물 등의 역할을 한다.

나사 체결 요소와 비교하면, 리벳은 저절로 풀리지 않는다. 그러나 어떠한 경우에는 분해와 점검을 방해한다. 많은 독자들은 단순한 수리(아마 알람시계 케이스 안에 있는 단순히 끊어진 전기선이나 다리미 코드의 단자가 망가진 경우와 같은)를 위해 전기제품을 분해하고자 했을 때 리벳이 사용된 것을 발견한 경험이 있을 것이다. 그러면 이런 전기제품은 버리고 새것을 구입하게 된다. 따라서 초기제작의 경제성에도 불구하고, 리벳의 사용은 때때로 경제적 및 환경보호 측면에서 그 가치를 의심받게 된다. 반면에 비전문적인 사용자에 의해 분해되지 않고 못 쓰게 되지 않도록 전기장치를 만드는 것은 안전상 중요할 수도 있다. 이러한 점은 단순한 공학상의 결정이라도 많은 요소들을 면밀히 고려해야 함을 설명하고 있다. 최선의 해답은 경제적 측면, 안전성, 환경보호 측면에 있어서 최적에 이르는 창조적이고 새로운 설계 시도를 요구한다.

리벳은 어떤 연성재료로도 만들 수 있다. 일반적으로 사용되는 것은 탄소강, 알루미늄, 황동이다. 다양한 도금, 도료(paint), 산화코팅이 적용된다. 일반적으로 리벳은 같은 직경의 볼트나 나사만큼 강한 체결을 제공하지는 않는다. 볼트와 같이 갈바닉 작용 가능성 때문에 같이 사용하는 재료를 선택하는 데 주의가 요구된다.

산업용 리벳에는 **관형**(tubular)과 **블라인드형**(blind)의 두 가지 기본형이 있다. 각각의 종류는 매우 다양하다.

몇 개의 관형 리벳이 그림 11.2에 제시된다. 반관형(semitubular)이 가장 일반적인 형태이다. 몸통(shank) 끝의 구멍깊이는 몸통 직경의 112%를 초과하지 않는다. 자기관통(self-piercing) 리벳은 리베팅 기계에 의해 설치될 때 구멍을 만든다. 완전 관형 리벳은 일반적으로 가죽, 플라스틱, 나무, 직물, 다른 부드러운 재료에 사용된다. 두 갈래로 된 리벳이나 분할 리벳은 경금속(light-gage metal)을 결합하는 데 사용한다. 금속을 뚫는(metal-piercing) 리벳은 약 R_B 50(약 93 Bhn) 정도의 경도를 가진 강과 알루미늄 같은 금속을 죌 수 있다. 압

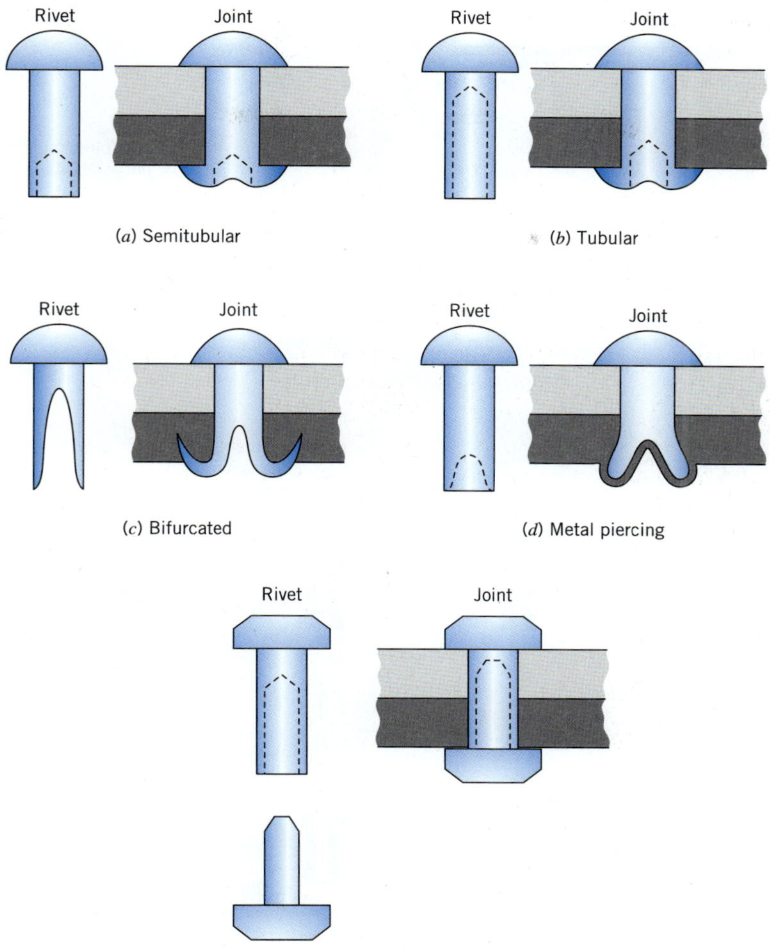

그림 11.2 대표적인 관형 리벳의 형태.

축리벳은 그림에 나타낸 것과 같이 두 부분으로 구성된다. 각 경계면에서 적당한 억지끼워맞춤이 되도록 직경이 선택된다. 압축리벳은 나무, 취성 플라스틱 및 설치 중에 분리될 위험이 거의 없는 재료에 적용될 수 있다. 이러한 응용의 하나는 칼 제조 분야이다. 청결한 표면과 리베팅된 칼 손잡이의 억지끼워맞춤은 음식물과 더러운 찌꺼기들이 쌓일 수 있는 갈라진 틈이 없도록 한다.

그림 11.3은 이음부의 한쪽에서만 접근할 필요가 있는 블라인드 리벳의 적절한 상황을 보여 준다. 그림 11.4는 다양한 블라인드 리벳을 제시한다.

리벳에 대한 더 자세한 정보는 참고문헌 [4, 5, 7]과 같은 문헌을 참조할 수 있다.

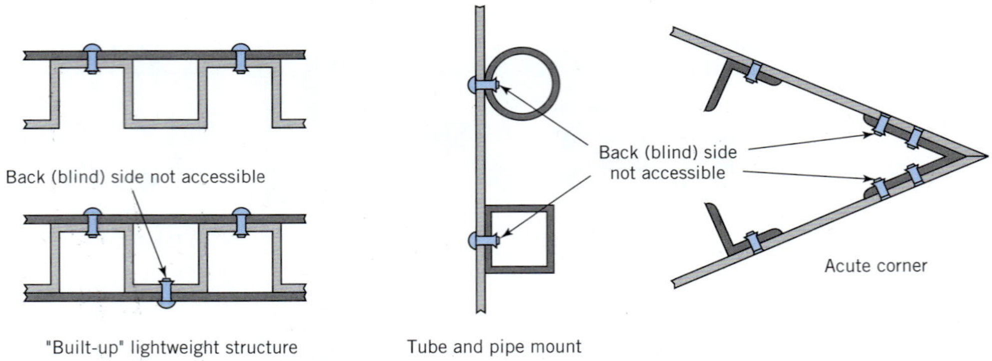

그림 11.3 블라인드 리벳이 사용되는 전형적인 예[7].

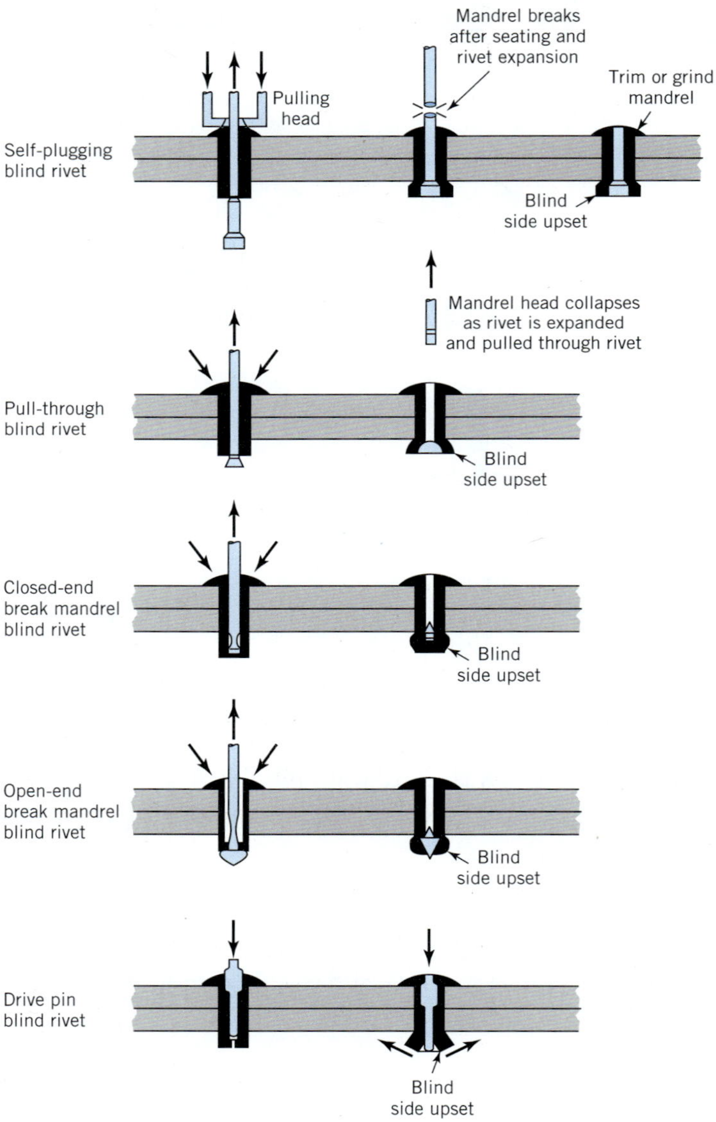

그림 11.4 기계적으로 확장되는 리벳의 다양한 종류와 설치 과정[7].

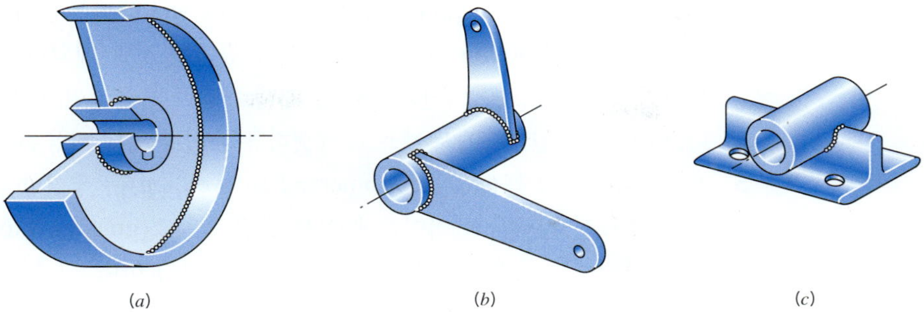

그림 11.5 용융 용접으로 제작된 기계부품: (*a*) 휠, (*b*) 제어 크랭크(control crank), (*c*) 피벗 블록(pivot block).

11.3 용접 공정

현대적인 용접기술과 장비의 발전은 엔지니어들에게 볼트와 리벳을 대체하여 체결이나 부품제작에 대한 매력적인 대안을 제공한다. 기계요소는 주조와 단조보다는 낮은 비용이 드는 용접에 의해 제작될 수 있다. 전형적인 예를 그림 11.5에 나타낸다.

대부분의 산업용 용접은 작업 부재가 이음의 접촉면에서 **용융**되는 것에 의해 이루어진다. 전극과 작업물 사이를 통과하는 전기아크에 의해, 상대 부재들을 통해 흐르는 높은 암페어의 전기 전류에 의해, 또는 가스 화염에 의해 열이 가해진다. 전기 아크 용접은 (1) 용가재(소모성 용접봉) 적용방법, (2) 용융된 용접 금속을 공기로부터 보호하는 방법에 따라 여러 형태가 있다.

1. **피복 메탈 아크 용접**(SMAW: shielded metal arc welding)은 봉 용접(stick welding)이라고도 불리는데, 대형 구조물의 용접과 수리에 널리 사용되는 수동(비자동화) 용접방법이다. 용접사는 용접 부위에 코팅된 소모성 전극(용접봉)을 공급한다. 전극의 플럭스 코팅은 용융된 용접 금속 주위에 보호가스(shielding gas)를 형성하도록 기화된다. SMAW는 보통 강의 용접에 사용된다.
2. **가스 메탈 아크 용접**(GMAW: gas metal arc welding)은 **미그**(MIG: metal-inert gas) **용접**이라고도 불리는데, 대부분의 금속들에서 높은 용접속도로 우수한 용접 품질을 제공하는 자동화된 방법이다. 소모성 전극은 코팅되어 있지 않으며, 노즐로부터 보호가스(알루미늄과 다른 비철금속 용접에는 아르곤을, 강에는 저가의 이산화탄소를 사용)를 공급한다.
3. **가스 텅스텐 아크 용접**(GTAW: gas tungsten arc welding)은 **티그**(TIG: tungsten-inert gas) **용접**이라고도 하는데, 이 용접은 별도로 공급되는 용가재와 함께 비소모성 텅스텐 전극을 사용한다. 텅스텐 전극을 둘러싸고 있는 노즐은 보호를 위해 헬륨이나 아르곤 가스를 공급한다. 이 방법은 GMAW보다 느리지만 철이든 비철이든 더 얇은 금속에 사용할 수 있다. 이 방법은 비철금속과 서로 다른 금속에 우수한 용접 품질을 제공하고 완전 자동화될 수 있다.

4. **플럭스 코어드 아크 용접**(FCAW: flux-cored arc welding)은 소모성 전극의 바깥표면보다 중공 중심부(hollow core)에 플럭스가 있다는 것만 제외하면 SMAW와 비슷하다. 보호가스(일반적으로 이산화탄소)는 때때로 전극을 둘러싸고 있는 노즐로부터 공급된다. 이 방법은 철금속에서 빠르고 깨끗하게 용접하는 데 사용된다.
5. **서브머지드 아크 용접**(SAW: submerged arc welding)은 평평한 작업물의 경우에 사용된다. 소모성 전극을 움직이기에 앞서 과립 플럭스(granular flux)를 작업물에 침전시킨다. 플럭스는 용융하여 보호 용해 슬래그를 제공하며, 그 밑으로 갓 만들어진 용접부가 '자리 잡는다.' 이것은 보통 깊은 용접이 요구되는 두꺼운 단면에 사용된다.

저항 용접(resistance welding)에서는 I^2R의 비율로 열을 발생시키는 전류가 서로 단단히 고정되어 있는 작업물을 통하여 흐른다. 플럭스와 보호가스는 사용되지 않지만, 진공이나 불활성 가스 존재하에 용접하기도 한다. 필러 재료는 통상적으로 사용되지 않는다. 저항 용접은 특히 대량 생산을 위한 연속 용접(파이프 접합선처럼)이나 강과 알루미늄 합금의 점용접에 적합하다. 재료두께 범위는 약 0.004~0.75 in.이다.

가스 용접(gas welding)—보통 산소 아세틸렌 토치와 함께 수동으로 수행된다—은 상대적으로 느리고, 좀 더 일반화된 가열작업이 요구되며, 수리에 가장 많이 사용된다. 항상 그렇지는 않지만 보통 필러선(filler wire)이 사용된다.

레이저빔 용접(laser beam welding), **플라즈마 아크 용접**(plasma arc welding), **전자빔 용접**(electron beam welding), **일렉트로슬래그 용접**(electroslag welding) 또한 용융 용접방법이고 매우 특별한 응용을 위해 작은 규모로 사용된다.

비용해상태 혹은 **고체상태의 용접**은 체결부분에 열과 압력이 함께 사용된다. 그러나 온도(국부 미세 돌출부에서는 제외)는 일반적으로 재료의 융점보다 낮다. 이러한 용접의 한 예로는 **관성마찰 용접**(inertia welding)이 있다. 플라이휠에 연결된 작업물을 정지된 작업물에 대하여 힘을 가할 때 플라이휠에 저장된 운동에너지는 마찰열로 전환된다. 두 번째로 **초음파 용접**이 있다. 작업물은 고정된 모루(fixed anvil)와 진동하는 '뿔(horn)' 접착 사이에서 이들이 초음파 주파수하에 서로 마찰될 때 체결된다. 이러한 과정과 **녹아 붙음**(seizure)의 유사점은 9.9절의 **응착마멸**(adhesive wear)에서 설명되었다.

여러 금속 및 합금에 대한 아크와 가스 용접의 용접성이 표 11.1에 요약된다.

열가소성 플라스틱은 금속처럼 용접될 수 있다. 일반적으로 열은 **뜨거운 금속판**에 접하여 뜨거운 불활성 **가스**에 의해 공급되거나, **유전가열**(dielectric heating)과 **유도가열**(induction heating)에 의해 전기적으로 공급된다. 유전가열에서 포장에 많이 사용되는 얇은 필름은 융해에 필요한 열을 주는 고전압과 고주파하에서 파괴된다. 유도가열에서 전자기 유도전류는 금속 삽입물 또는 삽입된 금속분말에서 발생된다. 관성마찰 용접(소성재료와 함께 사용될 때 **스핀 용접**이라 불린다)과 초음파 용접기술은 열가소성 물질에 응용할 수 있다. 음주파수(일반적으로 120 Hz)에서 상대 작업물을 서로 문지르는 것 또한 효과적이며, 보통 2초 또는 3초 후에 접합이 이루어진다. 이것을 **진동 용접**이라 부른다. 열가소성 부품의 **용제 접합**(solvent bonding)은 부재를 용제로 코팅하여 부드럽게 한 뒤, 플라스틱 분자들이 서로

표 11.1 일반 금속의 용접성

Metal	Arc	Gas
Carbon steel		
Low and medium carbon	G[a]	G
High carbon	G	F[c]
Tool steel	F	F
Cast steel, plain carbon	G	G
Gray and alloy cast iron	F	G
Malleable iron	F	F
Low-alloy, high-strength steels		
No–Cr–Mo and Ni–Mo	F	F
Most others	G	G
Stainless steel		
Chromium	G	F
Chromium–nickel	G	G
Aluminum and Al alloys		
Commercially pure	G	G
Al–Mn alloy	G	G
Al–Mg–Mn and Al–Si–Mg alloy	G	F
Al–Cu–Mg–Mn alloy	F	X
Magnesium alloy	X[b]	G
Copper and copper alloys		
Deoxidized copper	F	G
Pitch, electrolytic, and lake	G	F
Commercial bronze, red brass, low brass	F	G
Spring, admiralty, yellow, and commercial brass	F	G
Muntz metal, naval brass, magnesium bronze	F	G
Phosphor bronze, bearing bronze, and bell metal	G	G
Aluminum bronze	G	F
Beryllium copper	G	—
Nickel and nickel alloys	G	G
Lead	X	G

[a] G—good; commonly used.
[b] X—not used.
[c] F—fair; occasionally used under favorable conditions.

섞이는 시간인 약 10~30초 동안 서로를 눌러 주면서 이루어진다. 용제가 증발하면서 부품은 서로 붙는다.

11.4 정적 축 하중과 직접 전단 하중을 받는 용접이음

그림 11.5와 같은 용접물은 탄소강 부품들이며 용접 시 적절한 클램프나 고정구로 고정시켜 제작된다. 용접이음의 강도는 많은 요인들에 의해 좌우되는데, 고품질의 용접부를 얻기 위해서 이들은 적절히 조절되어야 한다. 용접의 열은 용접부 부근의 모재에 금속학적 변화를 일으킨다. 잔류응력(부품의 뒤틀림과 관련)은 열 구배에 의해 발생하며 서로 다른 팽창과 수축을 일으키고, 체결력에 영향을 주며, 온도에 따른 항복응력의 변화를 가져온다. 잔류응력과 뒤틀림 문제는 다양한 두께와 불규칙한 모양의 용접물에서 두드러지게 나타난다. 이러한 문제를 방지할 수 있는 조치는 용접 전에 균일한 온도로 부품을 가열하고, 세부적으로 '고품질 용접 과정'을 따르며, 용접 후 응력 제거를 위한 저온 풀림을 한 후 용접면을 쇼트피

닝하는 것이다.

건물, 교량, 압력용기에 사용되는 용접에 대하여 특정 조항(참고문헌 [1]과 같은)이 충족되어야 할 법칙이 요구된다. 사용조건이 엄격한 부위에서 용접 과정이 불확실할 경우에는 시제품 용접이음을 제작해서 실험을 해 보는 것이 바람직하다.

용접(fusion welding)의 기본 개념은 재료들을 하나(등질)로 녹이는 것이다. 물론 용접봉(필러 재료)의 성질들은 모재의 성질들과 적절히 일치해야 한다. 이상적으로 응력과 강도의 해석은 부품이 마치 한 재료로 이루어진 것처럼 가정하고 수행된다.

용접전극 재료의 강도와 연성규격은 미국용접학회(AWS)와 미국시험및재료협회(ASTM)에 의해 표준화되었다. 예를 들면 E60과 E70 계열의 용접전극은 E60XX와 E70XX로 지정되었다. 60과 70은 각각 최소한 60 ksi, 70 ksi의 인장강도를 나타낸다. 마지막 두 자리(XX)는 세부적인 용접조건을 나타낸다. E60과 E70 계열 봉의 규격화된 항복강도는 인장강도보다 약 12 ksi 낮고, 최소 신장률은 17%와 25% 사이이다. 이 물성은 **용접된 상태**의 재료에 모두 적용된다.

그림 11.6은 완전 용입 **맞대기 용접**(butt weld)의 4가지 종류를 나타낸다. 만약 용접상태가 좋다면, 용접부는 평판만큼 강하고 **효율**(용접된 부재 강도/부재 강도)은 100%이다(이것은 피로하중이 아닌 **정하중**일 때이다).

그림 11.7에 도시된 **필렛 용접**(fillet weld)은 하중의 방향에 따라 **평행 하중**(그림 11.7*c*) 또는 **횡하중**(그림 11.7*d*와 11.7*e*)으로 분류된다. 평행하중 시 두 개의 판은 용접부에 전단 하중을 가한다. 횡하중 시 한 판은 용접부에 전단 하중을, 다른 판은 인장(또는 압축) 하중을 가한다. 용접부의 **크기**는 **변 길이**(leg length) h(그림 11.7*a*)로 정의된다. 보통 두 빗변의 길이가 같도록 한다. 전통적인 공학적 관점에서는 평행 하중이나 횡하중에 대한 **목 단면**(throat section)**에서의 전단응력**을 주요 용접응력으로 고려한다. 목 길이 t는 판의 교차점에서부터 (1) 두 변의 끝 부분을 연결한 직선까지의 최단 거리(그림 11.7*a*′) 또는 (2) 용접비드(bead) 면까지의 최단 거리(그림 11.7*a*″) 중 짧은 거리로 정의된다. 변(leg)이 같은 볼록 용접의 경우 $t=0.707h$이다. 응력계산을 위한 목 면적은 tL이며, 여기서 L은 용접 길이이다. 그림 11.7*b*는 모재에 깊게 용입되고 볼록 용접비드를 가진 용접을 나타낸다. 실질적인 최소 용접 단면적은 tL보다 상당히 더 클 수 있다. 비록 용접 법규와 전통적인 표준관행은 이 여유 목 면적의 영향을 무시하고 있지만, 만약 증가된 하중용량이 실험에 의해 증명될 수 있다면, 그리고 증가된 용접면적을 확실히 얻도록 모든 용접공정을 잘 제어할 수 있다면, 법규에는 명시되지 않았지만 부재의 설계에 이 점을 고려하지 않을 이유가 없다.

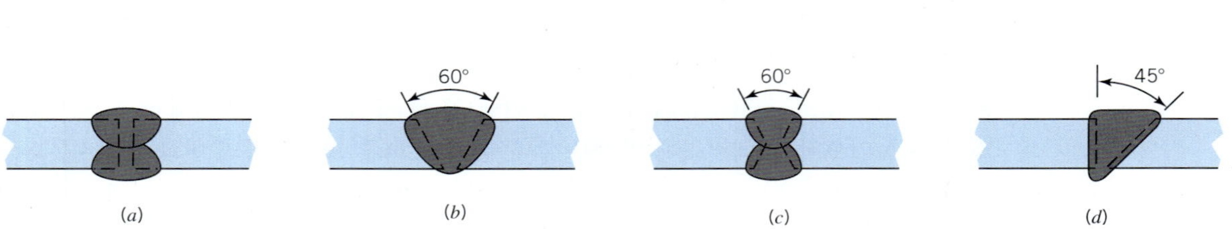

그림 11.6 대표적인 맞대기 용접과 그루브 용접(groove weld): (*a*) 열린 사각 맞대기 이음, (*b*) 단일 브이 그루브, (*c*) 이중 브이 그루브, (*d*) 단일 베벨 맞대기 이음.

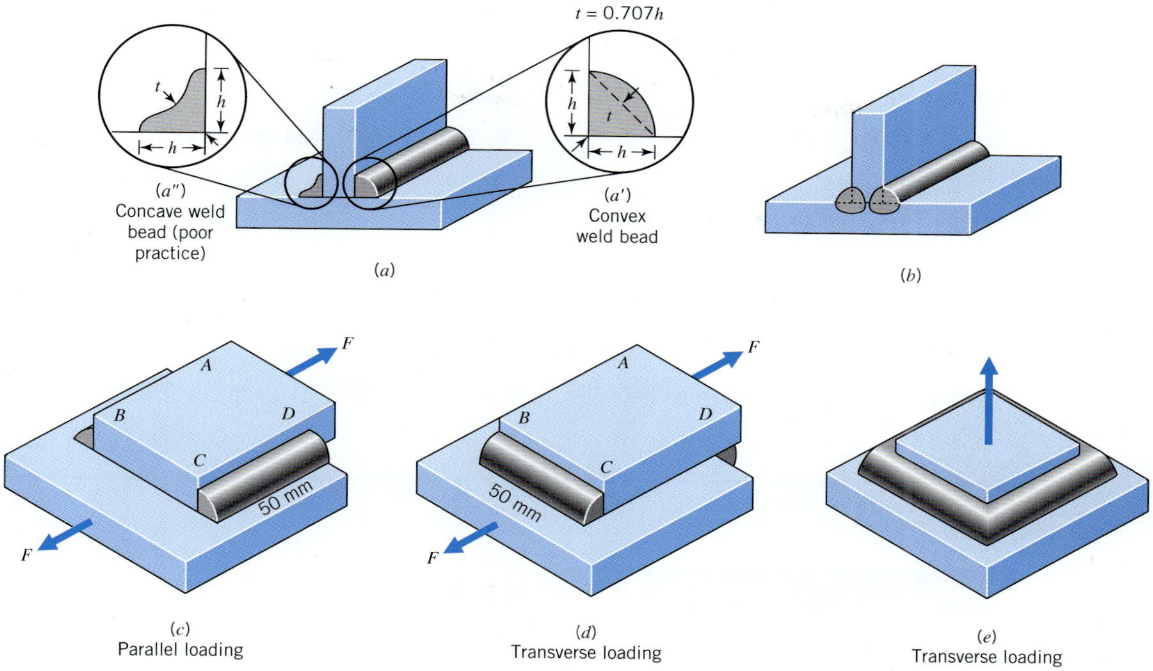

그림 11.7 필렛 용접.

용접 크기 h는 용접된 판의 두께에 비례한다. 실제로 h는 두께가 6 mm보다 작은 판에서는 최소 3 mm, 두께가 150 mm를 넘는 판에서는 최소 15 mm까지이다.

예제 11.1 SAMPLE PROBLEM 평행 하중을 받는 필렛 용접의 정적 강도 계산

그림 11.7c의 판은 두께가 12 mm이고, S_y=350 MPa인 강으로 만들어진다. 길이가 50 mm인 옆면 AB와 CD가 서로 볼록 필렛 용접에 의해 용접된다. 용접금속의 항복강도는 350 MPa이다. 안전계수가 (항복강도에 기초하여) 3일 때 6 mm 용접 변(leg)을 사용하면 얼마 정도의 정하중 F가 가능한가?

풀이 SOLUTION

제시자료: 알려진 강도의 정하중을 받는 두 판이 지정된 용접형상과 용접강도를 갖고 서로 필렛 용접된다.

목표: 평행 하중을 받는 용접의 정하중 용량을 구하라.

개요도 및 데이터: 그림 11.7c를 참조하라.

가정: 판은 스스로 파괴되지 않는 반면, 용접목(weld throat) 면에서 전단파괴가 발생한다.

해석:

1. 두 면에 대한 전체 용접목 면적은 $A=(0.707)(6)(100)=424\ \text{mm}^2$이다.
2. 이 용접목 면은 전단응력을 받는다. 변형에너지이론을 사용하여 $S_{sy}=0.58S_y=203$ MPa를 구할 수 있다.
3. $F=S_{sy}A/\text{SF}=(203)(424)/3=28{,}700$ N, 즉 28.7 kN이다.

주석: 만약 위의 평판이 단면적 $A=(40\ \text{mm})(12\ \text{mm})=480\ \text{mm}^2$을 가지면, $F=S_yA=(350\ \text{MPa})(480\ \text{mm}^2)=168$ kN이다. 그러므로 판의 하중용량은 용접의 하중용량을 상당히 초과한다.

예제 11.2 SAMPLE PROBLEM 횡하중을 받는 필렛 용접의 정적 강도 계산

그림 11.7*d*에서처럼 용접된 면을 *AD*와 *BC*로 바꾸어 예제 11.1을 반복하라.

풀이 SOLUTION

제시자료: 알려진 강도의 정하중을 받는 두 판이 지정된 용접형상과 용접강도를 갖고 서로 필렛 용접된다.

목표: 횡하중을 받는 용접의 정하중 용량을 구하라.

개요도 및 데이터: 그림 11.7*d*를 참조하라.

가정:

1. 임계응력은 최소 목단면(tL로 정의됨)에서 발생하며, 이 면이 전체 전단 하중 F를 지지한다.
2. 판 자체는 파괴되지 않는다.

해석: 용접부에 횡하중이 가해져서, 용접판의 수평 접촉면에는 전단 하중이, 수직 접촉면에는 인장 하중이 가해진다. 용접금속을 통해 하중이 전달되므로(2.6절의 개념을 상기하라), 하중은 변하는 비율로 인장과 전단 성분을 가진다. 가정된 것처럼, 최소 목단면(tL로 정의됨)에서 임계응력이 발생하며 하중 F 전체가 전단의 형태로 전달된다. 따라서

$$F = S_{sy}A/\text{SF} = 28.7\ kN$$

이며, 이는 예제 11.1과 같다.

주석: 주어진 가정 때문에 이 경우의 해가 예제 11.1의 해보다는 덜 엄밀하다는 것이 강조되어야 한다.

11.5 정적 비틀림과 굽힘 하중을 받는 용접이음

그림 11.8과 11.9는 편심 하중을 받는 예를 제시한다. 그림 11.8에서 하중은 **용접그룹의 평면 내에** 있다. 따라서 용접이음은 직접 하중에 비틀림까지 받는다. 그림 11.9는 하중이 **용접그룹 평면의 바깥에** 있어서, 직접 하중과 함께 굽힘이 발생한다. 비틀림 또는 굽힘과 함께 앞 절에서 고려한 직접 하중 성분이 용접부에 있음에 주목하라. 그림 11.8의 *BC*와 그림 11.9의 *BC*와 *AD*의 용접 부위는 평행 하중을 받는다. 다른 모든 용접 부위들은 횡방향으로 하중을 받는다.

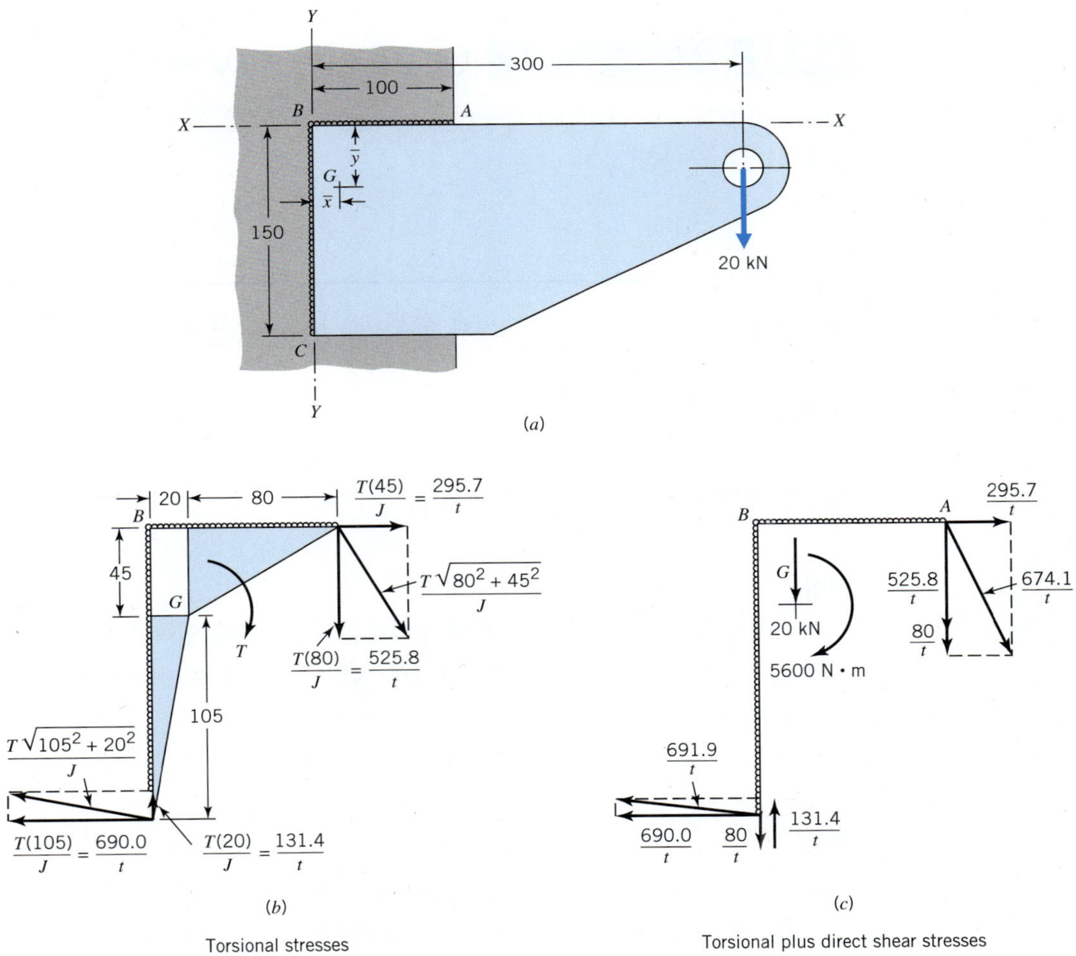

그림 11.8 평면 편심 하중.

그림 11.8과 11.9의 각 용접 부위의 여러 부분에서 정밀한 응력 해석을 하는 것은 매우 복잡하다. 즉 이음부의 강성과 용접형상을 자세하게 고려하여야 한다. 여러 용접 부위는 잉여 부착물로 작용하며, 각 강성에 해당하는 만큼의 하중을 전달하게 된다(2.5절, 2.6절, 4.2절, 그리고 특히 그림 4.2). 다음의 절차는 단순화된 가정에 기초하였으나 대부분의 적용(전부는 아님)에서 공학적으로 사용하기에 충분히 정확한 결과를 얻기 위해 공통적으로 사용된다.

그림 11.8과 11.9의 용접부의 응력은 다음과 같이 벡터의 합이다.

1. 직접 전단응력은 앞 절에서와 같이 계산된다. 이 응력은 통상적으로 모든 용접부의 길이에 걸쳐 균일하게 분포된다고 가정한다.
2. 비틀림 응력과 굽힘응력은 통상적인 공식 $\tau = Tr/J$와 $\sigma = Mc/I$에 의해 계산된다. 이음부분은 완전히 단단하게 고정되었다고 가정한다.

선형(linear segment)으로 된 용접 원형(pattern)의 I와 J 값은 그림 11.10을 참조하여 구할 수 있다. 이 계산은 예제 11.3과 11.4에서 다룬다.

예제 11.3D SAMPLE PROBLEM 평면 편심 하중이 가해질 때의 용접 크기 계산

E60 용접봉($S_y = 345$ MPa)과 항복에 대한 안전계수 2.5를 사용하여 그림 11.8a에 요구되는 용접 크기를 구하라.

풀이 SOLUTION

제시자료: 형상과 항복강도가 지정된 용접부가 편심 하중을 받는다.

목표: 용접 크기를 구하라.

개요도 및 데이터: 그림 11.8을 참조하라.

가정:

1. 외팔보 부재 자체는 파손되지 않고 파손은 용접면에서 일어난다.
2. 용접부에서의 직접 전단응력은 V/A에 의해 주어진다. 여기서 V는 20 kN의 전단 하중이고, A는 $250t$ mm^{2}인 용접목 면적이다.
3. 변형에너지이론을 적용할 수 있다.

해석:

1. 20 kN의 작용 하중은 용접 원형(weld pattern)의 무게중심 G를 통과하는 같은 크기의 하중과 $(20{,}000)(300-\bar{x})$ N·mm의 시계방향 토크를 준다. $\bar{x}$와 $\bar{y}$에 의해 정의되는 무게중심 G의 위치를 먼저 정해 보자.

2. A_i는 용접부 면적을 나타내고 x_i와 y_i는 임의의 직선 용접부에서 그 무게중심의 좌표를 나타낸다. 따라서

$$\bar{x} = \frac{\Sigma A_i x_i}{\Sigma A} = \frac{(100t)(50) + (150t)(0)}{100t + 150t} = 20 \text{ mm}$$

$$\bar{y} = \frac{\Sigma A_i y_i}{\Sigma A} = \frac{(100t)(0) + (150t)(75)}{100t + 150t} = 45 \text{ mm}$$

이다.

3. G에 관한 용접 원형의 극관성모멘트(polar moment of inertia)는 각 용접 부위에 대한 값의 합이다. 그림 11.10에 전개된 관계식으로부터, 각 용접 부위에 대해 $J=\Sigma(I_X+I_Y)$이다. 측면 용접에서는

$$J_s = \frac{150^3 t}{12} + 150t[20^2 + (75 - 45)^2] = 476{,}250t$$

이고, 윗면 용접에서는

$$J_t = \frac{100^3 t}{12} + 100t[45^2 + (50 - 20)^2] = 375{,}833t$$

$$J = J_s + J_t = 852{,}083t$$

이다.

4. 그림 11.8b는 용접단 A와 C(이 지점은 비틀림 응력과 직접 전단응력의 합이 가장 큰 곳이다)에서의 비틀림 응력을 보여 준다. 이 점에서의 비틀림 응력은 Tr/J이다. 여기서 $T=(20{,}000)(280)$ N·mm이고, $J=852{,}083t$ mm^{4}이다. 각 점에서 r의 값은 직각삼각형의 두 변 길이를 제곱하여 합한 것의 제곱근이다. 그러나 그림에서 계산되었듯이, 비틀림 응력의 수평과 수직 성분만 필요하므로 r의 계산은 필요하지 않다.

5. 그림 11.8c는 점 A와 C에서 비틀림 응력과 직접 전단응력의 벡터합을 보여 준다. 물론 직접 전단응력은 $V/A=20{,}000/250t=80/t$ MPa로 가정하였다. 이 경우에 점 C는 더 큰 $692/t$ MPa의 응력을 가진다. 계산된 전단 항복강도(변형에너지이론 사용)와 안전계수를 적용하면

$$\frac{692}{t} = \frac{345(0.58)}{2.5}, \qquad t = 8.65 \text{ mm}$$

이다.

6. 그림 11.7a'에 나타낸 기하학적 관계식으로부터 다음을 얻는다.

$$h = \frac{t}{0.707} = \frac{8.65}{0.707} = 12.23 \text{ mm}$$

7. 용접 크기는 일반적으로 밀리미터의 정수로 지정된다. 12 mm 용접(안전계수가 2.45

일 때 계산된 값)과 13 mm 용접(안전계수는 2.66) 사이의 선택은 주위상황과 공학적 판단에 달려 있다. 여기서는 $h=13$ mm로 놓았다.

8. 비록 13 mm 용접은 점 *C*에서만 요구되지만, 같은 크기의 용접이 전체에 걸쳐 지정될 수 있다. 그러나 응력 성분의 벡터합이 상대적으로 작은 곳에서는 단속 용접(intermittent weld)으로 지정될 수도 있다.

주석: 단순화를 위해 관행적으로 사용되는 위의 근사적인 절차를 잘 이해하는 것이 중요하다. 목 치수 t는 횡전단과 축응력을 계산할 때 45° 방향임이 가정된다. 그러나 비틀림 응력을 계산할 때는 같은 치수가 용접 원형의 평면에서 가정된다. 이러한 응력들이 벡터적으로 더해지고 t의 값이 결정된 후, 용접 치수 h의 최종 답은 다시 치수 t가 45° 평면에 있다는 가정에서 얻어진다. 비록 정확하게 맞지는 않지만, 이 편리한 절차는 무엇을 해야 하는지 이해하고 그에 따른 결과를 잘 해석할 수 있는 공학자에 의해 사용될 때 타당하게 적용될 수 있다. 다음 예제에서 다루어지는 것처럼, 단순화된 근사방법은 굽힘 하중을 다룰 때도 나타난다.

예제 11.4D SAMPLE PROBLEM 평면 밖의 편심 하중이 가해질 때의 용접 크기 계산

E60 용접봉($S_y=345$ MPa)과 안전계수 3을 사용하여 그림 11.9*a*의 요구되는 용접 크기를 구하라.

풀이 SOLUTION

제시자료: 형태와 항복강도가 지정된 용접이 평면 밖의 편심 하중을 받는다.

목표: 용접 크기를 구하라.

개요도 및 데이터:

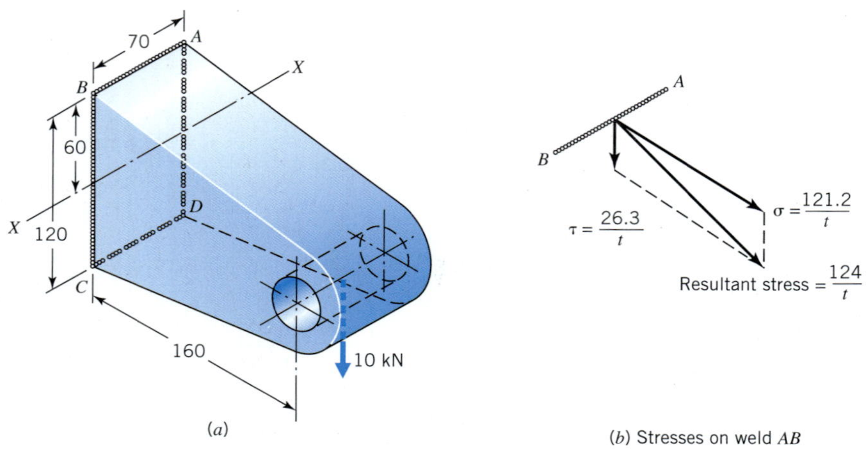

그림 11.9 평면 밖(out of plane)의 편심 하중.

판단과 가정:

1. 용접선 부분의 관성모멘트 계산에서, 용접평면에서의 유효 용접너비는 목 두께 t와 같다.
2. 목 두께 t는 다른 치수들과 비교하여 매우 작다고 가정한다.
3. 횡전단응력은 V/A로 주어진다. 여기서 V는 전단 하중, A는 용접목 면적이다.
4. 용접목 평면에 작용하는 총전단응력은 굽힘과 횡전단응력의 합과 같다.
5. 변형에너지이론을 용접 재료의 전단항복강도 계산에 적용한다.
6. 요구되는 용접변 크기 h는 45° 용접목 평면을 이용하여 계산된다.
7. 실제적인 이유로 두께가 6 mm보다 작은 판에서 h의 최솟값은 3 mm이다.

해석:

1. 하중은 직접 전단과 (10,000)(160) N·mm인 굽힘모멘트를 포함한다.
2. 중립 굽힘축 X에 대한 관성모멘트는 두 개의 수직과 수평 용접선에 대한 값을 더하면 된다. 즉 $I_X=2I_v+2I_h$이다. 그림 11.10에 요약된 관계식을 참조하면

$$I_v = \frac{L^3 t}{12} = \frac{(120)^3 t}{12} = 144{,}000t$$
$$I_h = Lta^2 = 70t(60)^2 = 252{,}000t$$
$$I_X = 2I_v + 2I_h = 792{,}000t$$

   이다.
3. 용접 부위 AB에서 (인장) 굽힘응력은

$$\sigma = \frac{Mc}{I_X} = \frac{1{,}600{,}000(60)}{792{,}000t} = \frac{121.2}{t}\ \text{MPa}$$

   이며, 모든 용접부에서의 횡전단응력은

$$\tau = \frac{V}{A} = \frac{10{,}000}{(120 + 120 + 70 + 70)t} = \frac{26.3}{t}\ \text{MPa}$$

   이 된다.
4. 그림 11.9b는 굽힘과 횡전단응력의 합이 124/t MPa이 됨을 보여 준다. 전통적인 방법은 이 응력을 용접목 면에 작용하는 전단응력으로 간주하여 이 값을 허용 전단응력과 비교하는 것이다. 변형에너지이론을 사용하여 항복 전단응력을 계산하고(덜 정확하지만 더 보수적인 방법은 최대 전단응력 이론을 사용하는 것임), 안전계수 3을 적용하면

$$\frac{124}{t} = \frac{345(0.58)}{3}\ \text{MPa}, \qquad \text{or} \quad t = 1.86\ \text{mm}$$

   을 얻는다.
5. 비록 위에 계산된 최대 전단응력의 면이 그림 11.7a'에서 설명된 45° 최소 목 평면과

일치하지 않지만, 필요한 용접면 길이 h를 계산하기 위해 45° 목 평면 면적을 사용하는 것이 일반적이다.

$$h = \frac{t}{0.707} = \frac{1.86}{0.707} = 2.63 \text{ mm}$$

6. $\frac{1}{8}$ in. 또는 3 mm보다 작은 변길이는 용접하기에 실용적이지 않다. 따라서 h=3 mm를 사용한다.

주석: 실제로 이론치보다 큰 용접 치수의 적용은 종종 길이를 따른 단속 용접에서 사용된다. 여기서는 용접선 CD 전체를 생략할 수 있다. 아랫부분에서의 굽힘응력은 압축응력이고, 용접이 없어도 직접 지지할 수 있다. 아랫부분 용접의 생략은 다른 세 용접에 약간 더 높은 직접 전단응력을 가하지만 이것의 영향은 미미하다.

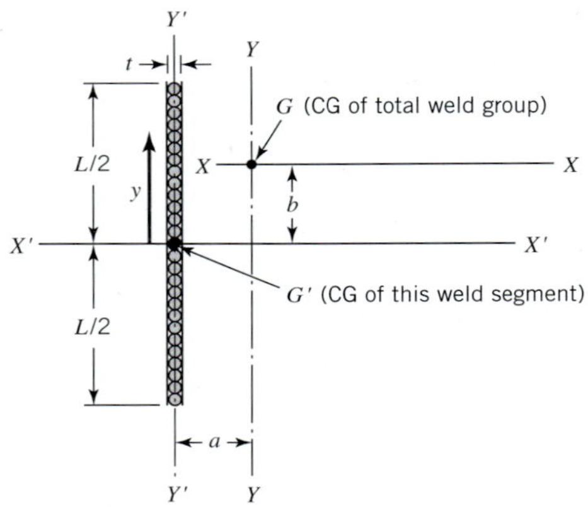

그림 11.10 선형 용접 부위의 관성모멘트.(그림 11.7a'에서 보는 바와 같이 단순화를 위하여, 지면에 있는 유효 용접너비는 목 길이 t와 같다고 가정한다.) 용접부의 대칭축 X'과 Y'에 대한 관성모멘트(t는 다른 치수에 비해 매우 작다고 가정한다).

$$I_{X'} = \int y^2\, dA = 2\int_0^{L/2} y^2(t\, dy) = \frac{L^3 t}{12}$$

$$I_{Y'} = 0$$

총 용접 그룹의 무게중심을 지나는 축 X와 Y에 대한 관성모멘트:

$$I_X = I_{X'} + Ab^2 = \frac{L^3 t}{12} + Ltb^2$$

$$I_Y = I_{Y'} + Aa^2 = Lta^2$$

용접 그룹의 중심에 수직인 축에 대한 극관성모멘트:

$$J = I_X + I_Y = \frac{L^3 t}{12} + Lt(a^2 + b^2)$$

표 11.2 근사 피로응력집중계수, K_f^a

Type of Weld	K_f
Butt weld, with "reinforcing" not removed, tensile loads	1.2
Toe of fillet weld, transverse loading	1.5
End of fillet weld, parallel loading	2.7
T-butt joint weld, with sharp corners, tensile loading	2.0

[a] Originally proposed by C. H. Jennings, "Welding Design," *Trans. ASME*, **58:**497–509 (1936), and widely used since then.

11.6 용접 이음부의 피로 고찰

용접 이음부가 피로 하중을 받을 때, 정적 강도에 거의 영향을 주지 않는 기공(void)들과 내재물들은 국부 응력집중을 일으키고 피로강도를 줄인다. 게다가 맞대기 용접(그림 11.6)에서 판 표면의 평면 위에 있는 용접재료['덧살(reinforcement)'이라 불림]는 용접비드 경계부에서의 응력집중의 원인이 된다. 정하중에서 이러한 부분은 용접금속 안의 기공들과 내재물들을 보상하는 약간의 '보강재' 역할을 한다. 그러나 피로 하중에서는 돌출된 용접비드를 평면이 되도록 연마함으로써 강도가 증가된다. 맞대기 용접 덧살과 다른 용접 형상에 관련된 근사 피로응력집중계수가 표 11.2에 주어져 있다.

예제 11.5 SAMPLE PROBLEM 맞대기 용접의 피로강도 계산

맞대기 용접 부위(그림 11.6*a*)에 인장하중이 5000과 15,000 lb 사이에서 변동하고 있다. 판의 두께가 1/2 in.이고 용접 보강재(덧살)는 연마되지 않았다. S_u=62 ksi, S_y=50 ksi인 E60 계열의 용접봉이 사용된다. 안전계수는 2.5이다. 필요한 용접길이(L)는 얼마인가?

풀이 SOLUTION

제시자료: 일정한 두께의 맞대기 용접된 두 판에, 하중이 두 인장 하중 값 사이에서 빠르게 변동하며 가해진다. 용접 재료의 인장강도와 항복강도를 알고 있다.

목표: 용접길이를 구하라.

개요도 및 데이터: 그림 11.6*a*를 참조하라.

가정:

1. 용접금속은 단조된 표면과 비교하여 거친 표면을 가지고 있다.

2. 구배계수 C_G는 0.8이고 C_T는 1.0이며 C_R은 1.0이다(표 8.1).
3. 10^6의 피로수명이 요구된다.

해석:

1. 보강된 부분이 연마되지 않았으므로 용접금속의 모서리에 응력집중이 있다. $K_f=1.2$이다(표 11.2).
2. 그림 8.13으로부터 단조된 표면에 대하여, $C_S=0.55$이다.
3. 가정에 의해, $C_G=0.8$, $C_T=1.0$, $C_R=1.0$이다.
4. $Sn=S_n'C_LC_GC_SC_TC_R=(62\text{ ksi}/2)(1)(0.8)(0.55)(1.0)(1.0)=13.6\text{ ksi}$
5. 12,500~37,500 lb 범위에서 변동하는 설계 과하중에 대해

$$\sigma_m=\frac{K_fP_m}{A}=\frac{(1.2)(25{,}000)}{0.5L}=\frac{60{,}000}{L}$$
$$\sigma_a=\frac{K_fP_a}{A}=\frac{(1.2)(12{,}500)}{0.5L}=\frac{30{,}000}{L}$$

이 된다.

6. 이 문제에 대한 $\sigma_m-\sigma_a$ 곡선이 그려진다.
7. 그림 11.11로부터 $\sigma_m=19{,}000$ psi이다. 그러므로 $\sigma_m=19{,}000\text{ psi}=60{,}000/L$, 즉 $L=3.16$ in.이다.

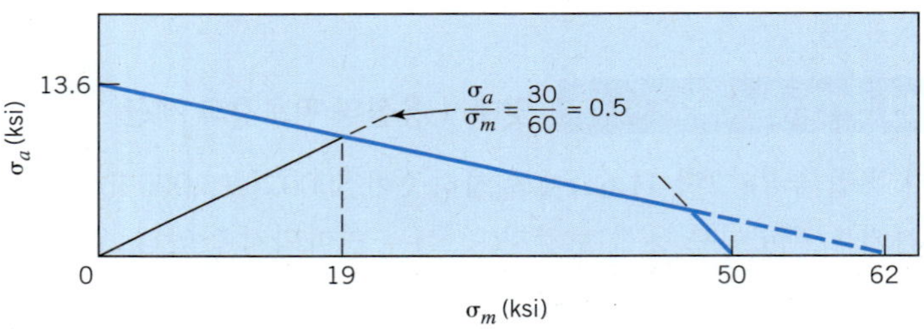

그림 11.11 예제 11.5의 $\sigma_m-\sigma_a$ 곡선.

주석: 주위 환경과 공학적 판단에 따라 L의 값은 3 또는 $3\frac{1}{4}$ in.로 반올림될 수 있다.

11.7 브레이징과 솔더링

브레이징(brazing)과 솔더링(soldering)은 온도가 항상 작업물의 융점보다 낮다는 점에서 기본적으로 용접과 다르다. 브레이징 또는 솔더링의 용가재는 융해된 금속 접착제나 시멘트처럼 작용하여 식으면서 바로 고정된다. 따라서 브레이징과 솔더링은 **접착**(bonding) 과정으로 분류된다.

브레이징은 840°F(450°C) 이상의 지정된 온도로 작업물을 가열하면서 시작한다. 작업물과 접촉된 용가재는 융해되어 작업물들 사이의 공간으로 흘러 들어간다. 녹은 용가재를 가장 효과적으로 유도하기 위한 모세관 작용을 위해 보통 0.025~0.050 mm의 간격이 권해진다. 그러나 특별히 '넓은 틈' 필러 합금은 위 간격의 10배를 허용한다. 초기 표면이 깨끗해야 하는 것은 중요하다. 플럭스나 불활성 공기 둘 중 하나가 필요하다.

브레이징은 보통 토치나 노(furnace)로 작업물을 가열하며 실행된다. 필러 금속은 보통 구리, 은, 니켈의 합금이다.

용가재(알루미늄-실리콘 합금)의 융점이 알루미늄 부품의 융점보다 많이 낮지 않기 때문에 알루미늄 부품을 브레이징할 때는 특별한 주의가 요구된다.

브레이징은 몇 가지 장점이 있다. 즉 서로 다른 금속들, 주조와 단조된 금속들, 비금속(코팅된)과 금속들이 함께 브레이징될 수 있다. 복합 조립품은 여러 단계로 나뉘어 점차적으로 낮은 융점의 용가재들을 사용함으로써 브레이징할 수 있다. 브레이징 이음부는 다듬질이 거의 필요 없다.

솔더링은 필러 금속의 융점이 840°F(450°C)보다 낮고, 상대적으로 낮은 강도를 가진 것을 제외하면 브레이징과 비슷하다. 대부분의 솔더링은 주석-납 합금을 사용하지만 안티몬, 아연, 알루미늄을 포함한 합금을 사용하기도 한다. 솔더링의 절반은 전기, 전자부품에 활용된다. 또 다른 적용 예는 양철 캔 안에 있는 라디에이터의 홈(seam)을 밀봉하는 것이다.

11.8 접착제

금속 부품의 접착제 접합(adhesive bonding)은 빠르게 성장하는 분야로 거의 모든 종류의 제품 설계에 영향을 준다. 웹사이트 http://www.3m.com/bonding에 접착제, 테이프, 다시 밀폐시킬 수 있는 체결 요소의 일반적인 기술 정보와 데이터가 있다. 접착제의 장점은 많다. 나사나 리벳처럼 부품을 약하게 하는 구멍이 필요 없고, 용접처럼 변형과 잔류응력을 포함하는 고온도 필요 없다. 이음부가 하중을 받으면 접촉 모서리에 작은 응력집중만 주며, 응력은 넓은 범위로 퍼진다. 이것은 얇은 부재의 사용을 허용하여 무게를 줄이는 효과를 낸다. 접착제 접합은 외부표면이 연결되어 보이므로 좋은 외관과 손쉬운 마감을 주며, 비행기 날개와 헬리콥터의 회전축 날개에서처럼 액체와 가스의 흐름을 포함하는 경우 유체마찰을 줄인다. 대부분의 고체 재료는 접착제에 의해 접합될 수 있다. 서로 다른 재료끼리 접합할 때, 접착제 층은 갈바닉 전류(이론은 그림 9.7에 설명되어 있음)에 대한 효과적인 절연을 제공할 수 있다. 반면에 필요할 경우에는 전기전도를 가지도록 접착제를 만들 수 있다. 접착제 재료의 유연성은 접착된 부재의 서로 다른 열팽창을 수용할 수 있다. 이 유연성은 또한 충격하중의 흡수를 돕는다. 게다가 접착제 접합은 진동과 소음 전달을 줄이는 감쇠를 제공할 수 있다. 접착제에 의해 접합된 이음은 접착제를 손상시키지 않는 유체 또는 가스의 누출을 효과적으로 밀봉할 수 있다.

단점은 접착제가 기계적 체결 요소보다 온도에 더 민감하다는 것이다. 현재 일반적으로 사용하는 대부분의 접착제는 −200~550°F(−129~260°C) 범위로 제한되어 있다. 접착제의 온도 응답성은 크게 다르며, 이것은 특정 적용을 위해 접착제를 선택할 때 항상 고려해야 할 사항이다. 접착제 이음의 검사, 분해, 수리는 불가능하고, 어떤 접착제는 장기간 내구성(long-term durability)이 의심된다.

아마도 접착제 사용의 확산을 유발하는 주요인은 비용절감일 것이다. 그러나 고려되는 비용은 결합되는 이음의 전체 비용이다. 그리고 이것은 기계적 체결 요소를 사용하는 비용보다 요소의 크기에 따라 비용이 적거나 많이 들 수 있으며, 비용은 여러 요인에 기인한다. 앞에서 언급한 것처럼 접착제 접착은 얇고 가벼운 상대면을 허용한다. 기계가공 비용은 뚫린 구멍 수를 줄이고 넓은 공차를 허용하여 줄일 수 있다. 예를 들어 몇몇 접착제의 '틈새충전' 용량(gap-filling capability)은 낮은 공차의 억지끼워맞춤 필요성을 없앨 수 있다. 접착제 자체의 비용은 경쟁이 되는 기계적 체결 요소보다 많거나 적을 수 있다. 접합된 이음의 주 비용인자(major cost factor)는 종종 표면전체이다. 비록 최근에는 청결의 요구가 완화되었지만, 종종 극도의 청결이 요구된다. 생산속도를 높이는 자동화 이음의 경우에 접착제는 비용이 더 많이 든다. 특히 고품질을 위해 특별히 정교한 고정물과 연장된 경화시간(curing time)이 필요할 때에 그렇다.

접착(bonding)제는 접합된 재료와 함께 서로에게 영향을 주는 상호작용을 하며 복합재료의 한 구성 성분으로 기능을 한다. 이러한 사실은 시장에 나와 있는 매우 다양한 접착제로부터, 특별히 어려운 적용에 대해 가장 좋은 접착제를 선택하도록 만든다. 현재 전문적인 기술 문헌, 접착제 공급자에 의한 정보, 실험결과는 신뢰하여야 한다.

안전과 주위 환경 요소는 접착제 산업에서 중요한 고려 사항이다. 연방 규칙은 가연성이나 유독가스를 방출하는 용매에 기초한 접착제의 사용을 규제한다. 몇몇 접착제는 경화될 때까지 불쾌한 냄새를 방출하기 때문에 어떤 응용물에는 사용하지 않는다. 석유는 많은 접착제의 원료이고, 다른 접착제들을 찾기 위한 연구 노력이 진행되고 있다. 몇몇 접착제는 95°~260°C에서 수 시간 동안의 열경화가 요구된다. 증가하는 에너지 비용은 짧은 경화시간과 낮은 경화온도를 요구하는 등가 접착제의 개발을 필요로 한다.

가능하다면, 짝을 이루는 부재는 접착제 이음부가 **전단** 하중을 받도록 설계되어야 한다. 접착제는 이러한 방법으로 하중을 받을 때 가장 기능을 잘 하기 때문이다. 그림 11.12는 대표적인 설계를 제시한다. 접착제 이음은 또한 인장 하중을 견딜 수 있다. 그러나 '벗기기(peel)'와 절개(cleavage) 하중은 피해야 한다.

대부분의 **구조용** 또는 **공업용** 접착제는 고무 시멘트, 항공기 접착제, 열용융물들과 같은 **열경화성**(열가소성과 반대되는)이다. 열용융물은 낮은 강도를 요구하는 경량용 적용에 일반적으로 사용된다. 단일재료 열경화 에폭시의 전단강도는 70 MPa 정도로 크다. 그러나 대부분의 구조용 접착제는 25~40 MPa 범위의 전단강도를 가진다.

1940년대 이후 산업적으로 사용되어 온 **에폭시**는 가장 범용적으로 널리 사용되는 구조용 접착제이다. 두 재료로 구성된 타입은 먼저 두 재료를 혼합한 다음, 실온에서 경화시킨다. 단일재료 에폭시는 혼합이 필요 없지만, 약 150°C 정도에서 최소한 한 시간 동안의 열경화가 필요하다. 에폭시는 틈새충전 요구 사항을 만족시키는 충분한 점성을 갖도록 제조할

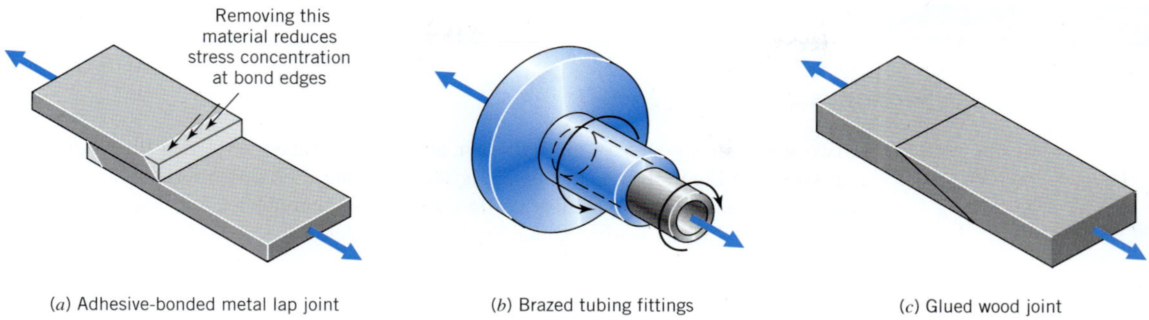

그림 11.12 전단하중을 위해 설계된 접착이음의 예들.

수 있다. 고강도 에폭시의 접착 비용은 상대적으로 높을 수 있다. **우레탄** 접착제는 용도가 다양하고, 상대적으로 높은 강도를 가지며, 두 재료(실온경화) 및 단일재료(열경화)로 활용 가능한 것이 에폭시와 비슷하다. 이것은 좋은 인성, 유연성, 충격저항을 갖는다.

무기성 접착제는 적용이 쉽고 산소 없이도 경화되는 단일재료 접착제이다. 보통 나사 잠김(thread locking)과 축에 키 또는 베어링을 장착하는 등의 기계조립을 위해 사용된다. 급속한 경화는 비교적 작은 부품의 조립 시 무기성 접착제의 사용을 제한한다.

새로운 몇몇 **아크릴** 접착제는 더러운 표면에도 사용한다. 이것은 보통의 산업 상태에서 조립 생산성을 높이는 데 매우 중요하다. **시아노아크릴레이트**(cyanoarcylate)는 극히 빠른 설치시간이 요구될 때 특히 적합하다. 이것은 적용이 가장 쉽고 모든 산업 접착제의 경화와 비교하여 가장 빠르다.

생산을 쉽게 하고 비용을 절감하기 위해서 대부분의 단일재료(열경화) 공업용 접착제는 제거 가능한 배킹(backing)과 함께 필름 형태로 제공된다. 이들은 다양한 두께와 특별한 형태로 공급된다. 몇몇 접착제는 조립과 열경화 전에 정전기로 인해 위치하게 되는 분말 형태로 사용된다. 접착제는 때때로 기계적 체결 요소와 함께 사용된다. 빠르게 변화하는 현대 접착제의 산업 분야는 공학적 독창성을 위해 풍부한 기회를 제공한다.

참고문헌 REFERENCES

1. Structural Welding Code—Steel, AWS D1.1/D1.1M:2010, American Welding Society, Miami, Fla.
2. Aronson, R. B., "Adhesives are Getting Stronger in Many Ways," *Machine Design*: 54–60 (Feb. 8, 1979).
3. Chow, W. W., *Cost Reduction in Product Design*, Van Nostrand Reinhold, New York, 1978.
4. Kulak, G. L., J. W. Fisher, and J. H. A. Struik, *Guide to Design Criteria for Bolted and Riveted Joints*, 2nd ed., Wiley, New York, 1987.
5. *Machine Design*, 1980 Fastening and Joining Reference Issue, Penton/IPC, Inc., Cleveland, Nov. 13, 1980.
6. Osgood, C. C., *Fatigue Design*, 2nd ed., Pergamon Press, New York, 1982.
7. Parmley, R. O. (ed.), *Standard Handbook of Fastening and Joining*, 3rd ed., McGraw-Hill, New York, 1997.
8. Petrie, E. M., *Handbook of Adhesives and Sealants*, 2nd ed., McGraw-Hill, New York, 2007.

연습문제 PROBLEMS

Section 11.4

11.1 Two steel plates with $S_y = 350$ MPa are attached by transverse-loaded fillet welds, as shown in Figure P11.1. Each weld is 100 mm long. E60 series welding rods are used, and good welding practice is followed. What minimum leg length must be used if a force of 150 kN is to be applied with a safety factor of 3.0?

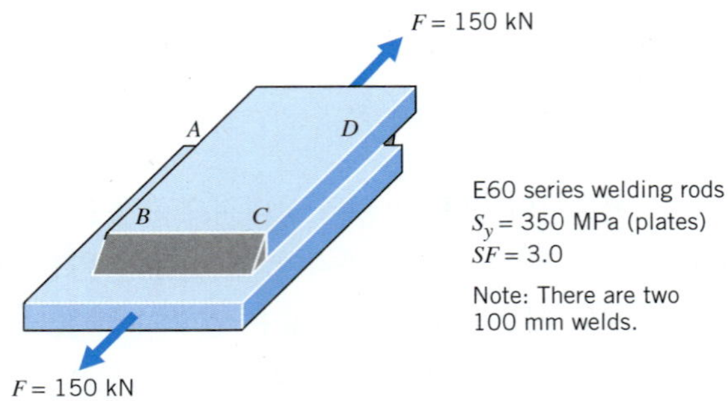

FIGURE P11.1

11.2 Repeat Problem 11.1, except use E70 series welding rods.

11.3 Two 17-mm steel plates with $S_y = 425$ MPa are butt-welded using E70 series welding rods and good welding practice. The weld length is 90 mm. What is the maximum tensile load that can be applied to the joint with a safety factor of 4?

11.4 Two 15mm steel plates with $S_y = 350$ MPa are butt-welded (as in Figure 11.6). E60 series welding rods are used, and good welding practice is followed. With a safety factor of 3, what tensile load can be applied to the plates per millimeter of welded plate width?

[Ans.: 1.65 kN]

11.5 Estimate the static load F that can be carried by the joint shown in Figure 11.7*c* based on yielding. The two 7-mm-thick steel plates ($S_y = 350$ MPa) are welded together by convex fillet welds along sides AB and CD. Each weld is 50 mm long. The weld metal has a yield strength of 350 MPa. Use a 5-mm weld leg and a safety factor of 3.

11.6 Two 15-mm steel plates with $S_y = 400$ MPa are butt-welded using E70 series welding rods and good welding practice. The weld length is 90 mm. What is the maximum tensile load that can be applied to the joint with a safety factor of 3? (See Figure P11.6.)

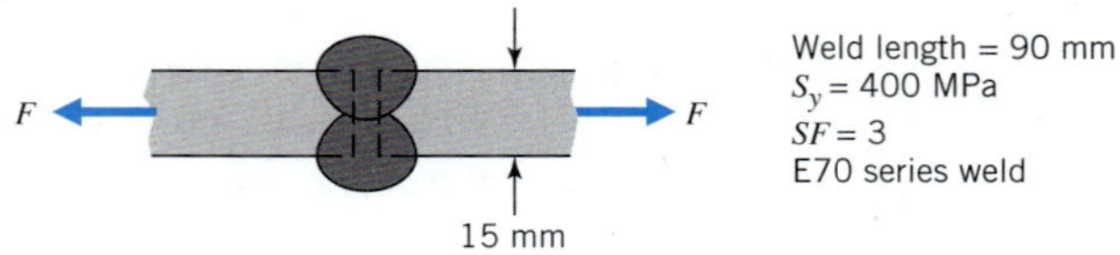

FIGURE P11.6

11.7 Two 10 mm steel plates with $S_y = 350$ MPa are butt-welded (as in Figure 11.6). E60 series welding rods are used, and good welding practice is followed. With a safety factor of 3, what tensile load can be applied to the plates per millimeter of welded plate width?

11.8 Estimate the static load F that can be carried by the joint shown in Figure 11.7*c* based on yielding. The two 8-mm-thick steel plates ($S_y = 350$ MPa) are welded together by convex fillet welds along sides *AB* and *CD*. Each weld is 50 mm long. The weld metal has a yield strength of 350 MPa. Use a 5-mm weld leg and a safety factor of 3.

11.9 Two steel plates with $S_y = 50$ ksi are attached by $\frac{3}{8}$-in. parallel-loaded fillet welds, as shown in Figure P11.9. E60 series welding rods are used, and good welding practice is followed. Each of the welds is 3 in. long. With a safety factor of 3, what maximum tensile load can be applied?

[Ans.: 14,700 lb]

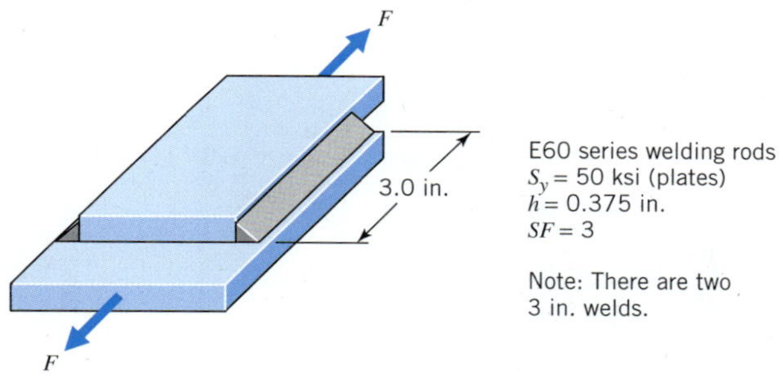

FIGURE P11.9

11.10D Select two steel plates with $S_y = 350$ MPa that can be butt-welded (as in Figure 11.6) and design an assembly (joint) that can transmit a tensile load of 30 kN.

11.11D Select two steel plates with $S_y = 50$ ksi that can be attached by $\frac{3}{8}$-in. parallel-loaded fillet welds (as shown in Figure 11.7*c*) and design an assembly (joint) that can transmit a load greater than 14,000 lb.

11.12 Two steel plates with $S_y = 400$ MPa are attached by transverse-loaded fillet welds, as shown in Figure 11.7*d*. Each weld is 100 mm long. E70 series welding rods are used, and good welding practice is followed. What minimum leg length must be used if a force of 150 kN is to be applied with a safety factor of 3.5?

Section 11.5

11.13 The bracket shown in Figure P11.13 is to support a total load (equally divided between the two sides) of 60 kN. Using E60 series welding rod and a safety factor of 3.0, what size weld should be specified?

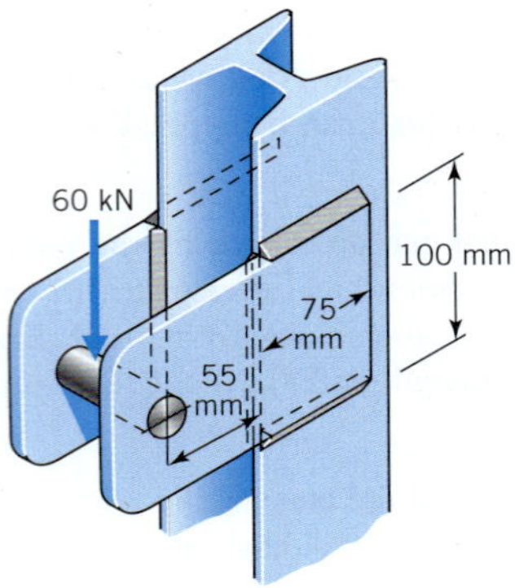

Note: Each plate has two 75 mm welds and one 100 mm weld.

FIGURE P11.13

11.14 The bracket shown in Figure P11.14 supports a 18 kN load. The fillet weld extends for the full 100 mm length on both sides. What weld size is required to give a safety factor of 3.0 if E60 series welding rod is used?

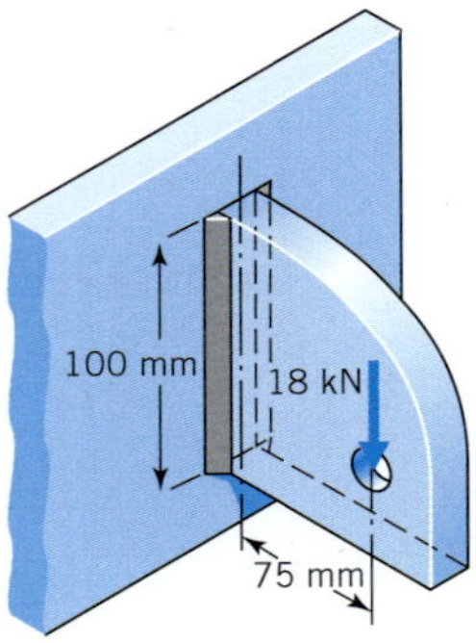

Note: There are two 100 mm welds.

FIGURE P11.14

11.15 In Sample Problem 11.4, determine the weld size required if only the top (*AB*) is welded.

Sections 11.6–11.8

11.16 Two 20-mm steel plates are butt-welded together. Both the plate and the welding electrode materials correspond to strength properties of $S_u = 500$ MPa and $S_y = 400$ MPa. The imposed loading fluctuates rapidly between −20 and +60 kN. Estimate the length of weld required in order to provide a safety factor of 2.5:

(a) If the weld reinforcement is not removed.

(b) If the excess weld material is carefully ground off to provide smooth, continuous surfaces.

11.17D Develop a chart from other references that presents the properties and applications of engineering adhesives. Organize the chart (table) according to (a) chemical type,

(b) composition and curing conditions, (c) strength, (d) applications, and (e) remarks.

11.18D Develop or locate a table from other references that presents properties of structural adhesives. Organize the table using (a) chemical type, (b) bonding materials, (c) bonding ability, (d) bonding requirements, (e) resistance of bond to various conditions and liquids, and (f) strength.

11.19 Adhesive bonding of aluminum is a comparatively new joining process. The rapid developments in this area have resulted in the use of adhesive bonding for joining aluminum to aluminum or to other materials. The result is strongly dependent on joint design, choice of adhesive, surface preparation, and the bonding process. List the advantages and disadvantages of adhesive bonding.

11.20 Figure P11.20 shows two members that are adhesively bonded together. The left member is loaded with a downward force at one end as shown. Redesign the left member for increased load capacity by means of improved adhesive bonding. Consider the force flow concept and comment on the advantages and disadvantage of a redesigned joint.

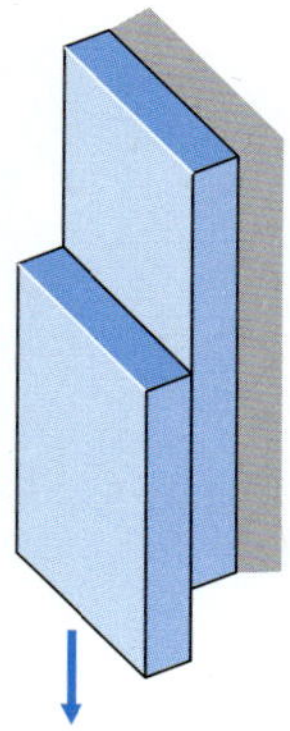

FIGURE P11.20

11.21 Figure P11.21 shows an adhesively bonded lap joint with horizontal and vertical forces applied as shown. Redesign the left member to increase the joint strength, better resist the applied forces, and reduce the chance of peel and separation.

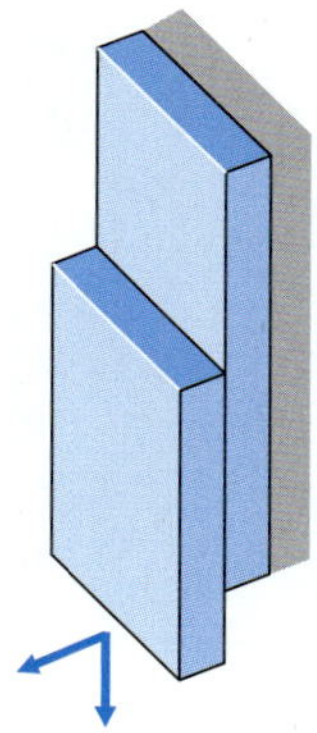

FIGURE P11.21

11.22 Figure P11.22 shows a left member adhesively bonded (butt joint) to a rigid vertical member with forces acting at the end of the left member as shown. Redesign the left member to better resist the applied forces, increase the strength of the joint, and reduce the chance of peel and separation.

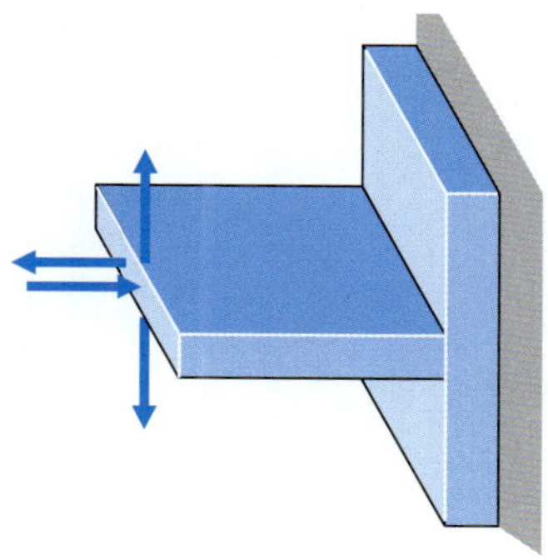

FIGURE P11.22

11.23 Figure P11.23 shows two members that are adhesively bonded together. The right member is loaded with a downward force at one end as shown. Redesign the right member for increased load capacity by means of improved adhesive bonding. Consider the force flow concept and comment on the advantages and disadvantage of a redesigned joint.

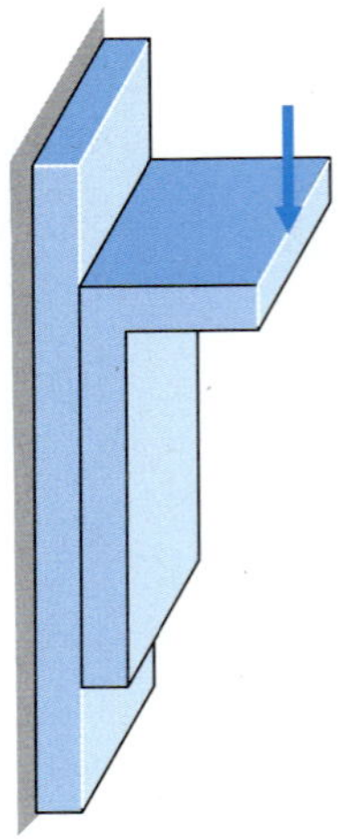

FIGURE P11.23

11.24 An aluminum angle is horizontally loaded and adhesively bonded to the rigid member as shown in Figure P11.24. Redesign the aluminum angle to increase the joint strength, better resist the applied forces, and reduce the chance of peel and separation.

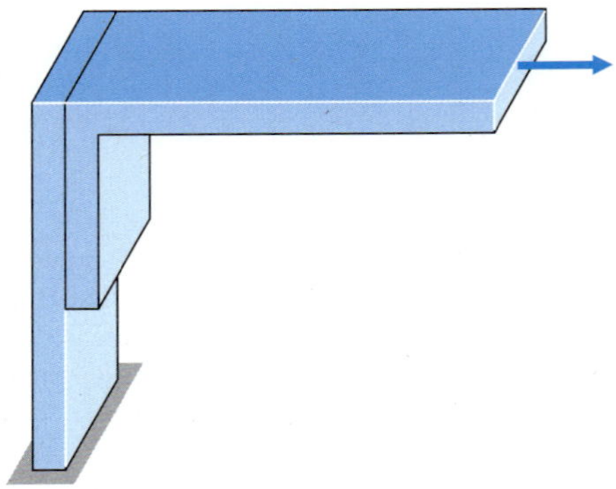

FIGURE P11.24

11.25 Figure P11.25 shows two members that are adhesively bonded together. The right member is loaded with a force at one end as shown. Redesign the right member for increased load capacity by means of improved adhesive bonding. Consider the force flow concept and comment on the advantages and disadvantage of a redesigned joint.

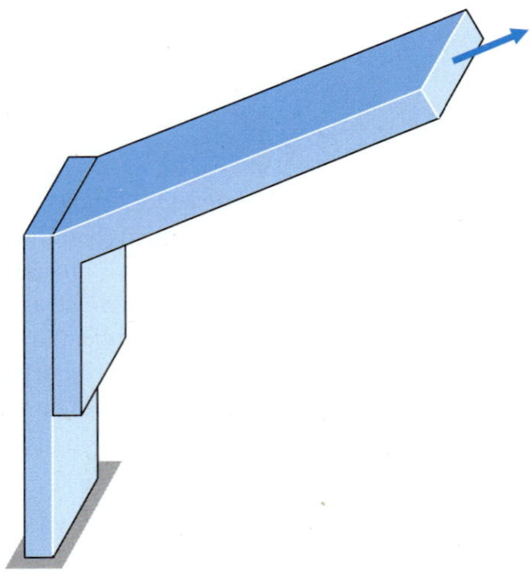

FIGURE P11.25

스프링

12

12.1 개요

스프링은 힘과 토크를 가하고, 에너지를 흡수하는 탄성 부재이다. 스프링은 대개 금속으로 되어 있다. 하중이 가벼울 경우에는 플라스틱도 사용된다[3]. 최근의 구조용 복합 재료도 스프링의 질량이 최소로 요구되는 곳에 사용된다. 전기모터와 내연기관 같은 기계류의 진동 절연 마운팅과 범퍼의 고무 블록은 종종 스프링의 역할을 한다. 공압스프링은 공기의 탄성 압축성을 이용하며, 압축공기를 이용한 자동차의 '공기 충격 흡수장치'와 밀봉된 고압 질소를 이용한 프랑스 Citroen automobiles사의 유공압 현가장치에서 사용된다. 작은 변형으로 큰 힘을 제공하는 소형 스프링이 필요한 경우, 유압스프링은 효과적이다. 이는 체적탄성계수(bulk modulus of elasticity)에 의해 나타나는 액체의 작은 압축성에 기반을 두고 있다. 부품을 단단하게 만든 후 스프링을 추가하는 것보다, 필요한 탄성을 갖도록 설계함으로써 생산비용을 줄일 수 있다[3].

이 책에서는 금속 또는 강화 플라스틱 복합재(reinforced plastic composite)로 된 스프링에 대해 다룬다. 최대의 효율(최소 스프링 질량)로 에너지를 흡수하는 것이 목적인 경우, 이상적인 설계는 노치가 없는 인장봉(tensile bar)을 사용하는 것이다. 왜냐하면 부재 전체가 같은 크기의 응력을 받기 때문이다(7장을 상기하라). 그러나 적당한 크기의 인장봉은 스프링으로 사용하기에는 너무 강하므로 비틀림과 굽힘을 받을 수 있도록 스프링을 형상으로 제작해야 한다.(5.8절과 5.9절의 카스틸리아노(Castigliano)법을 상기하라. 보의 경우 인장과 전단응력에 의한 처짐은 굽힘이나 비틀림에 의한 처짐에 비해 무시할 수 있을 정도로 작다.) 다음 절들에서는 이러한 목적에 적합한 스프링의 기하학적 형상에 대해 알아보도록 한다.

12.2 비틀림 봉 스프링

그림 12.1에는 가장 간단한 스프링 형태인 비틀림 봉이 나타나 있다. 비틀림 봉은 자동차의 현가 스프링이나 자동차의 후드나 트렁크 덮개의 카운터 밸런스 스프링에 사용되는데, 힌지부 근처에 작은 비틀림 봉이 눈에 띄지 않게 장착된다.

기본적인 응력, 처짐각, 스프링계수의 식은

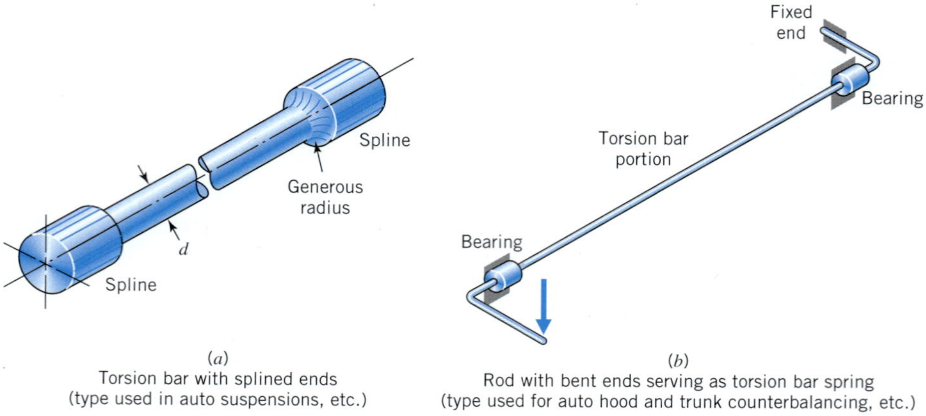

그림 12.1 비틀림 봉 스프링.

$$\tau = \frac{Tr}{J}$$
$$\theta = \frac{TL}{JG} \quad \text{(see Table 5.1)} \tag{4.3}$$
$$K = \frac{JG}{L}$$

이다. 직경이 d인 중실 원형봉에 대해 이 식은

$$\tau = \frac{16T}{\pi d^3}$$
$$\theta = \frac{32TL}{\pi d^4 G} \quad \text{(see Table 5.1)} \tag{4.4}$$
$$K = \frac{\pi d^4 G}{32L}$$

이 된다. 이 식에서 전단탄성계수(shear modulus)는 식 (3.14)로부터 다음과 같이 계산된다.

$$G = \frac{E}{2(1 + \nu)}$$

12.3 코일스프링 응력과 처짐식

그림 12.2a와 c는 각각 비교적 작은 나선각(λ)을 갖는 헬리컬 코일 압축과 인장 스프링을 나타낸다. 그림 12.2b와 d는 이들 스프링 윗부분에 대한 평형상태의 자유물체도를 나타낸

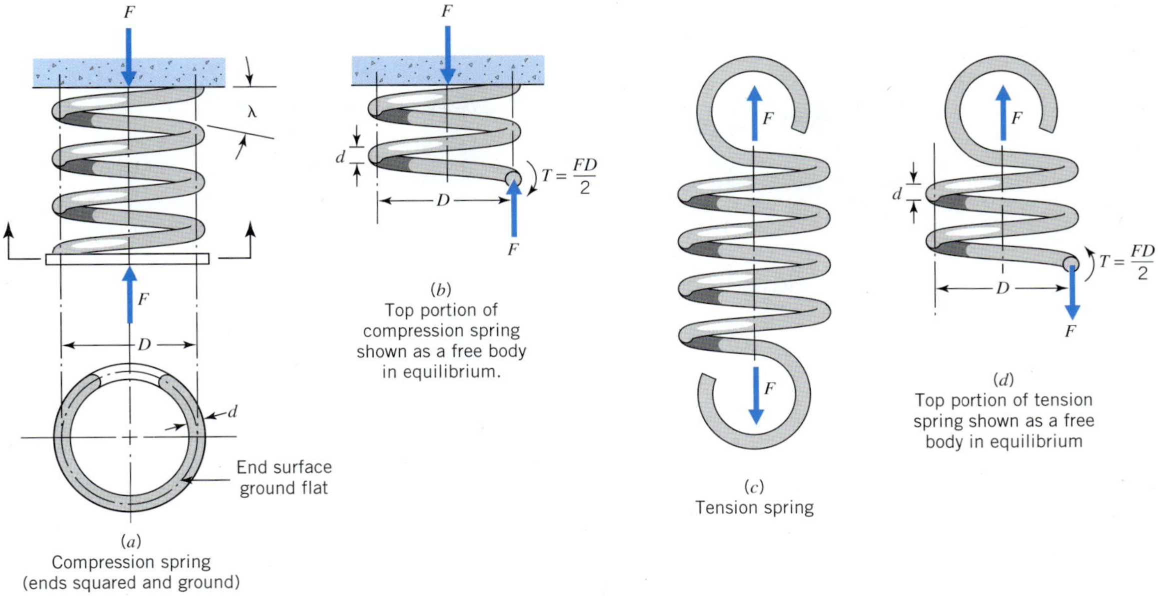

그림 12.2 헬리컬(코일) 압축 및 인장 스프링.

다. 각각에서 외부 힘 F는 나선의 축을 따라서 작용한다고 가정한다. 이 가정을 만족시키기 위해, 압축스프링의 경우 코일의 끝을 피치 없이 감고 끝을 편평하게 연마하여(또는 맞닿는 끝 평판을 적절히 가공하여) 코일의 끝 평판에 균일한 압력이 작용하도록 한다. 인장스프링의 경우 스프링 축방향으로 하중이 인가되도록 끝단에 훅을 만든다.

그림 12.2b와 d에서 평형상태에서는 단면의 위치와 상관없이 (1) 횡전단력 F와, (2) $FD/2$의 토크가 와이어에 작용하는 것을 주의하라. 여기서 횡전단력의 영향은 작다.(다음에 더 다루도록 한다.) 중요한 것은 **나선의 작용길이**(active length, 양 끝판에 닿는 와이어들 사이의 길이 또는 훅 사이의 길이) **전체가 토크를 받는다는** 것이다. 중실 원형 와이어의 스프링에서 비틀림 응력은 다음과 같다.

$$\tau = \frac{Tr}{J} = \frac{16T}{\pi d^3} = \frac{8FD}{\pi d^3} \tag{12.1}$$

여기서 D는 내부와 외부 코일직경의 평균인 평균 코일직경이다. 결국 **헬리컬 압축 또는 인장 스프링은 나선형으로 감긴 비틀림 봉으로 생각할 수 있다.**

식 (12.1)의 기본적인 전단응력과 함께 코일 스프링의 안쪽 면에서는 두 가지 전단응력 성분을 추가적으로 받는다. (1) 힘 F에 의한 **횡전단응력**은 그림 12.2b와 d에 나타낸 임의의 단면에 작용한다. 코일의 안쪽 면에서, 이 응력의 방향은 스프링의 압축 및 인장 하중에 의한 비틀림 응력의 방향과 일치한다. (2) 감겨진 '비틀림 봉'의 **곡률** 때문에 비틀림 응력의 크기가 증가한다. 두 번째 효과는 그림 12.3에 나타내었다. 굽은 비틀림 봉(그림 12.3b)이 토크를 전달하여 평면 m과 n 사이에 1°의 회전을 일으킨다고 가정해 보자. 이 1°의 각은 코일의

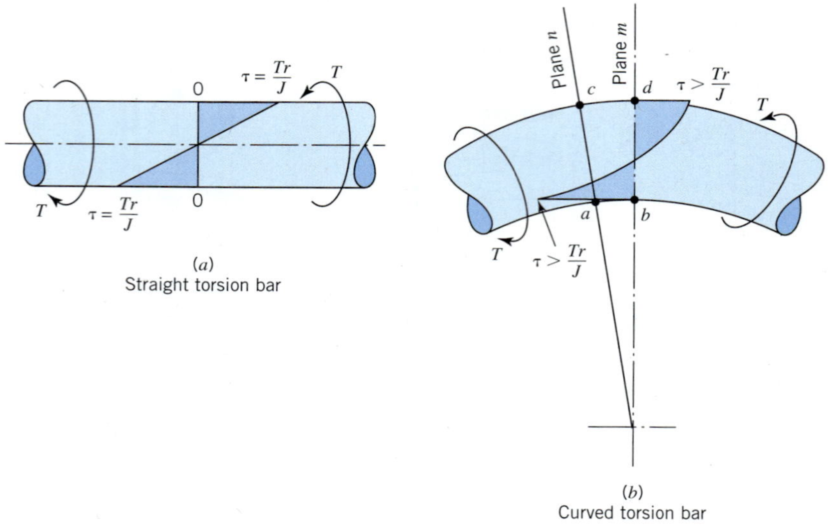

그림 12.3 직선 및 굽은 비틀림 봉의 비틀림 응력 분포.(구부러진 봉의 안쪽 면에서 응력이 증가한다.)

안쪽 짧은 길이 ab와 바깥쪽 긴 길이 cd에 분포한다. 이것이 응력구배를 증가시킨다.(그림 4.9c의 굽은 빔의 굽힘과 비슷하다.) 이 효과는 와이어직경에 대한 **평균** 코일직경의 비로 정의되는 **스프링 지수**(spring index) C의 값이 작을 때 극대화된다.

$$C = \frac{D}{d} \tag{12.2}$$

(즉 효과는 '도넛'과 같은 스프링에서 극대화된다.)

횡전단과 곡률효과의 해석은 웨스팅하우스사의 A. M. Wahl에 의해 미국기계학회지에 발표되어(1929년 5월~8월호) 처음으로 알려졌다.(스프링의 표준 참고자료로 인식되는 참고문헌 [4]를 확인하라.) 이 해석은 K_w(현재는 Wahl 계수로 불린다.)의 유도를 위한 식을 포함하며, 식 (12.1)의 응력에 곱하여 코일 안쪽에서의 합전단응력을 얻는다.

$$K_w = \frac{4C - 1}{4C - 4} + \frac{0.615}{C} \tag{12.3}$$

스프링이 **정하중**을 받을 때, 곡률효과를 고려하는 식 (12.3)의 첫 번째 항은 응력집중계수이기 때문에 사용되지는 않는다.(4.13절의 설명에서처럼 응력집중은 연성재료의 정하중의 경우 무시된다.) 이 항을 1로 놓으면 전단응력에 대한 응력 보정계수(correction factor)는 다음과 같다.

$$K_s = 1 + \frac{0.615}{C} \tag{a}$$

여기서 첨자 s는 정하중을 의미한다. 식 (a)는 다음과 같이 쉽게 유도된다.

엄밀한 해석을 통해, 안쪽 코일직경부에서 횡전단응력이 $1.23F/A$임을 알 수 있다. 여기서 공칭 비틀림 응력을 더하면

$$\tau = \frac{8FD}{\pi d^3} + \frac{1.23F}{\pi d^2/4}$$

이 되며, 이 식은 다음과 같이 정리할 수 있다.

$$\tau = \frac{8FD}{\pi d^3}\left[1 + \frac{1.23(0.5)}{C}\right]$$

$$= \frac{8FD}{\pi d^3} K_s$$

여기서 K_s는 식 (a)에 의해 정의된 응력 보정계수와 같다.

항복이 일어난 후(정하중에서), 응력은 단면에 좀 더 균일하게 분포되며 계수 1.23은 종종 생략된다. 그러므로

$$K_s = 1 + \frac{0.5}{C} \tag{12.4}$$

이 된다.

실제로 정하중과 높은 온도에서는 때때로 식 (12.1)이 보정 없이 사용될 수 있도록 응력이 충분히 재분포한다고 가정한다.

앞서 제시된 정하중에 대한 다양한 응력 보정계수는 사용 시 혼동을 유발할 수 있다. 중요한 점은 재료에 대한 코일스프링의 정하중 실험으로부터 얻어진 허용응력 데이터를 사용할 때, 실험 데이터에 고려된 것과 같은 보정계수가 사용되어야 한다는 사실이다.

많은 참고문헌에 따르면([1, 2] 포함), 식 (12.3)은 **피로하중**에, 식 (12.4)는 **정하중**에 사용할 것을 **권장한다**. 이 식들은 보통 형상의 스프링에 적용한다. 즉 $C > 3$ 그리고 $\lambda < 12°$인 경우이다.

피로하중에 대한 **보정** 응력식(완전한 Wahl 계수를 포함)은

$$\tau = \frac{8FD}{\pi d^3} K_w = \frac{8F}{\pi d^2} C K_w \tag{12.5}$$

이다. **정하중**을 위한 보정 응력식은

$$\tau = \frac{8FD}{\pi d^3} K_s = \frac{8F}{\pi d^2} C K_s \tag{12.6}$$

이며, 여기서 K_s는 식 (12.4)에서 정의된 계수이다.

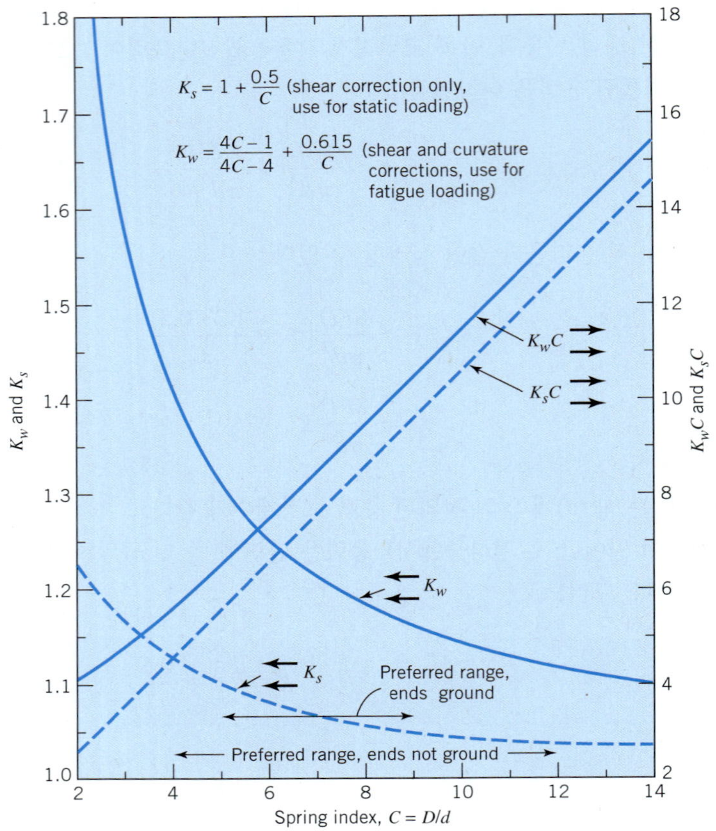

그림 12.4 헬리컬 스프링을 위한 응력 보정계수.

그림 12.4에 K_w, K_s, $K_w C$, $K_s C$의 값이 도시되어 있다.(마지막 두 값의 사용은 다음에 다룰 예제에 설명되어 있다.)

그림 12.2의 자유물체도는 굽힘 하중이 없는 경우를 나타낸다. 피치각 λ가 15°보다 크고 코일의 처짐이 $D/4$보다 큰 특별한 경우는 굽힘응력이 고려되어야 한다.(참고문헌 [4]를 참고하라.) 또한 앞부분의 헬리컬 스프링의 응력에 대한 서술에서 두 가지 요소가 무시된다고 가정하였다.

1. **편심 하중.** 하중이 스프링 축과 정확히 일치되도록 스프링 끝에 하중이 분포될 가능성은 거의 없다. 편심은 굽힘을 유발하고 비틀림 모멘트 암을 변화시킨다. 이것은 앞의 식보다 스프링의 한쪽 측면에 더 높은 응력을 유발한다.
2. **축하중.** 그림 12.2b를 참고하면 F가 횡전단응력을 일으킬 뿐만 아니라 스프링 와이어에 축 압축을 유발한다. 비교적 큰 λ 값을 갖는 임계 스프링의 설계에서는 이 요인을 고려해야 한다.

헬리컬 스프링의 처짐에 관한 식은 5.8절의 카스틸리아노법을 사용하여 다음과 같이 유도된다.

횡전단이 처짐에 거의 영향을 주지 않는다고 가정하면 비틀림 하중만이 고려된다. 표 5.3으로부터

$$\delta = \int_0^L \frac{T(\partial T/\partial Q)}{GK'} dx$$

이며, 여기서 $Q=F$, 그리고 둥근 와이어에서 $K'=J=\pi d^4/32$이다. N을 유효감김수라 하면 스프링의 처짐은 다음과 같다. 즉, 양 끝판과 접하여 처짐에 영향을 미치지 않는 스프링 끝 부분의 감김은 고려하지 않는다.

$$\delta = \int_0^{2\pi N} \frac{(FD/2)(D/2)}{G(\pi d^4/32)} \left(\frac{D}{2} d\theta\right)$$

$$= \frac{4FD^3}{\pi d^4 G} \int_0^{2\pi N} d\theta$$

$$\delta = \frac{8FD^3N}{d^4G} \tag{12.7}$$

스프링률(**스프링상수** 혹은 스프링 **스케일**이라고 부른다—단위는 N/mm, lb/in. 등)은 k로 나타낸다. 여기서

$$k = \frac{F}{\delta} = \frac{d^4G}{8D^3N}, \quad \text{or} \quad k = \frac{dG}{8NC^3} \tag{12.8}$$

이다.

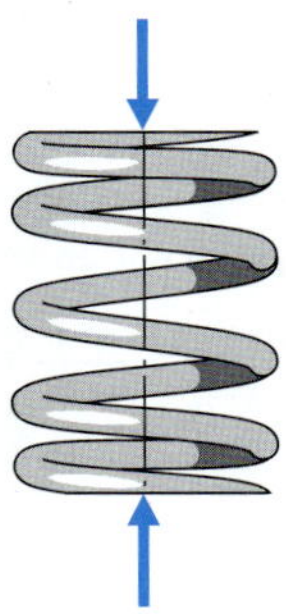

그림 12.5 피치가 일정하지 않은 헬리컬 압축스프링.

그림 12.5는 피치가 일정하지 않은 헬리컬 압축스프링이다.(코일의 한 점에서부터 인접 코일에 해당하는 점까지 스프링 축과 평행하게 측정된 거리가 피치이다.) 이 스프링에 하중이 가해지면 끝단 근처의 작동하는(active) 코일이 처음으로 '밑바닥'에 접하고, '비활동성'으로 된다.(코일의 끝이 평판에 접촉되는 것 같다.) 코일이 '밑바닥'에 연속적으로 접하게 되면 스프링의 강성은 점점 높아지고, 유효감김수는 점점 줄어든다. 즉, 식 (12.8)의 k의 값은 증가한다. 이런 현상은 몇몇 사례에서는 바람직하다.

대부분의 코일스프링은 나선형이지만 그림 12.6에 나타난 원추형도 더러 있다. 원추형 코일스프링은 높은 원추각을 갖도록 감겨있어, 완전 압축시 **밀착 높이**(solid height)가 와이어 직경과 같다. 큰 회전직경보다 작은 회전직경에 가해진 토크($FD/2$)가 낮기 때문에 비틀림 응력은 와이어의 길이를 따라 변한다. 이는 헬리컬 스프링보다 비효과적인 방법으로 와이어가 사용됨을 의미한다. 스프링의 길이에 따른 피치에 변화를 주면 모든 나선부가 동시에 밑바닥에 접하게 할 수 있다. 원추형 스프링의 처짐과 스프링률은 식 (12.7)과 (12.8)을 사용하여 근사치로 얻을 수 있다. 여기서 코일 직경의 평균값을 D로 사용한다.

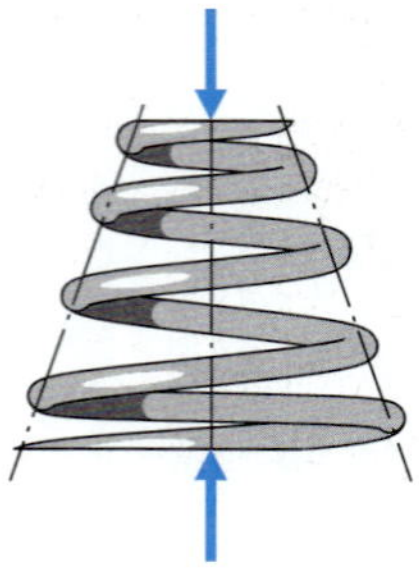

그림 12.6 원추형 압축 코일스프링.

12.4 헬리컬 압축스프링의 응력과 강도 해석–정하중

대부분의 헬리컬 스프링은 중실 원형 단면을 가진 와이어로 감겨져 있다. 이 책에서는 헬리컬 스프링만 다룬다. 비록 전에는 스프링 와이어가 주로 표준 '게이지' 직경으로 제작되었지만, 지금은 어떤 크기로도 쉽게 만들 수 있다.(그러나 스프링 제조업자는 몇 가지 '선호하는' 크기로만 재고관리를 한다.)

일반적으로 사용되는 스프링 와이어 재료의 상대비용과 최소 인장강도가 표 12.1과 그림 12.7에 각각 나와 있다.(가는 와이어가 큰 강성을 가지는 경향이 있음에 주의하라. 이는 와이어 인발에 의한 가공경화가 단면적의 더 많은 부분으로 확장되기 때문이다.) 스프링 설계를 위해서는 허용 **횡전단응력**의 값이 식 (12.5)와 함께 필요하다. 정보가 주어지면 다음의 절차를 따른다.

1. 정하중을 받는 스프링 설계의 기본적인 고려 사항은 하중이 가해질 때 셋(set) 또는 장기간에 걸쳐 줄어드는 것(크리프, creep)을 피하는 것이다.(이것은 오래된 차의 스프링

표 12.1 2 mm(0.079 in.) 직경의 스프링 와이어의 상대적 비용[a]

Wire Material	ASTM Specification	Relative Cost
Patented and cold-drawn steel	A227	1.0
Oil-tempered steel	A229	1.3
Music (steel)	A228	2.0
Carbon steel valve spring	A230	2.5
Chrome silicon steel valve	A401	4.0
Stainless steel (Type 302)	A313 (302)	6.2
Phosphor bronze	B159	7.4
Stainless steel (Type 631)	A313 (631)	9.9
Beryllium copper	B197	22.
Inconel alloy X-750		38.

[a] Average of mill and warehouse quantities [2].

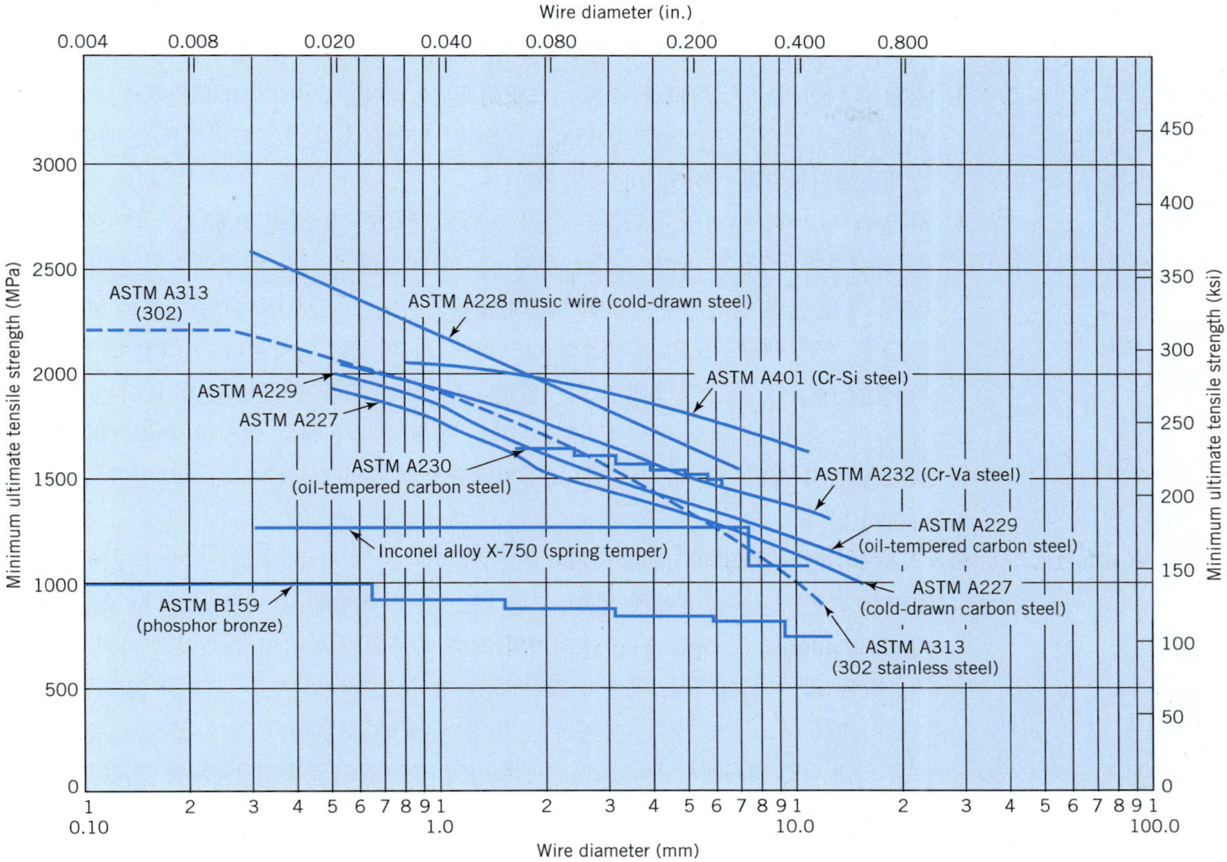

그림 12.7 다양한 스프링 와이어 재료와 직경의 최소 인장강도[2].

이 충분한 셋을 가짐으로써 차체가 약간 낮아지는 현상으로 잘 설명된다.) 셋은 S_{sy}와 직접 연관되며 S_u와는 간접적으로만 관련된다. S_{sy}의 실험적인 값은 거의 구할 수 없다. 식 (3.12)는 '평균' 스프링 와이어(S_u=220 ksi)에 대하여 다음과 같이 S_y의 값을 예측한다.

$$S_y = 1.05S_u - 30 \text{ ksi} = 1.05(220) - 30 = 201 \text{ ksi}$$

이러한 강에 대하여, 변형에너지 관계식에 의해

$$S_{sy} = 0.58S_y = 0.58(201) = 116 \text{ ksi}$$

이 된다. 따라서 $S_{sy}=(116/220)S_u=0.53S_u$이다.

2. 헬리컬 압축스프링이 받을 수 있는 가장 큰 응력은 스프링이 밀착 높이(solid height, 모든 코일들이 서로 닿는 상태)까지 하중이 가해질 때 발생한다. 사용 중에 이런 상황이 일어나지 말아야 하지만 스프링을 설치 또는 제거할 때 일어날 수 있다(의도적이든

우연히든). 보편적으로 τ[식 (12.6)으로 계산됨, F는 스프링이 밀착 높이일 때의 하중이다]는 S_{sy}보다 작아야 하며, 앞의 해석에 의해 $0.53S_u$보다 작아야 한다.

3. 경험에 의하면[1], τ_s(하첨자 s는 스프링이 밀착 높이를 의미)가 $0.45S_u$가 되도록 설계된 철금속 스프링 또는 τ_s가 $0.35S_u$로 설계된 비철금속과 오스테나이트 스테인리스강 스프링에서는 2% 이하의 '셋'이 발생한다.
4. 따라서, 세 번째 단계의 응력값은 철금속 스프링의 안전계수는 $0.53S_u/0.45S_u = 1.18$임을 암시한다. 이것은 작아 보이나 실제로는 6.11절의 요약된 안전계수의 철학을 반영한다. 예를 들면 안전계수는 5개의 인자에 근거를 두고 있으며, 이 중 3개는 하중의 불확실성 정도, 재료강도의 불확실성 정도, 파괴가 미치는 영향이다. 헬리컬 압축스프링의 경우 사실상 하중의 불확실성은 없다. 그리고 스프링이 밀착 높이가 되는 하중 이상의 하중을 받는 것도 불가능하다. 스프링 항복강도가 매우 일정한 고품질의 용수철 생산을 위한 작업 제어가 가능하다. 마지막으로 파괴의 결과(2% 이상의 셋)는 보통 심각하지 않다.
5. 스프링이 밀착된 상태('spring solid' 조건)에 이르러 닫히게 될 때, 스프링은 가장 높은 응력을 받는다. 공차, 열팽창 차이, 부품 마모 등을 허용할 수 있는 충분한 충돌허용공차(clash allowance, spring solid 위치와 최대 하중위치 사이의 스프링 길이의 차이)를 제공하는 것이 필요하다. 더욱이 같은 하중에서 스프링의 모든 부분이 '밀착 상태'가 아니기 때문에, 스프링률은 이론적인 '밀착 상태'에 도달하기 전에 급하게 증가한다. 보통 최대 작업 하중에서 전체 스프링 변형량의 약 10%의 충돌허용공차를 제공하는 것이 추천된다.
6. 마지막으로 압축 상태의 코일 스프링은 항복에 의해 발생하는 유리한 잔류응력의 혜택을 받는 이상적인 구조물이다. 4.15절에서 항복을 일으키는 과하중은 잔류응력을 유발하는데, '나중에 같은 방향으로 하중이 가해질 때는 유리하게, 반대방향으로 가해질 때는 불리하게 작용을 한다.' 압축 코일스프링은 압축만을 받는다. 그렇기 때문에 처음에 필요한 길이보다 길게 코일을 감고 스프링이 바닥면에 전부 닿도록 항복을 일으키면서 길이를 조정하는 방법으로 잔류응력을 발생시키면 유리하다. 이 작업을 프리세팅(presetting)이라 부르며 널리 쓰인다.
7. 참고문헌 [1]에 따르면, 프리세팅을 최대로 이용하면 단계 3에 주어진 설계응력 $0.45S_u$와 $0.35S_u$의 값을 $0.65S_u$와 $0.55S_u$로 증가시킬 수 있다. 이 증가는 잔류응력에 기초한 이론치 이상이며 프리세팅되는 동안의 가공경화작용(변형률 경화)을 반영한 것이다.

이 논의를 요약하면 압축스프링 코일에서 장기간의 셋 변형을 2% 이하로 한정하고, 식 (12.6)에 의해서 계산된 전단응력(스프링의 밀착 상태를 주는 힘 F에 해당)은 반드시 다음과 같아야 한다.

$$\begin{aligned} \tau_s &\leqq 0.45S_u \quad \text{(ferrous—without presetting)} \\ \tau_s &\leqq 0.35S_u \quad \text{(nonferrous and austenitic stainless—without presetting)} \\ \tau_s &\leqq 0.65S_u \quad \text{(ferrous—with presetting)} \\ \tau_s &\leqq 0.55S_u \quad \text{(nonferrous and austenitic stainless—with presetting)} \end{aligned} \tag{12.9}$$

12.5 헬리컬 압축스프링의 끝단 설계

밀착높이 L_s에 대한 식과 함께 헬리컬 압축스프링의 끝단 설계에 대한 4가지 표준형을 그림 12.8에 나타내었다. 모든 경우에 N_t=전체 감김수이고, N=유효 감김수[active turns, 하중이 가해질 때 비틀려서 식 (12.7)로부터 계산되는 변형을 유발하는 감김수]이다. 끝 평판이 스프링의 끝면과 접촉하는 모든 일반적인 경우(그림 12.9*b*에서 *d*까지 보여 주는 특별한 경우가 아닌)에

$$N_t \approx N + 2 \tag{12.10}$$

이다.

식 (12.10)은 하중 축이 스프링 축과 일치한다는 조건을 만족시키기 위해 양 끝에 있는 판 모두가 거의 한 번 감긴 스프링 와이어와 접촉하는 것을 필요로 한다.

스프링의 끝의 한 번 감김부(full end turn)에 균일한 접촉 압력을 제공하기 위해서는 네모지고(squared) 연마된(grounded) 것을 제외한 모든 끝단부에 윤곽을 가진 끝단(그림 12.9*a*와 같이)이 필요하다. (1) 윤곽을 가진 끝판과 (2) 네모지고(squared, 끝단의 나선각이 0도가 되도록 변형됨) 연마된 스프링(평평한 끝판을 가짐) 사이의 선택은 비용에 근거한다. 다른 끝단 부재의 설계는 그림 12.9에 나타내었다. 그림 12.9*a*를 제외한 다른 것들은 유효 감김수를 조절할 수 있으며 압축뿐 아니라 인장 하중도 허용하기 위한 특별한 설계이다.

그림 12.8에 나타낸 밀착높이 식은 보편적으로 사용되나 그림 12.8*b*와 *d*의 실제 밀착

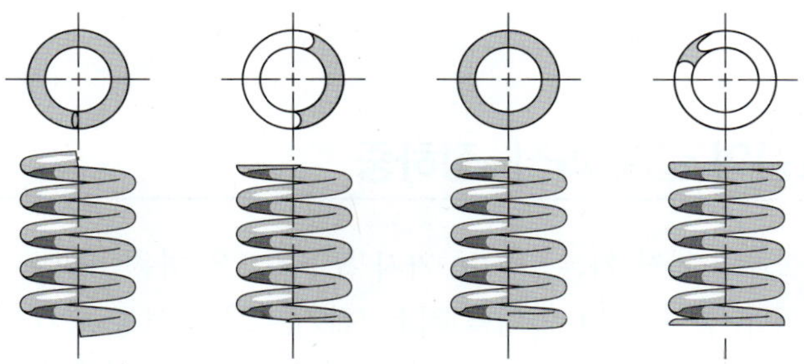

(*a*) Plain ends $L_s = (N_t + 1)d$

(*b*) Plain ends, ground $L_s = N_t d$

(*c*) Squared ends $L_s = (N_t + 1)d$

(*d*) Squared and ground ends $L_s = N_t d$

그림 12.8 압축스프링의 끝과 대응하는 꽉 찬 높이식.(주의: 사각 끝은 나사각이 영으로 감겨져 있다.)

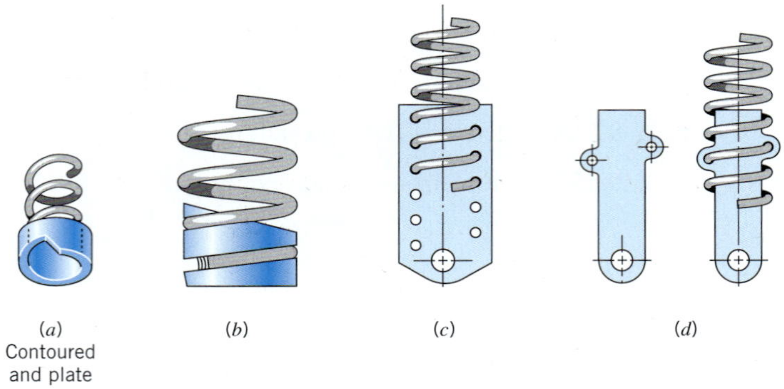

그림 12.9 코일스프링에서의 특별한 끝단 부재.

높이는 연마작업에 달려 있다. 일반적인 연마작업으로 얻는 끝이 연마된 스프링에서, 식들은 최대 밀착높이를 제공한다.

공간이 제한된 특별한 적용의 경우, 다음과 같이 밀착높이를 가지는 연마스프링을 구할 수 있다.

$$L_s = (N_t - 0.5)(1.01\ d) \qquad \textbf{(b)}$$

12.6 헬리컬 압축스프링의 좌굴해석

압축을 받는 코일스프링은 기둥과 같이 거동하므로 좌굴 가능성을 고려해야 한다—특히 평균직경에 대한 자유길이의 비가 클 때, 5장에서 다룬 기둥 해석이 적용된다. 그림 12.10은 그림 5.27에 도시된 두 가지 끝단부 조건에 대한 결과를 나타낸다. 곡선 A(양 끝 평면이 고정되어 있고 서로 평행)는 가장 일반적인 경우를 나타낸다. 만약 좌굴이 나타나면 스프링을 재설계하는 것이 좋다. 다른 방법으로, 스프링을 약간의 간극을 가지며 실린더 내부 또는 외부에 넣어 좌굴을 예방하면서 지지할 수 있다. 실린더형 가이드를 비빌 때 생기는 마찰과 마멸도 고려하여야 한다.

12.7 헬리컬 압축스프링의 설계 과정–정하중

코일스프링 설계의 가장 기본적인 두 가지 요구조건은 허용할 만한 응력의 크기와 의도하는 스프링률이다. 중량, 크기, 가격을 최소화하기 위해서 보통 장기간 '영구 변형'을 유발하지 않는 가장 높은 응력에 대해 스프링을 설계한다. 스프링 설계에서 응력은 D와 d는 포함하고 N을 포함하고 있지 않기 때문에, 보통 스프링률을 고려하기 전에 먼저 응력이 고려된

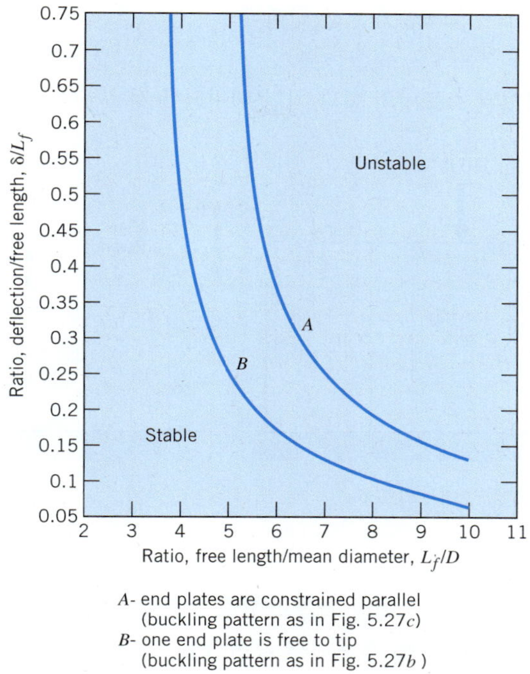

그림 12.10 헬리컬 압축스프링의 좌굴조건.(좌굴은 곡선의 오른쪽 윗부분에서 일어난다.)

다. 보편적으로 응력 필요조건은 D와 d의 많은 조합들에 대해 충족될 수 있으며, 주어진 문제의 요구에 가장 잘 맞는 것을 찾는 일이 목적이 된다. D와 d가 임의로 선택되면 N은 요구되는 스프링률에 기초하여 결정된다. 마지막으로 스프링의 자유길이는 바람직한 충돌허용길이에 의해 결정된다. 만약 최종 설계가 좌굴 경향이 있거나 스프링이 허용공간에 끼워맞추어지지 않으면 D와 d의 다른 조합이 요구된다. 스프링이 너무 크거나 무거우면, 더 강한 재료를 고려해야 한다.

예제 12.1D SAMPLE PROBLEM 정하중에서 헬리컬 스프링의 설계

끝이 네모지고 연마된 헬리컬 압축스프링이 2.5 in. 이하의 길이에서 60 lb의 힘을 가하고, 0.5 in. 짧아진 길이에서는 105 lb의 힘을 가한다. 직경 1.5 in. 보다 작고, 정하중이 가해진다. 프리세팅 없이 오일 뜨임질된 ASTM 229 와이어를 사용하여 위의 조건을 만족시키는 설계를 수행하라.

풀이 SOLUTION

제시자료: 헬리컬 압축스프링은 2.5 in. 이하의 길이에서는 60 lb의 힘을 가하고, 0.5 in. 더 짧아지면 105 lb의 힘을 가한다.

목표: 조건을 만족시키는 스프링 형상을 구하라.

개요도 및 데이터: 명시된 스프링의 힘과 처짐 데이터를 사용하여 그림 12.11을 그릴 수 있다.

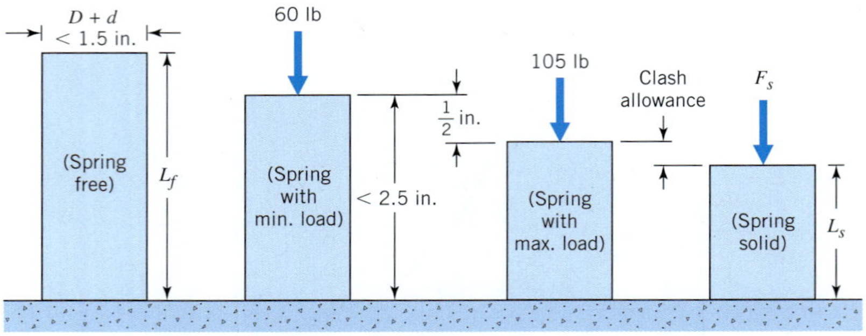

그림 12.11 예제 12.1에 주어진 정보의 표현.

판단:

1. 12.4절에서 추정한 것처럼 최대 처짐의 10%만큼의 충돌허용을 선택한다.
2. 간섭을 피하기 위해서, 보통 추천되는 값인 $0.1D$의 직경 틈새를 스프링과 1.5 in.의 구멍 사이에 둔다.

가정:

1. 좋지 않은 잔류응력은 없다.
2. 양 끝판은 와이어 끝의 한 번 감김부 거의 전부와 접촉한다.
3. 끝판 하중 축은 스프링 축과 일치한다.

설계 해석:

1. 그림 12.11은 스프링 형상과 하중에 관한 주어진 정보를 제공한다. 요구되는 스프링률은 다음과 같다.

$$k = \frac{F}{\delta} = \frac{\Delta F}{\Delta \delta} = \frac{45 \text{ lb}}{0.5 \text{ in.}} = 90 \text{ lb/in.}$$

2. 최대 처짐의 10%만큼의 충돌허용공차는 다음과 같다.

$$\text{Clash allowance} = 0.1 \frac{105 \text{ lb}}{90 \text{ lb/in.}} = 0.12 \text{ in.}$$

3. 따라서 밀착 상태의 힘('셋' 없이 견딜 수 있는 최대 힘)은 다음과 같다.

$$F_{\text{solid}} = 105 + 90(0.12) = 116 \text{ lb}$$

4. 이제 응력 요구조건[식 (12.6)]을 만족시키는 D와 d의 조합을 결정하기로 한다. 이 문

제에서 1.5 in. 구멍 안의 스프링 끼워맞춤 조건은 D의 적절한 초기 추정값(아마도 D=1.25 in.)을 준다. 앞에서 결정한 대로 $D+d$는 약 0.1D의 직경 틈새를 고려한 1.5 in.보다 작아야 한다. 스프링이 압축됨에 따라 외경이 약간씩 증가하므로 적당한 틈새가 요구된다. 주어진 하중에 대해 작은 크기의 와이어가 충분하므로, D는 1 ~ 1.25 in.의 범위로 될 것이다.

5. 식 (12.6)을 d에 대해 풀기 위해서는 d의 함수인 K_s와 τ_{solid}의 초깃값을 결정하여야 한다. 다행히 두 값 모두 관련된 영역에서 크게 변하지 않으므로, 초기 추정치는 크게 벗어나지 않을 것이다.

a. K_s=1.05.(그림 12.4는 C의 보통 범위인 6과 12 사이에서, K_s는 거의 변하지 않음을 나타낸다.)

b. τ_{solid}=101 ksi.[약 d=0.1 in.의 '추정값'에 대해, 그림 12.7은 S_u가 약 225 ksi가 됨을 보여 준다. 이에 상응하는 τ_{solid}[식 (12.9)의 최대 허용값은 0.45S_u, 즉 101 ksi이다.]

6. 식 (12.6)에 앞의 값을 적용하면

$$\tau_{\text{solid}} = \frac{8F_{\text{solid}}D}{\pi d^3}K_s$$

$$101{,}000 = \frac{8(116)(1.25)}{\pi d^3}(1.05)$$

또는

$$d = 0.157 \text{ in.}$$

이 된다.

7. 4항과 5항에서의 추정은 만족스럽지 않은 해를 줄 만큼 충분히 개략적으로 이루어졌다. 0.157 in.의 와이어 직경은 가정된 극한강도 225 ksi 대신 약 210 ksi의 극한강도를 가진다. 더욱이 앞의 d와 D의 값은 1.5 in. 구멍에 0.093의 직경 틈새만 허용한다. 이것은 요구되는 값 0.1D보다 작다. 만약 d=0.157로 유지하고 D를 감소시키면서 와이어가 좀 더 작은 토크(그러므로 더 작은 응력)를 받도록 하면, 더 큰 직경 틈새를 주게 된다. 두 번째 시도에서 d=0.157 in.을 선택하고 D에 해당하는 값을 구한다. τ_{solid}와 K_s 둘 다 전과 다른 값을 갖는다. 그러나 이번 값들은 추정치가 아니라 정확한 값일 것이다.

8. K_s를 추정하는 것을 피하기 위해, 식 (12.6)의 두 번째 형을 이용한다.

$$\tau_{\text{solid}} = \frac{8F_{\text{solid}}}{\pi d^2}CK_s$$

$$0.45(210{,}000) = \frac{8(116)}{\pi(0.157)^2}CK_s$$

$$CK_s = 7.89$$

그림 12.4에서 C=7.3, 그리고

$$D = Cd = 7.3(0.157) = 1.15 \text{ in.}$$

이다. D와 d의 조합은 원하는 응력 기준에 정확히 맞을 뿐만 아니라, 1.5 in. 구멍의 최소 요구틈새보다 약간 큰 값을 제공한다.

9. 식 (12.8)에서부터

$$k = \frac{d^4 G}{8D^3 N}, \qquad 90 = \frac{(0.157)^4(11.5 \times 10^6)}{8(1.15)^3 N}$$

이며, 따라서 N=6.38이다.

10. 식 (12.10)으로부터 $N_t = N + 2 = 6.38 + 2 = 8.38$이며, $L_s = N_t d = 8.38(0.157) = 1.32$ in.이다.

11. 힘 F_{solid}=116 lb이 제거되면, 스프링은 116 lb/(90 lb/in.)=1.29 in.의 길이만큼 늘어날 것이다. 그래서 스프링의 자유길이 L_f는 L_s+1.29=1.32+1.29=2.61 in.이다. 게다가 60 lb의 하중이 가해지면 스프링의 길이는 [2.61 in.−60 lb/(90 lb/in.)]=1.94 in.이다. 이것은 하중 60 lb에서 2.5 in.의 최대 길이 요구조건을 만족시키고도 남는다.

12. 밀착처짐에 접근하면서 가장 나쁜 처짐의 경우(즉 $\delta = \delta_s$=1.29 in.)에 대해, 좌굴을 확인해 본다.

$$\frac{\delta_s}{L_f} = \frac{1.29}{2.61} = 0.49$$

$$\frac{L_f}{D} = \frac{2.61}{1.15} = 2.27$$

그림 12.10을 참조하면 한쪽 끝판이 자유롭게 기우는 경우일지라도, 이 스프링은 좌굴영역을 크게 벗어난다.

13. 위의 해는 응력과 스프링률 필요조건을 만족시킨다. 한편 좌굴 기준과 공간의 제한도 만족시킨다.(약간 더 굵거나 얇은 와이어 또는 약간 낮은 인장강도의 와이어에 대해서도 요구조건이 충족될 수 있다.) 그러므로 이 문제에 대한 만족스런 해는

$$d = 0.157 \text{ in.}$$

$$D = 1.15 \text{ in.}$$

$$N = 6.38$$

$$L_f = 2.61 \text{ in.}$$

이 된다.

주석:

1. 앞의 정보는 스프링을 인발하거나 만드는 기술자에게 공급된다.
2. 공차의 중요한 문제가 다루어지지 않고는 문제는 실제로 끝난 것이 아니다. 예를 들어 d의 작은 변화가 응력과 처짐의 큰 변화를 일으킨다. 극단적으로 작은 공차는 불필요하게 비용을 증가시킨다. 스프링 생산자에게 중요 치수를 알려 주는 것이 최선이다. 예

를 들면 이 예제에서, 90±4 lb/in.의 스프링률을 유지하는 것과 60 lb 하중이 가해질 때 같은 길이와 공차 ±0.002 in.에서 유지시키도록 하는 것이 중요하다. 다른 치수들에는 꽤 여유 있는 공차가 적용되어야 한다. 생산자는 임계치수를 맞추기 위하여, 다른 치수를 필요한 만큼 조정하는 방법으로 재고로 있는 약간씩 다른 직경의 와이어들을 사용할 수 있어야 한다.

응력 요구조건을 만족시키기 위한 만족스러운 D와 d의 조합을 선택하기 위해서는 일반적으로 세 가지 유형의 문제를 고려해야 한다.

1. 스프링을 구멍 내부나 봉에 끼워맞춤할 때, 공간의 제약은 D에 한계를 부여한다. 이것은 예제 12.1에 잘 나타나 있다.
2. 와이어의 크기는 정해져 있다. 예를 들면 비슷한 몇 개의 스프링들이 하나의 크기로 표준화된다. 이 상황은 예제 12.1에도 나타나 있고, 4, 5, 6 및 7의 과정이 생략되면, d=0.157 in.이다.
3. 공간의 제한은 없고, 어떠한 크기의 와이어도 선택될 수 있다. 이렇게 완전히 일반적인 경우에는 이론적으로 거의 무한범위의 D와 d에 대하여 충족될 수 있다. 그러나 극단적인 치수는 경제적이지 못하다. 그림 12.4를 참고하면 D/d의 좋은 비율은 6과 12 사이이다.(D/d가 9 정도를 넘는다면 끝단은 연마하기가 어렵다.) 그러므로 적절한 C 값을 선택하고 d를 결정하기 위해 식 (12.6)의 두 번째 항을 사용하는 것이 좋은 방법이다. 이 방법은 τ_{solid}의 허용값을 결정하기 위해서 S_u 값을 추정하는 것을 필요로 한다. 만약 구한 d 값이 S_u의 추정값과 일치하지 않으면 예제에서와 같이 두 번째 시도가 필요하다.

12.8 피로하중에서의 헬리컬 압축스프링의 설계

이 절에서는 피로하중을 받는 헬리컬 압축스프링의 설계에 대해 소개한다. 그림 12.12는 극한 인장강도 S_u를 갖고, 직경이 10 mm 이하이며, 표면계수는 1(쇼트피닝된 와이어, 8.14절 참조)인 원형 강 와이어의 역전(reversed) 비틀림 하중에 대한 *S-N* 선도(8장에 따라 계산됨)를 보여 준다. 이에 따른 일정수명 피로 선도가 그림 12.13에 그려져 있다. 압축 코일스프링은 언제나 변동 압축 하중(인장 코일스프링은 변동 인장 하중)을 받기 때문에 일반적으로 **역응력**(stress reversal)을 경험하지 않는다. 극단적인 경우에는 하중(인장이든 압축이든)이 0까지 떨어지고, 다시 같은 방향으로 작용한다. 그림 12.13에서의 **관심영역**은 τ_a/τ_m=0과 τ_a/τ_m=1 사이에 있다. 여기서 τ_a/τ_m은 평균(mean) 전단응력에 대한 변동(alternating) 전단응력의 비이다.

코일스프링에 대해 작업할 때는 그림 12.13을 그림 12.14의 형태로 다시 그리는 것이 관례이다. 이러한 일정수명 피로 선도의 다른 그래프는 그림 12.13의 '관심영역'만 포함시킨

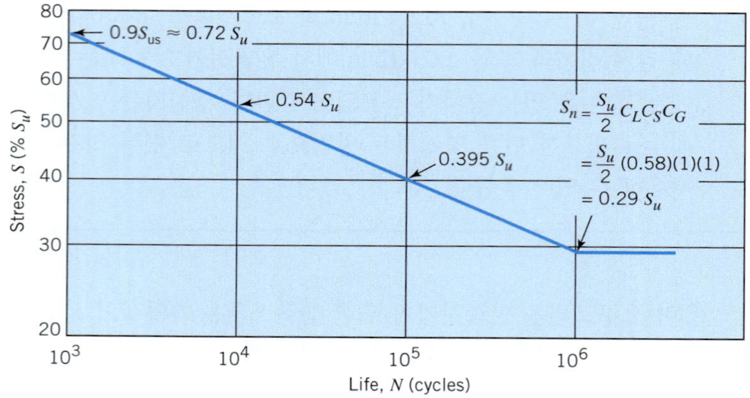

그림 12.12 역전 비틀림 하중을 받는 원형 강 스프링 와이어($d \leq$ 10 mm, C_s=1, 쇼트 피닝됨)의 *S-N* 선도.

다. 예를 들어 그림 12.13의 점 *P*는 τ_m=0.215S_u, τ_a=0.215S_u에 대응되나, 그림 12.14에서의 점 *P*는 $\tau_{\min}$=0, $\tau_{\max}$=0.43S_u에 표시된다.

그림 12.14과 같은 선도는 일반적으로 시편이 0부터 최대 변동 하중(즉 τ_a/τ_m=1)까지를 받도록 하는 실제 비틀림 피로실험에 근거하여 그려진다. 그림 12.15는 0부터 최대 변동응력(zero-to-maximum stress fluctuation)까지에 기초한 *S-N* 선도이다. 맨 위의 곡선은 그림 12.13에서 얻어진 값에 일치하게 그려졌다.(이 곡선은 변동응력이 완전히 역전되지 않고 0까지만 떨어지기 때문에 그림 12.12보다 최대 응력값이 높음을 보여 준다.) 그림 12.15의 밑의 곡선들은 실험 데이터에 기초한 0부터 최대 비틀림에 대한 *S-N* 선도이고, 큰 스프

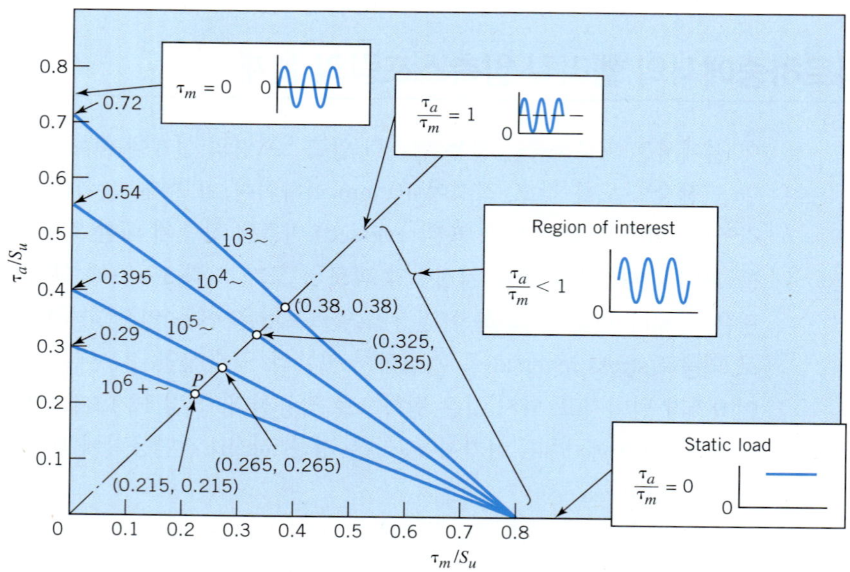

그림 12.13 그림 12.12에 대응되는 일정수명 피로선도. S_{us}≈0.8 S_u임을 상기하라.

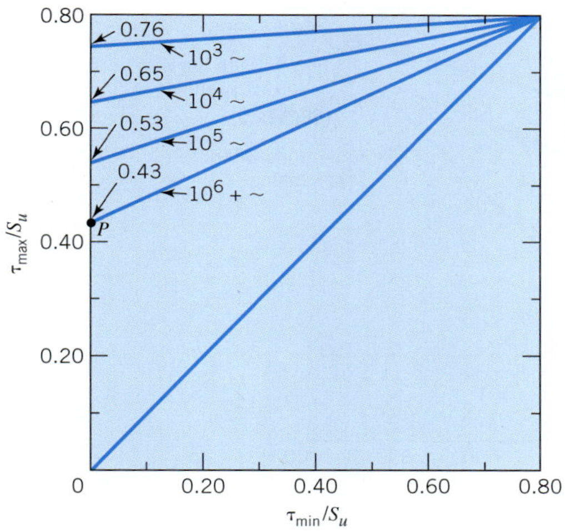

그림 12.14 일정수명 피로 선도의 다른 형태 (그림 12.13의 관심영역을 다시 그린 것).

링 제조업체[1]에 의해서 설계자료로 제시되었다. 이러한 곡선은 맨 위의 곡선처럼 $C_s=1$보다는 스프링 생산 시의 와이어 표면 마감을 반영한다.

스프링 제조업체는 관습적으로 이러한 종류의 설계응력 데이터를 극한 인장강도로 제시한다(연관된 하중이 비틀림임에도 불구하고). 왜냐하면 극한 인장강도는 가장 구하기 쉽고, 와이어 강도의 가장 신뢰할 수 있는 실험값이기 때문이다.

그림 12.16은 대부분 등급의 엔진 밸브스프링 와이어에 대하여, 독립적 실험으로 얻어진 일정수명 피로 선도이다. 이것은 실제 실험 데이터를 나타내므로, 설계값은 다소 낮아야 한다.

피로하중을 받는 헬리컬(또는 비틀림 봉) 스프링 설계에서, 앞에서 언급된 두 가지 제작 공정인 쇼트피닝(8.13절과 8.14절 참조)과 프리세팅(12.4절의 6, 7항 참조)은 아주 효과적이다. 프리세팅은 항상 추후의 작동 하중과 같은 방향으로 가해지기 때문에 작동 하중에 의해 생기는 응력과 반대되는 표면 잔류응력을 생성한다. 프리세팅이 있는 코일스프링과 없는

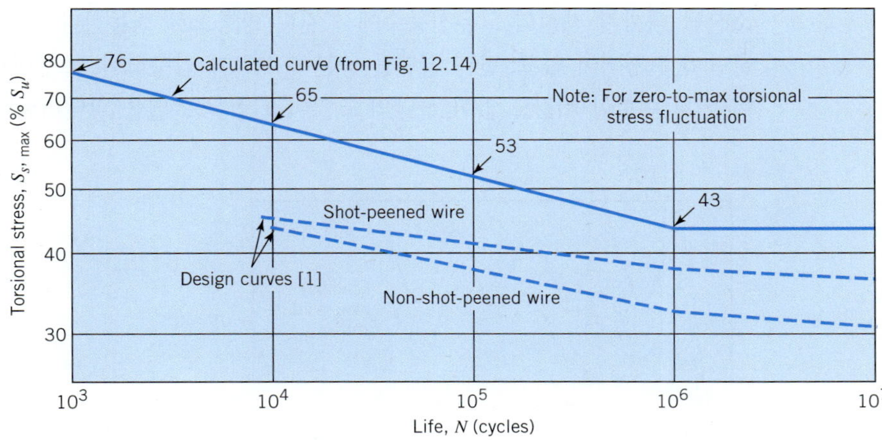

그림 12.15 원형 강 스프링 와이어의 $S_{s,\max}$-N 선도. 계산값 대 추천된 최대 설계값[1].

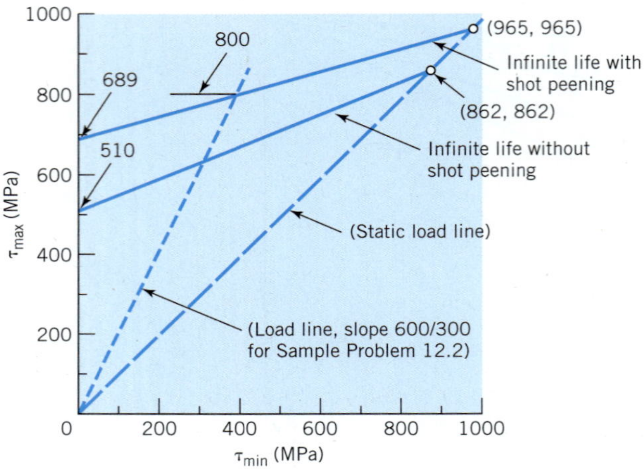

그림 12.16 무한수명 피로 선도. 뜨임질된 고부하 탄소 및 합금강 스프링, $d \le 5$ mm(0.2 in.).

코일스프링(또는 비트림봉)의 비틀림 응력변동을 그림 12.17에 나타내었다. 프리세팅에 의해 생길 수 있는 이론적 최대 잔류응력은 $S_{sy}/3$이다(변형률 경화의 가능성을 무시한 이상적인 응력-변형률 곡선을 가정). 실용적인 최댓값은 다소 작다. 응력변동이 그림 12.13, 12.14, 12.16과 같이 나타날 때, 그림 12.17의 프리세팅 변동응력에 나타난 피로능력 향상은 두드러진다. 피로강도의 최대화는 쇼트피닝과 프리세팅으로 얻어질 수 있다.

고속기계에 사용되는 스프링은 기계 운전 진동수 이상의 고유진동수를 가져야 한다. 예를 들어 전통적인 엔진 밸브스프링은 2회의 엔진 회전마다 줄어듦과 늘어남의 사이클을 반복한다. 밸브 운동은 사인곡선과는 거리고 멀고, 푸리에 분석을 하면 13번째 조화 성분(harmonics)까지 중요 성분으로 나타나는 조화 운동이다. 따라서 5000 rpm에서 기본스프링 운동은 2500사이클/분(cpm)의 주파수를 가지며, 13번째 조화 성분은 32,500 cpm 또는 542 Hz이다. 헬리컬 스프링이 압축된 후 갑자기 이완될 때, 스프링은 댐핑에 의해 에너지가 소산될 때까지 자신의 고유진동수에서 길이 방향으로 진동한다. 만일 헬리컬 스프링의 한 끝단이 고정되어 있고, 반대 끝단을 충분히 빠르게 압축하면, 스프링의 다른 부분에 코일들이 미처 변형할 시간도 없이 끝단의 코일이 인접한 코일을 밀어버린다. 만약 스프링을 충분

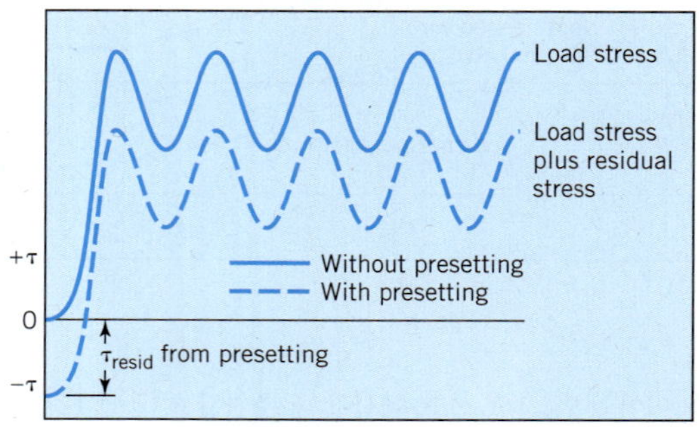

그림 12.17 프리세팅이 있는 경우와 없는 경우의 헬리컬 스프링의 응력변동.

히 빠르게 압축시킨 후에 자유 끝단에 고정시켜 버리면, 국부적인 초과 처짐이 스프링을 따라 점진적으로 전달된다(처음에는 1번 코일과 2번 코일이 거의 닿고, 다음에 2번과 3번, 그 다음에 3번과 4번 등). 이 현상을 **스프링 서지**(spring surge)라고 하는데, 국부응력이 스프링이 '밀착 상태(spring solid)'의 응력에 근접하도록 한다. 스프링 서지는 또한 엔진밸브와 같이 기계 부품의 운동을 제어하는 스프링 능력을 감소시킨다. 스프링 서지의 고유진동수(가장 높은 조화 운동—대개 13번째—의 진동수보다도 높도록 만들어져야 함)는

$$f_n \propto \sqrt{k/m}$$

이며, 여기서

$$k \propto \frac{d^4 G}{D^3 N} \quad \text{(Eq. 12.8)}$$

$$m \propto \text{(volume)(density) or}$$

$$m \propto d^2 D N \rho$$

이다. 이를 대입하면

$$f_n \propto \sqrt{\frac{d^4 G/(D^3 N)}{(d^2 D N \rho)}}, \qquad \text{or} \quad f_n \propto \frac{d}{D^2 N}\sqrt{G/\rho}$$

이 된다. 철강 스프링에 대해 Hertz 단위로 표현되는 고유진동수는 다음과 같이 얻어진다.

$$f_n = \frac{13{,}900d}{ND^2} \quad (d \text{ and } D \text{ in inches}) \qquad \textbf{(12.11)}$$

$$f_n = \frac{353{,}000d}{ND^2} \quad (d \text{ and } D \text{ in millimeters}) \qquad \textbf{(12.11a)}$$

고속기계와 같이 높은 고유진동수를 가진 스프링은 프리세팅과 쇼트피닝을 하여 가능한 가장 높은 응력 수준에서 작동하도록 설계할 필요가 있다. 이것은 스프링의 **질량**을 최소화하여, $1/\sqrt{m}$에 비례하는 고유진동수를 최대화한다.

예제 12.2D SAMPLE PROBLEM 피로하중을 받는 헬리컬 스프링의 설계

캠축이 650 rpm으로 회전하며, 종동절(follower)을 1회전당 한 번씩 올리고 낮춘다(그림 12.18). 종동절은 헬리컬 압축스프링에 의해 캠에 지탱되고, 스프링은 300과 600 N 사이의 힘을 받으며 25 mm 크기로 길이가 변한다. 끝은 네모지고 연마되어 있다. 재료는 그림 12.16에 나타낸 것 같은 피로강도 특성을 가진 쇼트피닝된 크롬-바나듐강 밸브 스프링 와이어(ASTM A232)이다. 프리세팅이 되어 있다. 적절한 D, d, N과 L_f 값을 결정하라. 가능하면

좌굴과 스프링 서지에 대해서도 확인해 보라.

풀이 SOLUTION

제시자료: 스프링은 주어진 최솟값 및 최댓값 사이에서 변동하는 힘을 받으며 알려진 길이 변화를 겪으면서 작동한다.

목표: 적당한 스프링의 형상을 결정하라.

개요도 및 데이터:

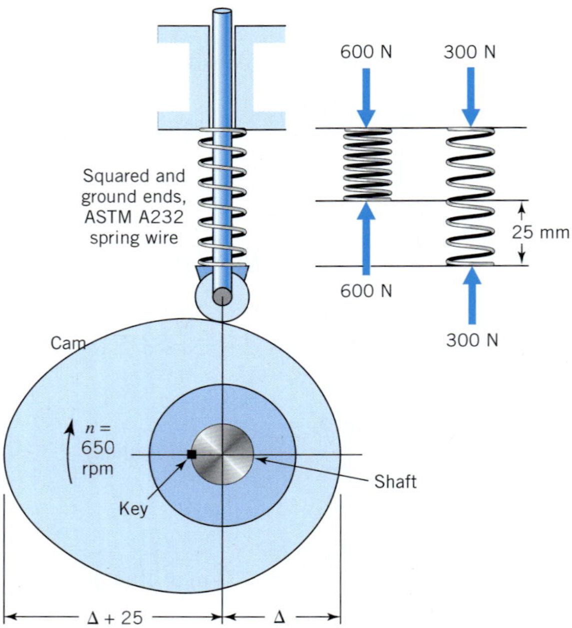

그림 12.18 예제 12.2에 대한 그림.

판단:

1. 가능한 스프링 서지 문제를 최소화하기 위해, 응력이 가능한 한 크도록 스프링을 설계한다.
2. 스프링의 무게를 최소화하기 위하여 가장 작은 안전계수를 선택한다.(최소 스프링 무게는 최대 고유진동수를 준다.)
3. $C=10$의 스프링비를 선택한다.(이 비는 Wahl 계수의 관점에서 보면 좋다. 그러나 끝이 연마되어야 하므로 가격이 높아진다.)
4. 12.4절에서 권고된 것처럼 최대 작동 처짐의 10%로 충돌허용공차를 선택한다.

가정:

1. 끝 판이 스프링의 끝단과 접해 있다.
2. 스프링의 힘은 스프링의 축에 따라 작용한다.

해석:

1. 650 rpm에서 100만 응력사이클은 26시간이면 도달되므로 무한 피로수명이 요구된다. 응력은 스프링 서지 문제를 최소화하도록 가능한 한 높아야 한다. 스프링 설계와는 상관없이 τ_{max}/τ_{min}의 비는 최대 하중과 최소 하중의 비와 같다(즉 600/300). 이 기울기의 선이 $\tau_{max}=800$ MPa에서 교차하도록 그림 12.16에 그린다.
2. 그림 12.16은 실제 실험 데이터를 나타낸 것이므로, 이 τ_{max} 값은 스프링 서지나 안전계수를 위한 허용여유를 주지 않는다. 가능한 서지의 진폭은 최소 충돌허용공차(예를 들어 최대 작동 처짐의 10%)에 맞춤으로써 제한된다. 가장 작은 안전계수(예를 들면 1.1)를 선택함으로써 스프링의 무게를 최소화하고 최대 고유진동수를 허용할 수 있다.(프리세팅의 사용은 안전계수를 약간 증가시킨다.) 따라서 τ_{max}의 설곗값은 800 MPa를 1.1(서지 허용여유)로 나눈 후 1.1(안전계수)로 나눈 값인 661 MPa로 선택된다.
3. 외경이나 내경에 대해 d의 어떠한 제한도 없이 임의의 스프링비 $C=10$으로 선택하자. 이 비는 Wahl 계수의 관점으로는 좋지만, 스프링 끝이 연마되어야 하므로 비용이 더 든다. 식 (12.5)로부터

$$d = \sqrt{\frac{8F_{max}CK_w}{\pi\tau_{max}}} = \sqrt{\frac{8(600)(10)(1.14)}{\pi(661)}} = 5.13 \text{ mm}$$

   이 된다.
4. d의 나머지 값이 꼭 있어야 할 이유가 없으면, $d=5.0$ mm로 반올림하는 것이 좋다. 그 다음, 식 (12.5)로 되돌아가서 C의 값을 구하면, $d=5.0$ mm에 대해 응력은 661 MPa이 된다(600 N의 하중으로). 그러므로

$$CK_w = \frac{\pi\tau_{max}d^2}{8F_{max}} = \frac{\pi(661)(5)^2}{8(600)} = 10.82$$

   이 되며, 그림 12.4로부터 $C=9.4$, $D=Cd=47.0$ mm이다.

5. $k=300$ N/25 mm$=12$ N/mm.
6. 식 (12.8)로부터

$$N = \frac{dG}{8C^3k} = \frac{5(79{,}000)}{8(9.4)^3(12)} = 4.95$$

   이다.
7. 그림 12.8로부터 $L_s=N_td=(N+2)d=(4.95+2)(5)=34.75$ mm이다.

$$L_f = L_s + F_{solid}/k$$

10% 충돌허용여유로 $F_{solid}=1.1F_{max}=660$ N이다. 그러면

$$L_f = 34.75 + 660/12 = 89.75 \text{ mm}$$

이 된다.

8. 좌굴을 확인한다(극단적인 경우 $\delta=\delta_s$).

$$\left.\begin{aligned} \frac{L_f}{D} &= \frac{89.75}{47} = 1.91 \\ \frac{\delta_s}{L_f} &= \frac{\frac{660}{12}}{89.75} = 0.61 \end{aligned}\right\} \text{Far removed from buckling per Figure 12.10}$$

9. 식 (12.11a)로부터 고유진동수는 다음과 같다.

$$f_n = \frac{353{,}000d}{ND^2} = \frac{353{,}000(5)}{(4.95)(47)^2} = 161.4 \text{ Hz}$$

10. 결과를 요약하면

$$\begin{aligned} d &= 5 \text{ mm} \\ D &= 47.0 \text{ mm} \\ N &= 4.95 \\ L_f &= 89.75 \text{ mm} \end{aligned}$$

이다.

주석:

1. 기본적인 서지진동수 f_n=161.4 Hz로 공진하는 스프링에 대해, 캠축은 (161.4)(60)=9684 rpm으로 회전해야 한다. 13번째 조화 성분에서 공진하려면, 캠축은 9684/13=745 rpm으로 회전해야 한다. 650 rpm의 회전은 스프링 서지를 일으키지 않는다(캠 윤곽이 아주 이상해서 13번째 이상의 중요한 조화 성분을 나타내지 않는다면).
2. 좌굴과 스프링 서지가 일어나지 않는다.[그러나 반복되는 과도 서지(transient surge)에 대한 허용여유는 충돌허용공차와 설계응력의 적절한 선택에 의해 만들어졌다.]

예제 12.3D SAMPLE PROBLEM 헬리컬 스프링의 피로 설계

예제 12.2의 문제를 반복한다. 스프링이 5 mm 와이어와 같은 재료이지만 그림 12.7과 12.15의 강도 특성을 갖는다.

풀이 SOLUTION

제시자료: 와이어 직경 d=5 mm인 헬리컬 압축스프링이 25 mm 범위의 스프링 길이 변화를 일으키면서 알고 있는 변동힘 사이에서 작동한다.

목표: 만족할 만한 스프링의 형상을 결정하라.

개요도 및 데이터: 강도 특성이 그림 12.16보다는 그림 12.7과 12.15에 제시된 것에 의한다는 것만 제외하면 주어진 데이터는 예제 12.2와 같다.

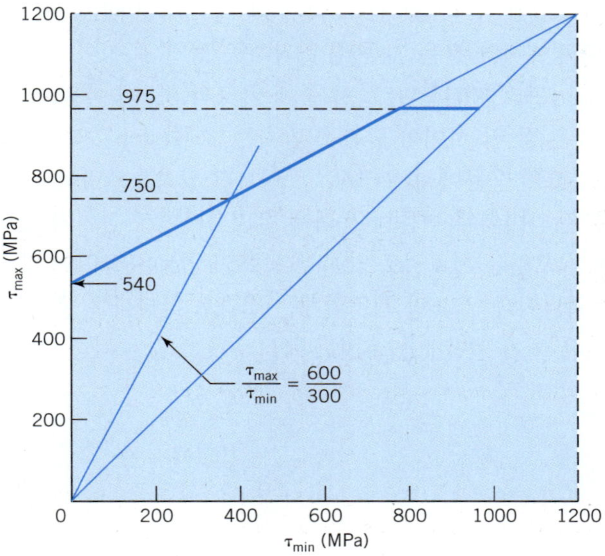

그림 12.19 예제 12.3의 피로 선도.

판단과 가정: 예제 12.2와 동일하다.

설계 해석:

1. 주어진 재료와 와이어 크기에 대해 그림 12.7로부터 S_u=1500 MPa이다.
2. 그림 12.15로부터, 무한수명과 0부터 최대까지의 응력변동(쇼트피닝 와이어)에 대해 최대 설계응력의 권장치는 $0.36S_u$=540 MPa이다.
3. 식 (12.9)로부터, 2% 장기간 변형된 셋에 대한 유효 비틀림 항복강도는 $0.65S_u$=975 MPa이다. S_u를 $0.8S_u$=1200 MPa로 근사화하여, 무한수명 비틀림 피로강도 곡선의 추정치가 그림 12.19에 그려져 있다.
4. τ_{max}/τ_{min}=600/300에 대해 그림 12.19는 τ_{max}의 한곗값이 750 MPa임을 보여 준다. 그림 12.15는 최대 권장값을 나타내기 때문에, 이를 약간 줄이는 것이 현명하다. 1.13의 추가적인 '안전계수'는 예제 12.2에서처럼 τ_{max}=661 MPa의 최종 설곗값을 제공한다.
5. 이 설계응력의 사용은 해가 예제 12.2에서와 같도록 만든다.

주석: 공학문제(예제 12.2와 12.3)를 해결하는 데는 하나 이상의 접근이 바람직하다(예제 12.2와 12.3을 모두 다룬 것처럼). 그리고 결과들이 언제나 일치하지는 않는다.(이런 경우는 '공학적 판단'이 요구됨!)

12.9 헬리컬 인장스프링

앞에서 다룬 헬리컬 압축스프링에 대한 대부분의 내용이 인장스프링에도 똑같이 적용된다(그림 12.2*c*와 12.2*d*에 나타내었다). 그러나 몇 가지 다른 점에 주의를 요한다. 첫째, 인장스프링은 압축스프링에서와 같은 자동적인 '과하중 정지' 특성이 없다. 정적 과하중은 어떠한 인장스프링도 늘여뜨려 파괴한다. 설치 중에 극도의 과하중 응력에 의해 파괴되기 쉽다. 파괴된 압축스프링은 끝 판 사이의 공간을 받치는 '스톱(stop)' 역할을 계속 제공한다. 이러한 이유로 안전이 중요한 응용에서는 인장스프링보다 압축스프링이 선호된다.

인장스프링은 와이어에 비틀림 응력을 유지시키면서 감겨져 있다. 그 결과 그림 12.20에 나타낸 것처럼 코일은 서로서로 압착한다. **초기 인장**은 코일이 막 벌어지려고 할 때 스프링에 가해지는 외력이다. 스프링 제조업체는 결과로 나타나는 응력[식 (12.6)으로부터 계산된]이 다음과 같은 초기 인장값을 추천한다[1].

$$\tau_{\text{initial}} = (0.4 \text{ to } 0.8)\frac{S_u}{C} \tag{12.12}$$

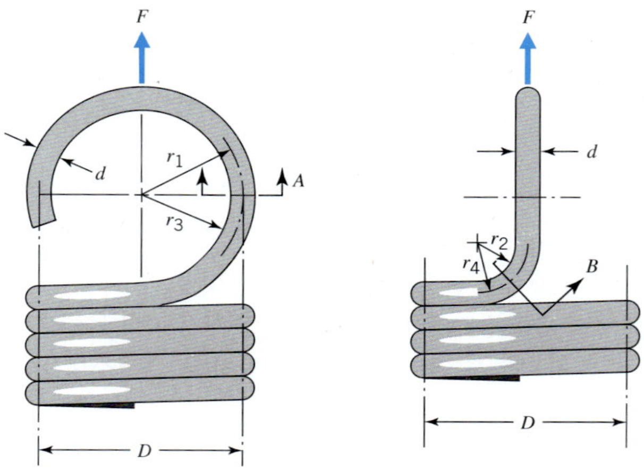

Bending stress at Sec. A:
$$\sigma = \frac{16FD}{\pi d^3}\left(\frac{r_1}{r_3}\right)$$

Torsional stress at Sec. B:
$$\tau = \frac{8FD}{\pi d^3}\left(\frac{r_4}{r_2}\right)$$

그림 12.20 전통적인 인장스프링 끝단 훅.

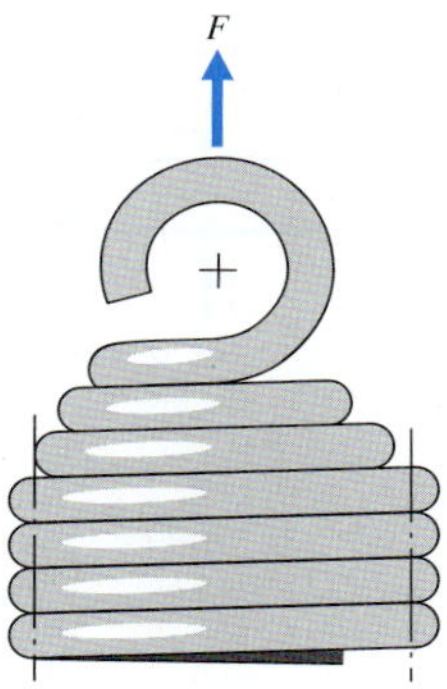

그림 12.21 끝단 훅 응력을 줄이기 위해 감소된 직경을 가진 끝단 감김.

초기 인장을 초과하는 힘이 가해질 때까지 이렇게 감겨진 인장스프링은 변형되지 않는다. 압축스프링에서도 유도된 응력과 스프링률의 식이 적용된다.

인장스프링의 임계(위험)응력은 끝의 훅(고리)에서 발생한다. 그림 12.20은 임계 훅 굽힘과 비틀림 응력의 위치와 식을 보여 준다. 각 경우에 응력집중계수는 안쪽 반경에 대한 평균 반경의 비와 같다. 실제에서는 반경 r_4를 와이어 직경의 2배보다 더 크게 만들도록 권한다. 그림 12.21에 나타낸 것처럼, 마지막 부분의 코일을 직경 D가 줄어들도록 감으면 훅 응력을 줄일 수 있다. 이것은 응력집중을 줄이지는 못하지만 굽힘과 비틀림 모멘트암을 줄임으로써 공칭응력을 낮춘다.

스프링 처짐을 계산할 때, 설계의 세부 사항에 따라 각 끝단 훅은 0.1~0.5의 나선 회전에 해당하는 만큼의 처짐을 추가시킨다.

12.10 보 스프링(판 스프링 포함)

그림 12.22에 나타낸 것처럼, 보(beam) 스프링(보통 **다중 판 스프링**(multileaf spring)으로 제작된)은 1/4, 1/2 타원, 또는 전체 타원 형태의 외팔보(cantilever)와 단순지지보(simply supported beam)로 배열된다. 이 스프링은 일반적으로 하중이 가해지지 않을 때 약간의 곡률(곡률은 완전 타원 스프링에서 필수 불가결하다)을 갖고 있지만, **판**(flat) 스프링이라 부른다. 각각의 경우 기본 요소는 힘 F를 받는 길이 L의 **외팔보**임을 주목하라. 반타원 스프링은 하중을 병렬로 나눠어 받는 두 외팔보처럼 생각할 수 있다. 완전타원 스프링은 직렬-병렬로 배열된 4개의 외팔보를 갖는다. 같은 식이 다른 두 형태에도 받아들여지기 때문에, 단순 외팔보 또는 1/4 타원스프링의 응력과 처짐 특성 해석만이 필요하다.

그림 12.23*a*는 길이 x에 따라 변하는 너비 w와 두께 t를 갖는 일반적인 외팔보를 보여 준다. **두께**가 일정한 외팔보에서 길이를 따라 균일한 굽힘응력이 작용하려면, 너비는 길이 x에 선형적으로 변해야 한다(그림 12.23*b*). **너비**가 일정한 외팔보에 균일한 응력이 작용하려면 두께는 x에 따라 포물선으로 변해야 한다(그림 12.23*c*). 그림 12.23*b*의 삼각형 보는 판 스프링(leaf spring) 설계의 기본모델이다. 그림 12.23*c*의 포물선 보는 스퍼기어 이(15장에

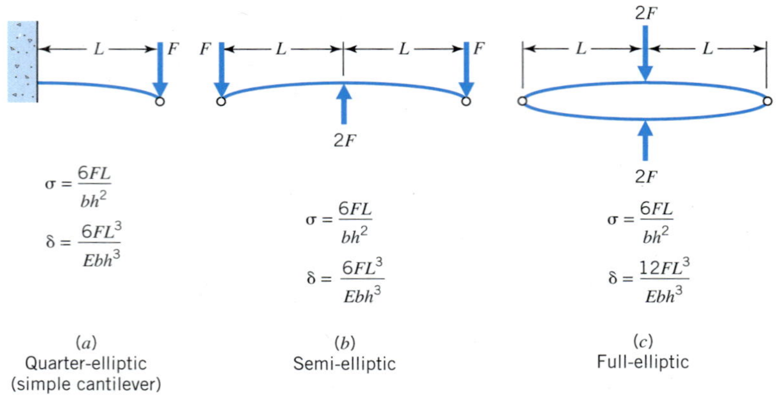

그림 12.22 보 또는 판 스프링의 기본 형태. 횡단면이 균일한 강도를 위해 달라진다.

더욱 자세히 설명)의 굽힘강도 해석의 기본모델이다. 물론 w와 t 둘 다 변화시켜 그 결과 응력 $6Fx/wt^2$이 모든 x의 값에 대해 일정하도록 외팔보를 만들 수 있다. 이것이 자동차에 사용되는 '단일 판' 현가 스프링 설계 개념이다. 어떤 일정강도 외팔보에서도, 전체에서의 굽힘응력은 끝 고정단에서의 값과 같다. 즉

$$\sigma = \frac{6FL}{bh^2} \tag{12.13}$$

이다.

그림 12.24는 그림 12.23b의 일정강도 삼각형 보를 같은 너비를 갖는 판들의 조합으로 자른 후, 판 스프링의 형태로 배열한 것을 보여 준다. 삼각형 판과 등가 다중 판 스프링은 두 가지를 제외하고는 똑같은 응력과 처짐 특성을 가진다: (1) 판 사이의 마찰은 다중 판 스프

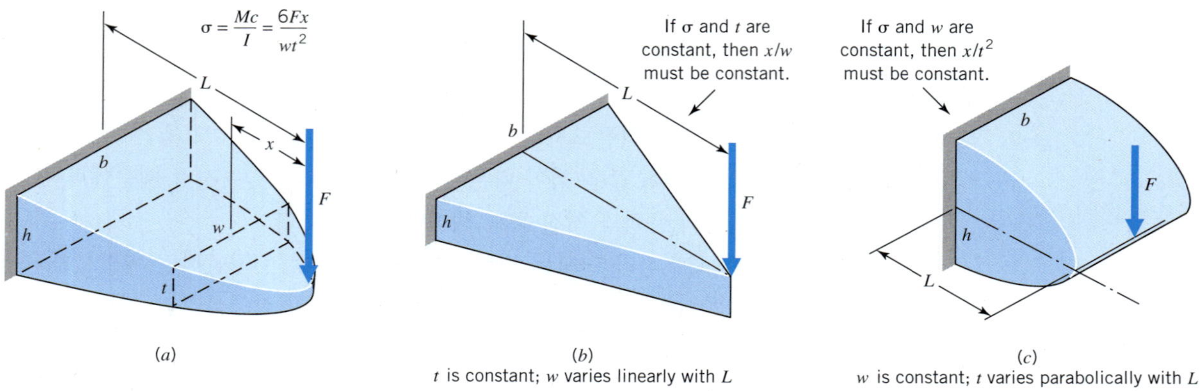

그림 12.23 균일강도 외팔보.

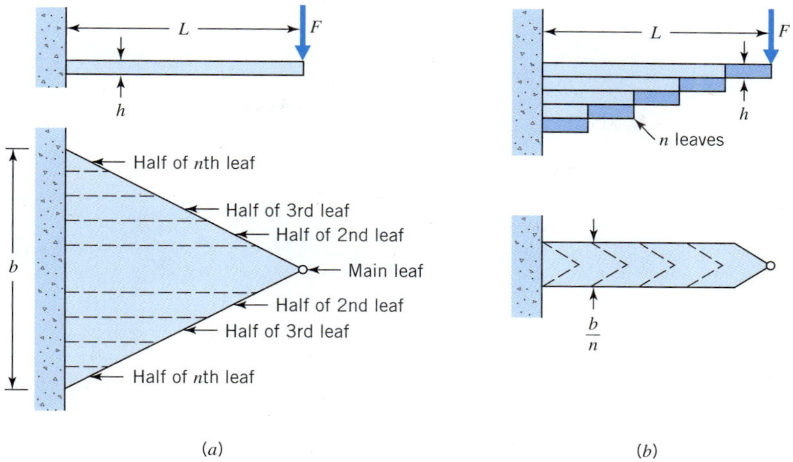

그림 12.24 삼각형 판 외팔보 스프링과 등가의 다중 판 스프링.

링에서 감쇠를 제공하며, (2) 다중 판 스프링은 한 방향으로만 전체 하중을 전달할 수 있다. (판들은 반대방향으로 하중이 가해지면 분리되는 경향이 있지만 그림 12.25처럼 클립에 의해 극복될 수 있다.)

변하는 단면 때문에, 이상적인 삼각형 판 스프링의 처짐식은 카스틸리아노법(5.8절)에 의해 잘 유도될 수 있다. 독자들은 이를 이용하여 다음 관계식을 증명해 보라.

$$\delta = \frac{FL^3}{2EI}$$

여기서 $I=bh^3/12$, $E=$영 계수이며, 또는

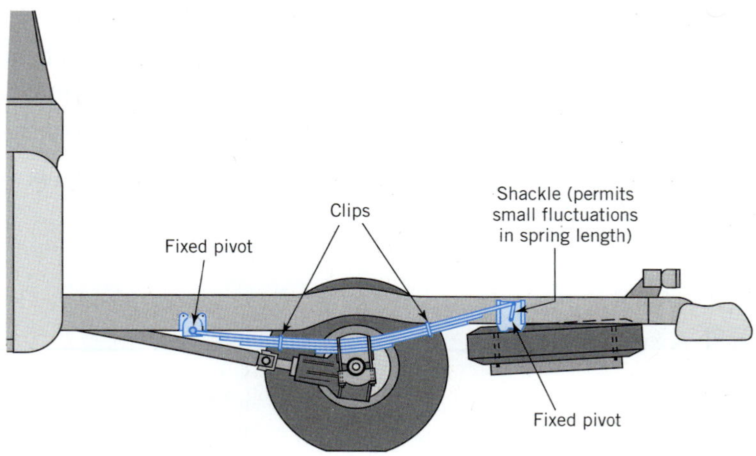

그림 12.25 트럭 차체에 설치된 다중 판 반타원 스프링.

$$\delta = \frac{6FL^3}{Ebh^3} \tag{12.14}$$

이다. 대응되는 스프링률은

$$k = \frac{F}{\delta} = \frac{Ebh^3}{6L^3} \tag{12.15}$$

이 된다.

세 가지 기본 형태의 판 스프링의 응력과 처짐식은 그림 12.22에 요약되어 있다.

그림 12.25에 나타낸 트럭 스프링처럼 실제 스프링에 대하여 앞의 식을 적용할 때, 몇 가지 사항이 고려되어야 한다.

1. 스프링 끝은 뾰족한 이음이 되면 안 되고, 하중을 받는 부재와의 연결을 제공하고 횡전단 하중을 전달하기 위해 충분히 넓어야 한다.
2. 처짐식의 유도에서는 처짐이 매우 작아서 형상 자체에는 영향을 주지 않는다고 가정되었다. 외팔보 길이의 약 30%를 초과하는 처짐의 경우에는 더욱 정확한 해석이 필요하다.
3. 헬리컬 스프링과 달리, 보 스프링은 스프링 하중뿐 아니라 구조 하중도 지탱할 수 있다. 예를 들면 그림 12.25의 스프링은 차 축(axle shaft)에 대한 반력 토크, 회전 시 측면 하중(lateral loading), 가속과 브레이크로부터의 전후 하중을 받는다. 물론 이 모든 하중은 스프링 설계에 고려되어야 한다.

예제 12.4 SAMPLE PROBLEM 반타원 판 스프링 설계

반타원 판 스프링(그림 12.26*a*)이 2,000 N과 10,000 N 사이에서 변하는 설계 과하중(중앙에 작용)을 받을 때 무한수명을 갖도록 설계된다. 스프링률은 30 N/mm이다. 재료는 쇼트피닝된 7 mm 두께의 강이며, 그림 12.26*b*(적당한 하중, 크기, 표면이 주어진 곡선에 반영됨)에 나타낸 강도 특성을 가진다. 5개의 판이 사용된다. 판들을 묶기 위해 사용된 중앙볼트가 피로응력집중계수 1.3을 준다. 이 절에 있는 식을 사용하여 필요한 전체 스프링 길이와 각 판의 너비를 구하라.

풀이 SOLUTION

제시자료: 반타원 판 스프링은 알려진 변동힘을 받는다.

목표: 전체 스프링 길이와 각 판의 너비를 구하라.

개요도 및 데이터:

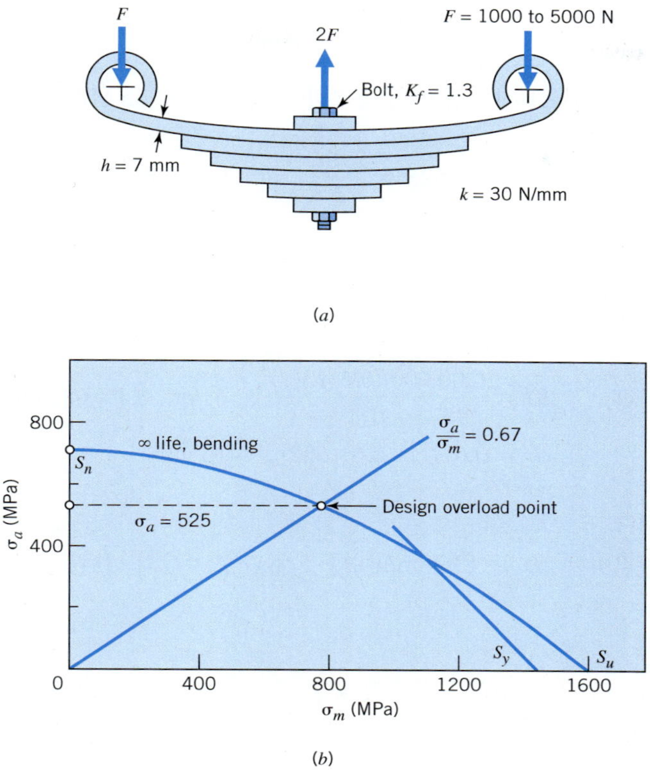

그림 12.26 예제 12.4의 (*a*) 판 스프링과 (*b*) 피로강도 선도.

가정:

1. 끝단 피벗은 스프링의 끝단 너비에 균일한 하중을 가한다.
2. 파괴는 스프링의 끝단에서 일어나지 않는다.
3. 중앙의 힘은 일직선 상에 있기 때문에 스프링에 비틀림을 유발하지 않는다.
4. 처짐은 형상을 크게 변화시키지 않는다. 즉 처짐이 스프링 길이의 30% 이하이다.

설계 해석:

1. 반타원 스프링의 절반씩은 전체 하중의 절반을 지탱하는 외팔보처럼 거동한다. 그러므로 F_m=3000 N, F_a=2000 N이고, F_m과 F_a는 각각 힘의 평균과 교번 성분이다.
2. 교번응력은

$$\sigma_a = \frac{6F_aL}{bh^2}K_f = \frac{6(2000)L}{b(7)^2}(1.3) = \frac{318L}{b}$$

이고, 여기서 K_f는 피로응력집중계수이다. 마찬가지로 평균응력은

$$\sigma_m = \frac{6F_m L}{bh^2}K_f \quad \text{and} \quad \frac{\sigma_a}{\sigma_m} = \frac{F_a}{F_m} = 0.67$$

이 된다.

3. 그림 12.2*b*는 무한수명과 이 응력비에 대해, σ_a=525 MPa임을 보여 준다. 따라서

$$525 = \frac{318L}{b} \quad \text{or} \quad b = 0.61L$$

이다.

4. 스프링이 중앙에 2*F*의 하중을 받으므로, 스프링률 *k*는 $2F/\delta = Ebh^3/3L^3$이다. 주어진 값을 대입하면

$$30 = \frac{(200{,}000)(0.61L)(7)^3}{3L^3}, \qquad \text{or} \quad L = 682 \text{ mm}$$
$$b = 0.61L = 0.61(682) = 416 \text{ mm}$$

이 된다.

5. 전체 길이는 2*L*, 즉 1364 mm이다. 5개 판들 각각의 너비는 416 mm의 1/5, 즉 83 mm이다.

주석: 만약 그림 12.26*b*의 무한수명 굽힘 곡선이 아닌, 더 보수적인 무한수명 굽힘 굿맨 선도를 사용하면, σ_a=425 MPa이다. 따라서 *b*=565 mm이고, *L*=755 mm, 즉 2*L*=1510 mm, *b*/5=113 mm이다. 그러므로 더 큰 스프링이 요구된다.

예제 12.5 SAMPLE PROBLEM 사다리꼴 및 삼각형 판의 에너지 용량

실제 스프링에서, '삼각형 판'의 하중을 받는 끝단은 부착이 가능하도록 넓어야 한다. 이것은 그림 12.27*b*처럼 길이방향으로 주판(main leaf)이 충분한 폭을 유지하며 사다리꼴 판에 해당하는 스프링 모양이 되도록 한다. 그림 12.27*a*의 삼각형 모양 대신에 그림 12.27*b*의 사다리꼴이 사용될 때 스프링의 강성과 스프링에너지 흡수용량의 변화는 어떠한가?

풀이 SOLUTION

제시자료: 실제 판 스프링은 삼각형 판이 아닌 사다리꼴 판과 같다.

목표: 삼각형 판에 비교하여 사다리꼴 판의 강성도와 에너지용량 변화를 구하라.

개요도 및 데이터:

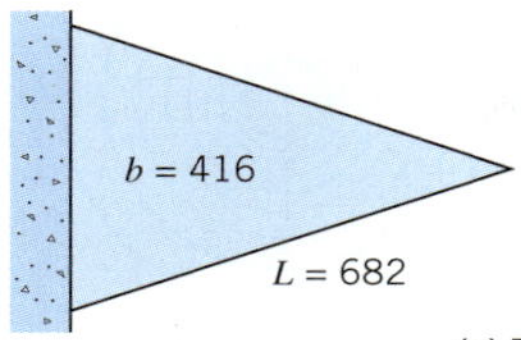

$$\delta = \frac{6FL^3}{Ebh^3} = 0.0144\,\frac{FL^3}{Eh^3}; \qquad k = \frac{F}{\delta} = 69.33\,\frac{Eh^3}{L^3}$$

(*a*) Triangular-plate solution to Sample Problem 12.4

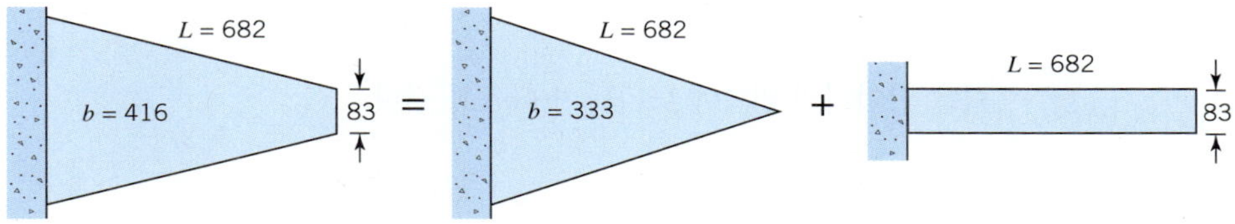

$$k = k_1 + k_2 \qquad \delta_1 = \frac{6FL^3}{Ebh^3} = 0.0180\,\frac{FL^3}{Eh^3} \qquad \delta_2 = \frac{4FL^3}{Ebh^3} = 0.0482\,\frac{FL^3}{Eh^3}$$

$$k = 76.30\,\frac{Eh^3}{L^3} \qquad k_1 = \frac{F}{\delta_1} = 55.55\,\frac{Eh^3}{L^3} \qquad k_2 = 20.75\,\frac{Eh^3}{L^3}$$

(*b*) Trapezoidal plate solution to Sample Problem 12.5

그림 12.27 예제 12.5의 삼각형 판과 사다리꼴 판 스프링의 비교. 주의: 사다리꼴의 k는 삼각형의 k보다 10% 더 크다.

가정: 판 사이 마찰의 영향은 중요하지 않다.

해석:

1. 사다리꼴 판은 그림 12.27b에 나타난 것처럼 삼각형 판과 직사각형 판을 합친 것과 같다.
2. 그림 12.27에 전개된 처짐과 스프링률의 식으로부터 사다리꼴이 되도록 재료를 더함으로써 스프링률이 약 10% 증가함을 알 수 있다.
3. 두 스프링 모두 외팔보의 고정단에서 같은 크기의 굽힘응력으로 같은 힘을 지지한다. 그러나 사다리꼴이 10% 적게 처지기 때문에 10% 적은 에너지를 흡수할 것이다.(에너지 흡수량은 힘×거리의 적분이다.) 사다리꼴 스프링이 더 무거움에도 불구하고 그렇다.

주석: 사다리꼴 판이 삼각형보다 에너지를 10% 적게 흡수하고 무게가 20% 더 나간다.

12.11 비틀림 스프링

비틀림 스프링에는 두 가지 타입, 즉 그림 12.28의 헬리컬형과 그림 12.29의 스파이럴형이 있다. 모든 비틀림 스프링의 주된 응력은 와이어 끝에 작용하는 굽힘모멘트 Fa에 의한 굽힘응력이다. 4.6절에서 언급한 구부러진 보에서의 응력 해석이 적용될 수 있다. 가장 높은 응

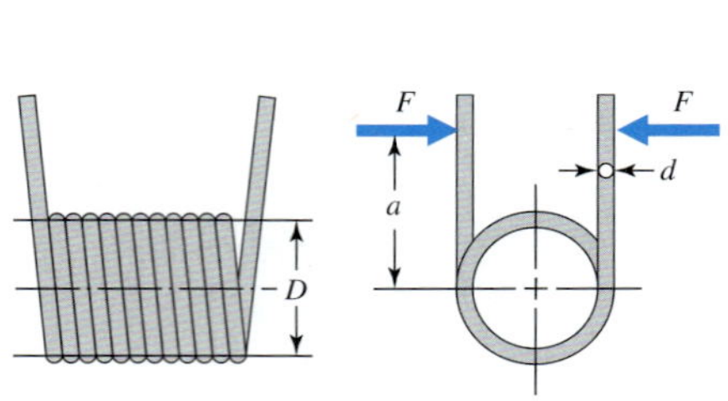

그림 12.28 헬리컬 비틀림 스프링.

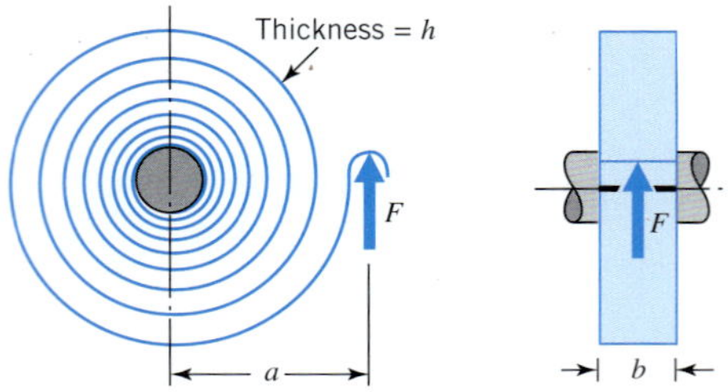

그림 12.29 스파이럴 비틀림 스프링.

력은 와이어의 안쪽에 나타나며 다음과 같다.

$$\sigma_i = K_i Mc/I \tag{4.10}$$

여기서 K_i는 몇몇 단면적의 경우에 대해 그림 4.11에 주어져 있고, 스프링에 자주 사용되는 원형과 직사각형 단면에 대해서는 그림 12.30에 주어져 있다. 굽힘모멘트 Fa와 원형과 직사각형 와이어의 단면 특성을 대입하면

$$\text{Round wire:} \quad \frac{I}{c} = \frac{\pi d^3}{32}, \qquad \sigma_i = \frac{32Fa}{\pi d^3} K_{i,\text{round}} \tag{12.16}$$

$$\text{Rectangular wire:} \quad \frac{I}{c} = \frac{bh^2}{6}, \qquad \sigma_i = \frac{6Fa}{bh^2} K_{i,\text{rect}} \tag{12.17}$$

이 된다.

피로응용에서, 끝단에서의 응력집중점은 피로 파손이 자주 일어나는 부분이기 때문에, 와이어 끝부분의 설계 및 하중 부재와의 연결부 설계에는 특별한 주의가 필요하다.

비틀림 스프링에서 잔류응력은 중요한 고려 사항이다. 4.15절의 설명을 상기하라. **항복을 일으키는 과하중은 잔류응력을 유발하고, 생성된 잔류응력이 작동 시 하중 방향과 일치하면 좋은 영향을, 반대방향이면 나쁜 영향을 준다.** 헬리컬과 스파이럴 스프링의 코일링은 분명히 항복을 가지며, 잔류응력은 결과적으로 **이로워서 하중을 계속 가하면 스프링을 더 조이게 하는 경향이 있다**(코일을 풀리게 하는 하중에는 해롭다.) 이는 비틀림 스프링의 설계 시 반드시 고려되어야 할 매우 중요한 사항이다. 이렇게 이로운 잔류응력으로 인해 정적상태의 설계응력은 재료인장항복강도의 100%가 될 수 있다.

순수 굽힘을 받는 보의 처짐각은

$$\theta = \frac{ML}{EI} \quad \text{(case 3, Table 5.1)}$$

이고, 이 식은 헬리컬과 스파이럴 비틀림 스프링 모두에 직접적으로 적용될 수 있다. 태엽시계와 장난감에 사용되는 스파이럴 스프링과 차고 문의 평형을 맞출 때 사용되거나 창문의 차

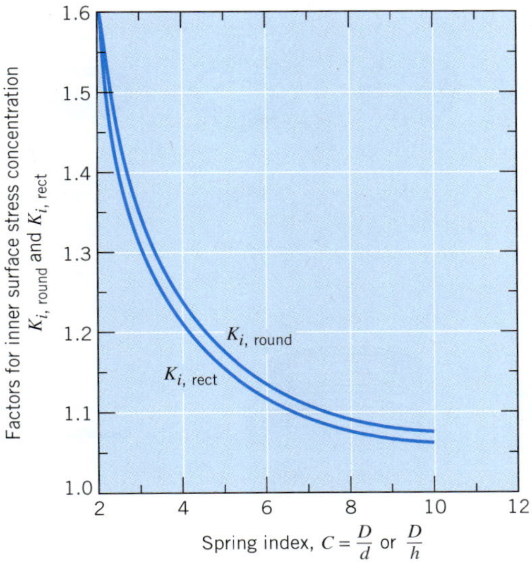

그림 12.30 비틀림 스프링의 곡률-응력집중계수(원형 및 직사각형 와이어)[4].

양을 말아 올리는 데 사용되는 헬리컬 스프링처럼, 여러 번 감기는 스프링에서는 각 변위가 여러 번의 회전이 될 수 있다. 많은 회전을 갖는 긴 헬리컬 스프링은 지지를 위한 중심봉을 갖는다. 중심봉과의 마찰 및 인접한 스프링 코일들 사이의 마찰은 때때로 고려되어야 한다.

스파이럴 스프링은 일반적으로 얇은 사각형 와이어로 만들어진다. 정사각형 또는 직사각형 와이어가 헬리컬 비틀림 스프링으로 사용하기에 가장 효율적이다. 그러나 둥근 와이어는 구하기 쉽고 비용이 저렴하기 때문에 그리 중요하지 않은 곳에 자주 사용된다.

12.12 기타 스프링

여러 가능한 스프링의 형태와 설계는 공학자의 창의성과 상상력에 달려 있다. 참신한 설계안이 특허사무국에 지속적으로 신청되고 있다. 지면상 추가적인 종류에 대한 자세한 언급은 피하고, 5가지의 기타 스프링만 언급하겠다. 더 많은 정보는 참고문헌 [1, 2, 4]를 참고하라.

스프링 와셔는 굉장히 많은 종류가 있다. 그림 12.31에 6가지 대표적인 형태를 나타내었다. 1867년에 벨빌(Julien Belleville)에 의해 프랑스에서 특허를 받았고 **접시 스프링**으로 알려진 **벨빌 와셔(Belleville washer)**는 작은 처짐과 매우 큰 하중을 견디는 데 자주 쓰인다. 와셔두께에 대한 원추높이의 비를 달리하여 일정한 스프링률 또는 점진적으로 줄어드는 다양한 스프링률을 제공한다. 그림 12.32에서 보여 주듯이 여러 개의 똑같은 와셔들이 필요한 특성을 얻기 위해 조합으로 사용된다.

그림 12.33에 표현된 **벌류트 스프링(volute spring)**은 얇은 금속조각으로 감겨지며 망원경처럼 점점 안쪽으로 감겨진다. 이것은 압축스프링보다 횡 안정성을 가지며, 인접하게 감겨진 회전부의 마찰이 감쇠효과를 제공한다.

가터 스프링(garter spring)은 양 끝이 원 모양을 이루도록 연결된 헬리컬 스프링이다.

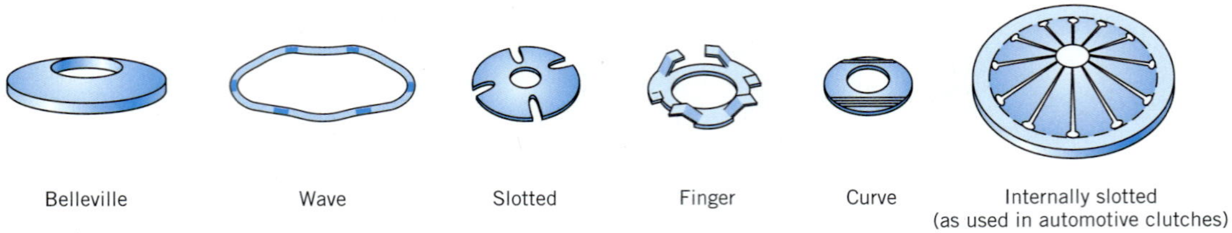

그림 12.31 스프링 와셔의 형태[1].

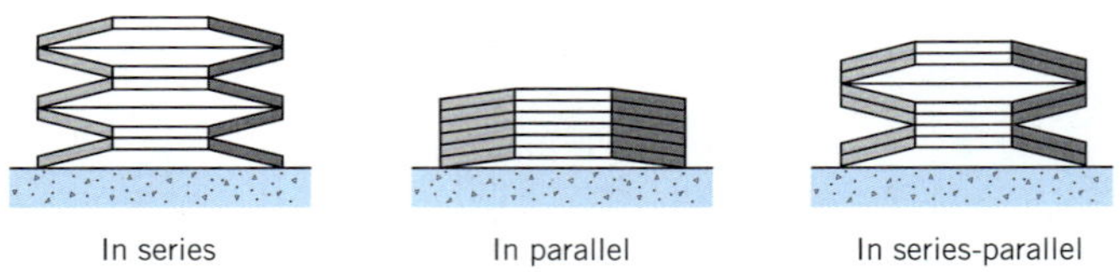

그림 12.32 적층된 벨빌 와셔.

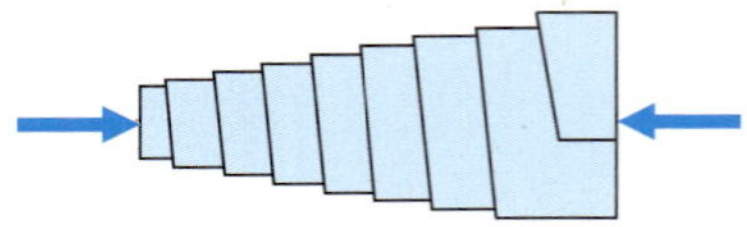

그림 12.33 벌류트 스프링.

이들은 기름밀봉에 사용되고, 축에 대해 밀봉 부재를 꽉 잡도록 반경방향 하중을 가한다. 피스톤 링 확장기나 작은 모터의 벨트에 사용된다.

와이어형(wire form) 스프링은 와이어를 여러 가지 모양으로 구부려 만든 스프링요소이다. 와이어형 스프링은 헬리컬 압축스프링을 대신하여 침대스프링, 매트리스, 가구용으로 쓰인다. 차의 시트나 가구에 최소 두께로 편평하게 만들어질 수 있다는 장점을 갖는다.

특허를 받고 'Negator'라는 이름으로 소개된 일정하중 스프링은 그림 12.34에 나타내었다. 이들은 초기응력을 받고 있는 묶음(roll)으로 구성되며, 코일이 풀리는 것에 저항하도록 거의 일정한 힘을 가한다. 스트립(strip)은 드럼의 반경보다 10~20% 작은 '자연적'(즉 하중이 없는)인 곡률반경을 갖는다(그림 12.34*a*). 특징은 긴 인장용량과 코일 간 마찰이 없다는 점이다. 그림 12.34*b*는 전기모터 브러시에 사용된 형태를 나타낸다. 창문새시의 카운터밸런스 스프링은 또 다른 응용이다. 그림 12.34*c*의 일정스프링 모터는 타이머나 무비카메라, 케이블 회수장치 등을 구동하는 데 쓰인다.

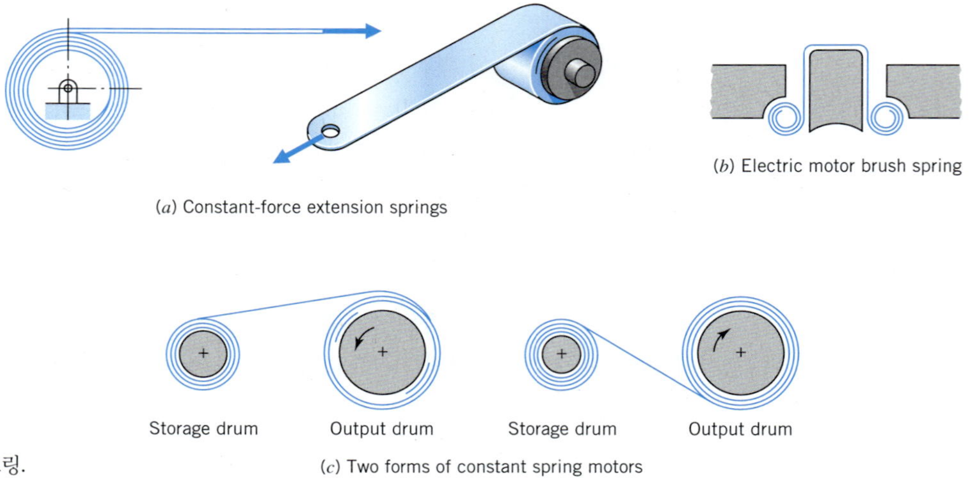

그림 12.34 일정하중 스프링.

참고문헌 REFERENCES

1. Associated Spring Corporation, "*Design Handbook: Engineering Guide to Spring Design*," Associated Spring Barnes Group, Bristol, CT, 1987.
2. Barnes Group, Inc., "Design Handbook," Barnes Group, Inc., Bristol, Conn., 1981.
3. Chow, W. W., *Cost Reduction in Product Design*, Van Nostrand Reinhold, New York, 1978.
4. Wahl, A. M., *Mechanical Springs*, McGraw-Hill, New York, 1963 (also original 1944 edition).
5. SAE International, "*Spring Design Manual*," 2nd ed., Society of Automotive Engineers, Inc., Warrendale, Pa., 1997.

연습문제 PROBLEMS

Section 12.2

12.1 Calculate the energy stored in a steel torsion bar spring such as that shown in Figure 12.1*a* when one end of the bar angularly rotates 65° relative to the other end. The length of the torsion bar portion is 1.25 m, and the diameter is 8 mm. Also, calculate the maximum shear stress.

12.2 Repeat Problem 12.1, except the bar is 45 in. long, the diameter is 0.250 in., and the bar rotates 45° relative to the other end.

12.3 Shown in Figure 12.1*b* is a torsion bar used as a counterbalance spring for the trunk lid of an automobile. The length of the torsion bar portion is 42.5 in. and the diameter is 0.312 in. Calculate the change in shear stress in the bar and the change in torque when one end of the bar angularly rotates 75° relative to the other end.

12.4 A torsion bar spring as shown in Figure 12.1*b* is used as a counterbalance spring for the trunk lid of an automobile. The length of the torsion bar portion is 50 in. and the diameter is 0.312 in. Calculate the change in shear stress in the bar and the change in torque when one end of the bar angularly rotates 80° relative to the other end.

12.5 Figure P12.5 shows a fully opened trap door covering a stairwell. The door has a mass of 30 kg, with center of gravity 610 mm from the hinge. A torsion bar spring, extending along the hinge axis, serves as a counterbalance. Determine the length and diameter of a solid steel torsion bar that would counterbalance 80 percent of the door weight when closed, and provide a 8 N-m torque holding the door against the stop shown. Use a maximum allowable torsional stress of 350 MPa. Make a graph showing gravity torque, spring torque, and net torque all plotted against the door-open angle.

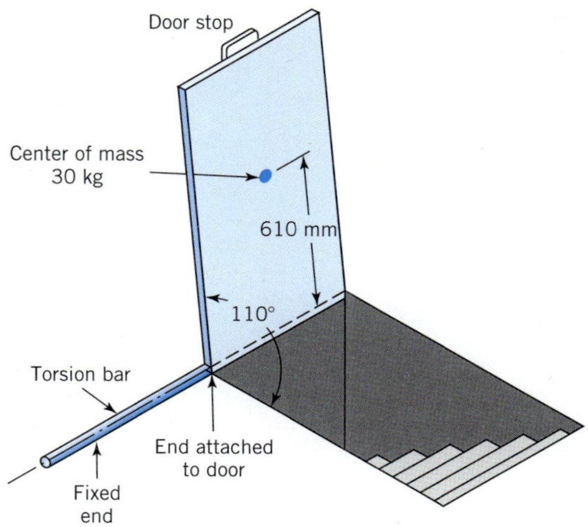

Figure P12.5

12.6 Suppose that the trap door in Problem 12.5 must be designed to open only 60° because there are clearance problems. Determine the length and diameter of torsion bar that would counterbalance 80 percent of the door weight when closed, and provide a *net* torque of 12 lb • ft to hold the door against the 60° stop when open. Make a graph showing gravity torque, spring torque, and net torque all plotted against the door-open angle.

[Ans.: 237 in., 0.49 in.]

12.7 Repeat Problems 12.5 and 12.6 using a door weight of 250 N with the center of gravity 600 mm from the hinge. Spring torque for the door-open position as given in Problem 12.5 is to be 8 N • m; net torque for the door-open position as given in Problem 12.6 is to be 16 N • m. The maximum allowable torsional stress is 350 MPa.

12.8 An automotive torsion bar spring as shown in Figure 12.1*b* is used as a counterbalance spring for a trunk lid. The length of the torsion bar portion is 1.2 m and the diameter is 8 mm. Calculate the change in shear stress in the bar and the change in torque when one end of the bar angularly rotates 70° relative to the other end.

Sections 12.3–12.7

12.9 Figure P12.9 illustrates a Turbo Booster toy that launches a 60-gram “insect” glider (projectile) by compressing a helical spring and then releasing the spring when the

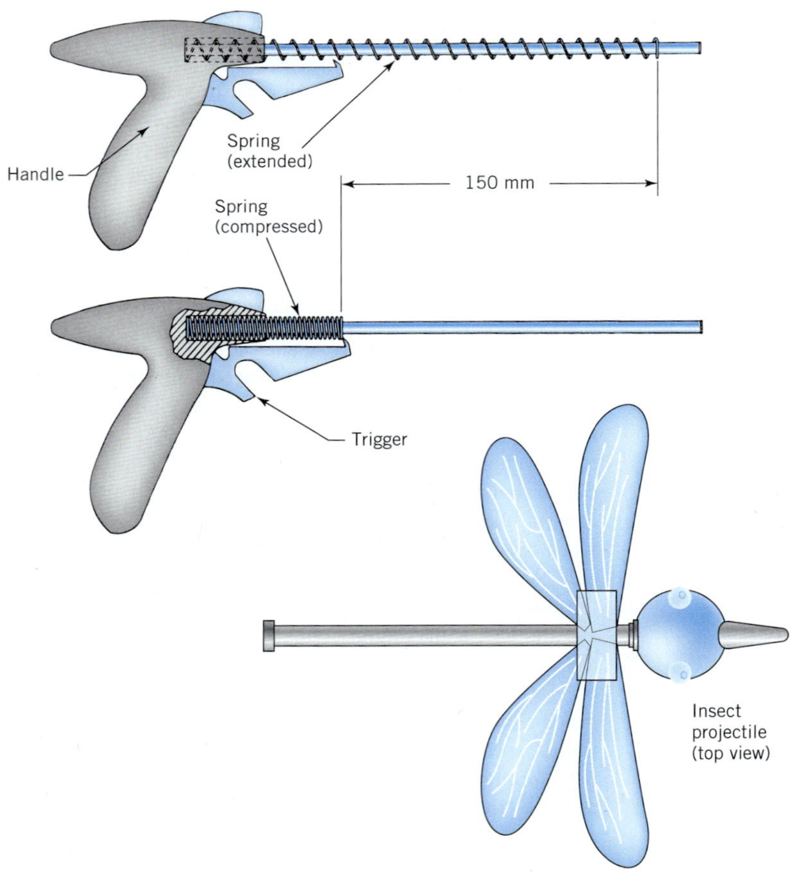

Figure P12.9

trigger is pulled. When pointed upward, the glider should ascend approximately 8 m before falling. The launcher spring is made of carbon steel wire, with a diameter $d = 1.1$ mm. The coil diameter is $D = 10$ mm. Calculate the number of turns N in the spring such that it would provide the necessary energy to the glider. The total spring working deflection is $x = 150$ mm with a clash allowance of 10%.

12.10D Review the web site http://www.leespring.com. Select a plastic composite compression spring with an outside diameter of approximately 1.0 in., a free length of 1.00 in., and a wire diameter of 0.085 in. What are the (a) "to work in hole diameter," (b) load at solid height, (c) spring rate, (d) solid height, and (e) total number of coils?

12.11D Review the web site http://www.assocspring.co.uk. Select a compression spring with an outside diameter of 3 mm, a free length of 25 mm, and a wire diameter of 0.32 mm. What are the (a) "to work in hole diameter," (b) load at solid height, (c) music wire spring rate, (d) stainless steel spring rate, (e) solid height, and (f) total number of coils?

12.12 ASTM A229 oil-tempered carbon steel is used for a helical coil spring. The spring is wound with $D = 50$ mm, $d = 10.0$ mm, and a pitch (distance between corresponding points of adjacent coils) of 14 mm. If the spring is compressed solid, would the spring return to its original free length when the force is removed?

12.13 Repeat Problem 12.12 with D = 25 mm and d = 5 mm, and a pitch distance of 7 mm.

12.14 A helical coil spring with $D = 50$ mm and $d = 5.5$ mm is wound with a pitch (distance between corresponding points of adjacent coils) of 10 mm. The material is ASTM A227 cold-drawn carbon steel. If the spring is compressed solid, would you expect it to return to its original free length when the force is removed?

12.15 Repeat Problem 12.14 with $D = 25$ mm and $d = 2.75$ mm, and a pitch distance of 5 mm.

12.16 Figure P12.16 shows a coiled compression spring that has been loaded against a support by means of a bolt and nut. After the nut has been tightened to the position shown, an external force F is applied to the bolt as indicated, and the deflection of the spring is measured as F is increased. A plot of the resulting force-deflection curve is shown. Briefly but clearly state the reasons the curve changes at points A, B, and C.

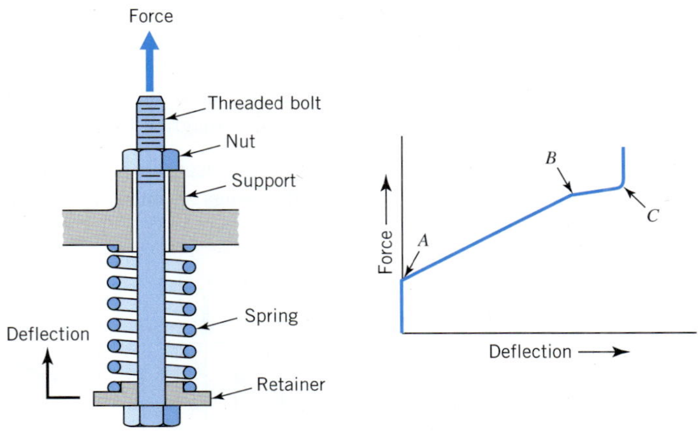

FIGURE P12.16

12.17 A compression spring has squared ends and is made of carbon steel wire. The mean coil diameter is 20 mm, and the wire diameter, $d = 3.20$ mm. The coil outer diameter is 23.20 mm. The spring has a free length of 155 mm, and 19 total coils.

(a) Calculate the pitch of the spring at the free length.
(b) Calculate the solid height for the spring.
(c) Calculate the deflection to compress the spring to its solid height.
(d) Calculate the spring constant for the spring.
(e) Calculate the energy stored in each helical spring after the spring compresses one inch.
(f) Determine the force to compress the spring to its solid height.
(g) Determine whether the spring will buckle before it reaches its solid height if the spring is unrestrained.
(h) Select a carbon steel coil spring material and determine if the spring is designed for infinite life if the force on the spring fluctuates from zero to 10 lb.

12.18D The experimental load-deflection characteristics of a spring are sometimes needed for realistic designs or so that performance predicted using empirical-theoretical equations can be verified before assembling a spring in a costly unit.
(a) Illustrate methods for experimentally and quickly evaluating load-deflection characteristics.
(b) Search the Internet for accurate or full automatic commercial testers. Describe several types.

12.19 A conical compression coil spring, as illustrated in Figure 12.6, is made of 3-mm-diameter steel wire and has an active coil diameter that varies from 20 mm at the top to 45 mm at the bottom. The pitch (axial spacing between corresponding points on adjacent coils) is 7 mm throughout. There are four active coils. A force is applied to compress the spring, and the stresses always remain in the elastic range.
(a) As the force is increased, which coil deflects to zero pitch first?
(b) Calculate the magnitude of force required to cause the deflection in part a.
(c) Suppose the force is increased until the entire spring is compressed solid. Neatly sketch a force–deflection curve for the spring.

12.20 A conical compression spring (Figure 12.6) having five active coils has a pitch of 7 mm throughout. The spring is made of 5-mm-diameter steel wire and has an active coil diameter that varies from 25 mm at the top to 55 mm at the bottom. A force is applied to compress the spring, and the stresses always remain in the elastic range.
(a) As the force is increased, which coil deflects to zero pitch first?
(b) Calculate the magnitude of force required to cause the deflection in part a.
(c) Suppose the force is increased until the entire spring is compressed solid. Neatly sketch a force–deflection diagram for the spring.

12.21 A machine uses a pair of concentric helical compression springs to support an essentially static load of 3.0 kN. Both springs are made of steel and have the same length when loaded and when unloaded. The outer spring has $D = 45$ mm, $d = 8$ mm, and $N = 5$; the inner spring $D = 25$ mm, $d = 5$ mm, and $N = 10$. Calculate the deflection and also the maximum stress in each spring. (See Figure P12.21.)

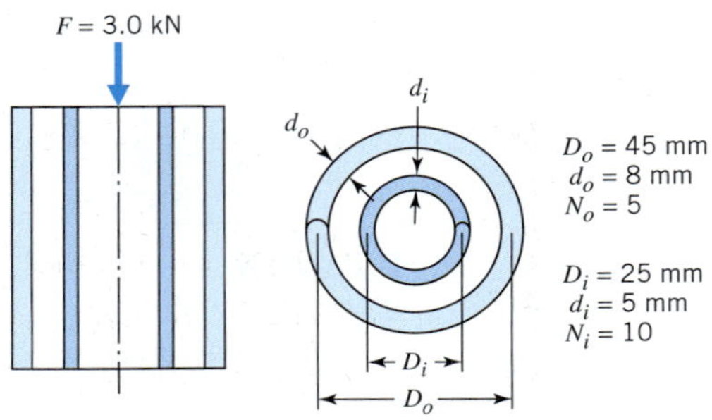

FIGURE P12.21

12.22 Two concentric helical compression springs made of steel and having the same length when loaded and when unloaded are used to support a static load of 3 kN. The outer spring has $D = 50$ mm, $d = 9$ mm, and $N = 5$; the inner spring $D = 30$ mm, $d = 5$ mm, and $N = 10$. Determine the deflection and the maximum stress in each spring.

12.23 ASTM B197 beryllium copper spring wire with $S_u = 750$ MPa and $\tau_s \leq (0.35)(S_u) = 262.5$ MPa is used for a helical coil spring. The spring is wound with $D = 50$ mm, $d = 10.0$ mm, and a pitch (distance between corresponding points of adjacent coils) of 14 mm. If the spring is compressed solid, would the spring return to its original free length when the force is removed?

12.24 Rework Problem 12.23 with $D = 25$ mm and $d = 5$ mm, and a pitch distance of 7 mm.

12.25 A helical compression spring is to be made with a wire diameter of 2 mm, an outside diameter of 19 mm, ten active coils, and ends closed and ground. The least expensive steel spring wire is to be used, and presetting will not be used.

(a) Estimate the maximum static load that can be applied without encountering more than 2 percent long-term set.

(b) What is the spring rate?

(c) At what spring free length will the load determined in part (a) cause the spring to become solid?

(d) Would buckling problems be encountered if one end plate is free to tilt?

[Ans.: 122 N, 3.22 N/mm, 61.9 mm, no]

12.26 Repeat Problem 12.25, except use a wire diameter of 4 mm and eight active coils.

12.27 A helical compression spring with squared and ground ends is required to exert a maximum working force of 1000 N, and a force of 500 N when the spring is 60 mm longer. Sufficiently few load cycles will be involved to justify designing the spring on the basis of static loading. An existing supply of 5-mm-diameter music wire will be used. The spring is to be preset. Determine appropriate values for D, N, and L_f. Check for possible buckling.

12.28 A helical compression spring with squared and ground ends is to be made of steel, and presetting is to be used. The loading can be considered static. Maximum working force is 400 N. A force of 180 N is required when the spring is 40 mm longer. Use recommended clash allowance and a steel having $S_u = 1400$ MPa. For a spring index of $C = 8$, determine appropriate values for D, d, N, and L_f.

12.29 A helical compression spring used for essentially static loading has $d = 2.50$ mm, $D = 15$ mm, $N = 8$, and squared and ground ends. It is made of ASTM A227 cold-drawn steel wire.

(a) Compute the spring rate and the solid height.

(b) Estimate the greatest load that can be applied without causing long-term permanent set in excess of 2 percent.

(c) At what spring free length will the load determined in part (b) cause the spring to become solid?

12.30 A particular machine requires a helical compression spring, having ends squared and ground, to support an essentially static load of 500 lb. The spring constant is to be 200 lb/in., and the stress at the design load is to be 80 ksi. The clash allowance is to be 0.10 in. The dimensions of related parts establishes that D should be 3 in. Determine N, d, and L_f.

[Ans.: 5.0, 0.370 in., 5.19 in.]

12.31D Review the web site http://www.acxesspring.com.

(a) List the common spring materials presented.

(b) Which materials are listed as highly susceptible to hydrogen embrittlement?

(c) What processes are stated as causing hydrogen embrittlement?

Section 12.8

12.32 The Iron Arms™ rotating forearm grips exercises the forearms by resisting rotation of the handle grips inward and outward—see Figure P12.32 and Figures P2.2 and P2.3 (Chapter 2). The rotation of the gripped handle, about its center, is opposed by the force on the free end of the spring. The handle assembly is shaped like a "D." The curved portion of the D slides smoothly inside the hollow ring; the straight portion of the D is for hand gripping. The handle grip length is approximately 4.0 in. long and 1.25 in. in diameter. The rings have an outer diameter of 7.75 inches and an inner diameter of 5.375 in. The entire Iron Arms assembly has an overall length of 15.40 in., a width of 7.75 in. (outer ring diameter), and a thickness of 1.25 in. Each spring has squared ends with 29 total coils and is made of carbon steel wire. The mean coil diameter is .812 in., and the wire diameter, $d = 0.088$ in. The coil outer diameter is 0.90 in. The spring has a free length of 10.312 in., and a compressed length of 9.75 in. when assembled and in the "starting position."

(a) Calculate the energy stored in each helical spring after the spring is rotated 90° from the starting position.

(b) Calculate the initial force on the fore-end of the spring to start rotation of one handle and the force on the free end of the spring when the handle has rotated 90°.

(c) Calculate the spring constant, k, for the spring.

(d) Determine (i) the height of the spring when compressed solid, (ii) the corresponding force on the free end of the spring, and (iii) the rotation of the handle in degrees from the handle start position.

(e) Select a carbon steel coil spring material and determine if the spring is designed for infinite life.

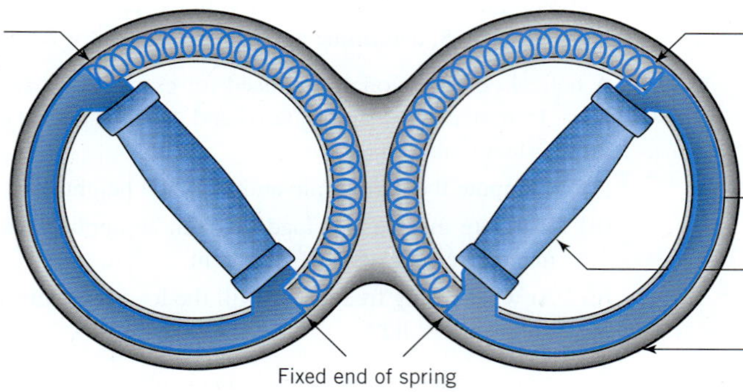

FIGURE P12.32
Iron Arms™ assembly

12.33 List the spring parameters that can be changed while keeping the Iron Arms plastic ring geometry the same. Describe the effect of varying each parameter.

12.34 Design a spring for the Iron Arms which would allow children to use it effectively. The maximum spring force should be 25–50% of the adult version and have infinite fatigue life.

12.35 A coil spring with squared and ground ends is to operate with a load that fluctuates between 400 and 800 N, during which the deflection is to vary by 25 mm. We wish to use an available supply of steel spring wire having $d = 5.0$ mm and fatigue strength properties as shown in Figure 12.16 for shot-peened wire. Presetting and a clash allowance of 5 mm are to be used. Residual stresses caused by presetting are not to be taken into account. They are considered to provide a sufficient safety factor that the possibility of higher stresses, should the spring close solid, can be ignored. Determine appropriate values for N, D, and L_f.

12.36 An automatic production machine requires a compression coil spring to keep a follower in contact with a cam that rotates at speeds up to 1800 rpm. When installed, the spring force is to vary between 150 and 600 N while the spring height varies over a range of 10 mm. An available supply of 4.5-mm-diameter shot-peened wire is to be used, for which Figure 12.16 applies. Clash allowance is to be 2.5 mm. The design is to be tentatively based on limiting the stress to 800 MPa when the spring is closed solid. Ends are to be squared and ground, and presetting will *not* be used.

(a) Determine appropriate values for D, N, L_s, and L_f.

(b) Determine the likelihood of the spring's buckling, the likelihood of encountering spring surge problems, and the approximate safety factor during normal operation.

[Ans.: (a) $D = 33.30$ mm, $N = 2.44$, $L_s = 19.98$ mm, $L_f = 35.8$ mm; (b) no buckling or surge problems are indicated; safety factor $\approx$ 1.1]

(c) What would the approximate safety factor of the spring be (with respect to fatigue failure) if presetting is used, resulting in a residual torsional stress of 100 MPa?

12.37 For a Nerf gun, a coil spring with squared and ground ends is to operate with a load that fluctuates between 3 and 9 lb, during which the deflection is to vary by 2.5 in. Because of space limitations, a mean coil diameter of 0.625 in. has been selected. Steel spring wire corresponding to the shot-peened wire in Figure 12.16 is to be used. The beneficial effect of the specified presetting is not to be taken into account in the calculations. It is considered to provide a sufficient safety factor to allow for the possibility of higher stresses, should the spring ever close solid. Choose an appropriate clash allowance, and determine appropriate values for N, d, and L_f.

12.38 Rework Problem 12.37 with a load that fluctuates between 30 and 90 lb.

12.39 A coil spring with plain ends that are ground is to operate with a load that fluctuates between 45 and 90 lb, during which the deflection is to vary by $\frac{1}{2}$ in. Because of space limitations, a mean coil diameter of 2 in. has been selected. Steel spring wire corresponding to the shot-peened wire in Figure 12.16 is to be used. The beneficial effect of the specified presetting is not to be taken into account in the calculations. It is considered to provide a sufficient safety factor to allow for the possibility of higher stresses, should the spring ever close solid. Choose an appropriate clash allowance, and determine appropriate values for N, d, and L_f. (See Figure P12.39.)

[Partial ans.: $N = 2.39$, $d = 0.186$ in., $L_f = 1.92$ in.]

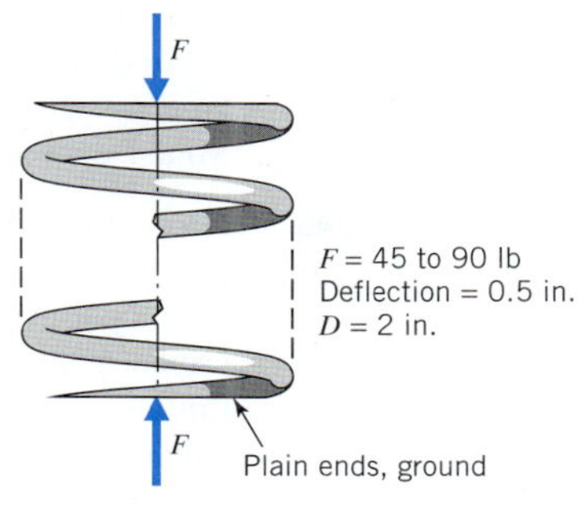

FIGURE P12.39

12.40 A helical compression spring was subjected to a load fluctuating between 100 and 250 N. Fatigue properties of the spring wire corresponded to the curve for shot-peened wire given in Figure 12.16. The spring failed in service after about 10^5 cycles. A replacement spring was found that was identical in all respects except that its free length was slightly shorter. To correct for this, a technician stretched the spring slightly to increase its free length to exactly that of the original spring. Show, by means of a τ_{max}–τ_{min} plot, whether you would expect the life of the replacement spring to be the same as, less than, or greater than that of the original.

12.41 An automotive-type disk clutch similar to the one shown in Figure 18.2 has an axial clamping force provided by six identical helical compression springs. When the clutch is engaged, the springs must provide a clamping force of 4500 N (750 N per spring). When the clutch is disengaged, the springs are all 2.5 mm shorter. This should cause the force of each spring to increase as little as reasonably possible, but a 100 N increase is considered satisfactory. The clash allowance is to be 1.25 mm. On the basis of preliminary calculations, a wire size of 5.0 mm has been selected. The material is to be shot-peened wire having fatigue properties as indicated in Figure 12.16. Use a safety factor for eventual fatigue failure of 1.3. In addition, presetting is to be used but not taken into account in the calculations. Determine a suitable combination of D, N, L_s, and L_f.

12.42 A force of 4.45 kN is required to engage a clutch similar to the one shown in Figure 18.2. This force is to be provided by nine identical springs equally spaced around the pressure plate of the clutch. Because of space limitations, the outside diameter of the coils can be no more than 40 mm, and the length of the springs when the clutch is engaged cannot exceed 52 mm. The pressure plate must move 3 mm to disengage the friction surfaces, and the lowest spring rate reasonably possible is desired. Design the springs, determining a satisfactory combination of D, d, N, wire material, type of ends, L_s, and L_f.

12.43 A helical compression spring is to be designed for infinite life when subjected to a load that fluctuates between 55 and 110 lb. Steel spring wire having $S_u = 180$ ksi, $S_{us} = 144$ ksi, $S_y = 170$ ksi, $S_{sy} = 99$ ksi, and a zero-to-maximum torsional endurance limit of 80 ksi is to be used. (These values are assumed to apply to the size range and surface finish of the spring.) For a value of $C = 7$, determine the wire diameter theoretically required (safety factor $= 1$), (a) if presetting is not used and (b) if presetting is used to maximum advantage.

12.44 A coil spring is to be designed for use in the suspension of an experimental trailer. Specifications are as follows: static load per spring $= 3500$ N, rate per spring $= 40$ N/mm, jounce $= 150$ mm (i.e., compression beyond static load position is limited to 150 mm by a rubber bumper), rebound $= 58$ mm (i.e., extension beyond static load position is limited to 58 mm by a rubber bumper). Infinite fatigue life is required, using a safety factor of 1.3 applied to the maximum load only. (A safety factor of 1.0 is applied to the minimum load.) A metallurgist from the spring manufacturer has advised that for the size range and surface finish of the spring, fatigue strength can be represented by a line between $\tau_{max} = 600$, $\tau_{min} = 0$, and $\tau_{max} = \tau_{min} = 900$ MPa. Determine a suitable combination of d, D, and N.

12.45 An automotive engine requires a valve spring to control the motion of a valve subjected to the accelerations shown in Figure P12.45. (Note: A spring is required to hold the follower in contact with the cam during *negative accelerations only*.) The critical point for the spring is the "acceleration reversal point," corresponding in this case to a valve lift of 5.11 mm. A larger spring force is required at maximum valve lift (9.75 mm), but this force is easily obtained because the spring is further compressed. In fact, the problem will be to give the spring a high enough natural frequency without making it so stiff that the spring force at full valve lift causes objectionably high contact stresses when the engine is running slowly. The valve spring is to satisfy the following specifications.

1. Spring length when valve is closed: not over 40 mm (because of space limitations).
2. Spring force when valve is closed: at least 200 N.
3. Spring force when valve lift is 5.11 mm ("reversal point"): at least 300 N.
4. Spring force at maximum valve lift of 9.75 mm: at least 380 N but not over 400 N (to prevent excessive cam nose contact stresses).
5. Spring outside diameter: not over 42 mm (because of space limitations).
6. Clash allowance: 2.5 mm.
7. Natural frequency: at least as high as the thirteenth harmonic at 1800 camshaft rpm (i.e., at least 390 Hz).

High-quality valve spring wire is to be used, and full advantage taken of both shot-peening and presetting. Because of this, you can assume that fatigue failure will not occur if the calculated stress with spring solid is limited to 800 MPa. Ends are to be closed and ground. Determine a suitable combination of d, D, N, and L_f.

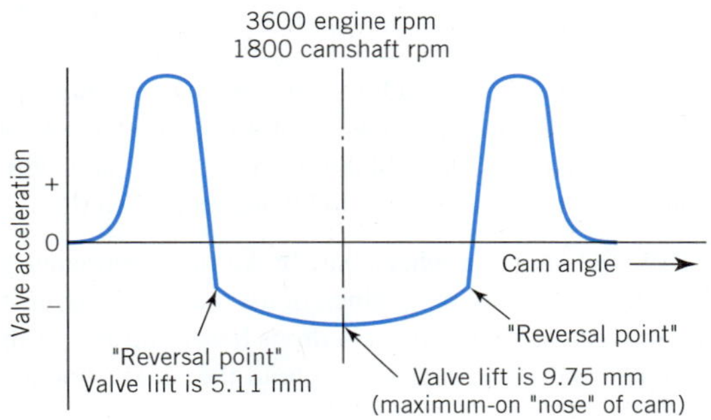

Figure P12.45

12.46 A cam and follower similar to that shown in Figure P12.46 is to rotate at 10 Hz and impart a harmonic or sinusoidal oscillation to the follower. Total follower lift is to be 20 mm, and the weight of the oscillating parts is estimated at 90 N. The function of the spring is to overcome inertia forces and keep the roller follower in contact with the cam. To fit the available space, the spring inside diameter must be at least 25 mm and the outside diameter no more than 50 mm. Determine a satisfactory combination of D, d, N, material, L_s, and L_f. Determine the natural frequency of the spring proposed.

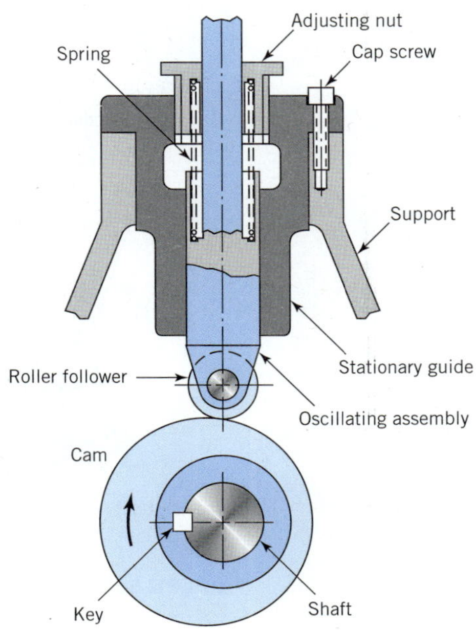

Figure P12.46

12.47D Search the Internet for calculators useful for designing compression springs. Select a spring calculator based on the following characteristics: (a) potentially useful, (b) easy to use, (c) results are accurate and correct. Write a short description of the spring calculator.

Section 12.9

12.48D A helical tension spring, as shown in Figure 12.20, is used as a component of a mass-produced machine. No difficulties are encountered until a new batch of springs is delivered that conforms to all specifications, except that the hooks are improperly formed—see Figure P12.48D. The deformed hooks cause the load to be applied closer to the outside of the spring than to its geometric axis. When these springs are used, it is noted that they deform permanently as soon as the maximum normal load is applied. Explain why, briefly.

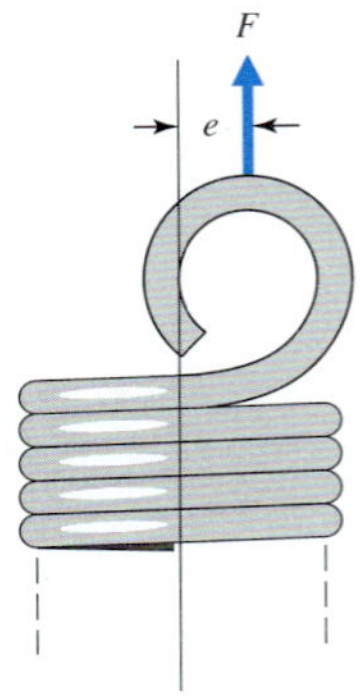

FIGURE P12.48D

12.49D A tension spring used in a machine must exert an essentially static force of 135 N. It is to be wound with an initial tension of 45 N, and have a spring rate of 11.0 kN/m. Determine a satisfactory combination of D, d, N, and wire material. What is the length of the coiled section when unloaded and when the 135 N force is applied?

12.50D Figure P12.50D shows a wheelchair brake in its retracted position, with a tension spring exerting a force of 4 N, which holds the handle against the pin stop. When the handle is moved clockwise, pivot A drops below the axis of the spring (thereby going "overcenter"), and the spring acts to hold the brake shoe against the tire. Available

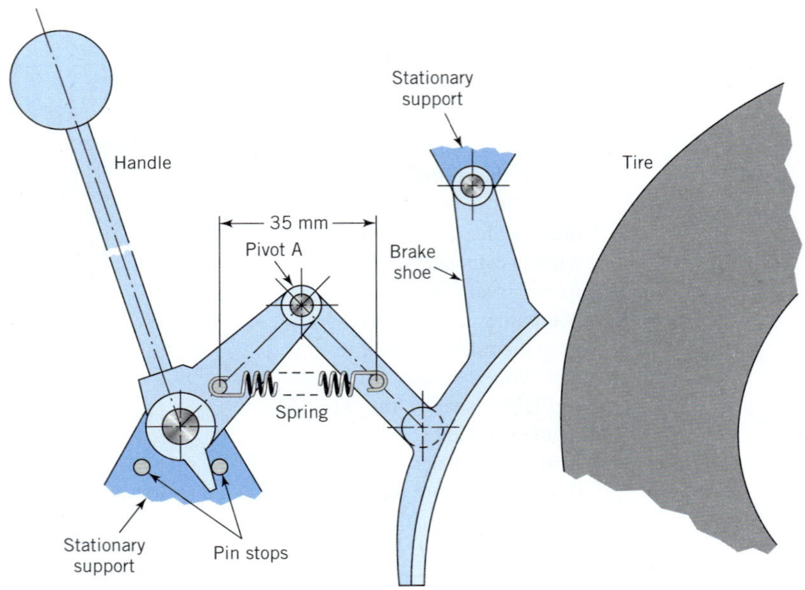

FIGURE P12.50D

space limits the outside diameter of the spring to 10 mm. Estimate the dimensions needed by scaling the drawing. Determine a satisfactory combination of D, d, N, wire material, and free length of coiled section.

Section 12.10

12.51 A semielliptic leaf spring similar to the one in Figure 12.25 has four leaves, each made from 2.5 × 50 mm steel having properties of S_u = 1240 MPa, S_y = 1100 MPa, and S_n = 550 MPa. The latter figure includes appropriate corrections for size and surface. The fatigue stress concentration factor K_f (which is due to stress concentration at the clips and the center hole) is 1.3. Use the simplified "triangular plate" model.

(a) What total spring length is needed to give a spring rate of 13 N/mm (i.e., 13 N applied at the center causes a 1-mm deflection at the center)?

(b) In service, the spring will carry a static load (applied to the center) of P, plus a superimposed dynamic load that varies from $+P/2$ to $-P/2$. What is the highest value of P that will give infinite life, with a safety factor of 1.3?

12.52 Experience with the spring designed in Sample Problems 12.4 and 12.5 indicates that a "softer" spring would be desired. Repeat these sample problems for a spring rate of 20 N/mm.

12.53 A steel alloy (S_u = 1000 MPa, S_y = 670 MPa, S_n = 480 MPa) is used to make a five-leaf (each leaf is 2.5 × 45 mm) semielliptic leaf spring. K_f (which is due to stress concentration at the clips and the center hole) is 1.2. Use the simplified "triangular plate" model.

(a) What total spring length is needed to give a spring rate of 14 N/mm (i.e., 14 N applied at the center causes a 1-mm deflection at the center)?

(b) In service, the spring will carry a static load (applied to the center) of P, plus a superimposed dynamic load that varies from $+P$ to $-P$. What is the highest value of P that will give infinite life, with a safety factor of 1.5?

12.54 A semielliptic leaf spring is to be designed so that it will just have infinite fatigue life at an overload (applied to the center of the spring) that varies between 400 and 1200 N. The total length of the spring is to be 1 m. The steel to be used has properties of S_u = 1200 MPa, S_y = 1030 MPa, and S_n = 500 MPa. The latter figure applies to reversed bending loads and is corrected for size and surface. Stress concentration at the center hole is such that K_f = 1.3.

(a) Estimate the appropriate values of h and b for a spring of proportion $b = 50h$.

(b) On the basis of a trapezoidal approximation similar to the one in Figure 12.27*b*, what will the deflection at the center of the spring be when a 1200 N load is applied?

12.55 A full-elliptic leaf spring operates normally with a load that fluctuates between 100 and 200 lb, but is to be designed for an overload that fluctuates between 100 and 300 lb. Total spring length is 24 in., h = 0.1 in., K_f = 1.3, and the steel to be used has S_u = 180 ksi, S_y = 160 ksi, and S_n = 80 ksi (this figure pertains to the actual size and surface).

(a) Determine the total width b required.

(b) Show, on a σ_m–σ_a diagram the "operating points" for (1) machine turned off and spring supporting a static load of 100 lb only, (2) normal loads applied, and (3) design overloads applied.

(c) Determine the spring rate.

12.56 A semielliptic leaf spring for use in a light trailer is to be made of steel having $S_u = 1200$ MPa, $S_y = 1080$ MPa, and a fully corrected endurance limit of 550 MPa. The spring is 1.2 m long, and has five leaves of 5-mm thickness and 100-mm width. $K_f = 1.4$. When the trailer is fully loaded, the static load applied to the center of the spring is 3500 N.

(a) The load alternates as the trailer is driven over a rough road. Estimate what alternating load, when superimposed onto the fully loaded spring, would verge on causing eventual failure from fatigue.

(b) What will the maximum deflection of the spring be when loaded as determined in part (a)?

(c) How much energy is absorbed by the spring in going from minimum load to maximum load when loaded as determined in part (a)?

(d) To what value could the alternating load be increased if only 10^4 cycles of life are required?

Sections 12.11–12.12

12.57D Figure P12.57D shows a fish-shaped ponytail hair clip that utilizes a helical torsion spring to help clamp and hold a ponytail of diameter less than 30 mm. Assume that the force exerted at the tip of the clip when closed is approximately 0.25 N. The spring has $D = 4$ mm, $d = 0.4$ mm, and five turns. The clip should open at least 70°. Select a material for the spring and calculate the safety factor for a torsion spring design providing infinite fatigue life.

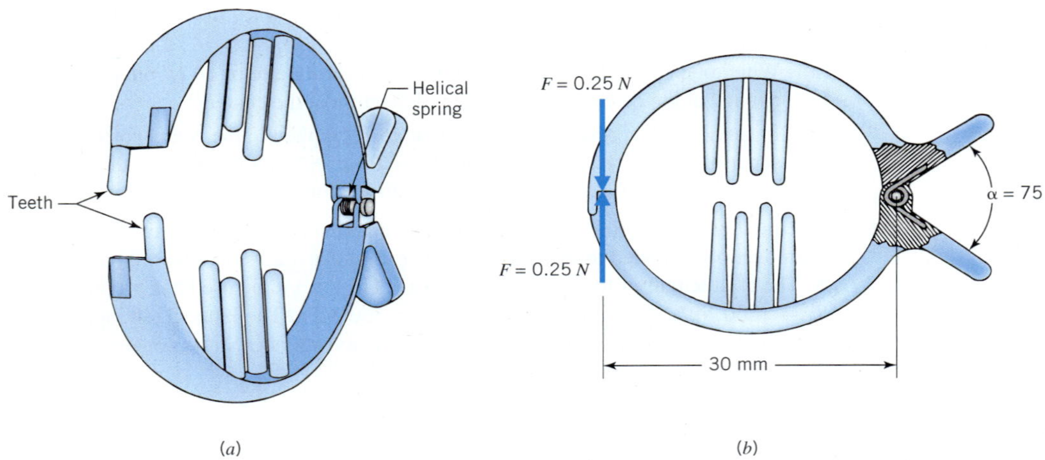

FIGURE P12.57D

12.58D Figure P12.58D shows a clip, one end of which is shaped like a mouth full of teeth. The clip utilizes a steel helical torsion spring to pinch the end of a toothpaste tube. A clamping force $F = 20$ N is adequate for a regular size toothpaste tube ($\cong$ 50 mm wide). The mouth of the clip is about 35 mm long and should open approximately 45° when clamping the rolled toothpaste tube. Determine the spring diameter D and the number of turns N, and assume that $d =$ 1-mm-diameter wire is used. Assume that the spring can be manufactured in whole turns. If for fatigue endurance considerations we are not to exert more than a maximum stress of $\sigma_{max} = 9000$ MPa to the spring, verify that the configuration does not exceed this stress for a full open position of 70°. If the stress condition is not satisfied, suggest a way to reduce the maximum stress without essentially changing the clip design.

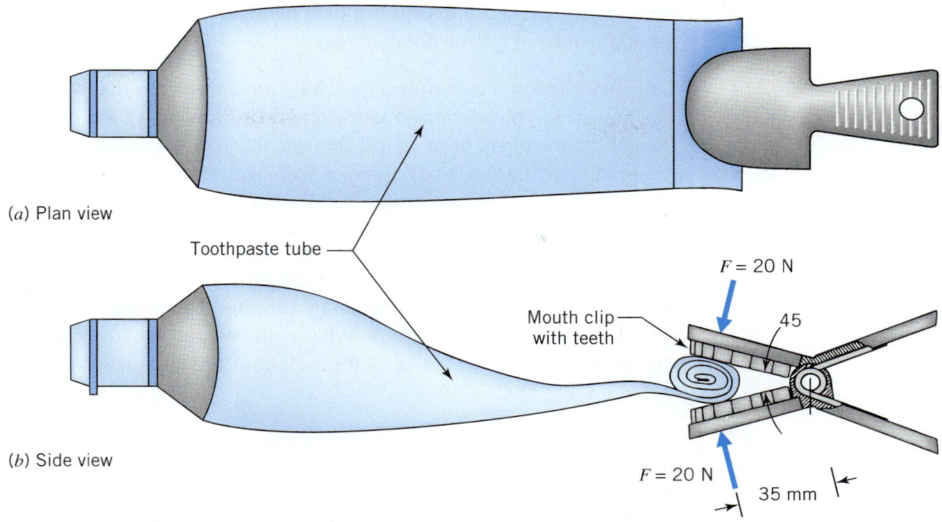

FIGURE P12.58D

12.59 Figure P12.59 shows a symmetrically matched pair of steel torsion springs in a conventional arrangement for supporting the weight of a domestic overhead garage door. The 25-mm shaft is supported to the fixed structure by bearings (not shown) at each end and in the center. A cable wrapped around each of the pulleys supports the weight of the door. (The 110-mm diameter is measured to the axis of the wrapped cable.) Each spring has $D = 45$ mm, $d = 6$ mm, and 120 turns. The total extension of the cables from spring-unloaded to door-closed positions is 2.1 m.

(a) Calculate the nominal bending stress in the springs in the door-closed position.

(b) List important factors that would tend to make the actual maximum stress different from the nominal value.

(c) What supporting force is provided by each cable in the door-closed position?

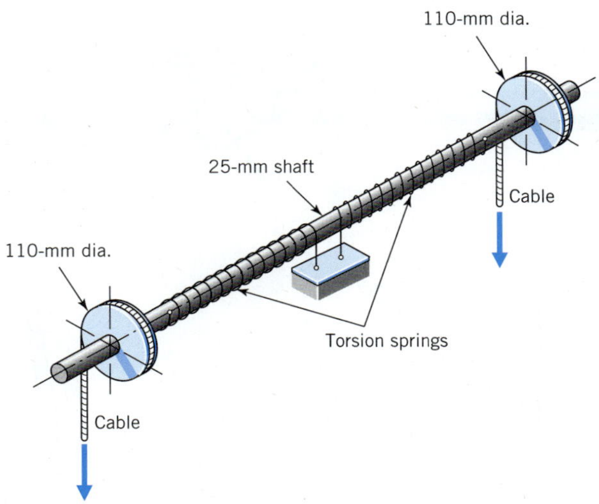

FIGURE P12.59

12.60 Solve Problem 12.59, except use data obtained from your own measurements of a similar overhead garage door support.

12.61 Ordinary window shade rollers have long torsion springs that work on the same principle as the overhead garage door support of Problem 12.59. For a roller of 33-mm diameter, how many turns of 1.2-mm square steel wire with $D = 19$ mm would be required to give a shade pull force of 14 N with the spring wound up 14 turns? What would be the value of maximum bending stress in the spring?

12.62 The torsion bar in Problem 12.5 is objectionably long and is to be replaced with a torsion spring made of steel having the same physical properties. Space is available for a spring of outside diameter up to 125 mm. Determine one appropriate combination of values of d, D, and N. What is the overall length of the coiled section of the spring proposed? How does the weight of the torsion spring compare with that of the torsion bar?

12.63 Repeat Problem 12.62 for a torsion spring replacement of the torsion bar described in Problem 12.6.

12.64D Figure P12.64D shows an electric hair curler that uses a helical torsion spring to clamp and hold hair against a heated cylinder. The helical spring has a deflection angle at the closed position of $\theta_{\text{initial}} = 52°$ and a maximum deflection angle at the open position of $\theta_{\max} = 73°$, as shown in Figure P12.64D *b*. The spring has $D = 6$ mm, and $d = 1$ mm. Select a material for the spring, determine the number of turns, and calculate the safety factor for a spring design providing infinite fatigue life. List your decisions and provide justifications.

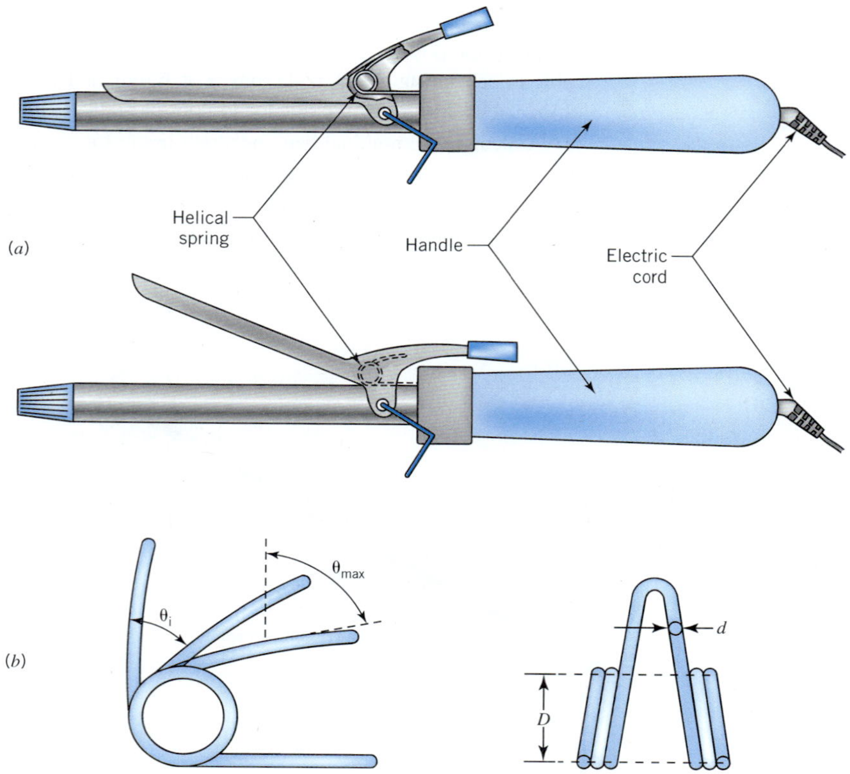

FIGURE P12.64D

12.65D Design a handgrip strengthener of the type shown in Figure P12.65D. The force required to rotate the handle from the initial unstressed spring position to the retained position is F_i, and to the final position is F_{max}. The initial handle rotation is θ, and the handle rotates 45° from the retained position to the final position. The steel spring wire diameter is d, and the spring mean coil diameter $D = 25$ mm. Consider using four turns in the spring coil. The grip handle is molded from an engineering thermoplastic. Calculate the nominal bending stress for the maximum force configuration, select a specific material, and calculate the safety factor for a torsion spring design providing infinite fatigue life.

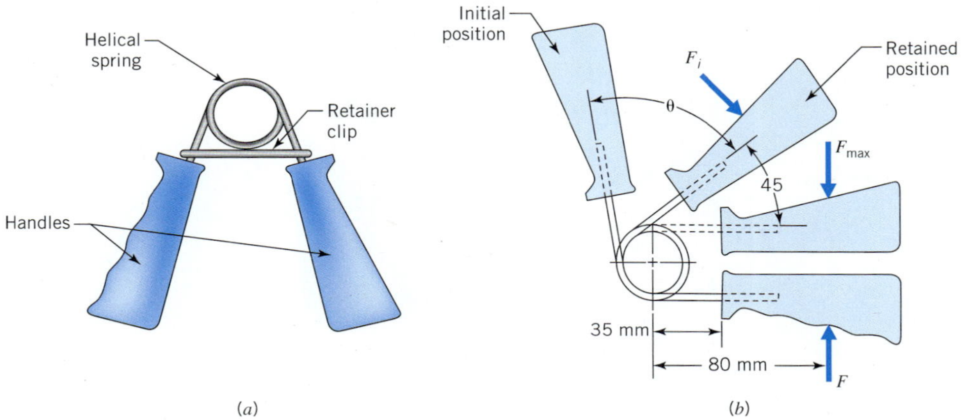

FIGURE P12.65D

12.66D Search the Internet and list advantages of nitrogen cylinder springs compared to coil springs.

12.67D Review the web site http://www.mwspring.com. List the information needed for the manufacturer to provide a torsion spring.

12.68 Compare the energy-absorbing capacity per unit weight or volume of steel springs made in the form of torsion bars, helical compression springs, helical tension springs, rectangular-plate cantilever springs, triangular-plate cantilever springs, and torsion springs. Assume solid round wire for all except the cantilever springs.

윤활과 미끄럼 베어링

13

13.1 윤활제의 종류

베어링(bearing)이란 기계 또는 구조물에 적용이 되었을 때 하중이 전달되면서 접촉되는 표면들을 일컫는다. 표면 사이에서 상대적인 운동이 일어날 때, 마찰과 마멸을 최소화하는 것이 보통 바람직하다. 마찰과 마멸을 감소시키는 역할을 하는 중재물질이 **윤활제**이다. 윤활제는 일반적으로 액체이지만 그래파이트, TFE[1], 탈황 몰리브덴처럼 고체 또는 압축공기처럼 기체일 수도 있다.

오일로 된 액체 윤활제들은 점도로서 특징을 나타내지만(13.5절 참조), 다른 특성들도 중요하다. 오일 윤활제는 이러한 특성들을 가리키는 이름을 갖는다. 현대 오일들은 보통 하나 이상의 첨가제를 포함하는데, 오일을 더 낮은 온도에서 흐르게 하는 흐름점 저하제(pour-point depressant), 온도 변화에 의한 점도 변화를 적게 하는 점도 인덱스 순화제(viscosity index improver), 고속의 기계에서 흔들릴 때 거품을 줄이는 거품 방지제(defoamant), 고온에서 산화를 방지하는 산화 방지제(oxidation inhibitor), 금속 표면의 부식을 방지하는 부식 방지제(corrosion inhibitor), 엔진 퇴적물의 형성을 최소화하며 퇴적물이 금속 표면에 쌓이는 속도를 감소시키는 청정제(detergent) 및 산포제(dispersant), 완전 윤활막(full lubricating film)이 유지될 수 없을 때 마찰과 마멸을 감소시키는 내마멸 첨가제(antiwear additive) 등을 갖는다.

그리스(grease)는 액체 윤활제만으로는 얻어질 수 없는 특성을 제공하기 위하여 끈끈하게 만든 액체 윤활제이다. 그리스는 주로 윤활제가 제자리에 있어야 되며 빈번한 윤활작업이 어렵거나 비용이 많이 들 때 사용된다. 그리스 윤활제는 제자리에 있으면서 윤활작용을 하며, 유해 오염물질이 베어링 표면 사이에 들어가는 것을 막는다. 오일과는 달리 그리스는 순환을 하지 못하기 때문에 냉각과 청소 기능을 하지 못한다. 이것만 제외하고 그리스는 유체 윤활제가 행하는 모든 기능들을 수행하는 것으로 생각된다.

윤활제에 대한 더 자세한 논의는 참고문헌 [13], [14]에 수록되어 있다.

---

[1] 듀폰 사의 테플론 같은 사불화에틸렌(tetrafluoroethylene).

13.2 미끄럼 베어링의 종류

미끄럼 베어링(sliding bearing)은 하중을 전달하는 부재가 그것의 지지부 위에서 직접 미끄러지는 것을 필요로 한다. 이것이 미끄럼 표면 사이에 볼이나 롤러가 삽입되는 **구름 베어링**(14장)과 구별되도록 한다. 웹사이트 http://machinedesign.com은 미끄럼 베어링과 구름 베어링 및 윤활에 관한 일반적인 정보를 제공한다.

미끄럼 베어링[**평**(plain) **베어링**이라고도 불림]에는 두 종류가 있다: (1) **저널**(journal) 혹은 **슬리브**(sleeve) **베어링**으로서, 원통 모양이며 레이디얼(반지름방향, 축 중심선에 수직방향) 하중을 지지한다. (2) **스러스트 베어링**으로서, 일반적으로 평평하며, 회전축의 경우에 축방향의 하중을 지지한다.

그림 13.1은 하우징에서 두 개의 **주**(main) **베어링**에 의해 지지되는 크랭크축을 보여 주는데, 각 베어링은 원통 슬리브 부분과 스러스트 베어링 역할을 하는 플랜지가 달린 끝 부분으로 구성된다. 베어링과 접촉하는 축의 원통부분을 **저널**이라 부른다. 스러스트 베어링에 맞대어지는 평평한 부분을 **스러스트 표면**이라 부른다. 베어링 자체는 하우징이나 크랭크 케이스와 일체형일 수 있지만, 보통 얇은 셸 모양으로 되어, 쉽게 교체될 수 있고 배빗(babbitt)이나 청동 같은 적절한 재료로 된 베어링 표면을 제공한다.

철도 화물차의 무게를 지지하는 차축(car axle) 베어링에서처럼, 베어링의 반지름방향 하중이 항상 한 방향으로만 작용하면, 베어링 표면은 원주의 일부분에만(보통 60°에서 180°까지) 걸친 **부분적인 베어링**만 제공하면 된다. 이 책에서는 더 자주 쓰이는 360° **전체를 감싸는 베어링**만 고려한다.

조립이나 분해 도중에 베어링이 분할될 필요가 없다면, 하우징 내의 구멍에 압입되는 하나의 베어링 인서트(insert)를 원통 셸 모양으로 만들 수 있다. 이 베어링 인서트를 **부싱**(bushing)이라 한다.

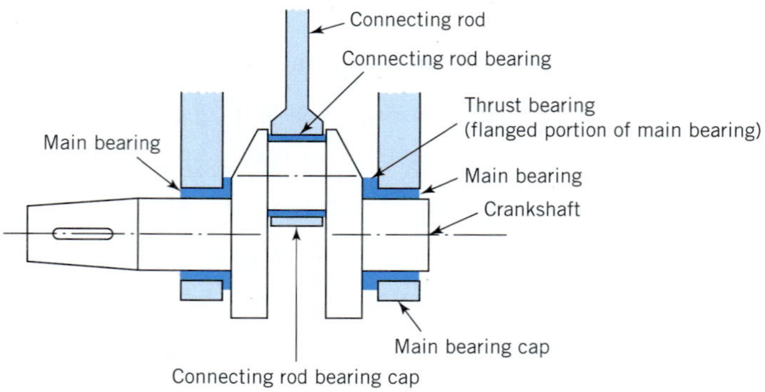

그림 13.1 크랭크축 저널 및 스러스트 베어링. 크랭크축은 두 개의 **주 베어링**으로 지지되고 **커넥팅 로드 베어링**에 의해 커넥팅 로드에 연결된다. 세 가지 모두 저널(또는 슬리브) 베어링들이다. 주 베어링 인서트(main bearing insert, 흔히 **베어링**이라고 불림)에 달린 일체형 플랜지는 축방향 움직임을 제한하는 스러스트 베어링의 역할을 한다.

13.3 윤활의 종류

윤활은 보통 윤활제가 미끄럼 표면들을 분리하는 정도에 의하여 분류된다. 그림 13.2에 세 가지 경우가 설명되어 있다.

1. 유체윤활(hydrodynamic lubrication)에서는 표면들이 윤활막으로 인하여 완전히 분리된다. 표면을 가까이 밀어붙이려고 하는 하중은 표면들의 상대적인 운동(저널의 회전처럼)으로 인해 발생하는 유압으로 인하여 완전히 지탱된다. 표면 마멸은 일어나지 않으며 마찰 손실은 오직 윤활막 안에서만 생긴다. 제일 얇은 곳(h_0로 표시됨)에서의 전형적인 막의 두께는 0.008~0.020 mm(0.0003~0.0008 in.)이다. 마찰계수(f)의 전형적인 값은 0.002~0.010이다.
2. 혼합윤활(mixed-film lubrication)에서는 표면 최고점들이 간헐적으로 서로 맞닿으며 부분적으로 유체윤활의 지원을 받는다. 제대로 설계하면 표면 마멸이 적다. 마찰계수는 보통 0.004부터 0.010 이다.
3. 경계윤활(boundary lubrication)에서는 표면 접촉이 계속적으로 광범위하게 일어난다. 윤활제는 표면 위에 계속 '발려지고,' 마찰과 마멸을 감소시키는 흡착표면 막이 계속 새롭게 제공된다. 마찰계수(f)의 전형적인 값은 0.05~0.20이다.

가장 바람직한 윤활은 당연히 유체윤활로, 이는 다음 절에서부터 좀 더 자세히 다루어질 것이다. 혼합윤활과 경계윤활은 13.14절에서 더 논의된다.

완전한 표면 분리(그림 13.2*a*처럼)는 정압윤활(hydrostatic lubrication)로써도 이루어질 수 있다. 고압으로 압축된 공기, 오일, 물 등의 유체가 하중을 받는 부분으로 주입된다. 유체가 외부의 수단으로 압축되어 있기 때문에, 표면 사이의 상대적 운동의 유무에 관계없이 완전한 표면 분리가 가능하다. 이것의 주요 장점은 시동 시와 저속 작동 시를 포함하여 항상 극히 낮은 마찰상태에 있다는 것이다. 단점은 비용과 복잡성 및 외부 유압소스의 크기이다. 정압윤활은 특수한 응용에만 사용된다. 추가 정보는 참고문헌 [11]에 있다.

13.4 유체윤활의 기본 개념

그림 13.3*a*는 정지상태에서 하중을 받고 있는 베어링을 보여 준다. 베어링 틈새는 오일로 차 있지만, 하중(W)이 밑바닥의 오일막(유막)을 압착하여 밀어낸다. 그림 13.3*b*에 나타낸

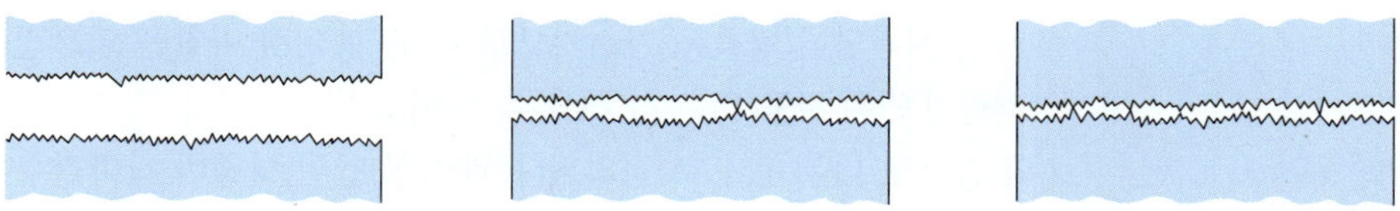

(*a*) Hydrodynamic (surface separated)

(*b*) Mixed film (intermittent local contact)

(*c*) Boundary (continuous and extensive local contact)

그림 13.2 윤활제의 세 가지 기본 종류. 표면들은 크게 확대되었다.

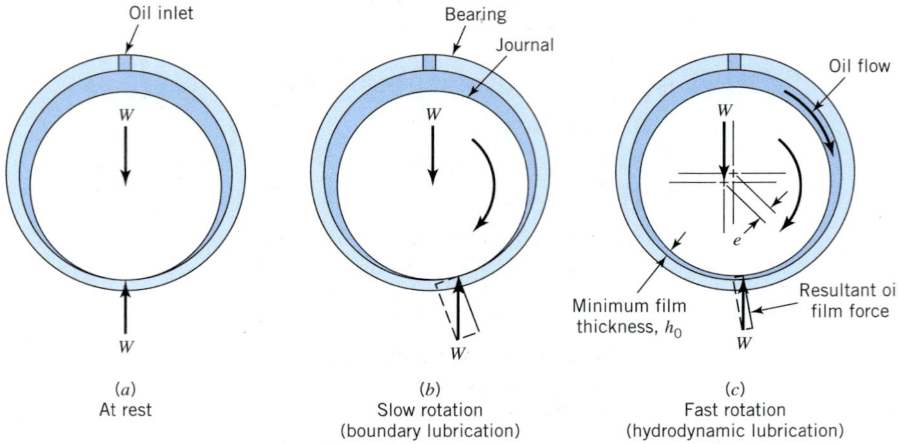

그림 13.3 저널 베어링의 윤활. 베어링 틈새는 크게 과장되어 있다.

것처럼, 축의 느린 시계방향 회전은 축을 오른쪽으로 굴러가게 한다. 계속적인 느린 회전은 축으로 하여금 베어링 표면의 '벽을 오르도록' 하면서 축이 그 자리에 머물러 있도록 만든다. 그 결과, 경계윤활이 일어난다.

축의 회전속도가 점점 빨라지면 더 많은 양의 오일이 저널 표면으로부터 접촉영역으로 들어오려 하고, 마침내 그림 13.3*c*에서 볼 수 있듯이 접촉부 바로 전에서 축이 '뜰' 수 있을 만큼 충분한 압력이 형성된다. 이런 일이 생기면, 최소 유막두께 위치(h_0)의 오른쪽으로 **수렴하는** 오일 유동의 높은 압력이 축을 중심부에서 약간 왼쪽으로 이동시킨다. 적합한 조건에서는 저널과 베어링 표면의 완전한 분리가 이루어진 상태에서 평형이 성립된다. 이것이 **완전유막**(full-film) 또는 **두꺼운 유막**(thick-film) 윤활이라고도 알려진 **유체윤활**을 성립시킨다. 그림 13.3*c*에 나타낸 것처럼, 평형상태에서 베어링 저널의 **편심**은 치수 e로 표시된다.

그림 13.4는 윤활의 종류에 영향을 미치는 세 가지 기본 변수들과 그로 인한 마찰계수 값을 설명한다.

1. **점도**(μ). 점도가 높아질수록 주어진 하중에서 저널을 '띄우는 데' 필요한 회전속도는 느려진다. 완전유막이나 유체윤활이 성립되기 위해 필요한 것 이상의 점도 증가는 유막을 전단하는 데 필요한 힘을 증가시키므로 더 큰 베어링 마찰을 일으킨다.
2. **회전속도**(n)[2]. 회전속도가 빨라질수록 주어진 하중에서 저널을 '띄우는 데' 필요한 점도는 낮아진다. 일단 유체윤활이 성립된 후에, 회전속도의 증가는 유막을 전단하는 데 필요한 시간당 일량을 증가시키므로 더 큰 베어링 마찰을 일으킨다.
3. **베어링의 단위 하중**(P)은 하중(W)을 베어링의 **투영**면적, 즉 저널 지름 D와 베어링 길이 L의 곱으로 나눈 값으로 정의된다. 베어링 단위 하중이 작아질수록 저널을 '띄우는 데'

[2] 윤활 계산에서 n은 초당 회전수이다(이 단위는 초를 포함하고 있는 점도 단위와 맞추기 위해서 필요하다).

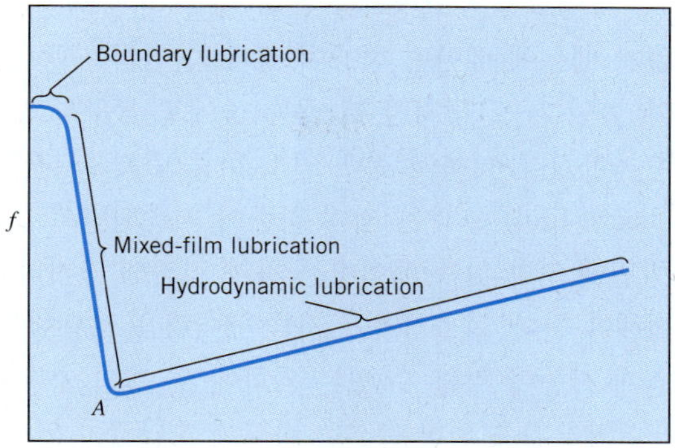

그림 13.4 마찰계수(그리고 윤활의 종류) 대 무차원 변수 $\mu n/P$(스트리벡 곡선).

필요한 회전속도와 점도는 낮아진다. 그러나 베어링 하중이 더 감소되어도 베어링의 마찰항력(frictional drag force)은 더 이상 감소되지 않는다. 그러므로 마찰항력과 반지름방향 하중 W의 비율인 베어링 마찰계수는 증가한다.

그림 13.4 곡선의 수치들은 특정한 베어링 설계의 상세한 내용에 달려 있다. 예를 들어 표면이 매끈해질수록 표면 돌기들을 완전히 분리시키기 위한 유막두께가 더 얇아진다. 그러므로 점 A에 해당하는 $\mu n/P$의 값이 낮아진다. 베어링 안의 저널의 틈새(clearance, 간극)와 끼워맞춤은 중요한 영향을 미친다. 축을 지지하기 위한 유체윤활 압력을 쌓는 메커니즘이 저널의 **편심 작동**(eccentrical run)을 필요로 한다는 것을 고려할 때 이것은 예상되는 것이다.

유체윤활을 이루기 위하여 다음의 세 가지가 필요함을 유의하라.

1. 표면의 상대적 움직임이 분리되어야 한다.
2. 축의 편심으로 인한 '쐐기 작용(wedging action)'이 있어야 한다.
3. 적합한 유체가 존재해야 한다.

수상 스키는 베어링의 유체윤활과 재미있는 유사성을 보이는데, 유체윤활을 얻기 위한 세 가지의 요소들은 (1) 스키선수의 전방 속도, (2) 스키 표면(발가락은 위로, 발꿈치는 아래로)에 의해 형성되는 '쐐기,' 그리고 (3) 물의 존재이다. 유사성을 좀 더 설명하면, 그림 13.4의 $\mu n/P$ 곡선이 이 경우에도 적용될 수 있다는 것이다. 예를 들어 만약 사람이 맨발로 수상스키를 타려고 하면, 단위 하중 P가 매우 높아진다. 적당한 $\mu n/P$ 값을 유지하려면 점도와 속도의 곱을 그 값과 일치하도록 높여야 한다. 좀 더 점도가 높은 유체로 호수를 채우는 것이 도움이 되겠지만, 더 실질적인 해답은 속도를 높이는 것이다.

지금까지 논의된 유체윤활의 이해만 가지고도, 독자는 왜 저널 베어링이 현대 엔진의 크랭크축 베어링으로서 매우 성공적이었으며, 또한 왜 저널 베어링이 기차 차축을 지탱하는 데는 그다지 만족스럽지 못하여 거의 대부분이 구름 베어링으로 대체되었는지를 이해할 수 있을 것이다. 엔진 크랭크축은 크랭크를 돌릴 때 느리게 회전한다(경계윤활을 일으키면서)—연소 하중이 없기 때문에 베어링 하중이 작다. 엔진의 시동이 걸리자마자 연소작용은 베어링 하중을 크게 높인다—그렇지만 더 큰 하중에도 불구하고 유체윤활이 성립될 만큼 회전속도가 충분히 높아진다. 더욱이 최대 연소 하중의 **지속시간**은 매우 짧으므로, 순간적 관성 '유막 압착(squeeze-film)' 효과는 최대 하중이 지속되면서 유막이 압착되어 얇아지는 현상을 방지한다. 반면에 기차 차축 베어링은 차가 정지해 있거나 느리게 움직일 때에도 차의 전체 무게를 지탱해야 한다. 화물기차가 저널 베어링을 사용했을 때 흔히 일어났던 일은 하나의 기관차로 쉽게 시동이 걸릴 수 있는 기차에 두 개의 기관차를 필요로 했다는 것이다. 이것은 베어링의 유체윤활을 위한 충분한 속도에 도달하기 위해서였다.

13.5 점도

그림 13.5는 유체의 점도 μ[동점도(dynamic viscosity)와 절대점도(absolute viscosity)라고도 불림]와 고체의 **전단 강성계수** G 사이의 유사성을 보여 준다. 그림 13.5*a*는 고정축과 외부 하우징 사이에 접착된 고무 부싱을 보여 준다. 그림 13.5*b*에 나타낸 것처럼, 하우징에 토크 T를 적용하면 고무 부싱의 요소가 고정 변위를 갖게 된다.(주의: 이런 종류의 고무 부싱은 그림 12.25에 나오는 판 스프링의 고정 피벗에서 흔히 사용된다.) 만약 하우징과 동심축

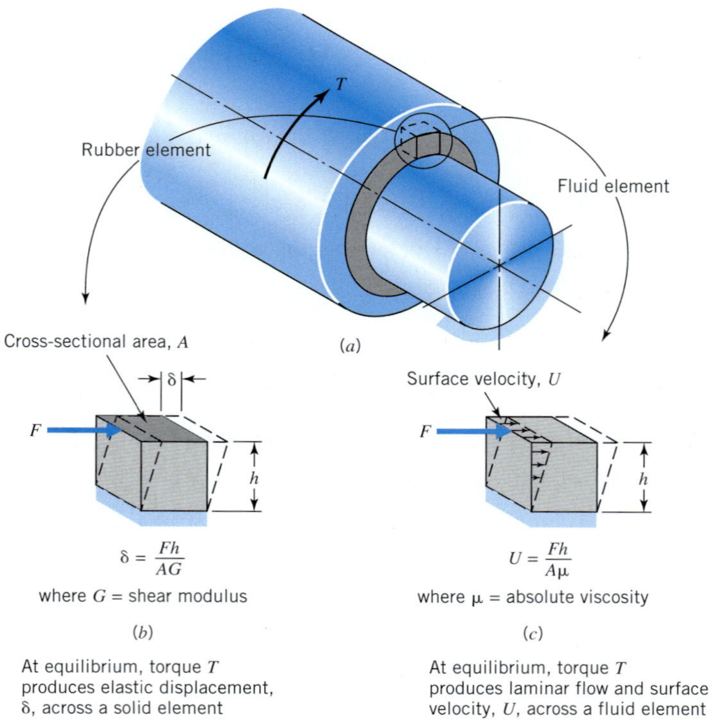

그림 13.5 전단 강성계수(고체)와 점도(액체)의 유사성.

사이의 재료가 뉴턴 유체(거의 모든 윤활 오일이 이에 해당됨)이면, 그림 13.5c에 나타낸 요소의 평형으로부터 고정 **속도**를 갖게 된다. 뉴턴의 점성유체 법칙을 따라서 얇은 윤활막을 가로질러 선형 속도변화를 가지며, 고체 표면에 인접한 분자 유체층들은 그 표면과 같은 속도를 갖는다.

그림 13.5c로부터 점도(절대점도) 식은 아래와 같이 쓰여진다.

$$\mu = \frac{Fh}{AU} \tag{13.1}$$

영국 단위계에서 점도의 단위는 lb·s/in^2 또는 reyn이다(이것은 레이놀즈수의 유래가 된 Osbourne Reynolds에서 따옴). SI 단위계에서 점도는 N·s/m^2 또는 Pa·s로 나타낸다. 두 단위 사이의 변환계수는 응력 변환계수와 같다.

$$1 \text{ reyn} = \frac{1 \text{ lb} \cdot \text{s}}{\text{in.}^2} = \frac{6890 \text{ N} \cdot \text{s}}{\text{m}^2} = 6890 \text{ Pa} \cdot \text{s} \tag{13.2}$$

reyn과 Pa·s는 매우 큰 단위이기 때문에, 보통 microreyn(μreyn)이나 밀리파스칼–초(mPa·s)가 사용된다. 아직까지도 문헌에 광범위하게 나타나는 이전의 표준 미터법 점도 단위는 푸아즈(poise)[3]이다. 편리하게, 1센티푸아즈는 1밀리파스칼-초이다(1 cp=1 mPa·s).

유체의 점도는 그림 13.5에 따라 만들어진 기구를 포함하여 여러 방법으로 측정될 수 있다. 대체 방법으로, 때로는 주어진 양의 액체가 정밀한 구멍을 통해 중력에 의해 흐르는 시간을 측정함으로써 점도를 결정할 수 있다. 윤활 오일의 경우는 세이볼트 유니버설 점도계가 사용되며(그림 13.7 참조), 점도 측정값은 Saybolt seconds 또는 약어로 SUS(Saybolt Universal Seconds), SSU(Saybolt Seconds Universal), SUV(Saybolt Universal Viscosity) 중의 하나로 표시된다. 잠깐 생각하면, 언뜻 측정값들은 정확한 점도가 아니라는 것을 알 수 있다. 왜냐하면 중력이 액체를 당기는 힘은 액체의 질량밀도(mass density)에 의해 영향을 받기 때문이다. 그러므로 높은 질량밀도를 갖는 액체는 같은 **절대점도**를 갖는 낮은 질량밀도의 액체보다 점도계를 통해 더 빨리 흐른다. 세이볼트형 점도계로 측정되는 점도는 **운동점도**(kinematic viscosity)이다. 이것은 절대점도(또는 동점도) 나누기 질량밀도로 정의된다.

$$v = \text{Kinematic viscosity} = \frac{\text{absolute viscosity}}{\text{mass density}} \tag{13.3}$$

단위는 길이^2/시간(cm^2/s)이며, 이것은 **스토크**(stoke)로 불리고 약어는 St이다.

절대점도는 세이볼트 점도계 측정값(시간 S는 초 단위임)으로부터 다음의 두 식에서 구

[3] 논문에는 μ보다는 Z가 푸아즈와 센티푸아즈 점도를 나타내기 위해 자주 쓰인다. 여기서는 편의상 모든 단위에 대한 절대점도의 기호로서 μ를 사용한다.

해진다.

$$\mu(\text{mPa}\cdot\text{s, or cp}) = \left(0.22S - \frac{180}{S}\right)\rho \qquad \textbf{(13.4)}$$

그리고

$$\mu(\mu\text{reyn}) = 0.145\left(0.22S - \frac{180}{S}\right)\rho \qquad \textbf{(13.5)}$$

여기서 ρ는 질량밀도로 g/cm^{3}이며, 이것은 비중과 수치가 같다. 석유 오일의 경우에 60°F (15.6°C)에서의 질량밀도는 약 0.89 g/cm^{3}이다. 다른 온도에서의 질량밀도는 다음과 같다.

$$\rho = 0.89 - 0.00063(°\text{C} - 15.6) \qquad \textbf{(13.6a)}$$
$$= 0.89 - 0.00035(°\text{F} - 60) \qquad \textbf{(13.6b)}$$

여기서 ρ의 단위는 g/cm^{3}이다.

자동차기술자협회(SAE)에서는 오일을 점도에 따라 분류한다. SAE 수로 나타낸 전형적인 오일들의 점도-온도 곡선들이 그림 13.6에 주어져 있다. SAE 사양은 연속적인 점도 **밴드**를 정의하기 때문에, 특정 오일은 이 곡선들로부터 상당히 벗어날 수 있다. 예를 들어 SAE 30 오일은 '가장 두꺼운' SAE 20 오일보다 점도가 아주 조금 크거나 '가장 얇은' SAE 40 오일보다 점도가 아주 조금 작을 수 있다. 더욱이 각 점도 밴드는 오직 한 온도에서만 지정되어 있다. SAE 20, 30, 40과 50은 100°C(212°F)에서 지정되고 SAE 5W, 10W, 그리고 20W는 −18°C(0°F)에서 지정된다. 복수 등급(multigrade) 오일들은 반드시 두 온도 모두에서 점도 사양에 맞아야 한다. 예를 들어 SAE 10W-40 오일은 −18°C에서 10W 점도를 만족시켜야 하며 100°C에서 SAE 40을 만족시켜야 한다.

산업용 유체 윤활은 보통 국제 표준에 따라 지정되는데, ASTM D 2422, 미국국가표준(ANSI) Z11.232, 국제표준화기구(ISO) 표준 3448 등이다. 점도 등급은 'ISO VG'로 지정되고 그 뒤에 40°C에서의 공칭 운동점도 값과 같은 숫자가 따른다. 18개의 등급이 지정되어 있으며 40°C에서의 2, 3, 5, 7, 10, 15, 22, 32, 46, 68, 100, 150, 220, 320, 460, 680, 1000 및 1500 cSt(mm^2/s)의 운동점도로 지정된다.

그리스는 항복점 이상의 전단응력이 작용하지 않으면 흐르지 않는 비뉴턴 재료이다. 높은 전단응력이 작용하면, 전단율 증가에 따라 **겉보기 점도**(apparent viscosity)가 줄어들면서 점성유동이 발생한다. 겉보기 점도는 반드시 지정된 온도와 유량(flow rate)에서 기록되어야 한다(ASTM D1092 참조).

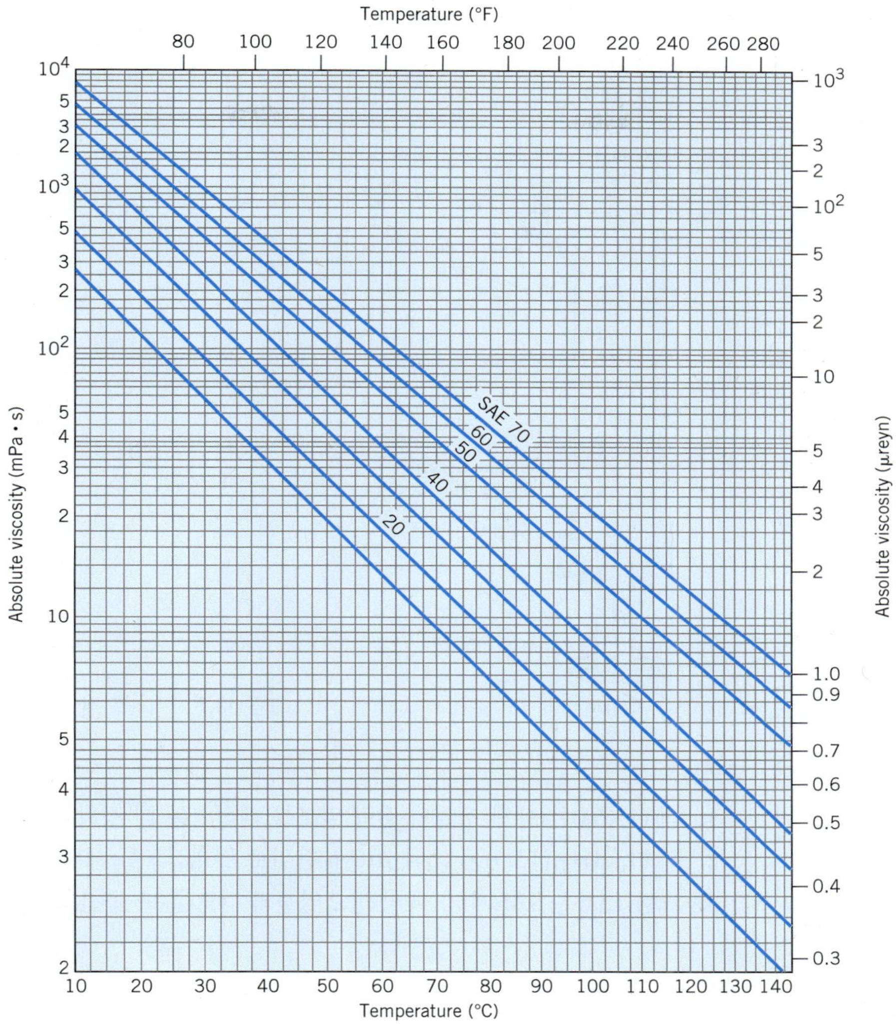

그림 13.6 전형적인 SAE 등급 오일들의 점도 대 온도 곡선.

예제 13.1 SAMPLE PROBLEM 점도와 SAE 수

어떤 엔진 오일이 100°C에서 세이볼트 점도계의 58초에 해당되는 운동점도를 갖는다(그림 13.7). 이것과 일치하는 절대점도를 mPa·s(혹은 cp)와 μreyn 단위로 구하라. 이것은 어떤 SAE 수에 해당되는가?

풀이 SOLUTION

제시자료: 엔진 오일의 세이볼트 운동점도.

목표: 절대점도와 SAE 수를 결정하라.

개요도 및 데이터:

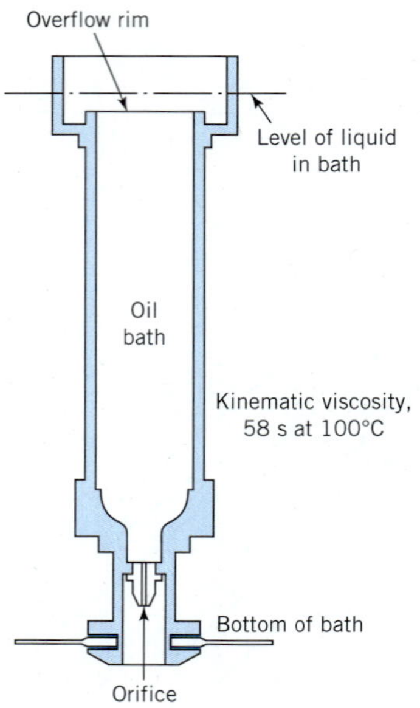

그림 13.7 세이볼트 점도계.

가정:

1. 식 (13.6a)는 엔진 오일의 질량 밀도를 계산하는 데 정확하다.
2. 식 (13.4)와 (13.5)는 cp나 μreyn 단위로 절대점도를 계산하는 데 정확하다.
3. 그림 13.6은 SAE 수가 매겨진 오일들의 점도-온도 곡선을 정확하게 예측한다.

해석:

1. 식 (13.6a)에서

$$\rho = 0.89 - 0.00063(100 - 15.6) = 0.837 \text{ g/cm}^3$$

2. 식 (13.4)에서

$$\mu = \left[(0.22)(58) - \frac{180}{58}\right]0.837$$
$$= 8.08 \text{ mPa}\cdot\text{s} \quad (\text{or } 8.08 \text{ cp})$$

3. 식 (13.5)에서

$$\mu = 0.145\left[(0.22)(58) - \frac{180}{58}\right]0.837$$
$$= 1.17\ \mu\text{reyn}$$

4. 그림 13.6으로부터, 100°C에서의 점도는 SAE 40 오일의 점도와 비슷하다.

주석: 가정들을 검토하면 다른 단위로 오일점도를 결정하는 것에 대한 경험적인 특성이 드러난다.

13.6 온도와 압력이 점도에 미치는 영향

SAE 10W-40과 같은 복수등급 오일들은 단일등급 점도를 갖는 석유 오일(SAE 40 혹은 SAE 10W)에 비하여 온도에 따른 점도 변화가 작다. 온도에 따른 점도 변화를 나타내는 측정치를 **점도 인덱스**(viscosity index, VI로 약기)라고 한다. 가장 먼저 일반적으로 사용되었던 점도 인덱스 등급은 1929년에 Dean과 Davis[4]가 제시한 것이다. 그 당시, 온도에 따른 점도 변화가 가장 작았던 것은 전통적으로 정제된 펜실베이니아 원유였으며, 제일 큰 변화는 걸프만 원유에서 일어났다. 그러므로 펜실베이니아 오일들은 VI 값 100으로 지정되었으며, 걸프만 오일들은 0의 값을 가졌다. 다른 오일들은 이 사이에서 값이 매겨졌다.(많은 독자들은 이 절차가 가솔린의 옥탄가 등급과 비슷하다는 것을 깨달을 것이다. 그 당시에 알려져 있던 가장 많은 노킹 및 가장 적은 노킹을 일으키는 탄화수소 연료에 대하여 임의의 0과 100으로 등급이 매겨졌다.) 현재, 점도 인덱스 등급의 기초는 ANSI/ASTM Specification D2270에 나와 있다.

비석유계(nonpetroleum-base) 윤활제들의 점도 인덱스들은 폭넓은 분포를 보인다. 예를 들어 실리콘 오일들은 온도에 따른 점도 변화가 상대적으로 작다. 그렇기 때문에 이 오일들의 점도 인덱스는 Dean and Davis 등급 100을 훌쩍 넘는다. 석유 오일들의 점도 인덱스는 복수등급 오일의 생산에서처럼, 점도 인덱스 순화제(첨가제)를 사용하여 증가시킬 수 있다.

모든 윤활 오일들은 압력의 증가에 따른 점도의 증가를 보인다. 그러나 이것은 미끄럼 베어링이 경험할 수 있는 압력보다 더 높은 압력에서만 중요해지기 때문에 여기서는 다루지 않겠다. 이 효과는 탄성유체윤활(elastohydrodynamic lubrication)에서는 중요하다(13.16절 참조).

13.7 베어링 마찰을 위한 페트로프 식

지금은 동압 베어링(hydrodynamic bearing, 그림 13.8)이라고 알려진 베어링에서의 점성마찰 항력(viscous frictional drag)에 대한 최초의 분석은 페트로프(Petroff)의 업적이며 1883년에 발표되었다. 이것은 베어링과 저널 사이의 아무 편심이 없는 단순화된 '이상적인' 경우에 적용되므로 '쐐기 작용'이 없으며, 유막이 하중을 지탱하는 능력이 없고, 또한 윤활유의 축방향 흐름이 없다.

[4] E. W. Dean, and G. H. B. Davis, "Viscosity Variations of Oils With Temperature," *Chem. Met. Eng.*, **36:** 618-619 (1929).

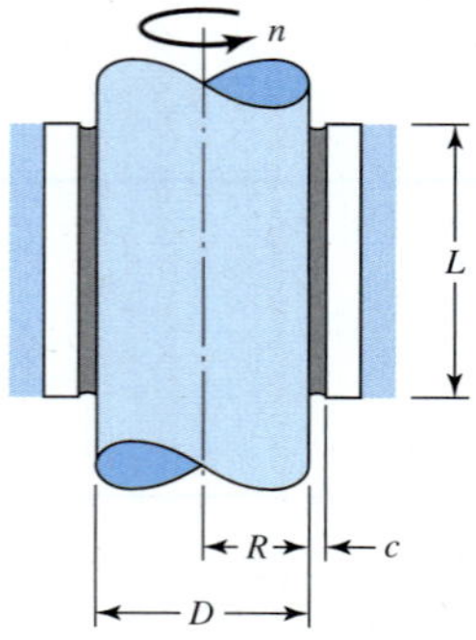

그림 13.8 페트로프의 해석에 사용된 하중을 받지 않는(unloaded) 저널 베어링.

그림 13.5*c*를 참조하면, 점성 마찰 항력에 의한 토크 식은 전체 원통 모양의 오일막(oil film)을 '액체 블록'으로 생각할 때 여기에 가해지는 힘 F를 고려하여 유도할 수 있다. 식 (13.1)을 그림에 적용하고, F에 대하여 풀면

$$F = \frac{\mu A U}{h} \tag{a}$$

여기서

F=마찰 토크/축 반지름=T_f/R

$A=2\pi RL$

$U=2\pi Rn$(n은 초당 회전수)

$$h=c\left(\text{여기서 } c=\text{반지름방향 틈새}=\frac{\text{베어링 지름}-\text{축 지름}}{2}\right)$$

대입하여 마찰 토크에 대해 풀면

$$T_f = \frac{4\pi^2 \mu n L R^3}{c} \tag{b}$$

만약 작은 크기의 반지름방향 하중 W가 축에 작용하면, 마찰 항력이 fW로 되며, 마찰 토크는 다음과 같이 표현된다.

$$T_f = fWR = f(DLP)R \tag{c}$$

여기서 P는 베어링의 단위 투영면적당 반지름 하중이다.

하중 W의 작용은 당연히 축이 베어링 안에서 다소 편심되도록 할 것이다. 만약 이것이 식 (b)에 미치는 영향을 무시할 수 있다면, 식 (b)와 (c)를 같게 놓을 수 있으며 다음 식을 얻는다.

$$f = 2\pi^2 \frac{\mu n}{P} \frac{R}{c} \tag{13.7}$$

이것이 잘 알려진 **페트로프 식**이다. 이 식은 하중이 가벼운 베어링의 합당한 마찰계수 값을 얻기 위한 빠르고 간단한 방법을 제공한다. 더욱 정교한 절차들은 13.9절에 나온다.

페트로프의 식은 매우 중요한 두 가지 베어링 변수를 확인한다. $\mu n/P$의 중요성은 13.4절에서 논의되었다. 비율 R/c는 **틈새비**(clearance ratio)로도 불리고 보통 500에서 1000까지의 값을 갖는다. 이것의 중요성은 13.8절을 공부하면 더욱 분명해질 것이다.

예제 13.2 SAMPLE PROBLEM 베어링 마찰과 동력 손실의 결정

100 mm 지름의 축이 80 mm 길이와 0.1 mm의 지름 틈새를 가진 베어링으로 지지된다(그림 13.9). 이 축은 50 mPa·s의 점도(작동하는 온도에서)를 갖는 오일로 윤활된다. 축은 600 rpm으로 회전하며 5000 N의 반지름 방향 하중을 베어링에 전달한다. 페트로프 접근법을 사용하여 베어링 마찰계수와 동력 손실을 평가하라.

풀이 SOLUTION

제시자료: 알려진 지름, 회전속도, 반지름 하중을 갖는 축이 주어진 길이와 지름 틈새를 갖는 오일 윤활 베어링으로 지지된다.

목표: 베어링 마찰계수와 동력 손실을 결정하라.

개요도 및 데이터:

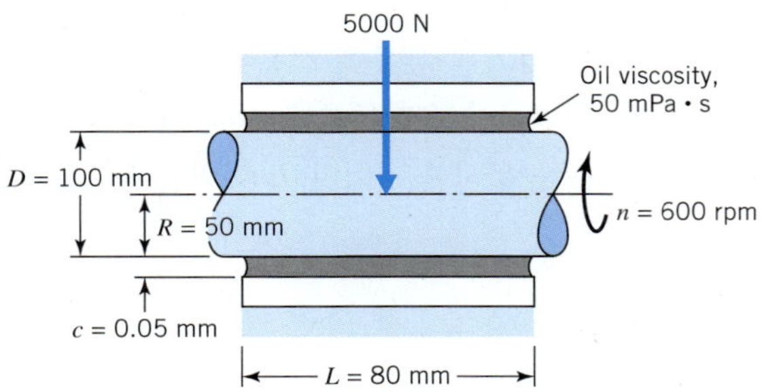

그림 13.9 예제 13.2의 저널 베어링.

가정:

1. 베어링과 저널 사이에는 편심이 없으며, 축방향으로 윤활유 흐름이 없다.
2. 마찰항력은 마찰계수와 반지름 방향 하중의 곱과 동일하다.

해석:

1. 앞의 가정하에서, 페트로프 식이 적절하다. 식 (13.7)로부터

$$f = 2\pi^2 \frac{(0.05\ \text{Pa} \cdot \text{s})(10\ \text{rps})}{\dfrac{5000}{0.1 \times 0.08}\ \text{N/m}^2} \times \frac{50\ \text{mm}}{0.05\ \text{mm}} = 0.0158$$

2. 토크 마찰력 $T_f = fWD/2 = (0.0158)(5000\ \text{N})(0.1\ \text{m})/2 = 3.95\ \text{N·m}$
   주의: (1) T_f는 식 (b)로부터도 얻을 수 있다. (2) 어떤 W 값에 대해서도 똑같은 T_f 값이 얻어진다. 그러나 하중이 커질수록 편심이 0이라는 페트로프의 가정에서 더 멀어진다.
3. 동력$=2\pi T_f n = 2\pi(3.95\ \text{N·m})(10\ \text{rps}) = 248\ \text{N·m/s} = 248\ \text{W}$

주석: 실제 상황에서 248 W를 발산할 때, 베어링의 평균 오일 온도가 계산에서 사용된 점도 값에 해당하는 온도와 일치하는지를 확인해야 할 것이다.

13.8 유체윤활 이론

유체윤활의 이론적 분석은 1880년대 초에 영국의 철도 베어링에 대한 타워(Beauchamp Tower)의 실험결과를 분석한 레이놀즈의 연구까지 거슬러 올라간다(그림 13.10).[5] 윗부분에 급유기(oiler)를 설치하는 효과를 실험하기 위해 오일 구멍이 뚫려 있다. 타워는 급유기가 설치되지 않은 상태에서 실험기구가 작동되었을 때 오일이 구멍으로부터 흘러나오는 것을 발견하고는 놀랐다. 그는 이 흐름을 멈추려고 구멍에 코르크와 나무 멈춤 장치를 박아 넣었지만 유체압력이 그것들을 밖으로 내몰았다. 이 시점에서 타워는 압력 게이지를 오일 구멍에 연결시키고 여러 다른 곳에서 오일막의 압력을 측정하였다. 그는 국부 유체압력과 베어링 국부 투영면적의 곱의 전체 합이 베어링이 지탱하는 하중과 같다는 것을 발견하였다.

레이놀즈의 이론적 해석은 유체 윤활의 기본 방정식을 이끌어 냈다. 다음에 나오는 레이놀즈 식의 유도는 평판 사이의 1차원 유동에 적용된다. 이 해석은 저널 베어링에도 적용될 수 있다. 왜냐하면 저널의 반지름은 유막두께에 비해 훨씬 크기 때문이다. 가정한 1차원 유동은 베어링 측면에서의 누출을 무시한 것이며, L/D 비율이 1.5보다 큰 베어링에 대해 대

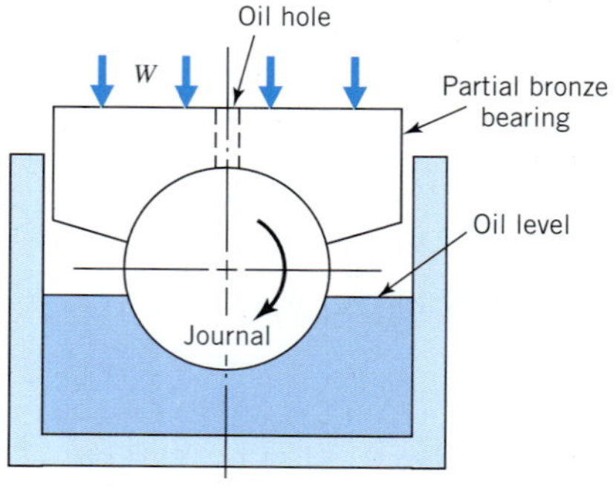

그림 13.10 타워의 실험 개략도.

[5] O. Reynolds, "On the Theory of Lubrication and Its Applications to Mr. Beauchamp Tower's Experiments,' *Phil. Trans. Roy. Soc. (London),* **177:** 157-234 (1886).

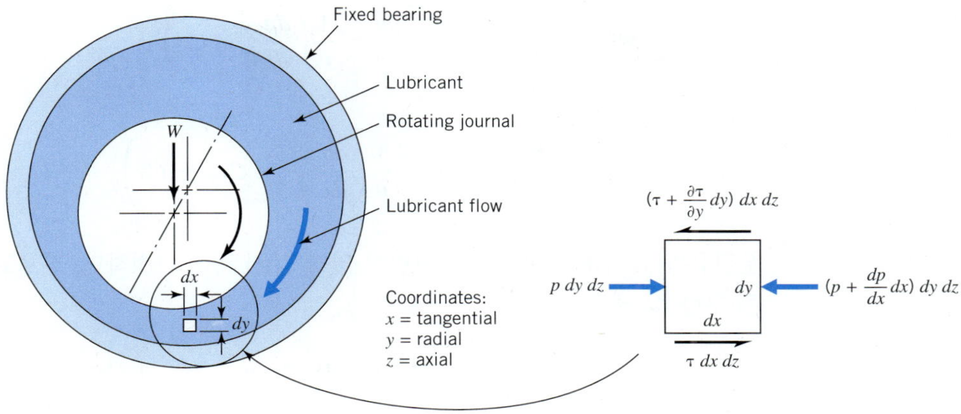

그림 13.11 윤활 요소에 작용하는 압력과 점성력. 간략하게 x 방향 요소만 표현하였다.

략 유효하다. 그림 13.11에 나타낸 유체 요소에 작용하는 x 방향 힘의 평형으로부터 유도를 시작한다.

$$p\,dy\,dz + \tau\,dx\,dz - \left(p + \frac{dp}{dx}dx\right)dy\,dz - \left(\tau + \frac{\partial \tau}{\partial y}dy\right)dx\,dz = 0 \tag{a}$$

위 식을 정리하면 다음과 같이 간단해진다.

$$\frac{dp}{dx} = \frac{\partial \tau}{\partial y} \tag{b}$$

식 (13.1)에서 F/A는 '블록' 위에서의 전단응력 τ를 나타낸다. 그림 13.11에서는 이 '블록'이 높이 dy, 속도 u, 위에서 아래로의 속도 변화 du인 미분 요소로 줄어든다. 이것을 식 (13.1)에 대입하면 u가 x와 y 모두에 대해 변하는 것을 제외하고, $\tau = \mu(du/dy)$로 된다. 그러므로 편미분을 사용하면 다음과 같다.

$$\tau = \mu \frac{\partial u}{\partial y} \tag{c}$$

마찬가지로 τ는 x와 y 모두에 대해 변하므로, 편미분 $\partial \tau/\partial y$가 그림 13.11과 식 (a)에서 사용된다. 반면에 압력은 y와 z 방향에 대해 변하지 않는다고 가정되므로, 전미분 dp/dx가 쓰인다.

식 (c)를 식 (b)에 대입하면

$$\frac{dp}{dx} = \mu \frac{\partial^2 u}{\partial y^2} \quad \text{or} \quad \frac{\partial^2 u}{\partial y^2} = \frac{1}{\mu}\frac{dp}{dx}$$

x를 상수로 놓고, y에 대해서 두 번 적분하면

$$\frac{\partial u}{\partial y} = \frac{1}{\mu}\left(\frac{dp}{dx}y + C_1\right)$$

그리고

$$u = \frac{1}{\mu}\left(\frac{dp}{dx}\frac{y^2}{2} + C_1 y + C_2\right) \tag{d}$$

윤활유와 경계표면 사이에 미끄럼이 없다고(no slip) 가정하면, 경계조건으로부터 C_1과 C_2를 구할 수 있다.

$$u = 0 \quad \text{at} \quad y = 0, \qquad u = U \quad \text{at} \quad y = h$$

그러므로

$$C_1 = \frac{U\mu}{h} - \frac{h}{2}\frac{dp}{dx} \quad \text{and} \quad C_2 = 0$$

이 값들을 식 (b)에 대입하면

$$u = \frac{1}{2\mu}\frac{dp}{dx}(y^2 - hy) + \frac{U}{h}y \tag{13.8}$$

위 식은 어떤 yz 평면을 통해 흐르는 윤활막의 속도 분포를 나타내는 식으로서, 거리 y, 압력구배 dp/dx, 그리고 표면속도 U의 함수이다. 속도 분포가 두 항으로 구성되어 있음에 주의하라: (1) 두 번째 항에 의해 주어진 선형 분포인데, 이것은 그림 13.12에서 파선으로 보여진다. (2) 첫 번째 항으로 주어진 포물선 분포인데, 두 번째 항에 중첩되어 포물선 분포를 보인다. 포물선 항은 양수 또는 음수일 수 있으며, 선형 분포에 더해지거나 빼진다. 압력이 최대인 부분에서는 $dp/dx = 0$이며, 속도 기울기는 선형이다.

그림 13.11의 요소를 구성하는 단면을 통해 단위시간당 흐르는 윤활유의 부피를 Q_f라고 하자. z 방향으로 단위길이를 고려하면

$$Q_f = \int_0^h u\,dy = \frac{Uh}{2} - \frac{h^3}{12\mu}\frac{dp}{dx} \tag{e}$$

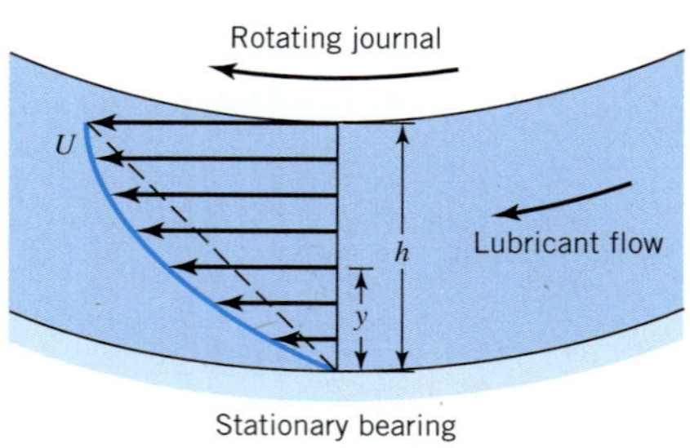

그림 13.12 윤활유의 속도구배.

비압축성 윤활제에 대해서는 유량이 모든 단면에서 같아야 한다. 즉

$$\frac{dQ_f}{dx} = 0$$

을 뜻한다. 그러므로 식 (e)를 미분하면

$$\frac{dQ_f}{dx} = \frac{U}{2}\frac{dh}{dx} - \frac{d}{dx}\left(\frac{h^3}{12\mu}\frac{dp}{dx}\right) = 0$$

그러므로

$$\frac{d}{dx}\left(\frac{h^3}{\mu}\frac{dp}{dx}\right) = 6U\frac{dh}{dx} \tag{13.9}$$

위 식은 **1차원 유동을 위한** 전형적인 **레이놀즈 식**이다. 지금까지 취한 가정들을 요약하면, 뉴턴유체, 비압축성, 일정한 점도, 관성이나 중력을 받지 않는다; 유체는 층류 흐름이고, 경계면에서는 미끄럼이 없다; 유막은 너무 얇기 때문에 (1) 두께 방향으로 압력 변화는 무시하고, (2) 저널 반지름은 유막두께에 비하여 무한대로 크다.

z 방향으로의 유동이 포함될 경우(축방향 유동과 끝 누출, end leakage), 유사한 전개 과정을 통해 **2차원 유동을 위한 레이놀즈 식**을 얻는다.

$$\frac{\partial}{\partial x}\left(\frac{h^3}{\mu}\frac{\partial p}{\partial x}\right) + \frac{\partial}{\partial z}\left(\frac{h^3}{\mu}\frac{\partial p}{\partial z}\right) = 6U\frac{\partial h}{\partial x} \tag{13.10}$$

현대의 베어링은 몇십 년 전에 사용된 베어링보다 더 짧아진 경향이 있다. 길이 대 지름의 비율(L/D)은 보통 0.25와 0.75 사이이다. 이것은 z 방향의 유동(끝 누출을 포함하여)이 전체의 주요 부분이 되는 결과를 가져온다. Ocvirk[5]은 이런 짧은 베어링에 대해서는 레이놀즈 식에서 x항을 무시하는 것을 제안하였다. 그러면

$$\frac{\partial}{\partial z}\left(\frac{h^3}{\mu}\frac{\partial p}{\partial z}\right) = 6U\frac{\partial h}{\partial x} \tag{13.11}$$

식 (13.9)와 (13.10)과는 달리, 식 (13.11)은 쉽게 적분이 되므로 설계와 해석 목적을 위해 사용될 수 있다. 이 절차는 보통 **Ocvirk의 짧은 베어링 근사**로 알려져 있다.

13.9 동압 베어링의 설계 차트

식 (13.9)의 해는 20세기의 첫 십 년에 처음 구해졌다. 비록 이론적으로는 '무한히 긴'(끝 누출이 없는) 베어링에서만 적용될 수 있지만, 이 해들은 L/D 비율이 1.5를 넘는 베어링에서 매우 좋은 결과를 보인다. 다른 극단에서는 식 (13.11)에 근거한 Ocvirk의 짧은 베어링의

해가 L/D 비율이 0.25까지의 베어링들에 아주 정확하며, 흔히 접하는 0.25와 0.75 사이의 L/D를 가진 베어링들에 적당한 근사해를 제공하기 위해 자주 사용된다.

2차원 레이놀즈 식 (13.10)의 컴퓨터 해는 라이몬디(Raimondi)와 보이드(Boyd)[7]에 의해 차트 형식으로 요약되었다. 이것은 모든 비율의 베어링들에 대해 정확한 해를 제공한다. 선택된 차트들이 그림 13.13부터 13.19까지에 다시 그려졌다. 또 다른 라이몬디와 보이드 차트들은 부분적 베어링(저널 원주의 60°, 120°, 또는 180°만 걸침)과 스러스트 베어링에 적용된다. 이 차트에서 사용되는 몇 개의 변수들이 그림 13.20에 나타난다.

모든 라이몬디와 보이드 차트들은 무차원 베어링 변수들을 무차원 **베어링 특성 수**(characteristic number) 혹은 **조머펠트 변수**(Sommerfeld variable) S의 함수로 그린다.

$$\text{Bearing characteristic number, } S = \left(\frac{R}{c}\right)^2 \frac{\mu n}{P}$$

S가 이전에 논의한 변수 $\mu n/P$와 틈새비 R/c 제곱의 곱이라는 것에 주의하라. 차트의 S 스케일은 0과 0.01 사이의 선형 부분만 빼고 로그 스케일이다.

그림 13.18과 13.19는 윤활유가 대기압에서 베어링으로 공급되는 것과 오일 구멍이나 홈이 유량에 미치는 영향은 별로 없다는 가정을 한다. 점도는 일정하고 베어링으로 출입하는 오일의 평균 온도에서의 값으로 가정한다.

그림 13.14에서 13.19까지에 도시된 베어링 성능은 L/D 비율이 $\frac{1}{4}$보다 큰 어떤 경우에 대해서도 라이몬디와 보이드[7]에 의해 주어진 다음의 보간식을 사용하여 결정될 수 있다.

$$\begin{aligned} y = \frac{1}{(L/D)^3}\Bigg[& -\frac{1}{8}\left(1-\frac{L}{D}\right)\left(1-\frac{2L}{D}\right)\left(1-\frac{4L}{D}\right)y_\infty \\ & + \frac{1}{3}\left(1-\frac{2L}{D}\right)\left(1-\frac{4L}{D}\right)y_1 - \frac{1}{4}\left(1-\frac{L}{D}\right)\left(1-\frac{4L}{D}\right)y_{1/2} \\ & + \frac{1}{24}\left(1-\frac{L}{D}\right)\left(1-\frac{2L}{D}\right)y_{1/4}\Bigg] \end{aligned} \qquad \textbf{(13.12)}$$

여기서 y는 L/D가 $\frac{1}{4}$보다 큰 경우에 원하는 성능변수이고, y_∞, y_1, $y_{1/2}$과 $y_{1/4}$은 L/D가 ∞, 1, $\frac{1}{2}$, 그리고 $\frac{1}{4}$인 베어링들을 위한 성능변수 값이다.

예제 13.3 SAMPLE PROBLEM 오일 윤활되는 저널 베어링

2 in. 지름, 1 in. 길이, 0.0015 in. 반경 틈새를 갖는 저널 베어링(그림 13.21)이 3000 rpm으로 회전하는 축에서 1000 lb의 고정된 하중을 지탱하고 있다. SAE 20 오일로 윤활되며 오일은 대기압에서 제공되고 있다. 오일막의 평균 온도는 130°F 정도로 평가된다.

라이몬디와 보이드 차트를 써서 최소 유막두께, 베어링 마찰계수, 오일막 안의 최대 압

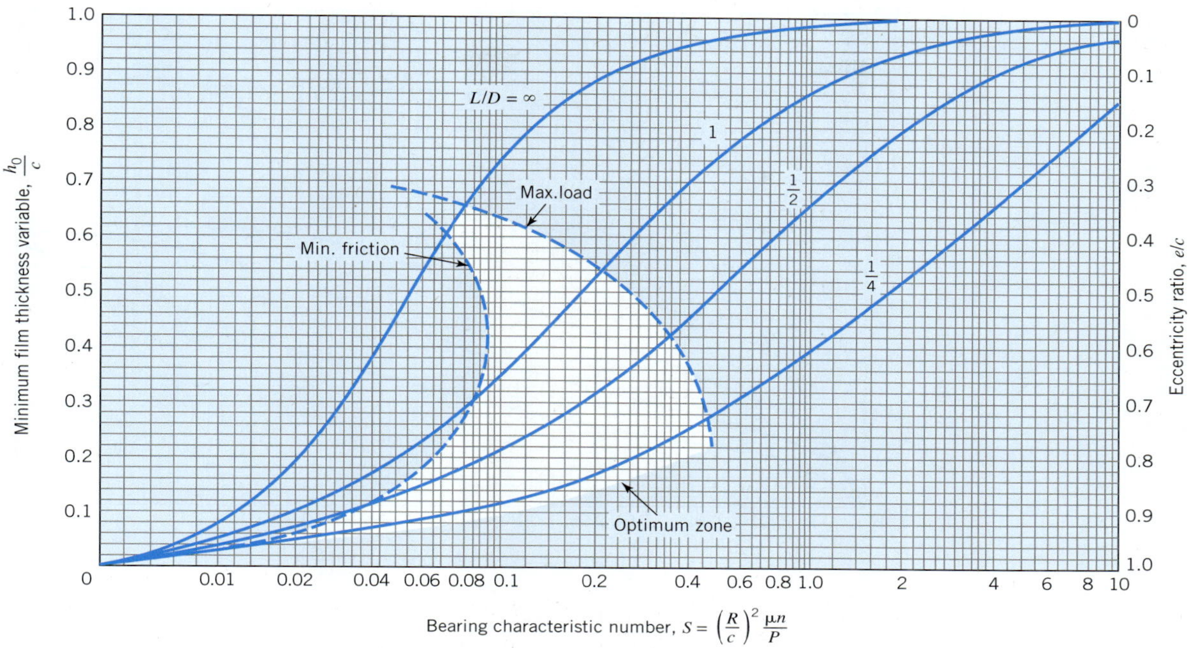

그림 13.13 최소 유막두께 변수 차트[7].

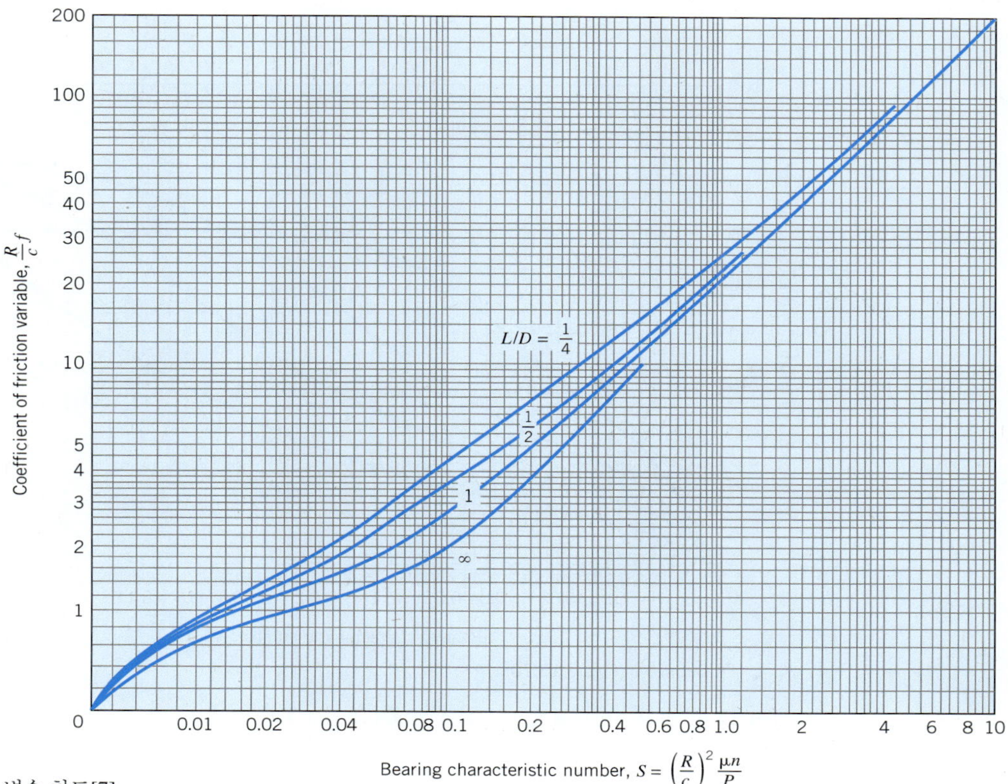

그림 13.14 마찰계수 변수 차트[7].

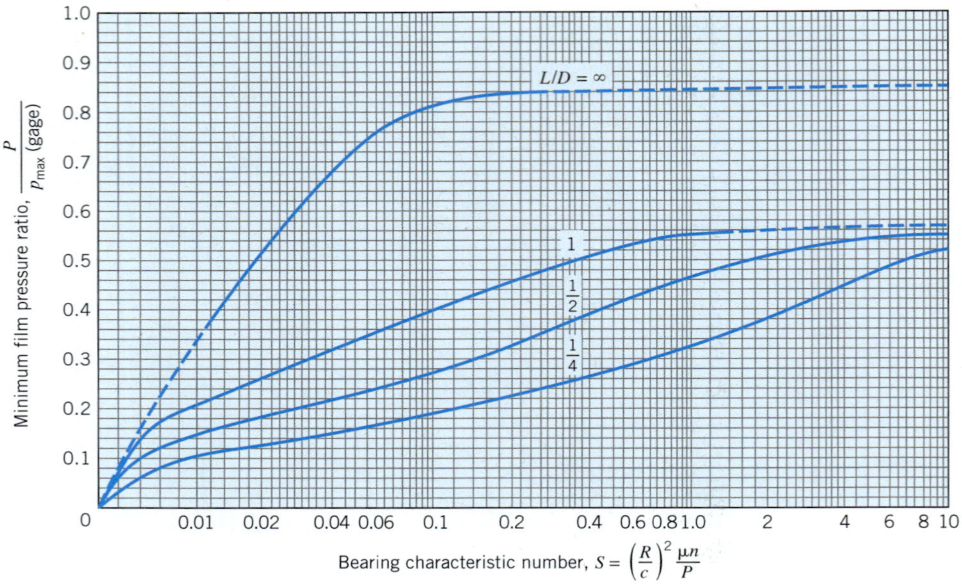

그림 13.15 최대 유막압력을 결정하기 위한 차트[7].

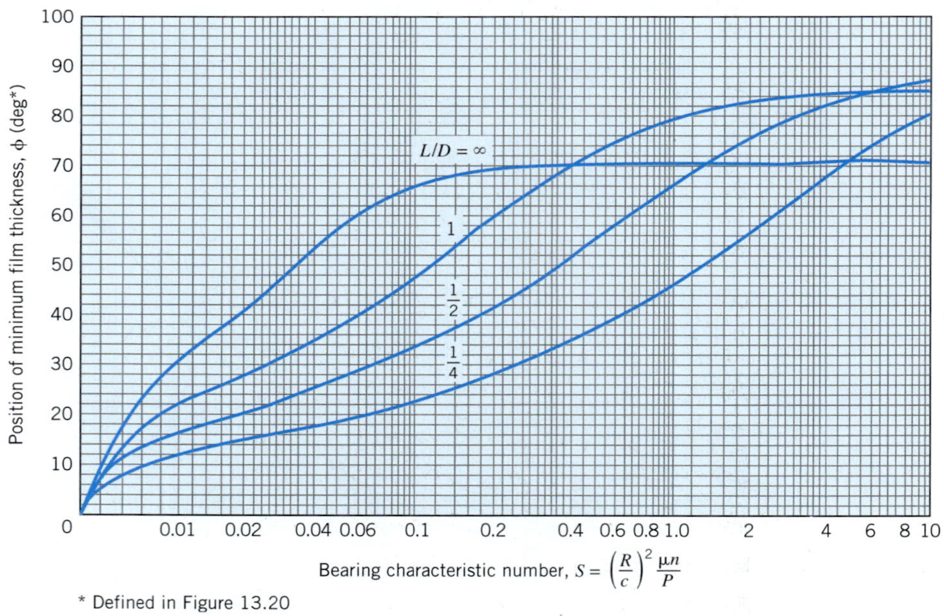

그림 13.16 최소 유막두께 h_0의 위치를 결정하기 위한 차트[7].

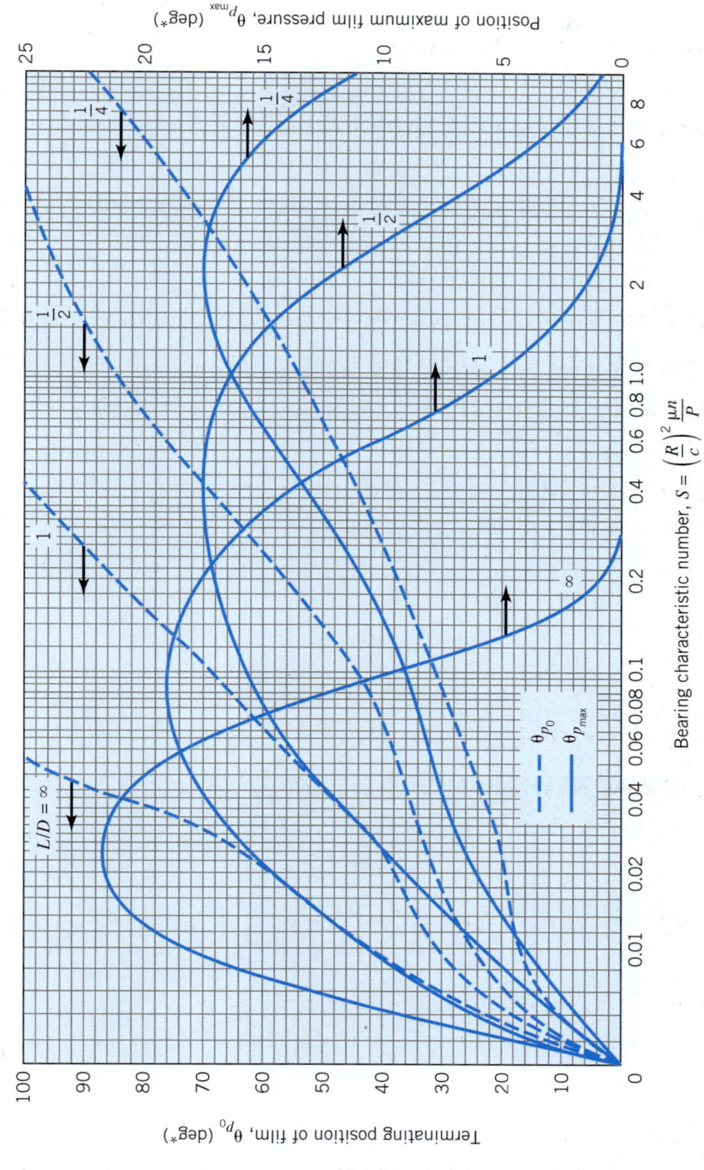

* Defined in Figure 13.20

그림 13.17 최대 유막 압력점과 유막 종료점(film-termination position)의 위치를 위한 차트[7].

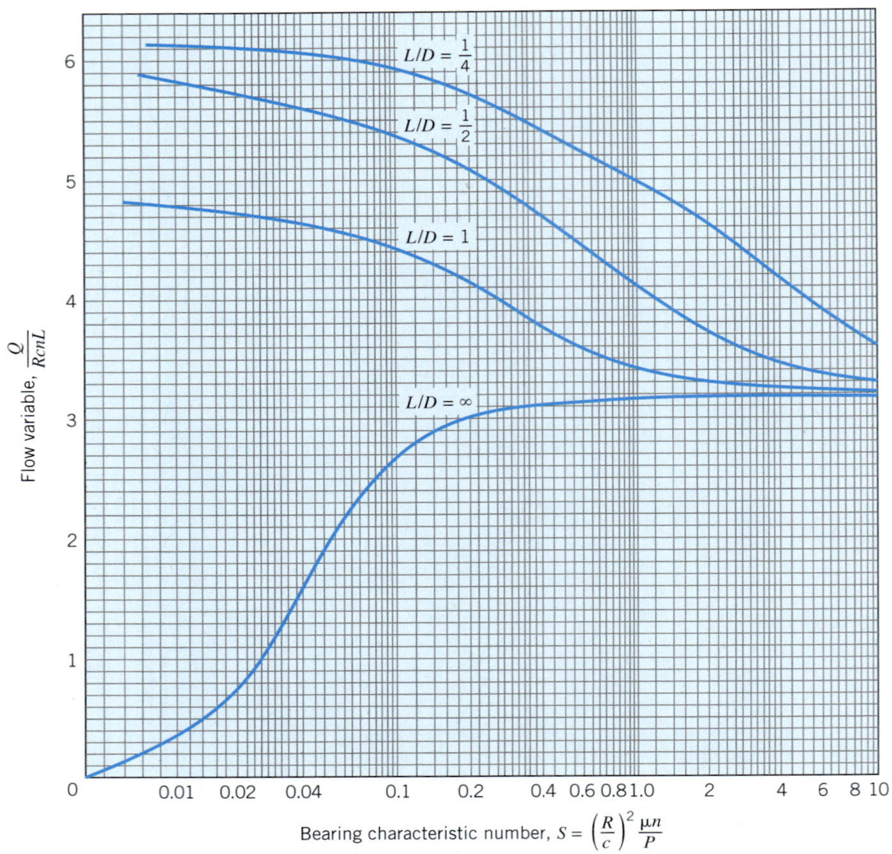

그림 13.18 유동변수를 위한 차트[7].

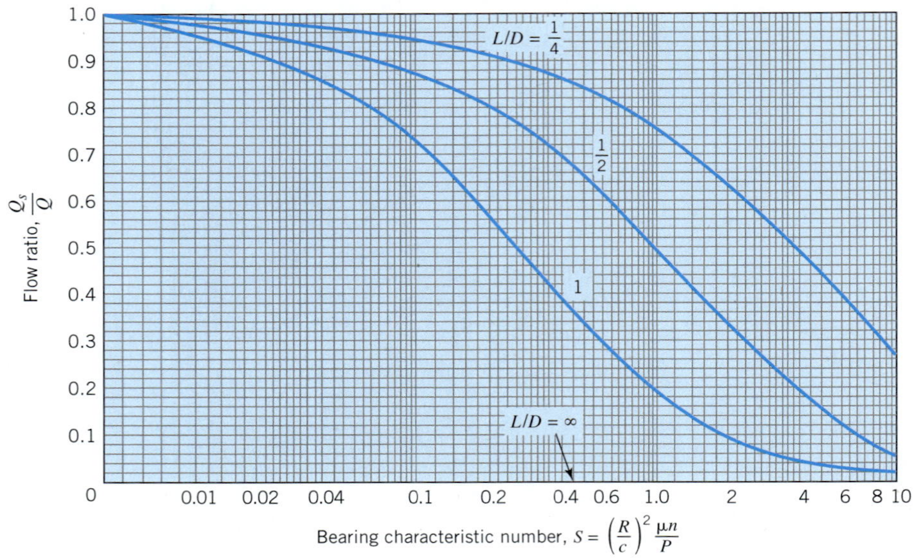

그림 13.19 측면 흐름(side flow)과 전체 흐름(total flow)의 비율을 위한 차트[7].

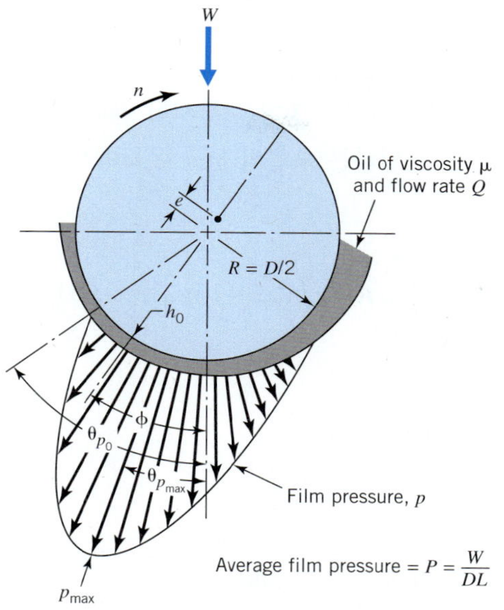

그림 13.20 유막 압력 분포의 극(polar) 다이어그램. 사용되는 용어가 표시되어 있다.

력과 각도 ϕ, $\theta_{p_{max}}$, θ_{p0}, 및 베어링을 통한 전체 오일유량, 이 중에서 재순환되는 오일 유량 부분; 그리고 측면누출을 보상하기 위해 유입되어야 할 새로운 유량 부분을 예측하라.

풀이 SOLUTION

제시자료: 길이, 지름, 반지름 틈새가 주어진 오일 윤활 베어링이 알려진 회전속도와 반지름 방향 하중을 갖는 축을 지탱한다.

목표: 최소 유막두께, 베어링 마찰계수, 오일막 안의 최대 압력과 각도 ϕ, $\theta_{p_{max}}$, θ_{p0}, 전체 오일유량, 재순환을 위한 오일유량 부분, 그리고 측면 누출을 보상하기 위해 유입되어야 할 새로운 유량 부분을 결정하라.

개요도 및 데이터: 그림 13.21을 참조하라.

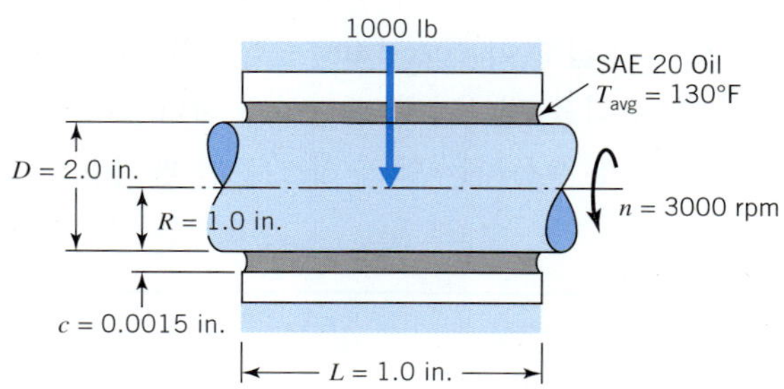

그림 13.21 예제 13.3의 저널 베어링.

가정:

1. 반지름방향 하중의 크기와 방향이 고정되면 베어링은 정상상태(steady state)에 있게

된다.

2. 윤활유는 대기압에서 베어링으로 공급된다.
3. 오일 구멍과 오일홈이 유량에 미치는 영향은 무시할 만하다.
4. 점도는 일정하고 베어링을 출입하는 오일의 평균 온도에서의 값으로 가정한다.

해석:

1. 주어진 데이터로부터, $D=2$ in., $R=1$ in., $L=1$ in., $c=0.0015$ in., $n=50$ rps, $W=1000$ lb이다.

2. $$P = \frac{W}{LD} = \frac{1000}{(1)(2)} = 500 \text{ psi}$$

   $$\mu = 4 \times 10^{-6} \text{ reyn} \quad \text{(Figure 13.6)}$$

   $$S = \left(\frac{R}{c}\right)^2\left(\frac{\mu n}{P}\right) = \left(\frac{1}{0.0015}\right)^2\frac{(4 \times 10^{-6})(50)}{500} = 0.18$$

3. $S=0.18$, $L/D=0.5$에 대하여 차트를 읽고, 인치-파운드-초 단위를 일관되게 사용하면, 그림 13.13으로부터 $h_0/c=0.3$, 그러므로 $h_0=0.00045$ in.이다.(이 베어링이 '최적의 범위'에 있음을 주목하라—13.13절의 예제 13.4에서 적합한 h_0 값보다도.)
   그림 13.14로부터 $(R/c)f=5.4$, 그러므로 $f=0.008$.
   그림 13.15로부터 $P/p_{max}=0.32$, 그러므로 $p_{max}=1562$ psi.
   그림 13.16으로부터 $\phi=40°$.
   그림 13.17로부터 $\theta_{p_0}=54°$, $\theta_{p_{max}}=16.9°$.
   그림 13.18로부터 $Q/RcnL=5.15$, 그러므로 $Q=0.39$ in.^{3}/s.
   그림 13.19로부터 $Q_s/Q=0.81$, 그러므로 새로운 오일로 채워져야 하는 측면누출은 전체 유동의 81%를 나타내고, 나머지 19%는 재순환된다.

주석: 라이몬디와 보이드 차트를 사용한 앞의 해석은 하중의 크기와 방향이 고정된 정상상태 작동에서만 적용될 수 있음을 기억하는 것이 중요하다. 빠르게 변동하는 하중(엔진 크랭크축 베어링)을 받는 베어링이 정상상태 해석이 주는 것보다 훨씬 큰 순간 하중을 받을 수 있다는 사실은 하중이 감소되기 전에 유막이 밖으로 밀려 나갈 시간이 충분하지 않다는 것을 나타낸다. 이것은 때로 **유막 압착**(squeeze-film) **현상**이라고 불린다. 이 현상은 유막이 계속해서 더 얇게 눌려질 때, 유막을 겉보기에 '단단하게 한다(stiffening)'. 유막 압착 효과는 작은 각도 범위에서 주기적으로 운동하는 엔진 리스트 핀 베어링(그림 13.25)의 주요 윤활 메커니즘이다.

고속이면서 작은 하중이 실린 베어링에서 때때로 접하는 문제는 **동적 불안정**이다. 이것은 저널 중심을 베어링 중심에 대해 돌게 한다. 이러한 축의 'whip'이나 'whirl'은 보통 축 회전속도의 반 값 정도의 진동수에서 파괴적인 진동을 일으킬 수 있다[2, 11, 12]. 이 문제를 다루는 한 가지 방법은 축을 **경사 패드 베어링**(tilting-pad bearing)[6]으로 지탱하는 것이다. 이 베어링은 터보기계에서 자주 사용된다.

13.10 윤활제의 공급

앞의 유체역학 해석은 최소한 측면으로 흘러나가는 양 이상의 오일이 베어링 안으로 흘러 들어온다는 가정을 하였다. 이런 오일을 공급하기 위한 주요 방법들이 아래에서 간단히 설명된다. 좀 더 자세한 정보는 참고문헌 [4] 등을 보라.

오일링 그림 13.22에 나타낸 오일링(oil ring)은 대개 저널의 지름보다 1.5~2배가 크며, 저널에 느슨하게 걸려 있다. 축이 회전하면 링은 오일을 저널 꼭대기로 가져온다. 링을 저널에 직접 닿게 하기 위해서는 베어링 슬리브의 윗부분에 홈이 나 있어야 한다는 것에 주의하라. 만약 베어링 작용 하중이 거의 아래쪽으로 가해진다면, 베어링 면적의 윗부분의 부분적 제거는 해롭지 않을 것이다. 경험을 통하여 링 급유기가 매우 효과적이라는 것을 알 수 있다. 때로는 체인이 링을 대신한다.

오일 칼라 다소 비슷한 장치인 단단한 칼라(collar)를 축에 부착하는데, 이것은 바닥의 오일 저장소에 담겨진다. 칼라는 오일을 윗부분으로 퍼올리는데, 거기에서 오일은 칼라의 양 측면에 있는 작은 저장소에 채워진다. 오일은 다시 중력에 의해 구멍을 통해 베어링 표면으로 흐른다.

'튕김' 어떤 기계에서는 빠르게 움직이는 부분에 의해 튕겨지는(splash) 오일이 베어링 윗부분의 작은 저장소로 옮겨진다. 아울러 회전 부품에 붙어 있는 작은 '오일 주걱'들이 주 오일통이나 저장소에 담겨지면서 오일을 퍼내어 베어링 속으로 흘러가게 한다. 몇몇 독자들은 이것이 초기 자동차 엔진에 사용된 윤활법이라는 것을 알 수 있을 것이다.

유조 유조(oil bath)를 이용한 침적윤활이란 그림 13.10에 나타낸 기차의 부분 베어링과 같이 보통 오일 저장소에 부분적으로 잠긴 저널을 통하여 오일을 공급받는 것을 말한다. 침적윤활에서는 과도한 점성 마찰 손실과 윤활제의 거품 발생을 야기하는 심한 난류유동과 상당한 양의 오일 유동(churning)이 발생되지 않도록 주의해야 한다.

오일 구멍과 홈 그림 13.23은 축방향으로 오일을 분배할 때 쓰이는 축방향 홈(groove)을 보여 준다. 오일은 오일 구멍(oil hole)을 통해서 홈에 들어가며 중력이나 압력에 의해 흐르

[6] 13.15절에서 경사 패드 스러스트 베어링에 관해 관략하게 다룬다. 경사 패드 저널 베어링은 이와 유사하다.

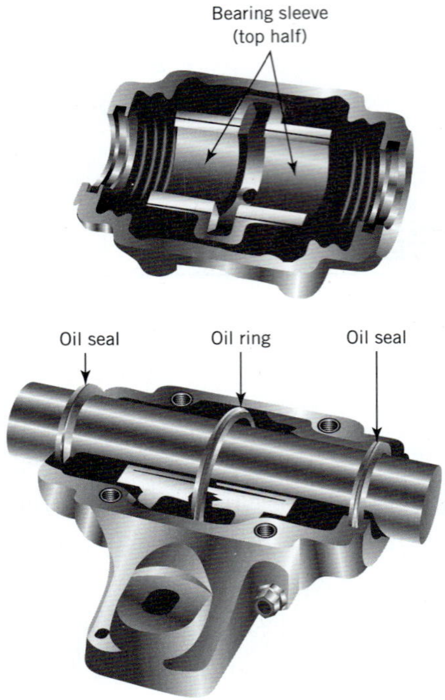

그림 13.22 오일링에 의한 베어링 윤활.

게 된다. 일반적으로 이러한 홈들은 하중이 전달되는 부분에서 만들어져서는 안 된다. 왜냐하면 유체압력이 홈에서는 거의 0까지 떨어지기 때문이다. 이 점은 그림 13.24에서 설명되는데, 이 그림에서 볼 수 있듯이 원주방향으로 파여진 홈이 베어링을 두 개의 반쪽으로 나누며, 각 반쪽은 홈이 없는 베어링의 절반에 약간 못 미치는 L/D 비율을 갖는다.

유체의 압력 분포를 별로 교란시키지 않고 전체 베어링 면적에 적당히 오일을 분배하기 위한 홈 모양의 개발은 일부 응용분야에서 주요 문제로 대두될 수 있다.

오일 펌프 오일 공급에 있어서 가장 적극적인 수단은 오일 펌프(oil pump)이다. 그림 13.25는 피스톤 타입의 엔진이나 압축기에서 압력에 의한 윤활 시스템을 보여 주고 있다. 펌프에 의해 공급되는 오일은 주 베어링의 원주방향 홈들을 채운다. 크랭크축에 뚫어진 구멍들은 여기서부터 커넥팅 로드 베어링까지 오일을 운반한다. 커넥팅 로드 베어링의 원주방향 홈들은 피스톤 핀에 윤활제를 운반하는 커넥팅 로드의 드릴 구멍 통로에 연결되어 있다. 대부분

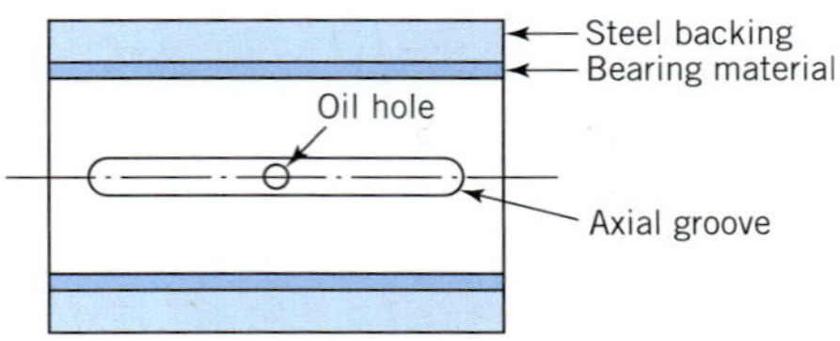

그림 13.23 축방향 홈을 갖는 베어링.

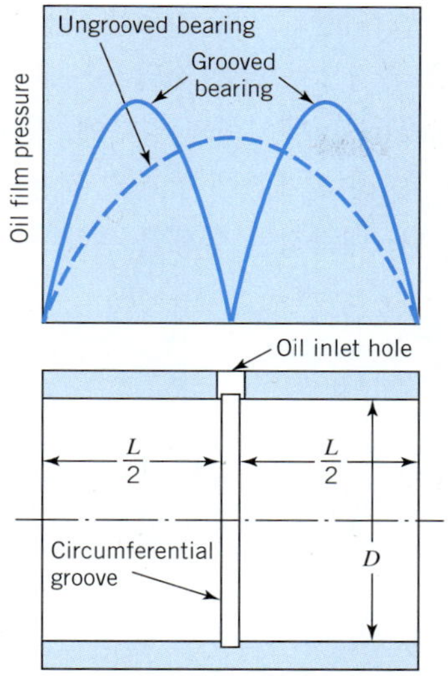

그림 13.24 원주방향 홈을 갖는 베어링. 압력 분포에 미치는 영향을 보여 준다.

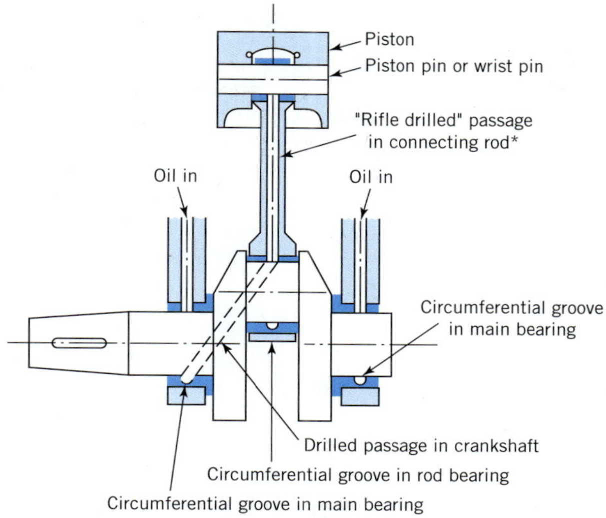

그림 13.25 피스톤 엔진 또는 압축기의 오일 통로.

의 자동차 엔진에서는 드릴 구멍이 난 커넥팅 로드의 통로는 제거되었고 피스톤핀들은 튕김으로 주유된다. 이것이 더 싸고 효율적인 것으로 나타났기 때문이다.

13.11 열 발산 및 평형 유막 온도

평형상태에서는 베어링 속에서의 열 발생률과 방출률이 같다. 평형이 이루어지는 유막 온도가 만족스러워야 하는 것은 필수적이다. 흔히 71°C(160°F) 범위에서 사용된다. 93°C(200°F)부터 121°C(250°F)까지는 일반적으로 만족스럽지 않다. 왜냐하면 석유 기반 윤활제들에서의 상태악화와 몇몇 흔한 베어링 재료에서의 손상 가능성 때문이다.(유막의 최고 온도가 평균 온도보다 상당히 높을 수 있다는 것을 염두에 두라.)

베어링이 흡수하는 마찰 동력은 마찰 토크와 축 rpm[식 (1.1)과 (1.2) 참조]으로부터 쉽게 계산된다. 오일에 의하여 방출되는 동력(열) 부분은 유량(Q_s), 오일 온도상승(베어링 출구와 입구의 온도 차이), 그리고 **체적 비열** $c\rho$(비열과 밀도의 곱)의 곱이다. 정상적인 베어링 작동 온도에서 석유 오일들에 대한 근삿값은

$$c\rho = 1.36\frac{MPa}{°C}$$
$$= 110\frac{\text{lb}}{\text{in.}^2\text{°F}}$$

이다.

오일 온도의 상승은 라이몬디와 보이드[7]가 고안한 차트를 사용하여 추정할 수도 있다.

열평형상태에서의 오일 온도는 바깥 환경으로 열을 전달하는 효율성에 달려 있다. 오일 링, 칼라, 유조처럼 자체 저장식(self-contained) 베어링의 경우에, 평균 유막 온도의 계산은 보통 기껏해야 근사 과정이므로, 과열로 인해 임계점에 가까운 적용에서는 반드시 실제 작동 상황에서의 실험 데이터를 얻어야 한다. '대략적인 추정'을 위해서 다음 식을 사용한다.

$$H = CA(t_o - t_a) \tag{13.13}$$

$$t_o = t_a + \frac{H}{CA} \tag{13.14}$$

여기서

H=시간당 열 방출량(W)
C=전체 열전달계수(W/hr/m^2/°C)
A=노출된 하우징 표면적(m^2)
t_o=평균 유막 온도(°C)
t_a=베어링 하우징 주변의 공기 온도(°C)

전형적인 상태에 대한 C 값들이 표 13.1에 주어져 있다. 그림 13.22에 나타낸 것과 같은 분리된 셀들을 가지는 필로 블록 베어링의 A 값은 때때로 베어링의 투영면적(즉 $20DL$)의 20배 이상으로 추정된다. 다시 언급하지만 이러한 값들에서부터 계산되는 t_o의 값은 특정한 설치에서 실제로 얻어지는 값과 상당히 다를 수 있다는 점에 주의해야 한다.

13.12 베어링 재료

두꺼운 막(thick-film) 윤활 도중에는 충분한 압축강도와 매끄러운 표면을 가진 어떠한 재료도 베어링의 재료로 알맞다. 예를 들어 강철도 괜찮을 것이다. 그러나 시동 및 멈춤의 경우에는 이 베어링들이 얇은 막(thin-film) 윤활을 겪게 되므로, 베어링 재료가 저널 재료에 대

표 13.1 자체 저장식 베어링에서 열전달계수 C의 추정치

	C, W/(m^2 · °C)[Btu/(hr · ft^2 · °F)][a]		
Bearing Type	**Still Air**	**Average Air Circulation**	**Air Moving at 500 fpm**
Oil ring or collar	7.4 (1.3)	8.5 (1.5)	11.3 (2.0)
Oil bath	9.6 (1.7)	11.3 (2.0)	17.0 (3.0)

[a] 1 Btu is equivalent to 778 ft · lb.

해 녹아붙음(seizing) 과 용착(welding)을 이기지 못하면, 저널(보통 강철)이 손상을 받게 된다. 더 나아가서 h_0보다 더 큰 외부 입자가 오일에 있을 경우, 이 외부 입자들이 상대적으로 부드러운 베어링 재료에 박혀 들 수 없다면, 저널 표면을 손상시킬 것이다. 베어링 재료의 중요한 특성들이 다음에 설명된다.

1. **기계적 특성.** 오정렬(misalignment)과 축 처짐으로 인해 일어나는 국부적으로 높은 압력을 완화하는 **붙임성**(conformability, 낮은 탄성계수)과 **변형성**(deformability, 소성 흐름), 작은 외부 입자들이 안전하게 재료에 박혀 들어 축을 보호하게 하는 **박힘성**(embeddability, 혹은 indentation softness), 그리고 표면의 돌기들을 쉽게 매끄럽게 하는 **낮은 전단강도**를 가져야 한다. 이와 동시에 하중을 지탱하고 주기적 하중(엔진 베어링에서와 같이)을 동반하는 반복 굽힘을 견딜 수 있을 만큼 충분한 **압축강도**와 **피로강도**를 가져야 한다. 그리고 베어링 재료는 이런 특성을 기계의 작동 온도에서 가져야 한다.
2. **열 특성.** 기계 시동 시에 금속과 금속의 국부적인 점이 맞닿은 부분 및 보통 작동 시에 윤활막으로부터 열을 전도시키는 **열전도성. 열팽창계수**는 베어링 하우징과 저널의 재료에서 너무 다르면 안 된다.
3. **금속적 특성.** 스코링(scoring), 용착(welding) 및 녹아붙음(seizing)을 견디기 위한 저널 재료와의 **적합성.**
4. **화학적 특성.** 윤활제의 산화작용으로 생기는 산(acid)과 외부의 오염(엔진 배기가스 같은)에 대한 **부식저항성.**

가장 흔한 베어링 재료는 **배빗**(babbitt)과 **구리 합금**이다. 배빗은 주석 기반(89% Sn, 8% Pb, 3% Cu 같은)과 납 기반(75% Pb, 15% Sb, 10% Sn 같은)의 두 종류가 있으며, 구리 합금으로는 주로 구리-납, 납-청동, 주석-청동 및 알루미늄-청동 등이 사용된다. 알루미늄과 은도 매우 광범위하게 사용된다. 배빗은 붙임성과 박힘성에서 필적할 수 없을 정도이지만 비교적 낮은 압축강도와 피로강도를 가지고 있다. 특히 77°C(170°F) 이상에서는 더욱 그렇다. 배빗은 121°C(250°F) 이상의 온도에서는 거의 사용할 수 없다.

베어링 금속의 표면층은 보통 얇은 강철지지 셸(backing sheel)에 적용된다. 배빗 베어링의 경우, 셸의 굽힘 변형은 배빗 라이닝(lining)의 두께에 무관하다. 피로강도는 배빗 라이닝이 매우 얇을 때 가장 높다. 전통적인 베어링에서는 0.5 mm(0.020 in.)이며 자동차의 주 베어링과 커넥팅 로드 베어링에서는 0.13 mm(0.005 in.)이다. 후자는 훨씬 더 큰 피로강도를 갖는다. 때로는 얇은 배빗 덮개(약 0.025 mm, 즉 0.001 in.)가 다른 재료로 만들어진 베어링에 더해질 때도 있다. 이것은 다른 재료의 우수한 하중전달 능력과 배빗의 우수한 표면 특성을 조합하기 위해서이다.

고무와 다른 탄성중합체(elastomer)는 배의 프로펠러축과 같이 물속에서 작동하는 기계에 좋은 베어링 재료이다. 이 베어링들은 보통 홈이 파져 있고 금속 셸 안에 있다. 베어링 사이를 흐르는 물은 최소한의 손상만을 주며 모래와 작은 입자들을 밖으로 씻어 낼 수 있게 해 준다.

13.13 동압 베어링의 설계

13.9절에 있는 예제 13.3은 주어진 동압 베어링(hydrodynamic bearing)의 해석을 보여 주고 있다. 이러한 베어링의 **설계**는 상당히 복잡한 절차로서, 이 장 내에서 지금까지 주어진 모든 내용들을 필요로 하고 여기에 더하여 다음과 같은 실험적 지침도 필요하다.(대부분의 기계요소 설계에서와 같이, 기초 자료만 여기에 포함될 수 있고, 베어링 설계에 관련된 문헌들을 더 자세히 공부하면 많은 것들을 얻을 수 있다.)

단위 하중. 표 13.2는 흔히 사용되는 전형적인 값들을 요약해 놓았다. 13.9절의 결론에 언급된 유막 압착 현상의 큰 영향을 주의하라. 엔진 베어링에 전해지는 최고 하중이 순간적이므로, 결과적인 베어링 압력은 하중이 일정한 경우에 사용되는 값보다 열 배가 클 수도 있다.

베어링 L/D 비. 현재 0.25부터 0.75까지의 비율이 제일 많이 사용되고 있다. 오래된 기계들의 경우, 이 비율의 평균은 1.0에 가까웠다. 더 큰 비율(더 긴 베어링)은 더 적은 끝 누출과 더 적은 오일 공급 필요를 뜻하므로 오일 온도가 올라간다. 짧은 베어링은 축 처짐과 오정렬 때문에 일어나는 바람직하지 못한 모서리 하중의 영향을 적게 받는다. 보통 축 지름은 강도와 처짐 한계에 의하여 결정되고, 그 다음에 알맞은 베어링 용량을 제공하기 위하여 베어링 길이가 결정된다.

h_0의 허용값. 허용될 수 있는 최소 유막두께(h_0)는 표면거칠기에 의하여 좌우된다. 여러 가지 실험적 추천 사항들을 문헌에서 찾을 수 있다. 예를 들어 트럼플러(Trumpler) [12]는 다음 관계식을 제안하였다.

표 13.2 현재 사용되고 있는 전형적인 슬리브 베어링의 단위 하중

Application	Unit Load Capacity, $P = W_{max}/LD$	
	MPa	**psi**
Relatively steady loads		
Electric motors	0.8–1.5	120–250
Steam turbines	1.0–2.0	150–300
Gear reducers	0.8–1.5	120–250
Centrifugal pumps	0.6–1.2	100–180
Rapidly fluctuating loads		
Diesel engines		
Main bearings	6–12	900–1700
Connecting rod bearings	8–15	1150–2300
Automotive gasoline engines		
Main bearings	4–5	600–750
Connecting rod bearings	10–15	1700–2300

$$h_0 \geqq 0.0002 + 0.00004D \quad (h_0 \text{ and } D \text{ in inches})$$
or
$$\geqq 0.005 + 0.00004D \quad (h_0 \text{ and } D \text{ in millimeters}) \tag{13.15}$$

이 식은 하중에 적당한 안전계수를 적용하여 사용해야 한다. 트럼플러는 매우 정확하게 측정될 수 있는 정적 하중의 경우, $SF=2$를 제시한다. 더욱이 식 (13.15)는 최대 크기의 높이 표면거칠기(peak-to-valley roughness)가 0.005 mm(0.0002 in.)를 초과하지 않는 잘 연삭된 저널 표면을 갖는 베어링과 좋은 형상 정밀도 기준(진원도, 축의 테이퍼, 원주방향 및 축방향의 구불구불함)을 갖는 베어링과 좋은 오일 청결도를 갖는 베어링에만 적용된다.

빠르게 변동하는 하중을 받는 베어링(예를 들면 엔진 베어링)에서, 최고 하중이 일정하게 계속 작용한다고 가정하여 간단하게 구한 h_0 값은 실제 값의 1/3밖에 되지 않는다. 식 (13.15)와 같은 경험적 기준을 사용할 때는 반드시 이것을 고려해야 한다. 이러한 베어링들을 위한 더욱 자세한 계산은 유막 압착 현상을 고려해야 하며, 이 책의 범위를 벗어난다.

틈새비(c/R, 또는 $2c/D$). 25 mm부터 150 mm까지의 지름을 갖는 저널에서는 c/R 비가 보통 0.001 정도이며, 정밀한 베어링의 경우 특히 그렇다. 정밀도가 낮은 베어링에서는 이 비율이 더 높아진다. 일반적인 기계 베어링의 경우 약 0.002까지이며 거친 기계에서는 0.004까지이다. 어떤 설계에서도 틈새비 값은 범위를 가지는데, 이것은 저널과 베어링 지름에 지정되는 공차에 좌우된다.

다음은 유체윤활이 되는 베어링을 설계할 때 고려해야 할 중요한 사항들의 목록이다.

1. 두꺼운 막 윤활을 확실하게 하기 위하여 최소 유막두께가 충분해야 한다. 식 (13.15)를 지침으로 삼아 표면거칠기와 하중변동을 고려해야 한다.
2. 마찰은 가능한 한 낮아야 하며 적절한 유막두께에 맞아야 한다. 그림 13.13의 '최적 영역'을 유지하도록 노력하라.
3. 베어링 입구에 깨끗하고 충분히 냉각된 오일의 공급이 항상 준비되어 있어야 한다. 이것은 강제윤활 또는 특별한 냉각장치를 필요로 하거나, 둘 다 필요로 할 수 있다.
4. 최고 오일 온도가 괜찮은지 확인한다(일반적으로 93°C에서 121°C까지, 즉 200°F에서 250°F까지).
5. 베어링 내로 유입되는 오일이 베어링 전체 길이로 골고루 퍼지는지 확인한다. 이것은 베어링 홈을 필요로 할 수도 있다. 만약 그렇다면, 홈들은 높은 하중이 걸리는 부분에서 떨어져 있어야 한다.
6. 작동 온도에서 충분한 강도, 충분한 붙임성, 박힘성, 적당한 부식저항성을 제공하는 적합한 베어링 재료를 선택한다.
7. 축의 오정렬과 처짐에 대하여 전체적인 설계를 검사한다. 만약 이것들이 지나치면, 제대로 설계된 베어링일지라도 문제가 있을 것이다.
8. 시동 시와 멈춤 시에 베어링 하중과 경과시간을 검사한다. 이 기간 동안의 베어링 압력은 가급적이면 2 MPa 또는 300 psi 미만이어야 한다. 만약 저속 작동시간이 길어지

면, 얇은 막 윤활의 필요조건을 고려해야 한다(13.14절).

9. 틈새와 오일점도의 예상되는 조합에 대하여, 그 설계가 만족스러운지 확인한다. 작동 틈새는 열팽창과 최종 마멸의 영향을 받을 것이다. 오일 온도와 점도는 열 인자(주위 공기 온도, 공기 순환 등)와 시간에 따른 오일의 변화에 의해 영향을 받는다. 더 나아가 사용자는 지정된 오일보다 더 가벼운 혹은 더 무거운 등급의 오일을 집어넣을 수 있다.

예제 13.4D SAMPLE PROBLEM 오일 윤활된 저널 베어링의 설계

1800 rpm의 증기터빈 로터에 있는 저널 베어링(그림 13.26)이 17 kN의 일정한 중력 하중을 지탱하고 있다. 충분한 축 강성을 제공하기 위하여 저널 지름은 150 mm로 한다. 강제 윤활 시스템이 SAE 10 오일을 공급할 것이며, 82°C로 평균 유막 온도를 제어할 것이다. 베어링 길이와 반지름 틈새의 적합한 조합을 결정하라. 또한 이에 상응하는 마찰계수 값과 마찰에 의한 동력 손실과 베어링 내의 오일 유입량과 유출량 및 오일의 온도 상승을 결정하라.

풀이 SOLUTION

제시자료: 오일 윤활된 베어링이 스팀터빈 로터축을 지탱한다. 저널의 지름과 이 축의 회전속도, 반지름방향 하중이 알려져 있다.

목표: 베어링 길이와 반지름 틈새를 결정하라. 또한 마찰계수, 마찰에 의한 동력 손실, 오일 유량, 오일 온도 상승값을 결정하라.

개요도 및 데이터:

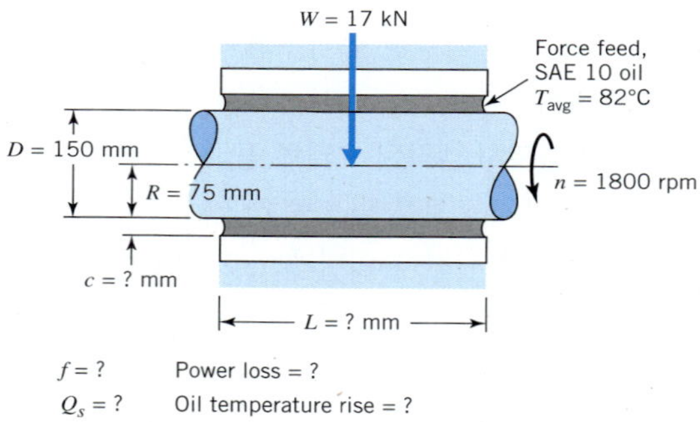

그림 13.26 예제 13.4의 저널 베어링.

판단과 가정:

1. 표 13.2에 주어진 스팀터빈 베어링을 위한 슬리브 베어링의 전형적인 단위 하중 값인 1~2 MPa의 범위로부터, 단위 하중 P=1.6 MPa를 임의로 선택한다.
2. 베어링 변수는 최적 범위 내에서 작동하도록 선택된다.
3. 베어링 상태가 정상상태에 있으며 반지름방향 하중의 크기와 방향이 고정되었다.
4. 윤활유가 대기압에서 베어링으로 공급된다.
5. 오일 구멍이나 오일 홈이 유량에 미치는 영향은 무시할 만하다.

6. 점도는 일정하고 베어링을 출입하는 오일의 평균온도에서의 값으로 가정한다.
7. 베어링에서 발생하는 모든 열은 오일에 의하여 밖으로 보내진다.

설계 해석:

1. 판단 1에 기초하여, $P=1.6$ MPa, $L=17{,}000$ N/[(1.6 MPa)(150 mm)]=70.83 mm. 임의로 이 값을 올림하여 $L=75$ mm로 하면, $L/D=1/2$이 되며 라이몬디와 보이드 차트를 쉽게 사용할 수 있다.(L/D 비가 1/2이면 현재 터빈 베어링의 실제 값과 같다는 것에 주목하라.) $L=75$ mm일 때, P는 1.511 MPa로 계산된다.
2. 그림 13.13은 $L/D=1/2$일 때, 최적 작동 범위가 $S=0.037$과 $S=0.35$ 사이라는 것을 보여 준다. 그림 13.6은 82°C에서 ASE 10 오일의 점도를 6.3 mPa·s로 준다. 아는 값들(최적 영역의 경계에 해당하는)을 S 공식에 대입하면

$$S = \frac{\mu n}{P}\left(\frac{R}{c}\right)^2$$

$$0.037 = \frac{(6.3 \times 10^{-3}\ \text{Pa} \cdot \text{s})(30\ \text{rev/s})}{1.511 \times 10^6\ \text{Pa}}\left(\frac{75\ \text{mm}}{c\ \text{mm}}\right)^2$$

이므로 $c=0.138$ mm($c/R=0.00184$)이다. 같은 방법으로, $S=0.35$일 때 $c=0.0448$ mm($c/R=0.00060$)이다. 틈새비들이 대략 0.001이므로 이 절에 주어진 지침 안에 있음을 주목하라.

3. 반지름 틈새를 위해 적당한 공차 범위를 결정하기 전에, 최적 범위의 양쪽으로 확장되는 c에 대하여 c의 함수 h_0, f, Q, Q_s를 계산하고 그리자. 표 13.3의 값들은 그림 13.27에 그려져 있다.
4. 그림 13.27은 0.04~0.15 mm 범위의 반지름 틈새 범위에서 좋은 작동을 나타낸다. 그러나 식 (13.15)를 사용한 확인이 필요하다.

$$h \geqq 0.005 + 0.00004(150) = 0.011\ \text{mm}$$

이제 이것을 안전계수 2로 작용하는 힘에 대한 최소 유막두께의 계산값과 비교해 보자. '극단적인 경우'인 $c=0.15$ mm를 가정한다.

$$S = \frac{(6.3 \times 10^{-3})(30)}{(1.511 \times 10^6)(2)}\left(\frac{75}{0.15}\right)^2 = 0.0156$$

$$h_0/c = 0.06, \qquad h_0 = 0.009\ \text{mm}$$

이것은 식 (13.15)를 통해 계산된 0.011 mm보다 작다. 그러나 초기에 지정된 평균 유막 온도 82°C는 문제를 단순화하기 어렵게 만든다. $c=0.15$ mm인 경우의 높은 오일 유량은 그보다 작은 베어링 틈새에서 얻어지는 유막 온도보다 더 낮은 온도(그러므로 높은 점도)에 이르게 한다. 더구나 '더 무거운' 등급의 윤활유는 베어링 틈새가 마멸로 인해 증가될 때 지정될 수 있다. SAE 20 윤활유로 계산하면(또한 82°C의 평균 유막 온도에서), $c=0.15$ mm와 반지름방향 하중이 17 kN의 두 배인 경우, 최소 유막두께가

표 13.3 예제 13.4를 위한 값들

	c (mm)	S[a]	h_0/c[b]	h_0 (mm)	$\frac{R}{c}f$[c]	f	$\frac{Q}{RcnL}$[d]	Q (mm³/s)	Q_s/Q[e]	Q_s (mm³/s)
	0.02	1.714	0.76	0.0152	36.	0.0096	3.8	12,800	0.37	4,700
	0.03	0.762	0.59	0.0177	16.	0.0064	4.3	21,800	0.56	12,200
	0.04	0.428	0.47	0.0188	10.	0.0053	4.65	31,600	0.68	21,500
← Optimum zone → (from Figure 13.13)	0.0448	0.342	0.425	0.0190	8.7	0.0052	4.8	36,300	0.72	26,100
	0.05	0.274	0.37	0.0185	7.3	0.0049	4.95	41,800	0.76	31,700
	0.07	0.140	0.26	0.0182	4.4	0.0041	5.25	62,000	0.84	52,100
	0.09	0.085	0.195	0.0176	3.1	0.0037	5.45	82,800	0.88	72,800
	0.11	0.057	0.15	0.0165	2.3	0.0034	5.55	103,000	0.91	93,800
	0.13	0.041	0.12	0.0156	1.9	0.0033	5.6	122,900	0.92	113,000
	0.138	0.036	0.11	0.0152	1.75	0.0032	5.65	131,600	0.93	122,400
	0.15	0.030	0.10	0.0150	1.6	0.0032	5.7	144,300	0.94	135,600
	0.18	0.021	0.08	0.0144	1.3	0.0031	5.75	174,700	0.95	165,900

[a] $S = \frac{\mu n}{P}\left(\frac{R}{c}\right)^2 = \frac{(6.3 \times 10^{-3}\text{ Pa}\cdot\text{s})(30\text{ rev/s})}{1.551 \times 10^6\text{ Pa}}\left(\frac{75\text{ mm}}{c\text{ mm}}\right)^2 = \frac{6.8544 \times 10^{-4}}{c^2}.$

[b] From Figure 13.13.

[c] From Figure 13.14.

[d] From Figure 13.18.

[e] From Figure 13.19.

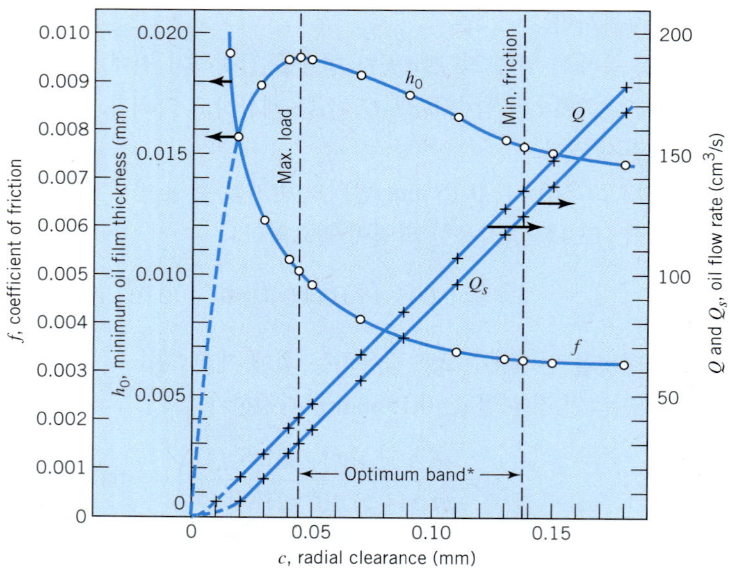

*As defined in Fig. 13.13

그림 13.27 예제 13.4. c에 따른 h_0, f, Q, Q_s의 변화(μ, n, L, D, W는 상수).

0.012 mm로 된다.

5. 이제는 저널과 베어링의 적절한 지름공차에 대해 판단해 볼 수 있다. 반지름 틈새를 0.05 mm~0.07mm 사이의 범위로 지정하면, 베어링 작동 범위가 '최적 영역'을 벗어나

지 않으면서 상당한 마멸을 허용한다. 틈새 범위가 0.05 mm와 0.09 mm 사이의 범위를 갖도록 공차를 증가시키면 더 경제적인 제조가 가능하다. 약간 더 큰 초기 틈새인 0.08 mm에서 0.11 mm까지는 마찰 손실을 감소시키고 베어링을 더 낮은 온도에서 작동하도록 한다.

6. 그림 13.27에 있는 오일 유량 곡선으로 돌아와서, 이것들은 오일이 항상 대기압하의 베어링 입구에서 얻어질 수 있는 것을 가정함을 기억하라. 계산된 유량은 베어링 자체에 의해 발생된다. 이러한 강제윤활 시스템에서 쓰이는 오일 펌프는 베어링 요구를 따라가기 위해 측면 누출 Q_s와 같은 양의 유량을 공급해야 한다. 대기압보다 더 높은 압력에서 베어링에 오일을 공급하면 유량이 증가한다. 이것은 베어링을 통해 흐르는 오일 입자가 적은 열을 흡수한다는 것을 의미한다.

두 가지 오일 유량 곡선 사이의 차이는 원주 또는 재순환 유량을 나타냄을 주목하라. 그리고 이것은 틈새에 따라 거의 변하지 않는다.

반지름 틈새에 대한 오일 유량의 매우 큰 민감도는 일정한 공급압력에서 유량을 체크해 봄으로써 마멸이 측정될 수 있음을 나타낸다(또는 일정한 유량의 오일 펌프를 사용할 때 공급압력을 체크해 본다).

7. 어떤 작동 틈새에서 마찰 동력 손실은 표 13.3이나 그림 13.27의 마찰계수 값을 이용하여 계산될 수 있다. 특히 주목해야 할 것은 가장 꽉 찬 베어링 끼워맞춤에서 일어나는 큰 동력 손실이다. 관심을 갖는 범위의 틈새는 $c = 0.04$ mm이며, 이 경우

$$\text{마찰 토크, } T_f = WfD/2 = (17{,}000\text{ N})(0.0053)(0.150\text{ m})/2 = 6.76\text{ N}\cdot\text{m}$$

식 (1.2)로부터

$$\text{마찰 동력} = \frac{nT}{9549} = \frac{(1800)(6.76)}{9549} = 1.27\text{ kW}$$

8. 가정한 대로, 베어링에서 발생한 전체 열 1.27 kW는 오일에 의하여 전달되어 나가며, 이 오일은 대기압에서 베어링으로 공급된다(강제윤활 시스템에서는 보수적임). 베어링을 통해 흐르는 오일의 온도 상승은 다음과 같다.

$$\Delta t = \frac{H_f}{Q_s c\rho}$$

$$\Delta t = (\text{heat rate})\left(\frac{1}{\text{flow rate}}\right)\left(\frac{1}{\text{volumetric specific heat}}\right)$$

$$= \left(1270\frac{\text{N}\cdot\text{m}}{\text{s}}\right)\left(\frac{\text{s}}{21.5\times10^{-6}\text{ m}^3}\right)\left(\frac{\text{m}^2\times{}^\circ\text{C}}{1.36\times10^6\text{ N}}\right)$$

$$= 43.4^\circ\text{C}$$

평균 온도 82°C에서는 오일이 약 60°C에서 공급되고 103°C에서 배출되어야 한다. 이것은 겨우 만족스럽다. 만약 반지름 틈새가 약간만 증가한다면(말하자면 0.05 mm) 증

가된 오일 유량과 함께 감소된 마찰 손실 때문에 최고 온도는 상당히 줄어들 것이다. 더구나 압력을 받는 오일의 유량은 자연 유량을 초과하므로, 이에 상응하여 온도 상승이 작아질 것이다.

9. 다음의 값들은 양호한 답들을 구성한다.

   베어링 길이=75 mm.
   반지름 틈새=0.05~0.07 mm(0.07이라는 치수는 제조단가를 고려하여 약간 증가될 수 있다).
   동력 손실=1.18~0.99 kW(다양한 틈새에 대한 동력 손실은 마찰계수에 비례한다).
   오일 유량(Q_s)=31,700~52,100 mm^3/s.
   오일 온도 상승=27.3~13.9°C(간단한 계산은 독자에게 맡긴다).

주석:

1. 로터의 중력이 베어링의 밑부분에만 하중을 주기 때문에 오일은 위에서 투입되고 분배되어야 한다. 축방향 오일 분배는 그림 13.23에서처럼 홈을 통해 이루어질 수 있다. 베어링의 윗부분 전체는 절대로 하중이 실리지 않기 때문에, 이 홈은 아주 넓을 수 있다. 아마 전체 윗부분의 180°를 둘러쌀 것이다. 이것은 180°의 부분 베어링(partial bearing)을 쓸 수 있게 하며, 윗부분의 점성 마찰항력을 줄이는 이점을 갖는다. 이때 부분 베어링을 위한 특별한 라이몬디와 보이드 곡선이 적용된다[7].
2. 조립 시에 모든 오일 통로가 깨끗해야 한다는 것이 특히 중요하다. 적절한 오일 필터가 준비되어야 한다.
3. 스팀터빈 로터 베어링의 정지상태, 시동 시 및 멈춤 동안의 하중이 작동 시의 하중만큼 크다는 것은 유감스럽다. 그렇지만 이 하중이 2 MPa 이하이고, 낮은 속도에서 자주 혹은 지속적으로 작동하지 않는다면, 이것은 받아들일 만한 상황이다.
4. 어떤 큰 터빈들은 시동과 멈춤 도중에 경계윤활(boundary lubrication)을 피하기 위하여 정압(hydrostatic) 베어링을 사용한다. 어떤 경우에는 정압을 발생시키기 위해 사용되는 고압력 펌프가 작동속도에 이르면 꺼질 수 있고, 유체윤활이 이를 대신하도록 허용된다.(예제에서 명시된 것과 같이, 저압 펌프는 오일을 공급하기 위하여 항상 켜져 있을 것이다.)

13.14 경계 및 혼합 윤활

경계(boundary) 및 혼합(mixed-film) 윤활에 대한 개념적 표현이 그림 13.2에 도시되어 있다. 이들의 f 대 $\mu n/P$ 곡선 상에서의 표현은 그림 13.4에 나타내었다. 극도로 매끄러운 표면의 경계윤활일지라도 실질적인 접촉은 전체 면적의 작은 부분에서만 이루어진다. 이것은 국소화된 접촉 부위에서는 매우 높은 압력과 매우 높은 순간적 온도가 존재함을 뜻한다. 이것이 보호되지 않은 금속 표면에서 일어난다면, 마찰은 상당할 것이고 표면은 급속히 파손될 것이다. 다행히 그냥 보통 대기중에서도 금속 표면 위에 산화물과 다른 보호막들이 형성된다. 그리스, 오일, 그래파이트, 탈황 몰리브덴과 다른 것들을 삽입하는 것도 어느 정도의 '윤활'을 제공하는 표면 막(film)을 형성하게 해 준다. 이런 막들은 비교적 전단응력에 약하기 때문에 표면의 뾰족한 끝과 돌기부에서 잘려지는 경향이 있다. 이때 낡은 필름 층들이 마멸되면서 새로운 필름 층들이 형성된다. 혼합윤활의 경우, 하중의 일부분만 막으로 코팅된 돌출부에 의해 담당되고 나머지는 유체윤활로 담당된다.

계속되는 연구는 새로운 윤활제(표면 재료들과 윤활제들의 새로운 조합들)의 개발에 방향을 맞추고 있다. 이것들은 더 나은 **응착마멸**(adhesive wear, 9.9절) 저항과 마찰 감소를 가져다줄 것이다.

경계윤활은 흔히 베어링을 수정함으로써 나아진다. 흔한 예를 들면 '소결' 금속 베어링이다. 이것들은 금속 가루(보통 구리와 주석 또는 철과 구리)를 원하는 모양으로 압축한 다음, 두 금속들의 융점 사이의 온도에서 가열하여 만들어진다. 결과적인 다공성 구조(porous matrix)는 베어링이 쓰여지기 전에 '스펀지처럼' 오일을 흡수할 수 있게 한다. 사용 중에는 갇힌 오일이 열과 압력에 반응하여 표면 쪽으로 흐른다—기계가 멈추면 다시 다공성 구조로 흘러 들어간다. 다른 예는 해머 효과를 주기 위하여 베어링(nonporous)에 움푹 들어간 자국을 만드는 것이다. 이때 표면의 자국은 고체 또는 반고체 윤활제를 위한 저장 공간을 제공한다.

그래파이트와 다양한 플라스틱과 같은 어떤 베어링 재료는 매끄러운 금속 표면에 대하여 자연적으로 낮은 마찰계수 때문에 **자체 윤활**(self-lubricating)된다고 한다. 나일론이나 TFE 같은 플라스틱은 여러 첨가제나 혼합물을 섞거나 섞지 않고, 적당한 하중과 속도에서 널리 사용되고 있다. 플라스틱 베어링의 두 가지 한계를 주의해야 한다: (1) 무거운 하중에서 '저온 흐름(cold flow)'이 일어나며, (2) 낮은 열전도성 때문에 같은 마찰 열을 내는 금속 베어링보다 더 뜨겁게 작동하는 경향이 있다. 플라스틱 베어링 재료가 얇은 **접착코팅**의 형태일 때 이런 단점은 적게 나타난다.

비록 경계윤활이 주로 베어링과 연관되어 생각되지만, 나사, 맞물리는 기어, 실린더 안에서 피스톤의 미끄러짐, 그리고 다른 기계요소들의 미끄럼 표면에서도 이와 똑같은 현상이 일어난다.

다공성 금속 베어링은 보통 허용 압력속도계수(발열계수) 또는 **PV 계수**를 기반으로 하여 설계된다. 주어진 마찰계수에 대해, 이 계수는 베어링의 단위면적당 생기는 마찰 열에 비례한다. 흔히 최고 50,000(psi×fps)의 PV 값이 다공성 금속 베어링에 적용된다. 높은 PV에서 장시간 작동할 경우 혹은 고온일 경우에, 추가 오일을 위한 준비가 되어 있어야 한다. 오일은 어떠한 표면에도 적용될 수 있는데, 모세관 현상으로 인하여 안쪽으로 끌어당겨지기 때문이다. 베어링 옆의 그리스 저장기도 효과적일 수 있다. 윤활제를 추가할 준비가 되어 있지 않으면서 긴 수명이 요구되는 곳에서는 PV 값을 적어도 반 이상 줄여야 한다. 표 13.4에 더욱 상세한 추천 사항들이 나온다. 표 목록의 처음 세 가지 베어링 재료를 제외하고는 축 마멸을 저항하기 위하여 경화되고 연마된 강철 축을 사용해야 한다. 실제로는 표에 나오는 값들보다 어느 정도 초과될 수도 있지만, 서비스 수명이 짧아질 것이다.

표 13.4 경계윤활되는 다공성 금속 베어링의 작동 한계[3]

	Static *P*		Dynamic *P*		*V*		*PV*	
Material	**MPa**	**(ksi)**	**MPa**	**(ksi)**	**m/s**	**(fpm)**	**MPa · m/s**	**(ksi · fpm)**
Bronze	55	(8)	14	(2)	6.1	(1200)	1.8	(50)
Lead–bronze	24	(3.5)	5.5	(0.8)	7.6	(1500)	2.1	(60)
Copper–iron	138	(20)	28	(4)	1.1	(225)	1.2	(35)
Hardenable copper–iron	345	(50)	55	(8)	0.2	(35)	2.6	(75)
Iron	69	(10)	21	(3)	2.0	(400)	1.0	(30)
Bronze–iron	72	(10.5)	17	(2.5)	4.1	(800)	1.2	(35)
Lead–iron	28	(4)	7	(1)	4.1	(800)	1.8	(50)
Aluminum	28	(4)	14	(2)	6.1	(1200)	1.8	(50)

표 13.5 경계윤활되는 비금속 베어링의 작동 한계[3]

	P		Temperature		*V*		*PV*	
Material	**MPa**	**(ksi)**	**°C**	**(°F)**	**m/s**	**(fpm)**	**MPa · m/s**	**(ksi · fpm)**
Phenolics	41	(6)	93	(200)	13	(2500)	0.53	(15)
Nylon	14	(2)	93	(200)	3.0	(600)	0.11	(3)
TFE	3.5	(0.5)	260	(500)	0.25	(50)	0.035	(1)
Filled TFE	17	(2.5)	260	(500)	5.1	(1000)	0.35	(10)
TFE fabric	414	(60)	260	(500)	0.76	(150)	0.88	(25)
Polycarbonate	7	(1)	104	(220)	5.1	(1000)	0.11	(3)
Acetal	14	(2)	93	(200)	3.0	(600)	0.11	(3)
Carbon (graphite)	4	(0.6)	400	(750)	13	(2500)	0.53	(15)
Rubber	0.35	(.05)	66	(150)	20	(4000)	—	—
Wood	14	(2)	71	(160)	10	(2000)	0.42	(12)

표 13.5는 비금속 베어링들을 위한 설계 추천 사항을 제공한다.

13.15 스러스트 베어링

회전하는 모든 축들은 축방향으로 위치를 잡아 주어야 한다. 예를 들어 그림 13.1에 있는 크랭크축은 반지름 하중을 받는 주 베어링에 일체형으로 붙은 플랜지의 스러스트 표면에 의해 축방향으로 위치를 잡게 된다. 때때로 스러스트 하중은 분리되어 있는 '스러스트 와셔'에 의해 받쳐진다. 이 평평한 베어링 표면들은 유체윤활에 필요한 '쐐기 작용'을 허락하지 않을 수도 있다. 하지만 하중이 가볍다면, 경계나 혼합 윤활이 적당하다.

축방향 하중이 클 때(무게가 상당한 수직축의 경우와 상당한 스러스트 하중을 받는 프로펠러축의 경우처럼), **유체윤활** 스러스트 베어링이 제공될 수 있다(그림 13.28). 회전하는

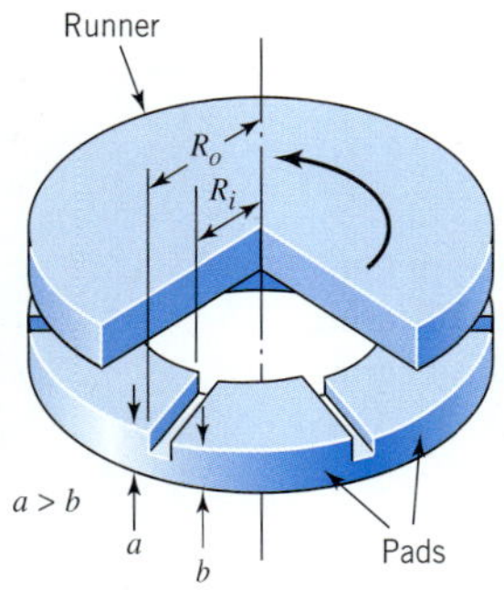

그림 13.28 고정된 경사 패드들과 평평한 회전러너를 갖는 스러스트 베어링.

칼라나 러너(runner) 안지름에 공급되는 오일은 원심력에 의해 베어링 경계표면을 통해 바깥쪽으로 흐른다. 베어링을 통해 원주방향으로 오일이 끌려가면 고정된 부재 위의 테이퍼 패드 때문에 베어링은 쐐기 작용을 겪는다. 이것은 저널 베어링의 편심으로 인해 일어나는 쐐기 작용과 직접적으로 유사하다(그림 13.3).

그림 13.28의 경우처럼 고정된 패드들은 고정된 테이퍼 각을 가지거나, 패드가 피벗되어 자기만의 최적 경사각을 가지거나, 또는 부분적으로 고정되어 경사각에 약간의 변동이 허용되기도 한다. 만약에 패드들이 고정된 테이퍼를 가진다면, 회전의 한 방향으로만 하중이 유체윤활을 받을 수 있다는 것이 명백하다.

스러스트 베어링의 설계를 위해서도 라이몬디와 보이드 차트를 얻을 수 있다[4, 8]. 또한 참고문헌 [6]도 참조하라.

13.16 탄성유체윤활

탄성유체(elastohydrodynamic)윤활은 높은 하중이 실린 볼록한(nonconforming) 표면들의 윤활에 적용되는 용어이며, 보통은 적어도 부분적인 구름 접촉이 있어야 한다. 여기서 논의되지는 않지만, 이 이론은 서로 접촉하는 표면들의 탄성변형(9.13절에서 논의된 것처럼)과 엄청난 압력 아래에서의 윤활제의 점도 증가를 고려한다.(참고문헌 [6] 참조.) 탄성유체윤활 이론은 기어, 볼베어링, 롤러 베어링, 캠과 같은 기계요소들에서처럼 높은 하중이 실린 곡면의 반응에 대한 발전된 연구의 기초가 된다.

참고문헌 REFERENCES

1. Cameron, A., *The Principles of Lubrication*, 3rd ed., Wiley, New York, 1982.
2. Gross, W. A., *Gas Film Lubrication*, Wiley, New York, 1962.
3. "Mechanical Drives," *Machine Design Reference Issue*, Penton/IPC, Cleveland, June 18, 1981.
4. O'Conner, J. J., and J. Boyd, *Standard Handbook of Lubrication Engineering*, McGraw-Hill, New York, 1968.
5. Ocvirk, F. W., "Short-Bearing Approximation for Full Journal Bearings," Technical Note 2808, Nat. Advisory Comm. for Aeronautics, Washington, D.C., 1952. Also see G. B. DuBois and F. W. Ocvirk, "The Short-Bearing Approximation for Plain Journal Bearings," *Trans. ASME*, **77:** 1173–1178 (1955).
6. Peterson, M. B., and W. O. Winer (eds.), *Wear Control Handbook*, American Society of Mechanical Engineers, New York, 1980.
7. Raimondi, A. A., and J. Boyd, "A Solution for the Finite Journal Bearing and Its Application to Analysis and Design," Parts I, II, and III, *Trans. ASLE*, Vol. 1, No. 1, pp. 159–209, in *Lubrication Science and Technology*. Pergamon Press, New York, 1958.
8. Raimondi, A. A., and J. Boyd, "Applying Bearing Theory to the Analysis and Design of Pad-Type Bearings," *Trans. ASME*, **77:** 287–309 (April 1955).
9. Shaw, Milton C., and F. Macks, *Analysis and Lubrication of Bearings*, McGraw-Hill, New York, 1949.
10. Slaymaker, Robert R., *Bearing Lubrication Analysis*, Wiley, New York, 1955.
11. Szeri, A. Z., *Tribology, McGraw-Hill*, New York, 1980.
12. Trumpler, Paul R., *Design of Film Bearings*, Macmillan, New York, 1966.
13. Wills, J. George, *Lubrication Fundamentals*, Marcel Dekker, New York, 1980.
14. Pirro, D. M., and A. A. Wessol, *Lubrication Fundamentals,* 2nd ed., Marcel Dekker, New York, 2001.

연습문제 PROBLEMS

Section 13.2

13.1 Consult the Dodge bearing catalog for a sleeve bearing at http://dodge-pt.com/literature/index.html and specify a two-bolt fully split housing pillow block bearing with bronze-bushed sleeve for a 2.6875-in.-diameter steel shaft. Specify this bearing using the Dodge nomenclature key.
[Ans.: P2B-BZSP-211]

13.2 Repeat Problem 13.1 except use a rigid bronze bushing for a 4.5-in. shaft.

13.3 Consult the Dodge bearing catalog for a sleeve bearing for a take-up frame at http://dodge-pt.com/literature/index.html and specify a 1000 series wide slot take-up sleeve bearing for a 35 mm diameter steel shaft. Specify this bearing using the Dodge nomenclature key.

13.4 For the bearing specified in P13.3, consult the Dodge bearing catalog at http://dodge-pt.com/literature/index.html and identify what take-up frame the specified bearing will fit and all the shaft sizes the take-up frame will accommodate. Specify the take-up frame size using the Dodge nomenclature.

13.5 Consult the Dodge bearing catalog for a babbitted sleeve bearing at http://dodge-pt.com/literature/index.html and specify a four-bolt pillow block babbitted angle bearing for a 5.4375-in.-diameter steel shaft. Specify this bearing using the Dodge nomenclature key.
[Ans.: P4B-BAA-507]

13.6 Review the web site http://www.grainger.com. Perform a product search for a bronze bearing block. Locate a self-aligning pillow block bearing with a 0.75-in. inside diameter (ID). List the manufacturer, description, item number, and the price of the bearing.

13.7 Review the web site http://www.grainger.com. Perform a product search for a plastic bearing block. Locate a four-bolt solid pillow block bearing with a 0.625-in. inside diameter (ID). List the manufacturer, description, item number, and the price of the bearing.

Section 13.5

13.8 Determine the density in grams per cubic centimeter for SAE 40 oil at 95°F.

13.9 Determine the approximate weight per cubic inch for petroleum oil at 185°F.

13.10 For SAE 30 oil at 160°F, determine the weight per cubic inch.

13.11 For SAE 20 oil at 60°F, determine the density in grams per cubic centimeter.

13.12 An oil has a viscosity of 100 mPa · s at 22°C and a viscosity of 3 mPa · s at 115°C. Specific gravity at 35°C is 0.880. Find the viscosity of this oil in mPa · s at 60°C.

13.13 An oil has a viscosity of 30 mPa · s at 10°C and a viscosity of 4 mPa · s at 100°C. Specific gravity at 15.6°C is 0.870. Find the viscosity of this oil in mPa · s at 80°C.

13.14 For the oil in Problem 13.13, determine the kinematic viscosity at 80°C.

13.15 The specific gravity of an oil at 15°C is 0.887. The oil has a viscosity of 65 SUS at 100°C and a viscosity of 550 SUS at 38°C. Estimate the viscosity of this oil in mPa · s at 80°C.

13.16 For the oil in Problem 13.15, determine the kinematic viscosity at 180°F.

Section 13.7

13.17 A Petroff bearing 100 mm in diameter and 150 mm long has a radial clearance of 0.05 mm. It rotates at 1200 rpm and is lubricated with SAE 10 oil at 170°F. Estimate the power loss and the friction torque.

13.18 Repeat Sample Problem 13.2, except use the viscosity for SAE 10 oil at 40°C and a radial clearance of 0.075 mm.

13.19 A lightly loaded 360° journal bearing 100 mm in diameter and 150 mm long operates with a radial clearance of 0.050 mm and a speed of 900 rpm. SAE 10 oil is used at 60°C. Determine the power loss and friction torque. (See Figure P13.19.)

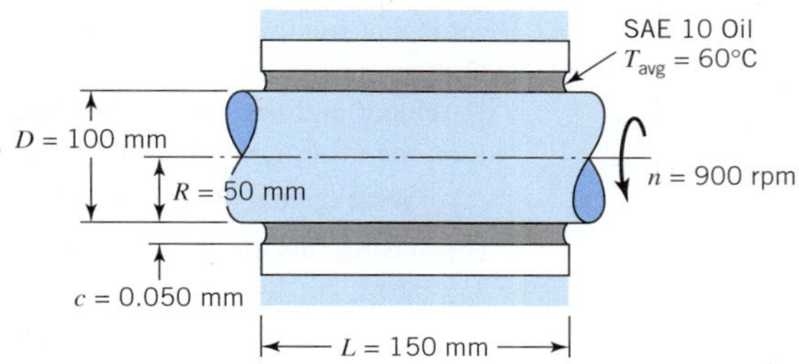

FIGURE P13.19

13.20 A 75 mm-diameter shaft is supported by a bearing 75 mm in length with a diametral clearance of 0.100 mm. It is lubricated by oil that at operating temperature has a viscosity of 3.5 mPa-s. The shaft rotates at 1800 rpm and carries a radial load of 5 kN. Estimate the bearing coefficient of friction and the power loss using the Petroff approach.

13.21 A journal bearing 120 mm in diameter and 60 mm long has a diametral clearance of 0.20 mm. The journal rotates 3000 rpm and is lubricated with SAE 20 oil at an average temperature of 70°C. Using Petroff's equation, estimate the power loss and the friction torque.

[Ans.: 1.01 kW, 3.2 N · m]

13.22 An automobile engine has five main bearings, each 65 mm in diameter and 25 mm long. The diametral clearance is 0.040 mm. Using Petroff's equation, estimate the power loss per bearing at 3600 rpm if SAE 30 oil is used, with an average oil film temperature of 80°C.

Sections 13.8 and 13.9

13.23 A journal bearing of L = 25 mm, D = 50 mm, and a diametral clearance of 0.050 mm supports a 1.8 kN load while rotating at 1800 rpm. SAE 10 oil is used, with an average film temperature of 55°C. Determine (a) minimum oil film thickness, (b) coefficient of friction, (c) maximum film pressure, (d) angle between load direction and minimum film thickness, (e) angle between load direction and termination of film, (f) angle between load direction and maximum film pressure, (g) total circumferential oil flow rate, and (h) side or leakage flow rate. Would you recommend that a little smaller clearance or a little larger be used? Why?

13.24 Repeat Problem 13.21, using the charts, rather than Petroff's equation, and also determine the minimum oil film thickness, h_0, for

(a) A bearing load of 500 N.

(b) A bearing load of 5000 N.

Note the comparison with answers obtained to Problem 13.21.

[Ans.: (a) 1.02 kW, 3.25 N · m, 0.086 mm, (b) 1.26 kW, 4.0 N · m, 0.041 mm]

13.25 Repeat Problem 13.22, using the charts rather than Petroff's equation. Also determine the minimum oil film thickness for a load of 450 N per bearing.

13.26 A bearing of $L = 100$ mm and $D = 200$ mm carries a 33.4-kN radial load. It has a radial clearance of 0.100 mm and rotates at 900 rpm. Make a plot of friction power and h_0 versus viscosity, using SAE 10, 20, 30, and 40 oil, all at 71°C.

13.27 Repeat Problem 13.26, except use only SAE 40 oil. Here plot friction power and h_0 versus radial clearance, using values of 0.050, 0.100, and 0.150 mm. In addition, include points corresponding to clearances giving boundaries of the "optimum band" in Figure 13.13.

13.28 A journal bearing of $D = 25$ mm and $L = 25$ mm is to be used to support a turbine rotor that rotates at 12,000 rpm. SAE 10 oil is to be used, and the average lubricant temperature in the bearings is estimated to be about 65°C. Excellent oil filtration is provided, and the journal roughness is less than 80 μm rms. Because of these factors, the minimum oil film thickness can be as little as 8 mm.

(a) What diametral clearance will give the bearing its greatest load-carrying capacity?

(b) Using this clearance, what maximum load can be carried?

(c) With this clearance and load, what would be the friction power lost in the bearing?

13.29 A bearing of $L = 50$ mm and $D = 50$ mm is to support a radial load of 5 kN. Rotating speed is to be 1200 rpm, and minimum film thickness h_0 is to be 0.025 mm. For bearing operation at the minimum friction edge of the optimum band, what radial clearance and oil viscosity are required? Using these values, what would be the coefficient of friction and the friction power loss?

Sections 13.10–13.13

13.30D A shaft rotates at 1800 rpm and applies a radial load of 2.0 kN on a journal bearing. A ratio of $L/D = 1$ is desired. SAE 30 oil is used. The average film temperature is expected to be at 65°C. A minimum bearing size is desired.

(a) Determine the values of L and D.

(b) Determine values of c corresponding to the two edges of the optimum zone in Figure 13.13.

(c) Does the value of c for minimum friction satisfy Trumpler's criterion for minimum acceptable film thickness?

13.31D A minimum-sized bearing that is consistent with reported current practice is desired for a steady load. SAE 20 oil is to be used, and the average film temperature is expected to be at 70°C. A ratio of $L/D = 1$ is required. The journal bearing is to be designed to carry a radial load of 7 kN at 1200 rpm.

(a) Determine the values of L and D.

(b) Determine values of c corresponding to the two edges of the optimum zone in Figure 13.13.

(c) Does the value of c for minimum friction satisfy Trumpler's criterion for minimum acceptable film thickness?

13.32 A journal bearing is to be designed for a gear reducer shaft that rotates 1200 rpm and applies a 4.45-kN load to the bearing. Proportions of $L/D = 1$ are desired. SAE 20 oil is to be used, and the average film temperature is expected to be 60°C. The bearing is to be as small as is consistent with reported current practice.

(a) Determine appropriate values of L and D.

(b) Determine values of c corresponding to the two edges of the optimum zone in Figure 13.13.

(c) Does the value of c for minimum friction satisfy Trumpler's criterion for minimum acceptable film thickness?

[Ans.: (a) 55 mm, (b) 0.029 mm and 0.047 mm]

13.33D A journal bearing is to be designed for a gear reducer shaft that rotates 290 rpm and applies a radial load of 953 lb to the bearing.

(a) Determine an appropriate combination of L, D, material, lubricant, and average oil temperature (assume that this can be controlled to a reasonable specified temperature by an external oil cooler).

(b) Plot f, h_0, ΔT, Q, and Q_s for a range of radial clearances extending somewhat beyond both sides of the optimum range of Figure 13.13. From this, suggest an appropriate range of production clearances if the tolerances are such that the maximum clearance is 0.001 in. greater than the minimum clearance.

13.34D A ring-oiled bearing is to support a steady radial load of 4.5 kN when the shaft rotates 660 rpm. Obviously, many designs are possible, but suggest one reasonable combination of D, L, c, bearing material, surface finish, and lubricating oil. (See Figure P13.34D.)

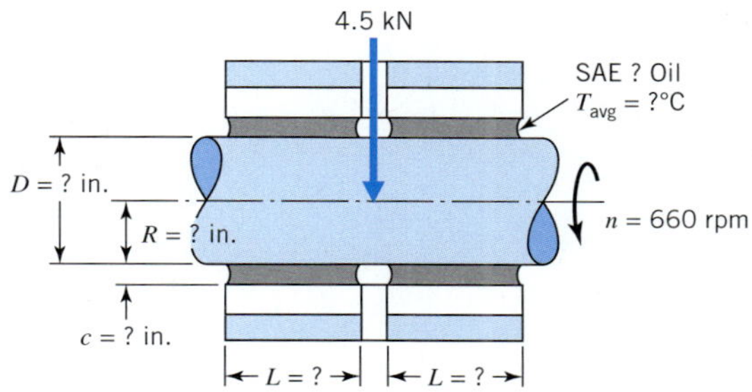

FIGURE P13.34D

13.35D Suggest a reasonable combination of D, L, c, bearing material, surface finish, and lubricating oil for a ring-oiled bearing that supports a steady load of 1500 lb when the shaft rotates at 600 rpm.

13.36D Design a ring-oiled bearing that will support a shaft that rotates at 500 rpm and applies a steady 2000-lb load. Specify D, L, c, bearing material, surface finish, and lubricating oil.

13.37D Repeat Problem 13.36D, except use a 4000-lb load.

13.38D Figure P13.38D, which is not drawn to scale, shows a four-strand roller chain idler sprocket that rotates on a stationary shaft, supported by two sliding-surface bearings inside the sprocket. The chain transmits 3.7 kW at a chain velocity of 4 m/s, and the sprocket diameter is 122.3 mm. The distance between the inside edges of the sprocket shaft support is 115 mm.

(a) Determine a satisfactory combination of bearing length, diameter, and material.

(b) What considerations other than those taken into account in part (a) might influence the final decision of bearing diameter and length?

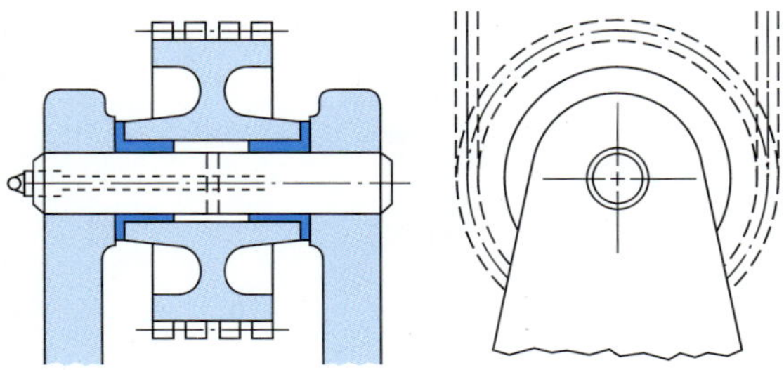

FIGURE P13.38D

13.39D Repeat Problem 13.38D, except the chain transmits 5.0 kW at a chain velocity of 3 m/s, and the sprocket diameter is 120 mm.

구름 베어링

14

14.1 회전하는 축을 지지하는 여러 가지 방법들의 비교

구름 베어링(rolling-element bearing)에 대한 공부를 시작하기 위한 배경 지식으로 미끄럼 베어링(sliding bearing, 13장)을 간단히 복습하는 것이 도움이 될 것이다. 가장 간단한 베어링은 윤활이 안 된 평 베어링(plain bearing) 또는 미끄럼 베어링으로, 고대의 수레에서 나무로 만든 축에 바로 연결한 나무 바퀴에서 볼 수 있다. 또한 여기에 동물성 기름이나 식물성 기름 같은 윤활제를 사용함으로써 마찰을 줄이고 수명을 길게 할 수 있었다. 미끄럼 베어링을 사용하는 현대 기계에서 강철축은 청동이나 TFE[1](9.9절과 9.10절 참조) 같은 내마멸성 재료들로 만들어진 베어링의 면으로 지탱된다. 잔디 깎는 기계의 바퀴, 정원용 카트, 아이들의 세바퀴 자전거 같은 저속 기계에서는 보통 오일이나 그리스(grease)를 사용하지만 이런 윤활제들은 접촉하는 표면들을 완전히 분리시키지 못한다. 반면에 엔진 크랭크 축에 사용되는 미끄럼 베어링은 정상적인 운전 중에는 유체 윤활(hydrodynamic lubrication) 상태에 있게 된다. 즉 오일막(oil film)이 표면들을 완전히 분리시킨다.

구름 베어링에서는 축과 바깥 부재들이 볼 또는 롤러에 의해 분리되어 있다. 따라서 구름 마찰이 미끄럼 마찰을 대신하게 된다. 그림 14.1부터 14.10까지는 실제 베어링의 예들을 보여 주고 있다. 접촉 면적이 작고 높은 응력을 받기 때문에(9.13절), 구름 베어링에서 하중을 받는 부분들은 보통 축과 바깥 부재들보다 더 단단하고 강도가 큰 재료로 만들어진다. 이러한 부품들에는 내륜(inner ring), 외륜(outer ring), 볼, 또는 롤러 등이 있다. 보통 베어링에는 리테이너(retainer) 또는 분리기(separator)라고 하는 추가 구성 부품이 있는데, 이것은 볼 또는 롤러들을 균등한 간격으로 떨어져서 자리를 잡게 한다.

미끄럼 베어링과 구름 베어링은 모두 요즘 사용되는 기계 부품들에서 중요한 자리를 차지한다. 구름 베어링의 주된 장점은 기동할 때 마찰이 작다는 것이다. 미끄럼 베어링은 완전 유체 윤활(full-film lubrication, 표면들이 완전히 분리된 상태) 상태가 될 때만 마찰이 비교적 작아지게 된다. 이는 별도로 값비싼 보조 유체 공급 시스템을 갖춘 정압 윤활(hydrostatic lubrication)이나 기동 때에는 나타날 수 없는 동압 윤활(hydrodynamic lubrication)에서나 가능하다. 이에 반하여 구름 베어링은 기동 때에 큰 하중이 작용하고 있

[1] 듀폰 사의 테플론과 같은 4불화에틸렌(tetrafluoroethylene).

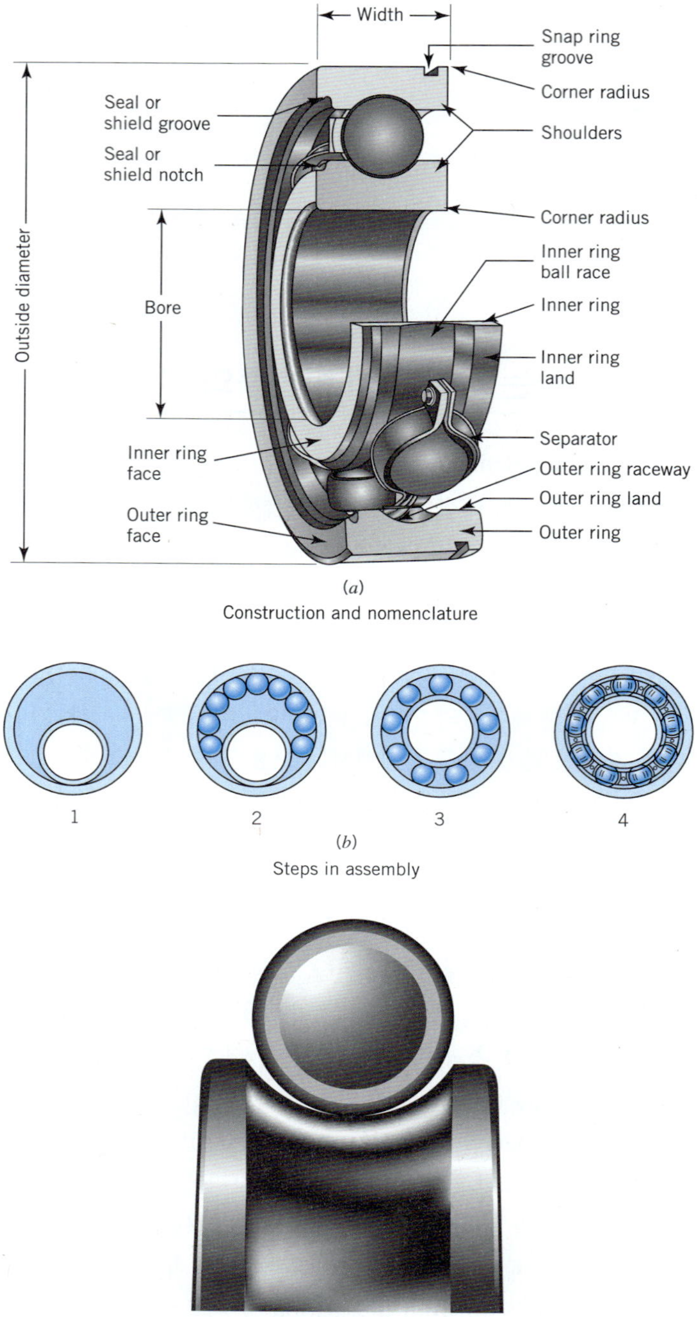

(a) Construction and nomenclature

(b) Steps in assembly

(c) Contact surface geometry

그림 14.1 레이디얼 볼 베어링(깊은 홈 또는 콘래드형).

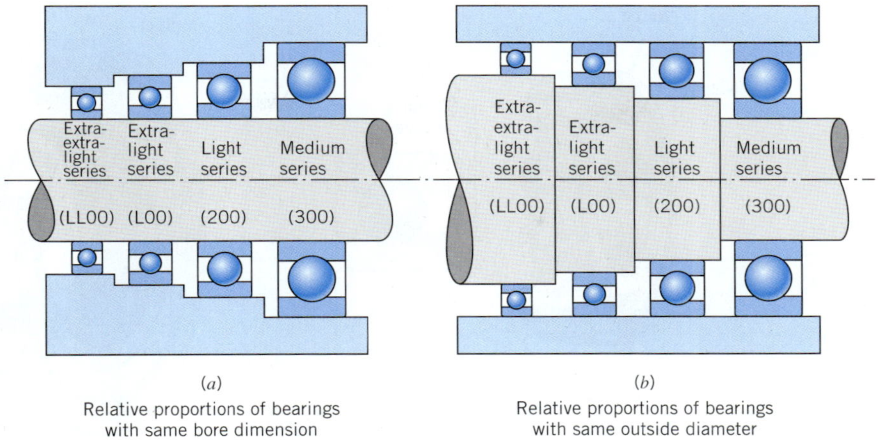

그림 14.2 계열이 다른 베어링들의 상대적인 치수 비율.

는 기계들에서 사용할 수 있다. 예를 들어 기차의 차축을 지지하는 데 롤러 베어링을 사용함으로써, 긴 기차를 처음에 움직이기 위하여 기관차가 추가로 필요했던 문제를 해결할 수 있다. 반면에 오일막의 윤활 작용을 이용하는 미끄럼 베어링은 충격과 순간적인 과부하가 작용하는 고속 회전의 경우에 아주 적합하다. 회전 속도가 빠르면 빠를수록 동압 발생 펌프 작용(hydrodynamic pumping action)이 더욱 잘 일어난다. 게다가 충격 하중의 지속 시간이 오일막을 압착하여 밀어낼 정도로 길지 않기 때문에 오일막이 충격을 효과적으로 완화하는 '쿠션'으로 작용한다. 고속 회전의 경우는 보통 구름 베어링에 불리하다. 왜냐하면 피로 사이클이 급속하게 누적되며 구름 요소에 작용하는 원심력이 커지기 때문이다(9.14절, 표면 피로 파손을 참조).

구름 베어링은 축 둘레에 반경 방향으로 공간을 크게 차지하지만 미끄럼 베어링은 보통 축 방향으로 더 큰 공간을 필요로 한다. 구름 베어링에서는 어느 정도의 소음이 발생되어 주위로 전달되지만, 유막(fluid-film) 베어링은 보통 소음을 발생시키지 않으며 오히려 다른 요인에 의해 발생한 소음을 감쇠시키기도 한다. 윤활 장치를 많이 필요로 하지 않는 간단한 기계에서는 미끄럼 베어링이 볼 베어링이나 롤러 베어링보다 비용이 적게 든다. 그러나 미끄럼 베어링이 강제 공급 윤활 시스템을 필요로 할 때에는 전체 비용면에서 구름 베어링이 더 적게 들 수도 있다. 볼 베어링과 롤러 베어링의 또 다른 장점은 '예비하중(preload)'을 받고 있을 수 있다는 것이다. 접촉하는 베어링 요소들이 작은 틈새를 갖고 작동하는 대신에 서로 눌려지는 상태에서 작동한다. 이것은 회전 부재의 위치를 정밀하게 잡아야 할 때 중요한 점이다.

구름 베어링은 또한 '마찰 방지(antifriction)' 베어링으로도 알려져 있다. 하지만 구름 베어링이 모든 경우에 대하여 유막 베어링보다 마찰이 더 작은 것은 아니기 때문에, 이 용어는 적절하지 않다고 해야 할 것이다. 보통의 하중이 작용할 때 구름 베어링(밀봉형이 아닌 경우)의 마찰계수는 대개 0.001~0.002 범위의 값이다.

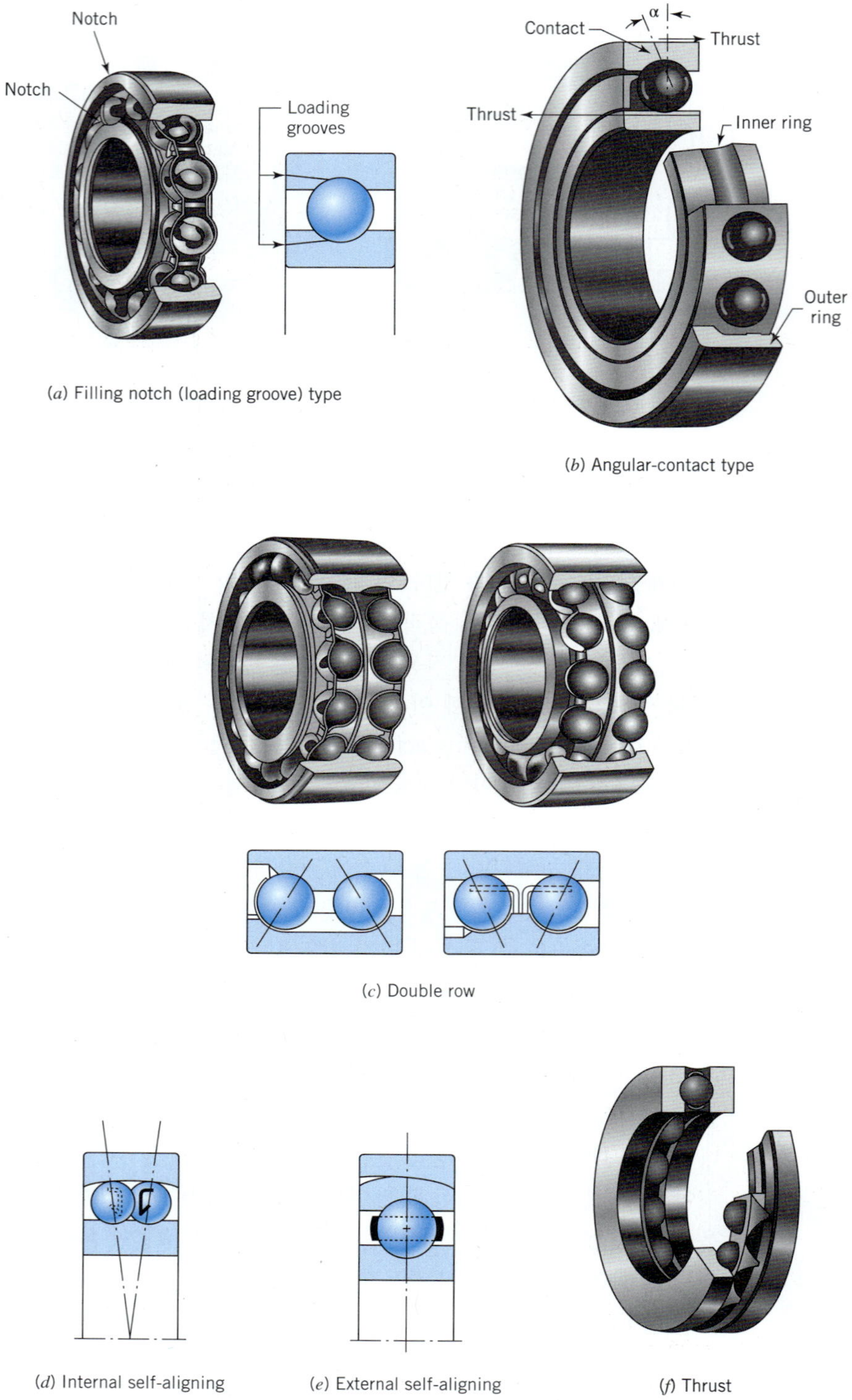

그림 14.3 그림 14.1에 보인 깊은 홈 볼 베어링 외 대표적인 볼 베어링의 종류.

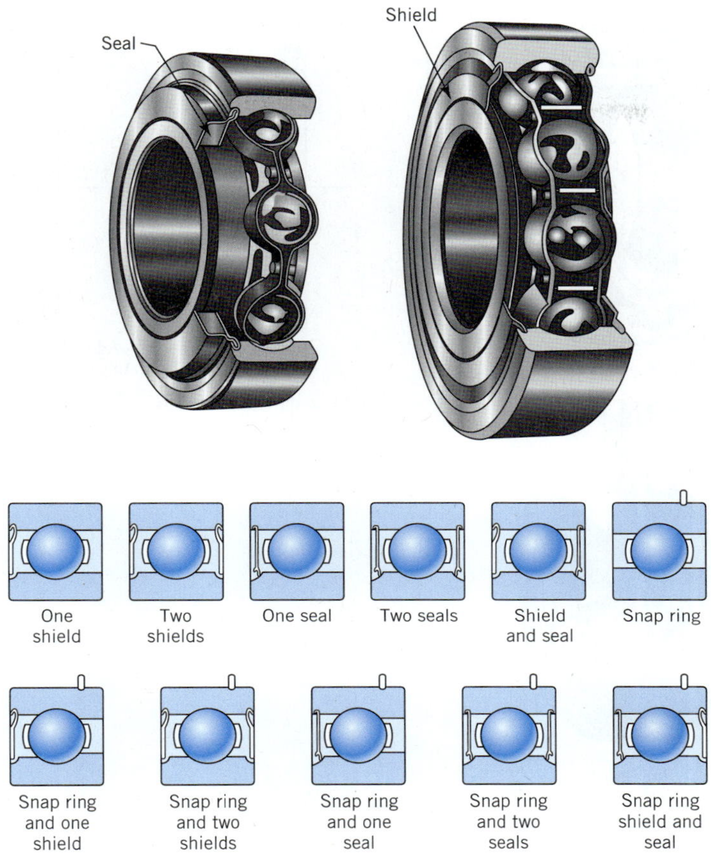

그림 14.4 실이나 실드가 있는 베어링.

사이트 http://www.machinedesign.com에서 미끄럼 베어링, 구름 베어링 및 윤활에 대한 일반적인 정보를 찾아볼 수 있다.

14.2 구름 베어링의 역사

미끄럼 마찰을 극복하기 위하여 구름 요소를 사용했다는 기록을 보면, 최초로 기원전 200년 이전에 고대 이집트의 건설 노동자들이 무거운 돌판을 움직이기 위해 사용했었다고 나오는데[1], 이미 기원전 650년경에 아시리아인들이 사용했을 수도 있다. 초기의 마차 바퀴들에서 원형 단면의 막대기로 만들어진 투박한 롤러 베어링을 사용한 것으로 생각된다. 서기 1500년경에 레오나르도 다빈치가 근대적인 볼 베어링과 롤러 베어링을 발명하고 일부를 개발한 것으로 알려져 있다. 18세기에는 몇 가지의 볼 베어링과 롤러형 베어링들이 프랑스에서 만들어졌다. 1710년에 롤러 베어링을 사용한 마차를 만든 사람은 자신이 만든 롤러 베

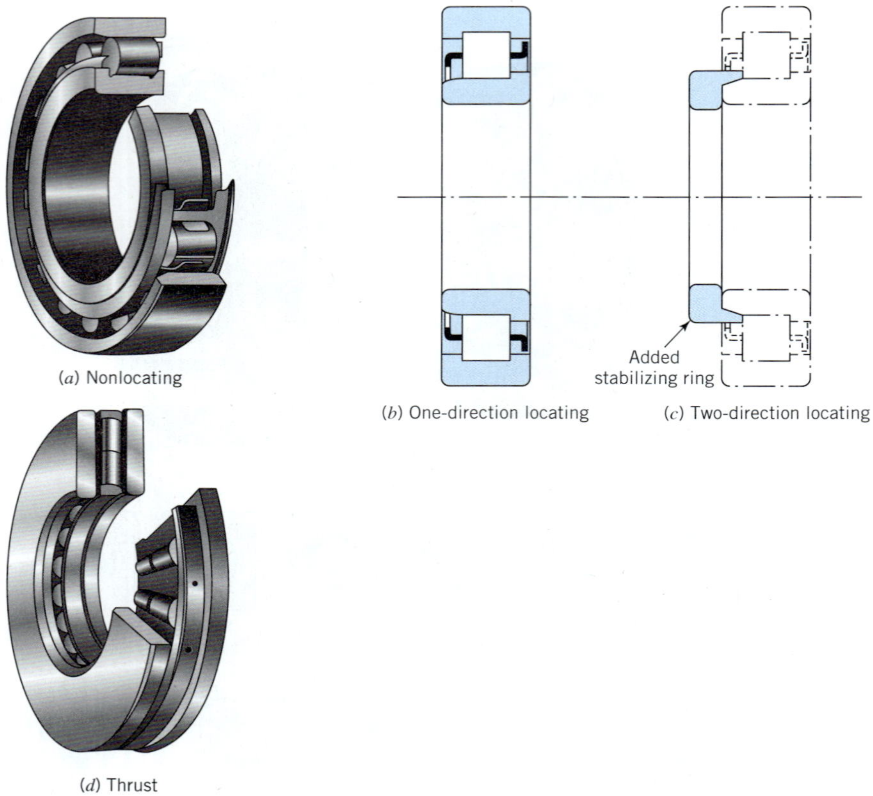

그림 14.5 원통 롤러 베어링.

어링을 사용하면 두 마리의 말이 하기에도 힘든 일을 한 마리의 말이 할 수 있게 된다고 주장하였다. 그러나 1856년 베서머(Bessemer)가 강철 제조법을 발명한 이후에야 구름 베어링을 만들기에 적당한 재료를 경제적으로 얻을 수 있게 되었다. 19세기의 그 이후 기간 동안에 유럽에서는 볼 베어링이 자전거용으로 급속하게 개발되었다.

14.3 구름 베어링의 종류

구름 베어링은 **볼 베어링**(ball bearing)이거나 **롤러 베어링**(roller bearing)이다. 일반적으로 볼 베어링은 더 빠른 속도에서 사용할 수 있고, 롤러 베어링은 더 큰 하중을 견딜 수 있다. 대부분의 구름 베어링을 다음의 세 가지 종류 중 하나로 분류할 수 있다: (1) 주로 반경 방향의 하중을 지탱하기 위한 **레이디얼**(radial) 베어링, (2) 주로 축 방향의 하중을 지탱하기 위한 **스러스트**(thrust) 혹은 축 접촉(axial-contact) 베어링, (3) 축 방향 하중과 반경 방향 하중이 조합된 하중을 견디기 위한 **앵귤러 콘택트**(angular-contact) 베어링. 그림 14.1, 14.2, 14.3은 이러한 종류의 볼 베어링들을 보여 준다. 그림 14.3*f*는 스러스트 베어링, 그림 14.3*b*와 *c*

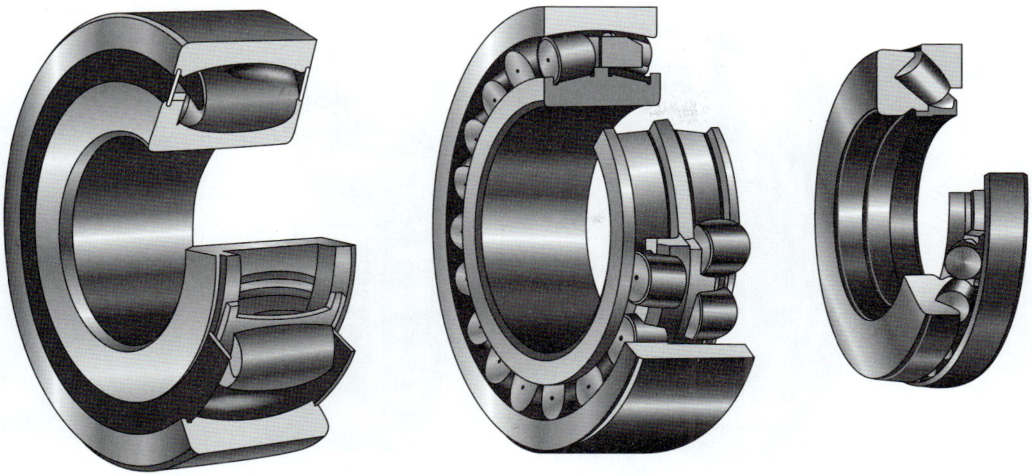

(*a*) Single-row convex (*b*) Double-row convex (*c*) Thrust

그림 14.6 구면 롤러 베어링.

는 앵귤러 콘택트 베어링, 그림 14.1과 14.2, 그리고 그림 14.3의 나머지 부분들은 레이디얼 베어링을 나타낸다.

롤러 베어링은 또한 롤러의 형태에 따라서 그림 14.5에서부터 14.9까지에 나와 있는 네 가지 형식으로 분류된다: (1) **원통**(cylindrical) 롤러 베어링, (2) **구면**(spherical) 롤러 베어링, (3) **테이퍼**(tapered) 롤러 베어링, (4) **니들**(needle) 롤러 베어링. 니들 베어링은 원통 롤러 베어링에서 롤러의 길이 대 지름의 비율이 4 이상이 되는 특수한 경우로 생각할 수 있다.

그림 14.1*a*는 전형적인 **깊은 홈**(deep groove) 볼 베어링, 또는 **콘래드**(Conrad) 볼 베어링의 구조와 명칭을 보여 준다. 그림 14.1*b*는 주요 구성 요소를 조립하는 순서를 보여 주고 있으며, 그림 14.1*c*는 볼과 궤도륜(race)이 접촉하는 모양을 보여 준다. 볼과 궤도륜의 곡률 때문에 접촉 응력을 해석하는 문제가 9.13절에서 다룬 구, 원통, 평판의 경우보다 더 복잡하게 된다는 것에 주목하여야 한다. 볼 베어링은 그림 14.2와 같이 여러 등급의 하중에 맞춰 사용할 수 있도록 다양한 치수 비율로 만들어진다. 레이디얼 볼 베어링은 반경 방향 하중을 지지하는 것이 주 목적이지만, 그 구조를 보면 어느 정도의 축 방향 하중(스러스트)도 견딜 수 있으리라는 것을 명백하게 알 수 있다.

그림 14.3*a*는 궤도륜의 측면(shoulders)에 **노치**(notch)나 **볼 넣기 홈**(loading groove)을 만들어 놓은 레이디얼 볼 베어링을 보여 준다. 이런 베어링들은 내륜과 외륜의 중심을 맞춘 상태(concentric)에서 조립할 수 있으므로 깊은 홈형보다 볼을 더 많이 넣을 수 있다. 이렇게 함으로써 반경 방향 하중 용량을 20~40%까지 더 크게 만들 수 있지만 축 방향 하중 용량이 대폭 작아지는 것을 감수해야 한다. 게다가 깊은 홈형이 15′각도의 정렬 불량을 견딜 수 있는 데 비해, 이런 베어링은 약 3′ 각도의 정렬 불량만 견딜 수 있다.

그림 14.3*b*에 나타낸 앵귤러 콘택트 베어링은 한쪽 방향으로만 상당한 축 방향 하중 용

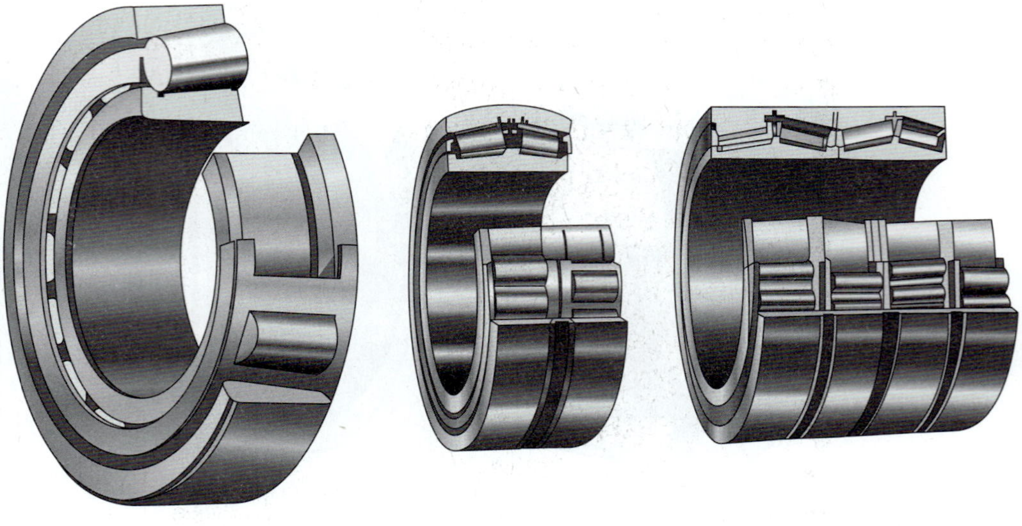

(*a*) Single row (*b*) Double row (*c*) Four row

그림 14.7 테이퍼 롤러 베어링.

량을 갖는다. 이들은 각각 한 방향의 축 하중을 담당하도록 보통 한 쌍으로 설치된다. 그림 14.3*c*의 복렬 볼 베어링은 한 쌍의 앵귤러 콘택트 베어링을 하나의 베어링으로 합한 것이라 할 수 있다. 그림 14.3*d*와 14.3*e*는 축이 상당한 각도로 정렬 불량이 된 것을 견딜 수 있도록 만들어진 자동 조심 베어링(self-aligning bearing)을 보여 준다.

일반적으로 볼 베어링은 분리할 수 없다. 즉 두 개의 궤도륜들, 볼들, 리테이너는 하나의 조립체로 설치된다. 따라서 베어링의 실드(shield) 또는 실(seal)로써 밀폐하기에 적합하며 그리스를 자체에 담아(self-contained) 윤활이 이루어지도록 만들 수 있다. 그림 14.4에서 여러 종류의 실드와 실을 보여 준다. 실드는 닿아서 미끄러지지는 않을 정도로 끼워맞춰진 얇은 와셔로서, 아주 작은 외부 입자들을 제외한 모든 것으로부터 베어링을 보호하고 윤활제가 빠져나가지 않도록 한다. 실은 접촉을 하고 있으므로 윤활제 유지와 오염 보호 기능이 더 좋다. 실의 단점은 어느 정도의 마찰 항력(friction drag)이 나타나며 마멸되기 쉽다는 것이다. 분리되는 축용 실(separate shaft seal)을 사용하면 밀봉에 필요한 부품이 들어가는 공간을 더 크게 만들 수 있으므로 더욱 효과적인 밀봉 상태를 얻을 수 있기 때문에 자주 이용된다. 실을 베어링과 하나로 만들든지 아니면 분리하든지 간에, 실을 잘 만들면 조립할 때 넣은 그리스로 베어링의 수명 기간 동안 윤활하는 것도 가능하다.

전통적인 볼 베어링에서 궤도륜(또는 링)은 연마 공정을 거친다. 그러나 하중 용량, 수명, 그리고 조용함이 그다지 크게 요구되지 않는 경우에는 비용이 저렴한 연마되지 않은 볼 베어링이 흔히 사용된다. 이런 베어링에서는 자동 나사 절삭기로 궤도륜을 만들어 경화하기는 하지만 연마하지는 않는다.

볼 베어링과는 달리 롤러 베어링은 보통 궤도륜을 분리할 수 있도록 만들어진다. 롤러

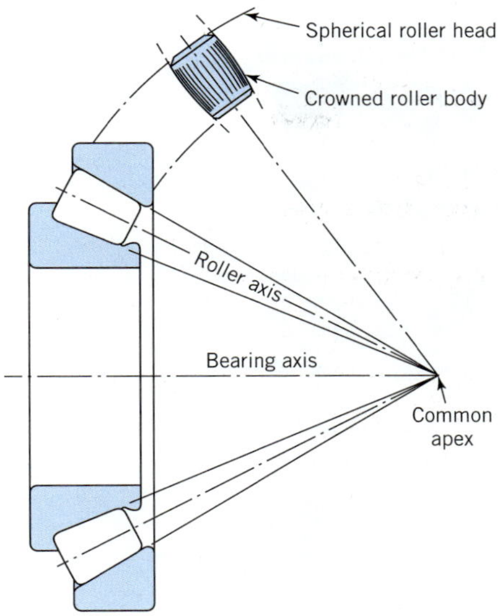

그림 14.8 테이퍼 롤러 베어링의 기하학적 구조.

와 리테이너는 궤도륜 중의 하나와 일체로 만들어지거나 그렇지 않을 수도 있다. 이렇게 하면 일체형 실드와 실(integrated shield and seal)을 사용하는 것이 거의 불가능하게 되지만, 보통 사용하는 방법인 압입 끼워맞춤으로 궤도륜을 조립하는 것이 가능해진다. 치수의 표준화를 통해 각기 다른 제조업자들이 만든 궤도륜들로 조립된 롤러 베어링을 사용하는 것이 가능하다. 궤도륜 중의 하나 또는 두 개 모두가 그것이 끼워지는 축이나 하우징과 일체형으로 만들어지는 것이 일반적이다.

그림 14.5는 원통 롤러 베어링의 네 가지 기본 형식을 보여 준다. 그림 14.5*a*에는 궤도륜에 플랜지(flange)가 없으므로 스러스트 하중을 지지할 수 없다. 그림 14.5*b*에는 내륜에 플랜지가 하나 있으므로 한 방향의 작은 스러스트 하중을 지지할 수 있다. 그림 14.5*c*에는 내륜의 한쪽에 일체형 플랜지가 있고, 다른 한쪽에는 분리 가능한 플랜지가 있어 경하중 스러스트라면 어느 방향으로 작용하든 지지할 수 있다. 때로는 외륜의 플랜지를 분리 가능하게 만들어 외륜을 분리할 수 있게 한다. 롤러 끝에서 하중이 집중되는 것을 완화하기 위하여 종종 롤러의 중앙부를 약간 두껍게 만드는데, 이때 롤러의 끝 부분 지름이 0.004 mm 정도 작아지게 만드는 것이 보통이다. 원통 롤러 베어링에서는 보통 롤러들이 제자리에 있도록 유지시키기 위하여 분리기나 리테이너를 사용하지만 그림 14.9의 니들 베어링에서 볼 수 있듯이 리테이너 없이 롤러가 모든 공간을 차지하도록 만들어지기도 한다. 그림 14.5*d*는 롤러 스러스트 베어링을 보여 준다.

그림 14.6은 구면 롤러 베어링의 세 가지 형식을 보여 주고 있다. 단열식은 스러스트 용량이 거의 없는 반면, 복렬 베어링은 반경 방향 하중 용량의 30%까지의 스러스트를 지지할 수 있다. 앵귤러 콘택트 스러스트를 갖는 구면 롤러 베어링은 한 방향의 큰 스러스트 하중을 감당할 수 있다.

그림 14.7은 전형적인 테이퍼 롤러 베어링을 보여 주고 있으며 세부적인 형상은 그림

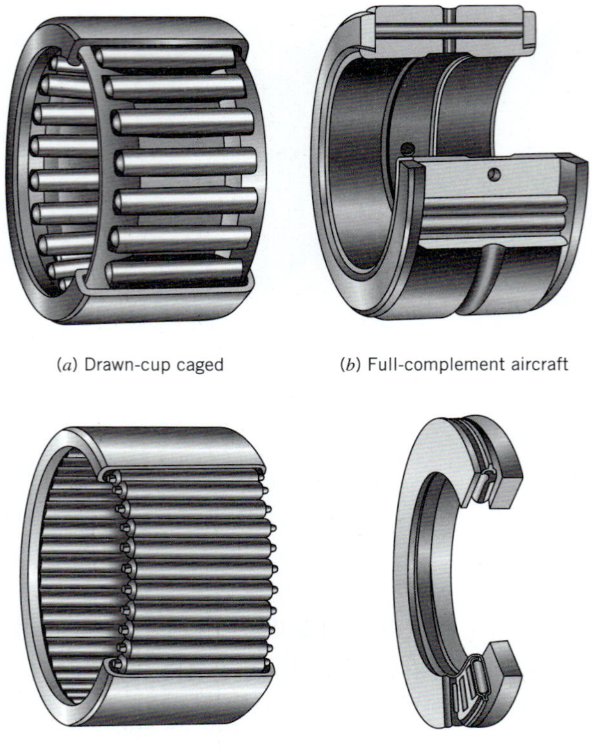

(*a*) Drawn-cup caged (*b*) Full-complement aircraft

(*c*) Full-complement drawn-cup (*d*) Thrust

그림 14.9 니들(needle) 롤러 베어링.

14.8에 보여 주고 있다. 롤러와 궤도륜의 원추 모양의 확장선이 회전 중심축 위에 있는 공통 꼭짓점에서 교차하는 것에 주목하라. 단열 테이퍼 롤러 베어링은 종종 휠(wheel) 베어링과 다른 응용에서 짝을 이루어 사용된다. 복렬과 4열 롤러 형태는 한 쌍의 단열 롤러 베어링 대신에 또는 더 무거운 하중을 견디기 위해서만 사용된다. 지면 사정상 이 책에서는 테이퍼 롤러 베어링에 대한 논의를 여기서 마치도록 한다. 베어링을 선택하고 해석하는 절차는 이 책에서 다루어진 다른 형태의 베어링들의 경우와 일반적으로 비슷하다. 세부적인 정보는 제조업자들의 카탈로그와 다른 참고문헌들에서 찾아볼 수 있다.

그 모양으로부터, 니들 베어링(그림 14.9)은 반경 방향으로 차지할 수 있는 공간이 비슷한 경우에 모든 구름 베어링들 중에서 가장 큰 하중 용량을 얻을 수 있다.

구름 베어링은 다양한 목적에 맞게 여러 가지의 고유한 형태로 만들어진다. 세부 사항은 여러 베어링 제조업자들이 출판한 문서들에 기재되어 있다. 그림 14.10에 몇 가지 대표적 샘플이 제공되어 있다. **어댑터 베어링**(adapter bearing, *a*)은 베어링 자리를 가공하지 않고 상용으로 생산되는 강철축 위에 바로 설치할 수 있으므로 비용이 적게 든다. **필로 블록**(pillow block) 받침대(*b*)는 평면에 평행한 회전축을 지지하기 위하여 일반적으로 사용되는 형태이다. **플랜지 베어링**(flange bearing, *c*)은 평면에 수직인 회전축을 지지할 수 있다. **아이**

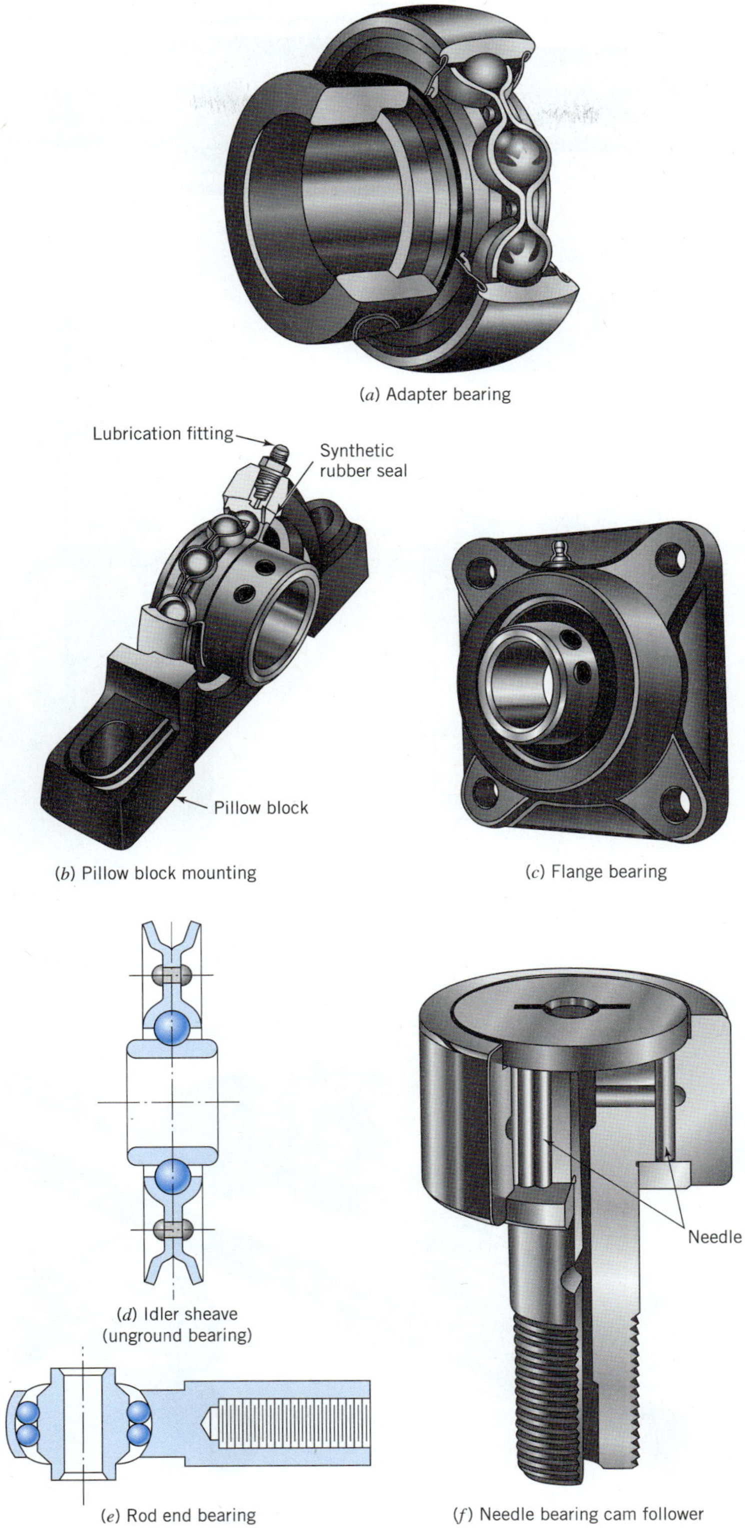

그림 14.10 특수한 베어링의 예.

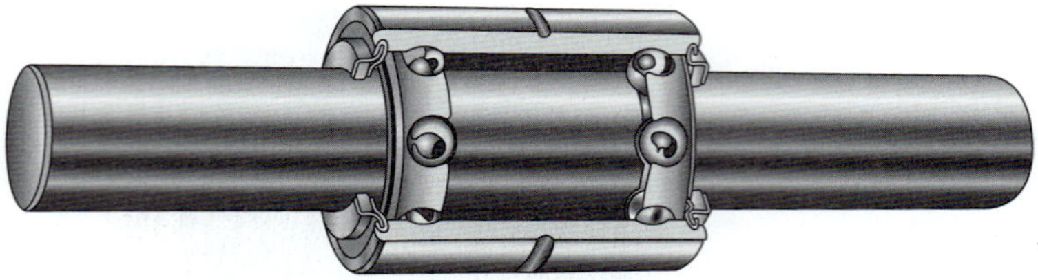

(*g*) Integral shaft bearing

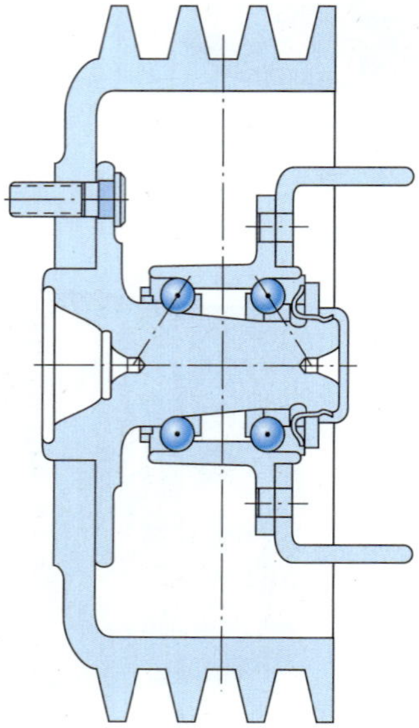

(*h*) Integral spindle, shown with V-belt pulley

(*i*) Ball bushing

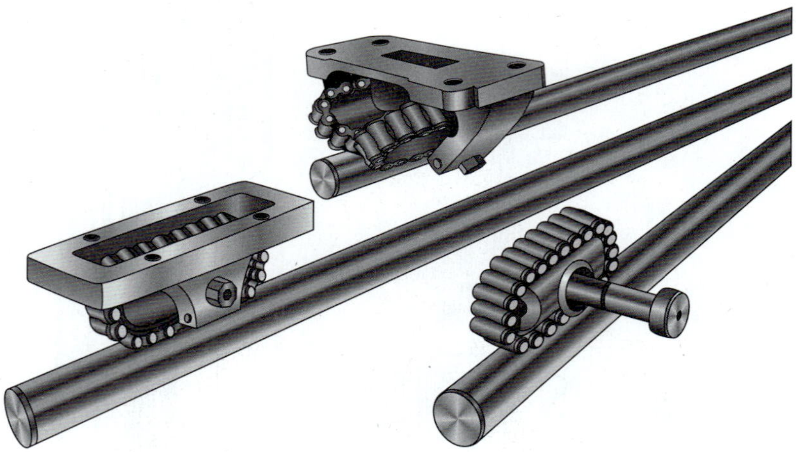

(*j*) Recirculating roller chain bearing

그림 14.10 (계속.)

들러 시브(idler sheave, *d*)는 벨트가 감길 수 있도록 외륜의 크기와 형상이 만들어진 연마 공정을 거치지 않은 저렴한 볼 베어링이다. **로드 엔드 베어링**(rod end bearing, *e*)은 항공기의 조종장치나 여러 가지 기구 및 기계 장치에 사용된다. 니들 베어링 **캠 종동부**(cam follower, *f*)는 캠 접촉력의 큰 힘을 견뎌 내기 위해 외륜을 무겁게 만든다. 일체형 축 베어링(*g*)은 자동차의 냉각수 펌프, 잔디 깎는 기계, 전동 톱 등과 다른 기계들에서 사용된다. 일체형 스핀들과 베어링(*h*)은 휠, 풀리, 아이들 기어 등을 지지하는 용도로 비교적 최근에 개발된 형태이다. 볼 부싱(ball bushing, *i*)과 롤러 체인 베어링(roller chain bearing, *j*)은 구름 베어링의 보편적이지 않은 적용 형태들이다. 독자들은 그림 10.10에서 보여준 볼 베어링 스크루 조합도 다시 생각해 볼 수 있을 것이다.

14.4 구름 베어링의 설계

구름 베어링의 상세한 설계는 여기에서 모두 다루기에는 너무 전문적인 주제로서 매우 복잡한 공학적 작업의 결과물이다. 반면에 이 베어링들을 선택하고 사용하는 일은 기계를 다루는 거의 모든 엔지니어들의 관심사일 것이다. 이러한 이유로 이 절에서는 독자들이 어떠한 내용인지 개략적으로 이해하도록 하는 것을 목적으로 베어링 설계의 몇 가지 기초만을 언급하려 한다. 이후의 절들에서 구름 베어링의 선택과 적용에 대하여 더욱 구체적이고 상세하게 배우도록 한다.

구름 베어링의 근본이 되는 기술은 9.13절과 9.14절에서 간략하게 다루었던 곡면 접촉 응력과 이에 관련된 피로 파손의 내용들이다. 그림 14.1*c*는 볼 베어링 접촉 표면의 일반적인 기하학적 형상을 보여 준다. 베어링 궤도륜 곡률을 결정하는 것은 매우 중요하다. 궤도 반지름이 볼 반지름보다 약간만 크더라도 비교적 큰 접촉 면적(하중에 의한 탄성 변형이 일어나서)이 생기고 접촉 응력은 작아진다. 하지만 이 접촉 면적 위의 각 부분들은 회전축으로부터 서로 다른 반지름 위치에 있다. 따라서 미끄럼이 발생하고 미끄럼에 의해 마찰과 마멸이 일어난다. 그렇기 때문에 반지름(보통 내륜의 곡률 반경은 볼 반지름의 104%, 외륜의 곡률 반경은 이보다 조금 더 크게)의 크기는 하중을 지탱할 수 있는 면적 확보와 미끄럼 마찰을 어느 정도 허용할 것인가를 절충하여 결정된다.

구름 베어링을 만드는 재료를 선택하는 것 또한 중요하다. 1920년경부터 대부분의 볼 베어링 궤도륜과 볼은 고탄소 크롬강인 SAE 52100을 로크웰 C 경도 58~65 정도가 되도록 전체 경화(through-hardened)하여 만들어졌다. 때로는 접촉 표면에 성능에 도움이 되는 잔류 응력이 생기도록 특별한 열처리를 하기도 한다. 롤러 베어링의 요소들은 대개 침탄 합금강으로 만들어진다. 표면의 압축 잔류 응력은 침탄 과정에서 얻게 되는 고유한 특성이다. 강철의 청결도는 대단히 중요하며, 이 때문에 거의 모든 베어링 등급 강철들은 진공에서 가스 제거 과정을 거친다.

원하는 강도를 얻기 위하여 궤도륜의 설계는 매우 중요하다. 궤도륜과 볼(또는 롤러)의 변형, 회전 속도, 그리고 윤활제의 특성이 조합되어 접촉면의 국부 응력 분포가 결정된다.

따라서 베어링 엔지니어는 탄성 유체역학(elastohydrodynamcis) 분야의 지식도 갖고 있어야 한다(13.16절 참조).

제조 공차는 극히 중요하다. 볼 베어링의 경우, 마찰 방지 베어링 제조자 협회(AFBMA: Anti-Friction Bearing Manufacturers Association)의 환형 베어링 엔지니어 위원회(ABEC: Annular Bearing Engineers' Committee)는 주요 정밀도 등급을 ABEC 1, 5, 7, 9의 네 단계로 결정하였다. ABEC 1은 표준 등급이며 대부분의 정상적인 용도에 적합하다. 다른 등급들은 순차적으로 공차가 더 정밀해진다. 예를 들어 35 mm와 50 mm 사이의 베어링 구멍에서의 공차는 ABEC 등급 1의 경우, +0.0000 in.부터 −0.0005 in.까지 범위이고, ABEC 등급 9의 경우는 +0.00000 in.와 −0.00010 in. 사이이다. 다른 치수에 대한 공차들도 위의 경우와 비슷하다. 이와 마찬가지로 AFBMA의 롤러 베어링 엔지니어 위원회는 원통 롤러 베어링에 대하여 RBEC 표준 1과 5를 제정하였다.(이 공차가 얼마나 작은지 상상하는 데 도움이 되도록, 이 책의 종이 두께와 비교해 보라. 종이 두께는 100장 또는 200장의 두께를 측정하고 장수로 나누어 쉽게 구할 수 있다.)

구름 베어링의 설계에 관해서는 참고문헌 [1, 3, 4]에서 상세히 설명하고 있다.

14.5 구름 베어링의 끼워맞춤

정지 궤도륜은 '헐거운(slip)' 또는 '중간(tap)' 끼워맞춤을 하고 회전 궤도륜은 운전 중에 상대 운동이 일어나는 것을 방지하기 위해 충분한 죔새를 갖는 억지 끼워맞춤을 하는 것이 보통이다. 권장되는 끼워맞춤은 베어링 종류, 크기, 그리고 공차 등급에 의해 결정된다. 예를 들어 ABEC-1 등급 볼 베어링의 일반적인 끼워맞춤은 고정 궤도륜에서 0.0005 in. 범위의 틈새와 회전 궤도륜에서 0.0005 in.의 죔새가 있도록 하는 것이다. ABEC-1 볼 베어링에서 베어링과 접촉하는 축과 하우징 치수의 제조 공차는 일반적으로 0.0003 in. 범위에 있다. 적절한 끼워맞춤과 공차는 축과 하우징의 반지름 방향 강성에 따라 달라지며, 때로는 열팽창의 영향을 받기도 한다.

베어링의 끼워맞춤 압력이 볼 또는 롤러와 그들의 궤도륜 사이의 내부 끼워맞춤 상태에 영향을 준다는 것을 인식해야 한다. 베어링이 너무 억지로 끼워맞춰지면 내부 죔새가 생길 수 있으며 이는 베어링의 수명을 단축시킨다.

베어링을 설치하거나 제거할 때에는 필요한 힘이 베어링의 궤도륜에 직접 가해지도록 주의하여야 한다. 만약 베어링을 축에 밀어 넣으려고 하는데(내륜에 힘을 가하지 않고) 외륜에 힘을 가하는 경우처럼, 이 힘이 베어링을 거쳐서 전달된다면 베어링이 손상을 입을 수도 있다. 억지 끼워맞춤으로 설치하는 경우에는 종종 바깥쪽 부재들을 가열하거나 안쪽 부재들을 드라이아이스로 감싸서 '냉각'시킴으로써 작업이 쉽게 이루어지도록 할 수 있다. 베어링을 가열할 때 강철 소재나 미리 넣어 둔 윤활제가 손상될 정도로 지나치게 가열해서는 안 된다.

베어링 끼워맞춤에 관한 상세한 내용들은 베어링 제조업자들의 자료와 ANSI, AFBMA 표준에 수록되어 있다. 때로는 공차 정밀도가 약간 떨어지기는 하지만 접착제(11.8절 참조)

를 축과 하우징 구멍에 사용한다. 특히 정밀성이 그다지 요구되지 않는 용도에 이러한 방법을 사용할 수 있다.

14.6 구름 베어링의 카탈로그 정보

베어링 제조업자들은 카탈로그에 베어링을 구별하는 숫자 체계, 치수에 대한 전체 내용과 하중 용량을 수록해 놓았으며 또한 설치, 윤활 및 작동에 대한 세부 사항을 제공한다. 자주 쓰이는 계열의 레이디얼 볼 베어링, 앵귤러 볼 베어링, 그리고 원통 롤러 베어링의 치수가 표 14.1에 주어져 있고 그림 14.11에 설명되어 있다. 이러한 형식의 베어링에서 안지름이 20 mm 이상인 베어링의 경우, 안지름은 베어링 번호의 끝자리 두 수에 5를 곱한 값이다. 예를 들어 No. L08은 안지름이 40 mm인 초경량 계열 베어링이고, No. 316은 중간 계열로서 안지름은 80 mm가 되는 방식이다. 실제 베어링 번호에는 더 많은 정보를 제공하기 위하여 추가적인 문자와 숫자가 더 들어 있다. 인치 단위로도 다양한 종류의 베어링이 나와 있다.

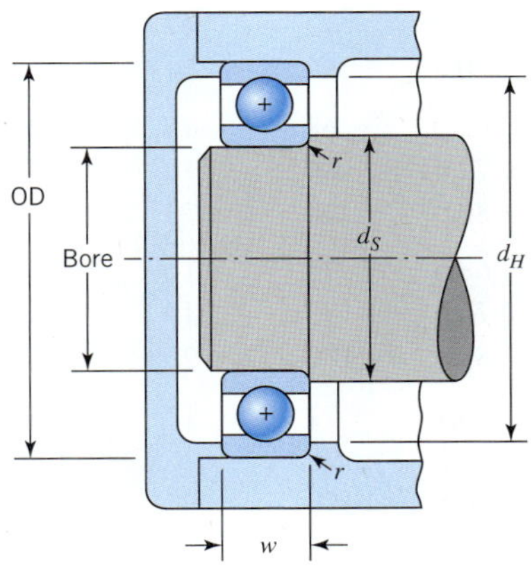

그림 14.11 축과 하우징 숄더(housing shoulder)의 치수.

표 14.1 베어링 치수

Bearing Basic Number	Bore (mm)	Ball Bearings OD (mm)	w (mm)	r^a (mm)	d_S (mm)	d_H (mm)	Roller Bearings OD (mm)	w (mm)	r^a (mm)	d_S (mm)	d_H (mm)
L00	10	26	8	0.30	12.7	23.4					
200	10	30	9	0.64	13.8	26.7					
300	10	35	11	0.64	14.8	31.2					
L01	12	28	8	0.30	14.5	25.4					
201	12	32	10	0.64	16.2	28.4					
301	12	37	12	1.02	17.7	32.0					
L02	15	32	9	0.30	17.5	29.2					
202	15	35	11	0.64	19.0	31.2					
302	15	42	13	1.02	21.2	36.6					

(*continued*)

표 14.1 베어링 치수(계속)

Bearing Basic Number	Bore (mm)	Ball Bearings OD (mm)	w (mm)	r^a (mm)	d_S (mm)	d_H (mm)	Roller Bearings OD (mm)	w (mm)	r^a (mm)	d_S (mm)	d_H (mm)
L03	17	35	10	0.30	19.8	32.3	35	10	0.64	20.8	32.0
203	17	40	12	0.64	22.4	34.8	40	12	0.64	20.8	36.3
303	17	47	14	1.02	23.6	41.1	47	14	1.02	22.9	41.4
L04	20	42	12	0.64	23.9	38.1	42	12	0.64	24.4	36.8
204	20	47	14	1.02	25.9	41.7	47	14	1.02	25.9	42.7
304	20	52	15	1.02	27.7	45.2	52	15	1.02	25.9	46.2
L05	25	47	12	0.64	29.0	42.9	47	12	0.64	29.2	43.4
205	25	52	15	1.02	30.5	46.7	52	15	1.02	30.5	47.0
305	25	62	17	1.02	33.0	54.9	62	17	1.02	31.5	55.9
L06	30	55	13	1.02	34.8	49.3	47	9	0.38	33.3	43.9
206	30	62	16	1.02	36.8	55.4	62	16	1.02	36.1	56.4
306	30	72	19	1.02	38.4	64.8	72	19	1.52	37.8	64.0
L07	35	62	14	1.02	40.1	56.1	55	10	0.64	39.4	50.8
207	35	72	17	1.02	42.4	65.0	72	17	1.02	41.7	65.3
307	35	80	21	1.52	45.2	70.4	80	21	1.52	43.7	71.4
L08	40	68	15	1.02	45.2	62.0	68	15	1.02	45.7	62.7
208	40	80	18	1.02	48.0	72.4	80	18	1.52	47.2	72.9
308	40	90	23	1.52	50.8	80.0	90	23	1.52	49.0	81.3
L09	45	75	16	1.02	50.8	68.6	75	16	1.02	50.8	69.3
209	45	85	19	1.02	52.8	77.5	85	19	1.52	52.8	78.2
309	45	100	25	1.52	57.2	88.9	100	25	2.03	55.9	90.4
L10	50	80	16	1.02	55.6	73.7	72	12	0.64	54.1	68.1
210	50	90	20	1.02	57.7	82.3	90	20	1.52	57.7	82.8
310	50	110	27	2.03	64.3	96.5	110	27	2.03	61.0	99.1
L11	55	90	18	1.02	61.7	83.1	90	18	1.52	62.0	83.6
211	55	100	21	1.52	65.0	90.2	100	21	2.03	64.0	91.4
311	55	120	29	2.03	69.8	106.2	120	29	2.03	66.5	108.7
L12	60	95	18	1.02	66.8	87.9	95	18	1.52	67.1	88.6
212	60	110	22	1.52	70.6	99.3	110	22	2.03	69.3	101.3
312	60	130	31	2.03	75.4	115.6	130	31	2.54	72.9	117.9
L13	65	100	18	1.02	71.9	92.7	100	18	1.52	72.1	93.7
213	65	120	23	1.52	76.5	108.7	120	23	2.54	77.0	110.0
313	65	140	33	2.03	81.3	125.0	140	33	2.54	78.7	127.0
L14	70	110	20	1.02	77.7	102.1	110	20	Not Available		
214	70	125	24	1.52	81.0	114.0	125	24	2.54	81.8	115.6
314	70	150	35	2.03	86.9	134.4	150	35	3.18	84.3	135.6
L15	75	115	20	1.02	82.3	107.2	115	20	Not Available		
215	75	130	25	1.52	86.1	118.9	130	25	2.54	85.6	120.1
315	75	160	37	2.03	92.7	143.8	160	37	3.18	90.4	145.8

표 14.1 베어링 치수(계속)

Bearing Basic Number	Bore (mm)	Ball Bearings OD (mm)	Ball Bearings w (mm)	Ball Bearings r^a (mm)	Ball Bearings d_S (mm)	Ball Bearings d_H (mm)	Roller Bearings OD (mm)	Roller Bearings w (mm)	Roller Bearings r^a (mm)	Roller Bearings d_S (mm)	Roller Bearings d_H (mm)
L16	80	125	22	1.02	88.1	116.3	125	22	2.03	88.4	117.6
216	80	140	26	2.03	93.2	126.7	140	26	2.54	91.2	129.3
316	80	170	39	2.03	98.6	152.9	170	39	3.18	96.0	154.4
L17	85	130	22	1.02	93.2	121.4	130	22	2.03	93.5	122.7
217	85	150	28	2.03	99.1	135.6	150	28	3.18	98.0	139.2
317	85	180	41	2.54	105.7	160.8	180	41	3.96	102.9	164.3
L18	90	140	24	1.52	99.6	129.0	140	24	Not Available		
218	90	160	30	2.03	104.4	145.5	160	30	3.18	103.1	147.6
318	90	190	43	2.54	111.3	170.2	190	43	3.96	108.2	172.7
L19	95	145	24	1.52	104.4	134.1	145	24	Not Available		
219	95	170	32	2.03	110.2	154.9	170	32	3.18	109.0	157.0
319	95	200	45	2.54	117.3	179.3	200	45	3.96	115.1	181.9
L20	100	150	24	1.52	109.5	139.2	150	24	2.54	109.5	141.7
220	100	180	34	2.03	116.1	164.1	180	34	3.96	116.1	167.1
320	100	215	47	2.54	122.9	194.1	215	47	4.75	122.4	194.6
L21	105	160	26	2.03	116.1	146.8	160	26	Not Available		
221	105	190	36	2.03	121.9	173.5	190	36	3.96	121.4	175.3
321	105	225	49	2.54	128.8	203.5	225	49	4.75	128.0	203.5
L22	110	170	28	2.03	122.7	156.5	170	28	2.54	121.9	159.3
222	110	200	38	2.03	127.8	182.6	200	38	3.96	127.3	183.9
322	110	240	50	2.54	134.4	218.2	240	50	4.75	135.9	217.2
L24	120	180	28	2.03	132.6	166.6	180	28	Not Available		
224	120	215	40	2.03	138.2	197.1	215	40	4.75	139.2	198.9
324	120	Not Available					260	55	6.35	147.8	235.2
L26	130	200	33	2.03	143.8	185.4	200	33	3.18	143.0	188.2
226	130	230	40	2.54	149.9	210.1	230	40	4.75	149.1	213.9
326	130	280	58	3.05	160.0	253.0	280	58	6.35	160.3	254.5
L28	140	210	33	2.03	153.7	195.3	210	33	Not Available		
228	140	250	42	2.54	161.5	228.6	250	42	4.75	161.5	232.4
328	140	Not Available					300	62	7.92	172.0	271.3
L30	150	225	35	2.03	164.3	209.8	225	35	3.96	164.3	212.3
230	150	270	45	2.54	173.0	247.6	270	45	6.35	174.2	251.0
L32	160	240	38	2.03	175.8	223.0	240	38	Not Available		
232	160	Not Available					290	48	6.35	185.7	269.5
L36	180	280	46	2.03	196.8	261.6	280	46	4.75	199.6	262.9
236	180	Not Available					320	52	6.35	207.5	298.2
L40	200						310	51	Not Available		
240	200	Not Available					360	58	7.92	232.4	334.5
L44	220						340	56	Not Available		
244	220	Not Available					400	65	9.52	256.0	372.1
L48	240						360	56	Not Available		
248	240	Not Available					440	72	9.52	279.4	408.4

[a]Maximum fillet radius on a shaft and in housing that will clear the bearing corner radius.

표 14.2에 **정격 부하 용량**(rated load capacity), C 값을 열거하였다. 이 값은 동일한 베어링으로 이루어진 한 그룹에서 90%의 베어링들이 그림 9.20*b*에서 설명된 표면 피로 파손이 나타나지 않고 9×10^7 회전(500 rpm으로 3000시간 동안 동작)을 견딜 수 있는 일정한 크기의 반경 방향 하중에 해당된다. **주의**: 서로 다른 베어링 제조사에서 나온 정격 부하 용량이 항상 비슷한 값이 되지는 않는다. 따라서 등급을 정한 근거를 항상 확인하여야 한다.

14.7 베어링의 선택

특정한 용도로 베어링을 사용할 때 베어링 종류, 정밀도 등급(보통 ABEC 1), 윤활제, 밀폐 형식(즉 개방형인지 실드 또는 실인지), 그리고 기본 부하 등급(basic load rating)을 선택한다. 종종 특별한 상황이 있을 수 있는데, 이것 또한 충분히 고려해야 한다. 예를 들어 베어링이 회전하지 않을 때 큰 하중을 받고 있다면, 그 하중이 베어링의 **정적 부하 용량**(static load capacity, 베어링 제조사의 카탈로그에 나와 있음)을 넘지 않도록 해야 한다. 그렇지 않으면 볼이나 롤러가 궤도륜을 약간 움푹 들어가게 만든다. 이것을 브리넬링이라고 하는데, 만들어진 자국이 브리넬 경도 시험에서 생기는 자국과 비슷해 보이기 때문이다. 이렇게 자국이 생기면 베어링이 회전할 때 소음이 발생한다.(소음이 문제가 되지 않는다면, 종종 정적 용량을 3배까지 초과하여 사용하는 수도 있다.) 한 가지 흥미로운 점은 이와 같이 회전 중에 나타나는 아주 얇게 들어간 자국은 궤도륜 표면을 매끄러운 고리 모양의 형태로 유지시키므로 위험하지 않다는 것이다.

특별히 고려해야 할 또 다른 사항은 최고 속도이다. 한계를 결정하는 것은 회전 속도보다는 선형 표면 속도(접선 방향 속도)이다. 그러므로 작은 베어링은 큰 베어링보다 더 높은 회전수로 운전시킬 수 있다. 고속 베어링을 사용할 때 윤활은 특히 중요하며 윤활제는 오일을 미세한 연무(mist)나 스프레이가 되도록 하는 것이 좋다. 이렇게 하여 필요한 윤활 막이 만들어지도록 하고 윤활제 자체 내에서 발생하는 '교반 손실(churning loss)'을 최소화하면서 마찰 열을 방출시킨다. 볼 베어링에서 비금속제의 분리기를 사용하면 더 빠른 속도로 운전하는 것이 가능하다. ABEC 1 정밀도의 단열 볼 베어링에서 비금속제 분리기를 사용하고 오일 연무 방식으로 윤활을 하였을 경우 내륜 표면의 속도를 75 m/s까지 운전할 수 있으며, 정격 부하 용량의 1/3의 하중을 받는 경우에 베어링 수명은 3000시간이 된다. 이것을 *DN* 값[내경(mm)×회전수(rpm)]으로 환산하면 약 1.25×10^6이 된다. 오일 방울 적하(drip)나 튕김(splash) 윤활의 경우에 이 값은 약 1/3만큼 감소되며, 그리스 윤활을 하는 경우에는 이 값의 약 2/3만큼 줄어든다. 가장 유리한 조건이라면 롤러 베어링은 *DN* 값이 약 450,000까지 되도록 작동하는 것이 가능하다. 극히 빠른 회전 속도로 운전해야 하는 경우에는 베어링 제조사와 상의하는 것이 좋다.

베어링을 선택할 때 오정렬의 가능성과 밀봉 및 윤활에 주의를 기울여야 한다. 또한 온도가 매우 높은 경우에도 제조사와 상의하여야 한다.

사용할 베어링의 크기는 보통 요구되는 축의 크기(강도와 강성을 고려하여)와 사용할

표 14.2 베어링의 정격 부하 용량 C(90% 신뢰도의 $L_R = 90 \times 10^6$ 회전 수명)

	Radial Ball, $\alpha = 0°$			Angular Ball, $\alpha = 25°$			Roller		
Bore (mm)	**L00 Xlt (kN)**	**200 lt (kN)**	**300 med (kN)**	**L00 Xlt (kN)**	**200 lt (kN)**	**300 med (kN)**	**1000 Xlt (kN)**	**1200 lt (kN)**	**1300 med (kN)**
10	1.02	1.42	1.90	1.02	1.10	1.88			
12	1.12	1.42	2.46	1.10	1.54	2.05			
15	1.22	1.56	3.05	1.28	1.66	2.85			
17	1.32	2.70	3.75	1.36	2.20	3.55	2.12	3.80	4.90
20	2.25	3.35	5.30	2.20	3.05	5.80	3.30	4.40	6.20
25	2.45	3.65	5.90	2.65	3.25	7.20	3.70	5.50	8.50
30	3.35	5.40	8.80	3.60	6.00	8.80	2.40[a]	8.30	10.0
35	4.20	8.50	10.6	4.75	8.20	11.0	3.10[a]	9.30	13.1
40	4.50	9.40	12.6	4.95	9.90	13.2	7.20	11.1	16.5
45	5.80	9.10	14.8	6.30	10.4	16.4	7.40	12.2	20.9
50	6.10	9.70	15.8	6.60	11.0	19.2	5.10[a]	12.5	24.5
55	8.20	12.0	18.0	9.00	13.6	21.5	11.3	14.9	27.1
60	8.70	13.6	20.0	9.70	16.4	24.0	12.0	18.9	32.5
65	9.10	16.0	22.0	10.2	19.2	26.5	12.2	21.1	38.3
70	11.6	17.0	24.5	13.4	19.2	29.5		23.6	44.0
75	12.2	17.0	25.5	13.8	20.0	32.5		23.6	45.4
80	14.2	18.4	28.0	16.6	22.5	35.5	17.3	26.2	51.6
85	15.0	22.5	30.0	17.2	26.5	38.5	18.0	30.7	55.2
90	17.2	25.0	32.5	20.0	28.0	41.5		37.4	65.8
95	18.0	27.5	38.0	21.0	31.0	45.5		44.0	65.8
100	18.0	30.5	40.5	21.5	34.5		20.9	48.0	72.9
105	21.0	32.0	43.5	24.5	37.5			49.8	84.5
110	23.5	35.0	46.0	27.5	41.0	55.0	29.4	54.3	85.4
120	24.5	37.5		28.5	44.5			61.4	100.1
130	29.5	41.0		33.5	48.0	71.0	48.9	69.4	120.1
140	30.5	47.5		35.0	56.0			77.4	131.2
150	34.5			39.0	62.0		58.7	83.6	
160								113.4	
180	47.0			54.0			97.9	140.1	
200								162.4	
220								211.3	
240								258.0	

[a] 1000 (Xlt) series bearings are not available in these sizes. Capacities shown are for the 1900 (XXlt) series.
Source: New Departure–Hyatt Bearing Division, General Motors Corporation.

수 있는 공간의 크기에 따라 달라진다. 또한 베어링은 수명과 신뢰성을 함께 고려하여 사용하기에 충분한 정도의 부하 용량을 가져야 한다. 부하 용량의 요구량에 영향을 주는 주요 요인들은 다음 절에서 알아본다.

14.7.1 수명 요구 조건

베어링을 실제로 사용할 때는 보통 카탈로그 등급에 사용되는 수명과는 다른 수명이 요구된다. 팜그렌(Palmgren)[4]은 볼 베어링의 수명이 하중의 약 세제곱에 반비례한다는 것을 알아냈다. 이후 연구들의 결과로 이 지수가 여러 가지 구름 베어링에 대하여 3과 4 사이의 범위에 있음을 알게 되었다. 많은 제조사들은 볼 베어링의 경우에는 팜그렌의 지수 3을 계속 사용하고 있고 롤러 베어링의 경우에는 10/3을 사용한다. 이 책에서는 다른 제조사들이 추천하는 바에 따라서 두 가지 베어링 모두에 대하여 10/3을 쓰기로 한다.

$$L = L_R(C/F_r)^{3.33} \tag{14.1a}$$

또는

$$C_{\text{req}} = F_r(L/L_R)^{0.3} \tag{14.1b}$$

여기서

C=정격 부하 용량(표 14.2에 나타낸 것과 같은)
C_{req}=사용 용도에서 요구되는 C 값
L_R=기본 부하 용량에 상응하는 수명(즉 9×10^7 회전)
F_r=사용 용도에서 작용하는 반경 방향 하중
L=반경 방향 하중이 F_r일 때의 수명, 즉 사용 용도에서 요구되는 수명

그러므로 베어링에 작용하는 하중을 두 배로 증가시키면 수명은 약 1/10로 줄어든다.

서로 다른 제조사들의 카탈로그는 서로 다른 L_R 값을 사용한다. 어떤 제조사는 $L_R=10^6$ 회전을 사용한다. 표 14.2의 값들에 3.86을 곱하면 10^6 회전을 근거로 한 수명과 비슷한 값이 된다는 것을 간단한 계산을 통해 알 수 있다.

14.7.2 신뢰성 요구 조건

실험 결과는 구름 베어링(특히 볼 베어링에서)의 **중앙값**(median) 수명(50% 수명)이 표준 10% 피로 파손 수명의 약 5배라는 것을 보여 준다. 이 표준 수명은 보통 L_{10} **수명**(때로는 B_{10} 수명)으로 일컬어진다. 이 수명은 베어링의 10%가 고장 난 상태에 해당되는 것으로, 90%는 고장 나지 않은 수명을 의미하며 90% 신뢰도에 해당된다. 그러므로 50% 신뢰도에

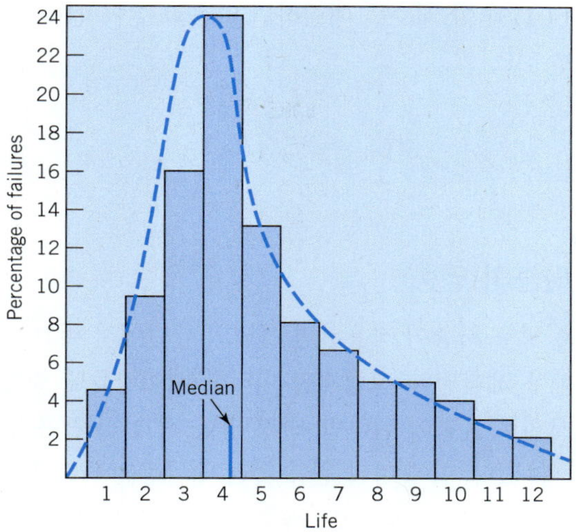

그림 14.12 베어링 피로-수명 분포의 일반적인 형태.

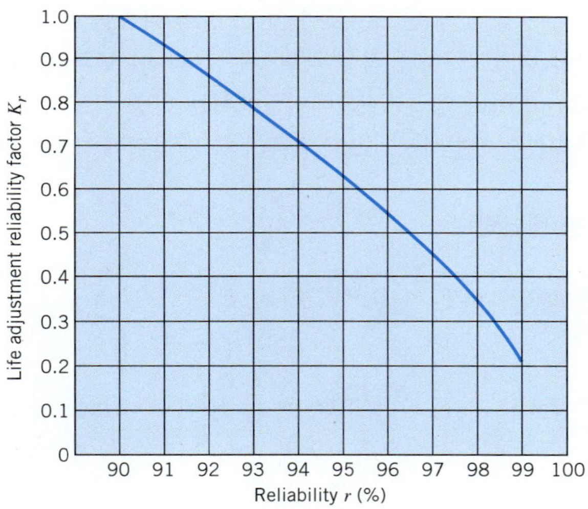

그림 14.13 신뢰도 계수 K_r.

대한 수명은 90% 신뢰도에 대한 수명의 약 5배이다.

많은 설계에서 90% 이상의 신뢰도가 요구된다. 동일하다고 추정된 부품들로 이루어진 그룹의 피로 수명 분포는 6.14절에서 다루며 그림 6.18에 나타낸 정규분포(normal distribution) 곡선을 따르지는 않는다. 오히려 피로 수명의 분포 특성은 그림 14.12와 같이 한쪽으로 기울어진 모양을 보여 준다. 이것은 스웨덴의 와이블(W. Weibull)이 제안한 수학식과 대체로 일치하며, **와이블 분포**로 알려져 있다. 와이블 방정식과 방대한 실험 자료를 이용하여, AFBMA는 그림 14.13과 같은 **수명 조정 신뢰도 계수**(life adjustment reliability factor) K_r에 대한 공식을 만들었다. 이 계수들은 볼 베어링과 롤러 베어링 모두에 적용할 수 있다. 따라서 임의의 주어진 신뢰도(90% 이상의)에 대한 베어링의 정격 수명은 K_r을 곱하여 K_rL_R로 된다. 식 (14.1)에 이 계수를 대입하면 다음과 같이 된다.

$$L = K_rL_R(C/F_r)^{3.33} \quad \textbf{(14.2a)}$$

$$C_{\text{req}} = F_r(L/K_rL_R)^{0.3} \quad \textbf{(14.2b)}$$

14.7.3 축 방향 하중의 영향

원통 롤러 베어링은 축 방향 하중이 작용하면 롤러의 끝단에서 미끄럼 마찰이 일어나기 때문에 스러스트 용량이 매우 제한된다. 그렇지만 이러한 베어링들도 정렬이 잘 되어 있고, 반경 방향 하중을 받으며, 오일로 윤활이 된다면, 반경 방향 정격 하중 용량의 20% 정도까지의 스러스트 하중을 지탱할 수 있다. 이에 따라 원통 롤러 베어링을 짝으로 사용하면 평기어나 체인 스프로킷이 설치된 축처럼 가벼운 스러스트 하중을 받는 축을 지지할 수 있다. 물론 테이퍼 롤러 베어링은 반경 방향 하중뿐만 아니라 상당한 크기의 스러스트 하중을 지지할 수 있다.

볼 베어링에서, 반경 방향 하중(F_r)과 스러스트 하중(F_t)이 임의로 조합되어 작용하는 경우와 대략 같은 수명을 갖게 만드는 순수 반경 방향 하중을 **등가** 레이디얼 하중 F_e라 하고 다음의 식으로 구할 수 있다. 하중 작용 각도 α는 그림 14.3b와 같이 정의된다. 레이디얼 베어링의 하중 각도는 0°이며 앵귤러 볼 베어링에서는 하중 각도의 표준값으로 15°, 25°, 35°들이 있다. 이 책에서는 지면 사정상 25° 앵귤러 볼 베어링에 대해서만 다루기로 한다.

α=0°(레이디얼 볼 베어링)

$$\left.\begin{aligned} &\text{For } 0 < F_t/F_r < 0.35, \quad F_e = F_r \\ &\text{For } 0.35 < F_t/F_r < 10, \quad F_e = F_r\left[1 + 1.115\left(\frac{F_t}{F_r} - 0.35\right)\right] \\ &\text{For } F_t/F_r > 10, \quad F_e = 1.176F_t \end{aligned}\right\} \quad \textbf{(14.3)}^2$$

α=25°(앵귤러 볼 베어링)

$$\left.\begin{aligned} &\text{For } 0 < F_t/F_r < 0.68, \quad F_e = F_r \\ &\text{For } 0.68 < F_t/F_r < 10, \quad F_e = F_r\left[1 + 0.870\left(\frac{F_t}{F_r} - 0.68\right)\right] \\ &\text{For } F_t/F_r > 10, \quad F_e = 0.911F_t \end{aligned}\right\} \quad \textbf{(14.4)}^2$$

---

[2] "Ball Bearing General Catalog"(BC-7, 1980), New Departure-Hyatt Bearings Division, General Motors Corporation, Sandusky, Ohio에서 인용함.

14.7.4 충격 하중

베어링의 표준 정격 부하 용량은 충격이 없이 균일한 하중이 작용하는 조건에서의 값이다. 여러 용도(벨트로 구동되는 전기 송풍기의 모터와 회전축에 설치된 베어링과 같은 경우)에서 이렇게 바람직한 조건으로 사용되기는 하지만 다른 기계들에서는 다양한 수준의 충격 하중을 받기도 한다. 이것은 공칭 하중(nominal load)을 **적용계수**(application factor) K_a만큼 증가시키는 효과가 있다. 각각의 산업 분야에서 축적된 경험이 좋은 지침이 된다. 표 14.3은 대표적인 샘플값들을 보여 준다.

14.7.5 요약

F_r 대신에 F_e를 대입하고 K_a를 고려하면 식 (14.2)는 다음과 같이 된다.

$$L = K_r L_R (C/F_e K_a)^{3.33} \quad \textbf{(14.5a)}$$

$$C_{\text{req}} = F_e K_a (L/K_r L_R)^{0.3} \quad \textbf{(14.5b)}$$

앞의 수식들을 이용할 때 문제가 되는 것은 어떤 수명 L을 요구하는가이다. 구체적인 정보가 더 없을 때에는 표 14.4를 지침으로 사용할 수 있을 것이다.[소음이 중요한 요인이 아닌 용도에서 실질적인 베어링의 수명은 표면 피로로 인해 손상을 받은 작은 부분이 처음 나타나는 시점(표준 실험에서는 이때가 파손의 기준이 되지만)을 상당히 지난 이후로 연장될 수 있다.]

이전에 베어링 제조사들은 바깥 궤도륜이 하중에 대하여 회전하는 경우(고정된 스핀들을 중심으로 회전하는 트레일러 바퀴의 경우와 같이)에 관해서는 수명 등급을 줄였었으나, 최근에 나오는 자료들이 뒷받침되어 더 이상 이렇게 하지는 않는다. 두 개의 궤도륜이 모두 회전하는 경우에는 둘 사이의 상대적인 회전량을 사용하여 수명을 계산한다.

많은 용도에서 시간에 따라 변동하는 하중이 나타나는데, 이러한 경우에는 팜그렌[3]의 선형 누적 손상 법칙(linear cumulative-damage rule, 8.12절)을 적용할 수 있다.

표 14.3 적용계수 K_a

Type of Application	Ball Bearing	Roller Bearing
Uniform load, no impact	1.0	1.0
Gearing	1.0–1.3	1.0
Light impact	1.2–1.5	1.0–1.1
Moderate impact	1.5–2.0	1.1–1.5
Heavy impact	2.0–3.0	1.5–2.0

[3] 참고문헌 [4]의 저자인 Arvid Palmgren으로부터 정해진 이름.

표 14.4 대표적인 베어링 설계 수명

Type of Application	Design Life (thousands of hours)
Instruments and apparatus for infrequent use	0.1–0.5
Machines used intermittently, where service interruption is of minor importance	4–8
Machines intermittently used, where reliability is of great importance	8–14
Machines for 8-hour service, but not every day	14–20
Machines for 8-hour service, every working day	20–30
Machines for continuous 24-hour service	50–60
Machines for continuous 24-hour service where reliability is of extreme importance	100–200

예제 14.1D SAMPLE PROBLEM 볼 베어링 선택하기

1교대(하루에 8시간), 1800 rpm으로 연속적으로 작동하는 산업용 기계에 압입 끼워맞춤된 볼 베어링을 선택하라. 반경 방향 하중과 스러스트 하중은 각각 1.2 kN과 1.5 kN으로, 경-중등급 충격 하중으로 작용한다.

풀이 SOLUTION

제시자료: 볼 베어링은 하루 8시간, 주 5일 동안 작동되며 일정한 반경 방향 하중과 스러스트 하중을 받는다.

목표: 적절한 볼 베어링을 선택하라.

개요도 및 데이터:

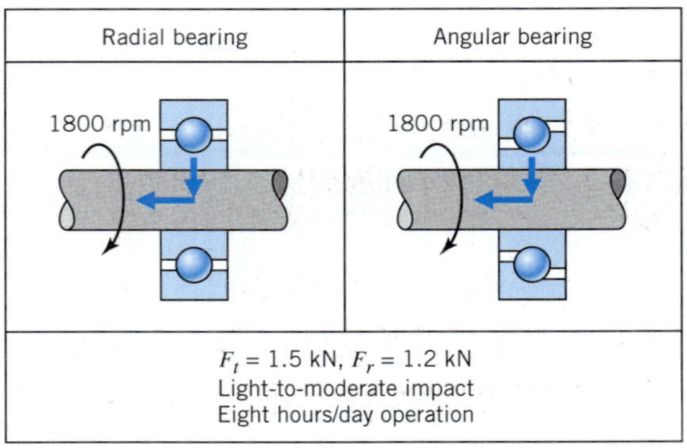

그림 14.14 레이디얼 베어링과 앵귤러 콘택트 볼 베어링.

판단 및 가정:

1. 경-중등급 충격 하중을 견딜 수 있는 보수적인 설계가 요구된다.
2. 하루 8시간 동안 연속 운전이 가능한 보수적인 설계가 요구된다.
3. 90% 신뢰도가 요구된다.
4. 레이디얼 베어링($\alpha=0°$)과 앵귤러 볼 베어링($\alpha=25°$) 두 가지 모두 선택해야 한다(그림 14.14 참조).
5. 볼 베어링의 수명은 하중의 10/3제곱에 반비례한다[식 (14.5b)가 정확하다].
6. 압입 끼워맞춤하는 것은 베어링의 수명에 영향을 주지 않는다.

설계 해석:

1. 식 (14.3)과 (14.4)로부터, $F_t/F_r=1.25$일 때, 레이디얼 베어링과 앵귤러 볼 베어링의 등가 레이디얼 하중은 각각

$$F_e = F_r\left[1 + 1.115\left(\frac{F_t}{F_r} - 0.35\right)\right]$$

$$= 1.2\left[1 + 1.115\left(\frac{1.5}{1.2} - 0.35\right)\right] = 2.4\text{ kN} \qquad \text{(레이디얼 베어링)}$$

$$F_e = F_r\left[1 + 0.870\left(\frac{F_t}{F_r} - 0.68\right)\right]$$

$$= 1.2\left[1 + 0.87\left(\frac{1.5}{1.2} - 0.68\right)\right] = 1.8\text{ kN} \qquad \text{(앵귤러 볼 베어링)}$$

2. 표 14.3으로부터 $K_a=1.5$를 선택하고, 표 14.4로부터 30,000시간 수명을 선택한다(보수적으로). 회전 수명은 $L=1800\text{ rpm}\times30{,}000\text{ h}\times60\text{ min/h}=3240\times10^6$ rev이다.
3. 90% 표준 신뢰도($K_r=1$) 로, $L_R=90\times10^6$ rev(표 14.2를 이용하기 위하여)에 대하여, 식 (14.5b)는

$$C_{\text{req}} = (2.4)(1.5)(3240/90)^{0.3} = 10.55\text{ kN} \qquad \text{(레이디얼 베어링)}$$
$$= (1.8)(1.5)(3240/90)^{0.3} = 7.91\text{ kN} \qquad \text{(앵귤러 볼 베어링)}$$

4. 표 14.2로부터(표 14.1에 주어진 안지름과 계열에 대한 베어링 번호를 얻는다), 레이디얼(깊은 홈) 볼 베어링 L14, 211, 307 그리고 앵귤러 콘택트 볼 베어링 L11, 207, 306을 선택하는 것이 적절하다는 것을 알 수 있다.

주석: 다른 요인들이 같다면, 축과 하우징을 포함하는 전체 설치 비용에 따라 최종 선택이 이루어질 것이다. 베어링의 정렬이 어긋남이 15′를 넘지 않도록 축의 크기가 충분히 커야 한다.

예제 14.2 SAMPLE PROBLEM 볼 베어링의 수명과 신뢰도

예제 14.1의 용도로 레이디얼 콘택트 베어링 211(C=12.0 kN)이 선택되었다고 가정하자. (a) 90% 신뢰도로 이 베어링의 수명을 계산하라. (b) 30,000시간의 수명에 대하여 신뢰도를 계산하라(그림 14.15 참조).

풀이 SOLUTION

제시자료: 예제 14.1의 용도로 레이디얼 콘택트 베어링 211이 선택되었다.

목표: (a) 90% 신뢰도의 베어링 수명과 (b) 수명 시간이 30,000시간일 때의 베어링 신뢰도를 구하라.

개요도 및 데이터:

Case a: 90 percent reliability	Case b: 30,000-hour life

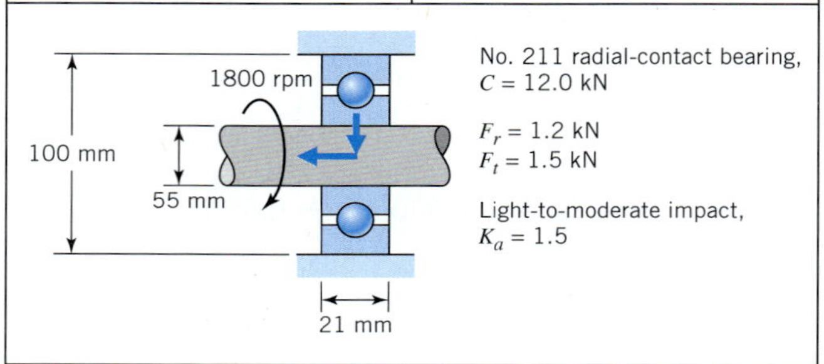

그림 14.15 레이디얼 콘택트(깊은 홈) 볼 베어링.

가정:

1. 볼 베어링의 수명은 하중의 10/3제곱에 반비례한다[식 (14.15a)가 정확하다].
2. 경-중등급 충격 하중에 대하여 적용계수 K_a=1.5이다.
3. 설계 수명은 30,000시간이다.

해석:

a. 식 (14.5a)에서

$$\begin{aligned} L &= K_r L_R (C/F_e K_a)^{3.33} \\ &= (1)(90 \times 10^6)(12.0/3.6)^{3.33} = 4959 \times 10^6 \text{ rev} = 45{,}920 \text{ h} \end{aligned}$$

b. 식 (14.5a)에서

$$\begin{aligned} 3240 \times 10^6 &= K_r(90 \times 10^6)(12.0/3.6)^{3.33} \\ K_r &= 0.65 \end{aligned}$$

그림 14.13에서 신뢰도는 95%에 가까운 값으로 추정된다.

주석: 90% 신뢰도로 베어링의 수명은 45,920시간이다. 그러나 95% 신뢰도로 하면 베어링 수명은 30,000시간이다.

예제 14.3 SAMPLE PROBLEM 누적되는 손상

No. 207 레이디얼 콘택트 볼 베어링이 1000 rpm으로 회전하는 축을 지지한다. 반경 방향 하중이 시간에 따라 계단 모양으로 변화하는데, 작용 시간의 50, 30, 20% 구간에서 하중의 크기는 각각 3, 5, 7 kN으로 변화한다. 하중은 균일하므로 $K_a=1$이다. B_{10} 수명과 중앙 수명(median life, 50% 신뢰도 수명)을 구하라(그림 14.16 참조).

풀이 SOLUTION

제시자료: 레이디얼 콘택트 볼 베어링은 변동하는 반경 방향 하중 3, 5, 7 kN을 지지하는데, 각 하중은 전체 작용 시간에서 50, 30, 20% 부분을 차지한다.

목표: B_{10} 수명과 중앙 수명을 구하라.

개요도 및 데이터:

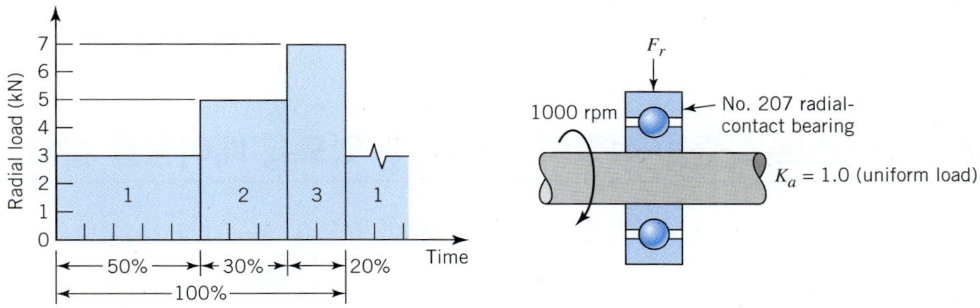

그림 14.16 변동하는 하중을 받는 레이디얼 콘택트 베어링.

가정:

1. 팜그렌 또는 마이너(Miner) 법칙(선형 누적 손상법)을 사용하는 것이 적절하다.
2. 식 (14.5)를 이용하는 것이 적절하다.
3. 변수 X를 B_{10} 수명과 같다고 놓는다.

해석:

1. 표 14.2로부터, No. 207 레이디얼 콘택트 베어링의 $C=8.5$ kN이다($L_R=90\times10^6$ rev 이며 90% 신뢰도로 한다).
2. 식 (14.5a)는 $L=K_rLR\ (C/F_eK_a)^{3.33}$이다. 또한 $F_e=F_r$, $K_a=1$이며, 90% 신뢰도에서 $K_r=1$이다. 그러므로 $L=L_R\ (C/F_r)^{3.33}$이다.
3. $C=8.5$ kN, $L_R=90\times10^6$ rev을 적용하여 앞의 식으로부터

a. $F_r=3$ kN일 때 $L=2887\times10^6$ rev
b. $F_r=5$ kN일 때 $L=526.8\times10^6$ rev
c. $F_r=7$ kN일 때 $L=171.8\times10^6$ rev
을 얻는다.

4. 식 (8.3)으로부터, $k=3$일 때

$$\frac{n_1}{N_1}+\frac{n_2}{N_2}+\frac{n_3}{N_3}=1$$

5. 동작 시간을 X(분)라고 하면, $n_1=500\,X$ rev, $n_2=300\,X$ rev, $n_3=200\,X$ rev이다.
6. 위의 3번으로부터, $N_1=2887\times10^6$ rev, $N_2=526.8\times10^6$ rev, $N_3=171.8\times10^6$ rev이다.
7. 5번과 6번의 결과를 4번의 식에 대입하면

$$\frac{500X}{2887\times10^6}+\frac{300X}{526.8\times10^6}+\frac{200X}{171.8\times10^6}=1$$

이며 X를 구하면 $X=\dfrac{10^6}{1.9068}=524{,}436$ min에서 $X=8741$ h이다.

8. 중간 수명은 B_{10} 수명의 대략 5배가 되므로, 중간 수명은 43,703시간이 된다.

주석: 평균 수명이 B_{10} 수명의 대략 5배라는 일반적인 관계는 수많은 베어링을 실험한 수명 시험 결과 데이터로부터 얻어진 것이다.

14.8 스러스트 하중을 적절히 지지할 수 있도록 베어링을 설치하기

베어링 제조사들의 자료에는 그들의 제품을 올바르게 사용하는 방법에 대하여 많은 정보와 사례들이 수록되어 있다. 이 장에서는 축 방향 하중이 작용하는 경우 이에 적절히 대응하기 위하여 베어링을 바르게 설치하는 기본 원칙에 대해서만 설명하려고 한다. 그림 14.17과 14.18은 두 가지 전형적인 베어링 설치 구조를 보여 준다. 회전하는 조립체에 겉보기에는 명백하게 보이는 축 방향 하중이 없을지라도 중력, 진동, 그리고 다른 요인들에 의하여 축 방향 움직임이 생기지 않는지 반드시 확인하여야 한다.

일반적으로 적용되는 원칙은, 각 방향으로 작용하는 축 방향 하중은 **오로지 하나의** 베어링에 의해 지지되어야 한다는 것이다. 그림 14.7을 보면 왼쪽 베어링은 왼쪽으로 작용하는 축 방향 하중을 받고, 오른쪽 베어링은 오른쪽으로 작용하는 축 방향 하중을 받는다. 어떤 베어링도 반대 방향으로는 축 방향 하중을 지지하지 못하도록 설치되어 있다. 그림 14.18에서는 왼쪽 베어링이 양방향으로 축 방향 하중을 받는다. 오른쪽 베어링은 하우징 내부에서 양방향으로 자유롭게 미끄러질 수 있기 때문에 어느 쪽 방향으로도 축 방향 하중을 받을 수 없다.

그림 14.17에서는 축이 축 방향으로 자유롭게 움직이는 양(axial free play)을 원하는 크기만큼으로 조정하기 위하여 스페이서(spacer)가 사용된 것에 주목하라. 열팽창이 그다지 크지

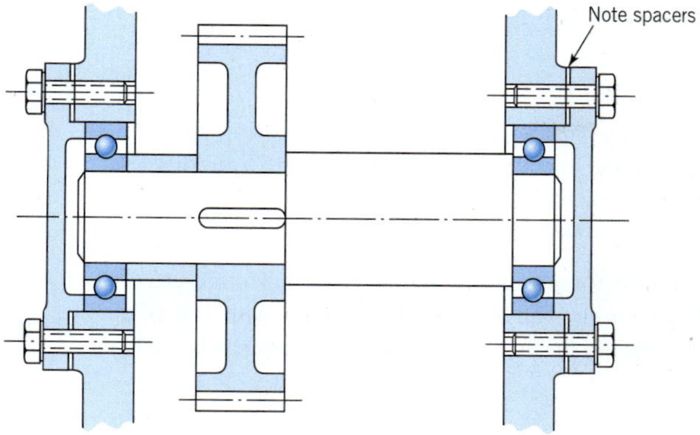

그림 14.17 각 베어링이 한쪽 방향의 스러스트만 받도록 설치된 베어링.

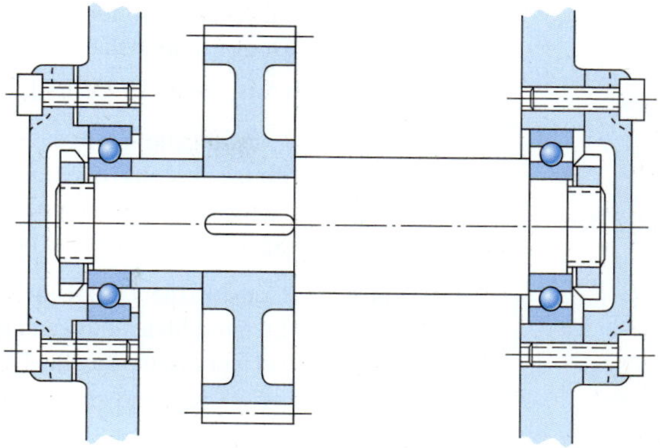

그림 14.18 왼쪽 베어링이 양쪽 방향의 스러스트를 모두 받도록 설치된 베어링.

않은 경우, 축의 길이가 변화하는데, 상태를 악화시키는 방향으로 축의 움직임이 생기더라도 베어링 하중이 과도하게 커지는 일이 절대로 일어나지 않을 정도의 축 방향 움직임만 발생하도록 그 크기를 조정하려고 하는 것이다. 이것은 어느 한 방향으로 작용하는 축 방향 하중을 두 베어링으로 나누어 지지하도록 설계하는 것이 일반적으로 적합하지 않은 이유를 알게 해 준다. '완벽한 강체'로 만들어진 부재에서, 이것은 축 위에서의 베어링 사이 간격(내륜 사이의 간격)과 하우징 안에서의 베어링 사이 간격(외륜 사이의 간격)이 **정확히** 같을 것을 요구한다. 비용을 많이 들여 정밀하게 제작해서 이 필요조건을 만족시킨다 하더라도, 운전 중에는 발생하는 열팽창량에 부품별 차이가 있어 작지만 간섭이 발생할 것이며, 이는 베어링에 하중을 가하게 된다.

참고문헌 REFERENCES

1. Harris, Tedric A., and M. N. Kotzalas, *Rolling Bearing Analysis*, 5th ed., CRC Press, Boca Raton, Florida, 2007.
2. "Mechanical Drives," *Machine Design Reference Issue*, Penton/IPC, Inc. Cleveland, June 29, 1978.
3. Morton, Hudson T., *Anti-Friction Bearings*, Hudson T. Morton, Ann Arbor, Mich. 1965.
4. Palmgren, Arvid, *Ball and Roller Bearing Engineering*, SKF Industries, Inc., Philadelphia, 1959.
5. Standards of the American Bearing Manufacturers Association, Washington, D.C.

연습문제 PROBLEMS

Sections 14.3–14.4

14.1 Consult the Dodge bearing catalog for a spherical bearing at http://dodge-pt.com/literature/index.html and specify a four-bolt round flange expansion bearing with a labyrinth seal for a 1.75-in.-diameter steel shaft. Specify this bearing using the labyrinth seal for a 1.75-in.-diameter steel shaft. Specify this bearing using the Dodge nomenclature key.

[Ans.: F4R-S2-112LE]

14.2 Consult the Dodge bearing catalog for a polymer housed bearing at http://dodge-pt.com/literature/index.html and specify a bearing for a 1.1875-in. diameter shaft which has a tapped polymer pillow block housing with a polymer sleeve insert. Specify this mounted bearing using the Dodge nomenclature key.

14.3 Consult the Dodge bearing catalog for a take up frame at http://dodge-pt.com/literature/index.html and specify a wide slot ball bearing take-up frame with 9-in. of travel and a frame length of 16.75-in. Specify this frame using the Dodge nomenclature key.

[Ans.: WS-400X9-TUFR]

14.4 Consult the Dodge bearing catalog and find a spherical bearing for a take-up frame at http://dodge-pt.com/literature/index.html and specify a wide slot take-up non-expansion spherical bearing with a triple lip rubbing seal for a 1.375-in. diameter steel shaft. Specify this bearing using the Dodge nomenclature key.

14.5D From a mechanical engineer's viewpoint, interested in rolling-element bearings, write a report reviewing the website http://www.timken.com. Discuss the contents, usefulness, ease of use, and clarity of the site.

14.6 Repeat Problem 14.5D, except for http://www.rbcbearings.com.

14.7 Repeat Problem 14.5D, except for http://www.ntn.ca.

14.8 Repeat Problem 14.5D, except for http://www.pt.rexnord.com.

14.9 The site http://www.uspto.gov provides a database of patents from the U.S. Patent & Trademark Office, including images since 1790 and full-text since 1976.

(a) Search the patent abstracts using the word "bearing" and record the numerical number of patents found by the search engine.

(b) Identify the subject of patent 6,749,341.

14.10D Search http://www.uspto.gov and print the abstract and an illustration for an "interesting" patent related to a ceramic rolling-element bearing.

Section 14.7

14.11 For a No. 204 radial-contact ball bearing, find the radial load that can be carried for an L_{10} life of 5000 hours at 900 rpm.

14.12 A No. 208 radial-contact ball bearing carries a combined load of 900 N radially and 670 N axially at 1200 rpm. The bearing is subjected to steady loading. Find the bearing life in hours for 90% reliability.

14.13 What change in the loading of a radial-contact ball bearing will cause the expected bearing life to double? To triple? (See Figure P14.13.)

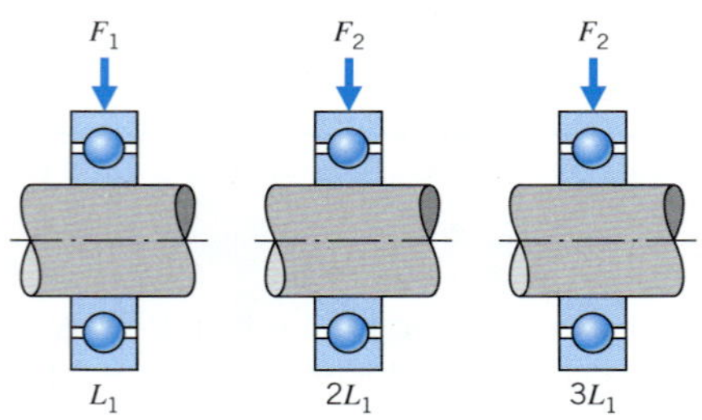

FIGURE P14.13

14.14 Some bearing manufacturers rate their bearings on the basis of a life of 10^6 revolutions. *If* all other factors are the same, by what value should these ratings be multiplied when comparing them with the ratings in Table 14.2?

[Ans.: 0.259]

14.15 For a No. 204 radial-contact ball bearing, find the radial load that can be carried for an L_{10} life of 5000 hours at 1800 rpm.

14.16 For the bearing described in Problem 14.15, explore the effect of reliability factor (K_r) on the radial load that the bearing can carry by computing and plotting the radial load versus the reliability factors given in Figure 14.13 and include 99.9% reliability where the reliability factor (K_r) is 0.093.

14.17 A No. 204 radial-contact ball bearing carries a combined load of 800 N radially and 650 N axially at 1000 rpm. The bearing is subjected to steady loading. Find the bearing life in hours for 95% reliability.

14.18 A No. 204 radial-contact ball bearing is used in an application considered to be light-to-moderate with respect to shock loading. The shaft rotates 3500 rpm and the bearing is subjected to a radial load of 1000 N and a thrust load of 250 N. Estimate the bearing life in hours for 90% reliability. (See Figure P14.18.)

[Ans.: 6200 hours]

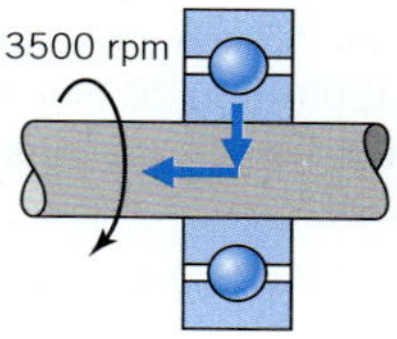

Figure P14.18

14.19 A particular bearing application provides a life of 5000 hours for 90% reliability. What are the corresponding lives for 50% and 99% reliability?

14.20D Choose a series 200 angular contact ball bearing to carry a 10 kN radial load and a 2 kN thrust load. The bearing will be installed in a light impact machine running at 500 rpm. It is expected to last 3 years operating one shift per day and have a 95% reliability.

14.21 A particular bearing application provides a life of 15000 hours for 90% reliability. What are the corresponding lives for 50% and 99% reliability?

14.22 A No. 207 radial-contact ball bearing supports a shaft that rotates 1800 rpm. A radial load varies in such a way that 60, 30, and 10 percent of the time the load is 3, 5, and 7 kN, respectively. The loads are uniform, so that $K_a = 1$. Estimate the L_{10} life and the median life of the bearing.

14.23 Figure P14.23 shows a countershaft with helical gear (B), bevel gear (D), and two supporting bearings (A and C). Loads acting on the bevel gear are known. Forces on the helical gears can be determined. Shaft dimensions are known. All shoulder fillets have a radius of 5 mm. Only bearing A takes thrust. The shaft rotates at 1000 rpm and is made of hardened steel having known values of S_u and S_y. All important surfaces are finished by grinding.

(a) Draw load, shear force, and bending moment diagrams for the shaft in the xy and xz planes. Also draw diagrams showing the intensity of the axial force and torque along the length of the shaft.

(b) Calculate the forces at the bearings A and C.

(c) Select a suitable bearing for this shaft.

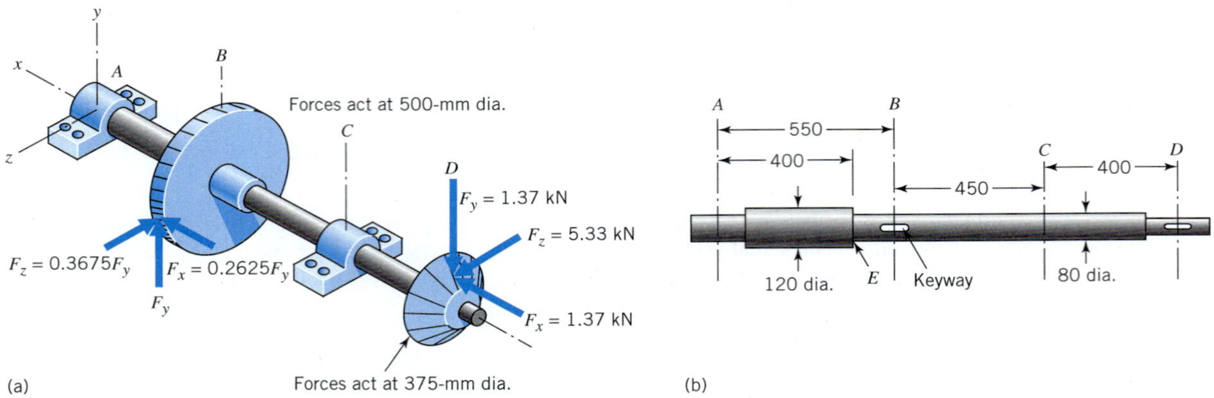

FIGURE P14.23

14.24 A No. 312 radial-contact ball bearing is loaded uniformly (without shock) as follows: 55 percent of the time, 7 kN and 1800 rpm; 25 percent of the time, 14 kN and 1200 rpm; 20 percent of the time, 18 kN and 800 rpm. Estimate the bearing life for 90 percent reliability. Calculate the cumulative damage contribution for each load.

[Ans.: 6400 hours, 13%, 39%, 48%]

14.25 In a given application a No. 212 radial ball bearing has an L_{10} life of 6000 hours. What would be the expected life of the next larger sizes (No. 213 and No. 312) used in the same application?

[Ans.: 10,300 hours, 21,700 hours]

14.26D A bearing supporting a 1000-rpm shaft carries a 3-kN radial load and 2-kN thrust load. The shaft is part of a machine for which the loading involved is borderline between "light" and "moderate" impact. The required life is 5000 hours with only 2% probability of failure. Select a 200 series ball bearing for this application:

(a) Using a radial-contact bearing.
(b) Using an angular-contact bearing.

14.27D Repeat Problem 14.26D with the thrust load increased to (a) 1.5 kN, (b) 3.0 kN.

14.28 Figure P14.28 shows two bearings supporting a 1000-rpm shaft and gear. The bearing on the left carries a 5-kN radial load and 1-kN thrust load. The loading is borderline between "light" and "moderate" impact. The required life is 5000 hours with only 2% probability of failure. Select a 200 series radial-contact ball bearing for the left bearing.

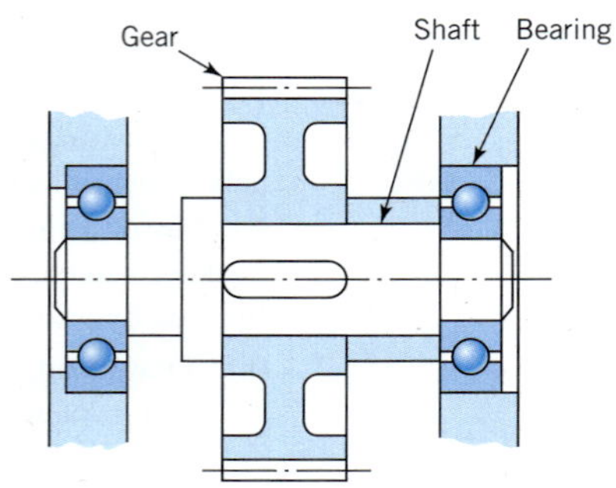

FIGURE P14.28

14.29D Figure P14.29D shows a printing roll driven by the gear to which the 1.2-kN force is applied. The bottom surface of the roll is in contact with a similar roll that applies a uniform (upward) loading of 4 N/mm. Select identical 200 series ball bearings for A and B, if the shaft rotates 350 rpm.

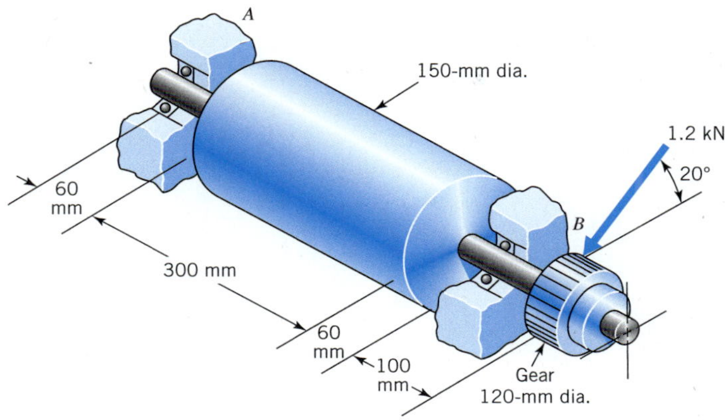

FIGURE P14.29D

14.30D Figure P14.30D shows a cantilevered chain idler sprocket driven by a roller chain that applies a 5 kN force. Select identical 200 series ball bearings for A and B. The shaft rotates at 350 rpm.

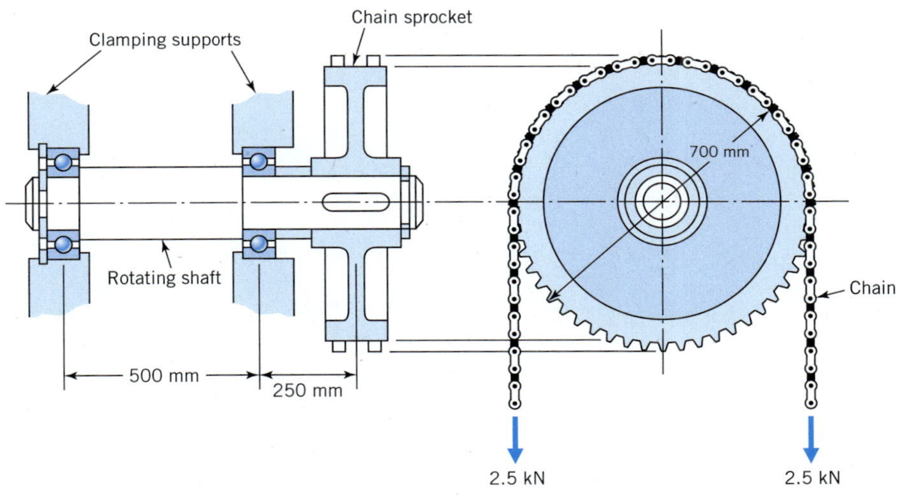

FIGURE P14.30D

14.31D Repeat Problem 14.30D, except the shaft rotates at 275 rpm.

평기어

15

15.1 개요와 역사

가장 오래된 기계장치의 일종이며 인류의 발명품인 기어는 한 축에서 다른 축으로 회전 운동을 전달하는 이를 가진 부품이다. 기원전 2600년경 중국에서는 그림 15.1과 같이 일련의 기어들로 이루어진 마차를 사용했다고 알려져 있다. 기원전 4세기에 아리스토텔레스는 기어가 널리 사용된 것으로 기록하였고, 기원후 15세기에는 레오나르도 다빈치가 수많은 종류의 기어로 구성된 다수의 기계장치를 설계하였다.

일반적으로 기어, 벨트, 체인을 포함한 각종 기계적 동력전달 수단 가운데 기어는 일반적으로 가장 튼튼하며 내구성이 뛰어나다. 기어의 동력전달 효율은 98% 정도이다. 반면에 기어는 대개의 경우 체인이나 벨트보다 더 비싸다. 고속 및 큰 하중, 저소음 등의 요구에 맞추면서 기어의 정밀도를 높이면 기어의 제조가격은 급격하게 올라가며, 기어 제조 정밀도에 대한 공차는 미국기어제조자협회(AGMA: American Gear Manufacturers Association) 규격으로 확립되어 있다.

평기어(spur gear)는 기어 중 가장 단순하며 가장 널리 사용된다. 그림 15.2에 나타낸 바와 같이 평기어는 평행축들 사이에서 운동을 전달하기 위해서 사용되고, 축에 평행인 기어 이들을 가지고 있다. 평기어에서 배우게 될 중요한 내용은 기어의 형상과 용어(15.2절과 15.3절), 기어의 힘 해석(15.4절), 기어 이의 굽힘강도(15.6~15.8절), 그리고 기어 이의 면압

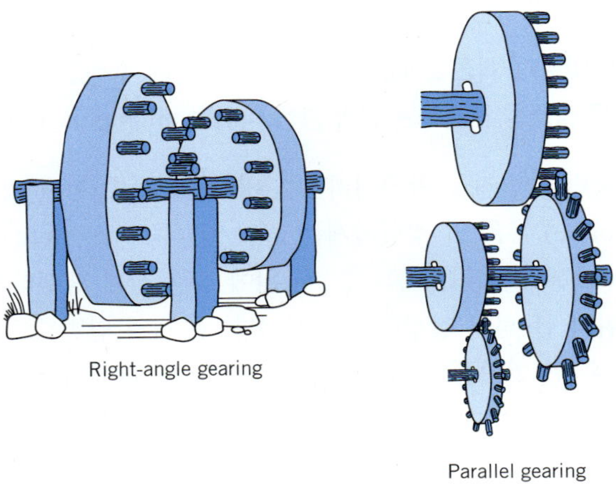

그림 15.1 초창기 기어.

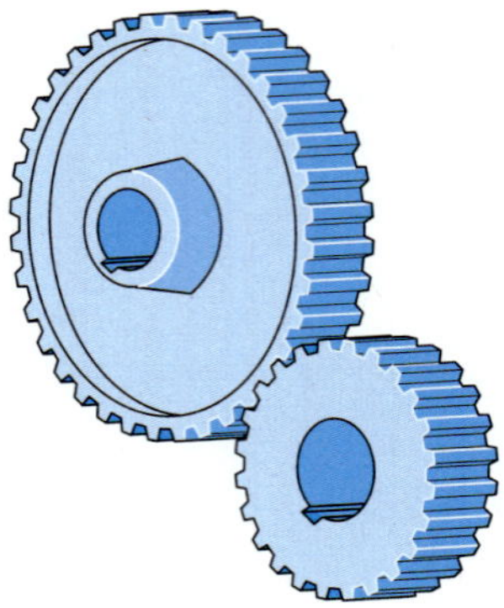

그림 15.2 평기어.

강도(15.9절 및 15.10절)이다.

기어 관련 분야에 종사하는 엔지니어들은 기어 관련 전문서적들은 물론이고 AGMA 규격집들을 항시 참조해야 한다. 사이트 http://www.machinedesign.com은 기어전동장치, 기어 치형 및 기어박스에 대한 일반적인 정보를 제공하며, 사이트 http://www.powertransmission.com은 기어 및 기어전동장치 제조업체들에 대한 웹사이트 정보를 제공한다.

15.2 형상 및 용어

기어 치형에 대한 기본적 요구는 정확하게 일정한 각속도비를 유지하는 것이다. 잇수 20개인 기어와 잇수 40개인 기어들 사이의 각속도비는 모든 위치에서 정확하게 2가 되어야만 한다. 즉 이 한 쌍이 물려 들어갈 때는 각속도비가 1.99이었다가, 떨어져 나올 때는 2.01이 되어서는 안 된다. 제작의 부정확성과 이의 변형은 속도비를 약간 차이 나게 할 수 있지만 실제로 사용할 수 있는 치형은 위의 요구조건을 만족시키는 이론적인 곡선에 기초를 두어야 한다.

그림 15.3과 같이 일정 각속도비 조건을 만족시키는 기어 한 쌍의 물림을 **공액기어 이의 물림**(conjugate gear tooth action)이라 한다. 공액기어 이 물림의 기본 법칙은 다음과 같다.

> 한 쌍의 기어가 맞물려 회전할 때, 접촉점에서 그 면에 수직인 공통법선(common normal)은 기어의 회전중심들을 연결하는 선과 항상 피치점(pitch point) *P*에서 교차해야 한다.

공액기어 이 물림의 법칙을 만족시키는 다양한 치형 중 현재 가장 중요한 치형 중 하나가 **인벌류트**(involute) 혹은 더 정확하게는 **원의 인벌류트**(involute of circle) 치형이다. 인벌류트는 **기초원**(base circle)이라고 불리는 원 위에 감긴 실이 팽팽하게 당긴 상태에서 풀어질 때 당겨진 실 위의 한 점이 창성하는 곡선이다. 두 개의 인벌류트의 창성을 그림 15.4에서 보여 준다. 점선은 이 인벌류트들이 어떻게 이웃하는 기어 이의 오른쪽 면의 바깥부분과 일치할 수 있는가를 보여 준다. 마찬가지로 기초원 주위에 반시계방향으로 감겨진 실을 풀어 냄으로써 인벌류트 이의 왼쪽 바깥부분을 창성한다. 여기서 주목해야 할 것은 모든 점에

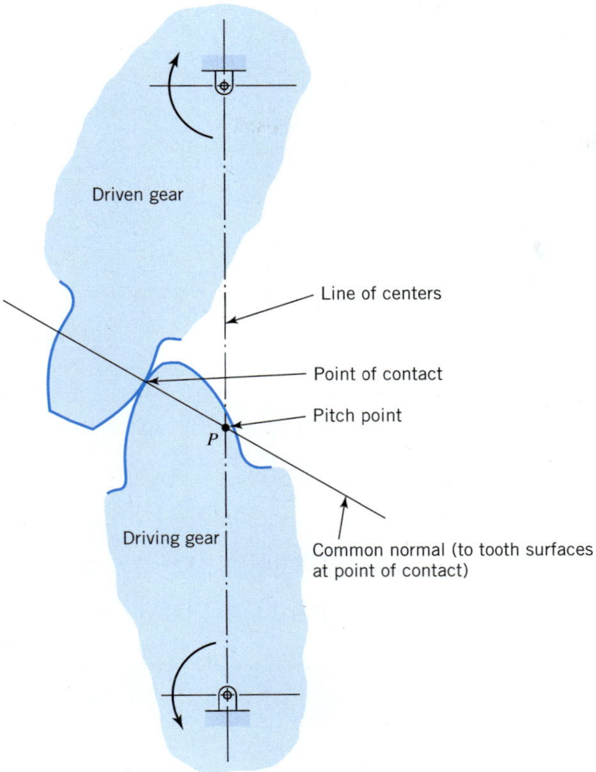

그림 15.3 공액기어 이 물림.

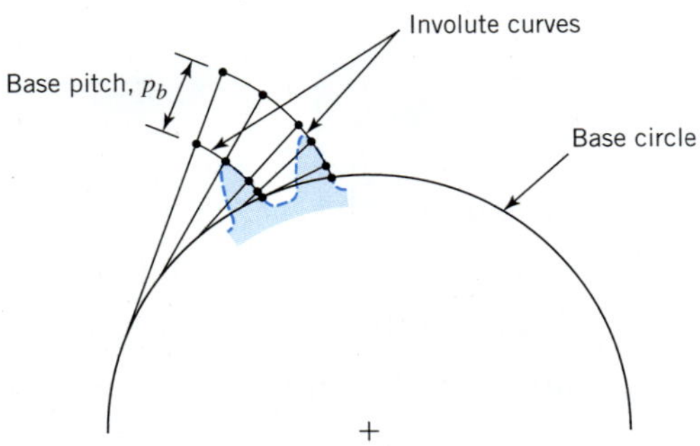

그림 15.4 기초원에서 인벌류트의 생성.

서 인벌류트는 팽팽한 실과 수직을 이루는 것이다. 또 인벌류트는 기초원 **바깥쪽**에서 원하는 대로 전개시킬 수 있지만, **기초원의 내부에서는 존재할 수 없다.**

한 쌍의 인벌류트 기어 이의 물림은 (1) 마찰차 구동, (2) 벨트 전동, 최종적으로 (3) 인벌류트 기어 이의 전동이라는 3단계 전개과정을 통해 이해될 수 있다. 그림 15.5는 두 개의 **피치원(pitch circle)**을 나타낸다. 이 피치원들을 서로 누르는 두 개의 원통이라고 생각하자. 미끄럼이 없는 경우에 한 원통(피치원)이 회전하면 지름에 반비례하는 각속도비로 다른 원통이 회전하게 된다. 기어 한 쌍이 물릴 때 작은 것을 **피니언(pinion)**, 큰 것을 **기어(gear)**라 한다. '기어'란 말은 기계요소 중 하나를 나타내는 일반적인 의미로 사용되지만, 좀 더 구체

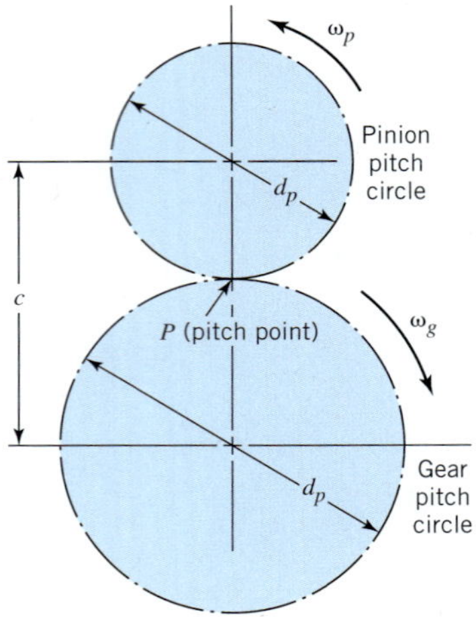

그림 15.5 각속도 ω로 회전하는 지름 d의 피치원을 갖는 마찰차 구동.

적인 의미로는 둘 중에 큰 쪽을 나타내는 것이다. 약간 혼동되지만 삶이란 그런 것이다. 구체적으로 피니언과 기어를 각각 하첨자 p와 g로 표시하면

$$\omega_p/\omega_g = -d_g/d_p \tag{15.1}$$

여기서 ω는 각속도, d는 피치원 지름, (−)는 두 원통(기어)이 서로 반대방향으로 회전하는 것을 나타낸다. **중심거리**(center distance)는

$$c = (d_p + d_g)/2 = r_p + r_g \tag{15.1a}$$

여기서 r은 **피치원 반지름**(pitch circle radius)이다.

그림 15.5의 마찰차 구동보다 더 많은 토크를 전동시키기 위하여 우리는 그림 15.6과 같이 **기초원**들을 나타내는 풀리(pulley)들 사이에 벨트를 덧붙인 구동을 고려한다. 만약 피니언이 반시계방향으로 약간 회전한다면 벨트는 기어를 식 (15.1)의 관계식만큼 회전하도록 만들 것이다. 그림 15.6의 각 ϕ를 기어 용어로 **압력각**(pressure angle)이라 한다. 식 (15.1)의 피치원 기준 각속도비는 삼각형 AA 닮음조건으로부터 기초원 기준 각속도비와 동일하므로, 그림 15.5의 마찰차 구동과 그림 15.6의 벨트 구동 시의 각속도비는 동일하다.

그림 15.7에서 벨트는 점 c에서 잘려지고, 그림 15.4에서 설명하였듯이 잘려진 두 벨트를 이용하여 피니언과 기어의 인벌류트 형상 de와 fg를 각각 창성한다. 이것은 각 ϕ가 압력각이라고 불리는 이유를 분명하게 해 준다. 즉 미끄럼 마찰을 무시한다면, 한 인벌류트 이가 다른 이를 누르거나 미는 힘은 언제나 압력각과 동일한 각도에서 작용한다. 그림 15.7과 그림 15.3의 비교는 인벌류트 형상은 공액기어 이 물림의 기본 법칙을 만족시킨다는 것을 보여 준다. 덧붙여 말하면 인벌류트는 기어들이 맞물려 돌아갈 때 일정 압력각이 유지된다는 법칙을 만족시키는 유일한 기하학적 형상이다. 특히 주목할 것은 기초원들의 바깥부분에만

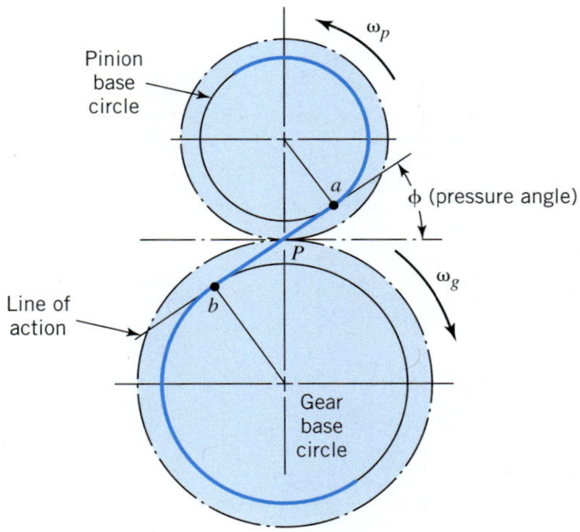

그림 15.6 마찰차에 덧붙여진 벨트구동.

공액 인벌류트 작용이 존재할 수 있다는 점이다. 그림 15.7에서 공액 인벌류트 형상은 *a*와 *b* 사이의 점에서만 '벨트를 잘라 냄으로써' 그려질 수 있다.

그림 15.8은 기어 이 물림의 연속적 전개과정을 보여 준다. 인벌류트 형상은 피치원을 지나서 **이끝높이**(addendum)만큼 바깥쪽으로 연장된다. 이 바깥 원을 보통 **이끝원**(addendum circle)이라 부른다. 마찬가지로 이 형상은 피치원을 지나 **이뿌리높이**(dedendum)만큼 안쪽으로 연장된다. 물론 인벌류트 부분은 기초원까지만 안쪽으로 연장될 수 있다. 기초원과 **이뿌리원**(dedendum circle) 사이의 형상부분은 공액 인벌류트 기어 이의 물림에 관여할 수 없다. 그러나 기어들이 회전할 때 물리는 이의 끝에 걸리는 것이 없어야 한다. 이 부분의 형상은 보통 반지름 방향의 직선으로 표현하지만 실제 형상(제조공정에 따라 다르지만)은 대개 트로코이드(trochoid)이다. 이 바닥 부위의 필렛(fillet)은 기어 이의 굽힘 응력집중을 줄이는 점에 있어서 중요하며 이뿌리원에 조화를 이루며 연결시킨다.

유념해야 할 중요한 점은 기어의 지름은 항상 **피치원** 지름을 의미한다는 것이다. 만약

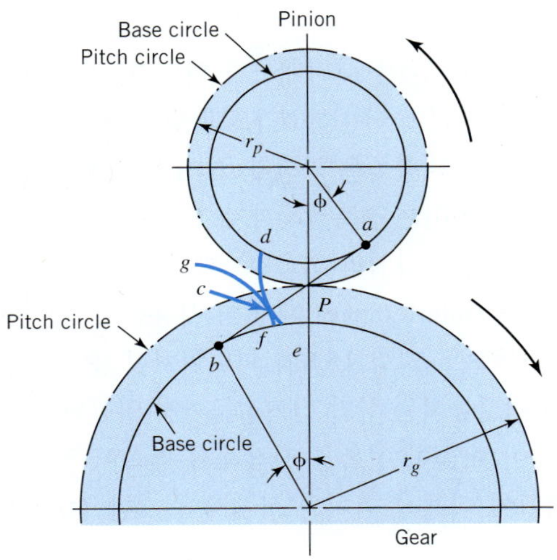

그림 15.7 공액 인벌류트 형상을 창성하기 위하여 *c* 점에서 잘린 벨트.

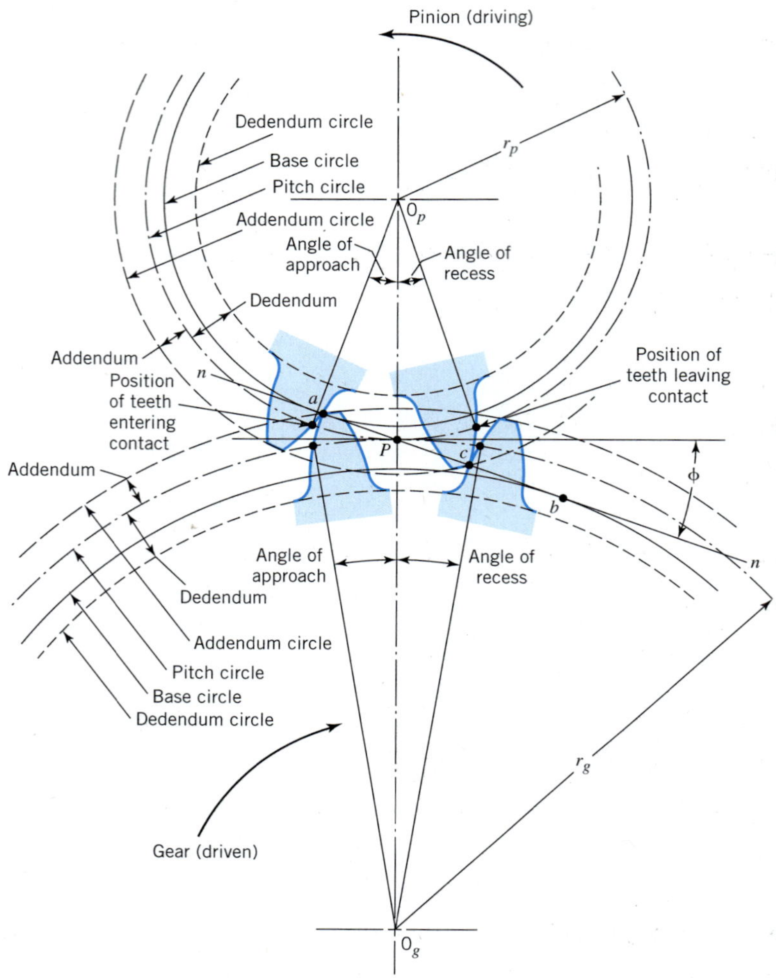

그림 15.8 인벌류트 기어 이 물림의 전개 및 명칭. 그림은 간섭이 없는 최대 이끝높이를 가진 기어와 최소 이끝높이를 가진 피니언을 나타낸다.

다른 지름(기초원, 이뿌리원, 바깥 원)을 나타내고자 한다면 그 지름은 항상 구체적으로 명기해야 한다. 마찬가지로 하첨자 없이 단순히 d라고만 한다면 그것은 **피치원** 지름을 의미한다. 피니언과 기어에서의 각 피치 지름들은 하첨자 p와 g를 사용하여 d_p 및 d_g로 구분한다.

그림 15.8에서 기어의 **이끝높이**는 접촉점 a까지 정확하게 연장된 것을 보여 준다.(피니언의 이끝높이는 접점 b 보다 짧은 임의의 접촉점 c까지 연장된다.) 이러한 기어의 이 끝높이는 다음 절에서 논의될 '간섭(interference)'이 없이 사용할 수 있는 이론적 최고치를 나타낸다. 표준형의 기어는 일반적으로 그림 15.8의 피니언처럼 짧은 이끝높이를 가지고 있다. 실제로 맞물리는 기어들의 이끝높이는 상기 접촉점들까지 연장되어서는 안 된다.

그림 15.8은 맞물린 기어 이들이 접촉을 시작해서 접촉이 끝날 때까지의 위치를 보여 준다. 여기서 피니언과 기어에 대해서 피치원 상에서 측정한 **접근각**(angle of approach)과

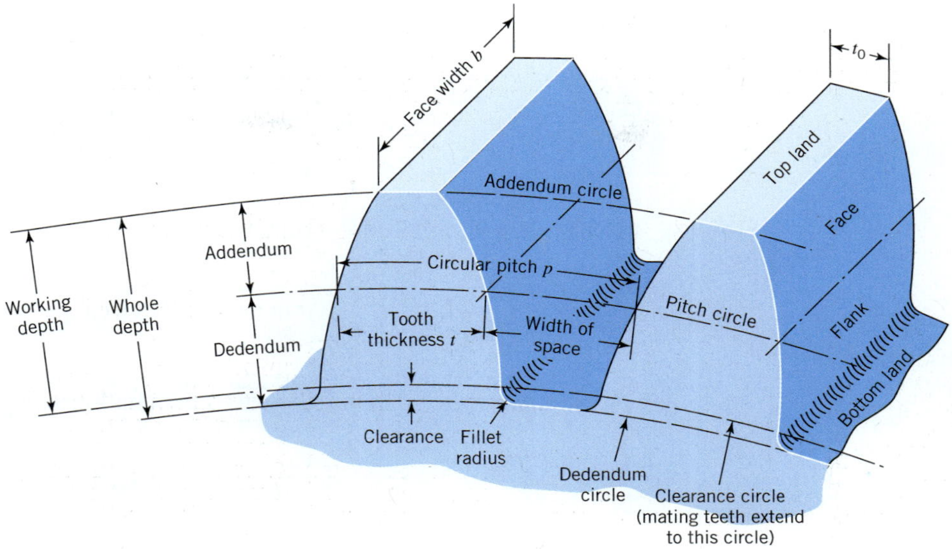

그림 15.9 기어 이의 명칭.

퇴거각(angle of recess)을 주목하라.

그림 15.8의 직선 *nn*은 접촉점에서의 공통법선으로 작용선 또는 **작용력선**(line of action)이라고 한다(마찰을 무시한다면, 맞물리는 기어 이들 사이의 접촉력은 이 선을 따라 작용한다). **접촉경로**(path of contact, 기어 이들이 접촉하는 점들의 궤적)는 작용력선의 일부이다. 그림 15.8에서의 접촉경로는 선분 *ac*이다.

기어 이에 대한 추가적인 용어와 관련된 사항들이 그림 15.9에 도시되어 있다. 기어 및 기어 조립체들과 관련된 보다 다양한 용어들은 부록 J에 정리되어 있다. **윗면**(face)과 **옆면**(flank)을 포함하는 이의 표면은 피치원을 포함하는 **피치원통**(pitch cylinder)에 의해서 나누어진다. 만약 N이 기어(또는 피니언) 이의 개수이고 d가 피치원 지름일 때, **원주피치**(circular pitch) p는 다음 식과 같이 인치(영국 단위계) 또는 밀리미터(SI 단위계)로 나타낸다.

$$p = \frac{\pi d}{N}, \qquad p = \frac{\pi d_p}{N_p}, \qquad p = \frac{\pi d_g}{N_g} \qquad (p \text{ in inches}) \tag{15.2}$$

기어 이의 크기를 나타내기 위해서 보다 널리 사용되는 지표는 **지름피치**(diametral pitch) P(영국 단위계에서만 사용)와 **모듈**(module) m(SI 또는 미터 단위계에서만 사용)이다. 지름피치는 이의 개수를 **인치**로 표시된 피치원 지름으로 나눈 값이다.

$$P = \frac{N}{d}, \qquad P = \frac{N_p}{d_p}, \qquad P = \frac{N_g}{d_g} \qquad (P \text{ in teeth per inch}) \tag{15.3}$$

지름피치 P와 사실상 역수관계인 모듈 m은 **밀리미터**로 표시된 피치원 지름을 기어 잇수로 나눈 값으로 정의된다.

$$m = \frac{d}{N}, \qquad m = \frac{d_p}{N_p}, \qquad m = \frac{d_g}{N_g} \qquad (m \text{ in millimeters per tooth}) \qquad \textbf{(15.4)}$$

원주피치, 지름피치, 모듈의 상호관계를 살펴보면

$$pP = \pi \qquad (p \text{ in inches; } P \text{ in teeth per inch}) \qquad \textbf{(15.5)}$$

$$p/m = \pi \qquad (p \text{ in millimeters; } m \text{ in millimeters per tooth}) \qquad \textbf{(15.6)}$$

$$m = 25.4/P \qquad \textbf{(15.7)}$$

영국 단위계로 수식어가 없이 '피치'는 **지름피치**를 의미하고(즉 '12-피치기어'는 피치원 지름 1인치당 12개의 이를 가진 기어를 나타낸다), SI 단위계로 '피치'는 **원주피치**를 의미한다(즉 '피치 3.14 mm의 기어'는 3.14 mm의 원주피치를 가진 기어를 나타낸다).

보통 기어를 만들 때 영국 단위계에서는 정수 값의 지름피치를, SI 단위계에서는 표준 모듈 값을 선택하여 사용한다. 그림 15.10은 표준 지름피치 값들을 갖는 여러 기어 이들의 실제적인 크기를 보여 준다. SI 단위계에서 흔히 사용되는 모듈의 표준값은

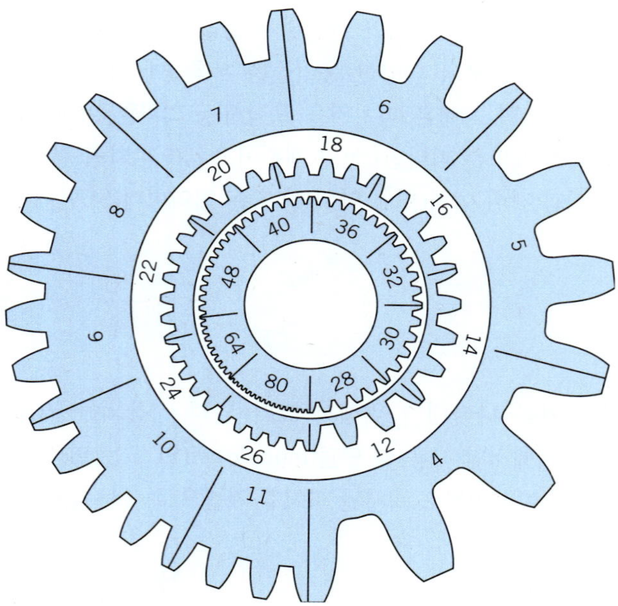

그림 15.10 각종 지름피치의 기어 이의 실제 크기. 주의: 일반적으로 미세 피치기어는 $P \geq 20$, 거친 피치기어는 $P < 20$이다.(Bourn & Koch Machine Tool Company 제공.)

0.2~1.0 → 0.1씩 증가
1.0~4.0 → 0.25씩 증가
4.0~5.0 → 0.5씩 증가

영국 단위계 및 SI 단위계에서 가장 흔히 사용되는 압력각(ϕ)은 20°이다. 미국에서는 25° 또한 표준 압력각이며, 14.5°는 이전에 또 하나의 표준 압력각으로 사용되었었다.

모든 기어 시스템에 있어서 **표준 이끝높이**(standard addendum)는 $1/P$(인치 단위) 또는 m(밀리미터 단위)이고 **표준 이뿌리높이**(standard dedendum)는 표준 이끝높이의 1.25배이다.[1] 예전에 미국에서는 이끝높이가 $0.8/P$로 짧아진 20° 낮은 기어(stub gear)가 표준이었다. 비록 14.5° 기어와 20° 낮은 기어가 지금은 더 이상 표준은 아니지만, 예전의 이러한 기어들은 기존 제작품들의 수리 등 교체를 위해서 여전히 제작되고 있다. 기어 이뿌리 부위의 필렛 반지름은 보통 약 $0.35/P$(영국 단위계) 또는 $m/3$(SI 단위계)이다.

그림 15.9에서 정의된 이폭 b는 표준화되지 않았지만, 일반적으로

$$\frac{9}{P} < b < \frac{14}{P} \tag{a}$$

또는

$$9m < b < 14m \tag{b}$$

이폭이 넓어질수록 전 이폭에 걸쳐서 접촉이 균일하도록 제작하고 설치하기가 더 어려워진다.

표준규격으로 제작된 기어는 호환성이 있고 대체로 재고도 잘 준비되어 있다. 하지만 자동차용 변속기 기어와 같이 특별한 용도에 사용되는 대량생산 기어들은 그들만의 특화된 용도의 최적화를 위해 표준규격에서 벗어나 있다. 이러한 특수기어들의 사용은 현재 증가되는 추세이다. 그 이유는 최신 치절삭 장비 및 최신 CAD/CAM/CAE 설계 툴의 도입으로 생산단가를 낮추고 많은 시간이 소요되었던 공학 설계 시간을 최소화하였기 때문이다.

그림 15.11은 기어의 피치원 지름이 무한대인 **랙**(rack)과 피니언이 접촉하는 것을 나타낸다. 그림 15.12는 **내치기어**(internal gear)와 접촉하고 있는 피니언을 보여 준다. 이 내치기어는 **고리**(annulus) 또는 **링기어**(ring gear)라고도 불리는데, 보통 자동차용 자동 변속기의 유성기어열에 사용된다(15.13절 참조). 내치기어의 지름은 **음의 값**(−)으로 간주되며, 따라서 식 (15.1)에 의해 피니언과 내치기어가 **동일 방향**으로 회전한다.

다른 모든 치형에 비해서 인벌류트 치형의 중요한 이점은 축간 중심거리가 정확하게 맞지 않아도 이론적으로 완벽한 공액 운동이 가능하다는 것이다. 이러한 사실은 그림 15.6과 15.7에 있는 인벌류트 형상의 기본 전개를 다시 살펴봄으로써 파악할 수 있다. 만약 맞물린

---

[1] $P \geq 20$인 미세 피치기어에서 표준 이뿌리높이는 $(1.20/P)+0.002$ in.이다.

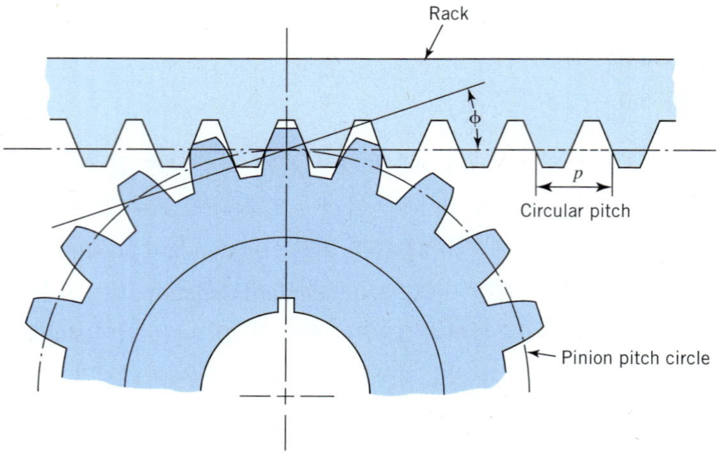

그림 15.11 인벌류트 피니언과 랙.

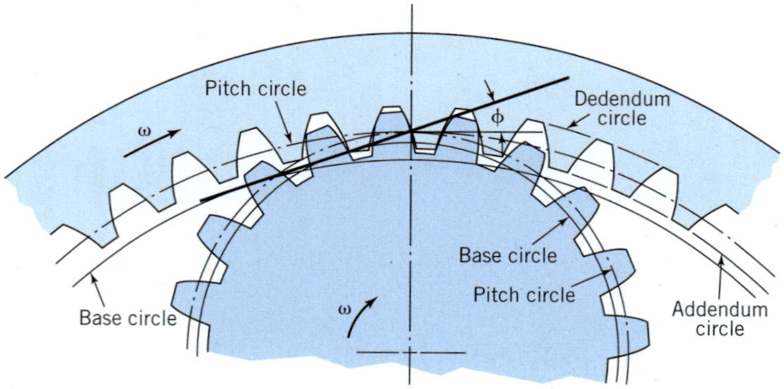

그림 15.12 인벌류트 피니언과 내치기어. 두 기어는 동일 방향으로 회전함에 주목.

두 기어의 축간 중심거리가 좀 더 벌어진다면, 압력각은 증가할지라도 합당한 이의 물림작용은 그래도 유지된다. 물론 중심거리가 증가함으로써 **백래시**(backlash, 이웃한 이들의 비접촉 표면 사이의 최단 거리)는 증가한다. 이러한 특징이 어떤 경우에는 축의 중심거리를 조절함으로써 원하는 백래시를 얻는 장점으로 쓰일 수 있다.(어느 정도의 백래시는 열팽창 및 수축의 모든 조건하에서 유막을 형성할 공간을 주기 위해서 필요하다. 하지만 과도한 백래시는 소음을 증가시키고, 토크가 반전될 때마다 충격 하중을 증대시킨다.)

인벌류트 시스템의 두 번째 유리한 점은 기준 랙의 형상이 직선이라는 것이다. 이런 점은 절삭공구 제작 및 기어 이의 창성을 용이하게 한다.

기어 이의 절삭은 일종의 고도로 발전한 공학예술이고 과학이다. 여러 방법들 중 두 가지 기어 창성방법이 그림 15.13과 15.14에 도시되어 있다.

그림 15.13 셰이핑기를 이용한 기어의 창성.

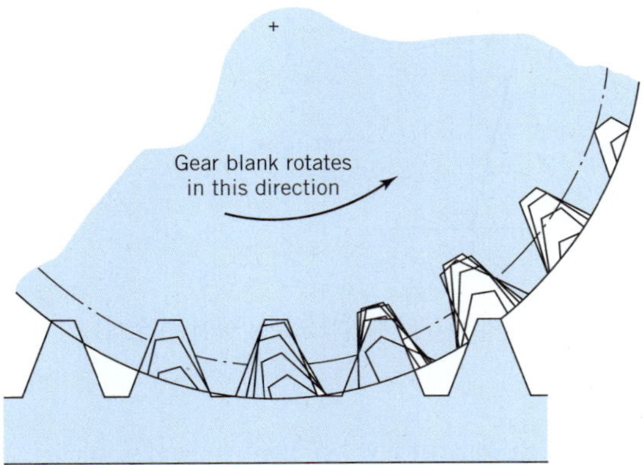

그림 15.14 랙 커터를 이용한 기어 이의 창성.

15.3 간섭과 접촉률

그림 15.6~15.8의 접점 *a*와 *b*를 넘어서 이끝원들이 확장된다면 맞물린 기어들의 회전을 방해하는 **간섭**(interference)이 발생하고, 이 접점들을 **간섭점**(interference point)이라 한다. 그림 15.15에서 두 이끝원들은 간섭점들을 넘어서 확장되었다. 따라서 이러한 기어들은 수정을 해 주지 않으면 작동시킬 수 없다. 바람직한 수정방법은 간섭하는 이끝(그림 15.15의 음영 부분)을 제거하는 것이다. 또 다른 방법으로는 맞물린 기어의 이끝 간섭을 막기 위해서 **옆면**(flank)**을 갈아 내기도**(undercut) 하지만 이것은 기어 이들을 약화시키는 단점이 있

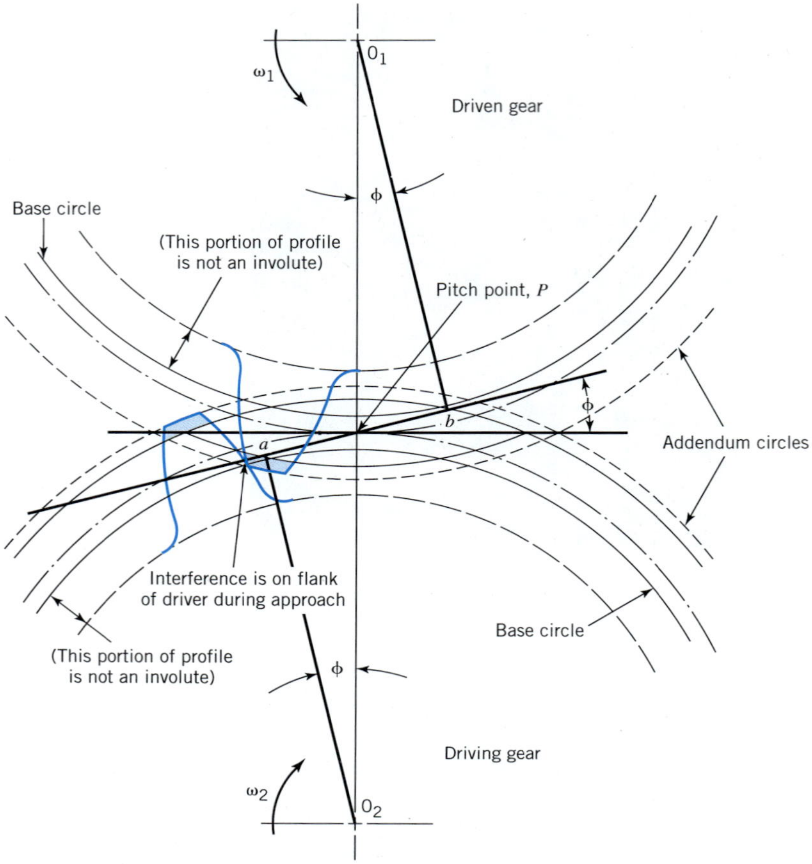

그림 15.15 평기어의 간섭(음영 부분의 이끝을 제거함으로써 없앨 수 있다).

다. 이 간섭점들을 넘어서는 공액 인벌류트 이 물림이 불가능하므로 음영 부분 이끝이 유용하게 접촉할 방안은 없다.

기어 이들이 그림 15.14처럼 랙 커터로 창성될 때, 이들이 랙과 간섭이 일어나면 **자동적으로** 언더컷이 발생한다. 이러한 언더컷은 압력각이 20°인 피니언에서는 잇수가 18보다 작을 때, 압력각이 25°인 피니언에서는 잇수가 12보다 작을 때 일어난다. 이러한 이유 때문에 위에서 제시한 잇수보다 적은 피니언은 보통 표준 잇수비로 사용되지 않는다.

그림 15.15 또는 15.8로부터

$$r_a = r + a$$

여기서

r_a=이끝원 반지름
r=피치원 반지름
a=이끝높이

또한 간섭이 없는 최대 가능한 이끝원 반지름은 다음과 같이 얻을 수 있다.

$$r_{a(\max)} = \sqrt{r_b^2 + c^2 \sin^2 \phi} \tag{15.8}$$

여기서

$r_{a(\max)}$=피니언 또는 기어의 최대 무간섭 이끝원 반지름
r_b=기초원 반지름
c=중심거리 $0_1 0_2$
ϕ=압력각(공칭이 아닌 **실제 값**)

식 (15.8)의 고찰과 유도과정을 통해 다음을 알 수 있다: (1) 간섭은 피니언의 이 끝보다는 기어 이 끝에서 더 많이 발생한다. (2) 간섭은 피니언의 잇수가 **적고**, 기어 잇수가 **많으며**, 압력각이 **작을** 때 촉진된다.

맞물린 이 한 쌍의 접촉이 떨어지기 전에 다른 이의 한 쌍이 접촉해 들어가도록 이의 형상이 만들어져야 한다. 기어가 함께 회전할 경우 접촉하는 이의 평균개수가 **접촉률**(CR: contact ratio)이며 다음 식으로 계산된다[1].

$$\text{CR} = \frac{\sqrt{r_{\text{ap}}^2 - r_{\text{bp}}^2} + \sqrt{r_{\text{ag}}^2 - r_{\text{bg}}^2} - c \sin \phi}{p_b} \tag{15.9}$$

여기서

r_{ap}, r_{ag}=맞물린 피니언과 기어의 이끝원 반지름
r_{bp}, r_{bg}=맞물린 피니언과 기어의 기초원 반지름

기초원 피치(base pitch) p_b는

$$p_b = \pi d_b / N \tag{15.10}$$

여기서 N=이의 개수, d_b=기초원의 지름이다. 그림 15.7로부터

$$d_b = d \cos \phi, \qquad r_b = r \cos \phi, \qquad \text{and} \quad p_b = p \cos \phi \tag{15.11}$$

기초원 피치는 그림 15.4에 나타낸 것과 같이 피치원의 호 대신에 기초원의 호로 나타내는 것을 제외하고는 원주피치와 같다.

일반적으로 접촉률이 높을수록 기어는 더 부드럽고 더 정숙한 작동을 한다. 접촉률이 2 이상이라는 것은 적어도 두 쌍 이상의 이가 항시 접촉하고 있다는 것을 의미한다.(**실제적으로** 이들이 접촉하는가 아닌가는 제작 정밀도, 이의 강성과 작용 하중에 달려 있다.)

접촉률을 계산하는 알고리즘적 접근 절차가 부록 J에 기술되어 있다.

예제 15.1D SAMPLE PROBLEM 맞물리는 평기어와 피니언

속도비는 −3이며 중심거리가 4 in.인 두 평행축이 6-피치, 20° 평기어들로 맞물려 있을 때, (a) 피니언과 기어의 피치원 지름 및 잇수를 결정하라. (b) 표준 전높이 이를 사용할 경우 간섭이 일어나는지 결정하라. (c) 접촉률을 결정하라(그림 15.16 참조).

풀이 SOLUTION

제시자료: 피치 크기, 압력각, 중심거리, 속도비.

목표:

a. 피치원 지름(d_p, d_g)과 잇수(N_p, N_g)를 결정하라.

b. 표준 전높이 이를 사용하였을 때 간섭 여부를 결정하라.

c. 접촉률(CR)을 계산하라.

개요도 및 데이터:

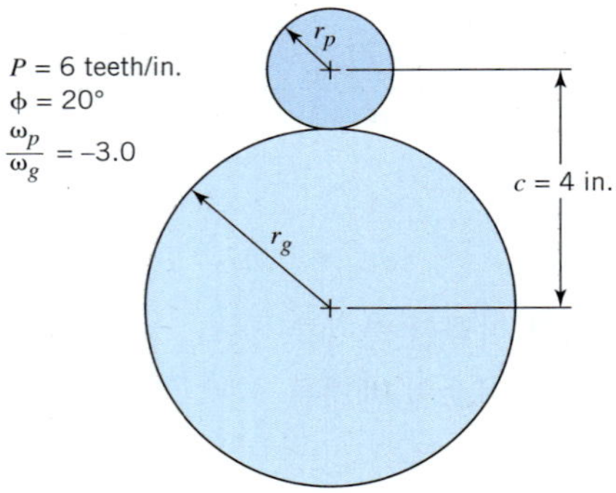

그림 15.16 예제 15.1D의 평기어.

판단과 가정:

1. 표준 전높이 이를 사용하여 간섭이 생긴다면, 이끝높이가 서로 다른 기어들을 선택하여야 한다.

2. 기어 이는 표준 인벌류트 치형을 갖는다.

3. 두 기어는 이론적 중심거리 $c=(d_p+d_g)/2$를 유지하며 피치원에서 물린다. 여기서 $d_p=N_p/P$, $d_g=N_g/P$이다.

설계 해석:

1. $r_p+r_g=c=4$ in., $r_g/r_p=-$속도비$=3$. 따라서 $r_p=1$ in., $r_g=3$ in. 또는 $d_p=2$ in., $d_g=6$ in.

2. 6-피치 기어이므로 지름피치 $P=6$이고 식 (15.3)에 의해 잇수 $N_p=12$, $N_g=36$.

3. 간섭 검토를 위한 식 (15.8)을 사용하려면 우선 피니언과 기어의 기초원 반지름을 결정하여야 한다. 식 (15.11)에서 $r_{bp}=1$ in.(cos 20°), $r_{bg}=3$ in.(cos 20°)를 구하여 식 (15.8)

에 대입하면, 피니언 및 기어의 최대 무간섭 이끝 반지름 $r_{a(\max)}$는 각각 1.660 in., 3.133 in.이다.

4. 표준 전높이 이는 $1/P = 0.167$ in.의 이끝높이를 갖는 반면, 기어의 이끝높이 $a_g = r_{a(\max)} - r_g = 3.133$ in. $-$ 3 in. $= 0.133$ in.이므로 분명히 표준 전높이 이의 사용은 간섭을 일으킬 것이다.
5. 기어의 이끝높이 $a_g = 0.060$ in., 피니언의 이끝높이 $a_p = 0.290$ in.로 이끝높이가 서로 다른 비표준 기어를 사용한다고 하자.(그 이유는 가장 큰 접촉률을 얻을 수 있도록 최대 이끝높이를 선택하기 위해서이고, 동시에 기어의 이끝높이를 제한해서 간섭을 방지하고 피니언의 이끝높이를 제한해서 이끝의 두께를 적절하게 유지하기 위한 것이다. 이끝의 두께는 그림 15.9에 t_0로 명기되어 있으며 종종 그 최소 허용값은 $0.25/P$로 취한다.)
6. 식 (15.11)에 대입하면 $p_b = (\pi/6)\cos 20° = 0.492$ in.이다. 식 (15.9)에 대입하면 [$r_{ap} =$ 1.290 in., $r_{bp} = 1$ in.(cos 20°), $r_{ag} = 3.060$ in., $r_{bg} = 3$ in.(cos 20°)] CR $= 1.43$의 적정한 값을 얻는다.

주석:

1. 만약 기어들이 설치된 후 중심거리가 이론적 중심거리인 4.0 in.보다도 약간 크게 나타난다면 이것은 계산된 지름 d_p와 d_g가 실제 피니언과 기어의 피치원 지름보다 작고 백래시가 초기 계산된 것보다 큰 것을 의미한다.
2. 이 예제에서 표준 이를 사용하고자 한다면 다음을 행할 수 있다: (a) 지름피치를 증가시켜 피니언의 잇수를 늘린다(지름피치 증가로 기어의 잇수가 늘어나는 것보다 피니언 잇수가 늘어나는 것이 더 중요하다). (b) 압력각을 25°로 증가시킨다(간섭을 제거하기에 충분하다).
3. 이 예제는 부록 J의 워크시트를 사용하여 해결할 수도 있다.

15.4 기어 힘 해석

그림 15.7과 15.8에서 언급된 직선 ab는 항상 접촉하는 이의 표면에 수직이고 미끄럼 마찰을 무시할 경우, 이것은 맞물린 이 사이의 힘의 **작용선**(line of action)이라 볼 수 있다.

맞물린 이 사이의 힘은 피치점(그림 15.15와 15.17의 P)에서 두 성분들로 분해할 수 있다.

1. 접선 성분 F_t(피치 선속도를 곱함으로써 전달동력을 계산할 수 있다).
2. 반지름 성분 F_r(일을 하지는 않지만, 기어들을 밀어서 분리시키려 한다).

그림 15.17은 이 성분들 사이의 관계를 나타내며, 관계식은 다음과 같다.

$$F_r = F_t \tan \phi \tag{15.12}$$

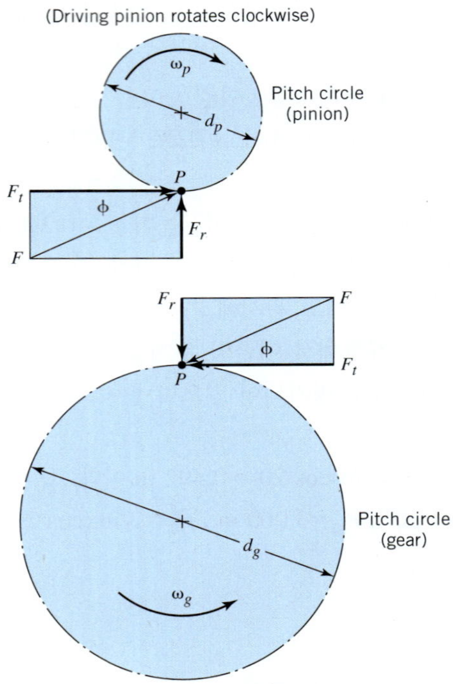

그림 15.17 피치점에서 분해된 기어 이의 작용력 F. 구동 피니언과 종동 기어에 대해 각각 도시되었다.

기어 힘의 성분들과 결합된 축의 동력 및 회전속도 사이의 관계를 해석하기 위해서 기어 피치 선속도 V(ft/min)가 다음과 같음을 알 수 있다.

$$V = \pi dn/12 \tag{15.13}$$

여기서 d는 n rpm으로 회전하는 기어의 피치원 지름(in.)을 나타낸다.

마력(hp)으로 나타낸 전달동력은

$$\dot{W} = F_t V/33{,}000 \tag{15.14}$$

여기서 F_t의 단위는 lb이며, V의 단위는 ft/min이다.

SI 단위에서

$$V = \pi dn/60{,}000 \tag{15.13a}$$

여기서 d는 mm, n은 rpm, 그리고 V는 m/s이다. 와트(W)로 나타낸 전달동력은

$$\dot{W} = F_t V \tag{15.14a}$$

여기서 F_t는 뉴턴(N)으로 나타낸다.

예제 15.2 SAMPLE PROBLEM 평기어 작용력

그림 15.18*a*는 $P=3$, $\phi=20°$인 세 기어를 보여 준다. 기어 *a*는 구동(입력) 피니언이며 반시계 방향 600 rpm으로 회전하여 아이들러(idler) 기어 *b*에 25마력을 전달한다. 출력기어 *c*는 기계를 구동하는 축 상에 설치되어 있다. 아이들러 축에는 어떠한 것도 부착되어 있지 않고 베어링 및 기어에서의 마찰손실을 무시할 수 있을 때, 아이들러 축에 작용하는 합성 하중을 구하라.

풀이 SOLUTION

제시자료: 지름피치, 잇수, 압력각, 입력기어에서 아이들러 기어를 거쳐 출력기어로 전달되는 동력 25 hp, 입력기어의 회전속도 및 방향.

목표: 아이들러 기어 축 상에 작용하는 힘을 구하라.

개요도 및 데이터: 그림 15.18을 참조하라.

가정:

1. 아이들러 기어 및 그 축은 입력기어에서 출력기어로 동력을 전달하는 역할을 한다. 아이들러 기어에 작용하는 축 토크는 없다.
2. 베어링과 기어부에서의 마찰손실은 무시한다.
3. 기어는 피치원에서 맞물린다.
4. 기어 이는 표준 인벌류트 치형이다.
5. 기어 *a*, *b*, *c*의 축들은 평행하다.

해석:

1. 식 (15.3)을 기어 *a*에 대해 적용하면

$$d_a = N_a/P = (12\text{개})/(3\text{개/in}) = 4\text{ in.}$$

2. 세 기어 모두 동일한 피치 선속도를 가지며, 식 (15.13)을 기어 *a*에 대해 적용하면

$$V = \frac{\pi d_a n_a}{12} = \frac{\pi(4\text{ in.})(600\text{ rpm})}{12} = 628.28\text{ ft/min}$$

3. 식 (15.14)를 기어 *a*에 대해 적용하고, 접선력 F_t에 대해 풀면

$$F_t = \frac{33{,}000(25\text{ hp})}{628.28\text{ fpm}} = 1313\text{ lb}$$

이것은 기어 *b*에서 기어 *a*로 작용한 우측 방향 수평력이다. 그림 15.18*b*에서는 크기가 같고 방향이 반대인 수평력 H_{ab}(기어 *a*에서 기어 *b*로 왼쪽 방향으로 작용)를 나타내고

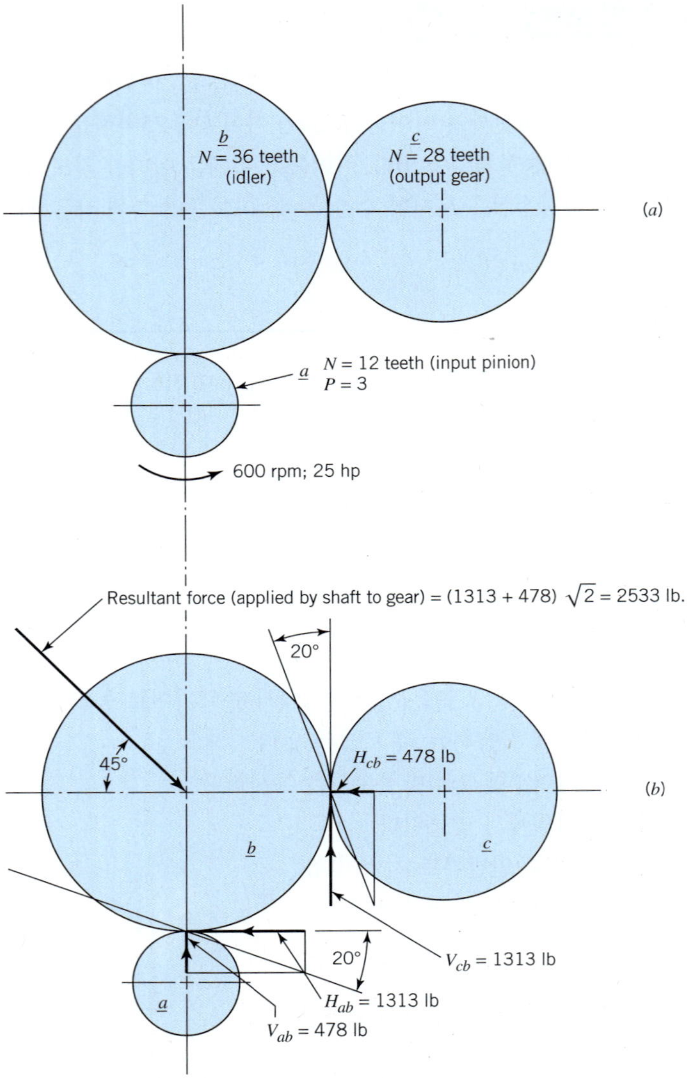

그림 15.18 예제 15.2의 기어 작용력. (a) 기어 개략도, (b) 아이들러 b에 작용하는 힘.

있다.

4. 식 (15.12)로부터 반경 방향 힘의 성분인 $F_r = V_{ab} = (1313)(\tan 20°) = 478$ lb이다.
5. 출력기어 c에서 아이들러 b로 작용하는 힘 H_{cb}와 V_{cb}가 그림 15.18b에 도시되어 있다. 아기 위해서는 $V_{cb} = 1313$ lb이어야 하며, 식 (15.12)에 의해 $H_{cb} = (1313)(\tan 20°) = 478$ lb이다.
6. 따라서 기어 b에 작용하는 전체 수직방향 및 수평방향 힘은 공히 $1313 + 478 = 1791$ lb이며, 45°로 작용하는 이들 힘의 벡터합은 $1791\sqrt{2} = 2533$ lb이다. 이것이 아이들러에 의해 그 축에 작용하는 합력이다.

주석: 그림 15.18*b*의 자유물체도에는 크기가 같고 방향이 반대인 축에 의해 아이들러에 작용하는 힘이 도시되어 있다.

15.5 기어 이의 강도

지금까지 기어 형상과 힘의 해석에 관해서 다루어 왔는데, 이제 기어 한 쌍이 이의 파손 없이 어느 정도의 동력이나 토크를 전달할 수 있는지 살펴보자. 그림 15.19는 기어 이에서의 응력에 대한 **광탄성 무늬**(photoelastic pattern)를 보여 준다. 광탄성 실험을 통한 응력해석 절차의 세부사항은 이 교재의 범주를 벗어나고 최대 응력들은 광탄성 무늬들이 아주 많이 밀집되어 있는 두 곳[(1) 힘 *F*가 작용하는 맞물린 기어의 접촉점, (2) 이뿌리의 필렛]에서 발생한다는 것을 살펴보는 것으로 충분하다.

다음 세 절(15.6~15.8절)에서는 8장에서 나온 피로 해석 원리에 입각하여 이뿌리에서의 **굽힘피로**(bending fatigue)를 살펴본다. 그 다음 두 절(15.9, 15.10절)에서는 9장의 피팅(pitting)과 스코링(scoring)에 관한 정보를 이용하여 **표면 내구성**(surface durability)을 살펴본다. 13장에서 다루어졌던 윤활이론의 일부도 포함된다. 한 쌍 기어의 부하용량과 파손 모드는 회전 속도에 의해 영향을 받는다. 기어 부하용량에 대한 고찰은 앞 장들에서 다루어졌던 많은 기본 설계지식들을 활용할 수 있는 아주 좋은 기회를 제공할 것이다.

15.6 기어 이 굽힘응력에 대한 기초 해석(루이스 식)

1892년 루이스(Wilfred Lewis)는 Philadelphia Engineers Club에 기어 이의 응력해석에 대해서 처음으로 발표하였으며, 현재도 여전히 기어 이의 굽힘응력 해석의 근간으로 인정되고 있다. 루이스는 기어 이의 하중을 그림 15.20과 같이 자유단에 합력 *F*가 작용하는 외팔보로

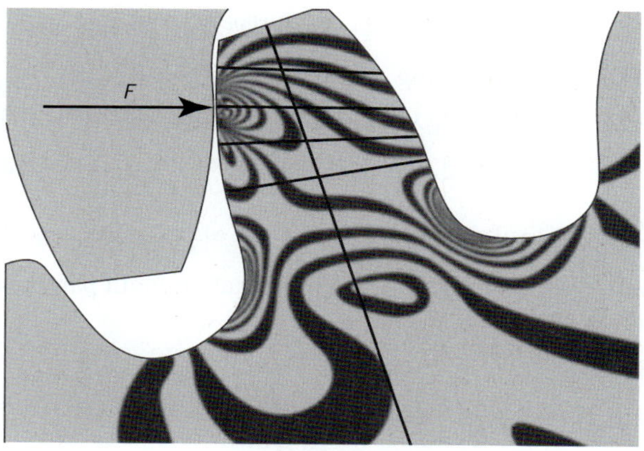

그림 15.19 평기어 이에서 응력의 광탄성 무늬.

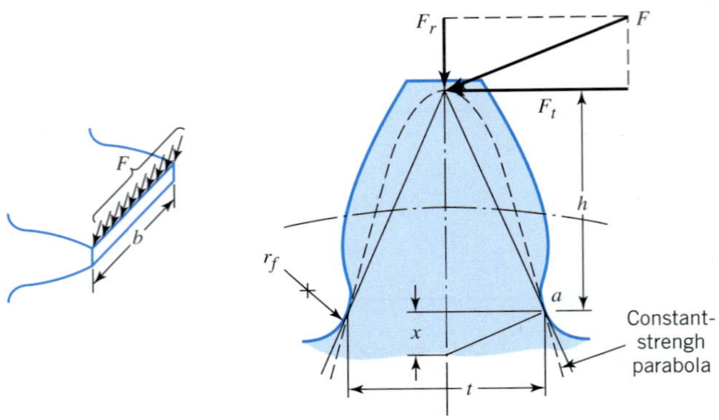

그림 15.20 평기어 이에서의 굽힘응력(균일강도 포물선과의 비교).

단순화하였으며, 이때 다음과 같은 가정을 하였다.

1. **전체 하중은 하나의 이 끝에 작용한다.** 이것은 분명히 가장 가혹한 조건이며 '보통' 수준의 정밀도를 가진 기어에 적합하다. 그러나 고정밀도 기어에 있어서, 전체 하중은 결코 하나의 이 끝에만 작용하지 않는다. 접촉률이 1 이상일 때 앞의 이 한 쌍이 맞물린 상태에서 새로운 이 한 쌍이 접촉하기 시작한다. 물림이 더 진행되면서 이전의 이 한 쌍은 접촉이 끝나고 그림 15.19에 도시된 바와 같이 이 한 쌍만이 전체 하중을 받게 된다. 물론 접촉률이 2 이상이 아닌 경우이다. 이것은 **정밀 기어**(루이스 시대에는 존재하지 않았던 기어임)의 경우에는 이 끝에는 하중의 일부만이 작용한다거나 또는 전체 하중은 굽힘 모멘트 팔이 이 끝보다 짧은 기어 이 표면 상의 점에 작용한다고 간주하여야 한다.
2. **하중의 반지름 성분 F_r은 무시해도 좋다.** 반지름 방향 하중성분 F_r은 그림 15.20의 a 점에서 굽힘 인장을 감소시키고 압축응력을 발생시킨다.(반면에 반대쪽 필렛에서는 굽힘 압축을 증가시키는데 피로 파손이 인장 측에서 시작하기 때문에 중요하지 않다.) 따라서 반지름 방향 성분 F_r의 무시는 보수적 가정이다.
3. **하중은 이의 전폭에 걸쳐서 고르게 분포되어 있다.** 이 가정은 보수적이지 못하며, 이 폭이 넓으면서 오정렬된 기어 이 또는 축 변형과 관련된 기어 파손에 유용할 수 있다.
4. **기어 이의 미끄럼 마찰력(sliding friction force)은 무시한다.**
5. **이 필렛에서의 응력집중은 무시한다.** 응력집중계수는 루이스 시대 당시에는 알려지지 않았지만, 지금은 중요한 것으로 알려져 있다. 이것은 추후에 고려될 것이다.

루이스 식을 전개해 나가면 그림 15.20의 기어 이는 내접하는 포물선 외팔보의 a 점의 단면을 제외한 모든 곳에서 **균일강도 포물선**(constant-strength parabola, 그림 12.23c 참조)보다 더 강하다는 것을 알 수 있다. a 점에서

$$\sigma = \frac{Mc}{I} = \frac{6F_t h}{bt^2} \tag{c}$$

삼각형 닮음에 의해

$$\frac{t/2}{x} = \frac{h}{t/2}, \qquad \text{or} \qquad \frac{t^2}{h} = 4x \tag{d}$$

식 (d)를 식 (c)에 대입하면

$$\sigma = \frac{6F_t}{4bx} \tag{e}$$

루이스 치형계수(Lewis form factor) y를 정의하면

$$y = 2x/3p \tag{f}$$

이것을 식 (e)에 대입하면

$$\sigma = \frac{F_t}{bpy} \tag{15.15}$$

이것은 원주피치로 표시된 기본 루이스 식이다.

기어는 종종 지름피치의 표준값으로 만들어지므로

$$p = \pi/P \tag{15.5, 수정}$$
$$y = Y/\pi \tag{g}$$

이것을 식 (15.15)에 대입하여 루이스 식의 다른 형태를 얻을 수 있다.

$$\sigma = \frac{F_t P}{bY} \tag{15.16}$$

또는 SI 단위계를 사용하면

$$\sigma = \frac{F_t}{mbY} \tag{15.16a}$$

여기서 Y는 지름피치 또는 모듈에 근거한 루이스 치형계수이다. Y와 y 둘 다 이의 형상(이의 크기는 아님)의 함수이므로 기어 이의 개수에 따라 변화한다. 표준기어 시스템에서의 Y 값은 그림 15.21에 주어진다. 비표준기어에 있어서의 치형계수는 이 형상의 도식적 방법 또는 수치계산을 통해 얻을 수 있다.

루이스 방정식으로부터 다음을 알 수 있다. 이의 굽힘응력은 (1) 하중 F_t에 비례한다. (2) 이의 폭 b와는 반비례한다. (3) 이의 크기(p, $1/P$, 또는 m)에 반비례한다. (4) 치형계수(Y 또는 y)에 반비례한다.

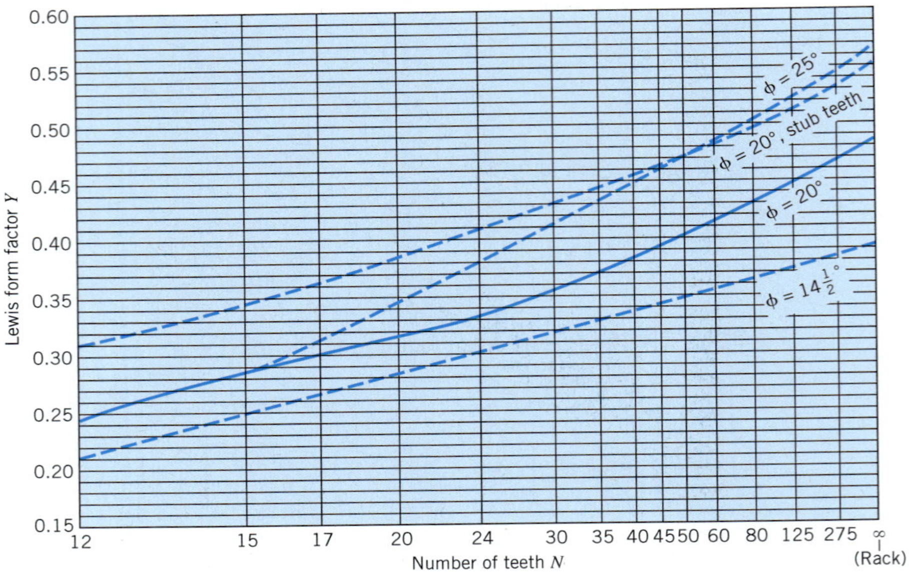

그림 15.21 표준 평기어에 대한 루이스 치형계수 Y의 값(하중은 이의 끝에 작용된다).

15.7 기어 이 굽힘강도에 대한 상세 해석: 기본 개념

현대의 기어 설계 절차는 식 (15.16) 또는 (15.16a)와 같은 루이스 식에 기어 이 굽힘응력에 영향을 미치는 다음의 여러 가지 부가 요소를 추가하여 고려하고 있다.

1. **피치 선속도.** 피치원에서 측정한 기어 이의 선속도가 커질수록 연이어 접촉되는 이에 작용하는 충격 하중이 더 커진다. 충격 하중은 제작 치형이 완벽한 이론 치형일 수 없기에 발생하는 것이다. 설사 치형이 완전하다 할지라도 작용 하중으로 인한 이의 변형이 불가피하므로 새로운 쌍의 이가 맞물릴 때 작용 하중은 약간의 충격력으로 작용한다.
2. **제작 정밀도.** 이것 또한 충격 하중에 영향을 주는 중요한 요소이다. 더 나아가서 제작 정밀도는 이론적으로 두 쌍 이상의 기어 이들이 맞물릴 때, 실제로 이들이 하중을 분담하고 있는지 여부를 결정하는 중요한 요소이다(15.6절의 첫 번째 가정 참조).
3. **접촉률.** 접촉률 $1 < CR < 2$인 정밀기어에서, 새로운 기어 이가 이끝에서 접촉할 때마다 두 쌍의 이들에서 전달 하중을 분담하여 받는다. 접촉점이 새로운 이끝면에서 아래로 이동할 때, 앞서 맞물려 있는 기어 이는 새로운 기어 이가 최고 하중을 받는 점에서 접촉을 종료하며 이후 새로운 기어 이가 하중을 전담한다. 따라서 기어 이에서의 하중은 다음의 두 가지가 존재한다. 즉 (a) 이끝에서 하중의 일부분(종종 반으로 가정)을 부담하는 경우와 (b) 이 한 쌍만이 최고 하중점 위치에서 전하중을 부담하는 경우이다. 접촉률 $2 < CR < 3$인 기어의 경우에는 세 가지 종류의 하중 및 최고 하중 발생점에서

두 쌍의 기어 이가 접촉함을 고려하여야 한다.

4. 15.6절의 가정 5에서 언급했던 기어 이의 뿌리에서 나타나는 **응력집중**.
5. 사용에 따른 **충격 하중의 정도**[14.7.4절 볼 베어링의 '적용계수(application factor)'와 유사].
6. **설치 정밀도와 강성**(15.6절의 가정 3 참조).
7. **기어 및 부착된 회전 요소들의 관성모멘트**. 기어 이가 약간 부정확하면 회전 요소에 순간적인 각가속이나 감속을 일으키는 경향이 있다. 만약 요소의 회전관성이 작다면, 큰 순시하중을 기어 이에 가하지 않아도 쉽게 가속이 된다. 관성이 큰 경우, 가속에 대한 요소들의 저항이 커지는 경향이 있으므로 기어 이가 큰 순시하중을 받을 수 있다. 기어 이와 주요 관성 기인들 사이의 커다란 비틀림 탄성(significant torsional elasticity)은 유해한 관성효과로부터 기어 이를 보호하는 경향이 있다(이러한 상황은 때때로 동적 해석의 유익한 영역을 제공한다).

기어 이 굽힘피로 문제는 (a) 이뿌리 필렛에서의 변동응력, (b) **동일한 국부적인 위치에서** 재질의 피로강도 평가를 요구한다. 지금까지는 응력에 관해서만 고려하였지만 이제는 강도 측면도 고려해 보고자 한다.

중요한 강도 성분은 내구한도(endurance limit)로 표현되는 굽힘피로강도(bending fatigue strength)이다. 식 (8.1)로부터

$$S_n = S_n' C_L C_G C_S C_T C_R$$

보통 강 부재(steel member)의 경우는

$$S = (0.5S_u) C_L C_G C_S C_T C_R$$

대부분의 기어 이는 **단지 한 방향으로만** 하중을 받는다. 그러나 아이들러 기어의 이(그림 15.18과 15.22*a*)와 유성기어(15.13절의 그림 15.30)는 양방향으로 하중을 받는다. 비록 이상적으로 우리는 각 경우에 대해서 평균응력-교번응력 선도의 작성을 선호함에도 불구하고, 그림 15.22*b*는 일반화에 대한 기본적인 것을 보여 준다.

무한수명(infinite life)을 위해서, 아이들러 기어에서의 최대응력 값은 양진굽힘 내구한도(reversed bending endurance limit)보다 낮은 값이어야 한다. 그러나 구동기어나 종동기어에서의 최대응력 값은 아이들러 기어에서의 최대응력 값보다 40% 높을 수 있다.

50% 이상의 신뢰도를 갖는 기어 굽힘강도 계산은 이의 굽힘피로강도가 공칭내구한도의 약 8% 정도의 표준편차를 가진 정규분포(그림 6.18~6.20 상기) 상태라는 가정에 근거하여 이루어진다.

만약 기어 이가 높은 온도에서 운전된다면, 그 온도에서의 재료 피로 물성치가 사용되어야 한다.

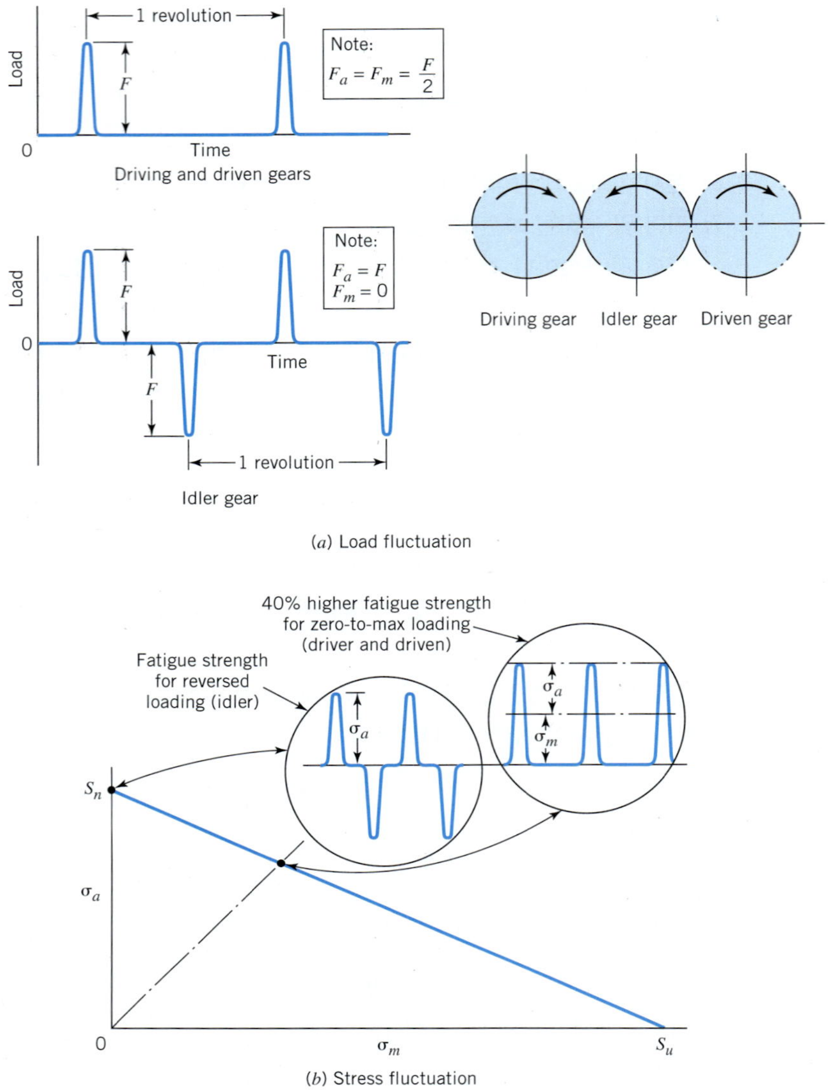

그림 15.22 구동, 종동과 아이들러 기어에서의 하중과 응력변동.

15.8 기어 이 굽힘강도에 대한 상세 해석: 권고 절차

기어 설계 및 해석 관련 분야에 종사하는 전문 엔지니어들은 최신 AGMA 규격 및 관련된 최근 문헌들을 참고하여야 한다. 최근 사용하는 대표적인 절차들을 이 절에서 제시한다.

보다 구체적인 정보가 없는 상태에서, 기어 이 굽힘응력에 영향을 미치는 요소들은 루이스 식을 다음과 같은 모양으로 정리함으로써 고려할 수 있다.

$$\sigma = \frac{F_t P}{bJ} K_v K_o K_m \tag{15.17}$$

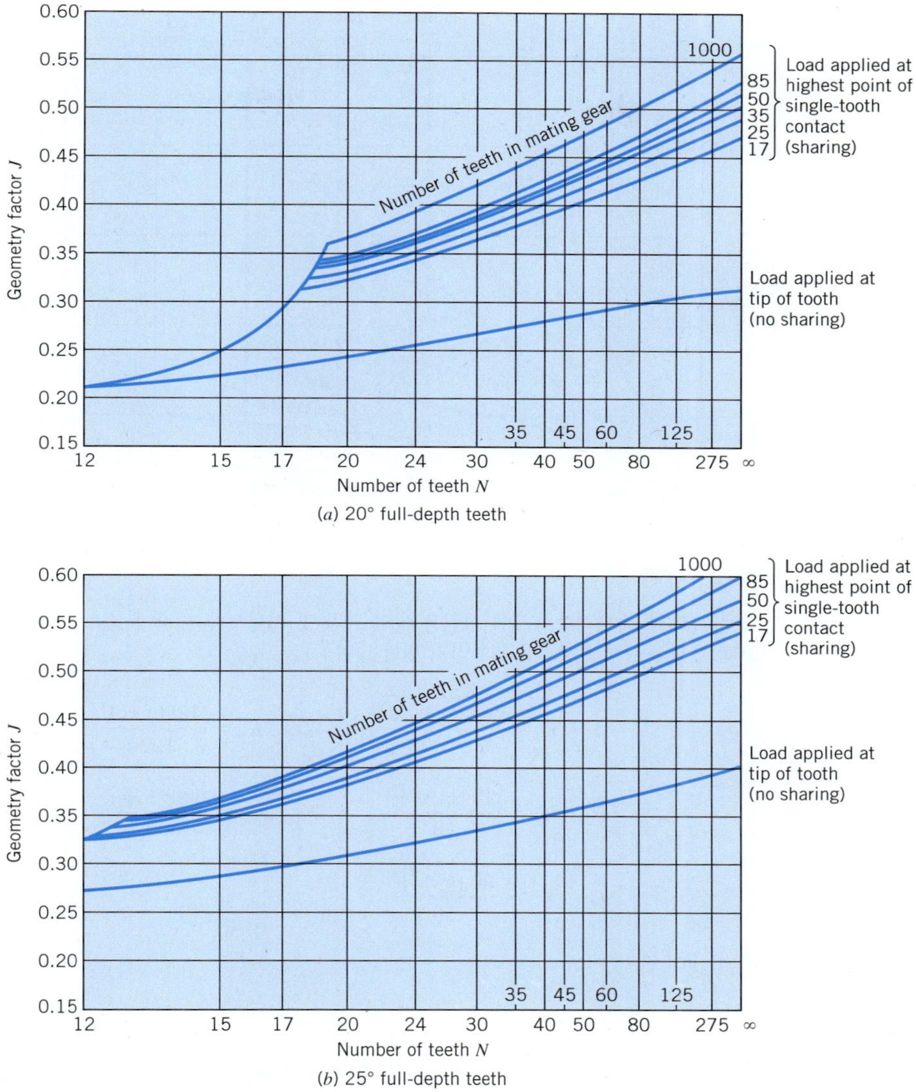

그림 15.23 표준 평기어에 대한 형상계수 J(0.35/P의 필렛 반지름에 기초함).(출처: AGMA Information Sheet 225.01, AGMA 9.8-B89도 참조하라.)

여기서

J=그림 15.23에서 얻어지는 평기어 **형상계수**(geometry factor). 이 형상계수는 **루이스 치형계수** Y와 이뿌리 필렛 반지름 0.35/P에 근거한 **응력집중계수**를 포함한다. 여기서 주목할 것은 하중분담이 안 되는 경우(비정밀기어)와 하중분담이 이루어진 경우(정밀기어)에 대해 각각 그 값들이 주어진다는 점이다. 하중분담 시 J 계수는 맞물린 기어 이의 개수에 따라 달라진다. 왜냐하면 잇수는 접촉률을 결정하기 때문인데, 바꾸어 말하면 이 한 쌍만이 접촉하는 최고하중 위치를 결정한다.

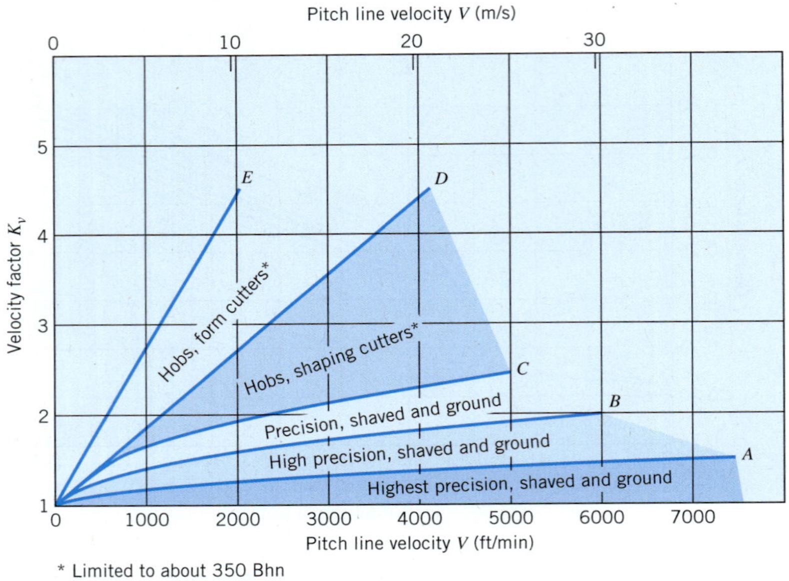

그림 15.24 속도계수 K_v.(이 그림은 이의 위치 및 치형오차, 치강성, 속도, 관성, 그리고 회전 부재의 강성 효과들을 평가하기 위한 것임.)

$$A: \quad K_v = \sqrt{\frac{78 + \sqrt{V}}{78}} \qquad D: \quad K_v = \frac{1200 + V}{1200}$$

$$B: \quad K_v = \frac{78 + \sqrt{V}}{78} \qquad E: \quad K_v = \frac{600 + V}{600}$$

$$C: \quad K_v = \frac{50 + \sqrt{V}}{50}$$

주의: V의 단위는 ft/min.

K_v=속도계수(velocity factor) 혹은 **동적계수**(dynamic factor). 연이어 기어 쌍들이 맞물릴 때 충격의 정도를 나타낸다. 이것은 피치 선속도와 제작 정밀도의 함수이다. 그림 15.24에서 대표적인 기어제작 공정에 대한 지침을 보여 준다. 참고로 곡선 A는 AGMA **품질등급번호**(quality control number) 또는 **등급**(class) Q_v=9, 곡선 B는 Q_v=6, 곡선 C는 Q_v=4에 해당한다[9].

K_o=과부하계수(overload factor). 구동 및 부하토크의 불균일 정도를 반영한다. 보다 구체적인 정보가 없는 상태에서는 표 15.1의 개략치가 그 기준으로서 오랫동안 사용되어 왔다.

K_m=설치계수(mounting factor). 맞물린 기어의 정렬 정밀도를 나타낸다. 표 15.2를 개략치의 근거로 하여 사용하고 있다.

식 (15.17)의 유효 피로응력은 상응하는 피로강도와 비교되어야 한다. 무한수명의 경우

표 15.1 과부하계수 K_o

	Driven Machinery		
Source of Power	**Uniform**	**Moderate Shock**	**Heavy Shock**
Uniform	1.00	1.25	1.75
Light shock	1.25	1.50	2.00
Medium shock	1.50	1.75	2.25

표 15.2 설치계수 K_m

	Face Width (in.)			
Characteristics of Support	**0 to 2**	**6**	**9**	**16 up**
Accurate mountings, small bearing clearances, minimum deflection, precision gears	1.3	1.4	1.5	1.8
Less rigid mountings, less accurate gears, contact across the full face	1.6	1.7	1.8	2.2
Accuracy and mounting such that less than full-face contact exists	Over 2.2			

에 적절한 내구한도는 다음 식에 의하여 계산된다.

$$S_n = S'_n C_L C_G C_S k_r k_t k_{\mathrm{ms}} \tag{15.18}$$

여기서

S'_n=표준 무어(R. R. Moore) 내구한도

C_L=하중계수. 굽힘응력의 경우 1.0

C_G=구배계수. $P > 5$의 경우 1.0, $P \leq 5$의 경우 0.85

C_S=그림 8.13에서 알 수 있는 표면계수. 이 값은 피로균열이 발생하기 쉬운 곳인 필렛의 표면에 관련되어 있다.(구체적인 정보가 없는 경우에는 이 표면계수를 기계 가공된 표면에 상당하다고 가정한다.)

k_r=신뢰도계수, C_R. 그림 6.19에서 결정. 편의상 8% 표준편차의 내구한도에 상응하는 값들이 표 15.3에 나와 있다.

k_t=온도계수, C_T. 강철기어에 대해서 윤활유 온도가 160°F 미만이면 k_t=1.0, 그렇지 않

표 15.3 신뢰도계수 k_r(8% 표준편차를 가정하여 얻음)

Reliability (%)	50	90	99	99.9	99.99	99.999
Factor k_r	1.000	0.897	0.814	0.753	0.702	0.659

은 경우나 구체적 정보가 없는 경우에는 다음의 식을 사용한다.

$$k_t = \frac{620}{460 + T} \quad (\text{for } T > 160°\text{F}) \tag{15.19}$$

k_{ms}=평균응력계수. 15.7절에 따라서 양방향 굽힘을 받는 아이들러 기어에서는 1.0을 사용하고, 한 방향 굽힘을 받는 입력 및 출력기어에 있어서는 1.4를 사용한다.

피로강도 식 (15.18)과 피로응력 식 (15.17)의 비[식 (15.18)/식 (15.17)]를 굽힘피로 안전계수로 간주하며, 그 수치는 6.12절에 따라서 선택되어야 한다. 계수 K_o, K_m, k_r 들이 개별적으로 고려되기 때문에 '안전계수' 값이 클 필요는 없다. 99.9%의 신뢰도에 상응하는 신뢰도 계수를 고려했을 때 전형적으로 안전계수 1.5가 선정된다.

예제 15.3 SAMPLE PROBLEM 이의 굽힘피로 파손에 대한 기어동력용량

그림 15.25는 이폭 b=1.25 in.인 평기어 한 쌍의 구체적인 예를 보여 준다. 이의 굽힘피로 파손 가능성이 1%인 경우에 기어가 연속적으로 전달할 수 있는 최대 마력을 계산하라.

풀이 SOLUTION

제시자료: 경도, 지름피치, 이폭, 회전속도가 주어지고 20° 전높이 이를 가진 강철 피니언이 이의 굽힘피로 파손 가능성이 1%인 상태에서 경도 Bhn=290인 강철기어를 860 rpm으로 회전시킨다.

목표: 기어가 연속적으로 전달할 수 있는 최대 마력을 결정하라.

개요도 및 데이터:

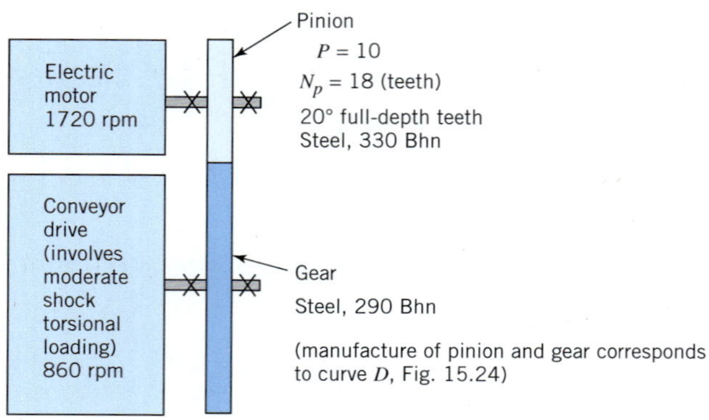

그림 15.25 예제 15.3의 데이터.

가정:

1. 기어 이는 기계 가공된 표면을 가진다.
2. 기어 이 필렛부분의 온도는 160°F 미만이다.
3. 기어는 한 방향으로만 회전한다. 즉 단일방향 굽힘만 받는다.
4. 전달력은 기어 이의 끝에 작용된다(하중분담은 없다).
5. 피니언과 기어의 가공정밀도는 그림 15.24의 곡선 D에 해당한다.
6. 출력 컨베이어의 구동 시 적당한 비틀림 충격을 수반한다.
7. 지지부의 특성으로, 설치부의 강성이 약간 떨어지고, 기어의 정밀도가 약간 낮으며, 이는 폭 전체에 걸쳐서 접촉한다.
8. 기어는 굽힘피로에 의해서만 파손되며, 표면의 피로 파손은 발생하지 않는다.
9. 과부하계수 K_o, 설치계수 K_m, 그리고 신뢰도계수 k_r들을 개별적으로 산출하므로 안전계수는 필요하지 않을 것이다.
10. 기어들은 피치원을 따라서 물리도록 설치된다.
11. 기어 이 폭은 동일하다.
12. 재료의 내구한도는 250×(Bhn) psi로 추정할 수 있다.
13. 수정 루이스 식의 가정들은 타당하다. J 계수 데이터들은 정확하다. C_a, C_s 및 k_t는 선도와 표들을 활용하여 결정한다. 이용 가능한 데이터로부터 얻은 속도계수 K_v, 과부하계수 K_o, 그리고 설치계수 K_m은 타당하며 정확하다.
14. 기어재질은 균질이고 등방성이며 완전 탄성이다.
15. 열응력 및 잔류응력들은 무시한다.

해석:

1. 굽힘 내구한도는 식 (15.18)로부터 구할 수 있다.

$$S_n = S'_n C_L C_G C_S k_r k_t k_{\text{ms}}$$

여기서

S'_n=290/4=72.5 ksi(기어)
　=330/4=82.5 ksi(피니언)
C_L=1(굽힘 하중의 경우)
C_G=1($P > 5$이므로)
C_S=0.68(피니언)(그림 8.13에서 기계 가공표면)
　=0.70(기어)
k_r=0.814(표 15.3의 99% 신뢰도)
k_t=1.0($T < 160$°F)
k_{ms}=1.4(한 방향 굽힘)
S_n=63.9 ksi(피니언); S_n=57.8 ksi(기어)

2. 굽힘 피로응력은 식 (15.17)로부터 다음과 같이 계산된다.

$$\sigma = \frac{F_t P}{bJ} K_v K_o K_m$$

여기서
$P=10$, $b=1.25$ in(주어진 값)
$J=0.235$(피니언)($N=18$, 제작 정밀도가 떨어지므로 하중분담은 없다)
$=0.28$(기어)($N=36$, 이 잇수는 주어진 속도비를 내기 위해서 필요하다)

동적계수 K_v는 아래와 같이 계산되는 피치 선속도 V를 통하여 평가할 수 있다.

$$\begin{aligned} V &= \frac{\pi d_p n_p}{12} \\ &= \frac{\pi(18 \text{ teeth}/10 \text{ teeth per inch})(1720 \text{ rpm})}{12} \\ &= 811 \text{ fpm} \end{aligned}$$

따라서

$K_v=1.68$(그림 15.24 참조)
$K_o=1.25$(표 15.1 참조)
$K_m=1.6$(표 15.2 참조)

그러므로 식 (15.17)의 굽힘 피로응력은

$$\sigma=114F_t \text{ psi(피니언)}, \quad \sigma=96F_t \text{ psi(기어)}$$

3. 굽힘 피로강도와 굽힘 피로응력을 같게 놓으면

$$63{,}900 \text{ psi}=114F_t \text{ psi}, \quad F_t=561\text{(피니언)}$$
$$57{,}800 \text{ psi}=96F_t \text{ psi}, \quad F_t=602\text{(기어)}$$

4. 이 경우에 피니언이 더 약하므로 전달동력은 (561 lb)(811 fpm)=456,000 ft·lb/min이다. 이를 33,000으로 나누어 마력으로 환산하면 13.8 hp(안전계수를 고려하지 않음)이다.

주석: 기어 이는 일반적으로 여러 가지 파손 모드를 동시에 겪게 된다. 이의 굽힘 피로를 제외하고도 마멸(wear), 스코링(scoring), 피팅(pitting), 스폴링(spalling) 등의 다양한 모드가 발생할 수 있다. 이러한 파손 모드는 다음 절에서 논의될 것이다.

15.9 기어 이의 표면 내구성–기본 개념

기어 이는 9장에서 논의되었던 다양한 형태의 표면손상에 취약하다. 14장의 구름 베어링의 경우와 같이, 기어 이는 **헤르츠 접촉응력**을 받게 되고, 윤활은 종종 **탄성유체윤활**(elastohydrodynamic lubrication, 13.16절 참조) 상태이다. 과도한 하중 및 유막 파손은 **연삭 마멸**(abrasion), **피팅**(pitting), **스코링**(scoring) 등의 다양하고 복합적인 결과를 초래한다. 이 절과 다음 절에서, 기어 이 표면 내구성 문제는 기어 이 굽힘피로의 경우보다 훨씬 복잡하다는 점이 명백해질 것이다.

이전 절들에서는 기어 이 사이의 압축력(F)의 결정에 관해서 다루었고, 접촉된 표면은 인벌류트 치형 특성상 당연히 **원통접촉**(cylindrical contact)이라고 다루었으나 접촉면에서의 **마찰속도**(rubbing velocity)에 대한 언급은 없었다. 그림 15.26*a*는 그림 15.3의 공액 기어 이의 순간접촉점에 피니언 및 기어의 속도벡터 V_p 및 V_g를 추가로 도시한 그림이다. 이 속도들은 회전의 중심에 대해서 **접선방향**이다. 만약 기어 이들이 분리되거나 파먹지 않으려면, 접촉표면에서의 공통법선(common normal) 방향 속도성분 V_{pn}과 V_{gn}은 반드시 동일해야만 한다. 하지만 공통접선(common tangent) 방향 속도성분인 V_{pt}와 V_{gt}는 일반적으로 서로 다르다. 이들 공통접선 방향 상대속도(즉 V_{pt}와 V_{gt}의 차이)를 **미끄럼 속도**(sliding velocity)라 한다.

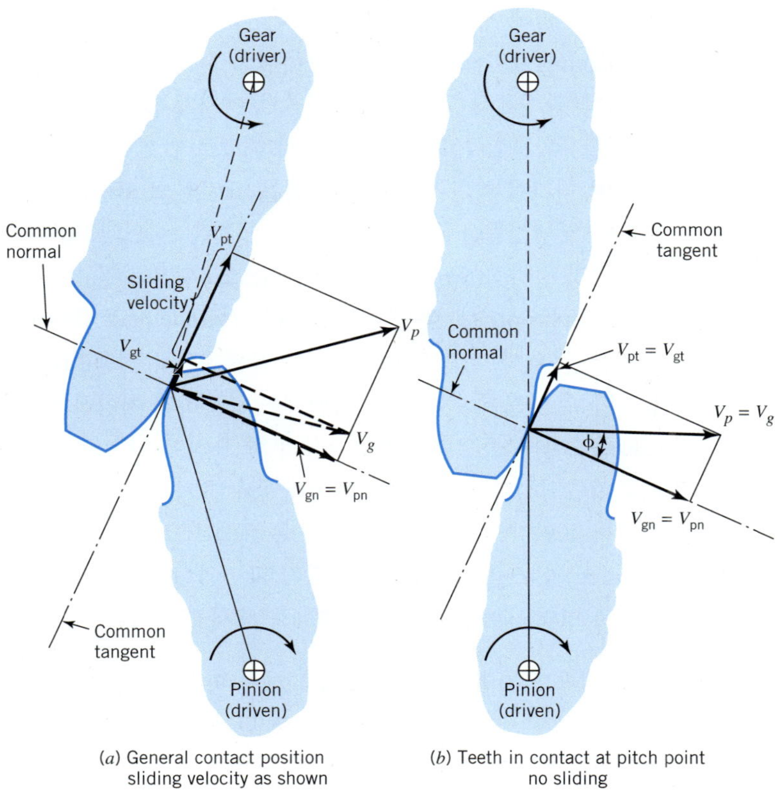

(*a*) General contact position sliding velocity as shown

(*b*) Teeth in contact at pitch point no sliding

그림 15.26 기어 이의 미끄럼 속도.

그림 15.26*b*는 맞물린 기어 이들이 중심선 연결선 상의 **피치점**(pitch point) *P*에서 접촉할 때를 보여 준다. 이때 미끄럼 속도는 0이므로 이의 상대 운동은 **순수 구름**(pure rolling) 운동이다. 따라서 피치점을 제외한 다른 점들에서 접촉하는 경우, 이의 상대 운동은 **구름과 미끄럼의 복합**(rolling plus sliding) **운동**이다. 이때의 미끄럼 속도는 접촉점과 피치점 사이의 거리에 정비례한다. 최대 미끄럼 속도는 이끝에서 접촉한 경우에 일어난다. 이것은 이끝높이(addendum)가 커질수록 최대 미끄럼 속도도 더 커짐을 의미한다.(반면에 이끝높이가 작아질수록 최대 미끄럼 속도는 작아지지만 접촉률 또한 작아진다.)

한 쌍의 이가 구름접촉을 하는 피치점을 통과하여 맞물릴 때 미끄럼 속도는 **방향이 바뀐다**. 접근(approach)하는 동안(그림 15.8의 '접근각' 참조), 미끄럼 마찰력은 이를 압축하는 경향이 있다. 퇴거(recess)하는 동안에는 마찰력이 이를 신장시키는 경향이 있다. 이렇게 신장된 이는 보다 부드러운 기어 이의 물림 작용을 한다. 이러한 이유에서 기어물림의 거의 모든 접촉이 퇴거각 이내에 있도록 하는 특별한 치 설계가 때때로 이루어진다. 기어 이 미끄럼은 기어들이 맞물리며 회전하는 것처럼 양손의 손가락들을 펼치면서 확장하는 것으로 설명할 수 있다.

이제 기어 이에서 발생하는 표면손상의 세 가지 기본 형태를 간략히 고려해 본다.

1. **연삭마멸**(abrasive wear, 9.10절에서 다루었던)은 밀봉되지 않은 기어에 이물질이 들어가거나, 밀봉된 기어에서는 연삭입자가 있는 채로 조립되거나, 적절한 여과 없이 공급된 오염된 오일에 의하여 윤활되는 기어에서 발생한다.
2. **스코링**(scoring, 9.9절에 기술된 응착마멸의 한 형태)은 보통 고속에서 (*a*) 탄성유체윤활(13.16절) 상태에서 충분한 윤활이 이루어지지 않았을 때, (*b*) 또는 부적절한 경계윤활 및 혼합유막윤활(13.14절) 상태에서 때때로 발생한다. 기어 이의 하중, 미끄럼 속도와 더불어 미끄럼 마찰계수를 크게 하는 요인인 스코링은 접촉하는 **국부적**(localized) 영역에서 열생성률을 높아지게 한다. 이것은 온도와 압력에도 영향을 끼쳐 융착(welding)과 갈라짐(tearing)이 일어난다. 스코링은 종종 이가 맞물려 들어가는 방향으로 **적절한**(appropriate) 윤활유의 **원활한 유동**(adequate flow)이 지배적으로 이루어질 때 방지할 수 있다. 일반적으로 적절한 윤활유란 유체윤활(hydrodynamic lubrication)을 유지할 수 있도록 아주 높은 압력에도 충분하게 저항하는 윤활유이다. 또한 표면 정밀도도 중요한데, 스코링이 표면손상의 한 요인이 되는 곳에는 표면 정밀도가 20 μ in. 정도가 바람직하다. 적당한 하중 아래에서 초기 '**길들이기**(break-in 또는 run-in)' 기간 동안 기어 표면이 매끈해지도록 허용해 주면 스코링 저항이 높아진다.
3. **피팅**(pitting)과 **스폴링**(spalling)은 각각 표면과 표면아래(subsurface)에서의 피로 파손으로 접촉 영역 내에 있는 복합응력에 의해서 발생하며, 9.14절에서 논의되었다.

적절한 관심으로 기어가 연삭마멸에 의해서 파손되지 않도록 해야 한다. 적절한 윤활과 냉각으로 스코링에 의한 파손은 없을 것이다. 만약 최상의 열전달 방안이 있다 할지라도 충분한 윤활이 되지 않는다면, 하중과 속도를 줄여야 하고 스코링에 잘 견디는 재질을 사용하거나 기어를 더 크게 만들어야 한다. 스코링이 시간에 관계없이 사용수명의 초기에 발생하는 것과 달리, 피팅은 하중 사이클이 충분히 누적된 후에 발생하기 때문에 전형적인 피로 파손이라 할 수 있다. 나아가서 접촉응력 *S-N* 곡선은 비록 철강 부재라도 10^6 또는 10^7 사이클 이후에도 수평이 되지 않기 때문에, 모든 기어 설계에서 잠재적인 표면 파손을 반드시 고려하여야 한다.

일반적으로 평기어의 표면피로 파손과 계산된 탄성 표면응력(헤르츠 응력) 사이에서 좋은 연관성이 관측된다. 루이스 식이 기어 이 굽힘강도 해석의 기초가 되었던 것과 마찬가지로 헤르츠 응력[식 (9.5)]은 기어 이 표면 내구성 해석의 기초가 된다.

버킹엄(Buckingham)[1]은 평기어 이에 대해 헤르츠 식을 처음으로 적용하였으며, 미끄럼 속도가 '0'이어서 탄성유체윤활의 유막이 파괴되는 피치선 부근에서 기어 이의 피팅이 지배적으로 발생한다고 보고하였다. 따라서 그는 한 쌍의 기어 이를 피치점에서 물리는 인벌류트의 곡률 반지름들과 같은 반지름들을 가진 두 개의 원통으로 간주하였다. 그림 15.7의 인벌류트 치형의 창성과정을 참조하면 두 원통의 반지름은

$$R_p = (d_p \sin \phi)/2 \quad \text{and} \quad R_g = (d_g \sin \phi)/2 \tag{15.20}$$

(즉 그림 15.7을 참조하고 인벌류트를 생성하기 위해서 *P*에서 잘려진 벨트를 상상하라.)

식 (9.5)를 평기어에 사용하기 편리하도록 다음과 같이 대체할 수 있다.

Eq. 9.5 Quantity	Equivalent Notation for Spur Gears
F	F (which is equal to $F_t/\cos \phi$)
p_0	σ_H
L	b
R_1	$(d_p \sin \phi)/2$
R_2	$(d_g \sin \phi)/2$

그러므로 표면(헤르츠) 피로응력은 다음과 같다.

$$\sigma_H = 0.564 \sqrt{\frac{F_t[2/(d_p \sin \phi) + 2/(d_g \sin \phi)]}{b \cos \phi \left(\dfrac{1 - \nu_p^2}{E_p} + \dfrac{1 - \nu_g^2}{E_g} \right)}} \tag{15.21}$$

여기서 b는 기어 이폭이다.

몇 가지 기본적인 관계가 이 식으로부터 명백하다. 하중과 함께 접촉면적이 증가하므로 응력은 하중 F_t(또는 기어 이폭의 인치당 하중의 제곱근, F_t/b)의 제곱근에 따라 증가된다. 마찬가지로 탄성계수(E_p, E_g)의 감소에 따라 접촉면적은 증가(응력은 감소)한다. 더욱이 기어가 커질수록 곡률 반지름이 커지므로 접촉응력은 작아진다.

기어 이 굽힘응력과 마찬가지로 접촉응력은 제작 정밀도, 피치 선속도, 충격 하중, 축의 오정렬 및 처짐, 관성모멘트, 결합된 회전부재들의 비틀림 탄성에 의해 영향을 받는다. 마찬가지로 재료의 표면 피로강도는 요구되는 신뢰도와 허용 최고온도에 영향을 받는다.

15.10 기어 이의 표면피로 해석—권고 절차

식 (15.21)은 (1) 재료의 탄성 물성치에 관련된 항들을 **탄성계수**(elastic coefficient) C_p라는 단일 계수로 묶고, (2) 이의 형상에 관한 항들을 **형상계수**(geometry factor) I라는 계수로 묶으면 취급하기가 보다 쉬울 것이다.

$$C_p = 0.564\sqrt{\frac{1}{\dfrac{1-\nu_p^2}{E_p}+\dfrac{1-\nu_g^2}{E_g}}} \tag{15.22}$$

$$I = \frac{\sin\phi\cos\phi}{2}\frac{R}{R+1} \tag{15.23}$$

여기서 R은 기어와 피니언 지름의 비율이다.

$$R = \frac{d_g}{d_p} \tag{h}$$

한 쌍의 외접기어(그림 15.2)에 대해서 R은 (+)이다. 한편 내치기어의 지름은 (−)로 간주되기 때문에 피니언과 내치기어(그림 15.12)에 대해서 R은 (−)이다.

탄성계수 C_p와 형상계수 I를 식 (15.21)에 대입하고, 굽힘피로 해석에서 사용된 K_v, K_o, K_m을 도입하면

$$\sigma_H = C_p\sqrt{\frac{F_t}{bd_pI}K_vK_oK_m} \tag{15.24}$$

여기서 I는 식(15.23)에서 계산되는 무차원상수이고, C_p는 사용되는 단위계에 따라 $\sqrt{\text{psi}}$, $\sqrt{\text{MPa}}$ 단위이다. 편의를 위하여 몇몇 C_p 값들이 표 15.4a와 표 15.4b에 제공한다.

9.13절과 9.14절에서 언급되었던 것처럼, 접촉점에서의 실제 응력상태는 간단한 헤르츠식[식 (9.5), (15.21), (15.24)]에서 고려하지 않았던 여러 요인들에 의해 영향을 받는다. 이것

표 15.4a 평기어에 대한 탄성계수의 값 C_p(단위 $\sqrt{\text{psi}}$, 소수점 절사)

Pinion Material (ν = 0.30 in All Cases)	Gear Material: Steel	Cast Iron	Aluminum Bronze	Tin Bronze
Steel, E = 30,000 ksi	2300	2000	1950	1900
Cast iron, E = 19,000 ksi	2000	1800	1800	1750
Aluminum bronze, E = 17,500 ksi	1950	1800	1750	1700
Tin bronze, E = 16,000 ksi	1900	1750	1700	1650

표 15.4b 평기어에 대한 탄성계수의 값 C_p(단위 $\sqrt{\text{MPa}}$, 표 15.4a에서 변환된 값)

Pinion Material (ν = 0.30 in All Cases)	Gear Material			
	Steel	Cast Iron	Aluminum Bronze	Tin Bronze
Steel, E = 207 GPa	191	166	162	158
Cast iron, E = 131 GPa	166	149	149	145
Aluminum bronze, E = 121 GPa	162	149	145	141
Tin bronze, E = 110 GPa	158	145	141	137

들은 열응력, 윤활제의 존재에 의한 압력 분포의 변화, 미끄럼 마찰에 따른 응력 등을 포함한다. 이러한 이유에서 식 (15.24)로부터 계산된 응력은 실험에 의하여 결정된 S-N 선도(그림 9.21의 여러 곡선 중 평기어의 표면피로강도 곡선 참조)의 표면피로강도 값과 반드시 비교되어야 한다. 왜냐하면 실험에서는 부가적인 이 요인들이 어느 정도 포함되기 때문이다.

특정 용도에 부합하는 표면피로강도에 관한 보다 직접적인 정보가 없을 경우, 표 15.5에 제시된 대표적인 값들을 참조할 수도 있다.

9.14절에서 언급했던 것처럼, 접촉하는 부재 중 하나가 다른 것보다 단단한 것이 종종 바람직하다. 강철기어의 경우, 반드시 피니언이 더 단단하게 만들어진다. 왜냐하면 피니언의 이가 더 많은 피로 사이클을 받기 때문이고, 보다 작은 부재로 경도가 더 높게 제작하는 것이 더욱 경제적이기 때문이다. 전형적으로 경도 차이는 Bhn=200 범주인 기어에 대해서는 약 30, Bhn=500 범주인 경우에 100 정도, R_C=60(로크웰 C) 범주인 경우에 2 정도이다. 경도 차이가 이들 값을 넘지 않는 경우에 평균 경도가 피니언과 기어를 체크하는 데 사용될 수 있다.

표면경화된 강철제 기어의 경우, 표 15.5에서 사용된 경도는 표면경도이다. 하지만 표면경화의 깊이는 그림 9.15b와 9.19에 보이는 최대 전단응력 부위까지 내려가야 한다. 이것은 보통 적어도 1 mm, 즉 0.040 in. 정도이다.

표 15.5 금속 평기어에서의 표면피로강도 S_{fe}(수명 10^7 사이클, 99% 신뢰도, 온도 250°F 미만)

Material	S_{fe} (ksi)	S_{fe} (MPa)
Steel	0.4 (Bhn)–10 ksi	2.8 (Bhn)–69 MPa
Nodular iron	0.95[0.4 (Bhn)–10 ksi]	0.95[2.8 (Bhn)–69 MPa]
Cast iron, grade 20	55	379
grade 30	70	482
grade 40	80	551
Tin bronze AGMA 2C (11 percent tin)	30	207
Aluminum bronze (ASTM B 148—52) (Alloy 9C—H.T.)	65	448

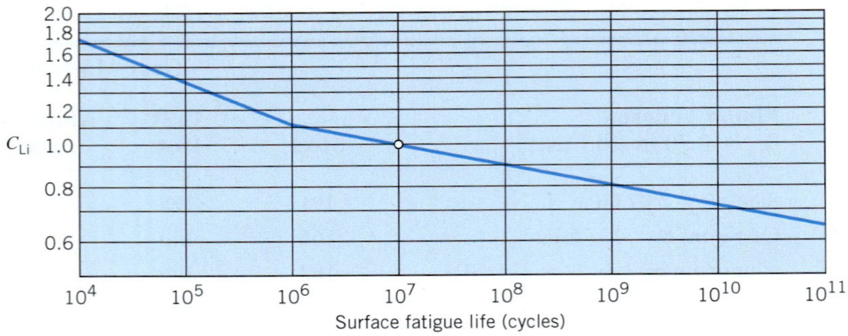

그림 15.27 강철기어에 대한 C_{Li} 값. 표면피로 *S-N* 곡선의 일반적인 모양.

피로수명이 10^7 사이클 이상인 경우의 표면피로강도는 표 15.5의 S_{fe} 값에 그림 15.27에서 얻은 수명계수(life factor) C_{Li}를 곱한다. 이 수명계수는 강에 대한 표면피로 *S-N* 곡선의 평균 형상의 무엇인가를 나타낸다. 민감한 독자들은 이러한 형상(기울기)과 그림 9.21의 강철기어에 대한 *S-N* 곡선 사이에 불일치를 알 수 있을 것이다. 이 곡선들을 일치시키기 위한 시도는 실제 수명 데이터들(fact of life)을 왜곡시킬 수 있다. 따라서 데이터가 다른 집합들을 일반화하여 표현하는 연구들은 약간씩 차이가 있을 수 있으므로 적절한 조심성을 가지고 사용해야 한다. 가능하다면, 항상 문제에 근접하게 적용할 수 있는 좋은 실험 데이터를 얻는 것이 최선이다. 그림 9.21의 평기어 곡선은 강철기어에 대해서 정상적으로 얻을 수 있는 최고치이다.

신뢰도 데이터는 부족하지만 대략적인 지침으로서 표 15.6에 주어진 적당한 신뢰도계수 C_R이 식 (15.25)에서 사용되어야 한다.

기어 이 표면온도가 높을 경우(약 120°C 또는 250°C 이상), 이때 적합한 기어 이의 재질과 온도에 대한 표면피로강도를 결정해야 한다.[표면피로강도에 대한 온도보정계수는 식 (15.25)에 포함되어 있지 않다.]

온도보정을 제외한 지금까지 주어진 표면피로강도에 관한 정보를 적용하면, 기어 이의 표면피로강도에 대한 결과 식은 다음과 같다.

$$S_H = S_{fe} C_{Li} C_R \tag{15.25}$$

이 표면피로강도는 식 (15.24)에서 계산된 기어 이의 표면피로응력과 비교되어야 한다.

'σ_H와 S_H를 동일하게 만드는 데 필요한 F_t의 배수'로 정의된 '안전계수'는 이에 포함된

표 15.6 신뢰도계수 C_R

Reliability (%)	C_R
50	1.25
99	1.00
99.9	0.80

요인들의 상당수가 식 (15.24)와 (15.25)에 이미 반영되어 있으므로, 6.12절에서 제시된 철학에 부합하여 작게 할 수 있다. 더 나아가서 피팅 파손은 천천히 전개되고 기어소음이 점진적으로 증가하는 사전경고를 주기에 파손의 결과들은 완화될 수 있다. 더욱이 파손을 낳는 표면피로 손상의 범위는 임의적이며, 기어는 표면내구수명이 다한 후에도 어느 기간 동안 계속적으로 작동한다. 따라서 보통 1.1~1.5의 안전계수가 적당하다.

예제 15.4 SAMPLE PROBLEM 이의 표면피로 파손에 대한 기어동력용량

예제 15.3에서의 기어를 주당 40시간씩 5년(1년에 50주)간 사용할 때, 표면피로 파손 가능성이 1%라면 기어가 전달할 수 있는 최대 마력은 얼마인가?

풀이 SOLUTION

제시자료: 경도 Bhn=330이고, 지름피치, 잇수, 회전속도가 주어지고, 20° 전높이 이인 강철 피니언이 규정된 시간 동안 표면피로 파손의 기회가 1%인 상태에서 860 rpm으로 Bhn=290인 기어를 구동한다.

목표: 기어가 전달할 수 있는 최대 마력을 결정하라.

개요도 및 데이터: 그림 15.25를 참조하라.

가정:

1. 기어 이의 표면온도는 120°C(250°F) 이하이다.
2. 표면피로 내구한도는 표면경도로부터 계산된다(표 15.5 참조).
3. 표면피로응력은 피치점(선)에서 최대이다.
4. 피니언과 기어의 가공정밀도는 그림 15.24의 곡선 D에 해당한다.
5. 출력기어는 중간급 정도의 비틀림 충격을 받는다.
6. 지지부의 특성으로, 설치부의 강성이 약간 떨어지고, 기어의 정밀도가 약간 낮으며, 이폭 전체에 걸쳐서 접촉한다.
7. 안전계수는 필요하지 않다.
8. 기어의 치형은 표준 인벌류트이다. 피치점에서의 접촉면은 원통으로 가정할 수 있다.
9. 기어들은 피치원에서 물리도록 설치되어 있다.
10. 밀봉과 윤활에 의해 연삭마멸과 스코링의 표면 파손의 효과는 없으며, 단지 피팅만 고려된다.
11. 미끄럼 마찰에 기인한 응력은 무시할 수 있다.
12. 접촉 압력 분포는 윤활제에 의해 영향을 받지 않는다.
13. 열응력 및 잔류응력들은 무시한다.

14. 기어 재질은 균질이고 등방성이며 선형 탄성이다.

15. 이용 가능한 표면내구한도와 수명계수 데이터는 충분히 정밀하다. 또한 이용 가능한 데이터로부터 얻은 속도계수 K_v, 과부하계수 K_o, 그리고 설치계수 K_m은 타당하며 정확하다.

해석:

1. 표면내구강도는 식 (15.25)로부터 다음과 같이 계산할 수 있다.

$$S_H = S_{\mathrm{fe}} C_{\mathrm{Li}} C_R$$

여기서

$S_{\mathrm{fe}}=122$ ksi[강에 대해서 표 15.5로부터 $S_{\mathrm{fe}}=0.4(\mathrm{Bhn})-10$ ksi$=0.4(330)-10=122$ ksi]

$C_{\mathrm{Li}}=0.8$[그림 15.27로부터 수명$=(1720)(60)(40)(50)(5)=1.03\times10^9$ 사이클]

$C_R=1$(표 15.6에서 99%의 신뢰도)

$S_H=(122)(0.8)(1)=97.6$ ksi

2. 표면피로응력은 식 (15.24)로부터 구할 수 있다.

$$\sigma_H = C_p\sqrt{\frac{F_t}{bd_pI}K_vK_oK_m}$$

여기서

$C_p=2300\sqrt{\mathrm{psi}}$ (표 15.4로부터)

$b=1.25$ in., $d_p=1.8$ in., $K_v=1.68$, $K_o=1.25$, $K_m=1.6$ (모두 예제 15.3과 동일하다)

$$I = \frac{\sin\phi\cos\phi}{2}\frac{R}{R+1} = 0.107 \quad [\text{식 (15.23)으로부터}]$$

$$\sigma_H = 2300\sqrt{\frac{F_t}{(1.25)(1.8)(0.107)}(1.68)(1.25)(1.6)} = 8592\sqrt{F_t}$$

3. 표면피로강도와 표면피로응력을 같게 놓으면

$$8592\sqrt{F_t} = 97{,}600 \text{ psi} \quad \text{or} \quad F_t = 129 \text{ lb}$$

(이 값은 맞물리는 기어들의 이 표면 둘 다에 적용된다.)

4. 상응하는 동력은 $\dot{W}=F_tV=(129\text{ lb})(811\text{ fpm})=104{,}620$ ft·lb/min 또는 3.2 hp

주석: 이 동력은 거의 14 hp인 굽힘피로로 인한 기어동력용량과 비교할 때에, 보통의 상황에서 강철기어는 굽힘피로에 훨씬 강하다는 사실을 보여 준다. 비록 14 hp 굽힘피로 용량의 상당부분이 버려진다 할지라도 굽힘용량의 적절한 여분은 바람직하다. 왜냐하면 굽힘피로 파손은 갑자기 한꺼번에 일어나기 때문이다. 그런데 표면 파손은 점진적으로 일어나며, 기어의 악화에 대한 경고조치로 소음 수준이 증가한다.

15.11 평기어의 설계 절차

예제 15.3과 15.4는 주어진 기어 한 쌍의 용량의 해석을 설명하였다. 기계 부품에 대한 일반적인 경우로서, 주어진 용도에 적합한(희망적으로, 최적에 가까운) 한 쌍의 기어를 **설계**하는 것은 좀 더 도전적인 과업이다. 예제로 이러한 절차를 설명하기 전에, 일반적인 몇몇 경험적 소견들을 제시하고자 한다.

1. 강철 기어의 표면경도 증가는 표면 내구성면에서 괄목할 성과를 준다. 경도를 2배로 하면 표면피로강도(허용 헤르츠 응력)는 2배 이상으로 증가함을 표 15.5에서 알 수 있다. 또 허용 헤르츠 응력이 2배로 되면 하중용량 F_t는 4배가 되는 것을 식 (15.24)로부터 알 수 있다.
2. 강철에서 경도의 증가는 또한 굽힘피로강도를 증가시키지만, 그 증가량은 그리 크지 않다. 예를 들어 경도를 2배로 하면 기본 내구한도(S_n', 그림 8.6에서 곡선의 수평부를 주시하라)가 2배가 되는 것이 아니다. 더 나아가 경도를 2배로 하면 표면계수 C_S가 상당히 감소한다(그림 8.13 참조). 표면경화된 기어는 경화된 표면층이 표면피로강도를 확실히 증가시키지만, 그 층이 너무 얇아서 굽힘피로강도에는 크게 기여할 수 없음을 추가적으로 고려하여야 한다(그림 8.31과 8.13절에서 논의된 것을 상기하라).
3. 이의 크기의 증가(큰 원주피치, 즉 큰 모듈 또는 작은 지름피치를 사용하여)는 표면강도보다도 굽힘강도를 더 많이 향상시킨다. 이 사실은 상기 1, 2항과 더불어 다음의 두 가지 관점과 상호 관련되어 있다: (a) 고경도 강철기어(500 Bhn 또는 50R_C 이상)의 경우 이의 크기가 클수록($P < 8$) 표면피로로 파손되고, 이의 크기가 작을수록($P > 8$) 굽힘피로로 파손된다. 전형적으로 P=8인 영역에서 굽힘강도와 표면강도 사이의 균형이 발생한다. (b) 반면에 더 연한 강철 기어 이에서는 이의 크기가 작을수록 표면피로가 결정적이다. 철강 이외의 다른 재료들은 또 다른 치 강도 특성을 가진다. 기어 재질에 관한 더 많은 정보는 다음 절에서 설명한다.
4. 일반적으로 고경도 기어일수록 더 많은 제작비용이 드는 반면, 여전히 동일한 작업을 할 수 있는 그 크기를 더 작게 할 수 있으므로 하우징과 관련된 부품들 또한 작아지면서 동시에 가벼워질 것이다. 더 나아가 기어가 작아진다면, 피치 선속도는 작아지고 이로 인해 동하중과 마찰속도가 줄어들 것이다. 따라서 고경도 기어의 사용은 전체 비용을 오히려 감소시킬 수 있다.
5. 만약 주어진 기어 재질과 용도에 대해서 최소 크기의 기어가 요구된다면, 일반적으로 피니언 잇수를 최소 허용잇수(20° 피니언은 18개, 25° 피니언은 12개)로 선택하는 것이 최선의 시작이 되며, 이후 요구되는 피치나 모듈을 결정해야 한다.

예제 15.5D SAMPLE PROBLEM 1단 감속 평기어열의 설계

표준기어 시스템을 사용해 100마력 3600 rpm인 모터를 900 rpm의 하중축에 연결하는 평기어 한 쌍을 설계하라. 모터와 구동되는 기계로부터의 충격 하중은 무시한다. 중심거리는 가능한 한 작게 하라. 연간 2000시간 작동하여 5년의 수명이 요구되지만, 전체 동력은 수명시간의 10%에서만 전달되고, 나머지 90%에서는 동력의 1/2만 전달된다. 5년 동안의 파손 가능성은 10% 미만이어야 한다.

풀이 SOLUTION

제시자료: 평기어 한 쌍이 마력과 속도를 아는 모터에서 900 rpm으로 회전하는 기계축에 동력을 전달한다. 수명시간의 10% 이내에서 전체 동력이 전달되고, 나머지 90%에서는 동력의 1/2만 전달된다. 기어가 매년 2000시간씩 5년 동안 작동될 때, 파손 가능성은 10% 미만이어야 한다. 축간거리는 가능한 한 짧아야 한다(그림 15.28 참조).

목표: 기어 쌍의 형상을 결정하라.

개요도 및 데이터:

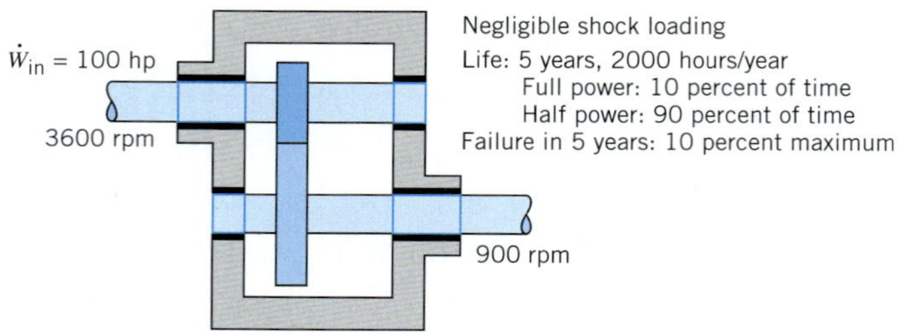

그림 15.28 1단 감속 평기어열.

판단:

1. 10%의 파손 가능성을 보여 주는 그림 9.21에서의 평기어 곡선에 상응하는 경화된 강철기어를 선택하라. 상대적으로 낮은 가격에 높은 강도를 제공하는 강철기어 재질이 선택될 것이다. 피니언과 기어는 기계가공된 다음 연삭된다. 좋은 관례에 따라 기어 이 표면에 잔류압축응력을 남기는 표면경화 절차를 구체화하라.
2. 최소 중심거리를 얻기 위해서 피니언과 기어의 표면경도를 각각 Bhn=660과 600으로 규정하라. 피니언 이의 경도는 기어 이의 경도를 10%만큼 상회한 값이다.
3. 이러한 경도(정상적인 기계가공을 하기에 너무 단단한)의 경우, 그림 15.24의 곡선 A와 B의 평균에 상응하는 연삭다듬질과 정밀제작방안을 구체화하라.
4. 보다 일반적인 20° 전높이 인벌류트 치형을 선택하라.
5. 간섭회피가 가능한 최소잇수 18개의 피니언을 선택하라.
6. 최소 중심거리(최소 기어지름들)를 위해서, 임시로 폭 b를 정상범위의 최대인 $(14/P)$ 값으로 선택하라.
7. 표면피로로 인한 파손에 대한 안전계수 1.25를 선택하라.
8. 이폭에 대해서 공칭값이 사용된다.
9. 표준 지름피치가 선택된다.

가정:

1. 팜그렌-마이너(Palmgren-Miner) 누적손상법칙을 적용한다.
2. 연삭표면 다듬질은 그림 15.24의 곡선 A와 B의 평균에 상응하고, $K_v=1.4$이다.
3. 지지부의 특성들은 정밀한 설치, 작은 베어링 공차, 최소 처짐과 정밀기어이다.
4. 그림 9.21의 평기어 곡선은 강철기어에서 얻을 수 있는 최대 접촉강도를 나타낸다. 즉 10% 파손 확률의 표면피로강도($S_H=S_{fe}C_{Li}C_R$) 대 수명 사이클 수(N)의 그림이다.
5. 기어 이 사이의 하중분담은 없다.
6. 극한적인 경우로 중심부 재질의 피로강도는 표면에서의 굽힘피로응력과 동일해야만 한다. 표면아래에서 표면계수 $C_S=1$이다.
7. 강철 중심부 재료는 $S_n'=250$(Bhn)이다.

설계 해석:

1. 총 요구수명=3600 rev/min×60 min/h×2000 h/yr×5 yr=2.16×10^9 피니언 회전. 전체 동력은 단지 2.16×10^8 사이클에서만 전달된다. 이에 상응하는 응력이 만약 그림 9.21의 평기어 곡선 상에 있다면, 50% 동력에 상응한 응력은 10^{10} 사이클 수명보다 큰 경우에 해당할 것이다. 팜그렌-마이너 누적손상법칙(8.12절)을 고려하고 해의 근사성을 인식한다면, 우리는 전하중 사이클에 대해서만 고려하고, 50% 하중 사이클에 대해서는 무시하는 것이 당연함을 알 수 있다.
2. 굽힘피로보다 표면피로가 더 중요하다고 예상한다면, 안전계수 $SF=1.25$를 고려하여 표면피로응력(σ_H)과 표면피로강도(S_H)를 같게 놓고 지름피치(P)에 대해서 풀어야 한다.

$$\sigma_H[\text{식 (15.24)}]=S_H[\text{식 (15.25)}]$$

$$C_p\sqrt{\frac{F_t(SF)}{bd_pI}K_vK_oK_m} = S_{fe}C_{Li}C_R$$

약간의 보조적인 계산이 필요하다.

$V=\pi d_p(3600\text{ rpm})/12=942d_p=942(18/P)=16{,}960/P$

$K_v\approx 1.4$(이 값은 그림 15.24에서 대략적 추정치이고, P를 결정한 후에 확인되거나 수정되어야 한다)

$K_m=1.3$(이 값은 만약 $b>2$ in.인 경우에는 증가되어야 한다)

$F_t=100\text{ hp}(33{,}000)/V=195P$

$I=[(\sin 20°\cos 20°)/2](4/5)=0.128$

$S_{fe}C_{Li}C_R=165{,}000$ psi(그림 9.21로부터)

이 값들을 대입하면

$$2300\sqrt{\frac{(195P)(1.25)}{(14/P)(18/P)(0.128)}(1.4)(1)(1.3)} = 165{,}000$$

따라서

$$P = 7.21 \text{ teeth/in.}$$

3. 임시로 표준 지름피치 7을 선택하여 그에 대응하는 V 값을 계산하고, 보다 적합한 K_v를 재평가한다. 그리고 $\sigma_H = S_H$을 만족시키는 b 값을 계산한다.(만약 $P=8$로 선택하면, $\sigma_H = S_H$일 때의 b는 $14/P$를 넘어야 한다.)

$$V = \frac{\pi d_p n_p}{12} = \frac{\pi(18/7)(3600)}{12} = 2424 \text{ fpm}$$

그림 15.24로부터 $K_v=1.5$이므로

$$2300\sqrt{\frac{(195 \times 7)(1.25)}{b(18/7)(0.128)}(1.5)(1)(1.3)} = 165{,}000$$

이것으로 $b=1.96$ in.이다. 반올림해서 $b=2$ in.이다. b의 이 값에 대해서 $K_m=1.3$은 만족할 만하다. 또한 주목해야 할 점은 b가 $14/P$로 그대로 유지된 것이다. 왜냐하면 P를 7.21에서부터 7로 감소시킬 때, K_v는 1.4에서부터 1.5까지로 증가하기 때문이다.

4. 식 (15.9)를 사용하여 접촉률을 검토한다.

피치원 반지름: $r_p=9/7$, $r_g=36/7$
이끝원 반지름: 이끝높이 $a=1/P$이므로 $r_{ap}=10/7$, $r_{ag}=37/7$
중심거리: $c=r_p+r_g=45/7$
기초원 반지름: $r_{bp}=(9/7)\cos 20°$, $r_{bg}=(36/7)\cos 20°$[식 (15.11)로부터]
기초원 피치: $p_b=\pi(18/7)(\cos 20°)/18=0.422$ in[식 (15.10)으로부터]
위의 값들을 식 (15.9)에 대입하면 CR=1.67이다.

이 접촉률 값은 만족스럽지만, 이는 한 쌍의 이들이 피팅이 가장 발생하기 쉬운 피치선 부근에서 하중을 전달하는 것을 의미한다. 따라서 제작 정밀도에 관계없이 표면피로하중의 분담은 이루어지지 않는다.(이미 이전의 계산에서 하중분담이 없다고 가정되었다.)

5. 기어가 적절한 굽힘피로강도를 갖도록 설계하는 것이 필요하다. 표면경화된 기어에 대해서 기어 이의 굽힘피로의 세부적 고려는 그림 8.29에서 보여 주었던 것처럼 응력과 강도구배에 대한 해석을 포함시켜야만 한다. 우리는 이러한 요구에 만족하는 데 전혀 문제가 없다고 예상하기 때문에, 이미 언급(가정 6)했듯이, 중심부 재질의 피로강도[식 (15.18)]는 표면에서 굽힘피로응력[식 (15.17)]과 같아야 한다는 보수적인 가정을 하자.

$$S'_n C_L C_G C_S k_r k_t k_{\text{ms}} = \frac{F_t P}{bJ} K_v K_o K_m$$

제작 정밀도는 하중분배의 관점에서 '불분명한 영역'에 있다. 적어도 부분적인 하중분담이 있을 것인데 J 값이 '분담'과 '비분담' 곡선들 사이에서 중간(즉 J=0.235와 0.32 사이)에 있다는 것을 의미한다. 그러나 우리는 보수적으로 비분담을 가정했기 때문에 더 이상 이 문제를 고려할 필요가 없다. 표면계수 C_S 값의 계산에 있어서, 표면거칠기가 포함되지 않는 표면 '아랫부분'에서의 피로강도를 고려하고 있다는 것을 기억하라.

$$S_n'(1)(1)(1)(0.897)(1)(1.4) = \frac{1365(7)}{2(0.235)}(1.5)(1)(1.3)$$

따라서 S_n'=31,600 psi이다. 이 값은 표면경화 목적으로 선정된 철강 소재가 이를 만족시킬 수도 때로는 불만족시킬 수도 있는 Bhn=126의 중심부 경도를 요구한다.

6. 요약해서, 임시적으로 제안된 설계는 20° 전높이 이, 표면경화된 강철을 연삭다듬질로 정밀 제작(그림 15.24의 곡선 A와 곡선 B 사이)하는 것이다. 표면경화의 정도는 피니언과 기어에 있어서 각각 Bhn=660과 Bhn=600이고 심부 경도는 최소 Bhn=126이다. 또한 P=7, N_p=18, N_g=72, b=2 in.(D_p=2.57 in., D_g=10.29 in., c=6.43 in.)이다. 결정된 바와 같이 표면에 압축잔류응력을 남기는 표면경화 절차를 구체화할 것이다.

주석: 이 예제는 평기어의 실제 설계에서 부딪칠 수 있는 수많은 상황과 접근법들 중 하나일 뿐이다. 학생들에게 중요한 것은 기본 개념을 분명하게 이해하는 것이고, 또한 구체적인 상황을 다루는 데 있어서 이 개념들이 어떻게 활용되는지를 이해하는 것이다. 우리는 기초적인 것에 덧붙여서 수많은 경험적 자료가 필요한 것을 보아 왔다. 어떤 주어진 상황에 사용하기 위해서는, 최선이며 가장 직접적으로 관련된 경험적 자료들을 찾아내는 것이 항상 중요하다. 이 책과 같은 교재들은 예제 수준의 경험적인 정보만을 포함하고 있다. 따라서 실제적 사용에 보다 적합한 값들은 종종 회사 자료들이나 최신 전문기술문헌, AGMA의 최신 출판물 등을 통해 얻을 수 있다.

15.12 기어 재료

가장 값싼 기어 재료는 보통 ASTM(혹은 AGMA) 등급 20의 일반 주철이다. 등급 30, 40, 50, 60과 같이 등급이 커질수록 더 강하고 더 비싸다. 일반적으로 주철기어는 굽힘피로강도보다 표면피로강도가 더 크다. 주철기어는 내부감쇠효과로 인하여 강철기어보다 더 정숙한 특성을 갖는다. 구상흑연 주철기어는 양호한 표면내구성과 함께 상당히 큰 굽힘강도를 갖는다. 종종 강철 피니언과 주철기어의 맞물림은 우수한 재료 조합이다.

열처리가 되지 않은 강철기어는 상대적으로 비싸지는 않지만, 낮은 표면내구성을 가진다. 열처리한 강철기어는 뒤틀림에 저항하도록 설계되어야만 한다. 이에 보통 합금강과 기름 담금질이 선호된다. Bhn=250~350 이상의 경도를 얻으려면, 기계가공은 보통 경화 전에 해야만 할 것이다. 열처리 후에 표면이 연삭 다듬질된다면 더 좋은 형상 정밀도를 얻을 수 있다.(만약 연삭이 행해진다면, 표면에서의 인장잔류응력을 피하기 위한 주의를 기울여야 한다.) 전경화 기어는 일반적으로 보통 0.35~0.6%의 탄소함유량을 가진다. 표면경화된 기어는 보통 화염 경화, 고주파 경화, 침탄, 또는 질화 처리된다.

비철금속 중에서는 청동이 가장 자주 기어용 소재로 사용된다.

아세탈, 나일론, 또는 여타 플라스틱으로 만들어진 비금속 기어는 일반적으로 소음이 없고, 오래 가고, 가격 면에서 합리적이고, 무윤활 경하중 상태에서 자주 쓰인다. 접촉하는 재료의 기어 이는 금속기어의 기어 이들보다도 쉽게 변형된다. 이것은 동시에 접촉하는 이들 사이에서 효과적으로 하중을 분담하지만 만약 기어가 높은 속도로 회전한다면 상당한 히스테리시스 열(hysteresis heating)을 받게 된다. 비금속 재료는 낮은 열전도도를 가지고 있기 때문에 특별한 냉각장치가 요구되기도 한다. 게다가 상대적으로 높은 열팽창계수를 가지고 있으므로 일반 금속기어보다도 더 큰 백래시를 주어 설치해야 할 것이다.

종종 기어에 사용되는 플라스틱 기지에 충전재(filler)(강도를 위해서 유리섬유와 같은)와 윤활제[마찰과 마멸을 줄이기 위한 테플론(Teflon)과 같은]가 혼성되기도 한다. 비금속 기어는 보통 주철 피니언 혹은 강철 피니언과 맞물린다. 이때 맞물린 금속 피니언은 최상의 마멸저항을 위해서 그 경도가 적어도 Bhn=300은 되어야만 한다. 플라스틱 기어의 설계 절차는 금속 기어의 설계 절차와 유사하지만 아직까지는 신뢰할 만하지는 못하다. 따라서 비금속 기어의 경우 시제 시험(prototype testing)이 금속기어의 경우보다 훨씬 더 중요하다.

15.13 기어열

외접 평기어 한 쌍의 '기어비'(속도비의 역수)는 다음의 식[식 (15.1)의 확장형]으로 표현할 수 있다.

$$\frac{\omega_p}{\omega_g} = \frac{n_p}{n_g} = -\frac{d_g}{d_p} = -\frac{N_g}{N_p} \tag{15.26}$$

여기서 ω와 n은 각각 rad/s와 rpm 단위로 표현한 각속도이고, d는 피치원 지름을 나타내며, N은 이의 개수를 나타낸다. (−) 표시는 보통 기어와 피니언이 **반대** 방향으로 회전하는 것을 나타낸다(양쪽 모두 외접 기어 이). 만약 기어가 그림 15.12처럼 내치를 갖는다면 그 지름은 (−)가 되고 기어 쌍은 **동일한** 방향으로 회전한다. 대부분의 경우에 피니언을 구동부로, 기어를 종동부로 사용하므로 식 (15.26)의 기어비는 **감속**(토크는 증가)의 결과를 나타낸다. 이것은 주어진 크기의 장치에서 큰 동력을 공급하기 위해서 동력원(엔진, 모터, 터빈 등)이 보통 상대적으로 빠르게 회전하기 때문이다. 구동되는 기계는 보통 천천히 회전한다.(예외로 과급기의 일종인 엔진구동 슈퍼차저, 냉동 및 공기조화용 대형 원심 압축기 등이 있다.)

그림 15.29는 입력축 a, 출력축 c와 더불어 중간축 b를 포함하는 2단 감속 기어열(gear train)을 보여 준다. 전체 기어비는

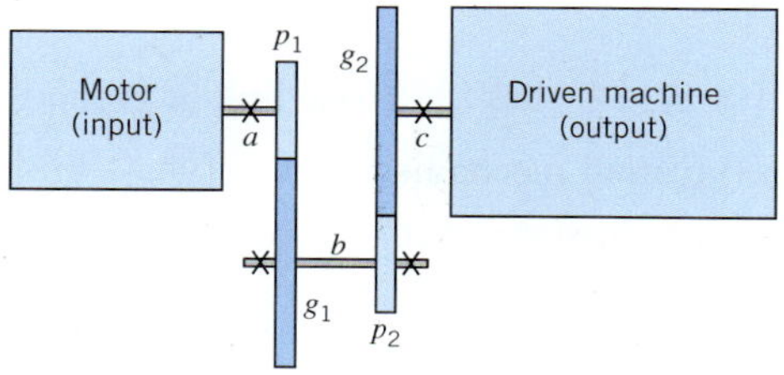

그림 15.29 2단 감속 기어열.

$$\frac{\omega_a}{\omega_c} = \frac{\omega_a}{\omega_b}\frac{\omega_b}{\omega_c} = -\frac{d_{g1}}{d_{p1}}\left(-\frac{d_{g2}}{d_{p2}}\right) \tag{15.27}$$
$$= +\frac{d_{g1}d_{g2}}{d_{p1}d_{p2}} = \frac{N_{g1}N_{g2}}{N_{p1}N_{p2}}$$

여기서 만약 두 기어 쌍이 동일한 중심거리를 가진다면, 입력축과 출력축이 동일 직선 위에 배열되므로 하우징을 경제적으로 만들 수 있게 한다는 점에 주목하자.

그림 15.29와 식 (15.27)은 3, 4, 혹은 그 이상의 기어 쌍으로도 확장될 수 있고, 이때의 전체 기어비는 각 쌍의 기어비의 곱이다. 유사 예들로 주행 기록계와 기계식 시계에서의 기어열 등이 있다.

유성(planetary or epicyclic)기어열은 자전하는 축 주위로 기어들이 공전하기 때문에 다른 기어열에 비해 더 복잡하다. 그림 15.30*a*는 전형적인 유성기어열을 나타낸다. 중심에 선기어 *S*가 있고, 선기어의 둘레에는 암(arm, '캐리어'라고도 불림) *A*에 설치된 축에 대해서 자유롭게 회전하는 유성기어 *P*들이 있다. 또한 유성기어들과 맞물리는 내치를 가진 링기어 *R*이 있다. 그림 15.30*b*는 단 하나의 유성기어를 가질 때의 간단한 유성기어열이다. 실제적인 유성기어열은 선기어, 링기어, 암에 작용하는 힘의 평형을 위하여 등간격으로 배치한 두 개 이상의 유성기어들로 구성된다. 다중의 유성기어들 간의 하중 분담은 기어열의 토크 및 동력용량을 증가시킨다. 유성기어열의 속도비를 해석할 때, 그림 15.30*b*의 단일 유성기어 도

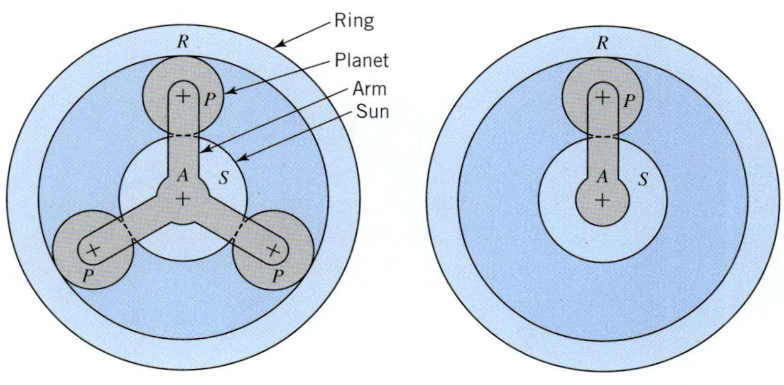

(*a*)
With three planets (typical)

(*b*)
With one planet (for analysis only)

그림 15.30 전형적인 유성 기어열.

면을 참고하면 보다 편리하다.

유성기어열의 세 부재인 A, R, S가 고정링크(base link or ground)로서의 역할을 담당할 때, 다음의 세 가지 전이기구(inverted mechanism)를 고려할 수 있다: (1) A를 고정시킬 경우, 모든 축들이 자전만 하는 단순 기어열이 된다. 따라서 부재 S와 R은 반대방향으로 회전하며 역기어(reverse gear)를 제공한다. (2) R을 고정시킬 경우, S와 A는 같은 방향으로 회전하지만 회전속도는 서로 다르다. (3) S를 고정시킬 경우, R과 A는 역시 동일한 방향으로 회전하지만 R을 고정시킬 때의 속도비와는 다른 속도비를 나타낸다. 세 전이기구와 별도로, 클러치를 설치하여 A, R, S의 어느 두 요소를 동시에 고정할 수 있다. 이것은 전체 유성기어열을 단일 부재로 회전하게 하며, 입력이 곧 출력이 되는 **직접구동**(기어비=1) 기능을 제공한다. 자동차의 자동 변속기는 직접구동을 위한 클러치와 다른 속도비를 얻을 수 있도록 여러 부재들을 잡아 주기 위한 브레이크(또는 일방향 클러치)를 가진 유성기어열들을 조합하여 사용한다.

그림 15.30의 유성기어열에서 R이 입력, A가 출력, S가 고정링크일 때 기어비를 결정하기 위한 세 가지 방법들을 제시하고자 한다. 편의상 여기서 문자 R, S, P는 각각 링기어, 선기어, 유성기어의 지름이나 잇수를 나타낸다.

1. **자유물체도의 힘 해석.** 그림 15.31은 세 구성 요소의 분해도를 보여 준다. 주어진 기호를 사용하면 암의 반지름은 다음과 같다.

$$\frac{S+P}{2} = \frac{S+(R/2-S/2)}{2} = \frac{R+S}{4}$$

링기어에 작용하는 입력 토크 T_i로부터 시작하여, 각 부재가 평형을 이루도록 하는 하중들을 각 부재에 배치시킬 수 있다(그림 15.31 참조). 그러므로

$$\frac{\omega_i}{\omega_o} = \frac{T_o}{T_i} = 1 + \frac{S}{R} \tag{i}$$

2. **속도벡터 해석.** 그림 15.32는 R과 P가 맞물려진 곳에서 그려진 임의의 속도벡터 V를

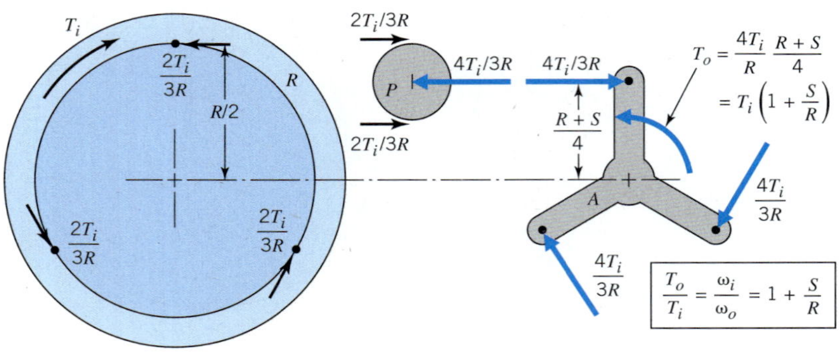

(R = input; A = output; S = fixed member)

그림 15.31 자유물체도에 의해 결정되는 토크비.

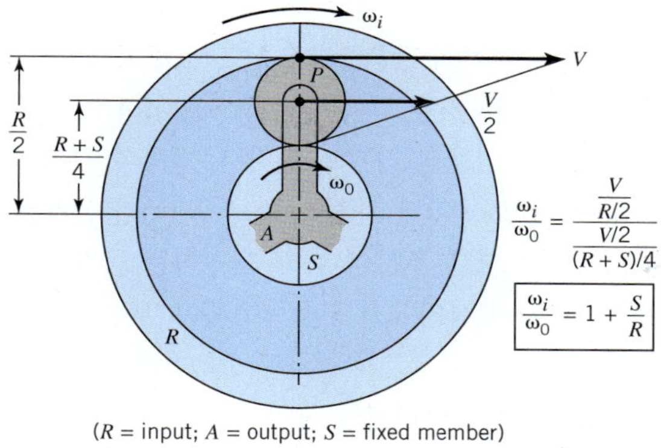

그림 15.32 속도벡터 선도에 의해 결정되는 속도비.

보여 준다. 선기어가 고정되어 있기 때문에 S와 P의 맞물려진 곳에서 선속도는 0이다. R과 A의 각속도들은 선속도와 그에 해당하는 반지름의 비로서 결정된다. 이 해석의 결과는 식 (i)와 동일하다.

3. 일반적 유성기어열의 식. 그림 15.30에서(어떤 부재도 고정될 필요가 없다), 암에 대한 링기어의 각속도와 암에 대한 선기어의 각속도는

$$\omega_{R/A} = \omega_R - \omega_A \quad \text{and} \quad \omega_{S/A} = \omega_S - \omega_A$$

따라서

$$\frac{\omega_{R/A}}{\omega_{S/A}} = \frac{\omega_R - \omega_A}{\omega_S - \omega_A} \tag{j}$$

식 (j)는 '0'을 포함한 암의 임의 각속도에서 성립한다. 고정된 암에서 각속도비는 식 (15.27)로부터 계산되며, 그 결과는 기어열비(train value), e로서 알려진다. 그러므로

$$\frac{\omega_{R/A}}{\omega_{S/A}} = \frac{\omega_R}{\omega_S} = e = \left(-\frac{S}{P}\right)\left(+\frac{P}{R}\right) = -\frac{S}{R} \tag{k}$$

식 (j)와 (k)를 결합하면

$$e = -\frac{S}{R} = \frac{\omega_R - \omega_A}{\omega_S - \omega_A} \tag{15.28}$$

여기서 R과 S는 링기어 및 선기어의 피치원 지름이나 잇수를 나타낸다. S를 고정시키고, 식 (15.28)을 그림 15.30에 적용하면 다시 한 번 식 (i)를 얻을 수 있다.

식 (15.28)을 복잡한 기어열에 적용하기 위해서는 무엇보다도 입력, 출력, 고정기능을 하는 세 부재들을 분명히 해야 한다. 이들 중 하나가 암일 것이다. 다른 두 개를 X와 Y라 하자. 그러면 기어열비는

$$e = \frac{\omega_X}{\omega_Y} = \frac{\omega_X - \omega_A}{\omega_Y - \omega_A} \tag{15.29}$$

S가 고정된 그림 15.31은 가장 흔히 사용되는 유성기어열이다. 상대적인 기어 크기에 따라 식 (15.28)로부터 정해지는 비의 값은 1과 2 사이의 값이다. R이 입력이고, A가 출력인 기어열은 종종 프로펠러 구동 항공기용 감속기어로 쓰인다. A가 입력이고 R이 출력인 기어열은 전통적인 자동차 오버드라이브의 기본이 된다. 무엇보다도 가장 잘 알려져 있는 적용 예는 '스터미-아처(Sturmey-Archer) 3단 자전거 허브'로 (1) 항공기용 감속기어처럼 연결된 저속기어, (2) 직접구동을 위해 모든 부분이 함께 회전하는 중간기어, (3) 자동차용 오버드라이브에서처럼 연결된 고속기어 사이에서 3단 변속되는 매우 창의적인 기어열이다(http://www.sturmey-archer.com 참조).

그림 15.31에서 하중은 모든 유성기어들 사이에서 동일하게 나누어진다고 가정되었다. 실제적으로 이것은 다음 조건에서만 가능하다: (1) 부품들이 충분한 정밀도를 갖도록 만들어진다. 혹은 (2) 하중이 자동적으로 균등 배분되는 특별한 구조를 채택한다.

채택된 유성기어들의 수와 공간을 제어하기 위한 두 가지 기본 사항이 있다: (1) 최대 유성기어의 개수는 허용될 수 있는 공간에 따라 제한된다—즉 유성기어의 이끝이 인접 유성기어와 닿으면 안 된다. (2) 각 유성기어의 이는 선기어와 링기어의 이와 동시에 정렬되어야만 한다. 그림 15.33은 두 번째 조건이 2개의 등간격 유성기어에 대해서는 성립하지만 4개의 유성기어는 성립하지 않는다는 것을 보여 준다.(n개의 유성기어가 등간격으로 배치 가능한 필요조건은 $(S+R)/n=i$이다. 여기서 i는 자연수이다. 따라서 그림 15.33에 주어진 잇수 관계로부터 2개의 유성기어와 4개의 유성기어 배치에 대해서 독자들도 연구해 보기 바란다—참고문헌 [8] 참조.)

금속제의 전동체 사이에 형성되는 탄성유체윤활 유막(트랙션 오일)을 통해서 동력전달을 하는 트랙션 드라이브가 기어열의 대체기술로 인기를 얻고 있다. 정상적인 조건에서 트

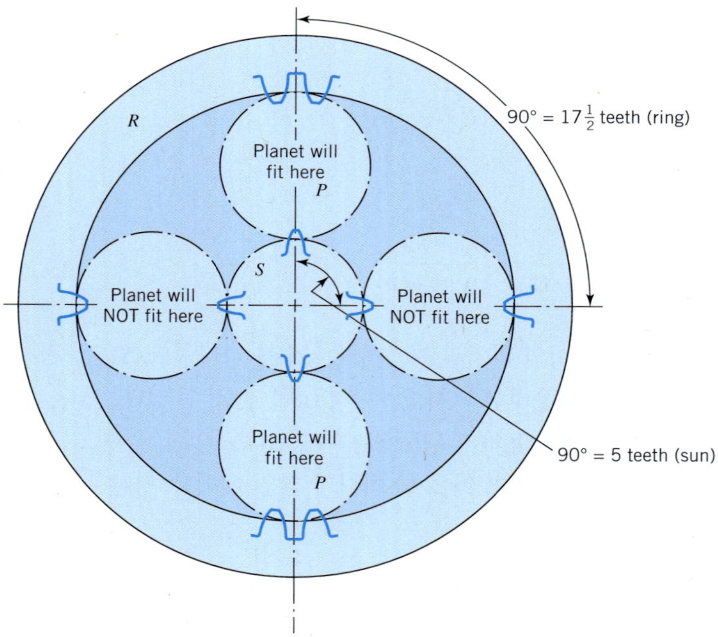

그림 15.33 2개와 4개로 등간격 배치된 유성기어에 대한 기하학적 연구(선기어 잇수=20, 링기어 잇수=70).

1. 유성기어는 (70−20)/2=25의 잇수를 가져야 한다. 유성기어의 잇수가 홀수이므로, 선기어와 링기어는 그림의 위, 아래 위치에 나타낸 것처럼 선기어의 이가 링기어 이 사이의 공간을 대하도록 배열된다.
2. 선기어와 링기어가 위와 아래의 유성기어와 적절하게 배열되면, 왼쪽과 오른쪽의 유성기어들은 맞춰지지 않게 된다.
3. 결론: 동일한 간격으로 배열되는 2개의 유성기어는 사용될 수 있으나 4개는 안 된다.

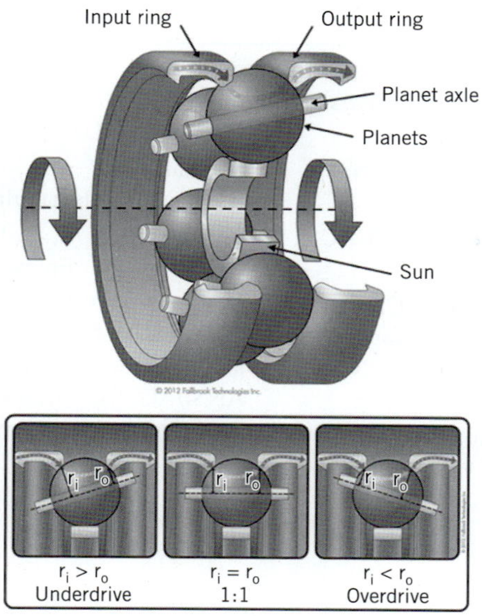

그림 15.34 NuVinci® 무단변속 유성 트랙션 드라이브(출처: Fallbrook Technologies, Inc.)

랙션 오일은 변속기 오일과 유사하며 윤활 및 냉각 기능을 제공한다. 그러나 전동체 사이의 높은 접촉압력 영역을 통과할 때 트랙션 오일에는 점도를 크게 만드는 구성 요소가 포함되어 있어 순간적으로 응고(solidifying)되며, 이를 통해 트랙션 오일은 높은 내전단력을 유지하고 효과적으로 동력을 전달한다. 또한 트랙션 오일 유막층은 전동체의 직접적인 접촉을 방지하여 이들의 마모를 저감시킨다. 트랙션 드라이브의 가장 큰 장점은 기어열 또는 기어 변속기와 같은 고정비형 치합이 아니라 속도비를 연속적으로 변화시킬 수 있기 때문에 이상적인 무단 변속을 제공한다는 점이다. 토로이달 롤러(torolidal roller), 구름 볼을 사용하는 구성을 갖는 다양한 트랙션 드라이브가 개발되었으며, 이 중 그림 15.34는 볼 세트를 사용하여 동력을 전달하며 유성 기어열과 유사한 무단 유성 트랙션 드라이브이다. 전동체 중 선(sun), 캐리어(carrier) 또는 링(ring)들을 통해서 입력 또는 출력할 수 있으며 동력을 합(sum)하거나 분기(split)할 수 있다. 입력 속도와 출력 속도 사이의 비율인 속도비의 변경은 플래닛 액슬(planet axle)을 기울여 접촉 반경들을 변화시키면 가능하다. 트랙션 드라이브 기술, 트랙션 오일 관련 추가적인 정보 및 샘플 문제, 그리고 다양한 트랙션 드라이브 설계 예들을 웹사이트 www.nuvinci.com/traction-drives에서 찾을 수 있다.

참고문헌 REFERENCES

1. Buckingham, Earle, *Analytical Mechanics of Gears*, McGraw-Hill, New York, 1949.
2. Dudley, D. W. (ed.), *Gear Handbook*, McGraw-Hill, New York, 1962.
3. Dudley, D. W., *Handbook of Practical Gear Design*, CRC Press, Boca Raton, F1., 1994.
4. Kelley, O. K., "Design of Planetary Gear Trains," Chapter 9 of *Design Practices—Passenger Car Automatic Transmissions*, Society of Automotive Engineers, New York, 1973.
5. "1981 Mechanical Drives Reference Issue," *Machine Design*, Penton/IPC, Cleveland, June 18, 1981.
6. Merritt, H. E., *Gear Engineering*, Pitman Publishing, Marshfield, Mass., 1971.
7. Standards of the American Gear Manufacturers Association, Alexandria, Va.
8. Simionescu, P. A., "A Unified Approach to the Assembly Condition of Epicyclic Gears," *ASME Journal of Mechanical Design*, 120: 448–452 (1998).
9. "*Fundamental Rating Factors and Calculation Methods for Involute Spur Gear and Helical Gear Teeth,*" Standard ANSI/AGMA 2001-D04, American Gear Manufacturers Association, Alexandria, Va, 2004.

연습문제 PROBLEMS

Sections 15.2 and 15.3

15.1 A 100-hp spur gear reducer is shown in Figure 15.28 of Sample Problem 15.5D. If the efficiency of the spur gear reducer is 98%, what is the output horsepower? Calculate the input torque and the output torque.

15.2 A gear speed reducer with a 10 to 1 speed reduction ratio has an output torque of 15 N-m at an output speed of 100 rpm. The required input torque is 1.3 N-m and the input speed is 1000 rpm. Determine the efficiency of the speed reducer. Once the reducer reaches a steady state temperature, what happens to the energy lost by the reducer?

15.3 Two gears with a module of 2 mm are mounted at a center distance of 130 mm in a 4 : 1 ratio reduction gearset. Find the number of teeth in each gear.

15.4 Calculate the thickness measured along the pitch circle of a spur gear tooth with a module of 4 mm.

15.5 A 32-tooth gear with a module of 3 mm meshes with a 65-tooth gear. Determine the value of the standard center distance.

15.6 Determine the thickness of a spur gear tooth with a diametral pitch of 8, measured along the pitch circle.

15.7 Two gears in a 2 : 1 ratio gearset and with a diametral pitch of 6 are mounted at a center distance of 5 in. Find the number of teeth in each gear.

15.8 A 20-tooth spur gear with a diametral pitch of 6 meshes with a 55-tooth gear. Determine the value of the standard center distance. Also calculate the thickness of the gear tooth measured along the pitch circle.

15.9 Two gears in a 3 : 1 ratio gearset and with a diametral pitch of 4 are mounted at a center distance of 6 in. Find the number of teeth in each gear.

15.10 A pair of spur gears on 168 mm centers have a 3 : 1 speed reduction ratio. With a module of 4 mm, what are the numbers of teeth and pitch diameters of the two gears?

15.11 A 20-tooth pinion with a module of 3 mm rotates 2000 rpm and drives a gear at 1000 rpm. What are the number of teeth in the gear, the theoretical center distance, and the circular pitch?

15.12 A 4 : 1 speed ratio is to be provided by a pair of spur gears on 7.5-in. centers. Using a diametral pitch of 8, what are the numbers of teeth and pitch diameters of the two gears?

15.13 A 24-tooth pinion has a module of 2 mm, rotates 2400 rpm, and drives an 800-rpm gear. Determine the number of teeth on the gear, the circular pitch, and the theoretical center distance.

15.14 Begin a full-size layout of a pair of spur gears having a 4 : 1 velocity ratio, a 10-in. center distance, a diametral pitch of 5, and standard 20° full-depth teeth. Include only the following items on the drawing, and label each clearly.

(a) Pitch circles (partial).

(b) Base circles (partial).

(c) Pressure angle.

(d) Addendum (for both pinion and gear).

(e) Dedendum (for pinion only).

Show whether interference exists and, if it does, indicate the preferred modification for eliminating it.

15.15 The diametral pitch of a pair of standard 20° full-depth spur gears is 4. The pinion has 24 teeth and rotates clockwise. The velocity ratio is 2. Make a full-size layout of the gears in the region of tooth contact.

(a) Label pitch circle, addendum circle, dedendum circle, and base circle of the *gear*.

(b) If interference exists, indicate the amount by which one or both of the addenda would have to be reduced to eliminate it.

(c) Indicate the path of contact by a heavy solid line that extends exactly the length of the path of contact and no farther. (Assume that any interference has been eliminated by necessary addenda reduction.)

(d) Make a careful sketch of a pair of mating tooth profiles at the end of contact. Label angles of recess for pinion and gear.

15.16 A pair of involute gears have base circle diameters of 60 and 120 mm.

(a) If the center distance is 120 mm, what is the pressure angle?

(b) If the center distance is reduced to 100 mm, what is the pressure angle?

(c) What is the ratio of the two pitch diameters for each of the two center distances?

[Ans.: (a) 0.7227 rad, (b) 0.4510 rad]

15.17 For a gear having an outside diameter of 75 mm, full-depth involute gear teeth with a module of 1 mm, and a 20° pressure angle, find the pitch diameter of the gear, the circular pitch, the addendum, the dedendum, and the number of gear teeth.

15.18 An 18-tooth pinion having a 20° pressure angle meshes with a 36-tooth gear. The center distance is 10 in. The pinion has stub teeth. The gear has full-depth involute teeth. Determine the contact ratio (tooth intervals in contact) and the diametral pitch.

15.19 A 17-tooth pinion meshes with an 84-tooth gear. The full-depth involute gear teeth have a 20° pressure angle and a diametral pitch of 32. Determine the arc of approach, arc of recess, arc of action, base pitch, and the contact ratio. Also calculate the addendum, dedendum, circular pitch, tooth thickness, and the base diameter for the pinion and gear. If the center distance is increased by 0.125 in., what are the new values for the contact ratio and the pressure angle?

15.20 A pair of mating spur gears with 6-mm modules and 0.35-rad pressure angles have 30 and 60 teeth.

(a) Make a full-size drawing of the tooth contact region, showing (and labeling) (1) both pitch circles, (2) both base circles, (3) both root circles, (4) both outside circles, (5) pressure angle, (6) length of path of contact, (7) both angles of approach, and (8) both angles of recess.

(b) Using values scaled from your drawing, state or calculate numerical values for (1) length of path of contact, (2) angles of approach, (3) angles of recess, and (4) contact ratio.

15.21 A pair of standard 20° spur gears with 200 mm center distance has a velocity ratio of 4.0. The pinion has 20 teeth.

(a) Determine P, p, and P_b.

(b) Begin a full-size layout showing partial pitch circles, partial base circles, pressure angle, addendum, and dedendum. Label each of these on your drawing.

(c) Show on your drawing the interference-limiting maximum addendum radii, $r_{ag,max}$, and $r_{ap,max}$. Scale their numerical values from the drawing. Will interference be encountered with teeth of standard proportions?

(d) Measure on the drawing the length of the path of contact for standard tooth proportions and, from this, compute the contact ratio.

15.22 Using the equations in Section 15.3, compute $r_{ag,max}$, $r_{ap,max}$, and the contact ratio for the gears in Problem 15.21. Compare the results with values obtained graphically in Problem 15.21.

Section 15.4

15.23 Figure P15.23 shows a two-stage gear reducer. Identical pairs of gears are used. (This enables input shaft a and output shaft c to be colinear, which facilitates machining of the housing.) Shaft b, called the countershaft, turns freely in bearings A and B, except for the gear-tooth forces.

(a) Determine the rpm of shafts b and c, the pitch diameters of the pinion and gear, and the circular pitch.

(b) Determine the torque carried by each of the shafts a, b, and c: (i) assuming 100% gear efficiency, and (ii) assuming 95% efficiency of each gear pair.

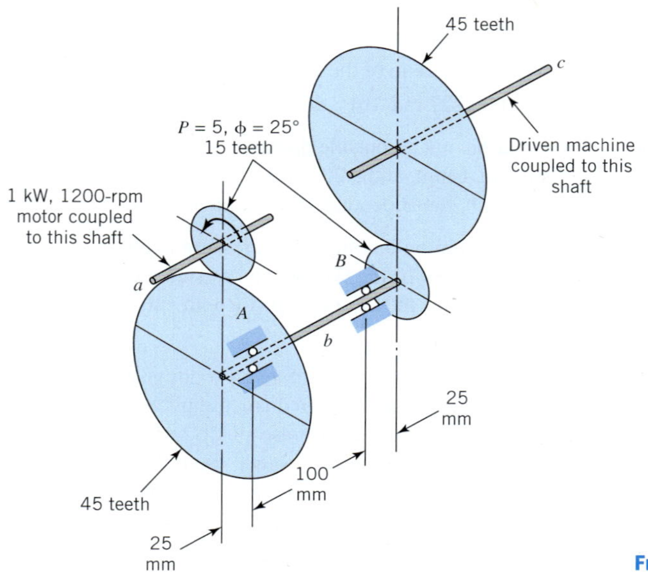

FIGURE P15.23

(c) For the 100% gear efficiency case, determine the radial loads applied to bearings A and B, and sketch the countershaft as a free body in equilibrium.

(Note: This problem illustrates a machine designed using SI units except for the gear teeth, which are dimensioned in inches.)

[Partial ans.: (b) $T_b = 23.88$ N · m, $T_c = 71.64$ N · m for 100% efficiency; $T_b = 22.69$ N · m, $T_c = 64.65$ N · m for 95% efficiency]

15.24 Same as Problem 15.23, except that the pinion has 21 teeth and the gear has 62 teeth.

15.25 The 18-tooth pinion in Figure P15.25 is driven 800 rpm by a motor that delivers 5 N-m of torque. The gears provide a double reduction in speed, with output taken from the 36-tooth gear. Both the 3 mm and 4 mm module gears have a 25° pressure angle. Neglecting the small friction loss in the gears and bearings, determine the radial loads applied to countershaft bearings A and B. Sketch the countershaft as a free body in equilibrium.

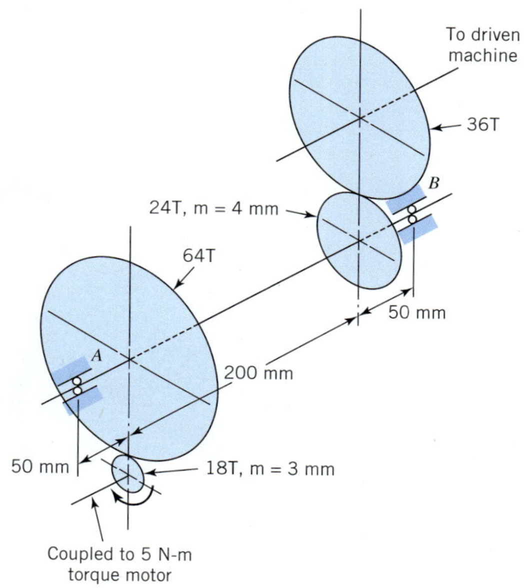

FIGURE P15.25

15.26 Same as Problem 15.25, except that the motor-driven pinion has 20 teeth.

15.27 An 18-tooth pinion with a diametral pitch of 6 rotates 1800 rpm and drives a 36-tooth gear at 900 rpm in a gear speed reducer. The pinion and gear with 20° full-depth involute teeth are keyed to shafts that are simply supported by bearings. The bearings on each shaft are 2.0 in. from the gear center. If the gears transmit 0.5 hp, what are the forces on the pinion, gear, and shafts?

15.28 Figure P15.28 shows a machine being gear-driven by a motor. Use of the idler gear causes the input and output shafts to rotate in the same direction and increases the space between them. For identical gears with a 25° pressure angle, what is the relative loading on the six bearings shown?

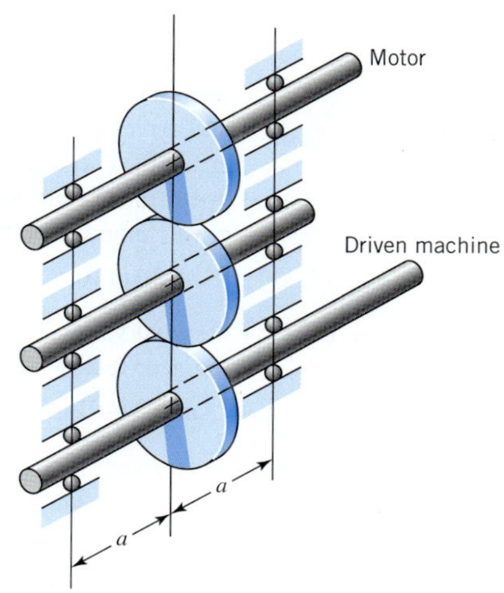

FIGURE P15.28

15.29 Figure P15.29 shows an electric motor driving a machine by means of three straight-tooth spur gears having 16, 32, and 24 teeth. The gears have $P = 8$ and $\phi = 20°$. The idler shaft is supported by bearings A and B.

(a) For the direction of motor rotation shown, determine the radial load carried by each bearing.

(b) Determine the bearing loads for the opposite direction of motor rotation.

(c) Explain briefly why the answers to parts a and b are different.

[Partial ans.: (a) 289 lb and 96 lb on A and B, respectively]

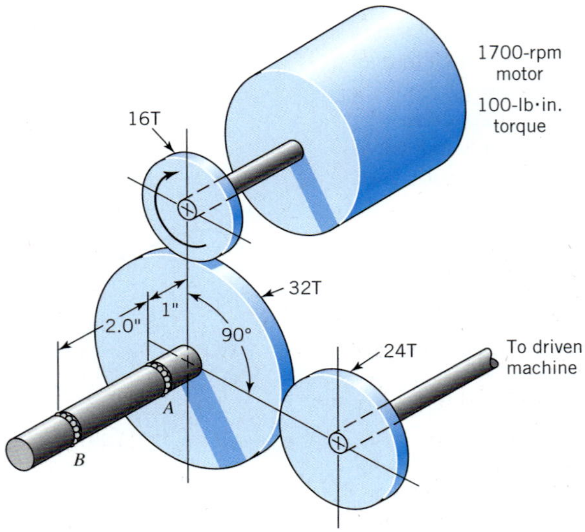

FIGURE P15.29

Sections 15.5–15.8

15.30 Suppose that the gears in Figure P15.28 are identical, each having a 200 mm diameter, 80 teeth, and 25° pressure angle. Assume that their finish and accuracy correspond to about the best that is commercially obtainable with a shaping cutter.

(a) Which of the gears is the most vulnerable to tooth-bending fatigue failure? Why?

(b) If the motor rotates 1000 rpm, determine proper values for V, P, p, K_v, and J.

15.31 A pair of mating gears have 20° full-depth teeth with a diametral pitch of 8. Both gear and pinion are made of steel heat-treated to 350 Bhn, and both have a face width of 1.0 in. The teeth are cut with a top-quality hobbing operation. The pinion has 20 teeth and rotates 1100 rpm. It is mounted outboard on the shaft of an electric motor, and drives a 40-tooth gear that is positioned inboard on an accurately mounted blower shaft. The design life corresponds to 5 years of 60 hours/week, 50 weeks/year operation. Using a reliability of 99% and a safety factor of 1.5, estimate the horsepower that can be transmitted, based only on bending fatigue.

[Ans.: Approximately 11.7 hp]

15.32 To what value could the gear hardness be reduced in Problem 15.31 without making the gear teeth weaker than the pinion teeth in bending fatigue?

[Ans.: 274 Bhn]

15.33 A spur gear reducer has an 18-tooth pinion driven 1500 rpm by an electric motor and a 36-tooth gear that drives a load involving "moderate shock." A life of 10^6 pinion revolutions is required, and the transmitted load, F_t, is 100 lb (this figure includes a safety factor of 2). Conditions are such that $K_m = 1.8$ and $k_t = 1$. It is proposed that standard 20° full-depth gears be used, with both pinion and gear teeth being cut with a low-cost, average-quality, form-cutting process from steel of 235 Bhn for the gear and 260 Bhn for the pinion. Diametral pitch is to be 10, and face width 1.0 in. Estimate the reliability with respect to bending fatigue failure.

15.34 The accessory drive unit of a large aircraft engine involves an identical pair of 20° full-depth spur gears. The gears have 60 teeth, and rotate together at 5000 rpm. The module is 2 mm and the face width 25 mm. The gears are made of alloy steel, case-hardened to $62R_C$ (680 Bhn). Although the case extends throughout the fillet, it is conservatively decided to use the core hardness of 500 Bhn for calculating bending fatigue strength. The tooth profiles are finished with a fine-grinding operation that gives a degree of precision justifying the use of curve *A* of Figure 15.24 and the assumption that teeth share the load. The loading involves only very mild shock, justifying the use of $K_o = 1.1$. Estimate the horsepower that can be transmitted with 99% reliability, based on tooth bending fatigue.

15.35 Modify the accessory drive unit in Problem 15.34 to have three identical 20° full-depth spur gears where one of the gears is an idler. All other conditions are the same. Answer the same question.

Sections 15.9 and 15.10

15.36 The 20-tooth pinion of Problem 15.20 rotates 210 rpm. Determine graphically the sliding velocity between the teeth (a) at the start of contact, (b) at the pitch point, and (c) at the end of contact. Make vectors large enough to be scaled accurately.

15.37 For the gears in Problem 15.31, estimate the horsepower that can be transmitted, based on surface durability.

[Ans.: Approximately 3.2 hp]

15.38 Same as Problem 15.31, except estimate the horsepower that can be transmitted, based on surface durability and bending fatigue with the pinion heat-treated to 400 Bhn.

15.39 To what value could the gear hardness be reduced in Problem 15.31, without making the gear teeth weaker than the pinion teeth based on surface fatigue?

15.40 For the gears in Problem 15.33, estimate the reliability with respect to surface durability.

15.41 For the gears in Problem 15.34, estimate the power in kilowatts that can be transmitted for 10^9 cycles with 90% reliability, based on surface fatigue.

15.42 The two-stage gear reducer in Figure P15.23 uses two identical pairs of gears. Compare the relative strengths of the gears for serving in the high-speed and low-speed positions, assuming 10^7-cycle life for the high-speed gear. Consider both bending fatigue and surface durability.

Section 15.11

15.43D A two-stage gear reducer using identical pinion and gear sets for the high-speed and low-speed stages (similar to Figure P15.23) is to be used between a 10-hp, 2700-rpm motor and a 300-rpm load. The center distance is to be 8 in. The motor involves "light shock" and the driven machine "moderate shock." The shafts and their mountings correspond to ordinary good industrial practice, but not to "high-precision" industrial practice. Design the gears for a life of 10^7 cycles with 99% reliability and a safety factor of 1.2. Determine an appropriate combination of diametral pitch, face width, level of manufacturing precision, and material.

15.44D Design a pair of standard spur gears for transmitting 45 kW from a 5200-rpm motor to a 1300-rpm machine. A safety factor of 1.2 should be used, together with 99% reliability and a life of 10^7 pinion revolutions at full load (with the remaining lower-load cycles being negligible). It is important to minimize size and weight. Use case-hardened alloy steel gears of 660 Bhn (pinion) and 600 Bhn (gear), and use Table 15.5 to estimate surface fatigue strength. Specify an appropriate combination of diametral pitch, numbers of teeth, center distance, face width, and level of manufacturing accuracy.

Section 15.13

15.45 The simple planetary train shown in Figures 15.30 through 15.32 is used in automotive overdrive units. When the overdrive is not engaged, the entire train rotates together as one solid unit, providing a 1 : 1 ratio. With over-drive engaged, the sun is fixed, the arm is the input, and the ring is the output (i.e., input and output members are reversed from that shown in Figures 15.31 and 15.32). One specific overdrive design provides an increase in speed (and torque reduction) of 1.43 and uses planets with 20 teeth. (a) How many teeth are in the other gears? (b) Could four equally spaced planets be used? (c) Could three equally spaced planets be used?

15.46 An engineer unfamiliar with the workings of planetary gears is having great difficulty determining a combination of numbers of teeth that will enable a unit like the one in Figures 15.31 and 15.32 to give a ratio of 2.0. Explain briefly why this is theoretically impossible.

15.47 Figure P15.47 is a schematic representation of a conventional three-speed bicycle hub. Sprocket 1 is driven by the chain. Member 2 always rotates with the sprocket, and slides axially to one of three positions (low, neutral, and high) when the gear shift control is actuated. Sun gear 6 is permanently fixed and serves as the reaction member. Free-wheeling pawls 3 (attached to annulus 5) and 9 (attached to arm 8) each represent a set of circumferentially arranged members which function as shown in Figure 15.30*b*. Light torsion springs hold the pawl tips against the notched inner surface of hub 4 (the member to which the wheel spokes are attached). The pawls permit hub 4 to rotate faster (in the clockwise or forward direction) than the member to which they are attached, but not slower; thus they constitute *one-way clutches*. The tips of pawls 9 always bear on the inner hub surface, but in low gear sliding member 2 disengages pawls 3 by pushing against them as shown in Figure 15.30*b*. Operation in the three gears is as follows.

Low gear. Member 2 is in position L, where it (1) disengages pawls 3 and (2) drives annulus 5. The output member is the arm, which drives the hub through pawls 9.

Neutral gear. Member 2 is in position N, where it continues to drive the annulus but release pawls 3, which drive the hub at sprocket speed. (Pawls 9 remain engaged, but "overrun," causing a "clicking" sound as the pawls go over the notches in the hub).

High gear. Member 2 moves out of engagement with the annulus and into engagement with the projecting planet pins, which are part of arm 8. Pawls 3 drive the hub at annulus speed, and pawls 9 "overrun."

Now for the problem.

(a) The sun and each of the four planets have a $\frac{5}{8}$-in. pitch diameter and 25 teeth. How many teeth are in the annulus, and what is the diametral pitch of the gears?

(b) What is the ratio of wheel rpm to sprocket rpm for each of the three speeds? Determine these ratios using at least two of the three methods given in the text.

(c) Explain briefly what happens when the bicycle coasts in any gear.

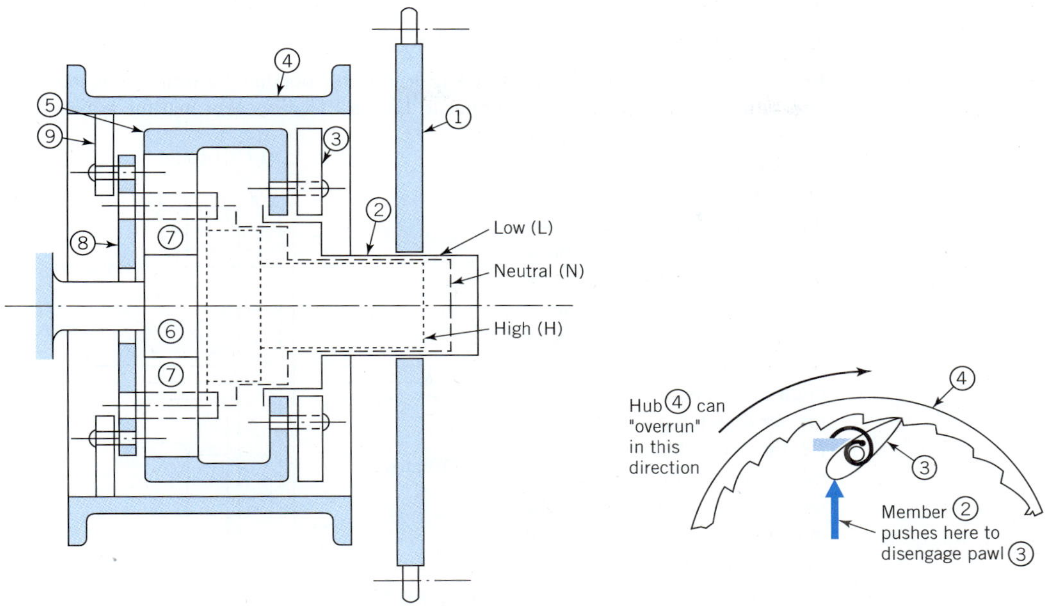

FIGURE P15.47 (*a*) (*b*)

15.48 A planetary train similar to Figure 15.32 has a band brake that holds the ring fixed. The sun is driven clockwise at 800 rpm with a torque of 16 N · m. The arm drives a machine. The gears have a module m of 2.0 (mm/tooth) and $\phi = 20°$. The ring has 70 teeth. Only two planets are used, each having 20 teeth.

(a) What is the circular pitch p?

(b) Sketch each member of the train as a free body in equilibrium (neglect gravity loads).

(c) What is the output torque?

(d) What is the arm rpm? Does it rotate clockwise or counterclockwise?

(e) What pitch line velocity should be used in determining the velocity factor for each of the gears? (*Hint:* The velocity must be determined with respect to the proper member. For example, the appropriate pitch line velocity for the pinion and gear of a simple aircraft engine reduction gear when the plane is doing a "barrel roll" is the velocity with respect to the frame, not with respect to the ground.)

(f) What are the nominal radial loads imposed on the bearings supporting each of the gears?

(g) What torque must the brake provide in order to hold the ring fixed?

15.49 Figure P15.49 shows a planetary train with double planets, two suns, and no ring gear. Planets $P1$ and $P2$ are made together from the same piece of metal, and have 40 and 32 teeth, respectively. Sun $S1$ is the input member, and has 30 teeth. Sun $S2$ is fixed. All gears have the same pitch. For each clockwise revolution of $S1$, what is the motion of the arm?

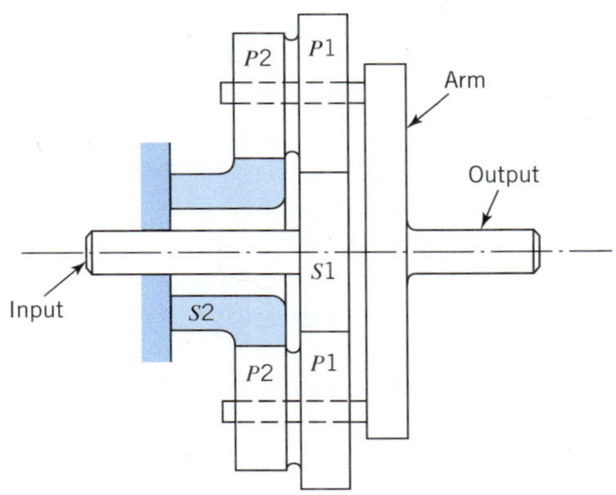

FIGURE P15.49

15.50 Same as Problem 15.49 except that $P1$, $P2$, and $S1$ have 30, 24, and 28 teeth, respectively.

15.51 Same as Problem 15.49 except that $P1$, $P2$, and $S1$ have 36, 30, and 32 teeth, respectively.

15.52 Figure P15.52 represents an ingenious gear train for obtaining a tremendous reduction ratio in a small space. It is similar to Figure P15.49 except that the arm is the driver and the diameters of the two suns and the diameters of the two planets (which are made together as a single piece) are very nearly the same. First, notice that if these pairs of gears had exactly the same diameters, the output velocity would be zero. If we make the pitch of $S1$ and $P1$ just slightly greater than the pitch of S2 and $P2$, the center distances will be the same for the numbers of teeth shown. Determine the magnitude and sign of the gear train speed ratio.

[Ans.: +0.0197]

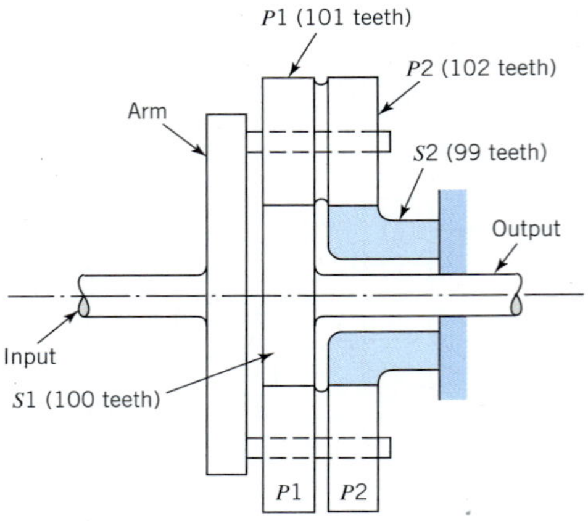

FIGURE P15.52

15.53 Figure P15.53 is a diagrammatic representation of the transmission used in the Model T Ford. In common with modern automatic transmissions, planetary gears were used. Control was by means of two foot pedals. The low-gear pedal applied a band brake to hold sun $S3$ fixed. The reverse pedal applied a band brake holding sun $S2$ fixed. Releasing both pedals applied a direct-drive clutch for high gear. (Partial depression of the low-gear pedal gave neutral. Applying the hand brake also depressed the low-gear pedal to the neutral position—a feature appreciated when starting the engine by hand cranking!) Determine the transmission ratios for low and reverse gears. (Note the substantially greater ratio in reverse. This meant that for the unusual incline that was too steep for low gear, the car could always be turned around and driven up the incline in reverse!)

[Ans.: +2.75, −4.00]

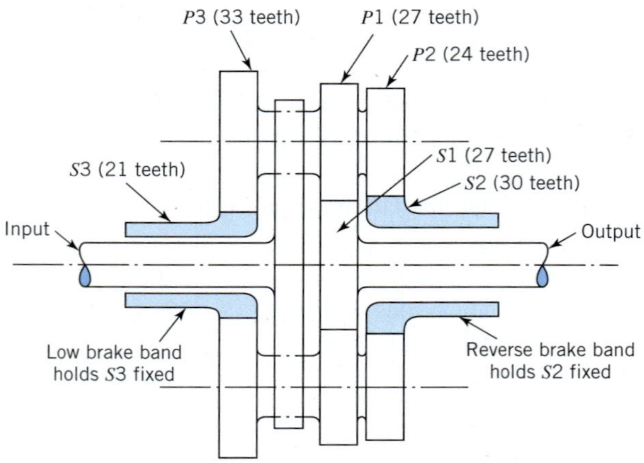

FIGURE P15.53

15.54 Search for information on the power split device for the Toyota Prius and describe how this vehicle coordinates the use of both a gas engine and an electric motor using a planetary gear set.

헬리컬, 베벨, 웜 기어

16

16.1 개요

이 장에서는 평기어가 아닌 기어의 주요 형태에 대하여 간략히 취급하고자 한다. 앞 장의 기본원리들과 많은 식들은 이러한 기어들에도 마찬가지로 적용된다.

헬리컬 기어(helical gear, 그림 16.1*a*)는 얇은 판재의 묶음에 평기어를 가공한 후 각 판을 서로 약간씩 어긋나게 놓은 것으로 생각할 수 있다(그림 16.1*b*). 한 쌍의 헬리컬 기어에 의해 동력이 전달될 때 양 축은 추력을 받는다. 추력은 **더블 헬리컬 기어**나 **헤링본 기어**(herringbone gear)를 사용하면 제거될 수 있다(그림 16.1*c*). 그러나 이것은 기어 제조 및 설치비용을 현저히 증가시킨다.

헬리컬 기어(또는 헤링본 기어)가 회전할 때 이는 먼저 한쪽 끝에서 접촉하기 시작하여 회전이 계속됨에 따라 접촉이 이폭 방향으로 확대된다. 그러므로 이가 **점진적으로** 맞물리어 평기어에 비해 더 부드럽고 더 정숙하게 작동한다. 점진적인 맞물림은 더 낮은 동적 계수 K_v와 더 높은 회전 속도를 허용한다. 헬리컬 기어는 정숙함이 최우선인 자동차 변속기에 널리 사용된다.

비록 헬리컬 기어는 보통 평행 축 상에서 사용하지만 평행하지 않고 교차하지도 않는 축 사이에서도 작동할 수 있도록 만들 수 있다(그림 16.1*d*). 이를 **교차 헬리컬 기어**(crossed helical gear)라고 부르며, 이전에는 '스파이럴(spiral)' 또는 '스큐(skew)' 기어라고 불렀다. 교차 헬리컬 기어는 이론적으로 점접촉 상태이므로 경하중만 전달할 수 있다. 흔히 자동차 엔진의 디스트리뷰터 구동이나 캠축으로부터 오일펌프를 작동시키는 데 쓰인다.

베벨기어(bevel gear, 그림 16.2)는 이 표면이 원추형 요소로 형성된 것 외에는 일반적인 평기어와 같은 형상의 이를 가진다. 이는 직선(그림 16.2*a*, 그림 16.2*b*) 또는 나선형(그림 16.2*c*)이다. 나선형 이는 헬리컬 기어와 같이 한쪽 면에서 시작해서 **점진적으로** 맞물리므로 더 부드럽고 더 조용히 작동하게 된다. 하이포이드 기어(hypoid gear, 그림 16.2*e*)를 제외하고 베벨기어는 교차하는 두 축 상에 설치된다. 베벨기어의 축들은 반드시는 아니지만 보통 수직이다. 그림 16.2*d*는 수직이 아닌 축의 극단적인 경우를 보여 준다. 하이포이드 기어와 같이 교차하지 않는 축은 자동차 뒤차축 적용에 바람직하다. 왜냐하면 이것은 추진축이 더 낮아지도록 할 수 있고, 따라서 차체 바닥과 지붕, 무게중심을 더 낮출 수 있기 때문이다.

웜(worm)과 **웜기어**(worm gear) 쌍(그림 16.3)은 본질적으로 특별한 헬리컬 기어와 맞

(*a*) Mounted on parallel shafts (most common type). Gears have helices of opposite hand.

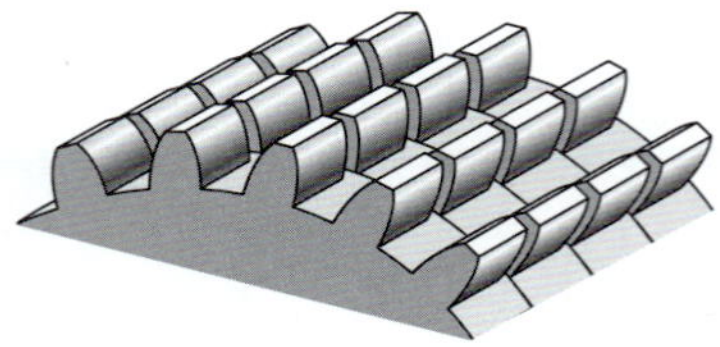

(*b*) Rotated spur gear laminations approach a helical gear as laminations approach zero thickness.

(*c*) *Double helical* or *herringbone* gears may or may not have a center space, depending on manufacturing method.

(*d*) When mounted on nonparallel shafts, they are *crossed* helical gears and usually have the same hand.

그림 16.1 헬리컬 기어의 종류.

물리는 나사이다. 나사와 같이 웜은 하나 또는 그 이상의 나선(thread)을 가진다(그림 10.1). 16.11절에서 볼 수 있는 것처럼 웜에 작용하는 힘의 해석은 근본적으로 나사의 경우와 같다(그림 10.6).

웜기어 쌍을 특징짓는 두 가지 요인이 있는데 큰 속도비(300이나 그 이상까지)와 높은 미끄럼 속도이다. 미끄럼 속도가 높으므로 다른 기어에 비해서 열 발생과 동력전달효율에 보다 관심을 가져야 한다.

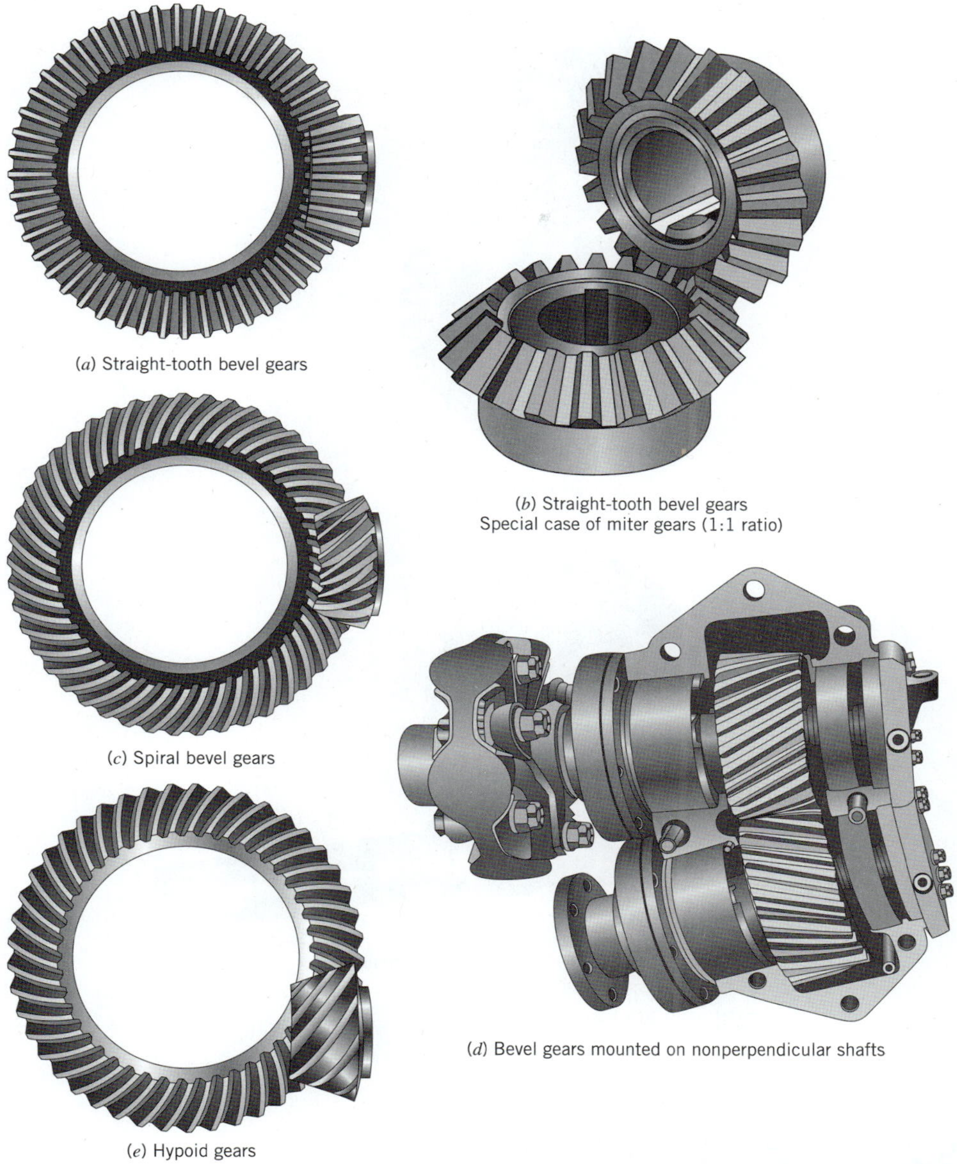

그림 16.2 베벨기어의 종류.

여기서 언급하지 않은 다양한 종류의 기어들은 참고문헌 [3]을 살펴보라. 사이트 http://www.machinedesign.com은 기어전동, 기어치형 및 기어박스에 관한 일반적인 정보를 제공한다. 사이트 http://www.powertransmission.com은 기어 및 기어 전동장치의 제조업체에 대한 웹사이트를 소개한다.

(*a*) Single enveloping

(*b*) Double enveloping

그림 16.3 웜 및 웜기어 쌍.

16.2 헬리컬 기어의 형상과 용어

15장에서 다루었던 평기어는 비틀림각 또는 나선각(helix angle)이 0인 헬리컬 기어이다. 그림 16.4는 나선각이 0이 아닌 헬리컬 랙의 일부분을 보여 준다. 나선각 ψ는 항상 원통 피치면에서 측정된다. ψ의 값은 표준화되지는 않았지만, 일반적으로 15°~30° 범위이다. 나선각이 작을수록 추력은 작아지고, 반면 나선각이 커지면 보다 부드럽게 작동된다. 헬리컬 기어는 나사에서처럼 정의(그림 10.1 참조)된 오른손 방향 또는 왼손 방향이 있다. 그림 16.1*a*에서 피니언은 오른손 방향이고 기어는 왼손 방향이다. 평행 축 상에서 맞물리는 헬리컬 기어는 반드시 **같은 나선각**을 가져야 하지만 **반대 방향**임에 주의하라.

그림 16.4의 원주피치(p)와 압력각(ϕ)은 평기어에서처럼 **회전 평면**(축직각 단면) 내에

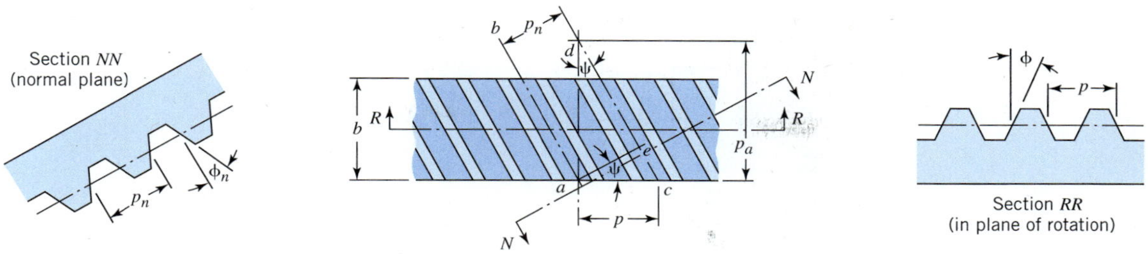

그림 16.4 헬리컬 기어 랙.

서 측정된다. **이폭에 수직인 평면**(치직각 단면) 내에서 측정된 원주피치와 압력각의 값은 그림에 p_n과 ϕ_n으로 표시되어 있다. 간단한 기하 해석으로부터

$$p_n = p \cos \psi \tag{16.1}$$

다음 절(16.3절)에서 아래 식이 성립함을 보일 것이다.

$$\tan \phi_n = \tan \phi \cos \psi \tag{16.2}$$

여기서 ϕ나 ϕ_n이 표준값을 취하는지의 여부는 기어를 가공하는 데 사용한 방법에 달려 있다. 이끝높이나 이뿌리높이에 대한 표준값은 인치 단위로 각각 $1/P_n$과 $1.25/P_n$이다. 그러나 표준이 아닌 이끝높이나 이뿌리높이를 가진 특수기어도 많이 쓰인다.

원주피치와 지름피치의 곱은 회전 평면 또는 이폭에 수직인 평면에 대하여 모두 π이므로

$$P_n = P/\cos \psi \tag{16.3}$$

헬리컬 기어의 피치지름은

$$d = N/P = N/(P_n \cos \psi) \tag{16.4}$$

그림 16.4에서 정의되는 축선피치(axial pitch) p_a는 피치면 상에서 인접한 이들의 상응하는 점들 사이의 축방향 거리이다.

$$p_a = p/\tan \psi \tag{16.5}$$

인접한 이들이 축방향으로 겹쳐지도록 하려면 $b \geq p_a$이어야 한다. 실제로는 $b \geq 1.15p_a$로 하는 것이 바람직하며, 많은 경우 $b \geq 2p_a$로 만든다.

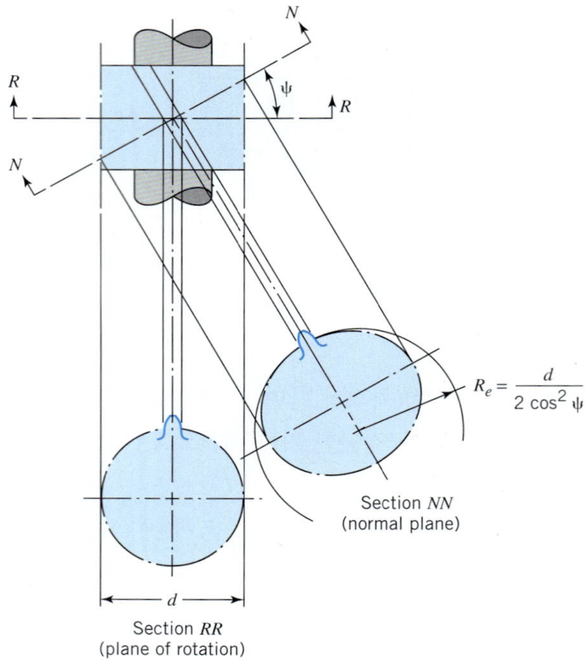

그림 16.5 헬리컬 기어의 피치원통과 하나의 이.

미끄럼 마찰을 무시한다면 맞물리는 이들 사이에 작용하는 합력은 항상 이 표면에 수직이다. 그러므로 헬리컬 기어에서는 하중이 **수직 평면**에 작용한다. 따라서 굽힘응력들은 이에 수직인 단면에서 계산된다. 그리고 외팔보로서 이의 강도는 수직 평면에서 이의 단면형상에 좌우된다. 이의 수직 단면에서의 형상은 회전 평면에서의 형상과는 다르기 때문에 적당한 루이스 치형계수(form factor, Y)와 형상계수(geometry factor, J)는 이의 수직면에서의 형상에 근거하여야 한다.

그림 16.5는 헬리컬 기어의 피치원통과 하나의 이를 보여 준다. 수직 평면은 피치원통을 타원 모양으로 자른다. 수직 평면에서 이의 형상은 타원의 곡률반경 R_e와 동일한 가상 피치원 반지름을 갖는 평기어의 이와 거의 같은 형상을 가진다. 기하학적 해석으로부터

$$R_e = \frac{d}{2\cos^2\psi} \tag{a}$$

상당기어잇수(또는 가상잇수라고도 함) N_e는 반지름 R_e인 기어의 잇수로서 정의된다.

$$N_e = \frac{2\pi R_e}{p_n} = \frac{\pi d}{p_n \cos^2\psi} \tag{b}$$

식 (16.1)로부터

$$p_n = p\cos\psi = \pi d(\cos\psi)/N, \qquad \text{or} \qquad \pi d/p_n = N/\cos\psi \tag{c}$$

식 (c)를 식 (b)에 대입하면

$$N_e = N/\cos^3 \psi \tag{16.6}$$

헬리컬 기어 이의 굽힘강도를 계산할 때 루이스 치형계수 Y의 값은 가상잇수 N_e, 압력각 ϕ_n인 상당 평기어의 값과 같다. 이것이 헬리컬 기어의 형상계수 J 값을 결정하는 데 고려되며, 그림 16.8에 도시되었고, 16.4절에서 논의된다.

16.3 헬리컬 기어의 힘 해석

그림 16.6은 평기어와 헬리컬 기어의 힘 성분을 비교하고 있다. 평기어에 대하여, 이에 작용하는 힘 F는 성분 F_t와 F_r로 이루어진다. 헬리컬 기어에 대해서는 성분 F_a가 추가되며, 단면 NN은 이에 작용하는 힘 F를 제대로 보여 주는 데 필요하다. 벡터합 F_t+F_a를 F_b로 표시하는데, 하첨자를 b로 선택한 것은 F_b가 헬리컬 기어 이에 대해 굽힘력으로 작용하기 때문이다(F_t가 평기어에서 굽힘력이 되는 것처럼).

동력전달과 관련된 힘 성분은 F_t이고 다음과 같다.

$$F_t = 33{,}000\dot{W}/V \tag{16.7}$$

여기서 F_t의 단위는 파운드, $\dot{W}$는 마력, 피치 선속도 V는 ft/min이다. 또는

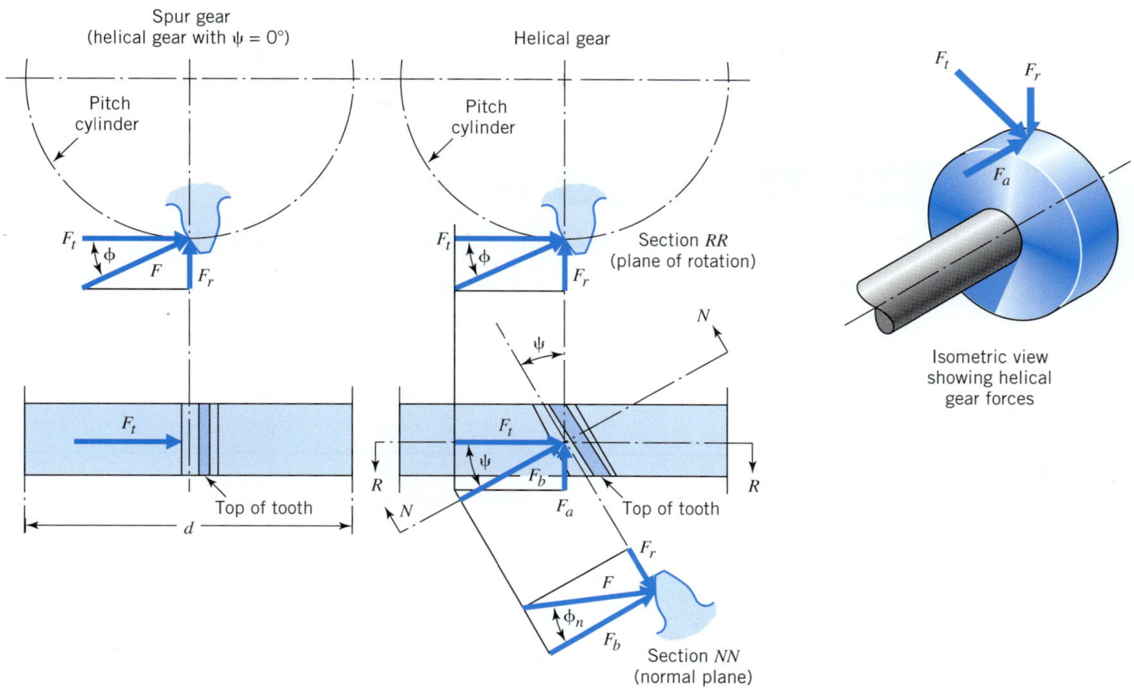

그림 16.6 평기어와 헬리컬 기어에서 힘의 성분들.

$$F_t = \dot{W}/V \tag{16.7a}$$

여기서 F_t는 뉴턴, $\dot{W}$는 와트, V는 m/s이다.

기본 기하학적 관계로부터 그림 16.6에 나타낸 여타 힘들은 F_t로 표현될 수 있다.

$$F_r = F_t \tan \phi \tag{16.8}$$

$$F_a = F_t \tan \psi \tag{16.9}$$

$$F_b = F_t / \cos \psi \tag{16.10}$$

$$F = F_b / \cos \phi_n = F_t / (\cos \psi \cos \phi_n) \tag{16.11}$$

앞 절의 식 (16.2)를 유도하기 위하여, 그림 16.6으로부터

$$F_r = F_b \tan \phi_n \tag{d}$$

식 (d)와 식 (16.10)을 조합하면

$$F_r = F_t \tan \phi_n / \cos \psi \tag{e}$$

식 (e)와 식 (16.8)을 조합하면

$$\tan \phi_n = \tan \phi \cos \psi \tag{16.2}$$

예제 16.1 SAMPLE PROBLEM 헬리컬 기어의 물림

그림 16.7*a*는 헬리컬 기어 감속기를 이용하여 기계를 구동하는 모터를 보여 준다. 도면에 주어진 정보로부터, 기어의 치수(ϕ, P, d_p, d_g, N_g), 피치 선속도(V), 기어 이의 작용력(F_t, F_r, F_a), 기어 이폭 b($b=1.5p_a$가 되도록)를 결정하라.

풀이 SOLUTION

제시자료: 헬리컬 기어 한 쌍이 몇 개의 기하학적 매개변수 값과 함께 주어져 있다. 피니언의 rpm과 전동마력이 제시되어 있다.

목표: 기어치수 ϕ, P, d_p, d_g, N_g와 피치 선속도 V와 기어 이의 작용력 F_t, F_r, F_a 및 기어 이폭 b($b=1.5p_a$)를 결정하라.

개요도 및 데이터:

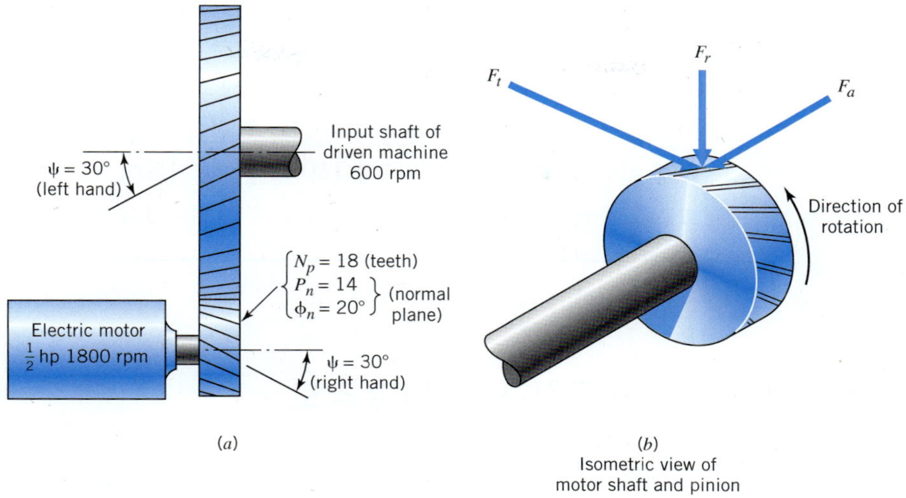

그림 16.7 예제 16.1에 대한 도면.

가정:

1. 이의 형상은 표준 인벌류트이다.
2. 기어는 피치원을 따라 맞물린다.
3. 이에 작용하는 모든 하중들은 피치점과 기어의 중간면에서 전달된다.
4. 마찰 손실은 무시할 수 있다.

해석:

1. 식 (16.2)에서 $\phi = \tan^{-1}(\tan \phi_n / \cos \psi)$
$$= \tan^{-1}(\tan 20° / \cos 30°) = 22.8°$$
2. 식 (16.3)에서 $P = P_n \cos \psi = 14 \cos 30° = 12.12$ teeth/in.
3. $d_p = N_p / P = 18/12.12 = 1.48$ in.
4. $N_g = N_p(n_p/n_g) = 18(1800\text{ rpm}/600\text{ rpm}) = 54$ teeth
$d_g = N_g/P = 54/12.12 = 4.45$ in.
5. $V = \pi d_p n_p /12 = \pi(1.49)(1800)/12 = 702$ fpm
6. $F_t = 33{,}000\ \dot{W}/V = 33{,}000(0.5)/702 = 23.6$ lb
7. $F_r = F_t \tan \phi = 23.5 \tan 22.8° = 9.9$ lb
8. $F_a = F_t \tan \psi = 23.5 \tan 30° = 13.6$ lb
피니언에 작용하는 세 힘 성분의 방향들을 그림 16.7*b*에서 보여 준다.(물론 기어에 작용하는 힘들은 크기는 동일하고 방향은 반대이다.)
9. $p_a = p/\tan \psi = \pi/(P \tan \psi) = \pi/(12.2 \tan 30°) = 0.45$ in.
10. $b = 1.5 p_a$에 대해서
$$b = 1.5(0.45) = 0.67 \text{ in.}$$

주석:

1. 이 경우에 이에 작용하는 축방향 하중은 접선방향으로 전달되는 하중의 50% 이상이다. 이것은 헬리컬 기어에서 축방향의 하중을 지지하기 위한 스러스트 베어링이 필요함을 나타낸다(축방향의 하중이 다른 수단에 의해 평형이 이루어지지 않는다면).
2. $b > p_a$의 충분히 큰 이폭과 정밀한 가공을 한다면, 헬리컬 기어는 평기어보다 더 많은 하중 분담을 실현할 수 있다. 왜냐하면 인접한 이들이 축방향으로 겹쳐지기 때문이다. 그러므로 하중분담이 고려된다면, 이에 작용하는 실제적인 하중은 줄어든다.

16.4 헬리컬 기어 이의 굽힘과 표면피로강도

식 (15.17)의 직선 평기어 이에 대한 굽힘응력식을 약간 수정하여 헬리컬 기어 이에 적용할 수 있다.

$$\sigma = \frac{F_t P}{bJ} K_v K_o (0.93 K_m) \tag{16.12}$$

여기서 J는 그림 16.8에서 얻어지고, K_v는 그림 15.24의 A 또는 B 곡선으로부터 얻어진다. 설치계수에 대한 상수 0.93의 도입은 헬리컬 기어가 평기어에 비하여 설치조건에 약간 덜 민감한 것을 반영한 것이다.

식 (16.12)로부터 계산된 굽힘응력은 평기어에서처럼 식 (15.18)로부터 계산된 피로강도와 비교된다.

$$S_n = S_n' C_L C_G C_S k_r k_t k_{\text{ms}}$$

평기어에 대한 표면 피로응력식을 헬리컬 기어에 적용할 수 있도록 수정하는 데 있어서 두 종류의 기어 사이에 보다 근본적인 차이에 직면하게 된다. 즉 피치면에서 미끄럼 속도가 0이므로 유막이 압착되고 표면피팅이 생기기 쉽다. 접촉률이 2 미만인 평기어에서 이의 이론적인 접촉길이는 1.0b이다. 헬리컬 기어에서 이 하나당 접촉길이는 $b/\cos\psi$이며, 나선 작용으로 이의 전체 접촉길이는 항상 접촉률(CR)의 약 $b/\cos\psi$배가 된다. 접촉응력을 계산할 때, 이 값의 95%를 접촉길이로 취하도록 권장한다. 따라서 헬리컬 기어에 적용될 때, 식 (15.24)는 다음과 같이 수정된다.

$$\sigma_H = C_p \sqrt{\frac{F_t}{bd_p I}\left(\frac{\cos\psi}{0.95\ \text{CR}}\right) K_v K_o (0.93 K_m)} \tag{16.13}$$

일반 평기어처럼, 표면 내구한도는 식 (15.25)로부터 계산될 수 있다.

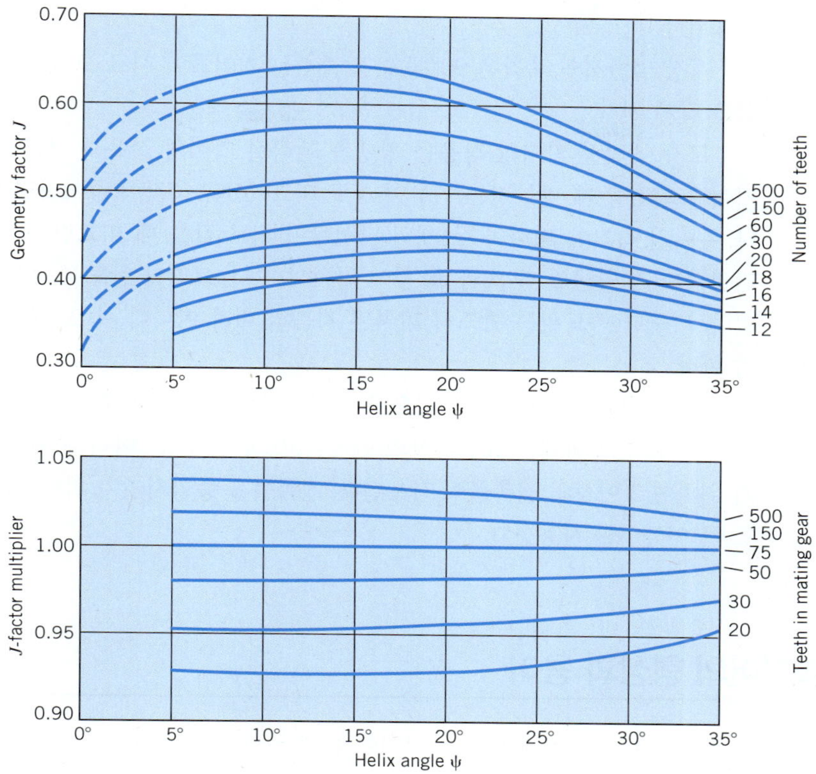

그림 16.8 헬리컬 기어(ϕ_n=20°, 표준이끝높이=1/P_n, 세이빙된 이)에 대한 (*a*) 상대편 기어의 잇수가 75개인 경우의 형상계수 *J*(그림 15.23의 평기어 값은 ψ=0°인 경우에 해당함), (*b*) 상대편 기어의 잇수가 75개가 아닌 경우의 *J* 계수 수정계수. AGMA Information Sheet 226.01과 AGMA 908-B89 참조.

$$S_H = S_{\text{fe}} C_{\text{Li}} C_R$$

16.5 교차 헬리컬 기어

교차 헬리컬 기어(더 정확하게는 '교차된 축 헬리컬 기어'로 부른다)는 평행하지 않은 축(그림16.1*d*)에 설치되는 것을 제외하고 다른 헬리컬 기어와 같다. 축각 Σ와 맞물리는 기어 1과 2의 나선각 사이의 관계는

$$\Sigma = \psi_1 + \psi_2 \tag{16.14}$$

맞물리는 기어는 보통 같은 방향의 나선을 갖는다. 그렇지 않으면 ψ 값이 작고 (−) 부호가

사용된다.

가장 일반적인 축각은 90°이고, 맞물리는 기어들이 서로 보각이 되는 같은 방향의 나선각을 갖게 된다.

교차 헬리컬 기어의 작용은 평행축 헬리컬 기어의 작용과 근본적으로 다르다. 즉 교차 기어가 회전할 때 맞물리는 이들이 서로 **미끄러진다**. 축각이 증가하면 미끄럼 속도도 증가한다. 주어진 축각에 대하여 두 개의 나선각이 서로 같을 때 미끄럼 속도가 최소이다. 교차 헬리컬 기어가 맞물릴 때 p_n과 ϕ_n 값이 같아야 한다. 그러나 반드시 같은 p와 ϕ를 가질 필요는 없다. 더구나 속도비는 반드시 피치원 지름의 비가 아니다. 속도비는 잇수의 비로 계산되어야 한다.

교차 헬리컬 기어는 이론적으로 점접촉이므로 이의 하중 부담 용량이 매우 낮으며 400 N 미만이다. 그 한계는 표면손상의 한계이고, 굽힘강도는 아니다. 보통 하중용량을 증가시키기 위하여 2 이상의 접촉률이 사용된다. 접촉률을 증가시키기 위해, 작은 압력각과 상대적으로 큰 이높이를 사용한다.

16.6 베벨기어의 형상과 용어

교차하는 축이 기어에 의해 연결되었을 때 **피치원추**(평기어와 헬리컬 기어의 피치원통과 유사)들은 서로 접촉하며, 원추들의 꼭짓점(apex)은 축들의 교차점에 위치한다. 그림 16.9는 기본 형상과 용어를 보여 준다. 이의 크기와 형상은 후면원추(back cone)를 교차시키는 대단부(large end)에서 정의된다. 피치원추와 후면원추는 서로 수직인 것에 유의하라. 그림 16.9는 후면원추에서 전개된 이의 형상을 보여 준다. 이 형상은 전개된 후면원추의 반지름 r_{bg} (기어)와 r_{bp}(피니언)와 같은 피치원 반지름을 가지는 평기어와 유사하다. 이런 가상 평기어(상당 평기어)에서 잇수는

$$N'_p = \frac{2\pi r_{bp}}{p} \quad \text{and} \quad N'_g = \frac{2\pi r_{bg}}{p} \tag{16.15}$$

여기서 N'은 **가상잇수**(상당기어잇수)이고, p는 가상 평기어 및 베벨기어의 원주피치이다. 지름피치 P로 바꿔 쓰면

$$N'_p = 2r_{bp}P \quad \text{and} \quad N'_g = 2r_{bg}P \tag{16.15a}$$

후면원추를 전개하여 나타낸 가상 평기어로 베벨기어 이의 크기와 형상을 결정하는 방안은 **트렛골드(Tredgold)의 근사법**으로 알려진 방법에 해당한다.

베벨기어의 이는 원래 상호교환이 불가능하다. 이의 작용높이(기어 이끝높이+피니언

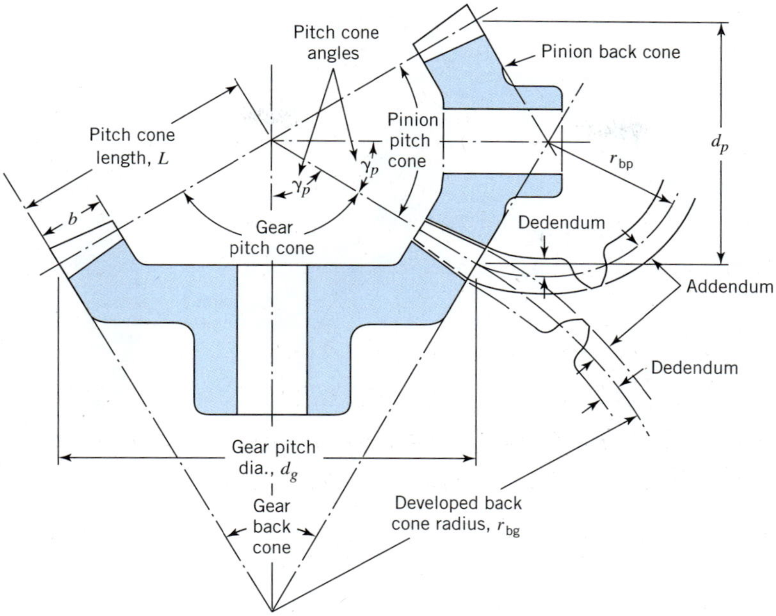

그림 16.9 베벨기어의 용어.

이끝높이)는 보통 $2/P$이다. 이것은 표준 평기어 및 헬리컬 기어와 같으나 베벨 피니언은 더 큰 이끝높이를 갖도록 설계된다. 이것은 간섭을 피하고 더 강한 피니언 이를 갖게 한다. 기어 이끝높이는 기어비가 1일 때 $1/P$로부터 기어비가 6.8 이상인 경우 $0.54/P$까지 변화한다.

기어비는 잇수, 피치원 지름, 또는 피치 원추각으로부터 결정될 수 있다.

$$\text{Gear ratio} = \frac{\omega_p}{\omega_g} = \frac{N_g}{N_p} = \frac{d_g}{d_p} = \tan\gamma_g = \cot\gamma_p \qquad \textbf{(16.16)}$$

보통 이폭은 다음의 두 가지 제한에 의해 정해진다.

$$b \le \frac{10}{P} \quad \text{and} \quad b \le \frac{L}{3} \quad (L \text{ is defined in Figure 16.9}) \qquad \textbf{(16.17)}$$

그림 16.10은 스파이럴 베벨기어의 스파이럴각 ψ의 측정법을 나타낸다. 일반적으로 베벨기어의 압력각은 20°이며, 스파이럴 베벨기어의 경우 보통 ψ=35°의 스파이럴각을 가진다.

그림 16.11은 Gleason Machine Division에 의해 개발된 **제롤**(Zerol) 베벨기어를 나타낸다. 이것은 스파이럴 베벨기어처럼 휘어진 이를 갖지만 스파이럴각이 0°이다.

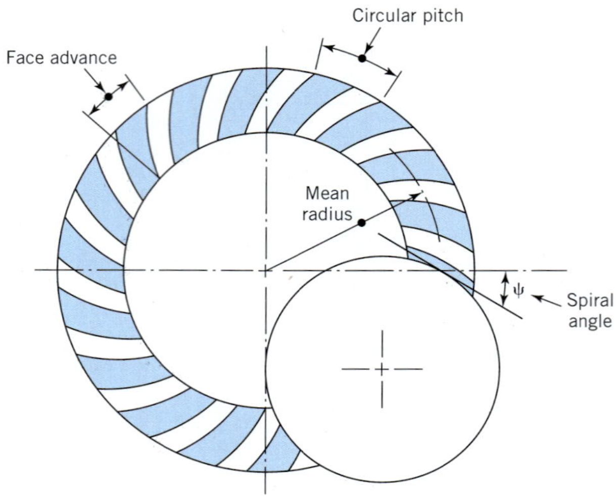

그림 16.10 평균반지름에서 나선각의 측정.

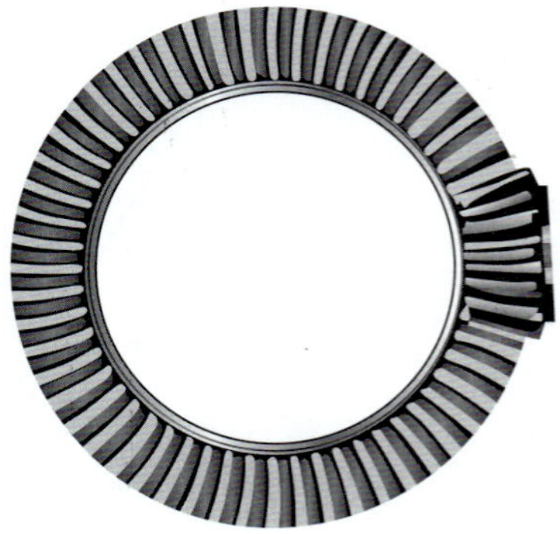

그림 16.11 Zerol® 베벨기어.

16.7 베벨기어의 힘 해석

그림 16.12에서 이의 작용력 F를 접선방향 성분(토크를 발생시키는), 반경방향 성분(분리시키는), 축방향 성분(추력)으로 분해하여 각각 F_t, F_r, F_a로 나타내었다. 합력벡터 F(이의 윤곽에 수직인)의 실제 크기를 나타내기 위해서 보조 투상도가 필요하다.

합력 F는 피치원추 표면에서 이폭 b의 중간에서 작용하는 것을 보여 준다. 이것은 이의 바깥쪽 끝이 가장 크다는 사실에도 불구하고 힘은 이폭을 따라 균일하게 분포된다는 일반적인 가정을 따르는 것이다. 동력에 관련된 것을 제외하고 다음 관계식들은 그림 16.12에 나와 있는 형상으로부터 직접 유도될 수 있다.

$$d_{av} = d - b \sin \gamma \tag{16.18}$$

$$V_{av} = \pi d_{av} n \tag{16.19a}$$

$$F_t = 33{,}000 \dot{W} / V_{av} \tag{16.20a}$$

여기서 d_{av}의 단위는 ft, V_{av}는 ft/min, n은 rev/min, F_t는 lb, 그리고 $\dot{W}$는 마력이다. 또는 SI 단위계에서는

$$V_{av} = \pi d_{av} n \tag{16.19b}$$

$$F_t = \dot{W} / V_{av} \tag{16.20b}$$

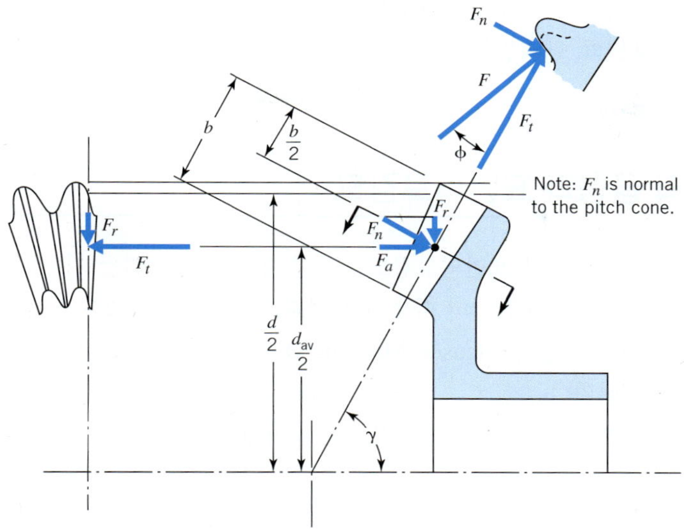

그림 16.12 베벨기어 작용력 F의 분력.

여기서 V_{av}의 단위는 m/s, d_{av}는 m, n은 rev/s, F_t는 뉴턴, $\dot{W}$는 와트이다.

힘들 사이의 관계는

$$F = F_t/\cos\phi \tag{16.21}$$

$$F_n = F\sin\phi = F_t\tan\phi \tag{f}$$

$$F_a = F_n\sin\gamma = F_t\tan\phi\sin\gamma \tag{16.22}$$

$$F_r = F_n\cos\gamma = F_t\tan\phi\cos\gamma \tag{16.23}$$

스파이럴 베벨기어에 대하여 축방향과 반경방향의 힘 성분은 스파이럴각 ψ의 함수들이다.

$$F_a = \frac{F_t}{\cos\psi}(\tan\phi_n\sin\gamma \mp \sin\psi\cos\gamma) \tag{16.24}$$

$$F_r = \frac{F_t}{\cos\psi}(\tan\phi_n\cos\gamma \pm \sin\psi\sin\gamma) \tag{16.25}$$

여기서 ±, ∓이 앞의 식에서 사용되었다. 위쪽의 부호는 기어의 대단부에서 보았을 때 시계방향으로 회전하는 오른손방향의 나선을 가진 구동피니언과, 대단부에서 보았을 때 반시계방향으로 회전하는 왼손방향의 나선을 가진 구동피니언에 적용된다. 아래쪽 부호는 시계방향으로 회전하는 왼손방향의 구동피니언과 반시계방향으로 회전하는 오른손방향의 구동피니언에 적용된다. 헬리컬 기어에서와 같이, ϕ_n은 이에 수직인 평면에서 측정된 압력각이다.

16.8 베벨기어 이의 굽힘과 표면피로강도

베벨기어 이의 굽힘과 표면피로강도 계산은 평기어나 헬리컬 기어의 경우보다 훨씬 복잡하다. 이 절에서는 매우 간단히 다루기로 한다. 이 주제에 대하여 보다 자세히 알고자 한다면 AGMA 관련 출판물과 Gleason Machine Division에 의하여 출판된 것과 같은 여타 문헌들을 참고하기 바란다.

베벨기어의 굽힘응력에 대한 식은 평기어에서와 같다.

$$\sigma = \frac{F_t P}{bJ} K_v K_o K_m \tag{15.17}$$

여기서

F_t=식 (16.20)의 접선 하중(lb)
P=이의 대단부의 지름피치
b=이폭(인치). 식 (16.17)을 따른다.
J=그림 16.13(직선 베벨)이나 그림 16.14(스파이럴 베벨)에서 선정된 형상계수[1]

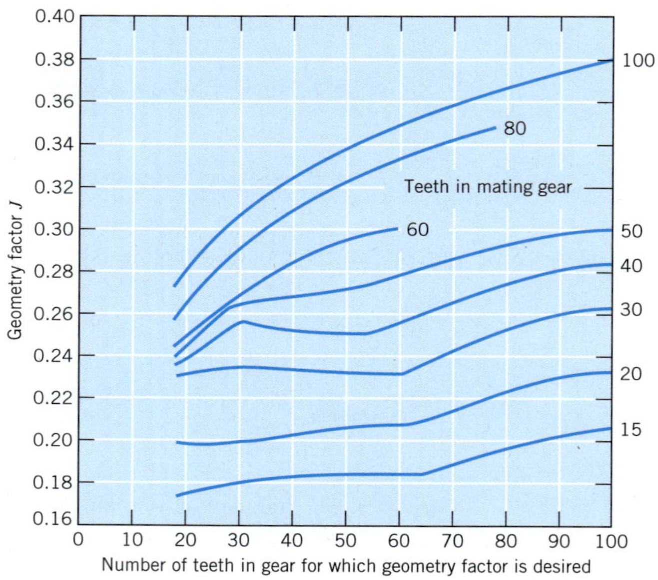

그림 16.13 직선 베벨기어의 형상계수 J(압력각=20°, 축각=90°).(ANSI/AGMA 2003-C10 참조.)

[1] 여타 나선각과 압력각에 상응하는 형상계수 J 값은 ANSI/AGMA 2003-C10 참조.

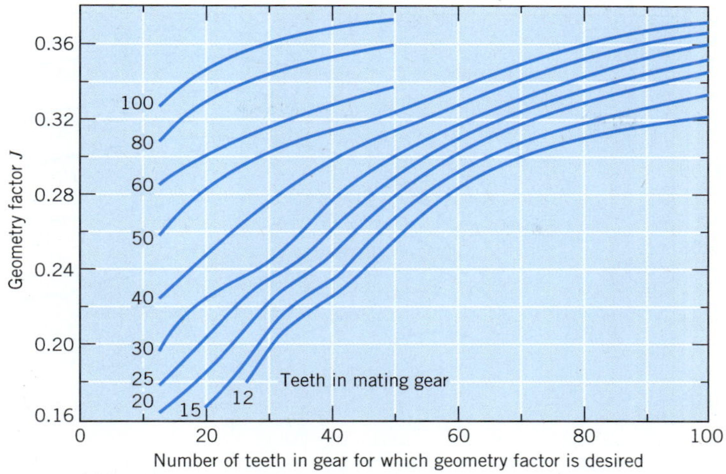

그림 16.14 스파이럴 베벨기어의 형상계수 J(압력각=20°, 스파이럴각=35°, 축각=90°).(ANSI/AGMA 2003-C10 참조.)

K_v=속도계수(1과 가공정밀도에 따라 그림 15.24의 곡선 C 사이의 값을 사용한다)
K_o=표 15.1의 과부하계수
K_m=설치계수(표 16.1 참조)

굽힘내구한도는 평기어의 경우와 마찬가지로 식 (15.18)에 의해서 계산된다. 굽힘피로응력[식 (15.17)]과 강도[식 (15.18)]에 관련된 안전계수도 역시 평기어처럼 다루어진다.

베벨기어 표면피로응력은 평기어에서처럼 다음과 같이 계산될 수 있다.

표 16.1 베벨기어에 대한 설계치수 K_m

Mounting Type		Mounting Rigidity, Maximum to Questionable
Both gears straddle-mounted	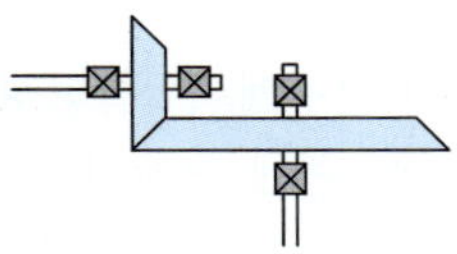	1.0 to 1.25
One gear straddle-mounted; the other overhung	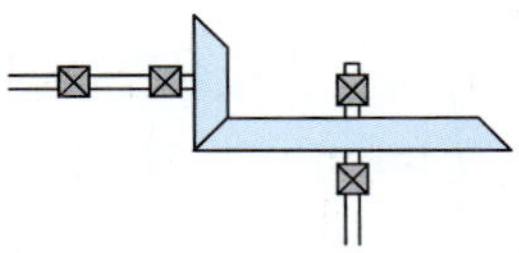	1.1 to 1.4
Both gears overhung	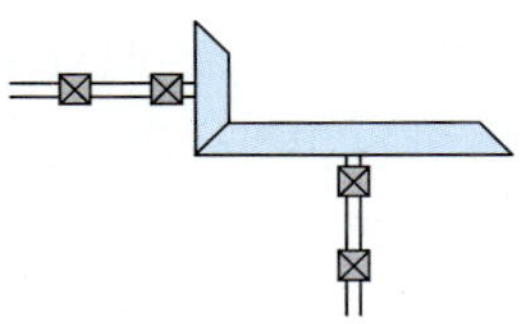	1.25 to 1.5

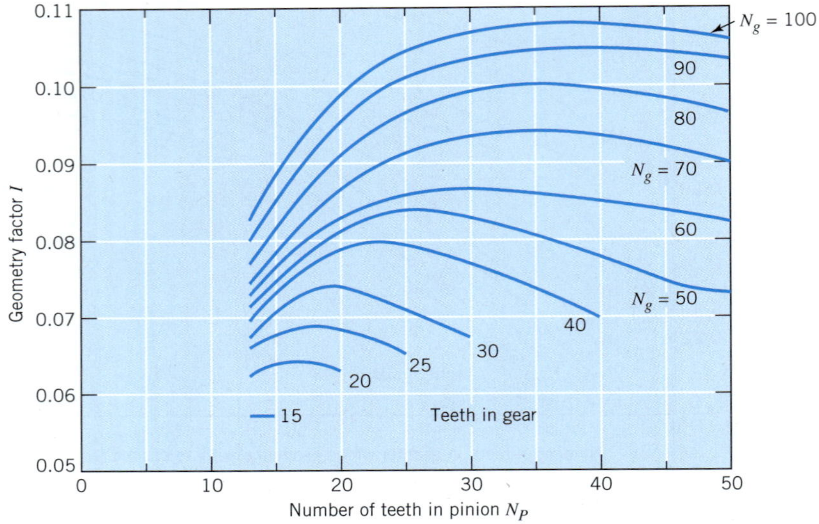

그림 16.15 직선 베벨기어의 형상계수 I(압력각=20°, 축각=90°).(ANSI/AGMA 2003-C10 참조.)

$$\sigma_H = C_p\sqrt{\frac{F_t}{bd_pI}K_vK_oK_m} \tag{15.24}$$

다만, 두 가지 수정이 요구된다: (1) C_p 값은 표 15.4에 주어진 것의 1.23배이다. 이는 평기어의 경우보다 더 국부적인 접촉이 이루어지는 것을 반영한다. (2) 형상계수 I의 값은 그림 16.15(직선 이)와 그림 16.16(스파이럴 이)으로부터 결정된다.(다른 이 형상에 대한 I 값의 계산에 대해서는 AGMA 215.01을 참조.)

베벨기어의 표면내구강도는 평기어의 경우와 마찬가지로 식 (15.25)로부터 구한다.

16.9 베벨 기어열, 차동기어

일반적인 기어열의 경우에, 서로 고정된 축에 대하여 모든 기어가 회전할 때 기어열의 값은 식 (16.16)에 의하여 쉽게 결정된다. 만일 하나 또는 그 이상의 베벨기어가 그 축들이 회전하는 암에 설치되어 있다면 그 결과는 15.13절에서 논의된 평기어 유성기어열과 거의 같은 유성기어열이 된다. 특별히 관심을 가지는 유성 베벨 기어열은 자동차에 사용된 차동 기어열(differential gear train)이다. 그 목적은 토크를 좌우의 구동 휠 사이에 동등하게 나누고, 자동차가 회전할 때 두 바퀴가 다른 속도로 회전할 수 있게 하는 것이다.

어떻게 차동 기어열이 작동하는지를 이해하기 위해서 그림 16.17의 평기어 유성열을 먼저 생각해 보자. 암을 고정시킨다면 속도비 ω_R/ω_S은 1보다는 약간 작은 음수의 값이다. 만일 유성기어가 무한히 작게 만들어질 수 있다면 선기어와 링기어의 지름은 같아질 것이고, 속도비는 정확하게 -1이 될 것이다. 그림 16.18은 베벨기어를 가지고 선기어와 링기어

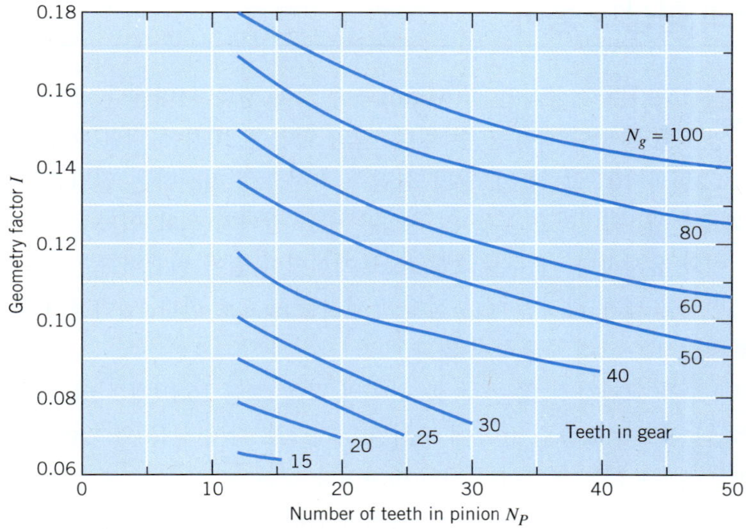

그림 16.16 스파이럴 베벨기어의 형상계수 I(압력각=20°, 스파이럴각=35°, 축각 =90°).(ANSI/AGMA 2003-C10 참조.)

의 지름을 같게 한 것이다. 실제로 선기어와 링기어의 상호교환이 가능하게 된다. 만일 암(입력 요소이고 자동차 엔진에 의해서 구동되는)이 고정되어 있다면, 좌우 액슬 축들은 반대방향으로 같은 속도로 회전한다. 만일 '선기어'(좌측 차축 상의 기어)가 고정된다면, '링기어'(우측 차축 상의 기어)는 암속도의 2배로 회전한다. 마찬가지로 우측 차축이 고정된다면, 좌측 차축은 암속도의 2배로 회전하게 된다. 만일 유성기어의 베어링에서 마찰을 무시한다면 차동 기어열은 항상 같은 크기의 토크를 좌우측 축에 배분한다. 또 **평균** 차축속도는 암속도와 같다. 만일 커브를 돌 때 바깥 휠이 암속도의 101%로 돈다면 내부 휠은 99%의 속도로 돌아야 한다. 논의된 바와 같이, 만일 한쪽이 정지되어 있다면 다른 쪽은 200% 암속도로 돈다.

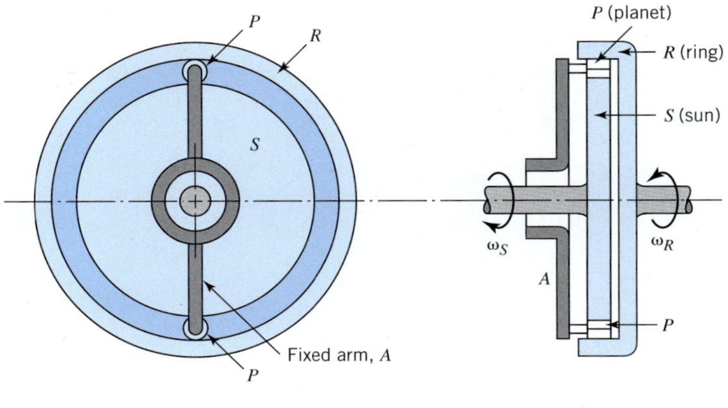

그림 16.17 극소형 유성을 가진 유성기어열. 암이 고정되면 $\omega_R/\omega_S \to -1$.

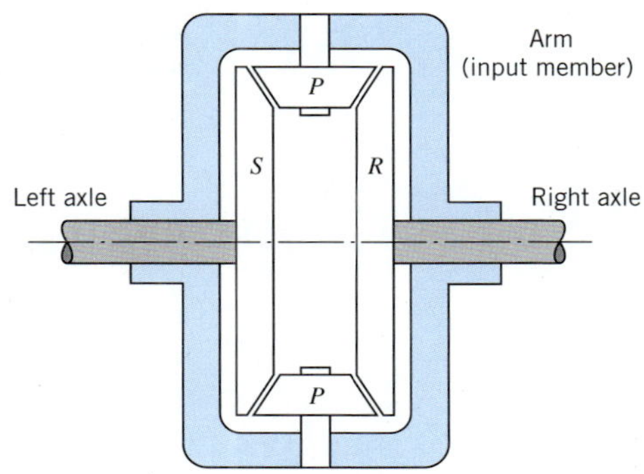

그림 16.18 유성 베벨기어 차동장치. 암이 고정되면 $\omega_R/\omega_S = -1$.

16.10 웜기어의 형상과 용어

그림 16.19는 전형적인 웜(worm)과 웜기어 쌍을 나타낸다. 도시된 웜은 두 줄 나선을 갖지만 6줄 이상도 사용될 수 있다. 웜의 형상은 10장에 나온 파워 스크류와 거의 비슷하다(10.2절과 10.3절 참조). 웜의 회전은 직선으로 전진하는 인벌류트 랙과 비슷하다. 웜기어(때로는 웜 휠이라고 부름)의 형상은 웜을 감싸기 위해 이가 굽은 것을 제외하고는 헬리컬 기어와 유사하다. 때로는 그림 16.3*b*에서처럼 웜이 웜기어를 감싸도록 수정된다. 이것은 접촉면적을 넓게 하지만 매우 정확한 설치를 필요로 한다.(일반적인 감싸지 않는 웜의 축방향 위치설정은 그리 중요하지 않다.)

보통 교차하지 않는 두 축 사이의 각은 그림 16.19에 나타낸 바와 같이 90°이다. 이 경우 웜 리드각 λ(그림 10.1에 도시된 나사 리드각에 상응)와 기어 나선각 ψ(그림 16.4~16.7에 도시)는 같은 크기이며 동일 방향이다.

웜기어의 피치원 지름은 평기어와 헬리컬 기어처럼 식 (15.2)로부터 원주피치와 잇수에 관련지어 다음과 같이 결정할 수 있다.

$$d_g = N_g p/\pi \qquad \textbf{(15.2, 수정)}$$

반면에 웜의 피치원 지름은 나사의 줄수 N_w의 함수가 아니다. 이는 웜기어 쌍의 속도비는 웜기어와 웜의 피치원 지름의 비가 아니라 웜기어의 잇수와 웜의 줄수의 비에 의해 결정됨을 의미한다.

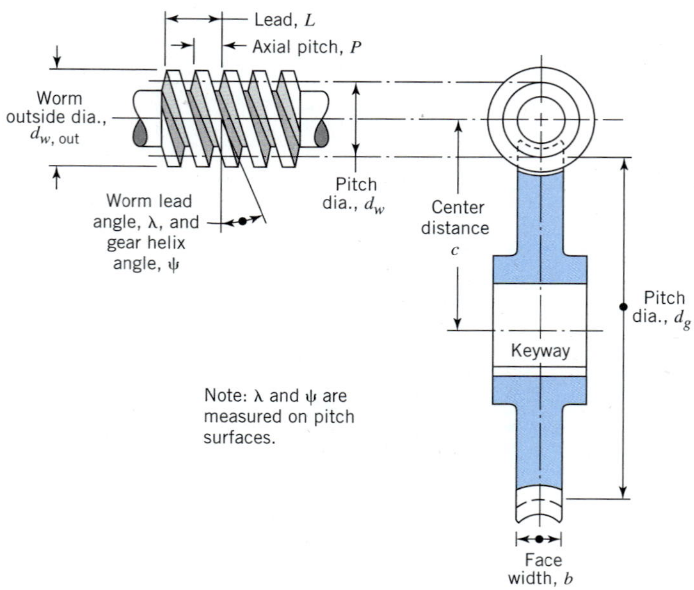

그림 16.19 2중나사 웜과 기어에 대한 각부 명칭.

$$\frac{\omega_w}{\omega_g} = \frac{N_g}{N_w} \tag{16.26}$$

웜기어는 보통 최소 24개의 이를 가진다. 그리고 기어 잇수와 웜의 줄수의 합이 40보다 커야 한다.

$$N_w + N_g > 40 \tag{16.27}$$

웜의 피치지름에 상관없이 임의의 줄수와 축방향 피치를 가진 웜을 만들 수 있다. 최대 동력전달능력을 얻기 위한 웜의 피치원 지름은 보통 다음의 축간 거리와 관련되어 있다.

$$\frac{c^{0.875}}{3.0} \le d_w \le \frac{c^{0.875}}{1.7} \tag{16.28}$$

축에 일체로 제작된 웜(integral worm)은 축과 분리되어 만들어진 셸 웜(shell worm)보다 작은 피치원 지름을 가진다. 셸 웜은 중심에 구멍을 내서 축을 끼워 넣고, 스플라인, 키, 혹은 핀에 의하여 구동된다. 강도를 고려하여 셸 웜의 피치원 지름은 다음 식의 값 이상이어야 한다.

$$d_w = 2.4p + 1.1 \text{ (in.)} \tag{16.29}$$

웜기어의 이폭은 웜 바깥지름의 절반을 넘으면 안 된다.

$$b \le 0.5 d_{w,\text{out}} \tag{16.30}$$

리드각, 리드, 그리고 웜 피치원 지름은 동력나사와 연관된 식 (10.1)의 관계를 가진다.

$$\tan \lambda = L/\pi d_w \tag{10.1, 수정}$$

주로 간섭을 피하기 위한 압력각이 보통 웜 리드각과 관련되어 표 16.2에 주어진다. 다음은 자주 사용되는 p(웜의 축방향 피치 혹은 기어의 원주피치)의 표준값이다: $\frac{1}{4}, \frac{5}{16}, \frac{3}{8}, \frac{1}{2}, \frac{5}{8}, \frac{3}{4}, 1, 1\frac{1}{4}, 1\frac{1}{2}, 2$ in. 이끝높이와 전체 이높이의 값은 일반적으로 헬리컬 기어의 경우와 일치하지만 이 값들은 제작상 제반사항들에 의해서 크게 영향을 받는다. 이러한 내용과 기타 상세한 설계에 관해서는 전문 문헌들을 참조하여야 한다.

웜기어의 하중용량과 내구성은 '**퇴거작용**(recess action)'이 지배적이 되도록 설계를 수정함으로써 상당히 증가시킬 수 있다.(그림 15.8을 참고하여, 접근각은 작게 또는 0으로 만들고 퇴거각을 더 크게 만든다.) 자세한 것은 참고문헌 [2]를 참조하기 바란다.

표 16.2 여러 압력각에 대한 웜의 최대 리드각과 웜기어 루이스 치형계수

Pressure Angle ϕ_n (degrees)	Maximum Lead Angle λ (degrees)	Lewis Form Factor y
$14\frac{1}{2}$	15	0.100
20	25	0.125
25	35	0.150
30	45	0.175

16.11 웜기어의 힘과 효율 해석

그림 16.20은 웜과 웜기어의 접선방향, 축방향, 반경방향 힘 성분들을 나타낸다. 보통 90° 축각에 대하여, 웜의 접선력은 기어 축력과 같고 그 역도 성립한다. 즉 $F_{wt}=F_{ga}$, $F_{gt}=F_{wa}$이다. 또한 웜과 기어의 반지름 방향 힘(분리시키는 힘)은 같다. 즉 $F_{wr}=F_{gr}$이다. 만일 입력(대개 웜)이나 출력(대개 기어)의 동력과 속도가 알려져 있다면, 이 부재에 작용하는 접선력은 식 (15.14)나 (15.14a)로부터 결정될 수 있다.

그림 16.20에서 구동 요소는 시계방향으로 회전하는 오른손 웜이다. 도시된 힘의 방향은 웜을 나사머리 방향으로 '너트'(웜기어 이)를 당기도록 회전하는 오른 나사처럼 생각함으로써 쉽게 나타낼 수 있다. 다른 조합의 웜에 대한 힘의 방향과 회전방향도 유사하게 나타낼 수 있다.

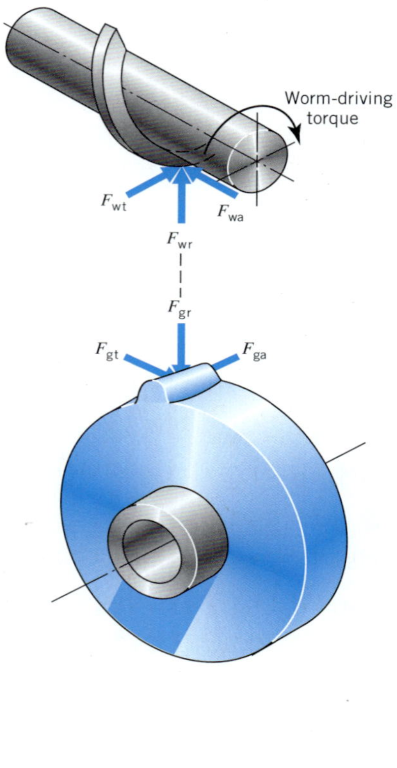

그림 16.20 오른손 웜의 웜과 웜기어 힘 해석.

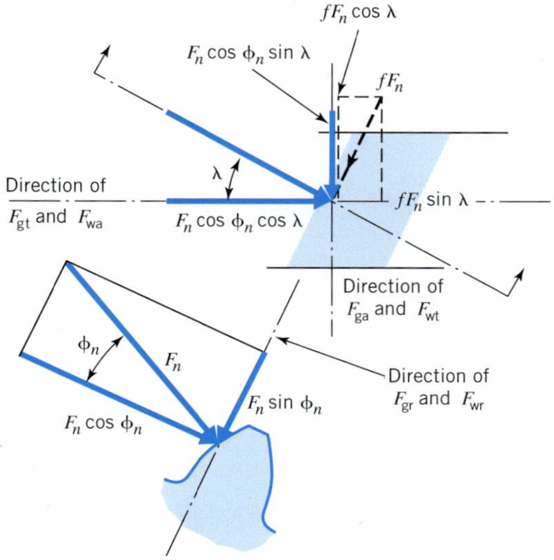

(*a*) Worm driving (as in Fig. 16.20)

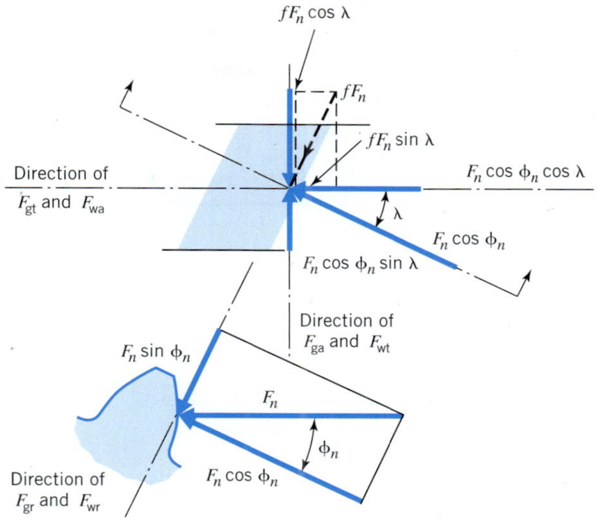

(*b*) Gear driving (same direction of rotation)

그림 16.21 그림 16.20에서 보여 준 기어 이에 작용하는 힘들.

10.3절에서 다룬 파워 스크류에 대한 힘 성분 해석을 웜기어에도 적용할 수 있다. 나사의 나사산각 α_n이 웜의 압력각 ϕ_n(그림 16.21*a*에 도시)에 해당됨을 주목함으로써, 우리는 10.3절의 힘과 효율, 그리고 자립조건(self-locking)식을 바로 웜기어 쌍에 적용할 수 있다. 이런 식들을 더 의미 있게 만들기 위해서, 다음에서 웜과 기어 형상에 대하여 유도하기로 한다.

그림 16.21*a*는 그림 16.20의 기어에 작용하는 힘들을 상세히 보여 준다. 이의 표면에 작용하는 수직력 F_n의 성분들이 실선으로 표시되어 있다. 마찰력 fF_n의 성분들은 파선으로 표시되어 있다. 마찰력은 항상 **미끄럼 운동의 반대방향**임을 유의하라. 그림 16.21*a*에서 구동 웜은 시계방향으로 회전한다.

$$F_{gt} = F_{wa} = F_n \cos\phi_n \cos\lambda - fF_n \sin\lambda \qquad \textbf{(g)}$$

$$F_{wt} = F_{ga} = F_n \cos\phi_n \sin\lambda + fF_n \cos\lambda \qquad \textbf{(h)}$$

$$F_{gr} = F_{wr} = F_n \sin\phi_n \qquad \textbf{(i)}$$

식 (g)와 (h)를 결합하면

$$\frac{F_{gt}}{F_{wt}} = \frac{\cos\phi_n \cos\lambda - f\sin\lambda}{\cos\phi_n \sin\lambda + f\cos\lambda} \qquad \textbf{(16.31)}$$

식 (i)와 (g)를 결합하고, 식 (i)와 (h)를 결합하면

$$F_{gr} = F_{wr} = F_{gt}\frac{\sin\phi_n}{\cos\phi_n\cos\lambda - f\sin\lambda} = F_{wt}\frac{\sin\phi_n}{\cos\phi_n\sin\lambda + f\cos\lambda} \qquad \textbf{(16.32)}$$

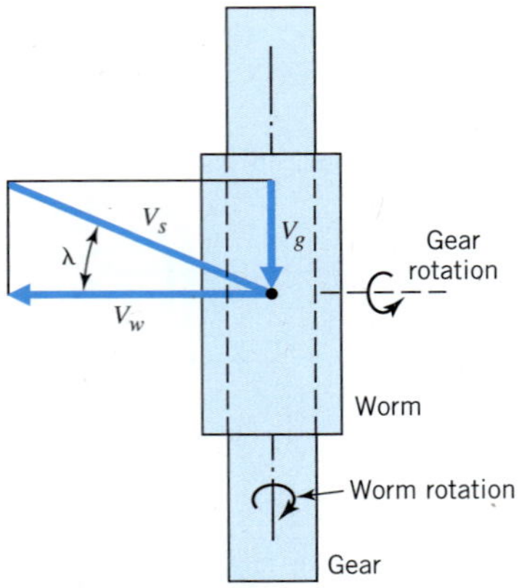

그림 16.22 웜속도와 기어속도, 그리고 미끄럼 속도 사이의 벡터관계.

그림 16.22는 웜 접선속도, 기어 접선속도와 미끄럼 속도 사이의 관계를 보여 준다.

$$V_g/V_w = \tan\lambda \tag{16.33}$$

효율 e는 입출력 동력의 비이다. 웜이 입력 요소로서의 역할을 하는 일반적인 경우에 대하여

$$e = \frac{F_{gt}V_g}{F_{wt}V_w}$$

$$= \frac{\cos\phi_n \cos\lambda - f\sin\lambda}{\cos\phi_n \sin\lambda + f\cos\lambda}\tan\lambda$$

$$e = \frac{\cos\phi_n - f\tan\lambda}{\cos\phi_n + f\cot\lambda} \tag{16.34}$$

이것은 식 (10.9)와 그림 10.8에 상응한다. 베어링과 축의 밀봉부에서 마찰 손실과 윤활유의 '교반현상(churning)' 때문에 웜기어 감속기의 전체 효율은 약간 낮아진다는 것을 기억하는 것이 중요하다.

마찰계수 f는 기어 재질, 윤활유, 온도, 표면 정밀도, 설치의 정확성, 그리고 미끄럼 속도 등과 같은 변수들에 의해 폭넓게 바뀐다. 문헌에 보고된 값들은 넓은 영역을 다룬다. AGMA의 사용 권고 값들이 그림 16.23에 주어져 있다.

그림 16.22는 미끄럼 속도 V_s가 웜과 기어의 피치 선속도와 웜 리드각에 관계되는 것을 보여 준다.

$$V_s = V_w/\cos\lambda = V_g/\sin\lambda \tag{16.35}$$

식 (g)는 마찰계수가 상당히 높을 때는 기어 접선력이 0이 되고, 기어쌍은 '자립조건

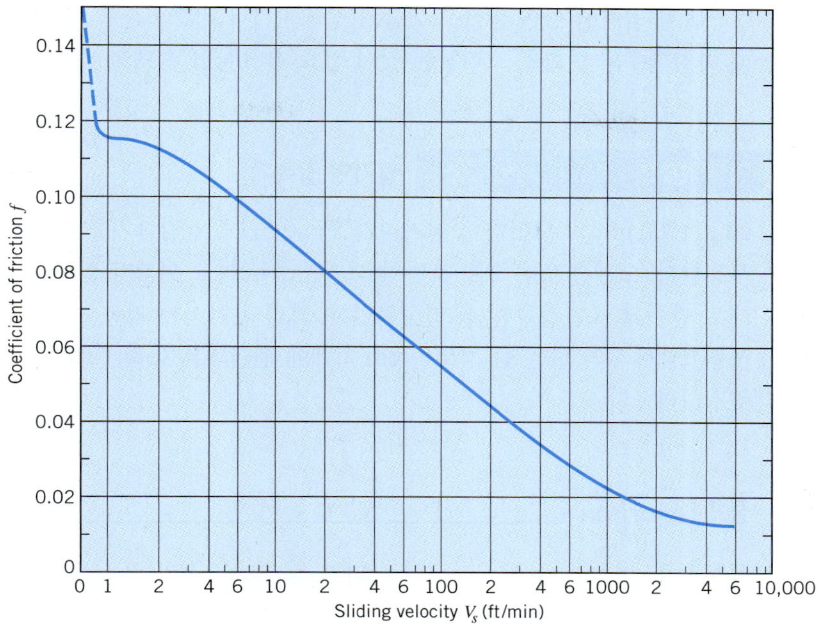

그림 16.23 웜기어 마찰계수.(ANSI/AGMA Stamdard 6034-B92 참조.)

(self-locking)' 또는 '비오버홀링(non-overhauling)'을 만족시켜 움직이지 않음을 나타낸다(10.3.3절의 파워 스크류에서의 자립조건 및 오버홀링을 참조). 이 상태에서는 웜기어에 토크를 가하여도 회전 운동을 일으킬 수 없다. 웜기어를 구동시킬지라도 움직이지 않는다. 많은 경우 웜기어 쌍의 자립상태는 자립조건을 만족시키는 파워 스크류와 같이 역전방지 역할에 바람직하다. 다른 상황으로, 트럭의 웜기어 차축[2]에서의 자립상태(non-overhauling)는 토크방향을 역전시킴으로써 엔진 브레이크 작용이 일어나므로 바람직하지 않고 파괴적일 수가 있다.

그림 16.21*b*는 그림 16.21*a*와 같은 회전방향을 나타내지만 토크방향은 바뀌었다(즉 기어 전동). 그러면 접촉면이 기어 이의 다른 쪽 면으로 바뀌게 되고 이 표면의 수직력도 반대 방향으로 작용한다. 어떤 요소가 구동되든지 관계없이 미끄럼 속도는 같은 방향을 가지므로, 마찰력은 그림 16.21*a*와 16.21*b*에서 같은 방향을 가진다. 그림 16.21*b*에서, 웜을 구동하는 접선력은

$$F_{\mathrm{wt}} = F_n \cos \phi_n \sin \lambda - fF_n \cos \lambda \tag{j}$$

만일 이 힘이 0이 되면 웜기어 쌍은 자립상태가 되며, 다음 조건에서 발생한다.

$$f \geq \cos \phi_n \tan \lambda \tag{16.36}$$

[2] 트럭의 차축은 보통 스파이럴 베벨기어나 하이포이드 기어 드라이브를 사용한다.

만일 웜기어 쌍이 항상 오버홀링 상태이거나 비오버홀링 상태가 되면, λ의 값을 선택할 때 마찰계수의 변화를 고려하는 것이 필요하다(ϕ_n을 선택할 때는 더 적은 변화).

예제 16.2 SAMPLE PROBLEM 웜기어 감속기

2 hp, 1200 rpm의 모터가 중심거리가 5 in.인 웜기어 감속기를 이용하여 기계를 60 rpm으로 구동한다. 오른손 웜은 2줄, 축방향 피치는 $\frac{5}{8}$ in.이고 치직각 입력각은 14.5°이다. 웜은 강 소재로 만들고 표면경화한 후 연삭하였다. 그리고 기어는 청동으로 만들어졌다. (a) 정격 모터 출력상태에서의 모든 힘 성분들, (b) 기계에 전달되는 동력, (c) 전동장치의 자립상태 여부를 결정하라.

풀이 SOLUTION

제시자료: 마력과 rpm이 정해진 모터가 웜기어 감속기를 돌린다. 웜과 기어의 형상은 주어져 있다(그림 16.24 참조).

목표: (a) 웜과 기어에 작용하는 모든 힘 성분들, (b) 구동되는 기계에 전달되는 동력, (c) 전동장치가 자립상태에 있는지의 여부를 결정하라.

개요도 및 데이터:

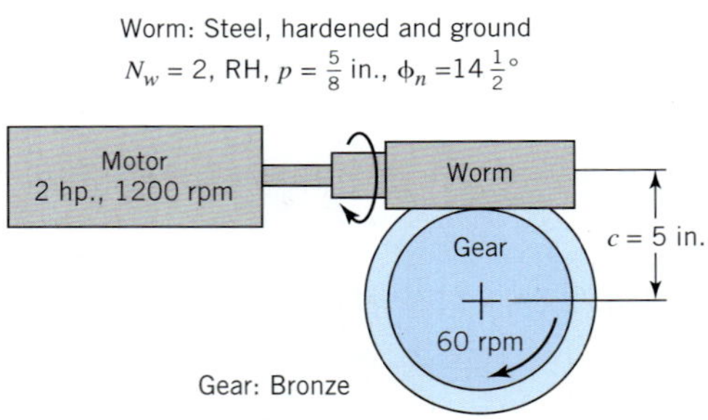

그림 16.24 예제 16.2에 대한 웜기어 감속기.

가정:

1. 웜과 기어는 상호 수직이 되는 축에서 잘 맞물리도록 설치되고 정렬되어 있다.
2. 모든 이의 하중은 이폭의 중간에서 피치점에 작용된다.

해석:

1. 기어 감속비=1200 rpm/60 rpm=20이고, 2줄 웜이므로 기어의 잇수는 40개가 된다.
2. $p=\frac{5}{8}$ in.이므로, $d_g=\left(\frac{5}{8}\right)(40)/\pi=7.96$ in.
3. $c=5$ in.에 대하여, $d_g+d_w=10$ in. 따라서 $d_w=2.04$ in.
4. 리드각(λ)$=\tan^{-1}L/\pi d_w=\tan^{-1}1.25/\pi(2.04)=11.04°$
5. $V_w=\pi d_w n_w/12=\pi(2.04)(1200)/12=640$ ft/min

6. $F_{wt} = F_{ga} = \dot{W}(33{,}000)/V_w = (2)(33{,}000)/(640) = 103$ lb
7. 다른 힘 성분들은 마찰계수의 함수이다. 그림 16.23으로부터 f를 계산하기 위해서, 먼저 미끄럼 속도를 결정해야 한다. 식 (16.35)로부터 $V_s = V_w/\cos\lambda = 640/\cos 11.04° = 652$ fpm이다. 그림 16.23으로부터 $f \approx 0.026$으로 추정되며 이의 추정치보다 좋아질 수 없음을 기억하라.
8. 식 (16.31)로부터

$$\frac{F_{gt}}{F_{wt}} = \frac{\cos 14.5° \cos 11.04° - 0.026 \sin 11.04°}{\cos 14.5° \sin 11.04° + 0.026 \cos 11.04°} = 4.48$$

   그러므로 $F_{gt} = F_{wa} = 103\text{ lb}(4.48) = 461$ lb이다.
9. 식 (16.32)로부터

$$F_{gr} = F_{wr} = 103\text{ lb}\,\frac{\sin 14.5°}{\cos 14.5° \sin 11.04° + 0.026 \cos 11.04°} = 122\text{ lb}$$

   모든 힘 성분들은 그림 16.20에 그들의 적절한 방향과 함께 나타나 있다.
10. 식 (16.34)에서

$$e = \frac{\cos 14.5° - 0.026 \tan 11.04°}{\cos 14.5° + 0.026 \cot 11.04°} = 87\text{ percent}$$

   혹은

$$e = \frac{F_{gt}V_g}{F_{wt}V_w} = \frac{F_{gt}}{F_{wt}} \tan\lambda = 4.48 \tan 11.04° = 87\text{ percent}$$

   (그림 10.8에서 이 값을 확인하라.)
11. 베어링, 축, 밀봉, 오일 '교반현상'에 의한 작은 마찰 손실을 허용하여, 전체 효율을 약 85%로 가정한다. 이런 근거에서 출력동력=입력동력×효율=2(0.85)=1.7 hp이다.
12. $\cos\phi_n \tan\lambda = \cos 14.5° \tan 11.40° = 0.19$. 이것은 f 보다 더 크므로, 식 (16.36)은 위의 전동장치가 자립조건을 만족시키지 않음을 나타낸다. 오히려 역전이 가능하다.

주석:

1. 웜기어 쌍에 대한 중요한 사실은 기어 이에 작용하는 접선력은 웜 상에서 축 하중(스러스트)으로 나타나며, 이 축 하중을 지지하기 위해서는 스러스트 베어링이 필요하다는 점이다.
2. 일반적으로 웜기어 쌍은 평기어 전동보다 상당히 낮은 효율을 가진다. 평기어 쌍에 대한 효율은 98%만큼 된다. 웜기어 쌍의 효율이 낮은 근본적인 이유는 이의 운동에 존재하는 미끄럼 마찰 때문이다. 이 에너지 손실의 대부분은 열에너지로 나타난다.

16.12 웜기어의 굽힘 및 표면피로강도

다른 기어형식보다 웜기어의 하중용량 결정은 훨씬 복잡하다. 폭넓고 다양한 절차가 굽힘과 표면강도를 산출하기 위해서 사용된다. 게다가 웜기어 용량은 종종 피로강도가 아니라 냉각능력에 의해서 제한된다. 냉각능력은 다음 절에서 논의된다.

이전에 고려된 기어형식들의 굽힘 및 표면피로강도의 평가는 산출된 굽힘응력 및 표면응력과 이와 대응하는 재료의 피로강도를 비교함으로써 이루어졌다. 산출된 전체 이의 **접선력**(공칭 하중×이의 형상오차, 변형, 비정렬 등으로 인한 충격을 고려한 계수)과 굽힘 및 표면피로강도에 근거한 전체 이의 작용력의 한곗값을 비교함으로써 같은 작업이 수행될 수 있다. 이의 전체 하중을 **동하중**(dynamic load) F_d라 부르고, 굽힘피로 한계하중을 **강도용량**(strength capacity) F_s라 하며, 표면피로 한계하중은 **마멸용량**(wear capacity) F_w라 부른다(다소 부적절하지만). 만족스러운 기어 성능을 위하여 다음 조건들이 필요하다.

$$F_s \geq F_d \tag{16.37}$$

$$F_w \geq F_d \tag{16.38}$$

모든 기어 형식들의 '동하중' 산출에 대해 버킹엄(Buckingham)의 논문[1]에 상당히 자세히 기술되어 있다. 다음은 웜기어에 적용된 간소화된 식이다.

동하중은 기어의 접선력의 공칭값[식 (15.14) 혹은 (15.14a)에서 결정]에 속도계수(그림 15.24의 'D')를 곱해서 산출한다.

$$F_d = F_{gt}K_v = F_{gt}\frac{1200 + V_g}{1200} \tag{16.39}$$

여기서 V_g는 기어의 피치 선속도(ft/min)이다.

굽힘응력은 웜에서보다 기어에서 훨씬 더 크다. 루이스 식[식 (15.15)]을 웜기어 이에 적용하면 다음 식을 얻을 수 있다.

$$F_s = S_n bpy \tag{16.40}$$

여기서

F_s=굽힘피로에 대한 동하중의 최고 허용값
S_n=기어 소재의 굽힘피로강도(보통 청동기어에 대하여 24 ksi로 택한다. 아래 설명 참조)
b=기어 이폭
p=기어 원주피치
y=루이스 치형계수. 보통 치직각 압력각의 함수(표 16.2 참조)

비록 다른 소재(알루미늄, 주철, 플라스틱)들이 가끔 사용되지만, 대부분의 웜기어는 특

표 16.3 웜기어 마멸계수 K_w

Material		K_w (lb/in.^{2})		
Worm	Gear	$\lambda < 10°$	$\lambda < 25°$	$\lambda > 25°$
Steel, 250 Bhn	Bronze[a]	60	75	90
Hardened steel (surface 500 Bhn)	Bronze[a]	80	100	120
Hardened steel	Chill-cast bronze	120	150	180
Cast iron	Bronze[a]	150	185	225

[a] Sand-cast.

수 청동(SAE 65)으로 제작한다. 청동의 경우, 식 (15.18)로부터 소재의 피로강도를 산출하는 것보다 버킹엄[1]에 의하여 처음 제안된 24 ksi의 값이 오랜 경험에 의해 만족스럽다는 것이 밝혀져 있다.

마멸용량 F_w는 소재, 곡률반지름, 이론적 접촉길이의 함수이다. 높은 미끄럼 속도와 그와 관련된 열 발생 때문에 윤활이 매우 중요하다. 또한 중요한 것은 매끈한 표면인데, 특히 웜에서 그러하다. 알맞은 윤활유가 적절하게 공급되고 있다고 가정할 때, 다음 식이 대략적인 추정치를 계산하는 데 사용된다.

$$F_w = d_g b K_w \tag{16.41}$$

여기서

F_w=표면피로에 관한 동하중의 최대 허용값
d_g=기어의 피치원 지름
b=기어의 이폭
K_w=재료와 형상에 따른 경험적 마멸계수(표 16.3 참조)

웜기어 쌍에 일어나는 큰 하중과 높은 미끄럼 속도의 조합은 축과 저널 베어링의 경우와 다소 유사하다. 청동과 경화된 강철은 웜기어 쌍이나 축과 저널 베어링에 모두 사용된다. 청동 부품은 '닳아져서' 접촉 영역을 증가시킨다.

서두에 언급한 바와 같이, 이 절에서는 복잡한 주제를 간략하게 다루었다. 예를 들어 표 15.1, 15.2, 15.3에서 평기어에 대하여 주어졌던 것들에 상응하는 계수들이 비록 분명히 웜기어 용량에 영향을 미치지만 여기서는 언급하지 않았다.

16.13 웜기어의 열용량

웜기어 쌍의 연속 정격용량은 기어와 윤활유의 온도를 과도하게 올리지 않고 마찰열을 발산시킬 수 있는 하우징의 능력에 의하여 제한된다. 보통 오일 온도는 원활한 작동을 위해 200°F (93°C)를 넘으면 안 된다. 온도상승과 열 발산율의 기본적인 관계는 앞에서 저널 베어링에 적용되었다.

$$H = CA(t_o - t_a) \quad \textbf{(13.13, 반복)}$$

여기서

H=열 발산율(ft·lb/min)
C=하우징의 표면적에 대한 열전달계수(ft·lb/min/ft^2/°F)
A=하우징 외부 표면적(ft^2)
t_o=오일 온도(허용치는 보통 160°~200°F이다)
t_a=주위 공기 온도(°F)

통상의 하우징 설계를 위한 A 값은 다음 식[3]에서 대략적으로 계산될 수 있다.

$$A = 0.3c^{1.7} \quad \textbf{(16.42)}$$

여기서 A는 ft^2, c(축간거리)는 인치 단위이다.

C의 대략적인 산출 값은 그림 16.25로부터 얻을 수 있다. 그림 16.26은 냉각을 위하여 웜 축에 설치된 팬의 예를 보여 준다.

식 (16.42)와 그림 16.25에서 곡선의 대략적인 특성은 강조되어야 한다. 냉각핀을 붙임으로써 하우징 표면적은 식 (16.42)에서 계산된 값보다 더 크게 만들어질 수 있다. 외부 열

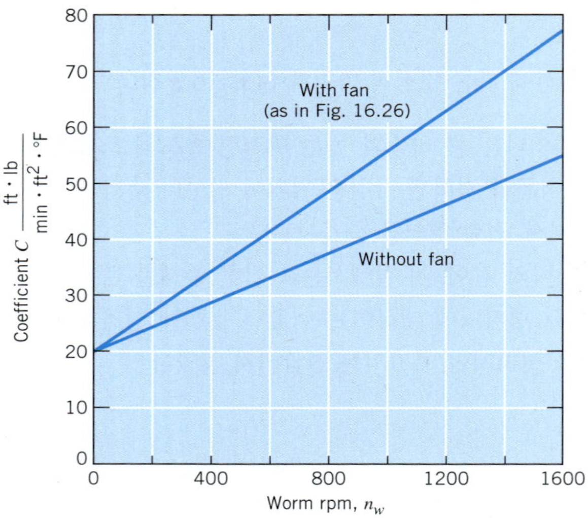

그림 16.25 웜기어 하우징의 추정된 열전달계수, C.(H. Walker, "Thermal Rating of Worm Gear Boxes," *Proc. Inst. Mech. Engrs.*, 151, 1944.)

[3] 베이스, 플랜지, 핀들을 제외한 최소 하우징 면적으로 추천.

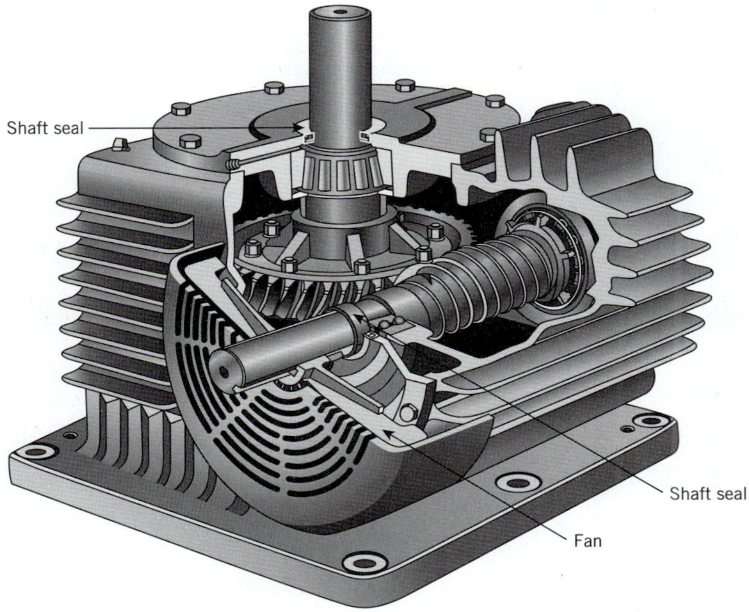

그림 16.26 열전달을 증가시키기 위한 팬과 핀을 설치한 웜기어 감속기.

교환기로 오일을 냉각시키거나 기어가 맞물리는 곳에 냉각된 기름을 직접 분사함으로써 냉각이 원활하게 이루어질 수 있다.

열전달이 매우 심각하게 고려되는 곳에서는 실제 작동조건에서 신뢰할 만한 데이터를 얻는 것이 중요하다.

예제 16.3D SAMPLE PROBLEM 웜기어 감속기 설계

11:1 비율의 웜기어 감속기가 표면경화된 강철제 웜과 주조(chill-cast)된 청동기어를 사용하여 설계되었다. 중심거리는 약 6 in.가 되어야 한다. 웜은 1200 rpm 모터에 의하여 구동될 것이다. d_w, d_g, N_w, N_g, p, λ와 ϕ_n 값을 결정하라. 전달마력과 감속기의 효율을 산출하라. 개별 축 상에 설치될 수 있도록 웜은 구멍을 낼 수 있는가?

풀이 SOLUTION

제시자료: 주어진 웜기어 쌍은 정해진 속도비를 내야 한다. 웜의 회전 속도, 웜과 기어의 재료, 그리고 중심거리의 근사치가 주어져 있다(그림 16.27 참조).

목표:

a. d_w , d_g , N_w , N_g , p , λ와 ϕ_n 의 근삿값을 구하라.

b. 전달마력과 효율을 산출하라.

c. 웜이 축에 설치될 수 있도록 구멍을 낼 수 있는가?

개요도 및 데이터:

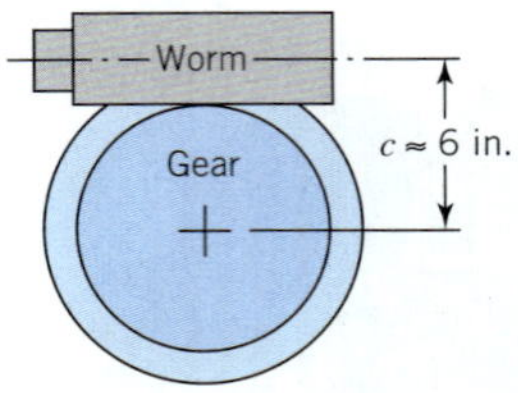

그림 16.27 예제 16.3을 위한 웜기어 쌍.

판단: 감속기는 팬 냉각이 아니다. 설계 해석을 통해 요구되는 대로 다른 방안이 만들어진다.

가정:

1. 웜과 기어는 상호 수직축에서 잘 맞물리도록 설치되고 정렬된다.
2. 모든 이의 하중은 기어 이폭의 중간 평면의 피치점에 전달된다.

설계 해석:

1. 식 (16.26)에서 $N_g/N_w=11$, 식 (16.27)에서, $N_g+N_w > 40$이다. 따라서 $N_w=4$, $N_g=44$를 선택한다.
2. 높은 효율을 위하여 그림 10.8은 λ가 가능한 한 커야 한다는 것을 나타낸다. 희망하는 값은 35°에 가깝다. 표 16.2에서 $\phi_n=25°$를 선택한다.
3. 큰 λ 값을 얻기 위하여, d_w는 작아야 한다. 6 in. 중심거리에 대하여, 식 (16.28)에 의해 허용되는 d_w의 최솟값은 $6^{0.875}/3=1.60$ in.이다. 이 경우 기어의 지름이 10.4 in.로 되며, 원주피치 $p=d_g\pi/N_g=10.4\pi/44=0.7425$ in.이다. 그러므로 표준 원주피치 $p=0.75$ in.를 선택한다.
4. p 값의 약간의 증가는 더 큰 기어를 얻게 하며, 보통 권장되는 범위보다 약간 작은 웜을 만들거나 중심거리를 증가시키는 것 사이에서 선택하도록 요구한다. 후자를 선택하면 $d_g=44(0.75)/\pi=10.50$ in.이다. $d_w=1.60$ in.을 사용하면, 중심거리가 6.05 in.가 된다. $c=6\frac{1}{8}$ in.와 같이 분모가 짝수인 분수로 선택한다. 상응하는 웜지름은 $12.25-10.50=1.75$ in.이다.(이것은 최솟값 $6.125^{0.875}/3=1.63$ in.보다 약간 더 크다는 것을 숙지하라.) 따라서 $d_g=10.50$ in., $d_w=1.75$ in., $c=6.125$ in.이다.
5. 식 (16.29)로부터 구멍을 낼 수 있는(축 끼워맞춤을 위한) 최소의 웜지름은

$$d_w = 2.4(0.75) + 1.1 = 2.9 \text{ in.}$$

6. 식 (10.1)로부터 $\tan\lambda=L/\pi d_w=N_w p/\pi d_w=(4)(0.75)/(1.75)\pi$, 즉 $\lambda=28.62°$이다.
7. 효율을 산출하기 위해서는 먼저 마찰계수를 구해야 한다. 이를 위해 V_s를 찾아야 하며, 이는 V_g 값을 알 것을 요구한다.

$$V_g = \pi d_g n_g = \pi(10.5/12)(1200/11) = 300 \text{ fpm}$$

식 (16.35)로부터 $V_s=300/\sin 28.62°=626$ fpm. 그림 16.23으로부터 f는 0.027로 추정된다. 식 (16.34)로부터

$$e = \frac{\cos 25° - 0.027 \tan 28.62°}{\cos 25° + 0.027 \cot 28.62°} = 93.3 \text{ percent}$$

이것은 그림 10.8과 일치한다. 베어링, 축 밀봉, 그리고 오일 교반현상 손실은 효율을 약간 감소시키는 것에 주목하라. 아마 92% 정도가 될 것이다.

8. 기어 이폭은 웜 바깥지름의 절반에 가까워야 한다(크지는 않아야 한다). 웜의 바깥지름은 웜의 피치원 지름(d_w)에 이끝높이의 2배를 더한 값이다. 비록 치형이 $1/P=p/\pi=0.75/\pi=0.24$ in.인 표준 이끝높이와 꼭 일치할 필요는 없지만, 이것은 우리의 목적상 충분히 정확하다. 그러므로 $d_w \approx 2.23$ in.이고, 이폭은 1.11 in.로 제한된다. 짝수치수인 $b=1$ in.를 선택한다.

9. 300 fpm의 기어접선속도에 대한 속도계수는 그림 15.24의 곡선 D에서 1.25로 결정된다. 식 (16.39)에서 동하중은 $F_d=1.25F_{gt}$이다.

10. 식 (16.40)으로부터 강도용량은

$$F_s = (24{,}000 \text{ psi})(1 \text{ in.})(0.75 \text{ in.})(0.150) = 2700 \text{ lb}$$

이다. F_d와 F_s가 같도록 하면, 강도 한곗값 $F_{gt}=2700/1.25=2160$ lb를 얻는다. 대응하는 기어동력은 (300 fpm)(2600 lb)/33,000=19.6 hp이다.

11. 식 (16.41)로부터 마멸용량은

$$F_w = (10.5 \text{ in.})(1 \text{ in.})(180 \text{ lb/in.}) = 1890 \text{ lb}$$

이다. F_d와 F_w가 같도록 하면, 마멸 한곗값 $F_{gt}=1890/1.25=1512$ lb를 얻는다. 대응하는 기어동력은 13.7 hp이다.

12. 온도상승은 100°F로 제한하기 위하여 하우징의 열 발산용량을 계산한다. 그림 16.25로부터 $C=45$(팬이 없다고 가정)이고, 식 (16.42)로부터 $A=0.3(6.125)^{1.7}=6.53$ ft^{2}이다. 식 (13.13)(16.3절에서 반복했음)에서

$$H = (45)(6.53)(100) = 29{,}385 \text{ ft} \cdot \text{lb/min} = 0.89 \text{ hp}$$

13. 전체 효율은 7단계에서 구한 92%로 하면, 0.89 hp의 열 발산은 입력 또는 웜동력의 8%에 해당하는 것을 나타낸다. 그러므로 입력동력=0.89/0.08=11.1 hp이고, 출력 또는 기어동력은 (0.92)(11.1)=10.2 hp이다.

14. 특별한 냉각설비 없이 기어 감속기는 거의 11 hp의 추정된 입력용량을 가진다(출력은 약 10 hp). 충분한 냉각을 할 때, 그 용량은 '마멸'에 의하여 제한되는데, 13.7 hp의 출력(기어마력)과 14.9 hp의 입력(웜마력)이 된다. 이것은 반올림하면 입력 15(0.08)=1.2 hp이며, (1.2−0.89)/0.89=35%가 증가될 것이다. 그림 16.25는 웜축에 팬을 추가해서 냉각용량이 36%까지 증가됨을 가리킨다(C는 45에서 61까지 증가한다). 따라서 팬을 붙인 경우, 15마력의 정격입력이 괜찮아 보인다. 많은 경험으로 추정해 보건대, 실험결과에 근거한 최종 정격은 약간 차이가 날 것이다.

주석: 위에서 언급되지 않은 감속기 설계의 중요한 사항은 다음과 같다: (1) 웜 이뿌리지름과 양쪽의 축지름이 비틀림, 굽힘과 축 하중을 전달하는 데 적당한가? (2) 하우징 강성, 베어링 위치, 축 지름은 웜과 기어의 장착에 충분한 강성을 공급하는가? (3) 하우징에 알맞은 등급과 양의 깨끗한 윤활유를 공급하는가? (4) 축 오일 실은 윤활유의 누출을 방지하는 데 적당한가?

참고문헌 REFERENCES

1. Buckingham, Earle, *Analytical Mechanics of Gears*, McGraw-Hill, New York, 1949.
2. Buckingham, Earle, and H. H. Ryffel, *Design of Worm and Spiral Gears*, Industrial Press, New York, 1960.
3. "1979 Mechanical Drives Reference Issue," *Machine Design*, Penton/IPC, Cleveland, June 29, 1979.
4. Standards of the American Gear Manufacturers Association, Alexandria, Va.
5. Dudley, D. W., *Handbook of Practical Gear Design*, CRC Press, Boca Raton, Fl., 1994.

연습문제 PROBLEMS

Section 16.2

16.1 Section 15.2 gave the normal range of spur gear face widths as 9/*P* to 14/*P*, and Section 16.2 stated that it is usually desirable to make $b \geq 2.0p_a$. Accordingly, it is desired to make a helical gear with face width equal to 13/*P* and also equal to $2.2p_a$. What helix angle is required to do this? How does this compare with the commonly used range of helix angles cited in Section 16.2? Refer to Figure P16.1.
[Ans.: 28°]

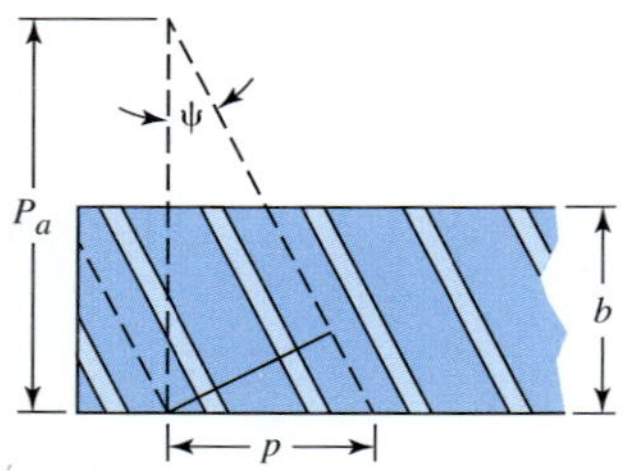

FIGURE P16.1

16.2 A 25-tooth helical gear with $\psi = 20°$ has a 25° pressure angle in the plane of rotation. What is the pressure angle in the normal plane, ϕ_n, and the equivalent number of teeth, N_e? What pressure angle and number of teeth would a straight spur gear tooth of comparable bending strength have?

16.3 A 27-tooth helical gear with $\psi = 25°$ has a 20° pressure angle in the plane of rotation. What is the pressure angle in the normal plane, ϕ_n, and the equivalent number of teeth, N_e? What pressure angle and number of teeth would a straight spur gear tooth of comparable bending strength have?

16.4 It is desired to make a helical gear with face width equal to 12/*P* and also equal to $2.0\,p_a$. What helix angle is required to do this? How does this compare with the commonly used range of helix angles of 15° to 30°?

16.5 Determine the required gear center distance for two meshing helical gears that have parallel shafts. The gears were cut with a hob with a normal circular pitch of 13.30 mm. The helix angle is 30°, and the speed ratio is 2 : 1. The pinion has 35 teeth.

16.6 A 30-tooth helical gear with $\psi = 25°$ has a 20° pressure angle in the plane of rotation. What is the pressure angle in the normal plane, ϕ_n, and the equivalent number of teeth, N_e? What pressure angle and number of teeth would a straight spur gear tooth of comparable bending strength have?

16.7 Two meshing helical gears have parallel shafts. The gears were cut with a hob with a normal circular pitch of 13.30 mm. The gear center distance is 225 mm, and the speed ratio is 2 : 1. The pinion has 35 teeth. Determine the required helix angle.

16.8 A simple planetary train with 18 teeth in the sun and 114 teeth in the ring is used in an aircraft gearbox. The teeth have a 3-mm module in the normal plane, and the helix angle is 0.40 rad. The manufacturer wishes to replace the original gearing with a 24-tooth sun and a 108-tooth ring using the same arm. What is the helix angle for the replacement gears if teeth of the same module are used?

16.9 An industrial machine utilizes a simple planetary train with 24 teeth in the sun and 120 in the ring. The teeth have a 4-mm module in the normal plane, and the helix angle is 0.42 rad. The manufacturer wishes to make available optional gearing using the same arm, a 27-tooth sun and a 111-tooth ring. If teeth of the same module are used, what is the helix angle?

[Ans.: 0.5053 rad]

16.10 Figure P16.10 shows a double-reduction helical-gear arrangement used in an industrial machine. Modules in the normal plane are 3.5 and 5 mm for the high- and low-speed gears, respectively. The helix angle of the high-speed gears is 0.44 rad.

(a) What is the total speed reduction provided by the four gears?

(b) What is the helix angle of the low-speed gears?

(c) If the low-speed gears are replaced by 24- and 34-tooth gears of the same modulus, what helix angle must they have?

[Ans.: 5.0, 0.3944 rad, 0.4680 rad]

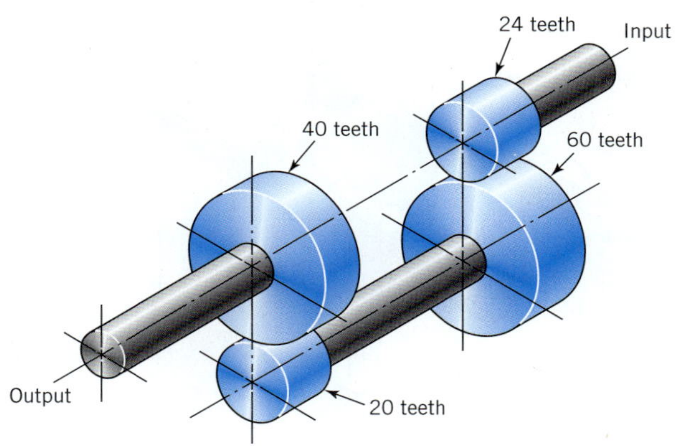

FIGURE P16.10

16.11D A capstan winch incorporates a pair of spur gears with 20 and 60 teeth, $b = 50$ mm, and $m = 4.0$ mm. In order to provide quieter operation, these are to be replaced by helical gears. For reasons of strength, it is desired to use gears with $m = 4.0$ mm in the normal plane. Determine a suitable combination of numbers of teeth and helix angle.

16.12D A gear reducer incorporates a pair of spur gears with 25 and 50 teeth, $b = 115$ mm, and $m = 10.0$ mm. In order to provide quieter operation, these are to be replaced by helical gears. For reasons of strength, it is desired to use gears with $m = 10.0$ mm in the normal plane. Determine a suitable combination of numbers of teeth and helix angle.

Section 16.3

16.13 Repeat Sample Problem 16.1 with the following changes: motor 750 W, motor rpm = 2500, 20 pinion teeth, m = 2 mm, $\psi = 25°$, with right-hand helix on pinion, gear rpm = 1250.

16.14 A helical gear reducer similar to the one in Figure 16.7 transmits 2 hp with a speed reduction ratio of 3.0. The gear has 75 teeth and rotates 300 rpm. $\phi_n = 20°$, $\psi_g = 25°$ (right hand), $P_n = 12$, and $b = 1$ in. Determine N_p, ψ_p (and hand of helix), ϕ, P, d_p, d_g, V, ratio of b/p_a, and forces F_t, F_r, and F_a. Make a sketch like Figure 16.7*b* showing the directions of the forces acting on the pinion if the pinion rotates opposite the direction shown in Figure 16.7*b*.

[Ans., in order: 25 teeth, 25° left hand, 21.88°, 10.88 teeth/in., 2.30 in., 6.90 in., 541.9 ft/min, 1.61, 121.79 lb, 48.91 lb, 56.79 lb]

16.15 The helical gear reducer represented in Figure P16.15 is driven at 1000 rpm by a motor developing 15 kW. The teeth have $\psi = 0.50$ rad and $\phi_n = 0.35$ rad. Pitch diameters are 70 mm and 210 mm for pinion and gear. Determine the magnitude and direction of the three components of the gear-tooth force. Make a sketch like the one in the figure except with the shafts separated vertically, and show all tooth force components acting on both gears.

[Ans.: $F_t = 4092$ N, $F_r = 1702$ N, $F_a = 2235$ N]

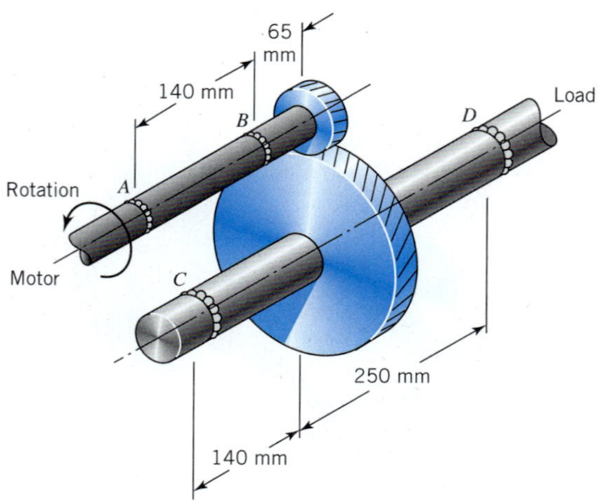

FIGURE P16.15

16.16 The four helical gears shown in Figure P16.16 have a module in the normal plane of 4 mm and a pressure angle in the normal plane of 0.35 rad. The motor shaft rotates 550 rpm and transmits 20 kW. Other data are on the drawing.

(a) What is the speed ratio between the motor (input) and output shafts?

(b) Determine all force components that the 20-tooth pinion applies to the 50-tooth gear. Make a sketch showing these forces applied to the gear.

(c) The same as part (b), except for the force components that the 50-tooth gear exerts on the 25-tooth pinion.

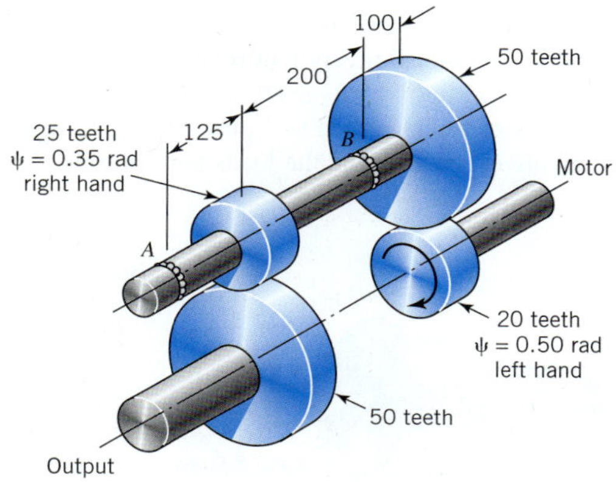

FIGURE P16.16

Section 16.4

16.17D Review the web site http://www.bisongear.com. From the products line, select a speed reducer for a $\frac{1}{8}$ horsepower motor.

(a) List the available speed reducer ratios for a $\frac{1}{8}$ horsepower motor.

(b) List the gearbox output torques for each gear ratio.

(c) List the gearbox maximum torque for each ratio.

(d) If an overload torque of three times the output torque is required, what would be the maximum gearbox ratio for a $\frac{1}{8}$ hp motor at 1725 rpm?

16.18 A helical gear reducer is to be used with a 1500-rpm electric motor and a 500-rpm load which involves a moderate amount of shock. The 25-tooth pinion has $m_n = 3$ mm, $b = 45$ mm, $\phi_n = 20°$, and $\psi = 26°$. Both gears are made of AISI 8620 steel, with surfaces carburized to give properties listed in Appendix C-7. Manufacturing precision corresponds to curve *B* of Chapter 15, Figure 15.24. Estimate the horsepower that can be transmitted for 10^7 pinion revolutions with 99% reliability and a safety factor of 2. Check for both bending and surface fatigue.

16.19 A pair of helical gears mounted on parallel shafts have $P_n = 6$, $\phi_n = 20°$, and $b = 4$ in. The 32-tooth pinion and 48-tooth gear are made of steel having 400 Bhn and 350 Bhn, respectively. Manufacturing precision corresponds to curve *C* of Figure 15.24. Center distance is 7.5 in.

(a) What helix angle is required?

(b) Estimate the horsepower that can be transmitted for 10^7 pinion revolutions with 99% reliability and a safety factor of 2.5 if the driving motor rotates 1200 rpm and involves light shock and the driven load involves medium shock. Check for both bending and surface fatigue.

16.20D Suggest a suitable design for a pair of helical gears to transmit 100 hp between a 2400-rpm electric motor and an 800-rpm load that is essentially free of shock. Forty-hour-per-week operation is anticipated. State a satisfactory combination of pitch, numbers of teeth, helix angle, pressure angle, face width, manufacturing accuracy, material, and hardness.

Section 16.7

16.21 A pair of straight-tooth bevel gears mounted on perpendicular shafts transmits 25 kW at 1000 rpm of the 36-tooth pinion—see Figure P16.21. The gear turns 400 rpm. Face width is 50 mm, m = 4 mm, and $\phi = 20°$. Make a sketch of the pinion showing (a) an assumed direction of rotation, (b) the direction and magnitude of torque applied to the pinion by its shaft, and (c) the direction and magnitude of the three components of force applied to a pinion tooth by a gear tooth. Make a corresponding drawing of the gear and the loads applied to it.

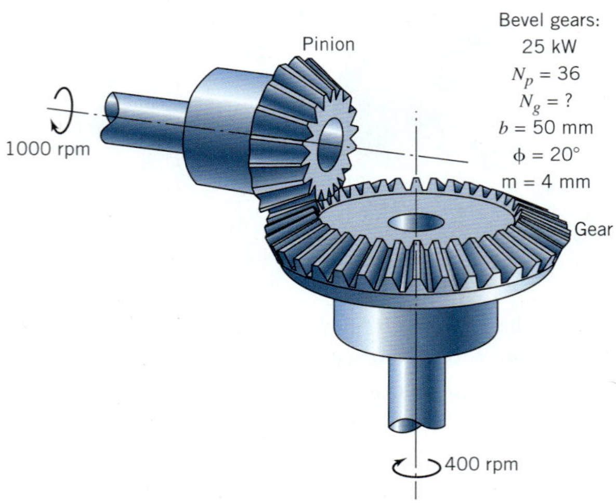

FIGURE P16.21

16.22 A pair of straight-tooth bevel gears mounted on perpendicular shafts transmits 50 hp and 1500 rpm of the 30-tooth pinion. The gear has 60 teeth. Face width is 3.0 in., $P = 6$, and $\phi = 20°$. The gear is mounted in the center of a simply supported shaft with a 6-in. span between bearings. Thrust is taken by the bearing having the lighter radial load. Output torque is taken by a flexible coupling connected to a driven machine. Make a sketch of the gear and shaft assembly as a free body in equilibrium.

Section 16.8

16.23 A 1200-rpm electric motor drives a belt conveyor (which imposes moderate shock loading to the drive train) through a straight-tooth bevel gear reduction unit. $N_p = 20$, $N_g = 50$, $P = 10$, $b = 1$ in., and $\phi = 20°$. Both gears are made of steel having a hardness of 300 Bhn. The gear is straddle-mounted and the pinion is overhung, providing a mounting considered to be reasonably good from the standpoint of rigidity. The gears are manufactured to standards corresponding to curve B of Chapter 15, Figure 15.24. The design life is 7 years of 1500 hours/year operation. Estimate the horsepower that can be transmitted at 99% gear reliability.

[Ans.: About 1.6 hp]

16.24D Determine an appropriate combination of materials, hardnesses, and manufacturing precision for the gears in Problem 16.21. (State any necessary decisions and assumptions.)

16.25D Determine an appropriate combination of materials, hardnesses, and manufacturing precision for the gears in Problem 16.22. (State any necessary decisions and assumptions. Refer to Figure P16.25D.)

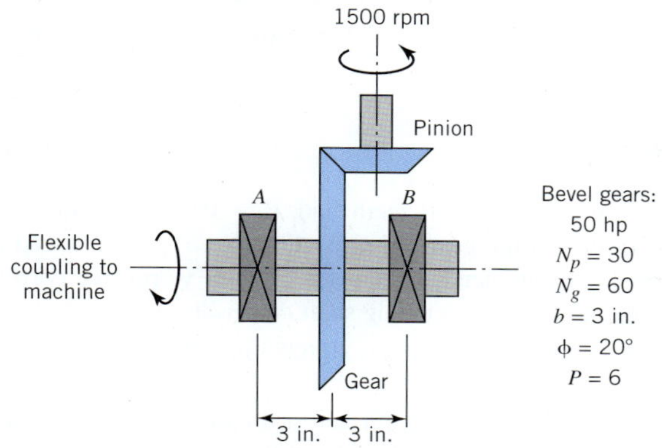

FIGURE P16.25D

16.26D Review the web site http://www.andantex.com. (a) From the product line, select a right angle drive that provides a 2 : 1 ratio for a 1250 rpm output speed at 100 in. lb of output torque. (b) What size of right angle drive would be appropriate for an application that requires a maximum noise level of less than 80 dB?

16.27D Review the web site http://www.grainger.com. Perform a product search for a *spiral bevel gear set.* Select a spiral bevel gear set with 14 pitch gears and a 2 : 1 ratio. List the manufacturer, description, and price of the gear set.

16.28D Write a report reviewing the web site http://www.pt.rexnord.com. From a mechanical engineer's viewpoint interested in gear drives, discuss the content, usefulness, ease of use, and clarity of the site. Identify the available search tools.

16.29D Repeat Problem 16.28D, except evaluate the web site http://www.renold.com.

16.30D Repeat Problem 16.28D, except review the web site http://www.cloyes.com.

16.31D Repeat Problem 16.28D, except evaluate the web site http://www.lufkin.com.

Section 16.9

16.32 An automobile with a standard differential is stuck on an icy road, to the extent that the car does not move. The frustrated (and not very intelligent!) driver floors the accelerator and notes that the speedometer reads 75 mph. To what normal car speed does the rotation of the spinning wheel correspond? (This illustrates the kind of "foreseeable abuse" that the engineer needs to take into consideration.)

16.33 An automobile with a standard differential turns sharply to the left. The left driving wheel turns on a 20-m radius. Distance between right and left wheels is 1.5 m. What are the rotating speeds of each driving wheel as fractions of the drive shaft speed?

16.34 In Figure 16.18, call the radius from the axis of the axle shafts to the resultant gear-tooth forces "r," and call the torque applied to the arm "T." Make a sketch, showing as free bodies in equilibrium (with all load directions and magnitudes shown):

(a) The assembly composed of the arm, two pinions P, and their shafts.

(b) The portion shown of the right axle, with gear R attached.

(c) The portion shown of the left axle, with gear S attached.

Section 16.10

16.35 A worm gear with 50 teeth and $P = 10$ mates with a double-threaded worm. Determine (a) the gear ratio, (b) diameter of gear, (c) lead of worm, (d) minimum normally recommended diameter of shell worm, (e) corresponding lead angle of worm, and (f) corresponding shaft center distance.

[Ans.: (a) 25 : 1, (b) 5.0 in., (c) 0.6283 in., (d) 1.854 in., (e) 6.16°, (f) 3.427 in.]

16.36 A worm gear with 55 teeth and a double-threaded worm are to be mounted with an 8-in. center distance—see Figure P16.36. The worm diameter is to be as small as Eq. 16.28 will permit and still use an integral gear diametral pitch. Determine P, d_g, d_w, and λ.

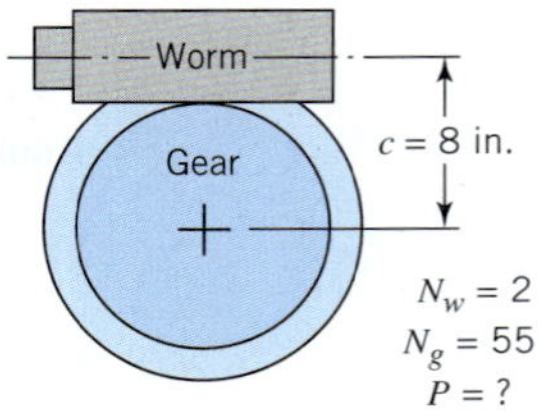

FIGURE P16.36

Section 16.11

16.37 A worm gear reducer driven by a 1200-rpm motor has a chill-cast bronze gear and a hardened-steel worm. $N_w = 3$, $N_g = 45$, $m = 12$ mm, $c = 110$ mm, $b = 25$ mm, and $\phi_n = 20°$.

(a) Determine d_g, d_w, and L.

(b) Does the worm correspond to recommended proportions for maximum power-transmitting capacity? Is the worm large enough to be bored and mounted over a separate shaft?

(c) Estimate the efficiency using Eq. 16.34, and check the result with Figure 10.8. Is the unit self-locking?

16.38 A 1200-rpm motor delivers 2.5 hp to the worm in Problem 16.37. The coefficient of friction is estimated to be 0.029. Determine the magnitude of all gear-tooth force components. Show these acting on both members for a counterclockwise-driven, right-hand worm. Use a sketch similar to Figure 16.20. Compute the efficiency of the unit from the relative rotating speeds and the torques indicated by your free-body sketches.

16.39 A worm gear speed reducer has a right-hand triple-threaded worm, 16 : 1 velocity ratio, $p = 0.25$ in., $\phi_n = 20°$, and $c = 2.500$ in. The worm is driven by a 1000-rpm motor delivering $\frac{1}{2}$ hp. The worm is hardened steel and the gear is chill-cast bronze; $b = 0.5$ in.

(a) Determine d_w, d_g, N_g, and λ. Compare d_w with recommended values for maximum power-transmitting capacity.

(b) Estimate the coefficient of friction and the efficiency of the gears.

(c) Based on your estimated coefficient of friction, determine all force components applied to the worm and to the gear. Show these on a sketch similar to Figure 16.20 for clockwise motor rotation as viewed from the worm.

(d) Compute the worm torque, gear torque, and gear power output. From the gear power output, check the previously determined value of efficiency.

Sections 16.12 and 16.13

16.40 Estimate the steady-state power input and power output capacity of the reducer in Problems 16.37 and 16.38 (with worm driven by a 1200-rpm motor), based on bending and surface fatigue considerations—see Figure P16.40. What, if any, special cooling provisions would be needed for operation at this capacity?

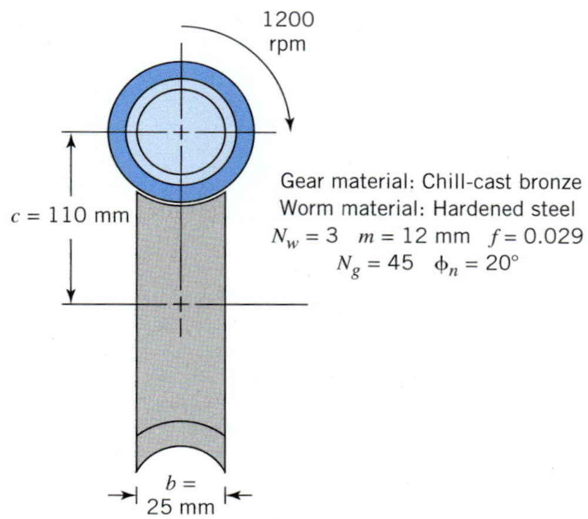

FIGURE P16.40

16.41 Estimate the safety factor with respect to bending fatigue and with respect to surface fatigue for the worm gear reducer operation described in Problem 16.39. Estimate the steady-state oil temperature if the ambient air temperature is 100°F and the reducer is equipped with an integral fan on the end of the worm shaft.

16.42D The lubrication of gears and gear systems is important for successful, efficient operation. Search the Internet and identify and discuss typical methods of providing lubrication for gear systems.

16.43 Search for information on wear damage to plastic worms and worm gears and list several articles dealing with this topic.

축 및 관련 부품

17

17.1 개요

축(shaft)은 보통 회전하면서 동력을 전달하는 원형 단면의 비교적 긴 부재를 가리킨다. 축에는 대개 기어나 스프로킷, 풀리, 캠과 같은 부재들이 한 개 또는 여러 개씩 핀, 키, 스플라인, 스냅 링 등으로 부착된다. 후자들은 이 장의 후반부에 다룰 동력원과 축을 연결하는 커플링과 유니버설 조인트와 함께 축 관련 부품으로 분류된다.

축의 단면은 원형이 아닐 수도 있으며 회전하지 않을 수도 있다. 즉 움직이지 않으면서 회전하는 부재를 지지하기도 한다. 자동차의 정지 차축이 이에 해당한다. 아이들러 기어(idler gear)가 달린 축(그림 15.18, 그림 15.22)은 그 기어가 축에 고정되어 있느냐 혹은 베어링을 통해 지지되어 있느냐에 따라 회전하거나 정지되어 있을 수 있다. 차량 바퀴를 지지하고 구동시키는 축을 **차축**(axle)이라 하기도 한다.

굽힘, 비틀림, 축 하중 등이 다양하게 조합되어 축에 가해질 수 있으며, 하중은 정적이거나 동적일 수 있다. 전형적인 예로서 동력을 전달하는 회전축은 일정한 토크(평균 비틀림 응력 성분을 생성)를 받으면서 완전히 방향이 바뀌는 굽힘력(변동 굽힘응력을 생성)도 함께 받는다. 예제 8.3과 8.4(8.11절)는 정하중과 변동 하중을 받는 축에 피로 해석을 적용하는 과정을 보여 주고 있다.

강도조건을 만족시키는 것 외에, 축의 변형이 허용 한계 내에 있도록 설계되어야 한다. 축에 지나친 처짐(lateral deflection)은 기어성능을 떨어뜨리고 불쾌한 소음을 일으킬 수 있다. 동반되는 각 변형(angular deflection)은 자동조심형(self-aligning)이 아닌 베어링(구름베어링이든 미끄럼베어링이든)에 상당한 손상을 입힐 수 있다. 비틀림 변형은 캠이나 기어 구동장치의 정확도에 영향을 준다. 게다가 축의 유연성(굽힘 또는 비틀림에 대한)이 커질수록 축의 위험속도는 낮아진다.

17.2 축 베어링 설비

기어, 풀리, 캠 등이 부착된 회전축은 베어링(13장과 14장)으로 지지되어야 한다. 두 개의 베어링이 반경방향 힘을 잘 지탱하여 축의 굽힘과 처짐이 허용값 이내로 충분히 제한된다면, 이는 매우 바람직한 것이며 제작도 단순화된다. 적절한 지지와 강성을 얻기 위해서 세 개 혹은 그 이상의 베어링이 사용될 때에는 이 베어링들이 지지 구조물에 정확히 정렬되도록 하여야 한다(예로서 엔진 크랭크축을 지지하는 세 개 혹은 그 이상의 주 베어링들처럼).

스러스트를 지지하고 축방향으로 위치를 잡도록 하기 위하여 베어링을 사용할 때, 한 방향의 스러스트를 하나의 스러스트 베어링만이 받도록 하여야 한다. 그 이유는 14.8절에 나와 있다. 스러스트를 적절히 지지하고 있는 예가 그림 14.17, 14.18과 13.1에 나와 있다. 때로는 스러스트를 두 개 이상의 미끄럼 베어링 스러스트 베어링으로 받치도록 할 수 있다(그림 13.1). 이러한 경우에는 어떤 작동조건에서도 '죔'이 일어나지 않도록 충분한 축방향 간극이 있어야 한다. 제품 공차는 초기 '길들임 마멸'이 될 때까지 한 베어링만이 스러스트를 받도록 할 정도가 되어야 한다.

축 베어링을 지지하는 부재는 충분한 강도와 강성을 갖도록 하는 것이 중요하다.

17.3 회전축에 설치되는 부품

때로는 기어나 캠 같은 부재들이 축과 일체로 만들어지기도 하지만 보통 이러한 부재들(풀리와 스프로킷 등을 포함해서)은 따로 만든 후에 설치하는 경우가 많다. 그림 14.17과 14.18이 기어를 예로서 보여 준다. 설치되어 있는 부재에서 축과 접촉하는 부분이 **허브**(hub)이다. 허브는 다양한 방법으로 축에 부착된다. 그림 14.17과 14.18에서 기어는 축방향으로 축단(shaft shoulder)과 스페이서(spacer) 사이에서 고정되고 **키**(key)를 통하여 토크를 전달한다. 그림 17.1은 여러 가지 키를 보여 준다. 키가 끼워지는 축과 허브의 홈을 **키홈**(keyway) 또는 **키자리**(keyseat)라 한다.

비교적 가벼운 하중을 전달할 때는 그림 17.2와 같은 핀이 사용된다. 핀은 축방향과 원주방향 하중을 함께 전달하기에 적합한 비교적 값싼 부품이다.

허브에 반경방향으로 파인 나사구멍에 **멈춤나사**(setscrew)를 죄어 허브와 축이 고정되도록 한다.[대개 축에 국부적으로 가공된 홈이나 평평한 면에 멈춤나사가 자리 잡도록 하여 멈춤나사를 꽉 끼울 때 생기는 뒤말림(burr)이 허브를 결합하고 분해하는 데 방해가 되지 않도록 한다.] 나사지름은 일반적으로 축지름의 4분의 1로 한다. 대개 두 개의 나사를 쓰고 90° 간격으로 띄운다. 멈춤나사는 비교적 가벼운 하중에 적합하며 가격이 저렴하다. 작동 중에 느슨해지지 않도록 특수한 설계를 하였더라도 느슨함이 안전상의 위험을 가져다줄 수 있는 장치에 사용할 때는 멈춤나사만을 사용해서는 안 된다(1.2절의 안전 예 3을 상기하라). 때로는 멈춤나사가 키와 함께 쓰이기도 한다. 대개 한 나사는 키에, 다른 한 나사는 축에 직접 밀어 넣어 축방향 움직임을 방지하는 데 사용된다.

허브와 베어링의 축방향 위치를 잡고 고정시키는 저렴하면서도 뛰어난 수단의 하나로 흔히 **스냅 링**(snap ring)이라고 불리는 **멈춤 링**(retaining ring)을 들 수 있다. 그림 17.3*a*는 사용 가능한 수많은 것들 중의 몇몇 종류를 보여 준다. 그림 17.7*b*에서 스냅 링이 *A*에 있는 베어링의 위치를 하우징과 축에 유지시키는 것을 보여 주고 있다. 축 스냅 링은 홈이 있어야

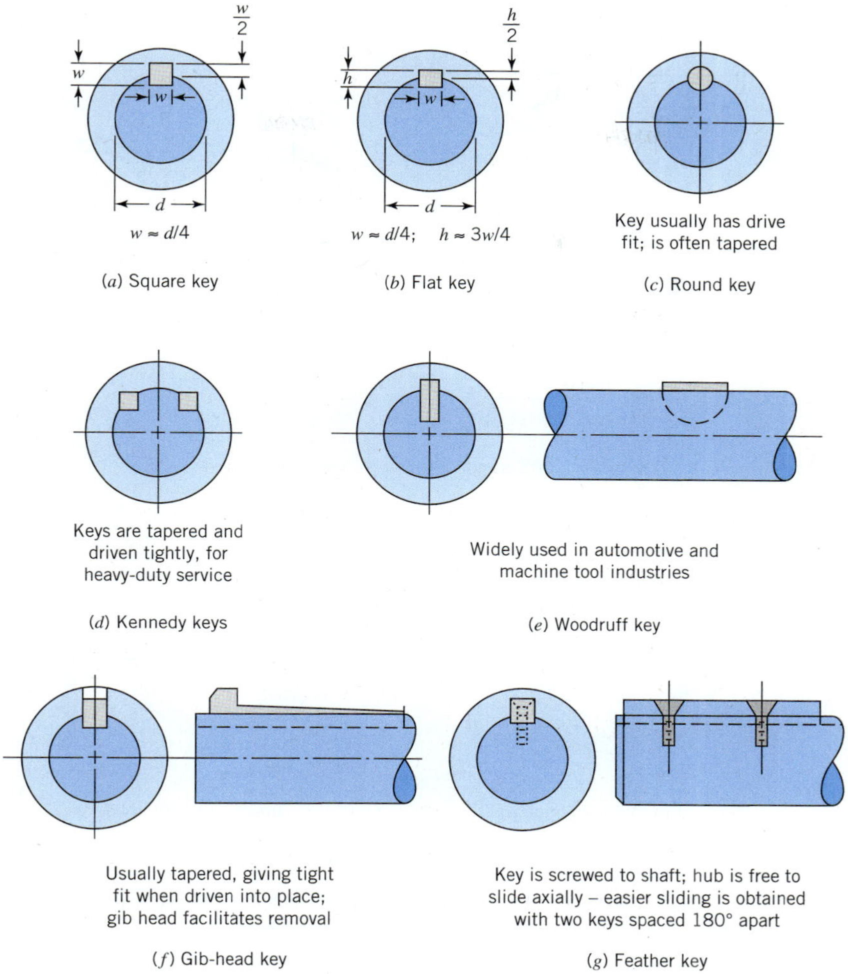

그림 17.1 축 키의 일반적인 유형.

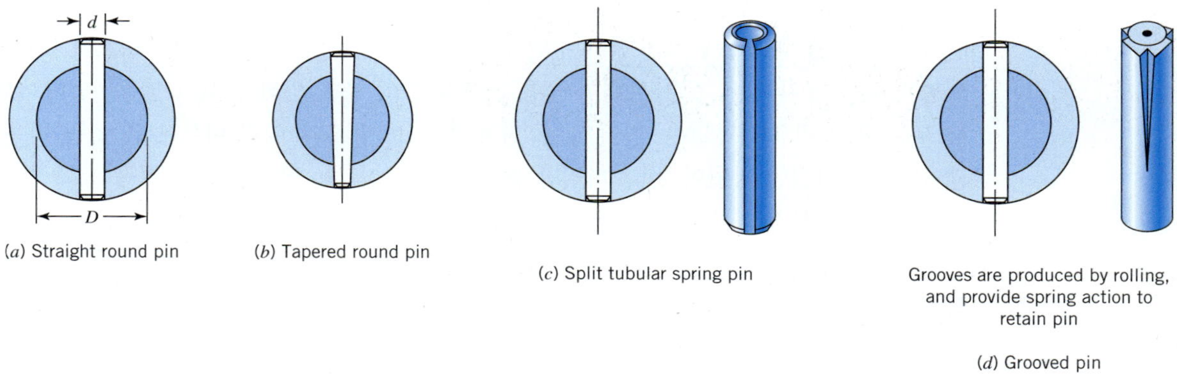

그림 17.2 축 핀의 일반적인 유형.(모든 핀은 제 위치에 들어가 있고, 안전을 위하여 핀들은 허브 위로 나오지 않아야 한다.)

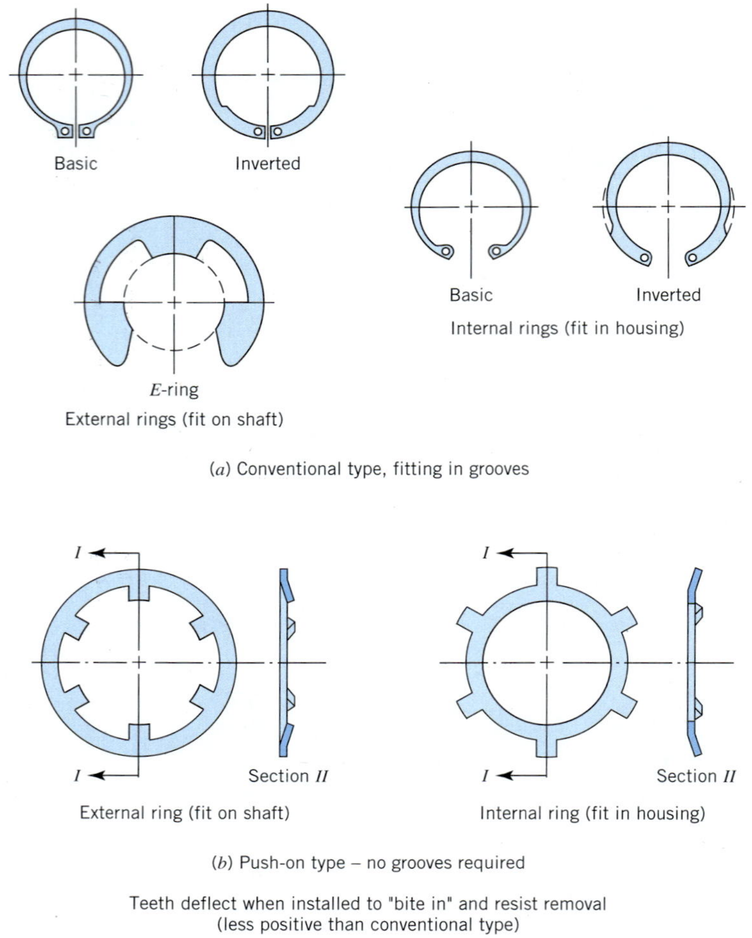

그림 17.3 멈춤 링의 일반적인 형태.(Rotor Clip Company, Inc. 제공.)

하고 이에 따라 축이 약하게 될 수 있지만 그림 17.7*b*처럼 응력이 작은 곳에 홈의 위치를 잡으면 문제가 되지 않는다. 그림 17.7*b*에서 허브 T_1과 T_2를 그 사이에 큰 지름이 필요한 축단 대신에 스냅 링으로 위치를 잡아 주면 축 가공비를 낮출 수 있을 것이다. 허브를 스냅 링으로 위치를 잡지 않은 것은 응력이 높은 곳에서 홈이 축을 약하게 하기 때문이었다. 그림 17.3*b*는 홈이 필요하지 않은 '밀어 넣는' 멈춤 링을 보여 준다. 이런 링은 부품 조립 비용을 줄이면서도 간결한 방법이 된다. 하지만 종래의 멈춤 링과는 달리 이들은 부품을 확실하고 정밀하게 위치시키고 고정시켜 주지 못한다.

아마도 축에 허브를 부착시키는 가장 단순한 방법은 허브 구멍을 축지름보다 작게 만들어 하는 **억지 끼워맞춤**(interference fit)일 것이다. 이는 프레스로 조립하거나 열로 허브를 팽창시켜서, 때로는 드라이아이스를 이용하여 축을 수축시켜 두 부품의 온도가 같아지기 전에 재빨리 끼워 넣어서 조립하는 것이다. 핀과 억지 끼워맞춤법을 함께 사용하기도 한다.

축과 허브에 **스플라인**을 가공하여 맞물리도록 한 것이 일반적으로 가장 강한 토크 전달

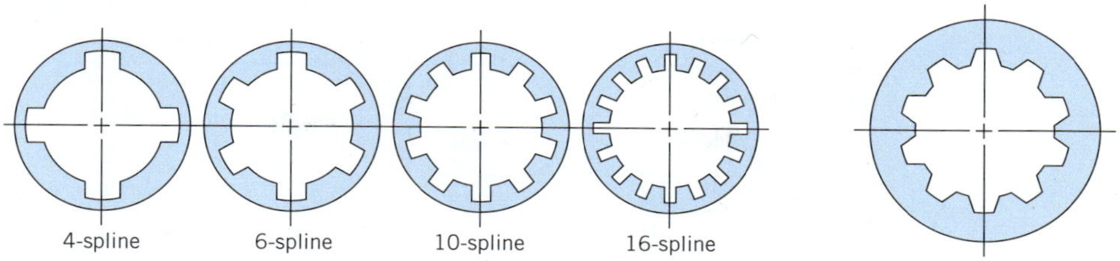

그림 17.4 스플라인의 일반적인 형태.

방법이다(그림 17.4). 스플라인과 키는 허브가 축방향으로 미끄러지도록 끼워맞출 수 있다.

키, 핀, 스플라인에 관한 더 많은 내용이 17.6절에 나와 있다.

17.4 회전축 동역학

회전축, 특히 고속으로 회전하는 축은 **위험속도**에서 작동하지 않도록 설계되어야 한다. 이는 1차 위험속도가 작동 범위보다 훨씬 높도록 충분한 횡방향 강성을 가져야 한다는 것을 의미한다. 비틀림 진동이 있는 경우(캠축, 엔진과 압축기의 크랭크축처럼)에는 추가적인 동역학적 요구조건이 부과된다. 축의 **비틀림 고유 진동 주파수**는 비틀림 입력 주파수에서 적절히 벗어나 있어야 한다. 이는 충분한 비틀림 강성을 주어서(그리고 낮은 회전관성을 갖도록 하여) 1차 비틀림 고유진동수가 입력 비틀림 교란주파수의 가장 높은 값보다 충분히 높도록 한다는 의미이다. 이 문제들은 기계진동학에서 자세히 다루므로 여기서는 간단하게 언급될 것이다.

횡방향 진동과 위험속도에 관련된 제작 및 운전상의 실질적 문제는 회전 시스템의 질량중심이 결코 회전중심과 **정확하게** 일치할 수 없다는 것이다. 그리하여 축의 회전속도가 증가할수록 질량중심에 작용하는 원심력이 축을 점점 더 휘게 하는 경향이 있다. 축이 휠수록 편심이 커지고 더 큰 원심력이 발생한다. 가장 낮은 회전위험속도 이하에서는 유한한 크기의 축 방향 변형만으로 원심력과 축의 탄성력이 평형을 이룬다. 위험속도에서는 이론적으로 평형상태를 이루기 위해서는 무한히 휘어야 하지만, 축 베어링, 공기저항, 그리고 내부 히스테리시스에 의한 감쇠 때문에 유한한 크기의 축 방향 변형으로 평형을 이룬다. 그러나 이 변형이 축을 파괴시킬 만큼 크거나, 회전 베어링이 견딜 수 없을 정도의 큰 하중을 일으키는 경우가 종종 있다. 위험속도보다 충분히 높은 회전에서는 질량중심이 회전중심으로 옮아감으로써 만족스러운 평형상태가 된다. 고속터빈에서처럼 특수한 상황에서는 평형상태의 큰 처짐에 이를 **시간**을 충분히 주지 않고 빨리 위험속도 영역을 지나감으로써 위험속도보다 훨씬 큰 속도에서 원활히 작동할 수 있다.

위험회전속도는 횡방향 고유진동수와 수치상 같다. 횡방향 고유진동수는 축중심으로 횡방향으로 이동시켰다가 갑자기 놓았을 때 발생하는 진동수이다. 질량이 없는 축이 하나의 집중 질량을 지지하는 '이상적인' 경우를 제외하고는 높은 주파수 영역에서 위험속도가 더 나타나게 된다. 기본 위험속도를 그림 17.5에서 식 (17.1)~(17.3)으로 요약해 놓았다. 식의

Configuration	Critical Speed Equation

(a) Single mass

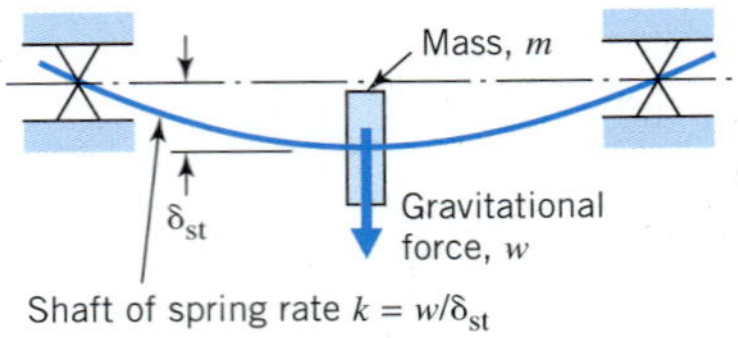

$$\omega_n = \sqrt{\frac{k}{m}} = \sqrt{\frac{kg}{w}} = \sqrt{\frac{g}{\delta_{st}}} \qquad \textbf{(17.1)}$$

$$n_c = \frac{30}{\pi}\sqrt{\frac{k}{m}} = \frac{30}{\pi}\sqrt{\frac{kg}{w}} = \frac{30}{\pi}\sqrt{\frac{g}{\delta_{st}}} \qquad \textbf{(17.1a)}$$

(b) Multiple masses

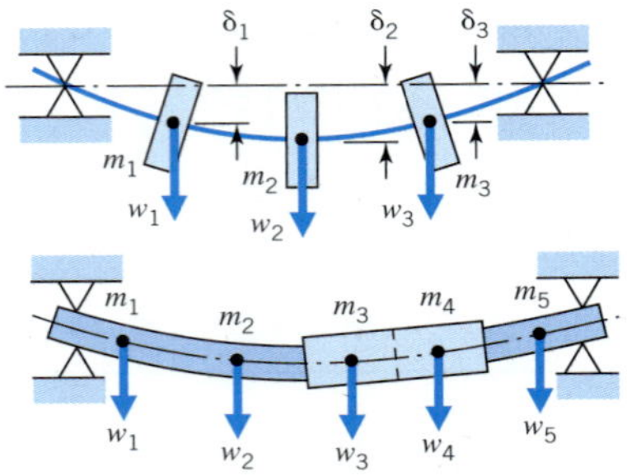

$$\left.\begin{aligned} n_c &\approx \frac{30}{\pi}\sqrt{\frac{g(w_1\delta_1 + w_2\delta_2 + \cdots)}{w_1\delta_1^2 + w_2\delta_2^2 + \cdots}} \\ n_c &\approx \frac{30}{\pi}\sqrt{\frac{g\,\Sigma w\delta}{\Sigma w\delta^2}} \end{aligned}\right\} \qquad \textbf{(17.2)}$$

(c) Shaft mass only

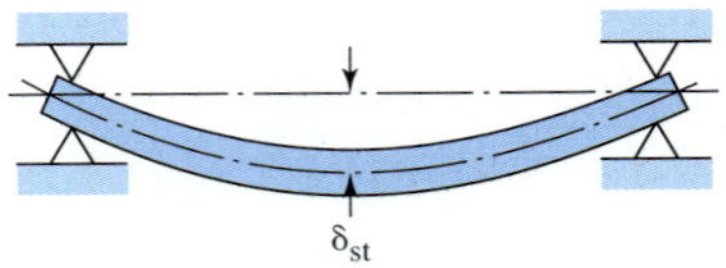

$$\omega_n \approx \sqrt{\frac{5g}{4\delta_{st}}} \qquad \textbf{(17.3)}$$

$$\delta_{st} = \frac{5wL^4}{384EI}$$

Quantity	Symbol	SI	British Gravitational
Mass	m	kg	lb · s^2/in. (slug)
Gravitational force	w	N	lb
Static deflection	δ_{st}	m	in.
Shaft spring rate	k	N/m	lb/in.
Acceleration of gravity	g	m/s^2	in./s^2
Natural frequency	ω_n	rad/s	rad/s
Critical speed	n_c	rpm	rpm

그림 17.5 축 위험속도(최저, 즉 기본).

유도는 일반적인 기초 진동 서적에 정리되어 있다.

식 (17.1)과 식 (17.1a)는 단일 질량(또는 회전체가 1개인 경우)의 처짐 δ_{st}에 대한 스프링 모델(집중 질량) 해석을 이용하여 고유 주파수 ω_n과 축의 위험속도 n_c를 계산한다. 식 (17.2)는 각각의 질량에 대한 처짐을 알고 있는 상태에서 여러 개의 질량(또는 회전체가 여러 개인 경우)을 가진 위험속도를 산정한다. 이 식은 시스템의 최대 운동에너지를 등식화하는 것으로부터 최대 위치에너지까지 전개해 나가며 일반적으로 레일리 식(Rayleigh's equation)과 관련이 있다. 식 (17.3)은 축 질량만의 고유 주파수를 계산하는 데 사용된다.

회전체가 여러 개인 경우 식 (17.2)에서 각 회전체에 대한 처짐을 중첩한 만큼 계산한다. 예를 들면 m_1에서 처짐 δ_1은 각각의 회전체가 작동 중 일어나는 m_1에서의 처짐을 합한 것과 같다. 즉 $\delta_1 = \delta_{11} + \delta_{12} + \cdots + \delta_{1i}$이다. 여기서 δ_{1i}는 회전체 개수의 제곱만큼 증가한다. 따라서 **던컬리 식**(Dunkerley's equation, 위험속도를 과소 추정함)은 종종 m_i개 회전체로 구성된 축의 n_i개 위험속도를 이용하여 축의 위험속도 n_c를 계산하는 데 사용된다. 예를 들어 여기서 n_c는 계의 위험속도이며, 만약 회전체 m_1만 있다면 위험속도는 n_1이고, 회전체 m_2만 있다면 위험속도는 ω_2가 된다. 위험속도는 식 (17.4a)와 식 (17.4b)로 구할 수 있다.

$$\frac{1}{n_c^2} = \sum \frac{1}{n_i^2} = \frac{1}{n_1^2} + \frac{1}{n_2^2} + \frac{1}{n_3^2} \cdots \quad \textbf{(17.4a)}$$

또는

$$\frac{1}{\omega_c^2} = \sum \frac{1}{\omega_i^2} = \frac{1}{\omega_1^2} + \frac{1}{\omega_2^2} + \frac{1}{\omega_3^2} \cdots \quad \textbf{(17.4b)}$$

여기서 n의 단위는 rpm이고 ω는 rad/s이다.

축의 위험속도를 받아들일 수 없을 때, 축 지름은 다음 식을 이용하여 변경할 수 있다.

$$d_{\text{new}} = d_{\text{old}} \sqrt{\frac{(n_c)_{\text{new}}}{(n_c)_{\text{old}}}} \quad \textbf{(17.5)}$$

식 (17.2)는 축을 여러 개의 분산된 질점(여러 개의 회전체)으로 근사하여 위험속도를 개략적으로 계산하는 데 적용될 수 있다. 분산된 질점으로 이산화된 축의 각 질점(각 회전체)의 질량은 위험속도 계산에 적용된다. 그림 17.5—여러 개의 회전체에 대한 (b) 형태—에서 여러 개의 회전체 또는 부착물체들로 구성된 축은 m_1, m_2, m_3, m_4, m_5의 다섯 개 부분으로 이산화된다. 이때, 각 부분의 질량은 각 부분의 무게 중심에 작용하는 집중질량으로 표현된다. 이러한 대략적인 근사를 통해 일반적으로 만족할 만한 정확도로 예측이 가능하다. 예를 들어 그림 17.5에서 단일 회전체를 갖는 (*a*) 형태와 축 자체만 회전하는 (*c*) 형태를 비교하면, 정적 처짐(δ_{st})이 같다고 보기 때문에 식 (17.3)은 축 자체만의 회전인 경우에 위험속도 n_c가 $(5/4)^{1/2}$인 데 비하여 축 중심에 단일 회전체를 작동하는 경우의 위험속도 $n_c \approx (1)^{1/2}$이다.

예제 17.1 SAMPLE PROBLEM 축의 위험속도

그림 17.6은 양 끝에 베어링으로 지지되는 중실축 상에 부착된 2개의 회전체를 나타낸다. 회전체 m_1과 m_2의 무게는 각각 70 lb와 30 lb이다. 축 처짐과 영향계수는 다음과 같다.

$$a_{11} = 3.4 \times 10^{-6} \text{ in./lb}$$
$$a_{22} = 20.4 \times 10^{-6} \text{ in./lb}$$
$$a_{21} = a_{12} = 6.8 \times 10^{-6} \text{ in./lb}$$

여기서 a_{11}은 위치 1에서 1 lb 질량의 결과로 나타난 위치 1에서의 축 처짐이고 계수 a_{12}는 위치 2에서 1 lb 질량의 결과로 나타난 위치 1에서의 축 처짐이다.

던컬리 식과 레일리-리츠 식을 이용하여 위험속도를 구하라. 이 문제에서 축 질량과 그 영향은 무시해도 된다.

풀이 SOLUTION

제시자료: 중실축은 그 축 상에 2개의 회전체가 연결되어 있으며 양 끝은 베어링으로 지지되고 있다. 회전체 위치별로 질량과 처짐 영향계수는 이미 알려져 있다. 축 질량은 문제풀이 시 무시할 수 있다.

목표: 던컬리 식과 레일리 식을 이용하여 축 위험속도를 구하라.

개요도 및 데이터: 위치 1, 2에 대한 처짐 영향계수는 다음과 같으며 그림 17.6을 보라.

$$
\begin{aligned}
a_{11} &= 3.4 \times 10^{-6} \text{ in./lb} \\
a_{22} &= 20.4 \times 10^{-6} \text{ in./lb} \\
a_{21} = a_{12} &= 6.8 \times 10^{-6} \text{ in./lb}
\end{aligned}
$$

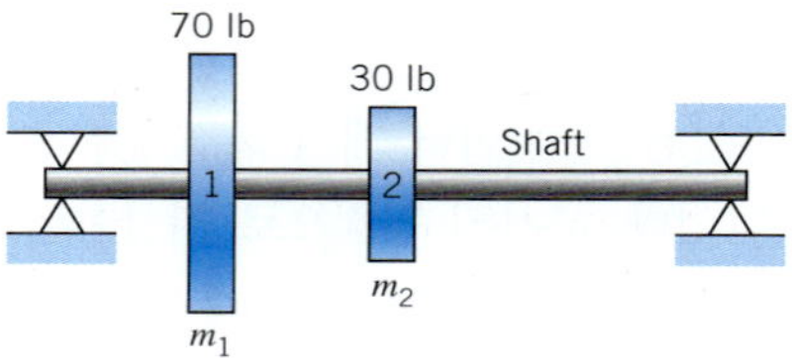

그림 17.6 예제 17.1의 2개 회전체가 가지고 있는 중실축.

가정:

1. 축 질량은 무시한다. 이는 축 처짐에도 영향을 미치지 않는다.
2. 축은 선형적 탄성으로 남는다.
3. 축은 단순하게 양 끝으로 지지된다.

해석:

1. 각 위치별 축 처짐은 각각의 질량에 기인하며 다음과 같다.

$$
\begin{aligned}
\delta_{11} &= w_1 a_{11} = (70 \text{ lb})(3.4 \times 10^{-6} \text{ in./lb}) = 2.38 \times 10^{-4} \text{ in.} \\
\delta_{22} &= w_2 a_{22} = (30 \text{ lb})(20.4 \times 10^{-6} \text{ in./lb}) = 6.12 \times 10^{-4} \text{ in.}
\end{aligned}
$$

2. 각 회전체 위치별로 축 처짐의 총합은 다음과 같다.

$$
\begin{aligned}
\delta_1 &= w_1 a_{11} + w_2 a_{12} = 70(3.4 \times 10^{-6}) + 30(6.8 \times 10^{-6}) = 4.42 \times 10^{-4} \text{ in.} \\
\delta_2 &= w_2 a_{22} + w_1 a_{12} = 30(20.4 \times 10^{-6}) + 70(6.8 \times 10^{-6}) = 1.088 \times 10^{-3} \text{ in.}
\end{aligned}
$$

3. 식 (17.1a)로부터

$$\omega_1 = \sqrt{\frac{g}{\delta_{st}}} = \sqrt{\frac{g}{\delta_{11}}} = \sqrt{\frac{386\,\frac{\text{in.}}{\text{s}^2}}{2.38 \times 10^{-4}\text{ in.}}} = 1273.5\,\frac{\text{rad}}{\text{s}}$$

$$\omega_2 = \sqrt{\frac{g}{\delta_{22}}} = \sqrt{\frac{386\,\frac{\text{in.}}{\text{s}^2}}{6.12 \times 10^{-4}\text{ in.}}} = 794.2\,\frac{\text{rad}}{\text{s}}$$

4. 식 (17.4) 던컬리 식을 사용하여

$$\frac{1}{\omega_c^2} = \frac{1}{\omega_1^2} + \frac{1}{\omega_2^2} = \frac{1}{(1273.5)^2} + \frac{1}{(794.2)^2}$$

항복은

$$\omega_c = 673.9\,\frac{\text{rad}}{\text{s}}$$

5. 식 (17.2) 레일리 식을 사용하여

$$\omega_c = \sqrt{\frac{g(w_1\delta_1 + w_2\delta_2)}{(w_1\delta_1^2 + w_2\delta_2^2)}}$$

$$= \sqrt{\frac{386\,\frac{\text{in.}}{\text{s}^2}[(70\text{ lb})(4.42 \times 10^{-4}\text{ in.}) + (30\text{ lb})(1.088 \times 10^{-3}\text{ in.})]}{(70\text{ lb})(4.42 \times 10^{-4}\text{ in.})^2 + (30\text{ lb})(1.088 \times 10^{-3}\text{ in.})^2}}$$

$$= \sqrt{\frac{386\,\frac{\text{in.}}{\text{s}^2}(6.36 \times 10^{-2}\text{ lb in.})}{4.92 \times 10^{-5}\text{ lb in.}}} = 706.3\,\frac{\text{rad}}{\text{s}}$$

주석: 던컬리 식과 레일리 식은 위험속도의 답에서 차이가 있다. 던컬리 식은 과소평가하고 레일리 식은 과대평가한다. 정확한 값은 아마도 두 해답의 범위 안에 있을 것이다.

예제 17.1에 살펴본 바와 같이 축 위험속도는 여러 위치에서 정적 처짐을 산출함으로써 추정할 수 있다. 전산프로그램은 정적 처짐과 축 위험속도의 계산을 가능하게 한다.

17.5 전반적인 축 설계

다음의 일반적인 원리를 기억하여야 한다.

1. 축을 가능한 한 짧게 하고, 베어링을 작용 하중에 가깝게 하라. 이것은 처짐과 굽힘모멘트를 줄이고 위험속도를 높여 준다.
2. 가능하다면 응력이 높은 축 부위에서 응력을 높이는 요소(stress raiser)를 띄워 놓아라. 이것이 용이하지 않다면 반지름을 넉넉하게 하고 표면 마무리를 좋게 하라. 국부적인 표면경화작업(쇼트피닝이나 냉간 압연과 같은)도 고려해 보라.
3. 모든 강철은 본질적으로 탄성계수가 같으므로, 처짐이 결정적인 축에서는 값싼 강철을 사용하라.
4. 무게가 중요한 경우, 중공 축을 고려해 보라. 예를 들어, 후륜 구동차량의 추진축(propeller shaft)은 위험속도가 작동속도 범위보다 높게 유지하기 위해 강성에 대한 무게 비율을 낮게 유지해야 하므로 튜브(중공 축)으로 만들어진다.

축의 최대 허용 처짐은 위험속도, 기어 혹은 베어링에 의한 요구조건으로 보통 결정된다. 위험속도에 의한 요구조건은 구체적인 적용에 따라 크게 변한다. 기어와 베어링의 만족스러운 성능을 위한 축 처짐 허용량은 기어와 베어링 설계에 따라, 그리고 적용 사례에 따라 다를 수 있지만 다음을 일반적인 지침으로 하여 정할 수 있다.

1. 처짐으로 인해, 맞물린 기어의 사이가 약 0.13 mm(0.005 in.) 이상 분리되지 않아야 하고, 두 기어 축 사이의 상대적인 경사도 약 0.03° 이상 변하지 않아야 한다. 직경 6~15인치의 베벨기어에 대한 추천할 만한 허용 처짐은 참고문헌 [10]에 있다.
2. 미끄럼 베어링에 걸쳐진 축 부위(즉 저널)의 처짐은 유막두께에 비하여 작아야 한다. 베어링에서 축의 각 변형(angular deflection)이 지나치면, 자동조심형이 아닌 베어링에서는 축이 끼이게 된다.
3. 베어링이 자동조심형이 아닐 때, 볼 혹은 롤러 베어링에서 축의 각 변형은 일반적으로 0.04°를 넘지 않아야 한다.

5.7절에서 다루고 예제 5.2에서 설명한 방법으로 축 변형을 계산할 수 있다. 추가적으로 비틀림 고유진동수에 대한 요건과 비틀림 변형에 대한 제약조건 때문에 종종 비틀림 변형을 고려하여야 한다.

1985년에 ANSI/ASME에서는『전동축 설계』표준 B106.1M-1985를 발행하였고 ASME가 1994년 철수함에 따라 표준서도 발행을 중지하였다. 앞의 표준에서는 축에 작용하는 하중의 형태를 완전 변동 굽힘 모멘트(평균 굽힘 하중이 0)와 일정한 평균 토크(변동 전단 하중이 0)를 가정하므로 보수적이지 않은 결과를 도출한다. 이 교재에서 논의된 기계요소의 피로 설계에 대한 더 일반적인 접근방법을 추천한다.

회전축의 피로강도 계산은 일반적인 2축 응력상태에 대한 해석이 요구된다. 이는 표 8.2, 그림 8.16에 요약되어 있으며 예제 17.2D에서 설명한다.

주어진 축 설계의 초기단계에서는 대개 강도나 변형 중 어느 것이 결정적인가에 대한 평가를 먼저 한다. 예비 설계는 이 기준에 기초하여야 이루어진다. 그런 다음 남은 인자(변형이나 강도)를 확인한다.

예제 17.2D SAMPLE PROBLEM 스노모빌 트랙 구동축

그림 17.7*b*는 베어링 *A*와 *B*에 의해 지지되는 스노모빌(snowmobile)의 구동축(drive shaft)을 보여 준다. 이 축은 스프로킷 *C*로 체인 구동되고 있다.(엔진과 변속기는 축의 위쪽 앞에 있다. 체인 각도 30°.) 트랙 스프로킷 T_1과 T_2는 스노모빌 트랙을 구동시킨다. 기본 치수들은 그림 17.7*b*에 주어져 있다. 차량속도 72 km/h, 엔진 최대 출력 20 kW에 기초하여 적합한 축 설계를 하라. 트랙과 체인이 엄격한 처짐조건을 요구하지 않으며, 베어링은 약간의 자동 조심이 된다고 보기 때문에 예비설계는 처짐보다는 피로강도에 따라야 한다.

풀이 SOLUTION

제시자료: 구동축은 스프로킷으로 체인 구동되며, 두 개의 베어링으로 스노모빌 프레임에 지지된다. 축의 기본 치수와 베어링 위치, 구동 스프로킷과 스노모빌 트랙 스프로킷의 위치가 주어져 있다. 체인을 구동하는 엔진의 동력과 차량속도가 주어져 있다.

목표: 피로강도를 고려하여 축 설계를 하라.

개요도 및 데이터: 그림 17.7을 참조하라.

판단:

1. 그림 17.7*c*는 제안된 축 설계안을 보여 준다. 체인 스프로킷은 체인의 수리가 쉽도록 바깥에 설치하였고, 끝단의 멈춤 너트가 축을 직접 죈다는 것을 주목하라.(너트가 스프로킷 *C*의 허브를 조인다면, 너트의 죄는 힘이 너트와 단 *S* 사이 축에 정적 인장응력으로 작용할 것이다. 이것은 축 피로강도 측면에서 바람직하지 않다.) 베어링 *B*가 훨씬 큰 하중을 받기 때문에 베어링 *A*가 양방향 스러스트 힘을 받도록 하였다. 베어링 *A*의 위치를 유지하기 위한 하우징 및 축 상의 스냅링을 주목하라. 코너링(cornering) 조작만이 있으므로 스러스트는 작을 것이다. 그리고 이러한 배치에서는 *B*에 원통 롤러 베어링을 사용해도 될 것이다. 토크는 스플라인의 의해 체인 스프로킷으로부터 전달되고 키에 의해 트랙 스프로킷으로 전달된다.
2. 스프로킷 T_2 부근에는 축의 굽힘모멘트가 크기 때문에, 축의 단부분 위치를 나타내는 치수를 그림 17.7*c*와 같이 임시로 선택한다.(이 치수는 응력집중점에서의 하중을 계산하기 위해 필요하다.)
3. 비용을 고려하여 표면이 가공된 S_u=530 MPa, S_y=450 MPa, 냉간 1020 강철을 임시로 선택한다.
4. D/d=1.25와 r/d=0.03으로 축단 *S*의 형상을 선택하여 안전하게 높은 K_f 값을 갖도록 한다.
5. 안전계수는 6.12절의 자료에 기초하여 2.5로 선정하였다.

그림 17.7 예제 17.2D—스노모빌 그리고 트랙 구동축(치수 : mm).

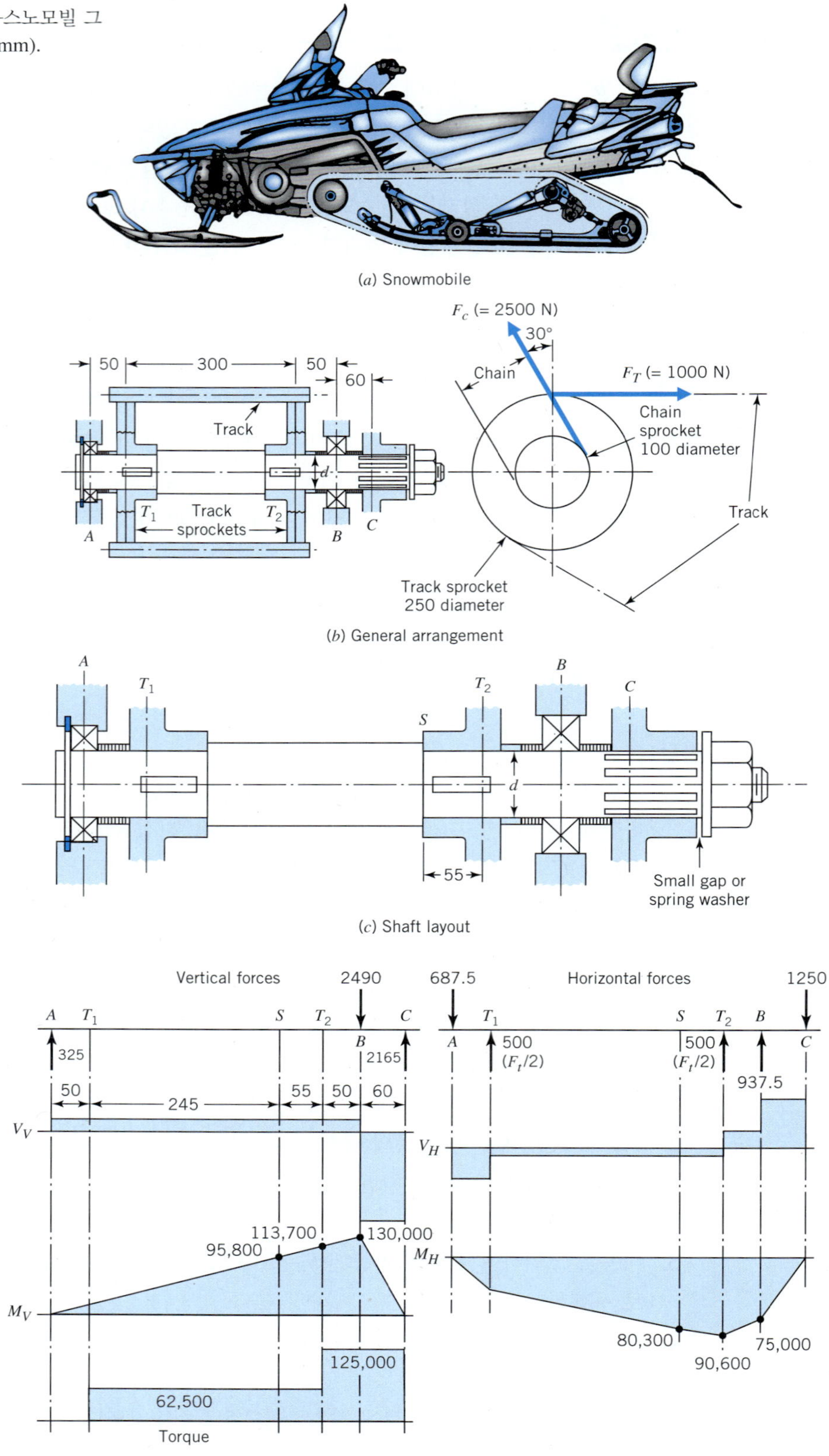

(a) Snowmobile

(b) General arrangement

(c) Shaft layout

(d) Loading diagrams

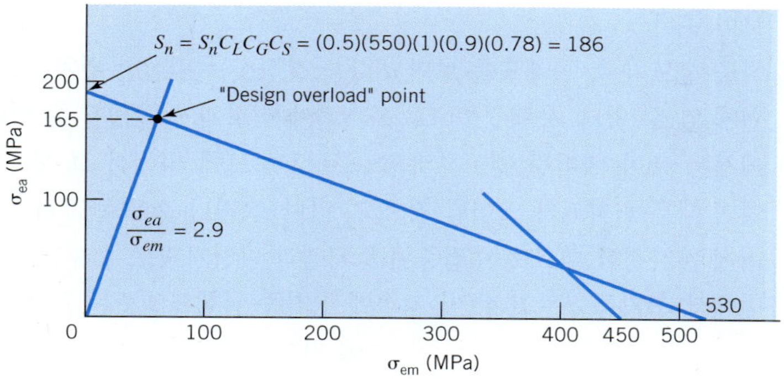

(*e*) Fatigue diagram

그림 17.7 (계속).

6. 표준 크기의 베어링이 선택될 것이다.

가정:

1. 엔진 동력은 스노모빌 트랙에 모두 전달된다.
2. 트랙 장력의 절반씩이 각각의 트랙 스프로킷들에 전달된다. 즉 토크가 균등하게 나누어진다.
3. 베어링 *A*와 *B*는 축의 각 변형을 수용할 정도의 자동조심이 가능하다.
4. 베어링 내륜(*B* 지점)의 응력집중의 크기는 스프로킷 허브(*S* 지점)의 모서리부의 응력집중 크기와 같다.

해석:

1. 가정한 대로 엔진의 동력이 트랙에 모두 전달되므로, 트랙 장력 F_T는 다음과 같이 계산된다.

$$F_T = \frac{\text{engine power}}{\text{vehicle velocity}} = \frac{20{,}000 \text{ w}}{20 \text{ m/s}} = 1000 \text{ N}$$

가정한 대로 이 힘의 반이 각각의 트랙 스프로킷 T_1과 T_2에 전달된다.

2. 축선(shaft axis)에 대한 모멘트의 합을 0으로 둠으로써 체인 스프로킷 장력 F_C를 구한다.

$$F_C = 1000 \text{ N } (125 \text{ mm}/50 \text{ mm}) = 2500 \text{ N}$$

3. 수직 평면 및 수평 평면에 대한 힘, 전단력, 그리고 모멘트 선도를 일반적인 방법으로 (그림 2.11처럼) 결정하여 그림 17.7d에 나타내었다. 수직 하중은 체인 장력($F_C \cos 30°$)의 분력뿐임에 유의하라. 수평 하중은 체인 장력($F_C \sin 30°$)과 두 개의 트랙 스프로킷에 작용하는 힘들이다(각각 $F_T/2$). 두 베어링은 자동조심된다고 가정하였으므로 베어링 *A*와 *B*에는 어떠한 모멘트 하중도 존재하지 않는다.
4. 토크 선도는 가정에 따라 토크가 두 개의 트랙 스프로킷 사이에 균등하게 나누어짐을

보여 준다.

5. 하중 선도와 축 설계도를 보면 d 값을 결정짓는 위험한 위치는 S 또는 B나 C 부근임을 쉽게 알 수 있다. 응력집중으로 S 지점에서 파괴가 발생할 수 있다. 정확히 B나 C 지점에서는 축이 베어링 궤도륜과 스프르킷 허브에 의해서 그 부근에서 강화되는 효과가 있기 때문에 파괴가 일어날 것 같지 않다. 그러나 스프로킷 허브와 베어링 내륜의 모서리에는 가정한 대로 응력집중이 S 지점과 마찬가지로 존재한다. 그러므로 안전적인 측면에서 축지름 d는 B 점(이 지점에서 최종 굽힘모멘트는 T_2에서보다 약간 크다)의 하중과 S 지점의 추정 응력집중계수에 기초하여 계산한다.
6. 축단 S에서 K_f를 구하기 위해서, 재료, 표면 마무리, 그리고 축단의 기하학적 형상에 관한 자료가 필요하다. 선택한 재료는 강도 S_u=530 MPa, S_y=450 MPa인 절삭가공한 냉간인발 1020 강이다. 축단 형상은 D/d=1.25와 r/d=0.03으로 주어져 있다. 그림 4.35에서 굽힘모멘트와 비틀림 하중에 대한 K_t는 각각 2.25와 1.8이다. r을 대략 1 mm로 가정하면 그림 8.23에서 q는 0.7로 평가된다. 식 (8.2)를 이용하면 굽힘과 비틀림 하중의 K_f 값은 각각 1.9와 1.6이 된다.
7. 일반적인 2축 하중에 대한 상당응력은 그림 8.16의 절차로 구한다. 등가변동응력은 굽힘 성분으로부터 얻어진다.

$$\sigma_{\text{ea}} = \sigma = \frac{32M}{\pi d^3}K_{f(b)} = \frac{32\sqrt{130{,}000^2 + 75{,}000^2}}{\pi d^3}(1.9) = \frac{2.9 \times 10^6}{d^3}$$

등가평균응력은 비틀림 성분으로부터 얻어진다.

$$\sigma_{\text{em}} = \tau = \frac{16T}{\pi d^3}K_{f(t)} = \frac{16(125{,}000)}{\pi d^3}(1.6) = \frac{1.0 \times 10^6}{d^3}$$

따라서 d 값에 관계없이

$$\sigma_{\text{ea}}/\sigma_{\text{em}} = 2.9$$

8. 그림 17.7e는 피로강도 선도이다. '하중선(load line)'의 기울기는 2.9이다. 선도에서 무한수명에 대한 σ_{ea}의 한계는 165 MPa이지만, 안전계수를 2.5로 하였으므로

$$\sigma_{\text{ea}} = \frac{2.9 \times 10^6}{d^3}(2.5) = 165\ \text{MPa}, \qquad \text{or} \quad d = 35.3\ \text{mm}$$

9. 이미 정한 대로 축지름 d는 표준 베어링 안지름과 일치하게 한다. d=35 mm가 만족스러울 수 있다. 좀 더 안전하게 d=40 mm를 택할 수도 있다. r/d=0.03을 취하였으므로 구석 반지름 r은 적어도 0.03d가 되어야 한다. 좀 더 여유 있게 반지름을 취할 수도 있다. 그러므로 r=2 mm로 한다.

주석: A와 B의 각 변형이 자동조심형 베어링을 써야 할 정도인지를 점검하여야 한다.

헬리컬이나 베벨기어가 달린 축은 비틀림뿐만 아니라 인장이나 압축력까지도 평균 하중으로 받는다. 이 경우에는 축응력이 d^3이 아니라 d^2의 함수이기 때문에, 모든 d 값에 대하여 σ_{ea}와 σ_{em} 사이에 단순한 비가 존재하지 않는다. 우선 축응력을 무시하고, d를 구하고, 그런 다음 얻어진 지름에 대한 축응력의 영향을 점검하는 것이 가장 적절한 설계 과정일 것이다. 이에 따라 축지름이 약간 변할 수도 있고 그렇지 않을 수도 있다. 지름을 표준치수로 선택하는 경우(예제 17.2D에서처럼), 축응력을 고려하더라도 그 값은 바뀌지 않을 수도 있다.

17.6 키, 핀 및 스플라인

아마도 키(그림 17.1)가 토크를 전달하는 축-허브 연결 부품 중 가장 일반적일 것이다. 그중에서 가장 흔히 보는 형태가 사각키(그림 17.1*a*)이다. 키 폭이 대략 축지름의 4분의 1이 되는 것이 표준비이다(자세한 내용은 다양한 핸드북과 ANSI Standard B17.1을 참조). 키는 냉간 처리된 저탄소강(SAE나 AISI 1020)을 재료로 한다. 그러나 더 큰 강도가 요구될 때에는 열처리된 합금강을 사용한다.

키 하중은 관련된 간극(clearance)과 탄성의 복합 함수이다. 그림 17.8*a*는 느슨하게 끼워진 사각키가 받는 하중을 보여 준다. 주된 하중은 큰 수평력 벡터에 의한 것이다. 이 힘은 마주 보는 모서리 쌍 하나 또는 둘 모두가 키홈 측면이나 밑면, 혹은 둘 모두에 접촉할 때까지 반시계방향으로 키를 돌리려 한다.

그림 17.8*b*는 키가 윗면과 밑면에 꽉 끼워져 있는 것을 보여 준다(때때로 키를 키홈 아랫면에 단단히 고정시키기 위해 허브에 멈춤나사를 사용한다). 수평력은 축 토크를 축 반지

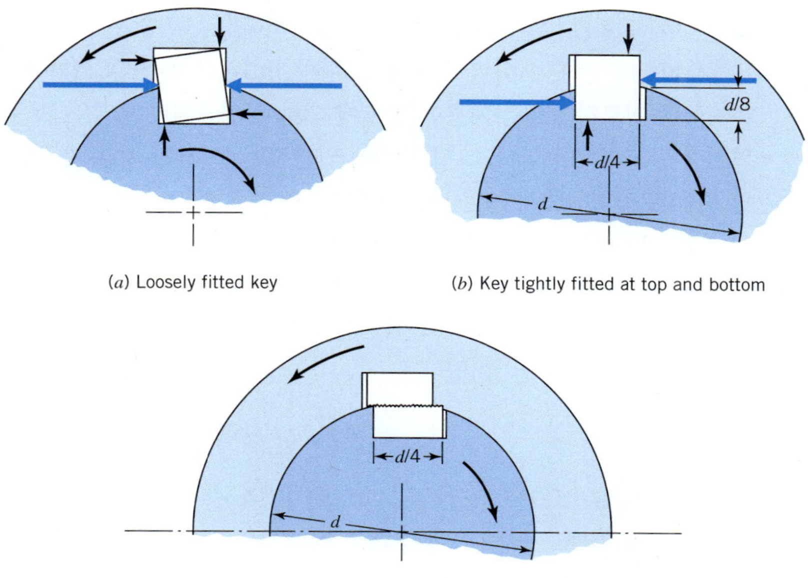

(*a*) Loosely fitted key

(*b*) Key tightly fitted at top and bottom

(*c*) Shear failure of a tightly fitted key

그림 17.8 사각키의 작용하중과 응력.

름으로 나눈 값과 같고 키 표면에 일정하게 분포된다고 가정한다.(이들 가정 중 어느 것도 엄격히 맞지는 않지만, 복잡성과 불확실성을 고려한다면 설계와 해석을 위한 적절한 가정이다.)

키 크기를 결정하는 한 예로서, 그림 17.8*b*와 같은 키가 축의 토크용량과 같은 토크를 전달하는 데 요구되는 키 길이를 계산해 보자. 축이 키와 같은 강도를 가지는 연성재료라고 가정하면, $S_{sy}=0.58S_y$이 된다(6.8절의 전단변형에너지이론).

식 (4.4)에서 축 토크용량은

$$T = \frac{\pi d^3}{16}(0.58S_y) \tag{a}$$

키 측면에 작용하는 압축력으로 전달될 수 있는 토크는 항복응력, 접촉면적, 그리고 반지름의 곱으로 나타난다.

$$T = S_y \frac{Ld}{8}\frac{d}{2} = \frac{S_y L d^2}{16} \tag{b}$$

키 전단력에 의해 전달될 수 있는 토크(그림 17.8*c*)도 항복응력, 면적, 그리고 반지름의 곱으로 나타난다.

$$T = (0.58\ S_y)\frac{Ld}{4}\frac{d}{2} = \frac{0.58 S_y L d^2}{8} \tag{c}$$

식 (a)와 (b)에서 $L=1.82d$이고, 식 (a)와 (c)를 정리하면 $L=1.57d$이다. 따라서 키 길이는 약 $1.8d$가 되어야 한다. 압축과 전단강도의 이론적인 평형을 고려한 키 설계로는 키 폭보다 키 높이를 좀 더 크게 해야 할 것이다. 일반적으로 키 길이는 허브의 전체 폭과 같고, 안정성을 위해 허브 폭은 보통 $1.5d$에서 $2d$까지이다.

축지름이 강도가 아닌 처짐에 의하여 정해졌다면, 짧은 키가 전적으로 적합할 것이다. 충격이나 피로하중으로 지름이 강도에 의하여 정해진다면, 축 강도를 평가할 때 키홈의 응력집중을 고려해야 한다. 그림 17.9에 일반적인 두 가지 키홈 가공방법과 이들 홈의 근사적인 K_f(피로응력집중계수)를 나타내었다.

그림 17.2*a*는 허브와 축을 연결하는 둥근 핀을 보여 준다. 연결부의 토크용량은 이중 전단력(double shear)을 받는 핀의 강도로 제한된다(즉 축-허브 연결부에서 핀의 두 단면이 전단될 때 파괴된다). 지름 d이고 전단항복강도 S_{sy}인 중실 핀의 토크용량(핀 항복에 기초)은 다음과 같음을 쉽게 알 수 있다.

$$T = \pi d^2 D S_{sy}/4 \tag{17.6}$$

전단력으로 토크를 전달하는 핀(그림 17.2*a*)은 축에 전달하는 토크의 안전용량을 제한하기 위하여 때때로 크기를 작게 하고 상대적으로 약한 재질을 사용한다. 그러면 **전단 핀**은 안전 및 보호 장치로서 역할을 한다. 흔한 예는 바깥부착 모터의 프로펠러를 장착하는 데 사용되는 전단 핀이다. 프로펠러가 장애물에 부딪치면 전단 핀이 부서지게 하여 값비싼 구동

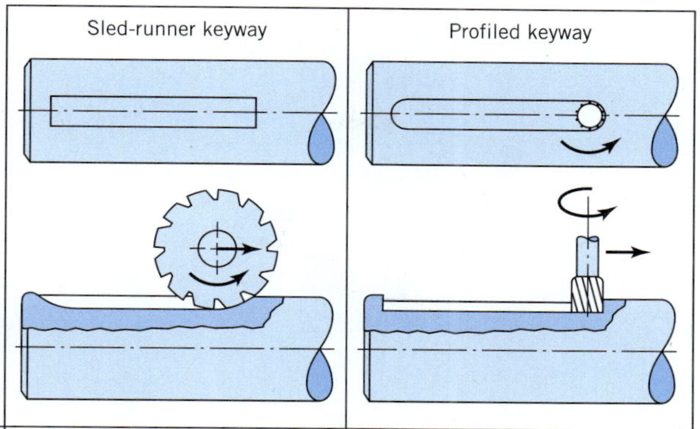

Steel	Fatigue stress concentration factor, K_f			
	Bending	Torsion	Bending	Torsion
Annealed (less than 200 Bhn)	1.3	1.3	1.6	1.3
Quenched and drawn (over 200 Bhn)	1.6	1.6	2.0	1.6

그림 17.9 키홈 유형과 피로응력집중계수 K_f.(축 관련 전체에 대한 기본 공칭 응력.)

트레인 부품의 파손을 방지할 수 있다.

스플라인(그림 17.4)은 다중 키 같은 역할을 한다. 스플라인은 인벌류트나 사각 윤곽을 가지는데, 현대 기계의 전형적인 형태는 인벌류트이다. 인벌류트 스플라인은 압력각이 보통 30°이고 깊이는 표준기어의 반이다(다른 표준 압력각으로 37.5°와 45°가 있다). 스플라인의 끼워맞춤은 미끄럼(sliding), 닫힘(close), 혹은 누름(press)으로 나눌 수 있다.(ANSI Standard B92.1, B92.1M, 그리고 B92.2M 참조. SAE 핸드북 또는 그 외 다른 핸드북 참조.) 다음 절에 있는 그림 17.14는 자동차 뒷바퀴의 위아래 흔들림에 따른 약간의 추진축 길이변화를 받아들이도록 한 미끄럼 끼워맞춤 스플라인이다. 절삭가공이나 압연으로 축에 스플라인(나사산처럼)을 줄 수 있다. 스플라인 축 강도는 스플라인의 최소 지름(minor diameter)과 같은 지름을 가지는 둥근 축의 강도를 취한다. 그러나 압연된 스플라인은 냉간가공과 잔류응력의 긍정적인 효과로 스플라인이 없는 축의 강도와 거의 같게 될 수 있다.

17.7 커플링과 유니버설 조인트

동일 직선 상에 있는 두 축은 그림 17.10에서처럼 **고정 커플링**(rigid coupling)으로 연결할 수 있다. 커플링의 반반을 키로 각각 두 축 끝에 고정할 수도 있지만, 그림에 나타낸 것은 틈이 난 경사진 슬리브(slotted tapered sleeve)를 통해 마찰로 토크를 전달한다.(슬리브는 커플링 반반을 연결하는 볼트를 죔으로써 쐐기처럼 단단히 끼이게 된다.) 바깥쪽의 플랜지는 볼트 머리와 너트를 덮어서 안전장치 기능을 함에 유의하라. 이러한 커플링 설계에는 힘흐름 개념도(2.4절)가 유용하다. 이에 따라 다음과 같은 순서로 고려하게 된다: (1) 키의 토크용량 혹

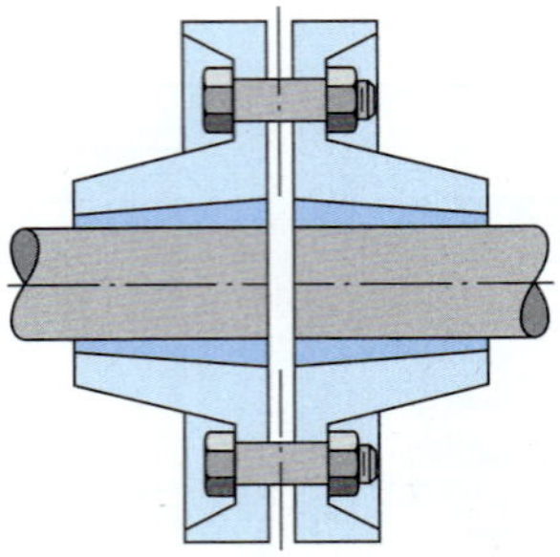

그림 17.10 고정 커플링.

은 쐐기효과에 의한 축과의 마찰 연결, (2) 볼트 구멍이 있는 상대적으로 얇은 웨브(web) 부분의 강도, (3) 볼트들의 강도.

고정 커플링은 두 축이 아주 작은 허용 오차로 동일 직선 상에 있어야 함과 아울러 그 상태를 유지할 수 있을 경우에만 극히 제한적으로 적용이 된다. 두 축이 횡방향으로 어긋나 있거나(즉 평행하지만 떨어져 있거나), 두 축의 각도가 어긋나 있는(두 축이 0도가 아닌 각을 이루며 교차하는) 경우에 고정 커플링을 사용하여 두 축을 억지로 맞추게 되면 커플링과 축 그리고 축 베어링에 불필요한 하중을 받게 하여 파손이 일찍 일어나게 할 수도 있다.

축 어긋남이 크지 않을 때는 **플렉시블 커플링**(flexible coupling)을 사용하여 이 문제를 없앨 수 있다. 매우 다양하고 뛰어난 제품들이 시중에 나와 있다. 그림 17.11은 고무와 같은 유연 소재를 사용한 몇몇 설계들을 보여 준다. 플렉시블 커플링은 어긋남을 보완할 뿐만 아니라 탄성과 감쇠를 주어서 비틀림 진동도 제어하도록 설계가 가능하다. 그 밖에 금속기계요소들을 사용한 플렉시블 커플링도 있다(그림 17.12). 이들은 크기에 비하여 큰 토크용량을 가진다.

그 유래가 꽤 오래된 뛰어난 설계 중 하나로 그림 17.13의 **올드햄 커플링**(Oldham coupling)이 있다. 중앙 블록의 미끄러짐은 상당한 정도의 축 편심(lateral offset)을 허용하고, 내재된 축 간극이 약간의 축의 각 어긋남을 허용한다. 기계 커플링들에 관한 추가 정보

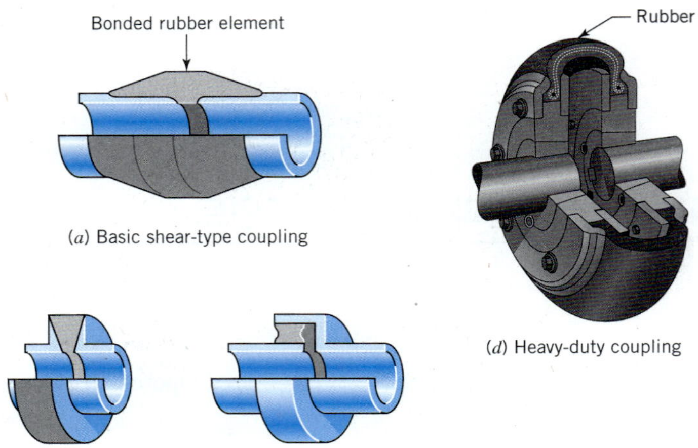

(*a*) Basic shear-type coupling

(*b*) Constant-stress, constant strain shear coupling

(*c*) Tube form shear coupling

(*d*) Heavy-duty coupling

그림 17.11 고무 재료 플렉시블 커플링.

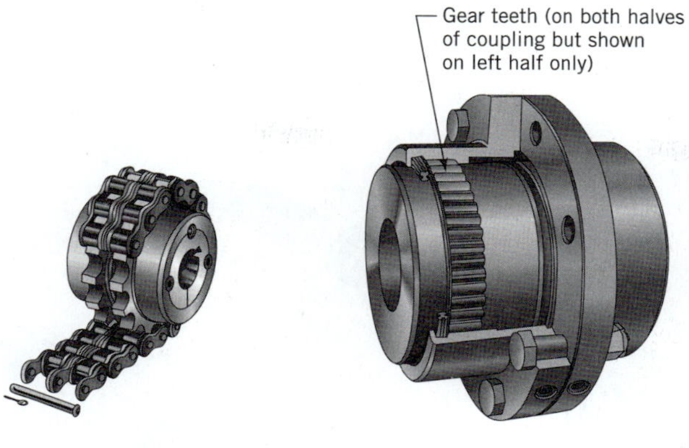

(*a*) Roller chain coupling (*b*) Gear coupling

그림 17.12 금속기계요소 플렉시블 커플링.

는 http://pt.rexnord.com을 보라.

유니버설 조인트(universal joint)는 상당한 각 어긋남이 허용되어 교차하는 축에 쓰인다. 그림 17.14는 후륜 구동차량의 구동축 끝에 사용되는 일반적인 **십자형(카르단 조인트 혹은 훅 조인트로 알려진)** 유니버설 조인트이다. 요크와 크로스 결합부(yoke-to-cross connection)에는 보통 부싱(plain bushing)이나 니들 베어링(needle bearing)이 사용된다. 입력측 요크가 일정한 각속도로 회전하면, 출력측 요크에는 입력측 각속도 두 배의 각속도 변동이 나타나며, 그 크기는 각 어긋남이 클수록 증가한다. 만약 **그림 17.14와 같이 요크가 배열된** 두 조인트를 사용하면, **두 조인트 사이와 양 끝에 있는 세 축이 한 평면 상에 있고 두 조인트에서의 각 어긋남이 같다면,** 두 조인트에서 나타나는 속도 변동이 서로 상쇄되어 출력 요크 회전속도가 일정하게 된다.

조인트 하나로 균일한 각속도를 전달하는 유니버설 조인트도 있다. 이를 **등속도** 유니버설 조인트라고 한다. 쉽게 볼 수 있는 적용 사례로서, 구동축이 짧으면서 조향이나 바퀴의 위아래 흔들림으로 인해 축 각이 크게 나타나는 전륜 구동 차량에 쓰이는 것을 볼 수 있다.

일반적으로 기계 보호 덮개는 유니버설 조인트, 커플링, 축 회전체로부터 사람을 보호하기 위해 필수적이다. 펌프 조립체에서의 커플링 보호 덮개는 그림 17.15에서 보는 바와 같다. 커플링과 축 보호 덮개는 회전하는 구성품들로부터 사람의 신체를 보호해 주고 이때 연결된 장비(적절한 작동중지-꼬리표에 따른 작업절차에 이어서)를 점검하기 위해 장탈하거나 개방할 수 있도록 적절히 설계되어야 한다. 보호 덮개는 커플링과 축이 외부 환경으로부

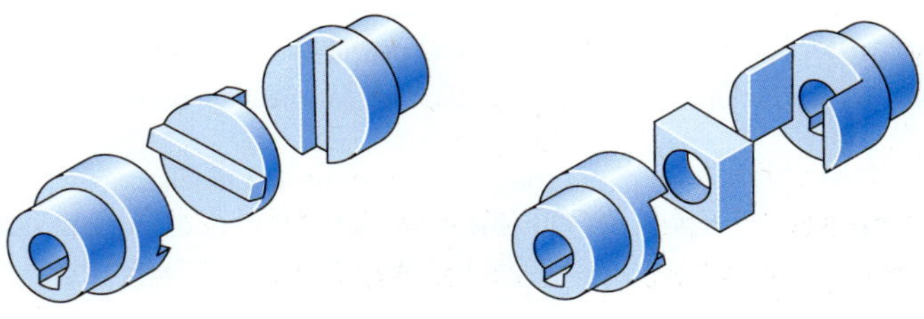

(*a*) Basic Oldham type (*b*) Modified type

그림 17.13 올드햄 또는 미끄럼 블록 커플링. 둘 다 중앙 미끄럼 블록이 있으며, 이는 자유롭게 미끄러지면서 서로 수직으로 위치한 두 쌍의 미끄럼면을 제공한다. 축 어긋남이 클수록 더 많은 미끄럼이 생긴다. 따라서 윤활과 마열이 고려되어야 할 것이다.

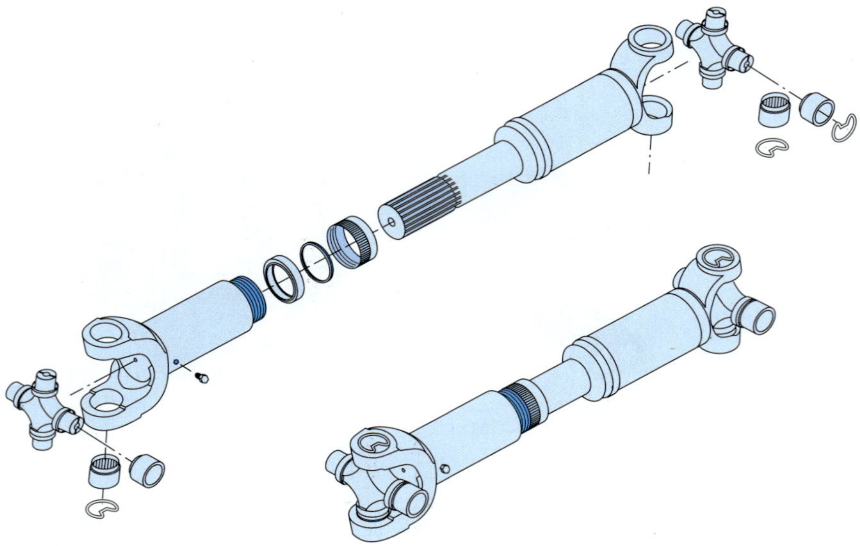

그림 17.14 십자형 유니버설 조인트.(Dana Corporation 제공.)

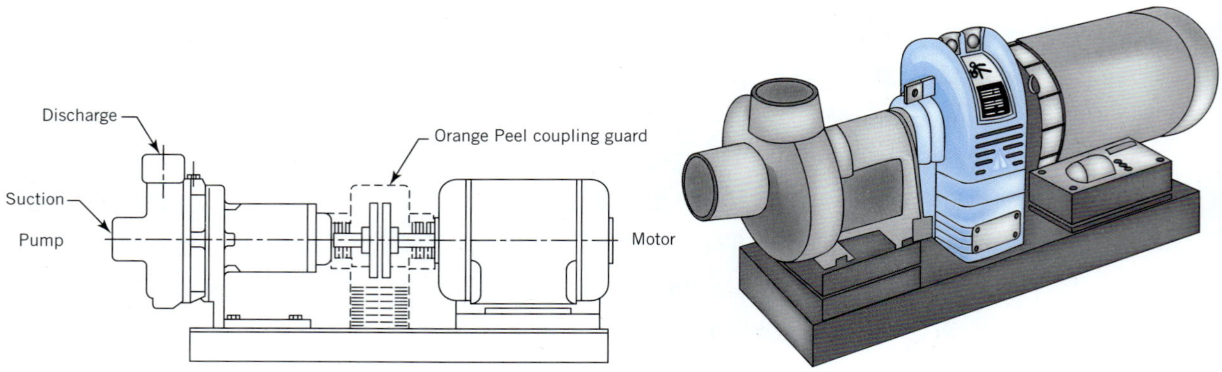

(*a*) Side view

(*b*) Pump assembly

그림 17.15 오렌지 필사, 모터 펌프 조립체의 커플링 보호 덮개.

터 손상되는 것을 보호한다. 축 보호 덮개의 추가 정보는 http://www.pt.rexnord.com을 보라. 회전하는 구성품들의 보호 장구와 관련된 안전 표준은 표 17.1을 참고하라.

표 17.1 커플링, 축과 기타 회전하는 구성품들에 관한 안전 표준

Standard	Title
OSHA 1910.219	Mechanical power-transmission apparatus
ANSI/ASME B15.1-2000	Safety standard for mechanical power-transmission apparatus
ANSI Z535.4-2002	Product safety signs and labels
ISO 3864-1:2002	Graphical symbols—Safety colors and safety signs—Part 1: Design principles for safety signs in workplaces and public areas
ISO 3864-2:2004	Graphical symbols—Safety colors and safety signs—Part 2: Design principles for product safety labels

참고문헌 REFERENCES

1. Boresi, A. P., O. Sidebottom, F. B. Seely, and J. D. Smith, *Advanced Mechanics of Materials*, 3rd ed., Wiley, New York, 1978. (Also 6th ed. by A. P. Boresi, and R. J. Schmidt, Wiley, New York, 2003.)
2. "Design of Transmission Shafting," Standard ANSI/ASME B106. 1M-1985, American Society of Mechanical Engineers, New York, 1985.
3. Faupel, J. H., and F. E. Fisher, *Engineering Design*, 2nd ed., Wiley, New York, 1980.
4. Horger, O. J. (ed.), *ASME Handbook: Metals Engineering—Design*, 2nd ed., McGraw-Hill, New York, 1965. Part 2, Sec. 7.6, "Grooves, Fillets, Oil Holes, and Keyways," by R. E. Peterson.
5. "Keys and Keyseats," ANSI B17.1, American Society of Mechanical Engineers, New York, 1967.
6. Lehnhoff, T. F., "Shaft Design Using the Distortion Energy Theory," *Mech. Eng. News*, **10**(*1*):41–43 (Feb. 1973).
7. Peterson, R. E., *Stress Concentration Factors*, Wiley, New York, 1974.
8. Soderberg, C. R., "Working Stresses," *J. Appl. Mech.*, **57**:A106 (1935).
9. Young, W. C., and R. G. Budynas, *Roark's Formulas for Stress and Strain*, 7th ed., McGraw-Hill, New York, 2002.
10. Oberg, E. et al., *Machinery's Handbook*, 28th ed., Industrial Press, Inc., New York, 2008.
11. Thomson, W. T., and M. D. Dahleh, *Theory of Vibration with Applications,* 5th ed., Prentice Hall, New Jersey, 1998.

연습문제 PROBLEMS

Section 17.1–17.4

17.1 The Dodge bearing catalog found at http://dodge-pt.com/literature/index.html discusses the general topic of shafting. Review this web site and explain what is meant by (a) standard shafting and (b) special shafting. Also, record what is recommended for (c) ordering shafting and (d) turning down shaft ends.

17.2 Table and charts are presented in the Dodge bearing catalog found at the web site http://dodge-pt.com/literature/index.html for the selection of shaft diameters. Discuss how the tables for selecting shaft diameter are constructed.

17.3 A simply supported steel shaft in Figure P17.3 is connected to an electric motor with a flexible coupling. Find the value of the critical speed of rotation for the shaft.

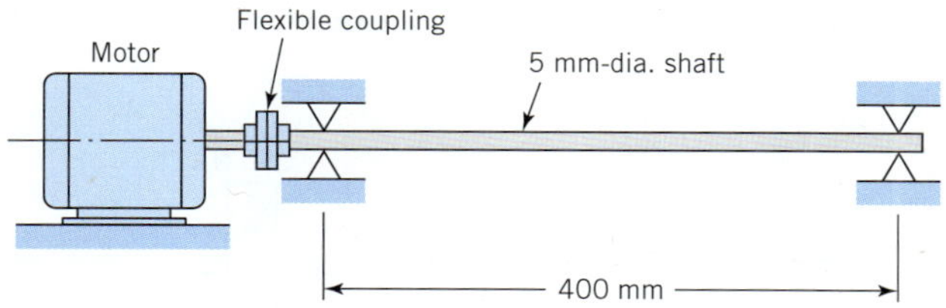

FIGURE P17.3

17.4D For Problem 17.3 plot n_c versus shaft diameter from 2 to 75 mm.

17.5D For Problem 17.3 plot n_c versus bearing spacing from 20 to 500 mm.

17.6 Repeat Problem 17.3, except with a 7-mm-diameter and 500-mm-length shaft.

17.7 Repeat Problem 17.3, except with an aluminum shaft.

17.8 Repeat Problem 17.3 with a 25 mm-diameter shaft.

17.9 Repeat Problem 17.3 with a 25 mm-diameter shaft and 200 mm shaft length between bearings.

17.10 Determine the critical speed of rotation for the steel shaft of Figure P17.10.

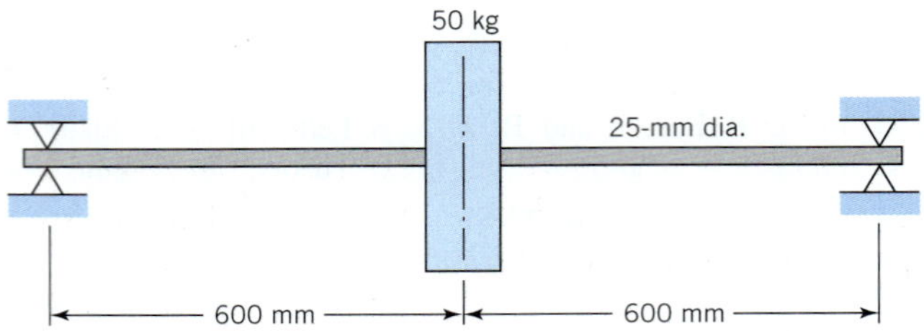

FIGURE P17.10

17.11 Reconsider Problem 17.10, but with a beryllium copper shaft ($E = 127$ GPa).

17.12 Repeat Problem 17.10 with a 50-mm-diameter shaft.

17.13 For Problem 17.10 plot n_c versus shaft diameter from 15 to 45 mm.

17.14 Estimate the shaft diameter required to produce a critical speed of rotation of 250 rpm for an aluminum shaft of total length of 1.0 m that carries a center load of 40 kg as shown in Figure P17.14.

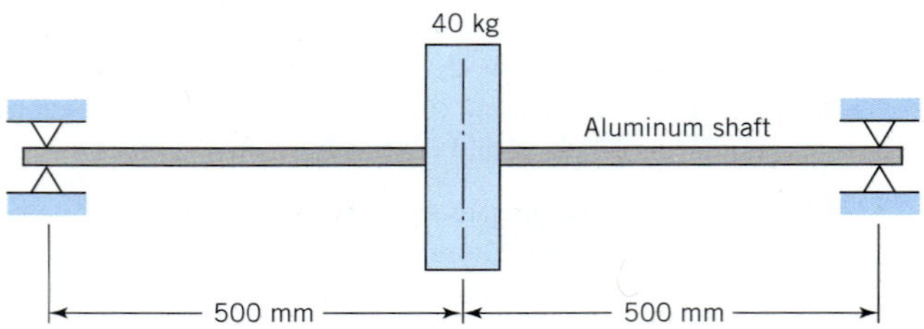

FIGURE P17.14

17.15 Determine the critical speed of rotation for the steel shaft shown in Figure P17.15.

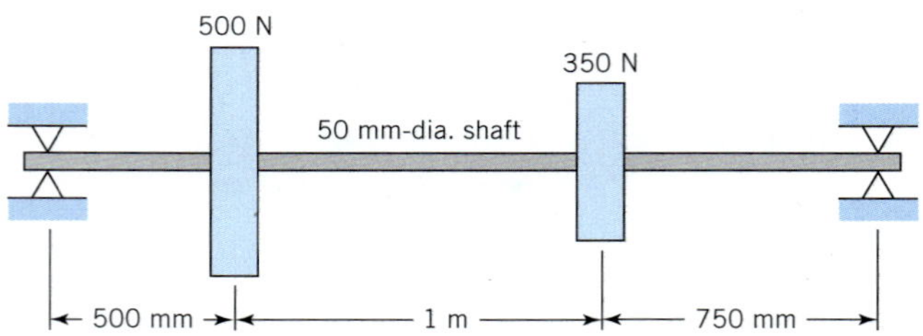

FIGURE P17.15

17.16 Repeat Problem 17.15 with a 75 mm-diameter shaft.

17.17 A mass of 500 N at location 1 and an 350 N mass at location 2 are attached to the 50 mm-diameter shaft as shown in Figure P17.15. By means of a deflection analysis, the influence coefficients for the shaft were determined as

$$a_{11} = 1.761 \times 10^{-6} \text{ m/N}$$

$$a_{12} = 1.833 \times 10^{-6} \text{ m/N}$$

$$a_{21} = 2.910 \times 10^{-6} \text{ m/N}$$

$$a_{22} = 1.826 \times 10^{-6} \text{ m/N}$$

Note that a_{11} is the deflection at location 1 caused by a 1-N force at that location, a_{22} is the deflection at location 2 caused by a 1-N force at that location, a_{12} is the deflection at location 1 caused by a 1-N force at location 2, et cetera. Determine the first critical speed, ignoring the mass of the shaft, using both the Rayleigh equation and the Dunkerley equation.

17.18 A mass of 500 N at location 1 and an 350 N mass at location 2 are attached as shown in Figure P17.15 except the shaft diameter is 75 mm. By means of a deflection analysis, the influence coefficients for the shaft were determined as

$$a_{11} = 3.479 \times 10^{-7} \text{ m/N}$$

$$a_{12} = 3.621 \times 10^{-7} \text{ m/N}$$

$$a_{21} = 5.749 \times 10^{-7} \text{ m/N}$$

$$a_{22} = 3.607 \times 10^{-7} \text{ m/N}$$

Determine the first critical speed, ignoring the mass of the shaft, using the Rayleigh equation and the Dunkerley equation.

17.19 Develop a relationship that shows that if a 2-in.-diameter shaft has a critical speed of 708 rpm then a 3-in.-diameter shaft of the same material and length and load location(s) will have a critical speed of 1593 rpm.

17.20 Estimate the shaft diameter required to produce a critical speed of rotation of 750 rpm for a steel shaft of total length of 48 in. that carries a center load of 100 lb as shown in Figure P17.20.

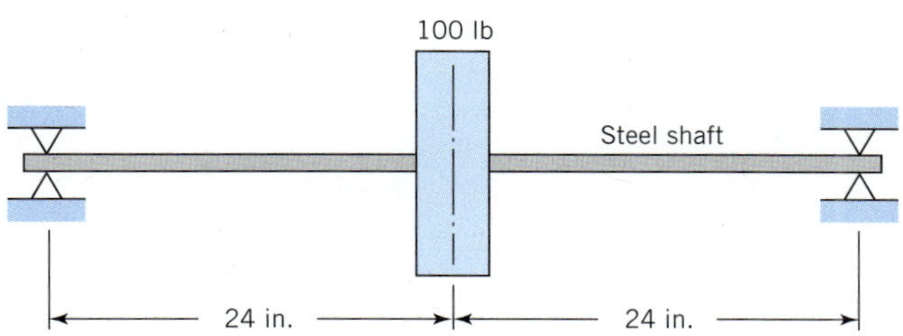

FIGURE P17.20

17.21 The shaft in Figure P17.20 has a critical speed of rotation of 750 rpm for a diameter of 1.256 in. Determine the critical speed if the shaft diameter is increased to 2.512 in.

17.22 Determine the critical speed of rotation for the overhanging 2-in. diameter steel shaft ($E = 29 \times 10^6$ psi) with attached 60-lb grinding wheel shown in Figure P17.22.

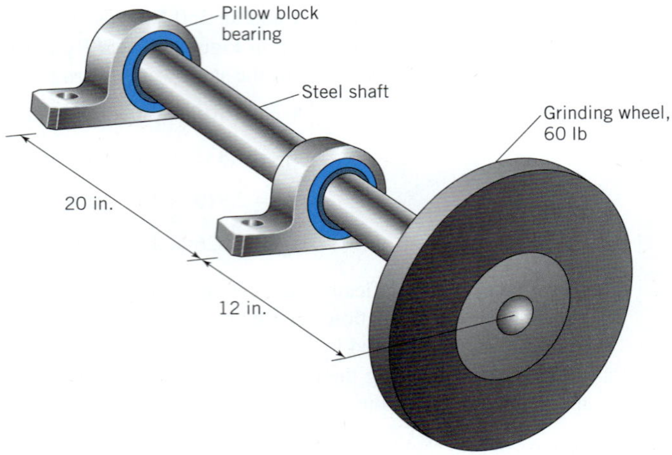

FIGURE P17.22

17.23 Determine the new shaft diameter required, if the critical speed calculated in Problem P17.22 is unacceptable and the minimum critical frequency must be at least 75Hz.

Section 17.5

17.24 The six shafts represented in Figure P17.24 carry various combinations of static and alternating bending, axial, and torsional loads. State the loading involved for each of the shafts, and give a short one-sentence explanation for the cause of the loading.

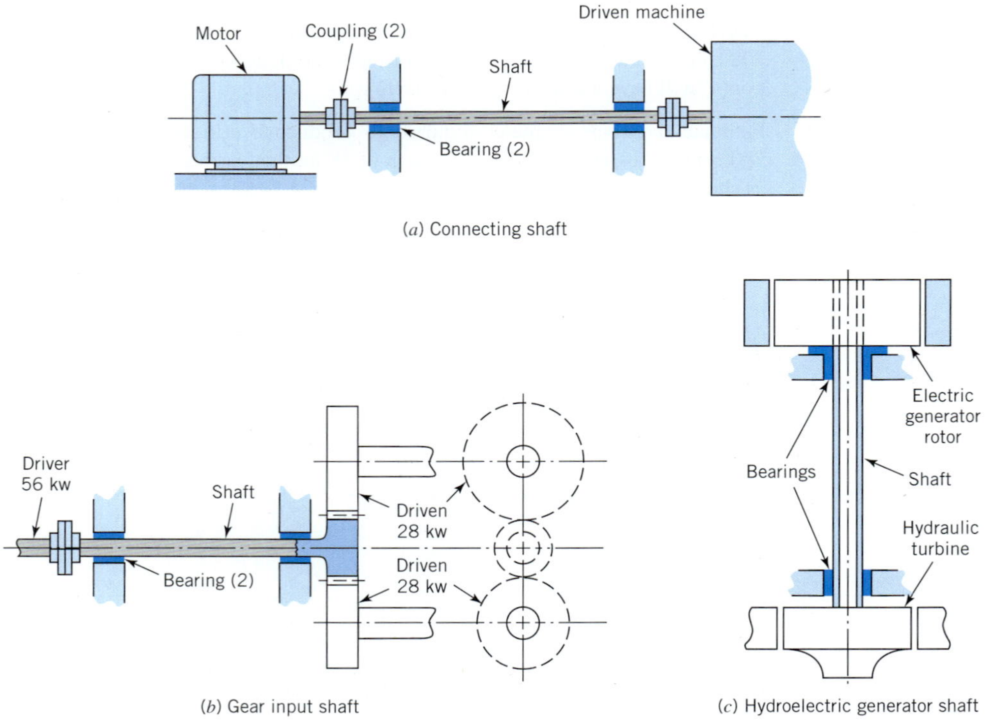

FIGURE P17.24

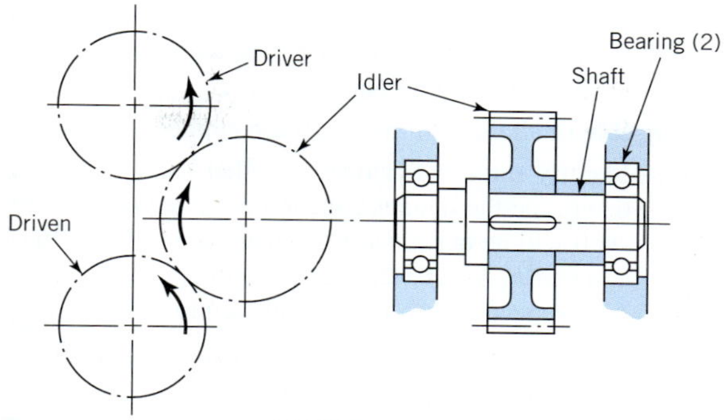

(*d*) Idler gear shaft

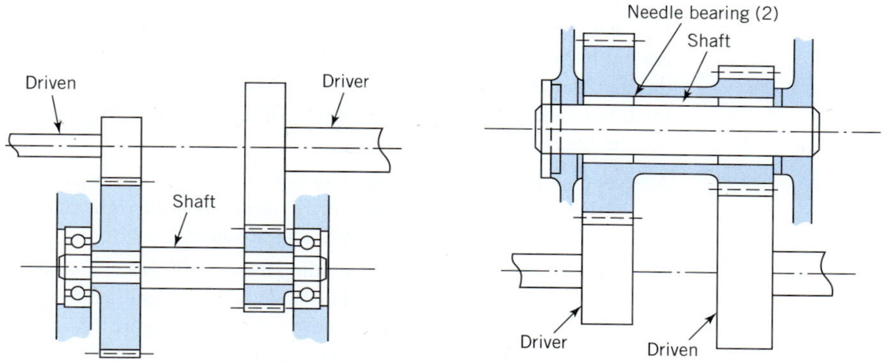

(*e*) Gear countershaft

(*f*) Stationary countershaft

FIGURE P17.24 (*Continued*)

17.25 Figure P17.25 shows the load components acting on a helical gear mounted on a simply supported shaft. Bearing *B* takes thrust. A flexible coupling for transmitting torque attaches to the right end of the shaft. The left end is free.

(a) Draw load, shear force, and bending moment diagrams for the shaft, in both the horizontal and vertical planes. Also draw diagrams showing the torsional loading

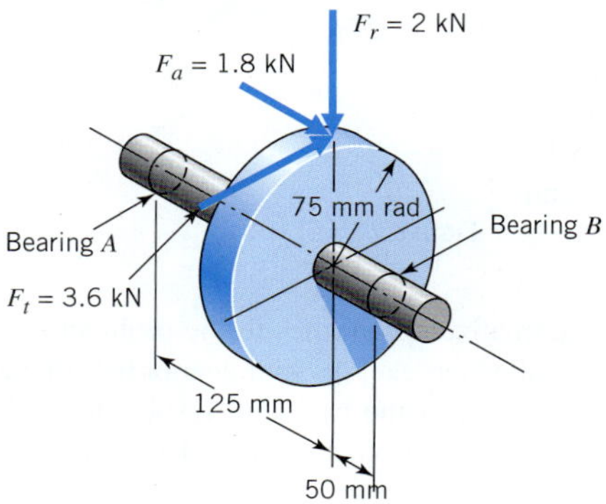

FIGURE P17.25

and the axial force loading. (The desired diagrams include the seven shown in Figure 17.7*c*. Add a similar diagram showing axial load, with tension plotted positive and compression negative.)

(b) What radial and thrust loads are applied to the bearings?

(c) Identify the most critically loaded shaft cross section, and for this location determine the diameter theoretically required for infinite life. Assume that the shaft will be machined from steel having S_u = 1035 MPa, and S_y = 830 MPa, and that K_f = 2.0, 1.5, and 2.0 will apply to bending, torsional, and axial loading, respectively, at the critical location.

17.26 A stepped steel shaft (as shown in Chapter 4, Figure 4.35) has $D/d = 1.2$, $d = 30$ mm, and $r = 3$ mm. The surfaces are machined and the steel has a hardness of 200 Bhn and strength values of $S_u = 700$ MPa and $S_y = 550$ MPa. The rotating steel shaft used in a spur gear reducer is subjected to a constant bending moment and a steady torque which results in calculated stresses of 60 MPa bending and 80 MPa torsion. However, these are nominal values and do not take into account stress concentration caused by the stepped shaft (shoulder). The fatigue stress concentration caused by the shoulder of this steel shaft is $K_f = 1.53$ for bending and $K_f = 1.28$ for torsion. The modified endurance limit is 239 MPa. Determine the safety factor with respect to infinite fatigue life.

17.27 A bevel pinion and shaft are shown in Figure P17.27. Bearing *A* takes thrust. The left end of the shaft is coupled to an electric motor, and the right end is free. Load components applied by the mating bevel gear are shown.

(a) Draw load, shear force, and bending moment diagrams for the shaft in both horizontal and vertical planes, plus torsional-load and axial-load diagrams. (The desired diagrams include the seven shown in Figure 17.7*c* plus a similar diagram for axial loads, with tension plotted as positive.)

(b) Determine the radial and thrust loads applied to the two bearings.

(c) Identify the critically loaded shaft cross section and estimate the safety factor with respect to eventual fatigue failure using the following data: shaft diameter = 33 mm, K_f = 1.3, 1.2, and 1.3 for bending, torsional, and axial loading, respectively; material is steel with S_u = 900 MPa and S_y = 700 MPa; and critical surfaces have a ground finish.

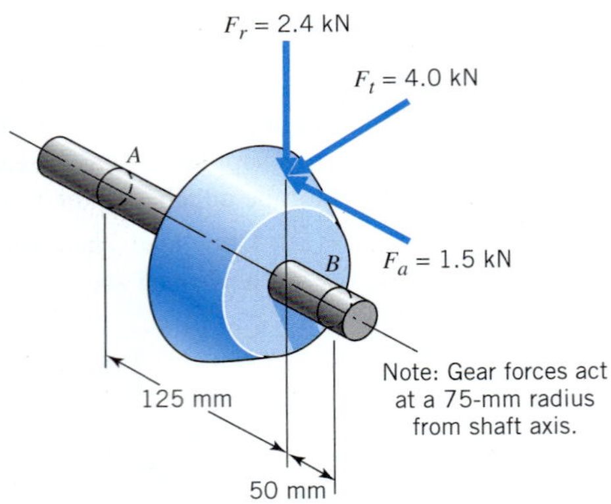

FIGURE P17.27

17.28D Figure P17.28D shows two alternative approaches to the problem of supporting an overhung or cantilevered chain idler sprocket (or spur gear or belt sheave). What fundamental differences are there between the two with respect to shaft loading and bearing loading? How would the comparison change if a bevel gear were substituted for the chain sprocket?

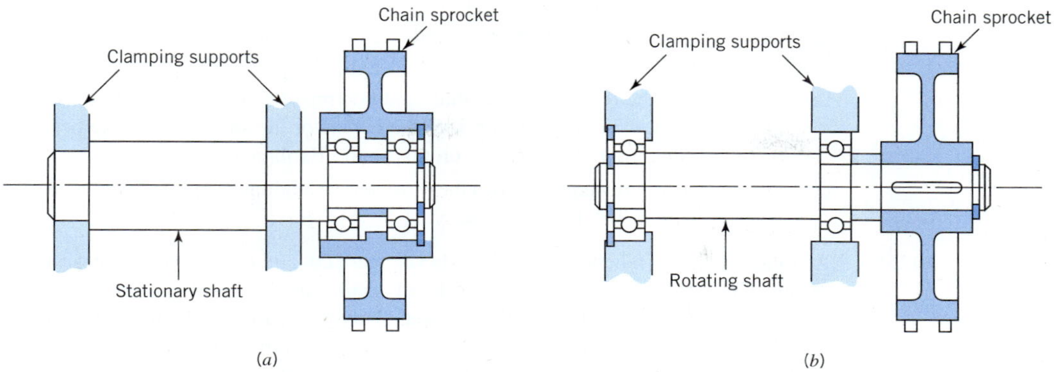

FIGURE P17.28D

17.29D The pinion shaft involved in Problem 16.15 is to be designed.

(a) Draw load, shear force, and bending moment diagrams for the shaft, in both the horizontal and vertical planes. Also draw diagrams showing the shaft torsional and axial force loadings. (The desired diagrams include the seven shown in Figure 17.7*c* plus a similar diagram for axial load, with tension plotted as positive and compression negative.)

(b) What are the radial and axial loads applied to the bearings?

(c) Make a preliminary scale drawing of the shaft, with "reasonable-looking" diameters and with appropriate shoulders and other provisions for the axial retention of parts.

(d) What primary factors must be considered when determining appropriate numerical values of the diameters?

(e) Determine, at fatigue-critical location(s), an appropriate combination of design detail (such as fillet radius), shaft diameter, material and hardness, and surface finish.

(f) Select appropriate bearings, and add dimensions for all diameters shown in your drawing for part (c).

(g) Determine the linear deflection at the gear and the angular deflection at the bearings.

[Answer to part d: (1) Bearing considerations—sufficient diameter, standard sizes, and possible use of bearings already on hand for other applications. (2) Fatigue strength. (3) Deflections—lateral deflection of gear should not generally exceed 0.05 to 0.10 mm or 0.002 to 0.004 in., and angular deflection at bearings should not normally exceed about 0.03. In some applications lateral and torsional shaft stiffnesses must be checked to ensure keeping natural frequencies out of the operating speed range.]

17.30D Repeat Problem 17.29D for the countershaft of Problem 16.16.

17.31D Repeat Problem 17.29D for the worm shaft of Problem 16.39, with the worm mounted midway between bearings spaced 5.0 in. apart.

17.32 Problems 17.29D through 17.31D dealt with motor-driven input shafts and a countershaft for which the loads were essentially known. Consider now the more involved problem of designing the output shaft of a gear reducer for general use. The driven machine may be coupled directly to the reducer output shaft, but it may also be driven through gears, belts, or chains.

(a) In designing the reducer output shaft and bearings for the most severe reasonable application, would you consider the largest or the smallest gear, sprocket, or sheave that might be mounted on this shaft? Explain, briefly.

(b) Other factors being equal, would the most severe loading be applied with a gear, belt, or chain drive? Explain, briefly.

17.33 A countershaft has a helical gear (*B*), a bevel gear (*D*), and two supporting bearings (*A* and *C*) as shown in Figure P17.33. Loads acting on the bevel gear are known. Forces on the helical gears can be determined. Shaft dimensions are known. All shoulder fillets have a radius of 5 mm. Only bearing *A* takes thrust. The shaft is made of hardened steel having values of $S_u = 1069$ MPa and $S_y = 896$ MPa. All important surfaces are finished by grinding.

(a) Draw load, shear force, and bending moment diagrams for the shaft in the *xy* and *xz* planes. Also draw diagrams showing the intensity of the axial force and torque along the length of the shaft.

(b) At points *B*, *C*, and *E* of the shaft, calculate the equivalent stresses in preparation for making a fatigue safety factor determination. (Note: Refer to Figure 8.16 and Table 8.2).

(c) For a reliability of 99% (and assuming $\sigma = 0.08\ S_n$), estimate the safety factor of the shaft at points *B*, *C*, and *E*.

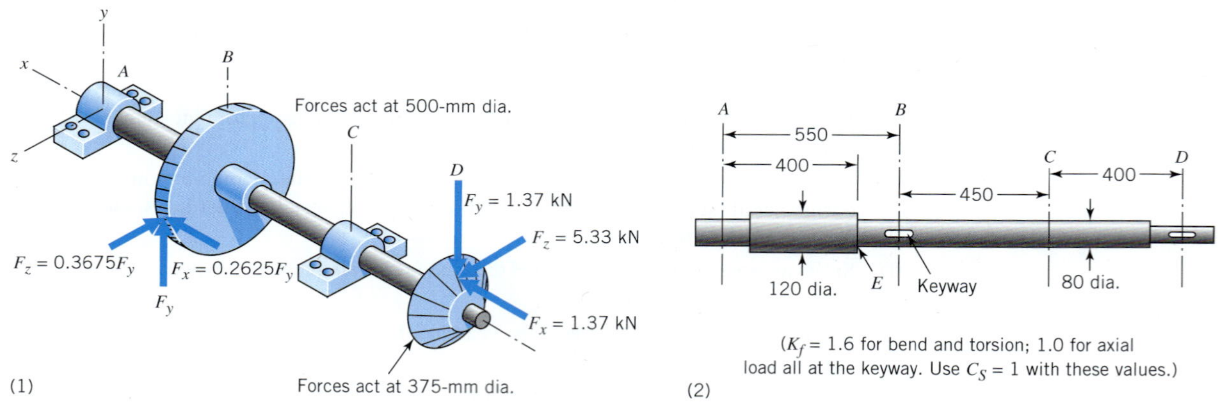

FIGURE P17.33

17.34D (a) For a maximum torsional deflection of 0.262° per meter, show for a round shaft that

$$d = 27.8\left(\frac{\mathrm{P}}{\mathrm{n}}\right)^{0.25}$$

where d = shaft diameter, mm, P = power in Watts, and n = shaft speed, rpm. (The torsional deflection of 0.262° per meter is a safe general maximum historically recommended value.)

(b) Plot shaft diameter (d from 10 to 65 mm) versus shaft speed (n from 100 to 1000 rpm) for various horsepower values (power from 90 W to 14.5 kW).

Sections 17.6–17.7

17.35D Estimate the length of flat key required to transmit a torque equal to the elastic torque capacity of a round shaft of diameter d. Assume that the key and shaft are made of the same ductile material and that the key is tightly fitted at its top and bottom. Compare this result with the length of square key required, and suggest a possible reason why a flat key might be preferred in some cases.

[Ans.: $L = 2.4d$]

17.36D Search online at http://www.pddnet.com and http://www.powertransmission.com; identify and discuss methods of coupling rotating shafts. These shaft coupling methods could utilize internal and external gears, pins, balls, springs, chains, belts, splines and nonmetal parts to transmit torque.

17.37D Review the web site http://www.grainger.com. Perform a product search for flexible couplings. Locate a flexible coupling with a $\frac{1}{2}$-in. bore and rated for $\frac{1}{2}$ hp at 1725 rpm. List the manufacturer, description, and price of the shaft coupling.

17.38D Review the web site http://www.grainger.com. Perform a product search for shaft couplings. Locate a roller chain coupling with a $\frac{5}{8}$-in. bore and a sprocket with 16 teeth. List the manufacturer, description, and price of the shaft coupling.

17.39 An incident occurred resulting in serious injury to a female worker. An industrial finger jointer was moving small lengths of cut wood along rollers and taking cut pieces of wood and gluing these together to make longer pieces for other applications. The incident machine area where the accident took place was a portion of exposed shaft that was at a transition between a guarded chain and sprocket and a guarded horizontal shaft—see Figure P17.39. The transition measured 1.25 in. long and was approximately 46.5 in. from the floor, according to the OSHA investigator. At the time of the accident, the employee was reaching through an area of limited access to flip a toggle switch when her ponytail entered the transition area and became entangled in the rotating shaft at the infeed to a carriage saw on the industrial finger jointer, when she was completely scalped.

Additional facts in this accident include:

1. The employee was being trained on the operation of the industrial finger jointer on the day of the incident and was working on the industrial jointer at the time of the incident.
2. Prior to the incident the employee was not warned about the inadequately guarded rotating part.
3. The employee did have her hair pulled back into a ponytail at the time of the accident.
4. The guard was inappropriate for the machine in that it allowed the employee's hair to reach rotating parts (without removal of the guard).
5. The machine's activation/deactivation switch was located in an unsafe position.
6. The employer did not have a policy in place that required employees to keep their hair at a certain length or pulled up and back.
7. The employee was not warned of the dangers she would encounter when properly operating the machine.
8. The employee was not required to read the machine's operation manual.

9. There was no warning label located on the rotating part or on the guard around the rotating part wherein the employee's hair was caught.

10. The OSHA report states, "The employer was aware of the requirement for guarding of rotating shafts from the previous inspections. The main portion of the shaft was guarded, but a small portion between the guarded chain and sprocket and the guarded horizontal shaft was unguarded at the time of the accident."

Search the OSHA regulations at http://www.osha.gov and specifically review the regulation 29 CFR 1910.212, *General requirements for all machines*. Write a paragraph relating this regulation to this incident. Also, list ways in which this accident could have been prevented.

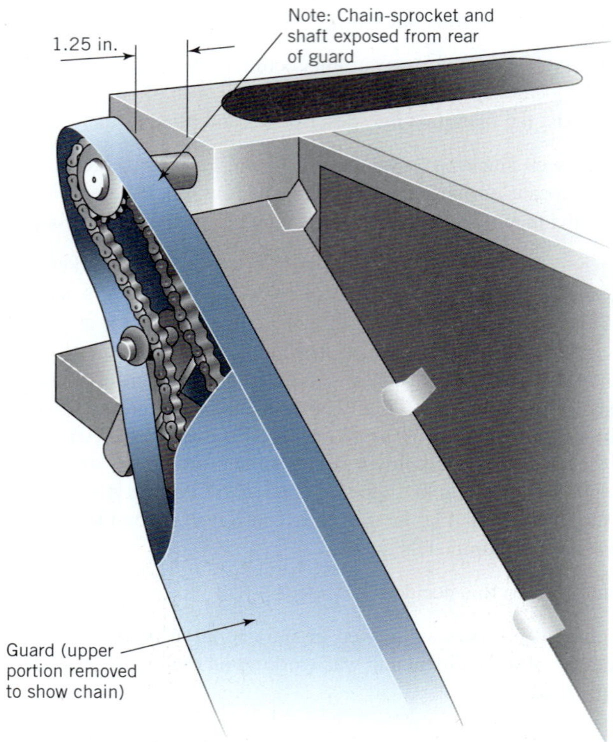

FIGURE P17.39

클러치와 브레이크 18

18.1 개요

베어링, 기어, 캠, 그 외 기계부품 대부분에는 미끄럼면이 있는데, 접촉마찰을 최소화하여 에너지 손실과 마모를 줄이는 것이 바람직하다. 이와 대조적으로 클러치나 브레이크는 작동하기 위하여 마찰에 의존한다. 이 요소는 마찰계수를 최대화하고 넓은 작동조건 범위에 걸쳐 균일하게 유지하고 동시에 마모를 최소화하는 것이 목표이다.

클러치의 기능은 회전축이 같은 두 부품을 부드럽게 그리고 점진적으로 붙이거나 떼는 것이다. 브레이크는 한쪽 부품이 고정된 것 외에는 클러치와 비슷하게 작동한다. 여기서 다루는 클러치와 브레이크는 모두 마찰 형식으로 고체표면 마찰에 의존한다. 다른 형식은 자력, 와류, 유압을 사용한다. 19장에서 다루는 유체 커플링과 토크 컨버터가 그 예이다.

이 장에서는 여러 가지 형식의 마찰클러치와 브레이크를 다룬다. 모두 다음과 같은 기본 요구조건을 만족시키도록 설계되어야 한다: (1) 요구되는 마찰토크는 적당한 작동력으로 발생되어야 한다. (2) 마찰열로 바뀌는 에너지(제동할 때나 클러치를 붙일 때)는 파괴시킬 만한 고온을 발생시키지 않고 흩어져야 한다. (3) 마찰면의 마모특성은 수명을 적당하게 하여야 한다. 9.8, 9.9, 9.10, 9.12 및 9.15절은 클러치와 브레이크 마모특성에 관한 배경을 제공한다.

http://www.machinedesign.com은 클러치, 기계 브레이크와 전기 브레이크에 관한 정보를 제공한다. http://www.powertransmission.com은 클러치와 브레이크 회사의 웹사이트를 열거한다.

18.2 원판클러치

그림 18.1은 구동면 1개, 종동면 1개인 단순한 원판클러치이다. 서로 밀어붙였을 때 2개 사이에 구동마찰이 발생한다. 이 원리를 실제적으로 구체화한 것은 그림 18.2와 18.3에 예시되어 있다.

그림 18.2는 표준 변속기에 사용되는 자동차용 클러치이다. 플라이휠, 클러치 커버와 압력판이 크랭크축과 같이 돈다. 원주방향으로 분포된 스프링(그렇지 않으면 내부에 1개의

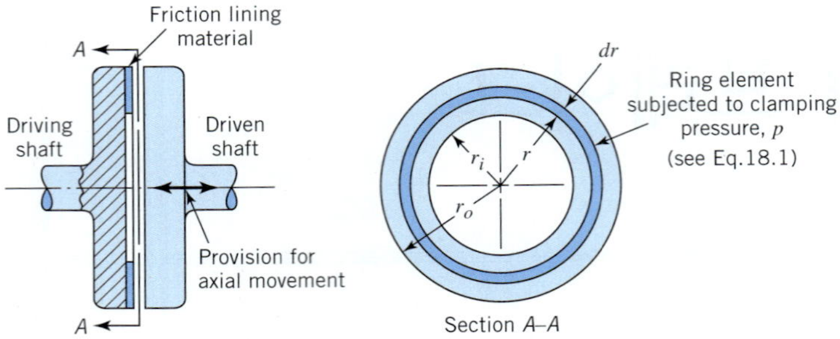

그림 18.1 기본적인 원판클러치.

슬롯이 파여진 원추형 원판스프링—그림 12.31)은 압력판을 플라이휠 쪽으로 밀어 그 사이에 있는 클러치판(종동 원판)을 붙잡는다. 클러치판의 허브는 변속기 입력축과 스플라인으로 연결된다. 클러치는 클러치 페달을 누르면 To release라고 표시된 레버를 회전시켜 떨어진다. 이것이 플라이휠에서 압력판이 떨어지게 당기는 반경방향 해제레버를 누르게 클러치 해제 베어링을 민다. 클러치 해제 베어링은 **추력** 베어링임에 주목하라. 우측면은 회전하지

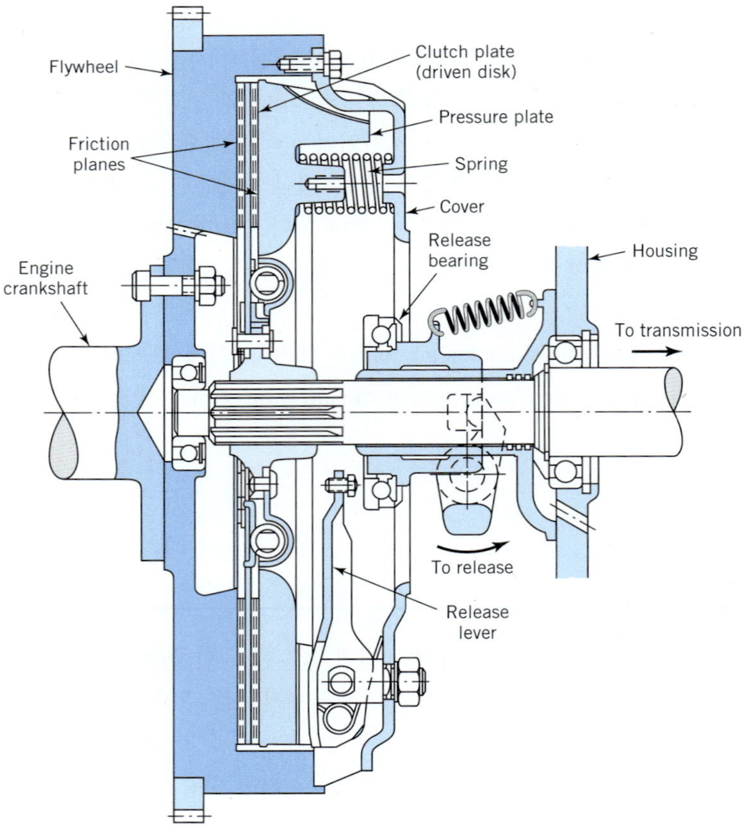

그림 18.2 자동차용 원판클러치.(Borg-Warner Corporation 제공.)

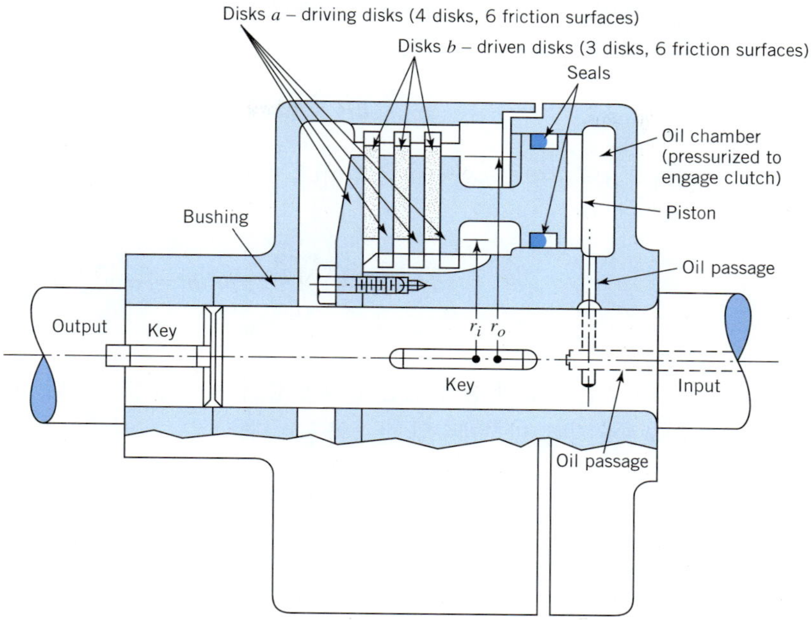

그림 18.3 유압으로 작동되는 다판클러치.

않는 해제 기구에 닿고, 좌측면은 크랭크축과 같이 회전하는 해제 레버에 닿는다. 이 클러치는 구동면이 2개이다. 1개는 플라이휠 구동면이고 다른 1개는 압력판에 구동면이다. 종동면 2개는 클러치판의 양측면이다.

그림 18.3은 다판 클러치의 원리를 그린 것이다. 원판 a는 입력축과 같이 회전하도록 스플라인과 같은 것으로 구속되어 있다. 원판 b는 출력축과 같이 회전하도록 비슷하게 구속되어 있다. 클러치가 떨어질 때 원판은 서로 떨어지게 축 방향으로 자유롭게 미끄러진다. 클러치가 붙을 때 원판은 밀착되게 죄어져 6개 구동면과 6개 종동면을 제공한다. 내측면만 마찰면으로 사용되는 양단 2개 원판은, 원판을 죄는 힘이 추력 베어링을 통하여 전달되는 것을 방지하기 위하여, 같은 조의 부품이 되어야 한다. 그림 18.2와 18.3에서는 클러치를 붙잡는 힘이 원판 영역에만 국한되나, 그림 18.1에서는 추력 베어링을 통하여 전달되어야 한다.

다른 마찰부품과 같이 원판클러치는 건식이나 오일 습식으로 작동하도록 설계된다. 그림 18.2에 그린 형식의 자동차 클러치는 건식이고 대부분의 자동차 자동변속기에 사용되는 것을 포함하여 다판클러치는 습식이다. 오일은 클러치를 붙일 때는 효과적인 냉각제로 작용하고, 마찰계수가 감소한 것은 다판클러치를 사용하여 보상한다.

이제 클러치 크기, 마찰계수, 토크용량, 축 방향 붙잡는 힘, 접촉압력을 관련시키는 식을 다음 2개의 기본가정 중 어느 1개를 사용하여 세우려고 한다. 이때 마찰계수 f는 일정하다고 가정한다.

1. 접촉압력이 균일분포한다고 가정하자. 이 가정은 새것으로 마모되지 않았고, 외부 원판

은 강체이고, 정확하게 제작된 클러치에 대하여 타당하다. 그림 18.1을 참조하면 반경 r 고리요소에 작용하는 수직력은

$$dF = (2\pi r\, dr)p \tag{a}$$

여기서 p는 균일접촉압력의 수준이다. 접촉면적에 작용하는 전체 수직력은

$$F = \int_{r_i}^{r_o} 2\pi pr\, dr = \pi p(r_o^2 - r_i^2) \tag{18.1}$$

여기서 F는 구동과 종동 원판을 같이 붙잡는 축 방향 힘이다. 고리요소에 발생한 마찰 토크는 수직력, 마찰계수와 반경의 곱이다.

$$dT = (2\pi r\, dr)pfr$$

전체 접촉면에 발생한 전체 토크는

$$T = \int_{r_i}^{r_o} 2\pi pfr^2\, dr = \tfrac{2}{3}\pi pf(r_o^3 - r_i^3) \tag{b}$$

식 (b)는 마찰면이 1개인 클러치의 토크용량을 나타낸다(그림 18.1과 같이 1개의 구동원판이 1개의 종동원판과 붙음). 실제 클러치(그림 18.2와 18.3 같은)는 나란히 토크를 전달하는 마찰면 N개를 사용한다. 여기서 N은 짝수이다(그림 18.2에서는 2, 그림 18.3에서는 6). 마찰면이 N개인 클러치에 대하여, 식 (b)는 수정되어

$$T = \tfrac{2}{3}\pi pf(r_o^3 - r_i^3)N \tag{18.2}$$

식 (18.1)을 p에 대하여 풀고, 이 값을 식 (18.2)에 대입하면 축 방향으로 붙이는 힘의 함수로서 토크용량에 대한 식이 생긴다.

$$T = \frac{2Ff(r_o^3 - r_i^3)}{3(r_o^2 - r_i^2)}N \tag{18.3}$$

2. **접촉면에서 균일마모율을 가정하자.** 식 (9.1)에 나타난 것과 같이 마모율은 일반적으로 마찰력과 미끄럼속도를 곱한 마찰일률에 비례한다. 마찰계수가 균일하면 마모율은 압력과 미끄럼속도의 곱에 비례한다. 나무조각을 사포로, 압력과 미끄럼속도 모두에 비례하는 마모율로 흔히 다듬어 본 것을 고려하라. 클러치면에서 속도는 반경에 비례하므로 일률은 압력과 반경의 곱에 비례한다. 이것에 근거하여 접촉압력이 균일분포하는 새 클러치는 외부 반경에서 초기마모가 최대이다. 이 초기마모 후 강체이고 평행인

외부 평면 사이에서 '연삭'되는 마찰 라이닝은 균일마모율이 되려고 한다. 이 균일마모율은 균일 마찰일률(압력과 속도의 곱이나 압력과 반경의 곱이 일정)의 결과인 것으로 가정된다. 따라서

$$pr = C (\text{여기서 } c\text{는 상수})$$

최대압력 $p_{\max}$는 명확하게 내부반경에서 발생하고 마찰 라이닝 재료의 특성에 의하여 결정된 허용값이 있다. 따라서, 내부반경이 r_i이고 허용압력이 $p_{\max}$인 마찰 라이닝에 대하여 클러치 설계는

$$pr = C = p_{\max} r_i \tag{18.4}$$

에 근거한다. 식 (18.4)를 사용하고 식 (18.1)에서 (18.3)까지와 같은 유도과정을 거쳐

$$F = \int_{r_i}^{r_o} 2\pi p_{\max} r_i \, dr = 2\pi p_{\max} r_i (r_o - r_i) \tag{18.5}$$

$$T = \int_{r_i}^{r_o} 2\pi p_{\max} r_i f r \, dr \, N = \pi p_{\max} r_i f (r_o^2 - r_i^2) N \tag{18.6}$$

$$T = Ff\left(\frac{r_o + r_i}{2}\right)N \tag{18.7}$$

여기서 N은 마찰면 개수이다. 식 (18.7)의 간단한 물리적 의미에 주목하라.

균일마모율을 가정하면 균일압력을 가정한 것보다 클러치 용량이 낮게 계산된다. 이것은 외부반경 쪽으로 갈수록 높은 초기 마모율이 내부반경 쪽으로 압력중심을 옮겨 토크 암을 작게 하기 때문이다. 따라서 클러치는 균일마모율에 근거하여 설계되고 새것은 토크용량이 약간 높다.

표 18.1과 18.2에 여러 가지 마찰 라이닝 재료에 대한 마찰계수와 허용압력에 관련된 대략적인 데이터를 제공하였다.

클러치 설계에서 매개변수는 내부반경과 외부반경의 비이다. 식 (18.6)에서 주어진 외부반경에 대한 최대 토크는 내부반경이

$$r_i = \sqrt{\tfrac{1}{3}} r_o = 0.58 r_o \tag{18.8}$$

일 때 얻어짐을 보이는 것은 독자에게 맡긴다. 흔히 사용되는 비례치수는 r_i=0.45~0.80 r_o이다.

표 18.1 건식 작동 시 마찰재료의 성질

Friction Material[a]	Dynamic Friction Coefficient f[b]	Maximum Pressure[c]		Maximum Bulk Temperature	
		psi	kPa	°F	°C
Molded	0.25–0.45	150–300	1030–2070	400–500	204–260
Woven	0.25–0.45	50–100	345–690	400–500	204–260
Sintered metal	0.15–0.45	150–300	1030–2070	450–1250	232–677
Cork	0.30–0.50	8–14	55–95	180	82
Wood	0.20–0.30	50–90	345–620	200	93
Cast iron, hard steel	0.15–0.25	100–250	690–1720	500	260

[a] When rubbing against smooth cast iron or steel.
[b] Experimental values of f vary with detailed composition, rubbing speed, pressure, temperature, humidity, and composition. Consult the manufacturer or obtain test data. For design, commonly use 50 to 75 percent of test values to provide a factor of safety.
[c] Use of lower values will give longer life. Consult the manufacturer or obtain test data. Compute the average pressure on cylindrical surfaces on the basis of projected area of contact (as for bearing stresses and journal bearing pressures—see Section 13.3).

표 18.2 습식 작동 시 마찰계수

Friction Material[a]	Dynamic Friction Coefficient f
Molded	0.06–0.09
Woven	0.08–0.10
Sintered metal	0.05–0.08
Paper	0.10–0.14
Graphitic	0.12 (avg.)
Polymeric	0.11 (avg.)
Cork	0.15–0.25
Wood	0.12–0.16
Cast iron, hard steel	0.03–0.06

[a] When rubbing against smooth cast iron or steel.

예제 18.1D SAMPLE PROBLEM 다판 습식 클러치

토크 85 N·m를 전달하는 다판 습식 클러치를 설계하려고 한다. 외부지름은 100 mm까지로 제한한다. 사용될 마찰재료를 붙인 강 원판에 대한 설계값은 f=0.06(습식)과 p_{max}=1400 kPa이다. 이 원판에 대하여 적합한 원판 개수와 붙이는 힘을 결정하라.

풀이 SOLUTION

제시자료: 원판 외부지름이 $d_o \leq 100$ mm, 동적 마찰계수 f=0.06(습식), 원판 최대허용압력

p_{max}=1400 kPa, 전달토크 T=85 N·m이다.

목표: 원판 내부지름 d_i, 원판 개수 N, 붙이는 힘 F를 구하라.

개요도 및 데이터: 그림 18.3을 참조하라.

판단과 가정:

1. 원판 최대 허용 외부지름 d_o=100 mm(r_o=50 mm)을 사용한다.
2. r_i=29 mm를 선택한다
3. 과대설계된 클러치로 p_{max}와 F를 줄이는 것을 선택하여 설계토크용량을 얻는다.
4. 마찰계수 f는 상수이다.
5. 마모율은 접촉면에서 균일하다.
6. 토크는 여러 원판이 균등분담한다.

설계 해석:

1. 식 (18.6)을 사용하면 $N=T/[\pi p_{max} r_i f(r_o^2-r_i^2)]$=6.69개이다.
2. N은 짝수이어야 하므로, N=8을 사용한다. 그림 18.3을 참조하면 4+5=9개의 원판이 필요하다(외부 원판 2개는 마찰면이 한쪽에만 있다).
3. 다른 것은 바꾸지 않는다면, 클러치는 8/6.69=1.19배 과대설계될 것이다. 가능한 선택은 (a) 19% 과대설계를 수용하거나 (b) r_i를 증가시키거나 (c) r_o를 줄이거나 (d) 양쪽 반경을 바꾸지 않고 p_{max}와 F를 1.19배 줄이는 것이다.
4. d를 이렇게 선택하면, 설계토크를 충분하게 발생시킬 붙이는 힘은 식 (18.7)로 계산된다.

$$T = Ff\left(\frac{r_o + r_i}{2}\right)N = 85\text{ N}\cdot\text{m} = F(0.06)\left(\frac{0.050 + 0.029}{2}\text{ m}\right)8,$$

$$F = 4483\text{ N}$$

5. 계산된 값 F는 짝수가 되게 반올림하면, 최종 답은 (a) 내부반경=58 mm, (b) 붙이는 힘=4500 N, (c) 원판 9개이다.

주석: 선택한 r_i는 통상적인 $0.45r_o < r_i < 0.80r_o$ 범위 안에 있다.

18.3 원판 브레이크

앞에서 언급한 것과 같이 브레이크는 한쪽 축이 고정 부재로 바뀐 것 외에는 클러치와 비슷하다. 따라서 약간 수정하면 그림 18.2와 18.3에 그린 설계는 원판 브레이크로 변환된다. 그

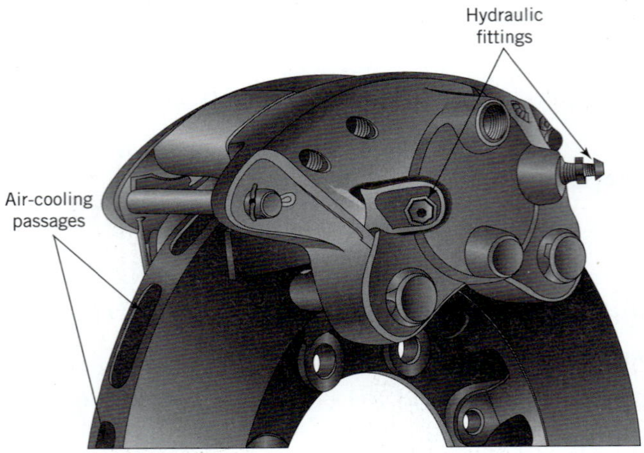

그림 18.4 유압으로 작동되는 캘리퍼형 원판 브레이크.

런 브레이크는 냉각이 적합하지 않아서, 일반적인 용도로는 만족스럽지 않을 것이다. 이 때문에 **캘리퍼 원판 브레이크**(caliper disk brake)가 흔히 사용된다. 자전거 브레이크는 잘 알려진 예이다. 바퀴 가장자리가 원판을 구성한다. 캘리퍼 내부 마찰 라이닝은 원판 표면 일부에만 접촉하고 나머지는 열이 흩어지게 노출된다. 그림 18.4는 공랭 원판을 사용하는 유압 작동 캘리퍼 원판 브레이크이다. 내부 통로를 통하여 공기가 순환하여 상당한 추가 냉각을 제공한다. 원판 브레이크는 대형 모터사이클 전륜에서 관찰된다.

캘리퍼 원판 브레이크의 토크용량과 붙이는 힘 요구조건은 앞 절의 절차를 사용하여 결정된다. 브레이크의 냉각이나 열 흩어짐은 다음에 논의한다.

18.4 에너지 흡수와 냉각

브레이크의 기본 기능은 에너지를 흡수하는(운동에너지와 위치에너지를 마찰열로 변환하고 파괴적인 고온이 발생하지 않게 열이 흩어지게 하는) 것이다. 클러치도 에너지를 흡수하고 열이 흩어지게 하지만 보통 이 에너지나 열은 적은 편이다. 브레이크나 클러치가 장기간 다소 연속적으로 사용될 때, 외기로 급속한 열전달이 이루어지게 하는 대비가 필요하다. 단속적으로 사용할 때는 부품의 열용량이 열 대부분이 저장되게 허용하고, 긴 시간에 걸쳐 열이 흩어지게 한다. 브레이크와 클러치 부품은 지나친 열응력과 열변형을 피할 수 있게 설계되어야 한다(4.16절).

기본 열전달식은 이전에 저널베어링과 웜기어에 관련하여 등장한 식 (13.13)이다.

$$H = CA(t_s - t_a) \tag{18.9}$$

여기서

H=시간당 흩어지는 열(W 또는 hp)
C=전체 열전달계수(W/m^2/°C 또는 hp/in.^{2}/°F)
A=노출된 열 흩어짐 표면적(m^2 또는 in.^{2})
t_s=열 흩어짐 표면의 평균온도(°C 또는 °F)
t_a=열 흩어짐 표면 부근의 공기온도(°C 또는 °F)

브레이크가 파괴적인 온도에 도달하지 않고 에너지를 대량 흡수하는 능력을 증가시키려면 (1) 핀(fin)이나 리브(rib)를 붙여 노출표면적을 증가시키거나, (2) 공기흐름 장애를 최소화하고 회전부품의 공기 펌핑 작용을 최대화하여 이 표면을 지나는 공기흐름을 증가시키거나, (3) 마찰표면과 즉시 접촉한 부품의 질량과 비열을 증가시켜, 증가한 열용량을 제동하중이 최대인 짧은 기간 제공한다.

흡수될 에너지원은 주로 다음 3가지이다.

1. 이동 운동에너지

$$\text{KE} = \tfrac{1}{2}MV^2 \tag{18.10}$$

2. 회전 운동에너지

$$\text{KE} = \tfrac{1}{2}I\omega^2 \tag{18.11}$$

3. 위치(중력)에너지(내려가고 있는 엘리베이터나 언덕을 내려가는 자동차와 같은)

$$\text{PE} = Wd \quad \text{(weight times vertical distance)} \tag{18.12}$$

브레이크가 때때로 흡수하여야 할 에너지율의 크기를 이해하려면 고속주행 자동차의 급정거를 고려하라. 순간제동동력은 고속에서 4륜주행 가속 중 모든 바퀴를 마찰음이 나게 할 엔진 동력과 같다.

차량 브레이크의 동력 용량의 극적인 예는 이륙 중인 제트 여객기를 멈추게 하는 것이다. 완전 적재 비행기는 이륙 가능 속도로 달리다 비상정지시키려 브레이크를 작동한다. 보잉 707에 대하여 185 mph로 달리는 260,000 lb의 항공기를 차량을 멈추는 것을 의미한다. 운동에너지의 80%는 브레이크로 흡수하고 이것을 1회만 하게 설계된다. 이륙이 포기된 드문 사건에서 브레이크는 파괴적인 온도에 도달하고 비행기를 다시 사용하기 전에 교체되어야 한다. 이것은, 손상 없이 극도의 비상정지를 시킬 무게가 추가된 브레이크를 나르는 것보다 브레이크를 교체하는 것이 경제적이므로 좋은 공학설계이다.

마찰면 단위면적에 발생하는 열률은 수직압력, 마찰계수와 미끄럼속도의 곱과 같다. 브레이크와 브레이크 라이닝 제작자는 시험을 수행하고 경험을 축적하여, 특정 브레이크 설계, 브레이크 라이닝 재료와 사용조건에 적합한 pV(수직압력×미끄럼속도)와 마찰표면 단위면적당 동력(kW/mm^2)의 경험값에 도달하였다. 표 18.3은 산업용 pV의 전형적인 값을 열거한 것이다.

표 18.3 산업용 슈 브레이크에 사용되는 pV 값

Operating Conditions	pV (psi)(ft/min)	pV (kPa)(m/s)
Continuous, poor heat dissipation	30,000	1050
Occasional, poor heat dissipation	60,000	2100
Continuous, good heat dissipation as in an oil bath	85,000	3000

18.5 원추클러치와 브레이크

그림 18.5*a*는 원추클러치이다. 이것은 원판클러치와 비슷하고 원판클러치는 일반적인 경우인 원추클러치의 원추각이 90°인 특별한 경우이다. 원추클러치 구성으로 마찰면이 1개를 넘는 것은 비현실적이다. 따라서 $N=1$이다. 앞에서 언급한 것과 같이, 축 베어링이 붙잡는 힘과 같은 추력을 받아야 한다. 이것은 전형적인 원추클러치의 쐐기작용이 붙잡는 힘을 해당 원판클러치의 1/5쯤으로 줄여 채용할 만하다.

그림 18.5*b*는 고리요소의 표면적이다.

$$dA = 2\pi r\, dr/\sin\alpha$$

요소에 작용하는 수직력은

$$dN = (2\pi r\, dr)p/\sin\alpha$$

해당하는 붙잡는 힘은

$$dF = dN\sin\alpha = (2\pi r\, dr)p$$

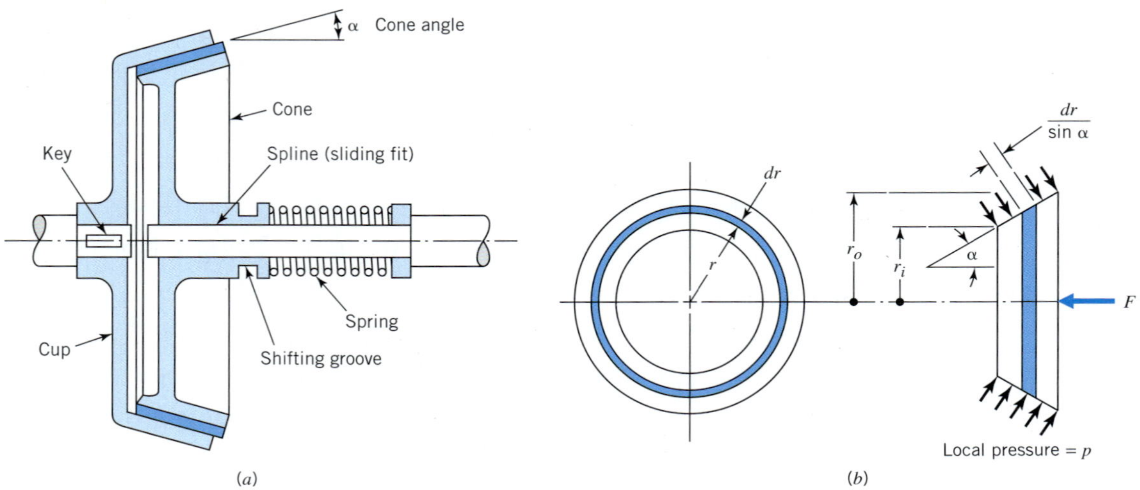

그림 18.5 원추클러치—(*a*)와 (*b*)는 같은 축척이 아님.

이것은 원판클러치 고리요소에 대한 것과 똑같다[식 (a)]. 이 요소로 전달하는 토크는

$$dT = dN\,fr = 2\pi pfr^2\,dr/\sin\alpha$$

붙이는 힘과 토크용량에 대한 식은 원판클러치에 대한 것과 같이 유도된다. 식 (18.4)는 균일마모율에 대하여 적용된다. 결과식은 식 (18.1)과 (18.5)가 원추클러치의 붙잡는 힘에도 타당하고 원추클러치의 토크용량은 원판클러치 식을 sin α로 나눈 것임을 가리킨다. 따라서 **균일압력**인 경우

$$T = \tfrac{2}{3}\pi pf(r_o^3 - r_i^3)/\sin\alpha \qquad \textbf{(18.2a)}$$

$$T = \frac{2Ff(r_o^3 - r_i^3)}{3(r_o^2 - r_i^2)}\Big/\sin\alpha \qquad \textbf{(18.3a)}$$

균일마모율에 대하여

$$T = \pi p_{\max} r_i f(r_o^2 - r_i^2)/\sin\alpha \qquad \textbf{(18.6a)}$$

$$T = Ff\left(\frac{r_o + r_i}{2}\right)\Big/\sin\alpha \qquad \textbf{(18.7a)}$$

이 식은 $N=1$인 원판클러치의 일반적인 경우이므로, 해당하는 원판클러치 식 다음에 번호를 붙였다.

원추각이 작을수록, 필요한 이론적인 붙이는 힘은 감소한다. 이 각은 약 8°보다 작으면 안 되고 클러치는 붙였을 때 붙잡으려고 한다. 게다가 8°~15°가 흔히 사용되고 12°가 보통 최적이다.

그림 18.5*a* 클러치는 이동홈에 맞는 포크를 이동하여 떨어뜨린다. 포크는 회전하지 않으므로, 추력베어링을 사용하여야 한다(그림 18.2 원판클러치와 같이).

18.6 짧은 슈 드럼 브레이크

드럼 브레이크는 2가지 형식이다: (1) 외부(원통) 드럼 표면에 닿도록 수축하는 **외부 슈**를 사용하는 것, (2) 내부 드럼 표면에 닿도록 확장하는 **내부 슈**를 사용하는 것. 그림 18.6은 짧은 슈(드럼 둘레 일부 구간에 접촉하는 슈)를 사용하는 단순한 외부 드럼 브레이크를 그린 것이다. 지렛대 끝의 힘 F가 브레이크에 작용한다. 드럼과 슈 사이 수직력 N과 마찰력 fN은 접촉면에 걸쳐 연속적으로 분포하지만 짧은 슈 해석은 이 힘이 접촉면 중앙에 집중된다고 가정한다. 그림 18.6*a*는 조립된 브레이크 전체이다. 이 기본적인 부품의 자유물체도는 그림 18.6*b*와 *c*에 그렸다. 드럼 회전은 **시계방향**이다.

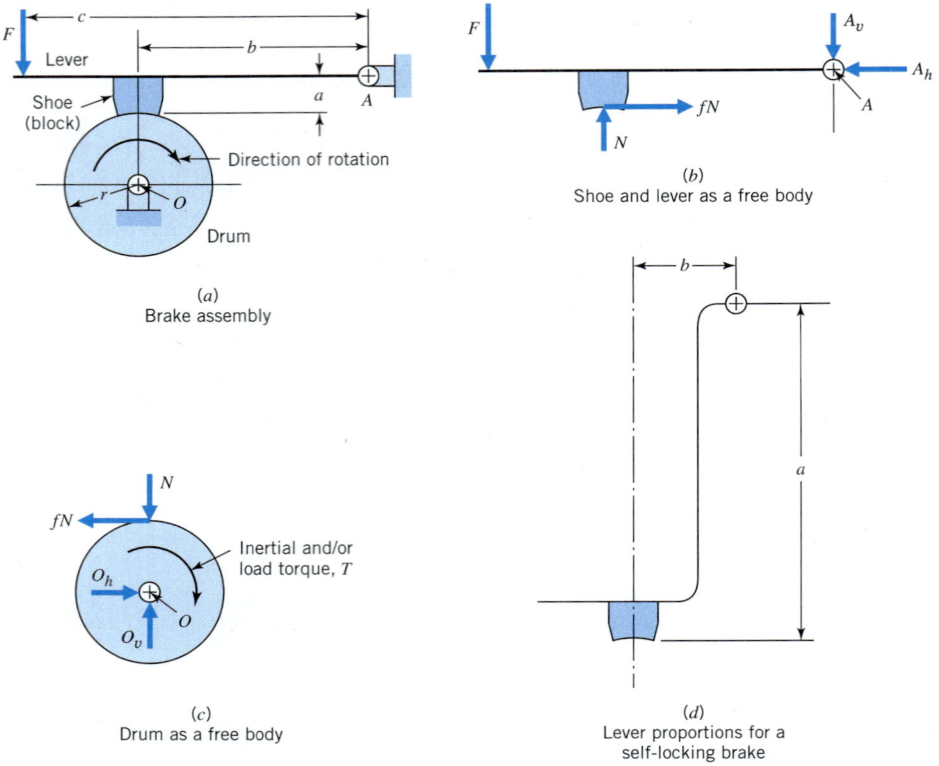

그림 18.6 '짧은 슈' 드럼 브레이크.

슈와 지렛대가 조립된 것에 대하여 A 점에 관한 모멘트를 취하면

$$Fc + fNa - bN = 0 \tag{c}$$

드럼에 대하여 O 점에 관한 모멘트를 합하면

$$T = fNr \tag{d}$$

식 (c)를 N에 관하여 풀어 식 (d)에 대입하면

$$N = Fc/(b - fa)$$
$$T = fFcr/(b - fa) \quad \text{(self-energizing)} \tag{18.13}$$

토크 T는 평형에 필요한 관성과 하중 토크이고, 이것은 브레이크로 생성된 마찰토크와 같다.

식 (18.13)은 마찰력의 모멘트 fNa가 작동력 F를 보조하므로 '자력강화'라고 이름 붙인다. 반시계방향 드럼 회전에 대하여, 마찰력 방향은 뒤바뀐다. 이것은 브레이크 작용을 상쇄하므로 브레이크를 자력약화한다. 자력강화에 대한 식을 유도하는 것은 마찰 항의 부호만 바뀌는 것 외에는 자력강화에 대한 것과 같다.

$$T = fFcr/(b + fa) \quad \text{(self-deenergizing)} \tag{18.14}$$

자력강화 브레이크로 돌아가(시계방향 드럼회전), 식 (18.13)의 분모가 0과 같거나 작으면 브레이크는 **자력잠김**에 주목하라. 따라서 자력잠김은

$$b \le fa \tag{18.15}$$

예로, $f=0.3$이고 $b \le 0.3a$이면 자력잠김(시계방향 드럼회전)이 발생한다. 이것은 그림 18.6d에 설명되어 있다. 자력잠김 브레이크는 드럼이 한쪽 방향으로 회전하는 것에 대하여 잠기게 하려면 슈를 드럼에 접촉시키기만 하면 된다.

그림 18.6에 그린 브레이크는 슈가 1개이므로, 슈가 드럼에 작용한 전체 힘은 축 베어링이 받는다. 부분적으로 이 이유 때문에 그림 18.7과 같이 서로 반대인 슈 2개를 거의 항상 사용한다. 반대인 슈 힘이 완전히 균형을 이루지는 않지만, 축 베어링 합력은 보통 작다.

예제 18.2 SAMPLE PROBLEM 슈가 2개인 외부 드럼 브레이크

그림 18.7에 그린 슈가 2개인 외부 드럼 브레이크의 슈는 드럼면과 90° 접촉하고 너비는 80 mm이다. 마찰계수는 0.20이고 투영면적 1 m^{2}에 대한 허용접촉압력은 400 kN일 때 (a) 사용 가능한 최대 지렛대 힘 F, (b) 브레이크 토크, (c) 축 베어링에 부과되는 반경방향 하중을 계산하라. 유도된 짧은 슈 식을 사용하라.

풀이 SOLUTION

제시자료: 제동 토크를 제공하려는 슈가 2개인 외부 드럼 브레이크의 너비, 마찰계수, 허용접촉압력과 드럼 표면 접촉각이 주어져 있다.

목표: (a) 지렛대 작동력, (b) 제동 토크, (c) 축 베어링에 작용하는 반경방향 하중을 결정하라.

개요도 및 데이터:

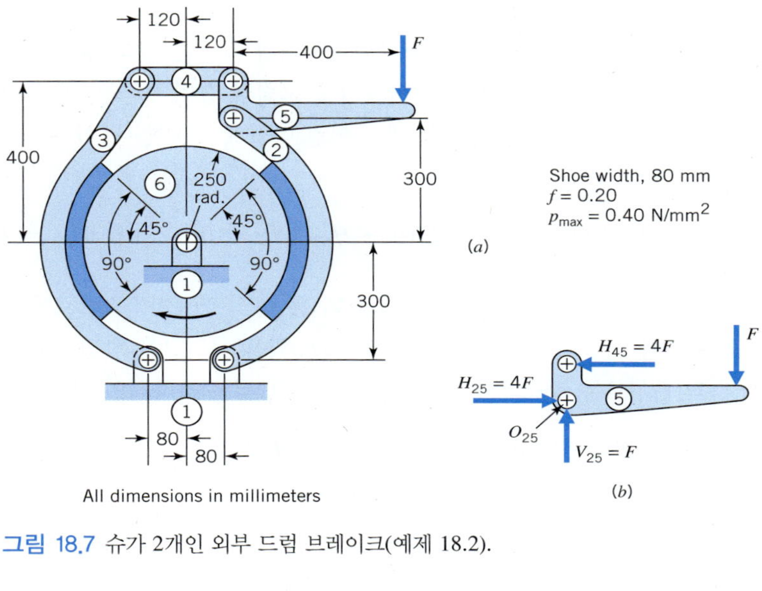

그림 18.7 슈가 2개인 외부 드럼 브레이크(예제 18.2).

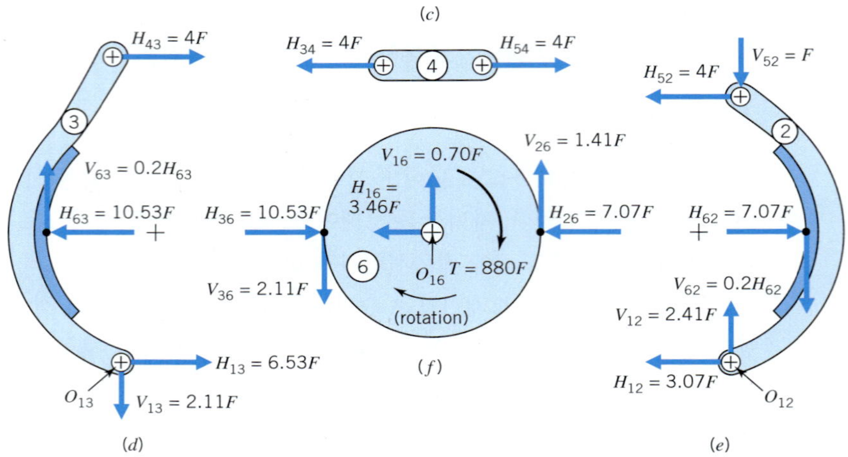

그림 18.7 (계속).

가정:

1. 드럼 너비는 슈 너비와 같거나 넓다.
2. 다른 드럼 부품과 같이 지렛대는 하중을 지지한다.
3. 드럼은 일정 각속도로 회전하고 있고 드럼 브레이크는 정상상태 조건이다.

해석:

1. 그림 18.7*b*에서 *f*까지 브레이크 각각의 부품을 자유물체로서 그렸다. 힘 해석은 힘 F를 받는 5번 레버로 시작한다. 다른 힘을 표시하는 관례에 주목하라: H_{45}는 5에 작용하는 4의 수평력이다(링크 4는 단순한 인장이나 압축하중을 나르므로 V_{45}와 같은 수직력은 없다). 유동점 O_{25}에서 핀 연결은 링크 5에 수평력과 수직력을 제공한다(H_{25}와 V_{25}). O_{25}에 관한 모멘트를 취하면 $H_{45}=4F$, 힘 합은 $V_{25}=F$이고 $H_{25}=4F$이다.
2. 링크 4로 돌아가면, H_{54}(4에 작용하는 5의 수평력)는 H_{45}와 같고 반대방향이다. 힘 합은 H_{34}가 H_{54}와 같고 반대방향이어야 한다.
3. 왼쪽 슈(링크 3)에 H_{43}이 작용한다(H_{34}와 크기는 같고 방향은 반대). 짧은 슈 해석은 드럼 6이 작용한 수직력과 마찰력은 그림과 같이 슈 중앙에 작용함을 가정한다. 수직력은 H_{63}이고 마찰력은 H_{63}에 주어진 마찰계수 0.2를 곱한 것이다. O_{13}에 관한 모멘트의 합은

$$4F(700) + 0.2H_{63}(170) - H_{63}(300) = 0, \qquad \text{or} \quad H_{63} = 10.53F$$

   고정점 O_{13}에 작용하는 힘 H_{13}과 V_{13}은 힘의 평형방정식으로 구할 수 있다.
4. 슈 2에 작용하는 수직력과 마찰력 H_{62}와 V_{62}도 같은 방법으로 결정한다. 수평력과 수직력이 모두 링크 2에 작용하므로 모멘트 식은 추가적인 항이 있다.

$$4F(600) - F(40) - H_{62}(300) - 0.2H_{62}(170) = 0, \qquad \text{or} \quad H_{62} = 7.07F$$

5. 드럼 6에 작용한 수평력과 수직력은 슈에 작용한 해당 힘과 크기는 같고 방향은 반대이다. 가정한 드럼 각가속도가 0이면 하중토크 T(시계방향 회전을 계속하게 하려는)는 $(2.11F+1.41F)$에 드럼 반지름을 곱한 것과 같거나 880F N·mm이다. 고정점 O_{16}에 작용한 힘은 $H_{16}=3.46F$이고 $V_{16}=0.70F$이다.
6. F 허용값은 자력강화 슈에 작용하는 허용압력에 지배된다. 슈의 투영면적은 80 mm에 250 mm 반지름 드럼의 90° 호가 걸친 현의 길이를 곱한 것이다.

$$A = 80[2(250 \sin 45°)] = 28{,}284 \text{ mm}^2$$

슈 3에 작용하는 수직압력은

$$p = 10.53F/28{,}284 = 0.0003723F \text{ N/mm}^2$$

이것과 $p_{\max}$ 허용값을 같게 하면

$$F = 1074 \text{ N}$$

7. 해당 브레이크 토크는

$$T = 880(1074) = 945 \times 10^3 \text{ N}\cdot\text{mm}, \qquad \text{or} \quad 945 \text{ N}\cdot\text{m}$$

8. 베어링이 전달하는 반경방향 하중은

$$\sqrt{(0.70)^2 + (3.46)^2}\,F = 3.53F = 3791 \text{ N}$$

주석: 자력강화 때문에 왼쪽 슈(3)가 드럼에 작용한 하중이 더 크다. 반면에 오른쪽 슈(2)는 자력약화한다. 드럼 회전방향이 바뀌면 슈 2가 자력강화한다.(자력강화 슈는 더 빨리 닳지만, 브레이크를 양쪽 회전방향에 대하여 고르게 사용하면 슈는 거의 같게 닳는다.)

18.7 외부 긴 슈 드럼 브레이크

브레이크 슈나 블록이 드럼에 45° 이상 호에 걸쳐 접촉하면, 짧은 슈 식으로 발생하는 오차가 보통 심각하다. 이 상황에 대하여 다음의 긴 슈 해석이 적합하다.

18.7.1 비회전 긴 슈

그림 18.8은 실선 원으로 나타낸 드럼과 접촉한 브레이크 슈를 그린 것이다. 슈가 닳게 되면서 O_2에 관하여 회전한다. 그러나 닳는 모양은 점선 원으로 나타낸 것과 같이 슈를 고정하고 드럼을 O_2 점에 관하여 각도 α만큼 회전시킴으로써 더 단순하게 표현될 수 있다. 극도로 닳은 것에 대하여, 중심 O_3는 O_3'으로 이동하고 임의의 접촉점 A는 A'으로 이동한다. A 점에

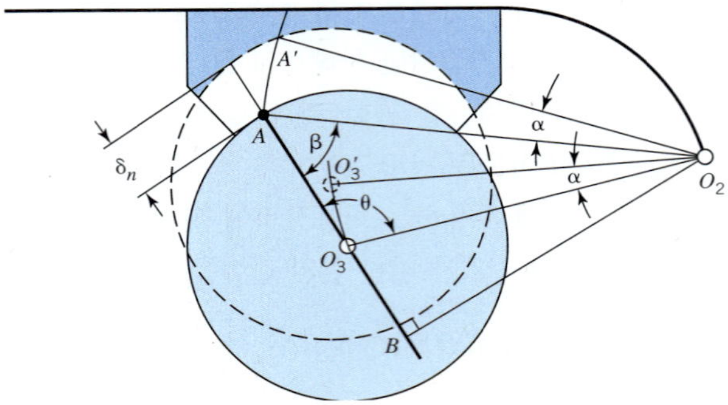

그림 18.8 브레이크 슈의 마모 분포.

서 접촉면 수직방향으로는 거리 δ_n만큼 닳고, 여기서

$$\delta_n = AA' \sin\beta = O_2A\alpha \sin\beta \tag{e}$$

그림에서

$$\begin{aligned} \sin\beta &= O_2B/O_2A \\ O_2B &= O_2O_3 \sin(180° - \theta) = O_2O_3 \sin\theta \end{aligned} \tag{f}$$

식 (f)를 식 (e)에 대입하면

$$\delta_n = O_2O_3\alpha \sin\theta \tag{g}$$

수직 마모는 마찰일에 비례한다고 가정하면 이것은 슈 접촉면 여러 위치에서 국부적인 압력에 비례한다.

$$p \propto \delta_n \propto \sin\theta \tag{h}$$

그리고

$$p = p_{\max} \sin\theta/(\sin\theta)_{\max} \tag{18.16}$$

$\sin\theta$의 최댓값은 물론 $\theta=90°$일 때 1이다. 따라서 최대압력과 최대마모는 $\theta=90°$에서 발생한다. 보통의 경우와 같이 접촉각이 $\theta=90°$를 포함하면

$$p = p_{\max} \sin\theta \tag{18.17}$$

이것은 슈나 드럼이 처지지 않고 드럼은 닳지 않고 슈는 마찰일에 비례하여 닳는다(다시 말하면 국부적인 압력에 비례하여)고 가정한 것에 근거함에 주목하라.

그림 18.9는 브레이크 슈에 작용하는 힘(관련된 지렛대를 포함하여)을 그린 것이다.

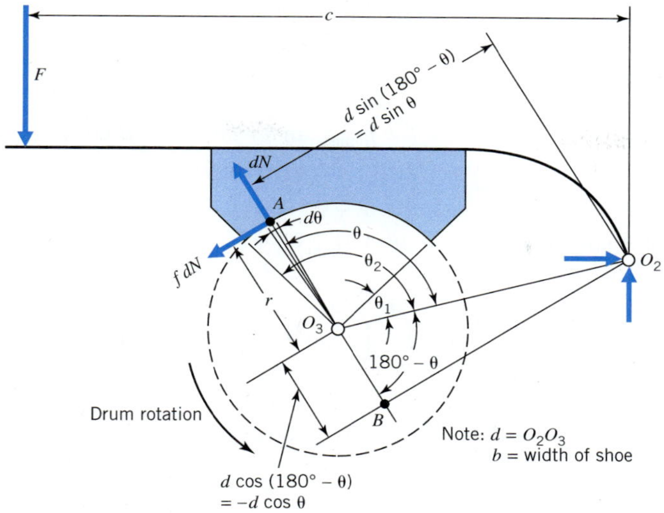

그림 18.9 브레이크 슈에 작용하는 힘.

1. 슈를 자유물체로 고려하면, $\Sigma_{O_2}=0$

$$Fc + M_n + M_f = 0 \tag{18.18}$$

여기서 M_n은 수직력의 모멘트이다.

$$M_n = -\int_{\theta_1}^{\theta_2} dN\,(d\sin\theta) \tag{i}$$

$$dN = p(r\,d\theta)b$$

2. 식 (18.16)을 적용하면

$$dN = p_{\max}br\sin\theta\,d\theta/(\sin\theta)_{\max} \tag{j}$$

3. 식 (I)와 (j)를 결합하면

$$M_n = -\int_{\theta_1}^{\theta_2}\frac{p_{\max}brd\sin^2\theta}{(\sin\theta)_{\max}}d\theta$$

$$= -\frac{p_{\max}brd}{(\sin\theta)_{\max}}\int_{\theta_1}^{\theta_2}\sin^2\theta\,d\theta$$

$$= -\frac{p_{\max}brd}{4(\sin\theta)_{\max}}[2(\theta_2-\theta_1)-\sin 2\theta_2+\sin 2\theta_1] \tag{18.19}$$

4. 마찰력의 모멘트에 대해서도 마찬가지로

$$M_f = \int_{\theta_1}^{\theta_2} f\, dN\,(r - d\cos\theta)$$

$$= \int_{\theta_1}^{\theta_2} \frac{fp_{\max}\sin\theta\, r\, d\theta\, b(r - d\cos\theta)}{(\sin\theta)_{\max}}$$

5. 관계식 $\sin\theta\cos\theta = \frac{1}{2}\sin 2\theta$를 대입하면

$$M_f = \frac{fp_{\max} rb}{(\sin\theta)_{\max}} \int_{\theta_1}^{\theta_2} \left(r\sin\theta - \frac{d}{2}\sin 2\theta \right) d\theta$$

$$= \frac{fp_{\max} br}{(\sin\theta)_{\max}} \left[r(\cos\theta_1 - \cos\theta_2) + \frac{d}{4}(\cos 2\theta_2 - \cos 2\theta_1) \right] \qquad \textbf{(18.20)}^1$$

6. 드럼에 작용하는 모멘트의 평형을 이루려면

$$T + \int_{\theta_1}^{\theta_2} rf\, dN = 0$$

$$T = -\int_{\theta_1}^{\theta_2} \frac{r^2 fbp_{\max}\sin\theta\, d\theta}{(\sin\theta)_{\max}}$$

$$= -\frac{r^2 fbp_{\max}}{(\sin\theta)_{\max}} \int_{\theta_1}^{\theta_2} \sin\theta\, d\theta$$

$$= -\frac{r^2 fbp_{\max}}{(\sin\theta)_{\max}} (\cos\theta_1 - \cos\theta_2) \qquad \textbf{(18.21)}$$

7. O_2와 O_3에 작용하는 반작용력은 수평력과 수직력 평형식으로 바로 구해진다.

식 (18.18)을 참조하면, 자력강화 브레이크는 $M_f \geq M_n$이면 자력잠김임이 분명하다. 브레이크 슈는 종종 자력잠김 조건에서 안전하게 멀면서 강하게 자력 강화인 것이 요구된다. 이것은, 실제 값보다 25~50% 더 큰 마찰계수 값을 사용하여 계산된 M_f 값이 M_n 값과 같아지게 브레이크를 설계하여 이루어진다.

예제 18.3 SAMPLE PROBLEM 슈가 2개인 외부 드럼 브레이크

그림 18.10은 스프링 힘 F가 양쪽 슈까지 거리 c=500 mm에 작용하는 슈가 2개인 드럼 브레이크를 나타낸다.(브레이크는 그림에는 없는 솔레노이드로 해제된다.) 마찰계수와 허용압력 설곗값은 각각 0.3과 600 kPa이다. 가끔 산업용으로 사용할 때, 300 rpm 드럼 회전에 대

[1] 식 (18.18)을 대입할 때, 만약 슈와 접촉하는 드럼면이 피벗 O_2 쪽으로 움직이면, 반대 부호를 사용하라. 이것은 그림 18.9의 시계방향으로 회전하는 드럼에 해당한다.

하여 적당한 스프링 값, 제동토크와 흡수동력을 결정하라.

풀이 SOLUTION

제시자료: 슈가 2개인 외부 드럼 브레이크는 300 rpm으로 회전하고 슈의 너비, 마찰계수, 허용접촉압력과 드럼표면접촉각은 주어져 있다.

목표: 스프링 힘, 브레이크 토크와 흡수동력을 결정하라.

개요도 및 데이터:

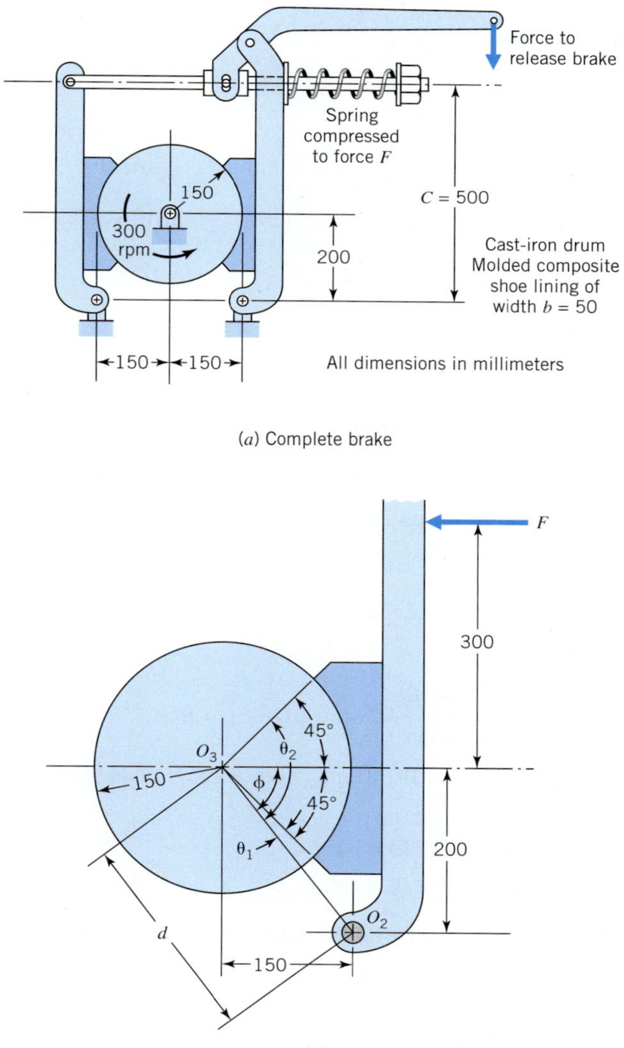

그림 18.10 슈가 2개인 드럼 브레이크(예제 18.3).

가정:

1. 긴 슈 드럼 브레이크 해석이 적합하다. (a) 슈와 드럼 모두 처지지 않는다. (b) 드럼은 닳지 않는다. (c) 수직마모는 국부적 압력에 비례한다.
2. 드럼 브레이크는 정상상태이다.
3. 브레이크는 열 흩어짐이 나쁜 상태로 가끔 작동된다. 표 18.3에서 적합한 값은 pV=2.1 MPa·m/s이다.

해석:

1. 그림 18.10b에 그린 오른쪽 슈를 보면 $\phi=\tan^{-1}(200/150)=53.13°$, 따라서 $\theta_1=8.13°$, $\theta_2=98.13°$이다.
2. $d=\sqrt{200^2 + 150^2} = 250$ mm.
3. $\theta_2 > 90°$이므로 $(\sin\theta)_{max}=1$.
4. 식 (18.19)에서

$$M_n = -\frac{p_{max}brd}{4(\sin\theta)_{max}}[2(\theta_2 - \theta_1) - \sin 2\theta_2 + \sin 2\theta]$$
$$M_n = -(p_{max}/4)(50)(150)(250)[2(\pi/2) - \sin 196.26° + \sin 16.26°]$$
$$= -1735 \times 10^3 p_{max}$$

5. 식 (18.20)에서

$$M_f = \frac{fp_{max}br}{(\sin\theta)_{max}}\left[r(\cos\theta_1 - \cos\theta_2) + \frac{d}{4}(\cos 2\theta_2 - \cos 2\theta_1)\right]$$
$$M_f = fp_{max}(50)(150)[150(\cos 8.13° - \cos 98.13°)$$
$$+ (250/4)(\cos 196.26° - \cos 16.26°)]$$
$$= 373 \times 10^3 fp_{max}$$

6. 식 (18.21)에서

$$T = -\frac{r^2 fbp_{max}}{(\sin\theta)_{max}}(\cos\theta_1 - \cos\theta_2)$$
$$T = -(150)^2(50)fp_{max}(\cos 8.13° - \cos 98.13°)$$

   제동토크 T의 절댓값은 $1273\times10^3\,fp_{max}$.

7. 표 18.3에서, 가정한 작동에 대하여 $p_{max}\,V$=2.1 MPa·m/s, $V=0.3\pi(300/16)=4.17$ m/s. 따라서 p_{max}=2.1/4.71=0.446 MPa이다.(이 값은 주어진 허용값 0.600 MPa보다 상당히 낮으므로 채택할 만하다.)
8. 식 (18.18)에서

$$Fc + M_n + M_f = 0$$
$$500F - 1735 \times 10^3(0.446) + 373 \times 10^3(0.3)(0.446) = 0$$

$$F = 1448 \text{ N} \quad \text{(spring force)}$$

9. 적당한 스프링 힘은 약한 자력강화인 것으로 밝혀진 **오른쪽** 슈에 작용하는 허용압력에 근거하여 결정된다. 같은 스프링 힘이 왼쪽 슈에 더 낮은 p_{max}를 발생시킨다. 식 (18.18)을 왼쪽 슈에 적용하면 마찰모멘트 항의 부호만 바뀐다.

$$Fc + M_n - M_f = 0$$
$$500(1448) - 1735 \times 10^3 p_{max} - 373 \times 10^3(0.3)p_{max} = 0$$

$$p_{max} = 0.392 \text{ MPa}$$

10. 6단계 식에서 전체 제동토크(오른쪽 슈+왼쪽 슈)는

$$1273 \times 10^3(0.3)(0.446 + 0.392) = 320{,}032 \text{ N}\cdot\text{mm} \approx 320 \text{ N}\cdot\text{m}$$

11. 식 (1.2)에서 300 rpm에서의 해당 동력은

$$\dot{W} = nT/9549 = 300(320)/9549 = 10.1 \approx 10 \text{ kW}$$

주석:

1. 위에 적은 답은 어느 드럼 회전방향이든 적용된다. 회전방향이 바뀌면 슈 2개에 대한 p_{max}와 T를 단순히 서로 바꾼다.
2. 짧은 슈 해석을 사용하면, 어느 슈든 자력강화나 자력약화는 되지 않는다. F=1448 N에 대하여, 짧은 슈 식은 각각의 슈에 대한 토크

$$T = Nfr = [1448(500/200)](0.3)(0.150) = 162.9 \text{ N}\cdot\text{m}$$

   나 전체 제동토크를 325.8 N·m로 계산한다. 실제 자력강화나 약화 작용은 마찰합력(그림 18.11과 18.12 참조)의 반경 r_f로 결정된다.
3. 긴 슈 식은 슈의 뒤꿈치(O_2 점에 가까운 끝) 마찰재료는 거의 기여하는 것이 없다는 것을 가리킨다. 이와 같이 θ_1을 증가시키는 것이 바람직하다. 마찬가지로 θ_2를 증가시키면 상당한 용량이 추가된다.

18.7.2 회전하는 긴 슈

그림 18.11은 **회전하는** 긴 슈 브레이크를 그린 것이다. 회전점 P가 슈에 작용하는 수직합력과 마찰합력의 교점에 위치하면(각각 N과 fN으로 표시) 슈가 회전점에 관하여 회전하려고 하지 않는다. 이것은 마모를 같게 하여 바람직하다. 회전 슈는 마모가 발생하며 회전점이 점점 드럼에 가까워지므로 일반적으로 비실용적이다. 슈는 P 점에 관하여 회전하려 하고, 슈의 **앞쪽**(O_2에서 가장 먼)이나 **뒤쪽**(O_2에서 가장 가까운)에서 급격한 마모가 발생한다.

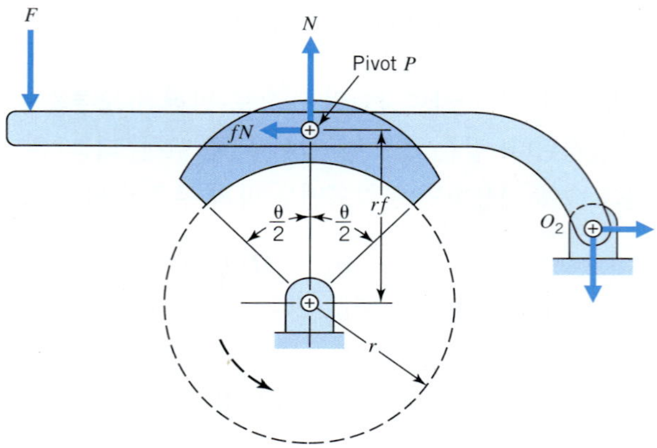

그림 18.11 회전하는 슈 브레이크.

대칭 하중을 받는 슈의 표면에 걸쳐 적분하면 수직합력과 마찰합력의 교점은 마찰반경 r_f에 발생한다. 여기서

$$r_f = r\frac{4\sin(\theta/2)}{\theta + \sin\theta} \tag{18.22}$$

제동토크는

$$T = fNr_f \tag{18.23}$$

그림 18.12는 왜 $r_f > r$인가를 보여 준다. 어느 대칭적인 1쌍의 요소에 작용하는 마찰합력이 드럼 표면보다 높이 위치한다.

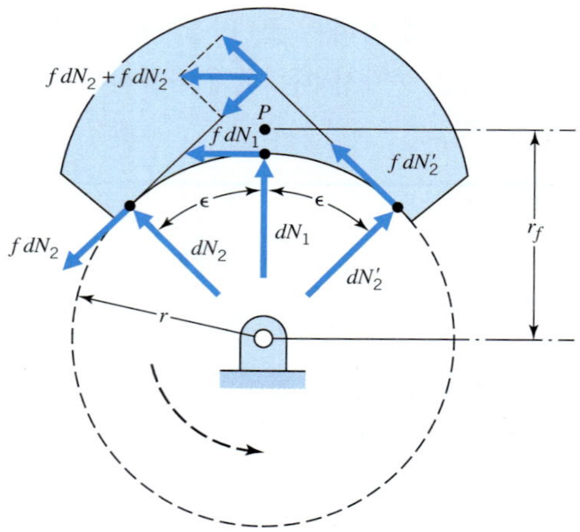

그림 18.12 $r_f > r$인 이유를 설명하는 마찰합력 벡터.

18.8 내부 긴 슈 드럼 브레이크

내부 긴 슈 드럼 브레이크로는 전통적인 자동차 드럼 브레이크가 전형적인 예이다. 그림 18.13은 기본적인 구성을 보여 준다. 양쪽 슈는 앵커핀에 관하여 돌고, 유압 피스톤이 드럼 내부표면에 누른다. 복귀 스프링은 슈를 '멈춤'으로 사용되는 조정 캠에 닿도록 후퇴시키기에 충분한 힘만 작용한다. 캠을 조정하여 슈와 드럼 간격을 최소화하는 것은, 슈를 움직여 드럼에 닿게 하는 데 소용되는 유압 피스톤의 이동을 최소화하게 한다. 식 (18.16)부터 (18.23)까지는 내부 슈 드럼 브레이크에도 적용된다. 기호는 그림 18.13에 주어져 있다.

어느 슈의 강화나 약화 특성과 드럼 회전방향은 (1) 슈 표면 일부에 작용하는 마찰력의 방향에 주목하고, (2) 이 힘이 슈를 드럼 쪽으로 움직이는지 멀리 움직이는지 판단하면 즉시 보인다. 그림 18.13에 나타낸 드럼 회전방향에 대하여 왼쪽 슈는 자력강화이고 오른쪽 슈는 약화이다.

자동차 브레이크에서 상당한 자력강화 작용이 페달 압력을 줄이는 데 필요하지만 자력잠김(사용 중 부딪치는 어떤 마찰계수에 대하여)은 물론 방지하여야 한다. 전방주행에 대하여 자력강화작용을 더 얻는 데 사용된 방법을 그림 18.14에 그렸다. 2개의 유압 실린더를 사용하여(각각 피스톤 1개) 양쪽 슈 모두 전방 드럼회전에 대하여 자력강화로 만든다. 이 배치는 전방 브레이크에 사용되고, 후방에 사용되는 것은 그림 18.13에 그린 형태이다. 그 결과 6개 슈는 전방주행에 대하여 그리고 2개는 후방에 대하여 자력강화이다. 1차적으로 비용을 고려하여, 2개 실린더 전방 브레이크는, 앵커 핀을 약간 자유롭게 회전하는 평판에 설치하여 양쪽 슈를 전방 자력강화 작용을 달성하게 하는 1개 실린더 설계로 주로 교체된다.

최근 캘리퍼 원판 브레이크가 냉각용량이 더 커서 고온에서 마찰계수가 감소하는 페이드(fade)에 잘 저항하기 때문에 대부분의 승용차 전방 드럼 브레이크를 교체하게 되었다. 원판 브레이크 로터는 드럼 브레이크보다 열과 접촉력을 받아 적게 변형된다.

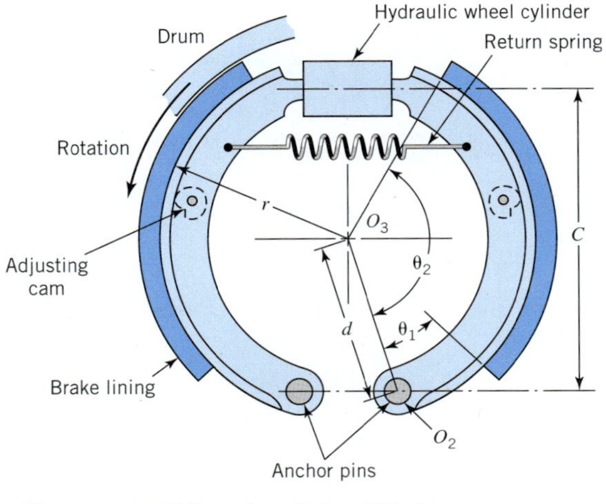

그림 18.13 자동차용 드럼 브레이크(내부 슈).

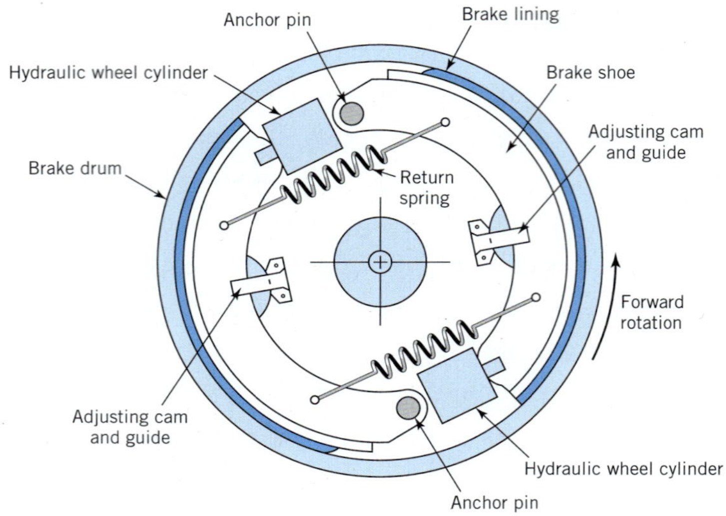

그림 18.14 유압 휠 실린더가 2개인 자동차 브레이크. 두 슈는 차가 전진하는 경우 자력강화 효과를 보임.(Chrysler Corporation 제공.)

18.9 밴드 브레이크

많은 브레이크 장치 중 가장 간단한 것은 그림 18.15에 그린 밴드 브레이크이다. 밴드 자체는 잘 굽혀지도록 보통 직물 마찰재료를 붙인 강으로 만든다. 시계방향 드럼 회전에 대하여, 밴드에 작용하는 마찰력은 P_1은 증가시키고 P_2는 감소시킨다. 그림 18.15의 절단면 이상 드럼과 밴드를 자유물체로 고려하면 제동토크 T는

$$T = (P_1 - P_2)r \tag{18.24}$$

절단면 이하 지렛대와 밴드를 자유물체로 고려하면 작용한 지렛대 힘 F는

$$F = P_2 a/c \tag{18.25}$$

그림 18.16은 밴드 요소에 작용하는 힘을 그린 것이다. 작은 각도 $d\theta$에 대하여

$$dP = f\,dN \tag{k}$$

$$dN = 2(P\,d\theta/2) = P\,d\theta \tag{l}$$

정의에 따라

$$dN = pbr\,d\theta \tag{m}$$

여기서 p는 드럼과 밴드 사이의 국부적 접촉압력이다. 식 (l)을 식 (k)에 대입하면

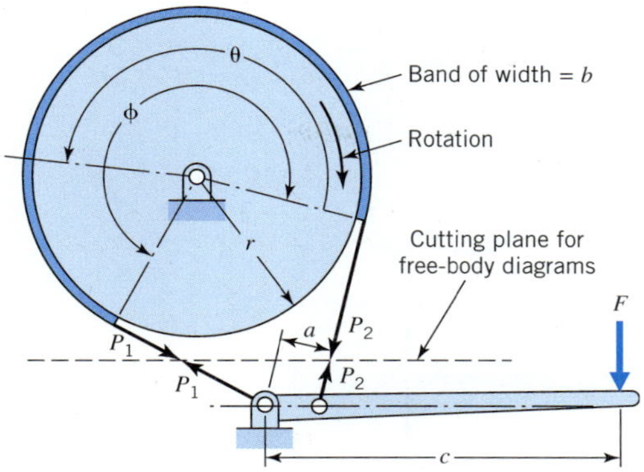

그림 18.15 밴드 브레이크.

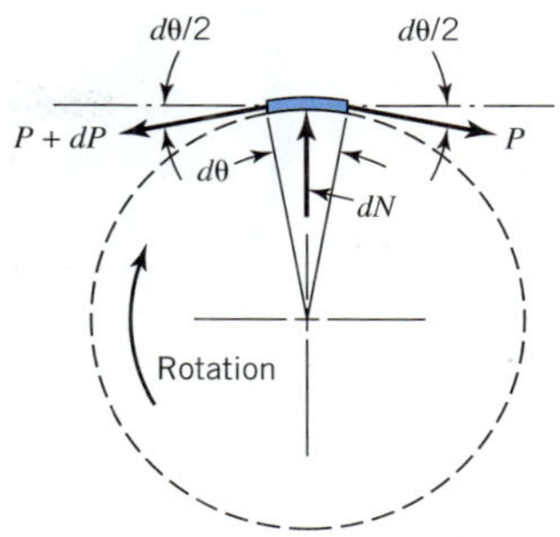

그림 18.16 밴드요소에 작용하는 힘(폭은 b).

$$dP = fP\,d\theta, \qquad \text{or} \qquad \frac{dP}{P} = f\,d\theta \tag{n}$$

밴드 힘 P는 $\theta=0$와 $\theta=\phi$ 사이 밴드에 걸쳐 P_1에서 P_2까지 변한다. 따라서 식 (n)을 접촉길이에 걸쳐 적분하면

$$\int_{P_2}^{P_1} \frac{dP}{P} = f\int_0^{\phi} d\theta$$

$$\ln P_1 - \ln P_2 = \ln\frac{P_1}{P_2} = f\theta$$

$$\frac{P_1}{P_2} = e^{f\phi} \tag{18.26}$$

밴드에 작용하는 최대수직압력 p_{max}은 $P=P_1$인 $\theta=\phi$에 발생한다. 식 (l)과 (m)을 이 점에 적용하면

$$dN = P_1\,d\theta \qquad \text{and} \qquad dN = p_{max}br\,d\theta$$

따라서

$$P_1 = p_{max}rb \tag{18.27}$$

그림 18.15에 그린 브레이크는 시계방향 드럼회전에 대하여 자력강화이다. 그림 18.17에 그린 것같이, 이전에 고정되었던 밴드 끝을 회전점 반대쪽 지렛대에 부착하면 자력강화 작용을 더 얻는다. 이 부착된 것의 인장력은 브레이크 작동을 보조한다. 거리 s는 거리 a보다 작아야 힘 F로 지렛대를 회전시켜 거리 s에 부착된 끝을 이완시키는 것보다 거리 a에 부

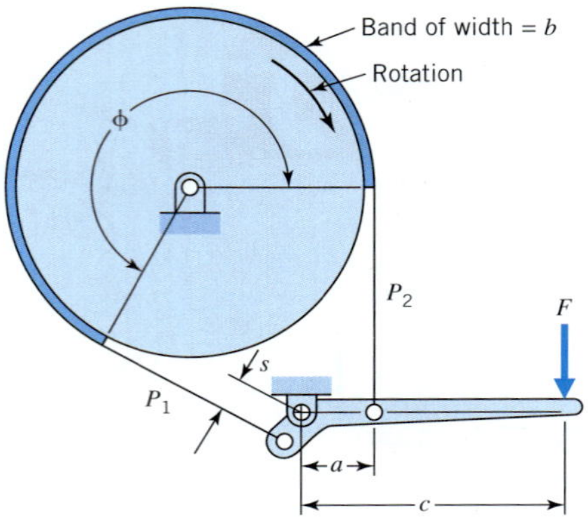

그림 18.17 차동밴드 브레이크.

착된 밴드 끝을 긴장시킨다. 밴드의 두 부착점과 관련된 운동과 힘을 연구하여 왜 **차동밴드 브레이크**라는 이름이 적합한가를 보여 주었다. 차동밴드 브레이크에 대하여 식 (18.25)가 다음과 같이 대체된다.

$$F = (P_2 a - P_1 s)/c \qquad \textbf{(18.28)}$$

예제 18.4 SAMPLE PROBLEM 차동밴드 브레이크

그림 18.18에 그린 차동밴드 브레이크는 설곗값이 f=0.20인 직물 라이닝을 사용한다. 치수는 b=80 mm, r=250 mm, c=700 mm, a=150 mm, s=35 mm, 그리고 ϕ=240°이다. (a) 최대 라이닝 압력이 0.5 MPa일 때 제동토크, (b) 해당 작동력 F, (c) 자력잠김 브레이크가 되는 치수 s 값을 구하라.

풀이 SOLUTION

제시자료: 치수와 밴드 접촉각이 알려진 차동밴드 브레이크는 주어진 마찰계수와 최대 허용 라이닝 압력을 사용한다.

목표: 제동토크, 작동력과 자력잠김을 유발하는 치수 s를 결정하라.

개요도 및 데이터: 그림 18.18을 참조하라.

가정:

1. 마찰계수는 일정하다.
2. 다른 밴드 브레이크 부품과 같이 지렛대도 하중을 지지한다.
3. 드럼 너비는 밴드 너비 이상이다.

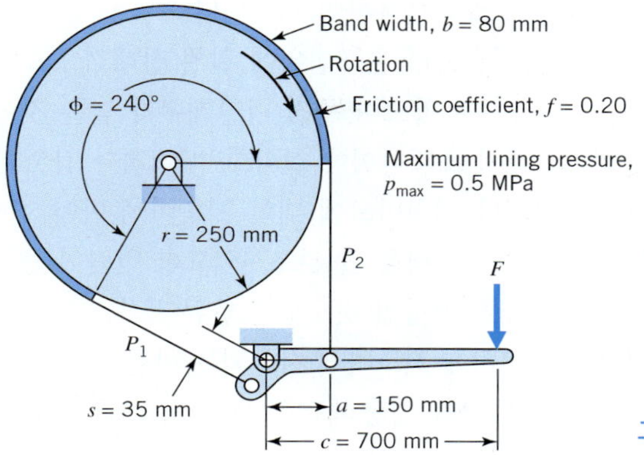

그림 18.18 예제 18.4에 대한 차동밴드 브레이크.

4. 지렛대와 밴드는 정상상태이다.

해석:

1. 식 (18.27)에서 $P_1 = (0.5)(250)(80) = 10{,}000$ N(긴장측)

2. 식 (18.26)에서 $P_2 = \dfrac{P_1}{e^{(0.2)(1.33\pi)}} = 4328$ N.(이완측)

3. 식 (18.24)에서 $T = (10{,}000 - 4328)(0.250) = 10{,}000$ N·m.

4. 식 (18.28)에서 $F = \dfrac{4328(150) - 10{,}000(35)}{700} = 427$ N.

5. 식 (18.28)에서 $s = 4328(150)/10{,}000 = 64.9$ mm일 때 $F = 0$. $s \geq 64.9$ mm이면 브레이크는 자력잠김($f = 0.2$일 때)

18.10 재료

브레이크와 클러치를 설계할 때 마찰접촉면에 사용할 재료를 선택하는 것은 중요하다. 1쌍의 접촉면 중 한쪽은 보통 주철이나 강인 금속으로서 마찰특성(상대 재료와 접촉하였을 때 사용온도범위에 걸쳐 상대적으로 안정적인)이 좋아야 한다. 재료는 열을 잘 전도하고, 마모와 열피로에 잘 견디어야 한다. 금속부품의 표면마무리는 충분히 매끄러워 상대 마찰재료의 마모를 최소화하여야 한다.

열피로는 사용 중 표면 속과 상대적인 표면 재료의 팽창과 수축에서 비롯된 내부응력에 기인한다(4.16절 참조). 피로 1주기는 브레이크가 사용되고 그 다음 냉각될 때마다 축적된다. 항복과 이와 연관된 잔류응력이 발생한다. 이것은 피로손상을 촉진하고 찌그러짐을 유발한다. 열주기에서 비롯된 초기피로균열은 '열체크'나 '온도체크'라고 부른다. 열피로에 대한 저항은 열전도율이 높아서(표면 열 기울기를 감소시키거나) 열팽창계수가 낮거나 고온

항복강도나 피로강도가 높은 재료를 사용하여 개선된다.

마찰재료의 제1차 요구조건은 사용온도범위에 걸쳐 상대적으로 안정적이고 습기나 더러운 것이나 오일에 거의 영향받지 않으며 동적 마찰계수가 높은 것이다. 정적 마찰계수는 동적 마찰계수를 가능한 한 적게 초과하여야 한다('미끄러지다 붙었다'하는 진동과 소음문제를 방지하기 위하여). 연삭이나 접착마모에 대한 저항이 높아야 한다(9.9절과 9.19절 참조). 열전도율이 높아야 한다. 접촉압력을 잘 분포시키도록 탄력이 충분하여야 한다. 마찰재료의 온도안정성은 페이드에 대한 저항인 것으로 표현된다.

표 18.1은 브레이크나 클러치에 건조하게 사용되는 마찰재료를 열거한 것이다. 일부 산업용 브레이크는 마찰요소로 나무를 사용하고 많은 철도 브레이크는 주철이나 강 바퀴에 닿는 주철 슈를 사용한다.

대부분의 마찰재료는 주조, 직조, 소결 금속으로 분류된다. **주조**(molded)재료는 가장 흔하고 비용이 최소이다. 이것은 결합제, 강화섬유, 마찰개선첨가제와 충전제로 구성된다. 결합제는 보통 열경화성 수지나 고무로 다른 성분은 열에 저항하는 화합물로 결합한다. 강화섬유는 과거에는 석면이었으나 이제 다른 재료를 점점 많이 사용한다. **직조**(woven)재료는 밴드 브레이크에 요구된 것과 같이 잘 굽혀지고 진흙, 그리스와 더러운 것과 같은 오염이 존재할 때 더 잘 거동한다. 섬유를 직물로 짜서 실로 만들고, 실은 아연, 구리나 황동 와이어와 꼬고 짜서 직물이나 테이프로 만들고(강도와 열전도성을 높이기 위하여), 수지나 마찰개선제로 포화시키고, 열과 압력하에서 굽는다. **소결금속**(sintered metal) 마찰재료는 가장 비싸지만 중하중 용도에 가장 잘 맞는다(260°C 이상 온도에서 연속사용할 때). 이 재료는 금속분말과 비유기성 충전제로 구성되고 고온에서 주조되고 소결된다. 소결에서는 금속분말을 열을 가하여 녹이지만 완전히 녹이지는 않는다. 소결금속-세라믹 마찰재료는 세라믹 분말을 소결하기 전에 세라믹 입자를 더한다는 것 외에는 비슷하다.

표 18.2는 여러 가지 마찰재료의 오일 속 습식 사용에 대한 마찰계수를 열거한 것이다. 소위 종이 재료는 가장 싸다. 이것은 섬유 판재, 수지로 포화시키고 충전제와 마찰개선제를 첨가하고 고온에서 큐어하고 보통 강과 같은 전달자에 결합한 것이다. 마찰계수는 높고 비용은 낮기 때문에 자동차 자동변속기 속 다판클러치에 광범위하게 사용된다. 높은 마찰계수는 원판을 적게 사용하게 허용한다. 흑연재료는 흑연과 수지 결합제의 주조 화합물이다. 높은 에너지 용도에 맞게 열용량이 높다. 폴리메릭은 탄력이 높고 열저장용량이 높은 마찰재료의 새 부류이다.

석면과 관련된 건강위해 인식과 정부규제법률은 대체 마찰재료를 개발하는 특별한 노력으로 귀결되었다. 이것은 현대 공학설계에 미치는 건강, 생태학적, 법률적 영향의 좋은 예이다.

참고문헌 REFERENCES

1. Baker, A. K., *Vehicle Braking*, Pentech Press Limited, London, 1987.
2. Burr, A. H., and J. B. Cheatham, *Mechanical Analysis and Design*, 2nd ed., Prentice-Hall, Englewood Cliffs, New Jersey, 1995.
3. Crouse, W. H., "Automotive Brakes," *Automotive Chassis and Body*, 5th ed., McGraw-Hill, New York, 1977.
4. Fazekas, G. A., "On Circular Spot Brakes," *ASME Trans., J. Eng. Ind.*, Series B, **94**(3):859–863 (Aug. 1972).
5. Gagne, A. F. Jr., "Torque Capacity and Design of Cone and Disk Clutches," *Prod. Eng.* **24**: (Dec. 1953).
6. Neale, M. J. (ed.), *Tribology Handbook*, 2nd ed., Butterworth-Heinemann, Oxford, 1995.
7. Newton, K., W. Steeds, and T. K. Garrett, *The Motor Vehicle*, 13th ed., Butterworth-Heinemann, Oxford, 2001.
8. Proctor, J., "Selecting Clutches for Mechanical Drives," *Prod. Eng.* **32**:43–58 (June 1961).
9. Remling, J., *Brakes*, 2nd ed., Wiley, New York, 1984.
10. Sedov, F., "The Self-Energizing Effect in Certain Pin-Disc Wear Test Machines," *Wear*, 71: 259–262 (1981).

연습문제 PROBLEMS

Section 18.2

18.1 A torque of 14.0 N · m is to be transmitted through a basic disk clutch. The outer ring diameter is to be 120 mm. Design values for the steel disk and the molded friction material to be used are $p_{max} = 1.55$ MPa and $f = 0.28$. Determine appropriate values for the ring inside diameter and the clamping force.

18.2 A basic disk clutch is to be designed to transmit a torque of 10 N-m. The outer ring diameter is to be 100 mm. Design values for the steel disk and the molded friction material to be used are $p_{max} = 1300$ kPa and $f = 0.25$. Determine appropriate values for the ring inside diameter and the clamping force.

18.3 A flat 6-in. diameter disk buffer shown in P18.3 has a rotation speed of 500 rpm. The coefficient of friction between the buffer disk and a flat metal surface being polished is 0.2. The force on the disk is 15 lb. Assume that the normal pressure created by the 15 lb is uniformly distributed over the surface of the disk and that the tangential pressure force on the disk is $q = fp$, where f is the coefficient of friction. Determine (a) the torque to rotate the disk, and (b) the power transmitted to the buffing disk.

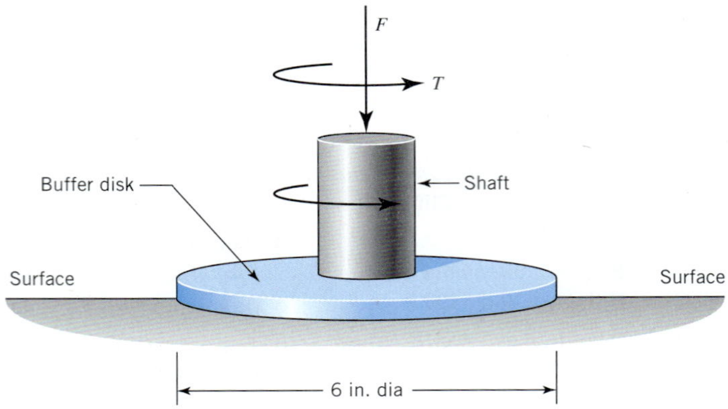

FIGURE P18.3

18.4 A multiple-disk wet clutch is to be designed to transmit a torque of 80 N-m. The outer disk diameter is to be 100 mm. Design values for the steel disks and the molded friction material to be used are $p_{max} = 1300$ kPa and $f = 0.06$ (wet). Determine appropriate values for the disk inside diameter, total number of disks, and clamping force.

18.5 Reconsider Problem 18.4, but use $f = 0.09$ (wet). Answer the same questions as in Problem 18.4.

18.6 A multiple-disk clutch is to operate in oil and be able to transmit a design overload torque of 800 N · m. The disks are alternately high-carbon steel and molded asbestos, with inside and outside diameters of 90 and 150 mm, respectively. Design values based on test experience for this application are $p_{max} = 1000$ kPa and $f = 0.10$. What total number of disks is required?

[Ans.: 17 (8 disks in one set and 9 in the other, giving 16 friction interfaces)]

18.7 Reconsider Problem 18.6, but use a design overload torque of 400 N · m. Answer the same questions as in Problem 18.6. All other conditions are the same.

18.8D A multiple-disk wet clutch is required to provide a torque capacity of 150 lb · ft. Design values of $p_{max} = 150$ psi and $f = 0.15$ are to be used. Disk inside and outside diameters are to be 3 and 4 in., respectively.

(a) What total number of disks should be used? Make a simple sketch showing how these are arranged with respect to the input and output members.

(b) Using your answer from part (a), what is the smallest value of axial clamping force that would provide the necessary torque capacity?

(c) Assuming that your solution was (appropriately) based on a uniform rate of wear across the friction surfaces, explain briefly what will happen when the clutch is new and the pressure distribution is uniform.

18.9D A multiple-disk dry clutch for an industrial application must transmit 6 hp at 200 rpm. Based on space limitations, inside and outside disk diameters have been set at 5 and 7 in., respectively. Materials are hardened steel and sintered bronze. Tests have indicated that design values of $p_{max} = 225$ psi and $f = 0.20$ are appropriate.

(a) For a safety factor of 2.0 with respect to clutch slippage, what total number of disks is needed?

(b) Using this number of disks, what is the least clamping force that will provide the desired torque capacity?

(c) Using this clamping force, what is the interface pressure at the inside and outside contact radii? (Assume that "initial wear" has taken place.)

[Ans.: (a) 3, (b) 3150 lb, (c) 200 and 143 psi, respectively]

18.10 An automotive-type clutch, as shown in Figure 18.2, has inside and outside diameters of 160 and 240 mm, respectively. Clamping force is provided by nine springs, each compressed 5 mm to give a force of 900 N when the clutch is new. The molded friction material provides a conservatively estimated coefficient of friction of 0.40 when in contact with the flywheel and pressure plate. Maximum engine torque is 280 N • m.

(a) What is the safety factor with respect to slippage of a brand new clutch?

(b) What is the safety factor after "initial wear" has occurred?

(c) How much wear of the friction material can take place before the clutch will slip (assuming no change in coefficient of friction)?

[Ans.: (a) 2.34, (b) 2.31 (assuming negligible change in the spring force during initial wear), (c) 2.83 mm]

18.11 An automotive clutch, similar to the one shown in Figure 18.2, is to be designed for use with an engine with a maximum torque of 275 N • m. A friction material is to be used for which design values are $f = 0.35$ and $p_{max} = 350$ kPa. A safety factor of 1.3 should be used with respect to slippage at full engine torque, and the outside diameter should be as small as possible. Determine appropriate values of r_o, r_i, and F.

18.12 When in use, the motor and flywheel of a punch press run continuously. A compressed-air-actuated, multiple-disk clutch connects the flywheel to the countershaft each time the press is to punch or form metal. The clutch torque required is 600 N • m. Alternate sintered metal and cast-iron disks are to be used. For design purposes it is decided to use 75 percent of the average value of f, and one-third of the average value of p given in Table 18.1. In addition, a safety factor of 1.20 is to be used with respect to torque capacity. Space requirements limit the disk outside diameter to 250 mm.

(a) Determine the minimum satisfactory total number of disks.

(b) Using this number of disks, determine the minimum area of compressed-air actuating surface that must be provided if air will always be available at a pressure of at least 0.40 MPa.

Section 18.3

18.13 The wheels of a standard adult bicycle have a rolling radius of approximately 340 mm and a radius to the center of the caliper disk brake pads of 320 mm. The combined mass of the bike plus rider is 100 kg, equally distributed between the two wheels. If the coefficient of friction between the tires and road surface is twice that between the brake pads and the metal wheel rim, what clamping force must be exerted at the caliper in order to slide the wheels?

18.14 A disk brake similar to the one shown in Figure 18.4 and illustrated in Figure P18.14 uses a double caliper. Each half has a 60-mm-diameter round pad on each side of the disk. The center of contact of each of the four pads is at a radius of 125 mm. The outside diameter of the disk is 320 mm. The pads have woven linings that provide a coefficient of friction of approximately 0.30. The average pressure on the pads is to be limited to 500 kPa.

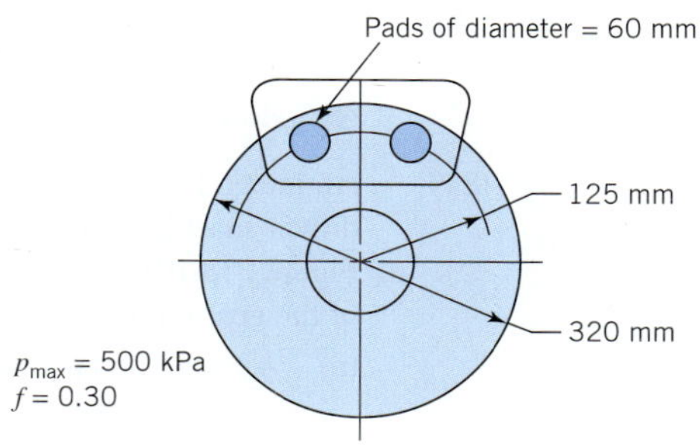

FIGURE P18.14

(a) What clamping force must be provided in order to develop the limiting pad pressure?

(b) With this clamping force, what approximate brake torque is obtained?

[Ans.: 1414 N/pad or 2828 N total, (b) 212 N • m]

Section 18.4

18.15 The brake in Problem 18.14 is used to bring a rotating assembly with a mass moment of inertia of 6.5 N • m • s^2 to a stop from a rotating speed of 600 rpm.

(a) Assuming instantaneous full application of the brake and a constant coefficient of friction, how long does this take? Solve the problem and check your solution, using two alternative approaches: (1) by relating the kinetic energy in the system to the energy absorbed by the brake per revolution and (2) by determining the rate of negative acceleration produced by the brake torque.

(b) How does the average value of the product pV during stopping compare with representative values listed in Table 18.3?

18.16 Figure P18.16 shows a 1000-kg mass being lowered by a cable at a uniform rate of 4 m/s from a drum of 550-mm-diameter weighing 2.5 kN and having a 250-mm-radius of gyration.

(a) What is the kinetic energy in the system?

(b) The uniform rate of descent is maintained by a brake on the drum which applies a torque of 2698 N • m. What additional brake torque is required to bring the system to rest in 0.60 s?

[Ans.: (a) 9673 J, (b) 2218 N • m]

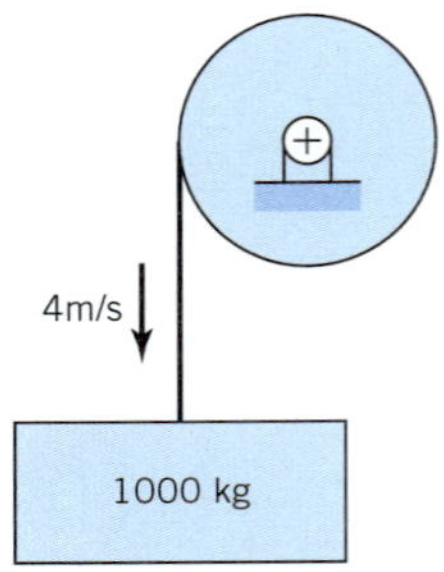

FIGURE P18.16

18.17 The automobile in Sample Problem 2.2 accelerates to 80 mph and then makes a panic stop. If the brakes are applied to take full advantage of a friction coefficient of 0.8 between tires and pavement, what is the average horsepower absorbed by the brakes during deceleration from 80 to 70 mph?

[Ans.: 515 hp]

18.18 An industrial diesel engine is attached to a 4 : 1 ratio gear reducer, the output of which is coupled by means of a friction clutch to a machine having a mass moment of inertia of 15 N • m • s^2. Assume that the clutch is controlled so that during its engagement the engine operates continuously at 2800 rpm, delivering a torque of 127.5 N • m:

(a) What is the approximate time required for the clutch to accelerate the driven machine from rest to 700 rpm?

(b) How much energy is delivered to the driven machine in increasing the speed to 700 rpm?

(c) How much heat energy is generated in the clutch during this engagement?

18.19 An integral electric motor gear reducer is coupled by means of a friction clutch to a driven machine having an effective mass moment of inertia of 0.7 N • m • s^2 (see Figure P18.19). The clutch is controlled so that during its engagement the output shaft of the gear reducer operates continuously at 600 rpm, delivering a torque of 6 N • m.

(a) What is the approximate time required for the clutch to accelerate the driven machine from rest to 600 rpm?

(b) How much energy is delivered to the driven machine in increasing the speed to 600 rpm?

(c) How much heat energy is generated in the clutch during this engagement?

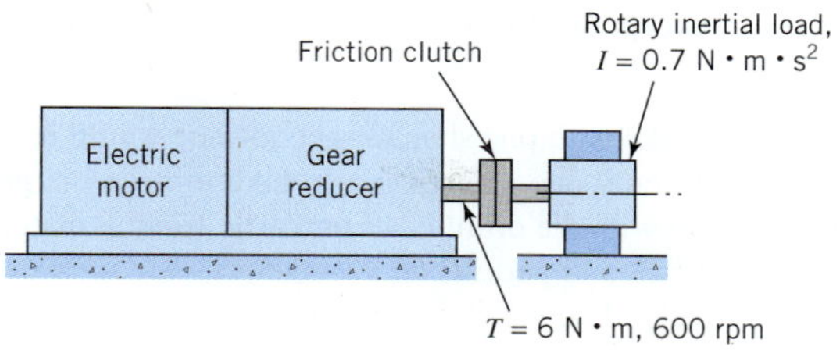

FIGURE P18.19

18.20 A 4:1 ratio gear reducer attached to a diesel engine is coupled with a friction clutch to a machine having a mass moment of inertia of 15 kg-m^2. Assume that the clutch is controlled so that during its engagement the engine operates continuously at 2200 rpm, delivering a torque of 175 N-m.

(a) What is the approximate time required for the clutch to accelerate the driven machine from rest to 550 rpm?

(b) How much energy is delivered to the driven machine in increasing the speed to 550 rpm?

(c) How much heat energy is generated in the clutch during this engagement?

Section 18.6

18.21 Consider the following dimensions for the short-shoe drum brake of Figure 18.6: radius of drum = 125 mm, shoe width = 50 mm, shoe length = 100 mm, c = 250 mm, b = 150 mm, a = 35 mm, p = 650 kPa, and f = 0.3. Determine the value of the actuating force F.

18.22 Figure P18.22 shows a brake with only one shoe, being applied by a 1.5-kN force. (The complete brake would normally have a second shoe in order to balance the forces, but only one shoe is considered here to keep the problem short.) Four seconds after force F is applied, the drum comes to a stop. During this time the drum makes 110 revolutions. Use the short-shoe approximation and an estimated coefficient of friction of 0.35.

(a) Draw the brake shoe and arm assembly as a free body in equilibrium.

(b) Is the brake self-energizing or deenergizing for the direction of drum rotation involved?

(c) What is the magnitude of the torque developed by the brake?

(d) How much work does the brake do in bringing the drum to a stop?

(e) What is the average braking power during the 4-second interval?

(f) How far below the drum center would the arm pivot need to be to make the brake self-locking for f = 0.35?

[Ans.: (b) Self-energizing, (c) 236 N • m, (d) 163 kJ, (e) 41 kW, (f) 973 mm]

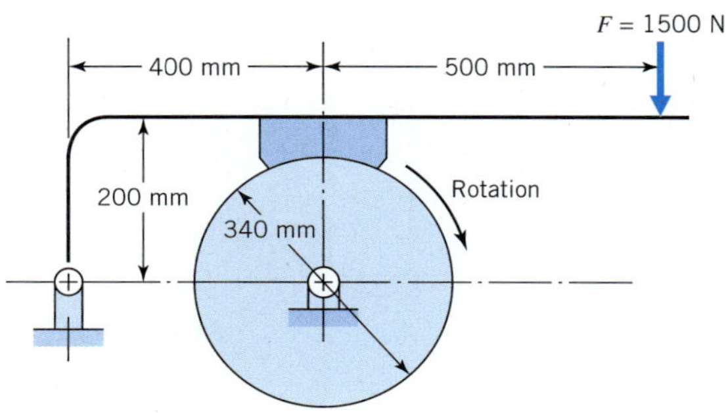

FIGURE P18.22

18.23 Repeat Problem 18.22, except that the actuating force is 1000 N and the drum diameter is 300 mm.

18.24 Figure P18.24 shows a brake with one shoe (a second shoe would normally be used to balance the forces, but only one shoe is shown here to keep the problem short). The width of shoe contact with the drum is 40 mm. The friction material provides a coefficient of friction of 0.3, and permits an average pressure of 600 kPa, based on the *projected* area of contact. Use the short-shoe approximate relationships. The initial drum speed is 1200 rpm.

(a) What value of force F can be applied without exceeding the allowable contact pressure?

(b) What is the resulting brake torque?

(c) Is the brake self-energizing or deenergizing for the direction of rotation?

(d) What radial force is applied to the pivot bearing at point A?

(e) If full application of the brake brings the drum from 240 rpm to a stop in 6 seconds, how much heat is generated?

(f) What is the average power developed by the brake during the stop?

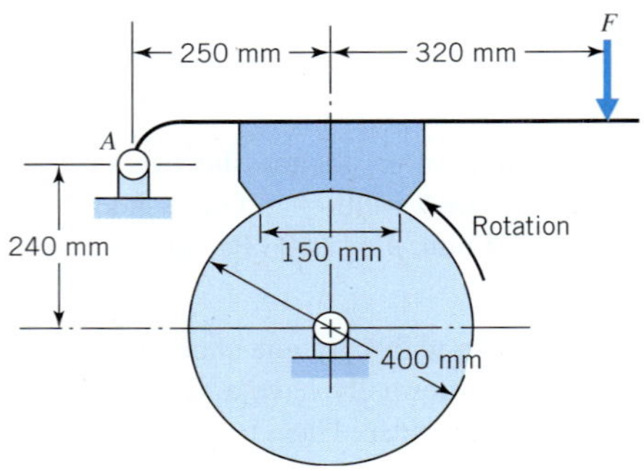

FIGURE P18.24

18.25 The brake shown in Figure P18.25 is applied by the spring and released by a hydraulic cylinder (not shown). Use the short-shoe equations and an assumed coefficient of friction of 0.3.

(a) Draw as free bodies in equilibrium each of the brake shoe and arm assemblies, the spring, and the drum. Show forces in terms of spring force F_s.

(b) What spring force is required to produce a braking torque of 1200 N·m?

[Ans.: (b) 6116 N]

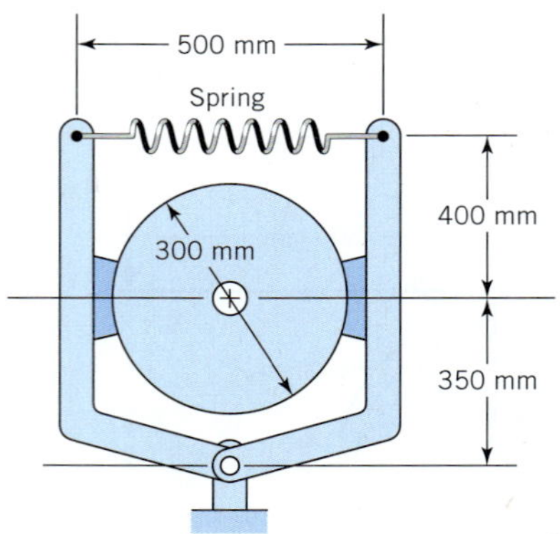

FIGURE P18.25

18.26 The shoes of the drum brake shown in Figure P18.26 can be assumed to be short. A 675 N force is applied as shown. Use the minimum value of f (dry) from Table 18.1.

(a) Draw each of the six numbered members as a free body in equilibrium.

(b) What torque is developed by the brake?

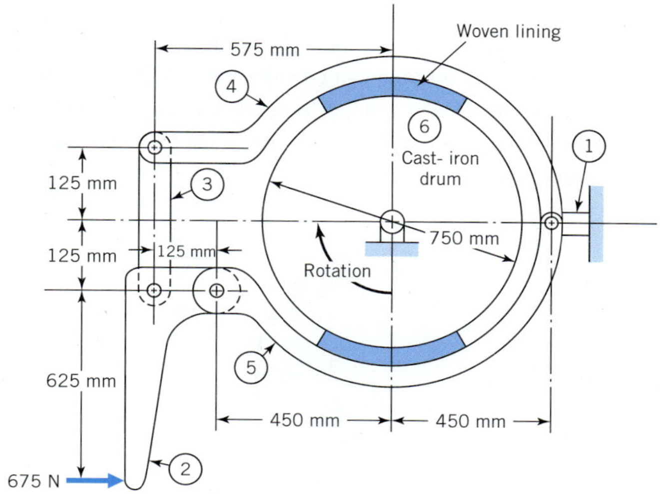

FIGURE P18.26

Section 18.7

18.27 If the shoe in Problem 18.22 extends 45° on each side of the centerline,

(a) Estimate the brake torque using long-shoe equations.

(b) Determine the shoe width required for an allowable pressure equal to the average value listed for woven friction material on cast iron in Table 18.1.

18.28 Estimate the brake torque in Problem 18.24 using long-shoe equations.

18.29 If the shoes in Problem 18.25 extend 45° on each side of the centerline,

(a) Determine the spring force required, using long-shoe equations.

(b) Determine the shoe width required for an allowable pressure equal to the minimum value listed for hard steel on cast iron in Table 18.1.

18.30 If the shoes in Problem 18.26 extend 60° on each side of the centerline,

(a) Determine the brake torque using long-shoe equations.

(b) Determine the shoe width required for an allowable pressure equal to the maximum value listed for woven friction material on cast iron in Table 18.1.

Sections 18.9–18.10

18.31 Consider the following dimensions for the differential band brake of Figure 18.17, which uses a woven lining having a design value of $f = 0.20$. Radius of drum = 4 in., band width = 1 in., $c = 9$ in., $a = 2$ in., $s = 0.5$ in., and $\phi = 270°$. Find (a) the brake torque if the maximum lining pressure is 75 psi, (b) the corresponding actuating force F, and (c) the values of dimension s that would cause the brake to be self-locking.

18.32 A differential band brake similar to that in Figure 18.17 uses a woven lining having a design value of $f = 0.30$. Dimensions are $b = 50$ mm, $r = 175$ mm, $c = 450$ mm, $a = 100$ mm, $s = 25$ mm, and $\phi = 270°$. The maximum lining pressure is 650 kPa. Find (a) the brake torque, (b) the corresponding actuating force F, and (c) the values of dimension s that would cause the brake to be self-locking.

18.33 Figure P18.33 shows a simple band brake operated by an air cylinder that applies a force F of 300 N. The drum radius is 500 mm. The band is 30 mm wide and is lined with a woven material that provides a coefficient of friction of 0.45.

(a) What angle of wrap, ϕ, is necessary to obtain a brake torque of 800 N·m?

(b) What is the corresponding maximum lining pressure?

[Ans.: (a) 235°, (b) 127 kPa]

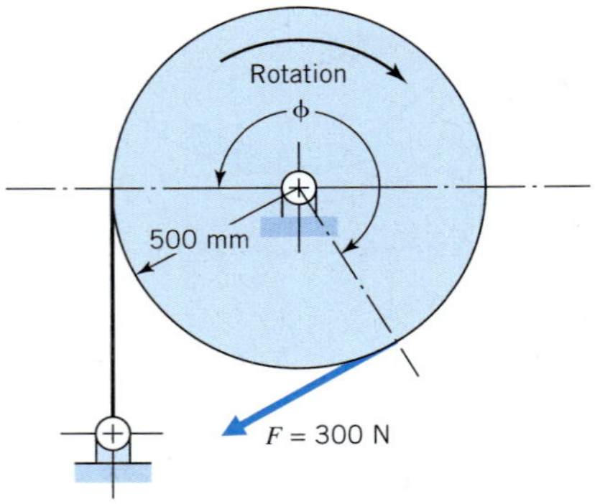

FIGURE P18.33

18.34 A differential band brake similar to the one shown in Figure 18.17 is being considered for use with a hoist drum. With the hoist operating at rated load, a brake torque of 4000 N·m is required to hold the drum from slipping. The brake is to be designed to slip at a 15 percent overload. Available space limits the cast-iron brake drum diameter to 650 mm, with brake band contact extending over an angle of 250°. Design values for the brake lining selected are $f = 0.40$, $p_{max} = 1.1$ MPa.

(a) Determine forces P_1 and P_2 corresponding to maximum brake torque and select an appropriate value of brake band width.

(b) If distance a (Figure 18.17) is 120 mm, what value of distance s would enable the brake to be operated with a force F of 200 N at the end of a lever of length $c = 650$ mm?

(c) Using the linkage dimensions from part (b), what value of coefficient of friction would make the brake self-locking?

18.35 Figure P18.35 shows a band brake used with a punch press like the one described in Problem 18.12. In use, the clutch (Problem 18.12) is released when the crank is 130° past bottom dead center. The brake is to be engaged at this point, and bring the crank to rest at top dead center. The crank assembly has a mass moment of inertia of approximately 15 N·m·s^2 and is rotating at the rate of 40 rpm when the brake is engaged. The brake will be used about three times per minute, so the maximum pressure on the band lining should be limited to about 0.20 MPa for long life. Coefficient of friction can be taken as 0.30.

(a) Determine the required band width.

(b) Determine the required force F.

(c) Would any combination of direction of rotation and value of coefficient of friction make the brake self-locking? Explain, briefly.

[Ans.: (a) 71 mm, (b) 294 N]

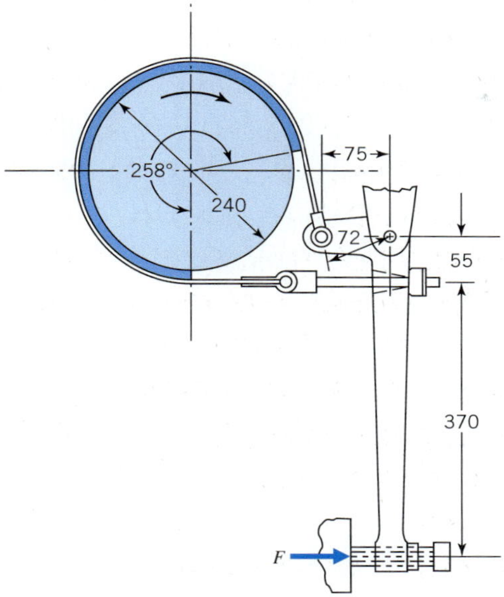

FIGURE P18.35

18.36 Figure P18.36 shows a differential band brake with the linkage modified from Figure 18.17 to permit a greater angle of band contact. This particular brake is to be self-locking for counterclockwise rotation. The adjustable weight is provided at the end of the lever to accomplish this. Its function is merely to ensure that the band is in contact with the drum; any excess weight increases the drag torque during clockwise drum rotation. If self-locking action is to be obtained with coefficients of friction as low as 0.25, what relationship must exist between dimensions a and s?

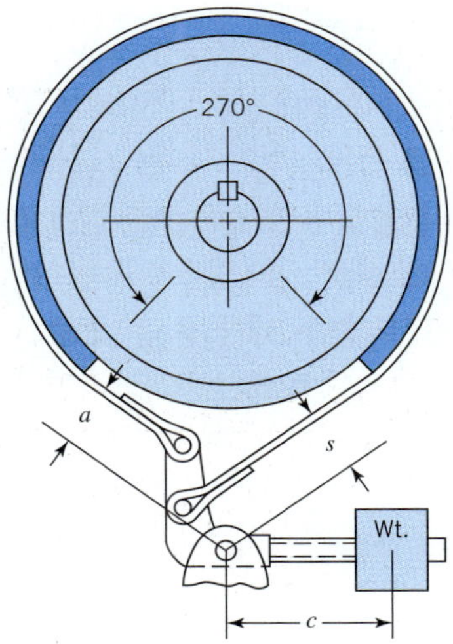

FIGURE P18.36

18.37 Review the web site http://www.sepac.com or another site providing information on clutches and brakes.

(a) List selection factors to consider before choosing a clutch and brake.

(b) Discuss and list the differences between a clutch, a clutch coupling, and a brake.

벨트, 체인 및 기타 요소

19

19.1 개요

축 사이의 동력전달은 여러 가지 방법으로 이루어진다. 15장, 16장에서 언급된 기어 외에도, 벨트와 체인같이 유연성을 갖는 요소들이 널리 사용된다. 이들은 축 사이의 거리가 어느 정도 되는 경우의 동력전달에 사용되기 때문에, 공학자로 하여금 구동기 및 종동기의 배치에 융통성을 줄 수 있도록 해 준다.

벨트는 작동 시의 소음이 상대적으로 적다. 타이밍 벨트(그림 19.5)를 제외하고는, 벨트와 풀리(pulley) 사이의 미끄럼(slippage)이 속도 비율을 부정확하게 만든다. 이 미끄럼 특성은 간혹 유리하게 사용되는 경우가 있는데, 어떤 제설차와 잔디 깎는 기계에서는 풀리들이 서로 더 가까이 움직일 수 있도록 허용함으로써 전동장치(drive)를 푸는 데 이용한다. 이를 통해 상당한 비용과 무게를 줄일 수 있으며, 분리된 클러치(separate clutch)를 제공할 수 있을 만큼의 공간절약 효과가 있다. 벨트의 유연성과 고유한 감쇠 특성은 동력전달장치의 충격과 진동을 줄여 준다(체인에서는 효과가 더 작음).

체인의 설계는 다음과 같은 일반적인 명제를 이용한다: 사용자의 목적에 적합한 제품이 아직 개발되지 않았다면, 공학자는 새로운 것을 발명할 가능성을 고려해야 한다. 예를 들어 19.5절과 19.6절에서 논의되는 전통적인 롤러와 인버티드 톱니(inverted-tooth) 체인의 경우에, 한 체인에 물리는 모든 스프로킷(sprocket)은 동일한 평면에 놓여야 할 것이 요구된다. 서로 다른 평면에 놓여 있는 스프로킷 사이에 유연한 전동장치가 필요하다고 가정해 보자. 동력이 거의 요구되지 않는다면, 구슬이 달려 있는 체인(beaded chain, 전등에 달려 있는 잡아당기는 줄과 유사함)을 사용할 수 있다. 더 강한 종류의 유연한 체인은 전통적인 롤러체인을 모방한 플라스틱 원통 '버튼'의 양 측면에 평행 강철 케이블이 결합되어 있다. 이 두 번째 개념을 구체화한 체인은 인간 동력을 이용하여 영국해협을 건넜던 비행기인 Gossamer Albatross의 페달과 프로펠러 축 사이에 사용되었다.

작은 크기의 토크를 전달하기 위해서는 가격이 저렴한 유연한 축을 사용한다. 일반적인 자동차의 속도계 전동장치가 그 예이다.

명목상 동일선 상에 있는 축 사이의 동력전달을 위해서, 유연한 커플링, 유니버설 조인트, 그리고 마찰 클러치 등이 이미 논의되었다. 그 외에 일직선 상에서 힘을 전달할 수 있는 중요한 방법은 유체의 역학적인 운동에 의한 것이다. 이러한 것들로는 유체 커플링(fluid coupling, 유체 클러치라고도 불림)과 유체 토크 컨버터(torque converter)가 있다.

다른 종류의 동력전달장치로는 로프나 케이블을 이용하여 물체를 움직이거나 들어 올리는 종류가 있는데, 회전축으로 전달되는 동력을 이용한다. 그 예로 기중기(hoist), 엘리베이터 전동장치, 캡스턴(capstan, 감는 기구) 등이 있다. 기계 시스템에 대한 인터넷 사이트 http://www.machinedesign.com은 기계 케이블과 와이어 로프, 평벨트(flat belt), 브이벨트, 금속 벨트와 체인에 대한 정보를 제공한다.

19.2 평벨트

벨트전동장치는 축에 장착된 풀리에 벨트를 걸어서 축 사이의 동력을 전달한다. 크고 평평한 가죽 벨트는 하나의 큰 모터나 엔진으로 여러 기계장치들을 구동하는 데에 과거 수십 년 동안 많이 사용되었다. 오늘날에는 얇고 가볍고 평평한 벨트가 고속 기계를 구동하는 데 과거에 비해 한정적으로 사용된다. 종종 벨트의 진동 절연(vibration isolation) 기능이 중요한 고려 사항이다.

평벨트에 의해 전달될 수 있는 한계 토크의 기본공식은 밴드 브레이크 토크의 경우와 같다.

$$T = (P_1 - P_2)r \tag{18.24}$$

그리고

$$P_1/P_2 = e^{f\phi} \tag{18.26}$$

이때 P_1과 P_2는 긴장측(팽팽한 쪽) 및 이완측(느슨한 쪽)의 벨트 장력(tension)이며, f는 마찰계수이고 ϕ는 벨트와 풀리가 접촉하는 각도이다(그림 18.15 참조). 위의 두 식을 이용하면 T, f, ϕ의 값의 어떤 조합에 대해서도 P_1과 P_2를 결정할 수 있다. 벨트에 요구되는 초기 장력 P_i는 벨트의 탄성 특성에 의존하지만 보통 다음과 같이 가정하여도 만족할 만하다.

$$P_i = (P_1 + P_2)/2 \tag{19.1}$$

벨트전동장치의 구동용량은 작은 풀리의 감긴 각 ϕ(wrap angle, 접촉각)에 의하여 결정되는데, 크기 차이가 많이 나는 풀리가 가까운 거리에 전동될 때 현저한 임곗값을 가지게 된다. 벨트가 시간이 지나 약간 늘어나도 벨트에 요구되는 초기 장력이 일정하게 유지될 수 있도록 해 주는 것이 실제 사용 시의 중요한 고려 사항이다. 물론 쉽게 생각할 수 있는 해결방안으로, 벨트 설치 시에 과도한 초기 장력을 부여하는 것이다. 하지만 이것은 베어링과 축에 과부하가 걸리게 할 뿐만 아니라 벨트수명을 줄인다. 벨트의 장력을 유지하기 위한 세 가지

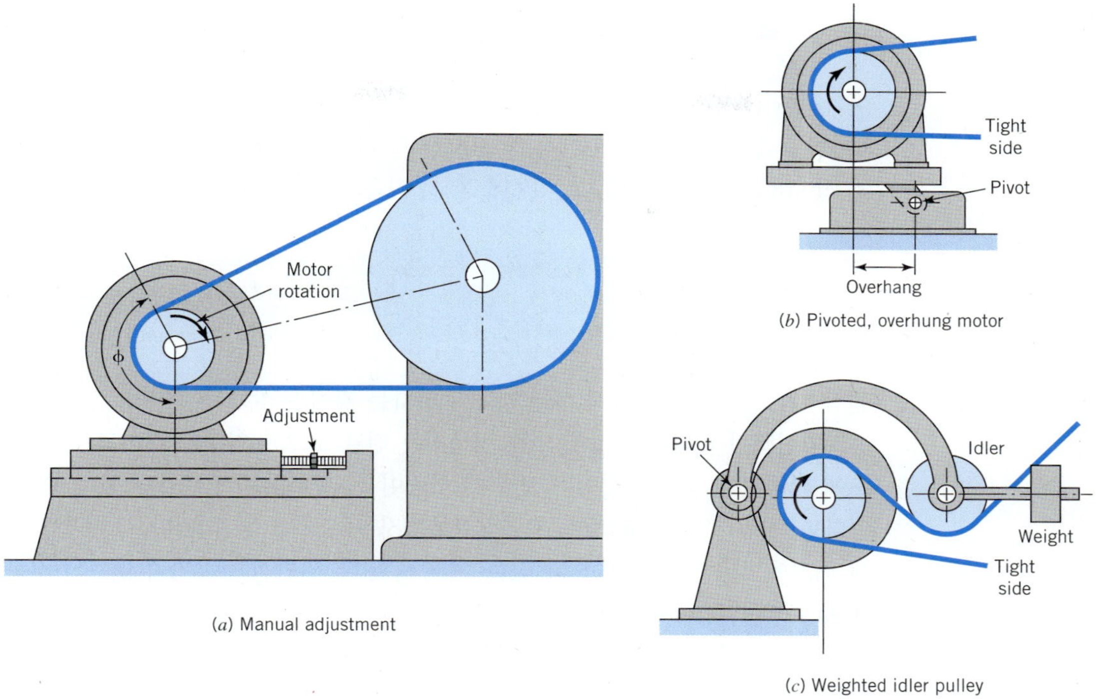

그림 19.1 벨트의 장력을 유지하기 위한 방법.

방법이 그림 19.1에 나타나 있다. 세 가지 모두 벨트의 이완측을 위로 하고 있음에 주의하라. 이는 이완측 벨트의 처지는 경향을 이용하여 접촉각을 넓히기 위한 것이다.

벨트와 풀리 사이의 마찰계수는 보통 외부 환경 요인들과 미끄럼 현상의 정도에 따라 다르다. 보통의 '토크전달 미끄럼'에 추가하여, 벨트는 '크리프(creep)'라고 불리는 미끄럼을 갖는다. 이는 풀리에 접촉하는 벨트의 접촉각 ϕ를 통해 장력이 P_1과 P_2 사이에서 변화하며, 이로 인해 벨트에서 약간씩의 이완과 수축이 일어나기 때문이다. 가죽 벨트와 주철 혹은 강철 풀리의 경우, f=0.3이 설계 목적을 위하여 자주 사용된다. 고무 코팅된 벨트의 경우에는 보통 더 낮은 값(대략 f=0.25)을 주며, 플라스틱 풀리를 사용하는 경우 약간 더 높은 값을 준다. 마찰 값은 실험 또는 벨트 제조업체들로부터 얻는 것이 가장 좋은 방법이다.

긴장측 장력 P_1의 허용될 수 있는 값은 벨트의 단면적과 재료의 강도에 좌우된다. 벨트는 한 번 회전할 때마다 다소 복잡한 피로하중 사이클을 겪는다. 벨트는 P_1과 P_2 사이의 장력 변동뿐만 아니라 풀리와 접촉했을 때 굽힘응력도 받는다. 가장 큰 굽힘응력은 작은 풀리에서 발생하며, 이 때문에 어떤 벨트에 사용될 수 있는 풀리 지름의 최솟값이 존재한다. 가죽 벨트의 경우, 긴장측의 인장응력(P_1/A)이 보통 250에서 400 psi까지로 지정된다.

앞의 논의는 충분히 느린 속도로 작동함으로써 벨트의 원심력이 무시될 수 있는 경우에 대한 것이었다. 더 큰 동력을 전달하기 위해서, 대부분의 벨트는 상대적으로 높은 속도로 작동된다. 벨트에 작용하는 원심력은 장력 P_c를 유발한다.

$$P_c = m'V^2 = m'\omega^2 r^2 \tag{19.2}$$

여기서 m'은 벨트의 단위길이당 질량이고, V는 벨트의 속도, 그리고 r은 풀리의 반지름이다. 힘 P_c가 상당히 큰 값일 때에는 식 (18.24)와 (18.26)의 P_1과 P_2 값에 더해져야 한다. 그 결과 식 (18.24)는 변하지 않고 식 (18.26)은 다음과 같이 된다.

$$\frac{P_1 - P_c}{P_2 - P_c} = e^{f\phi} \tag{19.3}$$

원심력은 접촉각 ϕ를 작게 하는 경향이 있다는 것에 주의하여야 한다.

원심력이 없다면 마찰에 의해 정해지는 전달 토크가 일정할 것이고, 전달 동력 역시 속도에 비례하여 증가할 것이다. 반면에 하중이 실리지 않는 벨트가 충분한 속도로 구동되고 있다면, 원심력만으로도 벨트가 인장한계까지 이르도록 할 수 있다. 그렇다면 동력전달용량이 최고에 달하는 어떤 속도가 있을 수 있게 된다. 일반적으로 가죽 벨트의 경우, 이 속도는 30 m/s(6000 ft/min) 부근이며, 벨트의 소음과 수명을 포함한 모든 요소들을 고려했을 때 약 20 m/s가 이상적인 작동속도로 여겨진다.

베어링과 기어에서 적당한 크기를 결정했던 경우와 마찬가지로, 벨트 크기를 선택할 때도 여러 가지의 '경험 요소들'이 고려되어야 한다. 이것들은 구동 및 종동 축의 토크 변동, 출발 과부하, 풀리 지름, 그리고 습기와 먼지와 기름 같은 환경오염 등을 포함한다.

19.3 브이벨트

브이벨트는 전기모터와 함께 송풍기, 압축기, 설비기계, 공작기계, 농기계, 산업기계 등을 전동하기 위하여 사용된다. 하나 또는 그 이상의 브이벨트를 사용하여 자동차의 부속기계 및 다른 대부분의 내연기관들을 구동한다. 브이벨트는 그림 19.2에 나타낸 것처럼 표준길이와 표준단면 크기로 만들어진다. 브이벨트가 끼워지는 홈이 있는 풀리를 **시브**(sheave)라고 부른다. 이들은 보통 주철이나 프레스 강, 또는 다이캐스팅 금속으로 만들어진다. 브이벨트는 풀리의 중심 사이의 거리가 짧을 때 잘 작동한다. 내부 장력 끈(interior tension cord)이 신장에 대한 저항성을 갖기 때문에, 브이벨트는 초기 장력 값을 자주 조정하지 않아도 된다.

하나의 브이벨트로 용량이 불충분할 경우에, 그림 19.3에 나타낸 것처럼 여러 가닥의 벨트가 사용될 수 있다. 중장비(heavy duty) 기계에서는 흔히 12가닥 혹은 그 이상의 벨트가 사용되기도 한다. 하중의 균등 분배를 위하여 대응되는 구조(matched set)로 설치하는 게 중요하다. 벨트 한 가닥의 교체가 필요한 경우, 완전히 새로운 세트를 설치해야 한다.

그림 19.4*a*는 어떻게 브이벨트가 시브홈의 측면과 접촉하면서 아랫면과 틈새를 가지고 장착되는지를 보여 준다. 이 '쐐기 작용(wedging action)'은 벨트 요소에서의 수직력을 dN에서 $dN/\sin\beta$로 증가시키는데(그림 18.16 또는 19.4b), 이 값은 대략 $3.25dN$이다. 토크의

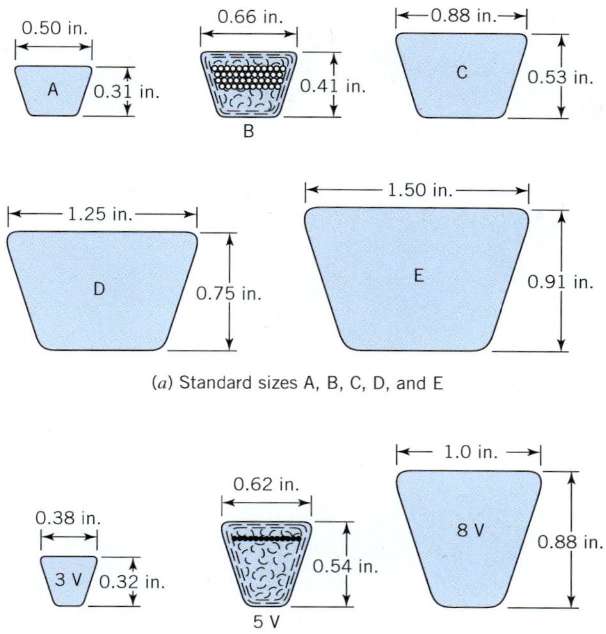

(*a*) Standard sizes A, B, C, D, and E

(*b*) High-capacity sizes 3V, 5V, and 8V

그림 19.2 브이벨트의 표준단면. 벨트 안의 고무 쿠션 위에 내부 장력 끈이 있으며, 이들은 고무가 첨가된 직물 외피로 덮여 있다.

전달을 가능하게 하는 마찰력이 수직력에 비례한다고 가정되었으므로, 토크용량이 3배 이상 커졌다. 평벨트의 수식에서 단지 마찰계수 f를 $f/\sin\beta$로 바꾸어 브이벨트의 수식으로 사용할 수 있다. 그러므로 식 (19.3)은 다음과 같이 변경된다.

그림 19.3 복식(multiple) 브이벨트 전동장치.(ABB Motors and Mechanical Inc. 제공.)

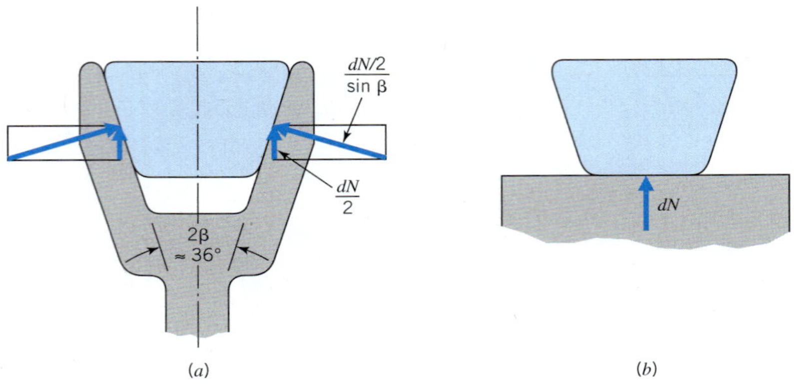

그림 19.4 시브홈 안의 브이벨트와 평평한 풀리테 위의 브이벨트.

$$\frac{P_1 - P_c}{P_2 - P_c} = e^{f\phi/\sin\beta} \qquad \textbf{(19.3a)}$$

보통 벨트 전동용량의 크기는 더 작은 풀리의 미끄럼에 의하여 제한되기 때문에, 브이벨트 전동장치는 용량의 감소 없이 더 큰 평평한 풀리와 함께 사용되기도 한다(그림 19.4*b*). 예를 들어 탈수기의 드럼이나 큰 펀치 프레스의 플라이휠을 구동하는 브이벨트는 보통 평평한 드럼이나 플라이휠 표면 위에 직접 장착된다.

어떤 시브들은 홈의 폭을 조정할 수 있게 만들어졌다. 이것은 유효피치지름을 변동시키며 속도비의 어느 정도 변화를 허용한다. 우리에게 익숙한 예는 용광로 송풍기의 브이벨트 전동장치로서, 방출되는 공기의 속도 조정을 가능하게 한다. 이 원리를 확장하여 계속적인 속도 조정이 가능한 전동장치에 사용할 수 있다. 이것들은 폭이 큰 특수 브이벨트와 가변 폭을 갖는 시브를 사용하는데, 고정된 벨트길이를 수용하기 위하여 시브의 폭은 기계 작동 중에 동시에 조정된다.

상용 브이벨트의 강도와 마찰 특성에는 충분한 편차가 있기 때문에 특정한 기계를 선택할 때는 실험결과와 제조업자의 서적에서 서비스 경험의 세부 사항을 참고한 후에 선택하는 것이 가장 좋다. 일반적으로, 가능하면 20 m/s(4000 ft/min) 범위 내의 벨트속도를 사용하는 것이 권장된다.

브이벨트의 수명은 온도의 영향을 뚜렷하게 받는다. 벨트의 온도가 올라갔을 때(보통 벨트의 경우 200°F 혹은 93°C 이상), 공기 순환을 증가시키기 위한 핀(fin)을 시브 위에 장착함으로써 벨트수명을 상당히 늘릴 수 있다.

예제 19.1 SAMPLE PROBLEM 브이벨트 전동을 위한 벨트 선택

25 hp, 1750 rpm의 전기모터가 다열(multiple) 브이벨트를 통해 기계를 구동시킨다. 사용된 크기 5브이벨트는 각도 β가 18°이고 0.012 lb/in.의 단위길이당 무게를 갖는다. 모터축 위의

풀리는 3.7 in.의 피치지름(표준 크기)을 가지고 있고, 벨트의 접촉각은 165°이다. 보수적인 입장에서 벨트의 최대 장력이 150 lb로 한정되어야 하며 마찰계수가 적어도 0.20이 된다고 가정할 때, 몇 가닥의 벨트가 필요한가?

풀이 SOLUTION

제시자료: 마력과 속도가 주어진 모터가 지름과 접촉각이 주어진 입력 풀리를 구동한다. 사이즈 5브이벨트의 단위길이당 무게와 각도 β가 주어져 있다. 벨트의 최대 장력은 150 lb이며 마찰계수는 0.20이다.

목표: 필요한 벨트의 개수를 구하라.

개요도 및 데이터:

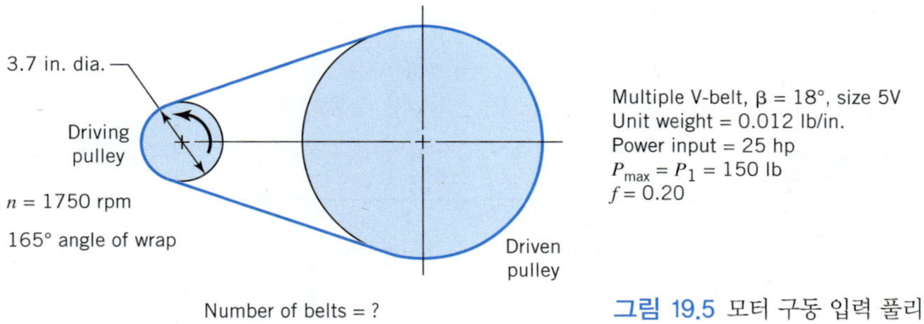

그림 19.5 모터 구동 입력 풀리.

가정:

1. 벨트의 최대 장력은 150 lb로 제한된다.
2. 마찰계수는 적어도 0.20이다.
3. 동력은 각 벨트로 동등하게 나누어진다.

해석:

1. 식 (19.3a)의 항을 먼저 계산한다.

$$\frac{P_1 - P_c}{P_2 - P_c} = e^{f\phi/\sin\beta}$$

2. 식 (19.2)에서 $P_c = mV^2$이고, $V = 3.7(\pi)\dfrac{1750}{60} = 339$ in./s이므로

$$P_c = \frac{0.012}{386}(339)^2 = 3.57 \text{ lb}$$

3. 그리고 $e^{(f\phi/\sin\beta)} = e^{((0.2)(2.88)/\sin\beta)} = 6.45$이다.

4. 식 (19.3a)에 대입한 후, P_2의 값을 계산한다.

$$\frac{150 - 3.57}{P_2 - 3.57} = 6.45 \quad \text{or} \quad 146.4 = 6.45\, P_2 - 23.0$$

그러므로 P_2=26.3 lb이다.

5. 식 (18.24)로부터 $T=(P_1-P_2)r=(150-26.3)\frac{3.7}{2}=229$ lb·in.

6. 식 (1.3)에서 $\dot{W}$/벨트$=\frac{Tn}{5252}=\frac{1750(229)}{5252(12)}=6.36$ hp/벨트

7. 25 hp에 대해서는 $\frac{25}{6.36}=3.93$이다. 따라서 4개의 벨트가 필요하다.

주석: 만약 30 hp 모터가 사용되었다면, 5개의 벨트가 필요하였을 것이다. 하지만 벨트의 수가 늘어날수록 축의 오정렬 효과(misalignment, 그 결과로 인한 하중의 불평등 분배)가 중요해진다.

19.4 치형 벨트

그림 19.6은 타이밍 벨트(timing belt)로도 알려져 있는 치형 벨트(toothed belt)를 보여 준다. 전동은 마찰 대신 톱니의 맞물림으로 작동하기 때문에 미끄럼이 없고 구동축과 종동축이 동기화(synchronized)된다. 이러한 이유로 치형 벨트는 크랭크축으로부터 엔진의 캠축을 구동하는 등 다른 유형의 벨트 사용이 불가능한 기계에서 많이 사용된다. 치형 전동벨트는 신장(stretch)이 최소인 장력 줄을 가지고 있으며, 최소의 초기 장력으로 설치가 가능하다. 이것은 베어링 하중과 축의 굽힘 하중을 감소시킨다.

치형 벨트는 작은 풀리와 작은 접촉호의 사용을 허용한다. 6개 이와의 접촉만으로도

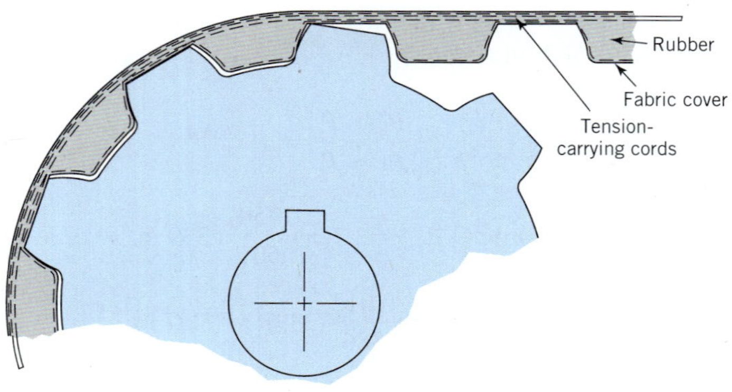

그림 19.6 치형 또는 타이밍 벨트.

최대 용량을 발생시키기에 충분하다. 치형 벨트는 비교적 무게가 가벼우며, 최소한 80 m/s (16,000 ft/min)의 속도까지 효율적인 작동을 할 수 있다. 주요 단점은 벨트와 치형 풀리의 가격이 비싸다는 것이다. 다른 벨트들처럼 긴 수명을 얻을 수 있지만, 금속 동력전달 요소(기어와 체인)만큼의 수명을 얻을 수는 없다. 예를 들어 캠축의 구동을 위해서 타이밍 벨트를 쓰는 자동차 엔진은 보통 약 60,000마일(100,000 km)에서 벨트를 교체해야 한다. 반면에 기어와 체인을 이용하여 캠축을 구동하는 경우, 보통 엔진의 수명이 다할 때까지 쓸 수 있다.

19.5 롤러 체인

동력전달 체인에는 많은 종류가 있지만, 이 중에 가장 널리 사용되는 것은 **롤러 체인**(roller chain)이다. 많은 응용분야 중에서 가장 익숙한 것은 체인을 이용한 자전거의 전동이다. 그림 19.7은 체인의 구조를 보여 준다. 핀 링크와 롤러 링크의 변화를 주목하라. 주어진 체인에 의해 전달되는 하중을 분석하기 위해서는 2.4절의 힘흐름(force flow) 개념이 적합하다. 이 절차는 구동 스프로킷의 이에 의해 체인 롤러에 가해지는 하중의 일부분(접촉하는 구동 스프로킷 이들 간의 하중 분포에 좌우됨)을 고려함으로써 시작된다. 롤러로부터 시작하여, 차례대로 부싱, 핀, 그리고 두 개의 링크판으로 하중이 전달된다. 체인을 따라 움직이면서 이 하중은 다른 스프로킷으로부터의 하중과 합쳐진다. 마지막으로 연속한 핀, 부싱과 링크판은 체인의 긴장측을 따라 전체 하중을 전달한다. 체인속도가 약 3000 ft/min보다 더 빨라지는 경우, 원심력은 링크판의 인장력 및 핀과 부싱 사이의 베어링 하중을 상당히 증가시킨다.

힘흐름에는 몇몇 위험지역이 존재한다. 스프로킷 이-체인 롤러 접촉면에는 기어 이에서처럼 헤르츠 접속응력이 있다. 또한 기어와 같이, 각각의 새로운 이가 접촉하게 될 때마다 충격이 가해지며, 이 충격의 강도는 속도가 증가할수록 현저히 커진다. 롤러는 부싱 위에서 자유롭게 돌기 때문에 스프로킷 이와 롤러 사이의 미끄러짐은 거의 없다. 양쪽 부싱의 접촉면에서 윤활과 마멸을 고려해야 한다—이때 롤러는 바깥쪽, 핀은 안쪽을 고려해야 한다. 핀 접촉면에서의 마멸이 더 위험한데, 그 이유는 하중을 지탱하는 면적이 훨씬 작고 원심 하중이 더해지기 때문이다. 링크판은 본질적으로 0에서 최대까지 변하는 피로하중의 영향을 받으며, 핀 구멍에는 응력집중이 발생한다.

롤러 체인전동(특히 고속에서)의 매끈한 작동에 영향을 미치는 중요한 요인은 그림 19.8에 나와 있는 **현운동**(chordal action)이다. 그림 19.8*a*를 보면, 롤러 *A*가 방금 스프로킷

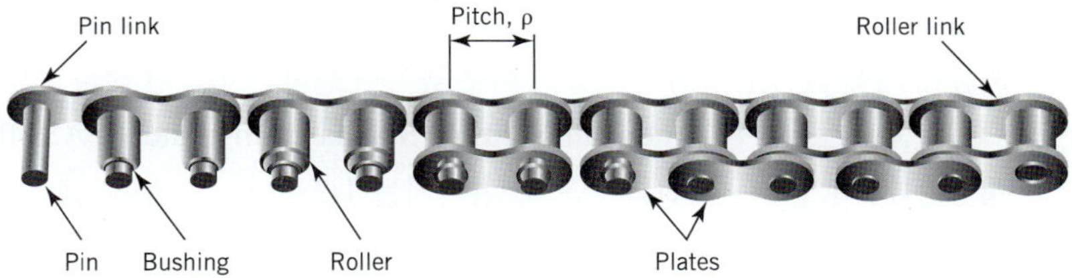

그림 19.7 롤러 체인의 구조.

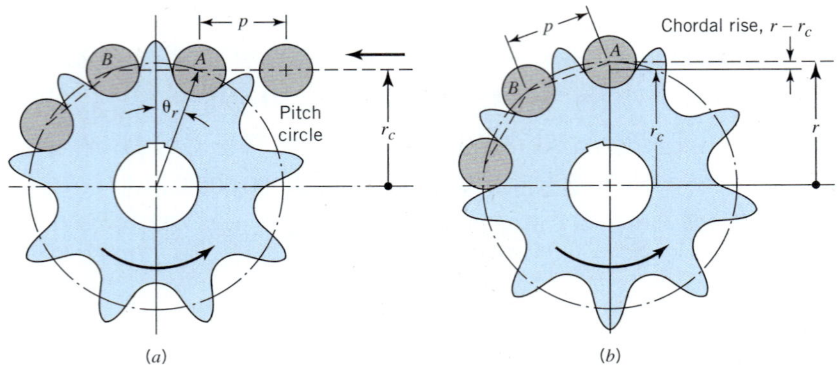

그림 19.8 롤러 체인의 현운동.

위에 위치하였으며, 체인의 중앙선은 현의 반지름 r_c에 위치한다. 스프로킷이 각도 θ만큼 회전한 후, 체인은 그림 19.8*b*와 같이 위치한다. 여기서 체인 중앙선은 스프로킷 피치 반지름 r에 위치한다. 체인 중앙선의 변위(체인이 상하로 움직이는 양)는 다음과 같다.

$$\Delta r = r_c - r = r(1 - \cos\theta) = r[1 - \cos(180°/N_t)] \tag{19.4}$$

여기서 N_t는 스프로킷의 잇수이다. 체인의 상하 움직임(rise and fall)과 함께 현운동은 실제적으로 스프로킷 피치 반지름을 r과 r_c 사이에서 변화시킴으로써 속도비를 불규칙하게 만든다. 다행히 적절하게 설계된 전동기의 경우, 체인의 탄성이 이 작은 속도 변동의 대부분을 흡수한다. 현운동 때문에 체인 전동기는 다각형 풀리를 사용하는 벨트 전동기와 유사하다. 만약 다각형의 변이 충분히 많다면, 이 효과는 거의 알아차릴 수 없다.

롤러 체인은 거의 파손되지 않도록 설계되지만, 핀과 부싱 사이의 마멸(wear) 때문에 결국은 교체가 필요하게 된다. 이 마멸은 인접한 롤러들의 중심거리인 피치를 더 크게 한다. 어떤 마멸들은 두 스프로킷 사이의 거리를 크게 하거나 아이들러 스프로킷을 조정하거나 스프링 하중을 가해서 보상할 수 있다. 마멸이 체인의 약 3%를 늘여 놓았을 때, 증가된 피치가 롤러들을 스프로킷 이 위에 너무 높게 위치하게 만들기 때문에 체인(스프로킷도 마멸되었다면 마찬가지로)은 교체되어야 한다. 신중하게 설계된 체인의 경우 적절히 윤활이 되었다면 보통 약 15,000시간의 작동수명을 가진다. 만약 더 짧은 수명이 요구된다면, 더 얇고 값싼 체인을 사용할 수 있다.

느린 속도에서 15,000시간 안에 심한 마멸을 일으키는 정도의 체인 인장 하중이라면, 링크판의 피로 파손을 일으킬 만큼 충분히 높을 수도 있다. 충분히 빠른 속도에서는 원심력과 충격하중에 의해 핀이 감당하는 하중이 너무 높아서 원하는 하중이 전혀 전달되지 않을 수도 있다.

미국국가표준원(American National Standards Institute)은 ASME B29.100-2000을 발행했는데, 여기에는 체인과 스프로킷(피치는 1/2~3 in. 범위)의 표준 치수가 제공된다. 그렇기 때문에 여러 제조업자들이 만드는 부품들이 서로 호환성을 가질 수 있다. 표준 하중용량 데이터도 제공된다. 하지만 재료에 대한 세부 사항과 구조에서 차이가 있기 때문에 체인 제

그림 19.9 여러 가닥 롤러 체인(여기에서는 4가닥 체인)과 스프로킷.

조업자들로부터 하중용량을 확인하는 것이 가장 좋다. 모든 제조업자들은 여러 가지의 체인 속도와 작은 스프로킷의 잇수(이가 더 적을수록 용량이 작음)에 대한 기본용량등급표를 제공한다. 이 등급들은 마멸과 피로 파손을 둘 다 고려한다. 이들은 일정한 입력동력(전기모터나, 유체 커플링 또는 토크 컨버터 전동장치를 가진 엔진)과 균일한 하중(송풍기나 원심펌프)을 기반으로 한다. 좋지 않은 조건에서 체인을 선택할 때 공칭 하중에 반드시 곱해져야 하는 계수들이 있다. 무거운 충격 하중의 경우, 이 계수들은 입력축과 출력축에서 1.7까지 올라간다. 만약 여러 가닥의 체인(multiple-strand chain)이 사용된다면(그림 19.9), 하나의 체인에 대한 용량에 2, 3, 4가닥의 체인에 대하여 각각 1.7, 2.5, 3.3을 곱하면 된다.

작은 쪽 스프로킷에서의 잇수는 보통 17개와 25개 사이이다. 속도가 매우 느리다면 더 적은 수도 허용될 수 있고, 속도가 매우 빠르다면 더 많은 수가 요구될 수도 있다. 큰 쪽의 스프로킷은 보통 약 120개의 잇수로 한정된다(속도 비율은 보통 12로 한정되며, 낮은 속도에서도 마찬가지이다).

19.6 인버티드 톱니 체인

인버티드 톱니 체인(그림 19.10)은 작동 시 비교적 조용하기 때문에 **사일런트 체인**(silent chain)이라고도 불린다. 이것은 치형 링크판들이 핀으로 계속 연결되는 형태로 분절화되어 있다. 링크 '이'는 보통 직선측면(straight-sided)을 갖는다. 이것과 대응하는 스프로킷의 이도 직선측면이고 이의 측면 사이의 각도는 스프로킷의 잇수가 많아질수록 커진다. 체인의 가장 중요한 부분은 핀의 연결부이다. 제조업자들은 마멸수명을 개선하기 위하여 다양한 종류의 세부적인 조인트 설계를 고안해 왔다.

체인이 스프로킷에서 미끄러져 나가는 것을 방지하기 위한 대비를 해야 한다. 그림 19.10*b*는 스프로킷의 중앙 홈과 맞물리는 중앙 가이드 링크를 가지고 있는 체인을 보여 준다. 그림 19.10*c*는 스프로킷의 양쪽 측면에 걸치는 측면 가이드 링크를 가지고 있는 체인을 보여 준다. 그림 19.10*d*는 이중체인(duplex chain)을 보여 주는데, 스프로킷이 체인의 양 측면으로부터 구동되며 '구부러진(serpention)' 모양의 전동장치에 사용된다.

인버티드 톱니 체인과 스프로킷은 표준화되어 있다[ANSI/ASME B29.2M-1982, 2004년에 재확인]. 이전 절들에서 언급된 대부분의 사항들이 인버티드 톱니 체인과 스프로킷에도 적용 가능하다. 표준피치는 3/8~2 in.의 범위이며, 용량은 1인치의 체인폭에 대하여 명시된다. 인버티드 톱니 체인은 롤러 체인보다 더 매끄럽고 조용하기 때문에, 약간 높은 속도에서 운전이 가능하다. 윤활이 매우 중요하며, 체인은 보통 싸여진 상태에서 작동해야 한다.

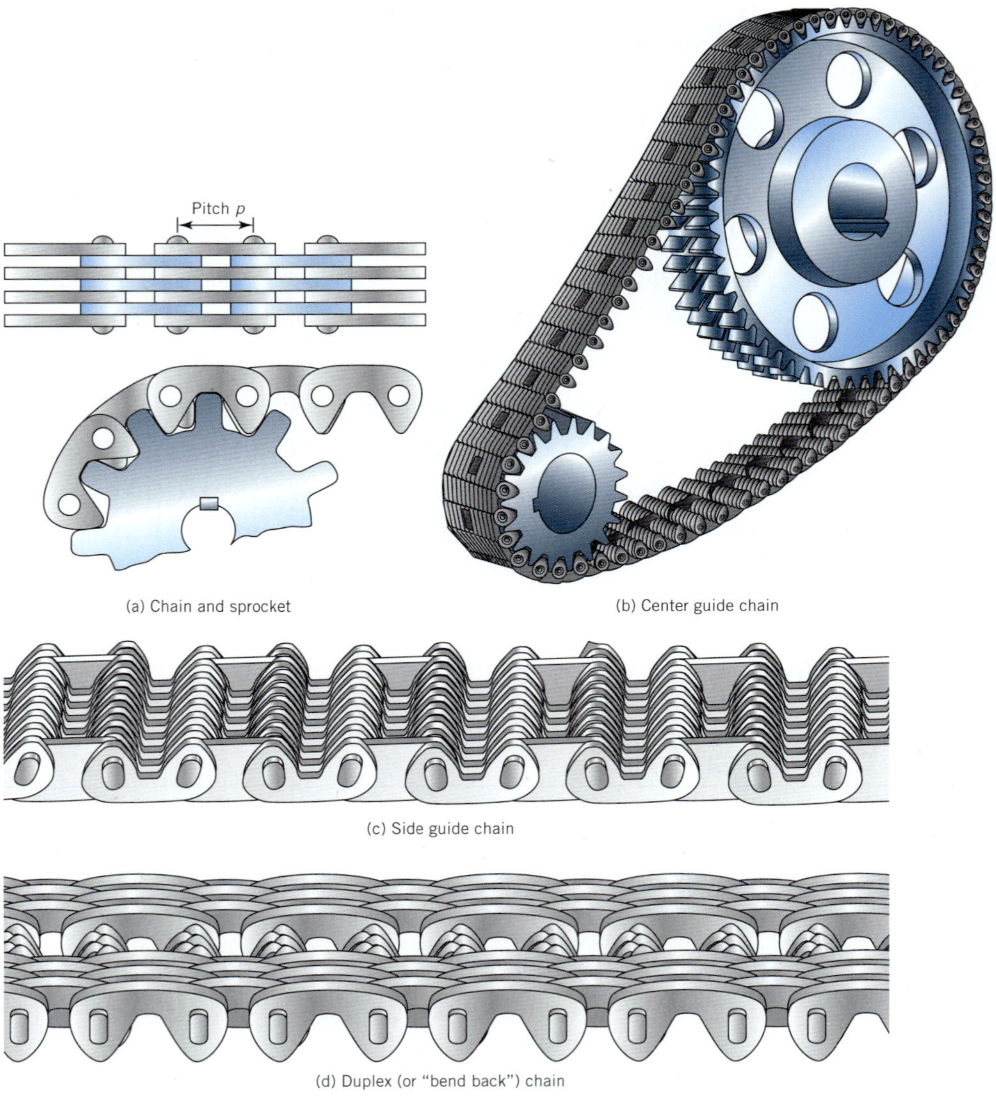

그림 19.10 인버티드 톱니('사일런트') 체인. (Ramsey Products Corporation 제공.)

19.7 유압 전동장치의 역사

동력전달을 위해 사용되는 사실상의 거의 모든 장비와 달리, 유압 전동장치(hydrodynamic drive, 유체 커플링과 토크 컨버터)는 순전히 20세기의 장치이다. 독일의 푀팅어(H. Föttinger) 박사는 1905년에 첫 유압 전동장치를 만들었다. 그 시기에 선박의 추진을 위한 증기 터빈이 막 소개되었고, 감속기어를 제공할 만한 실용적인 방법이 아직 없었다. 엔진과 프로펠러를 직접 연결하는 것은 두 장비 모두에서 비효율적 작동을 초래하였다—터빈은 너무 느리게 작동했고 프로펠러는 너무 빨랐다. 푀팅어는 Vulcan-Werke A.G.와 관련이 있었는데, 그곳에서 15,000 hp의 전동까지 5:1의 감속 비율을 제공하는 장치를 개발하였다. 터빈과 프로펠러의 증가된 효율은 약 15% 정도 되는 컨버터의 유압 손실을 보상하기에 충분하였다. 배의 터빈용 헬리컬 기어가 개발되기 전까지, 푀팅어의 컨버터는 매우 성공적으로 사용되었다. 기어 전동장치의 월등히 큰 효율과 더 낮은 가격, 더 큰 감속비, 그리고 작은 크기는 기어 전동장치가 유압 토크 컨버터를 급속히 대체할 수 있도록 하였다.

유압 전동장치의 다음 개발은 제1차 세계대전 이후까지는 이루어지지 않았다. 1차 대전 당시 유압 전동장치의 효율을 증가시키기 위한 노력 중에, 더 간단한 유체 커플링(토크 증폭을 제공하지 않는)이 95% 이상의 효율로 작동한다는 것을 발견하였다. 이것은 그 당시 Vulcan-Werke의 원장이었던 바우어 박사에게 새로 개발된 고속 디젤엔진이 군함에 적용될 수 있음을 시사했다. 이 엔진은 속도 감속을 위하여 헬리컬 기어와 유체 커플링을 함께 사용함으로써 기어와 프로펠러 축에서 나오는 엔진의 비틀림 충격을 완화할 수 있었다. 이전에 선박 추진을 위해 사용된 디젤엔진은 직접 연결되는 저속 엔진뿐이었으므로 바우어 박사의 방법은 아주 성공적이었다.

유압 전동장치는 독일뿐 아니라 영국에서도 계속 개발되었다. 1926년, Hydraulic Coupling and Engineering사의 싱클레어(Harold Sinclair)는 그가 자주 타는 런던 버스들의 클러치 맞물림에 의한 '덜커덕거림(jerky)'으로 불편을 겪었다. 전해지는 바에 의하면 이것이 그에게 첫 자동차 유체 커플링 개발의 동기를 부여하였다. 몇 년 후 이것들은 몇 종류의 영국산 차에 사용되었다.

1930년경에는 Chrysler사가 유체 커플링에 대한 실험을 시작했고 싱클레어로부터 특허권을 사들였다. 이것은 1939년에 Chrysler Custom Imperial 차에 '유체 전동장치(fluid drive)'를 도입하는 결과를 낳았다. 또한 1930년대 초반에는 American Blower Company가 유인 환풍기(induced-draft fan)를 위한 유압 전동장치를 개발하고 제조하였다. 한편, General Motors는 1937년 Oldsmobile 차에 4단 반자동 변속기를 소개하였으나 1939년에 포기하였다. 이 변속기는 수정되어 유체 커플링과 합쳐졌으며, 이것이 1940년 Oldsmobile에서 소개한 'Hydra-Matic 전동장치'의 원조가 되었다.

1950년대 중반부터, 모든 미국 차 제조업자들은 유압 토크 컨버터를 갖는 자동 변속기를 사용해 왔다. 유압 전동장치는 매우 다양한 종류의 산업분야 및 해양관련 응용에서 세계적인 인정을 받았다.

19.8 유체 커플링

그림 19.11은 유체 커플링(fluid coupling)의 주요 부분들을 보여 준다. 입력축에 연결되어 있는 로터(rotor)는 **임펠러**(impeller)라고 부르며 케이스에 볼트로 고정되어 있다. 이 두 부품은 유체[보통 낮은 점도의 광유(mineral oil)]를 담고 있는 하우징을 형성한다. 출력축은 하우징 내에서 두 베어링에 의해 지지된다. 출력축에 **터빈**(turbine)이 부착되어 있고, 임펠러로부터 방출되는 오일에 의해 구동된다. 하우징과 출력축 사이의 오일실(oil seal)은 그 동안 기울여 온 개발 노고를 나타낸다. 오일실은 그 자체의 윤활에만 필요한 아주 미세한 누출만을 허용해야 한다. 각 로터는 반쪽 토러스 공간(semi-toroidal space)을 둘러싸고 있으며, 이 공간은 균일한 간격으로 배치되는 반경방향의 평평한 **날개**(blade, plate 또는 vane라고도 불림)에 의해 분리되어 있다. 두 로터의 날개에 부착된 코어(core) 또는 안쪽 덮개(inner shroud)가 보통 선택적으로 사용된다. 이것은 순환하는 유체가 더 원에 가까운 궤적을 그리도록 유도한다. 나중에 보겠지만, **어떠한 유압 전동장치도 100% 효율로 동력을 전달할 수 없다**. 공기 순환을 개선하고 결과적으로 발생하는 열의 방출을 돕기 위해 흔히 핀들을 하우징에 더하여 준다. 많은 중장비 기계에서는 작동유체가 지속적으로 방출되어 외부 열교환기에 의해 냉각된 후 다시 돌려보내진다.

임펠러의 회전은 인접한 날개 사이에 가두어진 오일 내에서 원심력을 발생시켜, 오일

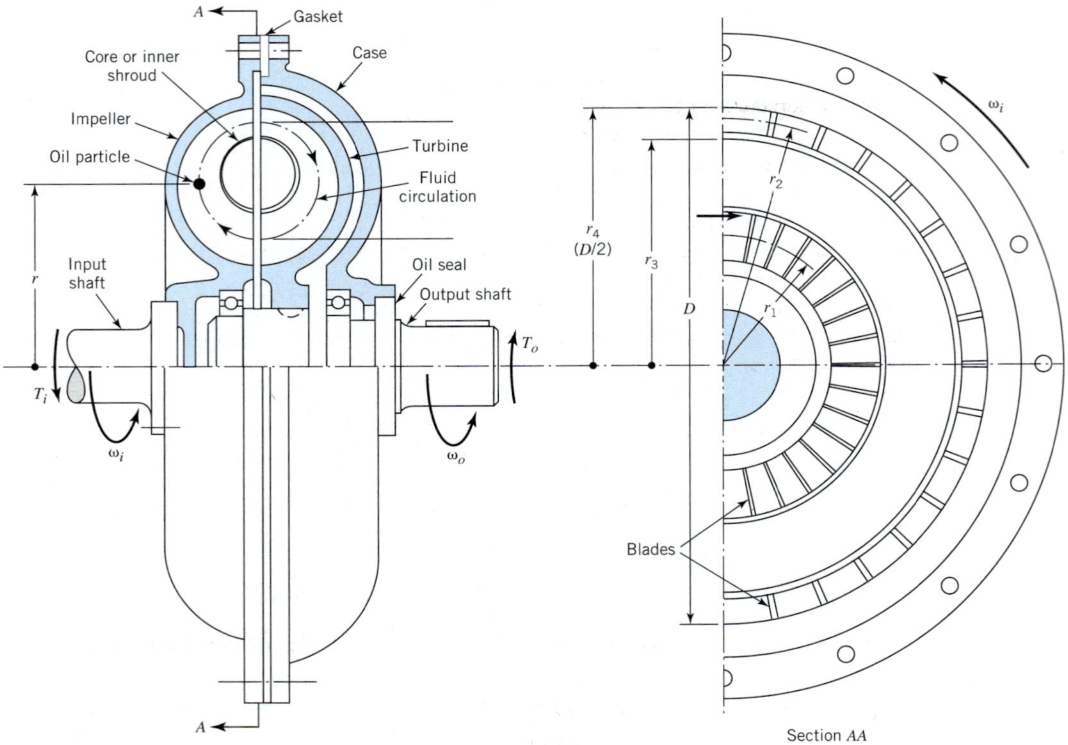

그림 19.11 유체 커플링.

이 반지름방향 바깥쪽으로 흐르게 한다. 그림 19.11에서 '유체 순환' 경로의 화살표 방향에 주목하라. 유량이 터빈 쪽으로 흘러 들어가면 오일은 터빈 날개에 부딪치며 많은 양의 운동에너지를 잃는다(임펠러와 터빈 회전 평면에서). '오일 뒤쪽'으로부터의 압력은 유량이 인접한 터빈 날개 사이의 공간을 통해 반지름방향 안쪽으로 흐르게 만들고, 여기서 운동에너지를 더 잃게 된다. 정상적인 작동 중에는 터빈의 회전이 임펠러의 회전보다 아주 조금만 느릴 것이다. 터빈 쪽의 오일에서 발생된 원심력은 임펠러 쪽의 오일 흐름을 거스르며, 이로 인하여 가로지르는 '유체 순환' 경로에서의 유체속도를 감소시킨다. 만약 전동장치의 방향이 거꾸로 되고 출력축이 입력축보다 더 빨리 작동한다면 유체 흐름의 방향 또한 역전된다. 유체 커플링(혹은 토크 컨버터)을 장착한 자동차가 '엔진 브레이킹'을 일으키는 것이 바로 이 현상 때문이다. 정상적인 작동에서는 슬립(slip)이라고 불리는 요인 때문에 출력축이 입력축보다 더 느리게 회전한다. 입력과 출력의 회전속도를 각각 ω_i와 ω_o로 나타내면, 슬립 S는 다음과 같이 정의된다.

$$S = (\omega_i - \omega_o)/\omega_i \tag{19.5}$$

기본 개념은 슬립이 없이는 유체 순환이 있을 수 없으며, 따라서 동력의 전달도 있을 수 없다는 것이다.

두 번째 기본 개념은 유체 커플링의 평형상태에서의 자유물체도를 고려해서 생각할 수 있다. 외부로부터의 부착물은 입력축과 출력축뿐이다. 회전의 축에 대한 모멘트의 합이 영이 되기 위해서는 입력과 출력 토크의 값이 정확히 같아야만 한다. 그렇기 때문에 모든 유체 커플링은 항상 입력 토크의 100%를 전달한다. 이것은 커플링에 오일이 없는 경우에도 성립한다. 오일이 없는 상황에서는 입력과 출력 토크가 둘 다 0이다. 즉 커플링이 구동모터에 하중을 가하지 않는다. 이것은 부드러운 클러치 풀림 및 물림(declutching-clutching) 기능을 구현하기 위하여, 모터 작동 중에 커플링 오일을 비우고 다시 채울 가능성을 제시한다.

유체 커플링의 변수 사이의 기본적인 관계를 유도하기 위하여 밀도 ρ, 그리고 무시할 만큼 작은 점도를 가진 반지름 r에 위치한 단위부피의 오일 입자를 생각해 보자(그림 19.11). 입력축의 회전 각속도는 ω이며, 출력축은 정지상태('출발 시'처럼)라고 가정한다. 오일 입자에 작용하는 원심력은 아래와 같다.

$$F = mr\omega^2 = \rho r\omega^2 \tag{a}$$

일반적으로 유체 커플링들은 형상이 유사하므로, 그림 19.11에 나타낸 대로 유체 공동(fluid cavity)의 바깥지름 D로 표현한 식을 사용하는 것이 바람직하다. 다른 모든 치수들을 k_nD로 표현할 수 있으며, k_n은 수치상수 k_1, k_2, k_3, ...을 나타낸다. 따라서 식 (a)는 다음과 같이 표현될 수 있다.

$$F = \rho k_1 D\omega^2 \tag{b}$$

$F=ma$와, 오일 입자가 ρ의 질량을 가지는 사실로부터

$$a = k_1 D\omega^2 \tag{c}$$

출력축이 정지상태일 때, 오일 입자가 반지름 r_1의 위치에서 접선속도와 반지름속도가 0인 상태로 임펠러로 유입된다. 근사적으로 가정하여, 유체 입자가 $r_2-r_1=k_2D$의 거리를 지나는 동안 일정한 가속을 받을 때, 입자의 최종 속도(기본 등가속도 운동방정식으로부터)는 다음과 같다.

$$V = \sqrt{k_2 D a} = \sqrt{k_2 D k_1 D\omega^2} = k_3 D\omega \tag{d}$$

임펠러에서 터빈 사이의 작은 틈을 건너 이동하는 유체의 속도를 식 (d)에 주어진 대로 가정하면, 터빈으로 흘러 들어가는 오일의 질량 유량(mass flow rate) Q는 다음과 같다.

$$Q = \rho VA$$

여기서 면적 A는 $\pi(r^2{}_4-r^2{}_3)=k_4D^2$이므로

$$Q = \rho k_3 D\omega k_4 D^2 = k_5 D^3 \rho\omega \tag{e}$$

터빈 내부로 오일이 유입될 때 유체 커플링의 회전 평면에서 오일의 운동량(momentum)은 질량과 회전 평면에서의 유체속도의 곱, 즉 $mr_2\omega$이다. 이 운동량의 모멘트는 $mr^2{}_2\omega= m(k_6D)^2\omega$이다.

터빈에 전해지는 토크는 각운동량(angular momentum)의 시간에 따른 변화율과 같다.

$$T = Q(k_6 D)^2\omega = (k_5 D^3 \rho\omega)(k_6 D)^2\omega = k_7 \rho\omega^2 D^5 \tag{f}$$

유체의 밀도 변화는 매우 작기 때문에, ρ는 다른 상수들과 조합되어 하나의 상수 k로 표현된다. 그 결과는

$$T = k\omega^2 D^5 \tag{19.6}$$

슬립 S가 1이므로 이 식은 커플링의 **정지토크**(stall torque)를 나타낸다. 동력이 전달될 때, 슬립은 당연히 1보다 작아야 한다. 이 경우 전달되는 토크는 슬립에 대략 비례한다. 슬립 계수를 포함하면, 식 (19.6)은 커플링의 **작동토크**(running torque)를 다음과 같이 나타낸다.

$$T = k\omega^2 D^5 S \tag{19.7}$$

토크의 단위는 lb-ft, ω의 단위는 rpm, 그리고 D의 단위는 인치인 경우, 30~100%의 슬립 범위를 갖는 자동차에 사용되는 커플링의 실험결과를 대략적으로 근사화하면

$$T \approx 5 \times 10^{-10} \omega^2 D^5 S \tag{19.7a}$$

이 식은 중요한 두 가지 결론을 내포한다.

1. 유체 커플링의 토크와 마력의 용량은 **지름의 5제곱**으로 변화한다. 이것은 놀라운 사실이다—지름이 두 배가 되면 힘의 크기는 32배로 증가한다.
2. 토크용량은 **속도의 제곱**에 따라 변화하고, 동력용량은 **속도의 세제곱**에 따라 변한다. 이것은 유체 커플링이 작동속도에서는 전체 출력토크를 전달할 수 있지만, 아이들링 속도(사실상 클러치가 떨어진 상태)에서는 토크 전달을 거의 하지 않음을 설명한다.

식 (19.5)로부터 커플링 출력축의 속도는

$$\omega_o = \omega_i(1 - S) \qquad \textbf{(19.5, 수정)}$$

입력과 출력 토크가 같으므로 커플링에 의한 동력전달 효율은

$$e = \frac{\omega_o}{\omega_i} = 1 - S \qquad \textbf{(19.8)}$$

정상적인 작동에서, 잘 설계되고 적절히 사용된 커플링은 보통 95~98%의 효율로 작동한다.

전형적인 유체 커플링의 성능 곡선이 그림 19.12에 도시되어 있다. 모터의 정격속도와 토크에서, 커플링의 슬립은 단지 $3\frac{1}{2}$%(효율=96.5%)임을 주목하라.

유체 커플링은 특히 디젤 엔진의 비틀림 충격을 격리시키는 데 유용하다. 엔진과 기어 감속기 사이에 유체 커플링이 삽입되었을 경우에는 더 저렴하고 가벼운 기어와 축을 사용할

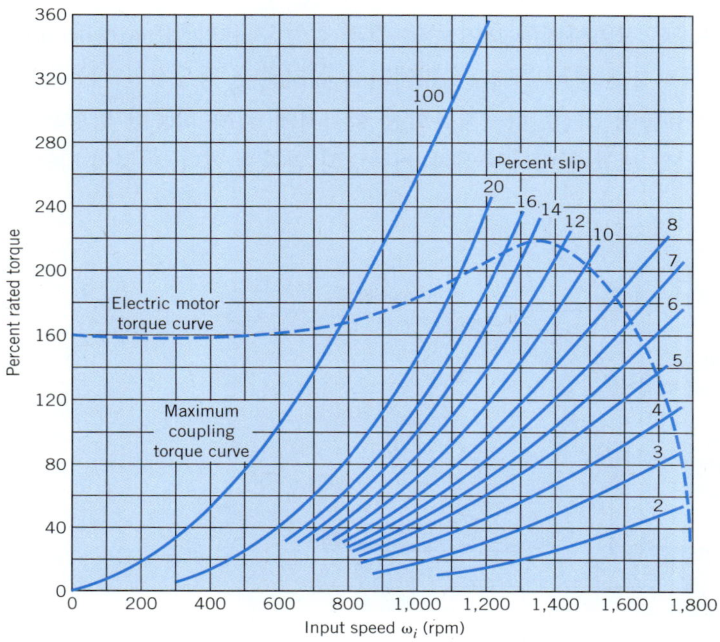

그림 19.12 전형적인 유체 커플링 토크-속도-슬립 곡선.

수 있다. 또 다른 중요한 사용 분야는 무거운 기중기 장비에서이다. 커플링으로부터 얻어 낼 수 있는 부드럽고 서서히 증가하는 출력 토크는 최소의 충격으로 무거운 하중을 받을 수 있게 해 준다.

19.9 유압 토크 컨버터

그림 19.11에 나오는 유체 커플링에 대한 자료를 참고하면, 회전축에 대한 모멘트의 평형을 위해서는 입력축과 출력축의 토크가 반드시 정확하게 균형을 이루어야 한다. 출력 토크가 입력 토크를 초과할 수 있는 유일한 방법은 **세 번째의 토크에 기여하는 장치**(보통 반력 토크 T_r에 기여하는 **정지반력 요소**)**를 더하는** 것이다. 그렇다면 평형방정식이 다음과 같이 표현된다.

$$T_i + T_o + T_r = 0 \tag{19.9}$$

그림 19.13은 유체 커플링을 토크 변환기로 만들기 위하여 하나의 반력 요소(reaction member)를 더하는 방법을 보여 준다. 임펠러와 터빈의 날개뿐만 아니라 고정된 리액터(reactor)의 날개도 휘어져 있고 각이 져 있다. 순환하는 유체가 리액터 날개를 쳤을 때 리액터가 회전하는 것을 막기 위해서 외부 토크 T_r이 반드시 가해져야 한다. 리액터 날개는 증가된 토크가 식 (19.9)에 맞추어 터빈에 전달되도록 순환하는 유체의 방향을 **조정**한다.

리액터 날개는 고정되어 있고 아무 일도 하지 않기 때문에, 증가된 터빈 토크는 반드시 이에 비례하는 출력속도 ω_o의 감소를 동반해야 한다.

시동과 하중을 일정한 속도까지 끌어올리는 데에만 토크 증폭을 필요로 하는 기계들에서는, 그림 19.14에서 보여 주는 것과 같이 '자유회전(free-wheeling)' 또는 '한 방향(one-way)' 클러치를 통해 '고정된' 리액터가 설치된다. 정상적인 작동속도에 이르렀을 때, 리액터는 자유롭게 회전한다—자유회전 클러치에 의해 허용된 방향으로 구속력 없이 회전한다—그리고 토크 컨버터는 유체 커플링의 역할을 한다. 이것이 자동차의 자동 변속기의 토

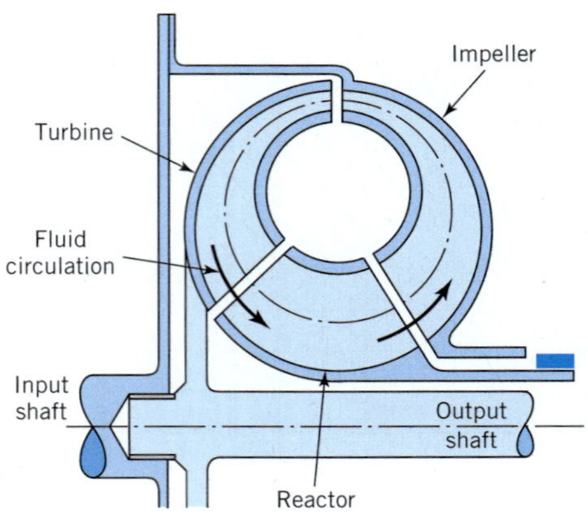

그림 19.13 고정된 리액터 날개를 갖는 토크 컨버터.

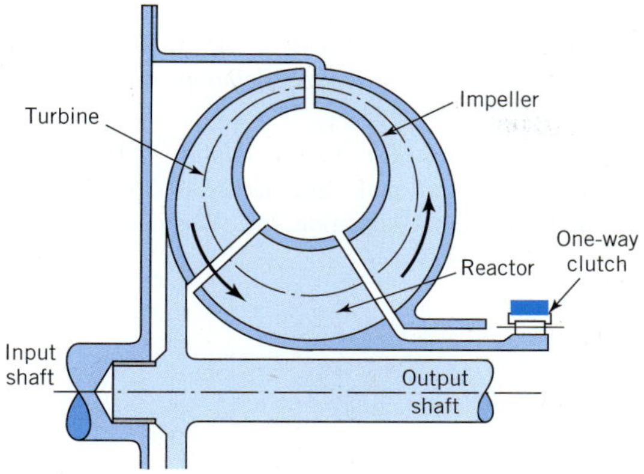

그림 19.14 한 방향 클러치로 조정되는 리액터를 갖는 토크 컨버터.

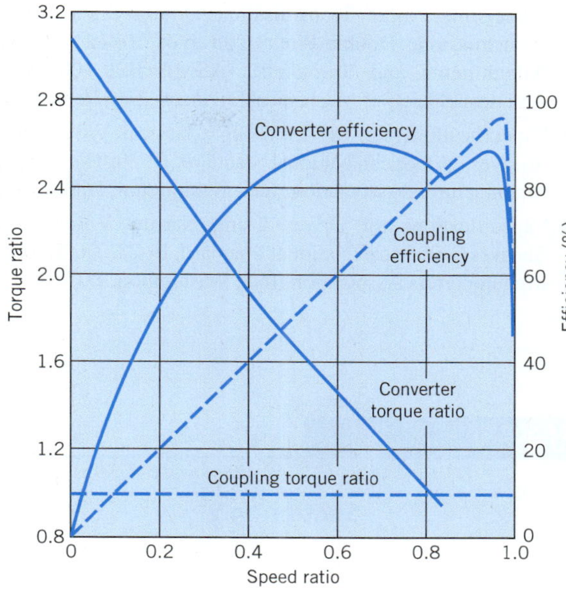

그림 19.15 전형적인 토크 컨버터와 유체 커플링의 성능 곡선.

크 컨버터에서 일어나는 일의 한 예이다. 이러한 컨버터들은 정지된 출력축에서 전형적으로 약 3의 토크 증폭비를 제공한다. 출력축이 가속하면, 토크비는 급격히 감소한다. 비율이 1에 달했을 때, 자유회전 클러치는 리액터의 자유로운 회전이 시작되도록 허용하며, 이때 리액터의 회전방향은 이전에 한 방향 클러치가 회전을 저지했던 방향과 반대이다. 그림 19.15에 전형적인 토크 컨버터의 성능 특성을 같은 지름의 유체 커플링과 비교하여 도시하였다.

참고문헌 REFERENCES

1. American Chain Association, *Standard Handbook of Chains: Chains for Power Transmission and Material Handling*, 2nd ed., CRC Press, Boca Raton, Fl., 2006.
2. Binder, R. C., *Mechanics of the Roller Chain Drive*, PrenticeHall, Englewood Cliffs, N.J., 1956.
3. Burr, A. H., *Mechanical Analysis and Design*, 2nd ed., Prentice Hall, Englewood Cliffs, N.J., 1995.
4. Greenwood, D. C., *Mechanical Power Transmission*, McGraw-Hill, New York, 1962.
5. "Inverted Tooth (Silent) Chains and Sprocket Teeth," ANSI B29.2-1957, American Society of Mechanical Engineers, New York (Reaffirmed 1971).
6. Koyama, T., and K. M. Marshek, "Toothed Belts—Past, Present, and Future," *Mech. Machine Theory*, **23**(3):227– 239 (1988).
7. Marshek, K. M., "Chain Drives," in *Standard Handbook of Machine Design*, J. Shigley and C. Mischke (eds.), McGraw-Hill, New York, 1986, Chapter 32.
8. Marshek, K. M., "On the Analyses of Sprocket Load Distribution," *Mech. Machine Theory*, **14**(2):135–139 (1979).
9. Naji, M. R., and K. M. Marshek, "Experimental Determination of the Roller Chain Load Distribution," *ASME Trans. J. Mech., Transmiss., Automat. Des.*, **105**:331–338 (1983).
10. Naji, M. R., and K. M. Marshek, "Toothed Belt-Load Distribution," *ASME Trans., J. Mech., Transmiss. Automat. Des.*, **105**:339–347 (1983).
11. O'Connor, J. J. (ed.), *Standard Handbook of Lubrication Engineering*, McGraw-Hill, New York, 1968.

12. "Precision Power Transmission, Double-Pitch Power Transmission, Double-Pitch Conveyor Roller Chains, Attachments and Sprockets," ASME B29.100-2002, American Society of Mechanical Engineers, New York, 2002.
13. "Specifications for Drives Using Classical V-Belts and Sheaves," American National Standard, IP-20, The Rubber Manufacturers Association, Inc., Washington, D.C., 1988.
14. "Specifications for Drives Using Narrow V-Belts and Sheaves," American National Standard, IP-22, The Rubber Manufacturers Association, Inc., Washington, D.C., 1991.
15. "Specifications for Drives Using Synchronous Belts," American National Standard, ANSI/RMA, IP-24, The Rubber Manufacturers Association, Inc., Washington, D.C., 2001.
16. "Specifications for Drives Using V-Ribbed Belts," American National Standard, IP-26, The Rubber Manufacturers Association, Inc., Washington, D.C., 2000.

연습문제 PROBLEMS

Section 19.2

19.1 An incident occurred at a pallet manufacturing facility causing a young woman's arm to be amputated. A belt conveyor system shown in Figure P19.1 was being used to carry waste wood from a large crosscut saw to a chipper. The conveyor system consisted of two conveyor belts in series. The belt conveyors were reportedly purchased used at an auction. The incident took place at an unguarded location where the first conveyor belt drops the waste wood (small blocks) onto the second belt. At the time of the incident, the woman was removing some wood debris from an unguarded roller on the conveyor belt when her arm was caught. This accident resulted in the amputation of her arm.

Additional information in this accident includes:

1. At the time of the accident, the employee was wearing gloves and trying to fulfill her job duties of keeping the area and conveyor belts clear of debris.
2. Prior to the accident she had tried using a sticker (a long, thin piece of wood) to dislodge a trapped wood block to no avail.
3. The roller of the conveyor belt was unguarded. (OSHA report).
4. The location where the first and second conveyor belts join together was unguarded. (OSHA report).
5. A citation was recommended for unguarded rotating parts 1910.219(a)(1). (OSHA report).
6. There was not a warning label alerting users to the motion of the conveyor belt roller and/or the danger of getting caught in the roller and/or on the belt lacing.
7. The employee was not told about the possible hazard associated with the incident conveyor system.
8. There was no guard on the conveyor system to prevent the employee from placing her hand in the location where it was injured.

Search the OSHA regulations at http://www.osha.gov, specifically 29 CFR 1910.219. Write a paragraph explaining how this regulation would apply to this incident. Also, list ways in which this accident could have been prevented.

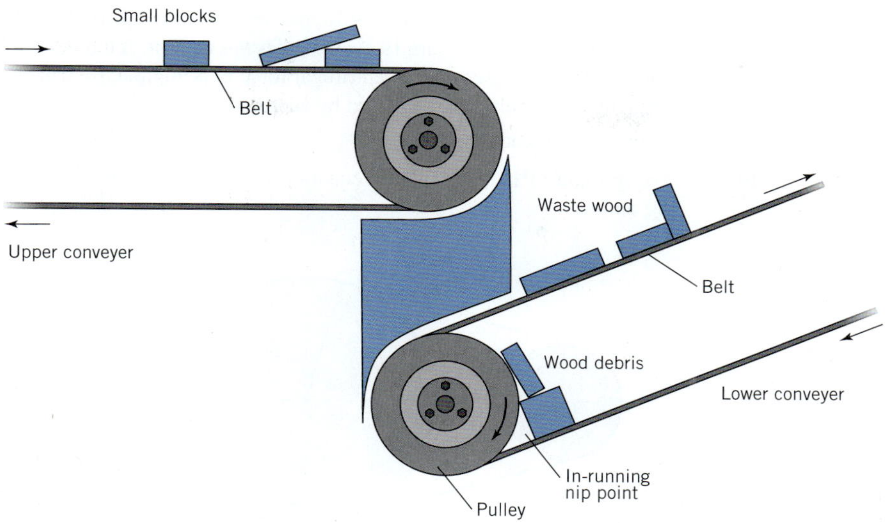

Figure P19.1

19.2 A fan shown in Figure P19.2 that is welded to a 0.3-m-diameter pulley is turned at 1800 rpm by a belt driven by an identical pulley attached to the shaft of an electric motor. While operating, the tight side of the belt is loaded in tension to 2000 N and the slack side to 200 N in tension. Determine the torque applied by the belt on the fan pulley in N·m and the power transmitted in kW.

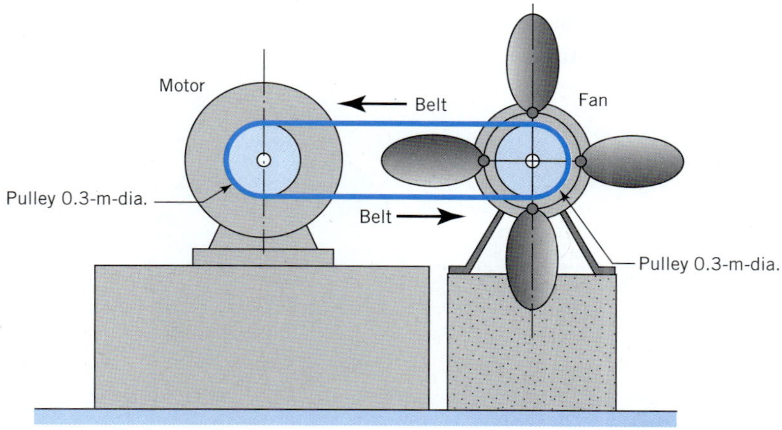

Figure P19.2

19.3 A belt drive, as shown in Figure 19.1*a*, has an angle of wrap on the small pulley of 150°. The slack-side tension is $P_2 = 40$ N, the motor pulley has a 100-mm diameter, the centrifugal force is negligible, and $f = 0.33$. What is the torque capacity of the pulley?

19.4 Repeat Problem 19.3, except with an angle of wrap on the small pulley of 160°.

19.5 Figure 19.1*a* shows a belt drive with an angle of wrap on the small pulley of 150°. The centrifugal force is negligible, the motor pulley has a 100 mm diameter, the slack-side tension is 40 N, and $f = 0.30$. What is the torque capacity of the pulley?

19.6 A belt drive, as shown in Figure 19.1*a*, has an angle of wrap on the small pulley of 160°. Adding an idler, as in Figure 19.1*c*, increases this to 200°. If the slack-side tension is the same in the two cases and if centrifugal force is negligible, by what percentage is the capacity of the belt drive increased by adding the idler when $f = 0.3$?

[Ans.: 41 percent]

19.7 Using Figure P19.7 develop an equation for the belt length L as a function of c, r_1, r_2, and α.

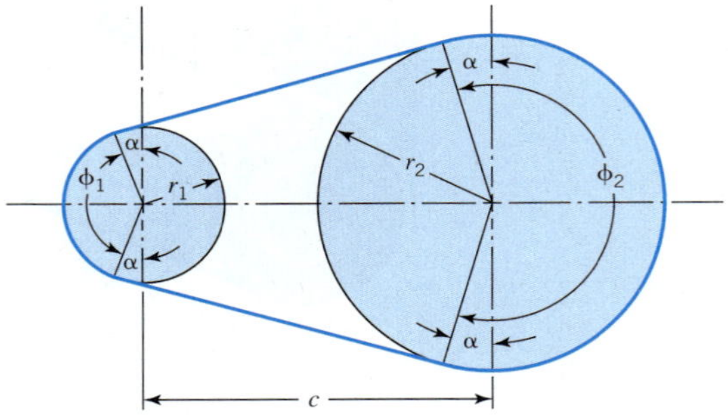

FIGURE P19.7

19.8 Although center distance c can be calculated using an equation developed from Figure P19.7, this equation is difficult to use because it involves c, L, and α. Figure P19.8 suggests an approximation length $ABCD$ that will be equal to half the length of the belt. From the half-length approximation, develop an equation relating center distance c, belt length L, and pulley radii r_1 and r_2.

[Ans.: $c^2 = 0.25[L - \pi(r_1 + r_2)]^2 - (r_1 - r_2)^2$]

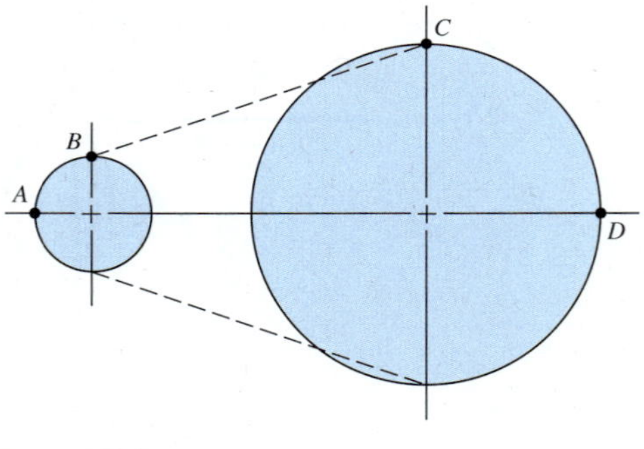

FIGURE P19.8

19.9 Figure P19.5 shows that angles of wrap ϕ_1 and ϕ_2 are equal to $\pi - 2\alpha$ and $\pi + 2\alpha$, respectively. Derive an equation relating α to r_1, r_2, and c.

[Ans.: $\sin\alpha = (r_2 - r_1)/c$]

Sections 19.3–19.5

19.10 A 20 kW, 1750-rpm electric motor drives a machine through a multiple V-belt. The pulley on the motor shaft has a 99 mm pitch diameter (a standard size), and the geometry is such that the angle of wrap is 165°. The size 2L V-belts used have an angle, β, of 18°

and a unit weight of 2 N/m. It is conservatively assumed that the maximum belt tension should be limited to 675 N, and that the coefficient of friction will be at least 0.20. How many belts are required?

19.11 A standard V-belt with $\beta = 18°$ is used with a motor pulley of 40-mm pitch diameter and a flat cylindrical drum of 120-mm diameter. Center distance is 120 mm. What is the approximate relationship between the slip-limited power transmission capacities at the pulley and at the drum?

19.12 Find the maximum power that can be transmitted by the smaller pulley of a V-belt drive shown in Figure P19.12 under the following conditions: pulley speed = 4000 rpm, r = 100 mm, $\beta = 18°$, $\phi = 170°$, $f = 0.20$, belt maximum tension = 1300 N, and belt unit weight = 1.75 N/m.

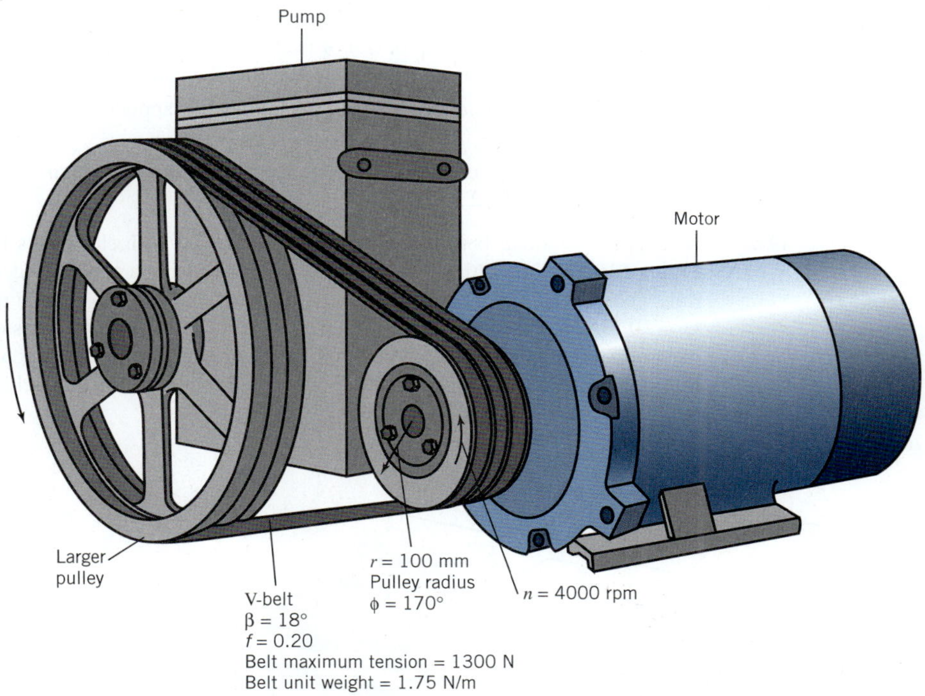

FIGURE P19.12

19.13 What power could be transmitted by the pulley in Problem 19.12 if (a) two belts are used, each identical to the belt in Problem 19.12, and (b) a single belt is used, with twice the cross section of the belt in Problem 19.12 and thus twice the maximum tension?

19.14 A single V-belt with $\beta = 18°$ and a unit weight of 0.012 lb/in. is to be used to transmit power from a 3500-rpm, 6-in.-diameter driving pulley to a 12-in.-diameter driver pulley. The angle of wrap on the smaller pulley is $\phi = 170°$, $f = 0.20$, and belt maximum tension = 250 lb. Find the maximum power that can be transmitted by the smaller pulley.

19.15 A single V-belt with $\beta = 18°$ and a unit weight of 2.2 N/m is to be used to transmit 12 kW from a 1750-rpm, 180-mm-diameter driving pulley to a 1050-rpm driven pulley. Center distance is 400 mm.

(a) On the basis that the coefficient of friction is 0.20 and the initial belt tension is marginally adequate to prevent slippage, determine the values of P_1 and P_2.

(b) Determine the torsional and resultant radial loads applied by the belt to each shaft.

(c) Determine the initial belt tension when the drive is not operating.

(d) Determine values of P_1 and P_2 when the drive is operating at normal speed but transmitting only 6 kW.

[Ans.: (a) 926 N, 199 N; (b) 65.5-N • m and 109.2-N • m torque to the driving and driven shafts, 1118-N radial load to each shaft; (c) 562.5 N; (d) 744 N, 381 N]

19.16 A single V-belt with $\beta = 18°$ and unit weight of 2 N/m is to transmit 9 kW from a 1750-rpm, 150 mm-diameter driving pulley to a 300 mm-diameter driven pulley. Center distance is to be 500 mm.

(a) On the basis that the coefficient of friction is 0.20 and the initial belt tension is just adequate to prevent slippage, determine the values of P_1 and P_2.

(b) Determine the torsional and resultant radial loads applied by the belt to each of the shafts.

(c) Determine values of P_1 and P_2 when the drive is operating at normal speed but transmitting only 2.2 kW.

19.17 A length of modular belting that has ends reinforced with steel links is shown in Figure P19.17. The belting system can be analyzed using a spring model. The steel links each have a spring stiffness, k_s = 90 MN/m. The stiffness of the plastic link, k_p = 10 MN/m, can be thought of as eight (8) plastic members in tension; i.e., the plastic link is comprised of eight members in parallel. If the modular belting with reinforced steel links carries a load, F, what load is carried by the steel links? What load is carried by each modular belting link?

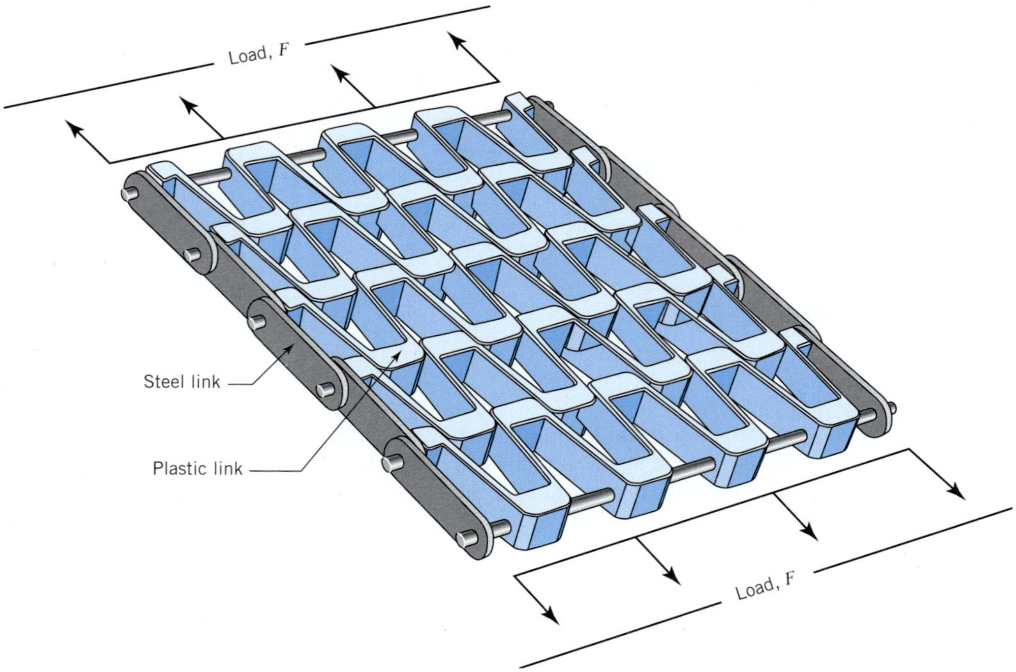

FIGURE P19.17

19.18 Perform an Internet product search for modular belting. List a manufacturer, provide a physical description, and list uses of this type of chain or belt.

19.19 Repeat Problem 19.18 for mat top chains.

19.20 Repeat Problem 19.18 for flat top chains.

19.21 Repeat Problem 19.18 for table top chains.

19.22 Write several paragraphs describing the difference between modular belting, mat top chains, flat top chains, and table top chains.

19.23D Review the web site http://www.grainger.com. Perform a product search for V-belts. Select an A-type V-belt with a length of 32 in. List the manufacturer, description, and price.

19.24D Review the web site http://www.grainger.com. Conduct a product search for roller chains. Select an ANSI #40, standard single-riveted steel roller chain. List the manufacturer, description, and price.

19.25 A link chain loaded as shown in Figure P19.25 is comprised of two sizes of links that are connected with pins. Assume that the thicker links are twice as thick as a thin link. For this problem:

(a) Copy the drawings and sketch paths of force flow through the chain.

(b) Using the force flow concept, locate and identify the critical sections for the (1) thick link, (2) thin link, and (3) pin.

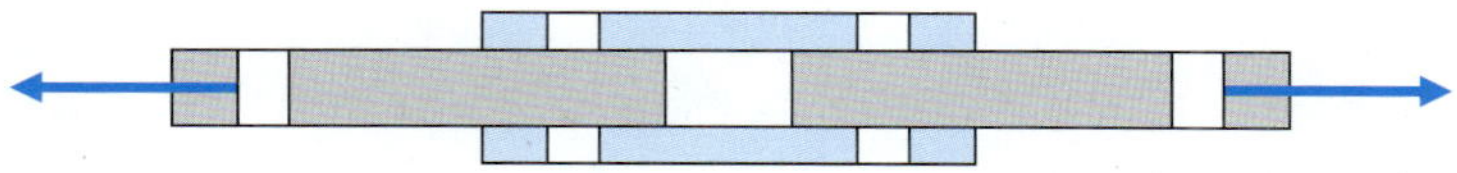

(*a*) Top view

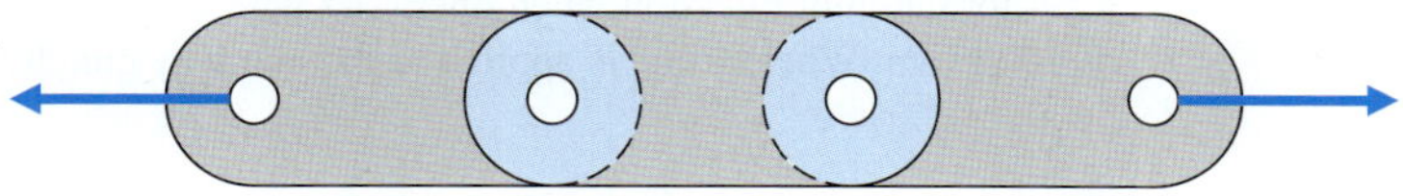

(*b*) Side view

Figure P19.25

Section 19.8

19.26 A fluid coupling of the type shown in Figure 19.10 has its input and output shafts directly coupled to an electric motor and driven machine, respectively—see Figure P19.26. The motor and coupling characteristics conform to the performance curves in Figure 19.11.

(a) During normal operation the motor rotates 1780 rpm and drives the machine with 55 percent of its rated power. What is the rotating speed of the machine input shaft? What percent of the motor torque reaches the machine? What percent of the power output of the motor is converted into heat in the fluid coupling?

(b) How much does the coupling slip during overload operation requiring full-rated motor power?

(c) If the machine is overloaded to the point that the motor cannot drive it and the machine stops, what is the motor rpm? Under these conditions, what fraction of normal rated motor power is converted into heat in the fluid coupling?

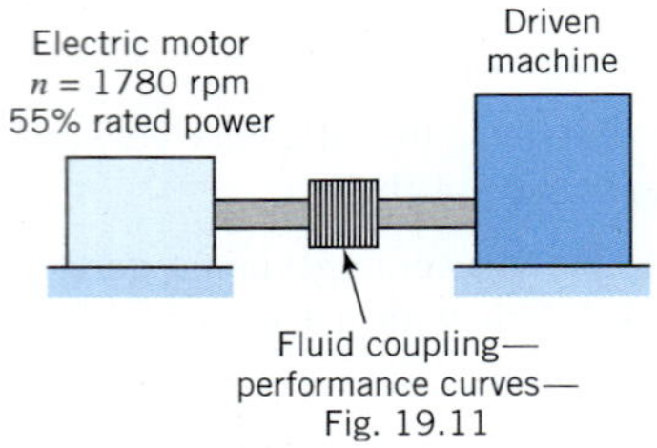

FIGURE P19.26

19.27 Assume that the motor and coupling characteristics represented in Figure 19.11 correspond to a well engineered installation incorporating a 10-kW, 1750-rpm motor. A similar but smaller installation is being considered, for which the power requirements are 50 percent less. Accordingly, a 5-kW, 1750-rpm motor and a smaller, but geometrically similar, fluid coupling will be used. By what factor could the diameter of the fluid coupling be reduced? If the 5-kW power source used in the new installation rotates 3500 rpm, by what factor could the coupling diameter be reduced?

Section 19.9

19.28 A hydrodynamic torque converter like the one represented in Figure 19.13 provides a 2.4 torque multiplication when operating with a driving motor providing a torque of 100 N · m. What torque is applied to the one-way clutch?

Units

A

Appendix A-1a Conversion Factors for British Gravitational, English, and SI Units

Quantity	British Gravitational and English Units[a]	SI Unit[a]	Conversion Factor Equalities
Length	inch (in. or ″) foot (ft or ′) <u>mile</u> (mi U.S. statute)	<u>meter</u> (m) <u>meter</u> (m) kilometer (km)	*1 in. = 0.0254 m = 25.4 mm *1 ft = 0.3048 m = 304.8 mm 1 mile = 1.609 km = 1609 m
Volume	gallon (gal U.S.)	<u>meter</u>^{3} (m^3)	1 gal = 0.003785 m^3 = 3.785 liters
Force (weight)	<u>pound</u> (lb)	newton[d] (N)	1 lb = 4.448 N
Torque	<u>pound-foot</u> (lb · ft)	newton-meter (N · m)	1 lb · ft = 1.356 N · m
Work, Energy	<u>foot-pound</u> (ft · lb)	joule[c] (J)	1 ft · lb = 1.356 J
Power	<u>foot-pound/second</u> (ft · lb/s) horsepower[b] (hp)	watt[g] (W) <u>kilowatt</u> (kW)	1 ft · lb/s = 1.356 W 1 hp = 0.746 kW
Stress, Pressure	<u>pounds/in.</u>^{2} (psi) <u>thousand pounds/in.</u>^{2} (ksi)	pascal[e] (Pa) megapascal (MPa)	1 psi = 6895 Pa 1 ksi = 6.895 MPa
Mass (British)	<u>slug</u>[f]	kilogram (kg)	1 slug = 14.59 kg
Mass (English)	lbm[h]	<u>kilogram</u> (kg)	1 lbm = 0.454 kg = 454 grams

[a] The *larger* unit is <u>underlined</u>.
[b] 1 hp = 550 ft · lb/s; [c] 1 J = 1 N · m; [d] 1 N = 1 kg · m/s^2; [e] 1 Pa = 1 N/m^2; [f] 1 slug = 1 lb · s^2/ft; [g] 1 W = 1 J/s; [h] 1 slug = 32.2 lbm
* An exact definition.

Appendix A-1b Conversion Factor Equalities Listed by Physical Quantity

ACCELERATION
*1 foot/second^2 = 3.048 × 10^{-1} meter/second^2
*1 free fall, standard = 9.806 65 meters/second^2
*1 inch/second^2 = 2.54 × 10^{-2} meter/second^2
AREA
*1 acre = 4.046 856 422 4 × 10^3 meters^2
*1 foot^2 = 9.290 304 × 10^{-2} meter^2
*1 hectare = 1.00 × 10^4 meters^2
*1 inch^2 = 6.4516 × 10^{-4} meter^2
*1 mile^2 (U.S. statute) = 2.589 988 110 336 × 10^6 meters^2
*1 yard^2 = 8.361 273 6 × 10^{-1} meter^2
DENSITY
*1 gram/centimeter^3 = 1.00 × 10^3 kilograms/meter^3
1 lbm/inch^3 = 2.767 9905 × 10^4 kilograms/meter^3
1 lbm/foot^3 = 1.601 846 3 × 10^1 kilograms/meter^3
1 slug/foot^3 = 5.153 79 × 10^2 kilograms/meter^3
ENERGY
1 British thermal unit (mean) = 1.055 87 × 10^3 joules
*1 erg = 1.00 × 10^{-7} joule
1 foot-lb = 1.355 817 9 joules
*1 kilowatt-hour = 3.60 × 10^6 joules
1 ton (nuclear equivalent of TNT) = 4.20 × 10^9 joules
*1 watt-hour = 3.60 × 10^3 joules
FORCE
*1 dyne = 1.00 × 10^{-5} newton
*1 kilogram force (kgf) = 9.806 65 newtons
*1 kilopound force = 9.806 65 newtons
*1 kip = 4.448 221 615 260 5 × 10^3 newtons
*1 lb (pound force, avoirdupois) = 4.448 221 615 260 5 newtons
1 ounce force (avoirdupois) = 2.780 138 5 × 10^{-1} newton
*1 pound force, lb (avoirdupois) = 4.448 221 615 260 5 newtons
*1 poundal = 1.382 549 543 76 × 10^{-1} newton
LENGTH
*1 angstrom = 1.00 × 10^{-10} meter
*1 cubit = 4.572 × 10^{-1} meter
*1 fathom = 1.8288 meters
*1 foot = 3.048 × 10^{-1} meter
*1 inch = 2.54 × 10^{-2} meter
*1 league (international nautical) = 5.556 × 10^3 meters
1 light-year = 9.460 55 × 10^{15} meters
*1 meter = 1.650 763 73 × 10^6 wavelengths Kr 86
*1 micron = 1.00 × 10^{-6} meter
*1 mil = 2.54 × 10^{-5} meter
*1 mile (U.S. statute) = 1.609 344 × 10^3 meters
*1 nautical mile (U.S.) = 1.852 × 10^3 meters
*1 yard = 9.144 × 10^{-1} meter
MASS
*1 carat (metric) = 2.00 × 10^{-4} kilogram
*1 grain = 6.479 891 × 10^{-5} kilogram
*1 lbm (pound mass, avoirdupois) = 4.535 923 7 × 10^{-1} kilogram
*1 ounce mass (avoirdupois) = 2.834 952 312 5 × 10^{-2} kilogram
1 slug = 1.459 390 29 × 10^1 kilograms
*1 ton (long) = 1.016 046 908 8 × 10^3 kilograms
*1 ton (metric) = 1.00 × 10^3 kilograms
1 ton (short, 2000 pounds mass) = 9.071 847 4 × 10^2 kilograms

Appendix A-1b *(Continued)*

POWER
Btu (thermochemical)/second = 1.054 350 264 488 × 10^3 watts
*1 calorie (thermochemical)/second = 4.184 watts
1 foot-lb/minute = 2.259 696 6 × 10^{-2} watt
1 foot-lb/second = 1.355 817 9 watts
1 horsepower (550 foot-lb/second) = 7.456 998 7 × 10^2 watts
*1 horsepower (electric) = 7.46 × 10^2 watts
PRESSURE
*1 atmosphere = 1.013 25 × 10^5 newtons/meter^2
*1 bar = 1.00 × 10^5 newtons/meter^2
1 centimeter of mercury (0°C) = 1.333 22 × 10^3 newtons/meter^2
1 centimeter of water (4°C) = 9.806 38 × 10^1 newtons/meter^2
*1 dyne/centimeter^2 = 1.00 × 10^{-1} newton/meter^2
1 inch of mercury (60°F) = 3.376 85 × 10^3 newtons/meter^2
1 inch of water (60°F) = 2.4884 × 10^2 newtons/meter^2
*1 kgf/meter^2 = 9.806 65 newtons/meter^2
1 lb/foot^2 = 4.788 025 8 × 10^1 newtons/meter^2
1 lb/inch^2 (psi) = 6.894 757 2 × 10^3 newtons/meter^2
*1 millibar = 1.00 × 10^2 newtons/meter^2
1 millimeter of mercury (0°C) = 1.333 224 × 10^2 newtons/meter^2
*1 pascal = 1.00 newtons/meter^2
1 psi (lb/inch^2) = 6.894 757 2 × 10^3 newtons/meter^2
1 torr (0°C) = 1.333 22 × 10^2 newtons/meter^2
SPEED
*1 foot/minute = 5.08 × 10^{-3} meter/second
*1 foot/second = 3.048 × 10^{-1} meter/second
*1 inch/second = 2.54 × 10^{-2} meter/second
1 kilometer/hour = 2.777 777 8 × 10^{-1} meter/second
1 knot (international) = 5.144 444 444 × 10^{-1} meter/second
*1 mile/hour (U.S. statute) = 4.4704 × 10^{-1} meter/second
TEMPERATURE
Celsius = kelvin − 273.15
Fahrenheit = $\frac{9}{5}$ kelvin − 459.67
Fahrenheit = $\frac{9}{5}$ Celsius + 32
Rankine = $\frac{9}{5}$ kelvin
TIME
*1 day (mean solar) = 8.64 × 10^4 seconds (mean solar)
*1 hour (mean solar) = 3.60 × 10^3 seconds (mean solar)
*1 minute (mean solar) = 6.00 × 10^1 seconds (mean solar)
*1 month (mean calendar) = 2.628 × 10^6 seconds (mean solar)
*1 year (calendar) = 3.1536 × 10^7 seconds (mean solar)
VISCOSITY
*1 centistoke = 1.00 × 10^{-6} meter^2/second
*1 stoke = 1.00 × 10^{-4} meter^2/second
*1 foot^2/second = 9.290 304 × 10^{-2} meter^2/second
*1 centipoise = 1.00 × 10^{-3} newton-second/meter^2
1 lbm/foot-second = 1.488 163 9 newton-second/meter^2
1 lb-second/foot^2 = 4.788 025 8 × 10^1 newton-seconds/meter^2
*1 poise = 1.00 × 10^{-1} newton-second/meter^2
1 slug/foot-second = 4.788 025 8 × 10^1 newton-seconds/meter^2
VOLUME
1 barrel (petroleum, 42 gallons) = 1.589 873 × 10^{-1} meter^3
*1 board foot (1 ft × 1 ft × 1 in.) = 2.359 737 216 × 10^{-3} meter^3
*1 bushel (U.S.) = 3.523 907 016 688 × 10^{-2} meter^3
1 cord = 3.624 556 3 meters^3
*1 cup = 2.365 882 365 × 10^{-4} meter^3

Appendix A-1b *(Continued)*

*1 fluid ounce (U.S.) = 2.957 352 956 25 × 10^{-5} $meter^3$
*1 $foot^3$ = 2.831 684 659 2 × 10^{-2} $meter^3$
*1 gallon (U.S. dry) = 4.404 883 770 86 × 10^{-3} $meter^3$
*1 gallon (U.S. liquid) = 3.785 411 784 × 10^{-3} $meter^3$
*1 $inch^3$ = 1.638 706 4 × 10^{-5} $meter^3$
*1 liter = 1.00 × 10^{-3} $meter^3$
*1 ounce (U.S. fluid) = 2.957 352 956 25 × 10^{-5} $meter^3$
*1 peck (U.S.) = 8.809 767 541 72 × 10^{-3} $meter^3$
*1 pint (U.S. dry) = 5.506 104 713 575 × 10^{-4} $meter^3$
*1 pint (U.S. liquid) = 4.731 764 73 × 10^{-4} $meter^3$
*1 quart (U.S. dry) = 1.101 220 942 715 × 10^{-3} $meter^3$
1 quart (U.S. liquid) = 9.463 529 5 × 10^{-4} $meter^3$
*1 stere = 1.00 $meter^3$
*1 tablespoon = 1.478 676 478 125 × 10^{-5} $meter^3$
*1 teaspoon = 4.928 921 593 75 × 10^{-6} $meter^3$
*1 ton (register) = 2.831 684 659 2 $meters^3$
*1 $yard^3$ = 7.645 548 579 84 × 10^{-1} $meter^3$

* An exact definition.
Note: Spaces are sometimes used instead of commas to group numbers. This is to avoid confusion with the practice in some European countries of using commas for decimal points.
Source: E. A. Mechtly, *The International System of Units, Physical Constants and Conversion Factors,* NASA SP-7012, Scientific and Technical Information Office, National Aeronautics and Space Administration, Washington, D.C., 1973.

Appendix A-2a Standard SI Prefixes

Category	Name	Symbol	Factor
Recommended, important for this course.	giga	G	1 000 000 000 = 10^9
	mega	M	1 000 000 = 10^6
	kilo	k	1 000 = 10^3
	milli	m	0.001 = 10^{-3}
	micro	μ	0.000 001 = 10^{-6}
Not recommended but sometimes encountered.	hecto	h	100 = 10^2
	deca	da	10 = 10^1
	deci	d	0.1 = 10^{-1}
	centi	c	0.01 = 10^{-2}
Not encountered in this course.	tera	T	1 000 000 000 000 = 10^{12}
	nano	n	0.000 000 000 = 10^{-9}
	pico	p	0.000 000 000 000 = 10^{-12}
	femto	f	0.000 000 000 000 000 = 10^{-15}
	atto	a	0.000 000 000 000 000 000 = 10^{-18}

Note: Spaces are sometimes used instead of commas to group numbers. This is to avoid confusion with the practice in some European countries of using commas for decimal points.

Appendix A-2b SI Units and Symbols

Quantity	Name	Symbol	Expressed in Other Units
Length[a]	meter	m	
Mass[a]	kilogram	kg	
Time[a]	second	s	
Temperature[a,b]	kelvin	K	
Plane angle[c]	radian	rad	
Acceleration	meter per second squared	m/s^2	
Angular acceleration	radian per second squared	rad/s^2	
Angular velocity	radian per second	rad/s	
Area	square meter	m^2	
Density	kilogram per cubic meter	kg/m^3	
Energy	joule	J	$N \cdot m$
Force	newton	N	$m \cdot kg \cdot s^{-2}$
Frequency	hertz	Hz	s^{-1}
Heat, quantity of	joule	J	$N \cdot m$
Moment of force	newton-meter	$N \cdot m$	
Power	watt	W	J/s
Pressure	pascal	Pa	N/m^2
Specific heat capacity	joule per kilogram kelvin	$J/(kg \cdot K)$	
Speed	meter per second	m/s	
Thermal conductivity	watt per meter kelvin	$W/(m \cdot K)$	
Velocity	meter per second	m/s	
Viscosity, dynamic	pascal-second	$Pa \cdot s$	
Volume	cubic meter	m^3	
Work	joule	J	$N \cdot m$

[a] SI base unit.
[b] Celsius temperature is expressed in degrees Celsius (symbol °C).
[c] Supplementary unit.
Source: Chester H. Page and Paul Vigoureux, eds., *The International System of Units (SI)*, Superintendent of Documents, U.S. Government Printing Office, Washington, D.C. 20402 (Order by SD Catalog No. C13.10 : 330/2), National Bureau of Standards Special Publications 330, 1972, p. 12.

Appendix A-3 Suggested SI Prefixes for Stress Calculations

$$\sigma = \frac{P}{A}, \frac{Mc}{I}, \frac{M}{Z}; \tau = \frac{P}{A}, \frac{V}{A}, \frac{Tr}{J}, \frac{T}{Z'}, \frac{V}{Ib}\int dA$$

σ,τ	P,V	M,T	A	I,J	c, r, b, y	Z,Z'
Pa	N	N · m	m^2	m^4	m	m^3
kPa	kN	kN · m	m^2	m^4	m	m^3
MPa	N	N · mm	mm^2	mm^4	mm	mm^3
GPa	kN	N · m	mm^2	mm^4	mm	mm^3

Appendix A-4 Suggested SI Prefixes for Linear-Deflection Calculations

$$\delta = \frac{PL}{AE}^{a}; \delta \propto \frac{PL^3}{EI}^{a}, \frac{wL^4}{EI}, \frac{ML^2}{EI}^{a}$$

δ	P	w	M	L	A	E	I
μm	N	N/m	N · m	m	m^2	MPa	m^4
μm	N	N/mm	N · mm	mm	mm^2	GPa	mm^4
μm	kN	N/m	kN · m	m	m^2	GPa	m^4

[a] Illustrated in Table 5.1.

Appendix A-5 Suggested SI Prefixes for Angular-Deflection Calculations

$$\theta = \frac{TL^{a}}{K'G}, \frac{ML^{a}}{IE}$$

θ	T,M	L	K',I	E,G
rad	N · m	m	m^4	Pa
μrad	N · m	m	m^4	MPa
mrad	N · mm	mm	mm^4	GPa
μrad	kN · m	m	m^4	GPa

[a] Illustrated in Table 5.1.

Properties of Sections and Solids

B

Appendix B-1a Properties of Sections

A = area, in.^{2}
I = moment of inertia, in.^{4}
J = polar moment of inertia, in.^{4}
Z = section modulus, in.^{3}
ρ = radius of gyration, in.
$\bar{y}$ = centroidal distance, in.

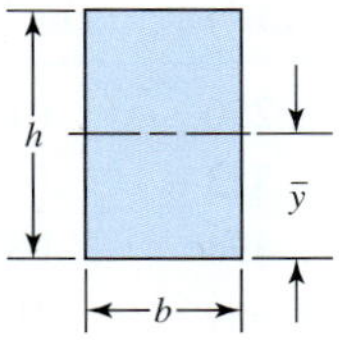

Rectangle

$$A = bh \qquad \rho = 0.289h$$
$$I = \frac{bh^3}{12} \qquad \bar{y} = \frac{h}{2}$$
$$Z = \frac{bh^2}{6}$$

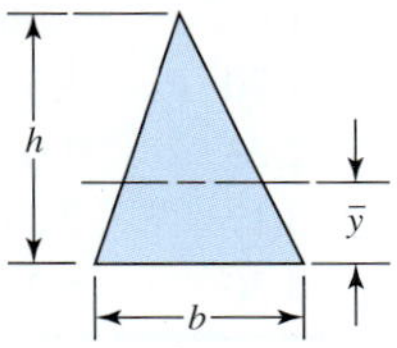

General triangle

$$A = \frac{bh}{2} \qquad \rho = 0.236h$$
$$I = \frac{bh^3}{36} \qquad \bar{y} = \frac{h}{3}$$
$$Z = \frac{bh^2}{24}$$

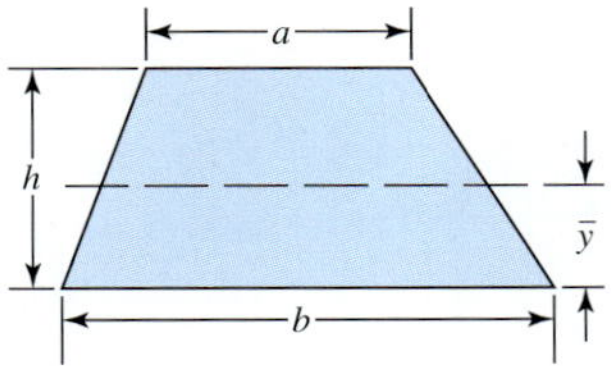

General trapezoid

$$A = \frac{h}{2}(a + b) \qquad \rho = \frac{h}{6}\sqrt{2 + \frac{4ab}{(a + b)^2}}$$
$$I = \frac{h^3(a^2 + 4ab + b^2)}{36(a + b)} \qquad \bar{y} = \frac{h}{3}\frac{(2a + b)}{(a + b)}$$
$$Z = \frac{h^2}{12}\frac{(a^2 + 4ab + b^2)}{(a + 2b)}$$

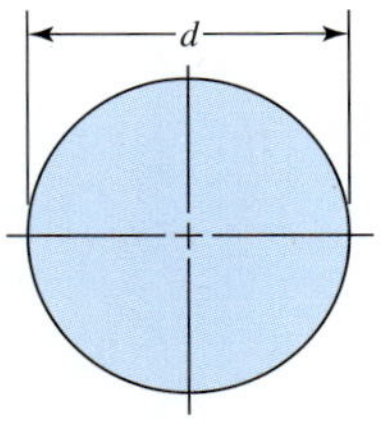

Circle

$$A = \frac{\pi d^2}{4} \qquad J = \frac{\pi d^4}{32}$$
$$I = \frac{\pi d^4}{64} \qquad \rho = \frac{d}{4}$$
$$Z = \frac{\pi d^3}{32}$$

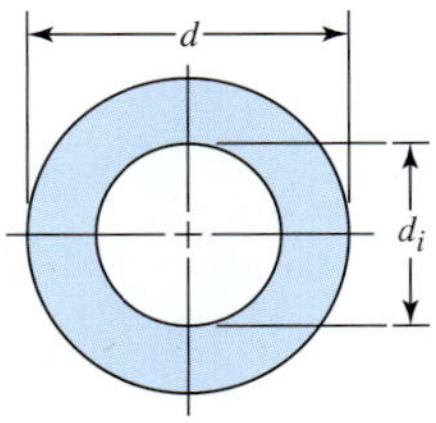

Hollow circle

$$A = \frac{\pi}{4}(d^2 - d_i^2) \qquad J = \frac{\pi}{32}(d^4 - d_i^4)$$
$$I = \frac{\pi}{64}(d^4 - d_i^4) \qquad \rho = \sqrt{\frac{d^2 + d_i^2}{16}}$$
$$Z = \frac{\pi}{32d}(d^4 - d_i^4)$$

Appendix B-1b Dimensions and Properties of Steel Pipe and Tubing Sections

A = area, in.^{2} Z = section modulus, in.^{3}
I = moment of inertia, in.^{4} ρ = radius of gyration, in.

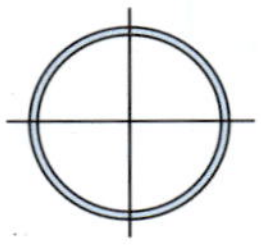

Standard Weight Pipe
Dimensions and Properties

Dimensions					Properties			
Nominal Diameter (in.)	Outside Diameter (in.)	Inside Diameter (in.)	Wall Thickness (in.)	Weight per Foot (lb) Plain Ends	A (in.^{2})	I (in.^{4})	Z (in.^{3})	ρ (in.)
$\frac{1}{2}$	.840	.622	.109	.85	.250	.017	.041	.261
$\frac{3}{4}$	1.050	.824	.113	1.13	.333	.037	.071	.334
1	1.315	1.049	.133	1.68	.494	.087	.133	.421
$1\frac{1}{4}$	1.660	1.380	.140	2.27	.669	.195	.235	.540
$1\frac{1}{2}$	1.900	1.610	.145	2.72	.799	.310	.326	.623
2	2.375	2.067	.154	3.65	1.07	.666	.561	.787
$2\frac{1}{2}$	2.875	2.469	.203	5.79	1.70	1.53	1.06	.947
3	3.500	3.068	.216	7.58	2.23	3.02	1.72	1.16
4	4.500	4.026	.237	10.79	3.17	7.23	3.21	1.51
5	5.563	5.047	.258	14.62	4.30	15.2	5.45	1.88

Appendix B-1b (*Continued*)

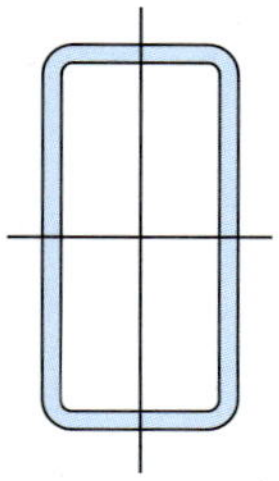

Square and Rectangular Structural Tubing Dimensions and Properties

Dimensions		Properties[b]							
Nominal[a] Size (in.)	**Wall Thickness (in.)**	**Weight per Foot (lb)**	A (in.^{2})	I_x (in.^{4})	Z_x (in.^{3})	ρ_x (in.)	I_y (in.^{4})	Z_y (in.^{3})	ρ_y (in.)
2 × 2	$\frac{3}{16}$	4.32	1.27	0.668	0.668	0.726			
	$\frac{1}{4}$	5.41	1.59	0.766	0.766	0.694			
2.5 × 2.5	$\frac{3}{16}$	5.59	1.64	1.42	1.14	0.930			
	$\frac{1}{4}$	7.11	2.09	1.69	1.35	0.899			
3 × 2	$\frac{3}{16}$	5.59	1.64	1.86	1.24	1.06	0.977	0.977	0.771
	$\frac{1}{4}$	7.11	2.09	2.21	1.47	1.03	1.15	1.15	0.742
3 × 3	$\frac{3}{16}$	6.87	2.02	2.60	1.73	1.13			
	$\frac{1}{4}$	8.81	2.59	3.16	2.10	1.10			
4 × 2	$\frac{3}{16}$	6.87	2.02	3.87	1.93	1.38	1.29	1.29	0.798
	$\frac{1}{4}$	8.81	2.59	4.69	2.35	1.35	1.54	1.54	0.770
4 × 4	$\frac{3}{16}$	9.42	2.77	6.59	3.30	1.54			
	$\frac{1}{4}$	12.21	3.59	8.22	4.11	1.51			
	$\frac{3}{8}$	17.27	5.08	10.7	5.35	1.45			
	$\frac{1}{2}$	21.63	6.36	12.3	6.13	1.39			
5 × 3	$\frac{3}{16}$	9.42	2.77	9.1	3.62	1.81	4.08	2.72	1.21
	$\frac{1}{4}$	12.21	3.59	11.3	4.52	1.77	5.05	3.37	1.19
	$\frac{3}{8}$	17.27	5.08	14.7	5.89	1.70	6.48	4.32	1.13
	$\frac{1}{2}$	21.63	6.36	16.9	6.75	1.63	7.33	4.88	1.07
5 × 5	$\frac{3}{16}$	11.97	3.52	13.4	5.36	1.95			
	$\frac{1}{4}$	15.62	4.59	16.9	6.78	1.92			
	$\frac{3}{8}$	22.37	6.58	22.8	9.11	1.86			
	$\frac{1}{2}$	28.43	8.36	27.0	10.8	1.80			

[a] Outside dimensions across flat sides.

[b] Properties are based upon a nominal outside corner radius equal to two times the wall thickness.

Source: Manual of Steel Construction, American Institute of Steel Construction, Chicago, Illinois, 1980.

Appendix B-2 Mass and Mass Moments of Inertia of Homogeneous Solids

ρ = mass density

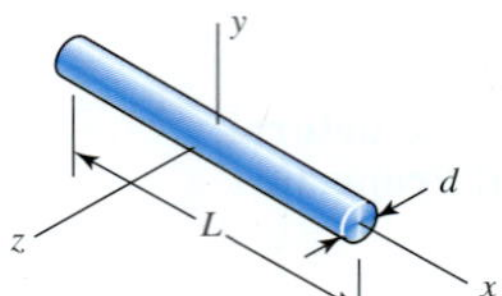

Rod

$$m = \frac{\pi d^2 L \rho}{4}$$

$$I_y = I_z = \frac{mL^2}{12}$$

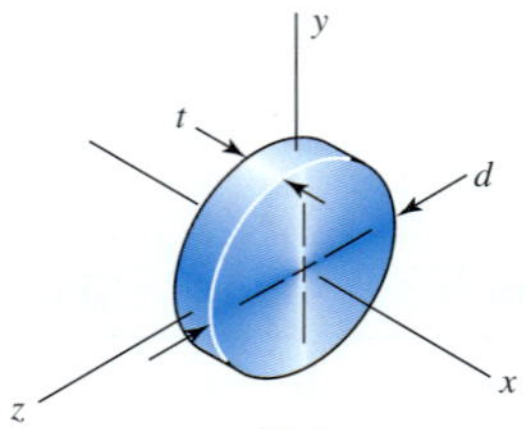

Disk

$$m = \frac{\pi d^2 t \rho}{4}$$

$$I_x = \frac{md^2}{8}$$

$$I_y = I_z = \frac{md^2}{16}$$

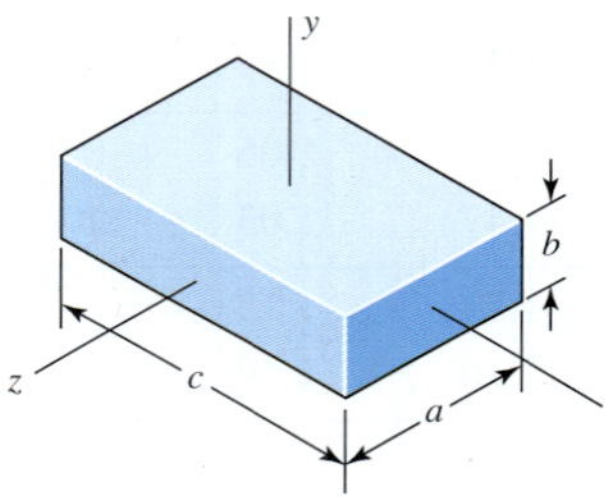

Rectangular prism

$$m = abc\rho$$

$$I_x = \frac{m}{12}(a^2 + b^2)$$

$$I_y = \frac{m}{12}(a^2 + c^2)$$

$$I_z = \frac{m}{12}(b^2 + c^2)$$

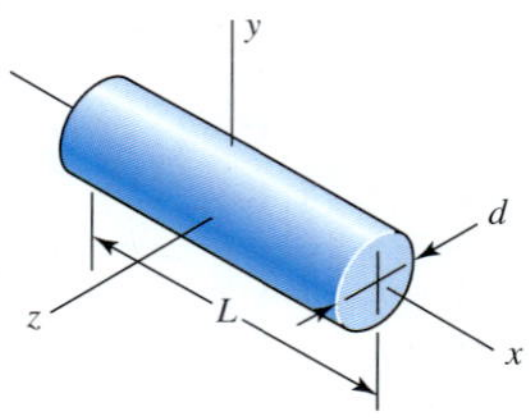

Cylinder

$$m = \frac{\pi d^2 L \rho}{4}$$

$$I_x = \frac{md^2}{8}$$

$$I_y = I_z = \frac{m}{48}(3d^2 + 4L^2)$$

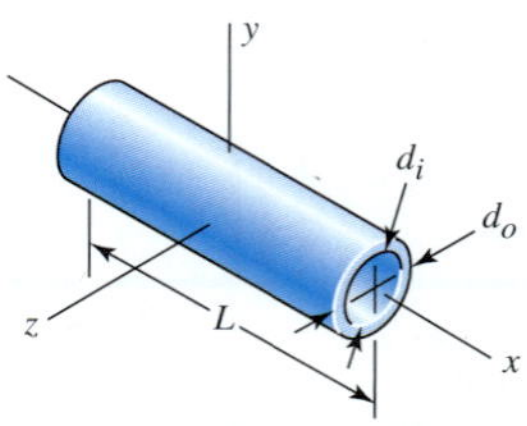

$$m = \frac{\pi L \rho}{4}(d_o^2 - d_i^2)$$

$$I_x = \frac{m}{8}(d_o^2 + d_i^2)$$

$$I_y = I_z = \frac{m}{48}(3d_o^2 + 3d_i^2 + 4L^2)$$

Material Properties and Uses

C

Appendix C-1 Physical Properties of Common Metals

Metal	Modulus of Elasticity, E		Modulus of Rigidity, G		Poisson's Ratio, ν	Unit Weight, w	Density, ρ	Coefficient of Thermal Expansion, α		Thermal Conductivity		Specific Heat	
	Mpsi	GPa	Mpsi	GPa		(lb/in.^{3})	(Mg/m^3)	10^{-6}/°F	10^{-6}/°C	Btu/h-ft-°F	W/m-°C	Btu/lbm-°F	J/kg-°C
Aluminum alloy	10.4[a]	72	3.9	27	0.32	0.10	2.8	12.0	22	100	173	0.22	920
Beryl. copper	18.5	127	7.2	50	0.29	0.30	8.3	9.3	17	85	147	0.10	420
Brass, Bronze	16	110	6.0	41	0.33	0.31	8.7	10.5	19	45	78	0.10	420
Copper	17.5	121	6.6	46	0.33	0.32	8.9	9.4	17	220	381	0.10	420
Iron, gray cast[b]	15	103	6.0	41	0.26	0.26	7.2	6.4	12	29	50	0.13	540
Magnesium alloy	6.5	45	2.4	17	0.35	0.065	1.8	14.5	26	55	95	0.28	1170
Nickel alloy	30	207	11.5	79	0.30	0.30	8.3	7.0	13	12	21	0.12	500
Steel, carbon	30	207	11.5	79	0.30	0.28	7.7	6.7	12	27	47	0.11	460
Steel, alloy	30	207	11.5	79	0.30	0.28	7.7	6.3	11	22	38	0.11	460
Steel, stainless	27.5	190	10.6	73	0.30	0.28	7.7	8.0	14	12	21	0.11	460
Titanium alloy	16.5	114	6.2	43	0.33	0.16	4.4	4.9	9	7	12	0.12	500
Zinc alloy	12	83	4.5	31	0.33	0.24	6.6	15.0	27	64	111	0.11	460

[a]Values given are representative. Exact values may vary with composition and processing, sometimes greatly.
[b]See Appendix C-3 for more detailed elastic properties of cast irons.
Note: See Appendix C-18 for physical properties of some plastics.

Appendix C-2 Tensile Properties of Some Metals

Material	Ultimate Strength, S_u		Yield Strength, S_y		σ_0[a]		m[a]	ϵ_{Tf}[a]
	ksi	MPa	ksi	MPa	ksi	MPa		
Carbon and alloy steels								
1002 A[b]	42	290	19	131	78	538	0.27	1.25
1010 A	44	303	29	200	82	565	0.23	1.20
1018 A	49.5	341	32	221	90	621	0.25	1.05
1020 HR	66	455	42	290	115	793	0.22	0.92
1045 HR	92.5	638	60	414	140	965	0.14	0.58
1212 HR	61.5	424	28	193	110	758	0.24	0.85
4340 HR	151	1041	132	910	210	1448	0.09	0.45
52100 A	167	1151	131	903	210	1448	0.07	0.40
Stainless steels								
302 A	92	634	34	234	210	1448	0.48	1.20
303 A	87	600	35	241	205	1413	0.51	1.16
304 A	83	572	40	276	185	1276	0.45	1.67
440C A	117	807	67	462	180	1241	0.14	0.12
Aluminum alloys								
1100-0	12	83	4.5	31	22	152	0.25	2.30
2024-T4	65	448	43	296	100	690	0.15	0.18
7075-0	34	234	14.3	99	61	421	0.22	0.53
7075-T6	86	593	78	538	128	883	0.13	0.18
Magnesium alloys								
HK31XA-0	25.5	176	19	131	49.5	341	0.22	0.33
HK31XA-H24	36.2	250	31	214	48	331	0.08	0.20
Copper alloys								
90-10 Brass A	36.4	251	8.4	58	83	572	0.46	—
80-20 Brass A	35.8	247	7.2	50	84	579	0.48	—
70-30 Brass A	44	303	10.5	72	105	724	0.52	1.55
Naval Brass A	54.5	376	17	117	125	862	0.48	1.00

[a] Defined in Section 3.4.

[b] A = annealed, HR = hot-rolled.

Note: Values are from single tests and believed typical. Actual values may vary through small differences in composition and processing; hence, some values here do not agree with values in other Appendix C tables.

Source: J. Datsko, *Materials in Design and Manufacturing*, Mallory, Inc., Ann Arbor, Mich. 1977.

Appendix C-3a Typical Mechanical Properties and Uses of Gray Cast Iron[a]

ASTM Class[a]	Tensile Strength		Torsional Shear Strength		Compressive Strength		Reversed Bending Fatigue Limit		Brinell Hardness, H_B	Tensile Modulus		Torsional Modulus		Typical Uses
	MPa	ksi[a]	MPa	ksi	MPa	ksi	MPa	ksi		GPa	10^6 psi	GPa	10^6 psi	
20	152	22	179	26	572	83	69	10	156	66 to 97	9.6 to 14.0	27 to 39	3.9 to 5.6	Miscellaneous soft iron castings
25	179	26	220	32	669	97	79	11.5	174	79 to 102	11.5 to 14.8	32 to 41	4.6 to 6.0	Cylinder heads and blocks, housings
30	214	31	276	40	752	109	97	14	210	90 to 113	13.0 to 16.4	36 to 45	5.2 to 6.6	Brake drums, clutch plates, flywheels
35	252	36.5	334	48.5	855	124	110	16	212	100 to 119	14.5 to 17.2	40 to 48	5.8 to 6.9	Heavy-duty brake drums, clutch plates
40	293	42.5	393	57	965	140	128	18.5	235	110 to 138	16.0 to 20.0	44 to 54	6.4 to 7.8	Cylinder liners, camshafts
50	362	52.5	503	73	1130	164	148	21.5	262	130 to 157	18.8 to 22.8	50 to 55	7.2 to 8.0	Special high-strength castings
60	431	62.5	610	88.5	1293	187.5	169	24.5	302	141 to 162	20.4 to 23.5	54 to 59	7.8 to 8.5	Special high-strength castings

[a]Minimum values of S_u (in ksi) are given by the class number.

Appendix C-3b Mechanical Properties and Typical Uses of Malleable Cast Iron[a]

Specification Number	Class or Grade	Tensile Strength MPa	Tensile Strength ksi	Yield Strength MPa	Yield Strength ksi	Brinell Hardness, H_B	Elongation[b] (%)	Typical Uses
Ferritic								
ASTM A47, A338; ANSI	32510	345	50	224	32	156 max	10	General purpose at normal and elevated temperatures; good machinability, excellent shock resistance
G48.1; FED QQ-1-666c	35018	365	53	241	35	156 max	18	
ASTM A197	—	276	40	207	30	156 max	5	Pipe flanges, valve parts
Pearlitic and Martensitic								
ASTM A220; ANSI	40010	414	60	276	40	149–197	10	General engineering service at normal and elevated temperatures
G48.2; MIL-I-11444B	45008	448	65	310	45	156–197	8	
	45006	448	65	310	45	156–207	6	
	50005	483	70	345	50	179–229	5	
	60004	552	80	414	60	197–241	4	
	70003	586	85	483	70	217–269	3	
	80002	655	95	552	80	241–285	2	
	90001	724	105	621	90	269–321	1	
Automotive								
ASTM A602; SAE J158	M3210[c]	345	50	224	32	156 max	10	Steering gear housing, mounting brackets
	M4504[d]	448	65	310	45	163–217	4	Compressor crankshafts and hubs
	M5003[d]	517	75	345	50	187–241	3	Parts requiring selective hardening, as gears
	M5503[e]	517	75	379	55	187–241	3	For machinability and improved induction hardening
	M7002[e]	621	90	483	70	229–269	2	Connecting rods, universal joint yokes
	M8501[e]	724	105	586	85	269–302	1	Gears with high strength and good wear resistance

[a]Condensed from *ASM Metals Reference Book*, American Society for Metals, Metals Park, OH, 1981.
[b]Minimum in 50 mm (2 in.).
[c]Annealed.
[d]Air quenched and tempered.
[e]Liquid quenched and tempered.

Appendix C-3c Average Mechanical Properties and Typical Uses of Ductile (Nodular) Iron

Grade[a]	Brinell Hardness, H_B	Elongation (%) (in 50 mm)	Poisson's Ratio	Tensile Modulus		Typical Uses
				GPa	10^6 psi	
60-40-18	167	15.0	0.29	169	24.5	Valves and fittings for steam and chemicals
65-45-12	167	15.0	0.29	168	24.4	Machine components subject to shock and fatigue
80-55-06	192	11.2	0.31	168	24.4	Crankshafts, gears, rollers
120-90-02	331	1.5	0.28	164	23.8	Pinions, gears, rollers, slides

Grade	Tensile Strength				Compressive Strength: Ultimate		Torsional Strength			
	Ultimate		Yield				Ultimate		Yield	
	MPa	10^6 psi	MPa	10^6 psi	MPa	10^6 psi	MPa	10^6 psi	MPa	10^6 psi
60-40-18	461	66.9	329	47.7	359	52.0	472	68.5	195	28.3
65-45-12	464	67.3	332	48.2	362	52.5	475	68.9	297	30.0
80-55-06	559	81.8	362	52.5	386	56.0	504	73.1	193	28.0
120-90-02	974	141.3	864	125.3	920	133.5	875	126.9	492	71.3

[a]The first two sections of grade number indicate minimum values (in ksi) of tensile ultimate and yield strengths.

Source: ASM Metals Reference Book, American Society for Metals, Metals Park, OH, 1981.

Appendix C-4a Mechanical Properties of Selected Carbon and Alloy Steels

I: AISI Number[a]	Treatment	Tensile Strength		Yield Strength		Elongation (%)	Reduction in Area (%)	Brinell Hardness, H_B	Izod Impact Strength	
		MPa	ksi	MPa	ksi				J	ft · lb
1015	As-rolled	420.6	61.0	313.7	45.5	39.0	61.0	126	110.5	81.5
	Normalized	424.0	61.5	324.1	47.0	37.0	69.6	121	115.5	85.2
	Annealed	386.1	56.0	284.4	41.3	37.0	69.7	111	115.0	84.8
1020	As-rolled	448.2	65.0	330.9	48.0	36.0	59.0	143	86.8	64.0
	Normalized	441.3	64.0	346.5	50.3	35.8	67.9	131	117.7	86.8
	Annealed	394.7	57.3	294.8	42.8	36.5	66.0	111	123.4	91.0
1030	As-rolled	551.6	80.0	344.7	50.0	32.0	57.0	179	74.6	55.0
	Normalized	520.6	75.5	344.7	50.0	32.0	60.8	149	93.6	69.0
	Annealed	463.7	67.3	341.3	49.5	31.2	57.9	126	69.4	51.2
1040	As-rolled	620.5	90.0	413.7	60.0	25.0	50.0	201	48.8	36.0
	Normalized	589.5	85.5	374.0	54.3	28.0	54.9	170	65.1	48.0
	Annealed	518.8	75.3	353.4	51.3	30.2	57.2	149	44.3	32.7
1050	As-rolled	723.9	105.0	413.7	60.0	20.0	40.0	229	31.2	23.0
	Normalized	748.1	108.5	427.5	62.0	20.0	39.4	217	27.1	20.0
	Annealed	636.0	92.3	365.4	53.0	23.7	39.9	187	16.9	12.5
1095	As-rolled	965.3	140.0	572.3	83.0	9.0	18.0	293	4.1	3.0
	Normalized	1013.5	147.0	499.9	72.5	9.5	13.5	293	5.4	4.0
	Annealed	656.7	95.3	379.2	55.0	13.0	20.6	192	2.7	2.0
1118	As-rolled	521.2	75.6	316.5	45.9	32.0	70.0	149	108.5	80.0
	Normalized	477.8	69.3	319.2	46.3	33.5	65.9	143	103.4	76.3
	Annealed	450.2	65.3	284.8	41.3	34.5	66.8	131	106.4	78.5
3140	Normalized	891.5	129.3	599.8	87.0	19.7	57.3	262	53.6	39.5
	Annealed	689.5	100.0	422.6	61.3	24.5	50.8	197	46.4	34.2

Appendix C-4a *(Continued)*

I: AISI Number[a]	Treatment	Tensile Strength		Yield Strength		Elongation (%)	Reduction in Area (%)	Brinell Hardness, H_B	Izod Impact Strength	
		MPa	ksi	MPa	ksi				J	ft · lb
4130	Normalized	668.8	97.0	436.4	63.3	25.5	59.5	197	86.4	63.7
	Annealed	560.5	81.3	360.6	52.3	28.2	55.6	156	61.7	45.5
4140	Normalized	1020.4	148.0	655.0	95.0	17.7	46.8	302	22.6	16.7
	Annealed	655.0	95.0	417.1	60.5	25.7	56.9	197	54.5	40.2
4340	Normalized	1279.0	185.5	861.8	125.0	12.2	36.3	363	15.9	11.7
	Annealed	744.6	108.0	472.3	68.5	22.0	49.9	217	51.1	37.7
6150	Normalized	939.8	136.3	615.7	89.3	21.8	61.0	269	35.5	26.2
	Annealed	667.4	96.8	412.3	59.8	23.0	48.4	197	27.4	20.2
8650	Normalized	1023.9	148.5	688.1	99.8	14.0	40.4	302	13.6	10.0
	Annealed	715.7	103.8	386.1	56.0	22.5	46.4	212	29.4	21.7
8740	Normalized	929.4	134.8	606.7	88.0	16.0	47.9	269	17.6	13.0
	Annealed	695.0	100.8	415.8	60.3	22.2	46.4	201	40.0	29.5
9255	Normalized	932.9	135.3	579.2	84.0	19.7	43.4	269	13.6	10.0
	Annealed	774.3	112.3	486.1	70.5	21.7	41.1	229	8.8	6.5

[a]All grades are fine-grained except for those in the 1100 series, which are coarse-grained. Heat-treated specimens were oil-quenched unless otherwise indicated.
Note: Values tabulated are approximate median expectations for 1-in. round sections. Individual test results may differ considerably.
Source: ASM Metals Reference Book, American Society for Metals, Metals Park, OH, 1981.

Appendix C-4b Typical Uses of Plain Carbon Steels

Carbon (%)	Typical Uses
0.05–0.10	Stampings, rivets, wire, cold-drawn parts
0.10–0.20	Structural shapes, machine parts, carburized parts
0.20–0.30	Gears, shafts, levers, cold-forged parts, welded tubing, carburized parts
0.30–0.40	Shafts, gears, connecting rods, crane hooks, seamless tubing (This and higher hardnesses can be heat-treated.)
0.40–0.50	Gears, shafts, screws, forgings
0.60–0.70	Hard-drawn spring wire, lock washers, locomotive tires
0.70–0.90	Plowshares, shovels, leaf springs, hand tools
0.90–1.20	Springs, knives, drills, taps, milling cutters
1.20–1.40	Files, knives, razors, saws, wire-drawing dies

Appendix C-5a Properties of Some Water-Quenched and Tempered Steels

Steel	Diameter Treated (in.)	Diameter Tested (in.)	Normalized Temperature (°F)	Reheat Temperature (°F)	As Quenched, H_B
1030	1.0	0.505	1700	1600	514
1040	1.0	0.505	1650	1550	534
1050	1.0	0.505	1650	1525	601
1095	1.0	0.505	1650	1450	601
4130	0.53	0.505	1600	1575	495

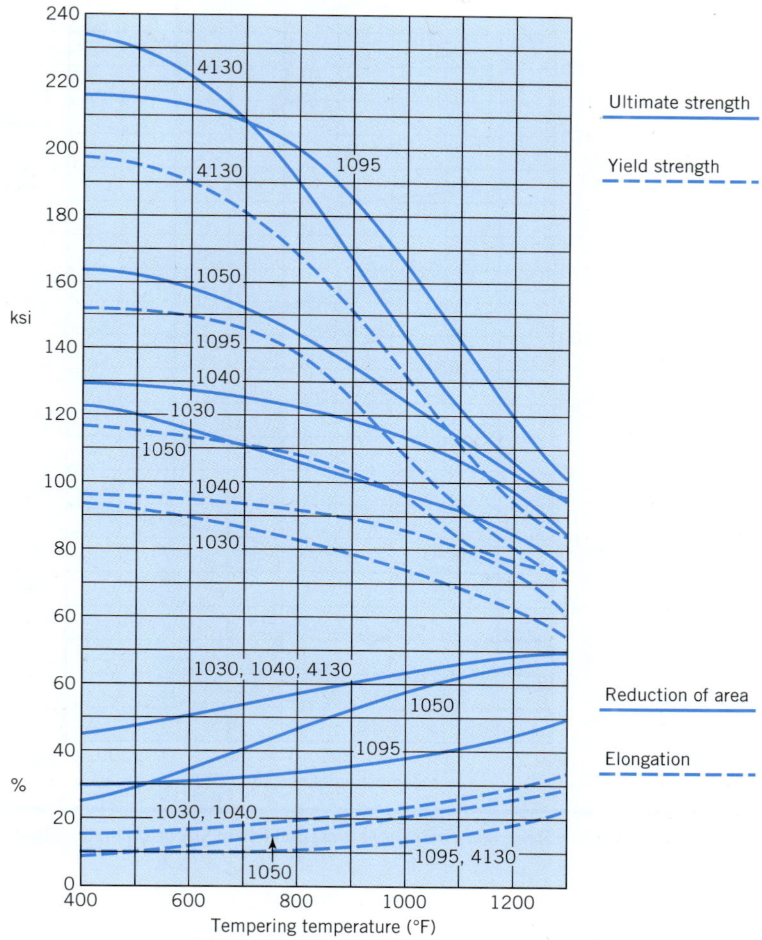

Source: Modern Steels and Their Properties, Bethlehem Steel Corporation, Bethlehem, Pa., 1972.

Appendix C-5b Properties of Some Oil-Quenched and Tempered Carbon Steels

Steel	Diameter Treated (in.)	Diameter Tested (in.)	Normalized Temperature (°F)	Reheat Temperature (°F)	As Quenched, H_B
1040	1.0	0.505	1650	1575	269
1050	1.0	0.505	1650	1550	321
1095	1.0	0.505	1650	1475	401

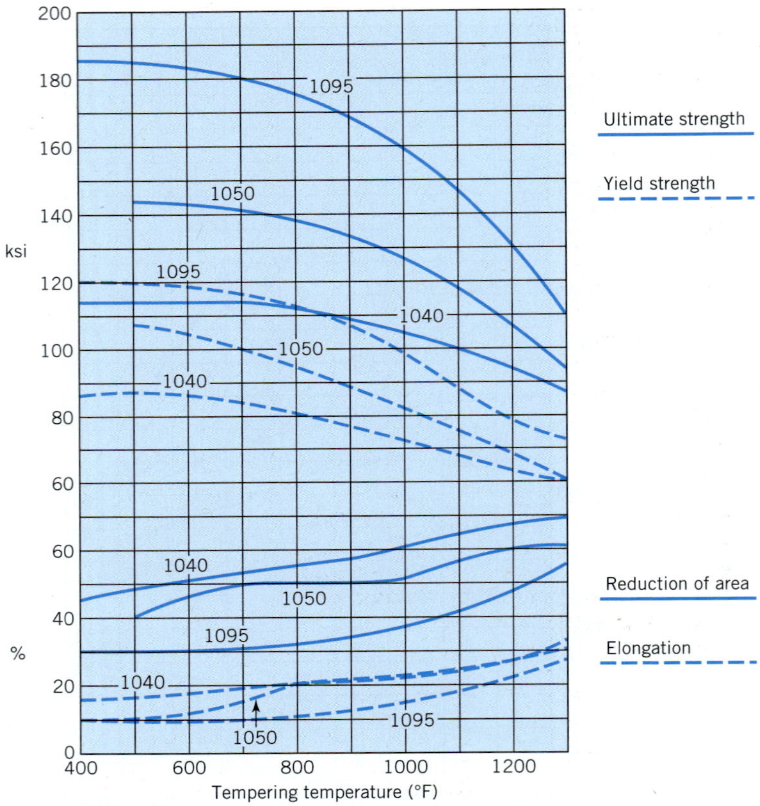

Source: Modern Steels and Their Properties, Bethlehem Steel Corporation, Bethlehem, Pa., 1972.

Appendix C-5c Properties of Some Oil-Quenched and Tempered Alloy Steels

Steel	Diameter Treated (in.)	Diameter Tested (in.)	Normalized Temperature (°F)	Reheat Temperature (°F)	As Quenched, H_B
4140	0.53	0.505	1600	1525	555
4340	0.53	0.505	1600	1550	601
9255	1.0	0.505	1650	1625	653

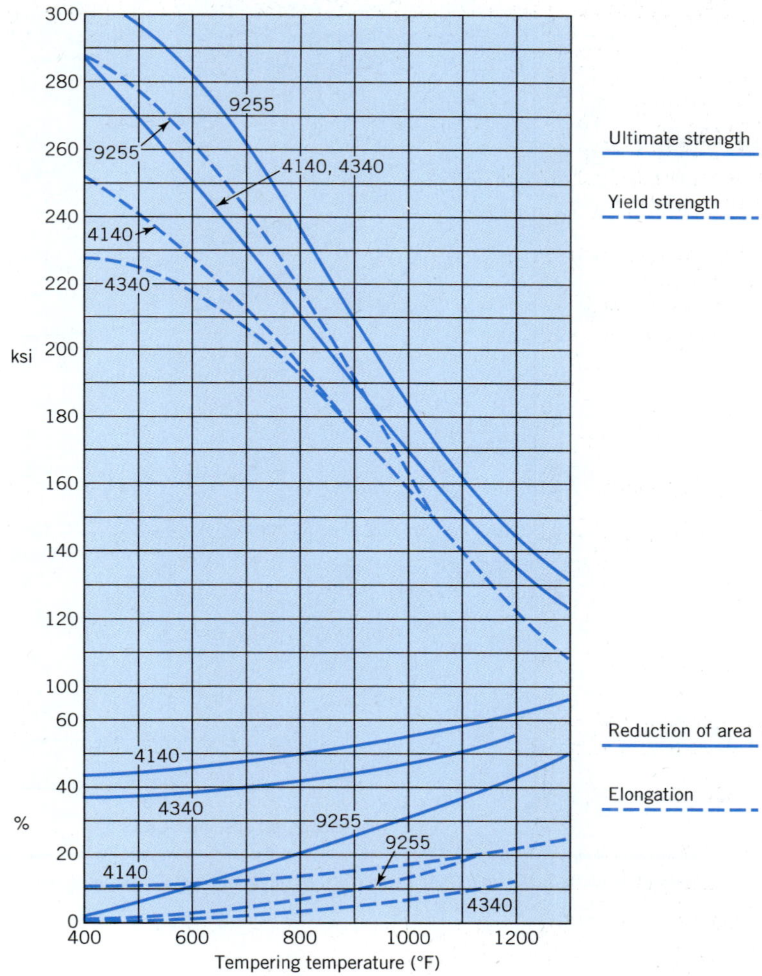

Source: Modern Steels and Their Properties, Bethlehem Steel Corporation, Bethlehem, Pa., 1972.

Appendix C-6 **Effect of Mass on Strength Properties of Steel**

All specimens oil-quenched and tempered at 1000°F (538°C)

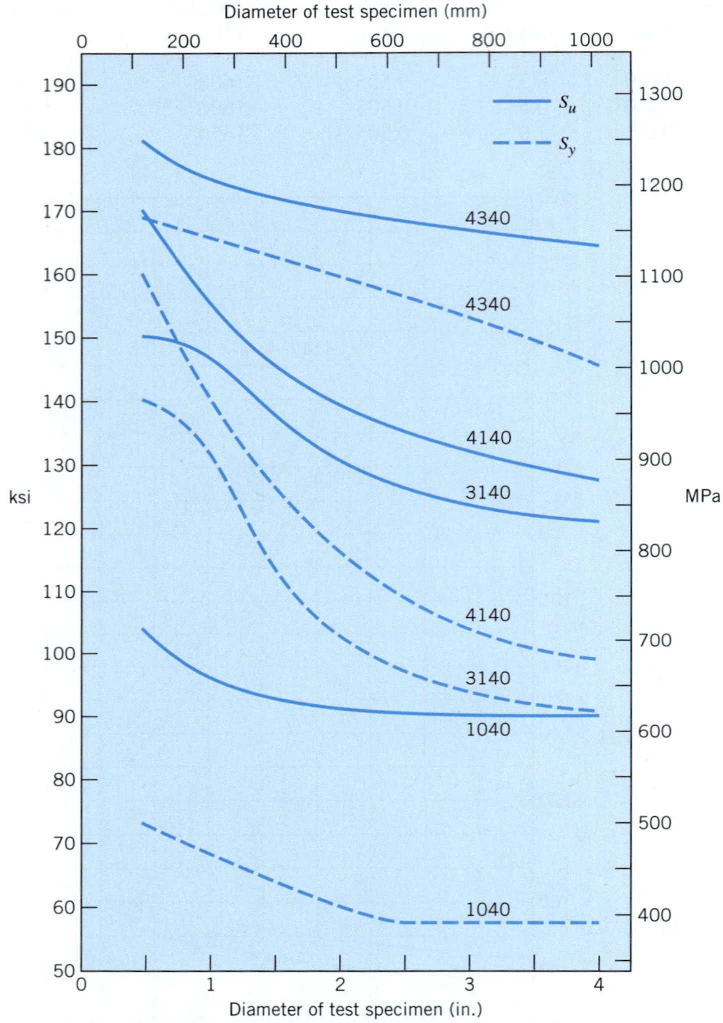

Source: Modern Steels and Their Properties, Bethlehem Steel Corporation, Bethlehem, Pa., 1972.

Appendix C-7 Mechanical Properties of Some Carburizing Steels

Steel	Core										Case		
		Tensile Strength				Ductility		Impact Strength Izod					
	Hardness,	Ultimate, S_u		Yield, S_y		Elongation in 2 in.	Reduction of Area			Hardness,	Thickness		
AISI	H_B	ksi	MPa	ksi	MPa	(%)	(%)	ft · lb	J	R_C	in.	Mm
1015[a]	149	73	503	46	317	32	71	91	123	62	0.048	1.22
1022[a]	163	82	565	47	324	27	66	81	110	62	0.046	1.17
1117[a]	192	96	662	59	407	23	53	33	45	65	0.045	1.14
1118[a]	229	113	779	76	524	17	45	16	22	61	0.065	1.65
4320[b]	293	146	1006	94	648	22	56	48	65	59	0.075	1.91
4620[b]	235	115	793	77	531	22	62	78	106	59	0.060	1.52
8620[b]	262	130	896	77	531	22	52	66	89	61	0.070	1.78
E9310[b]	352	169	1165	138	952	15	62	63	85	58	0.055	1.40

[a] 1-in. round section treated, 0.505-in. round section tested. Single quench in water, tempered 350°F (177°C).

[b] 0.565-in. round section treated, 0.505-in. round section tested. Double quench in oil, tempered 450°F (232°C). (Tempering at 300°F gives greater case hardness but less core toughness.)

Note: Values tabulated are approximate median expectations.

Based on data from *Modern Steels and Their Properties*, Bethlehem Steel Corporation, Bethlehem, PA, 4th ed., 1958, and 7th ed., 1972.

Appendix C-8 Mechanical Properties of Some Wrought Stainless Steels (Approximate Median Expectations)

AISI Type	Ultimate Strength, S_u (ksi)			Yield Strength S_y (ksi)			Elongation (%)			Izod Impact (ft · lb)			Drawability	Machinability	Weldability	Typical Uses
	An.	CW	H&T	An.	CW	H&T	An.	CW	H&T	An.	CW	H&T				
Austenitic																
302	85	110		35	75		60	35		110	90		VG	P	G	General purpose; springs
303	90	110		35	80		50	22		85	35		G	G	P	Bolts, nuts, rivets, aircraft fittings
304	85	110		35	75		60	55		110	90		VG	P	G	General purpose; welded construction
310, 310S	95			45			50			110			G	P	G	Turbine, furnace, heat exchanger parts
347, 348	90	110		35	65		50	40		110			VG	P	G	Jet engine, nuclear energy parts
384 (wire)	75			35			55						E			Severely cold-worked parts; fasteners
Martensitic																
410	75	105	115	40	85	85	35	17	23	90	75	80	F	F–	F	Machine parts, shafts, bolts, cutlery
414	115	130[a]	160	90	110[a]	125	20	15[a]	17	50		45		F	F	Machine parts, springs, bolts, cutlery
416, 416Se	75	100[b]	110	40	85[b]	85	30	13[b]	18	70	20[b]	25	P	G	P	Cutlery, fasteners, tools, screw machine parts
431	125	130[a]	165	95	110[a]	125	20	15[a]	17	50		40		P–	F	High-strength bolts, aircraft fittings
440 A,B,C	105	115[a]	260	60	90[a]	240	14	7[a]	3	2	2[a]	2		VP	P	Balls, bearing parts, nozzles, cutlery (highest H&T hardness of any stainless)
Ferritic																
430, 430F	75	83		43	63		27	20					G	F–G	F	Decorative trim, mufflers, screw machine parts
446	83	85		53	70		23	20		2			P	F	F	Parts subjected to high-temperature corrosion

[a] Annealed and cold-drawn.
[b] Tempered and cold-drawn.
Note: An., CW, H&T mean annealed, cold-worked, and hardened and tempered, respectively.
E, VG, G, F, P, VP mean excellent, very good, good, fair, poor, very poor, respectively.
Sources: Metal Progress Databook 1980, American Society for Metals, Metals Park, OH, Vol. 118, No. 1 (mid-June 1980); *ASME Handbook Metal Properties*, McGraw-Hill, New York, 1954; *Materials Engineering*, 1981 Materials Selector Issue, Penton/IPC, Cleveland, Vol. 92, No. 6 (Dec. 1980); *Machine Design*, 1981 Materials Reference Issue, Penton/IPC, Cleveland, Vol. 53, No. 6 (March 19, 1981).

Appendix C-9 Mechanical Properties of Some Iron-Based Superalloys

AISI Grade	Ultimate Strength, S_u (ksi)		Yield Strength S_y (ksi)		Elongation (%)		Rupture Strength, 100 h @ 1000°F (ksi)	Creep Strength, 0.0001%/h @ 1000°F (ksi)	Charpy Impact Strength, @ 70°F (ft · lb)
	70°F	1000°F	70°F	1000°F	70°F	1000°F			
Martensitic									
604 (Chromalloy)	125–138	110	95–108	85	7	—	75	—	—
610 (H-11)	135–310	180	100–240	140	3–17	11	95–115	—	10–32
Austenitic									
635 (Stainless W)	220–225	75–80	215–290	37–50	1–5	47–58	32	—	4–106
650 (16-12-G)	110–140	90	50–100	33	20–45	58	78	26	15
653 (17-24 CuMo)	86–112	65	40–90	29	30–45	37	48	10	8–26
665 (W-545)	176–187	154	123–142	120	19	13	120	—	—

Note: Values tabulated are approximate median expectations.
Source: Machine Design, 1981 Materials Reference Issue, Penton/IPC, Cleveland, Vol. 53, No. 6 (March 19, 1981).

Appendix C-10 Mechanical Properties, Characteristics, and Typical Uses of Some Wrought Aluminum Alloys

Alloy	Brinell Hardness, H_B	Tensile Strength Ultimate, S_u ksi	Tensile Strength Ultimate, S_u MPa	Tensile Strength Yield, S_y ksi	Tensile Strength Yield, S_y MPa	Elongation in 2 in. (%)	Corrosion Resistance	Cold Work	Machine	Braze	Gas Weld	Arc Weld	Resistance Weld	Typical Uses
1100-0	23	13	90	5	34	45	A	A	E	A	A	A	B	Spinnings, drawn shapes, heat exchangers, cooking utensils, tanks
-H14	32	18	125	17	115	20	A	A	D	A	A	A	A	
-H18	44	24	165	22	150	15	A	B	D	A	A	A	A	
2011-T3	95	55	380	43	295	15	D	C	A	D	D	D	D	Screw machine parts
-T8	100	59	405	45	310	15	D	D	A	D	D	D	D	
2014-0	45	27	185	14	97	18	—	—	D	D	D	D	B	Heavy-duty forgings, aircraft structures and fittings, truck frames
-T4	105	62	425	42	290	20	D	C	B	D	D	B	B	
-T6	135	70	485	60	415	13	D	D	B	D	D	B	B	
2024-0	47	27	185	11	76	22	—	—	D	D	D	D	D	Aircraft structures, truck wheels, screw machine parts
-T4	120	68	470	47	325	19	D	C	B	D	C	B	B	
6061-0	30	18	125	8	55	30	B	A	D	A	A	A	B	Boats, rail cars, pipe, flanges, trailers
-T6	95	45	310	40	275	17	B	C	C	A	A	A	A	
6063-0	25	13	90	7	48	—	A	A	—	A	A	A	A	Furniture tube, doors, windows, pipe, fuel tanks
-T6	73	35	240	31	215	12	A	C	C	A	A	A	A	
7075-0	60	38	230	15	105	16	—	—	D	D	D	C	B	Aircraft structures and skins, skis, railings
-T6	150	83	570	73	505	11	C	D	B	D	D	C	B	

Note: Values are approximate median expectations for sizes about $\frac{1}{2}$ in. The H_B values were obtained from 500-kg load and 10-mm ball. Letters A, B, C, D indicate relative ratings in decreasing order of merit.
Source: ASM Metals Reference Book, American Society for Metals, Metals Park, OH, 1981.

Appendix C-11 Tensile Properties, Characteristics, and Typical Uses of Some Cast-Aluminum Alloys

		Tensile Strength									
		Ultimate, S_u		Yield, S_y							
Alloy	Casting Type	MPa	ksi	MPa	ksi	Elongation (%)	Corrosion Resistance	Machining	Weldability	Anodized Appearance	Typical Uses
201-T4	Sand	365	53	215	31	20					Aircraft components
-T6	Sand	485	70	435	63	7					
208-F	Sand	145	21	97	14	2.5	4	3	2	3	Manifolds, valve bodies, pressure tight parts
295-T4	Sand	220	32	110	16	8.5	4	3	2	2	Crankcases, wheels, housings, spring hangers, fittings
-T6	Sand	250	36	165	24	5.0					
355-T6	Sand	240	35	175	25	3.0	3	3	1	4	Cylinder heads, water jackets, housings, impellers, timing gears, meter parts
-T6	Permanent mold	290	42	190	27	4.0					
356-T6	Sand	230	33	165	24	3.5	2	3	1	4	Automotive housings, aircraft and marine fittings, general-purpose castings
-T6	Permanent mold	265	38	185	27	5.0					
A390-F	Sand	180	26	180	26	<1.0					Automotive engine blocks, pumps, pulleys, brake shoes
-T6	Sand	280	40	280	40	<1.0					
-F	Permanent mold	200	29	200	29	<1.0					
-T6	Permanent mold	310	45	310	45	<1.0					
520-T4	Sand	330	48	180	26	16	1	1	4	1	Aircraft fittings, levers, brackets, parts requiring shock resistance

Note: Values are approximate median expectations for sizes about $\frac{1}{2}$ in. Characteristics are comparably rated from 1 to 5; 1 is the highest or best possible rating.
Sources: ASM Metals Reference Book, American Society for Metals, Metals Park, OH, 1981. *1981 Materials Selector*, Materials Engineering, Penton/IPC, Cleveland, Vol. 92, No. 6 (Dec. 1980).

Appendix C-12 Temper Designations for Aluminum and Magnesium Alloys

Temper	Process
F	As cast
0	Annealed
Hxx	Strain-hardened. First digit indicates the specific combination of operations, second digit indicates the degree of strain hardening; thus, H18 indicates a greater degree of hardening than does H14 or H24
T3	Solution-heat-treated, cold-worked, and naturally aged
T4	Solution-heat-treated and naturally aged
T5	Cooled from an elevated-temperature shaping process and artificially aged
T6	Solution-heat-treated and artificially aged
T8	Solution-heat-treated, cold-worked, and artificially aged

Appendix C-13 Mechanical Properties of Some Copper Alloys

	Alloy	UNS Designation	Composition	Tensile Strength: Ultimate, S_u ksi	Tensile Strength: Ultimate, S_u MPa	Tensile Strength: Yield, S_y ksi	Tensile Strength: Yield, S_y MPa	Elongation in 2 in. (%)
Wrought Alloys	Leaded beryllium copper	C17300		68–200	469–1379	25–178	172–1227	43–3
Wrought Alloys	Med leaded brass	C34000	(65Cu–34Zn)	50–55	345–379	19–42	131–290	60–40
Wrought Alloys	Free cutting brass	C36000		49–68	338–469	18–45	124–310	53–18
Wrought Alloys	Leaded phos bronze	C54400	(88Cu–4Zn)	68–75	469–517	57–63	393–434	20–15
Wrought Alloys	Aluminum silicon-bronze	C64200	(91Cu–7Al–2Si)	75–102	517–703	35–68	241–469	32–22
Wrought Alloys	Silicon bronze	C65500	(97Cu–3Si)	58–108	400–745	22–60	152–414	60–13
Wrought Alloys	Manganese bronze	C67500		65–84	448–579	30–60	207–414	33–19
Cast Alloys	Leaded red brass	C83600	(85Cu–5Zn–5Sn–5Pb)	37	255	17	117	30
Cast Alloys	Leaded yellow brass	C85200		38	262	13	90	35
Cast Alloys	Manganese bronze	C86200		95	655	48	331	20
Cast Alloys	Navy M bronze	C92200		40	276	20	138	30
Cast Alloys	Leaded Ni–Sn bronze	C92900		47	324	26	179	20
Cast Alloys	Bearing bronze	C93200		35	241	18	124	20
Cast Alloys	Aluminum bronze	C95400		85–105	586–724	35–54	241–372	18–8
Cast Alloys	Copper nickel	C96200	(90Cu–10Ni)	45	310	25	172	20

Note: Values tabulated are approximate median expectations.
Source: Machine Design, 1981 Materials Reference Issue, Penton/IPC, Cleveland, Vol. 53, No. 6 (March 19, 1981).

Appendix C-14 Mechanical Properties of Some Magnesium Alloys

		Tensile Strength				
		Ultimate, S_u		Yield, S_y		Elongation in 2 in.
Alloy	Form	ksi	MPa	ksi	MPa	(%)
AZ91B-F	Die casting	34	234	23	159	3
AZ31B-F	Extrusion	38–53	262–365	28–44	193–303	11–15
ZK60A-T5						
AZ31B-F	Forging	34–50	234–345	22–39	152–269	6–11
HM21A-T5						
AZ80A-T5						
ZK60A-T6						
AZ31B-H24	Sheet, plate	33–42	228–290	21–32	145–221	9–21
HK31A-H24						
HM21A-T8						

Note: Values tabulated are approximate median expectations.
Source: Machine Design, 1981 Materials Reference Issue, Penton/IPC, Cleveland, Vol. 53, No. 6 (March 19, 1981).

Appendix C-15 Mechanical Properties of Some Nickel Alloys

		Tensile Strength				Creep Strength, 0.0001%/h		Elongation in 2 in. (%)	Impact Strength Notched Charpy	
		Ultimate, S_u		Yield, S_y						
Alloy	Form	ksi	MPa	ksi	MPa	ksi	MPa		ft · lb	J
Wrought nickel	CD annealed bar	55–80	379–552	15–30	103–207	12	83	55–40	228	309
Duranickel 301	CD annealed bar	90–120	621–827	30–60	207–414			55–35		
	CD aged bar	170–210	1172–1448	125–175	862–1207			25–15		
Monel 400	Annealed bar	70–90	483–621	25–50	173–345	24	165	60–35	216	293
	Hot-rolled bar	80–110	552–758	40–100	276–690	25	172	60–30	219	297
Monel K-500	Aged bar	140–190		110–150		87		30–20	39	53
Hastelloy B[a]	As-cast bar	134	924	67	462			52		
Udimet HX[a]	Sheet (0.109 in.)	114 (70°F)	786	52 (70°F)	359			43 (70°F)		
Unitemp HK[a]		13 (2000°F)	89	8 (2000°F)	55			50 (2000°F)		
Hastelloy X[a]										
Rene 95[a]	Forging	235 (70°F)	1620	190 (70°F)	1310			15 (70°F)		
		225 (1000°F)	1551	182 (1000°F)	1255			13 (1000°F)		
Inconel 600[a]	Annealed bar	96 (70°F)	662	41 (70°F)	283	40 (800°F)	276	45 (70°F)	180	244
		37 (1400°F)	255	25 (1400°F)	172	2.0 (1600°F)	14	68 (1400°F)		
Inconel 625[a]	Annealed bar	140 (70°F)	965	71 (70°F)	490	12 (1400°F)	83	50 (70°F)	49	66
		78 (1400°F)	538	61 (1400°F)	421	3.9 (1600°F)	27	45 (1400°F)		
Inconel X-750[a]	Aged bar	184 (70°F)	1269	126 (70°F)	869	63 (1200°F)	434	25 (70°F)	37	50
		143 (1200°F)	986	110 (1200°F)	758			7 (1200°F)		
Incoloy 800[a]	Annealed bar	87 (70°F)	600	43 (70°F)	296	6.0 (1400°F)	41	44 (70°F)	107	145
		33 (1400°F)	228	23 (1400°F)	159	3.5 (1600°F)	24	84 (1400°F)		

[a]"Superalloys," noted for high-temperature strength and corrosion resistance. Used in jet engines, turbines, and furnaces.

Note: Values tabulated are approximate median expectations. CD means cold-drawn.

Source: Machine Design, 1981 Materials Reference Issue, Penton/IPC, Cleveland, Vol. 53, No. 6 (March 19, 1981).

Appendix C-16 Mechanical Properties of Some Wrought-Titanium Alloys

Alloy	Designation	Tensile Strength				Elongation in 2 in. (%)	Charpy Impact Strength	
		Ultimate, S_u		Yield, S_y				
		ksi	MPa	ksi	MPa		ft · lb	J
Commercially pure alpha Ti	Ti-35A	35	241	25	172	24	11–40	15–54
Commercially pure alpha Ti	Ti-50A	50	345	40	276	20	11–40	15–54
Commercially pure alpha Ti	Ti-65A	65	448	55	379	18	11–40	15–54
Alpha alloy	Ti-0.2Pd	50	345	40	276	20	—	—
Alpha–beta alloy	Ti-6Al-4V	130–160[a]	896–1103[a]	120–150[a]	827–1034[a]	10–7	10–20	14–27
Beta alloy	Ti-3Al-13V-11Cr	135–188[a]	931–1296[a]	130–175[a]	896–1207[a]	16–6	5–15	7–20

[a]Depending on heat treatment.

Note: Values tabulated are approximate median expectations.

Source: Machine Design, 1981 Materials Reference Issue, Penton/IPC, Cleveland, Vol. 53, No. 6 (March 19, 1981).

Appendix C-17 Mechanical Properties of Some Zinc Casting Alloys

Alloy Designation			Tensile Strength				Elongation in 2 in. (%)	Charpy Impact Strength		Brinell Hardness, H_B
			Ultimate, S_u		Yield, S_y					
ASTM	SAE	ADCI	ksi	MPa	ksi	MPa		ft · lb	J	
AG40A[a]	903	No. 3	41	283			10	43	58	82
AC41A[a]	925	No. 5	47	324			7	48	65	91
ZA-12										
Sand-cast			40–45	276–310	30	207	1–3			105–120
Permanent mold			45–50	310–345	31	214	1–3			105–125
Die-cast			57	393	46	317	2			110–125

[a] Die-cast.

Note: Values tabulated are approximate median expectations.

Sources: Machine Design, 1981 Materials Reference Issue, Penton/IPC, Cleveland, Vol. 53, No. 6 (March 19, 1981); *Metal Progress, Databook 1980*, American Society for Metals, Metals Park, Ohio, Vol. 118, No. 1 (mid-June, 1980).

Appendix C-18a Representative Mechanical Properties of Some Common Plastics

Plastic	Tensile Strength, S_u		Elongation in 2 in.	Izod Impact Strength		Friction Coefficient	
	ksi	MPa	(%)	ft · lb	J	With Self	With Steel
ABS							
(general purpose)	6	41	5–20	6.5	8.8		
Acrylic							
(standard molding)	10.5	72	6	0.4	0.5		
Cellulosic							
(cellulose acetate)	2–7	14–48		1–7	1.4–9.5		
Epoxy							
(glass-filled)	10–20	69–138	4	2–30	2.7–41		
Fluorocarbon							
(PTFE)	3.4	23	300	3	4.1		0.05
Nylon							
(6/6)	12	83	60	1	1.4	0.04–0.13	
Phenolic							
(wood–flour-filled)	7	48	0.4–0.8	0.3	0.4		
Polycarbonate							
(general purpose)	9–10.5	62–72	110–125	12–16	16–22	0.52	0.39
Polyester							
(20 to 30 percent glass-filled)	16–23	110–90	1–3	1.0–1.9	1.4–2.6	0.12–0.22	0.12–0.13
Polypropylene							
(unmodified resin)	5	34	10–20	0.5–2.2	0.7–3.0		

Note: Values shown are typical; both higher and lower values may be commercially obtainable. Also see Appendix C-18b.

Sources: Machine Design, 1981 Materials Reference Issue, Penton/IPC, Cleveland, Vol. 53, No. 6 (March 19, 1981); *Materials Engineering*, 1981 Materials Selector Issue, Penton/IPC, Cleveland, Vol. 92, No. 6 (Dec. 1980).

Appendix C-18b Properties of Some Common Glass-Reinforced and Unreinforced Thermoplastic Resins

Base Resin	Tensile Strength, ksi	Flexural Modulus, Mpsi	Izod Impact Strength, ft · lb/in. Notched	Izod Impact Strength, ft · lb/in. Unnotched	Specific Gravity	Mold Shrinkage (%)	Water Absorption (in 24 h)	Thermal Expansion, $10^{-5}/°F$	Deflection Temperature, °F (264 psi)
ASTM Test →	D638	D790	D256	D256	D792	D955	D570	D696	D648
ABS	14.5	1.10	1.4	6–7	1.28	0.1	0.14	1.6	220
	(6.0)	(0.32)	(4.4)		(1.05)	(0.6)	(0.30)	(5.3)	(195)
Acetal	19.5	1.40	1.8	8–10	1.63	0.3	0.30	2.2	325
	(8.8)	(0.40)	(1.3)	(20)	(1.42)	(2.0)	(0.22)	(4.5)	(230)
Fluorocarbon PTFE	14.0	1.10	7.5	17–18	1.89	0.3	0.20	1.6	460
	(6.5)	(0.20)	(>40)		(1.70)	(1.8)	(0.02)	(4.0)	(160)
Nylon 6/12	22.0	1.20	2.4	20	1.30	0.4	0.21	1.5	41
	(8.8)	(0.295)	(1.0)		(1.06)	(1.1)	(0.25)	(5.0)	(194)
Polycarbonate	18.5	1.20	3.7	17	1.43	0.1	0.07	1.3	300
	(9.0)	(0.33)	(2.7)	(60)	(1.20)	(0.6)	(0.15)	(3.7)	(265)
Polyester[a]	19.5	1.40	2.5	16–18	1.52	0.3	0.06	1.2	430
	(8.5)	(0.34)	(1.2)		(1.31)	(2.0)	(0.08)	(5.3)	(130)
Polyethylene[b]	10.0	0.90	1.1	8–9	1.17	0.3	0.02	2.7	260
	(2.6)	(0.20)	(0.4)		(0.95)	(2.0)	(0.02)	(6.0)	(120)
Polypropylene[c]	9.7	0.55	3.0	11–12	1.12	0.4	0.03	2.0	295
	(4.9)	(0.18)	(0.4)		(0.91)	(1.8)	(0.01)	(4.0)	(135)
Polystyrene	13.5	1.30	1.0	2–3	1.28	0.1	0.05	1.9	215
	(7.0)	(0.45)	(0.45)		(1.07)	(0.4)	(0.10)	(3.6)	(180)

[a]Polybutylene terephthalate (PBT) resin.
[b]High density (HD).
[c]Impact-modified grade.
Note: Values in parentheses pertain to unreinforced resins. Other values are typical of 30 percent glass reinforcement formulas. All values shown are typical; both higher and lower values may be commercially obtainable.
Source: Machine Design, 1981 Materials Reference Issue, Penton/IPC, Cleveland, Vol. 53, No. 6 (March 19, 1981).

Appendix C-18c Typical Applications of Common Plastics

Application	Thermoplastic: ABS	Acetal	Acrylic	Cellulosics	Fluoroplastics	Nylon	Phenylene oxide	Polycarbonate	Polyester	Polyethylene	Polyimide	Polyphenylene sulfide	Polypropylene	Polystyrene	Polysulfone	Polyurethane	Polyvinyl chloride	Thermoset: Phenolic	Polyester	Polyurethane
Structural, mechanical gears, cams, pistons, rollers, valves, pump impellers, fan blades, rotors, washing machine agitators		X				X							X					X		
Light-duty mechanical and decorative knobs, handles, camera cases, pipe fittings, battery cases, auto steering wheels, trim moldings, eyeglass frames, tool handles	X		X	X						X				X	X		X	X		
Small housings and hollow shapes phone and flashlight cases, helmets; housings for power tools, pumps, small appliances	X			X			X	X	X	X				X	X			X	X	
Large housings and hollow shapes boat hulls, large appliance housings, tanks, tubs, ducts, refrigerator liners	(Foam)						(Foam)		(Foam)	(H.D. Foam)				(Foam)	(Foam)		(Foam)		(Glass-filled)	(Foam)
Optical and transparent parts safety glasses, lenses, safety and vandals-resistant glazing, snowmobile windshields, signs, refrigerator shelves			X	X				X							X	X				
Parts for wear applications gears, bushings, bearings, tracks, chute liners, roller skate wheels, wear strips		X			X	X				(UHMW)	X	X				X			X	X

Note: H.D. means high-density; UHMW means ultrahigh molecular weight.

Source: Machine Design, 1987 Materials Reference Issue, Penton/IPC, Cleveland, Vol. 59, No. 8 (April 16, 1987).

Appendix C-19 Material Names and Applications

Polymers		Applications
Elastomers		
Butyl rubber		Tyres, seals, antivibration mountings, electrical insulation, tubing
Ethylene-vinyl-acetate	EVA	Bags, films, packaging, gloves, insulation, running shoes
Isoprene	IR	Tyres, inner tubes, insulation, tubing, shoes
Natural rubber	NR	Gloves, tyres, electrical insulation, tubing
Polychloroprene (Neoprene)	CR	Wetsuits, O-rings and seals, footwear
Polyurethane elastomers	el-PU	Packaging, hoses, adhesives, fabric coating
Silicone elastomers		Electrical insulation, electronic encapsulation, medical implants
Thermoplastics		
Acrylonitrile butadiene styrene	ABS	Communication appliances, automotive interiors, luggage, toys, boats
Cellulose polymers	CA	Tool and cutlery handles, decorative trim, pens
Ionomer	I	Packaging, golf balls, blister packs, bottles
Polyamides (nylons)	PA	Gears, bearings, plumbing, packaging, bottles, fabrics, textiles, ropes
Polycarbonate	PC	Safety goggles, shields, helmets, light fittings, medical components
Polyetheretherketone	PEEK	Electrical connectors, racing car parts, fiber composites
Polyethylene	PE	Packaging, bags, squeeze tubes, toys, artificial joints
Polyethylene terephthalate	PET	Blow molded bottles, film, audio/video tape, sails
Polymethyl methacrylate	PMMA	Aircraft windows, lenses, reflectors, lights, compact discs
Polyoxymethylene (acetal)	POM	Zips, domestic and appliance parts, handles
Polypropylene	PP	Ropes, garden furniture, pipes, kettles, electrical insulation, astroturf
Polystyrene	PS	Toys, packaging, cutlery, audio cassette/CD cases
Polyurethane thermoplastics	tp-PU	Cushioning, seating, shoe soles, hoses, car bumpers, insulation
Polyvinylchloride	PVC	Pipes, gutters, window frames, packaging
Polytetrafluoroethylene (teflon)	PTFE	Non-stick coatings, bearings, skis, electrical insulation, tape
Thermosets		
Epoxies	EP	Adhesives, fiber composites, electronic encapsulation
Phenolics	PHEN	Electrical plugs, sockets, cookware, handles, adhesives
Polyester	PEST	Furniture, boats, sports goods
Polymer Foams		
Flexible polymer foam		Packaging, buoyancy, cushioning, sponges, sleeping mats
Rigid polymer foam		Thermal insulation, sandwich panels, packaging, buoyancy

Appendix C-19 *(Continued)*

Metals	Applications
Ferrous Metals	
Cast irons	Automotive parts, engine blocks, machine tool structural parts, lathe beds
High carbon steels	Cutting tools, springs, bearings, cranks, shafts, railway track
Medium carbon steels	General mechanical engineering (tools, bearings, gears, shafts, bearings)
Low carbon steels	Steel structures ("mild steel")—bridges, oil rigs, ships; reinforcement for concrete; automotive parts, car body panels; galvanized sheet; packaging (cans, drums)
Low alloy steels	Springs, tools, ball bearings, automotive parts (gears connecting rods, etc)
Stainless steels	Transport, chemical and food processing plants, nuclear plants, domestic ware (cutlery, washing machines, stoves), surgical implements, pipes, pressure vessels, liquid gas containers
Nonferrous Metals	
Aluminum alloys	
Casting alloys	Automotive parts (cylinder blocks), domestic appliances (irons)
Non-heat-treatable alloys	Electrical conductors, heat exchangers, foil, tubes, saucepans, beverage cans, lightweight ships, architectural panels
Heat-treatable alloys	Aerospace engineering, automotive bodies and panels, lightweight structures and ships
Copper alloys	Electrical conductors and wire, electronic circuit boards, heat exchangers, boilers, cookware, coinage, sculptures
Lead alloys	Roof and wall cladding, solder, X-ray shielding, battery electrodes
Magnesium alloys	Automotive castings, wheels, general lightweight castings for transport, nuclear fuel containers; principal alloying addition to aluminum alloys
Nickel alloys	Gas turbines and jet engines, thermocouples, coinage; alloying addition to austenitic stainless steels
Titanium alloys	Aircraft turbine blades; general structural aerospace applications; biomedical implants.
Zinc alloys	Die castings (automotive, domestic appliances, toys, handles); coating on galvanized steel

Natural Materials	Applications
Bamboo	Building, scaffolding, paper, ropes, baskets, furniture
Cork	Corks and bungs, seals, floats, packaging, flooring
Leather	Shoes, clothing, bags, drive-belts
Wood	Construction, flooring, doors, furniture, packaging, sports goods

Composites	Applications

Appendix C-19 ***(Continued)***

Ceramics	Applications
Glasses	
Borosilicate glass	Ovenware, laboratory ware, headlights
Glass ceramic	Cookware, lasers, telescope mirrors
Silica glass	High-performance windows, crucibles, high-temperature applications
Soda-lime glass	Windows, bottles, tubing, light bulbs, pottery glazes
Technical	
Alumina	Cutting tools, spark plugs, microcircuit substrates, valves
Aluminum nitride	Microcircuit substrates and heat sinks
Boron carbide	Lightweight armor, nozzles, dies, precision tool parts
Silicon	Microcircuits, semiconductors, precision instruments, IR windows, MEMS
Silicon carbide	High temperature equipment, abrasive polishing grits, bearings, armor
Silicon nitride	Bearings, cutting tools, dies, engine parts
Tungsten carbide	Cutting tools, drills, abrasives
Nontechnical	
Brick	Buildings
Concrete	General civil engineering construction
Stone	Buildings, architecture, sculpture

Courtesy of Mike Ashby, Granta Design, Cambridge, UK. Signed on behalf of Granta Design, who retain copyright for these images and data.

Appendix C-20 Designer's Subset of Engineering Materials

Metals—steels and cast iron

Carbon steels:	B1112, 1010, 1020, 1040, 1050, 1090
Alloy steels:	4140, 4340, 4620, 9310
Stainless steels:	302, 303, 304, 316, 410, 414, 416, 420, 431, 440
Tool steels:	A2, D2, M2, S1, S7
Cast irons:	Class 20, Class 30, Class 35, Ductile 60-40-18, Ductile 60-45-10, Ductile 80-55-06, Ductile 120-90-06

Metals—other

Aluminum alloys:	1100, 2011, 2014, 2024, 6061, 7075, 355, 390
Copper alloys:	Leaded beryllium copper (C17300), Free-cutting brass (C36000), Leaded phosphor bronze (C54400), Bearing bronze (C93200), Aluminum bronze (C95400),
Nickel alloys:	Duranickel, Hastelloy, Inconel, Monel, Wrought nickel
Zinc:	AG40A, ZA-12
Magnesium:	AZ31, AZ91
Titanium:	Pure Ti (Ti-50A), Ti-6Al-4V

Plastics

Acetal
Acrylic
Nylon
Phenolic
Polycarbonate
Polyethylene
Polyimide
Polytetrafluoroethylene (PTFE)
Polyvinylchloride

Elastomers

Neoprene
Silicones
Urethanes

Ceramics

Aluminum oxide
Cemented carbide
Silicon carbide
Silicon nitride

Appendix C-21 Processing Methods Used Most Frequently with Different Materials

Form	Irons	Steels (carbon, low alloy)	Heat & corr. res. alloys	Aluminum alloys	Copper alloys	Lead alloys	Magnesium alloys	Nickel alloys	Precious metals	Tin alloys	Titanium alloys	Zinc alloys
Sand castings	■	■	■	■	■	□	■	■		□		□
Shell mold castings	■	□	□	■	■			□				
Full-mold castings	■	■	□	□	□	□		■				
Permanent-mold castings	■	□		■	□	□	■	□		□		□
Die castings				■	□	■	■			□		■
Plaster mold castings				■	■							
Ceramic mold castings	■	■	■	□	□		□	■				□
Investment castings		■	□	■	■		□	■	□			
Centrifugal castings	■	■	■	□	□			□				
Continuous castings		□		■	■[d]	□						
Open die forgings	□	■	■	□	□		□	□			□	
Closed die forgings Blocker type		■	■	□	□		□	□			□	
Conventional type		■	■	□	□		□	□			□	
Upset forgings		■	■	□	□		□	□			□	
Cold headed parts		■	□	■	■	□		□	□			
Stampings, drawn parts		■	□	■	■		□	■	□		□	□
Spinnings		■	□	■	■	□	□	■	□		□	□
Screw machine parts	□	■	□	■	■		□	■	□		□	□
Powder metallurgy parts[b]	■	■	□	□	■			□	□		□	
Electroformed parts[c]	□			□	■	□		■	□	□		□
Cut extrusions		□		■	■	□	■	□		□	□	
Sectioned tubing		■	■	■	■		■	■			■	
Photofabricated parts		■	□	■	■	□	■	■	■	□	■	■

[a] ■ = Materials most frequently used
□ = Materials also currently being used

[b] Iron-copper and iron-copper-carbon most frequently used.
[c] Most frequently used materials are pure nickel and copper.
[d] Particularly tin-bronze and tin-lead-bronze.

Source: Material Selector, Material Engineering Magazine, Penton/IPC, Cleveland, Ohio.

Appendix C-22 Joinability of Materials

Material	Arc welding	Oxyacetylene welding	Resistance welding	Brazing	Soldering	Adhesive bond (thermoset, thermoplastic, elastomeric)	Adhesive bond (modified comp. - epoxy, etc.)	Threaded fastening	Riveting and metal stitching
Cast iron						TS TP			
Carbon steels						TS TP			
Stainless steel						TS TP			
Aluminum, magnesium						TS			
Copper						TS TP			
Nickel						TS TP			
Titanium						TS TP			
Lead, zinc			Lead Zinc						
Thermoplastics									
Thermosets						TS			
Elastomers									
Ceramics									
Glass						TS Elast			
Wood									
Leather						Elast TS			
Fabric						Elast			
Dissimilar metals						TS			
Metals to nonmetals									
Dissimilar nonmetals									
Dissimilar thickness									

Recommended | Common | Difficult | Seldom used | Not used

Source: Hill, P. H., *The Science of Engineering Design*, Holt, Rinehart and Winston, New York, 1970.

Appendix C-23 Materials for Machine Components

Component or Tool	Candidate Materials
Balls	440 stainless steel
Bare plates	ASTM Class 25 gray cast iron, 1020
Bearing parts	440 stainless steel
Bearings	Acetal, Fluoroplastics, Nylon, UHMW Polyethylene, Polyimide, Polyurethane
Bolts	Acetal, 303, 410, 414, and 431 stainless steels, 1020, 1040, 4140, 4340
Brackets	6061 T6 aluminum, Class M3210 annealed malleable cast iron
Brake drums	ASTM Class 30 and 35 gray cast iron
Bushings	Acetal, Fluoroplastics (PTFE), Nylon, UHMW Polyethylene, Polyimide, Polyurethane, PTFE filled Nylon, Cloth—reinforced phenolic, P/M bronze
Cams	Acetal, Nylon, Phenolic
Camshafts	ASTM Class 40 gray cast iron
Chutes	PVC, 304 stainless steel, 1020
Chute liners	Acetal, Fluoroplastics, Nylon, UHMW Polyethylene, Polyimide, Polyurethane
Clutch plates	ASTM Class 30 and 35 gray cast iron
Connecting rods	Class M7002 heat treated malleable cast iron, 1030, 1040
Crane hooks	1030, 1040
Crankshafts	Class M4504 heat treated malleable cast iron, Grade 80-55-06 ductile (nodular) iron
Cylinder blocks	ASTM Class 25 gray cast iron
Cylinder heads	ASTM Class 25 gray cast iron
Cylinder liners	ASTM Class 40 gray cast iron
Dies	A2, D2, M2, Sl, S7 tool steels
Drills	1090, 10100, 10120; M2 tool steel
Fan blades	Acetal, Nylon, Phenolic
Fasteners	384, 416 stainless steels
Files	10120, 10130
Fittings	Grade 60-40-18 ductile (nodular) iron
Flanges	6061 aluminum
Flywheels	ASTM Class 30 gray cast iron
Forgings	1040, 1050
Gears	Acetal, Nylon, Phenolic, Fluoroplastics, Polyethylene, Polyimide, Polyurethane, MoS_2 filled Nylon, Class M5003 and M8501 heat treated malleable cast irons, 1020, 1030, 1040, 1050, 4340, carbonized 4615 steel, Grade 80-55-06 ductile (nodular) iron, Grade 120-90-02 ductile (nodular) iron
Guards	Acrylic, Polycarbonate, 1020, expanded metal
Hammers	1080, S7 tool steel
Hand tools	1070, 1080, 1090
Housings	ASTM Class 25 gray cast iron
Hubs	Class M4504 heat treated malleable cast iron
Knives	1090, 10100, 10120, 10130; A2, D2, M2, S1, S7 tool steels
Leaf springs	1070, 1080, 1090
Levers	1020, 1030
Lock washers	1060, 1070
Milling cutters	1090, 10100, 10120
Nozzles	440 stainless steel
Nuts	303 stainless steel
Pipe	6061 and 6030 aluminum
Pump impellers	Acetal, Nylon, Phenolic
Pumps	ABS, Polycarbonate, Polyethylene, Phenolic
Razors	10120, 10130
Rivets	303 stainless steel, 1005, 1010
Rollers	Acetal, Nylon, Phenolic, Grade 80-55-06 ductile (nodular) iron, Grade 120-90-02 ductile (nodular) iron
Rolls	6061 T6 aluminum, 1020, 4340, D2 tool steel
Saws	10120,10130

Appendix C-23 ***(Continued)***

Component or Tool	Candidate Materials
Screws	1040, 1050,
Shafts	410 stainless steel, 1020, 1030, 1040, 1050, 4140, 4340
Shovels	1070, 1080, 1090
Slides	Grade 120-90-02 ductile (nodular) iron
Small housings	ABS, Polycarbonate, Polyethylene, Phenolic
Spring wire	1060, 1070
Springs	302, 414 stainless steels, 1080, 1090, 6150, 10100, 10120
Stampings	1005, 1010
Steering gear housing	Class M3210 annealed malleable cast iron
Tanks	1100 aluminum
Taps	1090,10100,10120
Tools	416 stainless steel, 1050; S1, S7 tool steels
Truck frames	2014 aluminum
Truck wheels	2024 aluminum
Universal joint yokes	Class M7002 heat treated malleable cast iron
Valves	Grade 60-40-18 ductile (nodular) iron
Wear strips	Acetal, Fluoroplastics, Nylon, UHMW Polyethylene, Polyimide, Polyurethane
Welded tubing	1020, 1030
Windshields	Polycarbonate
Wire	1005, 1010
Wire-drawing dies	10120, 10130
Worm gears	Aluminum bronze, Phosphor bronze

Appendix C-24 Relations Between Failure Modes and Material Properties

	Material property													
Failure mode	**Ultimate tensile strength**	**Yield strength**	**Comprensive yield strength**	**Shear yield strength**	**Fatigue properties**	**Ductility**	**Impact energy**	**Transition temperature**	**Modulus of elasticity**	**Creep rate**	**K_{Ic}**	**Electrochemical potential**	**Hardness**	**Coefficient of expansion**
Gross yielding		■		■										
Buckling			■						■					
Creep										■				
Brittle fracture							■	■			■			
Fatigue, low cycle					■	■								
Fatigue, high cycle	■				■									
Contact fatigue			■											
Fretting			■									■		
Corrosion												■		
Stress-corrosion cracking	■											■		
Galvanic corrosion												■		
Hydrogen embrittlement	■													
Wear													■	
Thermal fatigue										■				■
Corrosion fatigue					■							■		

Shaded block at intersection of material property and failure mode indicates that a particular material property is influential in controlling a particular failure mode.

Source: Smith, C. O., and B. E. Boardman, *Metals Handbook*, American Society for Metals, Metals Park, Ohio, 9th ed., vol. I, p. 828, 1980.

D Shear, Moment, and Deflection Equations for Beams

Appendix D-1 Shear, Moment, and Deflection Equations for Cantilever Beams

	Slope at Free End	Maximum Deflection	Deflection δ at Any Point x
1. Concentrated load at end 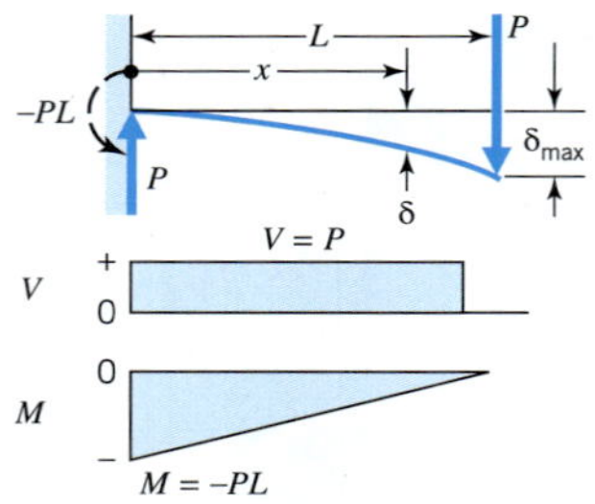	$\theta = \dfrac{PL^2}{2EI}$	$\delta_{\max} = \dfrac{PL^3}{3EI}$	$\delta = \dfrac{Px^2}{6EI}(3L - x)$
2. Concentrated load at any point 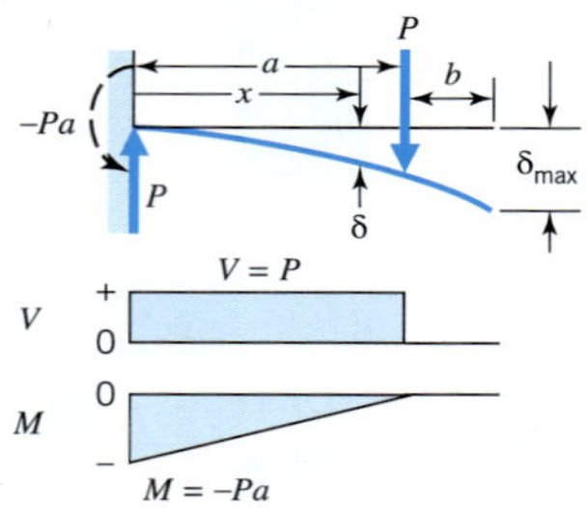	$\theta = \dfrac{Pa^2}{2EI}$	$\delta_{\max} = \dfrac{Pa^2}{6EI}(3L - a)$	For $0 \le x \le a$: $\delta = \dfrac{Px^2}{6EI}(3a - x)$ For $a \le x \le L$: $\delta = \dfrac{Pa^2}{6EI}(3x - a)$
3. Uniform load 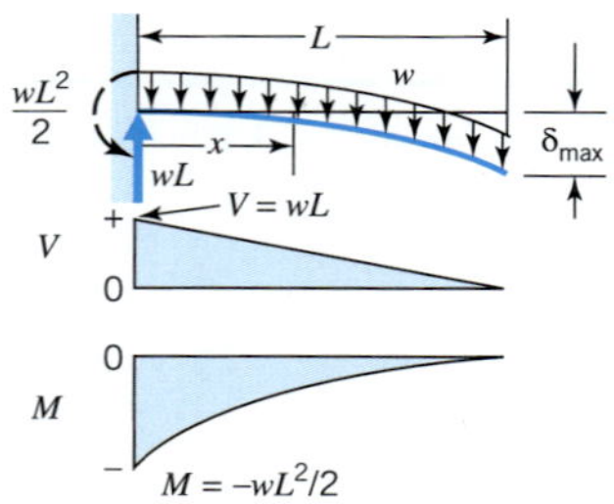	$\theta = \dfrac{wL^3}{6EI}$	$\delta_{\max} = \dfrac{wL^4}{8EI}$	$\delta = \dfrac{wx^2}{24EI}(x^2 + 6L^2 - 4Lx)$
4. Moment load at free end 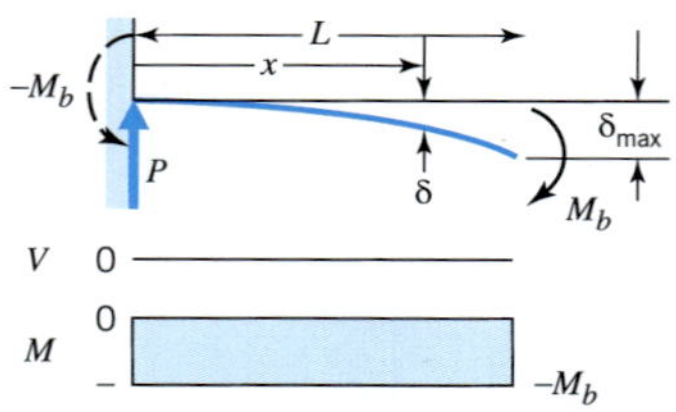	$\theta = \dfrac{M_b L}{EI}$	$\delta_{\max} = \dfrac{M_b L^2}{2EI}$	$\delta = \dfrac{M_b x^2}{2EI}$

Appendix D-2 Shear, Moment, and Deflection Equations for Simply Supported Beams

	Slope at Ends, θ	Maximum Deflection, δ_{max}	Deflection δ at Any Point x
1. Concentrated center load 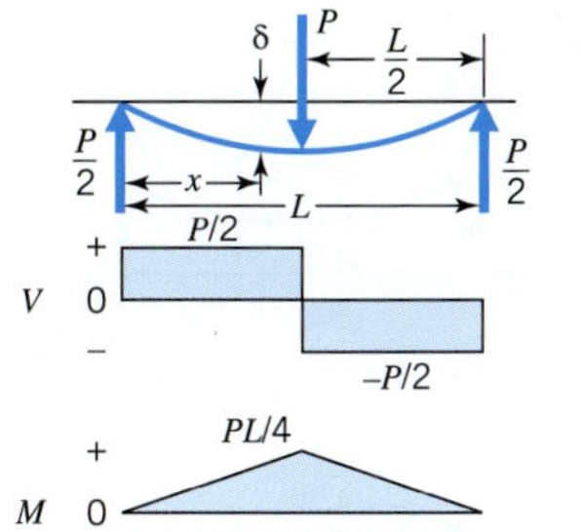	$\dfrac{PL^2}{16EI}$	At center: $\dfrac{PL^3}{48EI}$	For $0 \le x \le L/2$: $\dfrac{Px}{12EI}\left(\dfrac{3L^2}{4} - x^2\right)$
2. Concentrated load at any point 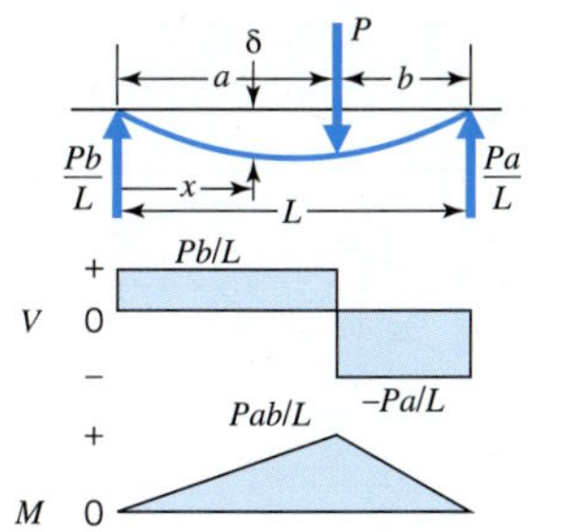	At left end: $\dfrac{Pb(L^2 - b^2)}{6LEI}$	At $x = \sqrt{\dfrac{L^2 - b^2}{3}}$: $\dfrac{Pb(L^2 - b^2)^{3/2}}{9\sqrt{3}LEI}$	For $0 \le x \le a$: $\dfrac{Pbx}{6LEI}(L^2 - x^2 - b^2)$
3. Uniform load 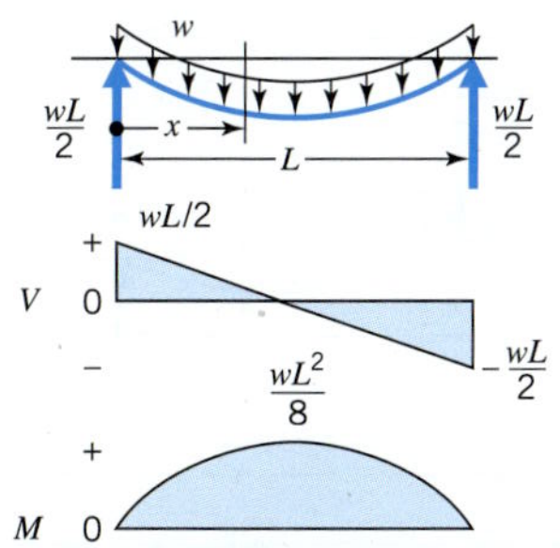	$\dfrac{wL^3}{24EI}$	$\dfrac{5wL^4}{384EI}$	$\dfrac{wx}{24EI}(L^3 - 2Lx^2 + x^3)$

Appendix D-2 *(Continued)*

	Slope at Ends, θ	Maximum Deflection, δ_{max}	Deflection δ at Any Point x
4. Overhung load 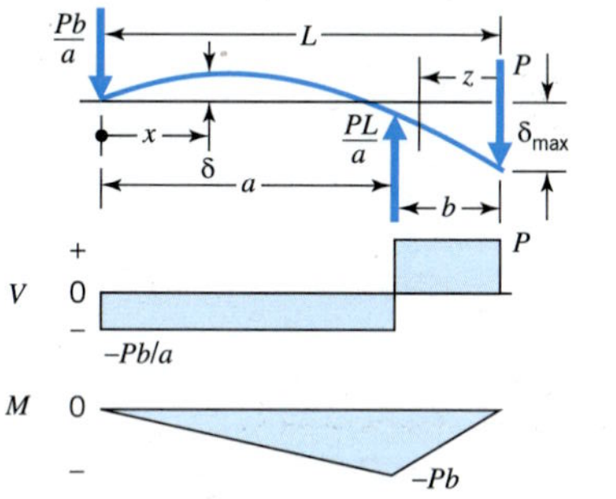	At left support: $\frac{Pab}{6EI}$ At right support: $\frac{Pab}{3EI}$ At load: $\frac{Pb}{6EI}(2L+b)$	$\delta_{max} = \frac{Pb^2L}{3EI}$	For $0 \le x \le a$: $\frac{Pbx}{6aEI}(x^2 - a^2)$ For $0 \le z \le b$: $\frac{P}{6EI}[z^3 - b(2L+b)z + 2b^2L]$
5. Moment load between support 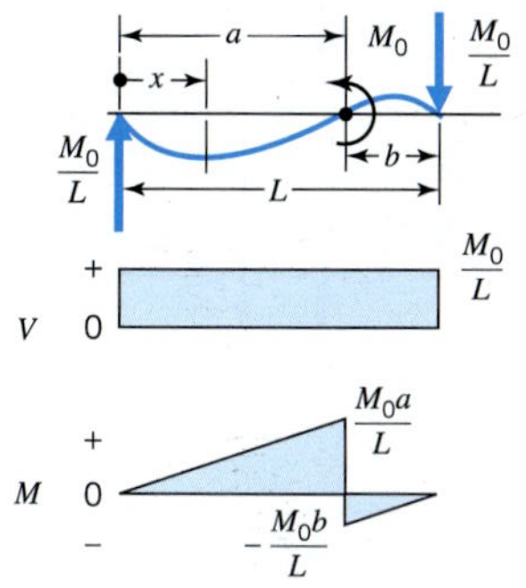	At left support: $\frac{-M_0}{6EIL}(2L^2 - 6aL + 3a^2)$ At load: $\frac{M_0}{EI}\left(\frac{L}{3} + \frac{a^2}{L} - a\right)$ At right support: $\frac{M_0}{6EIL}(L^2 - 3a^2)$	At load: $\frac{M_0a}{3EIL}(2a^2 - 3aL + L^2)$	For $0 \le x \le a$: $\frac{M_0x}{6EIL}(x^2 + 3a^2 - 6aL + 2L^2)$
6. Overhung moment load 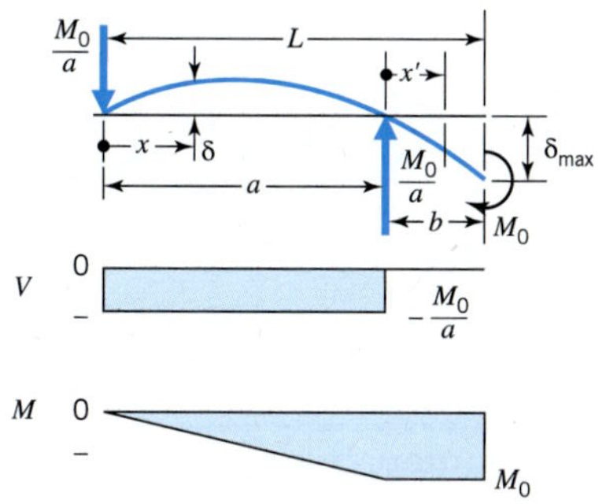	At left support: $\frac{M_0a}{6EI}$ At right support: $\frac{M_0a}{3EI}$ At load: $\frac{M_0(a+3b)}{3EI}$	$\delta_{max} = \frac{M_0b}{6EI}(2L+b)$	For $0 \le x \le a$: $-\frac{M_0x}{6aEI}(a^2 - x^2)$ For $0 \le x' \le b$: $\frac{M_0}{6EI}(2ax' + 3x'^2)$

Appendix D-3 Shear, Moment, and Deflection Equations for Beams with Fixed Ends

	Deflection δ	Deflection δ at Any Point x
1. Concentrated center load 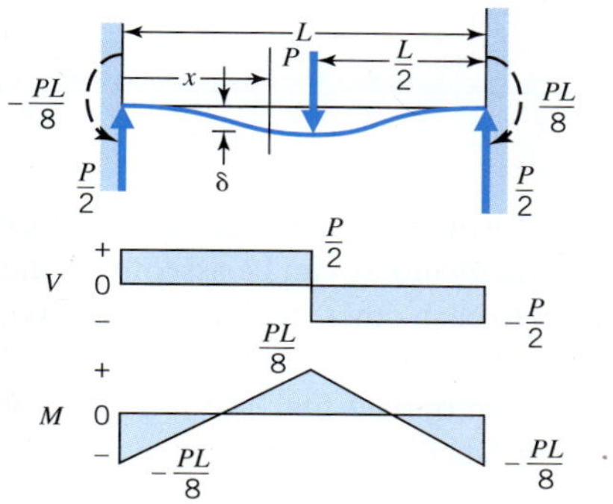	At center: $\delta_{max} = \frac{PL^3}{192EI}$	For $0 \leq x \leq L/2$: $\delta = \frac{Px^2}{48EI}(3L - 4x)$
2. Concentrated load at any point 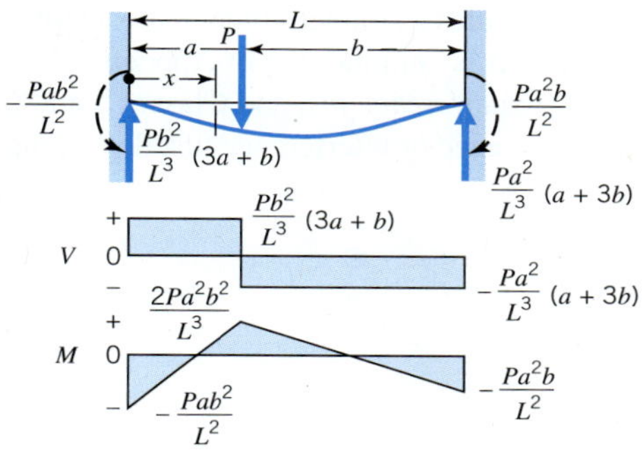	At load: $\delta = \frac{Pb^3a^3}{3EIL^3}$	For $0 \leq x \leq a$: $\delta = \frac{Pb^2x^2}{6EIL^3}[3aL - (3a + b)x]$
3. Uniform load 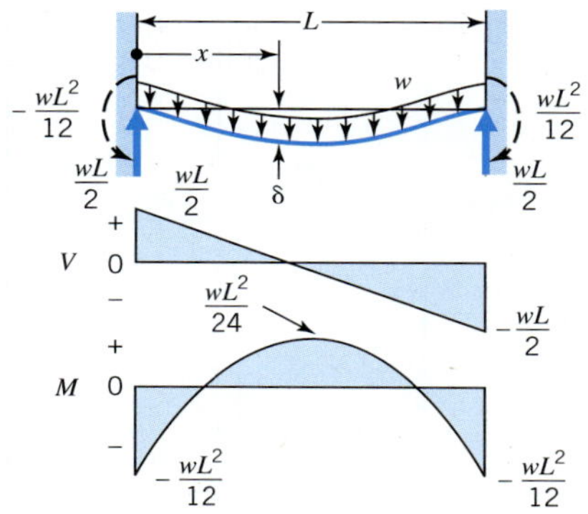	At center: $\delta_{max} = \frac{wL^4}{384EI}$	For $0 \leq x \leq L$: $\delta = \frac{wx^2}{24EI}(L - x)^2$

E Fits and Tolerances

Fits between parts, as a cylindrical member fitting in a cylindrical hole, influence the accuracy of relative positioning of the members, the ease with which the members can be assembled and disassembled, the ease with which they can slide with respect to each other (with clearance fits), and the load they can sustain without relative motion (with interference fits). Differential thermal expansion is often a factor to be considered in determining appropriate fits. The *tolerance* or permitted variation applied to each dimension influences both function and cost. Unnecessarily small tolerances are an important factor causing excessive cost.

Fits and tolerances are usually specified on the basis of experience with the specific application involved. USAS (ANSI) Standard B4.1-1967 contains detailed recommendations that serve as a valuable guide. Its original predecessor, ASA B4a-1925, provides a simpler guide that is helpful for obtaining an introductory understanding of the subject. It is summarized in Appendix E-1. Classes 1 through 4 are *clearance fits*, Classes 7 and 8 are *interference fits*, and Classes 5 and 6 are known as *transitional fits* because they can be either clearance or interference fits, depending on the random assembly of the parts.

Appendix E-1 Fits and Tolerances for Holes and Shafts

Class of fit	1	2	3	4	5	6	7	8
Bar graph (basic hole system) 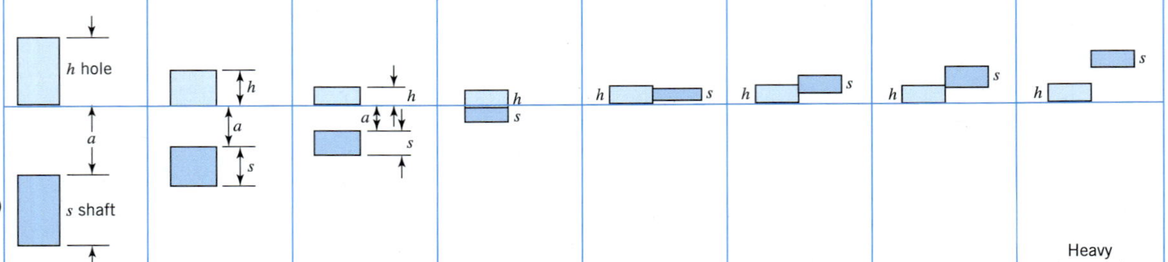	Loose fit	Free fit	Medium fit	Snug fit	Wringing fit	Tight fit	Medium force fit	Heavy force and shrink fit
C_h	.0216 (.0025)	.0112 (.0013)	.0069 (.0008)	.0052 (.0006)	.0052 (.0006)	.0052 (.0006)	.0052 (.0006)	.0052 (.0006)
C_s	.0216 (.0025)	.0112 (.0013)	.0069 (.0008)	.0035 (.0004)	.0035 (.0004)	.0052 (.0006)	.0052 (.0006)	.0052 (.0006)
C_a	.0073 (.0025)	.0041 (.0014)	.0026 (.0009)	0 (0)				
C_i					0 (0)	.00025 (.00025)	.0005 (.0005)	.0010 (.0010)

Note: Numbers in the table are for use with all dimensions in *millimeters*, except for those in parentheses, which are for use with *inches*.

Appendix E-1 illustrates the *basic hole system*, wherein the minimum hole size is chosen as the standard nominal dimension for all classes of fits. Here,

d = nominal diameter

h = hole diameter tolerance $= C_h \sqrt[3]{d}$

s = shaft diameter tolerance $= C_s \sqrt[3]{d}$

a = allowance (minimum diametral clearance, obtained with maximum shaft and minimum bore dimensions) $= C_a \sqrt[3]{d^2}$

i = average interference, obtained with average shaft and bore diameters $= C_i d$

The bar graphs are to scale for $d = 25$ mm or 1 in.

Appendix E-2 provides the tolerance values for holes and shafts over various size ranges and grades.

Appendix E-2 Standard Tolerances for Cylindrical Parts

Nominal Size Range (in.)	Tolerance Grade									
Over To	**4**	**5**	**6**	**7**	**8**	**9**	**10**	**11**	**12**	**13**
0–0.12	**0.12**	**0.15**	**0.25**	**0.4**	**0.6**	**1.0**	**1.6**	**2.5**	**4**	**6**
0.12–0.24	**0.15**	**0.20**	**0.3**	**0.5**	**0.7**	**1.2**	**1.8**	**3.0**	**5**	**7**
0.24–0.40	**0.15**	**0.25**	**0.4**	**0.6**	**0.9**	**1.4**	**2.2**	**3.5**	**6**	**9**
0.40–0.71	**0.2**	**0.3**	**0.4**	**0.7**	**1.0**	**1.6**	**2.8**	**4.0**	**7**	**10**
0.71–1.19	**0.25**	**0.4**	**0.5**	**0.8**	**1.2**	**2.0**	**3.5**	**5.0**	**8**	**12**
1.19–1.97	**0.3**	**0.4**	**0.6**	**1.0**	**1.6**	**2.5**	**4.0**	**6**	**10**	**16**
1.97–3.15	**0.3**	**0.5**	**0.7**	**1.2**	**1.8**	**3.0**	**4.5**	**7**	**12**	**18**
3.15–4.73	**0.4**	**0.6**	**0.9**	**1.4**	**2.2**	**3.5**	**5**	**9**	**14**	**22**
4.73–7.09	**0.5**	**0.7**	**1.0**	**1.6**	**2.5**	**4.0**	**6**	**10**	**16**	**25**
7.09–9.85	**0.6**	**0.8**	**1.2**	**1.8**	**2.8**	**4.5**	**7**	**12**	**18**	**28**
9.85–12.41	**0.6**	**0.9**	**1.2**	**2.0**	**3.0**	**5.0**	**8**	**12**	**20**	**30**
12.41–15.75	**0.7**	**1.0**	**1.4**	**2.2**	**3.5**	**6**	**9**	**14**	**22**	**35**
15.75–19.69	**0.8**	**1.0**	**1.6**	**2.5**	**4**	**6**	**10**	**16**	**25**	**40**
19.69–30.39	0.9	1.2	2.0	3	5	8	12	20	30	50
30.39–41.49	1.0	1.6	2.5	4	6	10	16	25	40	60
41.49–56.19	1.2	2.0	3	5	8	12	20	30	50	80
56.19–76.39	1.6	2.5	4	6	10	16	25	40	60	100
76.39–100.9	2.0	3	5	8	12	20	30	50	80	125
100.9–131.9	2.5	4	6	10	16	25	40	60	100	160
131.9–171.9	3	5	8	12	20	30	50	80	125	200
171.9–200	4	6	10	16	25	40	60	100	160	250

Note: Adapted from ANSI B4.1-1967(R1999). Tolerance values are in thousands of an inch. Data in bold face are in accordance with ABC (American–British–Canadian) agreements.

Appendix E-3 designates the anticipated grade range (and therefore tolerances) provided for a particular machining process. The official American National Standard from which the information in Appendices E-2 and E-3 was taken is ANSI (American National Standards Institute) B4.1-1967(R1999), published by the American Society of Mechanical Engineers (ASME) and sponsored by ASME.

Appendix E-3 Tolerance Grades Produced from Machining Processes

	Tolerance Grade									
Machining Process	**4**	**5**	**6**	**7**	**8**	**9**	**10**	**11**	**12**	**13**
Lapping & Honing	■	■								
Cylindrical grinding		■	■	■						
Surface grinding		■	■	■	■					
Diamond turning		■	■	■						
Diamond boring		■	■	■						
Broaching		■	■	■	■					
Reaming			■	■	■	■	■			
Turning				■	■	■	■	■	■	■
Boring					■	■	■	■	■	■
Milling							■	■	■	■
Planing & Shaping							■	■	■	■
Drilling							■	■	■	■

Note: Adapted from ANSI B4.1–1967(R1999).

MIL-HDBK-5J, Department of Defense Handbook: Metallic Materials and Elements for Aerospace Vehicle Structures

F

F.1 Introduction

One of the great challenges in machine design is the identification of appropriate mechanical properties to use in the analysis process. Beginning in the late 1930s, several U.S. governmental entities formed the Army–Navy–Commerce Committee on Aircraft Requirements. This group fostered the development of a materials property database entitled ANC-5 for aircraft design; it focused on materials such as steel, aluminum, and magnesium alloys. In 1959, ANC-5 was modified and issued as a military handbook entitled *MIL-HDBK-5*; titanium properties were also added in this first version [1]. *MIL-HDBK-5* has undergone several updates since that time; the most recent was revision J issued in 2003, with a total length of 1733 pages [2].

MIL-HDBK-5J was withdrawn in 2004 and replaced by a fee-based document, "Metallic Materials Properties Development and Standardization (MMPDS)." Even so, *MIL-HDBK-5J* remains available for free download from the ASSIST database, the official source for specifications and standards used by the Department of Defense. Earlier versions as well as notes describing the cancellation of *MIL-HDBK-5J* can also be downloaded.

F.2 Overview of Data in *MIL-HDBK-5J*

The purpose of *MIL-HDBK-5J* is perhaps best summarized in its introductory paragraph:

> *Since many aerospace companies manufacture both commercial and military products, the standardization of metallic materials design data, which are acceptable to Government procuring or certification agencies, is very beneficial to those manufacturers as well as governmental agencies. Although the design requirements for military and commercial products may differ greatly, the required design values for the strength of materials and elements and other needed material characteristics are often identical. Therefore, this publication provides standardized design values and related design information for metallic materials and structural elements used in aerospace structures.*

The materials properties presented in *MIL-HDBK-5J* (see Table F.1) represent a collection of data obtained through extensive testing by government agencies and research labs, aerospace companies, material manufacturers, trade groups, and academic publications. The data contained in *MIL-HDBK-5J* have been thoroughly scrutinized over many years and accepted, prior to its cancellation, by government and military entities as a source of statistically reliable material properties [3].

The data presented for each material follow a similar layout. For example, consider 2024 aluminum alloy (*MIL-HDBK-5J*, Section 3.2.3) that begins with an overview of the alloy, its various temper configurations, and basic properties (thermal conductivity, specific heat, thermal expansion coefficient) versus temperature. It continues with tables of "Design Mechanical and Physical Properties" that are organized by temper, form, thickness, and statistical basis; these provide

Table F.1 Topics Covered in *MIL-HDBK-5J*

MIL-HDBK-5J	Topic Covered
Chapter 1	Provides background, nomenclature, useful formulas, basic mechanics of materials principles and formulae, and material property definitions
Chapters 2–7	Contains data for steel, aluminum, magnesium, titanium, heat-resistant alloys, and miscellaneous alloys, respectively
Chapter 8	Presents information on structural joints using rivets, threaded fasteners, and welded and brazed joints
Chapter 9	Presents the methods used to incorporate data into *MIL-HDBK-5J*, including test and data requirements and statistical analysis methods
Appendixes	Provides a glossary and conversion factors to SI units along with various indices

strength properties (yield strength, ultimate strength, elongation), elastic properties (modulus of elasticity, shear modulus, Poisson's ratio), and other physical properties such as density, all at room temperature. Subsequent figures provide for temperature adjustment of strength and elastic properties, typical stress–strain curves through yielding, fatigue data and associated *S–N* curve fits, fatigue crack growth rates, and the effect of temperature exposure duration on strength properties. Note that 2024 aluminum alloy is an important aircraft material; most materials are not described at this level of detail.

F.3 Advanced Formulas and Concepts Used in *MIL-HDBK-5J*

This section introduces several important formulae and concepts presented in *MIL-HDBK-5J*; additional explanation and usage can be found in the handbook.

F.3.1 Directionality of Material Properties

Typically metals for machine components are assumed to be isotropic; this means that material properties are identical in all directions. This is often a good assumption for properties such as modulus of elasticity. However, there is often directional dependence to strength properties due to material processing. One reason for this is the presence of grains within metals and metal alloys. Operations that involve mechanical work such as rolling, extruding, and forging distort the grains in certain directions (see Figure F.1). This has the effect of introducing anisotropy into the strength properties. It can also play a critical role in failure induced by a combination of stress and corrosion (stress corrosion cracking).

The directions for strength and elastic properties usually refer to letters *L*, *ST*, and *LT* for longitudinal, short transverse (usually in the thickness direction), and long transverse (usually in the plane of the part), respectively. Examples indicating typical directions for several types of parts are shown in Figure F.2. Fracture toughness properties typically refer to two directions, indicating the direction in which the crack opens as well as the direction in which the crack tip advances (see *MIL-HDBK-5J*, Figure 1.4.12.3).

One other assumption that is commonly made for engineering metals is that modulus of elasticity is identical for tension and compression. In reality, material response is slightly stiffer in compression than tension. As a result, both tensile (E) and compressive (E_c) modulus of elasticity is provided for most tables; similarly, some figures also provide both tensile and compressive stress–strain response.

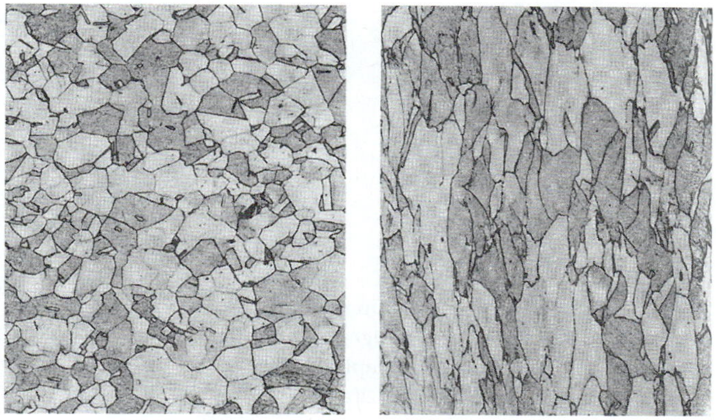

(*a*) (*b*)

FIGURE F.1 Alteration of the grain structure of a polycrystalline metal as a result of plastic deformation. (*a*) Before deformation, the grains are equiaxed. (*b*) The deformation has produced elongated grains. 170×. From W.G. Moffatt, G.W. Pearsall, and J. Wulff, *The Structure and Properties of Metals, Vol. 1, Structure*, p. 140. Copyright 1964 by John Wiley & Sons, New York. Reprinted by permission of the estate of W.G. Moffatt.

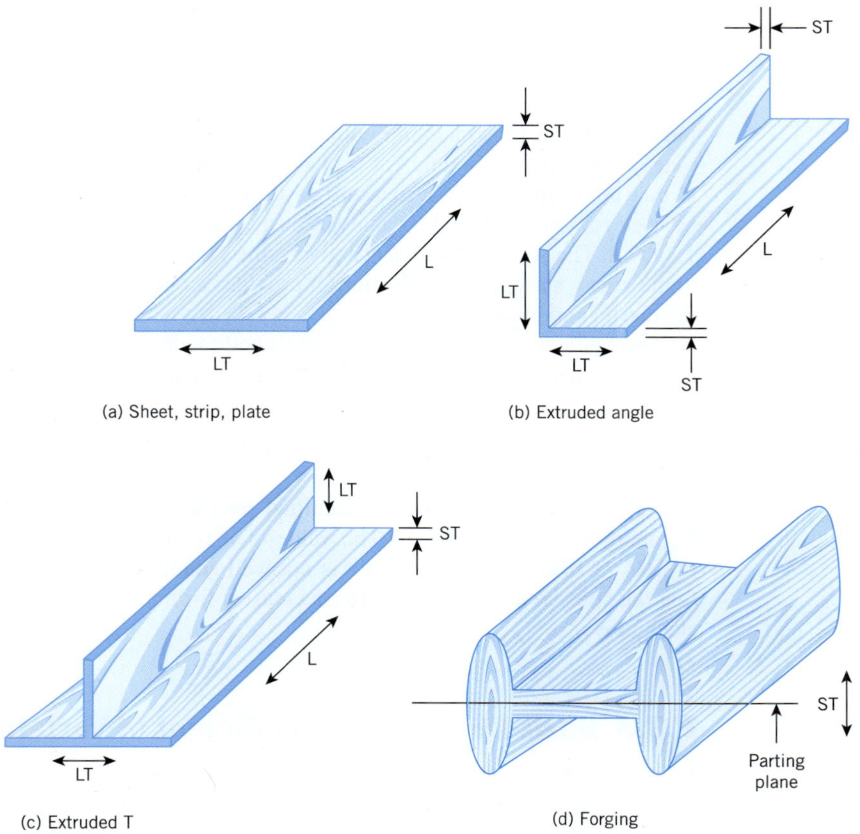

FIGURE F.2 Grain directions for several types of parts.

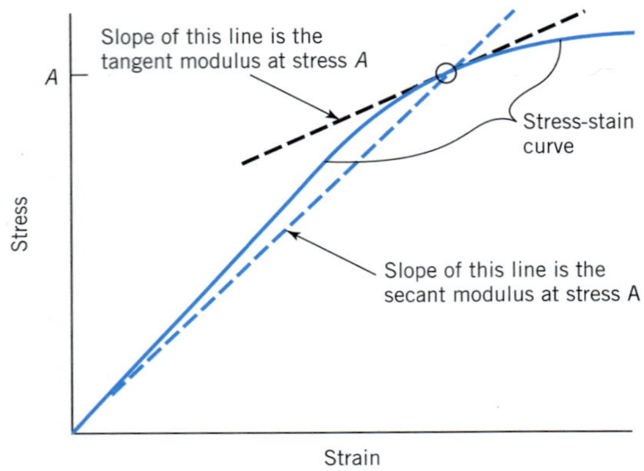

FIGURE F.3 Stress–strain response and associated secant and tangent moduli definitions at point *A*. Adapted from *MIL-HDBK-5J*, Figure 9.8.4.2(a).

F.3.2 Elastic-Plastic Stress–Strain Curve and Modulus Definitions

Consider a material under an applied uniaxial normal stress σ with a resulting uniaxial normal strain ϵ; for simplicity, assume that there are no thermal strain effects, as these could be easily added later. If the material remains in the linear elastic range, the relationship between stress and strain is simply $\sigma = E\,\epsilon$ (or E_c if in compression). However, if the stress exceeds the proportional limit, plastic strain (ϵ_p) occurs and leads to permanent deformation upon removal of the stress. In this case, the stress–strain response is no longer linear and the single elastic modulus value is not sufficient to describe material response.

MIL-HDBK-5J introduces two new values, called the tangent modulus (E_t) and the secant modulus (E_s) as illustrated in Figure F.3, to characterize stress–strain response beyond the linear range. The tangent modulus at a given stress level is the derivative of the stress–strain curve at that point. It provides a measure of stiffness as a function of stress level; as a result, it can be used for column buckling analysis as a conservative approximation [see *MIL-HDBK-5J*, Eq. 1.3.8(a)]. The secant modulus at a given stress level is the slope of the line connecting the origin to the stress–strain pair in question. It provides a ratio of the stress to the total strain (the sum of the elastic and plastic strains).

Another approach is the Ramberg–Osgood model, which provides an equation relating stress and strain that is appropriate for both the linear and nonlinear (plastic) regions. It is given by

$$\epsilon = \left(\frac{\sigma}{E}\right) + 0.002\left(\frac{\sigma}{S_y}\right)^n \tag{F.1}$$

where S_y is the yield strength identified by the 0.2% offset method and n is known as the Ramberg–Osgood parameter. The value of n is provided in many of the stress–strain figures of *MIL-HDBK-5J*. This approach is not well suited for materials with a definite yield point in that the stress remains constant (or decreases) for a period of strain, which is the case for many steel alloys.

F.3.3 Basis Definitions, Coefficient of Variation

Room temperature mechanical properties such as strength are presented while also indicating their statistical significance. This is done by categorizing the "basis" of the data in one of four categories (A, B, S, typical). Material properties with an "A" basis value indicate that at least 95% of the samples will have an actual property value greater than the given number with a confidence level of 99%. Similarly, the less conservative "B" basis value indicates that 90% of the samples will have an actual property value greater than the given number at a 90% confidence level. "A" and "B" basis values can be thought of as statistical minimum properties. Properties with an "S" basis represent the minimum value according to applicable specification; however, the statistical significance of the data is unknown. "Typical" basis values represent an average with no statistical significance. Additional details regarding the definition of these statistical terms can be found in Chapter 9 of *MIL-HDBK-5J* or any introductory probability and statistics textbook.

In terms of aircraft structure, "A" basis values are used to design structures in which there is not an alternate load path in the event of part failure. Most aircraft parts are designed with an alternate load path in the event of failure (redundant structure); in this case, "B" basis values, that are typically higher than "A" basis values, are commonly used [4]. Design calculations should not use either "S" basis or "typical" basis values, as their statistical significance is not known. However, since 1975 "S" basis values have incorporated statistical characteristics that result from quality assurance requirements in the underlying material specifications; in this case, "S" basis values can be considered as estimated "A" basis values (see Sections 9.1.6 and 9.4 of *MIL-HDBK-5J* for a detailed discussion).

In MIL-HDBK-5J, certain properties such as plane strain fracture toughness are provided for a given set of test data. In this case, the average, minimum, and maximum test values are presented, as is an item called the coefficient of variation. This is simply the standard deviation for the data set divided by the average data set value and then multiplied by 100. As such, it expresses the standard deviation as a percentage of the average value (a unitless quantity).

F.3.4 Bearing Strength and Edge Margin

In order to demonstrate bearing strength, consider a pin of diameter D passing through a plate of thickness t. Suppose that a load P is applied to the pin in the plane of the plate, causing it to bear on the hole in the plate. The bearing stress on the plate (calculated using bearing projected area) is $\sigma_b = P/Dt$. The plate bearing strength depends on the *edge margin*, that is defined as the ratio of the edge distance e (distance from the center of the hole to edge of the plate in the load direction) to the hole diameter D (see Figure F.4). For a very large value of edge margin (e/D), the bearing failure mode will be crushing of the plate material. As e/D is reduced, the failure mode will eventually change to tearing out the plate material between the pin and the plate edge. A common value of e/D for design is 2.0, with $e/D = 1.5$ often seen as a minimum acceptable value.

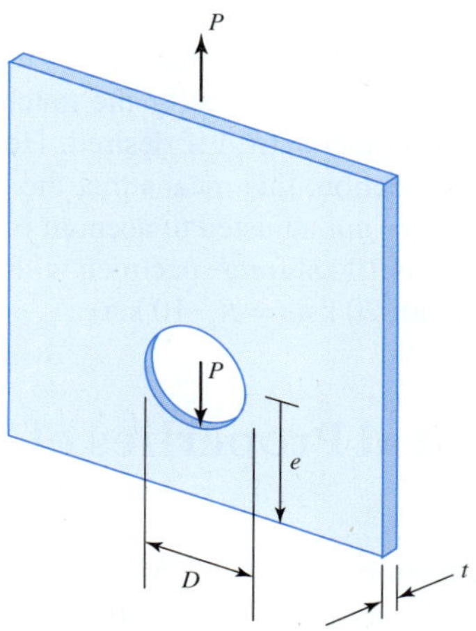

FIGURE F.4 Definition of edge distance e for a joint loaded by pin of diameter D with applied load P.

F.3.5 Equivalent Stress Fatigue Model

MIL-HDBK-5J presents fatigue data as *S–N* plots for stress cycles in that there is either no mean stress (fully reversed) or there is a nonzero mean stress. Rather than reporting the mean (σ_m) and alternating (σ_a) stress values, *MIL-HDBK-5J* presents the maximum value of the stress cycle ($\sigma_{\max}$) and the stress ratio R:

$$R = \frac{\sigma_{\min}}{\sigma_{\max}} \tag{F.2}$$

where $\sigma_{\min}$ is the minimum value of the stress cycle. For fully reversed fatigue tests, R is -1. The value of R remains finite if $\sigma_{\max} > 0$ (typical for fatigue testing).

Rather than using a modified Goodman diagram to predict fatigue with nonzero mean stress, an "equivalent stress model" is identified that best fits the entire set of test data for a given alloy and specimen configuration. These data consists of points ($\sigma_{\max}, N$), obtained at a variety of R ratios, where N is the number of cycles until failure under the applied stress cycle (ranges from $\sigma_{\max}$ to $\sigma_{\min} = R\,\sigma_{\max}$). The model can then be used to predict cycles to failure under a variety of maximum stress and stress ratio combinations. It uses $\sigma_{\max}$ and R to estimate an equivalent stress (σ_{eq}). It then refers to a second equation to determine the number of cycles to failure. Most data in *MIL-HDBK-5J* present this model using 4 constants (A, B, C, D; one or more may be 0) as:

$$\log(N) = A - B\ \log(\sigma_{eq} - C) \tag{F.3}$$

$$\sigma_{eq} = \sigma_{\max}\ (1 - R)^D \tag{F.4}$$

This indicates that fatigue data ($\sigma_{\max}, N$) at various R ratios collapses to a single line when plotted as $\log(\sigma_{eq} - C) - \log\ N$ [5]. This model can be rearranged to provide the maximum stress for a given number of cycles to failure and R ratio as

$$\sigma_{\max} = \left[\left(\frac{10^A}{N}\right)^{1/B} + C\right](1 - R)^{-D} \tag{F.5}$$

The degree of fit between the model and the data used to generate it is reported in each figure via statistical measures. Each figure also notes that the model can lead to unrealistic results for R ratios outside of those used to generate the model. Similarly, the predicted stress for a given number of cycles may be unrealistic if the number of cycles of interest is not represented in the data set. For example, using the equivalent stress model to predict strength at 10 cycles would likely lead to a stress far in excess of the ultimate tensile stress (obviously incorrect). Hence, caution and judgment must be employed to ensure that model predictions are both realistic and within the bounds of the underlying data set.

Fatigue test data in *MIL-HDBK-5J* are presented for a mix of unnotched and notched specimens. In all cases, the theoretical stress concentration factor (K_t) is reported, and the notch geometry used is described. From this, the user could identify the notch sensitivity factor (q) and the associated fatigue stress concentration factor (K_f) if desired. However, the stress data reported in *MIL-HDBK-5J* are based on net section; this means that the stresses are calculated using the minimum cross-sectional area and *are not* adjusted to account for the stress concentration factor. For example, if the net area stress is 10 ksi for a specimen with $K_t = 2.0$, the stress in the *S–N* figure would be reported as 10 ksi, not 20 ksi ($= K_t \cdot 10$ ksi).

F.4 Mechanical and Physical Properties of 2024 Aluminum Alloy

The following sections illustrate the basic features of *MIL-HDBK-5J* and how tables and figures can be used to determine properties for 2024 aluminum alloys. Information in *MIL-HDBK-5J* regarding 2024 aluminum alloy sheet begins on pages 3–68.

F.4.1 Mechanical Properties at Room Temperature

For each material in *MIL-HDBK-5J*, design mechanical and physical properties at room temperature (70°F) are presented—see Table F.2 for a specific example of properties for 2024-T351 plate with thicknesses in the range 0.250 in.–1.000 in.

The table is headed by the governing specification, typically an Aerospace Material Specification (AMS) issued by the SAE Aerospace Materials Division. ASTM or government (military, federal) specifications are also used in some cases. The form of the material (sheet, plate, bar, etc.) and the material condition or temper is stated. The individual properties are then presented

Table F.2 Design Mechanical and Physical Properties of 2024-T351 Aluminum Alloy Plate

AMS 4037 and AMS-QQ-A-250/4				
Plate				
T351				
Thickness, in.	**0.250–0.499**		**0.500–1.000**	
Basis	**A**	**B**	**A**	**B**
Mechanical properties:				
F_{tu}, ksi:				
L	64	66	63	65
LT	64	66	63	65
ST	—	—	—	—
F_{ty}, ksi:				
L	48	50	48	50
LT	42	44	42	44
ST	—	—	—	—
F_{cy}, ksi:				
L	39	41	39	41
LT	45	47	45	47
ST	—	—	—	—
F_{su}, ksi:	38	39	37	38
F_{bru}, ksi:				
(e/D = 1.5)	97	100	95	98
(e/D = 2.0)	119	122	117	120
F_{bry}, ksi:				
(e/D = 1.5)	72	76	72	76
(e/D = 2.0)	86	90	86	90
e, percent (S-basis):				
LT	12	...	8	...
E, 10^3 ksi	10.7			
E_c, 10^3 ksi	10.9			
G, 10^3 ksi	4.0			
μ	0.33			
Physical Properties:				
ρ, lb/in^3	0.100			
C, K, and α	See Figure 3.2.3.0			

Source: Adapted from *MIL-HDBK-5J*, Table 3.2.3.0(b_1).

Table F.3 Symbols and Definitions for Mechanical and Physical Properties Provided in *MIL-HDBK-5J* (See Table F.2.)

Label	Definition	Label	Definition
F_{tu}	Tensile ultimate strength	E	Modulus of elasticity (tension)
F_{ty}	Tensile yield strength	E_c	Modulus of elasticity (compression)
F_{cy}	Compression yield strength	G	Shear modulus
F_{su}	Shear ultimate strength	μ	Poisson's ratio
F_{bru}	Bearing ultimate strength	ρ	Density
F_{bry}	Bearing yield strength	C	Specific heat
e	Percent elongation at break	K	Thermal conductivity
		α	Coefficient of thermal expansion

for various material thicknesses and the basis of the value ("A," "B," "S"). The items in each table and their associated definitions are shown in Table F.3.

As expected, "A" basis values are somewhat below the "B" basis values due to the differing statistical significance requirements (note that they are occasionally equal to one another as well). Such tables in *MIL-HDBK-5J* also generally contain footnotes providing additional information for certain properties. For example, one footnote indicates that the application of stress in the short transverse (*ST*) direction for thick 2024-T351 plate is not ideal if corrosion can occur; in this case, the strength in the *ST* direction is dramatically reduced due to a phenomenon known as stress corrosion cracking (see Section F.5).

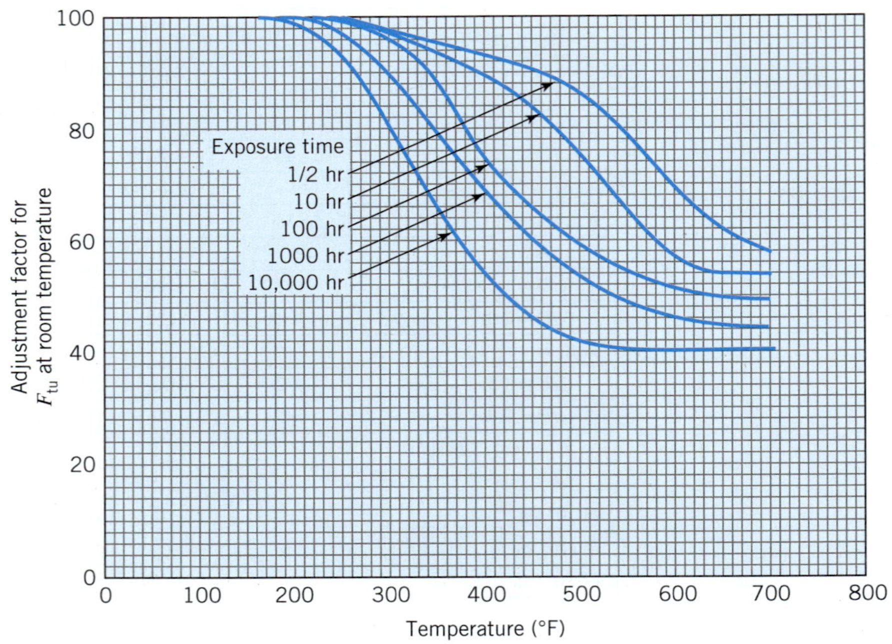

FIGURE F.5 Effect of temperature and exposure time on tensile ultimate strength for 2024-T3 and 2024-T351 aluminum alloys, excluding thick extrusions. Adapted from *MIL-HDBK-5J*, Figure 3.2.3.1.1 (e).

F.4.2 Strength and Other Properties versus Temperature

Many strength properties are also provided as functions of temperature. For example, an adjustment factor for tensile ultimate strength at a desired temperature is presented in Figure F.5. This adjustment factor (ranging from 0 to 100) is used as follows:

$$F_{\text{tu desired temperature}} = \frac{\textit{adjustment factor}}{100} \times F_{\text{tu room temperature}} \tag{F.6}$$

where F_{tu} at room temperature is obtained from Table F.3. For 2024-T3 and 2024-T351, long-term exposure to elevated temperature alters the heat treatment characteristics of the material. Hence, Figure F.5 provides adjustment factors that are dependent on the duration of the exposure time at elevated temperature that the part has experienced. Other physical properties such as thermal expansion, thermal conductivity, and specific heat are also provided as functions of temperature. An example is presented in Figure F.6.

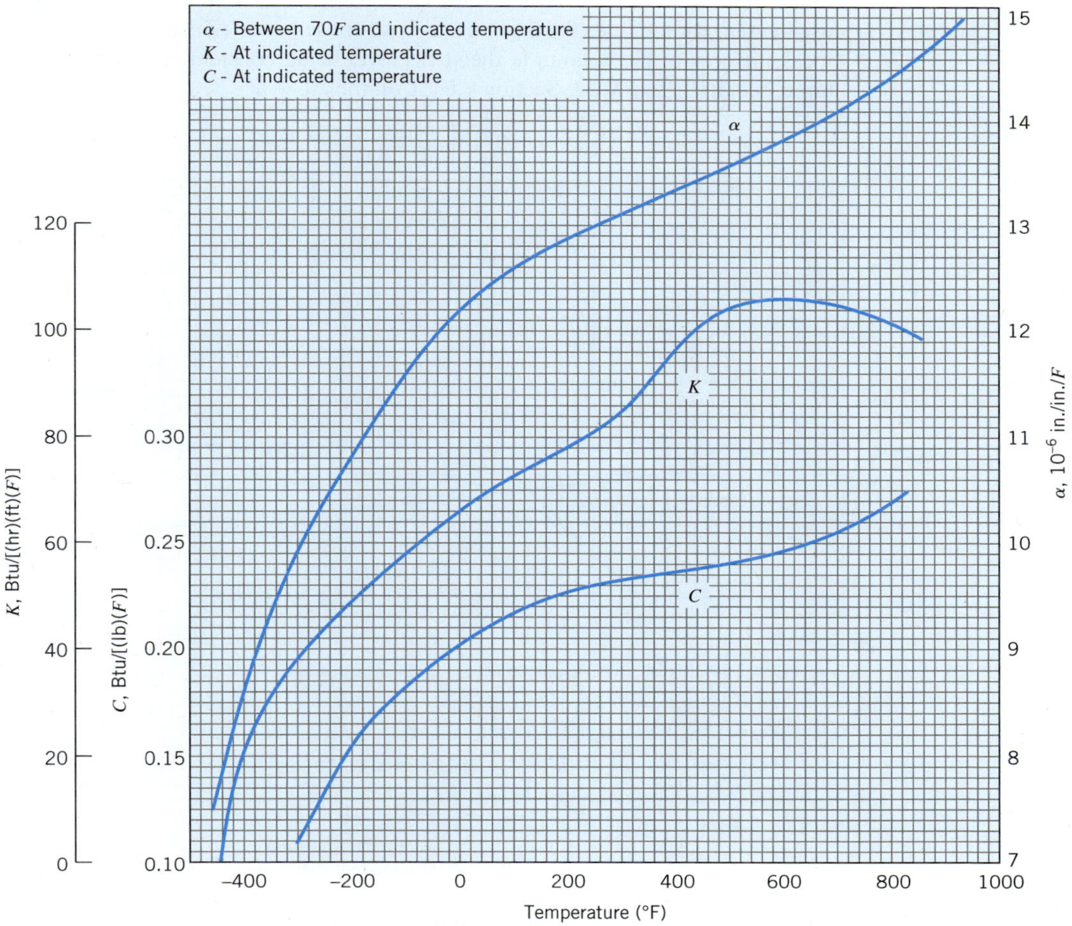

FIGURE F.6 **Thermal expansion (α), thermal conductivity (K), and specific heat (C) for 2024 alloys versus temperature.** Adapted from *MIL-HDBK-5J*, Figure 3.2.3.0.

F.4.3 Stress–Strain Curves and Tangent Modulus

An example of stress–strain curves and associated tangent modulus curves for 2024-T3 alloy sheet is shown in Figure F.7 for the L direction. The Ramberg–Osgood exponent (n) for each stress–strain curve is noted. The tangent modulus (E_t) curves represent the local slope of the stress–strain curve at the indicated stress level. The tangent modulus begins as a vertical line whose value is E (or E_c in compression) until the proportional limit is reached. For higher stress values, the tangent modulus declines in value, reflecting that the local slope of the stress–strain curve (E_t) is less than E (or E_c). The primary use of the tangent modulus is in the determination of structural buckling loads and therefore is only shown for the compression case.

Recall that the equation for critical load (P_{cr}) and critical stress (σ_{cr}) for Euler column buckling is given by:

$$P_{cr} = \frac{\pi^2 EI}{L_e^2} \rightarrow \sigma_{cr} = \frac{P_{cr}}{A} \tag{F.7}$$

where I is the moment of inertia, A is the cross-sectional area, and L_e is the effective length of the column. If the critical stress is below the proportional limit, E_c and E_t are identical and lead to the same result. However, when the critical stress is above the proportional limit, it is best to use the tangent modulus for design; it is both conservative (since $E_t < E_c$) and better reflects the local stiffness of the column at the stress level being considered. For further discussion of this topic, see *MIL-HDBK-5J*, Section 1.6 ("Columns").

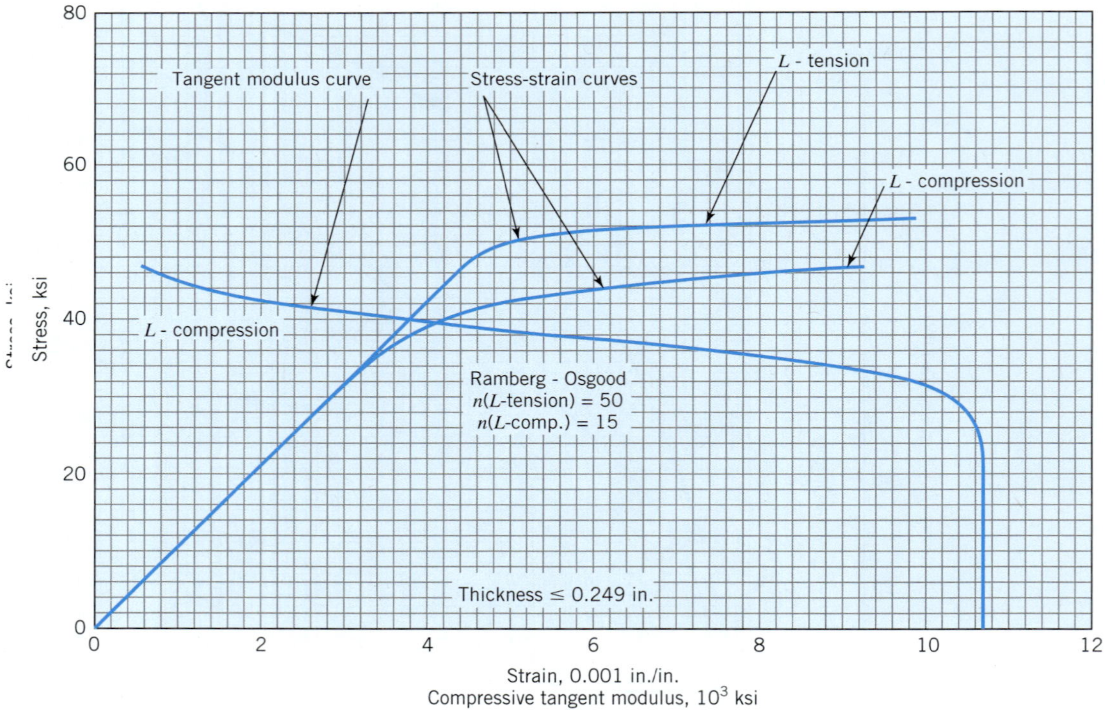

FIGURE F.7 Typical stress–strain curves and tangent modulus curves for 2024-T3 alloy sheet in the L direction at room temperature. Adapted from *MIL-HDBK-5J*, Figure 3.2.3.1.6(a).

F.4.4 Fatigue *S–N* Data and Equivalent Stress Model

An example of fatigue data (indicated symbols) and the associated equivalent stress model fits (solid lines) is shown in Figure F.8 for rolled bar 2024-T4 alloy specimens tested axially in the unnotched condition ($K_t = 1.0$). Runout data points are those that did not fail within a certain number of cycles; these are indicated with symbols at the associated cycle count with arrows pointing to the right.

Details of the tests used to obtain the data in Figure F.8 are shown in Table F.4 along with the parameters describing the equivalent stress model. As discussed previously, the equivalent stress model can be used to predict the number of cycles to failure at a specified maximum fatigue stress level (S_{max}) and stress ratio (R). The model can also be used to predict the maximum stress associated with a certain number of cycles to failure (see Equation F.6). Caution should be used if the model is extended beyond the data set used to create it. For example, using Figure F.8 to determine the maximum stress for an R ratio of 0.50 at 10^3 cycles would clearly be invalid, as the prediction would be well above 75 ksi (the highest stress test specimen in the data set).

In addition to *S–N* curves, fatigue crack growth data are also presented for certain alloys and represents the crack length (a) versus the number of fatigue cycles applied (N). This experimentally obtained information can be used to assess the Paris equation for the material. For example, data for 2124-T851 aluminum plate can be found at *MIL-HDBK-5J*, Figures 3.2.7.1.9(a)–(e).

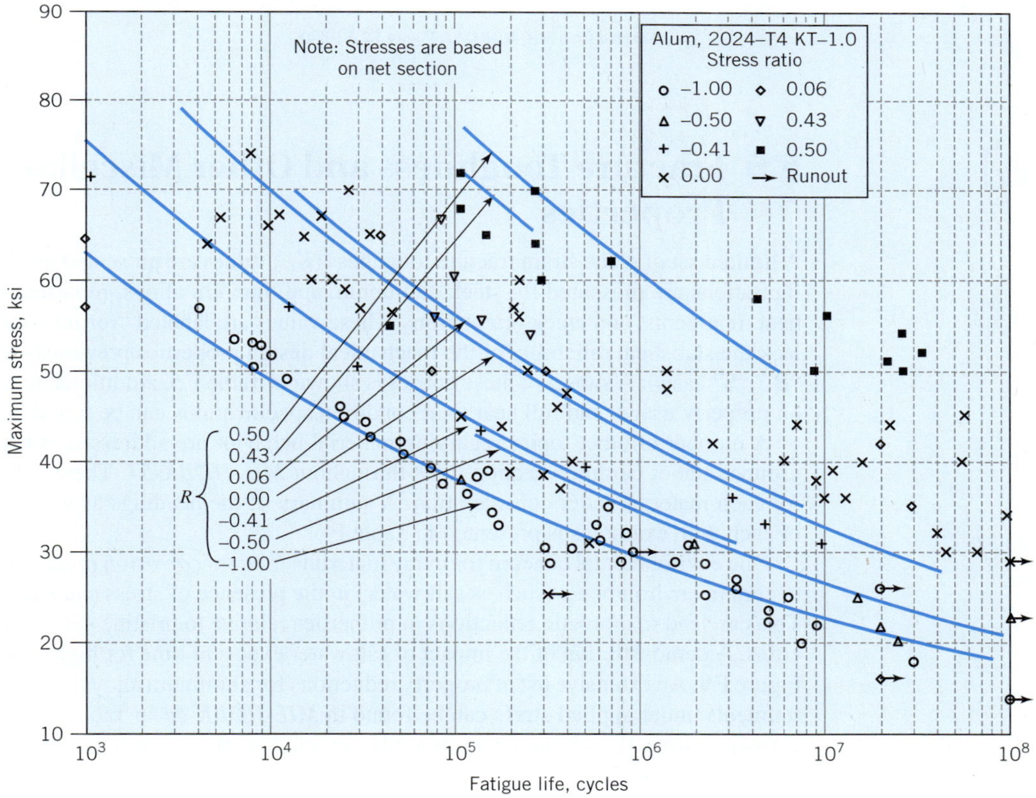

FIGURE F.8 ***S–N*** **curves for unnotched 2024-T4 aluminum alloy (longitudinal direction) with equivalent stress model parameters shown. Adapted from** ***MIL-HDBK-5J*****, Figure 3.2.3.1.8(a).**

Table F.4 Fatigue Test Details and Equivalent Stress Model Parameters Used to Develop the *S–N* Curves Shown in Figure F.8 Which are for Unnotched 2024-T4 Aluminum Alloy (Longitudinal Direction).

Product Form	**Specimen Details**
Rolled bar, 0.75 to 1.25 in diameter	Unnotched
Drawn rod, 0.75 in diameter	0.160 to 0.400 in diameter
Extruded rod, 1.25 in diameter	Longitudinally polished surface
Extruded bar, 1.25 in × 4 in	
Mechanical Properties at Room Temp.	**Test Parameters**
$F_{tu} = 69$ ksi $F_{ty} = 45$ ksi (rolled)	Loading—axial
$F_{tu} = 71$ ksi $F_{ty} = 44$ ksi (drawn)	Frequency—1800 to 3600 cycles/min
$F_{tu} = 85$ ksi $F_{ty} = 65$ ksi (extruded)	Room temperature in air
	Equivalent Stress
	$\log(N_f) = 20.83 - 9.09 \log(S_{eq})$
	$S_{eq} = S_{max}(1 - R)^{0.52}$

Adapted from *MIL-HDBK-5J*, Figure 3.2.3.1.8(a).

F.5 Fracture Toughness and Other Miscellaneous Properties

A limited set of plane strain fracture toughness (K_{Ic}) values are presented in *MIL-HDBK-5J*. Configurations are presented for steel, aluminum, and titanium alloys, representing different alloys, heat treatments, and crack orientations. These values are labeled "for information only," as they lack the statistical reliability of the mechanical design properties previously presented (i.e., "A," "B," "S" basis). A subset of these entries is shown in Table F.5. Additional test details, limitations on property usage, and full heat treat condition specifications can be found in *MIL-HDBK-5J*.

A number of other topics regarding material behavior are addressed in Chapters 2–7 and are grouped under common section titles throughout *MIL-HDBK-5J*. These titles can be consulted for each material under consideration. A summary of the headings as well as a brief discussion of each with examples is presented in Table F.6.

One environmental concern for many materials is *stress corrosion cracking*, in which exposure to certain environments (such as salt water) in the presence of stress can lead to crack formation. This can lead to dramatic reductions in properties relative to pristine specimen mechanical properties. A demonstration of the impact of salt water exposure time for high alloy steels is shown in Figure F.9. An extensive list of property reductions for aluminum alloys exposed to corrosive environments under applied stress can be found in *MIL-HDBK-5J* in Tables 3.1.2.3.1(a)–(e). Proper corrosion protection through painting, plating, etc., is critical for materials with stress corrosion cracking issues.

As mentioned in the introduction, Chapter 8 of *MIL-HDBK-5J* also presents data for structural joints. One section focuses on joint strength made with various fasteners (rivets, blind fasteners, swaged collar fasteners, threaded fasteners, etc.) in different configurations (protruding head, flush head, etc.). All joint data assume an edge margin (e/D) of 2.0. Another section focuses on metallurgical joints formed by welding or brazing and presents extensive data on the static and

Table F.5 Plane Strain Fracture Toughness of Selected Steel (Top), Aluminum (Middle), and Titanium (Bottom) Alloys. *MIL-HDBK-5J*, Subset of Tables 2.1.2.1.3 (Steel), 3.1.2.1.6 (Aluminum), 5.1.2.1.1 (titanium).

Alloy	Heat Treat Condition/ Temper	Product Form	Orientation	F_{ty} Range (ksi)	Specimen Thickness Range (in.)	K_{Ic} (ksi $\sqrt{in}$)			Coefficient of Variation
						Max.	Avg.	Min.	
D6AC	Q&T salt	Plate	L–T	217	0.6	88	62	40	22.5
D6AC	Q&T oil	Plate	L–T	217	0.6–0.8	101	92	64	8.9
9Ni-4Co-.20C	Q&T oil	Forging	L–T	186–192	1.5–2.0	147	134	120	8.5
PH13-8Mo	H1000	Forging	L–T	205–212	0.7–2.0	104	90	49	21.5
2024	T351	Plate	L–T	—	0.8–2.0	43	31	27	16.5
2024	T851	Plate	L–S	—	0.5–0.8	32	25	20	17.8
2024	T851	Plate	L–T	—	0.4–1.4	32	23	15	10.1
2024	T851	Plate	T–L	—	0.4–1.4	25	20	18	8.8
Ti-6Al-4V	Mill Ann.	Forged bar	L–T	121–143	0.6–1.1	77	60	38	10.5
Ti-6A1-4V	Mill Ann.	Forged bar	T–L	124–145	0.5–1.3	81	57	33	11.7

Table F.6 Common Sections in *MIL-HDBK-5J* and Examples of Associated Information.

Heading	Presented Information
Material properties	Discussion at the beginning of each chapter relating to the material therein. Examples: grain structure (martensitic, austenitic, etc.) for steel; review of tempering for aluminum.
Mechanical properties	Issues related to strength and other mechanical properties. Example: property variation and directional dependence for thick steel parts, especially when heat treated for high strength.
Metallurgical considerations	Issues related to the metallurgy of the material. Examples: heat treatment for carbon steel; the effect of alloys in low, intermediate, and high alloy steels; composition of superalloys.
Manufacturing considerations	Issues related to manufacturing methods. Examples: formability of steels by forging, rolling, extrusion, etc.; machining; suitability of joining by welding, brazing, etc.
Environmental considerations	Issues related to environmental exposure and corrosion. Examples: oxidation resistance for various materials; ductile-to-brittle transformation for steels; stress-corrosion cracking.

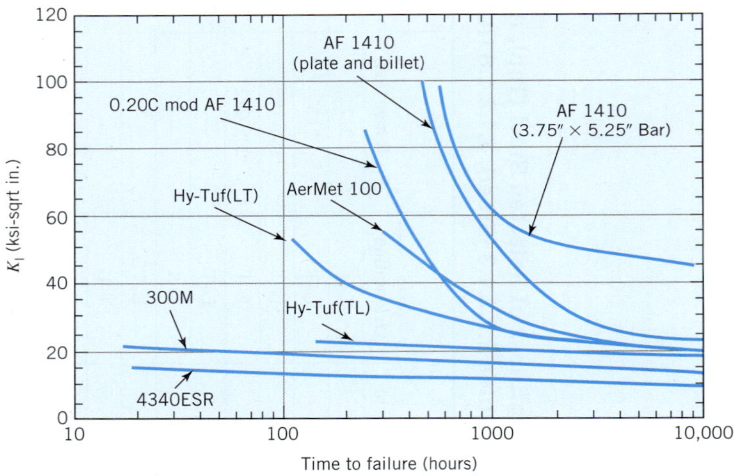

FIGURE F.9 Critical stress intensity factor (K_{Ic}) for high alloy steels after exposure to 3.5% NaCl environment for period indicated. Adapted from *MIL-HDBK-5J*, Figure 2.5.0.2(a).

fatigue strength of spot welded joints with limited data for other items such as fusion welding, flash welding, and brazing.

F.6 Conclusion

MIL-HDBK-5J represents an extensive database of material properties for metals commonly used in machine components. It is available as a free download and can serve as an outstanding resource for students in their academic studies and later engineering practice. *MIL-HDBK-5J* was canceled in May, 2004 and superseded by *MMPDS*, a fee-based document. As such, *MIL-HDBK-5J* is no longer current and users should be aware that the subsequent revisions in *MMPDS* are not reflected. For many general applications, the values in *MIL-HDBK-5J* can still serve as a useful resource. However, regardless of what material properties are used, testing and evaluation should be conducted to establish proper and safe machine component performance.

REFERENCES

1. "History," http://projects.battelle.org/mmpds/history.pdf (accessed 5 Nov 2010).
2. *MIL-HDBK-5J (Military Handbook—Metallic Materials and Elements for Erospace Vehicle Structures)*, Jan. 1, 2003, U.S. Government Printing Office, Washington, DC.
3. Hempe, D.W., "Memorandum—Information: Policy Statement on Use of Metallic Materials Properties Development and Standardization (*MMPDS*) Handbook," July 25, 2006, Federal Aviation Administration, Washington, D.C. http://projects.battelle.org/mmpds/MMPDS%20Handbook%20Memo.pdf (accessed 5 Nov 2010).
4. Niu, M.C.Y., *Airframe Structural Design: Practical Design Information and Data on Aircraft Structure*, Second Edition, Adaso Adastra Engineering, 2006.
5. Walker, K., "The effect of stress ratio during crack propagation and fatigue for 2024-T3 and 7075-T6 aluminum," *Effects of Environment and Complex Load History on Fatigue Life. ASTM STP 462, ASTM*, 1970, pp. 1–14.

G Force Equilibrium: A Vectorial Approach

In this appendix, we shall illustrate how force and moment equilibrium problems (such as Sample Problem 2.5) can be solved via a vectorial approach.

G.1 Vectors: A Review

Quantities such as positions, forces, and moments may be represented as vectors and are denoted here by bold characters such as **p**, **F**, and **M**. For example, in Figure G.1, $\mathbf{p} = 0\hat{i} + 4\hat{j} + 3\hat{k}$ is a position vector that lies on the *yz* plane, and $(\hat{i}, \hat{j}, \hat{k})$ represent the three coordinate axes; equivalently the vector $\mathbf{p} = 0\hat{i} + 4\hat{j} + 3\hat{k}$ may be captured in a tuple format as p = (0,4,3).

Given any vector $\mathbf{p} = (p_x, p_y, p_z)$, its *magnitude* is defined to be

$$\|\mathbf{p}\| = \sqrt{p_x^2 + p_y^2 + p_z^2} \tag{G.1}$$

and its *direction* is the unit vector:

$$\hat{\mathbf{p}} = \frac{\mathbf{p}}{\|\mathbf{p}\|} \tag{G.2}$$

For example, the magnitude of vector $\mathbf{p} = (0,4,3)$ is $\|\mathbf{p}\| = \sqrt{0 + 16 + 9} = 5$ while its direction is given by $\hat{\mathbf{p}} = (0,4,3)/5$, i.e., $\hat{\mathbf{p}} = (0,0.8,0.6)$. Also observe from Equation (G.2) that, given a magnitude $\|\mathbf{p}\|$ and a direction $\hat{\mathbf{p}}$, the corresponding vector is given by

$$\mathbf{p} = \|\mathbf{p}\|\hat{\mathbf{p}} \tag{G.3}$$

For example, suppose that the magnitude of a vector is 3 and its direction is the unit vector (0,–0.6,0.8), then the corresponding vector is $\mathbf{p} = 3(0,-0.6,0.8) = (0,-1.8,2.4)$

Given any two vectors **p** and **q**, we define their *sum* as

$$\mathbf{p} + \mathbf{q} = (p_x + q_x, p_y + q_y, p_z + q_z) \tag{G.4}$$

Further, their *dot-product* (resulting in a scalar quantity) is defined as:

$$\mathbf{p} \cdot \mathbf{q} = p_x q_x + p_y q_y + p_z q_z \tag{G.5}$$

The dot-product is particularly useful in finding the component of a vector along a given direction. For example, the component of $\mathbf{p} = (0,4,3)$ along the unit direction $\hat{\mathbf{d}} = (0,0.8,0.6)$ is given by $\mathbf{p} \cdot \hat{\mathbf{d}} = 5.0$

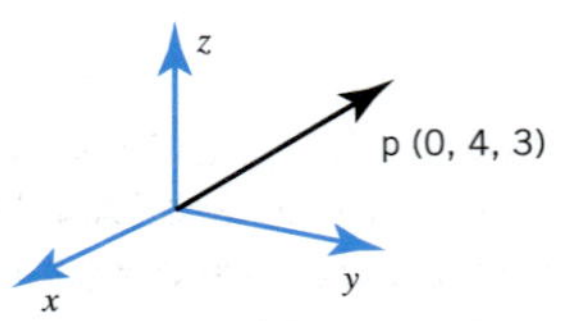

FIGURE G.1 **A position vector.**

Finally, the *cross-product* of two vectors **p** and **q** (resulting in a vector quantity) is defined via a determinant as follows:

$$\mathbf{p} \otimes \mathbf{q} = \det \begin{bmatrix} \hat{i} & \hat{j} & \hat{k} \\ p_x & p_y & p_z \\ q_x & q_y & q_z \end{bmatrix} \quad \textbf{(G.6)}$$

Evaluating the determinant, we have

$$\mathbf{p} \otimes \mathbf{q} = (p_y q_z - q_y p_z)\hat{i} + (p_z q_x - q_z p_x)\hat{j} + (p_x q_y - q_x p_y)\hat{k} \quad \textbf{(G.7)}$$

i.e., in a tuple notation:

$$\mathbf{p} \otimes \mathbf{q} = ((p_y q_z - q_y p_z), (p_z q_x - q_z p_x), (p_x q_y - q_x p_y)) \quad \textbf{(G.8)}$$

The cross-product is particularly useful for computing moments due to external forces, as explained in the next section.

G.2 Force and Moments Equilibrium

Consider the illustration in Figure G.2*a* where an external force acts at one end of the member as shown. In the coordinate system illustrated, the force may be represented by the vector $\mathbf{F}_{ext} = F(0,0,-1) = (0,0,-F)$, where F is the magnitude of the force.

Figure G.2*b* illustrates a free-body-diagram taken at the cross-section *AA*. In Sample Problem 2.5, the free-body diagram was analyzed through visual inspection, and the reaction forces, moments, and torque at this cross-section were determined (as shown). The objective in this appendix is to confirm these results via a vectorial approach. The motivation behind the vectorial approach is that, for more complex problems where multiple forces are involved, visual inspection can be error-prone, whereas the vectorial approach is simple and reliable.

The vectorial approach for determining reaction forces, moments, etc. is as follows:

1. The first step is to identify all the external forces and moments. In this example, the external force is $\mathbf{F}_{ext} = (0,0,-F)$, while there are no external moments, i.e., $\mathbf{M}_{ext} = (0,0,0)$.
2. Next, we assign two unknown *internal* reaction vectors $\mathbf{F}_{int}$ and $\mathbf{M}_{int}$ at the cross-section of interest; $\mathbf{F}_{int}$ is the unknown reaction force vector, and $\mathbf{M}_{int}$ is the unknown generalized moment vector. The meaning of the generalized moment is discussed shortly. The objective is to find $\mathbf{F}_{int}$ and $\mathbf{M}_{int}$.

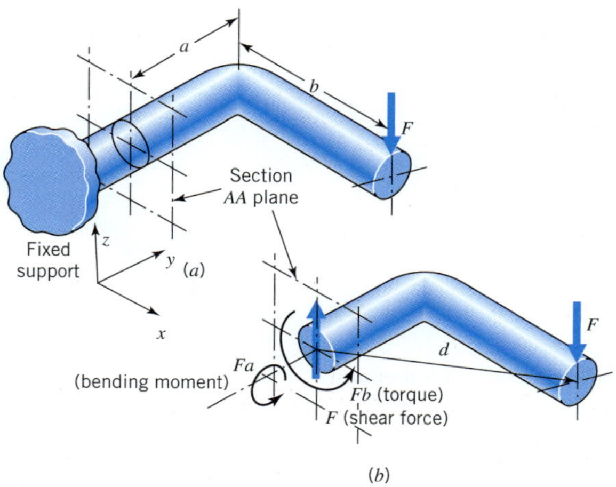

FIGURE G.2 Force acting on a member and free-body diagram.

3. In the third step, we create a vector **d** from the center of the cross-section of interest, to the point of force application, as illustrated in Figure G.2*b*. Observe, from the dimensions marked in Figure G.2*a*, that $\mathbf{d} = b\hat{i} + a\hat{j} = (b,a,0)$.

4. Finally, we enforce the following two equilibrium equations that a free-body must satisfy

$$\textit{Force equilibrium: } \mathbf{F}_{\text{ext}} + \mathbf{F}_{\text{int}} = \mathbf{0} \tag{G.9}$$

$$\textit{Moment equilibrium: } \mathbf{d} \otimes \mathbf{F}_{\text{ext}} + \mathbf{M}_{\text{ext}} + \mathbf{M}_{\text{int}} = \mathbf{0} \tag{G.10}$$

From the force equilibrium equation, we have

$$\mathbf{F}_{\text{int}} = -\mathbf{F}_{\text{ext}} = -(0,0,-F) = (0,0,F) \tag{G.11}$$

In other words, the reaction force is the shear force acting in the positive z-direction as confirmed in Figure G.2*b*.

From the moment equilibrium equation, since there is no external moment, we have

$$\mathbf{M}_{\text{int}} = -\mathbf{d} \otimes \mathbf{F}_{\text{ext}} \tag{G.12}$$

Since $\mathbf{F}_{\text{ext}} = (0,0,-F)$, and $\mathbf{d} = (b,a,0)$, from Equation (G.10) and Equation (G.6)

$$\mathbf{M}_{\text{int}} = -\det\begin{bmatrix} \hat{i} & \hat{j} & \hat{k} \\ b & a & 0 \\ 0 & 0 & -F \end{bmatrix} \tag{G.13}$$

i.e., $\mathbf{M}_{\text{int}} = (aF,-bF,0)$. In other words, the x-component of the generalized moment is aF; this is interpreted as a bending moment in Figure G.2*b*. The y-component of the generalized moment is $-bF$; this is interpreted as a torque in Figure G.2*b* (in the negative y-direction). There is no z-component of the moment.

To illustrate the generality of the vectorial approach, consider the illustration in Figure G.3, where an additional force $2F$ acts in the positive x-direction as illustrated. The objective once again is to find the internal/reaction forces $\mathbf{F}_{\text{int}}$ and moment $\mathbf{M}_{\text{int}}$ at cross-section AA.

Observe that the *external* force is now given by $\mathbf{F}_{\text{ext}} = (2F,0,-F)$, while $\mathbf{d} = (b,a,0)$ as before, and there are no external moments. From the force equilibrium equation, we have

$$\mathbf{F}_{\text{int}} = -\boldsymbol{F}_{\text{ext}} = (-2F,0,F) \tag{G.14}$$

i.e., there are two shear components at cross-section AA. On the other hand, the internal moment vector is given by $\mathbf{M}_{\text{int}} = -(b,a,0) \otimes (2F,0,-F)$, i.e., $\mathbf{M}_{\text{int}} = (aF,-bF,2aF)$. In other words, there is an *additional* reaction moment of $M_z = 2aF$ at the cross-section.

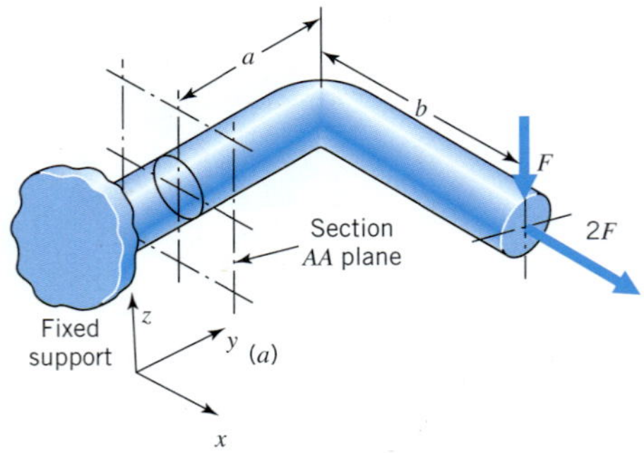

FIGURE G.3 Forces acting on a member and free-body diagram.

Normal Distributions

H

In this appendix, we illustrate how statistical problems (such as Sample Problem 6.4) can be solved using the Normal distribution table.

H.1 Standard Normal Distribution Table

Many quantities, such as Young's modulus and yield strength, are statistical in nature. Furthermore, they are typically assumed to be normally distributed with certain mean μ and standard deviation σ. The primary objective in statistical scenarios is to compute the *probability* that the quantity of interest exceeds a threshold.

As a special case, we first consider a random variable z that is normally distributed with mean 0 and standard deviation 1, i.e., $z \sim N(0, 1)$, illustrated as a bell curve in Figure H.1. Given such a distribution, the *probability* that $z \leq z_0$, can be computed using the standard Normal distribution, Table H.1, as follows.

For example, the probability $P(z \leq 0.68)$ is the entry against row of 0.6 and column of 0.08 in Table H.1, i.e., $P(z \leq 0.68) = 0.75175$, as highlighted. This value is equivalent to the area under the curve to the left of $z = z_0$, as illustrated in Figure H.1.

On the other hand, suppose we wish to compute $P(z \geq 0.68)$, then we use the fact that the total area under the Normal distribution curve is 1.0. Thus, $P(z \geq 0.68) = 1 - P(z \leq 0.68)$, i.e., $P(z \geq 0.68) = 1 - 0.75175 = 0.24825$. Finally, suppose we wish to compute $P(z \leq -0.68)$, we cannot use the table directly. However, we can use symmetry to show that $P(z \leq -0.68) = P(z \geq 0.68)$, and therefore $P(z \leq -0.68) = 0.24825$.

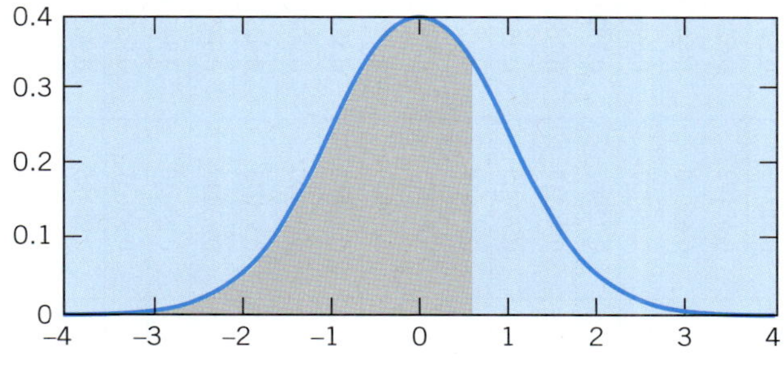

FIGURE H.1 The Normal distribution curve.

Table H.1 The Standard Normal Distribution Table

	Probability for a Standard Normal Variable									
	0.00	**0.01**	**0.02**	**0.03**	**0.04**	**0.05**	**0.06**	**0.07**	**0.08**	**0.09**
0.00	0.50000	0.50399	0.50798	0.51197	0.51595	0.51994	0.52392	0.52790	0.53188	0.53586
0.10	0.53983	0.54380	0.54776	0.55172	0.55567	0.55962	0.56356	0.56749	0.57142	0.57535
0.20	0.57926	0.58317	0.58706	0.59095	0.59483	0.59871	0.60257	0.60642	0.61026	0.61409
0.30	0.61791	0.62172	0.62552	0.62930	0.63307	0.63683	0.64058	0.64431	0.64803	0.65173
0.40	0.65542	0.65910	0.66276	0.66640	0.67003	0.67364	0.67724	0.68082	0.68439	0.68793
0.50	0.69146	0.69497	0.69847	0.70194	0.70540	0.70864	0.71226	0.71566	0.71904	0.72240
0.60	0.72575	0.72907	0.73237	0.73565	0.73891	0.74215	0.74537	0.74857	**0.75175**	0.75490
0.70	0.75804	0.76115	0.76424	0.76730	0.77035	0.77337	0.77637	0.77935	0.78230	0.78524
0.80	0.78814	0.79103	0.79389	0.79673	0.79955	0.80234	0.80511	0.80785	0.81057	0.81327
0.90	0.81594	0.81859	0.82121	0.82381	0.82639	0.82894	0.83147	0.83398	0.83646	0.83891
1.00	0.84134	0.84375	0.84614	0.84849	0.85083	0.85314	0.85543	0.85769	0.85993	0.86214
1.10	0.86433	0.86650	0.86864	0.87076	0.87286	0.87493	0.87698	0.87900	0.88100	0.88298
1.20	0.88493	0.88686	0.88877	0.89065	0.89251	0.89435	0.89617	0.89796	0.89973	0.90147
1.30	0.90320	0.90490	0.90658	0.90824	0.90988	0.91149	0.91309	0.91466	0.91621	0.91774
1.40	0.91924	0.92073	0.92220	0.92364	0.92507	0.92647	0.92785	0.92922	0.93056	0.93189
1.50	0.93319	0.93448	0.93574	0.93699	0.93822	0.93943	0.94052	0.94179	0.94295	0.94408
1.60	0.94520	0.94630	0.94738	0.94845	0.94950	0.95053	0.95154	0.95254	0.95352	0.95449
1.70	0.95543	0.95637	0.95728	0.95818	0.95907	0.95994	0.96080	0.96164	0.96246	0.96327
1.80	0.95407	0.96485	0.96562	0.96638	0.96712	0.96784	0.96856	0.95926	0.96995	0.97062
1.90	0.97128	0.97193	0.97257	0.97320	0.97381	0.97441	0.97500	0.97558	0.97615	0.97670
2.00	0.97725	0.97778	0.97831	0.97882	0.97932	0.97982	0.98030	0.98077	0.98124	0.98169
2.10	0.98214	0.98257	0.98300	0.98341	0.98382	0.98422	0.98461	0.98500	0.98537	0.98574
2.20	0.98610	0.98645	0.98679	0.98713	0.98745	0.98778	0.98809	0.98840	0.98870	0.98899
2.30	0.98928	0.98956	0.98983	0.99010	0.99036	0.99061	0.99086	0.99111	0.99134	0.99158
2.40	0.99180	0.99202	0.99224	0.99245	0.99266	0.99286	0.99305	0.99324	0.99343	0.99361
2.50	0.99379	0.99396	0.99413	0.99430	0.99446	0.99461	0.99477	0.99492	0.99506	0.99520
2.60	0.99534	0.99547	0.99560	0.99573	0.99585	0.99598	0.99609	0.99621	0.99632	0.99643
2.70	0.99653	0.99664	0.99674	0.99683	0.99693	0.99702	0.99711	0.99720	0.99728	0.99736
2.80	0.99744	0.99752	0.99760	0.99767	0.99774	0.99781	0.99788	0.99795	0.99801	0.99807
2.90	0.99813	0.99819	0.99825	0.99831	0.99836	0.99841	0.99846	0.99851	0.99856	0.99861
3.00	0.99865	0.99869	0.99874	0.99878	0.99882	0.99886	0.99889	0.99893	0.99896	0.99900
4.00	0.99997	0.99997	0.99997	0.99997	0.99997	0.99997	0.99998	0.99998	0.99998	0.99998

H.2 Converting to Standard Normal Distribution

The previous section addressed the question of computing probabilities when the underlying variable z is normally distributed with mean 0 and standard deviation of 1. Here, we consider a normally distributed variable x with mean μ and standard deviation σ, i.e., $x \sim N(\mu, \sigma)$.

In order to compute the probability $P(x \le x_0)$, we use the following fundamental result

$$P(x \le x_0) = P(z \le z_0)$$
$$P(x \ge x_0) = P(z \ge z_0) \tag{H.1}$$

where z is normally distributed with mean 0 and standard deviation of 1, and

$$z_0 = (x_0 - \mu)/\sigma \tag{H.2}$$

As a specific example, let us say the shear stress in a torsion bar is normally distributed with $\mu = 55$ MPa and $\sigma = 3$ MPa, i.e., $\tau \sim N(55,3)$ MPa. Further, suppose that we are interested in computing the probability $P(\tau \ge 63 \text{ MPa})$.

From the above result, $P(\tau \ge 63) = P(z \ge z_0)$, where $z_0 = (63 - 55)/2.5 = 2.67$. From the normal distribution table, we have $P(z \ge 2.67) = 1 - P(z \le 2.67) = 0.00379$. In conclusion, the likelihood that the shear stress will exceed 63 MPa is less than 0.4%.

H.3 Linear Combination of Normal Distributions

One can take the result from the previous section one step further. Specifically, consider two normally distributed variables $x \sim N(\mu_x, \sigma_x)$ and $y \sim N(\mu_y, \sigma_y)$ that are statistically independent, i.e., x and y are not correlated. Further, let w be another variable such that $w = ax + by$, where a and b are scalar constants.

Then, one can show that w is also normally distributed with mean $a\mu_x + b\mu_y$ and standard deviation $\sqrt{(a\sigma_x)^2 + (b\sigma_y)^2}$, i.e.,

$$w \sim N(a\mu_x + b\mu_y, \sqrt{(a\sigma_x)^2 + (b\sigma_y)^2}) \tag{H.3}$$

For example, let $x_1 \sim N(10,0.7)$ and $x_2 \sim N(5, 0.5)$ be two independent random variables. Further, let $y = 2x_1 + 2x_2$. Using the above result, the reader can verify that $y \sim N(30, 1.72)$. Now, one can pose and solve probability questions such as $P(y \le 28)$, and so on.

Let us now consider Sample Problem 6.4; the problem states that the bolts under consideration are normally distributed, having a mean twist-off strength of 20 N·m and standard deviation of 1 N·m, i.e., $x \sim N(20, 1)$N·m. On the other hand, the torque delivered by wrenches used in tightening these bolts are also normally distributed, having a standard deviation of 1.5 N·m, while the desired mean value must be determined, i.e., $y \sim N(\mu_y, 1.5)$.

The bolts will fail if the delivered torque exceeds their capacity. We would like to limit the probability of this event to less than 1 in 500; we enforce the condition $P(x \le y) = 1/500 = 0.002$, i.e., $P(x - y \le 0) = 0.002$. Let $w = x - y$. Then, from Equation (H.3), $w \sim N(20 - \mu_y, 1.8028)$. Since we require $P(w \le 0) = 0.002$, using Equations (H.1) and (H.2), we have $P(z \le z_0) = 0.002$, where $z_0 = (\mu_y - 20)/1.8028$. From the table, this corresponds to $z_0 = -2.88$. Solving for μ_y, we have $\mu_y = 14.8$ N·m.

I S–N Formula

In this appendix, we illustrate how the *S–N* curves such as the one in Figure 8.22 can be interpreted mathematically, and how problems such as Sample Problem 8.1 can be solved using the generalized *S–N* formula.

I.1 *S–N* Formula

First of all, observe that, in the *S–N* curves (for example, see Figure 8.22), one plots the *logarithm of the strength* on the *y*-axis, while on the *x*-axis, one plots the logarithm of the number of cycles (N). Since the plots are linear, we have

$$\log_{10}(S) = A\log_{10}(N) + B \tag{I.1}$$

The two constants A and B are unknown and can be determined as follows. Let the strength at $N = 10^6$ be $S = S_n$ (endurance limit), let the strength at $N = 10^3$ be $S = S_3$. Substituting these values in Equation (I.1), we obtain

$$\log_{10}(S_n) = A\log_{10}(10^6) + B$$
$$\log_{10}(S_3) = A\log_{10}(10^3) + B$$

Recall that $\log_{10}(10^m) = m$. Thus,

$$\log_{10}(S_n) = 6A + B$$
$$\log_{10}(S_3) = 3A + B$$

Solving for A and B:

$$A = \frac{1}{3}\log_{10}\left(\frac{S_n}{S_3}\right); \quad B = \log_{10}\left(\frac{S_3^2}{S_n}\right)$$

Thus, the general *S–N* formula is given by

$$\log_{10}(S) = \frac{1}{3}\log_{10}\left(\frac{S_n}{S_3}\right)\log_{10}(N) + \log_{10}\left(\frac{S_3^2}{S_n}\right) \tag{I.2}$$

Now, given any value of N, one can find the corresponding strength, and vice versa.

I.2 Illustrative Example

Consider now Sample Problem 8.1, where it is given that $S_n = 61$ ksi and $S_3 = 112$ ksi. The objective is to find the strength corresponding to $N = 10^4$ cycles. From Equation (I.2), we have

$$\log_{10}(S) = \frac{1}{3}\log_{10}\left(\frac{61}{112}\right)\log_{10}(N) + \log_{10}\left(\frac{112^2}{61}\right)$$

i.e.,

$$\log_{10}(S) = \frac{(-0.2639)}{3}\log_{10}(N) + 2.3131$$

For $N = 10^4$ cycles, we have

$$\log_{10}(S) = \frac{(-0.2639)4}{3} + 2.3131 = 1.9612$$

Thus, at $N = 10^4$ cycles, $S = 10^{1.9612} = 91.45$ ksi.

J Gear Terminology and Contact-Ratio Analysis

In this appendix, we summarize the mathematical relationship(s) between various quantities associated with spur-gears (see Figure J.1).

J.1 Nominal Spur-Gear Quantities

Various quantities associated with a spur-gear set are summarized in Table J.1 below, where:

- Column 1 is the name of the quantity as described in Chapter 15.
- Column 2 is the associated symbol (see conventions below).
- Column 3 is the unit (if any) associated with the quantity.
- Column 4 is the relationship of the given quantity with previously defined quantities.
- Column 5 is a specific case study (see example below).

As in Chapter 15, we use the following conventions:

- A subscript p is used to refer to the smaller gear (pinion), while g is used to refer to the larger gear. Thus, for example, N_p is the number of teeth in the pinion, while N_g is the number of

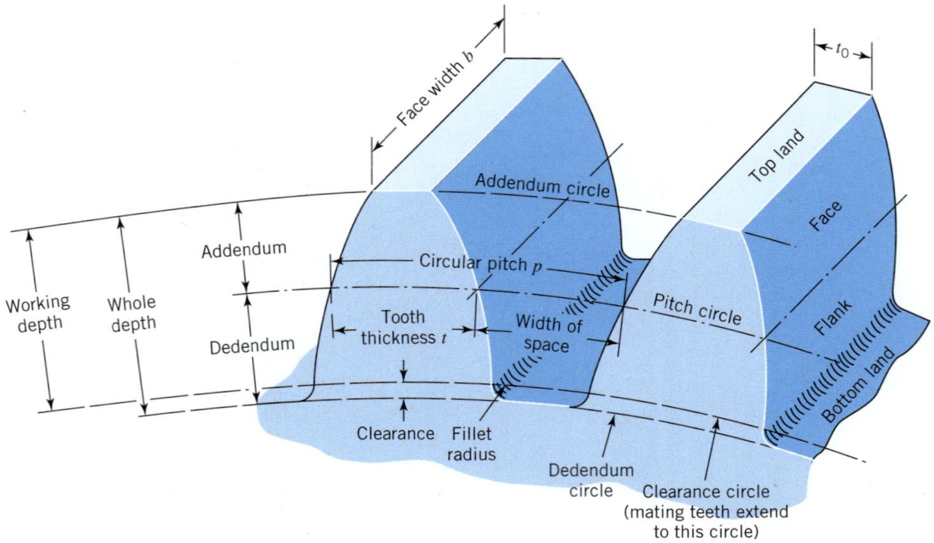

FIGURE J.1 Nomenclature of gear teeth.

teeth in the larger gear. For quantities such as the pressure angle ϕ that are common to pinion and gear, subscripts are not used.

- In addition, the subscript b is used for base radius, a for addendum radius, and d for dedendum radius. Thus, for example, the symbol r_{bp} is the pinion base radius, while r_{ag} is the gear addendum radius.

Now consider a gear-set that consists of a 16-tooth pinion and a 40-tooth gear; diametral pitch is 2, with a nominal pressure angle of 20°. In the fifth column of Table J.1, we have entered this data in the first three rows, while in the remaining rows of the fifth column, we have computed the quantities using the relationship provided. Observe in the table that we have used the standard addendum radii for the pinion and gear, since they are less than the corresponding maximum allowable addendum radii. Given the addendum radii, one arrives at the nominal contact ratio of 1.58; these calculations are most conveniently carried out using an Excel® spreadsheet.

Table J.1 Nominal Quantities Associated with a Gear-Set

Name	Symbol	Units	Relationship	Example
Number of teeth	N_p			$N_p = 16$
	N_g			$N_g = 32$
Nominal diametral pitch	P	per in.		$P = 2$
Pressure angle	ϕ	degrees		$\phi = 20°$
Gear ratio	η	–	$\eta = N_g/N_p$	$\eta = 2$
Base width	b	in.	$9/P < b < 14/P$	$4.5 < b < 7$
Nominal pitch radius	r_p	in.	$r_p = N_p/(2P)$	$r_p = 4$
	r_g		$r_g = N_g/(2P)$	$r_g = 8$
Base radius	r_{bp}	in.	$r_{\text{bp}} = r_p \cos\phi$	$r_{\text{bp}} = 3.76$
	r_{bg}		$r_{\text{bg}} = r_g \cos\phi$	$r_{\text{bg}} = 7.52$
Center distance	c	in.	$c = \dfrac{(N_p + N_g)}{(2P)}$	$c = 12$
Maximum addendum radius to avoid interference	$r_{\text{ap}}^{\max}$	in.	$r_{\text{ap}}^{\max} = \sqrt{r_{\text{bp}}^2 + c^2 \sin^2\phi}$	$r_{\text{ap}}^{\max} = 5.57$
	$r_{\text{ag}}^{\max}$		$r_{\text{ag}}^{\max} = \sqrt{r_{\text{bg}}^2 + c^2 \sin^2\phi}$	$r_{\text{ag}}^{\max} = 8.56$

Table J.1 ***(Continued)***

Name	Symbol	Units	Relationship	Example
Addendum radius	r_{ap} r_{ag}	in.	$r_{ap} = (N_p + 2)/(2P)$ $r_{ag} = (N_g + 2)/(2P)$ (Standard)	$r_{ap} = 4.5$ $r_{ag} = 8.5$
Dedendum radius	r_{dp} r_{dg}	in.	$r_{dp} = (N_p - 2.5)/(2P)$ $r_{dg} = (N_g - 2.5)/(2P)$ (Standard)	$r_{dp} = 3.375$ $r_{dg} = 7.375$
Module	m	mm	$m = 25.4/P$	$m = 12.7$
Circular pitch	p	in.	$p = \pi/P$	$p = 1.57$
Tooth thickness	t	in.	$t = \pi/(2P)$	$t = 0.785$
Contact ratio	CR	–	$\Delta_p = \sqrt{r_{ap}^2 - r_{bp}^2}$ $\Delta_g = \sqrt{r_{ag}^2 - r_{bg}^2}$ $CR = \dfrac{\Delta_p + \Delta_g - c \sin\phi}{p \cos\phi}$	$\Delta_p = 2.70$ $\Delta_g = 3.96$ $CR = 1.58$

J.2 Actual Quantities

The quantities in Table J.1 are nominal quantities, i.e., they are valid when the two gears are at the nominal (ideal) center distance. In practice, the center distance will be larger than the nominal center distance, and many of the above quantities will change. This is captured in Table J.2.

In Table J.2, we identify the specific quantities that change when the center distance increases. Quantities such as number of teeth and gear ratio do not depend on the center distance are therefore not listed below.

In order to distinguish actual quantities from their nominal counterparts in Table J.1, we use a bar above the symbol in Table J.2. For example, since c is the nominal center distance, $\bar{c}$ is the actual center distance. Similarly, $\bar{\phi}$ is the actual pressure angle.

Continuing with the example of the previous section, suppose that the distance between the gear-centers is 0.05 inches more than the nominal; what is the contact ratio and backlash?

In the fifth column of Table J.2, we have entered the data provided in the first row, while in the remaining rows, the quantities are computed using the relationships provided. Observe that the contact ratio has dropped from 1.58 in Table J.1 to 1.49 in Table J.2.

Table J.2 Contact Ratio and Other Quantities at an Actual Center Distance

Name	Symbol	Units	Relationship	Example
Actual working distance	$\bar{c}$	in.		$\bar{c} = 12.05$
Ratio of center distances	λ		$\lambda = \bar{c}/c$	$\lambda = 1.004$
Actual pressure angle	$\bar{\phi}$	degrees	$\cos\bar{\phi} = \cos\phi/\lambda$	$\bar{\phi} = 20.64°$
Actual pitch	$\bar{P}$	per in.	$\bar{P} = P/\lambda$	$\bar{P} = 1.99$
Actual pitch radius	$\bar{r}_p$ $\bar{r}_g$	in.	$\bar{r}_p = r_p\lambda$ $\bar{r}_g = r_g\lambda$	$\bar{r}_p = 4.0167$ $\bar{r}_g = 8.0333$
Actual circular pitch	$\bar{p}$	in.	$\bar{p} = p\lambda$	$p = 1.5773$
Maximum addendum radius to avoid interference	$\bar{r}_{\text{ap}}^{\max}$ $\bar{r}_{\text{ag}}^{\max}$	in.	$\bar{r}_{\text{ap}}^{\max} = \sqrt{r_{\text{bp}}^2 + \bar{c}^2 \sin^2\bar{\phi}}$ $\bar{r}_{\text{ag}}^{\max} = \sqrt{r_{\text{bg}}^2 + \bar{c}^2 \sin^2\bar{\phi}}$	$\bar{r}_{\text{ap}}^{\max} = 5.67$ $\bar{r}_{\text{ag}}^{\max} = 8.63$
Actual contact ratio	$\overline{CR}$	–	$\Delta_p = \sqrt{r_{\text{ap}}^2 - r_{\text{bp}}^2}$ $\Delta_g = \sqrt{r_{\text{ag}}^2 - r_{\text{bp}}^2}$ $\overline{CR} = \dfrac{\Delta_p + \Delta_g - \bar{c}\sin\bar{\phi}}{\bar{p}\cos\bar{\phi}}$	$\overline{CR} = 1.49$
Backlash (measured on pitch circle)	$\bar{B}$	in.	$\bar{B} = 2(\bar{c} - c)\tan\bar{\phi}$	$\bar{B} = 0.0377$

J.3 Illustrative Example

We now rework Sample Problem 15.1D (reproduced below for convenience) using the two tables above.

SAMPLE PROBLEM 15.1D

Two parallel shafts with (nominal) 4-in. center distance are to be connected by 6-pitch, 20° spur gears providing a velocity ratio of –3.0.

a. Determine the pitch diameters and numbers of teeth in the pinion and gear.
b. Determine whether there will be interference when standard full-depth teeth are used.
c. Determine the contact ratio.

SOLUTION

Observe that, in this example, the number of pinion-teeth and number of gear-teeth are not provided; instead, the gear ratio and the nominal center distance are provided. The first objective is to determine the number of teeth from the given data.

(a) From the expression for gear ratio and nominal center distance in Table J.1, we have $N_g/N_p = 3$ and $(N_p + N_g)/(2P) = 4$. Further, since the pitch P is 6, we have $N_g = 36$ and $N_p = 12$. We can now enter the data in the table below and compute quantities, such as nominal pitch radius, etc.

(b) The standard addendum radius for the gear is $r_{ag} = (N_g + 2)/(2P) = 3.17$. Since this is greater than the maximum allowable addendum radius of $r_{ag}^{max} = 3.13$ (see Table J.3), there will be interference if standard full-depth teeth are used. Instead, as explained in Sample Problem 15.1D, we shall use a nonstandard addendum of $r_{ag} = r_g + 0.06 = 3.06$ and $r_{ap} = r_p + 0.29 = 1.29$.

(c) With this choice, one can now compute the contact ratio as illustrated in Table J.3.

Table J.3 Solution to Sample Problem 15.1D

Name	Symbol	Units	Relationship	Example
Number of teeth	N_p N_g			$N_p = 12$ $N_g = 36$
Nominal diametral pitch	P	per in.		$P = 6$
Nominal pressure angle	ϕ	degrees		$\phi = 20°$
Gear ratio	η		$\eta = N_g/N_p$	$\eta = 3$
Base width	b	in.	$9/P < b < 14/P$	$1.5 < b < 2.33$
Nominal pitch radius	r_p r_g	in.	$r_p = N_p/(2P)$ $r_g = N_g/(2P)$	$r_p = 1$ $r_g = 3$
Nominal base radius	r_{bp} r_{bg}	in.	$r_{bp} = r_p \cos\phi$ $r_{bg} = r_g \cos\phi$	$r_{bp} = 0.939$ $r_{bg} = 2.82$
Nominal center distance	c	in.	$c = \dfrac{(N_p + N_g)}{(2P)}$	$c = 4$
Maximum addendum radius to avoid interference	r_{ap}^{max} r_{ag}^{max}	in.	$r_{ap}^{max} = \sqrt{r_{bp}^2 + c^2 \sin^2\phi}$ $r_{ag}^{max} = \sqrt{r_{bg}^2 + c^2 \sin^2\phi}$	$r_{ap}^{max} = 1.66$ $r_{ag}^{max} = 3.13$
Standard addendum radius	r_{ap} r_{ag}	in.	$r_{ap} = (N_p + 2)/(2P)$ $r_{ag} = (N_g + 2)/(2P)$	$r_{ap} = 1.17$ $r_{ag} = 3.17$ *(Interference)*
Addendum radius	r_{ap} r_{ag}	in.	*(Nonstandard)*	$r_{ap} = 1.29$ $r_{ag} = 3.06$
Standard dedendum radius	r_{dp} r_{dg}	in.	$r_{dp} = (N_p - 2.5)/(2P)$ $r_{dg} = (N_g + 2.5)/(2P)$ *(Standard)*	$r_{dp} = 0.792$ $r_{dg} = 2.792$
Nominal module	m	mm	$m = 25.4/P$	$m = 4.23$
Nominal circular pitch	p	in.	$p = \pi/P$	$p = 0.523$
Nominal tooth thickness	t	in.	$t = \pi/(2P)$	$t = 0.262$
Nominal contact ratio	CR		$\Delta_p = \sqrt{r_{ap}^2 - r_{bp}^2}$ $\Delta_g = \sqrt{r_{ag}^2 - r_{bg}^2}$ $CR = \dfrac{\Delta_p + \Delta_p - c \sin\phi}{p \cos\phi}$	$CR = 1.43$

찾아보기

기타

ㄱ

ㅇ

ㅎ